大型海藻生理与生态

Seaweed Ecology and Physiology

Catriona L. Hurd，Paul J. Harrison，Kai Bischof，Christopher S. Lobban　著
刘涛　池姗　刘伟治　金月梅　刘翠　尹红新　译

海洋出版社
2020年·北京

图书在版编目（CIP）数据

大型海藻生理与生态/（澳）卡特里奥纳·L·赫德（Catriona L. Hurd）著；刘涛等译. -- 北京：海洋出版社，2020. 8

书名原文：Seaweed Ecology and Physiology

ISBN 978-7-5210-0348-2

Ⅰ. ①大… Ⅱ. ①卡… ②刘… Ⅲ. ①海藻-介绍 Ⅳ. ①Q949. 2

中国版本图书馆 CIP 数据核字（2019）第 076309 号

图字：01-2020-3738

大型海藻生理与生态

DAXING HAIZAO SHENGLI YU SHENGTAI

责任编辑：方　菁

责任印制：赵麟苏

海洋出版社　出版发行

http://www. oceanpress. com. cn

北京市海淀区大慧寺路 8 号　邮编：100081

北京朝阳印刷厂有限责任公司印刷　新华书店北京发行所经销

2020 年 8 月第 1 版　2020 年 8 月第 1 次印刷

开本：889mm×1194mm　1/16　印张：35

字数：860 千字　定价：240. 00 元

发行部：62132549　邮购部：68038093

海洋版图书印、装错误可随时退换

本书翻译出版受南方海洋科学与工程
广东省实验室（珠海）资助

目　次

第 1 章　海藻藻体与细胞 …… (1)
1.1　藻类及其生长环境 …… (1)
1.2　海藻形态学与解剖学 …… (9)
1.3　海藻细胞 …… (15)
1.4　分子生物学与遗传学 …… (32)
1.5　小结 …… (40)
第 2 章　生活史、生殖及形态发生 …… (41)
2.1　引言 …… (41)
2.2　生活史及其变化 …… (41)
2.3　生活史的环境因素 …… (47)
2.4　受精生物学 …… (59)
2.5　沉降、附着和建立 …… (64)
2.6　叶状体形态发生 …… (75)
2.7　小结 …… (88)
第 3 章　海藻群落 …… (90)
3.1　潮间带成带模式 …… (90)
3.2　基岩海岸的亚潮带成带现象 …… (97)
3.3　海藻群落 …… (99)
3.4　入侵海藻 …… (108)
3.5　群落分析 …… (111)
3.6　小结 …… (122)
第 4 章　生物相互作用 …… (124)
4.1　基础物种与促进 …… (124)
4.2　竞争 …… (126)
4.3　摄食 …… (136)
4.4　海藻和食草动物之间相互作用的化学生态学 …… (153)
4.5　共生 …… (160)
4.6　小结 …… (165)
第 5 章　光与光合作用 …… (166)
5.1　光合作用概述 …… (166)
5.2　辐照度 …… (170)

5.3 光捕获 …… (177)
5.4 碳固定:光合作用的“暗反应” …… (190)
5.5 海藻多糖 …… (198)
5.6 碳转运 …… (203)
5.7 光合速率与初级生产力 …… (206)
5.8 小结 …… (218)
第6章 营养物质 …… (221)
6.1 营养需求 …… (221)
6.2 海水中的养分供应 …… (224)
6.3 离子摄入的途径和障碍 …… (225)
6.4 养分吸收动力学 …… (227)
6.5 吸收、同化、整合和代谢作用 …… (239)
6.6 长途运输(运转) …… (260)
6.7 生长动力学 …… (261)
6.8 养分供应效应 …… (265)
6.9 小结 …… (275)
第7章 海藻生物学的环境胁迫理化因子 …… (279)
7.1 什么是胁迫 …… (279)
7.2 温度和盐度的自然范围 …… (280)
7.3 温度的影响 …… (284)
7.4 盐度的生理生化影响 …… (300)
7.5 进一步的潜在胁迫:水和冻结有关的干燥 …… (309)
7.6 紫外线辐射暴露 …… (314)
7.7 海水 pH 值和群落变化对海洋酸化的影响 …… (317)
7.8 应激源、氧化应激和交叉适应的相互作用 …… (319)
7.9 生理应激指标 …… (322)
7.10 小结 …… (323)
第8章 海水运动 …… (325)
8.1 水流量 …… (325)
8.2 海水运动和生物过程 …… (332)
8.3 波掠海岸 …… (337)
8.4 小结 …… (349)
第9章 海洋污染 …… (351)
9.1 引言 …… (351)
9.2 常规污染 …… (351)
9.3 金属 …… (355)
9.4 石油 …… (368)

9.5　合成有机物 …… (377)
9.6　富营养化 …… (378)
9.7　放射性 …… (384)
9.8　热污染 …… (385)
9.9　小结 …… (387)
第 10 章　海藻养殖 …… (392)
10.1　引言 …… (392)
10.2　紫菜的海水养殖 …… (394)
10.3　海带—食用和褐藻酸提取 …… (401)
10.4　裙带菜—食用 …… (404)
10.5　卡帕藻和麒麟菜—卡拉胶供给 …… (405)
10.6　石花菜和江蓠—琼脂供给 …… (408)
10.7　养殖池培养 …… (410)
10.8　近海/开放的海洋系统养殖 …… (411)
10.9　多营养层次综合水产养殖(IMTA)和生物修复 …… (411)
10.10　海藻的其他用途 …… (414)
10.11　海藻生物技术:现状与前景 …… (415)
10.12　小结 …… (416)
参考文献 …… (419)

第1章　海藻藻体与细胞

1.1　藻类及其生长环境

1.1.1　海藻

海藻（seaweeds，海洋植物）传统上只包括宏观的多细胞海洋红藻、绿藻和褐藻。然而，这些藻类也都有具代表性的非单细胞的微观阶段。所有的海藻在其生活史中都存在单细胞阶段，如孢子、配子和合子，并可能进行短暂的浮游生活（Amsler and Searles，1980；Maximova and Sazhin，2010）。部分海藻个体较小，可以附着在珊瑚礁上形成稀疏的藻类植被（Hackney et al.，1989）；而其他的，如温带水域礁石上的“海带”，可以形成广阔的水下森林（Graham et al.，2007a）。管状藻类如松藻属（*Codium*）、蕨藻属（*Caulerpa*）和羽藻属（*Bryopsis*）可以形成大的藻体，但事实上，它们是单细胞藻类。原核生物蓝细菌（Cyanobacteria），也被公认为属于“海藻”（Setchell and Gardner，1919；Littler and Littler，2011a）；它们广泛分布在温带岩石和沙质海岸（Whitton and Potts，1982），在热带海域尤为重要，大量成簇的颤藻科（Oscillatoriaceae）海藻和小而丰富的固氮念珠藻科（Nostocaceae）海藻是岩礁海洋植物群落的主要组成部分（Littler and Littler，2011a，b；Charpy et al.，2012）。有时，底栖硅藻同样会形成大的管状居群，类似于大型海藻（Lobban，1989）。古老的深海掌叶藻科（Palmophyllales）绿藻，包括 *Verdigellas* 和掌叶藻属（*Palmophyllum*），具有四集藻型（palmelloid）组织的复杂藻体结构，该结构由近乎均匀分布的球形细胞的无定型基质组成的（Womersley，1971；Zechman et al.，2010）。一些规模较小的附生纤维状海藻，包括一些简单的红藻，如茎丝藻属（*Stylonema*，曾用名为角毛藻属 *Goniotrichum*）。“海藻”涵盖种类范围的准确界定是存在疑问的，本书中的“海藻”是指在其生命周期的某些阶段，形成多细胞或管状宏观藻体的大型红藻、绿藻和褐藻。本书将探讨宏观和微观海洋底栖环境以及大型海藻对这些环境的响应。

藻类存在着多样化的进化，通过质体的内共生起源事件而彼此联系。传统的海藻分类，例如“红藻”“绿藻”和“褐藻”仍然适用，但是随着对内共生事件理解的增进，对这些群体是如何产生的，以及它们彼此间和其他真核生物的相互关系的理解在过去的20年里发生了转变（Walker et al.，2011）。藻类的起源与进化仍然是大量研究工作和争论的主题（Brodie and Lewis，2007；Archibald，2009；Keeling，2010；Yoon et al.，2010；Burki et al.，2012；Collén et al.，2013）。一个物种的分类地位可以被看做是一个“假设”，因此随着新研究结果的出现，其也会随之发生变化（Cocquyt et al.，2010）。阐明藻类的进化是复杂的，因为除了多重内共生事件之外，还有例如基因水平转移（horizontal gene transfer）等其他复杂的事件（Brodie and Lewis，2007）。了解不同海藻种群的亲缘关系及其与其他真核生物的关系，将有助于预测其生理和生态。

关于藻类质体如何出现有几个假说。一个主要的假说是初级内共生事件（约 15 亿年前），一个独立生存的蓝细菌被一个异养的真核生物吞噬，产生了 3 个主要的世系：①灰胞藻（Glaucophytes）；②陆生植物轮藻和绿藻的共同祖先所组成的绿色世系；③包括红藻的红色世系（Yoon et al.，2004；Keeling，2010；图 1.1）。但是因各自独立发生的初级内共生事件，灰胞藻（Glaucophytes）从绿色世系和红色世系分离出来（Graham et al.，2009）。在真核生物之间至少发生了 3 次以上的次级内共生事件。可以肯定的是，吞噬单细胞绿藻形成质体的眼虫（Euglenoids）和绿蜘藻（Chlorarachniophytes）是两次独立的次级内共生事件（Keeling，2009，2010；图 1.1）。然而，不太明确的是涉及单细胞红藻的次级内共生事件（Burki et al.，2012）。T. Cavalier-Smith（1999）提出了囊泡藻界（Chromalveolat）假说，认为由红藻引起的次级内共生事件导致了 6 个世系的形成（图 1.1）：纤毛虫（Ciliates）、甲藻（Dinoflagellates）、顶复门（Apicomplexa）、定鞭藻类（Haptophytes）、隐藻类（Cryptomonads）和不等鞭毛类（Stramenopiles/Heterokonts），其中前 3 个属于囊泡虫类（Alveolata）。囊泡藻界（Chromalveolat）假说是“备受争议的”。认为：有孔虫界（Rhizaria）的不等鞭毛类（Stramenopiles）和囊泡虫类（Alveolata）形成“SAR”分支，定鞭藻类（Haptophytes）形成一个与“SAR”分支密切相关的姐妹群，隐藻类（Cryptomonads）的分类地位还是模棱两可的（Walker et al.，2011；Burki et al.，2012）。在不等鞭毛类（Stramenopiles）中，单细胞硅藻与多细胞褐藻（褐藻纲 Phaeophyceae）拥有共同的祖先（Patterson，1989a；Andersen，2004）。然而，基于碳储藏物质和细胞壁多糖的系统发生，建议将不等鞭毛类（Stramenopiles）从囊泡虫类（Alveolate）分离出来。与之相关但不同的是，红藻在次级内共生事件中被不等鞭毛类（Stramenopiles）的祖先吞噬形成了质体（Michel et al.，2010a，b）。甲藻（Dinoflagellates）的部分类群则是由三次内共生或者连续的次级内共生产生的（图 1.1）。随着新研究结果的出现，新的分子和生物信息学结果被加入到现有的体系中，真核生物进化和物种形成的假说将继续得到完善和发展。

海洋植被以藻类为主。在海洋中未发现苔藓植物（Mosses）、蕨类植物（Ferns）和裸子植物（Gymnosperms），只发现少数被子植物（Angiosperms）的单子叶植物海草（seagrasses）以及双子叶植物红树植物（mangrove plant）。海洋被子植物数量相对较少，可能反映了其适应海洋环境的局限，包括离子调节和授粉（Ackerman，1998）。水体主要是浮游植物分布的领域，但从底质分离出的漂浮海藻种群是常见的，并提供了一个重要的扩散机制（见 3.3.7 节）。潮间带的基岩海岸覆盖着大量的大型植被，几乎完全是海藻，虽然在北美西部形成“藻甸”的海草（*Phyllospadix* spp.）是个例外。海藻表面、海藻微观阶段以及较大的海藻内部被底栖的微藻和细菌所占据，它们可能存在着密切的生态关系。泥泞、多沙的地区海藻较少，因为大多数物种不能在那里固着，但有一些管状绿藻（如某些仙掌藻属 *Halimeda*、蕨藻属 *Caulerpa*、钙扇藻属 *Udotea* 的物种）有具穿透性并能吸收养分的匍匐茎和根状固着器（Littler and Litter，1988）；在这些地区，特别是在热带和亚热带地区，海藻成为主要的植被（Larkum et al.，2006）。淡水的大型藻类也很缺乏。红藻和褐藻属和种中，淡水代表物种相对较少，即便在石莼属中也很罕见；只有少数属（如刚毛藻属 *Cladophora*）

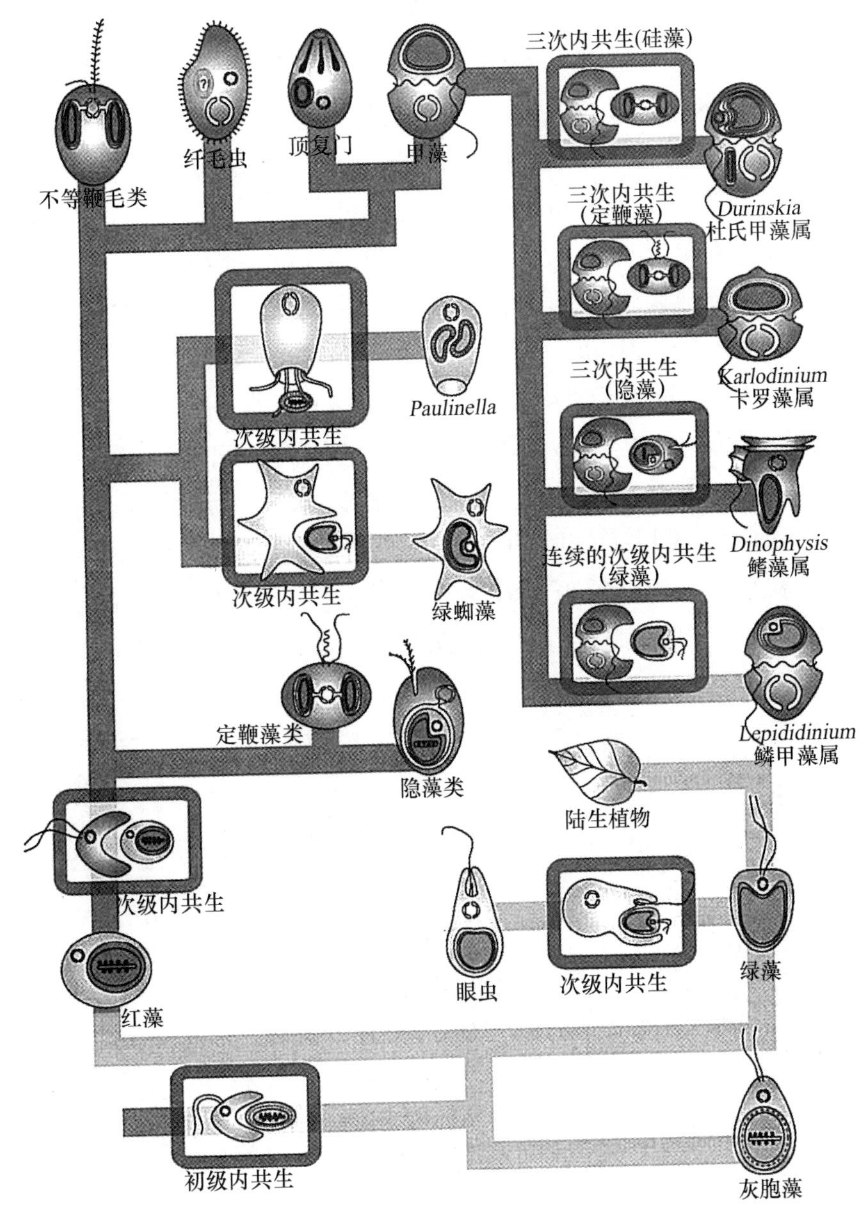

图 1.1　真核生物质体的进化示意图

注：各种各样的内共生事件导致了目前质体的多样性和分布的差异，网状进化图类似于复杂的电子线路图。内共生事件示意图用不同颜色的线进行区分，包括没有质体的世系（深灰色）、质体来自绿藻的世系（浅灰色）和质体来自红藻的世系（中灰色）。底部的初级内共生事件产生了 3 个世系（灰胞藻 Glaucophytes、红藻和绿藻）。右下，独立的次级内共生事件致使眼虫（Euglenids）中质体的形成。左下方，红藻是囊泡藻界（Chromalveolates）的祖先。由红藻首先分化出定鞭藻类（Haptophytes）和隐藻类（Cryptomonads）（以及它们的非光合作用的近缘系，如 Katablepharids 和 Telonemids）。在有孔虫界（Rhizarian）世系分化之后，质体似乎丢失了，但在有孔虫界（Rhizaria）中的两个亚群中又恢复了光合作用：绿蜘藻是次级内共生时吞噬了绿藻形成，*Paulinella* 是初级内共生时吞噬了蓝细菌形成（许多其他的有孔虫界（Rhizarian）世系仍是无光合作用的）。左上角，不等鞭毛类（Stramenopiles）从囊泡虫（Alveolates）中分化出，纤毛虫类（Ciliates）中的质体丢失，顶复门（Apicomplexan）世系无光合作用。右上角，甲藻类（Dinoflagellates）呈现 4 个不同的质体重现事件，包括硅藻、定鞭藻、隐藻（三次内共生的 3 个案例）和绿藻（连续的次级内共生）。所显示的大多数世系有许多成员或近缘种没有光合作用，但这些都未清晰地标记出（引自 Keeling，2010）。

可在淡水水域生活（Wehr and Sheath，2003）。

大多数海藻生活史大部分阶段都是多细胞的。这在生理生态方面意味着，多细胞性赋予了其在三维水体中广泛生长的优势。然而，这种体制构造的发生可以通过其他方式实现。管状绿藻形成大型多核藻体（图 1.2），包括由膨胀压支撑的法囊藻属（*Valonia*），或许多窄小的细丝交织在一起的松藻属（*Codium*）和绒扇藻属（*Avrainvillea*）。附生硅藻，不论管形还是链形，像与珊瑚关系密切的虫黄藻（Zooxanthellae，鞭毛藻类 Dinoflagellates）一样，都构建了三维结构。多细胞藻类通常从底层垂直生长，这种习性使其更接近阳光，使它们能够在没有空间竞争的情况下成长，并从更大的水体中获取营养。另一方面，匍匐丝状藻类不在水体中向上生长，包括植物内生和“石内生”的丝状体（如内枝藻属 *Entocladia*），以及紧贴土壤的褐壳藻属（*Ralfsia*）和孔石藻属（*Porolithon*）。对于这类海藻，向上生长的支持组织通常是不必要的，因为大多数小型海藻都有轻微的浮力，水体也可提供支撑。支持组织在新陈代谢上是高消耗的，但必须具有强度和抗弹性以抵抗水流运动。一些大型海藻（如带翅藻属 *Pterygophora*）有坚硬巨大的叶柄，但其他的海藻（如殖链藻属 *Hormosira*）采用漂浮使其保持直立。许多海带目和墨角藻目藻类有特殊的充气结构气囊（Dromgoole，1990；Raven，1996），而其他海藻，如刺松藻属（*Codium*），被束缚在细丝细胞之间的气体也起到同样的效果（Dromgoole，1982）。

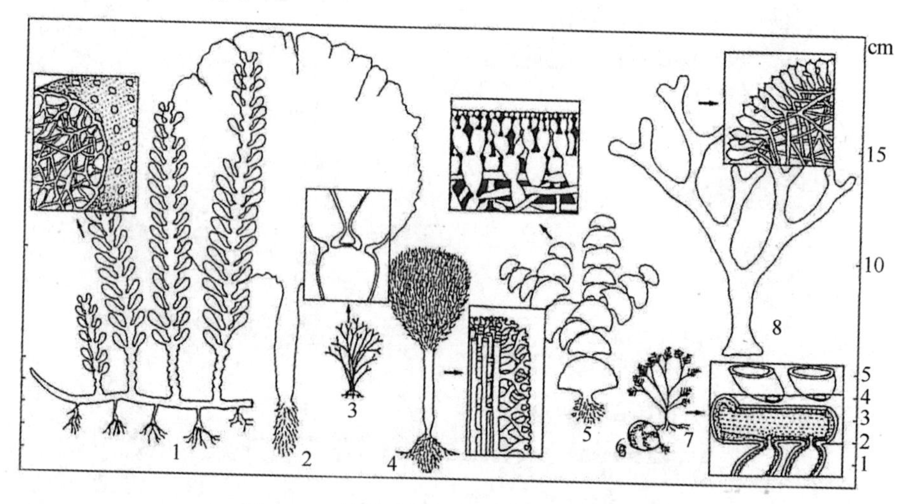

图 1.2　管状绿藻的藻体形态和结构

注：藻体按比例绘制；细节图（不按比例）仅显示结构：（1）拟刺蕨藻（*Caulerpa cactoides*）：横条状网络。（2）加氏绒扇藻（*Avrainvillea gardineri*）：藻丝紧密交织。（3）绿毛藻属（*Chlorodesmis* sp.）：丛生的二叉管状分枝，分枝基部有缢缩（细节图）。（4）头状画笔藻（*Penicillus capitus*）：在茎干形成一个钙化管状的多轴假组织（细节图），分开形成丛生的顶端。（5）标准仙掌藻（*Halimeda tuna*）：弓形的、织髓质和皮质胞囊的钙化藻体（细节图）。（6）德氏藻属（*Derbesia*）的配子体世代 *Halicystis*，单独的卵细胞（配子体发育形成）。（7）羽藻（*Bryopsis plumosa*）配子体：羽形管状分枝。（8）刺松藻（*Codium fragile*）：交织的无钙化管状多轴分支（引自 Menzel，1988）。

多细胞生物的第二个重要特征是组织之间的分工合作，这种分工在海藻中发生的程度不同。与陆生维管植物大不相同，营养物质（包括水）的吸收和光合作用发生在海藻的整个表面。海藻的营养细胞分化和特化几乎为零（如在丝藻属 *Ulothrix* 中，除了假根以外的所有细胞都有营养和生殖功能)，紫菜属（*Porphyra*，许多该属的物种正被划分到其他属，绝大多数是在红菜属 *Pyropia*；Sutherland et al.，2011；见 10.2 节）和石莼属（*Ulva*）的叶片在形态上很简单，但却被分化为具有不同生理特征的区域（Hong et al.，1995；Han et al.，2003)，在墨角藻（fucoids）和海带（kelps）中有高度分化的光合、储存、转运的各种组织，包括叶柄、叶片和气囊（Graham et al.，2009)。当然，海藻无法达到维管植物的分化程度。甚至在维管植物中，细胞在生物化学上的分化程度比动物细胞更普遍：维管植物器官（根、茎、叶、花、果实和种子）都含有大量相同细胞的组合，而动物器官只包含一些特殊的细胞类型。海藻藻体的细胞多样性较低，这意味着每个细胞在生理生化上的分化比维管植物细胞更加普遍。

多细胞生物的进化需要细胞的协同生长，而细胞之间的相互联系又需要细胞间的交流。在水云属（*Ectocarpus*）中发现受体激酶的基因编码（在所有多细胞的真核生物中发现的信号分子)，并且其在近缘的单细胞硅藻中的缺失，表明这些分子是多细胞性的先决条件。另一个先决条件是通过黏性胞外基质使细胞与细胞黏附。在动物细胞黏附中有重要作用的蛋白质也存在于水云属中，但并未在硅藻中发现（Cock et al.，2010a)。在红藻中，孔纹连接（pit plugs）提供假薄壁组织（pseudoparenchymatous）结构中松散细胞的结构完整性，从而使之成为多细胞生物进化过程中的重要步骤（Graham et al.，2009；Gantt et al.，2010)。

1.1.2　环境因子的相互作用

底栖海藻与其他海洋生物相互作用，并与其所处的物理化学环境相互作用。一般来说，海藻生活在潮间带顶部的海床上，而最大的分布深度也可以穿透足够的光线。影响海藻的主要环境（非生物）因素包括光、温度、盐度、水流和养分供应。生物之间的相互作用包括海藻及其附生细菌、真菌、藻类和底栖动物之间的关系；草食动物和海藻之间的相互作用（包括大型藻类和附生植物)；还包括人类在内的捕食者的影响。每个繁殖体包含遗传信息，这将使成熟的海藻形成一种适合其环境的表型。事实上，即使是在相同的环境条件下生长的基因一致的种群，也会有很高的表型可塑性（图 1.3)。个体生长、形态和繁殖的模式是所有这些因素综合作用的结果。

一个生物体的物理化学环境，包括所有影响有机体的外部非生物因素，是非常复杂和不断变化的。为了方便进一步讨论或研究，则需要将其简化，每次只考虑一个变量。然而，我们可能考虑的每一个环境因素，包括温度、盐度、光等，实际上是许多变量的组合，其往往相互作用。最重要的是，目前生物体的组织配置被理解为组成性等级结构（Mayr，1982)，在每一个新层次或系统中都有一些突显的特性，它们是不能通过对组成部分的研究来预测的。这一点在比较个体（如人类）的属性和下一个层次的成分（如神经系统）的属性上是最明显的，但是它也可以由下往上，从个体通过种群、群落、生态系统和生物圈来工作。就像我们通常所做的那样，当试图从物种（种群）水平的研究中预测群落或生态系统特性时，这些因子就具有了重要的意义。

因子相互作用可分为 4 类：①多方面因素；②环境变量之间的相互作用；③环境变量与生物因素之间的相互作用；④顺序效应。

（1）许多环境因素包含多个组成部分，不一定一起改变（即多方面因素)。光质和光量

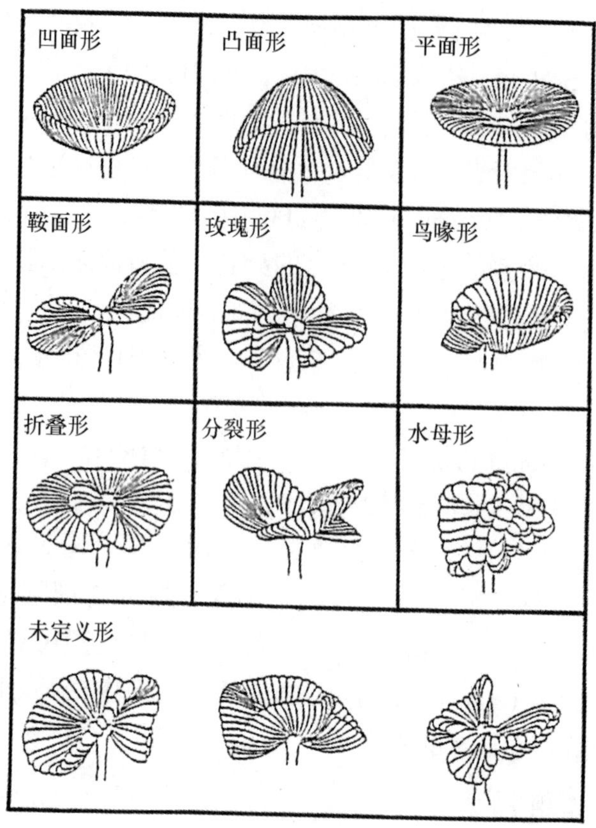

图 1.3　伞藻（*Acetabuaria acetabulum*）伞帽的形态变化

注：伞藻后代在相同的实验条件下长大。“凹面形”包括一个小的变体（凹形-钟形），凹帽的边缘被压扁。“凸面形”是凹面形的镜像。“平面形”通常垂直于茎。“鞍面形”有两个相反的象限向上弯曲，另两个向下弯曲。“鸟喙形”，帽子的一个或两个半部分都被压紧并与茎平行。“分裂形”的帽子有不完全融合的光线所以帽子被分成两半，1/4 或 1/6。在“折叠形”中，两个相邻的光线彼此之间没有融合。“玫瑰形”和“水母形”是最复杂的帽子形状。“未定义形”是结合上述两个或多个形态的组合（引自 Nishimura and Mandoli，1992）。

在光合反应和代谢模式中都很重要，它们都随深度而变化，但是这些变化取决于浑浊度和粒子的性质。在海底洞穴中，光量减少而光质变化不大。自然光是白昼的重要组成部分，其会影响生殖状态。盐度是另一个复杂的因素，其中两个主要成分是水的渗透势和离子组分。渗透势会影响细胞内外的水势，膨胀压和生长，而 Ca^{2+} 和 HCO_3^- 的浓度则分别影响膜的完整性和光合作用。水动力影响到波掠海岸（wave-swept shores）藻体生存和孢子沉降，水运动对海藻表面的边界层也有重要的影响，从而对养分的吸收和气体交换产生重要影响。营养素不仅要考虑其绝对浓度，也要考虑生物可利用形式存在的数量；微量金属的浓度可能会造成毒性问题，特别是在污染地区。污染作为一个因素，可能不仅包括化学成分的毒性作用，而且还包括浑浊度的增加，从而减小了辐照度。通常情况下，在海藻和细胞之间的自由空间中，水的盐度会发生变化，这通常涉及脱水、加热或冷却以及去除大部分营养物质（除了 CO_2）。

（2）环境变量之间的相互作用不是特例而是普遍存在的。明亮的光线通常与温度的增加有关，特别是对退潮时暴露的海藻。光（特别是蓝光）调节许多酶的活性，包括一些参与固碳和氮代谢的酶。温度和盐度影响海水的密度，因此，营养丰富的底层水和养分耗尽的表层水混合在一起。温跃层（thermoclines）影响浮游生物的运动，包括附生动物幼虫的迁移。温度也会影响细胞的 pH 值，由此影响一些酶的活性。海水碳酸盐系统，特别是自由 CO_2 的浓度很大程度上受到 pH 值、盐度、温度的影响。而铵可能是 pH 值依赖的，因为在高 pH 值的情况下，离子会以游离氨的状态逃逸。水运动会影响浊度和淤积，也影响养分的有效性。上述这些是一个环境变量影响另一个环境变量的例子，也有两个环境变量协同作用于海藻的例子。例如，可容忍水平上的低盐度和高温组合在一起是有害的。在一些海藻中，温度和光周期的共同作用调节了发育和繁殖。

（3）物理化学和生物因素之间的相互作用也是普遍存在的。在海藻生存的环境中还包括其他生物，海藻通过种内和种间竞争、捕食者-猎物关系、寄生虫和病原体的联系以及基本的附生植物的关系和其他生物相互作用。这些生物也受到环境的影响，它们对其他生物的影响也是如此。此外，其他生物可能会极大地改变特定个体保护的物理化学环境。冠层海藻针对强烈辐照和干燥的保护，对于包括大型物种的幼殖体在内的底层藻类的生存很重要。生物互相遮蔽（有时是自己本身），对营养物质的浓度和水流有很大的影响。其他的相互作用来自于生物参数，如年龄、表现型和基因型，影响海藻对非生物环境的反应，以及生物体对环境的影响。决定海藻对环境响应的主要生物学参数是年龄、生殖条件、营养状况（包括氮、磷、碳的储存）和“历史经历”。“历史经历”指的是过去的环境条件对海藻发育的影响。种群内的遗传分化导致种群不同类型的海藻产生不同的反应。季节也可以影响除了参与生活史变化之外的其他生理反应，这些反应包括对温度的适应和耐受限度的驯化。

（4）通过连续效应产生因子交互作用。氮缺乏可能导致红藻分解代谢部分藻胆蛋白，从而降低其捕光能力。一般来说，任何改变生长、形态、繁殖或生理条件的因素都容易改变海藻对当前和未来其他因素的反应。Littler 和 Littler（1987）观察到了一个连续作用，同时也是生物-非生物之间的互动的很好的例子。在加利福尼亚南部发生了一次不寻常的洪水之后，潮间带的海胆（紫海胆 *Strongylocentrotus purpuratus*）几乎完全被消灭，但底栖大型海藻因淡水带来的损伤则很小。随后，由于摄食胁迫降低，短时间内的藻类大量增加（石莼属 *Ulva*，水云科 Ectocarpaceae）。自然界中变量相互作用的复杂性通常会混淆对“重大”事件影响的解释，如厄尔尼诺暖水期（Paine，1986；见 7.3.7 节）。

测试上述各种因素相互作用的影响需要一个多方面的方法，包括定量观察、现场操作和有针对性的实验室实验。对于每种方法，严格的实验设计都是必不可少的，因此可以应用适当的统计分析来检测不同处理组之间的差异。实验室研究中通常一次测试一个变量，所有其他因素都保持不变，或者至少在所有处理组中都是相等的。实验中加入两个（或偶尔 3 个）变量是可能的，但独立重复处理所需的培养数量在技术上很难达到，尤其是对于大型海藻：在实验室和现场实验中避免假阳性是很重要的（Hurlbert，1984）。同样重要的是，要理解通过实地操作如何才能取得预期结果，包括了适当的控制。例如，Underwood（1980）批评了一些旨在确定食草动物影响的现场实验设计，因为篱笆和笼子是用来防止食草动物的，也影响了岩石表面的水运动，并提供了一些庇阴空间。此外，利用相关性分析来阐明环境因素是否会导致特定生物模式（如生长、繁殖的开始）的研究可能产生错误，因为调节海藻生物过程的关键环境因素本身就是紧密相关的，例如光、温度和硝酸盐的浓度。Schiel 和 Foster

（1986）解释为“物种的模式和物种的丰度构成了这些物理因素和生物相互作用可能影响这些群落结构的证据”。然而，它们并没有同时显示出这些因素对于实际情况中的重要性或非重要性。

1.1.3 实验室培养与现场实验

在实验室研究中，有几个因素共同影响了真实的实验结果。

（1）虽然实验室研究提供的控制条件比自然界中所发现的要多得多，但它们在某些重要方面受到限制，并包含一些隐含的假设：①实验室研究中常见的高营养水平不会改变海藻对因素的响应。②海藻对均匀条件（包括研究中的因素）的响应与它们在波动条件下对因子的反应没有区别。在一定程度上，这些假设是有效的。培养基可以有非常丰富的营养，以弥补水分运动和交换的缺乏，但是这种替代不可能提供完全相同的结果。其他的培养条件也通常是最佳的，除了正在研究的变量实验，结果可能将无法阐明在自然环境中海藻的行为，这些海藻通常会受到竞争的影响并往往并非处于最理想的生存条件（Neushul，1981）。实验室培养和现场的另一个重要区别是，培养时物种通常是被隔离的，远离了竞争和捕食。此外，培养条件是一致的（至少在很大程度上是这样）；而在自然环境中，环境的变化往往是巨大且不可预测的（Gorospec and Karl，2011）。培养条件下，微量的异质性不容忽视（Allen，1977；Norton and Fetter，1981）。在培养瓶中，一个细胞可以遮挡另一个细胞，细胞在周围形成营养耗尽的区域，通过细胞传递来形成嵌合的营养浓度。在这个领域中，实验规模也是需要较多考虑的，例如，给予海藻所需的独立空间量（Schiel and Foster，1986）。从本质上说，对于现场实验和实验室实验，必须根据所提供的实验条件作出准确的判断，最重要的是要意识到这些条件将会影响到结果以及对结果的解释。

（2）实验的时间尺度影响了对数据的解释（Raven and Geider，2003）。在短期的生理实验（几秒钟到几分钟）中，单一因素可以是变化的（如不同程度的 UV-B 辐射）和测量的响应（如活性氧的产生）。这种生理反应是指对现有酶的上调或下调，并揭示该生物体对环境变化反应的生理潜能。在中期实验中（数小时到数天），藻类可能会适应新的环境条件。这种适应包括了基因表达以及合成新的酶。而对特定环境因素的适应则发生在更长的时间尺度（长达几千年），其作为物种形成的机制（见 7.1 节）。

（3）当一个物种出现在不同的空间时，其生理生态也可能会存在着巨大的差异。很多研究仅完成了一项或几项研究；而在特定的条件下一种海藻所表现出的特殊现象，在其他藻类或其他条件下则不一定是相同的。例如，在澳大利亚，放射昆布（*Ecklonia radiata*）分布在从东南到西南 3 000 km 的海岸线上并占主导地位。然而，东海岸放射昆布的形态学和生态学，则与西部与南部海岸的放射昆布明显不同，因此不同地区则需要不同的海岸带管理计划（Connell and Irving，2009）。同样的，很少有自然种群或群落被充分的研究，很难评估从一个地区到另一个地区具有多少变化（生态型变化）。加利福尼亚南部的海藻床是非常特别的，从 20 世纪 60 年代开始就被不同的学者进行反复分析（Steneck et al.，2002；Graham et al.，2007a）。巨囊藻属（*Macrocystis*）没有形成典型的海藻床；每个海藻床的环境参数都不同，在不同种群中特定生长率和氮供给等参数均不相同（Kopczak et al.，1991）。

1.2　海藻形态学与解剖学

1.2.1　藻体结构

海藻藻体结构的多样性与维管植物的一致性形成了强烈的对比。后者，有薄壁组织（如在芽和根上）产生不同形状的组织。对于大型海藻，只有褐藻和部分红藻存在薄壁组织。例如，在褐藻的海带目、墨角藻目和网地藻目（Dictyotales），这种结构模式形成了藻体内部结构和外部形态的复杂性（图 1.4）。大型海藻，尤其是海带目和墨角藻目，有几种不同的组织和细胞类型，包括光合表皮、皮层、髓质、筛管和黏液管（Graham et al.，2009）。Gaillard 和 L' Hardy-Halos（1990），以及 Katsaros 和 Galatis（1988）详细地分析了网地藻目薄壁组织的个体发生学。然而，绝大多数的海藻要么是丝状体，要么是从生或有外膜的丝状体。大而复杂的结构可以通过这种方式建立起来，例如大形松藻（*Codium amplivesiculatum*，曾用名 *C. magnum*）可以达到几米长（Dawson，1950）。细胞分裂可能发生在整个藻体或局部的分生组织。如果是局部的，通常发生在顶点处，但也可能位于底部（固着器）或介于两者之间的中间部分（柄部）。

简单的丝状体是由无分枝的细胞组成，而细胞分裂只在垂直于主轴的平面上。不分枝的丝状体在海藻中是罕见的；例如丝藻属（*Ulothrix*）和硬毛藻属（*Chaetomorpha*）。通常，一些细胞分裂发生在与主轴平行的地方并产生分枝（*Cladophora*，*Ectocarpus*，*Antithamnion*；图 1.17）。例如，刚毛藻属（*Cladophora*）、水云属（*Ectocarpus*）、对丝藻属（*Antithamnion*）。由单排细胞组成的细丝（分枝或不分枝）称为单列。多列细丝，即两排或两排以上的细胞，存在于盘苔属（*Blidingia*）、红毛菜属（*Bangia*）和黑顶藻属（*Sphacelaria*）中（图 1.4a；Graham et al.，2009）。由中轴丝向周围生出侧丝形成皮层（图 1.5a），如仙菜属（*Ceramium*）和伯利亚藻属（*Ballia*）。在一些较大型藻体的松节藻科（Rhodomelaceae）中，如凹顶藻属（*Laurencia*）和鱼栖苔属（*Acanthophora*）的胶质非常发达，以至于难以识别细胞间的结构。假薄壁组织结构是相邻的细丝相互粘在一起形成的构造，看起来很像薄壁组织（Graham et al.，2009）。Kling 和 Bodard（1986）详细研究了单轴的长龙须菜（*Gracilariopsis longissima*，曾用名真江蓠 *Gracilaria verrucosa*）的轴线发育，其展示了假薄壁组织的生长模式有多么复杂和难以解释（网地藻属的薄壁组织结构，图 1.5g~n 和图 1.4d~m）。

许多大型海藻的藻体是多轴型的，由多个细丝的黏附产生。这在红藻中尤为常见（图 1.5d-f）（van den Hoek et al.，1995；Graham et al.，2009）。多轴型结构在海索面属（*Nemalion*）或粉枝藻属（*Liagora*）这些并非致密构造的藻体中最容易见到。多轴型和单轴型生长的对比可以在增厚胶粘藻（*Dumontia contorta*，曾用名 *Dumontia incrassata*）的藻体看到（图 1.5d-f），其基部是多轴的，但上部分枝是单轴的（Wilce and Davis，1984）。细丝粘连也可以产生典型的假薄壁组织外壳（耳壳藻属 *Peyssonnelia*，*Neoralfsia*）或叶片（肋叶藻属 *Anadyomene*）（图 1.5b，c）。许多管状绿藻（siphonous green algae），包括仙掌藻属（*Halimeda*）和松藻属（*Codium*），是由无数细丝交织形成的（图 1.2）。珊瑚藻科（Corallinaceae）海藻多轴顶端生长形成的基质层（壳）或中央髓质（直立的形式），而在侧枝的居

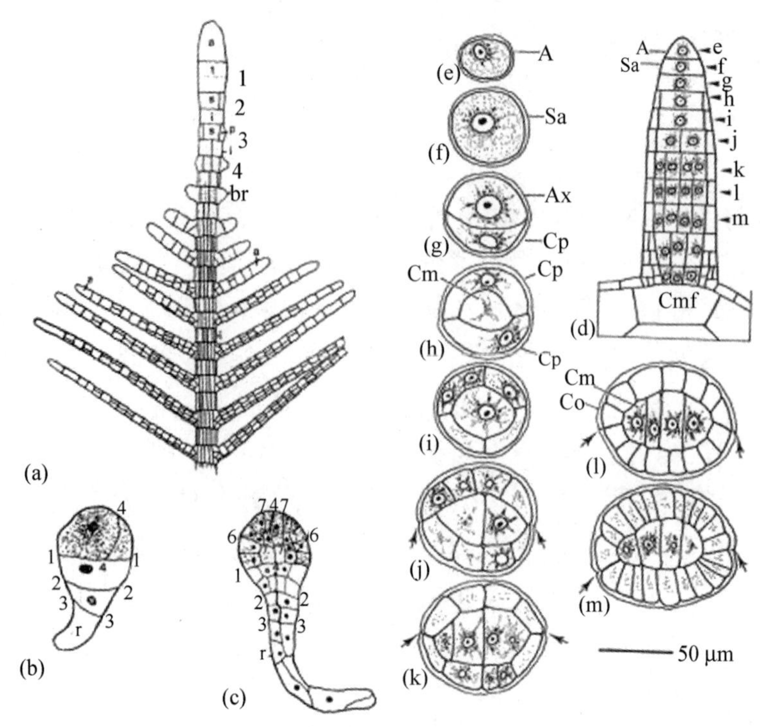

图 1.4　海藻薄壁组织的发育

注：(a) *Sphacelaria plumula* 顶点显示第一次横向分裂（t），随后是成对细胞（i，s），其中 s 形成分枝，但是 i 不形成分枝。(b，c) 墨角藻（*Fucus vesiculosus*）萌发呈现连续的细胞分裂（编号标记，分裂 5 和 8 在叶面的水平面上）。(d–m) 网地藻属（*Dictyota*）：薄壁组织的发育；(d) 不定分枝的纵切面，显示每一级的横截面的位置（图示）；(e–m) 连续的横截面展示平周分裂的顺序。箭头表示原两个围轴细胞之间的连接点（第一次出现在 h）。为了清晰起见，改变了细胞的比例；如图所示，这个不定分枝实际上是它的一半长，两倍宽。A，顶端细胞；Sa，位于顶点下的细胞；Ax，轴向细胞；Cp，围轴细胞，Cm，髓质细胞；Co，皮层细胞（a~c 引自 Fritsch，1945；d~m 引自 Gaillard and L'Hardy-Halos，1990）。

间分生组织形成“上叶状体”（皮质直立轴）和“边叶状体”（Cabioch，1988）。

两个平面上的细胞分裂可以产生一个单层的细胞层，例如礁膜属（*Monostroma*）。未定名的石莼属群体（*Ulva* spp.）有两层细胞，从单列细丝成长为多列细丝，可以形成空心的管状体（如肠浒苔 *Ulva intestinalis*，曾用名 *Entermorpha intestinalis*）或双层叶片（如石莼 *Ulva lactuca*）。有趣的是，礁膜属和石莼属的藻体发育被认为依赖于附生细菌的存在（Matsuo et al.，2005；见 2.6.2 节）。

胞间连丝是一种维管植物薄壁组织的绿藻（例如轮藻属）和褐藻共同具有的特征，连接邻近的细胞进行细胞间的交流（Raven，1997a）。然而，红藻没有薄壁组织结构和胞间连丝。红藻的特点是具有孔塞（pit plugs）的纹孔连接（pit connections）。初级孔塞是颗粒状的蛋白质团块，字面上的意思是“堵塞洞”，这是在细胞分裂时在两细胞之间形成的。次级孔塞可以在假薄壁组织结构的不同细丝的细胞之间形成，也可以在个体融合时形成，这就产生了红藻中很常见的嵌合组织（Santelices et al.，1999）。纹孔连接和孔塞在红毛菜纲（Bangiophyceae）不太常见。例如在条斑紫菜（*Pyropia yezoensis*，曾用名 *Porphyra yezoensis*），

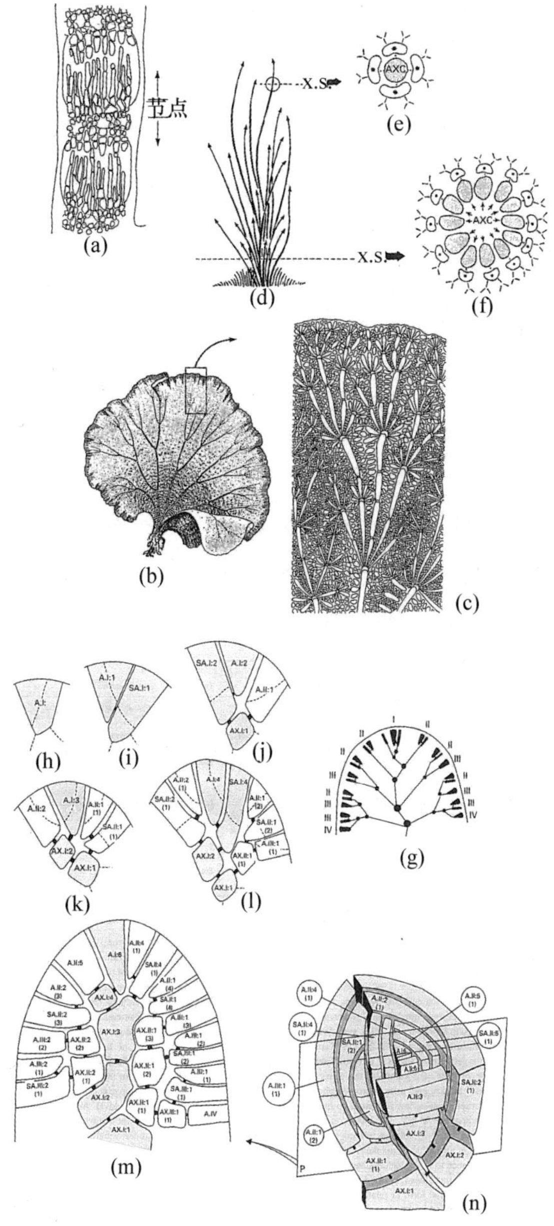

图 1.5　丝状藻体结构

注：(a) 仙菜属 (*Ceramium*) 轴的一小部分，从轴向细胞的一个节点向上和向下生长。(b，c) 星芒肋叶藻 (*Anadyomene stellate*) 由细丝组成的类叶状体 (b，×1.82；c，×13.65) (d~f) 日本柔毛藻 (*Dumontia contorta*，曾用名 *Dumontia incrassata*) 的生长显示轴向长丝和顶端细胞 (箭头) 的示意图；在藻体顶端 (e) 附近的单轴部分的横截面显示出一个单轴细胞 (AXC)，四周环绕着 4 个周细胞 (＊)，这些细胞在细胞中产生了皮质细胞。(f) 通过基部的横截面显示轴向细胞的多轴结构，每个轴细胞都有一个周细胞。(g~n) 长龙须菜 (*Gracilariopsis longissima*，曾用名 *Gracilaria verrucosa*) 的顶端生长。(g) 初级顶尖细胞 (I) 发生在主轴的顶端，和发生在侧丝的尖端的二次顶端细胞 (II、HI，等)。(h~m) 顶端细胞分裂 (A. I)，用虚线表示 (h)，产生一个近顶端细胞 (SA. I：1) 和一个新的顶端细胞 (A. l：1) (i)。(i~j) 近顶端细胞分裂形成一个轴向的细胞 (AX I：1) 和一个二次顶端细胞 (A. II：1)，而新的顶端细胞 (A. I：1) 切断另一个近顶端细胞 (SA. I：2) 形成 A. I：2。在纹孔连接 (被表示为细胞间的暗条) 的帮助下可以进一步追溯这些生长活动的来源。(n) 三维排列很复杂因为顶端的细胞分裂为 3 个面。在 (m) 中 P 是垂直部分的平面 (a 引自 Taylor，1957；b 和 c 引自 Taylor，1960；d~f 引自 Wilce 和 Davis，1984；g~n 引自 Kling and Bodard，1986)。

纹孔连接只存在于丝状孢子体阶段（贝壳丝状体），但在叶状体的配子体世代中则缺失（Ueki et al.，2008）。

1.2.2 利特勒功能型模型（The Littler functional-form model）

叶状体的结构对生理发育具有重要的意义。相似的形态可以通过不同的方式建成，整体形态则具有重大的生态生理意义。Littler 等（1983a）指出在不同的海藻中，某些形态是重复的，表明对关键环境因素的收敛适应。另一方面，物种面临着不同的选择压力：有些有利于提高生产力、繁殖力和藻体竞争，有些利于长寿和环境耐受性（Littler and Kauker，1984；Russell，1986；Norton，1991）。许多海藻在生活史中表现出多种形态（见第 2 章）。不等鞭毛海藻（heterotrichous seaweed）在一个世代中具有壳状固着器和直立的叶状体（如珊瑚藻属 *Corallina*），异形世代交替海藻（heteromorphic seaweed）的壳状/丝状和叶状世代（如萱藻属 *Scytosiphon*，图 2.2）这两类海藻都是常见的。那么当同时面对类群之间的融合，以及物种内部的多样化时，将如何评估藻体形态的意义？

Littler 和 Littler（1980）提出的功能型模型得到了广泛的测试，Steneck 和 Dethier（1994）进一步修改了这一模型；此后，Balata 等（2011）提出了一个有 35 个功能组的系统，并与 Littler 和 Littler 的 6 个功能组进行比较。Littler 和 Littler（1980）模型认为海藻的功能特性，如光合作用、营养吸收和对食草动物的敏感性，都与特性形成有关，如形态和表面积与体积比（SA：V）（表 1-1）。因此，可以从形式检验中建立函数进行预测。例如，片状群组被预测有较高的增长率、光合作用和营养吸收，对草食动物的低抵抗力和低竞争能力。功能组已被用来测试与藻类初级生产、营养吸收、对草食动物的抵抗力、生理胁迫耐受性和群落演替阶段有关的假设（Padilla and Allen，2000）。在 5.3.2 节和 5.7.2 节，分别讨论了与光捕获和营养吸收有关的功能形式。

表 1.1 大型海藻的功能型群组

功能型分组	外部形态学	内部解剖学	质地	样品属
片状群组	薄的，管状的和薄片状（多叶的）	非皮质，厚度一至数个细胞	柔软	石莼属（*Ulva*）、红菜属（*Pyropia*）、网地藻属（*Dictyota*）
丝状群组	精致的分支（细丝状的）	单列的，多列的，微皮质	柔软	纵胞藻属（*Centroceras*）、多管藻属（*Polysiphonia*）、硬毛藻属（*Chaetomorpha*）、水云属（*Ectocarpus*）
粗分支群组	粗分支状，直立	有皮层的	肉质-硬线质	凹顶藻属（*Laurencia*）、松藻属（*Chordaria*）、蕨藻属（*Caulerpa*）、画笔藻属（*Penicillus*）、江蓠属（*Gracilaria*）
厚皮质群组	厚的叶片和分支	分化的，革质，厚壁	革质，强韧	海带属（*Laminaria*）、墨角藻属（*Fucus*）、钙扇藻属（*Udotea*）、角叉菜属（*Chondrus*）

续表

功能型分组	外部形态学	内部解剖学	质地	样品属
多节钙质群组	有节，钙质的，直立的	柔韧的节间（intergenicula）和钙化的节（genicula）两部分并行排列构成	钙质	珊瑚藻属（*Corallina*）、仙掌藻属（*Halimeda*）、乳节藻属（*Galaxaura*）
壳状群组	贴地，形成硬壳的	钙化或未钙化的细胞平行排列	钙质或坚硬	石枝藻属（*Lithothamnion*）、褐壳藻属（*Ralfsia*）、胭脂藻属（*Hildenbrandia*）

已证实了功能型模型在预测生理速率方面的价值，因为营养和无机碳的吸收与表面积和体积比有很大的关系（Taylor et al.，1999）。从第 1 组到第 6 组，生理速率和特定增长率都呈下降的趋势（图 5.25）。然而，能量尺度的方法同样可以作为预测光合作用、呼吸作用和生长的预测因子（Enríquez et al.，1996；De Los Santos et al.，2009）。在热带的珊瑚礁上，在不了解单个物种的情况下，可以精确地测定出形成群落的单细胞和丝状组成部分的生产力（Williams and Carpenter，1990）。然而，功能组在预测海藻对食草动物的敏感性和群落演替阶段方面并不成功（Padilla and Allen，2000）（表 1.1）。而且，对特定的形态进行分类并不十分容易，因为在某些群体之间没有清晰的形态差异界限。例如，在 Phillips 等（1997）和 de los Santos 等（2009）的研究中，分别有 15%和 20%的物种不能划分到功能组中。

将物种分配给特定的功能组需要很少的分类学专业知识，因此，被认为用来研究生态系统的生物多样性和检测长期变化的有效方法（Collado Vides et al.，2005；Balata et al.，2011）。Phillips 等（1997）将功能组和完整的分类作为探讨海藻群落沿波浪暴露梯度变化的方法。功能分组方法无法检测到群体之间的差异，从而导致生物多样性信息的大量丢失。在美国佛罗里达群岛，4 个属的钙质绿藻（仙掌藻属 *Halimeda*，钙扇藻属 *Udotea*，画笔藻属 *Penicillu*，*Rhipocephalus*）属于同一个功能组（多节的、钙质），但是一项长达 7 a 的研究表明，每个物种都有非常不同的季节性模式；并且将不同的属划分为一个功能组会导致多样性信息的丢失（Collado-Vides et al.，2005）。而 Balata 等（2011）使用扩展的功能形式模型则能够检测出不同环境胁迫下地中海不同海藻组合的差异。总之，功能组在评估海藻代谢过程已被证明是有效的，但如果要严格应用到生态学和生物多样性的其他方面研究，则需要进行进一步的测试（Padilla and Allen，2000；关于功能形式和摄食的进一步讨论见 4.3.2 节）。

1.2.3　单一无性的嵌合海藻和模块化结构

在 20 世纪 70 年代，高等植物生态学家将具有叶和根连接到主轴上并且主要在垂直方向上生长的植物定义为“单一植物”（unitary plants；也被称为非克隆植物“aclonal”和“non-clonal”），将可以在土壤表面横向扩展并在土壤表面生长的植物定义为“无性繁殖植物”（clonal plants）；这一划分方式同样适用于海藻（Santelices，2004a；Scrosati，2005）。“单一海藻”（unitary seaweed）起源于单细胞繁殖（单倍体或二倍体），只有一个轴，垂直于长轴垂直生长，有形态和生理上的差异，不产生无性系分株（Santelices，2004a；Scrosati，

2005)。例如，包括形成树冠的海藻南极海茸（南极公牛藻，*Durvillaea antartica*）、糖海带（*Saccharina latissima*，曾用名 *Laminaria saccharina*）和黑叶巨藻（*Lessonia nigrescens*），以及一些小型海藻如墨角藻属（*Fucus*）物种、带状石莼（*Ulva taeniata*）和瘤枝囊藻（*Colpomenia tuberculata*）。“无性繁殖海藻”（clonal seaweed）是由 Scrosati（2005）定义的，即“固着器可以生长出大量的叶状体，每个都是从藻体上物理分离出来的叶状体，如果含有原始的固着器可以附着在基底上，均具有自主生活的潜能”。*Genet* 指一种“遗传个体”（genetic individual），被定义为“从原始受精卵、单性生殖配子或孢子发育而来的自由个体，在生长过程中会产生生长素”（Scrosati，2002a）。无性繁殖的每个独立叶状体分株是 *Genet* 中最小的具有生理上独立的个体，“任何藻类碎片都有能力再生发育成一个新的个体”（Collado-Vides，2002a）。无性繁殖海藻包括公园马泽藻（*Mazzaella parksii*，曾用名 *M. cornucopiae* 和 *Iridaea cornucopiae*），蕨藻属（*Caulerpa*）和瘤状囊叶藻（*Ascophyllum nodosum*）。无性繁殖海藻可以被进一步分为合并性克隆（如公园马泽藻 *Mazzaella parksii*）和非合并性克隆（毛状翅枝藻 *Pterocladiella capillacea*，曾用名 *Pterocladia capillacea*；Scrosati，2005）。一些无性繁殖海藻形成了细胞连接并结合形成嵌合体①（图 1.6a）。嵌合体在红藻中很普遍，但在其他海藻中则很少见（Santelices et al.，1996，1999；Santelices，2004a）。

单一海藻和无性繁殖海藻都包含了模块化结构的例子。“模块”这个词指的是生物体的任何部分，都是一个重复的单位。例如墨角藻属物种，是单一模块化的，因为每个分枝和相关的顶端细胞由于生长而重复；而海带属物种是单一的非模块化的，因为每个个体只有一个分生组织，这种模式在个体中是不重复的。石花菜属（*Gelidium*）物种是一种单一模块化的无性繁殖海藻，其无性分枝是重复单元。马泽藻属（*Mazzaella*）是非模块化的无性繁殖海藻，因为每一个无性繁殖分株都是无分枝的。

直到 21 世纪初，大多数的生理和生态学研究都认为海藻是单一的有机体（见 1.2.2 节）。Santelices（2004a）的功能形式模型表明海藻单一的、无性繁殖的、嵌合的生物体相互作用，并在生理上和形态学上对其所处的非生物和生物环境存在着不同的响应。例如，智利江蓠（*Gracilaria chilensis*）和拟片状马泽藻（*Mazzaella laminarioides*）从基壳上形成的直立轴的数量随着形成聚结的孢子数量增加而增加，在生命的最初 60 d 内，嵌合体的“个体”比单一的个体生长得更快（图 1.6b），这些差异可能会影响到环境资源的获取（Santelices et al.，2010）。

对于物种多样性而言，许多指标都是基于个体的数量。但单个的无性繁殖生物体可能非常大，并且覆盖了相当大的表面区域（Santelices，1999；见 3.5.1 节）。海藻的嵌合能力也提出了如何界定个体的问题（Santelices，1999）。此外，自疏法则也不适用于无性繁殖海藻和单一海藻（Scrosati，2005；见 4.2.3 节）。显然，需要一个结合 Littler 和 Littler（1980）传统功能分组以及关于模块性和联合性的发展理论的更加全面的模型（Santalices，2004a；Scrosati，2005）。

① 术语“嵌合体”和“遗传嵌合体”这两个词经常可以互换使用但这种用法是不正确的，这两种说法都是不正确的，两者都具有遗传异质性（即不均匀），但是遗传嵌合体更常见是因为它们是由固有的遗传变异引起的，例如体细胞突变，而嵌合体是由不同的个体基因遗传混合的结果（Santelices，2004b）。

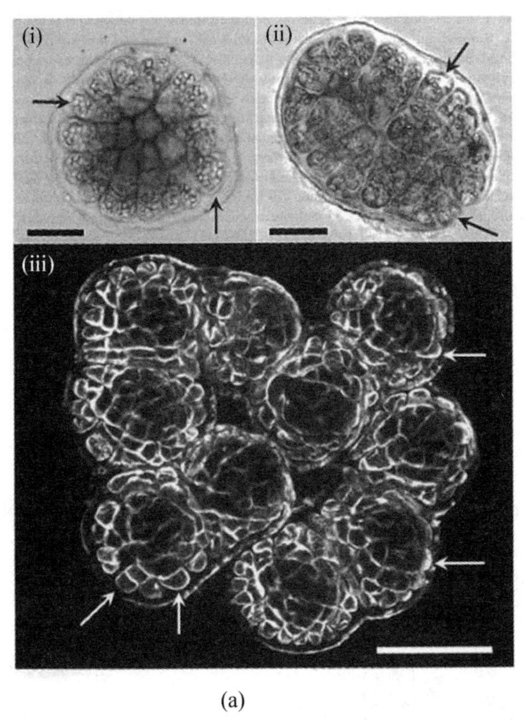

(a)

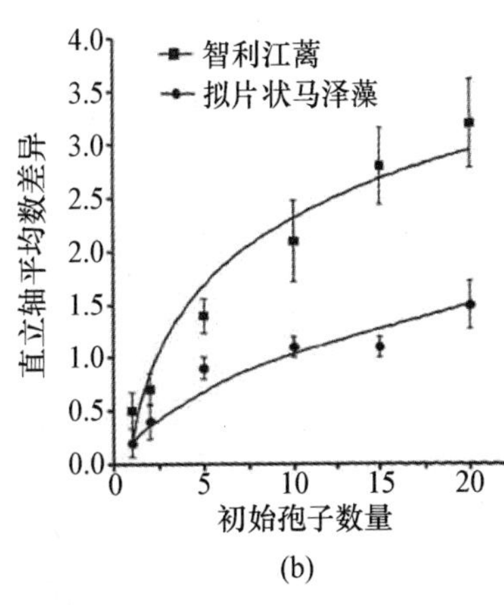

(b)

图 1.6　无性繁殖海藻的嵌合体

注：(a) 智利江蓠 (*Gracilaria chilensis*) 的 1 个 (i)，2 个 (ii) 和 10 个 (iii) 孢子形成的萌芽孢子，随着融合数目的增加，自由的边缘细胞比例减小。箭头表示自由的边缘细胞，(i) 和 (ii) 比例尺为 50 μm，(iii) 比例尺为 100 μm；(b) 智利江蓠和拟片状马泽藻 (*Mazzaella laminarioides*) 在 30 d 萌芽孢子的直立轴平均数的差异，横轴是形成萌芽孢子的初始孢子数量（引自 Santelices et al.，2010）。

1.3　海藻细胞

尽管整体上，海藻和环境之间存在着相互作用，但对环境的生理反应及其对整体形态产生影响的机制，都发生在细胞内（Niklas，2009）。细胞受到细胞壁和细胞膜的保护，并被具有膜结构的细胞器分隔开，细胞是通过这些膜和壁，与环境保持良好的接触。细胞的结构和成分组成为生理生态学研究奠定了必要的背景基础。

藻类细胞的某些组成部分和功能，与其他有机体（如鼠或细菌）中的系统相似（尽管不一定相同）。线粒体结构和功能，遗传物质及其转化为蛋白质，膜结构是真核细胞的基本特征。藻类的其他细胞构造则是与众不同的，包括了细胞壁的组成与结构、鞭毛、细胞骨架和类囊体光系统结构。这些内容可参考 Pueschel（1990）、Van den Hoek 等（1995）、Larkum 和 Vesk（2003）、Katsaros 等（2006）及 Graham 等（2009）对藻类细胞学的评论以及 Buchanan 等（2000）和 Beck（2010）关于高等植物细胞生物学的评论。

藻类细胞也具有含有许多活性次生代谢产物的独特结构。褐藻细胞的典型特征是含有类似于植物的囊泡（图 1.7），囊泡在细胞和组织层面对于包括细胞壁形成、伤口愈合（见 2.6.4 节）、繁殖体对基质的黏附力（见 2.5.2 节）、防紫外线辐射（见 7.6 节）、食草动物的胁迫（见4.4节）和金属吸附（见9.3.3节）过程中发挥了广泛的作用（Schoenwaelder，2002）。樱桃体（*corps en cerise*；cherry bodies）是凹顶藻属（*Laurencia*）物种所特有的，是卤代化合物的储存囊泡，其转运卤代化合物到细胞表面并释放，用于抵抗食草动物和防污损生物附着（Salgado et al.，2008）。红藻中常见的“腺体细胞（Gland cells）”也含有能抵抗细菌的次生代谢产物（Paul et al.，2006a；见4.2.2节）。

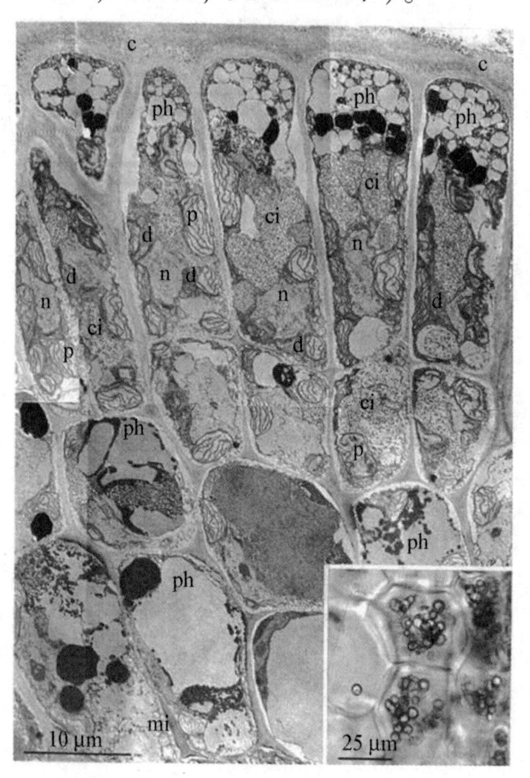

图1.7　柔荑囊链藻缢缩变种（*Cystoseira amentacea* var. *stricta* Montagne，曾用名 *Cystoseira stricta*）的横切面

注：横切面呈现出分化的组织。视图的上部是拟分生组织细胞；底部是原分生组织。细节图展示的是由咖啡因染色囊泡的新鲜切片；c，角质层；ci，彩虹体（iridescent body）；d，高尔基体；mi，线粒体；n，细胞核；p，质体；ph，囊泡（引自Pellegrini，1980）。

1.3.1　细胞壁

细胞壁不仅仅能增强细胞的机械强度，其对细胞生长和发育过程也是至关重要的，例如，受精卵分裂的轴形成和海藻生长中的分枝形成。细胞壁在繁殖中至关重要，与生殖细胞的黏附和释放有关；作为许多藻类的最外层细胞构造，细胞壁是抵御病原体和食草动物的第一道防线（见4.2.2节和7.8节）。相对于细胞外基质的纤维素成分，细胞间基质材料丰富，广泛的硫酸化是海藻的重要特征，尤其是表现出对环境的适应性，例如抗风浪和耐旱（Kloareg and Quatrano，1988；见5.5节和8.3.1节）。细胞壁也含有结构蛋白，在维管植物和单细胞绿藻中都有深入的研究，但在红藻中已被证实难以进行提取和分析（Deniaud et al.，2003）。掌形藻（*Palmaria palmata*），在柔软与刚性的叶片中，结构蛋白的结构不同，这表明其在“细胞发育和分化”中所扮演的不同角色（Deniaud et al.，2003）。所以，细胞壁具有重要的作用，Szymanski 和 Cosgrove（2009）认为应该“把细胞壁看做是另一种细胞器，通过细胞质和膜系统控制 pH 值、离子活性、活性氧种类、代谢物浓度、酶含量和结构成分”。

在电子显微镜应用的早期，植物细胞壁被看做是一种无定型基质的纤维素微纤丝的网状组织（Mackie and Preston，1974）。海藻中含有大量的基质多糖，由于具有潜在的商业价值，目前这些多糖的鉴定和分类已进行了大量的研究工作（Vreeland and Kloareg，2000）（见 10.3、10.5 和 10.6 节）。多糖的生物合成途径还没有被完全解析，尤其是在褐藻中（Charrier et al.，2008），虽然根据水云属（*Ectocarpus*）基因组成确定了公认的途径，但仍需进行严格的基因功能检测（Michel et al.，2010a）（见 5.5.2 节）；而 Chi 等（2017）通过基因体外重组表达的功能验证了褐藻胶和岩藻多糖硫酸酯合成的上游通路。海藻细胞壁的纤维成分是由纤维素、甘露聚糖（β-1,4-D-manan）、木聚糖（β-1,3 或 1,4-D-xylan）构成的，虽然只占细胞壁干重量的一小部分（5%~15%），但其对于提供细胞抗拉强度至关重要（Tsekos，1999；Lechat et al.，2000）。Kloareg 和 Quatrano（1988，图 1.8a）提出的细胞壁结构模型和前人的假设相似（Michel et al.，2010a），但在绿藻石莼属（*Ulva*）中提出了一个相似但更详细的模型（Lahaye and Robic，2007）（见 5.5.2 节）。然而，自 20 世纪 90 年代中期以来，冷冻电子显微镜和分子生物学技术的应用，已经在解析复杂的细胞器方面取得了实质性的进展，这些细胞器负责纤维素微纤维的合成，并组装出植物和藻类的细胞壁（Tsekos，1999；Doblin et al.，2002；Saxena and Brown，2005。）

纤维素微纤丝在由纤维素合成酶组成的终端复合体（TCs）上合成，它穿过细胞膜通过两步加工制造微纤丝。首先 UDP-葡萄糖聚合成β-1,4-葡聚糖，然后葡聚糖链结晶形成微纤丝（Tsekos，1999；Saxena and Brown，2005；Roberts and Roberts，2009）。在高等植物中，TCs 是由 6 个亚单位构成的“玫瑰花形”结构，但在红藻、绿藻、褐藻中，TCs 是线性的。例如，褐藻鹿角菜属（*Pelvetia*）的 TCs 是由 10~100 亚基组成的单线条形式，而红藻条斑紫菜（*Pyropia yezoensis*）则有 2~3 条。TC 的结构决定了纤维素微纤丝的尺寸和形态（Tsekos，1999，表 1 和图 7）。例如，红藻微纤丝有两种形式，一个是“近似方形”的长方体；另一个是“平面和带状”的正交结构。纤维素合成酶基因已在条斑紫菜和长囊水云（*Ectocarpus siliculosus*）中测序，被用于解析纤维素合成的进化起源（Roberts and Roberts，2009；Michel et al.，2010a）。

纤维素细胞壁由平行的纤维素微纤丝层组成。这些微纤丝组织是由 TCs 在穿过细胞膜时所采取的路径决定的。在维管植物中，这个途径是由皮层微管所引导的，但对海藻方面的了解很少，只有墨角藻属（*Fucus*）合子的 f-肌动蛋白（f-actin）中提供了微纤丝组织形成的途径（Bisgrove and Kropf，2001）。在硬毛藻属（*Chaetomorpha*）和管枝藻属（*Siphonocladus*）中，微纤丝层依次以互相垂直的角度排列（90°直角）。在其他藻类以及在某些特定的细胞壁中，包括香蕉菜（*Boergesenia forbesii*）的不动孢子、帚状鹿角菜（*Silvetia compressa*，曾用名 *Pelvetia fastigiata*）的受精卵、齿缘墨角藻（*Fucus serratus*）的合子、绵形藻（*Spongomorpha arcta*）和半球布氏藻（*Boodlea coacta*）的植物性细胞壁，微纤丝层的角度变化要缓慢得多，类似于典型的高等植物螺旋状排列（图 1.8b）。然而许多藻类的细胞壁中，每层的微纤丝层都没有择优定向（Kloareg and Quatrano，1988；Tsekos，1999）。例如，大多数红藻的微纤丝在每一层都是随机分布的；当然也有例外，如 *Spermothamnion johannis*、裸露多管藻（*Polysiphonia denudata*，曾用名 *P. variegata*）和偏枝爬管藻柔嫩变型（*Herposiphonia secunda* f. *tenella*，曾用名 *Herposiphonia tenella*）则是平行分布的（Tsekos，1999）。

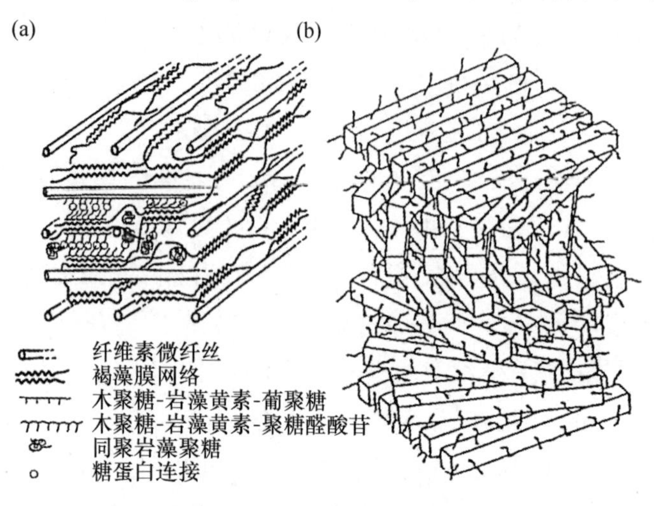

图 1.8　藻类细胞壁结构

注：(a) 褐藻细胞壁显示纤维和基质成分；(b) 在一些绿藻中发现，细胞壁由半纤维素分子螺旋堆叠构成。棒状结构表示每个分子的骨架，波形曲线表示柔性侧链（图 a 引自 Kloareg et al.，1986；图 b 引自 Neville，1988）。

褐藻和大部分红藻的纤维素是一种纤维状的物质，但并不是细胞壁中唯一的纤维结构多糖，因为木聚糖也形成微纤丝，而甘露聚糖则形成短棒。木聚糖和甘露聚糖在单细胞和多核体绿藻中十分常见，与纤维素相比，它们几乎没有被研究过（Dunn et al.，2007；Fernádez et al.，2010）。一些海藻细胞壁具有特殊生物化学特性，在不同世代有不同的纤丝或基质多糖。例如，伞藻属（*Acetabularia*）和松藻属（*Codium*）的二倍体藻体含有甘露聚糖，繁殖阶段的细胞壁则几乎全部是纤维素（Kloareg and Quatrano，1988）。条斑紫菜（*Pyropia yezoensis*）的叶状体可合成木聚糖，而丝状孢子体则合成纤维素（Tsekos and Reiss，1994）。最近，脐形紫菜（*Porphyra umbilicalis*）基因组揭示了不同糖基转移酶的世代间表达差异是导致这一生化差异的主要机制。

大多数红藻外部有多层的蛋白质“角质层”覆盖在其表面（Craigie et al.，1992），可以抵御食草动物的摄食、抗干露以及抗细菌降解（Hanic and Craigie，1969；Gerwick and Lang，1977；Estevez and Cáceres，2003）。某些物种，包括角叉菜（*Chondrus crispus*）配子体和马泽藻属（*Mazzaella*），藻体典型的彩虹色是因其具有较厚的多层“角质层”，其中许多薄的分层使光线高、低折射率交替产生干涉，就像肥皂泡一样。角叉菜孢子体（3~7 层）与配子体（6~14 层）相比有较少的层数，并且排列不规律，这解释了该物种孢子体不是彩虹色的原因（Craigie et al.，1992）。绿藻刺松藻（*Codium vermilara*）的配子囊也有“角质层”，但其结构还有待详细说明（Fernández et al.，2010）。部分藻类的细胞壁因钙化作用而闻名，这些海藻通常被认为很容易受到海洋酸化的影响（见 6.5.3 节和 7.7 节）。Martone 等

(2009) 在钙化的红藻唇孢珊瑚藻 (*Calliarthron cheilosporioides*) 中第一次发现了木质素和次生细胞壁，具有陆生植物的特征，这之前在海藻中从未被发现。

单克隆抗体和相关技术能够揭示细胞壁表面的复杂性和分子特性 (Vreeland et al., 1987; Eardley et al., 1990; Vreeland et al., 1992; Jelinek and Kolusheva, 2004)。海藻藻体的不同部位具有不同的细胞壁结构。褐藻胶中聚古罗糖醛酸比例高是众所周知的 (Craigie et al., 1984; Vreeland and Laetsch, 1989; Vreeland et al., 1998; 见 5.5.2 节)。在萌发的合子和再生的原生质体中，使用不同碳水化合物的抗体可以检测出假根和叶状体两端之间的差异 (Boyen et al., 1988)。在齿缘墨角藻 (*Fucus serratus*) 精子研究中，Jones 等 (1988) 能够区分几个区域，包括鞭毛尖端 (在卵子识别中至关重要；见 2.4 节)、前鞭毛的茸鞭茸毛和精子细胞。在墨角藻属 (*Fucus*) 受精卵萌发过程中，会发生某些细胞壁组分的定位变化，当碳水化合物从高尔基体定向到适当的细胞壁上时，这一过程涉及肌动蛋白 (actin) /肌动蛋白相关蛋白 (Arp2/3) 的细胞骨架 (见 2.5.3 节)。

1.3.2 细胞器

质体和线粒体是真核细胞的细胞器，它们分别是由曾经独立生存的蓝细菌 (cyanobacteria) 和 α-变形菌 (alpha-proteobacteria) 的内共生起源的 (图 1.1)。当它们被吞噬时，大多数基因 (质体的 90%~95%) 被转移到宿主细胞核，使它们必需依赖于宿主产生的基因产物，尽管一些必需蛋白质仍然由质体所制造，但其仍被视为半自主细胞器。质体和线粒体所需大部分产物由细胞核 DNA 编码，在细胞质中合成，然后运输到细胞器中。转运肽 (transit peptides) 促进了这一过程的进行 (质体是 TOC 和 TIC，线粒体是 TIM 和 TOM)。转运肽是附着在细胞核编码的前蛋白上的末端多肽，并作为一个位置标签被目标细胞器的膜成分所识别。一旦穿过了细胞器膜，转运肽就会被降解 (Reyes-Prieto et al., 2007; Graham et al., 2009; Weber and Osteryoung, 2010; Delage et al., 2011)。因此，曾经独立生存的原核生物细胞变成了半自主细胞器，但保留了许多独立生存的祖先的特征。例如，两种细胞器增殖都是进行二分裂，但是负责调控分裂的基因则在细胞核中编码，这就解释了质体为什么不能在无细胞环境下进行复制 (Grant and Borowitzka, 1984; Miyagishima and Nakanishi, 2010)。

尽管大多数与质体和线粒体有关的 DNA 都被转移到宿主细胞核中，但质体 DNA (cpDNA) 和线粒体 DNA (mtDNA) 仍保留了对于细胞器基本核心代谢功能的编码基因。细胞核调控着细胞器中的基因表达，称为“顺行信号”；作为回应，细胞器通过发出“逆行信号”来对核基因表达进行调控 (Nott et al., 2006)。海藻的线粒体基因组相对比较保守，角叉菜大小为 25 836 bp，紫红紫菜 (*Porphyra purpurea*) 为 36 753 bp，墨角藻 (*Fucus vesiculosus*) 为 36 392 bp (Barbrook et al., 2010)。线粒体基因组包括“核心”蛋白质编码基因涉及氧化磷酸化和翻译，以及核糖体 RNA (rRNA) 基因编码的大亚基 (LSU) 和小亚基 (SSU)。几乎所有的光合作用生物的质体含有负责光合作用的“核心基因”，包括光系统 I 和 II 的基因、细胞色素 b6f (cytochrome b6f)、ATP 合成酶 (ATP synthase)、二磷酸核酮糖羧化酶 RuBisCO (核酮糖-1,5-二磷酸羧化酶/加氧酶 ribulose-1,5-bisphosphate carboxylase/oxygenase) 和 LSU 和 SSU 组件 (Barbrook et al., 2010)。几种海藻的质体基因组已经被完全测序，包括线状红藻细基江蓠 (*Gracilaria tenuistipitata*) 为 183 883 bp (Hagopian et al., 2004)、

Calliarthron tuberculosum 为 178 981 bp、角叉菜为 180 086 bp、披针形蜈蚣藻（*Grateloupia lanceola*）为 188 384 bp（Janouškovec et al.，2013），紫红紫菜（*Porphyra purpurea*）为 191 028 bp（Reith and Munholland，1995），条斑紫菜为 191 954 bp（Smith et al.，2012），褐藻长囊水云（*Ectocarpus siliculosus*）为 139 954 bp、墨角藻（*Fucus vesiculosus*）为（124 986 bp（Le Corguillé et al.，2009），以及绿藻藓羽藻（*Bryopsis hypnoides*）为 153 429 bp（Lü et al.，2011）。所有光合生物中，质体基因组最大的是伞藻属（*Acetabularia*），为 1 500 000 bp（Mandoli，1998a）；最小的则是刺松藻（*Codium fragile*），为 89 000 bp（Simpson and Stern，2002）。

不同的海藻类群，从亲本到子代的质体和线粒体的遗传模式和复制模式（卵式生殖 oogamy、异配生殖 anisogamy 和同配生殖 isogamy）是不同的。卵配生殖的褐藻，包括墨角藻（*Fucus vesiculosus*）、狭叶海带（*Saccharina angustata*，曾用名 *Laminaria angustata*）和翅菜（*Alaria esculenta*），线粒体和质体为母系遗传（Motomura，1990；Kraan and Guiry，2000；Motomura et al.，2010）。狭叶海带（*Saccharina angustata*）受精卵较小且不分裂；虽然可以存活，但其线粒体被包含在内质网内并被溶酶体消化（图 1.9）（Motomura，1990）。同配生殖的褐藻长囊水云（*Ectocarpus siliculosus*）和萱藻（*Scytosiphon lomentaria*）的质体为双亲遗传（biparentally），而线粒体为母系遗传。然而，同配生殖的褐藻和卵配生殖物种的雄性 mtDNA 降解的时间不同：来自雄性和雌性配子的 mtDNA 在后代中可同时存活到四细胞阶段，然后雄性 mtDNA 被选择性地分解，这种选择过程的机制目前还属未知（Peters et al.，2004a；Kimura et al.，2010）。在所有的褐藻中，中心粒是从雄性配子继承而来的，母系中心粒因生殖模式不同降解时间也不同（图 1.9b）：卵配生殖的褐藻，母系中心粒在卵子形成时消失，而父系中心粒随后作为鞭毛基体被引入；在异配生殖和同配生殖中，来自父母双方的中心粒都在受精卵中存在，但母系中心粒随后退化（Nagasato，2005）。

绿藻质体和线粒体的母系遗传很常见。大羽藻（*Bryopsis maxima*）和极细德氏藻（*Derbesia tenuissima*）的父系 cpDNA 和 mtDNA 在配子形成精子的过程中退化（Lee et al.，2002）。伞藻（*Acetabularia caliculus*）和网球藻（*Dictyosphaeria cavernosa*）则是在受精后形成合子时退化（Lee et al.，2002）。然而，也有例外，扁浒苔（*Ulva compressa*）的 cpDNA 来自 mt+（mt=交配类型），而通过发现一些不同的基因序列，可以证实 mtDNA 可以从 mt+，mt-或者两者共同遗传（Kagami et al.，2008；Miyamura，2010），即双亲遗传。

质体　真核生物质体的多样性是显著的，反映出许多通过内共生获得、丢失和替代事件（Howe et al.，2008；见 1.1 节），质体的多样性及其各种功能得到了 Wise（2007）的评估。术语“叶绿体”历来被用来描述所有藻类谱系中的质体，这种用法仍然很普遍。然而，其也被用来特指高等植物和绿藻含有叶绿素 a 和 b 的质体（Purton，2002；Howe et al.，2008）；同时还存在其他的术语，如代表红藻质体的“藻红体”（rhodoplast；Wise，2007）。本书参照 Graham 等（2009），使用“质体”作为一个通用术语，包含了红藻、绿藻和褐藻世系的质体。红藻和绿藻的质体有两层膜，是通过初级内共生获得的；而褐藻的 4 层膜的特征是因次级内共生获得的（图 1.10；Larkum and Vesk，2000；Archibald，2009；见 5.3.1 节和图 5.8）。一些管状绿藻（蕨藻属 *Caulerpa*、仙掌藻属 *Halimeda*、钙扇藻属 *Udotea* 和绒扇

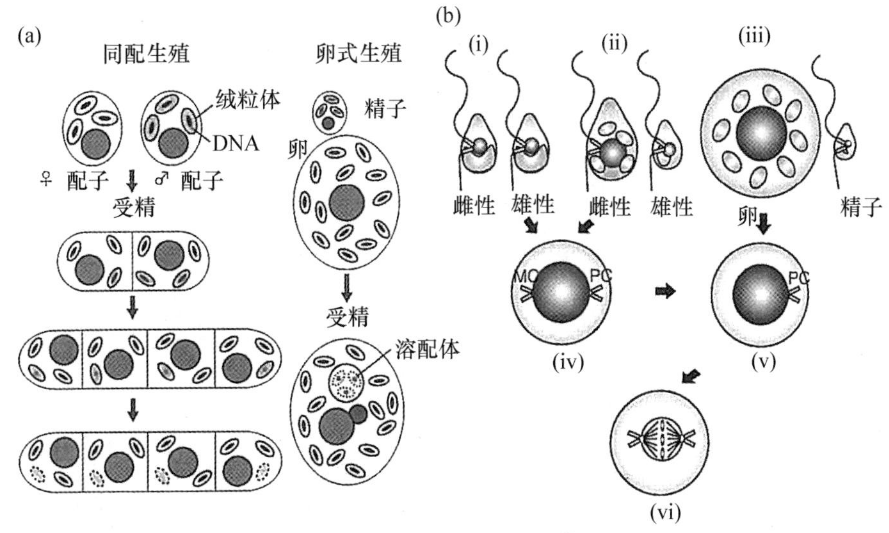

图 1.9　褐藻线粒体的细胞质遗传

注：（a）图示褐藻线粒体在同配生殖（萱藻 *Scytosiphon lomentaria*）和卵式生殖（狭叶海带 *Saccharina angustata*，曾用名 *Laminaria angustata*）中的细胞质遗传。在同配生殖中，线粒体 DNA（或线粒体）在受精后，在孢子体的四细胞阶段被选择性地清除。在卵式生殖中，精子的线粒体在受精后不久就被消化。（b）褐藻受精后，父系中心粒遗传示意图。（i）同配生殖；（ii）异配生殖；（iii）卵式生殖，在同配生殖和异配生殖中，雌配子通过性信息素吸引雄配子；（iv）在受精后，受精卵有来自雄性和雌性配子体的两对中心粒（=鞭毛基体）；（v）随后，母系中心粒有选择性地消失；（vi）在有丝分裂之前，父系来源的中心体复制并且每一对中心粒都位于纺锤体的相反极。MC，母系中心粒；PC，父系中心粒（图 a 引自 Motomura et al.，2010；图 b 引自 Nagasato，2005）。

藻属 *Avrainvillea*）除了质体之外，还有无色的、用于储存淀粉的淀粉体（van den Hoek et al.，1995）。在陆生植物中，淀粉体参与了向地性作用（Palmieri and Kiss，2007），但在海藻中，除了蕨藻再生根的导向作用外（见 2.6.4 节），类似的功能还未见报道。

光合藻类的细胞内含有一个或多个质体（伞藻属 *Acetabularia* 的一些物种每个巨型细胞可能含有 $10^7 \sim 10^8$ 个）。较厚的藻体中，光遮蔽以及被覆盖的皮层细胞阻止了髓部细胞快速的气体交换，这类组织通常缺乏质体或质体已退化。质体有其特有的形状，可用于藻类的分类学，包括盘状、星形、带形或杯状（Larkum and Barrett，1983；van den Hoek et al.，1995；Graham et al.，2009）。类囊体都含有光合色素（红藻具有存在于类囊体上的藻胆蛋白），类囊体的层数也有重要的分类学意义（Larkum and Vesk，2003；Su et al.，2010），见 5.3.1 节和图 5.8。红藻的类囊体是单层的，褐藻一般有 3 层，而绿藻为 2 层或以上。红藻纲（Florideophycidae）一些物种的质体在质体膜内还具有一个外围的类囊体（图 1.10a）。褐藻质体外部与内质网紧密地联系，称为质体内质网膜（periplastidal endoplasmic reticulum，PER）（图 1.10b）。有些质体具有主要成分为二磷酸核酮糖羧化酶（RuBisCO）的蛋白核（以及特殊的形状），而其他关键的卡尔文循环酶则分散在基质中（Tanaka et al.，2007）。一些藻类（如大羽藻 *Bryopsis maxima*）的蛋白核也是硝酸盐还原酶所在的位置（Okabe and Okada，1990）。

质体的形状和排列的差异被用作评估系统发生关系的重要特征（尽管在某些情况下，相似性可能代表趋同进化）。例如，星状质体是褐藻的重要特征，Peters 和 Clayton（1998）利用该特征利用分子系统分析建立了褐藻的革木藻目（Scytothamnales）。虽然对质体形状和

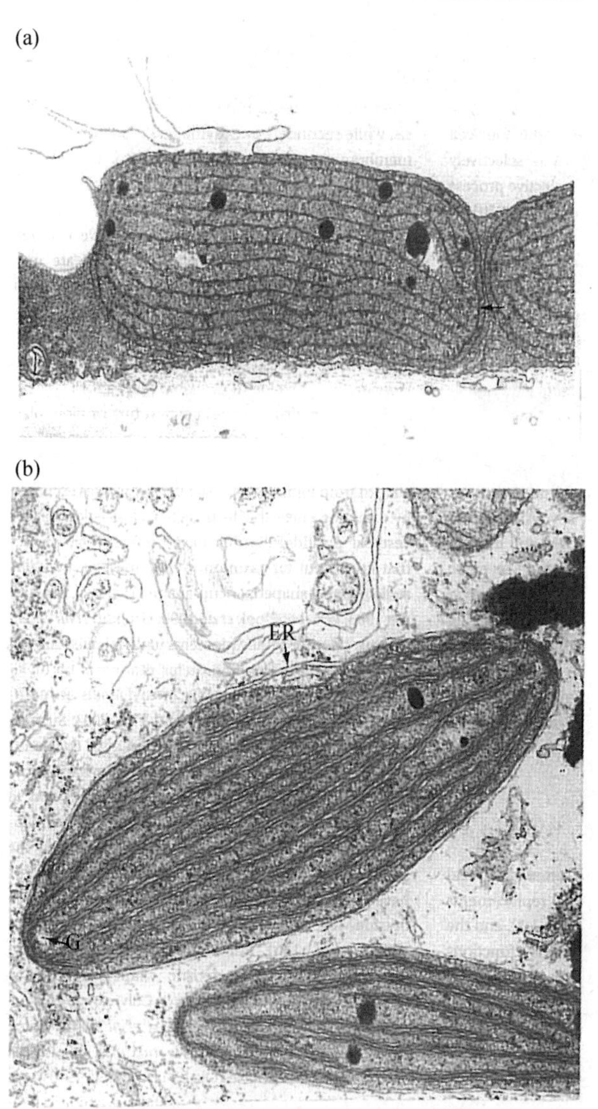

图 1.10　藻类的质体

注：（a）红藻紫萁藻（*Osmundea speactabilis*，曾用名 *Laurencia speactabilis*）质体显示在质体膜内平行的单类囊体和一个类囊体（箭头）围绕着其他的；（b）褐藻墨角藻属未定种（*Fucus* sp.）质体显示 3 层类囊体的特征，基因组（G）和内质网（ER）围绕着细胞器；标尺：1 μm（由 Dr T. Bisalputra 提供）。

大小差异的生理意义尚不完全清楚，但其可能反映了不同的进化反应；与均匀溶质中的色素相比，“包裹”（包裹效应，package effect）色素可降低光吸收度（Osborne and Raven，1986；Dring，1990；见 5.3.2 节）。

管状绿藻的质体与众不同，通常比其他藻类和高等植物具有更大的自主权（Lü et al.，2011）。例如，将羽藻属（*Bryopsis*）的原生质从细胞中排出（实验提取或被草食动物吸出）后，质体能够聚集，并在原生质体的周围形成了特殊的“外皮”，这个额外的膜含有少量的细胞质。从松藻属（*Codium*）和蕨藻属（*Caulerpa*）分离的质体不会在蒸馏水中膨胀或者爆裂。当它们被囊舌亚目（Sacoglossan）软体动物（海蛞蝓）捕食后，这个“外皮”可以防止质体被消化，从而使质体与动物形成一种共生关系而继续进行光合作用（Grant and

Borowitzka，1984），这种共生的质体被称为“盗食质体”（kleptoplasty）（见 4.5.3 节）。

质体也会在细胞内迁移。仙掌藻属（*Halimeda*）质体可以进行大规模的昼夜迁移（Drew and Abel，1990）。超过 100 个质体从藻体表面的小囊通过胞质链穿过狭窄的收缩沟进入到髓丝，最终使藻体表面的碳酸盐外壳使植株颜色变白（图 1.11）。向内迁徙是由黑暗触发的（一天中的任何时候），向外迁移是则是在黎明之前就开始了，明显呈现出内源节律。内源性控制的质体迁移在（*Halimeda*）新的仙掌藻属藻体形成中也很明显。最初形成一种无色细丝的原始节段，然后在夜晚质体流入新的节段，在微管和微丝的帮助下，在 3~5 h 内完全变成绿色（Larkum et al.，2011）。潮间带物种网地藻属（*Dictyota*）的海藻，质体迁移是一种光保护机制。正午的时候，质体从强烈的光线中移开（Hanelt and Nultsch，1990，1991）。蕨藻属（*Caulerpa*）的淀粉体比质体移动的更多，并且是在微管中运输，而质体是通过肌动蛋白-肌球蛋白系统移动的（Menzel and Elsner-Menzel，1989）。

(a)

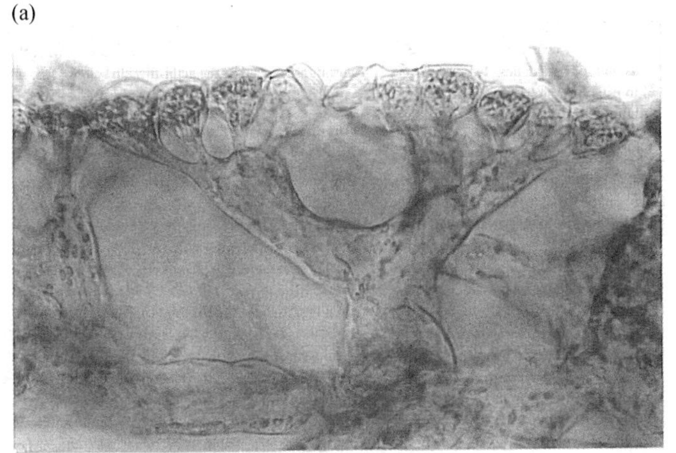

(b)

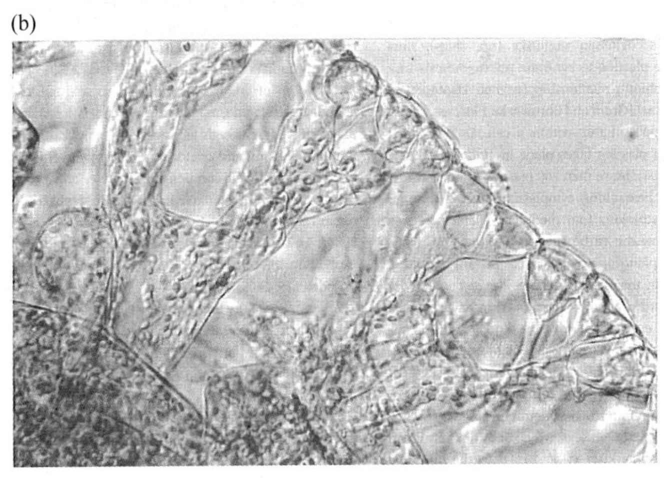

图 1.11　仙掌藻属（*Halimeda*）质体的迁移

注：(a) 日间切面，显示的是表面（主要）的小囊被质体填满；(b) 夜间切面，质体已经从钙化层转移到次级营养体和髓质纤维（引自 Drew and Abel，1990）。

1.3.3 细胞骨架和鞭毛

藻类细胞的细胞骨架在有丝分裂、胞质分裂、细胞核分裂、极性、合子和营养细胞形成、细胞器（包括质体和囊泡）的运输、胞质流动、细胞生长、鞭毛器官和伤口愈合中起着重要作用（Menzel，1994；Fowler and Quatrano，1997；Schoenwaelder and Clayton，1999；Katsaros et al.，2006；Bisgrove，2007）。在藻类中，细胞骨架由微管（MTs，直径 25 nm）和丝状肌动蛋白（f-actin）微纤维（直径 5~7 nm）组成，这些微管是由微管蛋白和肌动蛋白的组成蛋白亚基组装和分解的（Hable et al.，2003；Taiz and Zieger，2010）。墨角藻属海藻的合子因其个体大、易获得以及具有非极性的卵（见 2.5.3 节），被作为研究受精、极化和细胞分裂的模型系统。绿藻的细胞骨架也得到了很好的研究，尤其是伞藻属（*Acetabularia*）。尽管应用免疫标记和激光共聚焦显微镜技术揭示了红藻日本凋毛藻（*Griffithsia japonica*）、合子丽丝藻（*Aglaothamnion oosumiense*）和掌形藻（*Palmaria palmata*）原生质体的组织细节（Garbary and McDonald，1996；Kim et al.，200la；Le Gall et al.，2004），条斑紫菜（*Pyropia yezoensis*）肌动蛋白基因及其表达也已经被报道（Kitade et al.，2008），但红藻细胞骨架的精细结构图像仍不太完整。

伞藻属（*Acetabularia*）配子囊的发育过程是观察细胞骨架形状细胞的良好案例（Menzel，1994；Mandoli，1998b；Mine et al.，2008）。在营养生长中（图 1.12），成束的肌动蛋白微纤维沿细胞轴排列（图 1.13）。当伞帽形成后，二倍体“原核”经过减数分裂分裂成数千个单倍体“次级核”。细胞核沿着肌动蛋白微纤维移动到伞帽端射线，并在那里形成配子囊；之后，生殖阶段充当细胞器运输系统的肌动蛋白网络开始分解，一旦完成，次级核的位置就固定不变，并形成配子囊（图 1.13）。每个“次级核”的整个表面起到微管组织结

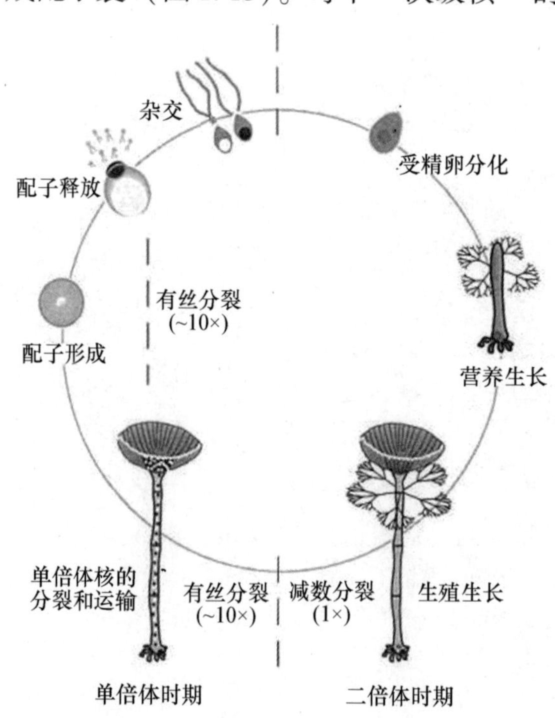

图 1.12 伞藻（*Acetabularia acetabulum*）生活史（引自 Mandoli，1998a）

构的作用。辐射微管牵引包括单个质体在内的细胞器向核移动；然后，细胞核、细胞器和一部分细胞质被封闭在配子囊中。配子囊发育的形态是由细胞动力学的肌动蛋白环来决定的。最后阶段，通过环状的收缩形成配子囊壁（图 1.13）。

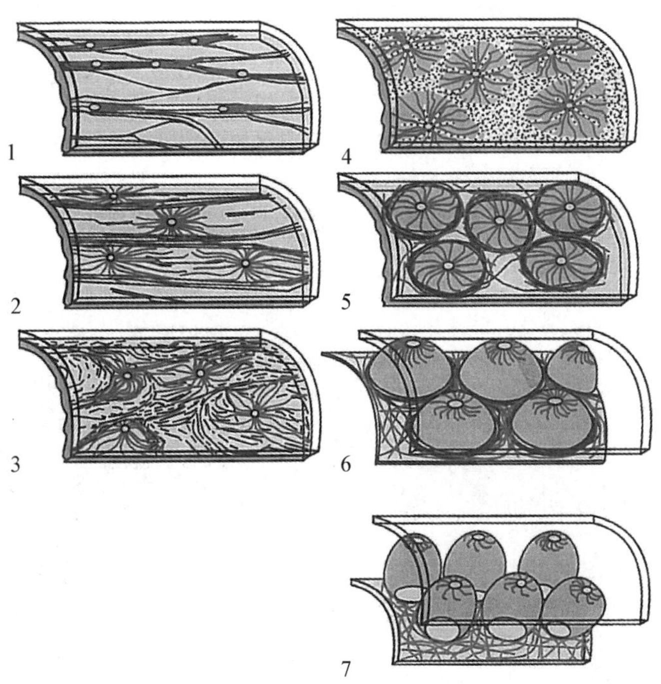

图 1.13　伞藻属（*Acetabularia*）配子囊形态发生的 7 个阶段示意图

注：微管：深灰色线；肌动蛋白束：黑线；核：浅灰色圆。1. 伞帽射线中次级核沿肌动蛋白索的迁移；2. 核固定的开始和核周微管系统的放射状扩展；3. 肌动蛋白索的断裂导致细胞质中不规则的收缩事件。核的位置重新排列；4. 肌动蛋白分解完成，核周微管最大径向膨胀，在每个核周盘上收集质体和其他细胞器；5. 微管在远端已经分解成碎片，这些碎片产生了第二个外围的微管系统，肌动蛋白环在每个区域周围的形成；6. 配子囊开始隆起，肌动蛋白环收缩；7. 肌动蛋白环收缩的后期，配子囊原生质体正在形成。注意：核周微管向逆时针方向弯曲。这种结构最终会产生伞盖的微管带（引自 Menzel，1994）。

褐藻和绿藻生活史的某个阶段具有带鞭毛的游动细胞，而红藻则没有。藻类的这种差异与绿藻、褐藻（以及动物）中心粒的存在有关；在红藻、被子植物和高等真菌中，中心粒已经丢失（Azimzadeh and Marshall，2010）。中心粒作为微管组织中心在有丝分裂和鞭毛合成中是必不可少的（Azimzadeh and Marshall，2010；Kitagawa et al.，2011）。在鞭毛里，中心粒被称为“基体”，其作用是合成细胞膜表面的鞭毛。中心粒包括一个有 9 条辐射线组成的轮状中心，辐射线连接 9 个三联体微管（图 1.14a）。在基体和鞭毛之间有一个过渡区。鞭毛本身由 9+2 个微管排列组成，统称为轴丝（图 1.14b），这是具有鞭毛的真核生物的一种非常保守的结构（Ginger et al.，2008；Marande and Kohl，2011）。9 个外部微管是双管的（A-小管和 B-小管），由微管连接蛋白连接，鞭毛运动是由附着于 A-小管的运动蛋白的运动引起的（Lodish et al.，2008）。

鞭毛的基部是由横纹肌纤维连接的，通过 4 个微管根（一对有 2 个微管，另一对有 3~5 个微管）固定在细胞骨架上。其中一根锚定在“眼点”的位置（在具有眼点的物种细胞中）。鞭毛具有条纹状“系统Ⅱ”的根可在细胞核周围延伸（van den Hoek et al.，1995）。

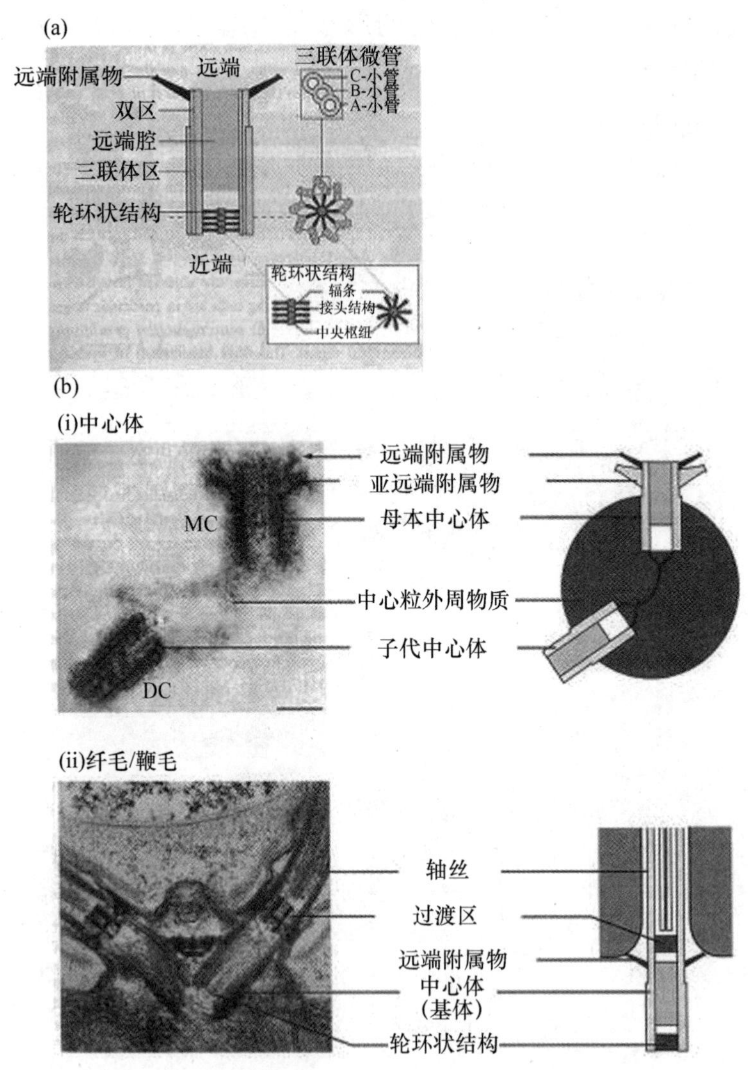

图 1.14　中心粒、中心体和鞭毛结构

注：(a) 中心粒结构，中心粒是由 9 个微管组成的轮环状结构的微管阵列。三联体通过 A-小管与轮环状结构连接，在中心粒组装时首先进行组装，是三联体中唯一的完整的微管，B-小管、C-小管是不完整的微管，在脊椎动物和衣藻中，C-小管比 A-小管和 B-小管都短，中心粒的远端是由双管微管形成的，轮环状是放射状辐条形成的中央枢纽，通过接头结构结合的三联体微管中的 A-小管终止，中心粒的远极端由 9 倍均匀的远端附属物（或过渡纤维）修饰作为基体将中心粒锚定在细胞膜上。(b) 和 (i) 在动物细胞中，中心粒形成中心体的核心结构，是主要的微管组织中心，休眠细胞（Gø）或细胞周期的 G1 期的增殖细胞包含一个单一的中心体，中心体是由一个成熟的中心粒形成的，母本中心体（MC），一个非成熟中心粒的子代中心体（DC），连接在一起并被一个叫做中心粒外周物质（PCM）的蛋白质基质所包围，在脊椎动物中，母本中心体是由两组 9 倍均匀的远端附属物修饰：远端和远端附属物，分别是纤毛生成和中心体中微管的稳定锚定所必需的，在真核生物中观察到远端附属物，而亚远端附属物只在动物中心体中发现；(ii) 在动物和其他大多数真核生物中，在纤毛/鞭毛的组装中也需要中心粒，中心体，在这种情况下通常被称为基体，通过它们的远端附属物将其与轴心体的 9 个外微管组装在了质膜上，形成纤毛/鞭毛的细胞骨架核心，一个叫做过渡区的独特结构将基体与轴心体分开，显示的是衣藻鞭毛结构的电子显微图（引自 Azimzadeh and Marshall，2010）。

由中心体蛋白构成的两组横纹纤维参与 Ca^{2+}依赖性收缩，是一个分子量约 20 000 的酸性蛋白。中心蛋白家族是真核细胞功能非常的保守和关键的 350 种普遍存在的“真核生物特征蛋白”之一（Salisbury，2007）。

鞭毛合成的机制，涉及的细胞纤毛内转运蛋白（IFT）系统，是在单细胞绿藻莱茵衣藻（*Chamydomonas reinhardtii*）中首次发现的，莱茵衣藻是一种鞭毛、纤毛结构和功能研究的模式生物（Cole，2003；Vincensini et al.，2011）。鞭毛是由超过 500 种成分蛋白质（占衣藻基因组的 3%以上）构成的，这些蛋白在细胞质中合成然后通过基体进入到鞭毛；这些蛋白质可以被视为 IFT 系统的“货物”（图 1.15）。在基体中，蛋白质被“加载”到 ITF 粒子上，然后由运动蛋白（驱动蛋白）沿着外部双微管传递到鞭毛尖端（顺行 IFT），卸下后用于组装并延长鞭毛；另一组运动蛋白动力蛋白则将 ITF 粒子重新移回到鞭毛的基质（逆行 IFT）中，在那里，蛋白质被重新加载（图 1.15；Marande and Kohl，2011）。IFT 系统还可调节鞭毛长度（Vincensini et al.，2011）。

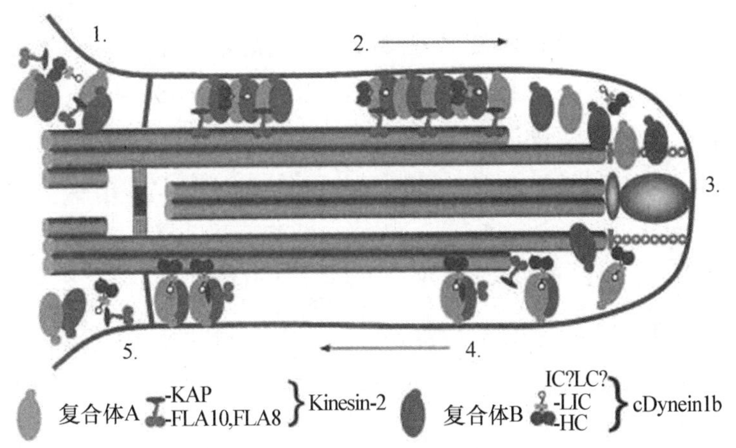

图 1.15　鞭毛内运输机制

注：（1）在基部聚集 IFT 粒子和马达蛋白；（2）Kinesin-2-mediated 顺行运输 IFT 复合体和不活跃的 cDynein1b；（3）IFT 复合体分解；（4）活跃的 cDynein1b 把所有的东西都传输回细胞体；（5）IFT 组件被回收到细胞体中。cDynein1b：细胞质动力蛋白 1b；IC：中间链；IFT：鞭毛内运输机制；LC：轻链（引自 Marande and Kohl，2011）。

海藻的鞭毛具有两个关键的作用，运动和感觉。运动对于配子结合生殖很重要，可帮助繁殖体游向海底（见 2.5.1 节）。褐藻中前鞭毛（茸鞭毛）在水中牵引配子，平稳的后鞭毛起方向舵的作用（Jékely，2009）（图 1.16）。鞭毛在交配过程中也扮演着特殊的识别和黏附的作用（见 2.4 节），并选择合适的定生基质（见 2.5.1 节）。

大多数藻类物种的运动细胞中具有含色素的眼点，但结构、位置和功能都不同（Hegemann，2008；Jékely，2009）。运动细胞的眼点是脂质斑块，因含类胡萝卜素的原因，呈现橙色或者红色。绿藻的眼点位于质体的最外区，直接位于质体膜之下，而褐藻的眼点与后部鞭毛的底部紧密相连（图 1.16；Kawai et al.，1990，1996；Jékely，2009）。“眼点”这个词具有误导性，因为眼点本身并无法感受光线（Jékely，2009）。眼点的作用是将光线聚焦到光感受器上，或者在褐藻中直接发挥类似于透镜的光感受器的作用（Kreimer et al.，1991）；

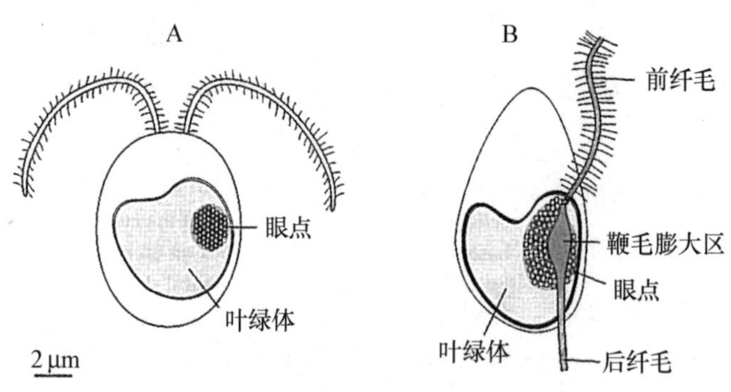

图 1.16　游孢子中眼点的位置与鞭毛和质体的关系

注：A. 绿藻；B. 不等鞭毛类（棕色藻门）。比例尺为 2 μm（引自 Jékely，2009）。

或者在绿藻中，通过堆叠的脂质层进行干涉，类似于彩虹（Melkonian and Robenek，1984；Kreimer，2001）。当游动细胞位于光源的特定方向，眼点也会遮挡邻近的光感受器，从而提供方向信号。眼点与鞭毛的微管状基底紧密联系，眼点相对鞭毛的位置对于协调绿藻和褐藻运动细胞的趋光性游动至关重要（Hegemann，2008；Miyamura et al.，2010）。

衣藻质体外表面上具有的两种感光蛋白（光敏感通道蛋白 1 和 2）可感知光并产生"感光电流"。这种电流主要是携带的 Ca^{2+}，也可以是 H^{+}和 K^{+}。当光感受器的电流达到临界水平时，就会产生鞭毛电流，这就导致了对鞭毛的平面、模式和频率的调整（Hegemann，2008）。褐藻游动配子的眼点一旦聚焦光线，鞭毛立刻膨胀并参与感光，而后鞭毛中含有至少两种荧光化合物（黄素 flavin 和蝶呤 pterin）使其能自动发出荧光（Kawai et al.，1996；Fujita et al.，2005）。水云属游动配子以及其他褐藻和绿藻的运动细胞可以进行翻滚式游动，当它们以足够的角度向光线移动时，光感受器接收到随着细胞翻滚产生的闪光。这种刺激被认为可导致后鞭毛的跳动，就像一个方向舵。当细胞与光平行游动时，感光细胞不断被细胞遮挡（Kawai et al.，1990）。水云属趋光性的光谱峰值在蓝光区域（Kawai et al.，1990，1996）。藻类的光感受器将在 2.3.3 节进行进一步讨论。

虽然红藻孢子没有鞭毛，但有一些种类是可运动的。21 种红藻孢子能"变形滑动或缓慢移动"，美丽紫菜（*Pyropia pulchella*，曾用名 *Porphyra pulchella*）孢子的运动是由肌凝蛋白运动系统驱动的（Pickett-Heaps et al.，2001；Ackland et al.，2007）。

1.3.4　细胞生长

细胞生长是由水流驱动的并且受到细胞壁的限制。由于水分的渗入，植物和海藻细胞通常都是膨胀的（见 7.4 节）。细胞壁的纤维素层（见 1.3.1 节）可以抵抗膨胀并阻止水分的渗入。陆生植物的细胞生长是通过局部控制细胞壁的松动和水分的渗入实现的（Szyrnanski and Cosgrove，2009）；Choi 等（2008）和 Perrot-Rechenmann（2010）分别评价了扩张蛋白和生长素对细胞生长的作用。与陆生植物相比，藻类细胞扩张和生长的生理与分子机制的研究很少；但是生物信息学研究发现，水云属（*Ectocarpus*）似乎缺乏参与细胞壁扩张（纤维素酶、扩张蛋白和海藻酸盐裂解酶）的已知酶家族，这一发现可能会激发这一领域新的研究工作（Michel et al.，2010a）。

Garbury 和 Belliveau（1990）列出 4 种细胞生长模式：①绿色植物特有的细胞壁均匀生长；②顶端细胞生长，其余的细胞保持不变，例如条斑紫菜孢子体的顶端细胞和墨角藻的合子（Tsekos，1999）；③典型的大多数红藻中带沉积；④红藻顶丝藻目（Arcochaetiales）和仙菜目（Ceramiales）为代表的细胞壁弥漫性沉积。条斑紫菜丝状孢子体在细胞扩张过程中所涉及的一些机制已经得到阐明（Tsekos，1999）。线性终端复合物（TCs）在尖端较丰富，并与高尔基体一起负责合成新的细胞壁。细胞壁扩张是一个动态的过程，与高尔基体囊泡运输合成细胞壁材料，也会释放出松弛细胞壁的裂解酶，使其延展；并通过 TCs 和高尔基体合成新细胞壁使细胞壁保持稳定。

具有局部生长特征的物种是良好的实验材料（Garbary et al.，1988；图 1.17）。细胞生长的位置可以用荧光增白剂（Calcofluor White M2R）对现有细胞壁多糖进行标记（Waaland，1980；Belliveau et al.，1990）。如果细胞生长是通过现有细胞壁物质的扩展来实现的，染料会被均匀稀释。另一方面，如果细胞生长是通过新细胞壁的局部合成而发生的，那么在紫外光照射下细胞上会出现暗色条带，因为新合成的细胞壁不会被染色。

Waaland 和 Waaland（1975）、Garbary 等（1988）以及其他人研究了一些仙菜目（Ceramiales）海藻的居间细胞延伸，其在细胞两端通过局部添加细胞壁材料来进行延伸（图 1.17），形成的条带数量和位置可作为物种的特征。丝藻属（*Antithamnion*）轴向细胞中有一个强大的基部生长带和一个小的轴细胞顶端生长带，定向生长的侧枝则只有一个基部生长带；生长带的位置是受顶端控制的，属于顶端优势（见 2.6.1 节）。细胞分裂可能伴随或晚于细胞的生长（见 1.3.5 节）。分生组织细胞反复的分裂和生长，而其他细胞可能会停止生长并进入分化阶段。

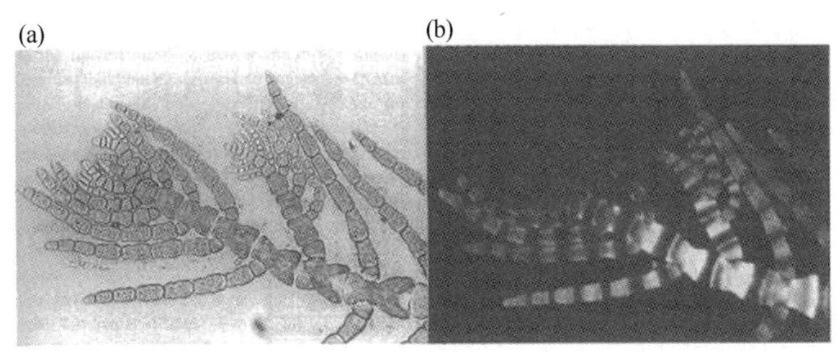

图 1.17　多姿对丝藻（*Antithamnion defectum*）的细胞生长

注：多姿对丝藻（*Antithamnion defectum*）的细胞生长，通过荧光增白剂染色使其可视化，在明场（a）和紫外光（b）下进行观察。一个具有顶端细胞的主轴具有一个不定侧根和多个定侧根。在紫外光的照射下，暗带是未被染色的新细胞壁。主轴和不定侧根细胞有两个生长带，定侧根只有一个（引自 Garbary et al.，1988）。

1.3.5　细胞分裂

细胞复制由两个不一定同时进行的过程组成：细胞核分裂（核分裂）和细胞分裂（胞质分裂）。褐藻、部分绿藻和红毛菜亚纲的藻类具有单核细胞，但一些多核体海藻（例如松藻、蕨藻等）细胞中则具有多个细胞核，因此，细胞核分裂和细胞质分裂可能是分开的。泡叶藻（*Ascophyllum nodosum*）中存在不同寻常的情况，细胞分裂可以在不发生有丝分裂的情况下发生，可能是一种程序性细胞凋亡的方式（Garbary et al.，2009）。

细胞分裂的细胞学细节已经被充分研究过，特别是在绿藻中，其中公认的 8 种类型的细胞分裂可以被用于分类学的工具（van den Hoek et al.，1988，1995）。绿藻石莼纲（Ulvophyceae）的特点是有一个持续的核膜（封闭的有丝分裂）和持续的末期纺锤体微管。在多核体类群绿藻（绒枝藻目 Dasycladales，羽藻目 Bryopsidales，刚毛藻目 Cladophorales，van den Hoek et al.，1988）的有丝分裂并不是紧接着胞质分裂进行的。在单核类群绿藻（石莼目 Ulvales，似松藻目 Codiolales）中，卵裂沟穿过细胞形成，高尔基体的囊泡被添加在新的细胞壁上。在顶管藻属（*Acrosiphonia*）顶端细胞分裂中，更多的细胞核被分裂到顶端细胞而不是近顶端的细胞，顶端细胞仍然是分生组织，而其他细胞则很少分裂（Kornmann，1970）。

应用电子显微镜可以获得更清晰的褐藻细胞分裂图片。与陆生植物相比，褐藻有丝分裂的纺锤体与动物更相似；在有丝分裂过程中，有丝分裂的每一极都有一个中心体（图 1.18a）。纺锤体微管从中心体中扩散出来（Motomura and Nagasato，2004），一个小的极孔在核膜形成，而核膜其他部分直到细胞分裂后期仍然保持完整（Graham et al.，2009）。细胞板是由中心体位置确定的。中心体充当微管组织中心（MTOC），但是在褐藻中没有皮层微管（图 1.18a）。对大多数细胞来说，细胞分裂包括细胞分裂中膜的生长，但是黑顶藻属（*Sphacelaria*）是一个例外，细胞质膜变皱（注意，以前这种机制被认为是经典的；Katsaros et al.，2009；Motomura et al.，2010；Nagasato et al.，2010）。白氏鹿角菜（*Silvetia babingtonii*）新的细胞分裂膜是由平板状囊泡（flat plate cisternae，FC；褐藻特有）和高尔基小泡（Golgi vesicles，GVs）共同形成的，两者都积聚在将要形成细胞板的位置（图 1.18b）；然后两者融合，形成一个延伸的平板状囊泡（extended flat plate cisternae，EFC），多余的 GVs 为 EFC 供应岩藻多糖，形成膜网络（membranous network，MN）。MN 又发展成膜囊（membranous sac，MS），海藻酸盐沉积在囊内，然后囊间的空隙消失，形成连续的细胞分裂膜。最后，包括纤维素在内的细胞壁组分被沉积在细胞膜外，并形成新的细胞壁（Nagasato et al.，2010）。

红藻细胞在有丝分裂过程中发生了核膜的广泛外翻，与细胞核相关的细胞器（NAOs，以前被称为“极环”）代替了中心粒作为微管组织中心。褐藻则具有封闭的有丝分裂，胞质分裂特征是由质膜向中心凹陷（Graham et al.，2009；Ueki et al.，2009）。

有丝分裂频繁发生昼夜节律周期中，但大多数的细胞分裂发生在晚上（Austin and Pringle，1969；Kapraun and Boone，1987；Makarov et al.，1995；Kuwano et al.，2008）。在海藻中发现了两种控制细胞分裂昼夜模式的机制。第一种是内源性生物钟调控，即使光/暗信号被去除，细胞分裂的昼夜循环仍在继续，也就是说海藻可生长在持续的光照或黑暗中（见 2.3.3 节和 5.7.2 节其他内源性节律的例子）。这一现象在褐藻海带和带翅藻属（*Pterygophora*）（Lüning，1994；Makarov et al.，1995），红藻脐形紫菜（*Porphyra umbilicalis*）（Lüning et al.，1997）已有报道。生物钟的分子机制在陆生植物、单细胞绿藻衣藻属（*Chlamydomonas*）和蓝细菌中已得到了很好的阐述（Harmer，2009；Johnson，2010；Schulze et al.，2010），但在大型海藻中尚无报道。

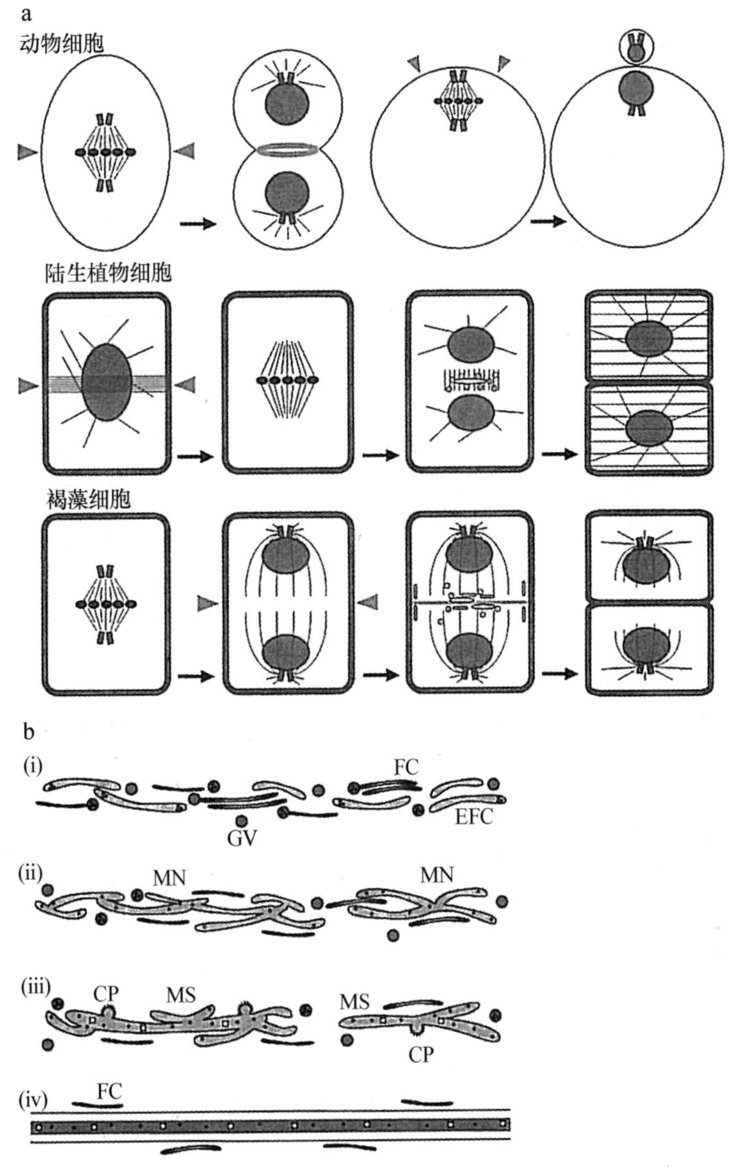

图 1.18　动物、陆生植物和褐藻的细胞动力学模式

注：a. 动物、陆生植物和褐藻的细胞动力学模式。在动物细胞中，细胞板是由纺锤体（箭头）的位置决定的，并伴随着极体形成；胞质分裂通过肌动蛋白（灰色带）的收缩环来进行。陆生植物细胞没有中心体，皮层微管（MTs）发育良好；细胞板由微管的早前期带（箭头）所决定；胞质分裂是通过细胞板的生成进行的，并且细胞板由成膜体介导；高尔基小泡参与细胞板的形成。褐藻细胞的中心体作为一个明确的微管组织中心（MTOC），没有观察到皮层微管 MTs；细胞板是由有丝分裂的两个中心体的位置决定的（箭头）；胞质分裂是由细胞分裂膜的生长所引起的，细胞分裂膜是由肌动蛋白板（灰色带）调节的；高尔基小泡和扁平囊泡参与细胞分裂膜的形成。b. 褐藻细胞分裂过程中过渡膜结构的示意图。(i) GVs 和 FCs 融合将 FCs 转变为 EFCs。GVs 提供岩藻多糖给 FCs，圆点显示的是岩藻多糖的积累；(ii) EFCS 融合和 GVs 产物 MN 的供给；(iii) 随着 MN 缺口的消失，MN 发展成 MS，某些地方出现 MSs，网格蛋白小窝（CP）可在 MS 中被检测到，表明海藻酸盐开始积累；(iv) MSs 成为一个连续的新的细胞分裂膜，透明的细胞壁物质沉积其中。EFC，延伸的平极状囊泡；FC，平板状囊泡；GV，高尔基体囊泡；MN，膜状网络；MS，膜囊（图 a 引自 Motomura et al.，2010；图 b 引自 Nagasato et al.，2010）。

第二个机制是生理节律调控（circadian gating），这种机制是 Kuwano 等（2008）通过研究扁浒苔（*Ulva compressa*，曾用名 *Enteromorpha compressa*）首次发现的。生理节律调控是由光暗周期驱动细胞周期的进程。细胞分裂的“窗口”位于 G1 期，只有在黑暗中特定的时间才会打开；在黑暗中，一种“暗诱导物质”在细胞中积累一直达到一个临界水平，此时触发“开门器（gate opener）”细胞进入 S 期，进行有丝分裂。细胞也必须达到有丝分裂的临界大小才能进入有丝分裂；如果细胞太小，即使“暗诱导物质”积累到临界水平也不会发生有丝分裂，但如果细胞在黑暗期生长得足够快，就可以进行第二轮细胞分裂。这种机制不涉及内源性生物钟，因为在连续的光照或黑暗的情况下，细胞分裂会立即停止。此外，如果光暗周期的时间发生变化，细胞分裂立即重新同步，这对于规律的内源性生物钟而言进程太快了。对不同海藻门类的大型海藻而言，生理节律调控的普遍性还需要进一步研究（Kuwano et al.，2008）。

1.4 分子生物学与遗传学

1.4.1 海藻分子生物学研究进展

“分子革命（molecular revolution）”对海藻研究的许多领域都产生了深远的影响，最初用于分类学、系统发生学和生物地理学研究，现在越来越多地应用于生态学和生理学研究。分子生物学在海藻中的早期应用是 Bhattacharya 和 Druehl（1988）发表的用多肋藻（*Costaria costata*）的细胞质核糖体 RNA 的小亚基的序列数据，并用于评估与其他生物的关系。通过质体 DNA 的电泳图谱来评估不同地理区域的种群和物种（Goff and Coleman，1988），以及用于了解海带的系统发生学（Fain et al.，1988）。太平洋凋毛藻（*Gritffithsia pacifica*）和条斑紫菜（*Pyropia yezoensis*）（Li and Cattolico，1987；Shivji，1991）的质体基因组已经完成；目前为止，许多海藻的完整质体基因组图谱已经组装完成（图 1.19）。分子生物学方法已被证实了其重要性，其可以鉴别极端形态变异的物种，例如海带目（Laminariales）和墨角藻目（Fucales）公牛藻属（*Durvillaea*，Fraser et al.，2009），红菜属（*Pyropia*）和紫菜属（*Porphyra*）物种，几乎没有明显的形态学特征来区分它们（Sutherland et al.，2011）。在生物地理学研究中，分子生物学帮助解决了墨角藻属的起源问题，该属之前被认为起源于大西洋，因为那里有很高的物种多样性，Coyer 等（2006a）发现二列墨角藻（*Fucus distichus*）为该属的祖先形式，因此确定墨角藻属起源于北太平洋。DNA 条形码（DNA barcoding）作为物种鉴定方法，是根据基因序列提供的一种快速的分类方法。广泛在动物中应用的线粒体基因细胞色素氧化酶（*Cox* 1）已应用于红藻分类（Saunders，2005）。结合细胞核、质体和线粒体基因组的分子标记，解决了江蓠属（*Gracilaria*）等争议属的系统发育位置（Pareek et al.，2010），同时多个海藻已经发布了几乎完整的基因组序列（Cock et al.，2010a；Collén et al.，2013）并组装完成遗传图谱（Heesch et al.，2010）。Graham 等（2009）和 Cock 等（2010b）讨论了各种分子生物学方法的应用以及潜在的缺陷。

基因组学是研究有机体的整个基因组的一种强有力的工具，可以告诉我们哪些基因有可能被生物体利用。细胞感知外部刺激并通过开关适当的基因来做出响应；基因表达主要是在

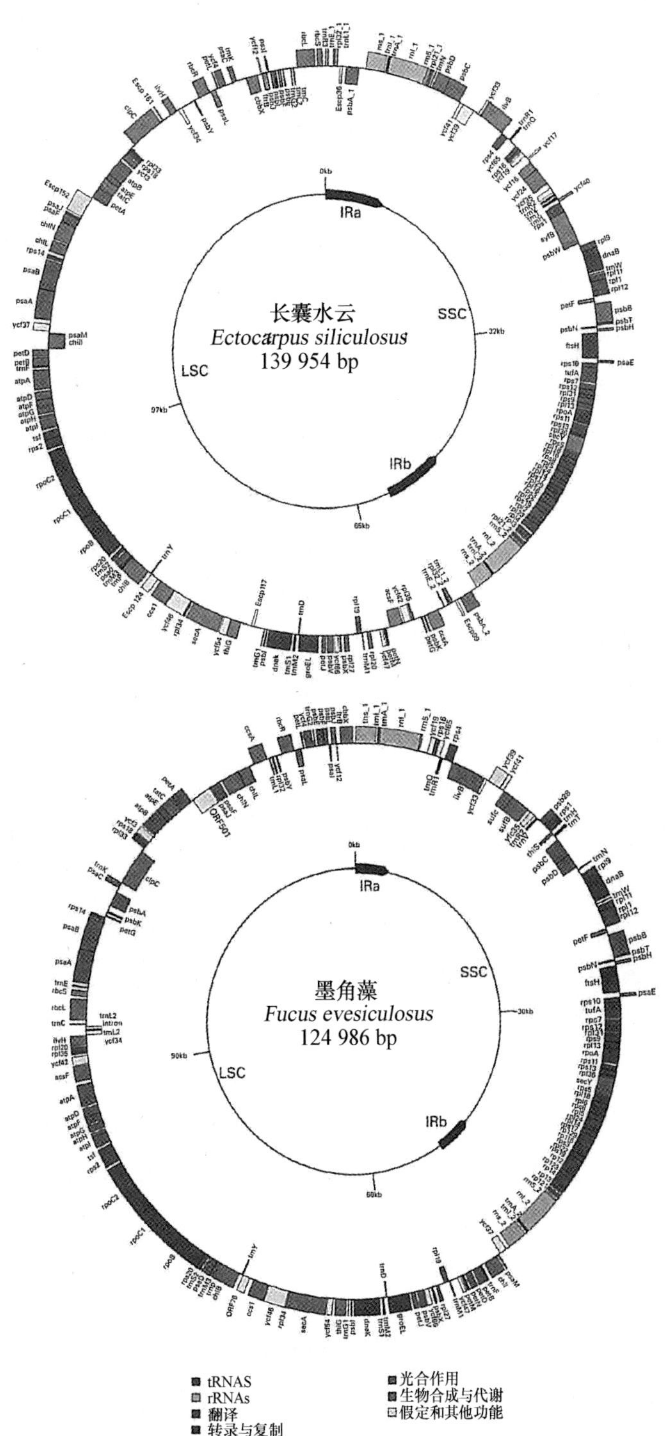

图 1.19　长囊水云（*Ectocarpus siliculosus*）和墨角藻（*Fucus vesiculosus*）的质体基因组图谱

注：外圈的基因是顺时针转录的，内圈是逆时针转录的。注释的基因根据图例中所示的功能类别来着色，tRNA 基因由相应氨基酸的单字母代码表示。IR，反向重复序列；SSC，小单拷贝区；LSC，大单拷贝区（引自 Le Corguillé et al.，2009）。

转录水平（转录组学）上进行调节，由转录因子（TFs）作为“开关”进行控制（Rayko et al.，2010）。例如，Collén 等（2006）利用表达序列标签（ESTs）来比较角叉菜暴露在干燥条件下和非干燥对照组所表达的基因，从而确定与干燥耐受性相关的基因。在长囊水云（*Ectocatpus siliculosus*）的转录组研究中，Dittami 等（2009）揭示了其支撑调节和适应生理应激的分子机制。然而，基因表达并不是稳定不变的（Clark et al.，2010）。例如，在对宾德马尾藻（*Sargassurn aquifolium*，曾用名 *Sargassum binderi*）的 EST 研究中，没有检测到海藻酸合成的编码基因：这些基因肯定存在于马尾藻属海藻中，但似乎由于其缓慢的生长速度，在测定海藻酸盐合成表达基因的时候并没有发现（Wong et al.，2007）。因此，表达基因的缺失情况应当谨慎地进行解释（Clark et al.，2010）。

基因编码信息用于蛋白合成，同时用于蛋白质组学研究哪些蛋白质是可用的以及它们的细胞功能，这是海藻研究的一个新兴领域。江蓠属（*Gracilaria*）是第一个尝试进行蛋白质注释的海藻（Wong et al.，2006）。蛋白质依次合成代谢产物，代谢产物的研究被称为代谢组学。代谢分析与基因表达分析相结合是一种强大的技术，可以用来将生理过程与潜在的基因控制联系起来。Gravot 等（2010）利用组学技术来研究长囊水云，分析了 CO_2 和 O_2 浓度对一个昼夜循环中柠檬酸、谷氨醇、甘露醇等关键代谢物以及碳酸酐酶基因表达的影响。

几种模式海藻被选择用于基因组学研究，这种方式可以把研究资源集中于深入了解特定的生物体，并且开发的工具可随后应用于其他物种。Peters 等（2004b）提出将长囊水云作为模式褐藻，其是第一批完成基因组完整测序的海藻（Cock et al.，2010）。水云作为模式海藻的依据还包括以下几个方面：生命周期短（2 个月），个体小且易于在实验室中培养，在经典研究中生殖特征和生命周期是众所周知的（特别是 Dieter Müller 的工作），遗传杂交可以很容易地完成；长囊水云基因组大小相对较小（214 Mbp），所以测序速度比其他候选褐藻（掌状海带 *Laminaria digitata* 约 650 Mbp，齿缘墨角藻 *Fucus serratus* 约 1 095 Mbp）要快。红藻基因组计划选择的是脐形紫菜（*Porphyra umbilicalis*，约 270 Mbp）和角叉菜（*Chondrus crispus*，约 105 Mbp），其代表了红藻的真红藻纲（Florideophyceae）和红毛菜纲（Bangiophyceae）这两条主要进化路线（Gantt et al.，2010；Chan et al.，2012a）。角叉菜是第一个被完整测序的大型海藻基因组（Collén et al.，2013）。Pearson 等（2010）建议将墨角藻属（*Fucus*）作为生态基因组学研究的模式海藻。石莼属（*Ulva*）无疑是绿藻中的候选模式物种（Waaland et al.，2004），而伞藻属（*Acetabularia*）已经被作为研究核质相互作用的模型（Mandoli，1998a；见 1.4.3 节）。

水云和角叉菜基因组的完整测序已经带来了一些令人兴奋的发现（见《New Phytologist》2010 年第 188 卷第 1 期；Collén et al.，2013）。尽管形态简单，同形世代交替生活史以及基因组小，但水云是一种“高级的”褐藻，与海带目关系最为密切，有 16 256 个蛋白编码基因（Cock et al.，2010a）。已发现了 23 种编码酶的基因使其可以附着在海带上进行生长，并保护其免受海带防御系统作用；同时还有大量的活性氧编码基因家族，被认为是对典型潮间带的极端环境波动的适应（见 7.1 节）。角叉菜有着丰富的基因多样性，其中有 52%的发现是以前未知的。令人惊讶的是，负责淀粉生物合成的基因很少（12 个）；而一些纤维素合酶则是很古老的，在质体初级内共生事件之前就已经获得（Collén et al.，

2013）。因此，基因组研究为探讨真核生物进化、适应胁迫环境的分子基础以及新的代谢途径提供了机会（Gantt et al.，2010；Kamiya and West，2010；Collén et al.，2013）。

1.4.2　海藻遗传学

大型海藻遗传学已经落后于单细胞藻类和陆生植物，但是 20 世纪 70 年代红藻色素突变体的发现极大地提高了我们对杂交的认识。然而，这类育种实验在近 20 年里已不受欢迎，很大程度上是因为杂交实验的耗时多，同时在解释一些遗传学问题上的应用有限。目前，海藻遗传学的分子生物学技术已引发了研究人员浓厚的兴趣。例如，江蓠属（*Gracilaria*）的性别决定（Martinez et al.，1999），石花菜属（*Gelidium*）的杂种优势（Patwary and van der Meer，1994）。这个领域已得到全面发展，科学家们现在普遍使用的经典遗传学和分子工具相结合的综合方法（Yan and Huang，2010）。

van der Meer 及其同事利用红藻色素突变体进行育种实验，尤其是利用提克江蓠（壶果江蓠，*Gracilaria tikvahiae*）描述了海藻遗传起源机制（Kain and Destombe，1995）。这些研究始于配子体种群中的 2 个自发绿色突变体（van der Meer and Bird，1977），使其可进行孟德尔遗传研究。这两个绿色突变体的藻红蛋白较少，具有稳定的、各不相同的性状。除了彩虹色的颜色突变，van der Meer 也收集了形态和生殖突变体（van der Meer，1986a，1990）。其中一些突变定位于质体 DNA 并且显示为非孟德尔遗传：四分孢子显示母本表型，表明突变是属于细胞质基因控制的母系遗传方式（图 1.20）。颜色突变体已经被用于研究其他江蓠属物种（Plastino et al.，2003）和其他红藻，包括环节藻（*Champia parvula*）、角叉菜（*Chondrus crispus*）（Steele et al.，1986）、紫红紫菜（*Porphyra purpurea*）（Mitman and van der Meer，1994）和条斑紫菜（*Pyropia yezoensis*）（Niwa et al.，2009）的遗传学研究，以及果胞受精（Santelices et al.，1996）等生活史研究（van der Meer and Todd，1980；Maggs and Pueschul，1989）。

江蓠（*Gracilaria* sp.）色素突变也被用来证实有丝分裂重组。在减数分裂中，染色体交换通常发生在减数分裂中，但也可以在有丝分裂期间发生，结果是，一个杂合二倍体中的一个子细胞得到一个基因（在这个例子中是野生型，+）的两个拷贝，而另一个细胞得到了突变基因（*grn*）的两个拷贝（图 1.21）（van der Meer and Todd，1977）。性别决定基因（mt^m/mt^f）也参与重组，使颜色斑块变成二倍体雄性和雌性的配子体组织，并产生二倍体配子。

提克江蓠（*Gracilaria tikvahiae*）中除了主要的性别决定位点（*mt*），还有第二种性别决定基因调控决定雌雄分化。一个自发突变形成的两性配子体（*bi*），在分枝上产生奇怪的结果，除了正常的单倍体雌性，F1 还存在雌性配子：雄性配子：两性配子为 2：1：1 的比例，这表明基因突变只在雄性中表达（van der Meer et al.，1984）。两性等位基因不能替代雌性等位基因 mt^f，随后的分析（van der Meer，1986b）表明 *bi*+等位基因实际上抑制雌性特异基因的表达。*bi* 突变的意义在于，其允许通过自体受精产生纯合二倍体。两性体在其他红藻单倍体世代也很常见，但与有丝分裂重组无关，因为有丝分裂重组被认为只发生在二倍体世代。例如，*Dasysiphonia chejuensis*（仙菜目 Ceramiales）单倍体个体可以形成四分孢子体的雄性和雌性生殖结构。通过比较江蓠属（*Gracilaria*）*mt* 和 *bi* 两个等位基

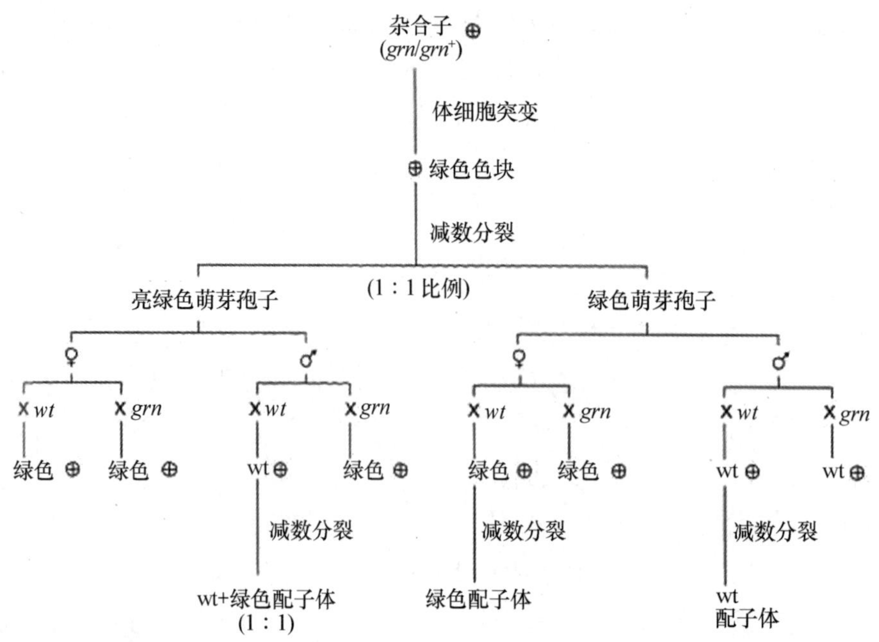

图 1.20　提克江蓠（*Gracilaria tikvahiae*）绿色体细胞突变的非孟德尔遗传示意图

注：wt，野生色（表型）；*grn*，grn^+，绿色突变和正常的等位基因；⊕，四分孢子体（引自 van der Meer，1978）。

因（Choi and Lee，1996），性别可以被认为是由“在复杂的交配型位点上的多个等位基因控制”。

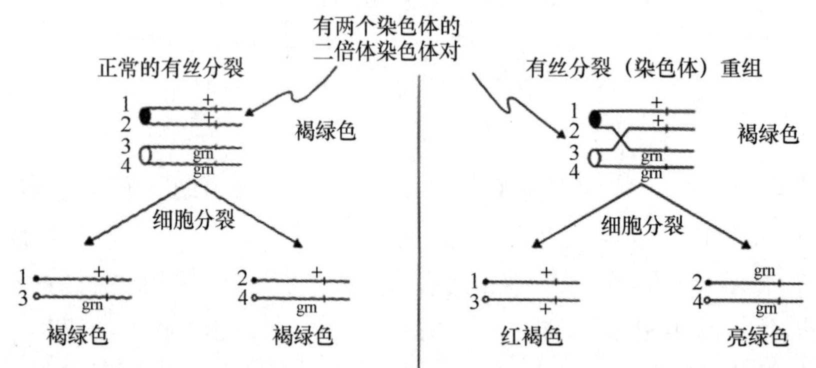

图 1.21　提克江蓠（*Cracilaria tikvahiae*）色素突变体揭示的有丝分裂重组

注：有丝分裂重组（右）较杂合子的有丝分裂，显示提克江蓠（*Gracilaria tikvahiae*）二倍体四分孢子体的二倍体染色体，每个都有两个二价染色体；染色体编号 1-4；+，野生型颜色基因；grn，绿色突变基因（引自 van Meer and Todd，1997）。

提克江蓠（*Gracilaria tikvahiae*）还发现具有不稳定的突变体（van der Meer and Zhang，1988）。可能是在基因组重组过程中，转座子的转座元件插入事件导致的结果。转座子的插入扰乱了基因功能，而移除会使其恢复；而暂时的变化可以看做是一种不稳定的突变。有些转座子是自主的，可以控制自己的插入和切除。在长囊水云（*Ectocarpus siliculosus*）（Cock et al.，2010a；Dittami et al.，2011）和条斑紫菜中（*Pyropia yezoensis*）（Peddigari et al.，

2008）中，均发现了转座子（transposons）和逆转录转座子（retrotransposons）。水云属（*Ectocarpus*）检测到的转座子是最可变的基因序列之一，其可能对于海藻适应环境胁迫方面具有重要作用（Dittami et al.，2011）。由于转座子的复制与插入，在过去的 30 万年的时间里，角叉菜（*Chondrus crispus*）的基因组大小似乎有了迅速的增长。

除了遗传信息从父母到后代垂直传递的经典理论（达尔文学说），越来越多的研究发现其他的过程也影响了生物的物种形成。基因水平转移（HGT）是指物种之间的基因流动，采用方式包括真核生物的内共生和原核生物的病毒转导。例如，水云属（*Ectocarpus*）中海藻糖合成编码基因（*TPS*）是从由一种古老的红藻共生得到的，D-甘露醇代谢途径编码基因、褐藻细胞壁特有的岩藻聚糖硫酸酯合成基因可能来自初级内共生事件中的真核宿主（Michel et al.，2010；Tonon et al.，2017；Chi et al.，2018）。

此外，关于自然选择的有性繁殖和达尔文理论并不是产生遗传变异的唯一机制（Monro and Poore，2009a）。一些生物不经过减数分裂，而是通过有丝分裂（体细胞胚胎发生）传递遗传信息形成无性系分株。无性生殖产生的刺海门冬（*Asparagopsis armata*），具有高水平的表型可塑性，说明有性繁殖不是形态变异的先决条件。Monro 和 Poore（2009a）讨论了遗传物质进行有性重组与克隆传播的差异。表观遗传则通过组蛋白和 DNA 甲基化的变化影响基因的转录，但并不改变 DNA 序列，其产生的遗传变异也很重要（Maumus et al.，2011）。

分子生物学技术也应用于近缘海藻杂交。在 2000 年以前，需要进行室内杂交实验用于证明假定的杂交（Kamiya and West，2010；Bartsch et al.，2008），分子工具的应用使这类研究得以扩展，可以评估野外种群可杂交的能力。研究最多的属是墨角藻属（*Fucus*），该属内的物种具有近缘性（Serrão et al.，1999a），不同物种的藻体显示出巨大的形态变化，该属在室内培育的假定杂交种已经有 100 多年的历史（Coyer et al.，2002，2006b）。Coyer 等（2002）证实在挪威东部本地的齿缘墨角藻（*Fucus serratus*）和引进种枯墨角藻（*Fucus evanescens*）存在着杂交。回交的基因渗入（Introgression）和父系渗入（paternal leakage）是墨角藻属（*Fucus*）种群遗传学的其他决定因素。例如，河口的软墨角藻（*Fucus ceranoides*）的细胞质中渗入了墨角藻（*Fucus vesiculosus*）基因，在冰河期之后分布范围向北部扩展，这是海洋异源细胞质结合导致分布区域扩大的首个案例“外源细胞质导致的分布扩张”（Neiva et al.，2010）。丹麦齿缘墨角藻（*F. serratus*）和枯墨角藻（*F. evanescens*）的杂交子代中发现了父系渗入（Hoarau et al.，2009），父系的 mtDNA 没有退化，被传递给了 F_1 世代（异质性）。杂交也发生在墨角藻（*F. vesiculosus*）和螺旋墨角藻（*F. spiralis*）之间，但这被认为是一个相对罕见的事件，因为它们具有不同的生殖策略：墨角藻（*F. vesiculosus*）是雌雄异株繁殖，而螺旋墨角藻（*F. spiralis*）主要是雌雄同体的自交（Coleman and Brawley，2005；Engel et al.，2005；Perrin et al.，2007；Billard et al.，2010）。其结果是，墨角藻（*F. vesiculosus*）种群内遗传多样性更高，但因为突变保留在自交群体中，螺旋墨角藻（*F. spiralis*）种群间遗传多样性更高。

海带目（Laminariales）也发现存在着自交，加利福尼亚的梨形巨藻（*Macrocystis pyrifera*）自体繁殖，被认为是近交衰退对当地种群造成负面影响（Raimondi et al.，2004）。另一方面，Barner 等（2010）发现掌状囊沟藻（*Postelsia palmeformis*）的自体繁殖则发现不存在任何负面影响。这表明自体受精也是一种重要的机制，能在极强的涌浪环境中提高受精的成功率，使种群进行演替和扩张。

不同藻类核基因组的大小也存在着很大差异，如果将红藻、绿藻、褐藻世系合并计算，就会有 1 300 倍的变异（Gregory，2005；Kapraun，2005）。植物和动物的核基因组的大小通常用 C 值（pg）表示，是指单倍体中的核 DNA 含量（例如动物的精子）。然而，如果研究的是二倍体细胞（例如动物的血细胞），这个数值则被记录为 2C。实现 C 值的准确评估，对植物/藻类的倍性水平确定是必要的。对于多倍体，DNA 的含量可能被报道为 4C、8C 或 16C。但是，C 值不一定与染色体数目有关。对于陆生植物和海藻，因为细胞不断分裂，相邻细胞可能处于细胞分裂的不同阶段，很难准确地了解倍性水平（Gregory，2005）。Kapraun（2005）进行了第一次大规模的关于海藻的 2C 核 DNA 含量的分析，对所有群体来说，一个最小的 2C 核基因组大小为 0.2 pg。绿藻最大的为 6.1 pg，红藻为 2.8 pg，褐藻为 1.8 pg。这项研究提出了一些有趣的问题，在褐藻中，例如，卵配生殖比同配生殖或者异配生殖模式具有更多的核 DNA。冷水性的墨角藻目 Fucales（泡叶藻属 *Ascophyllum* 和墨角藻属 *Fucus*）相较于暖水性的物种（马尾藻属 *Sargassum* 和喇叭藻属 *Turbinaria*）具有更大核基因组的趋势，这一发现得到了来自西班牙的 19 种墨角藻（Fucalean）核 DNA 含量的支持，尽管更大的基因组是否能增强耐寒性仍需要进行证实（Garreta et al.，2010）。

除了细胞核、质体和线粒体基因组外，一些海藻还含有质粒，质粒是小的环状 DNA。在江蓠属未定名群体（*Gracilaria* spp.）、龙须菜属未定名群体（*Gracilariopsis* spp.）和美丽紫菜（*Porphyra pulchra*）这些红藻（Goff and Coleman，1990；Moon and Goff，1997）和多核体绿藻法囊藻科的轮叶内皮藻（*Ernodesmis verticillata*）和单膨法囊藻（*Valonia ventricosa*，曾用名单膨藻 *Ventricaria ventricosa*）（La Clair Ⅱ and Wang，2000）中已经发现了质粒。红藻中质粒大小范围为 1.6～8.0 kbp，质体基因组大小范围则在 110～190 kbp（Goff and Coleman，1988）。质粒在海藻中的功能还不清楚（Moon and Goff，1997），质粒似乎是一个稳定的物种性状，而不是感染（如病毒或寄生虫）的结果（Goff and Coleman，1990）。

1.4.3 核质相互作用

真核生物基因表达的 3 个主要区室：细胞核/细胞质，质体和线粒体（Nott et al.，2006；见 1.3.2 节）。核质相互作用包括这些区室之间的相互作用。在伞藻属（*Acetabularia*）巨大的单核细胞中，具有成千上万的质体和线粒体，细胞器 DNA 是重要的组成元件（Mandoli，1998a）。与其他藻类和陆生植物相比，伞藻属（*Acetabularia*）的质体 DNA（cpDNA）含量非常高；许多 RNA 合成都发生在质体中，但在一定程度上质体可能与这种细胞形态的形成有关，但质体与核基因组之间的相互作用仍未得到阐明（Mandoli，1998a）。同时，尽管质体 DNA 大小较大、DNA 是重复的，但伞藻属（*Acetabularia*）基因的实际数量可能和其他海藻很相似（Simpson and Stern，2002）。自 20 世纪 30 年代 Härnmerling 的经典研究工作以来，伞藻属藻类一直是研究核质相互作用的模型生物。伞藻属藻类的主要优势是可以进行种间移植：细胞核和细胞质都可以在物种间转移（图 1.22）（Menzel，1994；Mandoli，1998a，b；Mine et al.，2008）。

Hämmerling 总结说：早在信使 RNA（mRNA）被发现之前，“形态基因物质（morphogenetic substances）”从细胞核被释放到细胞质中，它们可以储存一段时间，但会逐渐被耗尽。伞藻属（*Acetabularia*）细胞核被移除后，如果最终长度达到其 1/3，其细胞仍然可以形成一个帽形。这是“顶端-基部”和“基部-顶端”形态基因物质的梯度变化。通过将细胞核移植至无核细胞的另一端，证实这些物质来自细胞核（图 1.22）。无核茎的帽形是物种的特征，但是当嵌入另一个物种或者突变体的细胞核，无论是独立的核还是嫁接基部片段（图 1.22 右边的图板），所形成的帽形首先是中间产物，然后具有“核供体”物种的特征。事实上，无核细胞只能形成一次帽形的结果表明，在形成帽形结构时“形态基因物质”已被耗尽。

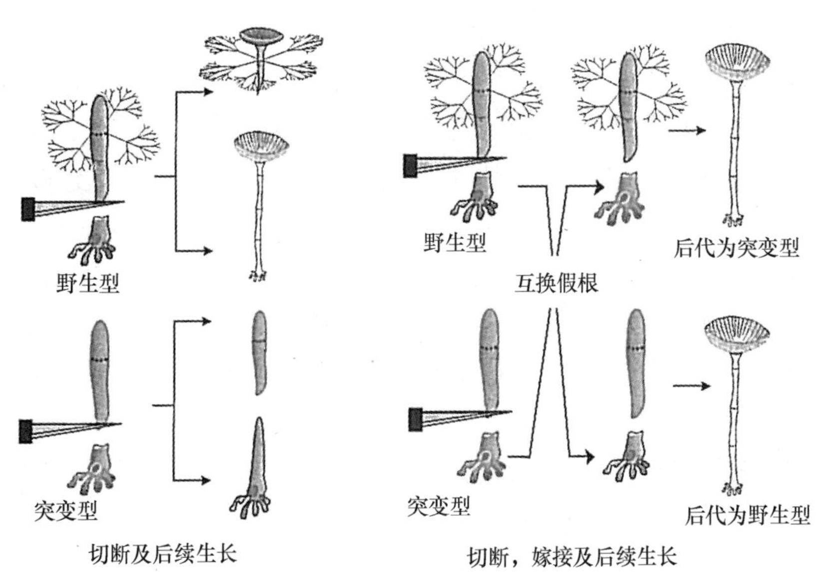

图 1.22　伞藻属藻类 *Acetabularia acetabulum* 对切断和嫁接的响应

注：垂直对齐的图片是等比例的，但水平对齐图片并不一定是同一比例。（左）将野生型和突变型的无核顶端和有核根部切断后分别生长，例如 kurkku（右）嫁接嵌合体的实验，将一种野生型和突变型体的根进行交换（Mandoli and Hunt，1996），培育出这些嫁接嵌合体的后代。这也可能是对其他物种和某些特殊的嫁接嵌合体的有效描述（引自 Mandoli，1998）。

Hämmerling 提出的“形态基因物质”现在被称为是 mRNA，在吸盘伞藻（*Acetabularia acetabulum*）中已经确定出 mRNA 对其具体形态和发育过程的影响。同源异型盒基因（Homeoboxgenes）是真核生物的“主控基因”，在形态发育中起重要作用（Buchanan et al.，2000）。例如，同源异型盒基因 *Aaknoxl* 在成熟过程中均匀表达，吸盘伞藻 mRNA 复制开始时被定位于靠近原核的基部，表示基因表达的转录后控制（Serikawa and Mandoli，1999）。Mine 等（2005）在尾状伞藻（*A. peniculus*）中发现两个 mRNAs（如多聚腺苷酸化 RNA）。“Poly（A）+ RNA 链”，来自原核，均匀分布在茎的细胞质中，与肌动蛋白束和纤丝相连。这些信使 RNA 链参与生长发育过程，例如茎伸长和螺旋发育，因为它们在配子囊形成的早期就消失了，所以被认为是信使 RNA 的运输形式。第二种类型的 mRNA 是“核周 poly（A）+RNA 团”，在每一个“次生核”周围产生一个团块，并与核糖体紧密相连，表明在胞囊形成过程中这些基因的活跃翻译。这种 mRNA 还与微管相关，而不是与肌动蛋白丝相关。事实上，成熟的、生长的吸盘伞藻茎上有多个 mRNA 梯度，尽管是单细胞藻类，但存在着相当大的区域分化（Serikawa et al.，2001；Vogel et al.，2002）。

1.5 小结

底栖海洋植物主要是宏观多细胞和单细胞的红藻、绿藻和褐藻。术语“大型海藻（Seaweeds）”一词代表了由不同的分类单元组成的生态群，这些分类是与产生质体的内共生事件相关。在海藻生活史中有一些微观的阶段，如配子、孢子或合子，有些则是独立生存的不同生活史阶段。海藻结构最常见的形式是丝状体和假薄壁组织体，假薄壁结构只在褐藻和部分红藻中普遍存在。海藻可能是单一物种或无性繁殖物种，一些无性繁殖的物种合并形成嵌合体。模块化在所有的海藻类群中是常见的。海藻细胞与高等植物细胞的不同之处在于其代谢功能的范围更广。海藻细胞的一些特殊特征包括可以储存生物活性次级代谢物的囊泡，高比例和多样性的细胞壁多糖，各种各样的质体结构及色素种类，游动细胞鞭毛的不同排列，以及细胞分裂的方式。一些海藻的特性使其被作为模式生物，如伞藻核质互作和墨角藻的细胞极化。经典的海藻遗传学，特别是利用一些红藻中的色素突变体，显示了孟德尔遗传和非孟德尔遗传现象。对于无性繁殖的海藻种群，无性系遗传变异是通过体细胞胚胎发生的。分子生物学技术的应用对系统发生学、生物地理学和种群生物学产生了深远的影响。角叉菜作为第一个完成全基因组测序的大型海藻（红藻），长囊水云（*Ectocarpus siliculosus*）是第一个已完成高质量全基因组测序的大型褐藻，并应用其他“组学”技术为海藻生理生态学提供了新的见解。

第2章　生活史、生殖及形态发生

2.1　引言

孢子体和配子体交替的基本繁殖模式存在许多的变化（图2.1）。每一代可通过无性繁殖再生，或通过有性生殖，包括配子发育和交配（Clayton，1988）。无性繁殖可以繁育群体但没有基因的混合，而有性繁殖允许遗传混合但代价更大，因为浪费了无法交配的配子（Clayton，1981；Russell，1986；Santelices，1990）。大多数海藻都使用两种方式进行繁殖，正如Russell（1986）所指出的，同形配子可以行使无性游动孢子同样的功能。Cecere等（2011）将营养繁殖的“多细胞繁殖体”定义为“营养的（非繁殖组织），多细胞结构从植株分离藻体产生新的个体”，例如仙掌藻属（*Halimeda*）藻类（Walters et al.，2002）。然而，营养繁殖在适应性物种传播、越冬和休眠等对生存不利的环境条件中的角色是未知的（Russell，1986；Cecere et al.，2011）。海藻的无性繁殖系也可以是通过匍匐茎或根状茎进行传播，在种群空间方面具有重要的竞争优势（见1.2.3节和4.2.3节）。一些漂浮海藻则完全通过植株的营养生长来进行增殖（见3.3.7节）。

培养研究对于建立可能发生的生活史至关重要，可以使物种间以及物种内的基本模式产生足够的变化，并进一步总结为假定生活史。生活史中经常发生的一些新变化已被认为是众所周知的。例如，掌状海带（*Laminaria digitata*）雄性配子体可以通过细胞分裂进行繁殖（Destombe et al.，2011）。尽管孢子体（通常是二倍体）和配子体（通常是单倍体）交替在海藻中很常见，但也有许多其他的“捷径”（图2.1）。事实上，几乎任何变化都是可能的，甚至可能是根本没有变化。此外，“交替”一词是用词不当，这意味着只有两个阶段，显然并非总是如此（如宣藻属*Scytosiphon*；图2.2）。Maggs（1988）得出结论“生活史模式似乎比形态学特征更不稳定，生活史变化在物种形成中的作用不应被低估”。

2.2　生活史及其变化

藻类生活史有3种基本的类型（Dring，1982；Bold and Wynne，1985；Graham et al.，2009）。两个形态相同的生活史阶段的交替称为同形世代交替生活史（图2.1），如石莼属（*Ulva*）和角叉菜属（*Chondrus*）是同形世代交替的例子，孢子体和配子体从外形上不易分辨（不包括固着生活的红藻果孢子体）。有时生活史不同阶段会出现化学差异，如角叉菜属的细胞壁中发现了不同结构的卡拉胶，甚至也存在于果孢子体和四分孢子中（Bellgrove et al.，2009；见5.5.2节），这种差异甚至可以成为两种生殖方式的区分特征。异形世代交替

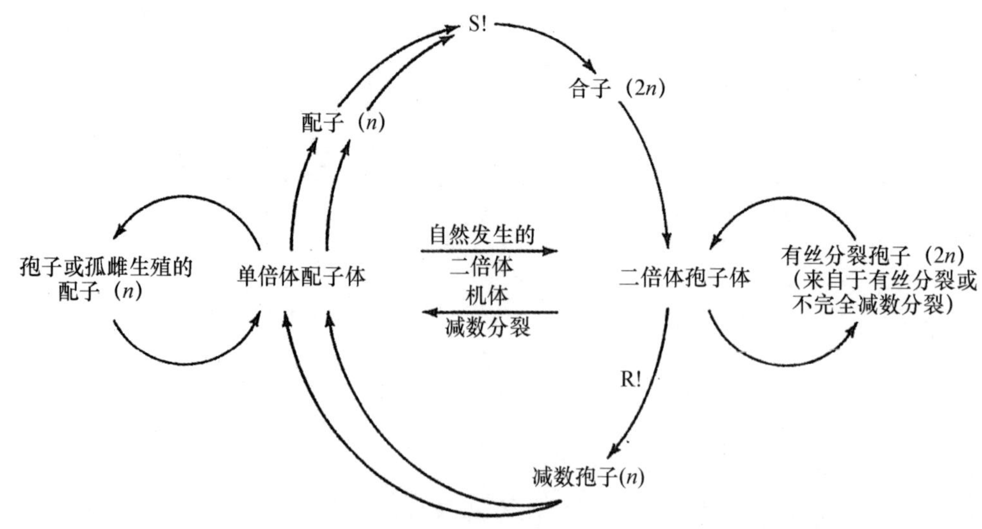

图 2.1　单倍体（n）配子体和二倍体（2n）孢子体世代交替的
基本模式（图中的中心循环）具有多种变化

注：左右较小的周期指示了一些海藻可能的生命历程，大多数物种的生命周期只占其中一小部分。R!，减数分裂；S!，两性生殖。

生活史通常分为两个不同的功能形态阶段，如直立的叶状体和匍匐细丝或外壳（图 2.2、图 2.7、图 2.8 和图 2.10）。一个典型的例子是 Drew（1949）揭示的脐形紫菜（*Pyropia unbilicalis*，曾用名 *Porphyra unbilicalis*）壳孢子世代（丝状体，2n）和叶状体的配子体世代（见 10.2.1 节）。同样，紧贴在土壤生活的红色 *Erythrodermis allenii* 最终被确认为小育叶藻（*Phyllophora traillii*）生活史（Maggs，1989），以及单细胞绿藻松藻属（*Codium*）生活史（Graham et al.，2009）。一些海藻只有生活史的某一个阶段（图 1.12 和图 2.3），被称为单体形生活史；最常见的是二倍体的生命周期，例如墨角藻目（Fucales）和松藻属（*Codium*）营养期的二倍体（2*n*）。这种情况下，减数分裂形成的配子是生命周期唯一的单倍体阶段。而对于单倍体生命周期，受精卵是唯一的二倍体阶段，减数分裂发生在受精卵形成后，从而又恢复为单倍体阶段。衣藻属（*Chlamydomonas*）、甲藻属（*Dinoflagellates*）是藻类单倍体生活史的例子，但在大型海藻中的这种情况非常罕见。大型海藻生活史图如下：伞藻属（*Acetabularia*；图 1.12），萱藻属（*Scytosiphon*）（图 2.2），仙掌藻属（*Halimeda*）（图 2.3），水云属（*Ectocarpus*）（图 2.4），海带属（*Laminaria*）（图 2.5 和图 2.8），腔囊藻属（*Nereocystis*）（图 2.10）和红菜属（*Pyropia*）（图 2.7）。

真红藻亚纲（Florideophycidae）的生活史也包含在上述的情况中，尽管出现“果孢子体”，这是二倍体在雌配子体受精后的组织形式。这种结构通常被认为是一个额外的小型的二倍体阶段，半寄生（hemi-parasitic）是因为其获得了雌配子体的一些营养支持（Maggs et al.，2011）。“三相”一词常被用来描述这样的生命周期，由独立生存的四分孢子体、配子体和果孢子体组成。果孢子体负责受精卵增殖；在一次受精事件中，成千上万的果孢子体（有丝分裂产生），被释放并萌发到独立生存的四分孢子体世代（Graham et al.，2009）。一些红毛菜亚纲（Bangiophycidae）藻类，包括红菜属（*Pyropia*）和紫菜属（*Porphyra*），也把受精卵通过形成单孢子（zygotosporangia），通过细胞壁的分解释放二倍体细胞，萌发后产生壳斑藻丝体阶段（conchocelis）（Guiry，1990；Nelson et al.，1999）。掌形藻（*Palmaria palmata*）的受精卵发育成个体较大的二倍体，形态上像雄配子体，个体大小超过雌配子体，并通过减数分裂产生孢子（van der Meer and Todd，1980）。合子的复制是放大有性生殖子代数量的几种方法之一（见 2.4 节）（Hawkes，1990；Graham et al.，2009；Maggs et al.，2011）。

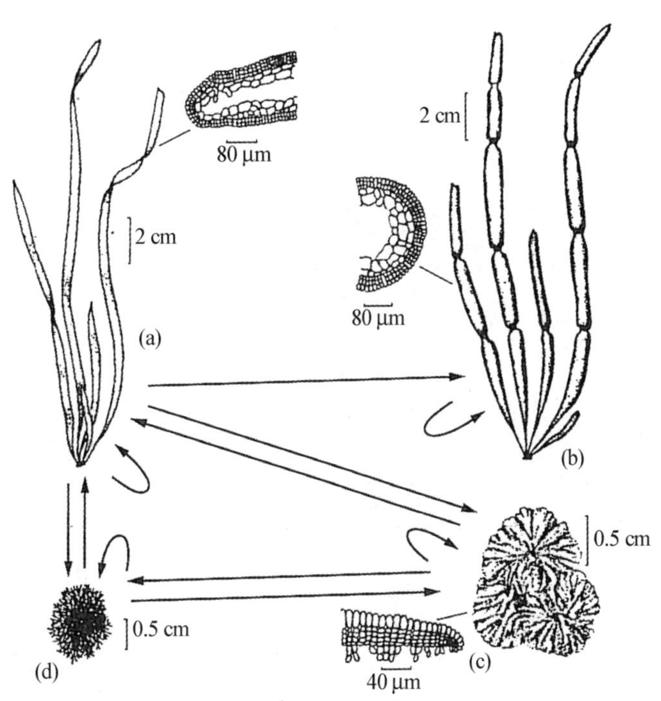

图 2.2　萱藻（*Scytosiphon lomentaria*，曾用名 *Scytosiphon simplicissimus*）生活史和解剖学特征

注：（a）扁平式；（b）圆柱形式；（c）紧贴在土壤形成；（d）丝状团块（引自 Littler and Littler，1983）。

在海藻的特定生命周期中，通常会假定其所处的生活史阶段，但有时会发现这种假设是在意料之外的。例如，在西大西洋研究的大多数掌状松藻（*Codium palmata*）是二倍体，通过单倍体配子生殖。然而，刺松藻（*C. fragile* ssp. *fragile*，曾用名 *C. fragile* ssp. *tomentosoides*）则是单倍体，并且通过单性生殖循环（Kapraun and Martin，1987；Prince and Trowbridge，2004）。此外，各种藻体形态可以在一个给定的单倍体世代中表现出，同样的形态也可以在不同的单倍体世代中形成，单倍体和形态之间没有必然的联系，尽管一般来说，配子体是单倍体，孢子体是二倍体。众所周知，幅叶藻属（*Petalonia*）和萱藻属（*Scytosiphon*）海藻后代外部形态发生了明显的变化，而染色体组倍性则没有发生任何的变化（Kapraun and Boone，1987）。根据温度和日照时间的不同，可以形成微丝状体或大的组织块。同样，根据温度和日照时间的不同，星状短毛藻（*Elachista stellaris*）在产生减数分裂孢子的二倍体植株以及一种可以通过自发的二倍体化再生成植株的微繁殖体之间交替进行。二倍体化在香蕉菜（*Boergesenia forbesii*）中也有报道，其具有同形世代交替的生活史（Beutlich et al.，1990）；这种情况会导致种群中二倍体的数量优势。多倍体可以在提克江蓠（*Gracilaria tikvahiae*）突变体中出现；多倍体植物（例如 3n，4n）具有强健的植株，但是多倍体的配子体发育不良（Zhang and van der Meer，1988；见 1.4.2 节）。核内多倍体（没有核分裂的染色体组）对于糖海带（*Saccharina latissima*，曾用名 *Laminaria saccharina*）和翅菜（*Alaria esculenta*）是很明显的，对于这两种海藻的孢子体来说，核 DNA 的含量范围从 2C ~ 16C（Garbary and Clarke，2002）。

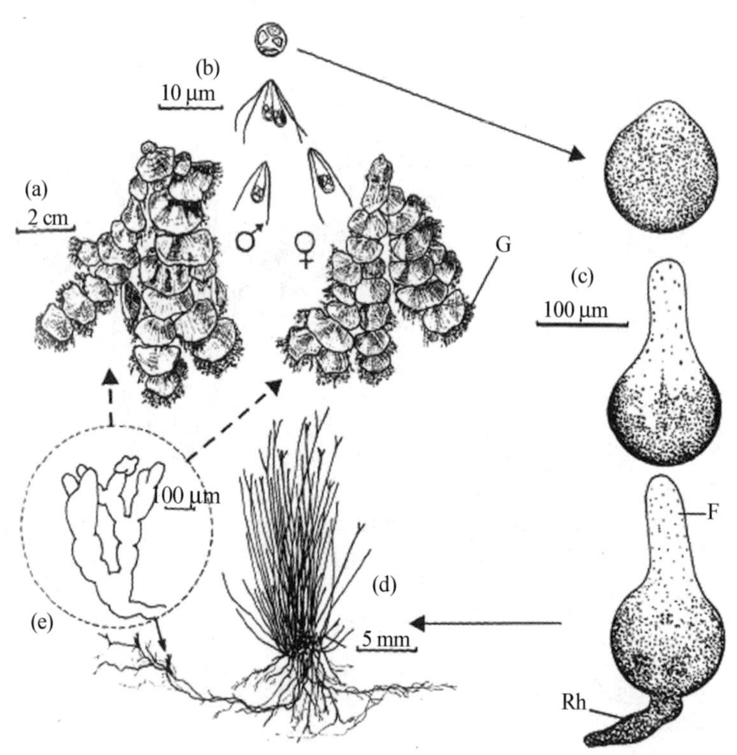

图 2.3 标准仙掌藻（*Halimeda tuna*）的生活史和生长发育健康的雄、雌配子体

注：（a）显示出向下的，从外部的配子囊（G）中释放出双鞭毛配子体，形成一个受精卵（b）；（c，d）二倍体的受精卵萌发形成了根状（Rh）和直立的自由丝（F）；随后（e）幼芽在水平的细丝上形成并长成钙化的分节（引自 Meinesz，1980）。

这些基本模式的变化还包括了几种不同的生殖方式（图 2.1）。孢子囊可进行减数分裂，如红藻四分孢子囊和褐藻单室孢子囊，孢子可以通过有丝分裂从而产生更多相同倍性水平的海藻，这就是所谓的不完全减数分裂（如水云属 *Ectocarpus*）（图 2.4）。再如，葡萄牙南部的眼斑绒线藻（*Dasya ocellata*）由四分孢子体和配子体世代构成有性生活史，而北爱尔兰群体则为不融合的四分孢子（Maggs，1998）。红藻生活史可能出现 5 种情况（Maggs，1988；Hawkes，1990）：①单孢子（monosporangia），双孢子（bisporangia），多孢子（polysporangia），副孢子（parasporangia），或无性繁殖的物种也形成孢子；②配子囊和四分孢子囊同时发生（单倍体和二倍体的混合）；③雌雄异体种类中的雌雄同体；④直接发育的四分孢子（单一或混合）；⑤直接从配子体发育成果孢子体（单一或混合）。

单性生殖是一种没有经历受精过程的配子发育。对于同配生殖的物种，单性生殖可以在雄性和雌性的配子中发生，在不同的生殖过程中，其通常是雌性配子；而在有性生殖中，则是雌性配子发育的卵细胞（Oppliger et al.，2007）。单性生殖在红藻中是少见的（Kamiya

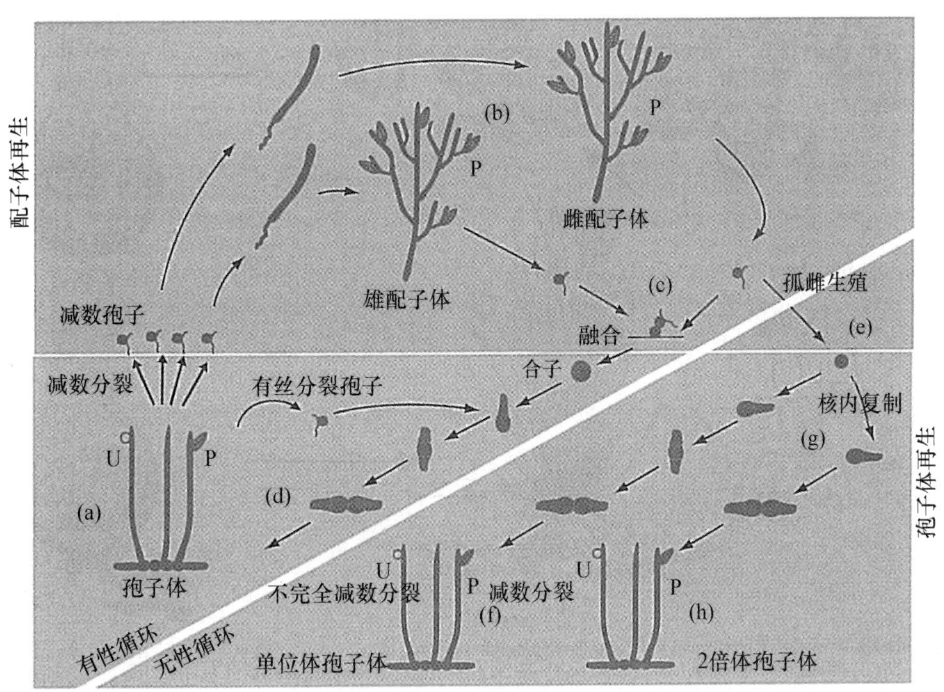

图 2.4　水云的生活史

注：(a) 成熟的孢子体产生直立丝，形成单室孢子囊（U，singlecompartment），单室孢子囊的第一次细胞分裂是减数分裂，然后是有丝分裂，大约有 100 个雄性和雌性的孢子，这些孢子细胞之间没有隔膜；(b) 孢子发育成具有单生殖结构的多室性（P，many compartments）配子囊，其中雄性或雌性配子是通过有丝分裂产生的；(c) 配子融合形成合子，可以成长为 (d) 一个杂合子的孢子体 (e) 可以进行单性繁殖，从而产生单倍体的单性孢子体；(g) 可能发生在单倍体孢子体的一部分，产生二倍体孢子体；(h) 孢子体和单性孢子体也可能产生多室孢子囊，孢子由有丝分裂形成，并生长为亲本的克隆体（引自 Bothwell et al.，2010）。

and West，2010)，但在实验室研究中，褐藻和绿藻的单性生殖则被广泛报道，包括海带目 (Laminariales；Gall et al.，1996；Oppliger et al.，2007)，墨角藻目（Fucales）（Maier，1997；Clayton et al.，1998)，水云目（Ectocarpales）（Bothwell et al.，2010)，以及绿藻石莼属（*Ulva*）(Stratmann et al.，1996) 和刺松藻（*C. fragile* ssp. *tomentosoides*）(Kapraun and Martin，1987；Prince and Trowbridge，2004)。然而，单性生殖在自然群体发生事件及其生态意义还有待确定（Oppliger et al.，2007)。无孢子生殖（Apospory）是孢子体细胞（无孢子）直接产生二倍体配子体的过程。因此，从细胞学的角度上说，不同于体细胞的减数分裂，染色体没有发生变化。无配生殖是直接从配子体细胞中产生单倍体孢子体的现象，与自发的二倍体化过程不同，没有倍性的变化。无孢子生殖和无配生殖只发生在异形世代交替生活史，如厚叶翅藻（*Alaria crassifolia*；Nakahara and Nakamura，1973)、酸藻属（*Desmarestia*）物种（Ramirez et al.，1986）以及大量的红藻中（Murray and Dixon，1992)。

长囊水云（*Ectocarpus siliculosus*）通常被作为模式种用来阐述生命周期事件、从基因的水平了解倍性和形态之间的变量关系、探究世代交替的角色和起源。长囊水云的基本生命周期是同形的孢子体和配子体世代交替，但也有很多具有启发性的案例（Charrier et al.，2008；Peters et al.，2008；Bothwell et al.，2010)。孢子体可以形成多室孢子囊，有丝分裂产生孢子（mitospores）发育为基因型完全相同的孢子体；也可以产生单室孢子囊，在孢子囊内进行减数分裂产生单倍体（*n*）减数孢子萌发成雄性和雌性配子体（图 2.4）。配子体产生的多室配子释放配子受精后，通常成为一个杂合二倍体的孢子体。然而，未融合的配子有两种可能的发育途径：①形成单倍体孢子体（*n*-parthenosporophytes），其本身既可以形成多室孢子囊和有丝分裂孢子，也可以通过不完全减数分裂形成单室孢子囊；②进行核内复制（即核分裂但不进行细胞分裂），形成二倍体（2*n*）孢子体（图 2.4）。二倍体孢子体也可以由四倍体孢子体产生（Coelho et al.，2007）。水云的这种“极端的发育可塑性”是基因控制的而不是由生命周期的某一阶段的倍性水平决定的（Bothwell et al.，2010）。利用水云突变体，确定了一个调节位点“Immediate upright”（*IMM*）控制孢子体发育的程序（Peters et al.，2008），Coelho 等（2011）发现的调节因子“*OUROBOROS*”，可能是通过抑制配子体发育而控制从配子体到孢子体的转化。

单倍体的生活史在每个海藻世代是不断进化的，因此生命周期代表着对特定环境的适应（Bessho and Iwasa，2010）。需要关注的一个问题是，为什么两个世代会同时存在，以及各种遗传学的和生态理论的提出（Bell，1997；Hughes and Otto，1999；Bessho and Isawa，2009，2010）。遗传模型包括：①只有二倍体在生命周期 DNA 损伤可以修复；②有害的突变通常在二倍体阶段积累，但是这种影响通常被掩盖因为其往往是隐性的；在单倍体中有选择性消除了这样的有害等位基因；③二倍体倾向于有利突变的积累；④寄生虫可能更喜欢二倍体寄主。

提出的生态模型有：①单倍体个体往往较小，因此对营养和能量的需求较低，包括 DNA 复制的能量；②对异形世代交替，单倍体和二倍体后代意味着可以占据两个生态位，从而利用不同的环境（如光、温度），或躲避食草性动物（见 4.3.2 节）。Bessho 和 Iwasa（2009）表明，异形世代交替较同形世代交替能更好地适应明显季节性环境。“紫菜基因组”项目的结果表明，细胞质核糖体蛋白质（RPs）在二倍体丝状体阶段和单倍体叶状体阶段中的表达不同。相关研究将提供进一步洞察生活史阶段的发育调控以及不同生活史阶段基础生态位适应的生化机制（Chan et al.，2012a）。

另一个有趣的问题是，一些同形海藻如何在某个阶段数量上更具优势（van der Strate et al.，2002b；Scrosati and Mudge，2004）。Fierst 等（2005）报道了 34 种红藻，只有一种在种群中占主导地位。也有不同的情况，杉藻目以配子体为主导，而江蓠目和仙菜目则以四分孢子体占优势（Thornber，2006）。这些差异的原因需要进一步研究，但是潜在的理论机制包括了生殖不同阶段对各种生物和非生物因素的敏感性（Thornber and Gaines，2004；Fierst et al.，2005）。有两项研究支持后者的假设。Thornber et al.（2006）发现，和孢子体相比，蜗牛（*Chlorostoma funebralis*，曾用名 *Tegula funebralis*）更喜欢柔软马泽藻（*Mazzaella flaccida*，曾用名 *Iridaea flaccida*）的配子体，因为配子体上的果孢子体一般较大且突出叶片表面，使其更容易被摄食。Verges 等（2008）发现，海兔（*Aplysia parvula*）优先食用刺海门冬（*Asparagopsis armata*）的雄配子体，而雌性囊果则通过化学方式进行防御从而更少被食用，这解释了为什么在生长季早期海门冬属（*Asparagopsis*）的性别比例是1∶1，而生长后期雌性的比例为 70%。

2.3　生活史的环境因素

一个物种的生活史是生物体及其生物和非生物环境之间持续的相互作用（图 2.5）。海藻作为一个未分化的细胞开始生活，有可能进行整个生物体遗传信息的表达。基因型与环境的相互作用产生表型。细胞的环境包括其他海藻细胞物理和化学的影响，加上海藻本身的环境。因为海藻的生活环境会影响生长和形成，在某种意义上会在其外形上留下标记（Waaland and Cleland，1972；Niklas，2009）。因此同一基因型的海藻生长在不同环境条件下将成长为表型不同的个体。

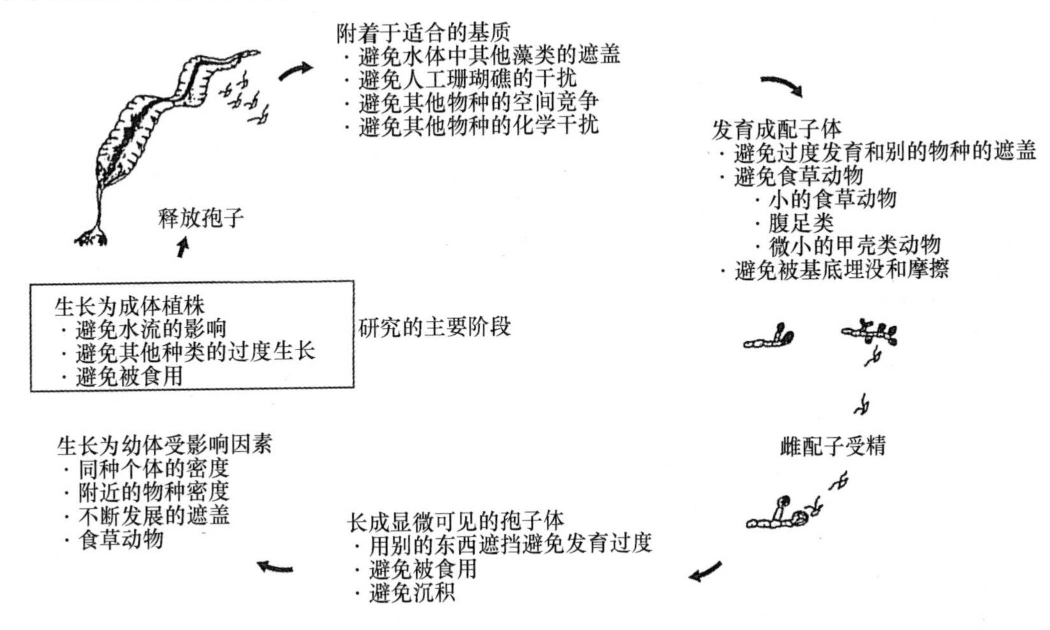

图 2.5　海带生活史中的环境影响

注：显示必须在每个阶段克服的一些主要的环境危害（主要是生物的），以及光、温度、水流运动等非生物因素（引自 Schiel and Foster，1986）。

从营养生长转为生殖往往取决于环境因素，如温度和光线（Lüning and tom Dieck，1989；Lüning，1990；Santelices，1990）。例如，海带配子体，当其只有少数细胞时，可能会繁殖，也可能因为光照的变化变得几乎无限期的生长（Bartsch et al.，2008）。配子体已经被用于研究生长和繁殖，因为其可以在极低的光照条件下进行生长。当然，生长的一个先决条件是，吸收的能量和固定的碳必须超过用于呼吸的总数。Chapman 和 Burrows（1970）研究表明，刺酸藻（*Desmarestia aculeata*）配子体的发育取决于平均每日的辐照度（辐照度×光周期/24）。在最低的辐照度测试下，配子体幸存下来，但是配子体没有成熟，辐照度增加后，配子体可以继续发育。Lüning 和 Neushul（1978）进行了更详细的研究，研究表明，各种海带配子体营养生长的饱和光照为 4 Wm^{-2}（约 20 $\mu mol \cdot m^{-2} \cdot s^{-1}$；见 5.2.1 节对单位的解释），但繁殖需要 2~3 倍的辐照度。海带配子发育需要蓝光或者蓝白混合光。红光条件下，孢子体只进行生长。这些藻类能在极其昏暗的灯光下进行生长，在辐照度增加的条件下进行繁殖，这个能力为其失去亲本孢子体的庇护之后保持生存空间提供了有效机制。光的波长对光合作用的影响在第 5 章进一步讨论，环境因素在海藻养殖中的重要性在第 10 章中讨论。

2.3.1 季节性的预警和响应

繁殖的时机是藻类（和所有生物）对环境适应的重要方式，因为繁殖是物种生存的关键（Santelices，1990；Pearson and Serrao，2006）。具有典型异形世代的藻类对环境的生殖反应尤其明显，比如海带和紫菜等，其采取不同的生长方式适应不同的环境。当条件适合生长，就会进行营养生长或无性繁殖，而条件不合适，可能促使生殖切换到另一种形态。然而，由于繁殖所需的时间提前，一些海藻可能需要预测季节的变化。Kain（1989）提出一个有用的分类框架，将海藻响应环境修改其生殖状况的能力分为“预测者”和“反应者”。Lüning 及其同事（Lüning，1991；Dieck，1991）也提出了相同的想法，并分为类型Ⅱ和类型Ⅰ（Kain，1989）。

对于“预测者”来说，生长和繁殖的季节模式是由一个自由运行的内源性时钟控制的。在缺乏环境条件线索的情况下，自由发展的节奏与自然界中观察到的情况略有不同（如 9~10 个月的极北海带 *Laminaria hypoborea*），但被环境因素所束缚，被称为“授时因子”（Zeitgebers）。在海藻中，光是一个重要的环境因素（Lüning，1994；Bartsch et al.，2008）；对动物和其他的藻类，如眼点虫（Euglena）和鞭毛虫（Gonyaulax），温度或营养也同样是环境因素（Roenneberg and Mittag，1996；Rensing and Ruoff，2002）。当环境条件看起来不理想时，“预测者”可能出现最大增长率。红藻红叶藻（*Delesseria sanguinea*）在冬末光照水平较低时生长率最大，在夏季生长率下降（Kain，1989）。另一个例子是南极的多年生棕色海藻，双头酸藻（*Desmarestia anceps*），门氏酸藻（*D. menziesii*）和大叶海氏藻（*Himantothallus grandifolius*），在冬季进行繁殖和孢子发育（Wiencke，1990a；Wiencke et al.，2009）。另一方面，季节性的“反应者”对当前的环境有直接的反应，而季节性的生长和繁殖模式并不是由规律性的内源性生物钟来控制的。“反应者”的例子包括褐藻梨形巨藻（*Macrocystis pyrifera*）和红藻软骨海头红（*Plocamium cartilagineum*）（Kain，1989；Reed et al.，1997）。

用于演示存在一个内生节奏的主要标准是“在没有外部季节信息的情况下，能够自我维持超过一个周期”（Schaffelke and Lüning，1994），这种模式在包括加州带刺藻（*Pterygophora californica*），梨形巨藻（*Macrocystis pyrifera*），赛氏海带（*Laminaria setchellii*）和极北海带（*Laminaria hyperborea*）等不同物种的海带目藻类中被观察到（Lüning，1991；tom Dieck 1991；Schaffelke and Lüning，1994）。极北海带的孢子体在恒定的光、光周期（12：12）、营养和温度的条件下生长了 2 a，但是其仍然延续了在该领域观察到的叶片生长的季节模式，将会在快速生长的时期内生长，然后是零增长时期。对内源性时钟的“环境钟”是光周期，当实验时间从 12 个月缩短到 6 个月或 3 个月时，这一现象得到了很明显的证明：同样的季节模式发生了，分别是 2 个月或 4 个月，而不是每年的一个生长周期。一种内源性的生殖模式在网地藻（*Dictyota dichotoma*）（Müller，1963）和拟弯曲石莼（*Ulva pseudocurvata*）（Lüning et al.，2008）已经被证实。海藻内源性生物钟的生物化学和分子机制目前还不清楚（Bartsch et al.，2008）。

对于季节性的“反应者”和“预期者”来说，环境因素调节生长和繁殖的发生，并能触发从一个生命历史阶段到另一个生命周期的变化。调节因子包括温度、光（光量、光周期、波长）、营养、月球和潮汐周期、干燥、盐度、水运动，以及包括放牧和细菌在内的生物因素（Santelices，1990；Pearson and Serrão，2006）。这些因素并不是孤立的，Bartsch 等（2008）总结了环境因素对海带的繁殖的影响：“组织部位、温度、辐射以及竞争和生活策略都改变了繁殖，因为没有简单的参数是唯一的决定性因素”。

2.3.2　温度

尽管温度在中高纬度地区似乎是一个明显的季节性因素，但海水温度的变化和海洋接收的光量直接相关（导致变暖），通常无机硝酸盐和温度之间呈反比关系；因此，需要进行进一步研究，以确定与温度的相关性是否直接或间接导致这种反应。Kain（1989）分析了潮间带海藻的季节性繁殖模式，揭示了在生长和繁殖的季节中，几乎没有直接的温度反应，但温度是控制生物地理分布以及海藻在其地理范围内繁殖能力的一个关键因素（见 7.3 节）。温度可以通过对代谢速率的影响来影响繁殖。例如，在墨角藻属（*Fucus*）中，可能通过加快配子的发育来影响繁殖的时间；Ladah 等（2008）表明，在较低的温度下，卵原细胞鞘存在时间更长，并减少了卵的传播。类似地，对芽孢的诱导作用也是依赖温度的，海带可以区分春秋，被认为是温度和光的共同作用（Lüning，1988，Bartsch et al.，2008）。另一个例子是南极的红藻心形银杏藻（*Iridaea cordata*），在典型的南极海水温度 0℃的条件下，配子体需要 21 个月的时间来形成繁殖器官，而在南极地区 5℃ 的水域中，则只需要 12 个月（Wiencke，1990b）。

然而，藻类在不同的温度下存在着几种不同的繁殖方式。Müller（1963）发现，长囊水云（*Ectocarpus siliculosus*）在 13℃时产生单室孢子囊，20℃时产生多室孢子囊，然而其他物种则并不依赖温度（Charrier et al.，2008）。棍棒毛丝藻（*Myriotrichia clavaeformis*）的生长环境决定了其孢子体是否产生有性或无性繁殖器官，而配子体则主要取决于光周期（Peters et al.，2004b）。Correa 等（1986）研究的几株结荚萱藻扁平变型（*Scytosiphon complanatus* var. *complanatus*，原种名 *Scytosiphon lomentaria*）形成了直立叶状体，这一过程则依赖于温度和独立的光周期（表 2.1）。这与后来所讨论的典型光周期现象形成了鲜明的对比，在萱藻其他分离出的群体中，这种形态转换显然对温度和光周期都没有反应。在某些物种中，不同的繁殖阶段有不同的最适温度。在日本的甘紫菜（*Pyropia tenera*，曾用名 *Porphyra tenera*）的丝状体阶段，单孢子囊形成的最适宜温度为 21～27℃，而单孢子释放的最适温度是 18～21℃（Kurogi and Hirano，1956；Dring 1974）。Chen 等（1970）发现，来自新斯科舍的小型维尔德曼藻（*Wildemania miniata*，曾用名 *Porphyra miniata*）是在较高的温度（13～15℃）下形成的，但只有经过在低温（3～7℃）条件下的短暂几天，才会释放孢子。这种光和温度对大型海藻繁殖相互作用的影响是很常见的，如：硬酸藻（*Desmarestia firma*）（Anderson and Bolton，1989），掌状蠕枝藻（*Helminthocladia stackhousei*，曾用名 *Helminthora stackhousei*）（Cunningham et al.，1993），加利福尼亚粉枝藻（*Liagora californica*）（Hall and Murray，1998），隅江蓠（*Hydropuntia cornea*，曾用名 *Gracilaria cornea*）（Orduña-Orjas and Robledo，1999），匍匐巨藻（*Lessonia variegata*）（Nelson，2005）。在某些情况下，反应是定量的，例如在更低的温度下具有更高的繁殖能力，而另一些则是定性的，例如繁殖和非繁殖（Maggs and Guiry，1987）。日本柔毛藻（*Dumontia contorta*）的丝状体的生长受到白昼时长的严格控制，但是除非温度小于 16℃（Rietema，1982），否则不会开始生长。

表 2.1 温度和白天时间对新斯科舍的结荚萱藻扁平变型（*Scytosiphon complanatus* var. *complanatus*）直立叶状体形成的影响（引自 Correa et al.，1986）

温度/℃	日照长度/h	直立叶状体形成/%
0	14	100
5	14	100
10	8	100
10	12	100
10	16	100
15	12	3.8
15	16	0.3
20	12	0
20	16	0

2.3.3 光：光周期和波长

虽然温度是繁殖的关键因素，但温度可能会经历季节周期变化，而且通常是不稳定的。一个更可靠的季节因素是白昼时数（光周期；图 2.6）。随着向北和南纬地区的进一步发展，白昼时数的变化变得越来越明显，自 20 世纪 30 年代以来，人们就已经知道开花植物对光周期的反应。有些植物在长日照时开花（LD 植物），有些植物在短日照时开花（SD 植物）；另一些则需要特定的日照规律，如长短日照植物（long-short day plant）开花需要一段长日照接着一段短日照，而短长日照植物（short-long day plant）开花需要一段短日照接着一段长日照；此外还有一些植物则对日照长度不敏感，称为中性日照（dayneatral；Taiz and Zeiger，2010）。尽管有这些名称，但植物实际上测量的是不受干扰的夜晚长度，而不是白昼时数（Buchanan et al.，2000）。最初，海藻对光的反应是推测的，直到 1967 年，在紫菜的丝状体阶段才被证明存在着真正的光周期反应（Dring，1967）。对于陆生植物来说，光反应的生物化学和分子生物学已很清楚（Buchanan et al.，2000），但在海藻中的这些过程却知之甚少。

大多数显示光周期现象的海藻都是短日照植物（SD）。Dring（1988）指出，这种偏倚可能是由于实验条件控制不足，没有理由认为藻类对 SD 的反应比 LD 更频繁。然而，只有少数的研究证明了 LD 反应（Pang and Lüning，2004）。在高等植物、绿藻、蓝细菌和真菌中，有一组作为光受体的植物色素，其能探测光谱红区的光，并参与到其测量和响应光/暗周期的系统中（Mathews，2006；Sharrock，2008）。在红藻和褐藻中，还没有证实其存在，但是在珊瑚藻属（*Corallina*）和石花菜属（*Gelidium*）中发现了类似植物色素的蛋白质，紫菜也证实了这种蛋白对红/远红光的反应（López-Figueroa et al.，1989；Figueroa et al.，1994；Kain，2006）。红光反应可能是通过藻胆蛋白（红藻）吸收的红色光，其结构与植物

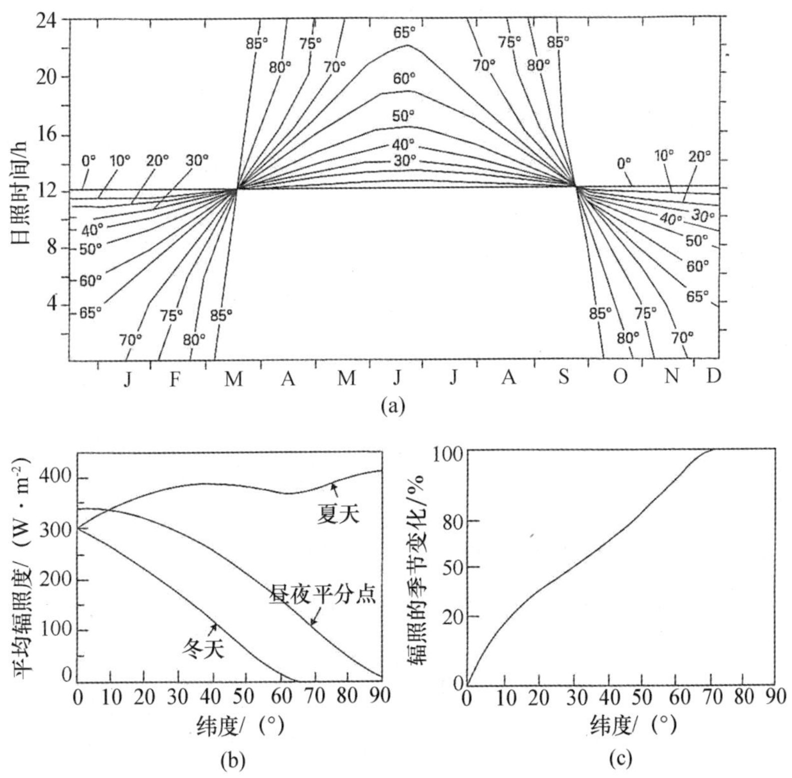

图 2.6　日长变化和在不同纬度的辐射

注：(a) 北半球的日照时间（南半球的值可以通过 6 个月的 abscissa 量表来获得）；(b) 指的是一个无云天空中的能量流，包含了分点和点（两个半球的平均值）；(c) 在无云的天空中能量通量的季节变化百分比，从 b 重新计算（a 引自 Drew，1983；b 和 c 引自 Kain，1989）。

色素的结构非常相似（reviewed by Rüdiger and López-Figueroa，1992）。

光周期效应必须区分与总辐照度的影响，辐照度也会随季节变化而变化（图 2.6 b，c），并对海藻的生长和发育有很大的影响。例如，一些海带和酸藻属（*Desmarestia*）配子体的繁殖对每日累积的辐照度或辐射强度都有一定的要求（Chapman and Burrows，1970；Lüning and Neushul，1978；Wiencke，1990a）。陆生植物研究光周期效应的经典方法是夜间中断实验，在这个实验中，一个长时间的夜晚（例如 16 h）被短暂暴露在弱光中；夜间中断的结果显示，海藻是在计算时间，而不是积累 24 h 进行光合的产物（Lüning et al.，2008）。对于陆生植物的开花，夜间的光照时间和黑暗的时间都影响了开花的时间。夜间中断仍然是一种广泛应用的工具，用于筛选植物和海藻的光周期行为（Hwang and Dring，2002；Taiz and Zeiger，2010）。然而，一些具有 SD 光周期反应的海藻对夜间中断及其色素系统可能不敏感（Rüdiger and López-Figueroa，1992）。因此，过度应用夜间休息作为一种对光周期行为的研究工具，可能会混淆生理机制之外的光敏色素介导的影响（Dring，1988；Hwang and Dring，2002）。

已有许多蓝光效应的研究结果，例如萱藻属（*Scytosiphon*）直立枝的形成（图 2.7）（Dring and Lüning，1975；Dring 1984a，1988；Rüdiger and López-Figueroa，1992）。紫色红线藻（*Rhodochorton purpureum*）四分孢子囊的形成是在短日照的情况下发生的，在夜间采用

红光刺激则会被抑制，而远红光则不会发生抑制，但是红光抑制并没有因为随后暴露在远红光中而被逆转（与开花植物的情况相反）。此外，蓝色光的夜间刺激也有抑制作用（Dring and West，1983）。在蓝光下，网地藻属（*Dictyota*）从卵原细胞中释放卵；而蓝光条件下海带属（*Laminaria*）的排卵则受到抑制（Dring 1984a；图 2.8）。蓝光效应（表 2.3）通常被认为是“隐花色素”（Cryptochrome，CRY）引起的，其是一种对蓝光敏感的黄酮素（CPF）家族组成的，在动物、陆生植物、蓝细菌、单细胞红藻（如 *Cyanidioschyzon merolae*）、单细胞绿藻和硅藻中均有发现（Cashmore，2005；Asimgil and Kavakli，2012）。植物隐色素（plant CRY）调节昼夜节律和生长。在原核生物和真核生物谱系中，CPFs 是如何进化为具有非常广泛生理角色的问题，引起了人们的广泛关注。然而，尽管在红色世系和棕色世系藻类中发现了 CPFs，并且在红藻（Kain，2006）中发现的隐花色素与感受蓝（绿）光有关，但在这些海藻中是否存在，仍必须通过实验进行验证。

在海藻中还发现了其他红光和蓝光受体（Hegemann，2008；见 1.3.3 节）。丝状绿藻（*Mougoutia*）用新色素（neochrome）检测光谱中红/远红和 UV-A/蓝光区域（Suetsugu et al.，2005）。墨角藻属（*Fucus*），无隔藻属（*Vaucheria*）和硅藻海链藻属（*Thalassiosira*）中发现了蓝光受体（aureochrome），这是棕色藻门藻类的一种常见光合特性（Takahashi et al.，2007；Ishikawa et al.，2009）。Dring（1988）的结论是：“藻类的光周期响应可能由类似于光合作用涉及的多种色素的系统所控制”。利用分子工具识别光感受的候选基因，以及在高等植物中为光控和光控技术开发的方法，将有助于促进海藻相关知识的发展。

许多异形世代交替海藻在繁殖过程中表现出光周期的调控，在这种情况下，藻类利用关键因子切换到不同的阶段，可以更好地适应下一个季节的条件。最好的研究案例是海带目（Laminariales）的海藻，其具有典型的异形世代交替生活史（Bartsch et al.，2008；图 2.5 和图 2.8）。海带属孢子体在长日照条件（LD）的昼夜节律和光周期调控下生长，而新叶片生长则由 SD 触发。孢子形成的开始是由 SD 引起，孢子囊形成于较老的远端组织。这一过程也可能涉及由分生组织释放的“孢子抑制物质”，而不是梢部组织产生的（详见后面的石莼属 *Ulva*）。生命周期的微型世代阶段并不受光周期调控。减数孢子的萌发依赖于光剂量，而配子体的形成是由特定剂量的蓝光触发的，这意味着当孢子体植株被移除时，增加蓝色光会触发配子的发生。铁（Fe^{2+}）也会诱导配子发生，而其他营养物质（氮、磷）也调节其生命周期，但不是关键因子（图 2.8）。

裙带菜（*Undaria pinnatifida*）孢子的形成和发育是一个罕见的长日光周期（LD）反应（Pang and Lüning，2004）的例子。这是一种“兼性”的 LD 反应，在这种情况下，LD 触发了孢子的形成，但是在没有 LD 信号的情况下，孢子体最终会在一个 SD 体系的状态下发展。裙带菜是越冬的一年生海藻，孢子囊会在春天开始形成（即白天较长），因此，LD 的反应与这个季节的周期是很一致的。叶片表面毛窝的形成也是由 LD 引起的，可能会在春季加强了营养的吸收（见 2.6.2 节和 6.4.2 节）

早期对美国太平洋沿岸的石莼属的野外实验显示，其繁殖细胞呈周期性释放，在早春大潮期间首先进行配子的连续释放，而孢子的释放则延后 2~5 d（Smith，1947）。30 多年之后，控制这种周期的内源性、环境和生化机制正在逐渐阐明（Lüning et al.，2008）。在持续

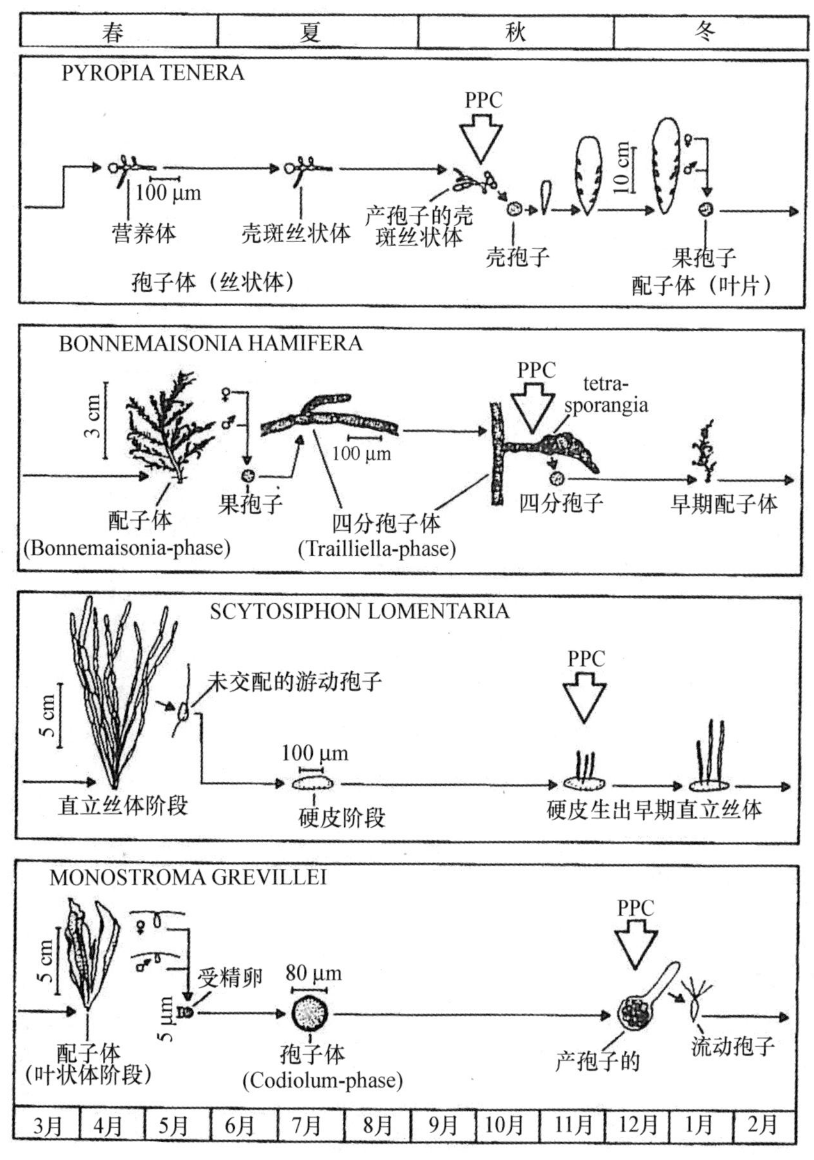

图 2.7　4 种海藻短日照的年循环

注：PPC，短日信号的反应：甘紫菜（*Pyropia tenera*，曾用名 *Porphyra tenera*）形成了壳孢子；柏桉藻（*Bonnemaisonia hamifera*）形成了四分孢子；结荚萱藻（*Scytosiphon complanatus* var. *complanatus*；原名 *Scytosiphon lomentaria*）从组织块上形成了新的直立丝；格氏礁膜（*Monostroma grevilleri*）形成游孢子（引自 Dring and Lüning，1983）。

了 2 a 的野外实验显示，假弯形石莼（*Ulva pseudocurvata*）在秋冬季，每 14 d 进行一次配子的释放且持续 1~5 d，而夏天则每 7 d 进行一次。在实验室内，假弯形石莼则存在着宽松的周期，大约每 7 d 进行配子的释放，这个周期可以通过增加人工光照的方式调整至 1 个月。夏季（7 d）和冬季（14 d）周期之间的差异可能是由于冬季光照不足，无法提供繁殖所需的能量导致的。配子的释放只发生在至少 1 h 黑暗（<0.001 μmol・m^{-2}・s^{-1}）之后，然后 5~9 min 的光照的条件下，这揭示了为什么野外实验中配子的释放一般发生在黎明时候。红光和蓝光的波长在触发配子释放的效果是一样的，配子体对这些光的波长（0.01 μmol・m^{-2}・s^{-1}）比绿光（0.1 μmol・m^{-2}・s^{-1}）更敏感。检测这种低水平 PFDs 的能力意味着存在高度

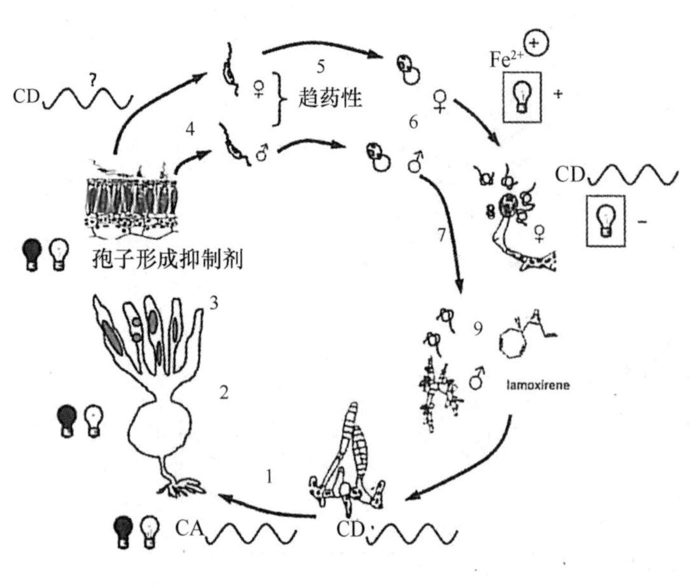

图 2.8　由非生物和内生因素决定的广义上的海带属（*Laminaria*）生活史示意图

注：假定在属内的调控过程是相似的（引自 Bartsch et al.，2008）。

敏感的感光器（植物色素 phytochromes、隐花色素 cryptochromes 和 thodopsins）。配子只从边缘组织中释放出来，而靠近固着器的组织只进行生长，这被解释为存在着“聚集抑制剂（swarming inhibitor）”（见下文，Stratmann et al.，1996）。这项研究的另一个发现是，随着季节从秋季到冬季的变化，石莼属配子体变得越来越小，因为其“根据日照长度，以一种可控的方式形成释放孢子越冬”（Lüning et al.，2008）。由于具有多年生的固着器，因此，假弯形石莼（*Ulva pseudocurvata*）不是 1 年生的，而是一种多年生藻类，多年生固着器经过越冬，在春季又长出新的叶片。

在易变石莼（*Ulva mutabilis*）中，发现了 3 个调控生命周期进展，即从营养生长到配子形成的调控因子（Stratmann et al.，1996），这证实了 Nilsen 和 Nordby（1975）的建议，营养体释放了抑制孢子形成的物质。此外，Jónsson 等（1985）发现复杂的糖蛋白抑制了配子形成。孢子抑制剂-1（SI-1）是一种特殊的高分子糖蛋白，其与细胞外基质（ECM）蛋白有关，其被释放到周围的培养基中，起到维持植株生长的作用。藻体老化后 SI-1 浓度降低，当其浓度低于临界水平时产生配子。第二种化合物，SI-2，具有较低的分子量，被隔离在两个细胞壁之间的间质中，并且因其浓度不随着生命周期的变化而改变，被认为是通过与 SI-1 的相互作用而成为正调节剂。只有当 SI-1 被移除时才会发生营养细胞转化为配子体的过程：当这种情况发生时，细胞进入一个“确定阶段（determination phase）”，在此期间，如果重新添加 SI-1（图 2.9），植株可以恢复到营养生长状态。这一阶段的时间为 23~46 h，并取决于调控细胞周期进展的诱导时机。之后，细胞进入“分化期（differentiation phase）”，约 28 h；细胞致力于成为配子，并不再受 SI-1 的影响。确定上述阶段的持续时间可变，意味着无论一天中的哪个时间（即细胞周期时间），在被诱导的情况下，配子释放时间总是发生在早晨5：00—8：00之间。第三个化合物，低分子量“聚集抑制剂（Swarming Inhibitor，SW-1）”在确定阶段释放，触发释放游动的配子（Stratmann et al.，1996）。SW-1也存在于石莼（*Ulva lactuca*）中，但在配子发生的时间与SW-1浓度的关系上具有物种特异性。

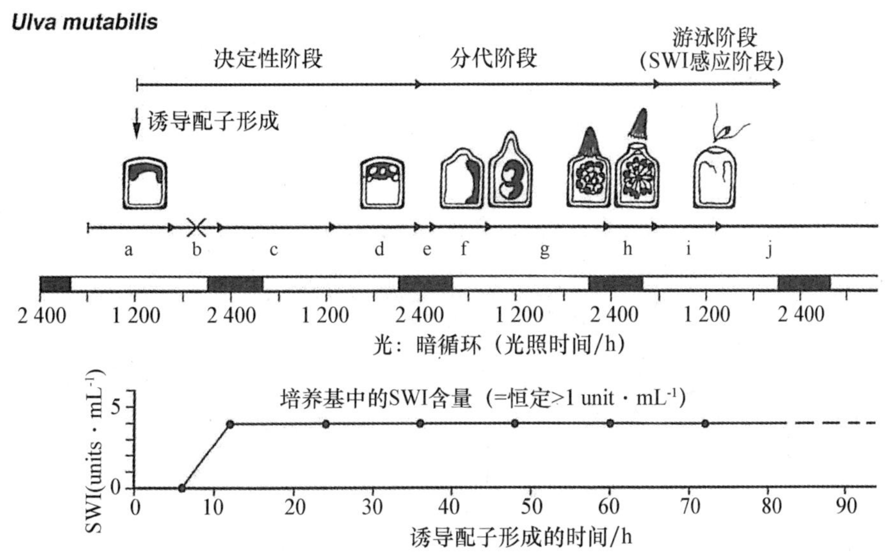

图2.9　聚集抑制剂（SWI）合成和功能诱导易变石莼（*Ulva mutabilis*）配子形成以及胚子囊释放的时间历程

注：顶部：诱导易变石莼配子体形成［细长的突变体 sl-G（mt+）］。“确定阶段”和“分化阶段”是由Stratmann等（1996）定义的。“群集期”是指配子释放可以由光或媒介改变引起的时间周期，也可以是自然发生的时间。a. 正常的植物性G1细胞周期阶段，在此过程中，可以通过移除运动抑制因子SI-1和SI-2来诱导配子形成；b. 正常的植物细胞周期，通常，在诱导配子发生后，即SWI合成和排出的周期；c. 配子形成之后的下一个G1阶段；d. 在诱导配子形成和积累淀粉颗粒之后下一个S阶段；e. 不可逆的配子囊分化的时间；f. 原配子形成的时期，质体的重整和初生乳状突起；g. 生殖细胞增殖至16个细胞，乳状细胞成熟；h. 配子和生殖细胞形成时期；i. 光和（或）介质中的SWI耗尽时，诱导配子释放的时期；j. 配子囊对SWI不敏感时期，配子释放可能是自发的和非同步的。底部：在样品中添加10 mg/mL石莼材料，通过SWI法分析培养基中SWI的累积和配子形成的时间关系（引自Wichard and Oertel，2010）。

繁殖的时间越关键，需要的环境因素就越复杂。例如，短日照会发生在秋季和春季，以及整个冬季。腔囊藻紫菜（*Pyropia nereocystis*，曾用名*Porphyra nereocystis*）生长于1年生海藻腔囊藻（*Nereocystis luetkeana*）的柄部。当宿主叶柄部已经完成了伸长，但在覆盖其他藻类之前，腔囊藻紫的叶状体阶段就出现了。此外，叶柄部在水体的上层，而腔囊藻紫菜的孢子体是生活于底部沉积物的贝壳中。在春季孢子释放时，腔囊藻紫菜有双重光周期反应：持续很久的短日照紧接着持续很久的长日照（图2.10）（Dickson and Waaland，1985）。因为实验是在8：16和16：8的光暗周期下进行的，因此还不能确定主要的光周期节律。这种反应在较温暖的海水（秋天）比较冷的海水条件（春天）更好。这些壳孢子被释放在黏滑的藻体上，可能产生一种“bola”效应，从而增加了抓住和粘在光滑的小叶状体上的机会。相

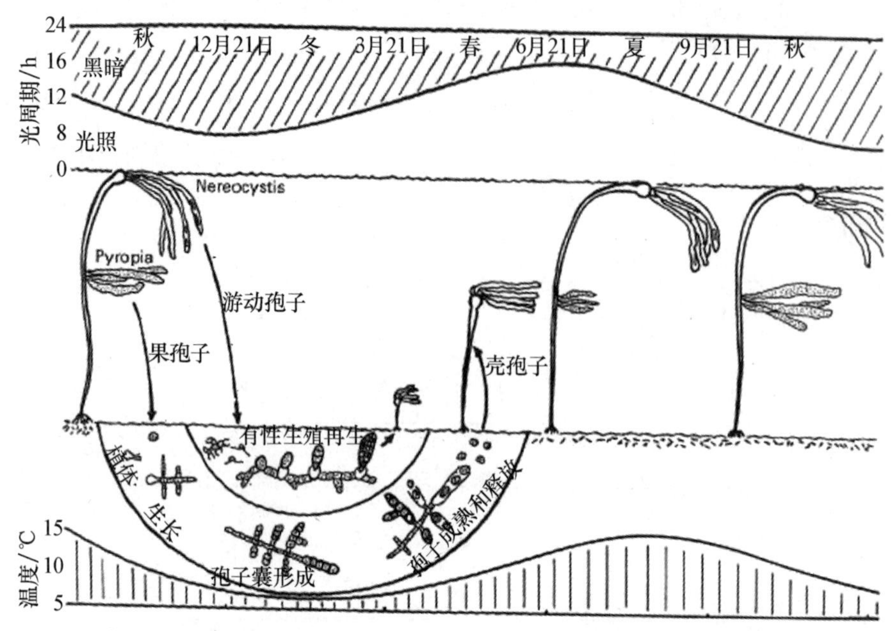

图 2.10　附生海藻腔囊藻紫菜（*Pyropia nereocystis*，曾用名 *Porphyra nereocystis*）及其宿主海藻腔囊藻（*Nereocystis luetkeana*）的生活史和每年的季节发生

注：图顶部显示了普吉海湾研究基地的季节性光周期变化；图中最低的部分是水的温度。腔囊藻紫菜叶状体放散果孢子体进入到壳孢子（丝状体世代）阶段，在短暂的几天后，会释放出孢子，重新作为新的 1 年生植物腔囊藻属（*Nereocystis*）孢子体的附生海藻。海囊藻游孢子形成了微型的雄性和雌性的配子体，经有性生殖后形成孢子体（引自 Dickson and Waaland，1985）。

关的叶状物种类较少受临界光控制。例如，相同区域的扭曲紫菜（*Pyropia torta*，曾用名 *Porphyra torta*），壳孢子可以在任何光周期下形成，但是只在短日照才会成熟或释放（Waaland et al.，1987）；这个物种是在潮间带底部岩石上进行越冬的。

“短日照”和“长日照”显然是相对的，对于一种纬度跨度较宽的海藻来说，高纬度地区的短日照可能是低纬度地区的长日照，例如在图 2.11 中，11 h 日照时间对来自 Tjömes（66°N）和 Punta Banda（32°N）萱藻属（*Scytosiphon*）而言（Lüning 1980）。然而，种内的不同差异并不总是与纬度有关，就像 Rietema 和 Breeman（1982）在日本柔毛藻（*Dumontia contorta*）中发现的那样。此外，光周期反应有时也会因温度而改变（图 2.11 和表 2.2），也可能不会出现在高氮水平的情况下（如标准培养基）。

目前，对热带海域的繁殖物候学仍然知之甚少。环境有季节性的变化，虽然比中纬度地区的变化要小得多，纬度地区植物生长和繁殖有很强的季节性变化，但是关键因素还是未知的（Price，1989）。热带海域同步生殖的一个著名例子是，在加勒比珊瑚礁上的 17 种珊瑚虫的大量繁殖（Clifton，1997；Clifton and Clifton，1999）。这些珊瑚虫在一夜之间就进入到发育阶段，然后在早晨释放出其全部的细胞成分（termed holocarpy），在水中形成一团密集的云雾状。在同一上午，多达 9 个物种释放配子，但是在稍微不同的时间段进行，这可能会减少杂交。从生育到死亡的整个事件都只持续了 36 h，所有剩下的成体大部分在 24~48 h 内消失，或者通过水进行运动或“放牧”，极有可能释放出礁石上的空间，让新的繁殖体定居下来。虽然引发生育能力的确切条件尚不清楚，但可能包括了光和温度的组合；因为在阴天，配子的释放被推迟了大约 20 min。一项实验室研究表明，每降低 1℃，排卵的时间推迟 8 min。

热带地区的热带藻类具有不同的生物特征，这可能反映了热带地区更稳定的条件。然而，因为光周期效应已经在温带同形世代交替的物种得到证实，且有日照长度变化除非非常接近赤道（如在美国关岛 13°N，为 11～13 h）（图 2.6），寻找广泛分布的具有纬度效应的异形世代交替物种，如紫杉状海门冬（*Asparagopsis taxiformis*）或白果胞藻（*Tricleocarpa fragilis*，曾用名 *Tricleocarpa oblongata*）是非常有趣的。如果赤道附近的热带藻类（如夏威夷百慕大群岛或南昆士兰州）出现了光周期反应，那么其在赤道附近会有什么变化？如果这些藻类在广泛的光周期变化下均能生长，那么会对何种环境因素做出反应？

2.3.4　其他因素

实验室内繁殖对温度和光照条件需求的实验结果如何与“现实世界”中的条件相关联，尤其是在其他环境因素发挥作用的潮间带（见 3.1 节和 7.1 节）。Breeman 和 Guiry（1989）描述了潮汐变化如何改变了柏桉藻（*Bonnemaisonia hamifera*）孢子体的繁殖时机。这些是 SD 藻类，需要的温度范围很窄（表 2.2）；Lüning（1980a）曾预测其只在早秋很短的时间内繁殖，这段时间白天变得很短，但是海水仍然是温暖的（图 2.12 和表 2.2）。然而，总的来说，现场的物候学实验证实了这一预测（Breeman et al.，1988），两个因素混淆了这种预测：①一天开始或者结束时，大春潮缩短了有效日照长度，允许繁殖开始得比预计的还要早；②水温低于阈值时，中午大春潮将海藻暴露在热的空气中，海藻恢复了繁殖。短暂暴露于适当的条件下足以诱导繁殖，繁殖期从 9 月延续到 12 月。在爱尔兰，高潮和低潮的时期总是相同的，但这并不是所有地方都具有的情况（见 3.1.1 节）。在另一个例子中，由于浑浊和墨角藻的遮蔽，在涨潮时光照降低了，因此，紫色红线藻（*Rhodochorton purpureum*）的潮间带群体，存在着全年的 SD 条件（Breeman et al.，1984）。

月球运动和潮汐周期也可以诱导繁殖。横带网地藻（*Dictyota diemensis*）配子形成在一个满月之后的第二天开始，并在 10 d 后（Phillips et al.，1990）完成了配子的释放。对礁膜属（*Monostroma*）来说，潮汐被认为是同步配子释放的原因，而不是内源性生物钟（与之前讨论的石莼属 *Ulva* 相比）（Togashi and Cox，2001）。一些墨角藻属海藻配子释放具有两周一次的周期性，而同一物种在不同的地理位置上发生的时间也不同，这表明时间是由潮汐和昼夜因素所决定的，而不是月球运动周期（Pearson and Serrão，2006）。与高潮带相比，中潮带的墨角藻（*Fucus vesiculosus*）在一天晚些低潮的时候进行排卵，螺旋墨角藻（*Fucus spiralis*）可在一天的任何时间低潮时或高潮时进行排卵。这表明，雌雄同体的螺旋墨角藻和雌雄异株的墨角藻相比，卵细胞的释放具有更低的同步性（Ladah et al.，2008）。

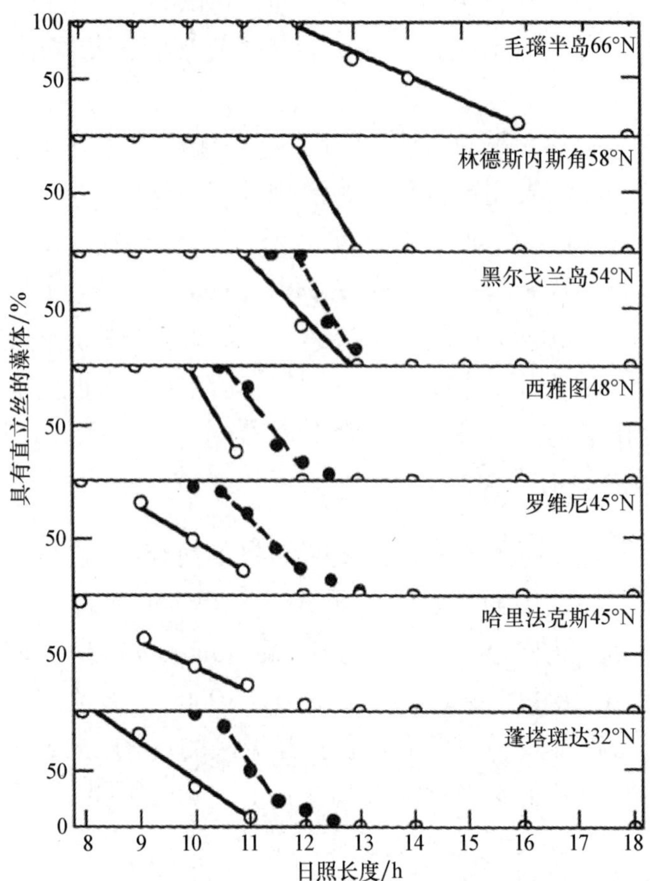

图 2.11 在 10℃（空心圆）和 15℃（实心圆）条件下研究日照长度对不同地理群体的萱藻（*Scytosiphon lomentaria*）直立丝形成影响（每个值都基于 250 个个体的数量（引自 Lüning，1980a）。

表 2.2 光周期以及温度对柏桉藻（*Bonnemaisonia hamifero*）的四分孢囊形成的影响

参数	对日照长度的反应（15℃）										
每日光照时间/h	8	9	10	10.5	11	12	12.5	13	14	15	16
成熟率/%	93	92	48	16	6	0	0	0	0	0	0
参数	对水温的反应（每天 8 h 光照）										
温度/℃	10		12		15		17		20		23
成熟率/%	0		0		97		73		0		0

不经历强烈的温度季节变化和光周期的海藻可能仍然需要环境因素的刺激来进行繁殖。深水褐藻佛罗里达管皮藻（*Syringoderma floridana*）具有大型的孢子体和微型的配子体。大多数的二细胞配子体发育在孢子体上，因为游孢子的运动能力非常有限（Henry，1988）。在培养中，孢子发生是由低温休克引起的，或者转移到营养丰富的培养基中，周围介质的突然变化可以诱导一些海藻繁殖（Chapman，1973；DeBoer，1981）。在 20℃ 的时候，游动孢子附着预计 2 d 后配子体成熟并释放了配子。Henry（1988）提出，一波富含营养物质的水

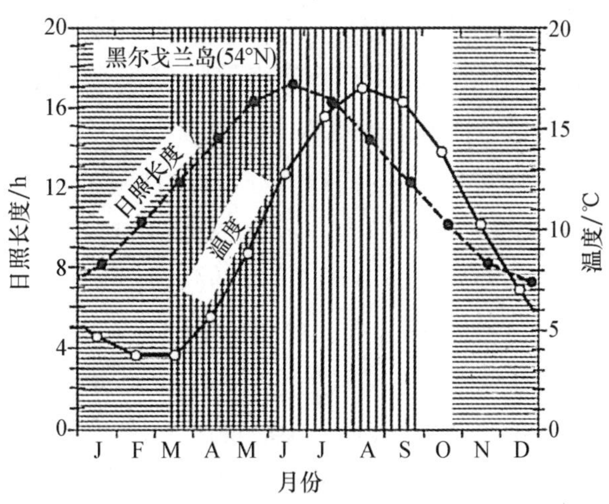

图 2.12　预测赫尔戈兰的柏桉藻（*Bonnemaisonia hamifera*）孢子体形成与 Breeman 和 Guiry 预测的爱尔兰的纬度大致相同

注：9 月至 10 月间的繁殖“窗口”也发生在过于温暖的海洋（垂直的孵化）和过短的光周期（水平孵化）条件（引自 Lüning，1981b）。

团（可能是相对凉爽的）或者是低温的水团紧接一波温暖的水团，会引起当地群体同时形成孢子。同步性对于微小且生命短暂的海藻配子体来说显然是很关键的，温度也同样是非季节性的关键因素。紫外辐射和水流运动对生殖的影响分别在 5.2.2 节和 8.2.2 节进行讨论。

2.4　受精生物学

在繁殖对环境因素发生反应后，生殖细胞的产生，孢子或配子的形成，最终产生孢子或配子。经典的有性生殖有 3 种类型：同配生殖、异配生殖和有性生殖（Graham et al.，2009）。有性生殖涉及一个非运动型的雌性配子或卵，例如褐藻墨角藻目（Fucales）和海带目（Laminariales），以及所有红藻，其都是被一个较小的雄性配子体（或精子）来进行“受精”的。在褐藻中，许多所谓的同配生殖和异配生殖实际上都是有性生殖行为，雌配子在受精前就开始发育。Motomura 和 Sakai（1988）的研究显示，狭叶海带（*Saccharina angustata*，曾用名 *Laminaria angustata*）卵细胞在从卵囊中释放出来时鞭毛就已经退化。

Santelices（2002）为海藻的受精生态学提供了一个框架模型，原本是用于海洋无脊椎动物的“孵育者”与“传播者”模式。“传播者”（外部受精）包括将配子释放到水体的物种，为了确保受精成功，必须严格控制同步，例如在珊瑚礁（Clifton，1997）或在墨角藻目（Pearson and Serrão，2006）的配子同步释放事件。大多数绿藻和褐藻被归类到“传播者”类型中，这种机制在海洋无脊椎动物中也很常见（如海胆）。相比之下，孵育者（内部受精）需要有效的精子收集机制，类似于陆地植物中的花粉收集机制。许多红藻属于这一类，其受精丝扮演“精子收集者”的功能（图 2.16 和图 2.17）。受精丝由一根管子组成，精子在末端与大的卵交配，就像开花植物的花粉管。海带配子体，卵仍在雌性配子体形成卵囊上，也可以被归类为孵卵器。Santelices（2002）承认，鉴于海藻生命周期的多样性，这种模型可能过于简化，但为检验与海藻的受精生态学有关的假说提供了一个有用的框架。

在具有自由生活的雄性和雌性配子体的物种中，触发配子释放和对另一个配子的吸引力增加了成功结合的机会。海带目（Laminariales）和酸藻目（Desmarestiales），在探测到成熟的雌配子的信息素之前，雄性配子体不会释放精子；并且同样的化合物（图 2.13）作为释放和诱引精子的诱导剂（Müller et al.，1985；Müller，1989），这可导致精子的“大规模释放”，并且从化学信号到反应的时间仅为 8～12 s（Pohnert and Boland，2002）。在这一过程中，雄性和雌性的海藻配子需要足够的接近，雄性可以检测出雌性激素释放的信息素；而对于梨形巨藻（*Macrocystis pyrifera*）和加州带翅藻（*Pterygophora californica*）来说，配子密度必须大于 1 个/mm^2，才能成功地交配（Reed，1990a）。

信息素在有性繁殖中的作用已在褐藻中进行很好的研究，有 12 种性诱导物质已经被确定，这些都是同分异构体，从而导致这些信号分子的高度多样性（图 2.13）（Pohnert and Boland，2002）。然而，并不是所有的褐藻都使用信息素。海黍子（*Sargassum muticum*）是雌雄同体的，而受精是在一种黏性的覆盖物下进行的，而卵原细胞则被固定在生殖窝中；发生自体受精。显然，卵子并不是全部通过化学的方式吸引精子。此外，网翼藻属（*Dictyopteris*）和柱状费氏藻（*Feldmannia mitchelliae*，曾用名 *Hincksia*（*Giffordia*）*mitchelliae*）则有类似于图 2.13 的相似化合物，产自于配子体和孢子体组织；但在这些藻类中，这些物质并不是扮演性诱导物质的角色（Kajiwara et al.，1989；Müller，1989）。

尽管在大量的褐藻中发现了信息素，但是其结构却很少有变化，而且并不存在不同类群的差异（Müller，1989；Pohnert and Boland，2002）。雌性卵细胞通常会释放出多种信息素的混合物，尽管通常其中某一种化合物是生物活性最强的。所有的化合物都是简单的、非极性的、挥发性的碳氢化合物，要么是开链的，要么是环状的烯烃。12 种褐藻信息素的结构相似性表明了脂肪酸的一种常见的生物合成途径，并且在激活过程中需要一些特定的酶（Pohnert and Boland，2002；Rui and Boland，2010）。褐藻信息素的不溶性和挥发性限制了其在水中聚集的浓度，并且在雌性配子的表面保持急剧的浓度梯度。吸引力的范围可能不超过 0.5 mm（Müller，1981）。这类信息素是非常高效的，所以只有极其微量的引诱剂被释放出来：500 万个巨藻属（*Macrocystis*）卵细胞产出 2.9 μg 的海带烯（lamoxirene）（Müller et al.，1985）。

在具有性诱导物质的情况下，雄配子（精子）的行为因物种而异（图 2.14）。海带属（*Laminaria*）精子直接游向卵子。水云属（*Ectocarpus*）的精子则有一种更为复杂的模式。在水体中，精子以直线的方式游泳，周期性地改变方向；当遇到一个表面时，会沿着表面的一条宽阔的、循环的路径；在雌配子吸引的情况下，精子则转变为圆形路径，随着激素浓度的增加，运动直径会减小。

配子识别是有性生殖的一个关键阶段。因为雌配子（卵）释放了同一种信息素，可能会吸引不同物种的精子。墨角藻属（*Fucus*）中，同样的引诱剂至少吸引 3 个物种。海带的情况和这类似，（1′R，2S，3R）-海带烯（1′R，2S，3R-lamoxirene）是由海带属（*Laminaria*）、翅藻属（*Alaria*）、裙带菜属（*Undaria*）和巨藻属（*Macrocystis*）释放的信息素的生物活性成分，而且并没有发现这类信息素的特异性（Maier et al.，2001）。配子的选择性不

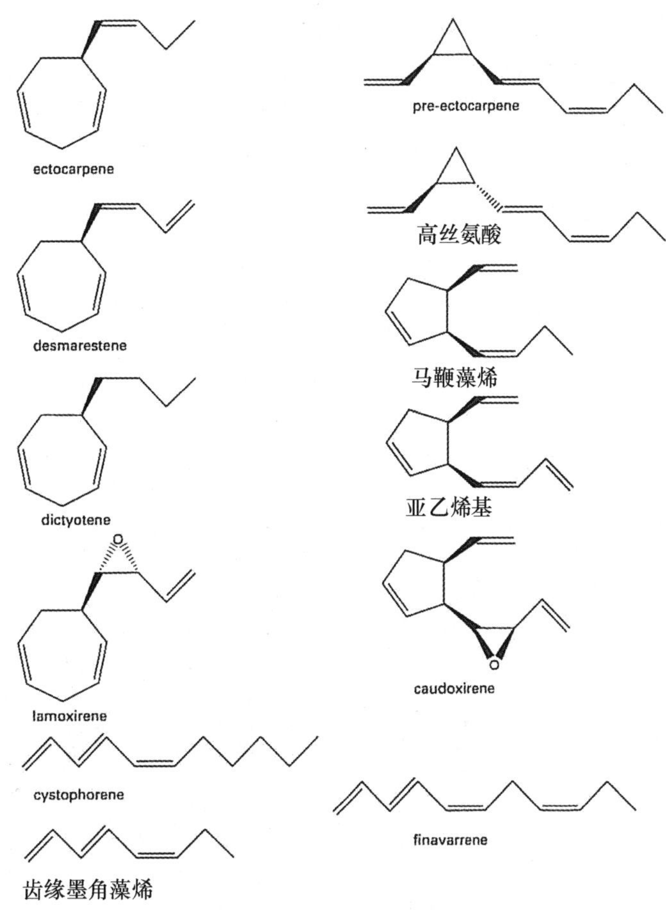

图 2.13　已发现的褐藻信息素（引自 Pohnert and Boland，2002）

是由一种特殊的信息素引起的，而是由于对互补的表面碳水化合物的识别而产生的，因此配子的结合被阻止了（Schmid，1993；Schmid et al.，1994）。糖复合物是一种与另一种化学物质相连接的碳水化合物（如糖蛋白=碳水化合物+蛋白质），并涉及广泛的细胞和细胞基质的相互作用（Lodish et al.，2008）。在一些墨角藻目（Fucales）和水云目（Ectocarpales）海藻的研究中，利用了表面受体不被细胞壁所遮蔽的特性，已经研究了识别和融合的过程（Evans et al.，1982）。由于细胞质囊的突起，卵膜最初看上去呈多块状（图 2.15a；Callow et al.，1978）。精子用顶端的鞭毛刺穿卵子表面，寻找特定的结合点（Friedmann，1961；Callow et al.，1978）。连接首先是鞭毛的尖端，然后是细胞自身（图 2.15 b）。卵膜表面带有特殊的糖蛋白，包括岩藻糖和甘露糖单元，这种特殊的模式，可以在精子膜蛋白上与含糖分子的结合位点（配体）相结合，类似于锁钥机制（Bolwell et al.，1979，1980；Wright et al.，1995a，b）。一些墨角藻属（*Fucus*）精子表面结构域因具有单克隆抗体的性质，可能是专门用于卵识别。精子蛋白的特点是当其“锁”在卵表面时，会部分激活卵（Jones et al.，1988；Wright et al.，1995a，b）。

对真红藻纲的红藻而言，受精是由被释放的精子和受精丝之间的细胞识别引起的。在稀疏丽丝藻（*Aglaothamnion sparsum*）中，识别是由岩藻糖和甘露糖来调节的，类似于上面的墨角藻类海藻（Kim et al.，1996）。然而，对于合子丽丝藻（*Aglaothamnion oosumiense*）来

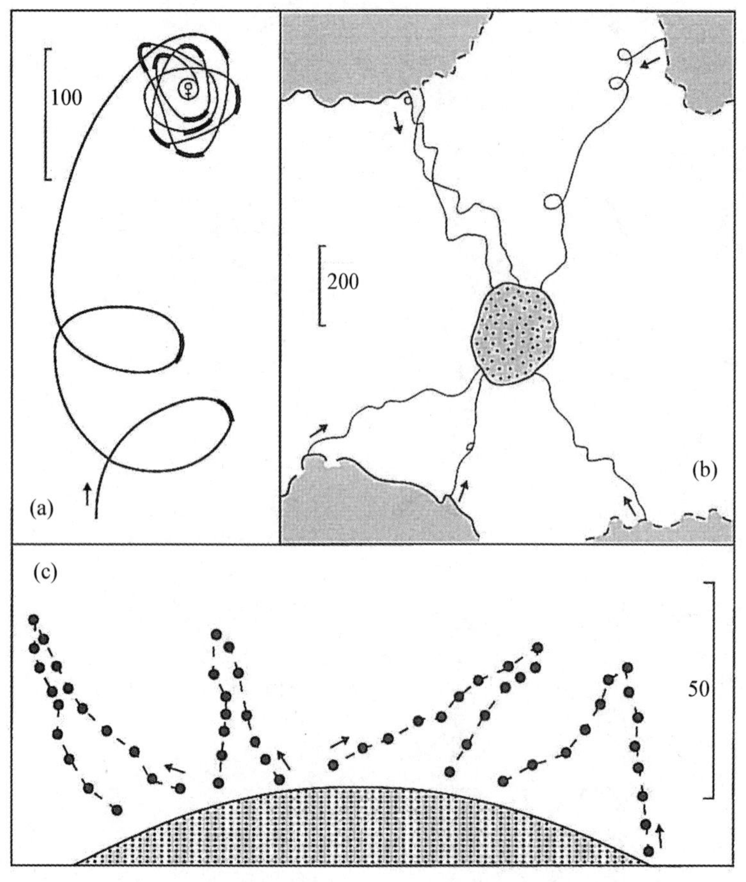

图 2.14　褐藻中几种不同类型的精子

注：（a）长囊水云（*Ectocarpus siliculosus*）中的化学感触性偏运动（Chemo-thigmo-klinokinesis）；加粗部分是指雄性鞭毛的节律；（b）掌状海带（*Laminaria digitata*）：浸染的二氧化硅颗粒作为信息素的来源，有单个精子的轨迹；（c）螺旋墨角藻（*Fucus spiralis*）：在含氟烃的氟碳液滴附近的单个精子的返回反应（引自 Müller，1989）。

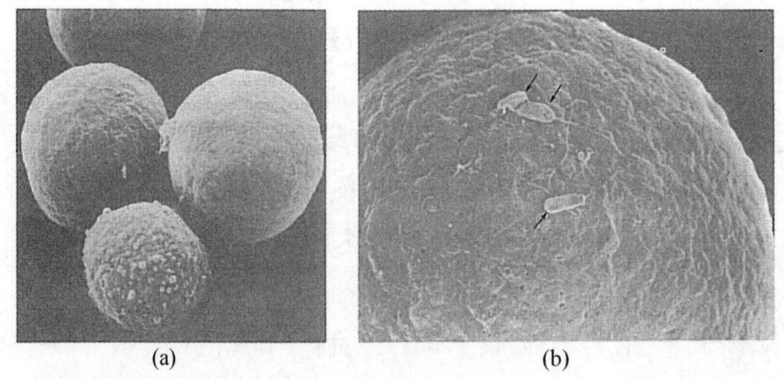

图 2.15　扫描电子显微镜观察到的齿缘墨角藻（*Fucus serratus*）的卵、精子和合子

注：（a）精卵结合 10 min 以后形成的细胞团。平滑的细胞已经受精，形成了受精膜；前景中粗糙的细胞是未受精的卵子（450×）。（b）受精卵和 3 个精子（箭头）的细节（1 600×）；中间精子的前鞭毛的顶端嵌入了细胞壁分泌材料（引自 Callow et al.，1978）。

说，雄性配子利用一个“双对接”过程来识别合适的雌性受精丝，利用至少两种碳水化合物和互补受体（Kim and Kim，1999）；在一些红藻中观察到的以碳水化合物为基础的系统可能不是物种所特有的，而是一种通用的机制，而其他目前未知的机制将存在于特定物种中。

当一个精子进入卵时，就不再需要精子了。事实上，多个精子进入到卵中是致命的，会导致墨角藻属海藻发育不正常，几天后就会死亡（Brawley，1987，1991，1992a；Brawley and Johnson，1992）。机制已经进化到可以将与多个精子受精的卵的比例最小化，尽管在雌雄同株的物种中，卵原细胞和精子囊刚刚释放进行受精时精子的浓度可能会很高。在鹿角菜属（*Pelvetia*）和墨角藻属（*Fucus*）海藻中（Brawley，1987），发现多个精子受精会很快产生团块。这个团块是 Na^{+}介导的，在大约 5 min 内被一个与细胞壁形成相对应的“慢块”所取代，还有一个中间块，在这个中间块中，卵表面的精子受体被降解（Brawley，1991；Pohnert and Boland，2002）。多精团块并不总是完美地工作，在软墨角藻（*Fucus ceranoides*）中，有 1%~9%的卵是多个精子受精的（Brawley 1992a）。羽藻属（*Bryopsis*）的多精受精也很明显，但在这个属（Speransky et al.，2000）中是否具有致命性尚不清楚。在红藻中，有一些阻止多精受精产生机制的间接证据，但这还没有得到证实（Santelices，2002）。

红藻的精子没有鞭毛，因此不能游到雌配子体的卵上。相应的，在红藻中还没有发现性诱导信息素。由于精子缺乏活性，传统观点认为红海藻在海洋环境中不适合进行受精和传播，是通过受精卵的“放大效应”来弥补这一缺陷（见 2.2 节）（Searles，1980）。然而，这一理论并没有在定量的研究中得到证实，这表明红藻的受精率与褐藻和绿藻相似（Kaczmarska and Dowe，1997；Engel et al.，1999）。Santelices（2002）建议对红藻的“三相”生命周期进行新的解释。Brawley 和 Johnson（1992）认为，雌性配子的固定（即孵育器）可能是提高受精的一个适应性优势，当只有 1 个配子在水流中移动，错过另一个的机会可能会减少。一系列的机制在即使没有运动鞭毛的情况下也可以提高受精率。当精子在藻丝中释放的时候，不动精子接触到受精丝的能力会得到改善，就像斯氏提氏藻（*Tiffaniella snyderae*）一样（Fetter and Neushul，1981）。纤维状黏质是有弹性的，在水流中伸展，当附着在雌性海藻上时，往往会扫过水面，并在延伸的受精丝中储存精子。深蓝丽丝藻（*Aglaothamnion neglectum*）的不动精子有一种锥形附体，非黏性，只与受精丝和毛发结合，尽管这种结合不是物种特有的（Magruder，1984）。

受精生物学的一个流行理论是“精子限制”。对于广泛传播的海洋生物来说，由于在湍流的水体中稀释了精子，受精的成功率将是有限的。然而，对于墨角藻目海藻而言，许多物种的受精水平接近 100%，这表明特殊的机制确保了受精成功，例如配子固定释放时间与静水流时期相吻合（Serrão et al.，1996；Berndt et al.，2002）（见 8.2.2 节）。对于红藻来说，几乎没有精子限制的证据（Maggs et al.，2011）。Engel 等（1999）进行了一项详细的现场研究，在低潮期，在每个岩石潮池中对细江蓠（*Gracilaria gracilis*）64 个四分孢子体、37 个雄性配子体和 26 个雌性配子体进行了绘图和取样。利用两个微卫星定位基因标记，确定了群体中确切的雄性个体数量，这些雄性个体对总体 350 个果孢子体中的 72%进行了受精；只有 11%来自于实验池外的雄性群体；研究中没有发现任何精子限制的证据，在雄性与雌性受精的能力上存在着很大的差异，这表明存在着雄性竞争或者雌性选择。

红藻的有性繁殖已经被广泛研究，其在系统学方面具极为重要的价值（Hommersand and Fredriq，1990）。红藻中的后期受精事件是复杂的。O'Kelly 和 Baca（1984）观察了心形丽丝藻（*Aglaothamnion cordatum*）的生殖阶段，在培养过程中，每天产生一个新的轴细胞。和仙菜目（Ceramiales）一样，这个物种有一个 4 个细胞的果胞分枝（图 2.16），辅助细胞只在受精后产生，在这种情况下来自于支持细胞和额外的辅助母细胞。配子融合（包括精子的结合，胞质的结合，雄性细胞核转移至受精丝，以及核融合）用时 5～10 h。果枝形成了两个子细胞。在大约 40 h 后形成辅助细胞，在 72 h 左右形成了二倍体。也就是说，最初的单倍体核分裂成一个基细胞（foot cell），而一个二倍体核来自于一个果胞子细胞通过一个连接细胞转移。对于该过程的一些关键问题，如精子的释放和连接到受精丝，一些物种已经得到了阐明（Pickett-Heaps and West 1998；Santelices，2002；Wilson et al.，2003）。从卷枝藻属（*Bostrychia*）大规模释放精子出现的受精事件（图 2.17）都用延时视频记录下来。精子附着在受精丝脆弱的丝体上，在 30 min 内，精核的有丝分裂就会发生。在附着后的 50～80 min，精子膜与受精丝和两个细胞核一起从不动精子中转移到受精丝。这两个核是有区别的，具有不同的命运，一个从受精丝移到卵；另一个停止移动并保留在受精丝中。运动的机制是未知的，但是对于丽丝藻属（*Aglaothamnion*）和轮孢藻（*Murrayella periclados*）来说，肌动蛋白丝是必需的（Kim and Kim，1999；Wilson et al.，2003）。这些发现对其他红藻的普遍性还不清楚，但延时视频显微镜已经开辟了新的研究途径。

2.5 沉降、附着和建立

一旦生殖细胞从母体中释放出来，就必须在萌发之前到达基质表面并黏住。Fletcher 和 Callow（1992）提出了相关的阶段，以追踪被释放到水体中孢子的命运和发育：①“沉降”或“碰到底物”。沉降是孢子从水体移动到海底的机制。②“附着”指的是对基质最初的弱附着，然后是永久的附着。③“建立”是细胞获得细胞壁和极性，然后萌发出一个顶点和假根。

2.5.1 沉降

许多海藻的孢子和配子都是可游动的，并显示出对环境因素如光和重力的定向反应。然而更多的是非游动性的，包括红藻孢子、绿藻和褐藻的不动孢子以及多细胞繁殖体，如黑顶藻属（*Sphacelaria*）和海黍子（*Sargassum muticum*）。然而，在一个激流的水体中，传播的运动是由水流控制的。小体积和低雷诺数 Reynold（见第 8 章）的可移动型繁殖体的运动能力是有限的，就像有鞭毛的浮游植物一样。然而，水的速度和气流向海床不断下降，在海床表面移动缓慢（1～10 mm/s）和非移动的水层，这些水层覆盖于所有的水底物体（Denny，1988；Amsler et al.，1992）（见 8.1.3 节）。速度边界层的厚度（黏性亚层）为 5～150 μm，而红藻孢子大小则为 15～120 μm（Coon et al.，1972；Neushul，1972）。为了到达可以附着的边界层的“安全地带”，细胞必须通过流水进行运动。

非运动细胞通过严格的物理力量到达海床（Coon et al.，1972；Amsler et al.，1992；Stevens et al.，2008）。重力倾向于以不断增加的速度拉下细胞，但是阻力随着速度的增加而

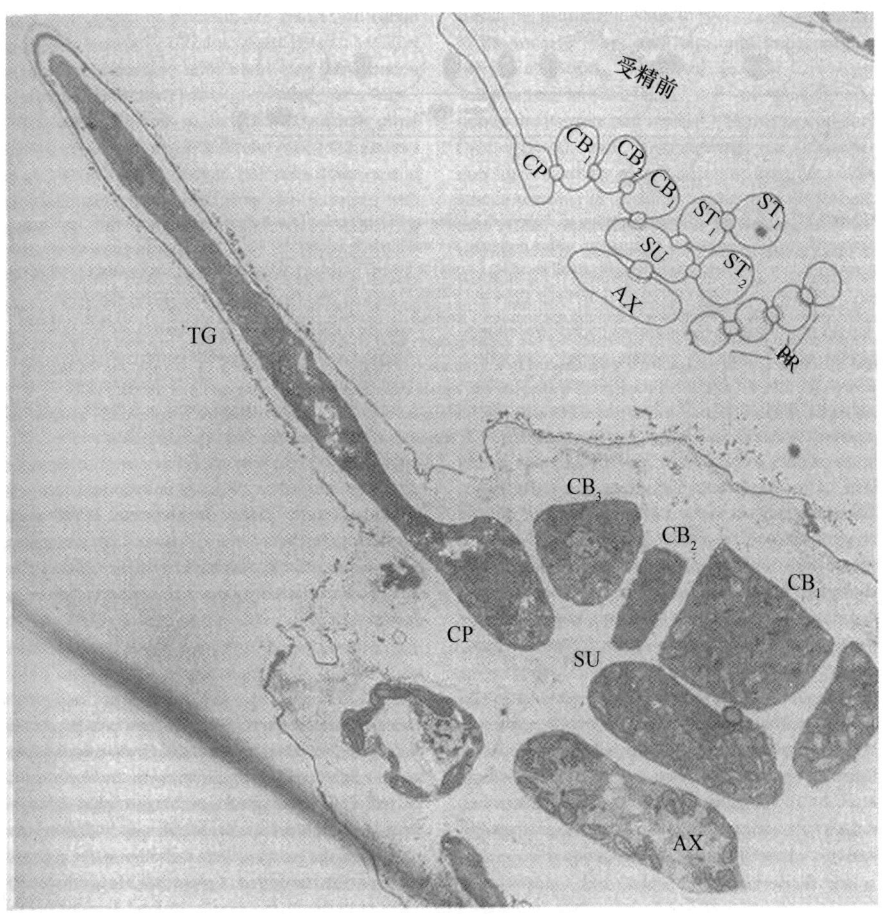

图 2.16　哈氏新管藻（*Neosiphonia harveyi*，曾用名 *Polysiplzonia harveyi*）的果孢子体分枝

注：受精前的电镜切面图。AX：辅助细胞；$CB_{1,2,3}$：果胞分枝细胞；CP：果胞；PR：果皮；$ST_{1,2}$：不育细胞；SU：支持细胞；TG：受精丝（引自 Broadwater and Scott，1982）。

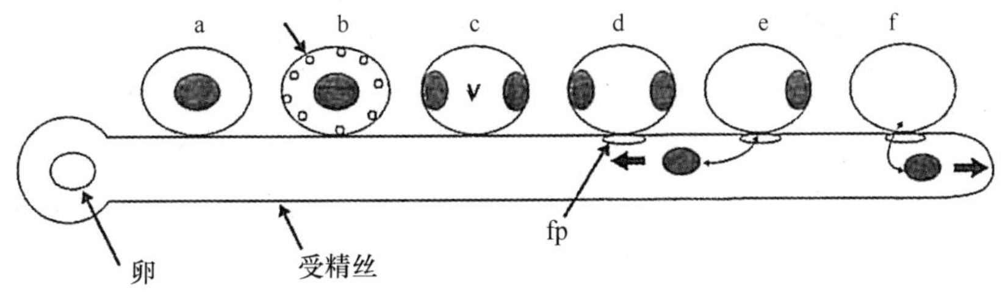

图 2.17　红藻受精过程中发生的系列事件图示

注：每一种精子都代表着从 a ~ f。a. 不动精子的一个序列阶段，它的前期核与受精丝的表面结合；b. 在配子结合后几分钟，精子在细胞周围形成小的空泡（箭头）；c. 在配子结合后 20 ~ 30 min，精原核恢复有丝分裂，通常在 15 min 内完成，细胞分裂不会发生，并产生一个双核的精子，在这个时候，大部分的精子细胞空间被一个液泡（v）所占据；d. 在雄性核分裂的 45 min 内，将两个配子分隔开，直到精子和受精丝之间的细胞质连续（配子通过受精孔连接，fp）；e. 在受精孔形成后大约 15 min，第一个细胞核进入受精丝，并向受精丝或以雌性细胞核为基础的果胞基部移动；f. 很快，第二个细胞核进入了受精丝细胞质，并与第一个迁移的雄性细胞核的方向相反（引自 Wilson et al.，2003）。

增加，这样就能达到最大（终极）速度。这个终极速度（V_t），部分取决于孢子的密度和半径（如 Stokes law）。Coon 等（1972）用长时间曝光拍摄的显微照片测量了几种红藻孢子的 V_t。硬叶肉壳藻（*Sarcodiotheca gaudichaudii*）的孢子是最快的，下沉速度为 116 μm·s^{-1}，但这比典型的水流速度要低得多。Neushul（1972）估计隐藻属（*Cryptopleura*）孢子从成熟的囊果到完全静止附着到海床需要 10 min。Taylor 等（2010）研究了湍流对 5 种墨角藻目海藻的卵和受精卵的沉降与附着率的影响。在静水中，卵的沉降速度与其大小有关。南极海茸（*Durvillaea antarctica*）的卵最小（直径 29 μm），下沉速度最慢（0.029 cm·s^{-1}）；扭曲囊柄藻（*Cystophora torulosa*）和小拟鹿角菜（*Pelvetiopsis limitata*）的卵最大（直径约 100 μm），下沉速度约为 0.062 cm·s^{-1}；班氏链囊藻（*Hormosira banksii*）和二列墨角藻（*Fucus distichus*，曾用名 *Fucus gardneri*）卵的大小和下沉率介于两者之间。然而，卵的密度与沉降速率无关，尽管南极海茸的卵密度最大；最终得出的结论是，卵的黏性和黏液特性对于解释物种间的差异非常重要。对于墨角藻目海藻来说，浮力似乎是控制下沉率的最重要因素，这取决于合子的特性，比如黏液的密度和溶解的速度（Stevens et al.，2008）。红藻新释放的孢子被一种酸性的多糖包围，在多糖的水合作用下，可能会增加孢子的重量及其沉积速率（Bouzon and Ouriques，2007）。重量的不均匀分布（例如质粒和细胞核）以及细胞内的光细胞器（如脂质）会在水体中产生特定的细胞运动方向，并“影响着推动行为”（Amsler et al.，1992）。

游泳细胞的运动速度“与困扰它们的电流和波力相比是微不足道的”（Norton，1992），而且，对细胞从流动海水移动到海底边界层的运动能力几乎没有影响。Suto（1950）报道了各种游动孢子的游泳速度为 0.13~0.30 mm·s^{-1}，同样的，石莼属（*Ulva*）的游动孢子速度为 0.2 mm·s^{-1}（Granhag et al.，2007），海带属（*Laminaria*）的游泳速度为 0.16 mm·s^{-1}（Fukuhara et al.，2002）。对一些物种来说，维持游泳所需要的能量来自光合作用，例如，在阳光下，梨形巨藻（*Macrocystis pyrifera*）和加州带翅藻（*Pterygophora californica*）在阳光下可以游到 120 h，而在黑暗中只有 72 h（Reed et al.，1992）。然而，这种能力在不同的物种之间是不同的，而真海带（*Saccharina japonica*，曾用名 *Laminaria japonica*）在黑暗中游泳能力更强，而且光照对游泳的能力没有影响。在非光合作用或无光情况下，游泳所需能量可能来自于能量储备，例如梨形巨藻和加州带翅藻（Brzezinski et al.，1993；Reed et al.，1999）的脂质的储存。在水体中，孢子和配子是浮游植物的一部分；Graham（1999）报道，根据季节的不同，水中孢子数为 1 360~18 868 个/L。浮游时间长短在不同物种之间是不同的，这取决于环境因素，也取决于其生活史的阶段和生活策略（Fletcher and Callow，1992）。

一些海藻已经进化出了有趣的方法来提高孢子到达基质的机会（Fletcher and Callow，1992）。腔囊藻属（*Nereocystis*）的叶片漂浮在远离海床的表层，但可以脱落很容易下沉的孢子囊群（reviewed by Springer et al.，2010）。孢子囊群的脱落在黎明前几个小时内发生，给孢子提供了光合作用和生存的最佳机会。孢子的释放是在孢子囊群脱落之前开始的，并在大约 4 h 内完成（Amsler and Neushul 1989a，b）；囊沟藻属（*Postelsia*）在非常高动能的潮间带环境中生长，当潮水的第一波浪潮在海藻上溅起时，开始释放出孢子，水和孢子在下垂的叶片上流动，并散落在岩石上及亲本海藻的假根附近（Dayton，1973）。墨角藻属（*Fucus*）

卵释放后仍然在卵母细胞中聚集，8 个卵聚在一起比单个卵下沉的速度要快。作为入侵种海藻的海黍子（*Sargassum muticum*），具有一种非常有效的沉降机制，从概念上讲，在这个机制中，释放出的卵子仍然附着在卵囊的外部，在被受精并发展成小的细胞团并附着到海底之前通常没有假根。由于大小相对较大（平均 156 μm），这些繁殖体在静水中下沉的平均速度为 530 μm · s^{-1}（Deysher and Norton，1982），比单细胞孢子的速度要快 5～10 倍。一旦假根开始生长，假根就会增加阻力，减缓下沉速度（Norton and Fetter，1981）。

大量的繁殖体也可以到达食草动物粪便颗粒（Santelices and Paya，1989）组成的海床。食草动物摄取海藻藻体和生殖组织，有时更喜欢后者（Santelices et al.，1983），孢子和组织碎片通常能在内脏中存活。这样的碎片会形成游动孢子或原生质体从而发育成新的个体，尤其是像石莼属（*Ulva*）这样的“投机”藻类。粪便球团中的细胞有几个优势：颗粒很重，比马尾藻属（*Sargassum*）的传播速度快 8～22 倍，比藻类孢子的速度快 40～100 倍；球团的黏性提高了附着能力。球团具有抵抗潮间带干燥的能力，使敏感的孢子具有萌发的机会；球团里营养物质含量可能更高。

尽管游泳能力与水体的波浪相比几乎微不足道，但移动性对于保持细胞在水面上或附着海底是很重要的。在运动型细胞观察到了一系列的策略反应。例如，海带属（*Laminarian*）的游动孢子会随机游动，经常改变方向。这些游动孢子没有眼点，对硝酸盐和磷酸盐的化学反应可以引导其进入底层（Amsler and Neushul，1989b，1990；Fukuhara et al.，2002）。一些移动的细胞可以定位光的方向，表明存在光感受器（见 1.3.3 节）。其中一些是负趋光性的，向海底游去，但另一些是趋光性的，不断地向上游，这可能有助于分散（Amsler and Searles，1980；Hoffman and Camus，1989；Clayton，1992）。萱藻属（*Scytosiphon*）的游动孢子表现出趋光性和趋向性，34 个释放的游动孢子中，22 个具有一个螺旋形的趋光性游泳模式，10 个在靠近盖玻片表面进行圆形的循环游动，这是一种游动的策略，两种最初的策略都是趋向性，但后来成为了趋光性（Matsunaga et al.，2010）。来自于美国北卡罗莱那洲的不规则费氏藻（*Feldmannia irregularis*，曾用名 *Hincksia irregularis*）的游动孢子是趋光性的，而佛罗里达的群体则是负趋光性的。Amsler 和 Greer（2004）认为这些可能是同形的不同物种。对于格氏礁膜（*Monostroma grevillei*）和石莼（*Ulva lactuca*）来说，配子最初是趋光性的，可以提高受精的成功率（见下文），在配子结合生殖过程中变成负趋光性（Kornmann and Sahling，1977）；而必须回到潮间带的游动孢子应该是趋光性的。

对于有性生殖类型的绿藻来说，与光受体和在水体中占有的位置之间可能存在着一定的联系（Togashi et al.，2006）。对于同配生殖或倾向于异配生殖的绿藻，如石莼属，雌性和雄性配子分别具有 2 根鞭毛和 1 个眼点，是趋光性的，受扰动的时候转移到水体表面。这种迁移被认为是有利的，特别是在浅水中，因为水面本质上是一个二维平面，在这个平面上，异性配子体相遇的机会得到增强（与一个三维的水柱相比）。由此产生的合子有 4 根鞭毛和两个眼点（每个配子都有 1 对鞭毛和 1 个眼点），而且是负趋光性的，使得合子可以移动至海底并且定居。羽藻属（*Bryopsis*），蕨藻属（*Caulerpa*）和仙掌藻属（*Halimeda*）绿藻，则拥有“明显不同的”配子，只有雌配子有 1 个眼点并表现出趋光性，雄性没有眼点，它的运动是随机的（Togashi et al.，2006）。因此，雄性并不会迁移到水面，而游动的雌性配子则会通过信息素来吸引雄性配子。合子从雌配子中继承了单一的眼点，并且是负趋光性的（Miyamura et al.，2010）。在其他异形配子的海藻（例如钙扇藻属 *Udotea*，德氏藻属 *Derbesia*）中，雌、雄配子都没有眼点，在这种情况下，信息素的吸引和配子结合生殖发生在底层附近，这样，游动配子就可以在海底感受化学信号（Togashi et al.，2006）。

游动细胞可以"选择"其沉降位置（Callow and Callow，2006）。石莼属（*Ulva*）孢子的行为由随机运动转变为一种"搜索模式"，就像孢子在海底附近一样。在沉降前，石莼属（*Ulva*）孢子用鞭毛"探测"底物，并与顶端的乳状突起进行多次接触（240 次/min），因为孢子能感知表面的化学、物理、地形和生物特征（Callow and Callow，2006；Michael，2009）。孢子被表面生物膜释放出的化学信号所吸引（Joint et al.，2000），细菌群体感应信号分子 n-acyl 同质血清素（AHLs）也参与到这个反应中（Joint et al.，2002）（图 2.18）。对于曲浒苔（*Ulva flexuosa*）和石莼（*Ulva lactuca*，曾用名 *U. fasciata*）来说，孢子鞭毛表面的复合糖，顶端的乳状突起，和适宜附着的生物膜都具有较好的分子相容性。

自组装分子膜（SAMs）已经被用来说明石莼属（*Ulva*）游动孢子是如何选择定居地的。这些人工合成的表面基质，可以被制造成同样的物理（如地形）和化学性质，但其亲水性不同，也被称为"表面能量"或"表面张力"。高能量的表面是亲水的（可湿的），低能量的表面是疏水的。石莼属孢子能感应到其优先选择的 SAMs 的疏水性区域，而信号分子一氧化氮（NO）触发孢子沉降（Thompson et al.，2010）。孢子还在显微尺度上选择了最复杂的表面，这比光滑的表面提供了更大的表面区域，孢子会选择洼地和缝隙，而这些地方的能量更高。此外，孢子还能以不同的方式相互作用，对彼此之间的未知信号作出反应，这可能对空间隔离以及后萌发因子有好处，比如防止干燥和抗 UV-R（Callow et al.，1997）。

毫米、厘米级的表面粗糙度也很重要，影响了运动型和非运动型繁殖体的附着。干净光滑的玻璃（过去最受欢迎的实验表面）是不自然的表面，在这些表面上，大型海藻细胞不能很好地附着（图 2.18）。相比之下，自然表面通常是粗糙的，从许多实验中得到的证据表明，表面粗糙是解决问题的一个重要因素（Vadas et al.，1992）。从本质上说，细胞是由涡流沉积的，就像沙粒沉积在沙丘的一侧一样。Norton 和 Fetter（1981）建造了一种"水扫帚"，研究表面粗糙度对在移动水中的海黍子（*Sargassum muticum*）传播的影响。他们发现，在一个平均深度为 800 μm（图 2.19）的表面上，无论水的速度是多少（0.22~0.55 m/s 范围内），对马尾藻类繁殖体的沉降都是最好的。繁殖体传播的原因不是因为下沉而是由于湍流的沉积。在最大规模的洼地中，附着率很低，因为面积足够大易被水流冲刷干净，而不是产生沉积漩涡。海藻藻甸（Algal turfs）也提供了一个粗糙的表面，促进了生殖细胞的定居，例如帚状鹿角菜（*Silvetia compressa*，曾用名 *Pelvetia fastigiata*；Johnson 和 Brawley，1998）的受精卵。当然，在细胞可以附着的地方，沉积物也可能对细胞产生负面影响。

2.5.2 附着

一旦选择了合适的基质，细胞就必须黏附在基质上面。细胞黏附在表面上的能力（即黏性）取决于表面的能量，而表面能量则取决于基质的性质，包括任何形式的涂层。任何被淹没在海洋中的物质将很快被细菌及其相关的生物膜覆盖，这增加了表面的能量，使表面更适合大型藻类的定居（Fletcher et al.，1985；Dillon et al.，1989）。相比之下，对表面进

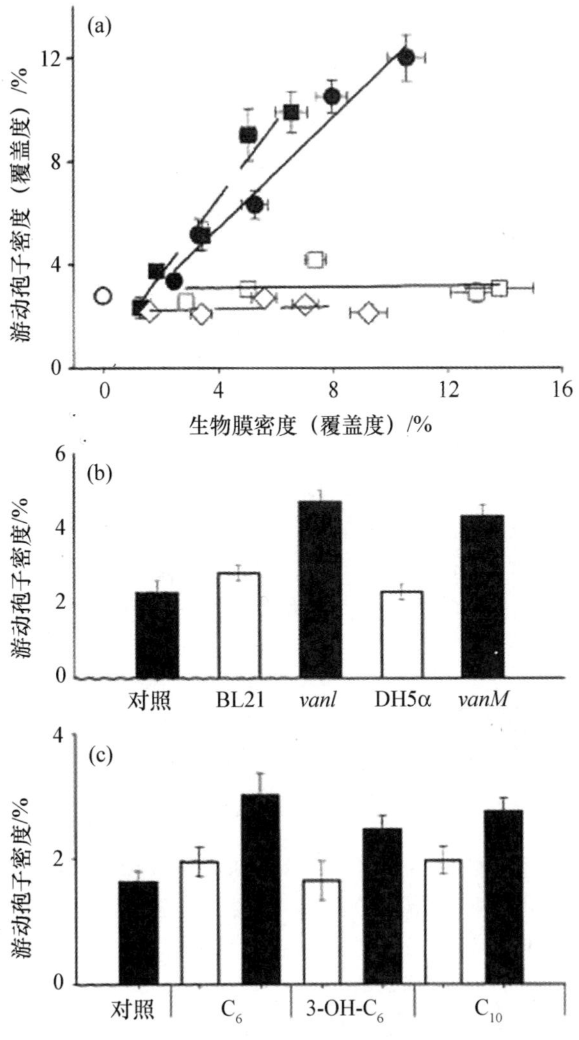

图 2.18　石莼孢子对细菌膜释放化学信号的响应

注：(a) 石莼属（*Ulva*，曾用名 *Enterornorpha*）游动孢子在鳗弧菌（*Vibrio anguillarum*）干旱突变株细菌膜上的沉降（用表面覆盖的百分比表示；○控制表面，清洁玻璃）；●野生型；□*vanM* 突变体；■*vanI* 突变的，◇*vanIM* 突变体。(b) 未插入质粒和插入质粒 *vanI* 的游动孢子对的大肠杆菌 BL21 和 DH5α 菌株的附着效果，C_{10}-HSL 和 *vanM*，分别产生了 C_6-HSL 和 $3OHC_6$-HSL。仅含有载体质粒的菌株对附着没有增强效果。(c) 在有打开内酯环结构的 3 种 AHLs 情况下，游动孢子的沉降没有得到增强（白色柱），但当环被关闭时（黑色柱）就恢复了。所有的标准差都表示为±2 SE（引自 Joint et al.，2002）。

行疏水性涂料处理，如硅树脂弹性体，与工程微表面相结合，减少了海藻的沉降，是一种有效的防污技术（Fletcher et al.，1985；Callow and Callow，2006；Schumacher et al.，2007）。

在一些物种的游动孢子和配子的超微结构和沉降已经进行了研究（Fletcher and Callow，1992），其中包括石莼属（*Ulva*）的肠浒苔（*Ulva intestinalis*，原名 *Enteromorpha intestinalis*；Evans and Christie，1970；Callow and Callow，2006），萱藻属（*Scytosiphon*；Clayton，1984），海带目（Laminariales）的一些海藻（Henry and Cole，1982），以及几种红藻（Bouzon et al.，2006；Bouzo and Ouriques，2007）。这些细胞最初缺乏细胞壁，在细胞器中有大量的细胞质小泡（囊泡），其中含有黏附物质（图 2.20 a）。在海带和石莼中，附着首先发生在鞭毛的

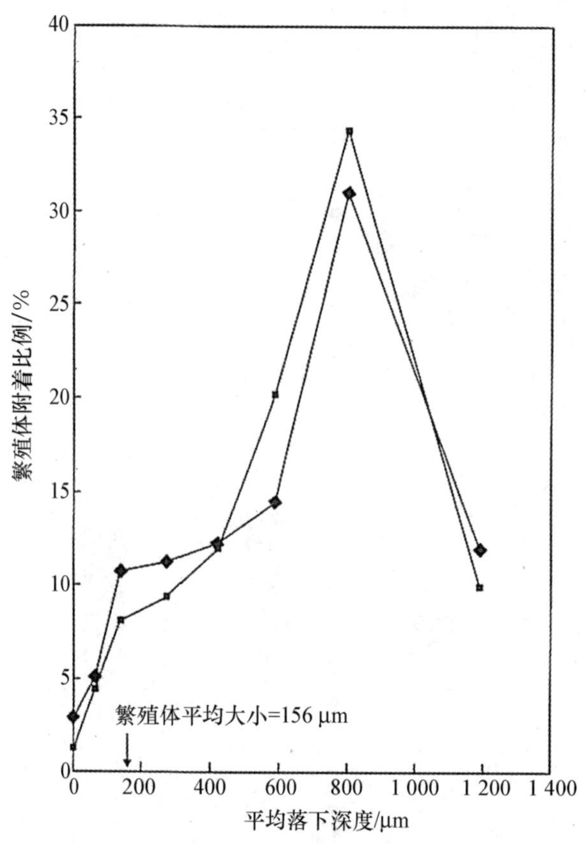

图 2.19　基质粗糙度对海黍子（*Sargassum muticum*）繁殖体的影响

注：基质是覆盖细沙的载玻片，两个实验独立运行，在每个实验中，都采用多个水流速度，汇集结果（引自 Norton and Fetter，1981）。

顶端。对于石莼属来说，最初的弹性物质是用底物生成的，但是这个弹性物质很弱，海藻很容易被移走，留下一个“团”。受精卵和红藻孢子都没有鞭毛，最初的附着是通过黏液（Ouriques et al.，2012）。一旦细胞开始定居，含有黏性物质的小泡就会被转移到细胞表面，大量的黏合剂被释放（图 2.21）。在石莼和墨角藻属海藻中，这一过程由 Ca^{2+}进行信号调节（Roberts et al.，1994；Thompson et al.，2007）。继胞吐作用后，石莼属（*Ulva*）的细胞膜进行“动态循环”，以防止其伸展和扩张（Thompson et al.，2007）。刚附着的石莼属和苏拉羽丝藻（*Cladophora surera*）孢子发生了快速的形态变化，包括鞭毛被吸收，细胞形态从梨形变为圆形，以及细胞壁的形成（Callow et al.，1997；Caceres and Parodi，1998）（图 2.20 b）。

受精卵最初是由一种黏性的海藻酸盐和岩藻多糖层覆盖，并将其附着在卵囊壁上。这些卵被排出卵囊仍然封闭在这一层，这就是所谓的中间膜（mesochiton），在墨角藻属（*Fucus*）和海条藻属（*Himanthalia*）中，很快就被破坏了，受精卵被黏接的合子壁附着在基板上。沟鹿角菜（*Pelvetia canaliculata*）的中间膜（mesochiton）则被保留，这很可能是为了保护受精卵在高潮带栖息地不会干燥（Moss，1974；Hardy and Moss，1979）。不是合子的壁，而是中间将鹿角菜属（*Pelvetia*）的一对受精卵附着在基质上。固着后的 24 h 内，鹿角菜属合子在中间膜内形成了一种坚固的藻酸盐壁。每个受精卵分裂一到两次，然后产生一组由每个单个细胞组成的 4 个假根状细胞。这些根类生长到基质下层，进入微小的缝隙，如果

(a)

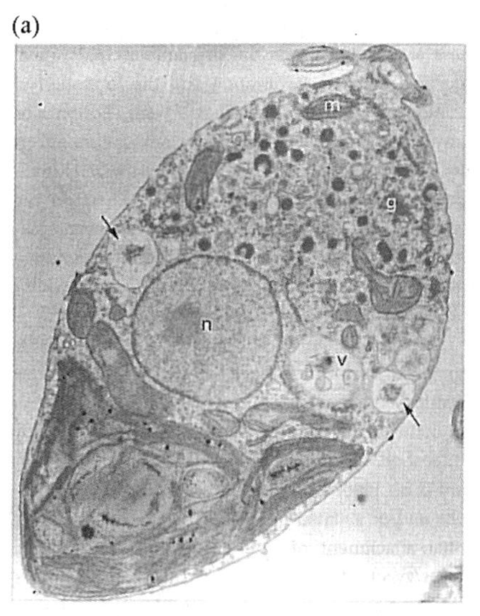

(b)

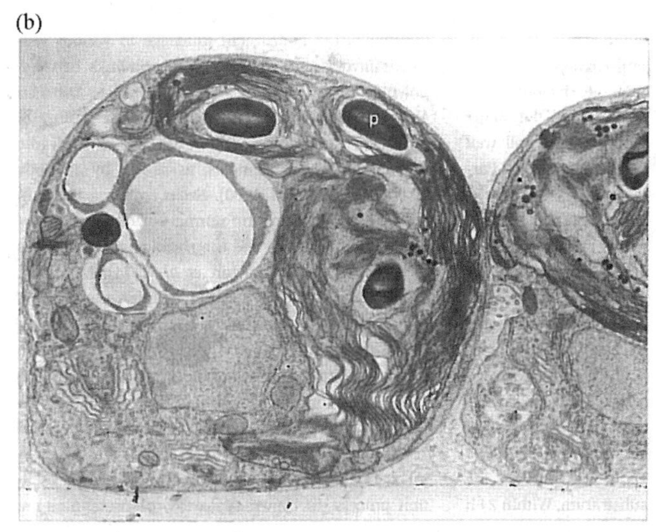

图 2.20　肠浒苔（*Ulva intestinalis*）的游动孢子（a）和刚附着的孢子（b）超微结构

注：在游动孢子的前部可以看到大量的小囊泡（箭头）。同样可见的是细胞核（n）和鞭毛基部，高尔基体（g），液泡（v），线粒体（m）；（b）在两个细胞之间的三角区域中，有一种分泌的黏合剂，在细胞中几乎没有任何小泡（附着表面与照片中的底部类似）。p：淀粉核。标尺：（a）9 000×；（b）10 000×（引自 Evans and Christie，1970）。

有空间的话，中间膜就裂开了。该物种从受精到假根的形成大约需要一周时间。对于不同的海藻，基质表面能量影响着藻体形态，尤其是假根。许多物种（但不是全部），在偏爱的高能表面形成致密、附着的基丝或假根，而在低能量表面上，纤维或根类广泛延伸，但是附着力差（Fletcher et al.，1985）。

这种黏合剂的成分在不同的物种之间有很大的差别。黏合剂的精确化学成分和与基质的黏合作用的性质是完全不同的，但这是一个有潜力的研究领域（Vreeland et al.，1998；Callow and Callow，2006）。糖蛋白和/或多糖硫酸酯对于红藻、褐藻以及绿藻的孢子或受精卵最初附着是必需的（Ouriques et al.，2012）。孢子最初粘在表面后，开始通过硬化黏合剂来改善附着力。在不同的海藻中，固化剂的硬化（固化）包括聚合物分子间的交联，特别是在海藻酸盐链之间以及硫酸盐酯组之间的 Ca^{2+}桥。和抗体标记（Boyen et al.，1988）所显示的一样，假根壁和其他受精卵壁含有不同的海藻酸盐。墨角藻胚胎可以在无硫的海水中形成正常的假根，但不可能发生细胞外的交联，因此假根不能附着在基质上（Crayton et al.，1974）。此外，对于细胞内运输脱氧半乳聚糖（见 2.5.3 节）来说，硫酸化是必要的。柄溪菜（*Prasiola stipitata*）藻体单个细胞的附着也需要一种细胞壁多糖的硫化作用。硫化作用抑制剂（如钼酸盐）和蛋白质合成抑制剂阻碍了附着（Bingham and Schiff，1979）。这种蛋白质可能是与多糖的结合，也可能是一种亚硫酸处理过程中所含的一种酶。在褐藻中，附着的同时褐藻多酚（phlorotannins）被释放出来，Vreeland 等（1998）认为 3 种细胞附着前体（一种含硫的碳水化合物，一种酚类化合物和一种氟哌酸酶）一起释放出来形成了胶。褐藻多酚通过“氢键，金属络合和疏水性的相互作用”来附着在底物上。他们认为这一机制在红藻、褐藻以及绿藻中是很常见的，尽管碳水化合物、酚类化合物和氟哌酸盐的形式在不同的群体之间会有所不同。

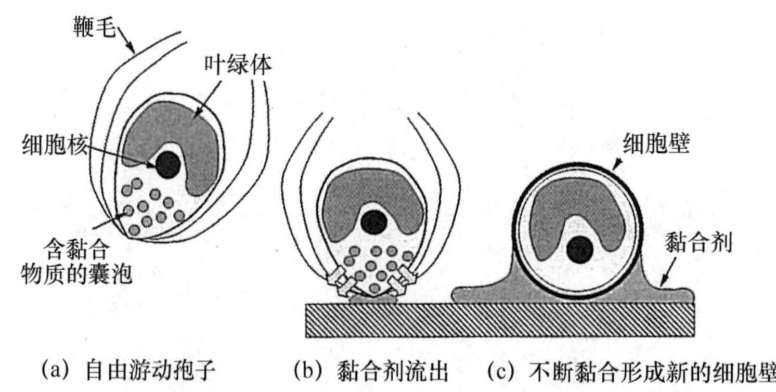

图 2.21　石莼属（*Ulva*）孢子的沉降和附着力有关的事件示意图（引自 Callow and Callow，2006）

附着和硬化需要时间。专门进行驱逐固着细胞的实验表明，在给定的水压下，被冲走的细胞数量减少了细胞被允许定居的时间（Christie and Shaw，1968）。其他的实验表明，一个固定的细胞能够承受的水动力随时间的增加而增加。除非有足够长时间平静的水（Vadas et al.，1990），否则泡叶藻属（*Ascophyllum*）的受精卵不能附着。石莼属（*Ulva*）孢子需要 8 h来完全附着，在此过程中，用水动力来除去其是极其困难的。同样，群体定居的孢子能有效地抵抗水的压力（Callow and Callow，2006）。

2.5.3　建立

附着之后，细胞壁会在孢子细胞外围形成（Fletcher and Callow，1992；Ouriques and Bouzon，2003）（图 2.22）。在萌发之前，细胞获得极性。在非极性细胞中，例如一个未受精的卵，细胞器和肌动蛋白丝等细胞成分是均匀分布的（Hable and Kropf，2000）。一个有极性的细胞（合子或营养细胞）具有不对称分布的细胞器、蛋白质或细胞骨架（Varvarigos et al.，2004）。由于与陆生植物相比有几个优势，墨角藻的受精卵（合子）被用作早期发育过程的模型系统：①卵是自由生活的，因此没有母本对其极性的影响，这与在受精前母本诱导的极性不同；②卵很容易获得，而被子植物的卵则包含在胚珠中，不易获得；③合子的大小非常大（75~100 μm），可操作性强，可以大量收集无菌个体，并且可以随着环境的变化而同步发育。墨角藻极性发育模式以及胚胎发生与许多藻类及被子植物（Bisgrove and Kropf，2007；Bisgrove，2007）在形态上是相似的（一些特例将在之后进行讨论）。

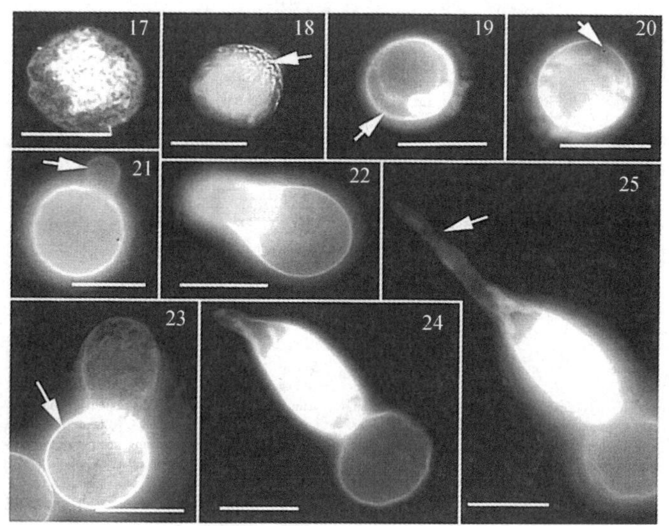

图 2.22　荧光染色显示佛罗里达石花菜（*Gelidium floridanum*）四分孢子及其发育的不同阶段

注：（17）未萌发的四分孢子无细胞壁；（18）细胞壁开始沉积（箭头）；（19）四分孢子的细胞壁所包围；（20）细胞壁极性紊乱，标志着萌发过程的开始（箭头）；（21~23）由薄壁细胞在不同的发育阶段的萌发管；（24~25）萌发孢子展示出假根非常薄的细胞壁（箭头）；比例尺 = 20 μm（引自 Bouzon et al.，2006）。

极性是藻类设置发育模式的关键过程，允许细胞对适当的环境因素做出反应，以确保对幼体、亚成体和成体做出正确的定位。对于墨角藻目（Fucales）的种类来说，两极分化开始于卵受精（图 2.23）。精子进入卵子时会在进入位点触发一个肌动蛋白/arp2/3 的网络。在没有任何环境刺激的情况下，如光梯度、蓝光、温度和 pH 值，精子进入的位置就是假根极点。然而，受精卵的极性在受精后的 8~14 h 仍然是不稳定的，由受精卵感知到环境因子从而引发了精子诱导的肌动蛋白/arp2/2/3 网的解体，并在一个新的位置重新进行组装（Hable and Kropf，2000）。受精后，受精卵开始进行细胞壁的合成，并在周围分泌黏液，从而加强对基质的附着。一旦附着，细胞的每一面都将受到不同的环境刺激，例如，附着的底面将被遮蔽，而上面将接受光。这种不同的光刺激会促使假根萌发的位置转移到受精卵的阴影部分。目前仍未知感知环境刺激的机制，但很可能是由一种类似感光蛋白（Gualtieri and Robinson，2002）来感应的。

受精后大约 4 h，轴向开始放大。Ca^{2+} 和 H^+ 离子转运蛋白在位于假根极点的肌动蛋白/arp2/3 网中积累，而离子浓度梯度则在整个细胞中形成（Pu and Robinson，2003）。Ca^{2+} 梯度依赖于活性氧（ROS；见 7.1 节和 7.8 节）梯度，同时形成并调控细胞的 Ca^{2+} 信号（Coelho et al.，2008）。在受精后大约 10 h，轴固定，且极性趋于稳定（Hable et al.，2003）。假根萌发很快随之发生，根原细胞从现在的梨形细胞中发育出来。此后不久，第一次细胞分裂发生，产生了将成为根原细胞和顶端细胞的细胞，而根原细胞则会发育成假根（固着器）。大量的核膜延伸到根状极点，在极点处有大量囊泡积累（Fletcher and Callow，

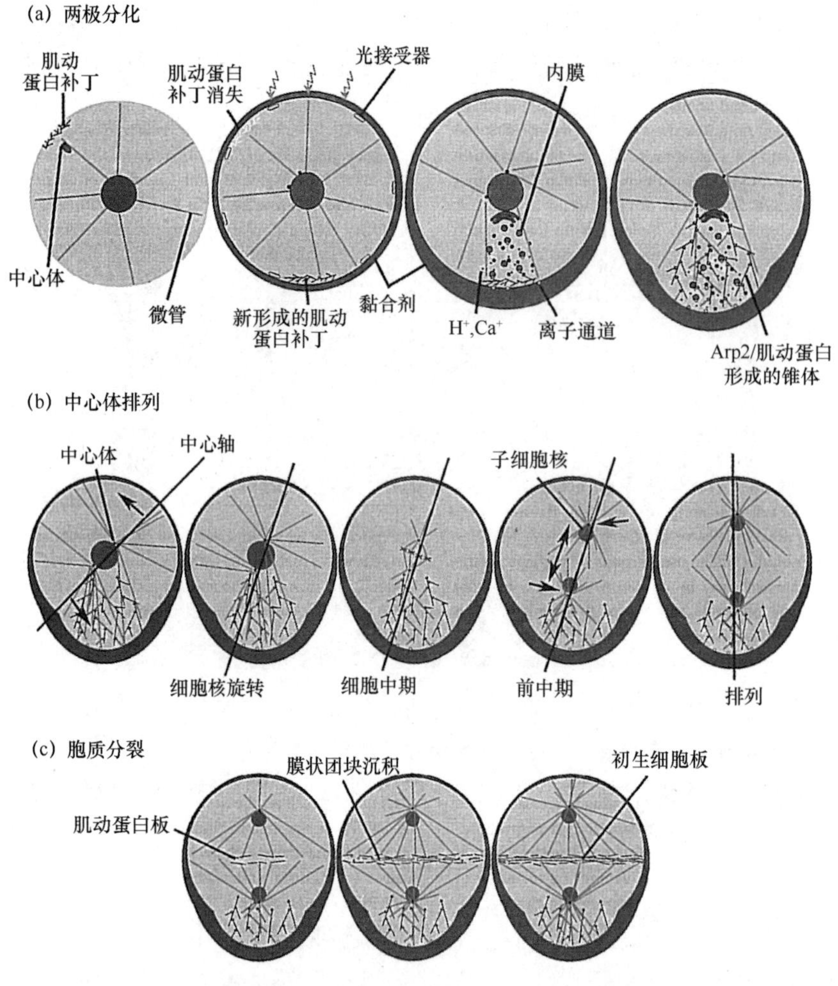

图 2.23 墨角藻属海藻受精卵不对称细胞分裂的机制

注：(a) 受精诱导形成了一个皮质肌动蛋白块，标志着假根极点。光化会导致在阴影杆上形成并组装成一个新补丁。当新生的轴被放大时，内膜的循环就变成了根状杆，并产生了胞质离子梯度。在萌发时，肌动蛋白阵列被重组成一个由 Arp2/3 复合体所形成的锥体。在早期发育过程中，中心体迁移到核膜的两端，并获得微管核活动，但微管在极化中只起着间接的作用。(b) 中心体的排列开始于细胞核的前丝分裂，部分使中心体轴（由一条穿过两个中心体的线所定义）与假根或叶状体轴相结合。当中期纺锤形形成的时候，它与假根或叶状体轴部分是一致的。后端酶的排列使端部核几乎完美地与假根或叶状体轴相结合。箭头指示核运动的方向。(c) 胞核分裂位于两个子核之间。肌动蛋白在细胞核之间的中间地带组装，然后膜状团块沉积在细胞动力学平面上。这些团块的加固和细胞板材料沉积在分割平面内。所有的这些结构都是离心式发展的，从受精卵的中间开始，向细胞皮层发展（引自 Bisgrove and Kropf，2007）。

1992）。由高尔基体产生的囊泡，充满了一种高度含硫化的岩藻多糖，储存在细胞壁极点上，帮助细胞固定在基质上。极点细胞不会产生岩藻多糖也不产生相关的结合蛋白（Fowler and Quatrano，1997）。在硫酸酯基上或在囊泡表面可能带有负电荷，以便将其拉到带正电荷的基质上。脱氧半乳糖的硫酸化需要新的酶合成，如果合成被添加的放线菌酮阻止，或缺乏 SO_4^{2-}，就不会有脱氧半乳糖的运动到假根状极点。

只有墨角藻属海藻作为一种模型系统，除了形态学研究外，其他海藻的萌发几乎没有受到任何关注。不同海藻在形态学上呈现较高多样性，即使是在墨角藻目中，海条藻属（*Hi-*

manthalia）也表现出了一种不同的模式，Ramon（1973）认为其不是由光所引导的。并不是所有的萌发孢子或受精卵首先平行于基质（或垂直于光梯度）进行分裂。水平发生是常见的，形成单丝（萌发管）或基壳。在一些物种中，如北极空枝藻（*Coelocladia arctica*，网管藻目 Dictyosiphonales），原生质体会进入生殖管，留下空的孢子壁（Pedersen，1981）。其他褐藻的游动孢子会通过放射状的萌发形成单层的壳状。虽然不适合通常的模式，但红藻中仍描述为 5 种萌发的模式（Murray and Dixon，1992）。最近的研究形象地显示了红藻佛罗里达石花菜（*Gelidium floridanum*）（Bouzon et al.，2005，2006）（图 2.22）和树状凹顶藻（*Laurencia arbuscula*）（Bouzon and Ouriques，2007）的萌发过程。螺旋紫菜宽叶变型（*Porphyra spiralis* var. *amplifolia*）的萌发始于一个液泡的变异，然后将细胞器推向发育中的萌发管（Ouriques et al.，2012）。珊瑚藻科（Corallinaceae）的孢子在特定物种有特定的分裂模式，四分孢子和果孢子体表现出同样的模式（Chamberlain，1984）。红毛菜（*Bangia fuscopurpurea*）的果孢子体在日照长度大于 12 h 的时候进行单极萌发，而在日照长度小于 12 h 的时候，进行双极性的萌发（Dixon and Richardson，1970）。

2.6　叶状体形态发生

通过使用显微镜观察研究每个细胞分裂（图 1.4 和图 1.5），可以获得非特异性细胞分化成具有特定功能的细胞，然后不断进行复制，以获得成体结构形式的过程。最近，跟踪观察了许多（20~50）个体的细胞发育模式，并在统计学上确定了其详细的发展过程（Le Bail et al.，2008）。这些数据也被应用在计算机模型模拟中，在这些模型中应用了严格的发展"规则"，这些规则确定了细胞分裂的数量和平面，或者新细胞对相邻细胞发育的影响。这些模拟"建造"的成体海藻，具有特定物种的特征（Corbit and Garbary，1993；Luck et al.，1999；Billoud et al.，2008）。

Bisgrove 和 Kropf（2007）提出"什么因素决定了新形成细胞的发育途径?"，并提出了 3 种机制（3 种机制不相互排斥）。通过这种机制，细胞在植物或海藻体内获得其自己的特定的身份和角色：①当每个新细胞收到一组不同的"细胞质指令"，"内在的"或"细胞自主"发育就会发生；②"外在的"或"非细胞自主"的发生描述了细胞的生长环境对其发育的影响，"环境"可以包括来自邻近细胞的信号（例如植物激素；见 2.6.3 节），或外部环境信号（例如光，见 2.3.3 节）；③子细胞的大小或形状差异会影响其发育途径。对于墨角藻类海藻来说，这 3 个过程都会影响发育，外在信号包括精子的进入和光，从而决定了受精卵的初始极性（见 2.5.3 节）。第一个不对称的细胞分裂产生了形态上不同的子细胞，这些细胞形成了根原细胞和顶端细胞。在第一次分裂中，也存在着不对称的 mRNA 分配给子细胞的现象，表明存在着内在的信号。

2.6.1　细胞分化

Ducreux（1984）揭示了黑顶藻属（*Sphacelaria*）顶端细胞对形态简单的邻近细胞的发育的影响。在这里，顶端细胞具有明确的定义和功能。位于顶端的细胞器集中在尖端，细胞核则在细胞的末端。在许多物种中，顶端细胞通过正常的有丝分裂形成一个对称的亚细胞。

这个细胞依次分裂产生两个具有不同形态的细胞：上部的细胞（节点细胞）发育成为分枝；而另一个细胞（节间细胞）则不会（图 1. 4 a 和图 2. 24）。顶端细胞的不对称性对于顶端细胞的角色显然是很有必要的，如再生实验所示并且其也依赖于与原细胞的接触，如果顶端细胞被切断，接近顶点的子细胞在分裂之前或之后就会分化成一个新的细胞（图 2. 24 b、c）。一个孤立的子细胞将形成一个新的轴（图 2. 24 d）；反之，一个孤立的顶端细胞将保留其极性并继续像以前一样分裂（图 2. 24 e）。黑顶藻属顶端细胞的极性和形态由细胞骨架的皮质肌动蛋白控制（Rusig et al.，1994；Karyophyllis et al.，2000）。

水云属（*Ectocarpus*）通过"构造可塑体"以应对环境刺激，同时在相同的培养条件下，也具有丰富的形态变化。Le Bail 等（2008）从两个地理上隔离的地区跟踪 20~50 个水云属个体从萌发到 100 个细胞阶段，并评估了发生途径的稳定性。观察到两种不同的细胞类型，圆形和伸长细胞，随着丝状体的生长，伸长的细胞是分化成圆形细胞的"默认"类型。尽管存在固有的形态变化，但出现了受到严格控制的分枝模式，这种模式"确保了一种固定的体系结构"。在这项工作的延续中，Le Bail 等（2011）培育了一个形态学突变的"étoile（etl）"，具有"超分枝"的"帽子"。他们发现，通过一个单一的隐性基因座（ETL）来控制分枝，这一表达可以增加圆形、分枝起始细胞产量和减少伸长细胞的产量。

当丝状体或细胞受伤时，细胞可能会脱分化或重新分化。从父母个体中分离出来的细胞可能发育为受精卵或孢子，并可能形成一个全新的生物体；细胞能做到这一点的能力叫做"全能性"。丝状体的单个细胞，如溪菜属（*Prasiola*）可以再生整个植株（Bingham and Schiff，1979）；但来自复杂藻类的细胞，比如海带属（*Laminaria*）的皮层细胞，也可以在适当的培养条件下重新生成植株（Saga et al.，1978）。在藻体中可能很少有细胞是不可逆转地分化的，巨藻属（*Macrocystis*）的无核筛管提供了一个明显的例子。然而，由邻近细胞释放出来的细胞并不总能生长成同一世代的海藻。无孢子的现象也可以被观察到，在静水中培养 3~4 个月，海带二倍体孢子体变白，只有一些孤立的表皮细胞存活（Nakahara and Nakamura，1973）。这些表皮细胞中有一些开始发芽，形成了配子体，并被证实是二倍体。这些早期的研究成果为海藻应用研究提供了一个重要的方向，细胞生物技术和寻找具有优良特性（如琼脂含量，生长率）海藻的方法。早期的工作专注于制备可再生的原生质体，细胞壁被消化的细胞进行再生：Polne-Fuller 和 Gibor（1984）对紫菜属（*Porphyra*，包括了当前的红菜属 *Pyropia*）进行了研究，Ducreux 和 Kloareg（1988）对黑顶藻属（*Sphacelaria*）进行了研究，Fujimura 等（1989）对石莼属（*Ulva*）进行了研究，Butler 等（1989）对海带属进行了研究。原生质体是研究细胞两极分化（Varvarigos et al.，2004）以及细胞生物技术（Reddy et al.，2008a）的重要工具（见 10. 11 节），也是细胞两极分化（Varvarigos et al，2004）和细胞生物技术（Reddy et al，2008a）研究的重要手段（见 10. 11 节）。

尽管海藻的某些细胞如果被分离出来，就具有全能性并再生成完整植株，但有一些则不能。易变石莼（*Ulva mutabilis*）的叶状体细胞无法形成根状细胞，但可形成单层的泡状物细胞团（Fjeld and Lovlie，1976）。然而，这个物种分离的根状细胞可以形成完整的海藻；Fjeld 对其变异的泡状细胞团（bu）的研究表明，其存在一种抑制剂，使其与叶片完全不同（Fjeld，1972；Fjeld and Lovlie，1976）。突变基因是隐性的，并位于染色体上。令人好奇的

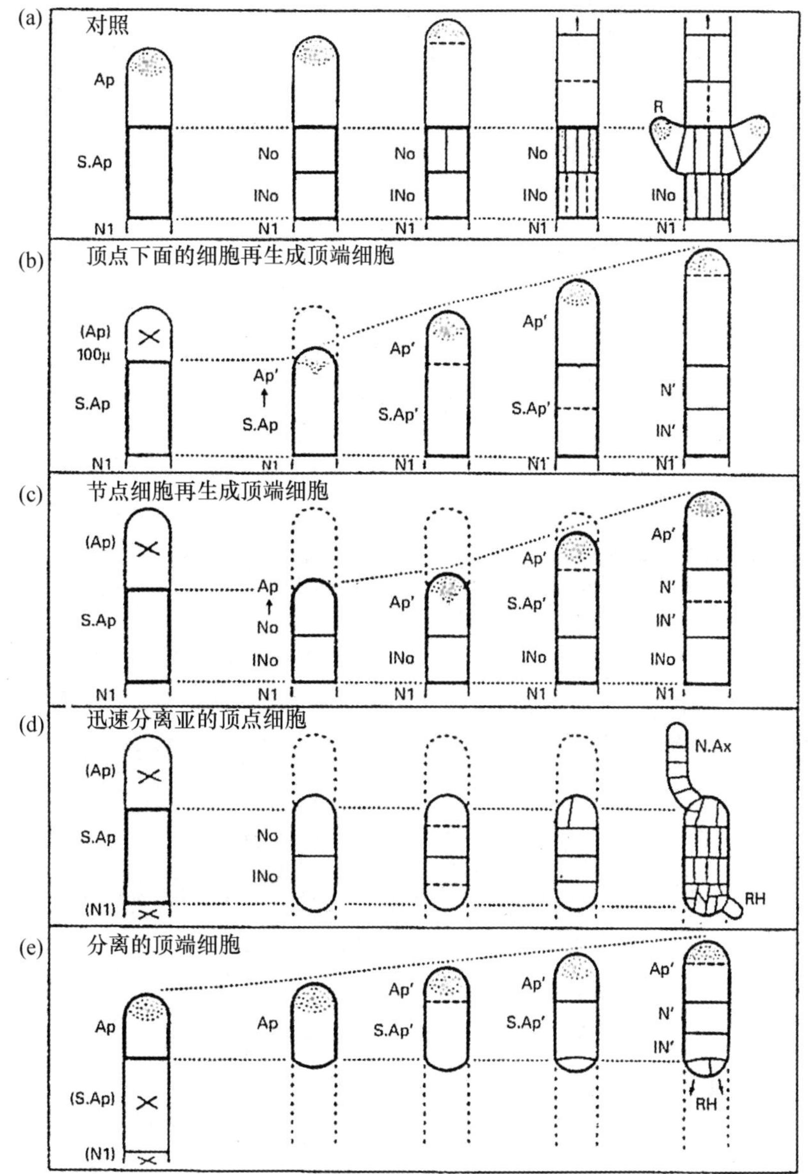

图 2.24　波纹黑顶藻（*Sphacelaria cirrosa*）顶端细胞（Ap）和亚顶端细胞（S. Ap）的发育

注：(a) 在控制轴上的亚顶端细胞的正常发育；(b、c) 在切除顶端细胞后的再生，如果亚顶端细胞已经形成（b），就会转化成一个顶端细胞。如果是较老的（c），则会经历第一次分裂，而节点细胞则会重新生成顶端细胞；(d) 在形成后立即分离的亚顶端细胞的发育：经过发育程序改变，形成一个完整的新轴；(e) 一个孤立的顶端细胞除了形成初始假根细胞，继续正常的细胞分裂（RH）。N. Ax，新成立的轴；No，由亚细胞的横向分裂产生的节点细胞；进气阀打开，INo，相应的节间细胞；N1，IN1，…，连续节点和中间节段；R，分枝。括号中的缩写表示移除的细胞（引自 Ducreux，1984）。

是，在子一代中，杂合海藻（bu+/bu）由减数分裂产生的 bu 孢子发育成部分或完全的野生型。经过无性生殖后，后代是完全的突变型。这种情况似乎是在正常的叶片细胞以及 bu 孢子细胞质泡状物中存在着抑制因子，或诱导形成根原细胞的基因不表达，同样，在野生型突变细胞中，这种抑制因子在孢子形成过程中被移除，这样孢子在附着时就可以形成根原细胞。因此，bu^+野生型基因负责去除抑制因子，其转录发生在减数分裂之前，由此抑制因子存在于 bu 孢子的细胞质中（这种物质经过多次细胞分裂也不会减少，因为根原细胞的数量很少）。这两种类型的根原细胞形成基因在发育早期被重新抑制，但当其形成孢子时，突变基因则不能抑制其发育。

尽管多核体藻类，例如蕨藻属（*Caulerpa*）和羽藻属（*Bryopsis*），在学术上是单一的细胞，但是其细胞质区域之间存在着差异，这就使得细胞发生了各种差异性的分化。例如，墨西哥蕨藻（*Caulerpa mexicana*）。具有 4 个形态上截然不同的组织区：匍伏状的叶柄和假根，直立的叶片和茎状分支（Fagerberg et al.，2010）。这种藻体细胞质的结构在外围、中心和横隔（trabecular）位置之间是不同的，至少有 3 种类型的横隔（Dawes and Barilotti，1969；Fagerberg et al.，2010）。横隔被认为在提供机械支持和控制包括细胞形状在内的发育过程中扮演着重要的角色。

2.6.2 藻体的形成

海藻的形态发生受到非生物和生物环境的强烈影响。海藻具有相当大的形态可塑性，可以在很小空间尺度（如囊叶藻属 *Ascophyllum*，Stengel and Dring，1997）和不同季节（如放射昆布 *Ecklonia radiata*，Wernberg and Vanderklift，2010）具有较大的变异。形态可塑性被认为是一种机制，通过这种机制，海藻（和陆生植物）在空间和时间上对异质环境进行优良资源的获取和分配。了解生物体与环境的相互作用是有机体生物学的“重大挑战”之一（Schwenk et al.，2009），而表型可塑性对生态的影响是一个新兴的研究领域（Miner et al.，2005）。海藻对环境的表型与基因型反应的程度，以及早期物种形成的证据，可以通过相互移植（Fowler-Walker et al.，2006；Rissoella verrucosa，Benedetti-Checchi et al.，2006），普通的培养实验（爱氏藻 *Eisenia arborea*；Roberson and Coyer 2004）和分子研究（如具孔浮叶藻 *Pelagophycus porra*）（Miller et al.，2000）实验来评估放射昆布（*Ecklonia radiata*）。一些物种的形态学变化非常大，以至于一些样本被认为是独立的物种，例如，*Ecklonia breuipes* 被发现是放射昆布（*Ecklonia radiata*）的一个极端形态变体（Wing et al.，2007）。同样的，巨囊藻属（*Macrocystis*）在广泛的地理范围内表现出相当大的形态和生殖可塑性，但是有证据表明其仍是同一个物种（Demes et al.，2009a）。在环境变化的反应中，对表型和基因型影响似乎在很大程度上取决于物种（Stengal and Dring，1997），而在一个环境中适应和进化的能力则可能取决于其是单一的还是模块化的（Monro and Poore，2009a）。

在许多藻类中，分枝是一个典型的形态发育步骤，在建立海藻的最终形态方面十分重要（Coomans and Hommersand，1990；Waaland，1990）。分枝模式在许多物种（例如杉藻目 Ceramiales）中都是一致的，被用于分类的依据。在一些物种中，在顶端细胞的控制下，分枝模式是可变的。例如，当毛状翅枝藻（*Pterocladiella capillacea*）因海浪作用而失去其顶端分生组织时，其分枝数从 1~3 个变至 2~5 个，也就是说，海藻分枝变得更加密集（Scrosati，2002b），在第 8 章将探讨水体运动对海藻形态的影响。

从配子体或微丝体形成直立的单轴或多轴向的结构，需要一个或多个直立的细丝将其尖端转化成分生组织（Murray and Dixon，1992）。分生组织的形成和直立丝的生长是独立的事件，在日本柔毛藻（*Dumontia contorta*，曾用名 *D. incrassata*）中，这些事件被不同的环境因素所调控（Rietema，1982，1984）。这个物种的发育完全依赖于光周期，短日照（长夜）

是必需的。第一个分枝的生长也需要短日照，但除此之外，温度必须是 16℃或者更低。

接收到的光量可能会对分枝和延伸模式产生显著影响。两种模式的海藻，红藻门的海门冬属（*Asparagopsis*）和绿藻门的蕨藻属（*Caulerpa*），对光量具有非常相似的形态反应。在低光照环境下，分枝少而长，在高光照下则形成短的、密集的分枝和无性繁殖分枝（Peterson，1972；Collado-Vides，2002b；Monro and Poore，2007，2009a，b），这种对光环境因子的反应也是陆生植物典型反应，被认为是一种表型的适应，使植物能够“最佳地搜寻”资源（即最大化资源获取）或“躲避”竞争。分枝少的“游击（guerrilla）”型物种允许其他个体的入侵，而密集的“方阵（phalanx）”形式是高度竞争的，并且是群体密集环境的典型特征。另一种模式海藻刺松藻（*Codium fragile*），也具有两种截然不同的形态，“丝状”和“海绵”（Nanba et al.，2005）。在实验室培养中，丝状体的营养碎片可以产生海绵状的组织，反之亦然，而形成的类型则取决于辐照度和水流速度的相互作用。海绵状的藻体是由丝状体在高辐照度（100 $\mu mol \cdot m^{-2} \cdot s^{-1}$）和 10 cm 的流动条件下形成的，而海绵状的藻体诱导形成丝状体进行辐照度测试（10 $\mu mol \cdot m^{-2} \cdot s^{-1}$、50 $\mu mol \cdot m^{-2} \cdot s^{-1}$、100 $\mu mol \cdot m^{-2} \cdot s^{-1}$），只有在没有水流或水流缓慢（0 和 3 $cm \cdot s^{-1}$）的条件下才可以诱导成功。这个例子也适用于“游击”（在高光中海绵状的）和“方阵”（分散的组织，低光）策略以获得最佳的生存方式。

表 2.3　蓝光对大型海藻非光合作用的影响

	反应描述	属　名
1	光取向反应：	
	诱导受精卵萌发极性	墨角藻属（*Fucus*）
	附着细胞的负趋光性	翅藻属（*Alaria*）
	假根的负趋光性	凋毛藻属（*Griffithsia*）
	质体位移	网地藻属（*Dictyota*），翅藻属（*Alaria*）
2	对碳合成和生长的影响：	
	刺激蛋白质的合成以及能量储存	伞藻属（*Acetabularia*），网地藻属（*Dictyota*）
	刺激黑暗修复	松藻属（*Codium*）
	刺激尿苷二磷酸葡糖磷酸化酶	伞藻属（*Acetabularia*）
3	对繁殖体发生的影响：	
	诱导两端生长	萱藻属（*Scytosiphon*）
	诱导毛丝体的形成	萱藻属（*Scytosiphon*），网地藻属（*Dictyota*），伞藻属（*Acetabularia*）
4	对再生发展的影响：	
	刺激顶端细胞的形成	伞藻属（*Acetabularia*）
	诱导卵细胞的形成	海带属（*Laminaria*），巨藻属（*Macrocystis*）
	诱导卵细胞的释放	网地藻属（*Dictyota*）
	阻碍卵细胞的释放	海带属（*Laminaria*）
5	光周期的影响：	
	蓝光作为黑夜激发光	萱藻属（*Scytosiphon*）
	蓝光和红光作为黑夜激发光	泡叶藻属（*Ascophyllum*），红线藻属（*Rhodochorton*）
	蓝光作为日照光	顶合藻属（*Acrosymphyton*）

特定波长的光也会影响藻体的形态。蓝光（BL）是海洋环境中的一个非常重要的环境

信号，与在 4 m 水深就被吸收的红光相比（见 5.2.2 节），通过水柱被传送到最深处。许多光形态效应是由蓝光（BL）造成的（表 2.3；Lüning 1981 b；Dring 1984 b；Schmid 1984）。藻类有一系列的光受体，尽管有关在蓝光介导反应的生化和分子机制的研究在很大程度上是未知的（Hegemann，2008；见 2.3.3 节）。在陆生植物中，向光素（phototropin）感受蓝色光谱区域（390~500 nm），并包括一系列的反应，包括等离子体运动和太阳能追踪，以促进最优的光收集（Ishikawa et al.，2009）。这个蛋白质在 N 端有两个光氧化电压（light oxygen-voltage，LOV）域，能感受到蓝色光（BL）并在 C 末端起作用，这种机制已经在单细胞绿藻衣藻属（*Chlamydomonas*）中发现。沼泽地生长的丝状的无隔藻属（*Vaucheria*）藻类显示了一系列蓝光媒介反应，其中包括蓝光照射一侧叶状体分枝出现的形态反应，其蓝光受体（Aureochrome）是其受体（Takahshi et al.，2007）。

红光和蓝光有不同的光形态效应。对于海带（*Saccharina japonica*）而言，红光下生长的孢子体较蓝光和白光下生长的孢子体具有更大的固着器和更长的柄（Mizuta et al.，2007）。这一研究支持了早期红光或远红外光对海带柄部生长影响的结论（腔囊藻 *Nereocystis leutkeana* 和海带 *Saccharina japonica*；Duncan and Foreman，1980；Luning，1981b）。与蓝光和白光相比，红色的光会使 *Calosiphonia uermicularis* 长得更短更密（Mayhoub et al.，1976）。

营养物质在形态上的作用已经在幅叶藻（*Petalonia fascia*）（Hsiao 1969）和萱藻（*Scytosiphon lomentaria*）（Roberts and Ring 1972）中得到证实。Hsiao（1969）发现，加拿大纽芬兰的幅叶藻属（*Petalonia*）中，从叶片上的多室孢子囊释放的游动孢子可以形成原丝体（稀疏的单一的单质纤维）、无性原植体（大量的分枝丝状体）或者是类愈伤组织，任何一种都可以通过游动孢子进行繁殖，或者直接产生叶片。原丝体和无性原植体在没有碘的培养基中存活了下来，但形成叶片则需要碘（分别是 5.1 mg · L^{-1} 和 0.51 mg · L^{-1}）。随着碘浓度的增加，无性原植体在越来越短的时间里形成了叶片。Roberts 和 Ring（1972）发现，丝状体和壳状微丝的比例变化与氮和磷的含量有关。一些海藻在营养缺乏的情况下会产生丝状体，包括吸盘伞藻（*Acetabularia acetabulum*）、仙菜（*Ceramium virgatum*，曾用名 *Ceramium rubrum*）、墨角藻属未定种（*Fucus* sp.）、裙带菜（*Undaria pinnatifida*）和刺松藻（*Codium fragile*）等（DeBoer，1981；Norton et al.，1981；Benson et al.，1983；Hurd et al.，1993；Pang and Liining，2004）。这些丝状体可以增强营养物质的吸收（见 6.8.1 节和 8.2.1 节）。对吸盘伞藻（*Acetabularia acetabulum*）而言，蓝光和红光直接影响丝状体的形成（Schmid et al.，1990）。如果在红光下生长，则不形成丝状体，而且生长则会逐渐减缓。如果给予一束蓝光脉冲，然后继续在红光下生长，就会产生螺旋状丝状体。蓝光会引发了这种反应，而红光仅用于光合作用，目前没有证据显示大型藻类具有红光/远红光的受体。

温度影响了角叉菜（*Chondrus crispus*）的形态复杂性（Kubler and Dudgeon，1996）。当角叉菜在 20℃生长时，形成了一个高度分枝的叶状体，5℃条件下生长的分枝更少。在较高的温度条件下，生长速率也更高。在 20℃条件下，倾向于形成更多的分枝，这可能是为了增加叶状体的表面积，从而获得更多的光和营养，从而在更高的温度下为更高的新陈代谢需求提供能量。而当接触到空气时，多分枝可能也会增加叶状体的蒸发冷却（Bell，1995）。

海带的生长具有负趋光性的，而不是向地性的，蓝光是光谱中最强烈的定向部分

（Buggeln，1974）。当固着器附着在基质时（Lobban，1978a），这种现象就会发生。已经报道了许多光反应的促进以及抑制效应（Buggeln，1981；Rico and Guiry，1996）。单细胞的假根定位比多细胞的固着器更快速和更容易解释。单侧辐照由一些色素感应出来，可能是向光素（见上文）。这些信息可以储存几个小时，并在随后的黑暗中发挥作用。然而在蕨藻（*Caulerpa prolifera*）中，重力可能是刺激假根定位的原因。当假根倒立时，根状的萌发随着一种运动（下沉）到较低的一侧，而最初萌发的假根则含有大量的淀粉（Matilsky and Jacobs，1983）。

形态发生在一定程度上依赖于附着基质，即使仅仅因为形态发生的方向取决于环境因素的一致性。如果没有水的流动，海藻个体可能会松散地保持在一个位置，在形态上几乎没有变化。如果有激烈的水运动，海藻就会被扔到岸上。缓缓的水流运动，如果水流不断翻动叶状体，就会导致各个方向的生长，形成球，这是一种被称为“Aegagropilous”的效应（Norton and Mathieson，1983）。这种藻类通常在形态上与附着生长的藻体有明显的区别（见 3. 3. 5 节）。在欧洲，“Aegagropilous”形成珊瑚藻（“rhodoliths”）通常以藻团的形式进行收获（Nelson，2009）。有一些海藻，比如角叉菜（*Chondrus crispus*）和提克江蓠（*Gracilaria tikvahiae*）在培养瓶中也可以形成球状。许多丝状藻类受到下层的限制形成了半球形的塔状，当这些丝状体恢复自由的时候，则很容易形成球。在丝状体形成球形的过程中，磨损和擦伤的损害将会通过促进再生和扩展来增加其致密性（Norton and Mathieson，1983）。

存在于附生细菌中的一种生物素，能够控制着某些叶状绿藻成体形态的发展，包括裂片石莼（*Ulva lactuca*），肠浒苔（*Ulva intestinalis*）和盖亚藻属藻类 *Gayralia* spp.（Provasoli and Pintner，1980；Matsuo et al.，2005；Marshall et al.，2006）。在尖精盖亚藻（*Gayralia oxysperma*，曾用名 *Monostroma oxysperma*）正常的发育过程中，在海藻中生长的附生细菌，为其源源不断地供应了这些物质。

另一种生物因子形态控制的例子是在十字囊团扇藻（*Padina sanctaecrucis*，曾用名 *Padina jamaicensis*；Lewis et al.，1987）中发现的，由鱼类增殖引起的一种形态上的改变。当增殖活动十分频繁时，藻体就会像没有钙化的、受约束的、从单个细胞形成的蔓生树枝一样生长。在没有食草性动物存在的情况下，则形成一种典型的直立的、钙化的、扇形的叶状体（图 2. 25）。有趣的是，这种形态差异也发生在布氏团扇藻（*P. boergesenii*）中，但其形态和季节有关，这表明了食草作用和非生物因素之间的交互作用（Diaz-Pulido et al.，2007 a）。

2. 6. 3　海藻生长物质

生长是一个定向的过程，细胞和藻体在海洋中的极性从一开始就建立起来，并在整个发育过程中得到维持。对于“发育计划的精确执行”，不同的细胞和组织之间的交流是至关重要的（Pils and Heyl，2009）。激素是信使分子，负责在相邻细胞间进行沟通，或者是进行动物、陆生植物和海藻（Buchanan et al.，2000；Taiz and Zeiger，2010）之间的远距离通讯。Tarakhovskaya 等（2007）列出 10 种在陆生植物中发现且在海藻中已确定的激素。而 Tarakhovskaya 等（2007）列出的一些植物激素（多肽和茉莉酸）被认为是“信号”或“诱导剂”而不是激素（Buchanan et al.，2000；Taiz and Zeiger，2010）。对陆生植物而言，植

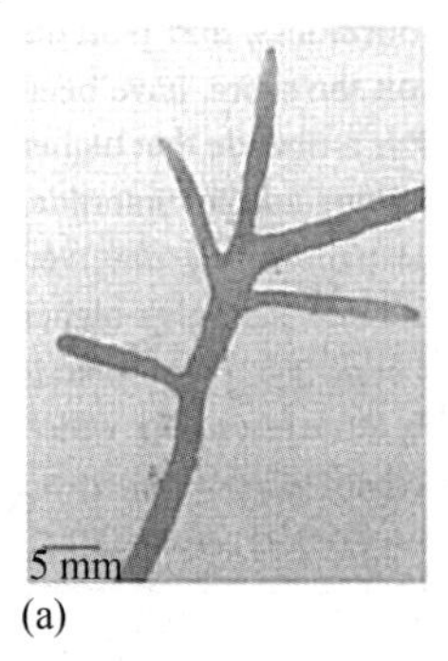

(a)

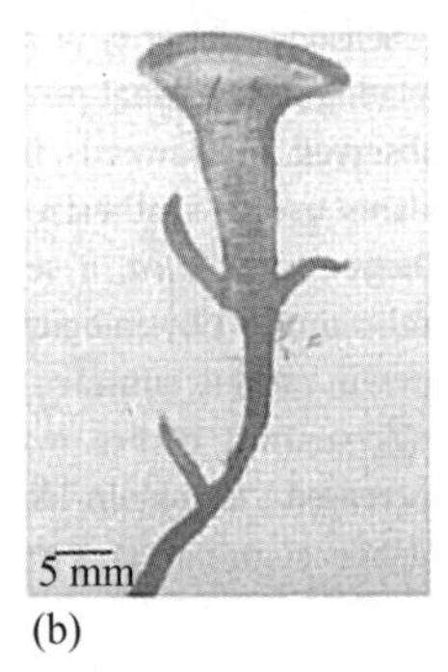

(b)

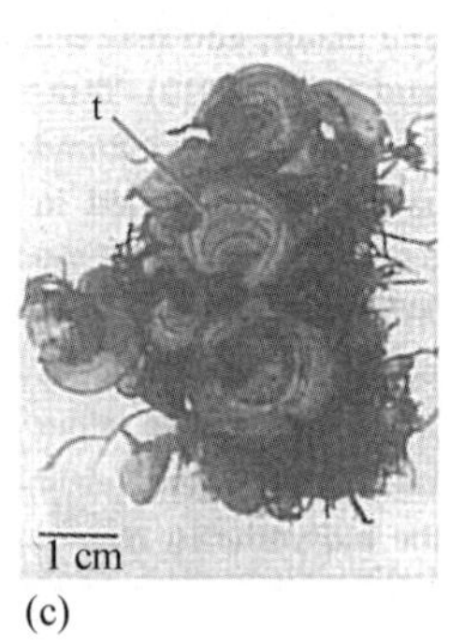

(c)

图 2.25　十字囊团扇藻（*Padina sanctae-crucis*，曾用名 *Padina jamaicensis*）形态可塑性

注：（a）在过度增殖的地区，形成一种匍匐的、带有单尖细胞的稠密分枝；（b）增殖减少后，典型的扇形、钙化的叶状体开始形成，在叶状体的顶端有一排顶端的细胞；（c）在经过 8 周的减少增殖后，较老的扇形叶片在表面产生了同心环。t 为同心环（引自 Lewis et al.，1987）。

物激素（phytohormones）和其他生长物质的生物合成、调节和作用是很容易理解的，但是对藻类的研究很少（Tarakhovskaya et al.，2007；Stirk et al.，2009）。在藻类中植物激素的存在表明了一些与陆地植物相似的代谢作用，最近关于细胞和多胺的研究支持了这一观点。尽管如此，植物激素生物合成途径及其对海藻生长、繁殖和生理学的调控，仍有许多工作要做。

早期对藻类激素的研究涉及外源性植物激素对藻类的应用，并研究其发育或生理反应（Bradley，1991）。最近，这类研究与其他环境变量如日照长度或温度一起进行（Lin and Stekoll，2007）。在海藻中研究最多的植物激素是细胞因子，其参与了陆生植物的信号转导。基于细胞分裂素的信号转导在绿藻的祖先中首先进化出，被认为是植物对陆地环境殖民化的关键一步（Pils and Heyl，2009）。这类因子有两种主要的基团："异戊二型"细胞分裂素和"芳香族"细胞分裂素。Stirk 等（2003）在 31 种不同的潮间带绿藻、褐藻以及红藻中发现了 19 种不同类型的细胞蛋白。有趣的是，尽管在不同藻类有不同的独立进化路线，但所有 31 种藻类的细胞素的基本结构都非常相似；同时，还发现了在海藻和陆生植物之间的细胞因子之间有点类似，并且得出了"在藻类中调节细胞因子浓度比高等植物中要高"的结论。

在海藻中，已经观察到植物激素的季节性模式以及与海洋区域位置有关的模式。iPRMP 是一种核苷酸，在高等植物中用于合成细胞分裂素，这一分裂素的季节性模式在潮间带的网地藻属（*Dictyota*）和石莼属（*Ulva*）中被观察到，这表明生理功能和夏季的高生长率有关（Stirk et al.，2009）。这些发现支持了早期的对巨囊藻属（*Macrocystis*）的研究，"细胞分裂素"活性的增加与季节性的高生长率（DeNys et al.，1990、1991）相一致。在高潮带的石莼属细胞分裂素活性高于低潮带的网地藻属，这可能表明不同物种之间的差异或在信号环境胁迫中所扮演的角色（Stirk et al.，2009）。脱落酸（ABA）用于陆生植物抵抗环境胁迫，是一种生长抑制剂，在海藻中似乎也有类似的作用。高潮带石沼中石莼的 ABA 水平比低潮带的网地藻属要高（Stirk et al.，2009）。ABA 在掌状海带（*Laminaria digitata*）、海带（*Saccharina japonica*）和极北海带（*L. hypoborea*）的孢子体中被发现（Schaffelke，1995a）。对于极北海带来说，内源 ABA 水平与季节性的生长速率呈负相关，而外源 ABA 则在短日照时抑制生长，而长日照条件下则不影响生长。此外，甘露醇、海藻多糖和 ABA 水平之间也存在相关性（Schaffelke，1995b）。

一种与陆地植物相似的植物激素吲哚-3-乙酸（IAA）在海藻中被发现。生长素会影响到叶状体的分枝、假根发育，二列墨角藻（*Fucus distichus*）和长囊水云（*Ectocarpus siliculosus*）中细胞极性的形成（Basu et al.，2002；Le Bail et al.，2010）、红菜属（*Pyropia*）孢子体的生长速率（Lin and Steckoll，2007），真海带（*Saccharina japonica*）、裙带菜（*Undaria pinnatifida*）和厚叶翅藻（*Alaria crassifolia*）的生长和孢子囊形成（Kai et al.，2006；Li et al.，2007）、诱导细胞分裂和结构再生（Tarakhovskaya et al.，2007）。在水云属（*Ectocarpus*）中已经阐明了调节 IAA 合成的代谢途径和候选基因，及其在细胞通讯和调节发育模式中的作用（Le Bail et al.，2010）（图 2.26）。红藻美国蜈蚣藻（*Grateloupia americana*，曾用名 *Prionitis lanceolata*）与一种瘤状诱导细菌（gall-inducing bacteria）存在着共生关系，而瘤状（gall）IAA 的平均水平是周围组织的 3 倍。这种高 IAA 水平是由共生细菌还是宿主组织引起的还不清楚（Ashen et al.，1999）。

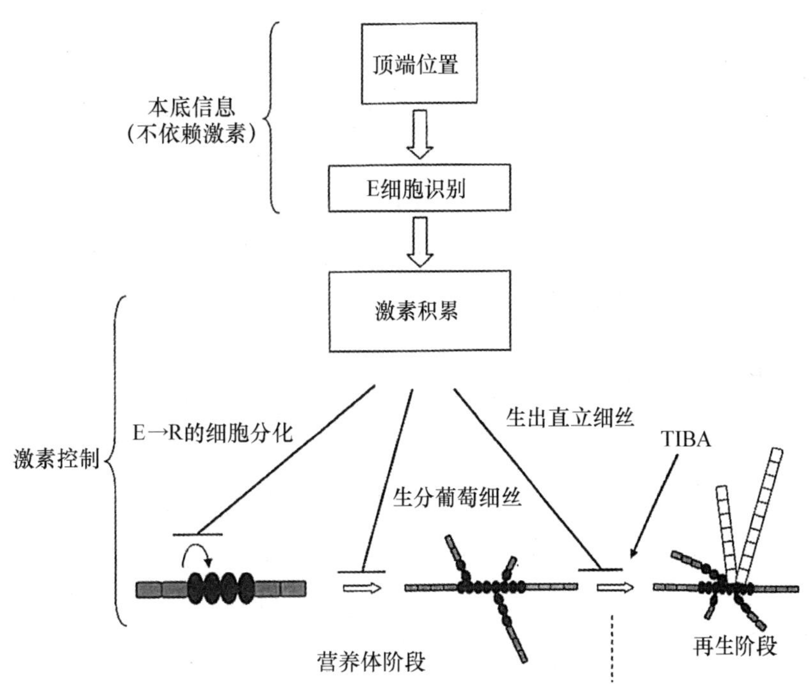

图 2.26　植物激素在长囊水云（*Ectocarpus siliculosus*）生长发育过程中的作用

注：丝状体顶端细胞获得了 E 的身份。在这些细胞中有更高浓度的植物激素，阻止其分化成 R 细胞和/或诱导分枝。随着丝状体的生长，亚顶端的 E 细胞从距离顶端较远的地方进行定位，并感知到较低的植物激素浓度，从而逐渐诱导分化成 R 细胞和分枝。后来，在生命周期的发展过程中，由于对直立丝的产生负控制，并因此转移到生殖阶段，植物激素维持了其生命周期；之后，植物激素控制将依赖于主动运输，使顶端能够保持对远处组织的控制（引自 Le Bail et al.，2010）。

聚胺（PAs，主要是腐胺、亚精胺和精胺）是低分子量的脂肪胺，调节着各种各样的生理过程，包括所有有机体从膜的稳定性到衰老的过程（Sacramento et al.，2004）。在海藻中，其浓度与陆地植物的浓度相似（Marian et al.，2000），由精氨酸（L-arginine）通过鸟胺酸脱羧酶（ODC）和精氨酸脱羧（ADC）等途径合成（Sacramento et al.，2004）。其参与了复瓦蜈蚣藻（*Grateloupia imbricata*）囊果的发育和孢子形成，Pas 和 ODC 水平从不育到生殖细胞的过程中有所下降，而 ODC（GiODC）的基因编码的表达也遵循了同样的模式（Sacramento et al.，2004，2007；Garcia-Jimenez et al.，2009）。多胺类也参与了蜈蚣藻属（*Grateloupia*）以及 7 种潮间带绿藻的胁迫响应（Lee，1998；Garcia-Jimenez et al.，2007）。多胺的内部水平可以通过重新合成或被内源性 PAs 结合来调节。在蜈蚣藻属中，中度的低盐条件（盐度 18）导致 TGase 的酶活降低（被自由的 PAs 结合），这导致了游离 PAs 的增加。当加入外源 PAs 的时候，较未处理组，低盐处理条件下的最大光合速率增加，这表明 PAs 参与了对低盐度的生理适应（Garcia-Jimenez et al.，2007）。在植物和单细胞的绿藻中，PAs 可以保护光合器官免受 UV-B 的伤害，肉色紫菜（*Pyropia cinnamomea*，曾用名 *Porphyra cinnamomea*）的实验证实了这一说法，在 UV-B 的照射下，PA 的合成上调（Schweikert et al.，2011）。

乙烯是一种气态的激素，在大气中发现了微量的含量，并且涉及臭氧层的产生和破坏。在陆生植物中，乙烯在果实成熟过程中扮演了一个众所周知的角色，但考虑到其气态性质，并没有被认为是海藻生长调节的合适选择。然而，Plettner 等（2005）报道了由肠浒苔（*Ulva intestinalis*）产生的乙烯，当低光生长的样品被置于高光压迫环境下时，乙烯的水平就会增加。

在海藻中还发现了更多的植物激素，但其确切作用还不清楚（Tarakhovskaya et al.，2007）。在红藻、绿藻和褐藻中发现了植物的次生代谢物的生物合成代谢途径调节素（Tarakhovskaya et al.，2007），这些物质包括氧化脂类、茉莉酸（JA）和茉莉酸甲酯（MJ）。Arnold 等（2001）提供了证据，证明 MJ 在囊泡中触发了褐藻多酚（phlorotannin）的生成，显示其在次级代谢中的诱导作用。然而，Wiesemeier 等（2008）在墨角藻（*F. vesiculosus*）和其他 6 种褐藻中均未检测出 JA 或 MJ，而外源的激素对次生代谢没有影响；在褐藻中，JA 和 MJ 每种作用都需要进一步的确认。赤霉素在蕨藻属（*Caulerpa*）（Jacobs，1993）和墨角藻（*Fucus vesiculosus*）（Tarakhowskaya et al.，2007）中存在，并对红菜属藻类孢子体生长有促进作用（Lin and Steckoll，2007）。红形素（Rhodomorphin）在凋毛藻属（*Griffithsia*）中被发现（Waaland and Cleland，1972，见 2.6.2 节）；另外，在浒苔属（*Enteromorpha*，现归类于石莼属 *Ulva*）中发现了在苔类植物中感应环境胁迫信号的中半月苔酸（lunularic acid）（Tarakhowskaya et al.，2007）。

2.6.4 伤口愈合和再生

对海藻的伤害是不可避免的，主要的伤害来源于食草动物、寄生虫、附生植物、砂石摩擦和波浪力。海藻必须能够愈合伤口，并且多细胞的海藻与多核细胞的海藻相比，愈合的结果有很大的不同。在多细胞的海藻中，不需要对破坏的细胞进行恢复；相反，伤口是密封的，这个过程涉及底层细胞的变化。然而，对多核体的管状藻类来说，如果伤口不能立即被封住，那么就有可能出现致命的细胞质流失。伤害触发了一种生化水平的联动反应，在 2 min 内形成了一种凝胶状的“伤口塞”，这种“伤口塞”可以封住细胞，在这个塞子的下面，一个新的细胞壁被组装起来（Welling et al.，2009）。Menzel（1988）提出了适用于大多数绿藻的通用六步愈合过程（图 2. 27）：①细胞膜的修复；②细胞质边缘的收缩；③从液泡中挤压出的插塞前体物质；④恢复膨胀压；⑤伤口塞的形成；⑥新细胞壁的形成。

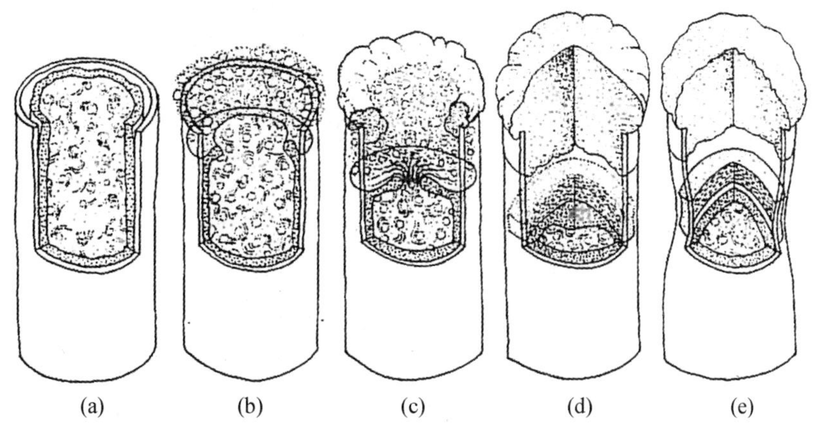

图 2. 27　羽藻属（*Bryopsis*）的伤口愈合

注：剖面图显示在伤口发生后的 1 h 内细胞质的变化。（a）未受损的管状藻体有一个外围的细胞质和一个充满塞子前体的大的中央液泡；（b）管状藻体被切开后 15 ~ 30 s，细胞质开始收缩，形成一个同心圆，塞子前体被挤出去，膨胀并附着在切割壁的边缘；（c）在大约 1 min 后，细胞质收缩几乎完成，塞子先凝固，然后伤口开始形成；（d）在受伤后的 5 ~ 10 min 内，伤口开始形成内膜和外层；（e）1 h 内，新的细胞壁在内部的塞子下形成并开始膨胀（引自 Menzel，1988）。

在管状绿藻中有两种生物化学过程（步骤 5，伤口塞的形成）：碳水化合物的相互作用，包括蠕形绒枝藻（*Dasycladus vermicularis*）、羽藻属（*Bryopsis*）、脐状小网藻（*Microdicryon umbilicatum*）、硬毛藻属（*Chaetomorpha*）和松藻属 *Codium*）；蛋白质交联，如杉叶蕨藻（*Caulerpa taxifolia*）。凝集素是一种与碳水化合物相结合的蛋白质，而藻类凝集素则与高等植物的不一致，因为其具有较低的分子量，以及对低聚糖（而不是高等植物的单糖）和糖蛋白的高亲和力。2005 年，Kim 等从羽藻（*Bryopsis plumosa*）中分离出了一种新的凝集素，称之为 bryohealin，与高等植物的凝集素相比，bryohealin 与一些无脊椎动物的 fucolectins 关系更密切（Yoon et al. , 2008）。羽藻受伤后，细胞内的物质会溢出，但细胞器会聚集，并产生一种新的细胞膜，形成一种原生质体，最终形成一个新的个体（Kim et al. , 2001 b; Grossman, 2005）（图 2. 28）。Bryohealin 不仅控制了细胞的聚集，而且还保护了细菌免受污染，这与在无脊椎动物中的抗病基因的作用类似（Pak et al. , 1991; Kim et al. , 2005; Yoon et al. , 2008）。另一个例子中，脐状小网藻（*Microdictyon umbilicatum*）在受伤后形成的一种单细胞原生质体，这种原生质体有两种命运：30%成为成熟的藻体，但剩下的则再生成了具鞭毛的游动孢子，这可能是一种分散的机制（Kim et al. , 2002）。类似地，气生硬毛藻（*Chaetomorpha aerea*）的原生质体会发育为不动孢子或具两鞭毛的游动孢子（Klotchkova et al. , 2003）。

细胞修复的生化信号通路正在被阐明。当蠕形绒枝藻（*Dasycladus vermicularis*）受伤时，细胞内的物质被挤压出来，在 1 ~ 2 min 内形成一种黏性的保护凝胶。这在受伤后的 10 min 内凝固，并且在 35 ~ 45 min 内完全硬化（Ross et al. , 2005a, b）。在此之前的硬化过程为 25 min 后发生一氧化氮（NO）的释放，接着是 45 min 左右时活性氧类的暴发（ROS; ox-

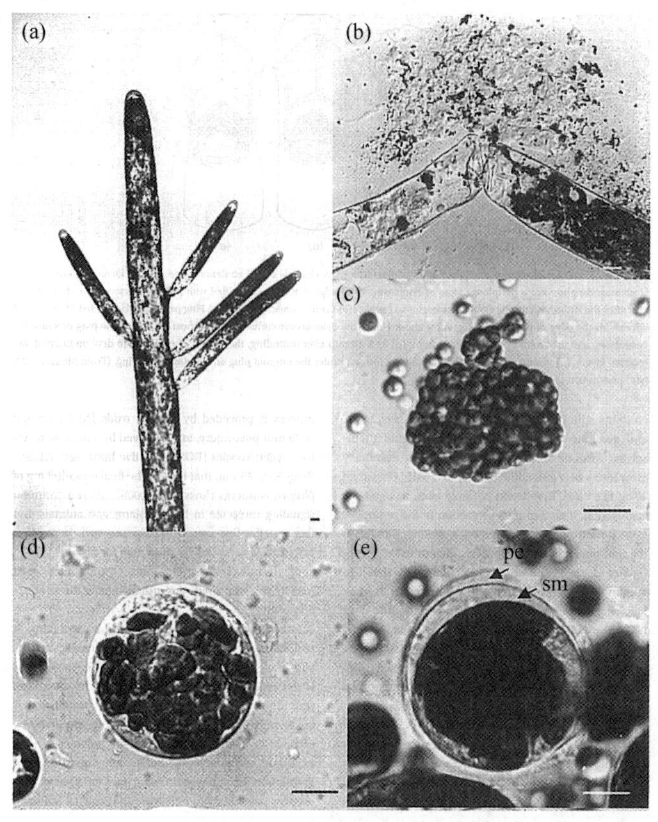

图 2.28 羽藻（*Bryopsis plumose*）从切碎的细胞到原生质体再生过程

注：(a) 具两列分枝的藻体；(b) 原生质体从受伤的细胞出来，在海水中传播；(c) 流出藻体的细胞器在海水中聚集；(d) 原生质体在受伤后 20 min 形成新的细胞壁；(e) 受伤 12 h 后在细胞壁内形成次生质（pe, primary envelope；sm, secondary membrane）。标尺 = 10 μm（引自 Kim et al.，2001a）。

idauve burst；见 7.1 节)，这导致了堵塞物质的最终交联（Ross et al.，2006）。NO 是高等植物和动物中一个常见的信号分子，但这是 NO 在海藻中的第一次记录。在另一种情况下，Torres 等（2008）发现蠕形绒枝藻（*D. vermicularis*）和吸盘伞藻（*Acetabularia acetabulum*），细胞外的 ATP（eATP）在伤害信号中释放出了 ROS 和 NO。

杉叶蕨藻（*Caulerpa taxifolia*）通过蛋白质交叉连接来密封受损细胞。在这种情况下，在受伤 30 s 后，次生代谢物 caulerpeyne 被脱乙酰后生成的催产素 2（一种 1，4-二醛）。催产素 2 是一种高效的蛋白质交联剂，在几秒钟内就会被吸收到体内。由此产生的蛋白质和次生代谢物不仅形成了蕨藻的伤口塞，还通过降低了食物的质量降低了食草动物的适口性（Jung and Pohnert 2001；Weissflog et al.，2008）。

在管枝藻目（Siphonocladales）的内皮藻属（*Ernodesmis*），香蕉菜属（*Boergesenia*），法囊藻属（*Valonia*）中，存在着不同的过程，其特点是通过细胞分裂隔离（La Claire，1982 a，b）。在大多数情况下，没有形成堵塞。相反，细胞质会从伤口中缩回，然后是肌动蛋白微纤维发挥作用（La Claire，1989；Shepherd et al.，2004），在一个或几个片段中关闭中央液泡，或分解成许多原生质；这一过程看起来很像细胞分裂和孢子囊的产生。

墨角藻（*Fucus vesiculosus*）是多细胞藻类的伤口愈合研究最深入的物种（Moss，1964；

Fulcher and McCully，1969，1971），在菲律宾马尾藻（*Sargassum filipendula*）（Fulcher and Fulcher，1977）、长心卡帕藻（*Kappaphycus alvarezii*，曾用名 *Eucheuma alvarezii*）（Azanza-Corrales and Dawes，1989），以及放射昆布（*Ecklonia radiata*）（Luder and Clayton，2004）中，每一种海藻的过程都是相似的。在墨角藻属海藻中，髓丝结构的穿孔大约在 6 h 被新合成的硫代多糖（可能是岩藻多糖）堵塞住。之后，在伤口表面有大量的多糖。髓细胞与受损细胞相邻，并形成色素。大约 1 周后，会产生侧丝，使其伸长并穿过伤口表面，在那里不断地形成一个保护层。皮层细胞经历纵向分裂（与伤口表面平行），而外细胞则承担表皮细胞的细胞学和功能特征（例如，具有色素）。髓质细胞也可能促进新表皮的形成。对昆布属（*Ecklonia*）来说，褐藻多酚有助于通过沉淀蛋白质来密封细胞，同时也能防止微生物攻击（Luder and Clayton，2004）。对卡帕藻属（*Kappaphycus*）来说，切碎细胞失去了其细胞质，而蛋白质和酚类物质则在皮层和髓细胞的坑里堆积。几天后，细胞的扩展开始从底层细胞生长、繁殖，并在伤口下面形成一层新的具有色素的细胞（Azanza-Corrales and Dawes，1989）。

伤口愈合的途径通常是再生或增殖。最简单的再生过程包括单列丝（分枝或无分枝）的生长。伤口愈合后，生长继续，如黑顶藻属（*Sphacelaria*）（图 2.24）。纤细冠毛藻（*Anotrichium tenue*）、细弱凋毛藻（*Griffithsia tenuis*）与太平洋凋毛藻（*Griffithsia pacifica*）愈合和再生过程是很好的案例（Waaland and Cleland，1974；Waaland，1989，1990）。如果纤维被切断，就会从顶端部分产生假根，在基底部分再生一个新的细胞（图 2.29a）。相反，如果一个轴向细胞被杀死，而壁保持完整，那么丝状体会自行修复（图 2.29b）。再生根是由顶端部分产生的，这是一个特殊的修复细胞，而不是一个顶端细胞，是由基础碎片产生的。这种修复细胞具有物种的特异性，由再生假根产生并扩散开来。重新生成的细胞与再生根（Waaland and Cleland，1983，1986）结合在一起。一些海藻产生了来自切割表面的增殖；这些是皮质纤维的横向生长，就像红藻的杉藻属（*Gigartina*）（Perrone and Felicini，1976）和褐藻的网地藻属（*Dictyota*）（Gaillard and L'Hardy-Halos，1990）。在假根或叶状的组织中产生的组织类型取决于伤口的位置是在顶端或底部。换句话说，其与藻体内部的极性有一定的相关性。

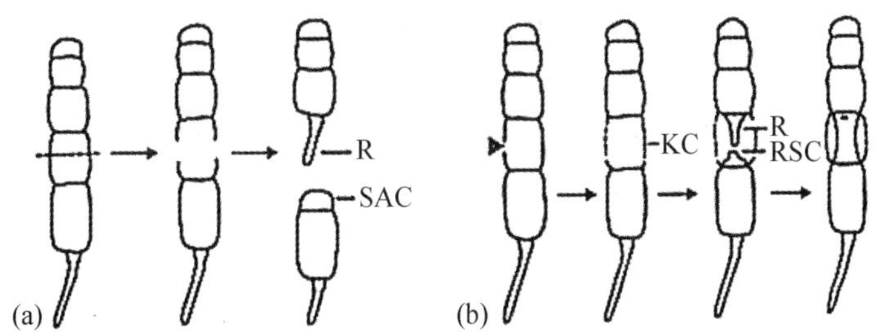

图 2.29　凋毛藻属（*Griffithsia*）通过细胞再生（a）与细胞融合（b）进行细胞修复

注：当丝体被切断时，一个根状细胞（R）和一个新芽细胞（囊）形成，并形成两个单独的细丝，如果一个轴向细胞被杀死（KC），根状细胞与一个重新萌发的细胞（RSC）融合，并在丝体中创造一个新的生命连接（引自 Waaland，1989）。

蕨藻属（*Caulerpa*）的再生也与细胞的极性有关。切除的叶状体"叶子"从基部末端再生出根状茎和假根，从顶端生成新叶芽（图 2.30）。根状茎从顶端最先生出第一个假根丝，然后从基部到顶端的根类，再到顶端的根尖和叶芽；“叶”长 30 mm，只形成了假根。如果有 40 mm 长，一半会形成 1 个假根和 1 个新叶。如果 50 mm 长，则全部再生（Jacobs，1970，1994）。然而，蕨藻属新生的叶和假根也对重力具有反应。Jacobs 和 Olson's（1980）实验所示，未受伤的丝状体被颠倒了。根状茎是由新下侧产生的，来自新上侧的枝状芽（假根没有扭转，所以极性被重新定向）。在伤口愈合后，热带钙化海藻盘状仙掌藻（*Halimeda discoidea*）也产生了假根；15 mm^{2}的小块被切成 3 块，3 d 内就会生出假根，这是一种植物性繁殖的机制（Walters and Smith，1994）。

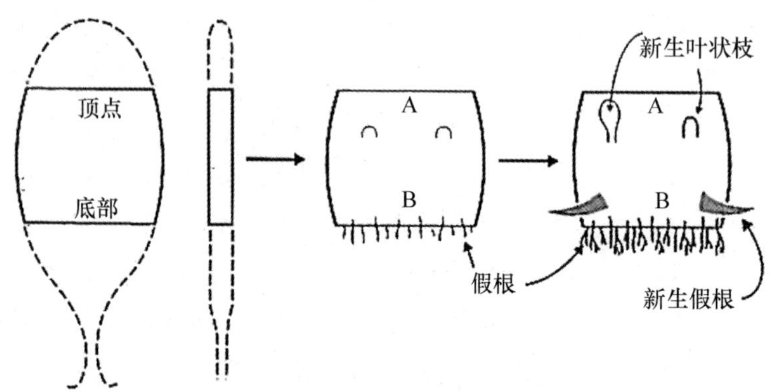

图 2.30　蕨藻（*Caulerpa prolifera*）的部分叶片再生

注：叶状芽在最初的顶端形成，在基部形成了假根（引自 Jacobs，1970）。

墨角藻属（*Fucus*）的再生过程是不同寻常的，由于其形成了不同的幼芽而不是分枝，尽管受损的固着器可能会再生出不定枝（McCook and Chapman，1992）。在墨角藻属海藻的伤口愈合过程中，表皮细胞开始与伤口表面垂直处形成了一组初始分枝（培养 4~6 周后肉眼可见），直接发展为胚胎（Fulcher and McCully，1969，1971）。叶片中肋区域比其两侧叶片更迅速地产生（Moss，1964），与叶片中肋区域中丰富的髓鞘有关，这些纤维状组织主要负责新表皮的形成。从营养枝上再生总是会产生营养生长性的芽。将墨角藻（*F. vesiculosus*）生殖托的褪色叶片切下去除表皮后再生培养，虽然极其缓慢，但形成了一些分枝，在分枝顶端有一些小的生殖托。从雄性生殖托中切下的组织生出雄性生殖托，而雌性则生出雌性生殖托（Moss，1964）。

2.7　小结

海藻的生活史根据物种和环境的不同而有不同的类型。两种自由生活阶段的交替，一种是单倍体配子体；另一种是常见的二倍体孢子体，但有许多变型存在。一些海藻有不同的孢子体和配子体；其他则只有一个自由生活的阶段。在倍性水平和形态学之间并没有直接的联系，因此生命周期的许多变化是有可能的，包括具有相同染色体数目微观和宏观之间的变化。

海藻的生命是其遗传信息，及其非生物和生物因子之间的相互作用的一种复杂事件。从最初的孢子或受精卵的分化到生殖细胞的形成和释放，是高度协调的过程。光（光质和光量）、光调控（通常是不间断的黑暗时长）和温度是主要的环境因子。在一些海藻中，繁殖的开始是作为对普遍环境条件的“反应”而触发的。另一些海藻则通过内源性生物钟来预测季节的变化，这是由环境因素引起的（授时因子；典型的光周期）。大部分的海藻都有对短日照的光周期有反应。海藻对不同波长的光也有反应，但是光受体色素的性质，及其作用方式在很大程度上是未知的。一些糖蛋白被认为是调控石莼属（*Ulva*）生活史进程的调节因子。

有性生殖可能是同配生殖、异配生殖或卵式生殖。“播种者”将配子释放到水体中，并进行体外受精，而“孵育者”则是体内受精，因为卵保留在雌性体内。通过细胞/鞭毛表面的细胞识别来调节融合。褐藻中的游动配子（精子）可以相互吸引，也可以通过固定卵的挥发性信息素来吸引精子。在红藻中，有性生殖通常涉及受精卵发育成果孢子体的复杂受精过程。

孢子或其他生殖结构的沉降很大程度上依赖于水流运动（湍流和涡流），尽管有些细胞在定向游泳方面的能力有限。石莼属的孢子可以通过对生物膜中的细菌的化学反应来选择其沉降点，然后在表面能量方面通过细胞粘着物质附着在表面上。一开始很容易被重悬，但随着时间的推移，化学物质会变得更强。在附着之后，细胞获得极性，然后萌发假根细胞和叶状体形成细胞。

直立枝的典型特征是有一种极性，在受伤位置和再生分枝中进行表达，有时表现出顶端优势。形态发育和成体的形态取决于内在因素（植物激素等）和外在因素（光、温度、营养、增殖密度、附生细菌以及在子细胞之间的大小/形状不平等）。有些细胞是全能性的，再生的是整个植株，而另一些细胞则不能再生。许多海藻的形态发育是可塑性的，调控发育的基因正在逐渐被确认。

由于不断受到食草动物和摩擦的伤害，伤口愈合是海藻的一个重要功能。在多核的管状藻类中，伤口的快速堵塞是为了防止细胞质的丢失。在多细胞的藻类中，通常切割死亡细胞，并由底层细胞完成伤口愈合。再生通常发生在被切割的表面，根据离占主导优势的顶点的距离产生叶状体或假根的组织。

第3章　海藻群落

大型海藻（seaweed）作为个体存在的同时也以群体方式生活于群落（community）中，并且和其他生物群落共同影响周围的环境，反之也受到环境的影响。近岸海洋生态系统（coastal marine ecosystem）在较小的空间尺度上存在较大的环境梯度，这一特点吸引了生态学家和生理学家的极大关注。在近岸海洋生态系统中，海洋生物通常沿梯度生长在独特的垂直或水平的“区域”（zone）或“条带”（bands）中，从而提供一个“天然实验室”以研究生物和环境（非生物）塑造群落的过程。虽然在陆地栖息地也发现了植被的区域生长现象，但其空间尺度通常要比近岸海洋生态系统大得多。例如，山区植被生长随着海拔高度分区，其垂直距离变化发生可能需要跨越 1 000 m 的梯度，而在潮间带这种梯度变化可能仅需要几米（Raffaelli and Hawkins，1996）。同时，潮间带生物垂直梯度分布现象在退潮时很容易被观察到，而且在许多沿海水域甚至可以扩展至 15 m 水深的区域，该处的辐照度（irradiance）可降低至海水表面的 1%（Lüning and Dring，1979；见 5.2.2 节）。近岸海洋生态系统的水平梯度包括河口和盐沼的盐度梯度，以及暴露于不同的波浪强度（wave exposure）（Raffaelli and Hawkins，1996）。本书前两章回顾了海藻的形态、生活史和发育过程。本章将重点讨论底栖海藻生物群落的模式和过程，概述潮间带（intertidal）和潮下带（subtidal）环境中的生物成带现象（zonation）。

3.1　潮间带成带模式

3.1.1　潮汐（tide）

全世界几乎所有的海岸都经历着潮汐。由于地域不同，潮汐的幅度变化很大。高潮和低潮模式也因地而异，主要取决于潮汐波（tide wave）和大洋盆地海水来回喷溅引起的驻波（standing wave）之间的相互作用（Gross，1996；Denny and Wethey，2001；Trujillo and Thurman，2010）。对于海藻生态和生理研究而言，发生在同一区域的变化则显得更有价值。潮汐在一个农历月会出现两次小潮和大潮交替，其高-低水位的间距时间在月份之间、季度之间也有变化（Raffaelli and Hawkings，1996）。当白天出现低潮时，潮间带的干燥、紫外线辐射（UV-R）胁迫，潮池（tide pool）和礁坪（reef flat）的水温胁迫都有所增加。太平洋热带地区的海平面也会由于厄尔尼诺事件（El Niño/southern oscillation，ENSO）而改变（见 7.3.7 节）。

潮汐周期有 3 种类型（图 3.1）。全日潮型（diurnal tide）指一个太阳日内只有一次高潮和一次低潮。这种不常见的类型出现在部分墨西哥湾和越南 Do-San 地区（Raffaelli and Hawkins，1996）。半日潮型（semi-diurnal tide）指一个太阳日内出现两次高潮和两次低潮，前一次高潮和低潮的潮差与后一次的潮差大致相同，这种类型在大西洋开阔海岸比较常见。混合潮型（mixed tide）是前两种潮汐类型的变型，其命名取决于其更类似于全日潮还是半日潮：混合半日潮型（mixed dominant semi-diurnal tide）每日出现两次高潮和两次低潮，但两次高潮和低潮的潮差相差较大（图 3.1b），而混合全日潮型（mixed dominant diurnal tide）由月亮周期决定每天可能有一个或两个潮汐起落（Raffaelli and Hawkins，1996）。混合潮是太平洋和印度洋海岸的特点，同时多发于加勒比海（Caribbean Sea）和圣劳伦斯湾（Gulf of St. Lawrence）等较小的大洋盆地（Gross，1996）。此外，还有由于气压变化和大风引起的周期不规律的风暴潮（storm tide），时间通常延续几天。如在瑞典西海岸和地中海大部，当潮差小于 1 m 时，大气压力的变化和向岸风（onshore wind）、离岸风（offshore wind）结合，可能产生非常不规则和不可预测的水位变化（图 3.2），而这样的海岸被称为 atidal 海岸（Johannesson，1989）。

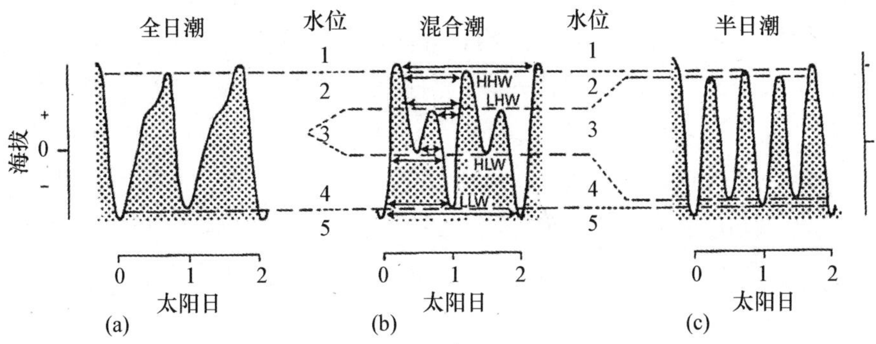

图 3.1　潮汐周期的 3 种类型

注：全日潮、混合潮和半日潮的每日（一级）临界潮位（CTL）。点画代表淹水，箭头表示干露（exposure）或淹水（submergence）的持续时间。CTL 将潮间带区域划分为 4~5 级（引自 Swinbanks，1982）。

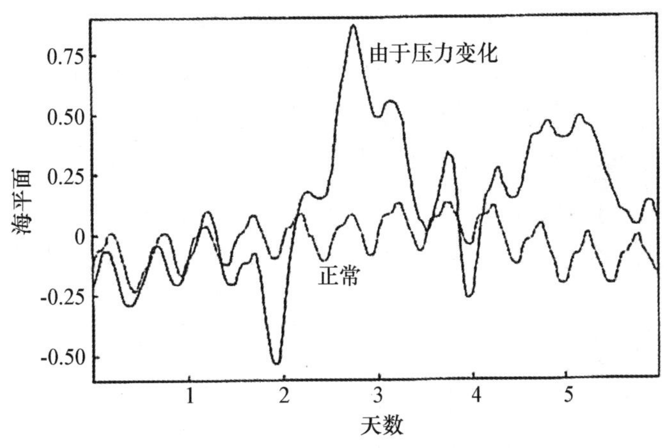

图 3.2　Atidal 海岸（瑞典 Tjarno）海平面变化

注：一条曲线（Normal）代表普通的周期性由潮汐主导的变化；另一条代表由大气压力改变引起的急剧变化，如第二天时水位变化近 1.5 m；0 m = 平均海平面（引自 Johannesson，1989）。

3.1.2 潮间带基岩海岸（rocky shore）的垂直成带现象

潮间带（沿岸）地区由于环境条件的快速波动常被描述为地球上最恶劣的生境：当潮水上涨时，海藻没入水中、充分水化、光照减弱并可获取无机养分；而当潮水退去后，海藻则受陆地条件支配（Norton，1991）。温度、盐度、光照（光质、光量和紫外线辐射），光合作用需要的可溶无机碳源（CO_2和HCO_3^-）和无机养分供给（如氮和磷）全部随着潮水的上涨和下降在几秒钟到几分钟的时间尺度上同时变化（见5.2.2节、6.4.2节、7.2.3节）。海藻和定生无脊椎动物生长在岸边不同的垂直"条带"中，而这种成带现象是全球潮间带的一个显著特点（Bertness et al.，2001；Connell and Gillanders，2007；Kaiser et al.，2011）。成带现象在基岩海岸的低潮区特别显著。

海洋生物的潮间带成带分布具有局部变化可叠加的常规模式。根据已知的海图基准（高、中、低潮带），或采用生物方法，海岸可根据潮汐水位划分。岸边的垂直"条带"可根据其存在的生物划分为不同区域：墨角藻属（*Fucus*）区，藤壶（barnacle）区，海带（kelp）区等。Stephensons（1949）提出的基于存在生物的分区方案已被证明是一个非常有用的方法，可以应用于世界范围的基岩潮间带（图3.3a）。这些生物区也受波浪作用的影响，通过降低暴露于大气中持续的时间，从而增加区域"条带"的宽度（图3.3b）（Lewis，1964；Raffaelli and Hawkins，1996）。潮间带成带现象的许多例子可以在Lewis（1964）和Stephenson（1972）以及Raffaelli和Hawkins（1996）的文献上找到，其中描述了世界各地的潮间带成带现象。

然而，根据存在生物划分成带区域的方法存在自身的内在问题。首先，群落存在着空间上的变化。在小空间尺度上，大部分的海岸线由不规则岩礁组成，可能存在非常混乱的生物模式，使得成带区域被分解成大量补丁而呈现斑块分布（patchiness）。而在大空间尺度上，动植物存在地理位置的变化。这种尺度上的变化可能会影响整体的研究结果（Benedetti-Cecchi，2001）（见3.5.1节）。最早期的实验工作集中在单一的基岩海岸，并提供了控制群落结构过程的精确信息。而最近，宏观生态学（macroecology）被用以检查大范围（数百至数千千米）自然现象的模式和进程（Connell，2007a；Santelices et al.，2009；Witman and Roy，2009）。"当代生态学家面临的问题并不是是否应该检测普遍现象（大生态学）或特定现象的存在，而是应该寻求两者之间的平衡"（Conner and Irving，2009）。

群落在时间上的变化也对划分成带区域造成了较大困难。除了植被季节性和连续性的变化，严苛条件下生物定居时间的变化、潜在的移居者（以及竞争对手）繁殖所需清理空间的时间都会增加群落的异质性（heterogeneity；Dethier，1984；Sousa，2001）。这使得成带模式的斑块分布并不是静态分布的，而物种垂直分布的尺度限也逐年不同（图3.4），这些变化的部分取决于干露/淹水的历史记录（Dethier and Williams 2009；Pearson et al.，2009）。同时，物种的相对丰度和分布也会随时间发生变化（Lewis，1980；Paine，1994）（见4.3.1节）。研究藻类群落的长期变化需要长时间的观察，而了解群落短期变化则需要收集描述各种因素如何影响生命周期关键阶段的广泛数据。如果观察到一种海藻在特定站位存在，可以认为当其移居到该处时的条件适合其生长。另一方面，如果没有发现该种海藻，则提示该条件可能在某些时间不适合这一藻类生长，或者可能是该物种的繁殖体无法到达该站位。不合

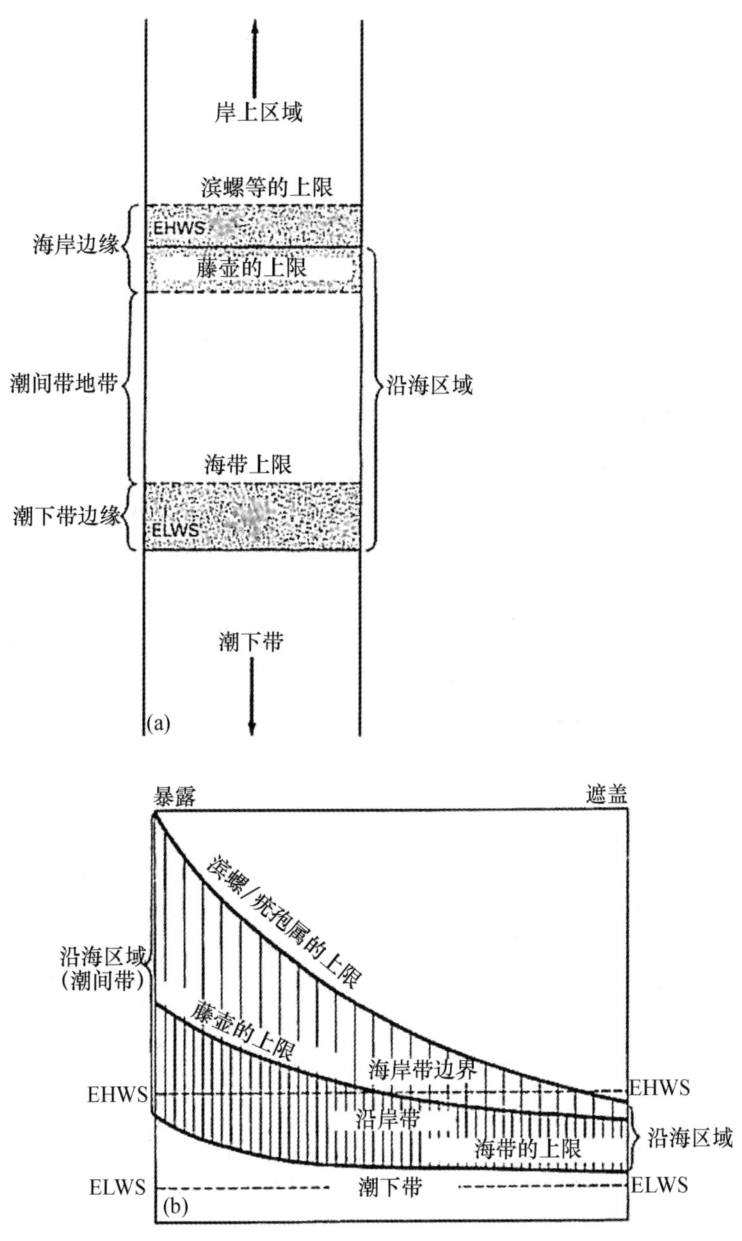

图 3.3　海岸生物学分区

注：(a) Stephensons 的潮间带成带通用分区方案；(b) Lewis 的潮间带成带分区方案，图解说明波浪暴露强度对扩大和升高成带区域的影响。EHWS，大潮高潮线；ELWS，大潮低潮线（引自 Stephenson and Stephenson，1949；Lewis，1964）。

适条件可能一直存在；但如果海藻曾经在该处生长，则说明这种不适条件只是短时间存在。

“群落”的概念一直被争论不休。一个极端的观点认为群落构成仅仅是某些海藻凑巧结合在一起；相反的观点则认为海藻群落是一个紧密的结合单位，可以看做是一种超级生物体（super-organisms）（Chapman，1986；Irving and Connell，2006a）。对于陆生植物而言，群落的概念是指相互依存的组合，组合中个体彼此都积极（互惠）或消极（竞争）的进行互作。陆地生态系统中植物如何聚集成群落已得到了很好的研究（Wilson，1999），将这种规则应用于海藻群落可能成为预测其发展模式和过程的有效方式（Irving and Connell，2006a）。而

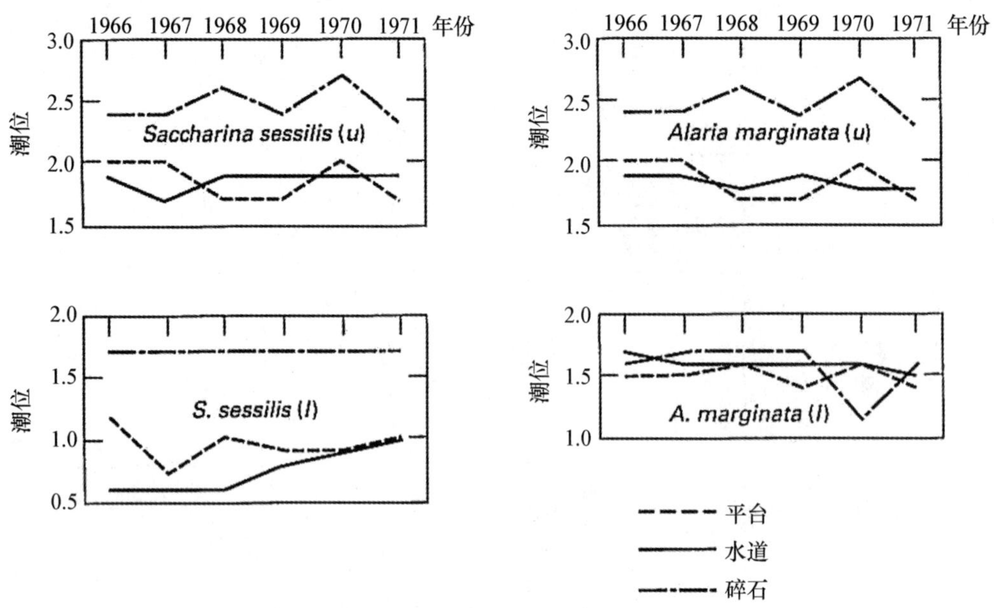

图 3.4 加拿大温哥华岛 3 个实验断面上两种潮间带海藻物种的多年变化比较

注：3 个断面分别为小坡度平台（gently shelving platform），岩石区（rocky point）和狭窄水道（narrow channel）（引自 Druehl and Green，1982）。

不同区域群落之间如何彼此交互对研究海藻群落同样重要。一个海藻群落并不是一个“封闭”系统，其受到其他底栖生物群落的影响；后者可通过水流向群落中的藻类和无脊椎繁殖体提供营养，被称为“供方生态”（supply-side ecology；Underwood and Keough，2001）。这些相互连通、较大的区域群落团体被称为集合群落（metacommunities）（Okuda et al.，2010）。因此，海藻群落并不仅仅是按照均匀的垂直“条带”生长的特殊群落，其还具有一些其他的特点，如具有动态性、在空间和时间上呈斑块分布性、会受到群落个体的生理性状影响（见第 5~7 章）、存在竞争和互惠等生物交互作用（见第 4 章），以及会受到生物和非生物干扰（见第 4 章和第 8 章）。

3.1.3 垂直成带现象的调控因素

一个多世纪以来，控制潮间带中藻类和无脊椎动物生长上限和下限的因素吸引着众多研究人员的关注（Russell，1991；Paine，1994；Chapman，1995；Raffaelli and Hawkins，1996；Menge and Branch，2001；Connell and Gillanders，2007）。最初的观点认为，某些和潮汐出现相关的因子导致了垂直成带现象，早期的研究主要集中在物理因子方面。临界潮位（critical tide level，CTL）是指潮间带中持续干露或淹水时间都有明显的增加的位置，这一概念由 Colman 于 1933 年首次提出。Colman（1933）的临界潮位概念以平均干露百分比为基础，而没有考虑到干露的具体时间点与持续时间。被最广泛认可的概念是由 Doty（1946）定义的，后者采用了干露或淹水的最大持续时间；Swinbanks（1982）详细论述了这一概念。区域边界和临界潮位之间的相关性是可以预期的，因为随着干露的持续，暴露于大气的压力增加，海藻产生不同的机能以从压力中恢复（见第 7 章）。但是，Underwood（1978）认为 Colman 的曝光曲线是不准确的。在进行更严格的实验并应用统计分析时发现，在临界潮位和成带现象之间并不存在关联（Hartnol and Hawkins，1982；Raffaelli and Hawkins，1996）。

尽管临界潮位不能作为成带的原因，与暴露出水体相关的物理因素显然有助于塑造基岩海岸群落（Gilman et al.，2006）。核心的标准并不是根据潮汐表推测的理论干露时间，而是实际的干露时间（图 3.5），然而这一因子并没有被频繁测量。Druehl 和 Green（1982）试图在垂直分布和实际淹水/干露时间之间建立联系。他们使用“海浪传感器”（surf-sensor）来记录淹水事件，检查了干露区不同斜率的 3 个毗连区域的淹水历史（两两距离小于 50 m），用于研究海藻垂直分布和准确干露时间之间的关系。实际的淹水/干露曲线比推测的潮汐曲线有两点不同：①潮间带范围更大，3 个区域最低的干露线均高于预测值；小角度倾斜岩面最接近预测值，而岩石区差别最大（图 3.5 a）；②理论的潮汐波动曲线较规律，而实际曲线比较杂乱，其中波动最剧烈的也是岩礁区（图 3.5 b，c）。因此波浪往往会增加干露时间。Druehl 和 Green（1982）发现，海藻的生长上限和干露的累积时间关系最为密切，而生长下限则和单次最长干露时间有关。

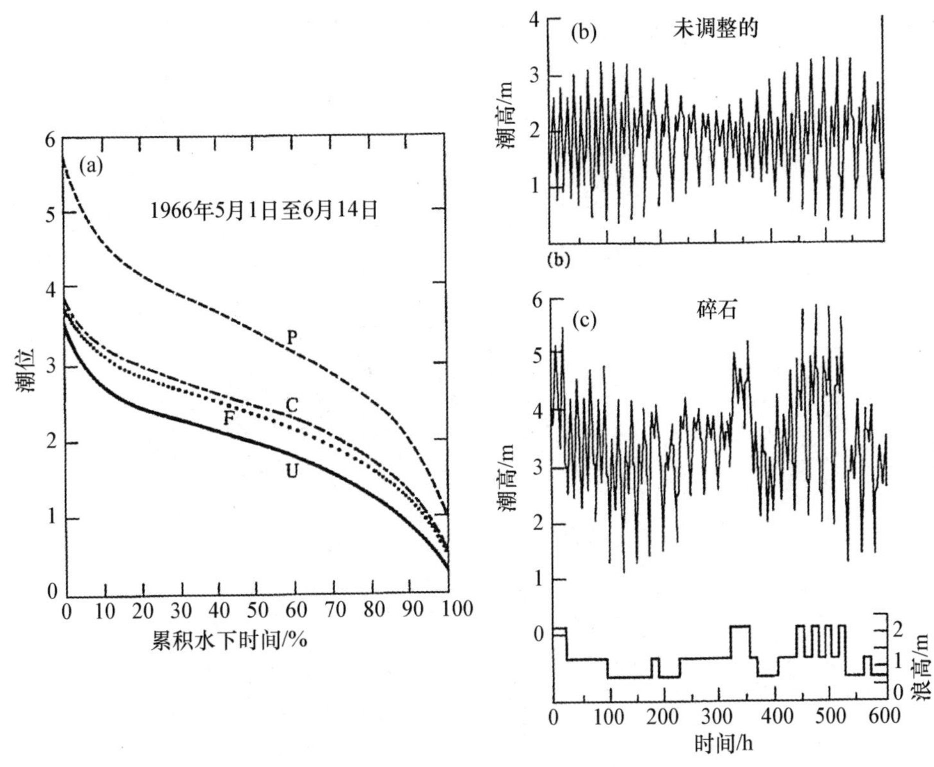

图 3.5 加拿大温哥华岛部分站位的淹水/干露数据

注：（a）6 min 内测得的不同站位不同海拔的淹水累计时间：岩石区（P），海峡（C），小角度倾斜岩面（F），潮汐预测值（U）。（b）一个月球周期预测的潮汐高度。（c）岩石区实际的潮汐高度和海浪高度。海浪高度为一日两次观测到的波高数据（引自 Druehl and Green，1982）。

Gilman 等（2006）通过测量有效岸级（effective shore level，ESL）对 Druehl 和 Green 的工作（1982）进行了扩展，该方法将暴露于不同波浪暴露梯度下的干露时间标准化，并定义岸边的已知点为“在无波浪情况下等于具有等效干露特性（时间点和持续时间长度）绝对岸级（即静水海图基准面之上的垂直距离）”（Harley and Helmuth，2003）。使用固定在岸边不同站位的小型温度传感器，记录了 2 a 来每隔 15 min 的温度用以量化每一个潮汐周期的“第一次浸润”（first wetting）时间，同时在潮间带的贻贝（mussel）贝壳内嵌入微型温度传感器以检测有机体经历的温度变化。他们发现在某些站位有效岸级和贻贝上限之间有明显的关系，但并不是全部。上述情况再次说明控制成带现象的并不是仅有单一因素。Williams 和 Dethier（2005）也认为潮高并不是导致潮间带胁迫的唯一因素。

在 20 世纪 70 年代至 80 年代早期，研究工作开始专注于对基岩海岸成带现象进行生物学的解释，包括海藻在不同海岸地区回避、耐受或从环境胁迫中恢复的能力（Schonbeck and Norton，1978；Dring and Brown，1982；Chapman，1995）（见 7.5.1 节）。Schonbeck 和 Norton 对潮间带墨角藻目（Fucales）物种的开创性研究中发现（1978；1979a；1979b；1979c；1980a；1980b；图 3.6），当将沟鹿角菜（*Pelvetia canaliculata*）和螺旋墨角藻（*Fucus spiralis*）从自身生长区域移植到较高区域时，其生长速度变慢，而移植到较低区域时则生长速度加快。因此认为和干露有关的因子（尤其是干燥）控制了墨角藻目海藻生长的上限，而其下限是通过对光线和空间竞争决定，即生长速度快的物种比生长速度慢的物种更有优势。随后的实验显示，这一发现并不具有普遍性：只要移除其生物竞争对手，移植到更高垂直地区，海藻就能够存活，这表明在某些情况下生物因素控制了藻类生长的上限（Raffaelli and Hawkins，1996）。目前，通常认为每一个物种具有一个干露胁迫“容忍范围”，其界限可以上下移动，并很大程度上取决于物种之间的竞争；虽然这一理论的普遍性在不同的地理区域（如热带与温带）仍需要验证。唯一的例外是在海岸最上层，此处海洋环境让位给陆地环境，这里的上限基本上由干露时间控制（见第 7 章）。

图 3.6　潮间带海藻群落并不是简单的二维世界

注：在水下，海藻形成一个垂直和动态的树冠形式。瘤状囊叶藻（*Ascophyllum nodosum*；中间和左侧）和墨角藻（*Fucus vesiculosus*；右侧）通过自身气囊支撑漂浮（Tim Hill 于英国马恩岛 Isle of Man 拍摄）。

同一个成带区域的上限比下限受到更多的胁迫，为了测试这一概念的普遍性，Dethier 和 Williams（2009）测量了美国圣胡安岛（San Juan Island）14 个海滩的高、中、低海岸中二列墨角藻（*Fucus distichus*）的生长速率。在春季和夏季，当白天低潮出现时，中部区域的生长率明显高于高处区域，与“环境应力模型”（environmental stress model）的预测结果相同。而在秋冬季节，当夜晚低潮出现时，高海岸的环境胁迫较小，其生长率保持在类似夏季水平。但此时中海岸的生长率下降，并和该区域摄食率（rates of herbivory）较高有关。他们认为潮间带某一特定区域的胁迫随季节而变化，并取决于低潮发生的时间。

研究者在各种层次上探讨了塑造潮间带群落的因素。在有机体层次，抗逆的生理机制已被阐明，包括“组学”（omics）方面的应用（见第 7 章）。通过分子工具可以研究在适应不同的垂直区域时种群的基因型（genotypic response）和表型响应（phenotypic response）（Pearson et al.，2009）。Hays（2007）发现了海藻抵抗胁迫的遗传因子：墨角藻目扁鹿角菜（*Silvetia compressa*）在高海岸区繁殖的后代比低海岸区后代对大气暴露的耐受性更强，表明了一种“定居高度优势”（home-height advantage）。Johnson 等（1998）通过建模方法获得了 13 个控制海藻成带的假定因子，但仍需通过实验验证。例如，具有较低水平光照的海岸区域之间的边界将不太明显、更弥散（Johnson et al.，1998）。在群落层面，Benedetti-Cecchi（2001）认为水平因素在塑造垂直区域分布方面的影响也需要加以考虑（图 3.14）。总之，尽管从热带到极地海岸的潮间带均发现了生物成带现象，阐明形成这一现象的物理和生物过程需要从细胞学到群落生物地理学等不同尺度的研究。

3.2　基岩海岸的亚潮带成带现象

基岩潮间带垂直成带现象一直延伸到水下，随着深度的变化群落组成有所改变。海藻占据亚潮带的潮下带地区（sublittoral，图 3.3a），而此区的极限深度取决于光的可利用性极限。而更下方的潮间带区域（circalittoral）被无脊椎动物占据（Witman and Dayton，2001）（图 3.7）。在浅潮下带区域即混合层（温跃层，thermocline）以上，海藻会经历较高的、波动的光照和温度，导致其发生生理响应（physiological stress），这种情况也类似于潮间带的观察结果（Graham，1997），但此区域并不存在干燥胁迫。温跃层以下的海藻生长在一个更稳定的环境中，比浅亚潮带具有更低的温度和更高的营养（Witman and Dayton，2001）。局部特殊情况将会改变上述这些常规的模式，如风和水体混合会导致海水浑浊，或使得寒冷深层的水流上涌。水流运动随海水深度减弱，而亚潮带种群虽然在风暴期间会经历大量的阻力（见第 5 章），但不经历低潮间带的碎波（breaking waves）引起的极端胁迫（Denny，1988）（见第 8 章）。捕食胁迫在浅亚潮带最大，并随着深度降低（Witman and Dayton，2001）。

潮间带生态的研究历史悠久，相对而言，亚潮带区域的生态则明显缺乏研究，因为到目前为止，这些群落都是很难接近的。虽然目前很普遍地使用潜水装置和水下相机进行水下研究，但在 20 世纪 90 年代，潮间带的研究论文是潮下带研究论文的 3 倍以上（Witman and Dayton，2001）。大多数早期的实验研究局限于海藻和食草动物之间的相互作用（Schiel and Foster，1986），这种趋势一直持续到 20 世纪 80 年代末，当时研究的重点转向了招募，还有较小部分研究专注于干扰，相对更少的研究则是亚潮带海藻和非生物因素之间的关系，或海藻之间的相互作用（Witman and Dayton，2001）。大部分个体生态学的研究重点是海带，最初研究关注于在海藻床中占主导地位的孢子体，最近微观配子体的研究也开始进行（Graham et al.，2007a；Bartsch et al.，2008）。这些研究大多局限于针对某些特别感兴趣的

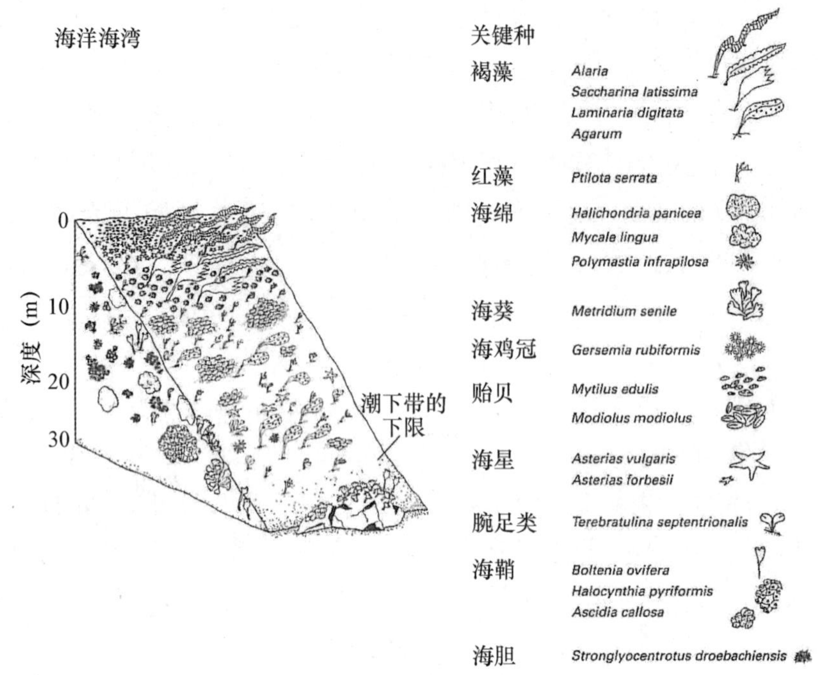

图 3.7　寒温带基岩亚潮带成带模式

注：缅因湾的一个典型的波浪暴露站位（如 Murray Rock，Monhegan 岛，或 Boone 岛）在倾斜的岩石坡（外坡）与垂直岩壁（左侧）直到 33 m 深处的生物群落。潮下带区以藻类为主，其下限延伸到海平面下 25 m，如斜坡上孔叶藻（*Agarum clathratum*，曾用名 *Agarum cribrosum*）（Dumortier，1822；Bory，1826）。海带属（*Laminaria*）藻类由于海胆的摄食作用分布在较浅的约 10～15 m 深度。蓝色贻贝聚集区可覆盖到 5 m 的深度。斜坡上部 10 m 的群落为红藻，图中并未显示。贻贝属的 *Modiolus modiolus* 在斜坡的 10～20 m 深度集中分布。在垂直岩壁上不存在大型海藻，主要被柔软球茎植物，海绵和海鞘覆盖，在深水区则聚集了海葵属的 *Metridium senile*（引自 Witman and Dayton，2001）。

站位（如海胆贫瘠地），所以对观测结果的共性往往知之甚少（Schiel and Foster，1986；Connell and Irving，2009）。

Vadas 和 Steneck（1988）提出了依赖于不同功能类群的潮下带区域的一般划分方法：最上部为革质海藻区，中间部为简单分支的、薄片状或丝状海藻区，最下部为壳状海藻区。较小的功能类群存在于所有深度的区域；其主导和成带现象的发生是由于大型类群随着深度加深逐渐消失。Vadas 和 Steneck 将其他学者在热带海域站位的研究工作（Littler et al.，1986a）与他们自己在缅因湾的研究进行了比较，表明上述模式是普遍存在的。他们还指出，仙掌藻属（*Halimeda*）海藻分布的深度和其形态有关，产生由直立到低矮的渐变（Hillis-Colinveaux，1985）。这些研究也包括生活在极限深度的藻类。这种成带现象的充分扩展取决于海底基质的可用性，而区域分布的深度则取决于水质的透明度（water clarity）（见 5.2 节）。

基岩潮下带的植被模式依赖于所在基质的斜度。在温带地区，海藻独占了倾斜度小的基质，而定生无脊椎动物则在陡壁位置占主导地位；这种模式是由于无脊椎动物在阴暗、陡峭、有较少沉积物的岩壁上优先聚集，而海藻多生长在具有较多可用光可进行光合作用的缓坡（图 3.7）。热带地区也存在类似的模式，但是由珊瑚代替了温带和极地地区的海藻。潮下带区域也发现了水平成带现象。如果在沿同一深度和海岸平行的线研究海藻群落，其体现出水平的各种尺度的栖息地斑块（habitat patches），如从一个小的海带斑块到数千米长的海带床。“基岩亚潮带群落可以被看做是马赛克式的栖息地斑块，并随着所在位置的深度改变”（Witman and Dayton，2001，P. 343）。

3.3　海藻群落

海藻的大规模生物地理模式由水流、扩散，温度与古气候事件决定（Gaines et al.，2009；Huovinen and Gomez，2012）（见 7.3.8 节），Lüning（1990）总结了各区域的特点和海藻类群。

3.3.1　热带

热带海洋的特点是具有温暖温度的水域（>22℃），全年热分层，温跃层之上的海水无机营养盐浓度较低（贫养，oligotrophic）。由于浮游生物较少导致入射的光子通量密度高、光穿透水体较深，海藻可以生长在海平面下 268 m 的深度（Littler et al.，1985）（见章节 5.2.2）。珊瑚礁和海草床均是热带海洋群落，其中海藻是一个重要的组成部分（Mejia et al.，2012）。这些群落的特点是生产率高以及系统内营养成分循环利用率高（Mejia et al.，2012）。由于鱼类摄食的活动主要是由温度控制，热带地区比温带和极地地区食草率更高（Floeter et al.，2005）。

在珊瑚礁区域，珊瑚（与甲藻共生体）是栖息地的基础物种，而海藻属于下层植被。与此相反，巨大的树冠形褐藻是构成温带和极地地区栖息地的结构要素。珊瑚礁海藻在珊瑚礁初级生产、养分循环，底层稳定方面具有重要性，同时它们还与珊瑚竞争相同的资源（基质、光照、养分），因此珊瑚礁海藻目前已得到了很好的研究。珊瑚礁是一种脆弱的生态系统，易受人为因素影响（Connell，2007b）。如果光照、营养和食草动物之间的平衡发生变化，生态系统也会发生从珊瑚占主导到以海藻为主的变化（图 3.8）（Bruno et al.，2009）（见 6.8.5 节）。多名学者详细总结了珊瑚礁海藻的研究工作（Littler and Littler，2011a；Littler and Littler，2011b；Littler and Littler，2011c；Fong and Paul，2011；Mejia et al.，2012）。D. S. Littler 和 M. M. Littler 的早期工作提供了评估珊瑚礁如何响应人类活动的历史信息（Littler and Littler，1988；Littler and Littler，2011a；Littler et al.，2006；Fong and Paul，2011）。蓝细菌（Cyanobacteria）是珊瑚礁维持机能的一个重要因素，在这里不做讨论（Littler and Littler，2011b；Littler and Littler，2011d；Fong and Paul，2011）。珊瑚礁海藻大致可分为 3 类：钙质、草质、直立的叶状或革质海藻。

钙化海藻包括壳状和直立的珊瑚藻（红藻门 Rhodophyta）和仙掌藻属（绿藻门 Chlorophyta），两者共同主导波浪暴露区的礁前斜坡，同时珊瑚藻也是礁顶的优势类群（Littler and Littler，2011c）（图 3.9）。这些钙化藻的生长率相对较低，但可抵抗捕食，同时在沉积物/砂的生产中起重要作用；如仙掌藻属贡献了约 8%的全球碳酸盐生产（Hillis，1997）。壳状的珊瑚藻（crustose coralline algae）作为一种“胶”可以巩固和稳定珊瑚礁，是礁石发育的重要推动者。它们还可以释放化学引诱剂，触发无脊椎动物的定居和变形，包括珊瑚动物的

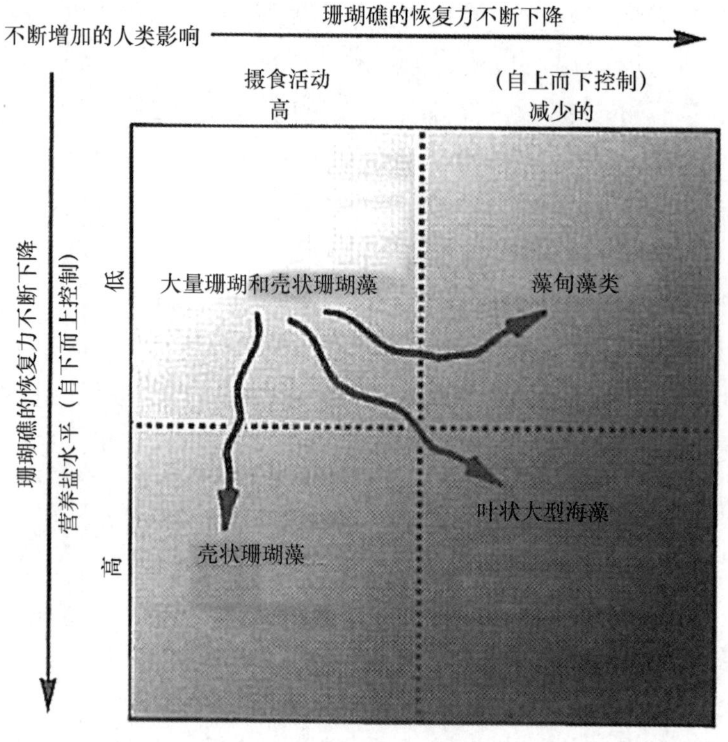

图 3.8　相对优势模型

注：所有 4 种固着海藻类群出现在模型的各个区间条件下；然而，RDM 预测哪些群体将在由富营养化和降低的食草性（通常由人类活动产生的）形成的复杂相互作用矢量中起主导地位。当叶状海藻被草食动物吞食、珊瑚由于营养因素被抑制时，壳状的珊瑚藻（crustose coralline algae）被认为是有竞争力的下级物种，并由于叶状海藻和珊瑚类群的缺失占据主导地位。虚线表示外力增加营养和减少食草性的临界点。从白色到深色阴影代表从管理角度看每个功能类群生存的有利条件逐渐降低。假设一个矢量可以部分抵消其他（如高食草性可能会延迟高营养的影响，而低营养可能会抵消减少的食草性影响）。我们进一步假设这种潜在模式可以通过大规模的随机干扰（如热带风暴加速、冷锋、气候变暖、疾病、捕食者暴发以及在人类不存在的数百万年间珊瑚礁经历并克服的其他事件）被激活或加速（引自 Littler et al.，2006）。

共生（Heyward and Negri，1999；Harfington et al.，2004）。同时，还可以抑制一些肉质藻类生长（Vermeij et al.，2011）。褐藻中的团扇藻属（*Padina*）为轻度钙化藻。仙掌藻属可产生假根，并和一些肉质管状绿藻伴随生长，同时也能够在卵石和环礁湖砂质基质上生长（Fong and Paul，2011）。

草质群落被定义为“稀疏的厚垫型小型幼年藻类，高度小于 2 cm”（Littler et al.，2011b）。草垫通常含有 30~50 个物种，在某些情况下 1 cm^2内存在大于 20 个物种（Diaz-Pulido and McCook，2002；Fricke et al.，2011a；Fricke et al.，2011b）。在早期的招募阶段，草质海藻种类是典型的丝状和多管属物种，如费氏藻属（*Feldmannia*）、黑顶藻属（*Sphacelaria*）、顶丝藻属（*Acrochaetium*）、冠毛藻属（*Anoctrichium*）、爬管藻属（*Herposiphonia*）和刚毛藻属（*Cladophora*）；也有壳状的物种如似石莼属（*Ulvella*）（Crouan and Crouan，1859；曾用名 *Pringsheimiella*；Höhnel，1920）和叉珊瑚属（*Jania*）；以及许多蓝细菌和硅藻（diatom）种类。在之后的演替阶段（successional stage）出现了肉质物种，如匍扇藻属（*Lobophora*）和网地藻属（*Dictyota*）的幼体和成体（Diaz-Pulido and McCook，2002）。草质海藻

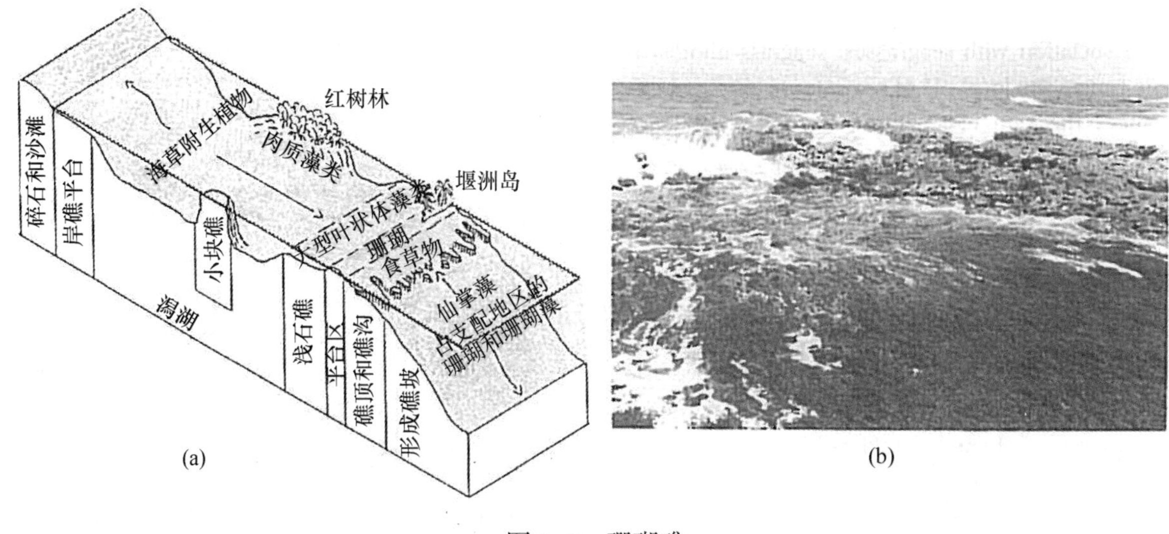

图 3.9　珊瑚礁

注：（a）热带大陆架剖面图，包含有典型的堡礁和红树林系统。各种生境的优势植物类群在图中标注（D. S. Littler et al.，1989）。（b）关岛 Pago 湾的孔石藻属（*Porolithon*）和石叶藻属（*Lithophyllum*）藻类的聚集照片（María Schefter 拍摄）。

因其快速的生长和转化速率（4～12 d）而具有较高的生产力，但其也被鱼类和海胆大量捕食而导致现存量较低；其增长速度仅够躲避有害的草食动物捕食（Adey and Goertemiller，1987；Klumpp and McKinnon，1989；Williams and Carpenter，1990）。革质海藻在所有营养偏低的礁石区存在，如果食草性降低则会趋向于过度生长（Kopp et al.，2010）。

肉质海藻包括褐藻的匍扇藻属（*Lobophora*）和网地藻属（*Dictyota*），绿藻的蕨藻科（Caulerpaceae）和 Odoteaceae 科，以及红藻的江蓠属（*Gracilaria*）、凹顶藻属（*Laurencia*）、海门冬属（*Asparagopsis*）和海膜属（*Halymenia*）等（Fong and Paul，2011）。这些都是礁石区常见物种，尽管它们总是紧缩成球状不容易被发现。比较容易被发现的是热带的墨角藻（fucoids），外形类似革质，包括马尾藻属（*Sargassum*）、喇叭藻属（*Turbinaria*）和囊链藻属（*Cystoseira*）。其可以忍耐波浪运动，所以可以生长在前礁区（fore-reef）和礁坪。由于人类活动对珊瑚礁的影响，某些肉质和革质的海藻变得更多，与珊瑚共同竞争初级底层基质（Birrell et al.，2008；Fong and Paul，2011）（图 3.8）。

海草床生长在温带和热带地区的柔软沉积物环境中，但在热带其物种的多样性最高（Hemminga and Duarte，2000；WiuJams and Heck，2001；Mejia et al.，2012）。海草床的某些具有匍匐茎的海藻，如蕨藻属（*Caulerpa*）和仙掌藻属（*Halimeda*）埋伏在沉积物中生长。而有假根的海藻可以强有力地固着在沉积物上，即使在一些水流运动剧烈的区域也可生长；同时其通过固着器和对水流的减弱影响在沉积物稳定方面发挥着重要的作用（Williams and Heck，2001）。附生海藻包括珊瑚藻和丝状海藻是海草床的重要组成部分，承担了 40% 的初级生产力，同时占据表面生物量的 40%（Mejia et al.，2012）。它们同时增加了群落的结构异质性（structural heterogeneity），也为游泳和定生无脊椎动物增加了可用空间。附生海藻由于较高的氮含量（包括依赖其生长的无脊椎动物的氮），相比底层海藻更受到捕食者的青睐（Mejia et al.，2012）。小型附生珊瑚藻因其与海草间的联系而受益：海草光合作用可促使海水局部 pH 值增高，增强了珊瑚藻的钙化速率（Semesi et al.，2009）。单个生长在海草床中的海藻，其中状体过度的遮光对海草生长有负面影响（Mejia et al.，2012）。

3.3.2 温带

北半球和南半球温带地区的特点是存在光照和温度的连续季节性周期，并导致水体的季节性分层。夏季表面海水温暖、养分缺乏，而冬季海水较冷但营养充分。潮间带和亚潮带区域往往由冠层大型褐藻占据，主要基础物种是墨角藻目（Fucales）和（或）海带目（Laminariales）海藻，它们成为生态系统的结构要素（图 3.6 和图 3.10）（4.1 节）。虽然不同生物地理区域的冠层海藻物种不同（Lüning，1990），其都在构建栖息地以及向高营养级生物提供能量方面扮演着相似的功能角色。这些海藻形成的冠层实质上改变了局部环境，减少了光照，同时产生光斑增加了水下光环境的异质性（Wing and Patterson，1993）。同时还减少海水流速，使得海藻和无脊椎动物的繁殖体可以在一个相对静止的环境下定居和从胁迫下恢复（Reed et al.，2006）。空间是潮下带区域的主要资源，海藻和无脊椎动物竞争岩礁基质（见 3.2 节），但它们也同时以其叶片和假根为运动和殖民的无脊椎动物提供生存空间（Witman and Oayton，2001；Christie et al.，2009）。温带系统的食草动物包括海胆以及小型无脊椎食草动物（mesograzers）如端足目 amphipods（见 4.3 节）。许多褐藻对食草动物有化学防御（见 4.4.2 节），而且相较于直接食用，其组织更容易成为碎屑食物（图 5.30）。多位学者介绍了占主导地位的海藻及其生态作用（Witman and Dayton，2001；Steneck et al.，2002；Connell，2007a；Bartsch et al.，2008；Graham et al.，2007a；Huovinen and Gòmez，2012；Flores-Moya，2012）。

海带目（Laminariales）成员在所有大陆的温带地区都有发现。个体最长的两个亚潮带物种，梨形巨藻（*Macrocystis pyrifera*）和海囊藻（*Nereocystis luetkeana*）共同生长在东北太平洋海域（Steneck et al.，2002；Graham et al.，2007a；Springer et al.，2010），它们的长度通常大于 15 m。巨囊藻属（*Macrocystis*）形态较复杂，有大量叶片贯穿水体形成一个多样性栖息地（图 3.10），而海囊藻属（*Nereocystis*）有一个单一细柄，叶片平铺于水体中（图 2.10 和图 8.13）。巨囊藻属物种研究较详细，研究的站位广泛分布在北半球和南半球。这个属包含 4~5 个物种，但可能只是其中一个物种有重要的表型、生殖和生理可塑性（Graham et al.，2007a）。其他研究较充分的属是海带属（*Laminaria*）和糖藻属（*Saccharina*；大量原本归类于海带属的物种现在重新划分入糖藻属）（Lane et al.，2006）。除了南美西海岸、澳大利亚和新西兰，这些物种在全世界各地温带沿海形成小型的冠层（Lüning，1990；Huovinen and Gomez，2012）。在太平洋的东北沿岸海带目物种种类丰富，而新西兰和澳大利亚只分布有少数海带目物种，但墨角藻目物种多样性高，包括在智利发现的未定名的公牛藻属（*Durvillaea*）物种（Huovinen and Gomez，2012）。海带目其他可形成更小型冠层的海藻包括昆布属（*Ecklonia*）、巨藻属（*Lessonia*）、带翅藻属（*Pterygophora*）和裙带菜属（*Undaria*）。

在巨藻冠层下包含了多个海藻层，形成了渐进的小型冠层。随着光照和水流速度逐层减弱，冠下海藻包括多种多样的叶状海藻，如红皮藻属未知种（*Rhodymenia* sp.）和美叶藻属

图3.10　梨形巨藻（*Macrocystis pyrifera*）海藻场

注：梨形巨藻（*Macrocystis pyrifera*）的叶片形成一个复杂的水下森林，为许多其他生物提供栖息地，同时极大地影响了局部的物理化学条件。在这里，水下光的异质性是显而易见的（John Pearse 拍摄于1983年）。

未知种（*Callophyllis* sp.），以及多管藻属（*Polysiphonia*）和仙菜属（*Ceramium*）等丝状红藻。岩石表面占主导地位的往往是壳状的和直立的珊瑚藻（Nelson，2009）。冠下和岩石表面的海藻被上层的冠层藻类影响，这里的环境条件（如光照、营养和水流运动）与上层水体差异较大。

当讨论潮间带成带现象时（见3.1节），重点关注了已被广泛研究的北大西洋（North Atlantic）的墨角藻目物种，但在许多温带地区红藻主导了特定的垂直地区。角叉菜（*Chondrus crispus*）和星状乳头藻（*Mastocarpus stellatus*）占据了东北大西洋的中、低潮间带（Dudgeon et al.，1990），而新西兰东南部的中、高潮间带则以树状卷枝藻（*Bostrychia arbuscular* Hooker，1855；曾用名树状斑管藻 *Stictosiphonia arbuscula*）（King and Puttock，1989）、洛氏骨突藻（*Apophlaea lyallii*）和大量红菜属（*Pyropia*）物种为主，还有一个高潮带共有的褐藻南极革木藻（*Scytothamnus australis*）（Adams，1994）。在东北太平洋，海带目物种多样性高、中、低潮间带以无柄海带（*Saccharina sessilis*；Kuntze，1891，曾用名 *Hedophyllum sessile* Setchell，1901）、门氏优秀藻（*Egregia menziesii*）和边翅藻（*Alaria marginata*）为主

（Druehl，2001）。

3.3.3 极地

极地地区包括分别从 60°N 和 60°S 到两极之间的区域，最北和最南的底栖大型海藻生长的极限分别是 80°N 和 77°S。Zacher 等（2009）介绍了南北极地区的非生物环境。该处全年太阳辐射强度比温带和热带地区低 50%，有些海藻需要承受长达 8 个月的黑暗期（见 5.2.2 节）。在 60°N 和 60°S 的低纬度地区，冬季仅有 5 h 光照，而夏季长达 20 h。亚潮带的光照取决于海冰的厚度，后者在秋冬形成而在春天融化。冰下的辐照度会降低到小于 2%，如 6 月在北极冰层下 1 m 区域测量的光强为 6.5 μm · m^{-2} · s^{-1}。当冰层融化时，水下光环境改变，在 4 m 深处测量数据可达 600 μm · m^{-2} · s^{-1}。冰层融化同时使表层盐度从 34.5 S_A 下降至 27 S_A，而在更深的水域（15 m）处温度和盐度变化较小。南极半岛的表层海水温度普遍较低，范围从-1.8℃~2.2℃，北极地区可达 6.5℃。北极地区的海水营养盐遵循着类似于温带地区的季节性模式，但在南极全年的无机氮浓度可高达 14~33 μmol/L（Zacher et al.，2009）。极地海藻群落也受到海冰冲击和冰山搁浅的物理干扰。海藻对极地地区独特环境条件的适应将在第 5 章和第 7 章具体讨论。《Botanica Marina》杂志出版了一个针对极地海藻研究的特刊（Wiencke and Clayton，2009），其中包括 13 篇论文并包括了 Lüning（1990）、Wilce（1990）和 Thomas 等（2008）的相关研究。

对比冷水区域的历史以及当时的水文条件，形成两个半球极地地区独特的海藻植物区系。南极洲的地质历史始于 9 000 万~13 000 万年前与冈瓦纳陆块（Gondwana landmass）分离并向南迁徙。南极陆块有明显的季节性和低的太阳倾斜角度，导致了特别低的温度。然而，南极独特海藻的形成并不与周边海域水文特征相关：南极绕极流（Antarctic Circumpolar Current，ACC）在生物地理上将南极洲周围水体和大洋水域进行隔离，导致其具有非常稳定的温度，即使在夏季其海洋表面温度也不会超过 2℃。南极洲周围的水体冷却开始于大约 1 500万年前。永久性的低温和 ACC 的隔离，导致了物种的极端特殊分布，并与周围亚南极区（sub-Antarctic region）的寒温带物种之间构建了一个几乎不可逾越的屏障（Huoviuen and Gomez，2012）。

33%南极有记录的海藻物种具有地域特征。最大的多样性发现在南极半岛，范围比南极其他地区拓展至更北，其多样性被认为与较高的光子通量密度相关（Wulff et al.，2009）。潮间带海藻群落较少且局限于包括海洋裂缝在内的一些隐蔽栖息地，主要以花叶红菜（*Pyropia endiviifolia*，曾用名 *Porphyra endiviifolia*）（Sutherland et al.，2011）、绉溪菜（*Prasiola crispa*）和羽状尾孢藻（*Urospora penicilliformis*）为主，而绿藻中丝藻属（*Ulothrix*）、球根浒苔（*Ulva bulbosa*，曾用名 *Enteromorpha bulbosa*）和顶管藻属（*Acrosiphonia*）是潮池区域的主要物种。然而在亚潮带有大量的大型海藻集合，主要是大型的冠层褐藻：双头酸藻（*Desmarestia anceps*）分布在海平面到 10 m 深处，15~20 m 深处分布着门氏酸藻（*D. menziesii*），35~40 m 深处主要为大叶海氏藻（*Himantothallus grandifolius*）。这些褐藻的功能类似于北极和温带海岸的海带目物种，而南极是唯一没有海带目藻类分布的大陆。酸性的酸藻目（Desmerestiales）藻类被认为最早出现在南极并向北辐射生长（Peters et al.，1997）。南极洲墨角藻目的南极海茸（南极公牛藻，*Durvillaea antarctica*）为一年生藻类，而其在新西兰和智利是多年生。亚潮带区下层群落中丰富的绿藻、红藻和褐藻也存在成带现象。越靠近南极点，生物量和生物多样性越低；罗斯海（Ross Sea）是海藻生长的最南部地区，该地区仅有17个藻类物种（Wulff et al.，2009）。

与南极形成鲜明对比，北半球极地地区的地质年轻，显示不稳定的环境条件，其物种特有性程度低。大约270万年前，北极地区开始降温。已知北极地区的逐渐形成取决于12 000年之前的末次盛冰期（Last Glacial Maximum）覆盖海冰的后撤。由于冰雪覆盖和光照缺乏，当时并没有海藻可以生存的环境。后期随着冰层融化，生物体面临新的栖息地并向北迁移。北极的海洋藻类区系被认为是温带藻类区系的后代。

北极海藻源于北大西洋和太平洋海岸（Wulff et al.，2009；Hop et al.，2012）。挪威斯瓦尔巴特群岛（Norwegian Island，Svalbard）据报道存在70个物种，很多都是欧洲常见种，如潮间带的枯墨角藻（*Fucus evanescens*）、丝藻属（*Ulothrix*）和尾孢藻属（*Urospora*），以及波浪暴露区的鞭状索藻（*Chordaria flagelliformis*）。其亚潮带物种多样性增加，以海带目为主，包括糖海带（*Saccharina latissima*，曾用名 *L. saccharina* Lamouroux，1813）（Lane et al.，2006）、可食翅藻（*Alaria esculenta*）和掌状海带（*Laminaria digitata*）；同时还具有丰富的下层叶状和钙质红藻，其分布可扩展到最深的亚潮带区域。俄罗斯北极地区和格陵兰岛海岸具有类似但相对贫瘠的植物群落。加拿大北极地区具有很多和斯瓦尔巴特群岛相同的物种，同时还有一些太平洋起源的物种。

3.3.4　潮池

潮池群落的特征很难被定义，因为潮池条件的内在多样性，且与相邻的暴露的潮间带和亚潮带条件也存在较大差别。潮池的物理条件与临近海水不同，取决于潮池的大小（特别是表面积与体积的比率）、在岸边的高度（持续时间和暴露程度），以及大气条件的外在因素（Zhuang，2006；Martins et al.，2007）。

高岸潮池因为快速变化的温度、盐度、pH值、营养物质和氧浓度存在很大的胁迫（见6.8.5节和7.2.3节）。往往是由单一抗胁迫物种，如绿藻气生硬毛藻（*Chaetomorpha aerea*）和肠浒苔（*Ulva intestinalis*），褐藻疣状褐壳藻（*Ralfsia verrucosa*），以及红藻如胭脂藻属（*Hildenbrandia*）占据（Wolfe and Harlin，1988a；Wolfe and Harlin，1988b；Kooistra et al.，1989；Metaxas et al.，1994；Kain，2008）。中、低岸潮池物理条件更加舒适与多样化，其群落特征类似于低潮带和潮下带边缘群落。裸露岩礁上的植被具有季节性变化的特征，这也是每个潮池的特征（Dethier，1982；Wolfe and Harlin，1988a；Metaxas et al.，1994）。在较深的潮池中可能存在成带现象（Kooistra et al.，1989）；群落的组成可能取决于食草性，干扰、营养或化感作用（allelopathic interaction）的存在（van Tamelen 1996；Masterson et al.，2008；Atalah and Crowe，2010）。深潮池的上层区域主要受高温影响，和空气暴露有关；而较低的区域和亚潮带相似，主要受辐照度调控。潮池内的所有区域均存在相互竞争（见6.8.5节）。

3.3.5　河口和盐沼

河口（estuaries）和盐沼（salt marshes）以盐度的水平梯度为特征（Raffaelli and Hawkins，1996；Kaiser et al.，2011）。河口出现在河流流入大海的位置，典型特征是潮汐和“盐楔”（salt-wedge），即低密度的淡水浮在高密度的海水之上。在河口最前方淡水流入的位置，水域特点为淡水；河口的出口部则为海水。在河口的中间区域，表面为淡水层，中间为在海水中夹带流动淡水的混合层，最下部为海水层。位于河口的中间处的海藻经历潮汐升降，意味着每天都将经历淡水、海水以及两者之间的盐度梯度变化。河水与海水之前还存在温度的差异，同时由于潮汐作用导致周期性的暴露于空气中（Mathieson and Penniman，1991）。河口因为大量沉积物的传输和混合，通常是混浊的、光照较弱。底层基质大多是松软沉积物，以底栖微藻（benthic microalgae）为主，伴有一些丝状或分枝状的独立生长的海藻，以及一些可以承受沉积物掩埋的物种，如各种各样的墨角藻属（*Fucus*）、囊叶藻属（*Ascophyllum*）藻类物种（Mathieson et al.，2001）和真江蓠（*Gracilaria vermiculophylla*）（Abreu et al.，2011）。河口在出口部通常有最丰富的植物类群；而在上部淡水流入区群落多样性降低，且多为更耐胁迫的物种。河口是研究胁迫、盐度和 pH 值波动的理想的栖息地（见第 7 章）。

盐沼广泛分布在世界范围的潮间带地区，该处水流运动非常缓慢导致沉积物大量积累。这些高产的湿地群落由陆生植物主导，它们能够容忍水涝，缺氧的土壤和规律的盐度变化。优势植物随地理位置不同变化，最著名的是米草属（*Spartina*）、灯心草属（*Juncus*）和海蓬子属（*Salicornia*）。它们在陆地和海洋环境之间形成一道屏障，提供海岸保护等重要的生态作用，如过滤沉积物和营养物质，支持渔业等（Pennings and Bertness，2001；Valiela and Cole，2002）。类似于河口，盐沼基质也是由沉积物组成，包括沙、泥或淤泥。盐沼的海藻植物多样性比其他潮间带群落小得多，但包含一些极端生理耐受物种如卷枝藻属（*Bostrychia*）。

在早期英国和爱尔兰的研究中，北大西洋盐沼区存在的一些矮小独立的墨角藻属物种引起了学者们极大的兴趣（Cotton，1912；Baker and Bohling，1916）。盐沼墨角藻比基岩潮间带的相同种在形态上小得多，倾向于无性繁殖（可能已经失去了有性生殖的能力），同时藻体大量增殖。其中许多物种/变种（varieties）/适应型（ecads），如耳突墨角藻（*F. cottonii*）、墨角藻缠绕适应型（*F. vesiculosus* ecad *volubilis*）、墨角藻壳状变型（*F. veisculosus* f. *mytili*）和螺旋墨角藻适应型（*F. spiralis* ecad *lutarius*）没有假根，而墨角藻螺旋变种（*F. vesiculosus* var. *spiralis*）和墨角藻纤小变型（*F. vesiculosus* f. *gracillimus*）则具有假根。根据其生活方式将上述物种分为 3 个类型：①松散附着于沉积物表面；②藻体以螺旋形式缠绕在盐沼植物的茎上，如米草属（*Spartina*），从而依附于周围的植被；③藻体部分嵌入式的埋于沉积物中（Norton and Mathieson，1983）。在美国缅因州盐沼，多样的墨角藻适应型来源于形态变换（morphological transformation）如墨角藻从群居到独立生长，或来自不同墨角藻物种之间的杂交（Mathieson et al.，2006）。

3.3.6 深海海藻（Deep-water seaweeds）

众所周知，热带水域中存在深海（>30 m 区域）海藻群落（见 5.2.2 节），但在温带水域其范围和多样性直到 20 世纪 90 年代才为人所知。随着深潜时间的延长、高氧水肺和循环呼吸器的使用、配备摄像机的远程操作工具（Remotely Operated Vehicles，ROV）的出现，技术的发展使得量化研究成为了可能（Spalding et al.，2003；Leichter et al.，2008）。Spalding 等（2003）在加利福尼亚中部进行了首次调查，发现了丰富多样的深海海藻群落。他们发现 3 个随深度成带分布的群落，将每个区域根据其主导物种进行了命名：30~45 m 深度为"中肋藻属（*Pleurophycus*）"区，包含酸藻属（*Desmarestia*）、珊瑚藻和少数叶状的红藻和绿藻。40~55 m 深度为"Maripelta"区，以叶状红藻为主。最深的 55~75 m 深度为"无节珊瑚藻区"（Non-geniculate coralline algae），物种较少，斑块状分布着壳状的珊瑚藻（crustose coralline algae）。大约 93%的物种发现在小于 30 m 的区域，这项研究揭示了这方面的新纪录，如绿藻伞状掌叶藻（*Palmophyllum umbracola*）在 35~54 m 深度的所有区域都有发现。最令人惊讶的是发现了由加氏中肋藻（*Pleurophycus gardneri*）组成的亚潮带海藻床，此前从未在加利福尼亚中部被发现。水流被认为将海藻分离并带至海底峡谷的原因。

过去只在潮间带和浅亚潮带进行实验，用以评估种间竞争和海藻的生理速率过程（如光合作用，见 5.7 节），目前此类实验已经扩展到深水站位。在以色列埃拉特（Eilat，Israel）附近的热带暗礁区，Brokovich 等（2010）发现在 50~65 m 深处生长的海藻仅有 20%被鱼群消耗，而在 5~30 m 处则有 40%~60%的海藻被消耗。海藻的生长和光合速率在深水处较低，但由于摄食胁迫随深度下降的速度大于藻类生长的下降速度，使得海藻在深水处的存量更高。对于带状囊链藻（*Cystoseira zosteroides*）种群动态的研究显示，在西北地中海 54 m 深处的生长率非常缓慢，仅为 0.5 cm/a，而其平均死亡率小于 2%（Ballesteros et al.，2009）。进一步的实验将可对深水海藻的生产力以及控制海藻分布的下限因素进行评估（见 5.2.2 节）。

3.3.7　漂浮海藻（Floating seaweeds）

马尾藻海（Sargasso Sea）因其漂浮的马尾藻种群著称，但其他海藻也会由于风暴原因脱离海岸，漂浮并完成长距离的旅行（Thiel and Gutow，2004；Thiel and Gutow，2005；Rothäusler et al.，2012）。例如南极海茸（*Durvillaea antarctica*）推测是从新西兰漂浮到智利并在那里定居（Fraser et al.，2009）。漂流的海藻也可以和其他地理隔离的群落，如墨角藻（*Fucus vesiculosus*）、梨形巨藻（*Macrocystis pyrifera*）、南极海茸（*Durvillaea antarctica*）等建立联系（Muhlin et al.，2008；Hinojosa et al.，2010；Collins et al.，2010）。巨囊藻属（*Macrocystis*）可以从漂浮体中分散出来从而导致在偏远地区持续的开拓新的栖息地，这解释了种群间相对水平较低的遗传多样性（Macaya and Zuccarello，2010）。大多数的漂流海藻为生长着有浮力的墨角藻目叶状体藻类，包括有气囊的墨角藻属（*Fucus*）和囊叶藻属（*Ascophyllum*）物种，以及具有独特充气髓的南极海茸（*Durvillaea antarctica*）（Rothäusler et al.，2012）。某些红藻和绿藻也可漂浮，但它们没有浮力结构，扩散范围有限。漂浮体的运动依赖于潮汐和海流，往往集中在沿海或公海的汇聚区（convergence zones；Hinojosa et al.，2010；Rothäusler et al.，2012）。一个突出的例子是 2008 年出现在黄海石莼属（*Ulva*）绿潮的暴发。刘等（2009）使用卫星图像展示了世界最大的藻潮发生的过程。浒苔绿潮的形成超过了 3 个月，若干的浒苔漂浮物从其源种群漂流了数百千米。水文条件导致这些大的漂浮物汇聚到近海，覆盖面积达 1 200 km^2，并最终在青岛登陆。浒苔绿潮的到来恰逢 2008 届奥运会帆船比赛，并造成了较大的影响（见 10.10 节）。

漂流海藻并不是独自旅行。Thiel 和 Gutow（2004）显示多达 1 200 种海藻和蓝细菌、原生动物和无脊椎动物共同形成漂流体，其中的无脊椎动物在生理和行为上适应漂流的生活方式。在南大洋（Southern Ocean）的调查显示，在任何一个时间段同时存在大约 7000 万个南极海茸（*Durvillaea antarctica*）的海藻漂浮体。其中 25%的漂浮体的假根附着多种多样的无脊椎动物（Smith，2002）。漂流海藻的生长速度受到生物和非生物因素的影响（Rothfiusler et al.，2009；2012）。相比中间温度（15～20℃）和高温（20℃），巨囊藻属（*Macrocystis*）在低温下（<15℃）生长最快，原因在于其被无脊椎动物摄食的速率在低温下相对较低。在高温下，漂流体的降解速度最快，这样阻碍了其穿越热带地区（Rothäusler et al.，2009）。

3.3.8 其他生境和海藻群落

事实上任何含盐或苦咸溶质的水域都可成为海藻的栖息地。藻类可以生长在岩石、树木、沙、玻璃、贝壳以及其他非生命基质上，同样可以生长在其他藻类以及沉水植物表面或有生命的软体动物的贝壳上。在岩石表面生长的藻类对于成礁过程是重要的（Littler and Littler，2011d）。某些特殊藻类的生境已有报道：如某些酸藻属（*Desmarestia*）配子体（gametophytes）可生长于海鳃（sea pens）的组织中（Dube and Ball，1971）；鹦嘴鱼（parroffish）的嘴部可以为某些先锋物种（pioneer species），如岩生多管藻（*Polysiphonia scopulorum*）和刺苞黑顶藻（*Sphacelaria tribuloides*）提供“移动的礁石”（Tsuda et al.，1972）；海绵（sponge）中存在藻类共生体（Price et al.，1984）；夏威夷僧海豹（monk seal）的脸部和腹部（Kenyon and Rice，1959）、绿海龟（green turtles）的颈部（Tsuda，1965）都可成为海藻栖息地。海藻配子体还可以寄生在丝状和叶状红藻的细胞壁上（Garbary et al.，1999）（见 4.5.2 节），也可寄生于体表（见 4.2.2 节）。

3.4 入侵海藻

海洋生物的数量在迁徙至新的海洋环境时会有所增加，这种迁徙主要由于人类活动如水产养殖、鱼类观赏贸易和航运导致（图 3.11）。入侵海藻会对原住地底栖群落如珊瑚礁、海草床和本地群落产生生态冲击，这一问题自 20 世纪 90 年代中期开始引起了相当大的关注。《Botanica Marina》的特刊（Johnson and Chapman，2007）以及多位学者就此进行了探讨（Inderjit et al.，2006；Schaffelke et al.，2006；Williams，2007；Williams and Smith，2007；Andreakis and Schaffelke，2012）。至少有 277 种海藻物种被引入异地，其中涉及了红藻、褐藻和绿藻的大部分门、目（图3.11）。某些引进物种（外来或非本地海洋物种）在新的环境中数量较少，但有部分侵略性强的物种会竞争掉本地物种。海藻入侵的生态结果是导致近岸水域食物网的重建。有大量的入侵海藻的例子，其中部分物种因其具有特别高的侵略性而知名。根据其分散、定居和对生态影响的能力，排在前五名的入侵者为：刺松藻（*Codium fragile* ssp. *fragile*），起源于北太平洋，现在分布于全球；裙带菜（*Undaria pinnatifida*），起源于韩国，现在也为全球分布；杉叶蕨藻（*Caulerpa taxifolia*）；刺海门东（*Asparagopsis armata*）；以及鲂生蜈蚣藻（*Grateloupia doryphora*）（Nyberg and Wallentinus，2005）。

入侵物种在到达一个新的地区时必须自己定居下来。Schaffelke 等（2006）提出了定居

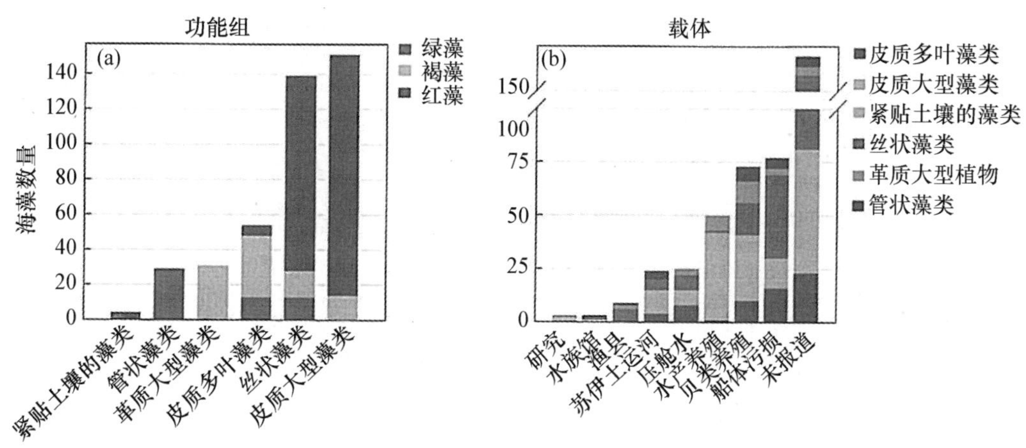

图 3.11　入侵海藻

注：(a) 不同功能组别和门类的海藻数量（Steneck and Dethier, 1994）；(b) 通过不同方式和载体引入的海藻数量（引自 Williams and Smith, 2007）。

的 3 个关键特征。①传播率：入侵种形成一个种群需要一个临界个体数量，同时存在一个停滞阶段。②环境的生物和非生物特征必须是合适的。例如，刺松藻（*Codium fragile*）种群可以很好地在西北大西洋加拿大海岸定居，但无法在具有相似非生物条件的东北大西洋的英国海岸定居。这种差异的原因包括摄食胁迫的差异、食草动物个体和多样性的差异（Chapman, 1999）。Tasmania 岛的裙带菜（*Undaria pinnatifida*）能够定居的关键因素在于其殖民的能力（Valentine and Johnson, 2004）。生物抵抗力假说（biotic-resistance hypothesis）认为具有较高物种多样性的群落比低多样性生境具有较高的入侵抵抗力（Bulleri and Benedetti-Cecchi, 2008）。③非本地海洋物种的生理生态特性和新环境必须匹配。形态和生理可塑性可能是入侵海藻的关键特征。例如，蕨藻（*Caulerpa prolifera*）积极地搜寻富氮环境并依赖氮和光照表现出相当大的形态可塑性（Collado-Vides, 2002b; Malta et al., 2005）。许多入侵物种具有较高的生长率，因此可以很容易地在富营养条件下成为优势物种；同时也可耐受一系列环境应力，如温度（Gacia et al., 1996）、干燥（Begin and Scheibling, 2003; Schaffelke and Deane, 2005）和波浪运动（Russell et al., 2008）。

入侵种一旦在一个新区域定居，就会迅速传播以扩大其地理和栖息地范围（Lyons and scheibling, 2009; Sorte et al., 2010）。成功扩散的一个关键属性是产生一系列的再生模式以促进其短距离和长距离扩散。在加拿大附近的西北大西洋地区，刺松藻（*Codium fragile* ssp. *fragile*）通过孤雌生殖（parthenogenic）释放游动孢子，在短距离传播中快速的（数分钟到数小时）定居在成年藻体附近。它们还通过破碎藻体产生幼芽（buds）进行无性繁殖，或整个成年藻体脱落，扩散并定居至几米到几千米远的新基质上（Watanabe et al., 2009）。裙带菜（*Undaria pinnatifida*）的孢子体释放大量孢子，其可以存活 5~14 d，因此可进行短距离（<10 m）的扩散；而远距离扩散主要是由水流推动分离的孢子体完成。和松藻不同，裙带菜孢子体不能再次附着，但其可以停留在海滨和海底释放孢子（Forrest et al., 2000）。杉叶蕨藻（*Caulerpa taxifolia*）是地中海和加利福尼亚海岸著名的入侵海藻，其扩散主要通

过可漂浮的碎片，或者通过和底栖丝状藻类的联系完成（Smith and Walters，1999；Chisholm et al.，2000）。杉叶蕨藻定居后会通过掩埋在淤泥中对当地的环境进行重塑，更有利于入侵海藻形成海藻植被从而取代冠层藻类（Bulleri et al.，2010）。

入侵海藻也可在珊瑚礁定居，但与温带地区相比，入侵海藻对其生态影响研究较少（Williams and Smith，2007）。例如，夏威夷群岛有 21 个入侵海藻物种，其中几个极具侵略性的物种在礁石上过度生长，严重破坏了当地的生态系统。最主要的入侵者是红藻刺状鱼栖苔（*Acanthophora spicifera*）、缢江蓠（*Gracilaria salicornia*）、未定名的麒麟菜属（*Eucheuma*）物种和未定名的卡帕藻属（*Kappaphycus*）物种。其中一部分海藻是由人为引进来建立当地的养殖业，但现在它们已覆盖了 Kane' ohe 湾 50%的珊瑚礁区域（Conklin and Smith，2005）。

入侵海藻的生态影响目前还并不明确，如入侵生态系统的多样性是否增加，食物网是否会重构。通过将不同的海藻喂食给食草动物的饲养试验（见 4.3.2 节）可以帮助确定入侵者是否被消耗。例如，在饲养试验选择的 13 种海藻中，入侵海黍子（*Sargassum muticum*）最不受偏好，所以低的摄食胁迫增加了其成功入侵葡萄牙海岸的可能性（Monteiro et al.，2009）。入侵物种的结构或化学防御阻止其直接被摄食，但有助于碎屑食物网的补充。一段时间后，一些外来的海藻可能成为生态系统的主要组成部分，导致新群落的发展。松藻属（*Codium*）物种于 1983 年定居在美国缅因州 Shoals 群岛，接下来 20 a 的群落调查揭示，以松藻属物种为基础的生态系统变得越来越复杂，松藻和动物以及其他藻类共同适应新的环境条件（Harris and Jones，2005）。

检测物种入侵，并跟踪其定居和传播过程，是评价生态影响的重要方法（Meinsesz，2007）。优质的海藻群落历史记录为检测其群落结构的变化提供了极大的帮助（Mathieson et al.，2008；Bates et al.，2009）。在记录较少的地区，对于入侵海藻的检测是比较困难的，特别是针对一些神秘和罕见的物种；应用分子工具帮助确定一个物种的种类和起源，使得这一问题在一定程度上得到了缓解（Booth et al.，2007；Mathieson et al.，2008；Andreakis and Schafielke，2012）。沿海生态系统的管理者如何预测一个外来物种是否会成为入侵物种？成功的入侵种的特征是什么？为什么某些外来物种可以成功入侵，而其他物种不可以？Nyberg 和 Wallenfinus（2005）将引入欧洲的 113 种海藻（其中 26 种是已知的入侵种）的物种性状进行归类，分为“传播”、“定居”和“生态影响”3 个类别，并将每一个物种的入侵概率进行排序。这种方法很好地预测到了 26 个入侵物种中属于前 20 名的 15 个入侵种。

早期发现和根除是清除新定居的入侵海藻的关键。因为一旦它们开始传播，根除就变得更加困难，而且很少有成功的例子。在美国加利福尼亚，杉叶蕨藻（*Caulerpa taxifolia*）的根除是通过人工收集和清洗岩礁以去除其配子和孢子（Williams and Schroeder，2004）。人们采用一种水下真空吸尘器“超级吸盘”（super-sucker）来吸取夏威夷珊瑚礁的入侵海藻，但这种方法仅可以控制入侵海藻的传播但无法根除（Smith et al.，2008）。然而，入侵海藻还会通过相同的方式再次被引进，因此必须建立起相应的管理监测方法以预防这种情况的发生（Meinesz，2007）。

对于海藻入侵对原生底栖生物群落的影响，以及其他人为胁迫，如紫外线辐射（见 7.6 节）、海洋酸化（见 7.7 节）、沉淀（见 8.3.2 节）和污染（见第 9 章）等影响的担忧，强调了认识本地群落物种组成，以及物种在群落中的功能地位和它们的种群动态的重要性。对这些现象的理解需要对海藻群落进行时间和空间尺度的分析。

3.5　群落分析

3.5.1　植被分析

本章 3.3 节对于成带现象和群落类型的描述只提供了一种栖息地主导生物的表象。要正确理解种群、群落结构和控制力，需要对植被分析的定量数据和方法。Schiel 和 Foster（1986）指出："一个群落的结构基本上是一个数字游戏"。一个有机体的丰度可以用几种方法测量。在植被均匀且致密的地区，如海藻床或壳状物种，物种或种群覆盖的基质的比例是一个适当的测量标准。如果海藻为分离个体，则可计算其数目；但这种方法不适合一些无性繁殖模式的海藻，它们的分株可以遍布几米的范围（见 1.2.3 节）。此外，还可以测量生物量（通常是干重，dry weight）或种群的能量含量（energy content）。每种方法对于某些物种可能都是困难或无法操作的。例如，海藻床的个体数很难被计算（甚至包括泡叶藻属的海藻床），因为每一个重叠海藻都有无数的直立枝；另一方面，壳状物种的生物量或广泛分离个体的覆盖率也很难确定。生物量的估计对于能量研究非常有用，但对于种群生物学或统计学没有效果（Schiel and Foster，1986）。

对于任何一个地区，定量研究的基础都是健全的取样方法（DeWreede，1985；Underwood，1997；Kingsford and Battershill，1998；Murray et al.，2006）。样品必须具有种群代表性，同时反映种群的异质性。在研究区放置取样方框（quadrat frames），采用一些规则进行广泛抽样，保证统计分析所需的随机性（如采用随机数字表）。对样方内的植物计算或拍照，方便在同一地区随后的时间进行评价；也可以收集样品进行一次性的生物量和物种测定。由于研究地形的不规则和植被斑块分布，通过放置取样方框实现随机性采样是很困难的。在调查者选定的位置放置样方进行"有针对性"的采样，违反了生态研究需要的错误独立性的基本假设（Murray et al.，2006）（图 3.12）。作为数学随机抽样的替代方法，可以将抽样单元以固定间隔系统放置在水平或垂直于岸边的试样地带或网格中（Russell and Fielding，1981；Murray et al.，2006）（图 3.12）。另一个实际的考虑是样方的大小。研究种群和群落或者基质类型所需的样方大小可以通过前期工作评估。Murray 等（2006）提出样方大小的有用的例子，并用于评估潮间带特定物种的丰度；Kingsford 和 Battershill（1998）提出对于一般的亚潮带研究，样方大小以 1 m^2 为宜。一般来说，一个样方内发现的类群数目将随着样方面积增加到平台期（图 3.13）。太小的样方将导致物种多样性被低估，太大的样方将产生不必要的工作量并减少了可重复次数（Murray et al.，2006）。

海藻在其占据地区并不是均匀分布的，而是在所有尺度以斑块状存在（Chapman and Underwood，1998；Sousa，2001；Benedetti-Cecchi，2001；Coleman，2002；Fraschetti et al.，2005）。不同的试样地带之间存在巨大的变异，设计抽样实验时必须考虑到这一因素（Murray et al.，2006；Connell and Irving，2009）。然而，变异本身也可能是群落结构的重要驱动力（Benedetti-Cecchi et al.，2005；Burrows et al.，2009）。另外，时空变化的模式可能

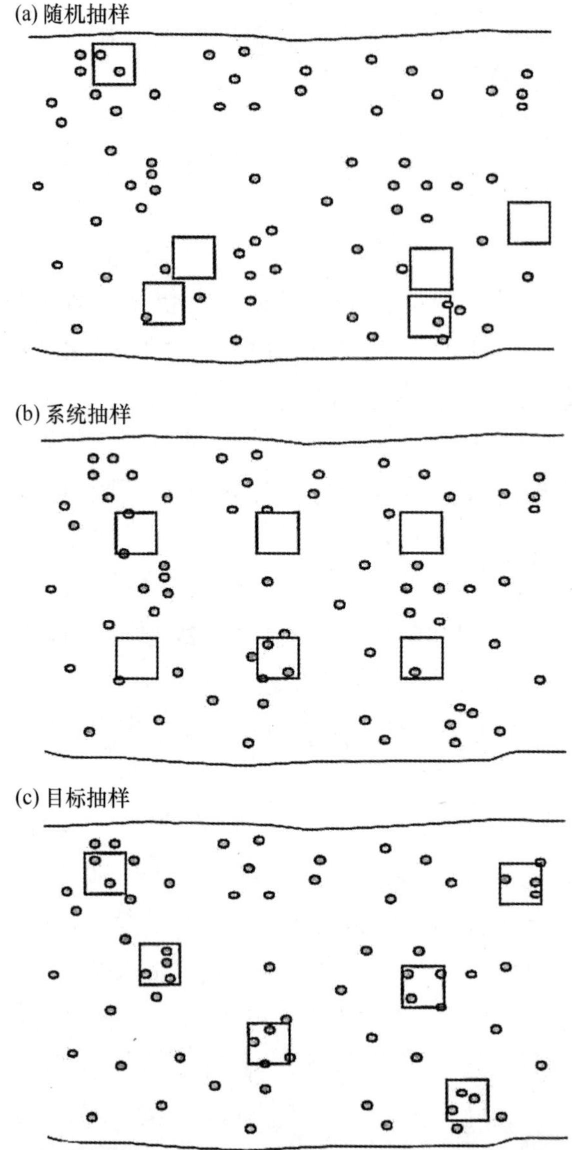

图 3.12　确定抽样单元示意图

注：(a) 随机抽样；(b) 系统抽样；(c) 目标抽样。随机抽样样方位置使用随机数发生器确定；目标抽样样方位置由肉眼确定。本例中，实际密度是 8.3 个/m²；随机抽样结果为 9.3 个/m²，系统抽样结果为 11.1 个/m²，目标抽样结果为 33.3 个/m²（引自 Murray et al.，2006）。

依赖于研究尺度，即存在于一个小范围的模式可能在更大的尺度上并不明显，反之亦然（Benedetti-Cecchi，2001；Fraschetti et al.，2005）（图 3.14）。大多数针对海岸分布模式的研究都局限于局部范围，仅提供了该站位的特定细节；而多纬度大范围的研究可以提供一个广义和全面的模式（Schoch et al.，2006；Blanchette et al.，2008）。两种方法都有各自的优缺点：大范围的生态综合风险分析缺少了局部系统中重要的生物和非生物因素，而小范围的生态模式和过程研究则可能忽略整体尺度的变化（Paine，2010）（图 3.15）。然而，两种方法对于充分了解沿海生态系统的功能都是必要的（Connell and Irving，2009）。

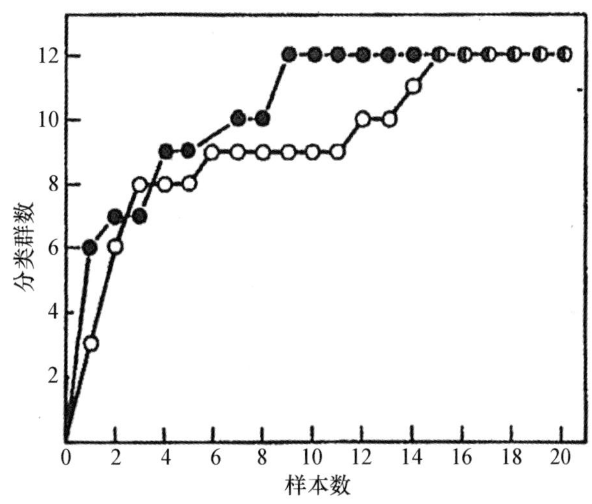

图 3.13　在显微镜下计数抽样面积对统计的影响

注：育枝刚毛藻（*Cladophora prolifera*）上两个位点附生蓝绿藻（blue-green algae）类群的数量和抽样单元的数量有关。抽样单元面积约 2.5 mm^2（引自 Wilmotte et al.，1988）。

考虑到人类活动对沿海栖息地的潜在影响，以及群落多样性降低、同质性增加的趋势，目前确定海藻群落物种的多样性是学术界的研究重点（Benedetti-Cecchi，2005；Worm et al.，2006）。第 9 章讨论了污染物对物种组成和多样性的影响。一个主要的主题是多样性和生态系统功能间联系的程度，以及一个多样化的群落是否更适应环境变化或更加高产（Arenas et al.，2006；Stachowicz et al.，2007；Boyer et al.，2009；Duffy，2009）。多样性依赖于群落中物种的丰富性（特定地区的物种数目）和均匀性（相对丰度）（Scrosati and Heaven，2008）。这两个因素有利于评估干扰对物种多样性的影响，因为干扰（包括人为干扰）可能对物种丰富度没有影响，但会导致各物种相对丰度的主要变化。Murray 等（2006）讨论了用于量化多样性的不同指标，Svensson 等（2012）采用这些指标评估了群落对于干扰的响应（见 8.3.2 节）。

生物多样性（biodiversity）这一术语的使用相当宽泛，Coelho 等（2010）将其分解成 4 个部分：①物种的遗传多样性，决定群落内物种适应环境的变化能力；②物种多样性；③生态系统多样性，即一个区域群落的范围，及其与其他因素的联系（如招募、碳补偿），包括非生物特征，如基质类型；④功能多样性，即一系列的生物学过程，如生态系统中的光捕获和养分吸收。了解海藻（生物）多样性，可以观测群落的长期变化（Steinbeck et al.，2005），包括人类活动引起的改变（Helmuth et al.，2006），如海洋水温升高（Schiel et al.，2004；Halpern et al.，2008；Hawkins et al.，2009）和沉积物（Balata et al.，2007）。多样性指数（diversity indices）也是生态系统健康程度的指标（Juanes et al.，2008），可以被用于决定在何处建立海洋保护区（Palumbi 2001；Claudet et al.，2008），以及何种海藻是罕见及需要保护的（Brodie et al.，2009）；还可为退化栖息地的海藻群落恢复提供必要的信息，如澳大利亚南部的巨囊藻属（*Macrocystis*）群落（Gorman and Connell，2009）。

在某些情况下，对海藻栖息地的广泛调查是有效的，遥感技术提供了一种所需人工较少

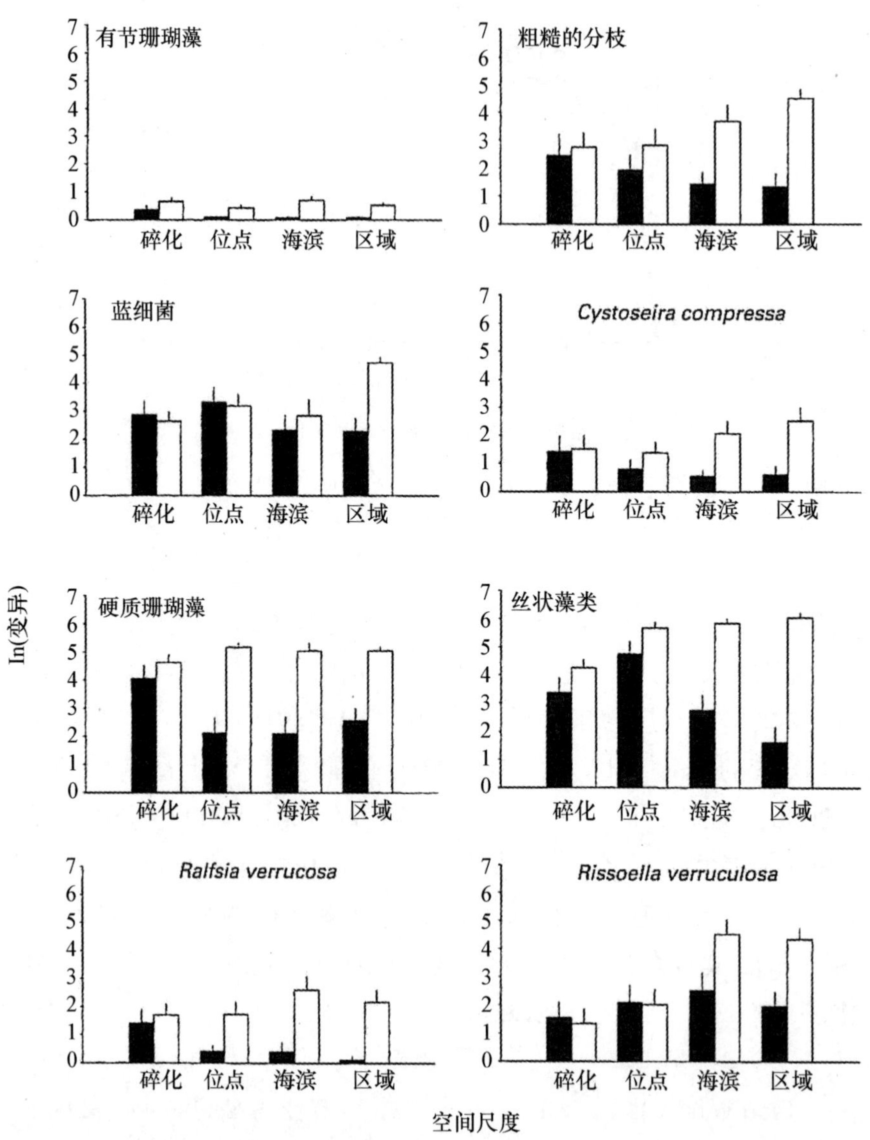

图 3.14 4 个空间尺度上藻类丰度的垂直和水平变异（对数形式）平均值（+SE，=18）

（引自 Benedetti-Cecchi，2001）

的方法。卫星和航空图像对于监测长期（几十年）的变化非常有效，例如 Cavanaugh 等（2010）对巨藻属（*Macrocystis*）冠层范围的观测。海洋彩色地图（ocean color maps）多年来被用于评估浮游植物生产力的全球模式，类似的机载高光谱遥感技术（airborne hyperspectral remote sensing）被应用于温带基岩海岸和热带珊瑚礁的海底底栖生物群落研究。这种技术依赖于检测不同生物体发出的不同颜色以区分红藻、绿藻和褐藻，但在浑浊的沿海水域，信号可能会丢失（Kutser et al.，2006）。Gagnon 等（2008）整合了高光谱法（hyperspectral approach）和数字海洋测深法（digital bathymetry），能够分辨仅包含松藻属

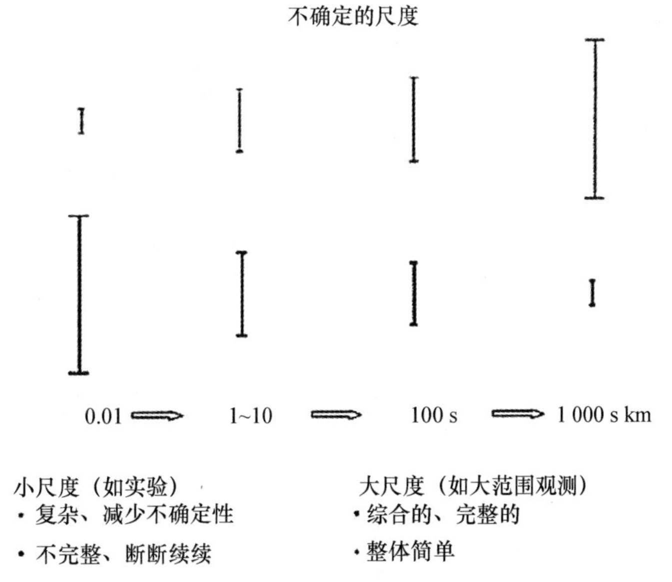

图 3.15　空间尺度和方法学（小尺度实验对比大范围的观测）的不确定性量级（标尺大小）模式

注：大尺度的研究结果可能对于局部模式过于简化（但提供了明确的区域范围）；局部实验则可能提供对普遍性理解的不完整或不确定的结果（但提供了清楚和精确的局部尺度的信息）。目前研究面临的挑战是将这两种方法进行整合（引自 Connell and Irving，2009）。

（*Codium*）和松藻-海带混合的群落，准确率高达 75%。在美国加利福尼亚富营养河口区检测到石莼属（*Ulva*）和仙菜属（*Ceramium*）作为群落优势种的周期性变化（Nezlin et al.，2007）。栖息地的生产率可以通过将海洋彩色地图与实验室测量的初级生产力结合起来评估（Dierssen et al.，2010）。远程方法也可以用来估计收获的海藻生物量，并跟踪海藻入侵（Andréfouët et al.，2004）。

群落并不是静态存在的：在评估群落结构时必须考虑到演替（succession）这一正常过程（Foster and Sousa，1985；Bruno and Bertness，2001；Sousa，2001）。生物群落经过一系列的演替，最后可能很少会发展成顶级群落（climax community），因为在过程中会受到不同类型的各种尺度上的干扰（见 8.3.2 节）。演替模式的 3 步研究法（表 3.1）可以用来评估时间变化的机制。Connell 和 Slatyer（1977）提出了 3 种演替模式：①促进模式（facilitation model），指先期的定居物种使栖息地不适于原植物群落继续生存而有利于后续外来物种生存（见 4.1 节）；②耐受模式（tolerance model），后来物种和先形成群落的先期物种共同生活但生长缓慢，同时和先期物种存在竞争关系；③抑制模式（inhibitional model），先期的定居物种抑制后来物种，阻止演替。Connell 和 Slatyer 提出的上述经典模式被高度引用，为海洋群落演替的生态理论进一步发展奠定了基础（Sousa，2001）。实验研究为上述 3 个模型提供了证据支持，研究表明一个群落中的主要演替模式随群落所处位置变化（生物地理分区），并可随着群落的发展而变化（Sousa，2001）。

表 3.1 物种更替的演替模式和机制的研究方法

步骤 1：如果可能的话，对藻类聚集体进行定量测量观察自然状态的干扰
步骤 2：在上述观测的基础上，通过多因素实验揭示发生在不同现实干扰条件下的演替模式，不同的干扰条件包括： 1. 强度 2. 范围 3. 发生频率 4. 发生季节 5. 各种组合 步骤 3：提出并测试有关连续性的物种替代机制的特定假设，可能涉及下述研究： 1. 种间竞争 2. 摄食影响 3. 物种对物理胁迫的耐受性

引自 Foster and Sousa，1985。

3.5.2 种群动态（Population dynamics）

与海藻种群生物量或生产力研究不同，在海藻植被分析中，关于种群动态或种群统计学（demography）的研究相对较少。种群统计学是对种群生物体数量和所受影响因素的研究（Russell and Fielding，1981）。多位学者对种群统计学的研究方法进行了综述（Chapman，1985；Chapman，1986；Sclliel and Foster，2006；Murray et al.，2006）。海藻经历几个阶段的生活史，其生物量可跨越 4~5 个数量级（见第 2 章；Schiel and Foster，2006）。为获得对于一个种群完整的动态描述，我们需要知道繁殖区域的大小、幼体补充情况、幼体和成体死亡率、首次繁殖年龄、繁殖年限、给定时间繁殖体所占比例、繁殖力和繁殖年龄上限以及生殖努力（reproductive effort），生长和捕食防御的对比情况（Chapman，1986）。相比藻类而言，陆生植物的种群统计学过程研究较为详细。目前学术界有一种倾向是将陆生植物模型应用于海藻研究。然而，这样的应用是不适合的，因为海藻有两个生命阶段（配子体和孢子体），两阶段均会受到环境的影响，而陆生植物的动态研究仅局限于二倍体阶段；同时海藻的孢子也不等同于陆生植物的种子（McConnico and Foster，2005；Schiel and Foster，2006）。针对海藻的种群统计学研究是很重要的，因为“对海藻种群生物学的理解将有助于对它们占主导群落的所有生态现象的理解”（Schiel and Foster，2006）。

获得海藻种群统计信息是极其复杂的，因为它们有复杂的生命周期，许多栖息地是难以接近的波浪暴露区和亚潮带（Schiel and Foster，2006）。对于大多数物种来说，海藻的直接老化现象是悬而未决的，但也有少数例外，如海带属（*Laminaria*）、加州带翅藻（*Pterygophora californica*）、瘤状囊叶藻（*Ascophyllum nodosum*）以及红藻的 *Constantinea subulifera*（Klinger and DeWreede，1988；Cheshire and Hallam，1989；Murray et al.，2006；Bartsch et al.，2008）。对于个体及随后的存活藻体进行标记是一个很好的评估生长年限的方法，适用于具有强健藻体，如海带目（Laminariales）和墨角藻目（Fucales）的海藻，但对于柔软、肉质和丝状藻类并不适用（Chapman 1985；Murray et al.，2006）。实地获取藻类早期生活史阶段和微观阶段的准确信息也很困难，仅一些具有较大繁殖体（如墨角藻属）海藻得到了较好的研究（Creed et al.，1996；McConnico and Foster，2005；Schiel and Foster，2006）。可用于种群统计学研究的工具主要是矩阵模型（Åberg，1992；Ang and deWreede，1993；Chapman，1993；Engelen and Santos，2009）。

目前，有关海藻种群统计学的研究越来越多，主要专注于其早期生活史阶段。Schiel 和 Foster（2006）总结了大部分相关研究，包括墨角藻目、海带目、海囊藻（*Nereocystis luetkeana*）和多肋藻（*Costaria costata*）（Maxell and Miller，1996）、*Sargassum lapazeanum*（Rivera and Scrosati，2006）、冬青叶马尾藻（*Sargassum ilicifolium*）和三角喇叭藻（*Turbinaria triquetra*）（Ateweberhan et al.，2005；2006；2009）、巨囊藻属（*Macrocystis*）（Buschmann et al.，2006）。绿藻的相关研究较少，主要包括长囊松藻（*Codium bursa*）（Vidondo and Duarte，1998）和厚节仙掌藻（*Halimeda incrassata*）（van Tussenbroek and Barba Santos，2011）。红藻具有三相生活史和在某些情况下难以区分的同形世代，导致其研究特别困难。因此红藻的种群统计学研究相对较少（Faes and Veijo，2003），但也有个别的案例，如光亮马泽藻（*Mazzaella splendens*）（Dyck and DeWreede，2006a；2006b）。

在繁殖过程中物种的投入和营养生长的比较可以通过其“繁殖力”（reproductive effort，RE）进行评估，主要通过生殖结构相对于营养物质的质量估计（Åberg，1996）。繁殖力取决于海藻是单次生殖（semelparous）还是多次生殖（iteroparous；Brenchley et al.，1996）。对于单次生殖的海藻，RE 值范围从巨囊藻属（*Macrocystis*）的 4%（Klinger and DeWreede，1988）到二列墨角藻（*Fucus distichus*）的 12.7%（Ang，1992）和齿缘墨角藻（*F. serratus*）的 40%~50%，而单次生殖的海条藻属（*Himanthalia*）RE 极端值可达 98%（Brenchley et al.，1996）。陆生植物的资源分配理论（resource-allocation theory）认为存在繁殖成本或营养生长和生殖生长之间的此消彼长（trade-off），但海藻中少有相关研究（Åberg，1996），同时大多数情况下的研究表明海藻的繁殖成本较低（Santellces，1990）。例如二列墨角藻分配其干重的 12.7%用于繁殖，但并未观察到其死亡率和寿命方面的成本（Ang，1992）。原因可能是和陆生植物出现的生理性特化不同，海藻的繁殖器官也能进行光合作用（Klinger and DeWreede，1988；Dyck and DeWreede，2006b）。然而，加利福尼亚的梨形巨藻（*Macrocystis pyrifera*）种群观察到了繁殖和生长之间的此消彼长。巨囊藻属（*Macrocystis*）全年均可释放孢子，但当被端足目动物摄取了大部分的叶片后繁殖停滞了 7 个月，而资源被分配给了营养生长。这种能量从生殖生长到营养生长的重新分配可能是一种帮助孢子体种群恢复的机制（Graham，2002）。

孢子或合子在水体中的扩散距离较短，尤其是与无脊椎动物和鱼类相比，这是因为海藻繁殖体具有较短的生命周期（Santelices，1990；Reed et al.，2006；Gaines et al.，2009）。扩散距离在很大程度上取决于当地的海洋条件，同时也取决于繁殖体的寿命及趋光性：生活时间越长，长距离扩散的几率越大；趋光性越强，其停留在海水表层的时间也更长（Gaylord et al.，2002；Reed et al.，2006）（见 2.5.1 节）。Reed 等（1988）用载玻片收集远离亲本海藻站位不同距离的孢子来研究孢子的沉降附着变化，收集培养的过程持续几天，直到附着孢子长成可辨认的配子体（叶状褐藻）或幼植体（丝状褐藻）。发现大部分的时间叶状褐藻的孢子传播发生在一个很小的范围内，但风暴可大大增加其扩散范围。与此相反，水云属（*Ectocarpus*）显示了远距离传播能力。与叶状褐藻（巨囊藻属 *Macrocystis*、带翅藻属 *Pterygophora*）不同，水云的孢子具有趋光性，倾向于在水体中保持更长时间而不沉降附着。在进一步的研究中，Reed 等（2006）证明了巨囊藻属（*Macrocystis*）藻床对孢子传播的影响。一个单独生长的个体上释放出的孢子，有70%的扩散范围局限在15 m以内，而5%的孢子可以扩散到远达2 000 m。然而，当叶状褐藻以藻床形式生长时，孢子扩散距离的变化较少，大部分孢子扩散范围在80~500 m。海藻床对孢子扩散的影响是复杂的，原因可能包括海藻本身产生的小漩涡增加了孢子悬浮，同时水流中海藻的弯曲可能会改变海藻床内部和外部的水交换动力学（dynamics of water exchange）（Gaylord et al.，2002）（见第8章）。

海藻释放数百万甚至数十亿的孢子或微观藻体进入水体（Santelices，1990）。例如，巨囊藻属（*Macrocystis*）孢子囊释放的孢子数量高达800个/mm^2（Buschmann et al.，2004）。释放出的孢子大部分在定居之前或定居后的事件中死亡：成体种群密度并不反映繁殖体释放的数量。Chapman（1984）发现长茎海带（*Saccharina longicruris* Kuntze，1891，曾用名 *Laminaria longicruris* Bachelot de la Pylaie，1824）可形成8.89×10^6个·m^{-2}·a^{-1}的孢子，但只存活了1个大型的孢子体。而在瘤状囊叶藻（*Ascophyllum nodosum*）的现场试验中，99.9%的合子在附着400 d后死亡，解释了为什么种群几乎完全由成熟的成体组成（Dudgeon and Petraitis，2005）。Schiel 和 Foster（2006）针对海带目和墨角藻目的微观和宏观（>1 cm）的存活体进行了研究（图3.16）。在微观阶段所有物种的死亡率均高于宏观阶段，海带的孢子存活数比墨角藻低2~3个数量级。幼体死亡率高的其他例子还包括厚节仙掌藻（*Halimeda incrassata*）（van Tussenbroek and Barba Santos，2011）和掌形藻（*Palmaria palmata*）（Faes and Viejo，2003）。在幼体招募前和招募后过程中，由于种间和种内竞争、摄食、非生物因素如干燥或波浪作用导致的个体数量减少是不可避免的（Reed，1990a；1990b）。

海藻微观阶段的死亡率并不总是最高的。Chapman 和 Goudey（1983）发现一年生海洋黏膜藻（*Leathesia marina* Decaisne，1842；曾用名 *Leathesia difformis*）的成体死亡率较高，原因是随着藻体的生长空间变得拥挤。海藻幼体开始定居的所有环境基本上均不存在种内竞争。囊松藻（*Codium bursa*）的新繁殖幼体（直径小于2 cm）和较大的成熟个体（直径大于12 cm）死亡率都比较高，但中等大小的海藻（3~12 cm）可以躲避摄食和物理干扰的损失，导致其具有相对较低的死亡率（Vidondo and Durarte，1998）。

对于一些海藻而言，其成功存活的微观阶段可以作为一个"种子银行"（seed bank；或称"繁殖体库"，propagule bank），可以在特定的环境条件下被招募入种群生活（Schiel and Foster，2006）。例如，Creed 等（1996）估计在成熟的藻冠下方每平方米生活着37 000个小于1 mm的齿缘墨角藻（*Fucus serratus*）个体。在智利南部一个被海浪保护的峡湾中，巨囊藻属（*Macrocystis*）种群的特征是为一年生的生命周期。其孢子体世代在秋天会消失4~5个月，但在春天重新出现，最有可能是招募于"配子体银行"（gametophyte bank）（Buschmann et al.，2006）。另一个例子是在美国加利福尼亚，巨囊藻属配子体呈现出"延迟发育"的特点，使其可以在适宜的环境条件出现时被种群招募（Carney，2011）。繁殖体库的物种类型

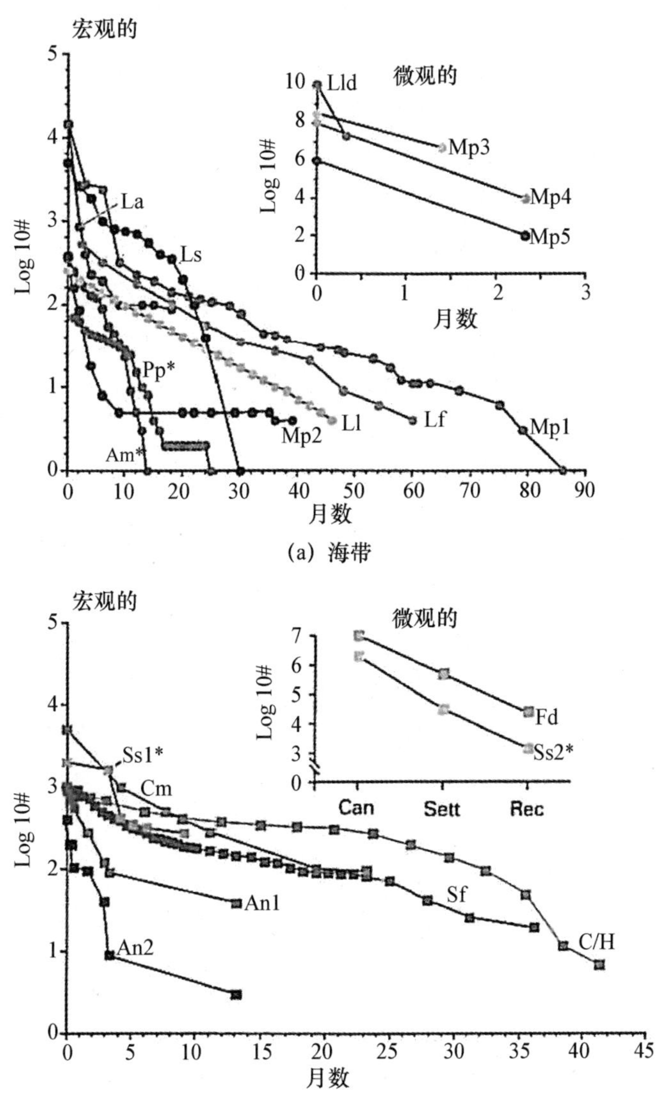

图 3.16　海带（a）和墨角藻（b）种群生存曲线

注：宏观种群包括从 1～10 cm 长的幼体海带和 1～3 cm 长的幼体墨角藻以及成年藻体。海带微观种群为其藻体的微观阶段，曲线详细描述如下。墨角藻微观种群丰度根据事件而不是时间计数：合子/胚胎在藻体冠层释放（Can），附着数量（Sett），幼体补充数量（Rec，1～3 cm 长）。*代表年度种群。海带目：Am，边翅藻（*Alaria marginata*）；La、狭叶海带（*Laminaria angustata*，现用名 *Saccharina angustata*；Lane et al.，2006）；Lf，法氏海带（*L. farlowii*）；Ll，长茎海带（*L. longicruris*，现用名 *Saccharina longicruris*；Kuntze，1891）；Lld，长茎海带（*L. longicruris*；现用名 *Saccharina longicruris*；Kuntze，1891）和掌状海带（*L. digitata*）水中孢子数比附着孢子数的平均值；Ls，糖海带（*L. saccharina*，现用名 *Saccharina latissima*；Lane et al.，2006）；Mp1，梨形巨藻（*Macrocystis pyrifera*）；Mp2，梨形巨藻；Mp3，梨形巨藻（附着孢子比微观孢子体）；Mp4，梨形巨藻（附着孢子比可见孢子体的高密度）；Pp，具孔浮叶藻（*Pelagophycus porra*）。墨角藻目：An1，瘤状囊叶藻（*Ascophyllum nodosum*）最佳生存体；An2，瘤状囊叶藻最差生存体；C/H，紫萁囊链藻（*Cystoseira osmundacea*，现用名 *Stephanocystis osmundacea* Trevisan，1843）/异株长角藻（*Halidrys dioica*，现用名 *Stephanocystis dioica*；Draisma et al.，2010）；Cm，*Carpophyllum maschalocarpum*；Fd，二列墨角藻（*Fucus distichus*）；Sf，扁鹿角菜（*Silvetia fastigiata*，现用名 *Silvetia compressa*）；Ss1 和 Ss2，辛氏马尾藻（*Sargassum sinclairii*）（引自 Schiel and Foster，2006）。

直接影响物种的招募，从而在群落发展的早期演替阶段呈现竞争交互作用。这反之又影响到捕食者的类型，从而影响之后的群落结构（Worm et al.，2001）。

新招募幼体呈现出典型的非常高的死亡率，通常是许多生物和非生物因素相互作用的结果，其中非生物因素包括摄食（见4.3节）、促进（见4.1节）、竞争（见4.2节）、极端温度（见7.5节）、UV-R（见7.6节）、波浪作用强度、可殖民的被清空的斑块区域的大小以及石油沉积（见8.3.2节）。其中，影响新招募幼体生存的相对重要的因素是其生长的特定地点，以及招募发生的时间。由于这种内在的复杂性，对于在裸露礁石上生存的物种和群落的演替进行预测似乎是不可行的。然而，研究者提出的一些经典模型（如上述Connell和Slayter于1977年提出的模型）将有助于研究人员提出问题，设计实验来测试其普遍性，并预测群落在不同系统下的发育。

由于环境存在一定的承载能力（carrying capacity），居住物种竞争的激烈程度较高，其对资源的需求量将接近于供应量（Paine，1994）。自然选择（natural selection）会倾向于更有竞争力（包括对食草动物的抵抗力）的物种，但会以缓慢的生长率和停滞的繁殖力为代价。在不稳定的地区，由于资源供应超过需求，竞争水平较低，自然选择倾向于可以快速生长，繁殖较早和生活史较短的物种。在不可预测的环境，种群或群落可能会被突然移除，具有较高的生长率的物种（机会物种，opportunistic species）更有优势成为主要的定居者。然而，具有非常高生长率的种群往往会超越环境的承载能力（对生长的控制出现延迟反馈），这通常会导致种群的“崩溃”。这一崩溃反过来允许缓慢生长的物种对该地区实现接管。这种后期演替物种在稳定的环境中生存得更好。

Littler和Littler（1980）假设性地提出了可以增加海藻机会物种和后期演替物种适应型的一些特点（表3.2），同时比较了每种特点的成本和效益（表3.3），并对一些假设进行了检测（Littler et al.，1983a）。他们发现不稳定（短暂波动）的环境中多生长一些薄的、快速生长的、生活史短的藻类，而粗壮的、生长缓慢、生活史长的藻类则是稳定环境的特有物种。然而，某些存在不同形态或生态交替阶段的物种同时拥有两种极端属性（Santelices，1990）。例如，乳头藻（*Mastocarpus papillatus*）、萱藻属（*Scytosiphon*）（图2.2）和幅叶藻属（*Petalonia*）都有一个壳状阶段（后期演替）和一个直立阶段。在陆地环境中，抗逆植物往往有后期演替的特点；但在海洋藻类中则有更多的抗胁迫物种，如石莼属（*Ulva*）则是机会物种（Littler and Littler，1980）。

表3.2　可能提高机会海藻（年轻或短暂波动群落）与后期演替海藻（成熟或短暂波动群落）适应型的特点对比

机会物种	后期演替物种
1. 新清空区域表面的快速殖民者	1. 主要存在于后期演替过渡阶段的较慢的殖民者；在特定季节入侵的先锋群落
2. 生活史短，一年生或多年生植物，营养生产快速	2. 复杂的和较长的生活史；季节性最佳时间繁殖

续表

机会物种	后期演替物种
3. 藻体形态相对简单（未分化），个体小，藻体生物量小；藻体表面积/体积（SA：V）比值高	3. 藻体形态结构和功能分化，有多结构组织（高生物量的大藻体）；藻体 SA：V 比值低
4. 快速增长的潜力，高净初级生产力/全藻体；几乎所有组织可进行光合作用	4. 由于非光合作用组织的呼吸作用以及减少的光合组织面积导致缓慢的生长率和较低的净生产力/全藻体
5. 高繁殖能力，几乎所有细胞具有潜在繁殖能力；大量繁殖体，每个繁殖体投入能量很少；繁殖体可全年释放	5. 低繁殖能力；特化的生殖组织，繁殖体个体具有相对高的能量
6. 藻体热值高且分布均匀	6. 在一些结构部位热值低，藻体热值存在分布差异；可为恶劣的季节储存高能化合物
7. 生活史的不同阶段有类似的机会策略；同形世代交替（isomorphic alternation）；年轻藻体只是成体的缩小版	7. 生活史的不同阶段可能已经进化出显著不同的策略；异形世代交替（heteromorphic alternation）；年轻藻体具有并联藻体机会的策略
8. 由于其时间和空间的不可预测性或快速增长（满足草食动物）逃脱捕食	8. 具有复杂结构和化学防御降摄食者的适口性

引自 Littler and Littler，1980。

表 3.3　大型海藻的机会物种和后期演替物种的假设性成本和收益特点

机会物种	后期演替物种
成本	
1. 繁殖体死亡率高	1. 缓慢的生长和较低的净生产力/全藻体导致长的定居时间
2. 小而简单的藻体导致和高的冠层藻体对光照的竞争容易失败	2. 低和少见的繁殖体产出
3. 纤弱的藻体更容易被强健的藻体排挤和损坏	3. 低 SA：V 比值对低浓度营养盐的吸收相对无效
4. 藻体相对方便和容易被摄食	4. 由于缓慢的补充时间和整体的低密度导致整体死亡率的影响更具灾难性
5. 纤弱的藻体容易被波浪的剪切力和沉积颗粒的磨损力剥离	5. 必须保证相对多的能量和材料来保护长期生长的结构（因此能量无法被用于生长和繁殖）
6. 高 SA：V 比值导致当暴露于空气中时干燥情况更加严重	6. 生理学特化，导致趋向狭窄范围的形态变化
7. 由于生活史阶段较低的异质性导致有限的生存选择	7. 维持有结构组织的呼吸作用成本高（特别是在不利的生长条件下）

续表

机会物种	后期演替物种
效益	
1. 高生产力和快速生长允许对主要基质的快速入侵	1. 高质量的繁殖体（每个繁殖体包含更多的能量）降低了死亡率
2. 繁殖体的大量和连续输出	2. 分化的结构和较大的体积增加了对光照的竞争能力
3. 高 SA：V 比值有利于快速吸收营养物质	3. 结构特化提高了韧性和空间的竞争能力
4. 快速更换组织可以最大限度地减少摄食和克服死亡率的影响	4. 光合结构和生殖结构相对难触及，可抵抗草食动物的摄食
5. 通过时间和空间的不可预测性躲避摄食	5. 抗物理应力，如剪切和磨损
6. 没有生理学特化，趋向于有更广泛的形态	6. 低 SA：V 比值减少暴露于空气中的水损失
	7. 由于复杂（异形）的生活史存在更多有效的生存选择
	8. 贮藏营养物质、放弃昂贵部分或改变生理模式的机制允许在不利但可预测的季节条件生存

引自 Littler and Littler，1980。

Grime（1979）提出的限制陆生植物定居和生长因素的理论是现代生态学的理论基石，也同样被应用到海藻群落研究中。胁迫或多或少是限制植物生产力的持续不适条件，如水或营养盐的缺乏，或不理想的温度和盐度（见 7.1 节）。干扰则是不连续的事件，如对生物组织的机械或化学破坏（见 8.3.2 节）。植物和海藻可被分类为：①竞争对手，占据低胁迫、低干扰的栖息地；②胁迫耐受者，占据高胁迫区；③杂草（机会物种），占据高干扰区。没有针对同时存在高胁迫和高干扰地区的成功策略，因此没有能在这些地区生长的海藻。

3.6 小结

海藻生活在热带、温带和极地地区的复杂群落中，其需要应对各种不断变化的生物和非生物因素。潮汐的涨落导致基岩潮间带的海藻经历光照、温度和营养物质的快速波动。

潮间带海藻从与空气暴露相关的环境胁迫下恢复的能力是决定其占据的海岸位置的重要的因素。在亚潮带，海藻生长呈垂直带状分布，这里光照是决定其区域定位的关键因素。在热带地区，海藻是珊瑚礁和海草生态系统的自然组分。然而，在某些珊瑚礁区域，一些人为的变化影响了海藻和珊瑚之间的平衡而更有利于海藻生长。在温带和极地地区，大型褐藻形成群落的结构性基础，为其他海藻和动物提供栖息地，同时为更高的营养级生物提供能量。南极海藻和其他生物地理区隔离已经有约 10 亿年，导致了对极地条件高度的特异性分布和生理适应性。相反，北极海藻仅仅经历了短短 270 万年的冷水期，其类群和北大西洋及太平洋的温带海藻很相似。深水海藻（>40 m）的繁茂种群最近被发现。有些海藻具有浮力可形成“浮床”（floating rafts），盐沼拥有一系列独立的物种。许多海藻物种通过人类活动从原本定居地迁徙至新的地区，其中部分外来物种具有侵略性，改变了其新栖息地的原有的生态系统运行。

海藻群落并不是静态的，群落组成在空间和时间上发生变化。海藻群落的分析需要一个严格的抽样设计，目前采用的是随机抽样。演替发生在所有新暴露的表层，海藻和动物互相竞争性影响，往往会促进或抑制演替的后期阶段。海藻产生大量的繁殖体，但只有少数能存活直到发育成熟。竞争发生在种内和种间，影响幼体死亡率的大部分原因是摄食和物理因素。每个环境都有一个承载能力，种群数量一般保持在相等或低于环境承载力。一些可快速生长，并有短暂的生活史的物种往往成为先锋或机会物种。其他物种生长较慢，繁殖较迟，并把更多的能量投入在藻体维持和防御，这些物种趋向于在演替后期占据主导地位，并形成持久的藻冠。具有高度竞争力的海藻占据胁迫和干扰都比较低的栖息地。机会物种被发现存在于干扰频繁但胁迫低的区域。一些生长缓慢的海藻则能耐受胁迫，但如果同时存在频繁的干扰则无法生存。

第 4 章　生物相互作用

有机体的环境包括生物和非生物（理化）因素。海洋生物群落不仅包括海藻群落也包括动物群落，其中底栖食草动物及其捕食者对海藻生态学非常重要。因此，海藻的生物相互作用不仅包括与其他海藻（种内和种间）以及底栖动物的相互关系，还包括不同营养级的捕食者和食物（predator-prey）的相互关系，上述关系包括竞争和促进；而这些相互作用会随着藻类个体的年龄和环境发生变化。

生物相互作用是复杂的，其研究往往需要在实验室和野外进行大规模和长期的观察和实验。相互作用可以是积极的，如促进（facilitation）、互利共生（mutualism）和共栖（commensalism）；可以是消极的，如竞争排斥（competitive exclusion）和消耗（consumption）；也可以是中性的（一个物种对另一个物种没有影响）。海洋环境中生物相互作用的传统研究集中于"竞争"，但最近"促进"已被确认为生物相互作用的重要方式。Olson 和 Lubchenco（1990）、Carpenter（1990）、Paine（1990）、Maggs 和 Cheney（1990）将最近在海洋群落生态学（Marine Community Ecology）（Bertness et al.，2001）和海洋生态学（Marine Ecology；Connell and Gillanders，2007）方面的研究工作进行了整合和综述。

4.1　基础物种与促进

"生境改造者"（habital modifiers）是指可以改变生理和生物环境的生物（也称为自发的生态系统工程师）（Bruno and Bertness，2001）。然而，这个松散的定义可应用于大多数物种，因此术语"基础物种"（foundation species）和"重点促进"（keystone facilitations）可用来帮助对环境修正的模式和影响进行排名（Bruno and Bertness，2001）。基础物种"通过改造环境条件、物种间相互作用和资源的可用性对群落结构造成巨大影响，这种改造是通过它们的存在（如海藻、海草、贻贝和珊瑚）而不是它们的行为"（Bruno and Bertness，2001）。梨形巨藻（*Macrocystis pyrifera*）是基础物种的极好例子，其为游泳和底栖无脊椎动物、鱼类、植物和附生生物（epiphytes）创建了一个较高的（6~68 m）三维生物栖息地，同时还会改进光和水流运动（Schicl and Foster，1986；Graham et al.，2007a）（图 3.10）。

促进是两个或两个以上的物种间的良性互动，重点促进者（keystone facilitators）是指"通过它们的行动对群落产生大的积极效果"的生物（Bruno and Bertness，2001）。在潮间带，促进者一般会改善不利的生理条件；例如可以提供遮阴、减少水分蒸发损失、调节温度、减少水流运动并增加异质性，从而提高繁殖体（propagule）的定居（Bertness and Callaway，1994；Bulleri，2009）（见 2.5.1 节）。在意大利，当地的藻床可促进总状蕨藻（*Caulerpa racemosa*）的入侵。这些藻床地形复杂，对蕨藻属（*Caulerpa*）的促进作用是通过捕获其营养繁殖体并为其匍匐茎提供能穿透和锚定的底层基质（Bulleri and Benedetti-Cecchi，2008）。在干燥胁迫下，囊叶藻属（*Ascophyllum*）幼植体（germlings）和齿缘墨角藻（*Fucus serratus*）幼植体混合生长时存活率要高于单一生长的（Choi and Norton，2005a）。在这种情况下，快速生长和耐干燥的墨角藻属（*Fucus*）幼植体为生长缓慢且不耐受干燥的瘤状囊叶藻幼植体提供一个潮湿的环境。促进作用进一步的延伸是“间接促进”（indirect facilitation），即一个物种通过中间物种对另一个物种产生促进作用（Thomsen et al.，2010）。例如，巨囊藻属（*Macrocystis*）冠层可以通过对冠下海藻的遮阴作用延缓其生长并减小其对初级基质的竞争能力，从而促进底栖无脊椎动物的定居（Arkerma et al.，2009）。

陆地群落的促进研究限定于“胁迫梯度假说”（stress gradient hypothesis）（参见环境胁迫模型）（Callaway，2007）的框架内，Bulleri（2009）评估了该模型对海洋环境的适用性（见第 3 章）。推测在生理性胁迫的栖息地，如高潮带区域，物种之间应该存在更大的促进作用从而减轻环境的胁迫。在生理胁迫比较温和的亚潮带则可能存在更大的生物胁迫如食草动物，而促进机制可以有助于减轻消耗者的胁迫。Bulleri 的文献综述对该模型提供了一定的支持。在两种环境中，环境胁迫的改善和来自消耗者的释放均属于促进机制，但约 50%的潮间带研究报道认为环境改善是最主要的促进机制，相比而言仅有 20%的亚潮带研究做了类似报道。相互作用的变化可能依赖于不同站位的物种组成以及水流运动的水平梯度。虽然海洋群落中有越来越多促进的例子，在大多数情况下底层的机制尚未阐明（Bulleri，2009）。此外，大多数的相互作用可能并不明显。例如，在对新西兰和北美西海岸潮间带物种 3 000 例相互作用研究中发现，绝大多数仅有非常低的互作强度（Wood et al.，2010）。

促进机制在不同环境压力下梯度变化的早期实验，是通过比较美国缅因州一个防波河口区（wave-protected estuary），研究群落对高海岸和中海岸位置瘤状囊叶藻床清除的响应开展的（Bertness et al.，1999）（图 4.1）。这项研究中将生理环境在生物尺度上进行了监测，这也是评估“促进机制”的关键步骤（Bulleri，2009）。瘤状囊叶藻冠层不仅通过在海岸下方岩石的遮蔽来减少水分蒸发损失，还通过保持岩礁表面温度比裸露的岩礁低 5~10℃来对生理条件进行改善（见 7.2.3 节）。冠下生物对清除这类生境改造者的响应是“别具一格”的，并依赖于其距离岸边的位置和所研究的物种。例如，在高岸区，海藻冠层的存在普遍增

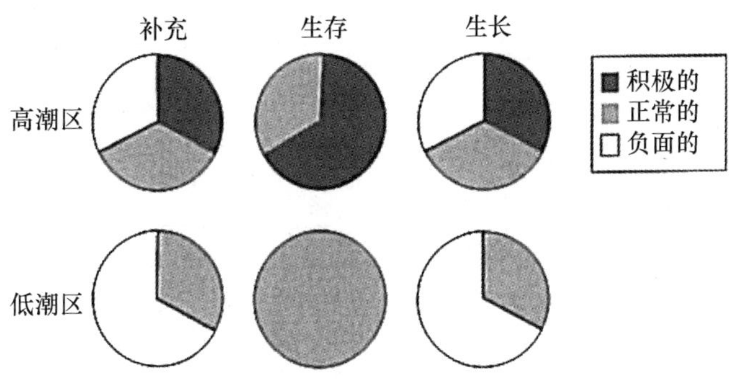

图 4.1　促进作用

注：潮间带冠层海藻瘤状囊叶藻（*Ascophyllum nodosum*）在高潮和低潮时对无脊椎动物的影响。图中体现了美国新英格兰北部伴随瘤状囊叶藻生长的 9 种无脊椎动物的混合影响的单向作用百分比，包括积极的、消极的以及统计学的中性影响（仿自 Bruno and Bertness，2001）。

强了对贻贝和蟹类的招募，并对植食性蜗牛的招募产生了负面影响，但不影响藤壶的招募。在一般情况下，冠层对高岸生物和物种的相互作用有着积极的影响，相比而言，在低岸则存在着负面或中性的冠层效应。这一结果支持了环境胁迫模型，也体现出生物相互作用的复杂性，而生境改造者影响了不同物种的各个生命阶段，甚至在岸边 2 m 内的垂直区域。

4.2 竞争

“竞争”意味着共同的资源是潜在受限的（Denley and Dayton，1985；Carpenter，1990；Paine，1994；Edwards and Connell，2012）。当非生物的胁迫和干扰减少时，竞争对群落结构的影响是最主要的（Carpenter，1990），但生物的竞争能力一般来说受非生物因素影响（见 4.3.1 节）。目前有两种竞争模型已被确认，但并不相互排斥（Paine，1994）（图 4.2）：干扰性竞争（interference competition）来自于并不存在直接联系的生物体对任何限制资源产生的相互作用，包括抢占资源（preempting resources），清除（whiplash）及化感作用（allelopathy）；利用性竞争（exploitative competition）涉及对限制资源的争夺（例如空间、光、养分），并不出现生物体之间的直接对抗。在干扰性竞争存在的情况下，利用性竞争也可能同时出现（Denley and Dayton，1985）。

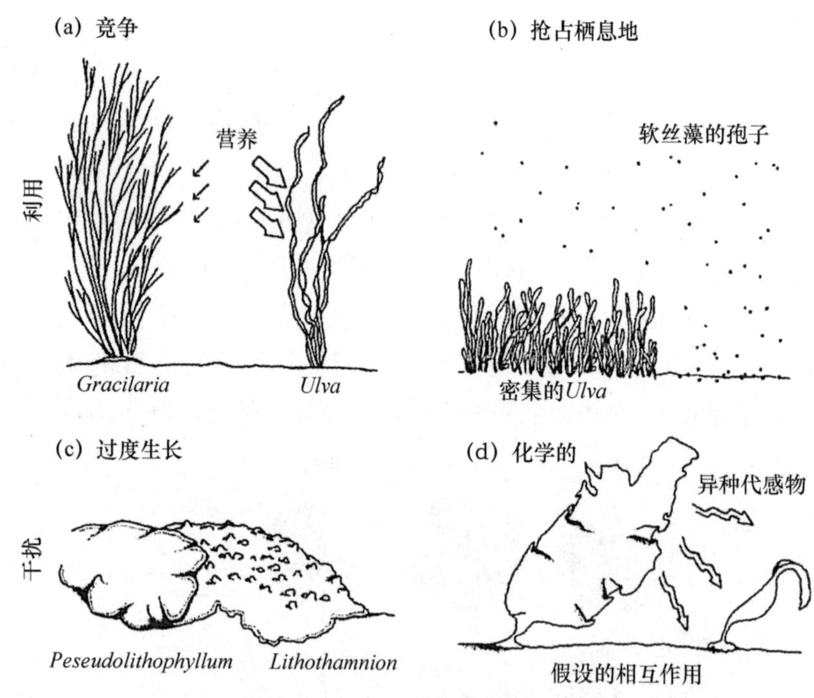

图 4.2 海藻之间竞争机制示意图

注：（a）营养物质的消耗介导提克江蓠（*Gracilaria tikvahiae*）和石莼属（*Ulva*）物种之间的相互作用；（b）密集的肠浒苔（*Ulva intestinalis*）藻甸阻止了软丝藻（*Ulothrix flacca* Le Jolis 1863，曾用名 *Ulothrix pseudoflacca*）孢子的定植；（c）在食草动物不存在时，伪石叶藻属的 *Pseudolithophyllum muricatum* 生长于瘤状石枝藻（*Lithothamnion phymatodeum*）的平滑表面；（d）假设的相互作用，藻类利用化感物质（allelochemicals）排除竞争对手（引自 Olson and Lubchenco，1990）。

4.2.1 干扰性竞争

基岩基质（primary rock substratum）是许多海洋栖息地的一种有限资源，一种物种生长在另一个物种之上的能力是确保空间和其他初级资源（如光照）的有效方式。空间竞争在壳状物种间，以及藻甸物种和直立物种之间最为明显。当壳状的珊瑚藻（crustose coralline）的藻体接触时会互相融合长满，并失去个体特性，或者形成"最小边界"（minimal borders），而当一种物种有时在其他物种上生长（overgrows）时，物种之间形成明显的界限（Paine，1990）。壳状珊瑚藻往往被其他壳状的珊瑚藻，或者藻甸形直立珊瑚藻和肉质海藻掩盖。这些藻类被认为相对于后者处于竞争劣势，因而导致其生长和繁殖力降低（Airoldi，2000）。然而，在全球大部分潮间带和亚潮带生境中，壳状珊瑚海藻广泛的多样性和持久性暗示着其存在着耐受掩盖的机制（Dethier and Steneck，2001）。一个机制是光合产物和营养物质从藻体未被覆盖的部分运输至被掩盖的区域，解释了为什么掩盖并不总是导致竞争排斥（Bulleri，2006；Underwood，2006）。耐受掩盖的另一个机制可能包括快速的伤口愈合能力、频繁的种群招募、缓慢的生长以及低代谢需求（Dethier and Steneck，2001）。

"先发制人的竞争"（pre-emptive competition）是个体获得有限的资源（例如空间、养分）的过程，从而使其无法被其他个体利用（Menge and Branch，2001；Edward and Connell，2012）。在潮间带地区，藻甸形式的藻类往往能够抢占空间。例如，在智利中部，秋季和冬季二型松藻（*Codium dimorphum*）形成厚的海绵状壳，能够掩盖和排除大部分其他低潮带藻类。而在春季和夏季，辐照度和温度升高，低潮转为白天发生。"松藻壳"在低潮带被漂白，在亚潮带被杀死（即变为非竞争性），因此形成新的边界，沿着该边界食草动物可以摄食。到了秋季、冬季和早春，松藻属将再次侵占亚潮带（Santelices et al.，1981）。

在加利福尼亚南部，低潮带藻甸海藻包括沟软刺藻（*Chondracanthus canaliculata* Hommersand et al.，1993，曾用名 *Gigartina canaliculata* Harvey 1840）、太平洋凹顶藻（*Laurencia pacifica*）和亚孢新腹枝藻（*Neogastroclonium subarticulatum* Le Gall et al.，2008，曾用名 *Gastroclonium subarticulatum* Kützing 1843），竞争排除了褐藻门氏优秀藻（*Egregia menziesii* Areschoug 1876，曾用名 *Egregia laevigata* Setchell 1896）。海带目新成员的补充只能通过孢子，且只有在一年中的特定时段，而红藻可以通过匍匐生长在所有季节进行扩充，并可侵入至任何可用的空间。在一项研究中，沟软刺藻藻床中间 100 cm^2 的空间可在 2 a 内被完全覆盖。藻甸海藻会积累沉积物以填补空间，并可防止其他藻类孢子的入侵定居（Sousa，1979；Sousa et al.，1981）。如果在正确的时间点存在着可用空间，门氏优秀藻可以定居，但当其长至成体或生殖阶段（只能存活 8~15 个月），藻甸海藻会侵蚀周边区域，并阻止该地区的海藻进行自体取代。在亚潮带地区，藻甸型珊瑚藻是持久和主导物种；Stewart（1989）证明其生活史、生理和形态可以适应该地区的天气、潮汐和海砂（见 8.3.2 节）。

在加拿大新斯科舍省，入侵海藻松藻属的 *Codium fragile* ssp. *tomentosoides* 种群由于本地冠形海藻海带属（*Laminaria*）和酸藻属（*Desmarestia*）的竞争优势而受到限制，直到另一个入侵者苔藓虫（*Membranipora membranceae*）大量消耗了海带种群才被缓解。释放的空间被松藻属抢占，而海带目物种则没有重建（Scheibling and Gagnon，2006）。在新西兰南部地区，珊瑚藻的藻甸群落对墨角藻属重建的阻止可以维持很多年（Schiel and Lilley，2011）。

另一种干扰性竞争的形式是清除，冠形海藻通过这种方式清空其固着器周围的空间（Irving and Connell，2006b）。例如，在智利的波掠海岸，巨藻属（*Lessonia*）通过叶片的清除效果对其周围空间进行清除（Santelices and Ojeda，1984）。在密集的藻床区域，叶片对岸边的清除完全抑制了幼体招募。在成体缺乏的岩池中，海胆摄食可消除招募。然而，在斑块状的巨藻属藻床，幼体可被招募到一些缺口处，这些缺口的尺寸既要足够大到可确保降低清除，又要足够小到可减少摄食胁迫。同样，在澳大利亚放射昆布（*Ecklonia radiata*）对基质的磨损形成了以高耐受性壳状的珊瑚藻（crustose coralline）为主的冠下植被，而在无清除胁迫的缺口区域，丝状藻甸和直立珊瑚藻则占据主导地位（Lrving and Connell，2006b）。

上述例子是海藻与海藻之间的空间竞争，但海藻也同时与底栖无脊椎动物（如滤食性藤壶和贻贝）进行空间竞争。这种竞争的结果至少取决于3个因素：辐照度，食草动物的存在或缺失，以及捕食底栖动物的食肉动物的存在或缺失（Foster，1975）。在极低辐照度下，底栖动物占主导（不管它们的捕食者是否存在）；但在中度辐照下，空间竞争会增加，如果捕食者减少了底栖动物的数量，藻类可能会占主导（Witman and Dayton，2001）。亚潮带海藻的生长下限可部分由藻类对底栖动物的无效竞争调控，而不是由藻类本身的光通量不足调控（Foster，1975；Graham et al.，2007a）。

在东北太平洋沿岸，空间竞争发生在囊沟藻属（*Postelsia*）、贻贝和一种红藻藻甸（主要是珊瑚藻 *Corallina officinalis*）之间（Paine，1988）。贻贝在竞争中获胜，并在空地上建立贻贝床。假如空地附近的囊沟藻较健壮，囊沟藻新的孢子体将生长在岩礁上，但它们都是一年生的并将被藻甸红藻取代。虽然囊沟藻可以依附于藻甸红藻，但并不能持续存留在基质上，而且显然依赖于波浪去除贻贝并提供新的裸露的岩石使它们可以再次定居。在其他贻贝床（如智利），各种藻类和贝类共存。贻贝会摄食藻类孢子（其中一些孢子可能存活），但它们也保护幼植体避免干燥并可能为它们提供养分。藻类种群也可受到贻贝中的小型食草动物调节（Santelices and Martinez，1988）。在所有这些例子中，外部因素特别是非生物因素的影响是显而易见的。

食草性鱼类和帽贝对海藻的“栽培”提供了干扰性竞争的有趣事例。在加利福尼亚，海洋金鱼 *Hypsypops rubicunda* 在以底栖动物为主的光线昏暗的垂直岩壁上，为丝状红藻建立了栖息地。它从该区域系统性的去除动物，其结果是藻类可以成功地争夺空间（Foster，1972）（见4.3.2节）。Branch（1975）报道了无脊椎动物栽培海藻的经典例子，证明在南非帽贝 *Patella longicosta* 通过摄食已定植的壳状的珊瑚藻（crustose coralline）来建立 *Neoralfsia expansa*（Lim et al.，2012）（曾用名膨大褐壳藻 *Ralfsia expansa* Agardh 1848）藻甸。它们将竞争的海藻吃光后，继续摄食 *Neoralfsia* 使其成为条状，因此藻类生产力的增长实际上是由于边缘生长。

4.2.2 附生生物和化感作用

“空间竞赛”的一个解决方案是像附生生物一样生长，附生生物是指生活在另一个有机体表面的生物。海藻的附生生物包括宏观生物如丝状海藻，小型壳状的珊瑚藻（crustose coralline）如麦劳藻属（*Melobesia*），广泛的固着无脊椎动物包括壳状苔藓虫如 *Membranipora*、殖民性水螅纲如 *Obelia*、钙质多毛虫（polychaete worms）如 *Spirorbis*，以及微观生物包括硅藻和细菌。附生生态（epiphytism）（一个藻类生长在另一个藻类上的情况）是一种常见的生活方式，虽然只有相对较少的海藻是附生生物。然而在某些站位，大多数的藻类是附生生物。其中一处是南加州的潮间带，两种珊瑚藻属物种占据了超过 60%的岩礁基质，在任何时间和地点都有 15~30 种海藻附生于珊瑚藻藻甸上（Stewart，1982）。

无论是宏观还是微观生物的附生生活（epibiosis）都具有修改基础植物（basiphyte）的表面和创建其与环境的新界面的基本作用（Wahl，2008）。附生生物通常被视为对基础植物（宿主或基质物种）具有负面影响，对于附生生物-基础植物关系的描述强化了这一针对资源“斗争”的观点：附生生物“挑战”宿主海藻，而宿主海藻可能通过自我“保卫”以防止进一步“殖民化”。然而，虽然存在着很多对基础植物出现负面影响的例子，但正面影响也有报道，事实上附生生物本身是生态系统生产力的重要成员（Ruesink，1998）。相互作用的强度和方式（正面或负面）具有物种特异性和环境特异性（Wahl，2008）。此外，附生关系研究的水平也会影响其得出的结论。在实验室研究中，硅藻纹扁梯藻（*Isthmia nervosa*）会导致红藻丛毛齿海藻（*Odonthalia floccosa*）生长率降低和阻力增加，但这些影响并没有在群落水平中发现，因为齿海藻属（*Odonthalia*）在附生生物定植前（通常发生在夏末）提前完成其生长和繁殖，因而逃离了硅藻附着状态的严重影响（Ruesink，1998）。阐明附生生物-基础植物相互作用的细节需要在个体和群体水平进行研究。

宏观附生生物（epibionts）的负面影响一般包括遮蔽基础植物（Cancino et al.，1987；Kraberg and Norton，2007；Rohde et al.，2008）以及阻碍气体和营养交换（Hurd et al.，1994a），从而降低其生长率（Honkanen and Jormalainen，2005）。附生生物还可以增加叶片阻力，导致叶片更易破裂（Krumhansl et al.，2011）（见 8.3.1 节），这些负面影响都会导致叶片的损失。此外，海带目叶片被苔藓虫严重覆盖会导致捕食性鱼类引起的叶片损失（鱼类无法在不损伤海藻的情况下捕食）；尤其是在受到营养胁迫的时期，小规模的巨型海藻床已经因这种方式被摧毁（Bernstein and Jung，1979）。附生生物也会影响营养相互作用（trophic interactions）（Karez et al.，2000）。在波罗的海，海藻附生生物降低了墨角藻（*Fucus vesiculosus*）表面的光水平。这不仅会降低基础植物的生长率，也会减弱其分配资源的化学防御能力，从而使其对等足类（isopod）食草动物 *Idotea* 显得更加美味，尽管附生对海藻具有双重负面影响，但对食草动物则有积极作用（Karez et al.，2000）。

自然界也存在着附生生物和基础植物之间正面影响的例子。之前提到，珊瑚藻藻甸上密集的附生生物可能有助于缓解干旱胁迫（Stewart，1982），附生可能通过形成阴影使喜阴海藻在阳光充足的地方生长（如岩生刚毛藻 *Cladophora rupestris*）（Wiencke and Davenport 1987）。在某些情况下，阴影下的基础植物可以通过增加色素含量（暗适应）来补偿减少的入射光（Munnoz et al.，1991）。苔藓虫 *Electra pilosa* 增加了角石花菜（*Gelidium corneum*）的 CO_2可用性（Mercado et al.，1998）。透明的入侵性水螅 *Obelia* 可能通过提供氨基盐（ammonium）对巨囊藻属（*Macrocystis*）生长起到积极影响（Hepburn and Hurd，2005）。而对动物的积极影响则包括导致海藻的碳渗出（De Burgh and Frankbone，1978；Munnoz et al.，1991），提供可再生基质，以及由于海藻延伸至底栖边界层以上从而提高喂养效率（Hepbum et al.，2006）。

基础植物和附生生物之间的某些关系是特有的。绿色附生生物 *Pilinia novae-zelandiae*（Papenfuss and Fan et Papenfuss，1962；曾用名 *Sporocladopsis novae-zelandiae* Chapman 1949）特异性附生于黑叶巨藻（*Lessonia nigrescens*）的孢子囊群，即使在其近缘的 *L. trabeculara* 上也无法附生。这种关系似乎是化学介导的，附生生物的假根状锚定结构受到宿主孢子囊群释放的化学物质诱导（Correa and Marínez，1996）。另一个例子是苔藓虫 *Lichenopora novae-zelandiae* 的幼虫优先附着于流苏孔叶藻（*Agarum fimbriatum*）年幼的分生组织区。随着海藻的生长，苔藓虫慢慢地向远端移动，新的分生组织可用于招募苔藓虫幼体。食草腹足类 *Tegula pulligo* 优先摄食孔叶藻属的年老组织，但当藻体存在成年苔藓虫时会阻止 *Tegula* 摄食。附生生物和基础植物之间的关系是共生的，如海藻为苔藓虫提供了生长基质，苔藓虫阻止摄食来保护海藻（Durante and Chia，1991）。附生生物和基础植物之间互利共生的例子将在 4.5.1 节介绍。

许多海藻的表面不存在附生生物，表明它们存在着清除附生生物的机制，可防止其附着或将其杀死。许多海藻通过脱落外层来摆脱藻体表面的附生生物（图 4.3）。例如肠浒苔可不断产生新的细胞壁并脱落外层的糖蛋白（McArthur and Moss，1977）。在长角藻（*Halidrys siliquosa*）（Moss 1982）、海条藻属（*Himanthalia*）（Russell & Veltkamp 1984）以及壳状的珊瑚藻（crustose coralline）*Sporolithon ptychoides* 和 *Neogoniolithon fosliei*（Keats et al.，1997）中，当下方新的细胞壁形成后，表皮细胞老的细胞壁则会脱落。另一种珊瑚藻孔石藻（*Porolithon onkodes* Foslie 1909；曾用名 *Hydrolithon onkodes* Penrose & Woelkerling 1992）以非同步的方式脱落上皮细胞，且上皮细胞会出现个体单独退化（Keats et al.，1997）。瘤状囊叶藻（*Ascophyllum nodosum*）整个外表皮层可以脱落（Fillion Myklebust and Norton，1981），叶状的红藻 *Dilsea carnosa* 则存在类似于“角质层剥离”（cuticle peeling）的机制（Nylund and Pavia，2005）。海带属物种的远端部分不断损失，因此可以在附生生物到达生长带（production belt）末端前限制其生长和繁殖（Russell，1983）。“叶片抛弃”（Blade abandonment）被加勒比管状绿藻绒扇藻属的 *Avrainvillea longicaulis* 用于去除藻体的重度附生部分。细胞质从严重附生部分移出，后者会被抛弃，并在同一时间快速增殖形成新叶。叶片抛弃/增殖是清除附生生物但不损失光合产物的低能量机制（low-energy mechanism）（Littler and Littler，1999）。

然而有一些附生生物具有阻止宿主摆脱它们的方法。瘤状囊叶藻（*Ascophyllum nodosum*）可以被绒毛椎形藻（*Vertebrata lanosa* Christensen 1967，曾用名绒毛多管藻 *Polysiphonia lanosa* Tandy 1931）严重附生，后者附着于藻类的伤口和侧面凹陷，避免外细胞层脱落时被清除（Lobban and Baxter，1983；Pearson and Evans，1990；Longtin and Scrosati，2009）。椎形藻可以减少海藻 40% 的入射光，但瘤状囊叶藻可重新分配繁殖产出（reproductive output），在没有附生生物的侧方凹陷，导致该处生殖托（receptacle）的生物量增加（Kraberg and Norton，2007）。

生产和释放化学化合物抑制附生生物的过程称为化感作用（Harlin，1987）。这些化合物是典型的次生代谢产物，并不在初级代谢过程如光合作用、呼吸作用和氮代谢中发挥作用，只有次生代谢产物褐藻多酚（phorotannins）对初级代谢过程具有作用（Amsler and

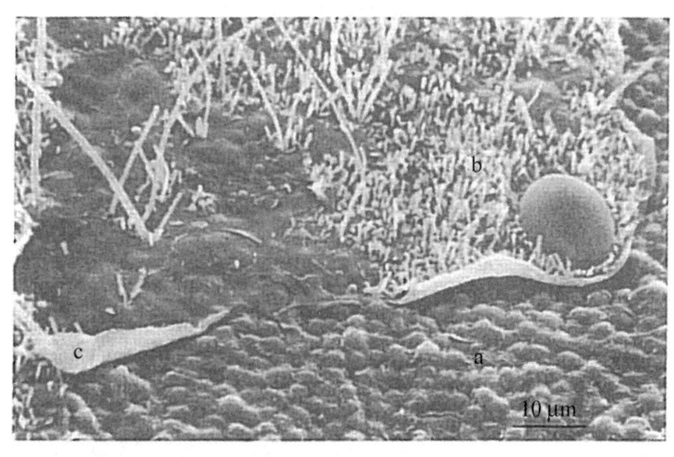

图 4.3　海藻脱落细胞壁以清除附生生物

注：角叉菜表面扫描电镜图显示表层（c）的细菌（b）脱落后，留下一个干净的藻体表面（a）。标尺 = 10 μm（引自 Sieburth and Tootle，1981）。

Fairhead，2006）（见 1.3 节）。这些化合物包括小的、无极性、挥发性的分子，它们高度可溶并可快速扩散。它们可能是非卤化的，如未定名的网地藻属群体（*Dictyota* spp.）和凹顶藻属（*Laurencia*）的萜类化合物（terpenoids），也可能是溴代或碘代卤化物，如栉齿藻属（*Delisea*）的溴化呋喃酮（brominated furanones）（Steinberg et al.，2001；Steinberg et al.，2002；Viano et al.，2009；Potin，2012）。事实上，藻类中已发现了大量的生物活性化合物（Blunt et al.，2007）（见 4.4.1 节）。Gressler 等（2009）的综述中列举了在 31 种藻类物种中发现的 295 种非卤化的挥发性有机化合物，仅在一种江蓠属物种中就发现含有 9 种挥发性卤代有机化合物（volatile halogenated organic compounds，VHOCs）（Weinberger et al.，2007）。筛选和鉴定这些化合物的目的主要是其可作为潜在的“自然”防污剂（antifoulants）来取代对环境有害的化学物质，如三丁基锡（tributyl tin，TBT）和铜（Nylund et al.，2005）（见 9.5 节），同时它们也具有药用功效（Gressler et al.，2009）（见第 10 章）。然而，它们可能具有的生理生态作用较少受到关注。

一个具有化感作用的生物活性化合物应符合 5 个标准（Dworjanyn et al.，2006a）：①被观察的海藻群落应该（多数）不存在附生生物；②化合物在与基础植物表面边界层内浓度相等的条件下具有活性，因为海藻组织测量的浓度会对结果产生误导；③化合物呈递给附生生物的机制必须是已知的；④从内部存储器官到海藻表面的运输机制必须是已知的；⑤由附生生物释放的化学物质可能与由基础植物释放的化合物发生交互，而这种相互作用应已被阐明。很难在实践上检验出这 5 个标准，但红藻美丽栉齿藻（*Delisea pulchra*）一系列的研究是在海藻中第一次明确地阐述了化感作用（de Nys et al.，1995；Maximilien et al.，1998；Dworjanyn et al.，1999；Dworjanyn et al.，2006a）。

美丽栉齿藻（*Delisea pulchra*）合成 4 种呋喃酮（furanones），它们是结构彼此不同的溴化合物（图 4.4a）。它们都包含于一个中央囊泡中，并通过囊泡被运输至海藻表面。具有与栉齿藻属表面相同浓度的呋喃酮可抑制石莼属和长囊水云（*Ectocarpus siliculosus*）配子（gametes）、仙菜属（*Ceramium*）四分孢子体（tetraspores）与椎形藻属（*Vertebrata*）果孢子体（carpospores）的定居（Dworjanyn et al.，2006a）。然而，这 4 种呋喃酮具有不同的生物活性。例如，在非常低的浓度（10~100 ng·cm^{-2}）下，呋喃酮-3 可抑制繁殖体定居，而呋喃酮-2 的生物活性要低一个数量级，且不能单独发挥功能。栉齿藻属的呋喃酮分布于脂质基质中，使其可均匀地平铺在海藻表面并防止其降解和溶解。这些呋喃酮也抑制细菌在栉齿藻属表面附着。然而，呋喃酮的表面浓度不足以直接杀死细菌。相反，它们既影响细菌附着在海藻表面的能力，并同时影响它们的聚集和运动（Maximilien et al.，1998）。呋喃酮的结构类似于细菌的信号分子酰基高丝氨酸内酯（acylated homoserine lactones，AHLs），可以干扰 AHL 调控系统（Givskov et al.，1996；Steinberg and de Nys，2002）。其他两种红藻，刺海门东（*Asparagopsis armata*）和钝头凹顶藻（*Laurencia obtusa*），具有生物活性的化合物从内部存储结构（腺细胞和 corps en cerise）通过一个管状结构运输到海藻表面（Paul et al.，2006a；Paul et al.，2006b；Salgado et al.，2008）（图 4.4b）。

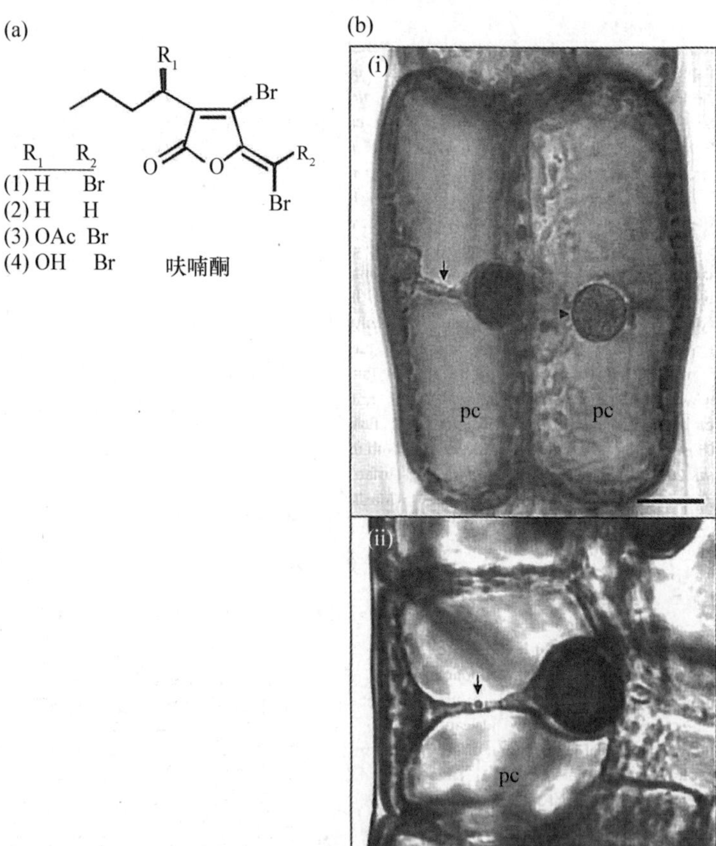

图 4.4　红藻生物活性化合物与存储结构

注：（a）美丽栉齿藻（*Delisea pulchra*）4 种主要的呋喃酮结构（1~4）；（b）刺海门东（*Asparagopsis armata*）四分孢子体（i）和配子体（ii）的光学显微照片。（i）四分孢子体周围（母）细胞（pc）的腺细胞（箭头）和连接结构（箭头头部）；（ii）母细胞（pc）内的腺细胞和配子体侧枝显示出连接腺细胞和外层细胞壁的结构，物质可在这个结构中看到（箭头）（图 a 引自 Dworjanyn et al.，2006a；图 b 引自 Paul et al.，2006b）。

褐藻中的褐藻多酚（phlorotannins）通常被认为是一种防污剂（见 1.3 节），但相关证据是模棱两可的（见 4.4.1 节）。放射昆布（*Ecklonia radiata*）的研究显示其表面褐藻多酚的水平比引起化感作用需要的水平要低得多（Jennings and Steinberg，1997）。然而，强有力的证据表明网地藻属 *Dictyota menstrualis* 中非极性的次生代谢物 dictyol E 和 pachydictyol A 具有化感活性（Schmitt et al.，1998）。这些化学物质引起水螅幼虫的死亡、畸形发育或生长抑制，其作用浓度比海藻表面浓度低 5%。

相比于红藻和褐藻，绿藻释放化感物质的研究相对较少。网石莼（*Ulva reticulata*）及其附生细菌弧菌（*Vibrio*）均可释放一种高度可溶性大分子，它具有针对多毛类（polychaete）和苔藓虫（bryozoan）的防污性（Harder et al.，2004），以及针对墨角藻属受精卵和牡蛎幼虫的化感作用（Nelson et al.，2003）。特别有趣的是石莼对浮游植物的化感作用（Jin and Dong，2003；Jin et al.，2005；Tang and Gobler，2011）。浮游植物水华造成阴影并吸收基本营养，从而降低了海藻生长率（Kavanaugh et al.，2009）。石莼（*Ulva lactuca*）释放的化感物质会导致 7 种浮游植物的细胞溶解或生长率降低，这可能是底栖藻类减少浮游植物数量从而增加光线穿透性的机制（Tang and Gobler，2011）。上述释放的候选化感物质也包括了多不饱和脂肪酸（polyunsaturated fatty acids）（Alamsjah et al.，2008）。

珊瑚（corals）和海藻之间的竞争在构建生物礁群落中可能是重要的，但其中化感作用的研究很少（Fong and Paul，2001）。Foster 等（2008）表明，加勒比地区网地藻属（*Dictyota*）与珊瑚 *Montastraea annularis* 的直接接触造成了珊瑚繁殖力下降，产生较小和较少的受精卵。随后，Rasher 和 Hay（2010）发现，珊瑚礁海藻仙掌藻属（*Halimeda*）、网地藻属和匍扇藻属（*Lobophora*）释放脂溶性化学物质，可以在接触时杀死珊瑚。上述研究表明，如果珊瑚礁中的食草动物数量下降（例如由于捕捞原因）导致海藻种群数量增加，海藻的化感作用可能成为珊瑚礁的额外胁迫。

阻止潜在附生生物的另一个化学机制是活性氧暴发（oxidative burst）（见 7.8 节）。本部分内容着重讨论海藻抵御病原体（pathogens）的能力（Potin，2008；Potin，2012；Cosse et al.，2008；Goecke et al.，2010）。例如，细菌是海藻表面重要的最早殖民者，它们可以自身吸附形成生物膜并阻止其他生物附生（Steinberg et al.，2001；Matz，2011；Friedrich，2012），但有些细菌是致病的。海藻需要发现其表面病原体的存在，从而迅速应对“挑战”。病原菌通过酶降解来导致海藻细胞壁损伤。降解产物为低聚糖（oligosaccharides；如红藻的低聚琼脂 oligoagars 和低聚卡拉胶 oligocarageenans，以及褐藻的低聚海藻酸盐 oligoalginates），它们可以作为诱导因子，发出寄主细胞壁已被破坏的信号。江蓠属的 *Gracilaria conferta*（Montagne，1846；即 *G.* sp. *dura* Weinberger et al.，2010）的低聚琼脂引起活性氧暴发，产生大量过氧化氢（H_2O_2）杀灭表面细菌（Weinberger and Friedlander，2000）。活性氧暴发在江蓠科（Gracilariaceae）的其他成员中是常见的，但不是所有的物种都利用相同的生化途径（Weinberger et al.，2010）。在褐藻中，这些途径是一系列对于病原体攻击的响应。Küpper 等（2002）发现他们测试的所有海带目孢子体对于病原体攻击回应以较强的活性氧暴发，类似于 *Desmarestia dudresnayi* 和间囊藻（*Pylaiella littoralis*）。然而，网地藻（*Dictyota dichotoma*）仅出现微弱的氧化暴发，掌状海带（*Laminaria digitata*）则不发生活性氧暴发。墨角藻目也没有检测到活性氧暴发，但却释放出大量的 H_2O_2，显示出一种组成型（而不是诱导型）响应。

角叉菜（*Chondrus crispus*）孢子体比配子体更易被内生植物（endophyte）具盖顶毛藻（*Acrochaete operculata*）感染，原因在于不同的卡拉胶硫酸化程度（Correa and Mclachlan, 1991）（见 5.5.2 节）。当受到 *Acrochaete* 攻击后，孢子体和配子体细胞壁分别释放 λ-低聚卡拉胶和 κ-低聚卡拉胶。孢子体释放的 λ-低聚卡拉胶增强了蛋白质合成，而 *Acrochaete* 多肽的合成则进一步增加了其致病性。然而，配子体释放的 κ-低聚卡拉胶增加其识别 *Acrochaete* 的能力，导致感染水平降低。孢子体和配子体保护自己免受 *Acrochaete* 攻击的能力也有差异，因为 *Acrochaete* 仅能触发配子体出现强的活性氧暴发（Bouarab et al.，1999；2001）。参与引发这些反应的信号分子是氧化脂类（oxylipins），它是一种脂肪酸的氧化衍生物，也参与了植物和动物的免疫响应（Bouarab et al.，2004）。

一些藻类包括石莼属和刚毛藻属（*Cladophora*）可以避免附生，原因是由于高代谢率引起的藻体快速生长以及藻体表面 pH 值的快速变化（den Hartog，1972）。当这些物种的生长放缓，附生生物会很快覆盖。这种理论已被用来解释在瑞典石沼中肠浒苔的竞争优势（Bjürk et al.，2004）。

4.2.3 利用性竞争

种内的利用性竞争对植物或海藻的大小和生存密度的影响是显著的。新招募的幼体种群可能是非常密集的，但当它们成熟时密度将明显降低，但生物量更大（图 3.16）；部分密度的下降是由于种内竞争即自疏现象（self-thinning）。基于种群密度预测生物量变化的能力是种群研究的一个有力的预测工具。早期的地面系统研究集中在一个“一条线适合所有”（one line fits all）的方法，该方法形成了“-3/2 自疏法则”，这个法则也适用于海藻。然而，当将“-3/2 自疏模型”应用于底栖海藻研究时（Schiel and Choat，1980），很明显发现“一条线适合所有”的方法并不合适（Scrosati，2005）。这是因为其他因素，如摄食、养分供应和磨损也会影响藻类生存，而这些因素的效果不一定依赖于密度（Reed，1990b；Schicl and Foster，2006）。Scrosati（2005）提出了海藻自疏研究的严格评估体系，包括一系列的方法和数据解释的误区。更重要的是，为了检测一个特定物种的自疏，需要观测随时间变化的海藻生物量和密度。这是因为当海藻种群生长活跃时可检测到自疏现象，而在缓慢或不生长的时期自疏不会被检测到（Rivera and Scrosati，2008）。“-3/2 自疏法则”目前已被陆地和海洋生态学家抛弃，现代的概念是“动态自疏线”（dynamic thinning lines），它是依据生物和非生物条件产生种内变化（Reed，1990b；Scrosati，2005）。

当海藻在种群中生长，受精卵萌发后的大小差异将被逐渐放大，较大的个体会竞争掉较小个体的资源（尤其是光）。然而，自疏开始后这种大小的不均一性趋于减少，尺寸较小的个体死去而留下的大多是较大的、同样大小的个体。基尼系数（Gini-coefficient，G′）用于在种群内衡量个体大小分布偏倚度，还可被用于探讨种群大小分布随时间变化的趋势（Creed et al.，1998；Arenas and Fernάndez，2000；Rivera and Scrosati，2008）。

受精卵附着的密度是可变的，同样，萌发以及早期招募到的幼体遇到的非生物环境也是可变的（Schiel and Foster，2006）。Reed（1990a，b）进行的野外实验发现，当把藻体的微观阶段以不同密度“播种”于裸露的基质后，随着时间的推移，观测密度可以揭示种群统计学的自然变动。然而，在野外检测特定的非生物因素对种群变化的影响可能是困难的。室内实验是一种梳理不同非生物因素对种群动态的相对影响的有用方法。可以在一系列的沉降密度以及暴露于不同组合的非生物条件中检测幼体的生长（Creed et al., 1997; Steen and Scrosati, 2004）。对于齿缘墨角藻（*Fucus serratus*），养分富集对种群大小分布的影响显著。经过 76 d 的培养，高营养处理组平均形成了更大的个体，但同时大小分布不均（高 G′）；低营养处理组相对而言个体较小，但种群大小分布为正态分布（低 G′）。

虽然沉降密度和辐照度也可影响实验的结果，但在这些实验中营养浓度显然是最重要的控制因素（Creed et al., 1997）。在类似的实验中，齿缘墨角藻（*Fucus serratus*）和枯墨角藻（*Fucus evanescens*）表现出对温度（7℃和 17℃）、营养以及定居密度的不同响应（Steen and Scrosati, 2004）（图 4.5）。在最高密度的处理组，17℃和养分富集条件降低了齿缘墨角藻的存活率。对于枯墨角藻，最高温度下的密度因素直接降低了存活率，而添加营养后则无明显的影响。

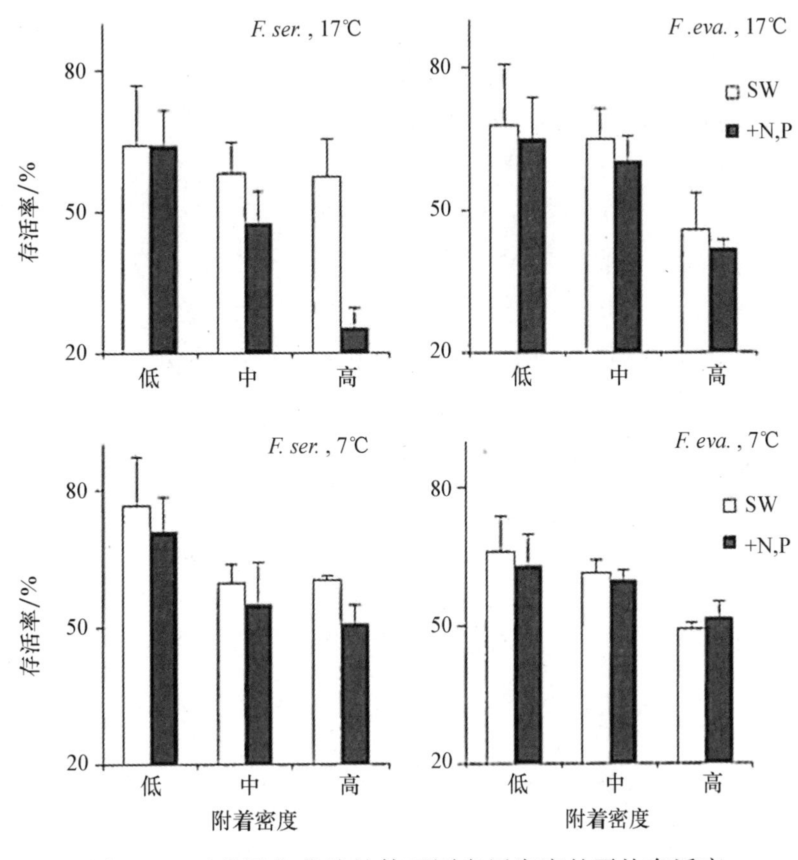

图 4.5　两种墨角藻幼植体不同定居密度的平均存活率

注：齿缘墨角藻（*Fucus serratus*; *F. ser.*）和枯墨角藻（*Fucus evanescens*; *F. eva.*）在 7℃和 17℃的普通海水（SW）以及氮、磷富集海水（+N，P）中经过 90 d 的培养后，幼植体不同定居密度的平均存活率。误差线表示大于 95%的置信区间（低、中、高密度分别为每平方厘米 10 个、50 个和 250 个幼植体）（引自 Steen and Scrosati, 2004）。

非聚结无性系（Non-coalescing clonal）和聚结无性系海藻（coalescing clonal seaweeds）则不存在单一海藻的自疏性（Scrosati, 2005），如齿缘墨角藻（*Fucus serratus*）和枯墨角藻（*Fucus evanescens*）。许多无性系海藻通过横向传播，产生营养分株进行生长（如毛状翅枝藻

Pterocladiella capillacea）（见 1. 2. 3 节）。这些海藻的种群密度测定是通过计数其叶片数量而不是个体数量，因为识别个体是很困难的（Scrosati and DeWreede，1997；Scrosati，2005）。大多数无性繁殖红藻没有观察到自疏现象，包括角石花菜（*Gelidium corneum* Lamouroux 1813；曾用名 *Gelidium sesquipedale* Bornet & Thuret 1876）和角叉菜（Santos，1995）。叶片动力学被认为是由内无性系（intraclonal）调节过程决定的，因为分株是遗传上相同的以及生理上是一体的，所以不可能存在相互竞争（Scrosati and DeWreede，1997）。一些无性系海藻，如刺海门东（*Asparagopsis armata*）和马尾藻属 *Sargassum lapazeanum* 在结构上更类似于单一海藻，具有一个较大的叶片和相对较小的固着器，在这些物种中则发现了自疏现象（Flores-Moya et al.，1997；Rivera and Scrosati，2008）。

海藻种间利用性竞争的研究较少（Russell and Fielding，1974；Enright，1979；Steen，2004；Choi and Norton，2005）。缺少这类实验似乎是令人惊讶的，因为它们常被用于研究陆生植物的种间竞争（Steen，2004）。一个原因可能是在小规模的培养条件下进行大型海藻培养比较困难。两个经典的实验设计已被用于研究涉及两个物种的种间竞争（Steen，2004）。①取代设计（replacement design）（de Wit 的替代系列）（de Wit，1960），种群密度维持不变的条件下每个物种的相对比例发生变化。将共培养时的竞争能力和单独培养时的生长能力进行比较。②添加设计（additive design），一种物种的初始密度在保持恒定的条件下加入竞争物种。两种设计均存在复杂的影响（Steen，2004）。de Wit 的替代设计不能区分种间和种内竞争的影响（Underwood，1986），并且这种比例变化也无法给出现实情况下竞争作用的信息，因为在现实条件下初始密度是无法维持恒定的（Inouye and Schaffer，1981）。但是，添加设计和替代设计可以提供不同密度藻类生长和生存的有用信息，但了解复杂影响的本质是最重要的，因此把这类设计的实验结果归结于竞争是不恰当的（Choi and Norton，2005a；b）。

为避免上述提到的复杂影响，Steen（2004）采用因子设计（factorial design）对定居密度、养分供应以及温度对藻类竞争相互作用的影响进行了研究，实验物种为齿缘墨角藻（*Fucus serratus*）、枯墨角藻（*Fucus evanescens*）和扁浒苔（*Ulva compressa*）。结果显示石莼的竞争能力随着温度的升高和养分供应而增加，这解释了为什么石莼总是在富营养化条件下占主导地位；而墨角藻则在低温条件下和生活史短暂的海藻竞争中胜出。Choi 和 Norton（2005b）通过比较齿缘墨角藻和长海条藻（*Himanthalia elongata*）不同时期的形态差异，解释了它们的竞争优势。两者的繁殖需求类似，但在现实条件下它们大多为单独生长。海条藻早期生活史阶段形成一个帽形（合胞体，syncytial）形态，接着是钮式形态；两种形态均可形成坚硬的几乎不透光的冠层，从而排斥墨角藻属（*Fucus*）生长。但在低密度的海条藻冠层下，墨角藻可以生长至比海条藻高，然后形成茂密冠层从而抑制海条藻。

4.3 摄食

4.3.1 摄食对群落结构和成带现象的影响

每一个群落都有食草动物（herbivores），其在将能量从初级生产者转移到更高的营养级中起着至关重要的作用。不同的食草动物主导不同的地理位置（Poore et al.，2012）。例如，在欧洲东部大西洋沿岸，patellid 帽贝是潮间带占主导地位的摄食者；而在美国西部大西洋沿岸，帽贝缺失而玉黍螺（*Littorina littorea*）占主导（其在 1858 年被引入该地区）；而在冰岛北大西洋地区，两种摄食者均不存在（Jenkins et al.，2008）。食草性鱼类主要存在于温水水域（40°N—40°S），但在热带地区特别重要（Floeter et al.，2005）（见 3.3.1 节）。在温带亚潮带的礁石区，虽然存在食草性鱼类的影响实例，但海胆和腹足动物（gastropods）才是主要的大型食草动物。例如，在南新西兰，*Odax pullus* 广泛摄食南极海茸（*Durvillaea antarctica*）的幼体从而控制其分布范围（Taylor and Schiel，2010）。另一个重要类群是中型食草动物（mesograzers），包括端足类（amphipods）、等足类（isopods）、腹足类（gastropods）和多毛类（polychaetes），它们可以高密度分布（Brawley，1992b；Duffy and Hay，2001）。这种摄食者的身份和丰度的差异意味着通过食草动物对海藻群落的调节具有地理区域变化（Poore et al.，2012）。

食草动物对海藻种群的影响是巨大的。在北大西洋和太平洋以及南太平洋的温带亚潮带地区，海胆创建和维护着类似于"荒地"（barrens）的区域，其中大型海藻被清除而群落以珊瑚海藻为主（Andrew，1993；Hagen，1995；Wright et al.，2005；Uthicke，2009）。例如在塔斯马尼亚，东部塔斯曼水系（East Tasman Current system）南移导致区域性海水迅速变暖，可形成"荒地"的海胆 *Centrostephanus rodgersii* 则向极地迁移（Ling and Johnson，2009；Johnson et al.，2011）。

在加拿大新斯科舍和美国缅因州，与海胆-海藻相互关系相关的"灾难性"变化的原因一直存在争议，因为从一个高产的以海藻为基础的生态系统变成海胆荒地，会导致人类生态系统服务的损失（Breen and Mann，1976；Elner and Vadas，1990；Lauzon-Guay and Scheibling，2010）。然而，长期的研究表明，这种周期是自然的、以 10 年轮换的"交替稳定状态"，并且受到绿色海胆（*Strongylocentrotus droebachiensis*）的大小、密度、深度分布和摄食行为的驱动（Lauzon-Guay and Scheibling，2010）。绿色海胆种群经历了"繁荣与萧条"（boom and bust）周期，群落迅速增大之后又大量死亡（Scheibling and Hatcher，2007；Uthicke et al.，2009）。海胆大规模死亡事件（由阿米巴引起的疾病）发生后，稳定的海藻生态系统很快得到恢复（几个月）；与此相反，向海胆荒地的转换则是渐进的（需要几十年）。荒地建成的机制取决于海藻区域的底层基质。当底层为岩石基质时，摄食叶片的深水海胆形成的聚集体密度约为 400 个/m^2，并向海藻床中心移动，在移动的过程中海藻也被清除。当底层是沙质基质时情况则不同，海胆在海藻床中随机产生斑块并不断扩大，形成的聚集体约为 150 个/m^2，直到不同的斑块合并成荒地。其他影响海胆摄食行为的因素还包括沉积物、温度和波浪作用（Lauzon-Guay and Scheibling，2007）（见 4.3.2 节和 8.3.2 节）。

在美国阿拉斯加观测到了海胆触发交替稳定的生态系统之间变化的经典案例（Estes et al.，1998；2004）。海胆通过直接被海獭（sea otters）捕食和间接被顶端食肉动物调控进行种群调节，如在 19 世纪人类猎取海獭致使其局部灭绝（Estes et al.，2004）。海獭的清除导致从高产的海藻为主的生态系统转移成生产力较低的海胆荒地。在阿留申群岛（Aleutian archipelago）的研究中，海獭的存在和缺失导致了海藻的存在和缺失，从而使生态系统的能量流发生了急剧的变化（Duggins et al.，1989）（图 5.30）。Duggins 等（1989）表明，海藻碳支持了整个食物网，而在缺乏藻类的岛屿，潮间带和亚潮带的次级生产者（贻贝和藤壶）的生长率明显降低。据报道，通过食物网不同营养级的流量，甚至影响到了秃鹰（bald eagles）和食底栖动物的海鸭（sea ducks）及海鸥（gulls）（Estes et al.，2004）。

在加利福尼亚，海胆在何种程度上控制巨囊藻属（*Macrocystis*）种群一直备受争议（Foster et al.，2006；Graham et al.，2007a；Foster and Schiel，2010）。加利福尼亚南部Palos Verdes和Point Loma区域，紫色海胆（*Strongylocentrotus purpuratus*）和大型红色海胆（*S. franciscanus*）在20世纪50—70年代形成海胆荒地（Leighton et al.，1966），被认为是在当时对生态系统的灾难性破坏。对海胆捕食者（包括龙虾、羊头鱼，海獭和海胆竞争者鲍鱼）的过度捕捞是最常见的解释，但对于这样一个强有力的自上而下的控制证据不足。这些海胆优先消耗漂浮藻类，但当漂浮藻类供给不足时会积极地摄食定居海藻；从觅食到摄食行为的转换可以解释50—70年代间海藻床的衰落（Foster and Schiel，2010）。这些海藻床随时间的推移而得到恢复，由于系统中沉积物的增加导致可被固着器附着的裸露岩石的减少仅仅形成较低的密度（图4.6）。20世纪80年代的另一个急剧下降事件是由于厄尔尼诺事件（El Niño）的发生，之后海藻种群再次恢复。Foster和Schiel（2010）认为虽然海胆摄食和厄尔尼诺事件导致海藻床衰落，但改善的水质（即减少沉积物和污水）是维持加利福尼亚南部海藻床的最好管理方式。这些海藻床由生物和非生物事件之间复杂的相互作用控制，但海胆摄食胁迫则是导致海藻床衰落的唯一因素。

1983年加勒比地区海胆大量死亡的现象戏剧性地展示出热带海胆摄食的影响（de Ruyter van Steveninck and Bak，1986；Hughes et al.，1987；Carpenter，1988；Lessios，1988；Lessios，2005）。当时整个地区93%~100%的冠海胆（*Diadema antillarum*）死亡，之后发生了生态系统的广泛响应，包括珊瑚礁退化和改变为以大型藻类为主的系统，并且生产力严重下降（Carpenter，1990；Hughes，1994）。这种变化已经持续了20年的时间，而在首次观察到有大量冠海胆死亡的巴拿马地区，其种群仍没有得到恢复（Lessois，2005）。然而在牙买加和圣克洛伊岛（St Croix），则存在着当地冠海胆种群复苏的证据，它们似乎向东西两方向扩展，并促进了石珊瑚（scleractinian corals）的招募；这种扩展可能代表在加勒比海反向形成珊瑚礁事件的开始（Carpenter and Edmunds，2006）。

阿拉斯加和新斯科舍的例子是通过单一的顶端捕食者的行为间接影响初级生产者群落，这是“营养级联”（trophic cascade）的典型案例。同样，在塔斯马尼亚岩龙虾属的 *Jasus edwardsii* 的过度捕捞可能促进了海胆荒地的形成（Johnson et al.，2011）。这样的结果在新西兰北部Leigh海洋保护区也被观察到。在这里，食肉动物如 *J. edwardsii* 和鲷（*Pagrus auratus*）的捕捞在20世纪60年代停止。随着时间的推移，海胆（*Evechinus chloroticus*）种群减少而相应的放射昆布（*Ecklonia radiata*）种群恢复（Shears and Babcock，2003；Babcock et al.，2010）。潮间带营养级联的例子来自阿留申群岛，当挪威鼠（Norway rat）引入该地后，引发了一场生态系统的转换，从海藻主导变为固着无脊椎动物主导。鼠类捕食海鸟，导致海鸟的猎物食草动物的数量增加。食草动物反过来清除更多的藻类并为固着无脊椎动物如藤壶释放了空间（Kurle et al.，2008）（图4.7）。潮间带营养级联的另一个例子是R. T. Paine对东北太平洋的海星（*Pisaster ochraceous*）的研究（Menge et al.，1994）。在这

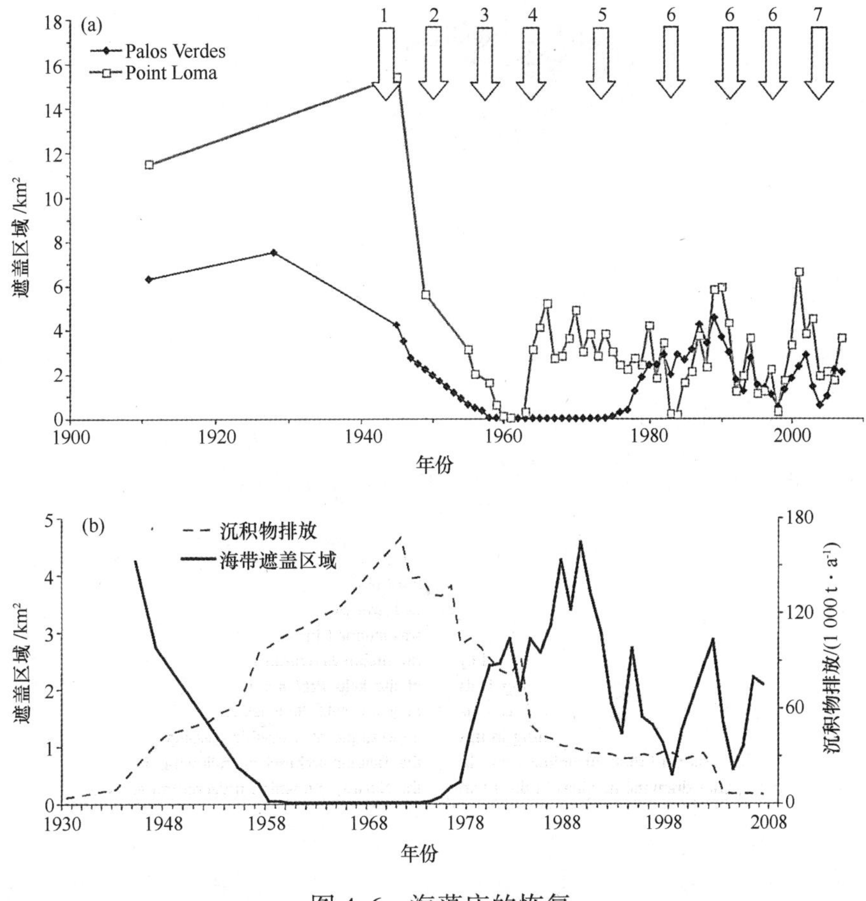

图 4.6　海藻床的恢复

注：（a）Palos Verdes 和 Point Loma 地区海藻森林的巨大海藻冠层。箭头表示发生的事件：1. Palos Verdes 地区浅海排污口安装；2. Point Loma 地区 Mission 湾的沉积物排放和 San Diego 湾的污水排放；3. 1957—1959 年厄尔尼诺事件；4. Point Loma 污水排放离岸移动；5. 南加利福尼亚海胆渔业以及 Palos Verdes 先进的污水处理的开始；6. 1959 年后的厄尔尼诺事件；7. 加利福尼亚南部的降雨和径流。（b）Palos Verdes 巨藻冠层区域和 Whites Point 海洋污水排放悬浮物的质量排放率（mass emission rates）（引自 Foster and Schiel，2010）。

里，在波浪暴露海岬的低潮间带区域，*Pisaster* 捕食贻贝从而为海藻群落创造空间，而 *Pisaster* 在潮间带上部的区域中并不捕食贻贝，因此该区域的群落以贻贝为主。Menge 等（1994）的进一步实验表明，在相邻的波浪保护海岸，*Pisaster* 并不作为基础捕食者，此处也不存在营养级联。这里的群落控制是分散的，虽然整体的摄食胁迫仍然很强，但它是由一组食肉动物产生，每一种食肉动物独立发挥的作用不大。对初级生产者的关键控制对比分散控制，也可以解释阿拉斯加（营养级联）和南加利福尼亚（没有营养级联）海胆清除后对海藻床的不同影响。

海胆因对海藻床戏剧性的影响而备受关注，而另一个重要的群体是较小的中型食草动物（mesograzers）；由于它们个体较小且可高度移动，其对群落结构的影响常常被忽视，同时也使野外实验变得困难（Poose et al.，2009；Newcombe and Taylor，2010）。Poose 等（2012）通过元分析（meta-analyses）发现，中型食草动物类似于大型食草动物（macrograzers），可以对海藻丰度产生影响。端足类动物会导致大规模的海藻叶片脱落（defoliation）（Tegner

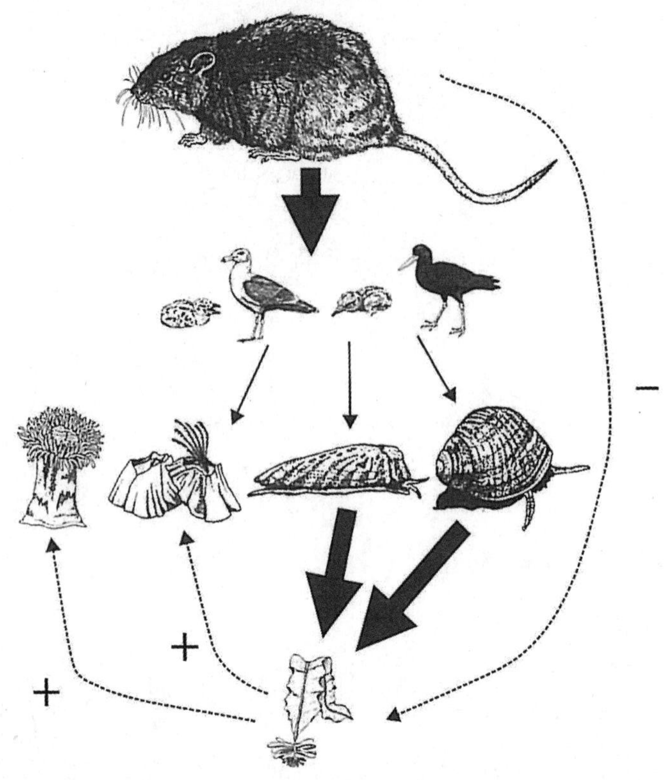

图 4.7　挪威鼠引入后通过直接捕食在潮间带觅食的海鸟间接改变阿留申群岛的潮间带群落

注：虚线箭头表示间接影响，实心箭头表示直接影响。鼠类使灰翅鸥（glaucous-winged gull）和黑蛎鹬（black oystercatcher）数量降低，从而降低了潮间带无脊椎动物如藤壶以及食草动物蜗牛和帽贝的摄食胁迫。食草无脊椎动物的数量增加导致藻类的显著减少，从而为固着无脊椎动物释放更多的空间。海洋岩基潮间带从藻类主导变化为无脊椎动物占主导的系统（引自 Kurle et al.，2008）。

and Dayton，1987；Graham，2002）（见 3.5.2 节）。中型食草动物也能通过摄食附生生物、排泄提供氮或促进孢子的释放和传播，对海藻产生有益的影响（Brawley and Fei，1987；Buschmann and Bravo，1990；Duffy，1990）。微型生态系（microcosms）和中型生态系（mesocosms）已经被用来解决野外实验的难题。Brawley 和 Adey（1981）研究了端足类钩虾（gammarid）在珊瑚礁微观生态系中的影响，发现丝状先锋藻类如拉尔水云（*Ectocarpus rallsiae* Vickers 1905；曾用名 *Hincksia rallsiae* Silva et al.，1987）、藓羽藻（*Bryopsis hypnoides*）和纵胞藻（*Centroceras clavulatum*）会被迅速摄食，导致具有化学防御的物种小沙菜（*Hypnea spinella*）成为主导物种。甚至在捕食端足类动物的鱼类存在时，对端足类麦秆虫（caprellid）和钩虾的摄食也会阻止江蓠属（*Gracilaria*）附生生物的过度生长（Brawley and Fei，1987）。

中型食草动物引起的海藻严重脱叶现象被认为是自然界中罕见的事件，因为中型食草动物种群通常一直受到食肉鱼类的控制（Poore et al.，2009）。有几个营养级联实验证明鱼类对中型食草动物的捕食量级控制了底栖生物群落结构（Duffy and Hay，2000；Davenport and Anderson，2000；Newcombe and Taylor，2010）。在美国北卡罗来纳的中型生态系实验表明，由于杂食性鱼类优先摄食红藻和绿藻，同时也捕食喜爱褐藻的片脚类动物，导致褐藻成为生态系的主导类型（Duffy and Hay，2000）。在美国加利福尼亚，Davenport 和 Anderson（2007）用笼子从巨型海藻床中隔离捕食性鱼类。在捕食性鱼类缺乏的情况下，中型食草动物种群数量大幅增加，导致巨藻产生较少的叶片和顶端分生组织（apical meristems）。新西兰的中型生态系实验表明，濑鱼（wrasse；*Notolabrus celidotus*）可捕食中型食草动物，引起海藻上附生生物增加（Newcombe and Taylor，2010）。为避免采用笼子或微型/中型生态系来排除食草动物的人为因素，Poore 等（2009）使用缓释杀虫剂杀死端足类动物，却观察到相当不同的结果。杀虫剂可杀死约 93%的端足类动物，但对于宿主海藻马尾藻属的 *Sargassum linearifolium* 的生长速率或附生在海藻表面的附生生物的丰度并没有明显的影响。这可能是因为在该研究地点，小型食肉鱼类会自然抑制端足类动物种群，因此进一步清除端足类动物的影响不大；或者因为其他食草动物如腹足类（gastropods）接替了端足类的作用，后者被称为“冗余”。Poore 等（2009）的研究清楚地说明了中型食草动物的生态作用还没有被完全阐明。

潮间带的摄食胁迫可以影响藻类之间的竞争结果和藻类的多样性。在美国新英格兰地区，潮间带的岩池往往以角叉菜或石莼属为主。石莼属是竞争优势种，但也是占主导地位的食草动物滨螺属（*Littorina*）的首选食物。只有当高密度的滨螺控制石莼的迅速生长时，角叉菜才可以成功占据主导地位。从角叉菜主导的岩池中，藻类去除滨螺会导致该地被石莼接管。在滨螺为中等密度的岩池中，藻类物种多样性是最大的，因为摄食使竞争处于劣势的物种继续存在，而它们的竞争对手石莼首先被摄食（Lubchenco，1978）。在露出水面站位的相同实验中，潮池中观测到的双峰效应并未出现。相反，藻类物种多样性随着滨螺密度的增加呈线性下降。这是因为在露出水面的海岸区，滨螺的首选食物石莼（以及其他快速生长的生活史短暂物种）在与中部潮间带形成冠层的墨角藻以及低部潮间带角叉菜的竞争中处于劣势。在这种情况下，增加的摄食胁迫会导致物种多样性降低，因为生活史短暂的物种被摄食，而味道差的（即存在化学防御）冠层物种被保留。捕食者可以调节物种多样性和控制竞争的结果，但这种影响的强度在不同的环境中有所不同。

同样在潮间带，Coleman 等（2006）第一次针对清除帽贝的影响进行了假说驱动实验（hypothesis-driven experiments），实验区域跨越了从英国 Man 岛 54°5′N 到葡萄牙南部 37°41′N 的纬度梯度，研究使用相同的方法和实验时间。帽贝清除后，在所有研究站位均导致了藻类生物量增加，同时出现了纬度趋势。在北部站位，帽贝的清除均会导致中部潮间带贻贝/藤壶区域墨角藻冠层的建立，而藻类覆盖的空间变异性（spatial variability）降低（较少的斑块分布）。而在葡萄牙南部，群落对帽贝清除的响应不一致（随机）并随站位变化。这是因为和北方区域相比，该处很少有或没有主导的冠层藻类，但藻甸物种多样性较高并能够迅速占据自由空间。因此在这个站位，帽贝的清除导致了小规模的空间变异性增加。该实验总结的通常模式是：在藻类生理条件相对恶劣的环境中（葡萄牙南部），帽贝清除的影响是不可预测的；而在相对温和的北部站位，帽贝清除对藻类殖民的影响则是可预测。

海藻垂直分布的上下界限还可被食草动物调整（Raffaelli and Hawkins，1996）（第 3 章）。在英国，一部分凹顶藻属（*Laurencia*）-衫藻属（*Gigartina*）分布带的上限由海岸中的 *Patella* 种群控制（Lewis，1964）。葡萄牙中部和英国南部地区食草动物的清除造成海藻分布上限升高了 0.5 m（Boaventura et al.，2002）。在美国华盛顿州 Tatoosh 岛，食草动物的清除导致马泽藻属的 *Mazzaella parksii*（Hughey et al.，2001）（曾用名 *Mazzaella cornucopiae* Hommersand et al.，1993）扩展其分布下限（Harley，2003）。Noel 等（2009）发现，在英国南部由于涨潮时帽贝 *Patella vulgata* 进入岩池导致的摄食胁迫是其邻近站位的两倍。在南非，中部潮间带帽贝 *Cymula oculus* 被清除了 5 a 之久，导致了群落多样性的改变。当帽贝存在时，中部潮间带仅有一种海藻（耐受食草动物的疣状褐壳藻 *Ralfsia verrucosa*）和 9 种无脊椎动物；而在食草动物不存在区域，则存在 9 种海藻和 19 种无脊椎动物（Maneveldt et al.，2009）。食草动物即使密度很低也能够防止叶状海藻的定居（Underwood，1980）。在澳大利亚悉尼动物占主导的中上潮间带区域，食草动物的清除使叶状海藻可以定居；但在这种情况下，藻类分布向上的范围无法扩展，因为大多数藻类在潮间带海岸恶劣的生理条件不能存活至成体阶段（Underwood，1980）。

Chapman（1986）指出了海藻和动物相互作用在北美和澳大利亚东南部基岩潮间带的一个有趣的差异。在北美，只有当具有竞争优势的藤壶和贻贝受到海螺和海星捕食影响时才会形成以低岸藻类为主的区域。相反在澳大利亚，海藻在竞争中取代帽贝（只能摄食微小的藻类或藻类的微观阶段），形成密集的低潮间带海藻层（Underwood and Jernakoff，1981），并且藻类区域突然结束于中部潮间带，由藤壶或食草软体动物取代（取决于波浪作用）。

成带现象也可受到摄食和竞争的综合影响。例如在智利南部，中部潮间带壳状的珊瑚藻（crustose coralline）和硬石莼（*Ulva rigida*）通常将下部区域的拟伊藻属 *Ahnfeltiopsis furcellatus* 和上部区域的拟片状马泽藻（*Mazzaella laminarioides* Hommersand et al.，1993；曾用名 *Iridaea boryana* Skottsberg 1941）分离开来。这条分隔带由软体动物摄食维持；当食草动物被清除，叉枝藻属（*Gymnogongrus*）和马泽藻属（*Mazzaella*）竞争掉生长缓慢的珊瑚和生活史短暂的石莼，导致带状区域界限的改变（Moreno and Jaramillo，1983）。华盛顿地区的潮池中，壳状的珊瑚藻（crustose coralline）通过比其他物种更快的生长来竞争空间（图 4.2c），而帽贝则影响这一结果。一般而言，厚壳物种的生长速度高于薄壳物种。在高岸潮池，频繁但低强度的摄食去除了石叶藻属的 *Lithophyllum impressum* 的表面细胞，但会导致本身缺乏多层表层的伪石叶藻属的 *Pseudolithophyllum whidbeyense* 深度损伤，因此石叶藻属占据主导地位。在低岸潮池，两种物种壳部的分生组织均受到损伤，但伪石叶藻会迅速生长遮蔽它的伤口以及周边的石叶藻（Steneck et al.，1991）。

摄食竞争和波浪运动间的相互作用已在美国缅因湾进行了广泛的研究（第 3 章）。Lubchenco 和 Menge（1987）的研究表明，在波浪暴露海岸（wave-exposed coasts），因为波浪作用降低了捕食贻贝的食肉动物的活动使得贻贝占主导，而在波浪保护海岸（wave-protected shores）由于对贻贝的大量捕食使得瘤状囊叶藻占主导地位。这些结果表明，群落被消耗者控制（即自上而下的控制）的效果依赖于波浪运动。在第三种生境类型“波浪掩蔽的港湾和河口”（wave-sheltered bays and esyuaries），瘤状囊叶藻属/墨角藻属藻床和贻贝床以马赛克形式存在，不同类型的群落紧挨其他群落以斑块状生长，虽然在这里瘤状囊叶藻在水流缓慢区占主导而贻贝在高流动站位存在。两个研究小组使用这种栖息地类型研究群落受到模拟海冰冲刷的干扰后如何发展。Bertness 等（2002）在每个栖息地创建不同大小的斑块区域，并用食草动物清除笼操纵消耗者。当消耗者存在时，贻贝床或墨角藻冠层在 3 a 中均无法恢复；而当消耗者缺乏时，原有的群落可重新建立。他们提出了一个模型：这些群落受到消耗者的控制，通过水流运动和繁殖体供应进行调节，均具有高度确定性和自我复制能力；因此当出现干扰事件后会发展成相同的群落，这种积极反馈（positive feedbacks）有助于群落的维持（图 4.8）。

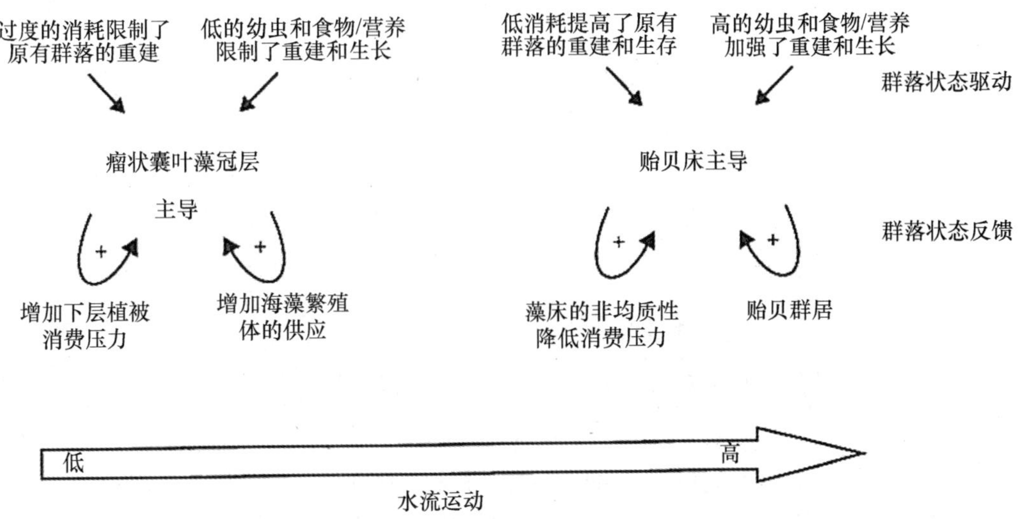

图 4.8　在缅因湾的岩石海岸，瘤状囊叶藻冠层-贻贝床交替的群落状态的确定性生成和维持的概念模型

注：在低流量的站位，腹足类和蟹类强烈的摄食胁迫导致栖息地被味道差的海藻冠层主导；而在高流量的站位，低消耗胁迫和高幼体供应形成贻贝床栖息地。每一个群落类型中的积极反馈导致其扩展和维持。如果随机确定的交替稳定状态出现在这个系统中，它们可能发生在水流运动的中间站位，该站位消耗者控制和可预测的幼虫招募是不受约束的（引自 Bertness et al.，2002）。

Petraitis 等（2009）在缅因州沿岸遮蔽海湾跨越 9 a 的系列实验中，测试了一个假设：贻贝床和瘤状囊叶藻床表现出群落交替状态，而不是消耗者控制的自我复制群落。实验中清除了不同大小的斑块来模拟海冰冲刷，但仅限于波浪庇护的瘤状囊叶藻床。他们认为在积极的消耗者存在的基础上，如果贻贝床可以在瘤状囊叶藻床的清除区域内生长，就是干扰会导致群落切换到另一种稳定状态的证据。对于直径大于 2 m 的清除区域，除了一个以外所有的区域或者被墨角藻（*Fucus vesiculosus*）主导（60%）或者被贻贝主导（37%），但瘤状囊叶藻并未恢复。但这种效果是依赖于清除区域的尺寸，小于 1 m 的清除区域中瘤状囊叶藻种群会再次生长。Petraitis 等（2009）认为大的斑块模拟了严重的海冰冲刷，这可能是一个生态系统从一种稳定状态切换至另一种状态的剧烈事件。他们整合了 Lubchenco 和 Menge（1978）以及 Bertness 等（2002）的站位特异性和自上而下的控制理论，提出了一个模型，认为在庇护场所形成的群落将在很大程度上依赖于殖民物种的种类，而这又反过来取决于清除斑块的大小（图 4.9）。大斑块往往和邻近的群落断开，因此殖民后的模式依赖于早期定居者的种类。墨角藻、贻贝和藤壶对于大的空间具有竞争优势，而瘤状囊叶藻对于小空间的竞争则更有优势。长期对相同群落的研究是非常有价值的，能够清楚地说明海藻、食草动物、水流运动和干扰尺度之间相互作用的复杂性。

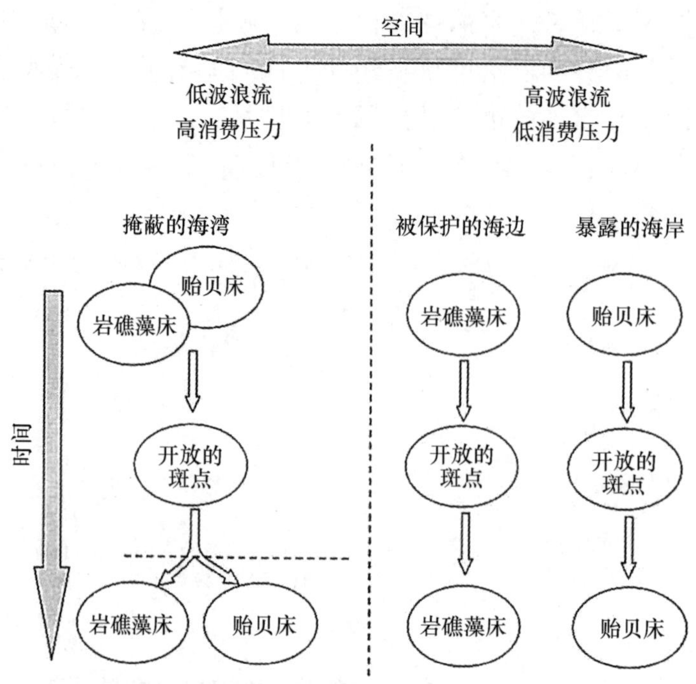

图 4.9　岩礁藻床（rockweed stands）和贻贝床在时间和空间上的发展

注：在开放的沿海海岸，从波浪暴露海岸到波浪保护海岸之间存在波浪流的梯度，当波浪和流减少时贻贝的天敌活力增加。Lubchenco 和 Menge（1978）的工作表明，当捕食者足够活跃以清除贻贝时，岩礁藻床局限于波保护海岸。在波浪保护的海湾，贻贝和岩礁藻床均以斑块状出现，而斑块发展取决于何种物种首先定居。水平虚线显示斑块发展成为一个贻贝床或岩礁藻床的时间点。垂直虚线显示了两种发展之间的假设界限，转换也可以是渐进的或并不仅仅与波浪暴露情况相联系（引自 Petraifis et al.，2009）。

本章的重点是生物的相互作用，但以上的例子明确表明非生物因素可以影响竞争的结果。术语“自上而下”（top down）和“自下而上”（bottom up）被用来分别描述一个群落的主要控制因素是消耗者还是资源供应（通常是无机养分）（Lotze et al.，2001；Hillebrand et al.，2007；Korpinen et al.，2007）。前面的章节中提供了自上而下的控制的几个例子，其中包括营养级联。Lotze 等（2001）认为自下而上与自上而下的控制对于海藻集群的相对影响因素取决于：①系统的营养状况；②营养供给和摄食胁迫的季节性变化；③海藻是一年生还是多年生；④海藻的年龄（因为从成熟海藻招募的新幼体可能会有不同的响应）。以上影响因素表明，自上而下与自下而上的控制均具有站位特异性的特征（Hillebrand et al.，2007）。

在营养贫乏的环境中可能存在着消耗者对初级生产者强有力的自上而下的控制，而当营养丰富时的控制则较少（Lotze et al.，2001）。Guerry 等（2009）证实了在新西兰南部自上而下的控制，强烈的调控以帽贝为主的上层海岸群落和以藻类为主的低洼区。总体来说，富营养（nutrient enrichment）对以壳状和皮质海藻为主的群落影响不大，但当营养供给增强而摄食胁迫降低时叶状海藻丰度增加。与食草动物的影响相比，自下而上的影响被认为需要更长的时间来对系统产生效果（Nielsen and Navarrete，2004），Guerry 等（2009）提出疑问，如果当实验长达 1 a 以上，是否可能出现一个不同的模式。在美国俄勒冈的岩池中，营养供给影响了海藻群落结构和初级生产，这种影响取决于水流运动。然而，虽然富营养会影响海藻生产力，但没有发现对更高营养级明显的流动影响（Nielsen，2001）。Korpinen 等（2007）沿深度梯度对食草动物和营养的影响进行了实验研究。在较浅的站位，富营养增加了海藻密度，同时食草动物也会增加，此处以自上而下的控制为主。总之，资源供给和消耗胁迫之间的相互作用不容易预测，自上而下与自下而上的控制的相对重要性取决于食草动物和富营养化的时空变化；这些控制将沿环境梯度变化。此外，野外的营养添加实验经常产生模棱两可的结果；可能是因为许多其他的因素也影响种群和群落动态。

4.3.2　海藻和食草动物之间的相互作用

在上一节中我们讨论了食草动物摄食对群落结构的影响，但海藻也会受到个体层面的影响。食草动物的伤害可能取决于 3 个方面：①海藻个体遭遇食草动物的概率；②相遇后海藻被摄食（至少部分被摄食）的概率；③摄食损伤对海藻健康的影响（Lubchenco and Gaines，1981）。发生最小伤害的海藻包括不接触食草动物的、味道差的或对于修复损伤没有显著消耗的海藻。摄食对海藻的影响取决于组织丢失的数量、类型以及时间，特别要考虑到藻体的繁殖期。摄食有时可能会通过减少藻甸的自阴影来提高生产率；Williams 和 Carpenter（1990）认为这是热带被海胆摄食的藻甸比被鱼或中级食草动物摄食的藻甸生产率高 2~10 倍的原因。在食草动物消化过程中，藻类孢子的生存和传播可能会平衡摄食的损失。Santelices 等（1983）发现机会物种孢子存活率比后期演替物种要高得多。一个极端情况是海胆会造成巨囊藻属（*Macrocystis*）的巨大损失，虽然它们摄食较少但会通过摄食藻体基部的叶柄而造成整个叶片的损失（Leighton，1971；Schiel and Foster，1986）。而另一个极端情况是，帽贝更喜欢摄食壳状的珊瑚藻（crustose coralline）但不会造成较大的伤害。藻体少量钙化的上皮层被剥除，但内部的分生组织会分生修复使其能够继续生存。事实上，在缺少帽贝摄食的情况下，一些珊瑚藻的上皮层会变得太厚，藻体会被附生生物覆盖导致死亡（Steneck，1982）。

海藻减少消耗的方法统称为“防御”（defenses），海藻防御已被分为几种类型（Littler and Littler，1984；Littler and Littler，1988；Duffy and Hay，1990；Duffy and Hay，2001；Iken，2012）。各种防御机制基本上分为三大类：躲避（escape）、耐受（tolerance）或阻碍（deterrence）。躲避机制可能存在空间、时间和大小的不同尺度，同时还存在相关躲避（associational escapes），指一个有机体和一个味道差的或本地的物种联合生长。消耗可能会由于快速生长变得可耐受，包括发生在珊瑚礁海藻藻甸中营养组织和生殖组织的替换（见 3.3.1 节）。潜在的消耗者可能被藻类的结构和形态特征阻碍，或者通过使用化合物使藻体变得难吃（Nicotri，1980；Duffy and Hay，2001）。

时空躲避。不是所有站位的所有时间都具有高摄食胁迫。即使在摄食程度较高的热带珊瑚礁，摄食胁迫在时间和空间上也存在明显变化（Hay，1981a；Hay，1981b）。食草动物会发生垂直迁移（Vadas，1985），而且还存在着食草动物无法到达的地方。例如，在温带水域墨角藻（*Fucus vesiculosus*）的幼植体相比年龄较大的海藻更容易被玉黍螺摄食，但当其生长在腹足类无法达到的岩礁裂缝中时则可以躲避摄食（Lubchenco，1983）。

海藻的壳状（crustose）或钻孔（boring）阶段（或异丝体 heterotrichous 海藻的匍匐部

分）更耐受食草动物的摄食（见下文），或者是很难被食草动物接触或者不容易被清除。贝壳钻孔阶段的海藻（Shell-boring algae），如配子阶段（gamete stages）和贝壳丝状体阶段（conchocelis stages）可以明显抵御摄食。热带珊瑚礁碳酸盐是钻孔丝状绿藻和红藻的主要栖息地。大量上述物种（不是全部为大型海藻的世代交替阶段）占据了珊瑚内藻类生物量的90%以上，而其中黄藻 zooxanthellae 的贡献相对很小（Littler and Littler，1984；2011d）。然而，该站位的这些藻类会被鹦嘴鱼（parrotfish）摄食。与耐受摄食的藻类相反，直立形式的藻体可能由于相对较窄的叶柄损伤而被完全去除。壳状或钻孔阶段藻体的缺点是更易被附生生物掩盖，但这个问题可以通过食草动物去除附生生物来减轻。

藻类庇护所可能存在于距离食草动物庇护所较远的位置。北美洲西海岸贻贝床的空地边缘发现明显可视的环带（图 4.10），因为低潮时帽贝从其庇护所向外移动的范围是受限的（Paine and Levin，1981）。类似的现象也发生在热带的补丁礁（patch reefs），在白天为海胆提供庇护所（Ogden et al.，1973）。在第一种情况下，干燥阻止帽贝回移；而掠食性鱼类则驱动海胆回移。

图 4.10　藻类庇护所呈现的环带

注：在波浪暴露的华盛顿海岸，贻贝床中海藻斑块边缘的环带由低潮时庇护在贻贝中的食草动物（帽贝和石鳖）摄食形成，而摄食距离庇护所只有 10～20 cm。食草动物无法在大斑块的中心觅食，但可以吃光整个小型斑块（两个斑块年龄相同）。在较大的斑块中心的肉质海藻为紫菜属（*Porphyra*），周围为红囊藻（*Halosaccion*）。环带由藤壶和温哥华珊瑚藻（*Corallina vancouveriensis*）占据（图片来自 Tobert T. Paine）。

庇护栖息地也包括一些对于食草动物而言波浪作用特别强烈的区域。例如，在实验室条件下，当水流速度（water velocities）大于 0.25 m/s 时，海胆 *Stronglyocentrotus nudus* 对海带属（*Laminaria*）的摄食率（feeding rates）下降，并在 0.4 m/s 时停止。这些研究结果支持了日本岩守地区的野外观察，该地的浅亚潮带拥有更多的海藻和较少的海胆，而在更深的水里有更多的海胆和较少的海藻（Kawamata，1998；2010）。在热带珊瑚礁顶部，较强的波浪运动会减少鱼类和海胆的摄食胁迫，并形成最大的珊瑚藻群落，如加勒比地区的石叶藻属 *Lithophyllum congestum* 和孔石藻（*Porolithon onkodes* Foslie 1909；曾用名 *Porolithon pachydermum* Foslie 1909）建立了潮间带的藻脊（Adey and Vassar，1975）（图 3.9b）。

Lubchenco 和 Cubit（1980）以及 Slocum（1980）提出了更先进的假说，认为异形世代交替藻类（heteromorphic algal）的生活史可能有利于对摄食的响应。Lubchenco 和 Cubit（1980）研究了几个冬季生活史短暂的藻类物种（丝藻属 *Ulothrix*、尾孢藻属 *Urospora*、幅叶藻属 *Petalonia*、萱藻属 *Scytosiphon*、红毛菜属 *Bangia* 和紫菜属 *Porphyra*），其所在区域的摄食强度随季节变化。当人为清除食草动物后，直立形式的藻类一年中仅出现几次且持续时间较短。Slocum（1980）发现 *Mastocarpus papillatus* 壳状和叶状形态的相对数量取决于摄食强度，Dethier（1982）认为季节的丰度变化可能很大程度上或完全取决于食草动物的丰度和摄食率。如果变化是不可预测的，群落生存率在两种形态连续生长时均会达到最高，虽然在某个时间段只存在着一种形态（Lubchenco and Cubit，1980）。“避险”（Bet-hedging；Slocum 的称法）可使每代海藻的全部后代最大化。然而，Littler 等（1983b）认为，虽然壳状阶段具有更强的食草动物耐受性，但同时也更加耐受海砂的冲刷和埋葬、波浪运动、干燥和温度，从而表现出对各种“苛刻”条件的阶段适应性。由于紫菜属（*Porphyra*）和萱藻属一些物种或种群的繁殖会受光或温度影响，使得上述情况进一步复杂化，导致不合时令的直立形式海藻无法生长。而异形世代交替生活史海藻是否是避免激烈摄食胁迫时期的策略仍需要实验测试（见 2.2 节）；但也必须认识到，这些策略并不是相互排斥的。

联合躲避。藻类在接近味道差的藻类甚至有毒的动物时也会受到保护（Hay，1988）。网地藻（dictyotalean brown）和棕叶藻（*Stypopodium zonale*）是一类毒性最强的海藻，当美味的刺状鱼栖苔（*Acanthophora spicifera*）和棕叶藻接近时会承受较少的摄食伤害（Littler et al.，1986b；1987）。甚至棕叶藻的不同形式对邻近藻类也具有显著的有益影响。类似的例子发生在北卡罗来纳，冠下藻类提克江蓠（*Gracilaria tikvahiae*）受到冠层藻类马尾藻属（*Sargassum*）的保护（Pfister and Hay，1988）。较慢生长速度的消耗比与相邻海藻的竞争消耗对藻类更有益。在巴西，当网地藻未知种（*Dictyota* sp.）和叉状马尾藻（*Sargassum furcatum*）共同生长时（前者作为后者的兼性附生生物）受到的摄食胁迫降低，因为马尾藻较难吃可以避免食草动物的摄食（Pereira et al.，2010）。在美国加利福尼亚，海葵 *Corynactis californica* 存在时海藻的招募能力较大，因为海葵可以阻止海胆摄食。在实验中无论是把红色海胆还是紫色海胆放置于海葵上或者海葵旁边时都会感受到胁迫，它们会收回足部并减缓运动速度。这是一个由海葵引起海胆行为改变从而形成海藻联合庇护所的事例（Levenbach，2008）。

在小节 4.2.1 讨论的海洋鱼类（*Hypsypops rubicunda*）是一个干扰竞争的事例，同样也是和当地动物联合而获益。温水雀鲷（damselfish）是一种食肉动物，可以赶走所有其他鱼类，包括食草动物（否则会吃掉其的巢穴）。一组统称为“农夫鱼”（farmer fish）的热带雀鲷显示出更复杂的行为。这些鱼类在栖息地范围内维持着藻类集群，使该处藻类的物种丰度和物种组成明显不同于周边地区（图 4.11a）（Lassuy，1980；Hinds and Ballentine，1987；Klumpp and Polunin，1989；Ceccarelli et al.，2001）。连续的领地可覆盖大面积的礁坪（图 4.11b）并贡献了巨大的生产力，其中大部分被鱼类消耗（Brawley and Adey，1977；Klumpp et al.，1987；Polunin，1988）。农夫鱼可以选择性地允许某些藻类物种生长，并淘汰特定种的藻类。

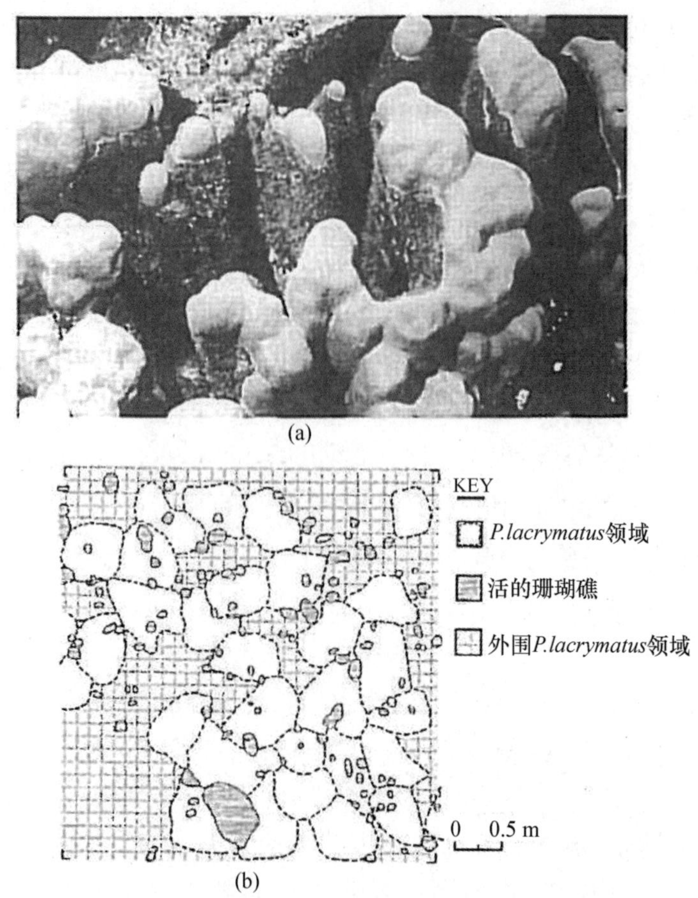

图 4.11 热带雀鲷对栖息地藻类的维持

注：（a）澳大利亚大堡礁雀鲷（*Stegastes nigricans*）栖息地中大量的 *Porites*（珊瑚）聚居地的生长形式。雀鲷维持密集的藻甸（1.15 cm 直径）。（b）示意图显示新几内亚巴布亚 Matupore 岛成年雀鲷 *Plectroglyphidodon lacrymatus* 领地的大小和分布（图 a 引自 Done et al.，1991；图 b 引自 Polunin，1988）。

虽然大多数的研究只集中在农夫鱼领地中的藻类组成，最近的研究表明鱼类食物（巴布亚新几内亚）中 30%～80%为海藻藻甸上的附生硅藻（Jones et al.，2006）。海藻丝状体上常存在密集、多层的硅藻集合；这些硅藻显然可以被鱼类选择性地清除，但即使鱼类相同时也可能存在着藻甸群落的区域差异（Lobban and Jordan，2010）。Hata 和 Kato（2004，2006）提出证据表明在日本冲绳，红藻椎形藻属（*Vertebrata*）的一个物种与喜阴农夫鱼 *Stegastes nigricans* 有强制性的相互关系（栽培互惠，cultivation mutualism）。鱼类维持这种海藻的小型领地作为一个“虚拟单一栽培”（virtual monoculture），而这种海藻物种只存在于这些鱼类的领地（使用分子生物学技术鉴定）。在热带地区（关岛、巴布亚新几内亚）相同的鱼类则有更大、更多样化的藻类“农场”，但未发现有椎形藻属（*Vertebrata*）物种的存在。

上述讨论集中在海藻通过联合来避免消耗的机制，但海藻本身也可以为小的中型食草动物提供联合庇护所。对于一些端足类动物，海藻宿主可为其提供食物和庇护所。化学防御型海藻为相关联的食草动物提供保护以阻止食肉动物，但对于食草动物而言有得有失，因为防御型海藻提供的食物质量比非防御型海藻差。另外，端足类动物不能摄食过多，否则会失去它们的庇护所（Cerda et al.，2010）。端足目 ampithoid 在宿主海藻上通过自身分泌的细丝将周围的海藻卷曲或者把海藻碎片粘在一起形成巢穴（Cerda et al.，2010）（图 4.12）。巢穴建立在海藻的分生组织区域，而且端足类会向着海藻叶片生长的相反方向不断延伸巢穴，致使巢穴停留在分生组织。很难确定海藻是作为食草动物的庇护所更重要，还是作为食物源更重要；但 Sotka 等（1999）通过研究非食草端足类的 *Ericthonius brasiliensis* 对其特殊生境热带海藻标准仙掌藻（*Halimeda tuna*）的影响确认了这一点。*Ericthonius* 不摄食它的宿主，但仍然对其存在负面影响，因为小的肉食性鱼类优先捕食其附生海藻并损伤海藻的分生组织。在新西兰，端足类的 *Aora typica* 优先选择可提供优良庇护所的海藻，而不考虑海藻对它们的营养价值（Lasley-Rasher et al.，2011）。

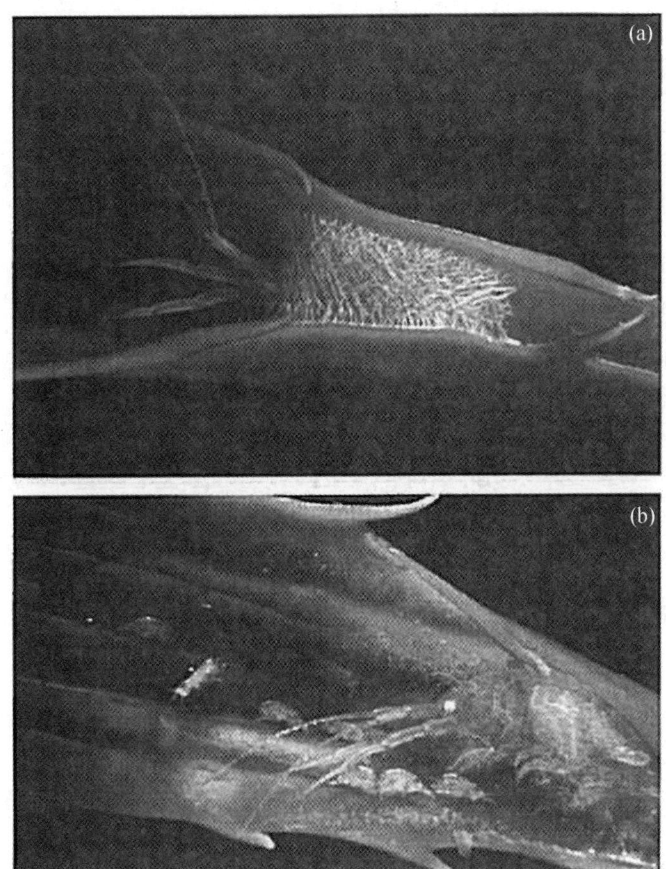

图 4.12　*Peramphithoe femorata* 在梨形巨藻（*Macrocystis pyrifera*）叶片上的管状巢穴

注：（a）端足类步足腺体形成的网状端足丝（amphipod-silk）；（b）端足类雌虫和幼体后代（引自 Cerda et al.，2010）。

结构和化学制止剂（deterrents）。许多食草动物显示出对某些食物类型的偏好，在某些情况下，能够观察到它们的偏爱物种。例如，海胆可以逆水流移动至海藻处，但它们的摄食行为同时受到偏好性和海藻可用性的影响（Vadas，1977）。食草动物的食物选择对更高的营养级有很强的影响，食草动物选择食物的原因也因此备受关注。海藻的结构性质，如形态或韧性会影响食草动物的选择，而藻类的化学成分也同样会对其产生影响；在某些情况下，这两种藻类特征会同时发生作用（Nicotri，1980）。早期研究主要针对结构的防御作用，但目前海藻与食草动物之间相互作用的化学生态学（chemical ecology）已成为一个主要的研究领域（见 4.4 节）。

食草动物一旦遇到海藻即开始摄食的概率取决于海藻的形式和适口性。Steneck 和 Watliag（1982）根据海藻的上述特性将其划分为不同的功能组，并用以预测食草软体动物（Molluskan；不包括后鳃亚纲 Opisthobranchs）对海藻的敏感性。海藻功能组分类基于其形态学和韧性，因此类似于 Littler 和 Littler 的分类系统（表 1.1）。当然，一些藻类随着生长会分类于两个或多个功能组，而异形世代交替生活史的物种则至少跨越两组。食草软体动物根据其齿舌和摄食活动也进行了分组，包括“帚型”（例如 keyhole limpets）、“耙型”（如 *Littorina littorea*）、“铲型”（如 true limpets）和“多功能型”（如 chitons）。1 组和 2 组的藻类很容易被帚型或耙型齿舌的食草动物刮取基质；而损耗最大或最广泛的藻类（5 组和 7 组）主要被其他两组类型的食草动物消耗，它们可以占据藻体并挖出组织；中等大小且具有中等韧性的藻类（3 组、4 组、6 组）似乎形成了这些食草软体动物的庇护所，因为其藻体的尺寸中等，既无法被从基质上刮取又不易被附着。

使用功能分组作为摄食敏感性的指标已受到质疑（Padilla and Allen，2000）（见 1.2.2 节）。问题在于海藻形态只是影响消耗者敏感性的因素之一。虽然海藻可能在化学防御和其形态上具有高度高塑性，食草动物也可以在食物质量的基础上选择其摄食物种（Nicotri，1980）。Clements 等（2009）认为对海藻阻止食草鱼类特性的关注导致了缺乏鱼类如何选择食品营养的认识。Padilla 和 Allen（2000）认为具有相似形式的海藻可能有非常不同的力学、产物和结构特点，而每一个特点都可能影响摄食选择。然而，Poore 等（2012）针对 613 种食草动物排除实验的元分析表明，海藻的特征如功能组和系统发育地位对于确定其摄食敏感性非常重要（图 4.13）。Poore 等（2012）的分析支持了当前普遍持有的观点，即珊瑚藻是食草动物最不偏好的海藻；有观点认为珊瑚藻钙化是作为针对摄食的防御机制，但应该了解的是，钙化海藻实际上比无脊椎食草动物早进化了 1 亿年（Steneck，1992）。喂养选择实验（feeding choice assays）被用来确定食草动物摄食偏好的主要方法。研究包括将单一海藻物种提供给食草动物（无选择实验 no-choice experiment），或者将两个或两个以上的海藻物种提供给食草动物（选择实验 choice experiment），并检测每个物种被摄食的数量。两种实验的选择取决于需要解决的问题和待研究的物种。选择试验更适合于自然环境中可移动的食草动物，其具有大范围的食物来源。而对于在自然环境中移动能力较弱的无脊椎动物（例如生活在无附生生物海藻上的腹足类动物），其食物可选择性少，无选择实验可能更加适合。两种方法结合分析可用于确定低营养质量是否可以影响食草动物的偏好。例如，在选择实验中，A 和 B 两种海藻被提供给食草动物，结果 B 是食草动物的首选。然后进行无选择实验，将 A 和 B 分别提供给食草动物。如果发现食草动物对 A 的摄食量超过 B，则表明 A 的食物质量较低（如蛋白质含量低）；因为当食草动物没有选择时，其需要摄食更多的 A 类海藻来弥补其较低的营养价值（Cruz-Rivera and Hay，2000）。然而，如果在无选择实验中，海藻 A 的摄食量仍然小于海藻 B，那么可以进一步测试是否存在结构或化学防御的因素。首先将海藻 A 和 B 分别晒干，磨成细粉后与琼脂溶液混合形成质地均匀的海藻“果冻”（Hay et al.，1998），然后在选择实验中将海藻琼脂混合物提供给食草动物。如果仅存在结构保护

(如坚韧的藻体)，食草动物对于含有磨碎的海藻A或B的琼脂将不显示偏好性。如果海藻存在化学防御，那么食草动物会显示出对海藻B琼脂的偏好。针对后者，需要采用生物检测实验（bioassay-guided experimental）进一步验证海藻中的生物活性化合物（Deal et al.，2003）。候选的生物活性物质需要从海藻A粗提物中继续纯化，然后将其与磨碎的对食草动物而言美味的海藻混合，以"果冻"形式提供给食草动物。而对照组选择只含有美味海藻的"果冻"，通过比较两组的摄食量。如果食草动物显示出对特定化合物的不偏好，那么这种化合物就可能是食草动物的制止剂。

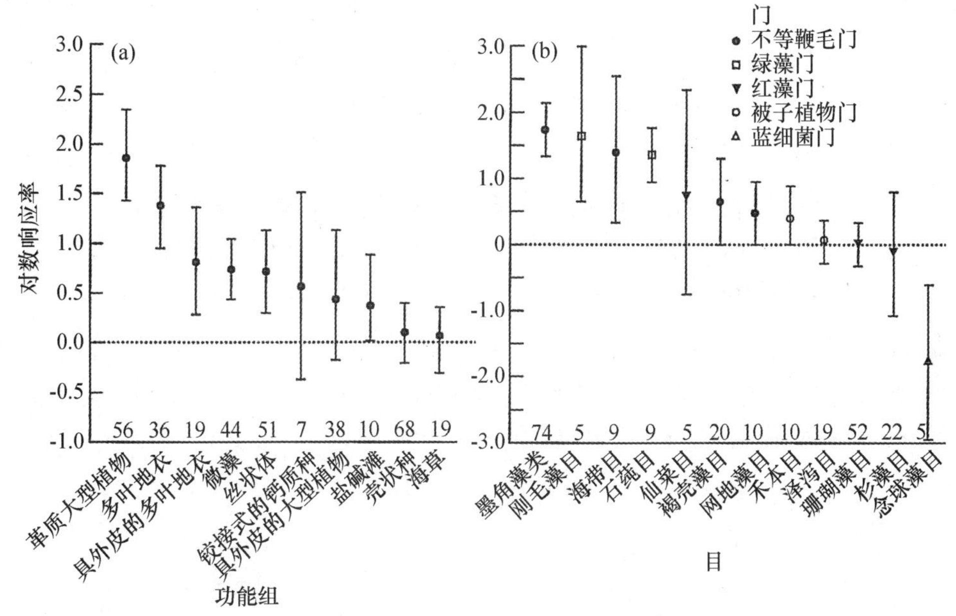

图4.13　初级生产者的不同功能组（a）和不同目（b）藻类对于阻止食草动物的效果变化

平均值和95%可信区间通过线性混合模型（预测变量的对数响应比）推断

注：零处的虚线代表如果清除食草动物无影响时的预期效果。每个样本的重复实验不少于5次（引自Poore et al.，2012）。

喂养选择实验的结果也存在着一定的误区（Vadas，1985；Cronin and Hay，1996；Van Alstyne et al.，1999；Van Alstyne et al.，2001）。①藻类的年龄可能影响其适口性。滨螺属（*Littorina*）特别喜欢摄食角叉菜的萌发孢子（sporelings），对生长了几个星期的幼孢子体偏好降低，并基本上不摄食老年海藻；②可能存在着种内的资源分配，食草动物不同个体（如不同年龄的个体）偏好不同的海藻；③在喂养实验中摄食的藻类数量可能并不能反映该藻类在自然环境中的重要性。

在选择实验中，钙化海藻往往出现在偏好度较低的名单中（Duffy and Hay，2001）。原因往往是由于海藻的结构性防御，其细胞壁包含有碳酸钙（见6.5.3节）使其结构坚硬很难被摄食。然而，碳酸钙本身对一些消耗者也有防御作用，有的钙化海藻还含有化学物质阻止食草动物摄食。Hay等（1994）检测了碳酸钙和次生代谢产物对于3种钙化热带绿藻（*Halimeda goreaui*、杯形钙扇藻 *Udotea cyathiformis* 和 *Rhipocephalus phoenix*）阻止3种食草动物（海胆、端足类和鹦鹉鱼）摄食的相对重要性。他们将从海藻中提取的碳酸钙或次生代谢物加入琼脂提供给消耗者进行食物选择实验。对照组仅提供琼脂，实验组提供添加碳酸钙或次生代谢产物的琼脂，或者两者同时添加到琼脂中。单独添加碳酸钙即可减少端足类动物的摄食，但对鹦嘴鱼无影响，只有在琼脂食品质量降低（有机物含量减少）时减少海胆的摄食。相反，次生代谢产物可减少所有消耗者的摄食能力。而当碳酸钙和次生代谢产物同时添加时，摄食会进一步减少。原因可能是碳酸钙改变了无脊椎动物肠道的 pH 值，使它们更容易受到次生代谢产物的影响。

虽然钙化海藻对于某些食草动物而言味道较差，但它们可能是其他动物的首选食物（图 4.14）。在南非，帽贝（*Scutellastra cochlear*）多达 85% 的食物来源是壳状的珊瑚藻（crustose coralline）远藤似绵藻（*Spongites yendoi*），而非钙化（肉质）海藻仅占其食物组成的 7%。令人惊讶的是，似绵藻属的食物质量与肉质海藻是相似的。在似绵藻属和帽贝共同存在的区域，似绵藻属藻体较薄，侧向生长速度快，附着基质能力强，但对其他的壳状的珊瑚藻更敏感，具有较低的繁殖力。而在帽贝缺失的区域，似绵藻属藻体较厚，对其他壳状的珊瑚藻有较高的竞争能力，但侧向生长率低，对岩石基质的附着力降低。这项有趣的研究体现出消耗者帽贝对珊瑚藻健康状况产生的“效益和成本”（benefits and costs）。这可能是一个兼性互惠的典范，当海藻和帽贝共生时，海藻在分布范围扩张（固着力和侧向生长能力增强）方面出现优势，而帽贝则在食物来源方面获得好处（Maneveldt and Keats，2008）。

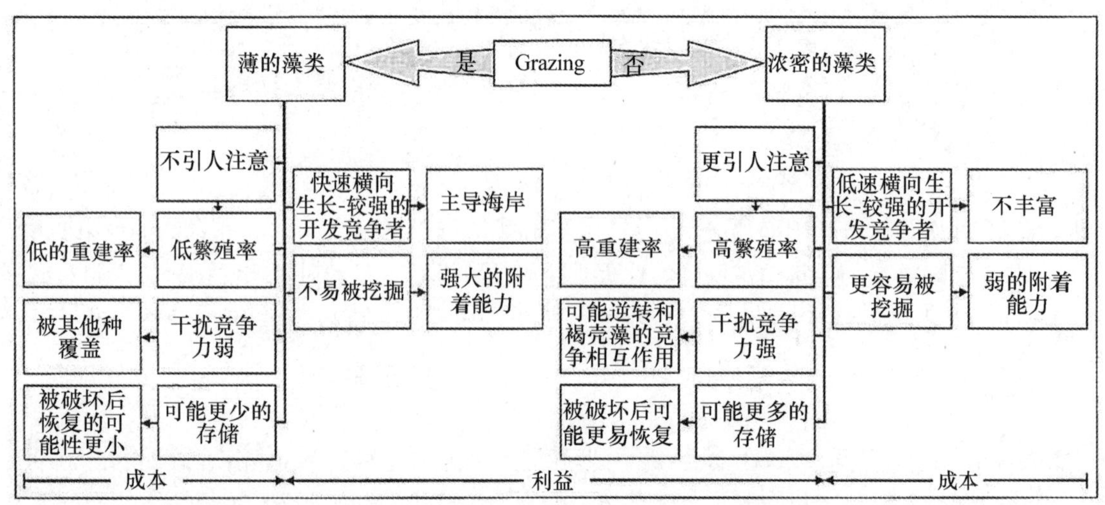

图 4.14　当帽贝 *Scutellastra cochlear* 摄食存在和不存在时，远藤似绵藻（*Spongites yendoi*）“效益和成本”的示意图（引自 Maneveldt and Keats，2008）

研究表明一部分食草动物没有摄食偏好，而另一部分仅摄食单一物种（Sotka，2005；Sotka and Reynolds，2011）。单一食物来源的食草动物通常个体很小，可以附着生活在大型藻类的凹陷处，后者成为它们丰富的长期食品供应来源。如软体动物 *Elysia hedgpethi* 体型较小、运动缓慢，只选择管藻目绿藻如松藻属（*Codium*）和羽藻属（*Bryopsis*）摄食（Greene，1970）。在苏格兰地区，其近源种 *Elysia viridis* 过去主要摄食岩生刚毛藻（*Cladophora rupestris*），但当刺松藻（*Codium fragile* spp. *tomentosoides*）被引入该地及区后，其摄食偏好发生改变，而仅摄食松藻（Trowbridge and Todd，2001）。另一个腹足类动物 *Aplysia californica* 的幼体仅能生长在海头红属（*Plocamium*）物种之上，但随着其生长和嘴部变得坚韧，其摄食范围变得更加广泛（Pennings，1990）。

中型食草动物通常被认为摄食范围较广，但也存在一些显示出摄食倾向的例子。端足类动物往往生活在它们的食物（藻类）上，其摄食可能诱导了海藻的化学防御，海藻反过来又为它们提供了一个更好的庇护所以避免肉食性鱼类的捕食；两者之间的关系随着时间不断演变成一种互惠互利的模式。Sotka 等（2003）证明当端足类 *Ampithoe longimana* 和网地藻属（*Dictyota*）共生时，前者可以忍耐藻类的化学防御，而海藻则为其提供庇护所。然而，不与网地藻共生的 *Ampithoe longimana* 则不能耐受网地藻的化学防御。这项研究进一步检验了网地藻对端足类不同的全同胞家系（full-sib families）摄食喜好的影响，并发现一系列的表型选择（phenotypic preferences），一些家系比其他家系受到更强烈的制止。这体现出一种表型可塑性响应，并证明经过一段时间这种特异性状是可以继承的。

4.4　海藻和食草动物之间相互作用的化学生态学

自 20 世纪 80 年代后期以来，海藻和食草动物之间相互作用的化学生态学一直是海藻生理生态学研究最活跃的领域。相关主题发表了相当多的综述（如 Arnsler and Fairhead，2006；Ianora et al.，2006；Paul et al.，2011；Hay，2009：Amsler，2012；Iken，2012），出版了教科书《海洋化学生态学（*Marine Chemical Ecology*）》（McClintock and Baker，2010），《海藻化学生态学（*Algal Chemical Ecology*）》（Amsler，2008）。化学防御在温带海藻（Jormalainen and Honkanen，2008）、热带海藻（Pereira and Gama，2008）和极地海藻（Amsler et al.，2008；Amsler et al.，2009；McClintock et al.，2010）中非常明显。目前化学生态学还是一个相对来说较新的研究领域，大量的初步研究形成了各种结果，有时结果之间会出现矛盾。基因组学（genomics）和代谢组学（metabolomics）等新技术的应用促进了实验研究的进展（Pelletreau and Targett，2008；Prince and Pohnert，2010）。

4.4.1　生物活性化合物

Maschek 和 Baker（2008）概述了一般的生物合成途径中不同类型的次生代谢产物（secondary metabolites）（图 4.15），每个类型中都含有大量具有特定功能的化合物。特定化合物由特定的酶通过对分子进行小幅修饰，从而赋予其独特的生物活性。红藻中目前已报道了超过 1 500 种次生代谢产物，包括除了褐藻多酚以外的所有海藻次生代谢产物。红藻中富含溴代或氯代卤化物，然而大部分物质并未发现已知的生态功能（Blunt et al.，2007）（见 4.2.2 节）。褐藻也存在丰富的次生代谢产物（已报道超过 1 100 种），其中网地藻属的萜烯类（terpenes）多于 250 种，占了总量的 1/3。在摄食影响下，网地藻属可释放出一系列的生物活性化合物的混合物，从而引发食草动物的响应（Wiesemeier et al.，2007）。绿藻含有的次生代谢产物最少，仅发现不到 300 种，主要存在于蕨藻属（*Caulerpa*），仙掌藻属（*Halimeda*）和钙扇藻属（*Udotea*）藻类中（Maschek and Baker，2008）。这些次生代谢产物对消耗者的影响并不是其本身固有的化学特性，而是在次生代谢产物和消耗者消化过程之间的一种生化反应的结果（Sotka et al.，2009）。消耗者对于海藻防御具有自身的解决方法，包括具有针对一些次生代谢产物的解毒能力（Sotka and Whalen，2008）。

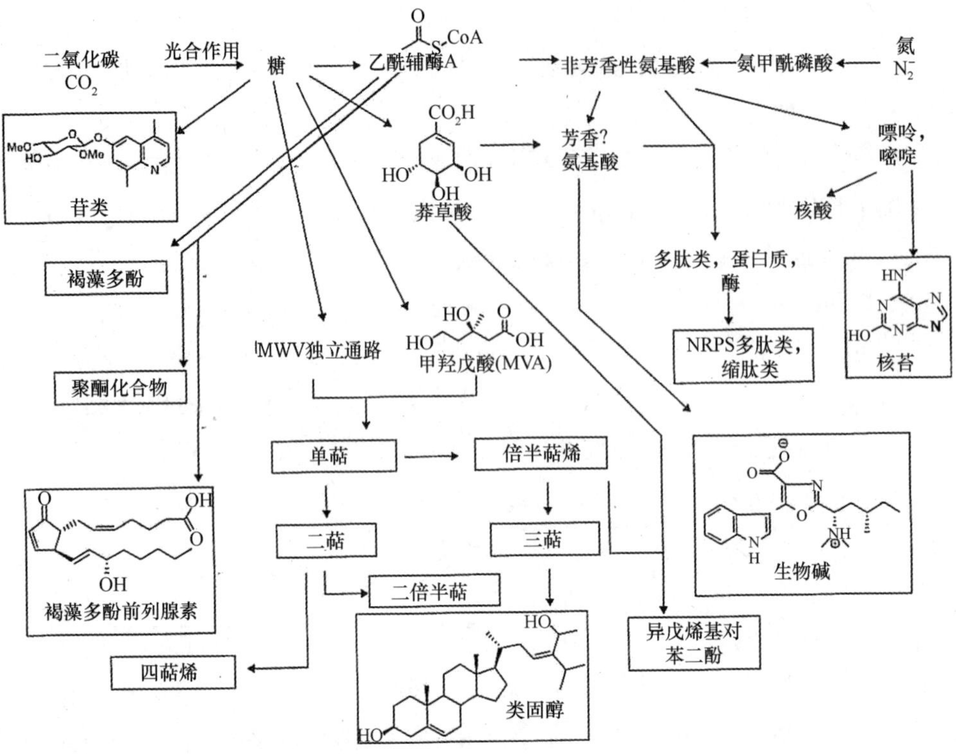

图 4.15　主要类型天然产物的生物合成（引自 Maschek and Baker，2008）

萜类化合物（terpenoids）是大型海藻已报道次生代谢物的最多的类型，也是热带海藻中最普遍的摄食抑制剂（Sotka and Whalen，2008）。萜类化合物属于脂类化合物，与类胡萝卜素（carotenoid pigments）具有结构相关性（Howard and Fenical，1981；Maschek and Baker，2008）。蕨藻目（Caulerpales）、网地藻目（Dictyotales）以及凹顶藻属（*Laurencia*）的萜类化合物含量特别丰富（见 4.2.2 节）。

褐藻的褐藻多酚可维持在很高的浓度（可达干重的 20%），同时存在大量以间苯三酚（phloroglucinol）为基础的高分子聚合物（Ragan and Glombitza，1986；Amsler and Fairhead，2006）。虽然在褐藻中含量丰富，但对摄食化学防御中的作用是模棱两可的（Amsler and Fairhead，2006）。容易混淆的问题是多酚在细胞中存在许多其他的功能（见 1.3 节，7.6 节，7.8 节），而褐藻多酚的合成受到海水中氮含量的影响（Peckol et al.，1996；Hemmi et al.，2004）（见 4.4.2 节）。褐藻多酚成为许多研究的焦点有一部分原因是多酚浓度通过分光光度法可以非常简单地测定（Amsler and Fairhead，2006）。然而，提取物中含有其他的生物活性化合物，可以作为抑制剂影响摄食。Deal 等（2003）使用生物测定法证明墨角藻（*Fucus vesiculosus*）的粗提物可以制止食草动物的摄食，但其中的有效成分是一种极性半乳糖脂（polar galactolipid）而不是褐藻多酚。想要深入开展褐藻多酚的研究，首先需要对其进行纯化；然而其很容易被氧化，因此存在提取技术上的困难（Amsler and Fairhead，2006）。Audibert 等（2010）首次开展了纯化实验。Amsler 和 Fairhead（2006）认为该领域研究的深入开展需要改变研究方法，从单独的喂养实验或化学分析转向喂养实验和详细的化学分析和分离法结合。同时，多酚的作用方式也需要确定。例如，其可能会通过沉淀蛋白质降低海藻的食物价值来间接地阻止消耗者的作用（Targett and Arnold，2001）。为了检测褐藻多酚和其他次生代谢产物的上述影响，Sotka等（2009）建议采用药理学方法研究次生代谢产物在动物的吸收、分配、代谢、排泄（adsorption，distribution，metabolism and excretion，ADME）等生理水平的影响。

4.4.2 针对食草动物的化学防御

几个理论（或模型）已被用于研究海藻针对消耗者化学防御演化的相关生态问题（Pavia and Toth，2008）。其中两个理论已被广泛测试。一个理论是“供方模型”（supply-side model），认为海藻的自我保护能力由可以限制生长的供给因子控制。碳-营养平衡模型（carbon-nutrient balance model，CNBM）假设基于碳的次生代谢物只有在生长受到资源（氮、光）供给的限制时合成。当不限制营养供应时，海藻会将固定的碳分配给藻体生长；而当海藻处在低营养条件下，生长速度放缓，固定的碳过剩并分配给防御机制。这个理论已经在墨角藻目和褐藻多酚生产中进行了广泛的测试，但呈现出不同的结果（Pavia and Toth，2008）。此外，实验的光照水平会影响实验结果，因为光会影响生长乃至碳：氮平衡。总之，目前还不清楚可能与资源供给相关的次生代谢产物的变化是否代表一种“防御策略”（defensive strategy），或者仅是一个代谢变化的副产物（Jormalainen et al.，2003）。陆生植物中CNBM已因各种原因被否定（Hamilton et al.，2001）。在之后的讨论中，聚焦于资源配置的CNBM显然包含了更多流行的“最佳防御理论”（optimal defense theory）要素，将这些作为整体一起研究将极具启发性（Pavia et al.，1999；Pavia and Toth，2008）。第三种模型“生长分化平衡模型”（growth-differentiation balance model，GDBM）也是一种供方模型，但由于其实验设计困难，并没有被大量应用（Cronin and Hay，1996b），但仍被认为是比CNBM更成熟的模型（Pavia and Toth，2008）。

此外，还有一种理论是最佳防御理论（Optimal Defense Theory，ODT），这种理论首先在陆生植物中提出（Rhoades，1979），是以需求为基础的模型，其资源配置的成本和防御的效益相平衡。Ragan和Glombitza（1986，第225~226页）建议将此模型作为最适的海藻模型。该理论包括：①在其他条件相同的情况下，生物防御的进化和它们受到的捕食者风险成正比，与防御的成本成反比；②有机体内防御分配和特定的组织风险以及在健康方面的组织价值成正比，与特定组织的防御成本成反比；③当捕食者缺失时，防御投入减少；而当生物受到攻击时，防御投入增加；④防御投入对总能量和养分预算有积极作用，与能量和营养分配给其他突发事件呈负相关（参见CNBM）。

ODT包含了组成型（constitutive）、诱导型（inducible）和激活型（activated）防御的概念。组成型防御普遍存在于所有时间阶段；诱导型防御指摄食后现有化合物合成增加，时间可以从几小时延长到几个月（Cronin和Hay，1996b）；激活型防御是指无活性的化学前体转化为有生物活性的化合物，该反应一般发生在几秒的时间尺度（Paul and Van Alstyne，1992）。

组成型防御在摄食胁迫持续很高的地区可能是一个有用的策略，如在热带地区。高水平的组成型防御可能存在于对海藻生存特别重要的组织，如特化的生殖组织或结构性重要的柄部。瘤状囊叶藻（*Ascophyllum nodosum*）的基部比顶端存在更大程度上的组成型防御，同时基部也有很强的诱导型防御（Toth et al.，2005）。菲律宾马尾藻（*Sargassum filipendula*）最年老的叶柄通过变得坚韧形成对端足类摄食的组成型防御，而对顶端分生组织的摄食会引发诱导型化学防御（Taylor et al.，2002）。南极褐藻双头酸藻（*Desmarestia anceps*）具有高水平的组织特化，与 ODT 一致，主干作为最有价值的结构比海藻的其他部分具有更强的化学性防御。另一方面，门氏酸藻（*D. menziesii*）的组织分化较少，因而整个藻体的化学防御水平相似（Fairhead et al.，2005）。

为了证明诱导型或激活型防御的存在，必须证明摄食增加了次生代谢产物的水平（浓度），同时诱导的海藻组织比非诱导的组织对于制止摄食具有更强的效果。摄食后防御性化学物质浓度增加并不是诱导型防御存在的足够的证据。最早的一个例子来自于未定名的仙掌藻属群体（*Halimeda* spp.）的激活型防御系统。损伤导致次生代谢产物仙掌藻四乙酸盐（halimedatetraacetate）被转换成更有力的化合物 halimedatrial，并对食草性鱼类有制止作用（Paul and Van Alstyne，1992）。绿藻中激活型防御是比较常见的，但红藻和褐藻中例子很少（Pelletreau and Target，2008）。诱导型防御的一个早期例子来自网地藻属 *Dictyota menstrualis*，当出现端足类摄食时其萜类化合物水平增加，使海藻不易受食草动物的影响（Cronin and Hay，1996b）。上述室内实验支持了野外观察到的模式，网地藻属在摄食胁迫大的区域比胁迫小的区域防御能力更强。

诱导型防御对摄食的影响具有物种特异性，因为不同食草动物对相同化学品的敏感性存在差异。例如，菱体兔牙鲷（*Lagodon rhomboides*）的摄食在缘毛网地藻（*Dictyota ciliolata*）组织干物质浓度约 0.1%时被制止，该浓度低于藻体自然状态的浓度，而端足类和海胆在浓度为 0.5%时即被制止（Cronin and Hay，1996b）（图 4.16）。诱导型防御起初被认为只存在于褐藻和绿藻中（Toth and Pavia，2007），后来红藻血红叶藻（*Delesseria sanguinea*）、蠕虫叉红藻（*Furcellaria lumbricalis*）和假软性育叶藻（*Phyllophora pseudoceranoides*）中也有相关报道（Rohde and Wahl，2008）。

一些研究揭示出食草动物的种类对诱导型防御的重要性。瘤状囊叶藻被腹足类滨螺属的 *Littorina obtusata* 摄食几周后褐藻多酚含量提高，而等足类的 *Idotea granulosa* 则对瘤状囊叶藻没有影响；同样被用来模拟摄食的机械剪切对褐藻多酚含量也没有影响。这些实验结果和野外观察相似，被滨螺摄食的瘤状囊叶藻的褐藻多酚含量比未被摄食的瘤状囊叶藻高（Pavia and Toth，2000）。滨螺摄食在夏天会诱导海藻穴昆布（*Ecklonia cava*）的防御机制，但秋天不会，同时鲍（*Haliotis discus*）对海藻也无影响；表明除了食草动物的种类，季节也可以影响诱导型反应（Molis et al.，2006）。

如果一个防御是诱导型的，海藻首先需要能够检测到食草动物的“攻击”（见 4.2.2 节的病原体攻击）。Pavia 和 Toth（2000）表明物理损伤（即剪切）没有引起瘤状囊叶藻的诱导反应，因此认为还需要一种化学信号的参与。Coleman 等（2007）证实了这一想法，证明存在于腹足类唾液的 α-淀粉酶可触发诱导型防御（图 4.17）。在 4 种实验条件下培养瘤状囊叶藻 4 周，条件包括：对照、对照加 α-淀粉酶、模拟摄食加 α-淀粉酶、滨螺摄食。然后将海藻与滨螺放入实验容器，并对海藻消耗、滨螺移动和多酚含量进行量化。观察到的褐藻

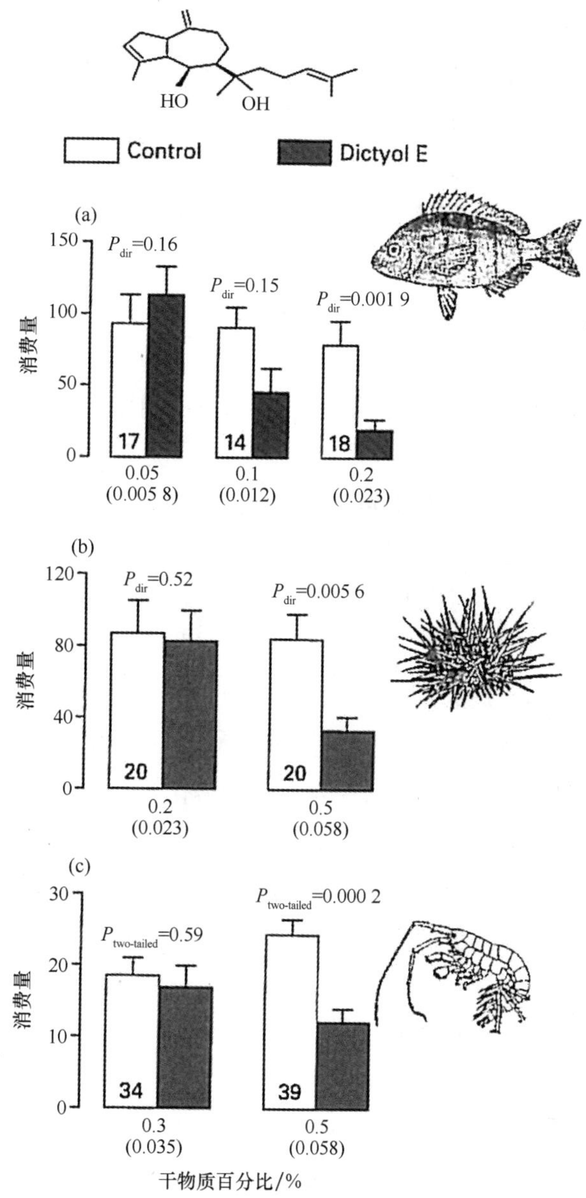

图 4.16　化合物 Dictyol E 对菱体兔牙鲷（*Lagodon rhomboides*）（a）、海胆（*Arbacia*）（b）和钩虾（*Ampithoe*）（c）摄食行为的影响

注：在每个对照柱状图的底部给出了样本数量。Dictyol E 的浓度从左到右增加，每组柱状图下面给出了干物质百分比（%）和湿物质百分比（%）。标尺代表每个重复样本（即菱体兔牙鲷、海胆或 4~6 个端足类动物组个体）消耗的食物量平均值（±1 SE）。*P* 值来自配对样本 *t* 检验。Dictyol E 的天然浓度为 0.020%~0.045%WM（引自 Cronin and Hay，1996b）。

多酚含量由小到大依次为：对照组、对照加 α-淀粉酶组、模拟摄食加 α-淀粉酶组、滨螺摄食组（图 4.17a）。海藻组织被食用数量大致上体现出相反的模式；食草动物在海藻和滨螺共生时摄食最少，而对照组对海藻的摄食最多（图 4.17b）。食草动物的行为也被改变（图 4.17c）。当提供给食草动物受到摄食胁迫的海藻时，食草动物移动更频繁，摄食量更少。当提供食草动物味道差的食物时，食草动物将花费更多的时间觅食（寻找更多美味的食物）。

瘤状囊叶藻中的诱导型反应可能由氧化暴发触发，如 α-淀粉酶分解细胞壁碳水化合物转化为寡糖（oligosaccharides）（见 4.2.2 节）。有趣的是，食草动物摄食比模拟摄食加 α-淀粉酶具有更大的诱导作用，这表明需要另一种化学信号分子。

海藻受到食草动物摄食损伤后释放的化学物质，可能会触发附近的海藻上调防御。海藻可以探测到临近海藻和摄食相关的水传播线索（waterborne cues）的想法已经得到了验证，但获得了不同的结果。当菲律宾马尾藻（*Sargassum filipendula*）被 *Ampithoe longimana* 摄食时，没有影响邻近的未被摄食海藻的水传播线索的迹象（Sotka et al.，2002）。然而，水传播线索并没有诱发瘤状囊叶藻（*Ascophyllum nodosum*）和墨角藻（*Fucus vesiculosus*）的防御（Toth and Pavia，2000a；Rohde et al.，2004）。对于掌状海带（*Laminaria digitata*）而言，提供与相邻同物种海藻接触的海水，可以增强对防御诱导剂褐藻酸寡糖（alginate oligosaccharide）的敏感性（见 4.2.2 节）（Thomas et al.，2011）。

ODT 的一个核心前提是化学防御的产物会导致一种损失，能量分配至防御导致较少的能量转移至生长或繁殖。然而，这并没有被经常性地应用检验；如 Dworjanyn 等（2006b）研究所述，“损失”很难被评估。Pavia 等（1999）发现瘤状囊叶藻（*Ascophyllum nodosum*）多酚含量和生长之间存在负相关关系。相反，Rohde 等（2004）发现墨角藻（*Fucus vesiculosus*）生长率不受化学防御诱导的影响。在这种情况下，当摄食停止时，防御产物在 2 周内下调。Dworjanyn 等（2006b）在有溴（溴是合成呋喃酮的必需品）或无溴条件下培养栉齿藻属（*Delisea*）。无溴时，海藻生长速度更快，而藻体比溴存在时藻体大，提供了合成呋喃酮伴随着损失的直接证据（虽然他们另外两个实验结果是不明确的）。Haavisto 等（2010）提供了生产防御化合物获得收益的例子，发现等足类 *Idotea* 摄食防御性海藻时产生较少的受精卵。

据推测，因为热带地区食草动物的多样性比温带要大得多，热带除了无脊椎动物还有很多的食草性鱼类，因此热带海藻应该比温带海藻具有更好的防御（Gaines and Lubchenco，1982；Paul and Hay，1986）。然而，支持这一流行理论的证据形形色色，仍然需要明确的实验证据（Pereira and de Gama，2008）。Poore 等（2012）通过分析发现，虽然在不同的地理区域存在不同的食草动物，温带、热带和极地海藻受到的摄食胁迫水平相同。热带海藻的亲脂性次生代谢产物特别丰富，支持其存在一种响应比温带多样性高的食草动物产生的进化趋势（Sotka and Whalen，2008），但这一观点需要进一步检验。Cetrulo 和 Hay（2000）比较了温带和热带海藻激活型防御的出现频率，并没有发现任何的生物地理模式。Pereira 和 de Gama（2008）的研究表明，温带海藻有更大范围的防御，也许是因为温带海域的海藻物种数比热带地区更多（Kerswell，2006）。

仙掌藻属（*Halimeda*）对食草动物的防御中使用了几个有趣的策略。质体（plastid）迁移（见 1.3.2 节）可以防止表面的食草动物（如 saccoglossan 软体动物）捕获质体为自己所用（Drew and Abel，1990）。许多仙掌藻属物种（但不是全部）在食草性鱼类不活跃的夜间长出新芽。最先长出的部分没有色素，但具有高浓度 halimedatrial。在黎明时新生组织变成绿色，可能是由于质体从亲本部位迁移过来（Drew and Abel，1990）。当光合作用开始时钙化也开始。48 h 的光合作用后，藻体的毒素水平下降、钙化和形态的韧性能够提供足够的防

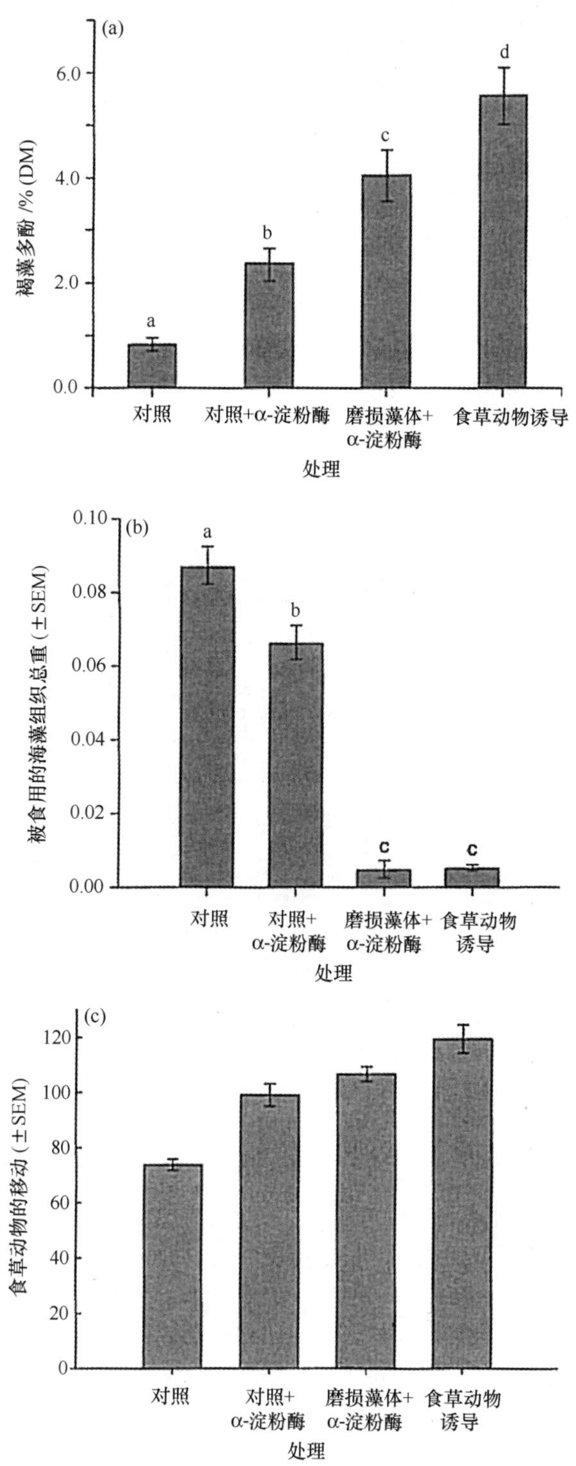

图 4.17　海藻对腹足类唾液 α-淀粉酶产生的触发诱导型防御

注：（a）暴露在诱导条件（对照、添加 α-淀粉酶、添加 α-淀粉酶后磨损藻体、滨螺（*Littorina obtusata*）摄食）2 周后瘤状囊叶藻（*Ascophyllum nodosum*）的褐藻多酚浓度。（b）暴露在诱导条件 2 周后，瘤状囊叶藻被滨螺摄食 100 min 后消耗的藻体湿重（grams wet mass，GWM）。（c）暴露在诱导条件 2 周后，瘤状囊叶藻被滨螺摄食 100 min 后滨螺的位置变化（引自 Coleman et al.，2007）。

御力（Paul and Van Alstyne，1988）。然而，并不是所有的仙掌藻属物种都有这种表现。如大叶仙掌藻（*H. macroloba*）的新生部分在接下来的一天仍是白色，而且偶尔在白天新生（Hay et al.，1988；Larkum et al.，2011）。

一些酸藻属（*Desmarestia*）具有较高的硫酸含量（液泡 pH 值约为 1），可以制止食草动物摄食（McClintock et al.，1982）。来自美国华盛顿州的秀丽酸藻（*D. munda*）硫酸含量大约是其干重的 16%（Pelletreau and Muller-Parker，2002）。在摄食选择实验中，用硫酸调节海藻琼脂的 pH 值，绿色海胆（*Strongylocentrous droebachiensis*）在 pH 值<3.5 时摄食停止。在挪威斯瓦尔巴德岛的群落调查中，秀丽酸藻藻床的绿色海胆比附近的地区少 2~3 倍（Molis et al.，2009）。在这项研究中，硫酸引起了海胆行为的改变。小体积（500 μL）pH 值 7.5 的硫酸可阻止绿色海胆移动，当加入 25 μL 的 pH 值为 1 的硫酸后，海胆向相反方向移动。此外，当翅菜（*Alaria esculenta*）和酸藻（*D. viridis*）联合生长时，对翅藻的摄食也减少，显示出一种联合防御（Molis et al.，2009）。

一些食草动物并不会被次生代谢产物制止，事实上会找到次生代谢产物并用于自身的防御。这方面的一个例子是海天牛属的 *Elysia halimedae*，其优先摄食大叶仙掌藻（*Halimeda macroloba*）。海天牛吸收仙掌藻四乙酸盐（可有效预防鱼类捕食），将醛基变为醇，产生自我保护的制止剂，同时也可以保护它们的卵（Paul and Van Alstyne，1988b）。同样海蜗牛（*Aplysia californica*）可以从摄食的红藻中获得质体，并使用其来合成防御化合物。初始质体提取发生在海蜗牛前肠。然后质体在特化的“红色体（rhodoplast）消化细胞”被吞噬，此处红藻色素的 *r*-藻红蛋白（*r*-phycoerythrin）被提取，然后经化学改性生产“紫色防御墨汁”，作为对食肉动物如海葵和螃蟹的防御（Coelho et al.，1998）。另一个例子是装饰蟹（*Libinia dubia*），用网地藻属覆盖其壳部，作为一种化学防御阻止杂食性鱼类（Stachowicz and Hay，1999）。

4.5 共生

海藻生物关系的一个极端状态是附生（epiphytism）（见 4.2.2 节）。一些附生的例子很特殊；对于海藻而言附生是解决空间问题的一种方案。共生（字面意思是“共同生活”）意味着一个比简单的附生更密切的关系，包括一系列互利共生的伙伴关系和寄生（parasitism）。互利共生（mutualisms）存在于海藻和海藻表面生存的无脊椎动物之间，也存在于海藻和珊瑚之间。内生植物（endophytes）是指生活于海藻中的藻类，这里存在共生（commensal）和半寄生（hemi-parasitic）关系。

4.5.1 互利共生关系

在藻类和其他生物，如地衣（蓝细菌+真菌）和造礁珊瑚（甲藻+无脊椎动物）之间存在很多著名的互利共生的例子（Yellowlees et al.，2008）。直到 20 世纪 90 年代初，大型藻类和其他生物之间的共生关系（symbiotic relationships）的例子主要是与内生真菌的共生，如盘苔属的（*Blidingia minima* var. *vexata*）和 *Turgidosculum ulvae*，北方溪菜（*Prasiola borealis*）和球座菌属的（*Guignardia alaskana*），未定名的骨突藻属（*Apophlaea*）群体

（*Apophlaea* spp.）和子囊菌（*Mycophycias apophlaeae*，曾用名 *Mycosphaerella apophlaeae*），沟鹿角菜（*Pelvetia canaliculata*）和子囊菌属（*Mycophycias*）（Kohlmeyer and Kohlmeyer，1972；Kohlmeyer and Hawkes，1983；Kingham and Evans，1986；Rugg and Norton，1987；Zuccaro and Mitchell，2005）。然而，海藻互利共生似乎比以前认为的更加普遍，最近的例子包括无脊椎动物（见 4.4.2 节）、细菌和"整体群落互利共生"（Hay et al.，2004；Bracken et al.，2007）。积极的相互关系（互利共生、共栖、便利）具有普遍性，同时在世界范围的生态系统中发挥着关键作用（Stachowicz and Whitlatch，2005）（见 4.1 节）。

子囊菌（*Mycophycias ascophylli*）和瘤状囊叶藻（*Ascophyllum nodosum*）之间的关系已得到广泛研究（Deckart and Garbary，2005；Xu et al.，2008）。大于 5 mm 长度的瘤状囊叶藻样本都感染了子囊菌，但小于 3 mm 的样本则没有被真菌感染（Kohlmeyer and Kohlmeyer，1972；Garbary and Gautam，1989）。真菌在宿主藻体上形成围绕每个海藻细胞的菌丝网（Deckert and Garbary，2005）。在宿主的生殖托主要形成真菌的子实体（fruiting bodies；子囊壳，perithecia），肉眼看来是一些小黑点。植藻体端的子实体形成时间和生殖托形成子实体的时间相同，但可以持续约 1 个月时间（Garbary and Gautam，1989）。感染一般发生在瘤状囊叶藻萌发之后；即使子实体存在于生殖托，受精卵显然也不被感染。子囊菌从宿主获得碳源，在无菌培养条件下可以靠海带多糖和甘露醇而不是褐藻酸生长（Fries，1979）。从瘤状囊叶藻和子囊菌的关系中受益，当藻体合子（zygotes）被真菌感染后，会比未感染的合子更耐干燥（Garbary and London，1995）。感染的瘤状囊叶藻孢子体更长，具有更多的顶端生长优势和更密的假根，当其生长到 8 个月时，感染的瘤状囊叶藻比未感染的藻体长 4 倍（Garbary and McDonald，1995）。

在珊瑚礁上，海藻可能与海绵（sponges）共生（Price et al.，1984；Scott et al.，1984），海绵属（*Haliclona*）和红藻之间的关系为互利共生系统的性质提供了有价值的见解。互利共生当合作伙伴能够分开生活时可以是兼性的（facultative），但也可能是专性的（obligate）。在澳大利亚大堡礁，红藻伴绵藻（*Ceratodictyon spongiosum*）作为专性的"稳定单元"和蜂海绵（*Haliclona cymiformis*）共生（Trautman et al.，2000）。海绵具有两个信号分子，可以控制海藻的碳代谢（Grant et al.，2006）。宿主释放因子（host release factor，HRF）导致海藻释放其光合作用固定的碳，使共生动物可以吸收。光合作用抑制因子（photosynthesis-inhibiting factor，PIF）抑制碳固定。这项研究对于无脊椎动物和海藻之间相互关系的理解迈出了关键的一步。在墨西哥太平洋马萨特兰湾（Bay of Mazatlan），海绵（*Haliclona caerulea*）和钙质海藻宽角叉珊藻（*Jania adhaerens*）兼性结合（facultative association）（Enriquez et al.，2009）。叉珊瑚属（*Jania*）的非共生（aposymbiotic）形式局限于高潮带，但当与 *H. caerulea* 结合后范围可扩展到亚潮带。海绵提供藻类以结构支持，使其相比非共生海藻具有更大的形态可塑性：在联合生长时海藻生长增加 3 倍，碳酸钙量降低至 29%（移植到 1 m 的深度）到 68%（5 m 深度）（Enriquez et al.，2009）。一个有趣的问题是，繁殖过后海藻和海绵怎样形成新的相互关系？*H. caerulea* 幼虫会主动选择叉珊瑚属作为定居表面（Avila and Carballo，2006），但这和蜂海绵与伴绵藻（*Ceratodictyon spongiosum*）之间的专性共生是否相同并不清楚。

氨基营养盐从底栖和游泳的无脊椎动物向海藻宿主的补充是公认的（Taylor and Rees，1998；Wai and Williams，2005；Pfister，2006）。Bracken 等（2007）对这一理念进行了拓展，提出了潮间带岩池的刚毛藻属（*Cladophora*）和相关的无脊椎动物之间的全群落互利共生：刚毛藻为无脊椎动物提供食物和栖息地，无脊椎动物反过来提供氮源，从而提高其所摄食食物的生长速率（见 6.8.5 节）。

4.5.2 海藻内生植物（Seaweed endophytes）

有些海藻内生于其他的海藻中，这在 3 个藻类家系中都有实例（Potin，2012）。绿藻和褐藻内生植物是有色素的，但有些是半寄生物（hemiparasites），会从宿主获得部分营养（Burkhardt and Peters，1998）。大多数红藻内生植物是专性寄生生物（parasites），没有已知的绿藻寄生生物，只发现一个褐藻寄生生物 *Herpodiscus durvilleae*（Heesch et al.，2007）。内生植物的一个共同特征是其简单的形态，因此其物种鉴定比较困难，直到分子分类学的出现。大部分大型藻类的内生植物是丝状藻类（Burkhardt and Peters，1998）。其中有些是单细胞的，如丝状绿藻顶管藻属（*Acrosiphonia*）的孢子世代在一系列的红藻和褐藻宿主中以单细胞存在，其宿主包括马泽藻属未定种（*Mazzaella* sp.）和具孔斯帕林藻（*Sparlingia pertusa*），以及壳状物种太平洋褐壳藻（*Ralfsia pacifica*）和西方胭脂藻（*Hildenbrandia occidentalis*）（Sussmann and Dewreede，2002）。

一些具有色素的绿藻和褐藻内生植物会引发宿主的症状（symptoms），其他物种会引发严重的疾病。带绒藻属（*Laminariocolax*）广泛分布在世界各地的温带沿海水域，内生于海带目（Laminariales）物种中。内生植物的感染程度被分类为：①轻度感染，无症状；②中度感染（黑点病），症状包括藻体上的疣状增生和黑斑；③重度感染，柄部和叶片出现生理扭曲如柄部螺旋生长（Peters and Schaffelke，1996；Bartsch et al.，2008）。丝状海藻具盖顶毛藻（*Acrochaete operculata*）是角叉菜的致病内生植物（见 4.2.2 节）。顶毛藻属（*Acrochaete*）的游孢子（zoospores）附着在角叉菜表面，利用胞外酶消化细胞壁，穿透宿主。顶毛藻属（*Acrochaete*）不仅造成直接的细胞损伤也有利于继发性细菌感染，共同造成宿主的严重退化（Correa and McLachlan，1991；1994）。拟片状马泽藻（*Mazzaella laminarioides*）的内生植物还包含致病丝状绿藻分枝似石莼（*Ulvella ramose*）（曾用名 *Endophyton ramosum*）（Sánchez et al. 1996）。

海带目配子体（gametophytes）很少在野外直接观察到，直到 Garbary 等（1999）发现其内生在 17 种藻类（主要是丝状红藻）的细胞壁中；每个宿主含有数十至数百个配子体。海带孢子在红藻的表面上附着并萌发，然后钻入它们的宿主。卵母细胞（oogonia）在宿主的表面形成，提供了一种配子释放机制。配子体可能通过内生来躲避发生在岩石表面、沉积物或光照增强条件下的摄食，而许多红藻的化学防御可能会为配子体提供额外的保护（Hubbard et al.，2004）。Amsler 等（2009）发现南极的 13 种海藻中 8 种含有内生植物。分离的内生褐藻在培养条件下生长良好，同时在无选择摄食实验中，端足类动物更喜欢内生植物而不是宿主海藻。在南极亚潮带，端足类的摄食胁迫很大，因此很少有单列细胞（uniserate）的丝状海藻。Amsler 等（2009）认为这些丝状褐藻通过内生于其他海藻中躲避端足类摄食。

在新西兰，公牛匍盘藻（*Herpodiscus durvillaea*）专性寄生于南极海茸（*Durvillaea antarctica*）。后者属于黑顶藻目（Sphacelariales），其不同寻常之处在于拥有一个极端的异形生活史，其配子体世代仅维持 1 min。该物种被认为是完全寄生的，因为只包含小的灰色质体，而体外培养则是不成功的。然而，其内部发现了有功能的褐藻 *rbc* L（Rubisco 大亚基），推测可能具有光合作用能力（Heesch et al.，2008）。

虽然寄生的褐藻和绿藻的例子较少，但红藻中有 15% 是寄生生物（Goff，1982；Kurihara et al.，2010）。宿主-寄生生物的例子包括长龙须菜（*Gracilariopsis longissima* Steentoft et al. 1995）（曾用名江蓠 *Gracilaria verrucosa* Papenfuss 1950）和非色素性的寄生生物厚皮霍姆藻（*Holmsella pachyderma*）（Evans et al.，1973）、绒毛椎形藻（*Vertebrata lanosa*）和色素较少的远缘寄生生物（alloparasite）多管枕瓣藻（*Choreocolax polysiphoniae*）（Callow et al.，1979）。传统观点认为红藻的寄生生物有两种。其中 80% 被认为是近缘的寄生生物（adelphoparasites），直接从宿主进化而来，因此与宿主密切相关。剩余的 20% 被认为是远缘寄生生物，与宿主不相关。然而分子系统发生（molecular phylogenies）表明，大多数的红藻寄生生物事实上和宿主是密切相关的，虽然相关程度各不相同，这对上述区别提出了质疑（Goff et al.，1996；Goff et al.，1997；Zuccarello et al.，2004）。因此 Zuccarello 等（2004）认为所有的寄生红藻均为近缘寄生生物。

近期进化的寄生生物和宿主存在强烈的系统发育亲缘关系，而古老寄生生物的小亚基 rDNA 显示出与宿主较大的分歧（Zuccarello et al.，2004）。奇异哈维拉藻（*Harveyella mirablis*）是一个古老的寄生生物，有两个不同科的宿主，还是唯一同时存在于的大西洋和太平洋的红藻寄生种。哈维拉藻属（*Harveyella*）被认为和其宿主丝状松节藻（*Rhodomela confervoides*）共同发生了地理范围的扩展，后者也被发现存在于大西洋和太平洋地区。其也被认为具有“转换的宿主”（switched host），可以寄生于第二宿主厚壁产孢叶藻（*Gonimophyllum skottsbergii*）之上。有趣的是，奇异哈维拉藻（*Harveyella mirablis*）的宿主厚壁产孢叶藻（*Gonimophyllum skottsbergii*），也是卷曲隐藻（*Cryptopleura crispa*）上的寄生生物——这种寄生生物寄生在另一种寄生生物上的现象称为重寄生（hyperparasitism）。

红藻形成次生纹孔连接（pit connection）的能力被认为是寄生物种进化的一个重要方面（Goff and Coleman，1995；Goff et al.，1996；Goff et al.，1997）。Goff 和 Zuccarello（1994）揭示了两种生长在龙须菜（*Gracilariopsis lemaneiformis*）上的寄生种寄生加德纳藻（*Gardneriella tubifera*）和无管蓠生藻（*Gracilariophila oryzoides*）孢子萌发后的过程（图 4.18）。寄生物种的遗传物质通过“感染假根”进入宿主细胞并转移寄生种的细胞核（nuclei）。其结果是，寄生种控制了宿主细胞，触发宿主解剖学和生理学的改变。宿主的变化包括质体脱分化变成原质体（proplastids），以及红藻淀粉存储增加和生成较多的线粒体。这一寄生种感染过程显然类似于正常的生长过程，会导致龙须菜果孢子体（carposporophytes）形成，为寄生物种从宿主的进化提供额外支持。

最后，关于海洋病毒和海藻之间相互作用的认识很少。1 mL 海水中含有数百万病毒颗粒。对于浮游植物而言，病毒感染可导致赤潮的终止，被认为是遗传多样性的重要驱动力（Suttle，2007）。由于病毒无处不在，似乎也影响了海藻的生理生态方面，这将是未来研究

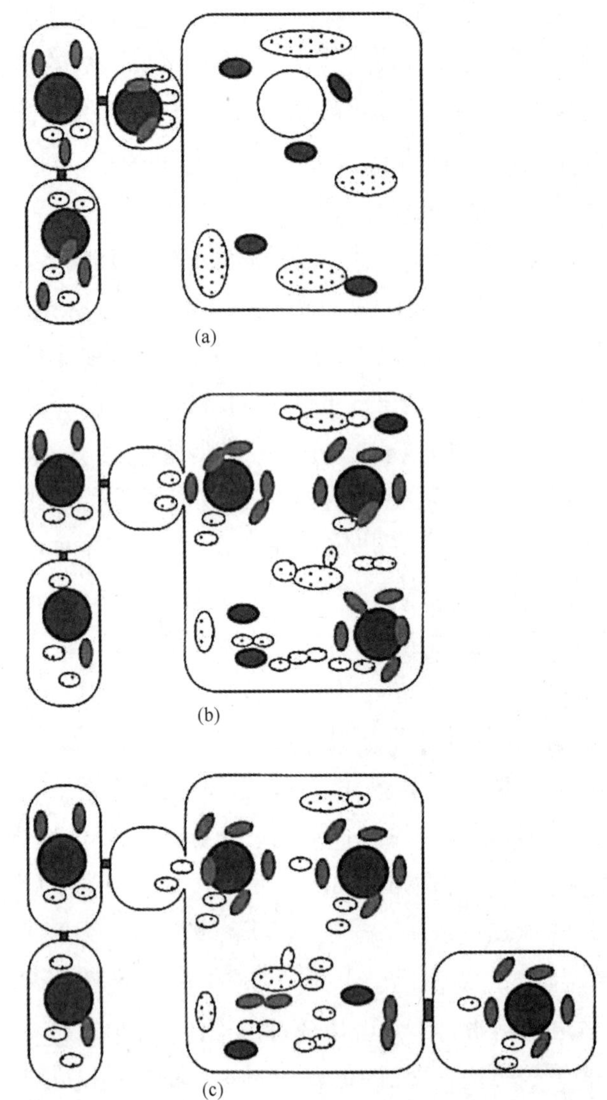

图 4.18　寄生生物的核、线粒体和原质体转移入宿主细胞

注：(a) 寄生种细胞（左）形成一个含有寄生种细胞核（黑色）、线粒体（灰色）和原质体（白色内部有黑点）的结合细胞。这个细胞与宿主细胞（宿主细胞核为白色圆形，宿主质体为多点的椭圆，宿主线粒体为黑色椭圆）融合，将寄生种的细胞器转移入宿主的细胞质。(b) 寄生种的细胞核和线粒体在宿主细胞中复制，而宿主质体分裂形成众多的原质体。宿主细胞核和线粒体也在宿主细胞中复制，宿主核可能消失或保持。(c) 最终，一个细胞从异核体的宿主和寄生生物的细胞上分割下来。该细胞包含寄生种的细胞核、线粒体和来自宿主质体的原质体（引自 Goff and Coleman，1995）。

的一个有趣的方向。

4.5.3　盗食质体（Kleptoplasty）

软体动物海蛞蝓的 *Elysia hedgpethi* 和 *E. viridis*（见 1.3.2 节和 4.3.2 节）不仅摄食绿藻，还从海藻中提取质体整合入自身的代谢系统，形成“太阳能”（solar-powered）海蛞蝓（Rumpho et al.，2006；2008；2011）。动物和质体之间的这种关系被归类于共生（Greene，1970），但因为只有质体和动物发生关系，因此盗食质体（kleptoplasty，stolen plastids）这一术语被应用（Rumpho et al.，2006；2011）。海蛞蝓属（*Elysia*）的许多物种具有盗食质体，有功能的质体在消化上皮细胞中停留时间存在物种间的差异。*E. hedgpethi* 从松藻属（*Codium*）获得的质体光合作用能力可维持 8 d，此后海蛞蝓需要继续从海藻中补充质体以维持光合作用（Greene，1970）。*Elysia chlorotica* 从滨海无隔藻（*Vaucheria litorea*）获取的质体可维持功能约 10 个月，该物种在其 1 年左右的生活中对质体光合作用的依赖高达 80%（Rumpho et al.，2006）。在初次内共生过程（primary endosymbiosis）中，大部分被吞噬的内共生蓝细菌遗传信息丢失，仅有 5%~10%的 DNA 转移至真核宿主细胞核，这解释了为什么质体不能独立生活（见 1.3.2 节）。Rumpho 等（2008）讨论了在海藻的核 DNA 缺失的情况下，质体在 *Elysia chlorotica* 中发挥功能的原因。利用基因组测序，在海蛞蝓中发现了一种产氧光合作用功能基因（*pbsO*），其与海藻细胞核中的基因是相同的。该基因可能通过基因水平转移（horizontal gene transfer）的方式被纳入到海蛞蝓中（见 1.4.2 节）。

4.6　小结

生物的相互作用包括积极的相互作用如促进和互利共生，以及消极的相互作用如针对空间、光、营养或其他限制性资源的种内和种间竞争。捕食者与食物的关系在不同水平直接或间接地影响海藻。针对空间的干扰性竞争发生在藻类间或藻类和底栖动物之间；也可以被食草动物和食肉动物影响。针对光和营养物质的利用性竞争发生在藻类之间。附生状态解决了附生生物的空间问题，但同时产生了针对宿主的竞争问题。一些海藻产生化感化合物或脱落其外层来抑制附生生物的生长。

对于海藻群落重要的食草动物包括鱼类、海胆和中型食草动物（小范围高密度的小型无脊椎动物）。食草动物对海藻的伤害取决于两者的相遇，藻类被摄食或损伤的量，哪些部分损失以及损失的时间，特别是当其影响到藻类的繁殖以致损害个体健康的程度。海藻可以利用时间或空间的庇护所躲避摄食，或者与具有化学或领域保护的生物体共同生长。有些海藻可耐受摄食，而其他的则通过化学或结构进行自我保护。海藻的化学防御可能是组成型的，或者是被摄食诱导或激活。来自邻近海藻的腹足类唾液和水传播线索都可以诱导藻类化学防御。

海藻和细菌、真菌以及无脊椎动物（包括海绵、水螅）之间的互利共生关系已被确定。一些海藻含有内部的真菌共生体。海藻内寄生另一海藻的例子很多，一些为半寄生生物。褐藻仅有一个寄生物种的例子，但很多内生红藻是寄生性的，可以引起宿主海藻的解剖学和生理学变化。一些海蛞蝓可以提取海藻的质体自用，从而转变为光合动物。

第5章　光与光合作用

自然环境中的海藻生长在多样和动态的光环境（light climates）中。水的透明度和持续的退潮和涨潮对于海藻在栖息地可获得的光照数量和光质有显著的影响，并大幅度增加了地表已有的辐照度（irradiance）变化。光照对藻类最重要的作用是通过光合作用（photosynthesis）提供能量，并最终可转移到其他生物体。此外，光也被认为是一种信号，可以引起大量的光周期（photoperiodic）和光形态（photomorphogenetic）效应（见2.3.1节、2.3.3节和2.6.2节）。因此，光照是影响海藻最重要的非生物因素，也是其中最复杂的因素。

光合作用的原理在藻类和高等植物中是相似的，实际上，高等植物的一些原理（如卡尔文循环，Calvin cycle）是通过藻类（主要是单细胞藻类）推导出来的。然而，海藻及其栖息地有几个重要特征是与高等生物（主要是陆生植物）产生鲜明对比的。这些特征包括海藻色素多样性和海洋光环境的多样性。本章重点介绍真核藻类的相关过程。参考物种也包括原核生物蓝细菌，但只是强调在进化或功能上的重要的差异和共性。考虑到光合作用机制和通路的细节可能在一些书籍中已经详细介绍了，以下部分将只进行简要地回顾。植物生理学和生物化学书籍提供了被子植物光合作用的丰富知识（Buchanan et al.，2000；Raven et al.，2005）。下文会提到的有关水生生态系统（aquatic ecosystems）的辐射气候（radiation climate）、光捕获（light harvesting）和碳代谢（carbon metabolism）的内容在Falkowski和Raven（2007）以及Kirk（2010）的书籍中有详细介绍，读者可以从中获得更多的信息。

5.1　光合作用概述

光合作用包括两个主要反应。初级反应（primary reactions）通常被称为“光反应”（light reactions），其涉及光能量的捕获并将其转换为ATP和NADPH形式的化学势（chemical potential）。初级反应包括连续的3个过程：能量吸收，能量捕获和化学势生成。二级反应（secondary reactions）也被称为“暗反应”（dark reactions），利用上述化学势来固定和减少无机碳（inorganic carbon）。这两种反应是并行运行的。Raven、Evert和Eichhorn在书中利用高等植物和绿藻为例描述了这一系列的反应（Raven et al.，2005）。

“光”，作为一种电磁辐射（electromagnetic radiation），同时具有波和粒子（光子，photons）的双重特性。根据普朗克方程（Planck equation）$E=h\times c/\lambda$，光子的能量（E）与其波长（λ）成反比；换句话说，蓝光（波长约430 nm）包含了双倍的红光能量（波长约700 nm）。当被一个光子撞击时，色素（pigment）分子吸收这个量子的能量，然后在极短的时间内再次释放该能量。叶绿素（chlorophyll）可以将能量从所谓的“第一激发态”（first excited state）通过散热（heat dissipation）、荧光发射（fluorescence emission）或提供给光合作用进行释放。捕光色素复合体（light-harvesting pigment complexes）中紧密堆积的色素分子使大部分能量通过共振能量转移的过程（resonance energy transfer，也被称为“激子转移”，或“Förster 能量转移”，于 1948 年由德国化学家 T. Förster 首先提出）从分子传递到分子，直到传递到最终的反应中心。

最后，电子从反应中心的叶绿素释出，并具有大的氧化还原电位（redox potential）。然后被电子受体捕获，并沿着由几个可进行氧化还原反应的化合物组成的电子传递链（electron transport chain）进行传递。一些化合物也可以捕获或传递电子中的质子（H^+）。反应中心和电子传递链以一种跨膜的质子梯度方式排布于类囊体膜上，质子本身无法跨膜。这种梯度只能通过跨膜的 ATP 酶（ATPase）复合体缓解，其梯度能量用于腺苷二磷酸（adenosine diphosphate，ADP）的磷酸化。Raven 等（2005）解释了光合电子传递链的不同复合体在类囊体膜的排列方式。

植物和藻类的光合作用通常包含通过电子传递化合物连接的两个光系统（photosystems）。两个光系统（photosystems），根据“Z 方案”（Z scheme）的氧化还原尺度可用来对驱动初级光合反应的高能过程事件进行排序（图 5.1）。

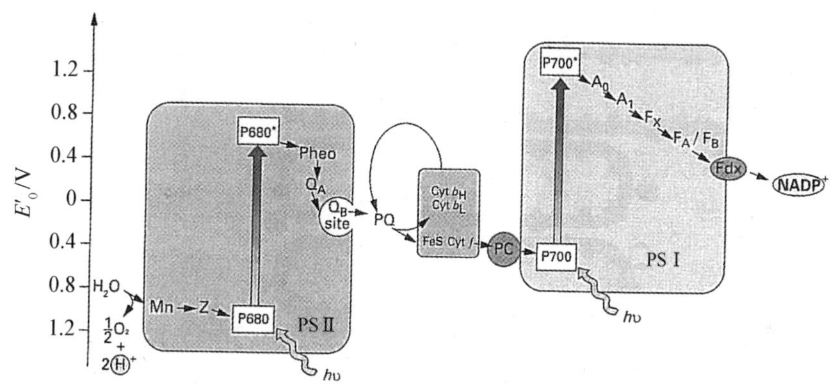

图 5.1 “Z 方案”指电子在电子传递链中按照氧化还原电位流动

注：电子被光系统Ⅱ（PSⅡ）的光陷阱激发，显示高的氧化还原电位（负 E'_0），随传递链的每步氧化还原反应逐渐降低。光系统Ⅰ（PSⅠ）的电子二次激发使 $NADP^+$ 还原。PSⅡ反应中心的电子空缺由水解产生的电子补偿（引自 Buchanan et al.，2000）。

光系统Ⅱ（PSⅡ）作为电子供体位点同时包含水解复合体，这也是将水氧化生成氧气的部位。产生的电子通过电子传递链传递，直至最后被用于非循环磷酸化作用（non-cyclic phosphorylation）减少 $NADP^+$，驱动卡尔文循环中的 CO_2 固定与 PSⅡ（P680）叶绿素 *a* 反应中心释放出电子，相似，PSⅠ（P700）也释放另一个电子。红藻和其他藻类中，类似于绿色植物（但是非同源的）的蛋白质作为电子传递物，其介于细胞色素（cytochrome）b_6f 复合体和 PSⅠ氧化端之间。在这些藻类中，细胞色素 *c* 代替了质体蓝素（plastocyanin）（Raven et al.，1990）。这两种催化物质在许多方面是相似的，但细胞色素 *c* 使用铁（Fe），而质体蓝素以铜作为辅基（prosthetic group）。

虽然两个光系统都位于膜上，但并不是按照“Z 方案”中 1∶1 的比例连接在一起。相反，PSⅠ和 PSⅡ在垛叠（stacked）和未垛叠（unstacked）的类囊体上存在差异分布；同时色素复合体的数量也存在变化，可以将能量分别传递到两个反应中心，而不是只有一个。这种空间上的分离也被称为“横向不均匀性”（lateral heterogeneity）（图 5.2），也是链型植物（streptophyte）绿藻和高等植物叶绿体（chloroplasts）的类囊体形式。褐藻质体（plastid）由于类囊体垛叠的缺失导致横向不均匀性不明显（3 倍垛叠类囊体），而红藻质体中未发现横向不均匀性。

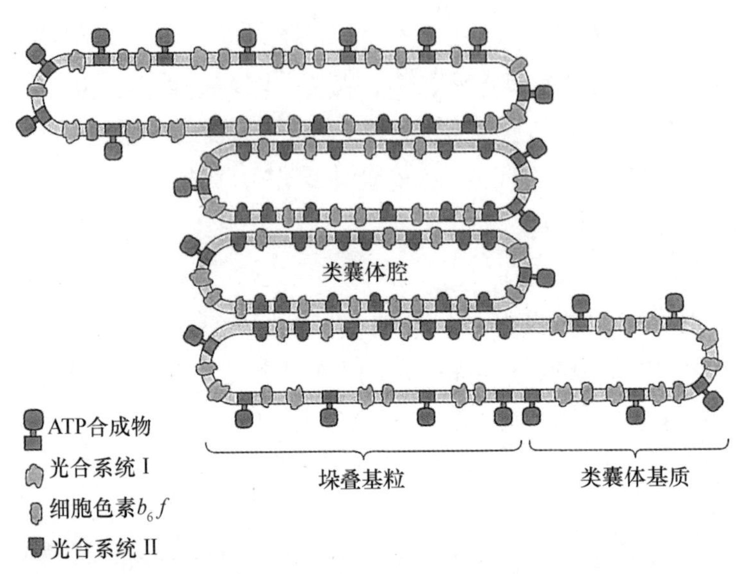

图 5.2 高等植物/绿藻类囊体膜上的电子传递链中光系统和其他主要复合体的横向分布

注：PS II 主要分布在垛叠的膜区域；而 PS I 和 ATP 酶复合体需要与类囊体基质交互，允许通过卡尔文循环和磷酸化作用释放还原的 NADP（引自 Buchanan et al.，2000）。

“Z 方案”作为电子流示意图过于粗略，原因在于其只显示了氧化还原电位驱动电子流的过程，但不显示物理的动态机制。ATP 和 NADPH 是光反应的最终产物，其含有来源于光的能量，并在质体和基质（stroma）的卡尔文循环中用于固定无机碳。虽然卡尔文循环涉及的一些酶会受到光刺激，但该循环并不直接需要光。卡尔文循环的第二个步骤被称为光合作用的暗反应，但实际上这个步骤只有在光照下才发挥功能，因此使用“次级反应”（secondary reactions）这一术语似乎更合适。通常来说循环的反应步骤可分为 3 个阶段：①羧化作用（carboxylation），CO_2的固定；②还原作用（reduction），ATP 和 NADPH 的消耗和磷酸丙糖的生成；③再生（regeneration），包含一个复杂的反应步骤进行 CO_2受体分子核酮糖-1，5-二磷酸（ribulose-1，5-bisphosphate）的再生（图 5.3）。

基本上，卡尔文循环是大多数植物固碳（carbon fixation）的唯一手段；因其 CO_2固定的第一个产物是三碳化合物 3-磷酸甘油酸（3-PGA）又被称为 C_3光合作用。然而，某些干旱和高辐射地区的高等单子叶植物在细胞质中存在一种附加反应，可以将 CO_2固定为 4 碳酸化合物（C_4植物）。并且，这些 C_4植物中并不需要额外的步骤来固定净 CO_2，因为 C_4化合物被分解用于再次提供 CO_2，并被卡尔文循环再次固定。上述反应在质体处浓缩 CO_2，而两个通路均在白天发挥功能。景天酸代谢（crassulacean acid metabolism，CAM）植物中，C_4固定发生在夜间（气孔打开），释放 CO_2至卡尔文循环。C_4和 CAM 代谢是抑制光呼吸（photorespiration）的有效手段（见 5.4.2 节）。然而，在一些海藻，特别是大型褐藻中，存在一个不同

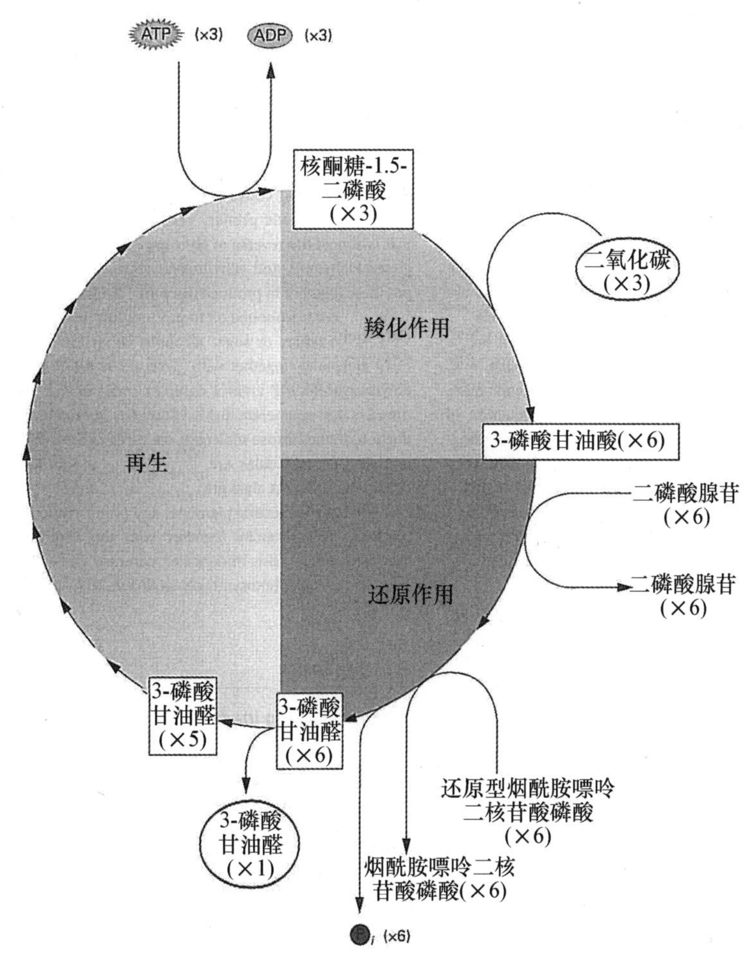

图 5.3　卡尔文循环概述

注：显示了 3 个不同阶段，CO_2固定以及和 ATP、NADPH（之前由光合作用初级反应生成）消耗的时间点（引自 Buchanan et al.，2000）。

的过程，被称为非依光性碳固定（light-independent carbon fixation），该过程可以在黑暗中完成净碳固定（见 5.4.3 节）。

在卡尔文循环中，CO_2（1 碳）和核酮糖-1，5-二磷酸（RuBP；5 碳）反应生成两分子的 PGA，催化酶为 RuBisCO（ribulose-1，5-bisphosphate carboxylase/oxygenase，RuBP 羧化/加氧酶）。随后的步骤消耗光合作用初始反应生成的 ATP 和 NADPH，这基本上是糖酵解途径（glycolysis）的逆反应，可将 PGA 转化成磷酸甘油醛（glyceraldehyde-P）和磷酸二羟基丙酮（dihydroxyacetone-P），然后把这两者结合生成果糖-1，6-二磷酸（fructose-1，6-bis-P）。一部分果糖-1，6-二磷酸被用于生产低分子量的游离糖（free sugars）和糖醇（sugar alcohols）；其他的则连同磷酸甘油醛和磷酸二羟基丙酮一起进入一系列复杂的碳转移再生过程，用以再生 RuBP。因此，生产一个己糖分子，需要 6 个 CO_2分子和六步反应。

5.2 辐照度

5.2.1 辐照度测量

一般意义的“光”是指电磁波谱（electromagnetic spectrum）的狭窄区域，其波长肉眼可见，不包括紫外和红外波长（ultraviolet and infrared wavelengths）。然而，人类眼睛和植物光合色素的光谱灵敏度（spectral sensitivities）之间存在重要的差异。人类的视觉色素（visual pigment）视紫红质（rhodopsin）在绿光区域（556 nm）有一个主要的吸收峰（absorption peaks），然后向两边逐渐减少。而叶绿素和其他的捕光色素有不同的吸收峰，一起形成一个宽的区域，称为光合成有效辐射区（photosynthetically active radiation，PAR）（图5.4）。PAR 通常被定义为400~700 nm 范围的波长，但有一些证据表明，在石莼（*Ulva lactuca*）和柏桉藻（*Bonnemaisonia hamifera*）四分孢子体（tetrasporophyte）的光合吸收可以延伸至300 nm（Halldal，1964）。

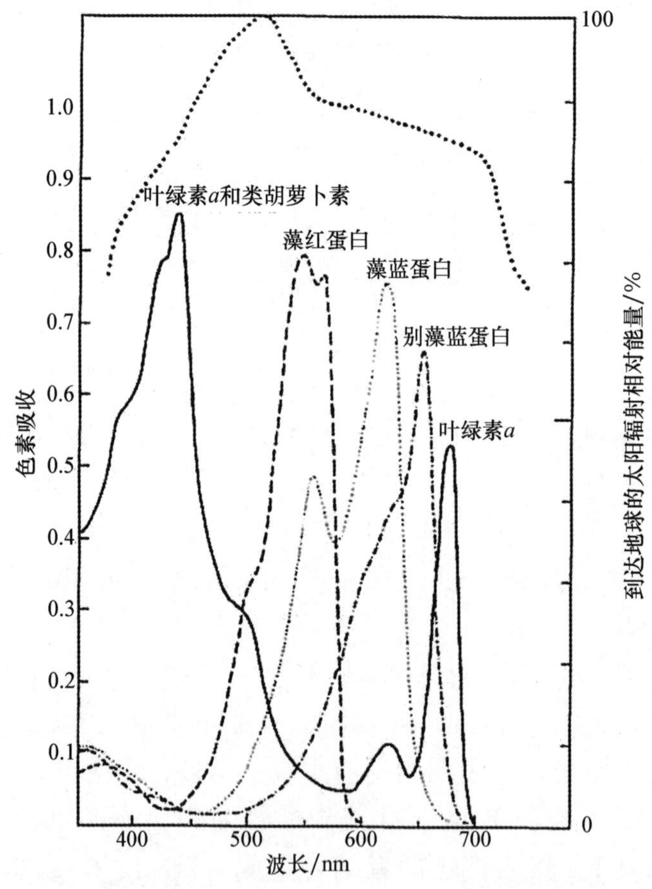

图 5.4　地球表面的太阳光谱（虚线以上）和藻类色素吸收光谱（引自 Gantt，1975）

灯光师、摄影师使用的照度计（light meters），设计成为与人类眼睛具有相同的光谱灵敏度（spectral sensitivity），因此对光的测量被称为照度（illuminance）。然而，即使在陆地上，照度计也无法进行植物可用光的准确测量。如果需要检测水下光的光谱量变化，这种仪器也是特别不适合的。不幸的是，因其价格低廉，照度计仍然被普遍使用；其测量的数据以英尺烛光（foot-candles）或勒克斯（lx）为单位。如果需要检测水下光，则需要对所有波长均敏感的仪器，如宽带辐射计（broad-band radiometers）。

光合作用是一个量子过程，所以最合适的测量方法是检测藻类单位表面接收的 PAR 光子数目。这种量子度量被称为光子通量密度（photon flux density，PFD）。辐照度，严格来说，是衡量落在平坦表面上的能量数量。水的光散射是上升流（upwelling light）的重要组成部分，而来自于珊瑚砂的反射光，则作为沉降流的昏暗光源（Kirk，2010）。具有球形收集器的仪器可以测量来自各个方向的光，测量能量时可测量“标量辐射”（scalar irradiance），测量光子时可测量“光子通量率”（photon flux fluence rate）。在所有测量光的研究中，只有一个术语是准确的。由于存在光子的反射（reflection）和透射（transmission），仅针对入射光（incident light）的测量是不合适的。所以，对于藻类重要的测量值是其可以捕获的光子总数。另一方面，如“光强度”（light intensity）等简单术语已被批评为仅指由光源发出的光，而不是接收到的光。因此我们使用术语“辐照度”（irradiance）来指代表面接受的 PAR 量，不管是否引用量子或能量的数据，也不管是否包括上升光（Kirk，2010）。

最常用的光子通量密度单位是每平方米每秒微摩尔光子数（$\mu mol \cdot m^{-2} \cdot s^{-1}$）（在旧文献中单位“E”，即“Einstein”有时被用来作为一个摩尔光子的同义词）。光的能量单位是焦耳（joules）或瓦特（watts），焦耳是总数量单位，瓦特是流量单位（Smith and Tyler，1974）。因此，$1\ W \cdot m^{-2} = 1\ J \cdot m^{-2} \cdot s^{-1}$。在温带地区充满阳光的中午，水表面的辐照度约为 2 000 $\mu mol \cdot m^{-2} \cdot s^{-1}$，并随着纬度、反射率（albedo）和季节而变化。

如今大量程的辐射计可用来记录和描述光环境，并可应用于多个方面。宽带辐射计可以计数光合活性波长范围内所有光子的瞬时辐照度读数；在给定的时间段记录这些数据将提供一个辐射剂量。独立的光记录仪可以被用于对海藻群落的水下辐射气候进行连续记录。此外，潜水分光辐射计（spectroradiometers）可提供水下光场的光谱分辨读数，对海藻光合作用研究最有价值，可用于研究紫外线辐射的影响（Hanelt et al.，2001；Huovinen and Gómez，2011）。

5.2.2　海洋中的光

到达地球表面的光由于大气散射和吸收已经产生了一些变化，但其远远小于水中发生的变化。总辐照度同时也受太阳角度影响，当太阳接近地平线时，总辐照度减小。影响海洋中光的 4 个因素为：①随时间变化的异质性；②水表面对光穿透的影响；③光谱随深度的变化；④光随深度衰减（Kirk，2010）。

异质性　水下光场存在季节性变化，可基于昼长和太阳角度变化进行预测，但当出现风暴波的云量和浊度变化、径流变化和季节性的浮游生物水华时，则无法预测。针对这类变化量级的研究很少，Lüning 和 Dring（1979）在北海（North Sea）Helgoland 岛（54°N）的工作是其中一项最彻底的研究。该研究每隔 20 min 进行瞬时读数，并据此推测出一个日常总数（图 5.5a）。亚潮带从 4—9 月的光照约占年度总光照的 90%，冬季太阳相对于水面的低角度导致了透光区（photic zone）很浅。由于云层、潮汐、浊度和太阳角度的变化，辐照度的日变化较大（Larkum and Barrett，1983）（图 5.5b）。最后，波浪和藻类冠层运动也会导致辐照度的瞬时变化（图 5.5c）。

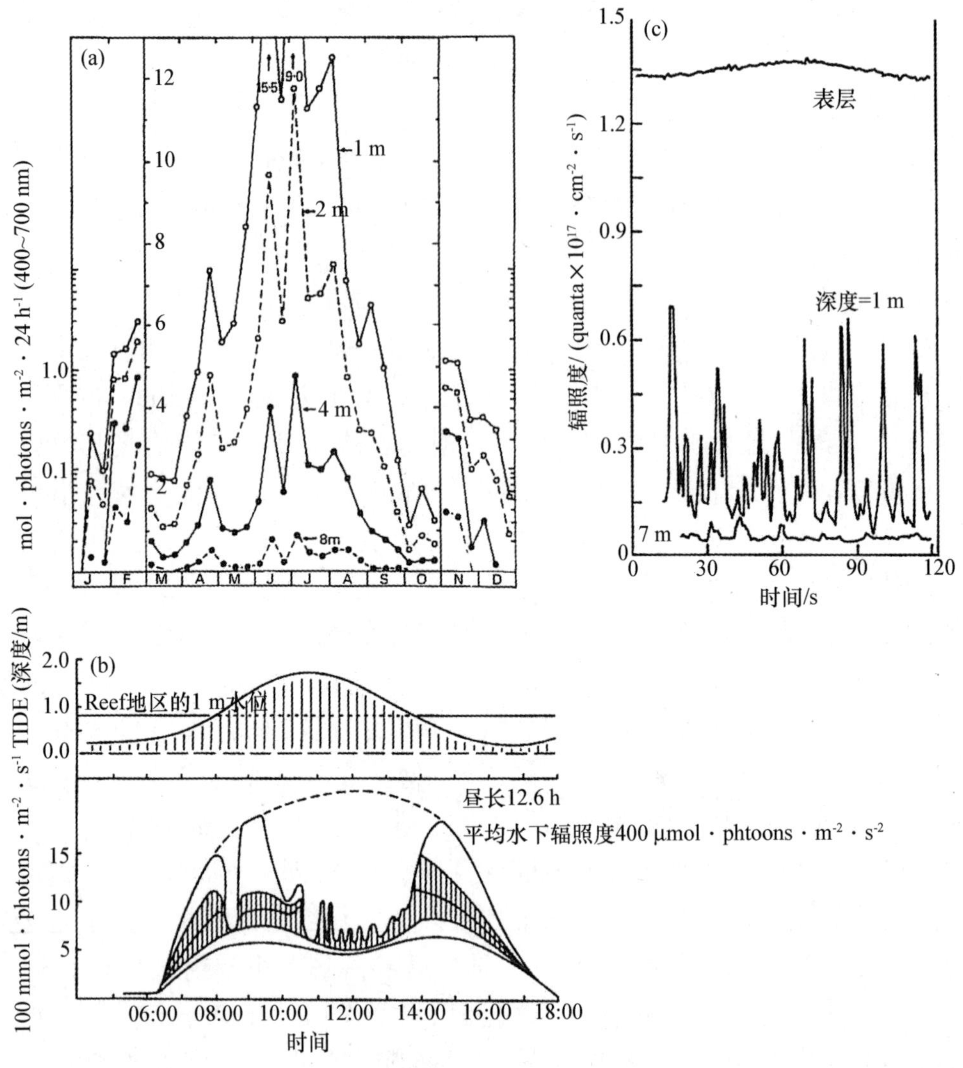

图 5.5　不同时间尺度水下光的异质性

注：（a）北海不同深度 PAR 的年度变化；（b）由于太阳活动和潮汐变化，澳大利亚悉尼 Long Reef 地区水下辐照度的日变化，图上部显示中午高潮过程，下部分图片的上方和下方实线为辐照度的最大范围，中线代表平均值，阴影区域代表 70%的范围，虚线显示在中午低潮时的最大辐照度；（c）在海底 1 m 深（最大的异质性区域）和 7 m 深处的加利福尼亚巨型藻床中表面辐照度的瞬时变化（图 a 引自 Lüning and Dring，1979；图 b 引自 Larkum and Barrett，1983；图 c 引自 Valerie Gerard，1983）。

北极峡湾系统的水下光场研究显示，高纬度地区呈现出更明显的季节性光可利用性（light availability；Hanelt et al.，2001）。在 80°N 附近，除了大气光状况的明显季节性变化外（该处存在持续数月的极昼和极夜），水下辐射气候受到海洋冰层以及冰川和积雪融化导致淡水输入的极大影响。淡水输入增加了流入峡湾的陆源颗粒物，从而大大降低水的透明度。陆源沉积物输入是水下光的重要调节因子，与距离河水入海口的距离显著相关。然而，由于沿海生态系统受到不断增加的人为影响，沿海地区大规模的开发活动导致沉积物成为沿海生态系统的一个重要的环境问题（第 9 章）。虽然热带水域一般比温带水域透明度更好，但通常由于较差的土壤保护工作而使泥沙负荷越来越重，特别是在雨季。

水的浊度是影响水生自养生物光可利用性的一个主要因素，在一定的深度可采用垂直衰减系数（attenuation coefficient，K_d）（Hanelt et al.，2001；Kirk，2010）进行评估。这个参数是通过同步测量两个不同水深的向下辐照度确定，公式为：$K_d = in\ [Ed_{(z2)}/Ed_{(z1)}] \times (z_1 - z_2)^{-1}$，其中 $Ed_{(z1)}$ 和 $Ed_{(z2)}$ 分别代表深度 z_1 和 z_2 处的辐照度。低的 K_d 值如 0.1 m^{-1} 代表清水条件下光每米衰减 10%。高浊度导致更高的衰减和较高的 K_d 值，如 K_d 值为 1 m^{-1} 代表每米衰减 63%（Hanelt et al.，2001）。

潮间带的光环境更加复杂。尽管如此，Dring（1987）仍提出了相关模型。潮间带光环境的复杂性源于 3 个因素：①水体类型，在特定站位可能出现，也可能不出现随时间变化的显著改变；②潮汐范围，存在一个每月循环的连续进程；③高潮和低潮的时间点和辐照度日变化的联系，是潮汐进程和光照时间（day-length）的变化共同作用的结果。Dring（1987）发现较低的潮间带（英国海岸）在夏季比春季接受了较少的光照，因为高潮更可能发生在光照时间增加的日子。其证明在水体浑浊并存在较大潮差（tidal ranges）的河口区，临界的低水平光可能存在于潮间带而不是亚潮带。例如，以前认为海带目物种会被限制在 1%的表面辐照条件下生长（将在后面详细讨论）。在英国 Avon 河口潮间带具有类似的辐照水平，此处海带目物种消失因为其还受到增加了在空气中暴露的限制。齿缘墨角藻（*Fucus serratus*）通常在亚潮带生长，但在 Avon 河口的齿缘墨角藻存在着潮间带生长的下限，同样是因为该处的平均辐照度不足的原因。智利南部的两个站位报道了潮汐的时间进程对水下海藻日光照射（solar radiation）的影响。当低潮恰逢正午太阳辐照度最大时，Seno Reloncavi 地区潮下带（潮差 7 m）的 PAR 水平比高潮时高 40%；而在 2 m 深处（亚潮带）两者则相差 30%；当潮汐和每日最大光照时间一致时，光照减少 15%（Huovinen and Gómez，2011）。

表面影响　海洋表面对水下光场影响很大（Campbell and Aarup，1989；Mobley，1989）。部分到达海洋表面的光发生反射，反射百分比取决于太阳对水面的角度，也取决于水体的状态或粗糙度。当太阳在空顶时，微浪海面的光反射只占总光（太阳和天空光线）的 4%，而当太阳角度为 10°时，28%的光会发生反射。阴天时，不管太阳角度的大小，反射率均为 10%左右。太阳位置低时，波浪会通过增加水表面和太阳之间的角度来增加光的穿透性，但在波涛汹涌的海面，浪花和气泡会增加反射率至总光的 50%。晴朗的天气条件下，波浪可以暂时将太阳光聚焦成一些特定的斑点，造成海面以下光场发生相当大的异质性（闪光），特别是在水下几米内（Kirk，2010），对角叉菜（*Chondrus crispus*）的生长和光合作用具有显著（但程度不同）的影响（Greene and Gerard，1990）。Wing 和 Patterson（1993）研究了波浪产生的光斑对于褐藻光合作用的影响，发现波浪活动产生的光斑可以显著提高加利福尼亚潮间带的掌状囊沟藻（*Postelsia palmaeformis*）冠层和冠下藻类的初级生产力（见第 8 章）。Schubert 等（2001）证明波聚焦（wave-focusing）可能导致短期（<1 s）的辐照上升至原位光强的 5 倍，在波罗的海（Baltic Sea）的浅海栖息地，辐照峰可高达 9 000 $\mu mol \cdot m^{-2} \cdot s^{-1}$。

光谱随深度的改变　随着太阳光深入海洋，光质及其数量都发生了变化。与在大气中一样，海水的吸收和散射导致了能量衰减。海水本身的最大吸收在 700 nm 以上的红外和远红光；远红光（约 750 nm）只能穿透至 5~6 m 深处（Smith and Tyler，1976）。紫外线也容易被水体吸收，但 UV-B 区辐射仍可能对海水上层 5 m 区域的海洋生物产生不利影响（Bischof et al.，2006a）。水中颗粒物（如浮游植物）对辐射能量的吸收，取决于其所含的色素。大于 2 μm 颗粒引起的散射则通过增加水中量子光学路径的长度而导致衰减，并同时增加了量子被吸收的概率。而较小的颗粒和海盐则没有造成可见光区域明显的衰减（Jerlov，1970；Jerlov，1976；Kirk，2010）。

不同过程和不同颗粒引起的光衰减形成了不同光学性质的海水，Jerlov（1976）将其进行了分类。海洋首先被分为两大类：绿色的近岸水域和蓝色的大洋水域，每一类又进行了细分（图 5.6）。Jerlov（1976）提出了 5 种大洋水域类型和 9 种近岸水域类型。图 5.6 显示，最干净的水域（大洋 1 型）的最大透射率约在 475 nm 处。太阳能传播最少的是近岸 9 型水域，该水域的最大透射率发生在约 575 nm（绿光）处。近岸水域特色的绿色海水是由于该区域的藻类色素吸收短波，以及黄色溶解有机物（Gelbstoff）对蓝光波段的强烈吸收。黄色溶解有机物部分来自于被河流带入海洋的陆地腐殖物，部分则来自于海洋藻类。然而，敏感的光谱辐射计测量表明，Jerlov 高估了光的透射性，特别是在近岸水域的蓝色区域（Pelevin and Rutkovskaya，1977）。由于透射率的波长依赖性（图 5.6a），光质和数量在任何水体中都会随深度而变化（图 5.6b）。在非常浑浊的河口区，光透射性比 Jerlov 提出的最差水体更少，Dring（1987）提出了两个附加的理论近岸水域类型，11 型和 13 型。

生长极限 海洋辐照度随深度的增加而减小。大部分洋底（>90%；Russell-Hunter，1970）为永久黑暗区，没有藻类生长。那么，海藻生长的深度极限和生长所需的最小光照是多少呢？补偿深度（compensation depth）指当光合作用减弱到与呼吸作用消耗量平衡时的水深。表面辐照度（即全日照）的 1%在海洋学中通常被用于定义为透光区（euphotic zone）的下限（Steemann-Nielsen，1974），但 Lüning 和 Dring（1979）认为表面辐照度的 0.5%~1%为海带目的生长下限，而 0.05%~0.1%为多细胞藻类的生长下限。Lüning（1981a）认为季节性海藻可以调节自身的新陈代谢以适应极低的光照，因为大型海藻对于浮游生物而言，辐照通量相对于光场是几乎恒定和可预测的。

理想情况下，考虑到表面辐射的极端变化，特别是对于生命周期长的海藻，需要知道每年的总辐照度。地中海表面辐照度约为 3 000 MJ · m^{-2} · a^{-1}或约 12.6×10^3 mol photons · m^{-2} · a^{-1}。Lüning 和 Dring（1979）测量 Helgoland 岛海藻的年辐照度下限为 1.3 MJ · m^{-2} · a^{-1}。通量测量（flux measurements）通常是在“秒”的基础上进行，上述提到的表面辐照可表示为 1 500~2 000 μmol · photons · m^{-2} · s^{-1}（Littler et al.，1985）。这些都是正午时分的测量值，意味着其他时间的数值明显要低。Osborne 和 Raven（1986）估计英国的平均每日表面辐照度从 6 月的 1 000 μmol · photons · m^{-2} · s^{-1}到冬季的 75 μmol · photons · m^{-2} · s^{-1}。已知分布最深的海藻为壳状的珊瑚藻（crustose coralline algae），其生长在巴哈马群岛深达 268 m 的海山区，最多能获得的辐照度仅有 0.015~0.025 μmol · m^{-2} · s^{-1}，仅仅是表面辐照度的 0.000 5%（Littler et al.，1985）。这种海藻表现出较大的光吸收，具有在单位光吸收率中能耗较高的捕光色素（Raven and Geider，2003）。Raven 等（2000）认为很难解释藻类在低于 0.5 μmol · m^{-2} · s^{-1}辐照度下生长的原因，因为当光子通量密度减小时，能耗（energy consu-

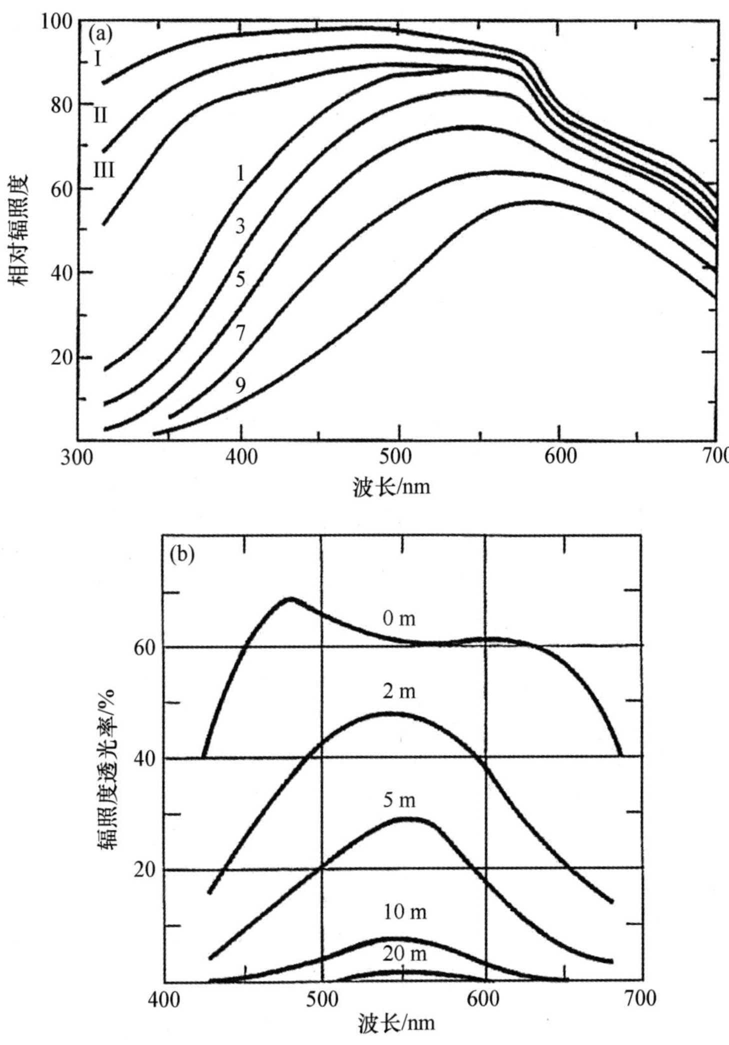

图 5.6　不同辐照度波长对不同光学类型水体的透光率

注：(a) 水体类型范围从清澈的海洋 (1 型) 到浑浊的沿海 (9 型)；(b) 北部波罗的海不同深度的自然光能量光谱（引自 Jerlov，1976）。

ming）反应（如氧化还原逆反中心Ⅱ、类囊体膜的 H^+泄露和光合蛋白的转换）会消耗越来越多的能量。而在每天 12 h 的平均入射光子通量密度不超过 0.02 μmol · m^{-2} · s^{-1}的深水区，壳状的珊瑚藻如何在深水处生长的机制还不完全清楚（Raven and Geider，2003）。

当底层基质适合海藻生长时，海藻生长的深度范围要远比常识和 Runcie 等（2008）研究的结果更深，后者开创性地采用了水下记录荧光计（submersible logging fluorometers）对热带深水藻类的光合作用进行研究。近期，深水海带目物种避难所在热带地区的存在已被广泛关注。Graham 等（2007b）建立了一个模型，预测此处的海藻森林有可能可以一直延伸到 200 m 深处。虽然这些极端栖息地的存在仍有待确认，但利用该模型已经发现了加拉帕戈斯（Galapagos）群岛深水藻类种群加拉帕戈斯爱氏藻（*Eisenia galapagensis*）在深度大于 60 m 处的生物量仍很丰富。寒冷及营养丰富的区域上涌流可能有利于上述深水种群的建立（图 5.7）。在 1997—1998 年加利福尼亚半岛（Baja California）周边的厄尔尼诺（温水）事件发生期间，Ladah 和 Zertuche-González（2007）发现深海梨形巨藻（*Macrocystis pyrifera*）幸免于难，而大部分浅海种群死亡，也暗示着可能存在深水避难所。

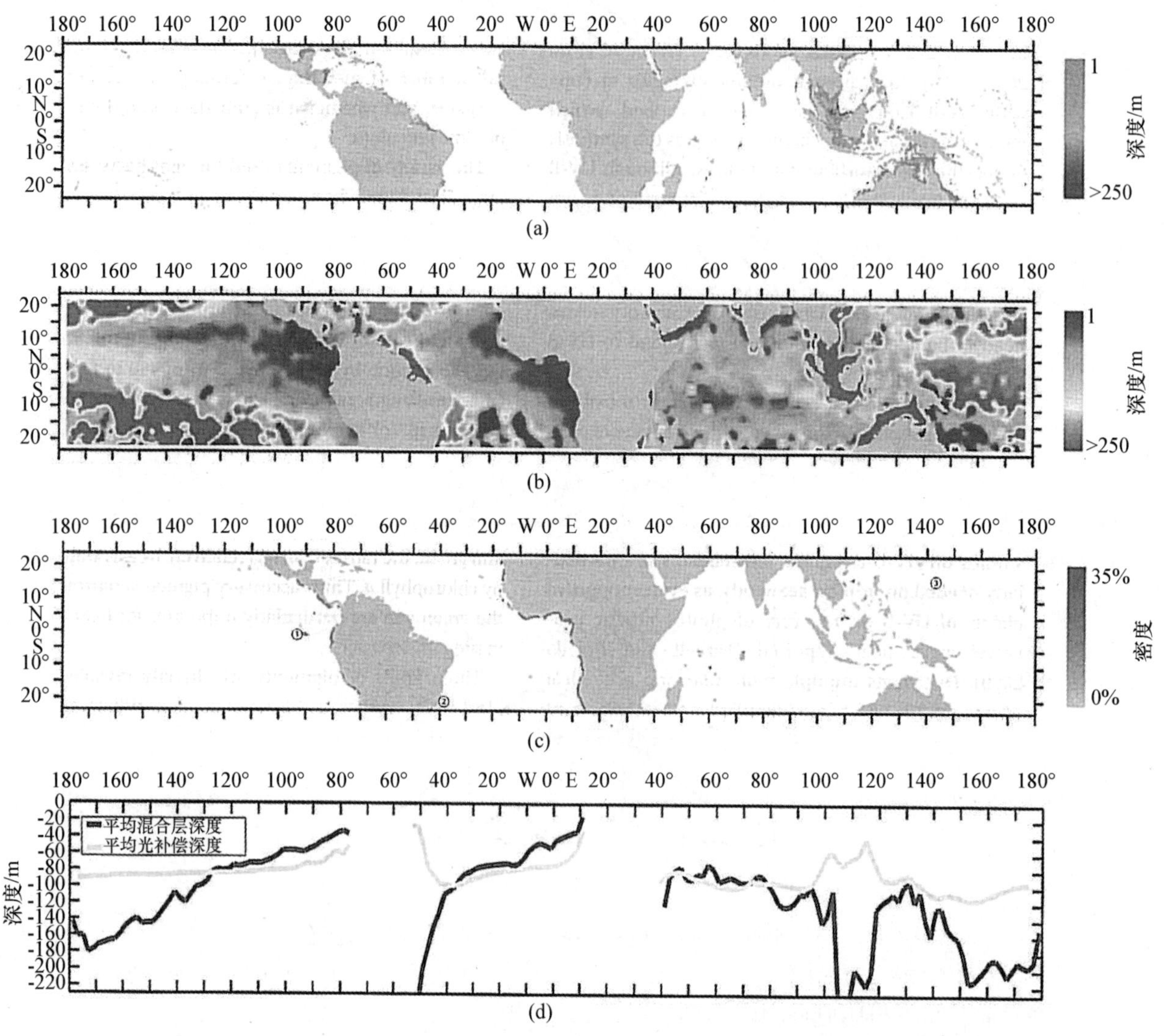

图 5.7 全球热带地区深水海带目物种的避难模型

注：（a）接收的辐照度大于海带目光合补偿点的底栖生物分布；（b）混合层深度；（c）深水海带目种群的预测定位（阴影部分表示 50 km 内预测的栖息地频率）。数字代表已知的深水热带海藻类群的位置：①加拉帕戈斯爱氏藻（*Eisenia galapagensis*）；②巴西海带（*L. brasiliensis*）和深海海带（*L. abyssalis*）；③菲律宾海带（*L. philippinensis*）；（d）赤道截面（5°N 和 5°S 之间）显示海带目光补偿点的混合层深度（引自 Graham et al.，2007b）。

变化的辐射气候 近年来，不断变化的辐射气候对海藻生态的潜在影响已得到了很多的关注。到达地球表面的有害紫外线-B 辐射（UV-B）的增加，已被发现对陆地和水生生态系统存在着威胁（Häder et al.，1998；Björn et al.，1999）。当平流臭氧层（stratospheric ozone）损失 10%时，320 nm 辐射在地球表面会增加 5%，而 300 nm 辐射（属于 UV-B 范围，因此具有高能量）则将会翻倍。UV-B 辐射增加对生物大分子（蛋白质、脂类、色素和核酸）的吸收具有破坏性影响，严重损伤生物的生理过程。在植物和海藻中，UV-B 辐射会造成光合作用组分的严重伤害（Vass，1997；Bischof et al.，2000）。对生物分子和生理过程的主要影响是可能导致生长、生产力和繁殖的改变，UV-B 诱导对生态系统功能（ecosystem function）的显著损害也已被发现（Bischof et al.，2006a）。对于海藻而言，UV-B 辐射的影响具有高度的种属特异性，也取决于各自的发育阶段（Wiencke et al.，2000）。总之，人们已经发现 UV-B 敏感性通常影响海藻的垂直分布模式（Bischof et al.，1998），而微观发育阶段通常比成熟孢子体更易受到影响（Wiencke et al.，2000；2006）。海藻中各种用来应对 UV-B 暴露的策略已被描述，包括一些适应机制，如特殊的 UV 吸收化合物的合成。虽然 UV-B 辐射容易被水体吸收，特别是含有高浓度黄色溶解物质的近岸水域；然而，即使是在水深 5 m 左右，UV-B 仍可减少海藻的生产力（Bischof et al.，2006a）。显然，潮间带生物需要充分的准备来应对暴露于 UV-B 辐射中。

臭氧损耗（ozone depletion）是影响极地和亚极地地区紫外辐射的主要因子，这些地区存在着 UV-B 水平的变化。热带地区则不受平流层臭氧损耗的影响，但 UV-B 辐射水平一直很高；由于 UV-B 对恢复光合作用过程的支持作用已被报道，因此热带海藻尤其需要进行 UV-B 耐受机制的生理生态研究工作（Hanelt and Roleda，2009）。由于其可作用于多个分子并具有生态影响，UV-B 已被确定为影响海藻群落结构形成的重要因素（Bischof et al.，2006a）。

5.3　光捕获

5.3.1　质体、色素和色素–蛋白复合物

不同藻类门类在质体的精细结构、类囊体排列和各自的色素成分方面存在着巨大差异。如图 5.8 显示，陆生植物和绿藻中发现的垛叠的基粒类囊体（granum thylakoids）只是用于提高捕光效率的手段之一。褐藻纲（Phaeophyceae）以及通常的不等鞭毛类藻类通常含有 3 组紧贴的类囊体以及一个环状的类囊体带。红藻门（Rhodophyta）存在单个类囊体结构称为藻胆体（phycobilisomes）。藻类质体的其他差异可能包括了质体被膜（chloroplast envelope）的层数，及其是否嵌入到内质网（endoplasmic reticulum）中。

与陆生植物中较低的色素多样性相比，藻类中捕光色素的种类具有惊人的多样性。辅助色素（accessory pigment）能够扩大有效捕光波长范围，通过比较海水和叶绿素 *a*（chlorophyll *a*）的透射和吸收光谱可以很容易地进行识别。叶绿素 *a* 的最小光吸收范围为 490~620 nm（这个波长范围也被称为“green gap”或“green window”），涵盖了穿透海水的最大光传输的波长范围（海洋中为 465 nm，沿海水域为 565 nm）。水下光主要为蓝光和绿光波长，叶绿素 *a* 捕获该范围波长的能力相对较弱。因此，辅助色素可以缩小绿光缺口（green gap），对于水下捕光特别重要。

叶绿素（chlorophylls）、藻胆蛋白（phycobiliprotein）和类胡萝卜素（carotenoids）3 种色素直接参与藻类光合作用（Larkum and Vesk，2003）。叶绿素 *a* 在反应中心是普遍存在和必需的，存在于所有藻类。其他色素和大量的叶绿素 *a* 一起将能量传输至反应中心。海藻中还发现了一些额外的叶绿素，如石莼纲（Ulvophyceae）和其他绿藻门物种中均含有叶绿素

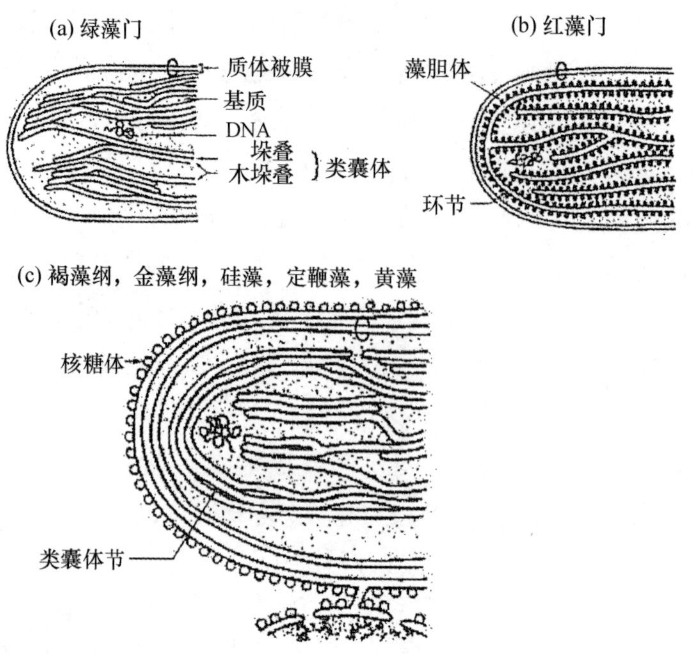

图 5.8　绿藻（a）、红藻（b）和褐藻（c）的质体类型（引自 Larkum and Vesk，2003）

b；褐藻纲含有叶绿素 c_1 和 c_2（图 5.9）。所有色素均为 Mg^{2+} 螯合的四吡咯环（tetrapyrrole rings）；叶绿素 *a* 和叶绿素 *b* 各有一个长的脂肪酸尾部（$C_{20}H_{39}COO^-$），而叶绿素 c_1 和 c_2 中不存在。相比于叶绿素 *a* 和叶绿素 *b*，叶绿素 *c* 对蓝光的吸收更强，但对红光吸收较弱。除了化学性质不同，这些叶绿素，特别是叶绿素 *a*，可以通过不同的方式结合蛋白质从而导致更多的变化，如它的吸收光谱（特别是峰值）。叶绿素 *d* 是否可能存在于个别红藻中，或者是否由于红藻样品携带的蓝细菌污染，仍是多年未解决的问题（Manning and Strain，1943；Miyashita et al.，2003）。事实上，在光耗尽但红外辐射丰富的环境中，蓝细菌（*Acaryochloris marina*）中被发现存在较高浓度的叶绿素 *d*。叶绿素 *d* 不但可以进行光捕获，还可以取代反应中心（特别是 PSⅠ）的叶绿素 *a*（Larkum and Kühl，2005）。因此，两个藻类生物学的谜团得到了解决：①红藻中发现的叶绿素 *d* 可能是由于红藻样品污染了附着生活于其上的蓝细菌；②确实存在可进行生氧光合作用（oxygenic photosynthesis）的光合自养生物，其反应中心是除叶绿素 *a* 以外的其他色素。

鉴于水下光场的光谱组成，在大型藻类和微藻中，类胡萝卜素作为捕光色素的重要性比在陆地植物中更为明显。海藻中含有多种在高等植物缺少的特定的类胡萝卜素。除了光捕获，类胡萝卜素在过度光照下具有重要的光保护作用（photoprotection）。类胡萝卜素是 C_{40} 四萜（tetraterpenes）化合物，包括两大类：胡萝卜素（carotenes）和叶黄素（xanthophylls）。胡萝卜素是烃类化合物，而叶黄素含有一个或多个氧分子（图 5.9）。Larkum 和 Barrett（1983）根据含有类胡萝卜素的种类及其含量将藻类分成 3 类：①红藻和蓝细菌中存在少量类胡萝卜素。那些与类囊体相连的类胡萝卜素仅分布在反应中心，呈现保护作用。这些藻类的捕光复合体（light-harvesting complexes）由藻胆蛋白组成。②在大部分的绿藻中，类胡萝卜素具有捕光作用，但不是主要的天线色素（antenna pigments）。③混合类群：包含了以岩藻黄素（fucoxanthin）为主要捕光色素的褐藻和其他“杂色藻”，即棕色藻或异鞭藻（图 5.9b），以及以管藻黄素（siphonaxanthin）为主要捕光色素的一些管状绿藻和其他目的深水绿藻，例如日本暗影石莼（*Umbraulva japonica* Bae and Lee 2001；曾用名日本石莼 *Ulva japonica*）、丹氏暗影石莼（*Umbraulva dangeardii* Wynne and Furnari 2014；曾用名 *Ulva olivascens*）。岩藻黄素和管藻黄素是不常见的类胡萝卜素，因为其在体内可以吸收蓝-绿光谱区的辐射。这同时也体现出其对于海藻的生态意义，因为水下光场具有特别丰富的绿光，而其被叶绿素利用的能力低。紫黄素（Violaxanthin）是褐藻中另一个主要的叶黄素（其也同时存在于绿藻中），其没有显著提高光捕获的能力，但在光保护中发挥着重要的作用。

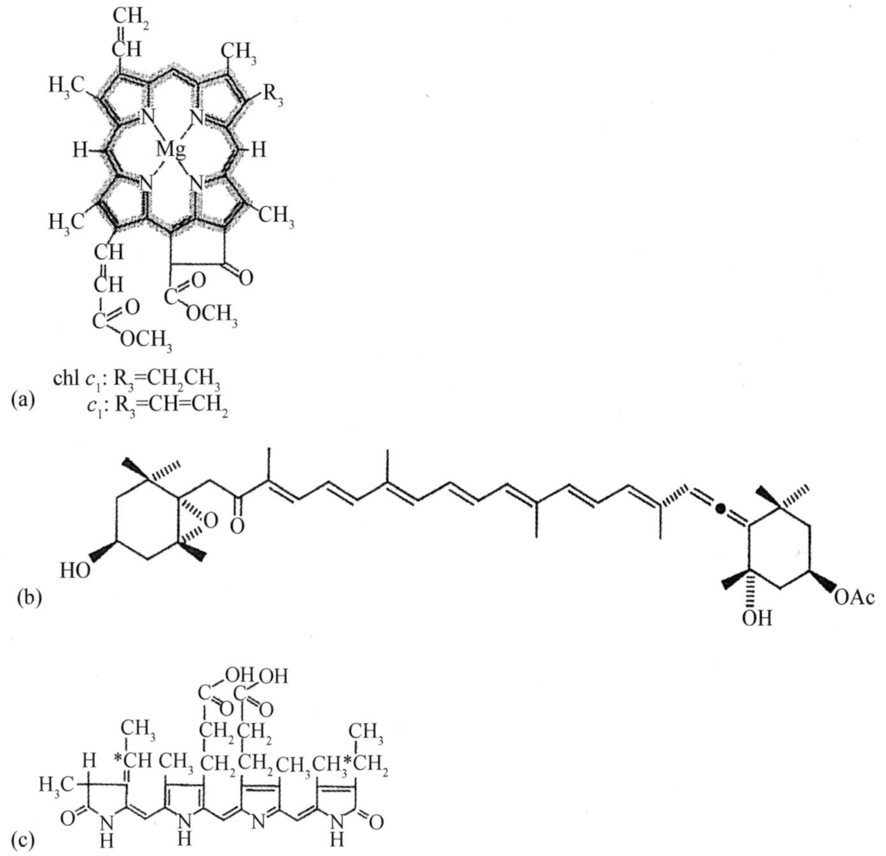

(a) chl c_1: $R_3=CH_2CH_3$
c_1: $R_3=CH=CH_2$

(b)

(c)

图 5.9　藻类色素类型

注：(a) 叶绿素（叶绿素 *c*）为共轭双键系统；(b) 类胡萝卜素（岩藻黄素）；(c) 藻胆色素（phycobilins），藻蓝素发色团。碳原子 * 代表在该位和蛋白质的半胱氨酸残基形成硫桥（仿自不同来源）。

在所有海藻类群中，一些 β-胡萝卜素和 PSⅠ紧密地结合在一起，可有效地将能量转移至其反应中心，但可能对于能量转移到 PSⅡ只有较小的意义。与 PSⅡ相关的 β-胡萝卜素功能不仅仅是光保护作用，例如，其还可导致单态氧（singlet oxygen）的猝灭（Telfer, 2002）。因此，类胡萝卜素的第二个作用是保护反应中心的叶绿素避免光氧化作用（photooxidation）。例如，在叶黄素循环（已知其存在于绿藻和褐藻）中，玉米黄素（zeaxanthin）可以捕获氧气形成紫黄素，同时会被抗坏血酸（ascorbic acid）再次还原（Goodwin and

Mercer，1983；Rowan，1989）。叶黄素在光驯化（photoacclimation）和光保护中的核心作用将在 5.3.3 节中进一步讨论。

藻胆蛋白是红藻和蓝细菌特有的色素蛋白复合体，也存在于隐藻纲（Cryptophyceae）物种中。不同于叶绿素和类胡萝卜素的脂溶性，藻胆蛋白是水溶性的，形成的藻胆体分布于类囊体表面，而不是嵌入在膜中。藻胆蛋白发色团由线性四吡咯化合物藻胆色素（phycobilins）组成（图 5.9c），并以不同组合共价结合为蛋白质复合体。藻胆色素主要有两种：藻红素（phycoerythrobilin，红色）和藻蓝素（phycocyanobilin，蓝色）。蛋白质复合体有两种不同的多肽链（α 和 β），通常以 1∶1 的比例存在，藻胆蛋白中每种链分别多达 6 条。藻胆蛋白有 3 大类：藻红蛋白（phycoerythrins，PE）吸收绿光区域（495~570 nm），其每个 α 链一般含有 2 个藻红素分子，β 链则有 4 个（有的还存在第 3 种多肽链，其上含有藻尿胆素 phycourobilin）。藻蓝蛋白（phycocyanins，PC）和别藻蓝蛋白（allophycocyanins，APC）的每个蛋白链通常仅含有 1 个藻蓝素。藻蓝蛋白吸收黄绿光区域（550~630 nm），别藻蓝蛋白吸收橙红色光区（650~670 nm）。这些色素蛋白复合体的典型吸收光谱如图 5.4 所示。这 3 种类型均存在于红藻和蓝细菌中，藻胆体的 PE∶PC 比值已被观察到与红藻的补色适应性有关（Lopez-Figueroa and Niell，1990；Sagert and Schubert，1995）。

色素在类囊体中和类囊体上以特殊的方式排列。反应中心是特殊的叶绿素-蛋白复合体，被核心天线叶绿素 *a* 包围。大部分的叶绿素 *a* 和其他辅助色素组成的捕光复合物定位于膜内，或者类似于红藻中的藻胆体一样定位于膜上。这些色素的定位形成了一种漏斗模式将能量传递至反应中心。定位于不同位置的非藻胆色素均与蛋白质非共价结合，提供了许多具有不同吸收光谱的组合形式。

两个光系统（PSⅠ，PSⅡ）均含有一个独特的叶绿素组分。反应中心的叶绿素直接参与电子转移的分子（与能量转移相反），被称为 RC-Ⅰ（或 P700）和 RC-Ⅱ（或 P680）。PSⅠ的研究过去一直是最成熟的，但最近对 PSⅡ的结构和功能的认识也有了显著的提高（Buchanan et al.，2000）。一些叶绿素 *a* 与 PSⅠ反应中心紧密结合形成核心复合体Ⅰ（core complexⅠ，CCⅠ），以前也称为 P700-叶绿素 *a*-蛋白质复合体。核心复合体Ⅰ包括两个 84 kDa 的疏水性蛋白质，结合 75~100 个叶绿素 *a* 分子和 12~15 个 β-胡萝卜素分子，形成内部天线系统（Kirk，2010）。核心复合体Ⅰ自身可以捕获光能，然而通过 CCⅠ供给至 RC-Ⅰ的大量能量被捕光色素-蛋白复合体Ⅰ捕获，该复合体又称为捕光复合体Ⅰ（light-harvesting complexⅠ，LHCⅠ）。核心复合体Ⅱ（core complexⅡ，CCⅡ）在光系统Ⅱ中发挥功能。约 40 个叶绿素 *a* 分子和 1 个 P680 反应中心形成 1 个 PSⅡ单元。在 CCⅡ中，叶绿素 *a* 和 β-胡萝卜素组成两种色素蛋白，CPa-1（约 52kDa）和 CPa-2（约 48 kDa），也被称为 CP47 和 CP43。CPa-1 包含约 20~22 个叶绿素 *a* 和 2~4 个 β-胡萝卜素分子。CPa-2 包含 20 个叶绿素 *a* 和 2 个 β-胡萝卜素分子（Green and Durnford，1996；Kirk，2010）。这些复合物形成内部的 PSⅡ天线，其与反应中心以及水解复合体密切相连（Buchanan et al.，2000）。

绿藻和褐藻的捕光复合体包含了大部分的叶绿素 *a*、所有的叶绿素 *b*、岩藻黄素和其他的捕光色素（除了少量的 β-胡萝卜素）。大多数绿藻的 LHCⅠ基本上类似于高等植物的 LHCⅠ，包含叶绿素 *a* 和叶绿素 *b*（比例约 3.5∶1）以及叶黄素。然而，在一些绿藻中，如松藻属（*Codium*），管藻黄素是 LHC Ⅰ中主要的类胡萝卜素（Chu and Anderson，1985）。大多数的捕光色素-蛋白复合体与 LHC Ⅱ相关。LHC Ⅱ是大型的捕光复合体，可以包含多达一半的绿藻总色素。藻类中叶绿素 *a* 普遍存在于 LHC Ⅱ，与各自的附属叶绿素（绿藻中为叶绿素 *b*，褐藻中为叶绿素 *c*）以及叶黄素结合（Kirk，2010）。叶绿素 *a*/*b*-管藻黄素-蛋白复合体存在于含有管藻黄素的绿藻中（Larkum and Barrett，1983）。在石莼纲发现了两种大小不同的 LHC Ⅱ，并与管藻黄素是否存在无关（Fawley et al.，1990）。

Katoh 和 Ehara（1990）与 De Martino 等（2000）发现了褐藻的捕光复合体Ⅱ。在褐藻幅叶藻（*Petalonia fascia*）和梨形巨藻（*Macrocystis pyrifera*）中发现了超分子色素蛋白复合体，由几个到大量的 LHC Ⅱ复合体组成，包括叶绿素 *a*/*c*2-岩藻黄素-蛋白复合体和叶绿素 *a*/*c*1/*c*2-紫黄素-蛋白复合体。幅叶藻中每个复合体包含 128 个叶绿素 *a*、27 个叶绿素 *c*、69 个岩藻黄素和 8 个紫黄素分子（Katoh and Ehara，1990）。齿缘墨角藻（*Fucus serratus*）的 LHC Ⅱ中叶绿素 *a*：叶绿素 *c*：岩藻黄素的比例是 100：16：70（Caron et al.，1985；1988）。对糖海带（*Saccharina latissima* Lane et al. 2006；曾用名 *Laminaria saccharina* Lamouroux 1813）和梨形巨藻（*Macrocystis pyrifera*）的最新研究表明，褐藻中含有岩藻黄素的 LHCs 均为同源蛋白。因此，PS Ⅰ或 PS Ⅱ的 LHCs 是很难区分的，这表明这两个光系统不但配备了相同类型的天线，甚至共享同样的天线（De Martino et al.，2000）。因此，不可能发生 PS Ⅰ和 PS Ⅱ之间的能量分布不平衡。

到目前为止的大部分数据仍然显示每个系统都有其自己的天线。然而，Larkum 和 Barrett（1983）提出，水下光质量和数量的快速变化将使其有利于藻类控制光系统的能量分配，并提出了一个允许剩余能量从 PS Ⅱ流入 PS Ⅰ的通道机制；这个过程通常被称为“溢出”（spillover）。迄今为止，光系统的能量分区模式被一种称为“状态转换”（state transitions）现象的理论描述，是指 PS Ⅱ和 PS Ⅰ之间捕光单元的可移动性：LHC 单元从一个系统迁移到另一个系统，各自的光横截面发生改变（Forsberg and Allen，2001）。已有证据表明，这种机制涉及捕光 PS Ⅱ蛋白的磷酸化作用，由此产生的负电荷诱导 LHCs 脱离 PS Ⅱ并迁移到 PS Ⅰ（Allen，2003；Kirk，2010）。

藻胆蛋白在类囊体膜的表面形成集群（图 5.10），因此很容易被观察到（Cohen-Bazire and Bryant，1982；Glazer，1985）。半盘状藻胆体存在于大多数蓝细菌和少部分红藻中，而红藻中藻胆体的形状大部分则是球形的（Talarico，1990）。脐形紫菜（*Porphyra umbilicalis*）等红藻中存在着这两种不同形态的藻胆体，可以对波动的辐射进行响应（Altarra et al.，1990）。藻胆体包含两个结构域（domains），中央核心区（包含别藻蓝蛋白）和外周棒状体（包含靠近核心区的藻蓝蛋白和棒状体边缘区的藻红蛋白）。特殊的连接多肽将藻胆体连接在类囊体膜上，并准确地将复合体朝向 PS Ⅱ定位。

色素的排列与能量传递的路径平行，也可以被色素光谱追踪（图 5.4），因为能量与波长相反，传递方向为：PE→PC→APC→叶绿素。大多数藻胆体与 PS Ⅱ相关；PS Ⅰ可以直接从其他藻胆体中接收光，但大多数则来自 PS Ⅱ的溢出（Biggins and Bruce，1989）。

部分红藻以其含有的藻胆体为特征。例如，条斑紫菜（*Pyropia yezoensis* Sutherland et al. 2011，曾用名 *Porphyra yezoensis* Ueda 1932）含有半椭球形的藻胆体，长 45.1 nm、厚

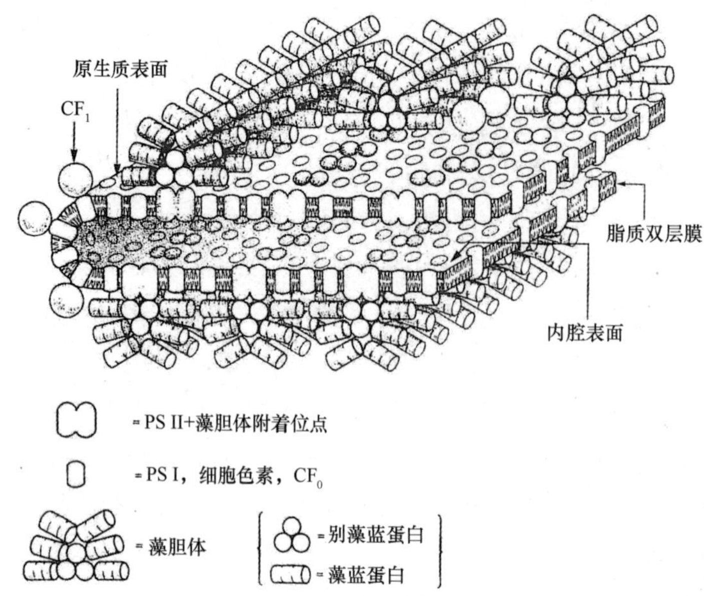

图 5.10　蓝盒藻（*Cyanophora paradoxa*）蓝色小体（cyanelles）的类囊体膜模型

注：类囊体膜模型中显示藻胆体和 PSⅡ相连，ATP 酶偶连因子 CF_1 和一个包含 PSⅠ、细胞色素以及偶连因子 CF_0 的单元相连。如果藻红蛋白存在，它会分布于藻蓝蛋白杆的外端（引自 Giddings et al.，1983）。

23.1 nm、高 34.6 nm。类囊体膜表面的藻胆体密度可高达 770 个/μm^2。由于 PSⅡ的密度较大，大部分已研究的红藻中，藻胆体与 PSⅡ的比值约等于 0.6（Toole and Allnutt，2003）。

5.3.2　光捕获的功能型

海藻的捕光能力不仅取决于色素的类型和数量，及其在类囊体的分布，也取决于更高水平的组织结构，如藻体中质体的分布和藻类的总体形态（gross morphology）。藻类细胞中质体的分布差异较大，但某些细胞包含很多具有大液泡的小型质体，其中的质体往往分散分布于细胞外周。此外，绿藻和褐藻中质体的分布可能会随着日循环改变，以调节光捕获（Hanelt and Nultsch，1990）。色素细胞往往分布在厚的藻体周边，因此髓部细胞（medullary cells）含有较少质体或没有质体。这些安排显然有利于光传递给色素，对于保持足够的无机碳通量也很重要（Larkum and Barrett，1983）。

许多海藻是由厚的，光学复杂的组织组成（Osborne and Raven，1986；Ramus，1990）。与体外色素溶液的吸收相比，色素和捕光复合体、质体以及细胞结合会减少光吸收（“打包效应”；Mercado et al.，1996）。另一方面，折射和反射会增加藻体中的光路，从而提高捕捉光子的机会。某些海藻内部含有气室，如管状的石莼属（*Ulva*）（曾用名：浒苔属 *Enteromorpha*）；或具有碳酸钙层的藻类，如仙掌藻属（*Halimeda*），趋向于增加光的反向散射，在某些情况下甚至可以充当“光向导”（light guides）（Rumus，1978）。光吸收的理论往往趋向于假设色素浓度（尤其是叶绿素 *a*）和吸收之间的关系；这种关系适用于色素溶液对单色光的吸收（Beer 定律），但不适用于具有有序的、层级结构的海藻对多色光的吸收（Grzymski et al.，1997）。色素和藻体性能的净效应可通过藻体吸收比来观测，即入射光（incident light）吸收部分。图 5.11 显示了石莼属（70 μm 厚）和松藻属（3 mm 厚）的吸收光谱，其包含不同数量的色素分子。松藻属的吸收率在大范围变化的色素浓度条件下改变较小，而石莼属则受到色素浓度的显著影响。松藻属等藻类，可吸收几乎所有的入射光，被称为光学黑暗（optically black）。很明显，海藻的功能型（见 1.2.2 节；将在 5.7.2 节进一步讨论）影响了其捕光能力，Hay（1986）提出了一系列不同的生长型（growth forms）来反映藻体在捕光方面的差异：①单层、扁平、不透明的藻体，包括肉质伞状藻类如 *Constantinea*，以及壳状钙质和非钙质藻类（Hay 未讨论）；②多层、半透明藻体，如石莼属、海膜属（*Halymenia*）和团扇藻属（*Padina*）；③多层藻体，具有扁平而狭窄的多裂叶片或柱状分支，还包括丝状藻体（Hay 未讨论）；④多层藻体，有中脉（midribs）支撑薄的叶片（如马尾藻属 *Sargassum*）；也包括巨囊藻属（*Macrocystis*），其叶片被沿柄分布的气囊而不是中脉支持（Lobban，1978a）。

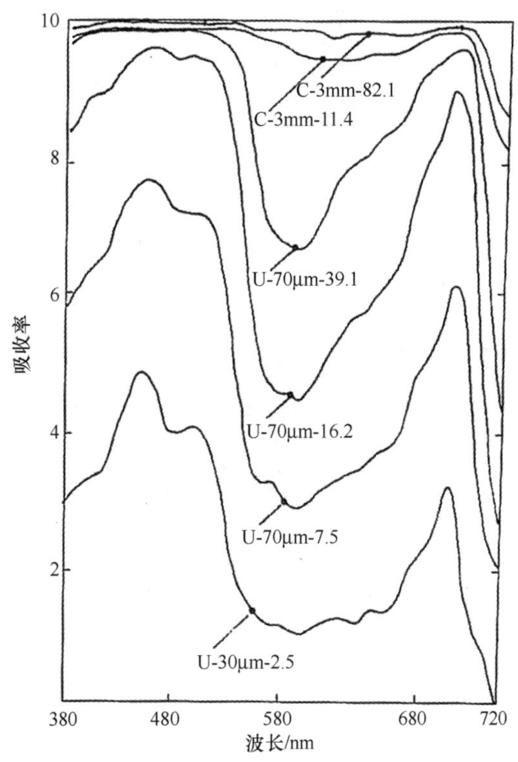

图 5.11　不同藻体结构色素浓度变化对光吸收率的影响

注：不透明海藻松藻属（*Codium*）（C）和半透明海藻石莼属（*Ulva*）（U）的吸收光谱。70 μm 厚的石莼属中增加的色素浓度（nmol/cm^2）大大增加了光吸收（入射光吸收率）。松藻属藻体本质上可吸收所有的入射光，甚至在色素浓度比石莼属低很多的情况下（引自 Ramus，1978）。

在 Littlers 的功能型分类系统中（见 1.2.2 节和 5.7.2 节）（Littler and Arnold，1982），一个物种可能属于多个类群（如通过基因型差异分类；Hanisak et al.，1988）。形态学特性的叠加体现了在捕光能力的生化/生理差异（如，“喜阳”与“喜阴”植物生态型变化；Algarra and Neill，1987；Coutinho and Yoneshigue，1990；Gómez and Huovinen，2011）。

Hay（1986）假设在光线充足的栖息地，多层海藻（具有高的“藻体面积：底层面积”比值，在高等植物中称为叶面积指数 leaf-area index）相对于单层海藻有生长率的优势，其

“藻体面积：底层面积”比值接近 1；而在光线昏暗的栖息地，则存在相反的现象。假如宽而扁平的藻体是半透明的，其可能是多层的；透明度取决于薄的藻体和充足的光照，在非常暗的光照下即使很薄的藻体也可以吸收所有的入射光。对于较厚的藻体，当分枝足够窄小使其投在下方分支的阴影较小时，也可以是多层的。在光线充足的栖息地，水流运动不断调整分支和叶片，使得即使是大叶片形成的厚的冠层藻类（如巨囊藻属 *Macrocystis*）也可形成有效的多层（Lobban，1978）。具有狭窄分枝以及直立藻体的海藻，如长爱丽丝藻（*Ellisolandia elongata*，曾用名长珊瑚藻 *Corallina elongata* Ellis & Solander 1786），其“表面积：底面积”比值在阳光充沛的站位为 1 413 $m^2 \cdot m^{-2}$，而在阴影区为 224 $m^2 \cdot m^{-2}$（Algarra and Neill，1987）；与海带目以及墨角藻目的情况完全相反，后两者的数值为 4~7 $m^2 \cdot m^{-2}$。

Peckol 和 Ramus（1988）认为 Hay 的假设有误，其发现相对于单层物种，多层藻类在深层、低光群落中更为丰富。空间和氮竞争在这里也是重要的因素，群落大概反映了这些消极的选择压力的组合结果。在这些区域的海藻受到多种因素影响，但这并不影响 Hay 提出的生长率和辐照度关系的假设。在瑞典西海岸 atidal 区域的研究中获得了功能型的有力支持证据（Pedersen and Snoeijs，2001）。随着水深的增加，丝状物种丰度减少而叶状物种丰度增加。在针对瑞典海岸 32 种海藻的研究中，光合特性对藻体形态的依赖性再次得到证实。当具有相同干重时，较薄的丝状物种具有更高更快的产氧率，而粗厚的物种产氧率低；当各自的海藻表面积相同时，结果则相反（Johansson and Snoeijs，2002）。

Gómez 和 Huovinen（2011）在对南智利海藻的形态功能和成带现象的研究中，重新对功能型进行了讨论，显示出吸收率和藻体厚度之间的关系（图 5.12）。然而，潮间带类群藻体形态与光照可用性的关系强烈依赖于其他的物理约束（如干燥、紫外辐射、波浪影响等），因此相关模式不一定遵循经典的形态与功能理论（Gómez and Huovinen，2011）。

另一方面，Hay 和 Littlers 的理论没有解决的问题是海藻藻甸的生长习性。密集的海藻藻甸（一般在光线好的平地）由具有较高的叶面积指数的丝状藻类组成，但由于过于拥挤，使得自阴影（self-shading）影响变得比较重要（Williams and Carpenter，1990）。稀疏的藻甸可能更接近丝状藻类的理论功能型。

5.3.3 不同辐照度下的光合作用

光合作用的速率取决于可用的辐照度，或最终的辐射吸收。光合作用和辐照度的关系用 *P*–*E* 曲线表示，可用来比较不同海藻的捕光生理（现在通常用符号“*E*”来代表辐照度，取代了过去常用的“I”；Falkowski and Raven，2007）。广义的 *P*-*E* 曲线如图 5.13a 所示。在极端弱光条件下，呼吸作用大于光合作用。当光合作用和呼吸作用平衡时，辐照水平为补偿辐射值 E_c。光合速率首先呈线性增加，其初始斜率 α 是量子产率的一个有用指标。在高辐照度下，光合作用趋向饱和（P_{max}），并受暗反应限制。饱和辐照度 E_k 被定义为推测起始斜率和 P_{max} 相交的点。这些一般性的相关数学模型有利于通过 *P*-*E* 曲线进行生产力估测、拟合函数（用有限的数据点）以及方便计算临界参数 P_{max}、E_c、E_k 和 α。常见的公式最初是用于描述浮游植物的光合作用，也被广泛应用于大型海藻。Jassby 和 Platt（1976）提出的简单公式被认为是特别合适的：$P = P_{max} \tanh (\alpha E_d / P_{max})$，其中 E_d 代表向下的辐射。然而，Ramus（1990）指出（图 5.13），假设单细胞的均匀悬浮液在随机运动，在不同的 *P*-*E* 模型中藻体

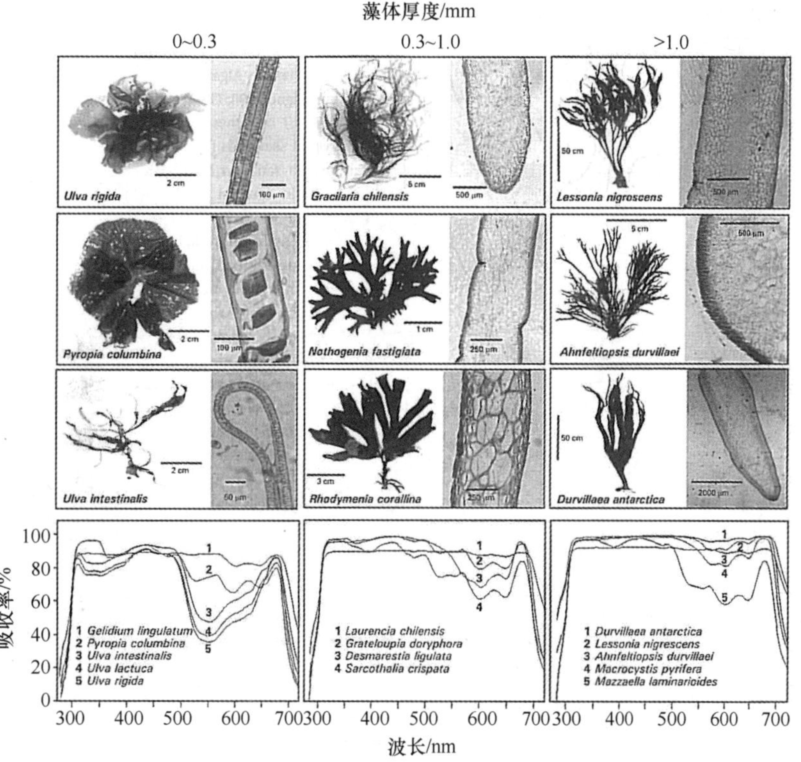

图 5. 12　大型藻类的吸收光谱和藻体厚度的关系（mean±SD）

注：每组藻体显示 3 个横截面的例子（引自 Gómez and Huovinen，2011）。

内部的光散射情况完全不同。除了非常薄的、均匀的藻类如石莼属（*Ulva*）和紫菜属（*Porphyra*）以外，海藻中光子梯度波动强烈，受到反向散射（backscattering）的强烈影响。因此，Ramus 认为海藻的生态研究需要将光合作用与吸收的辐射 E_a 结合起来，而不是入射辐射 E_o，他将“光吸收截面”定义为表示捕光能力的一个参数。

另一种模型，最初被用来描述树木的光合作用，并适用于浮游植物的光合作用（Webb et al.，1974；Peterson et al.，1987；Kirk，2010），同样也可为海藻光合作用提供一个很好的估算：$P = P_{max}[1 - e^{-\frac{aE_d}{P_{max}}}]$。$P$–$E$ 曲线是估计光合速率的数学模型（Jassby and Platt，1976；Nelson and Siegrist，1987；Madsen and Maberly，1990），适当的分母（即单位生物量或叶绿素）的选择对结果的解释至关重要。这些模型可以在某一参数如色素浓度变化时，用来预测光合速率的变化。例如，海藻可以通过增加反应中心的数量或天线尺寸来适应较低的光强。Ramus（1981）使用了光合单位（photosynthetic unit，PSU）的概念，包括反应中心及其相关的捕光色素复合体。目前，认识到在 PS Ⅰ 和 PS Ⅱ 之间或它们的天线蛋白之间的比例并不是 1∶1，但光合单位的概念仍然是有用的。Ramus 采用模型预测到如果光合单位数量增加（图 5. 13b），P_{max} 也将增加，更多的光将用于饱和光合作用（高 E_k）。另一方面，如果 PSUs 的大小增加，数量不变（图 5. 13c），P_{max} 将不会改变，但更少的光将用于饱和光合作用；在这种情况下，PSUs 的效率会更高。部分海藻已经进行了研究，以确定其是否会调整 PSUs 的数量或大小（或两者同时调整）。其中石莼（*Ulva lactuca*）只改变 PSU 的数量，而脐形紫菜（*Porphyra umbilicalis*）则两者均发生变化（Ramus，1981）。

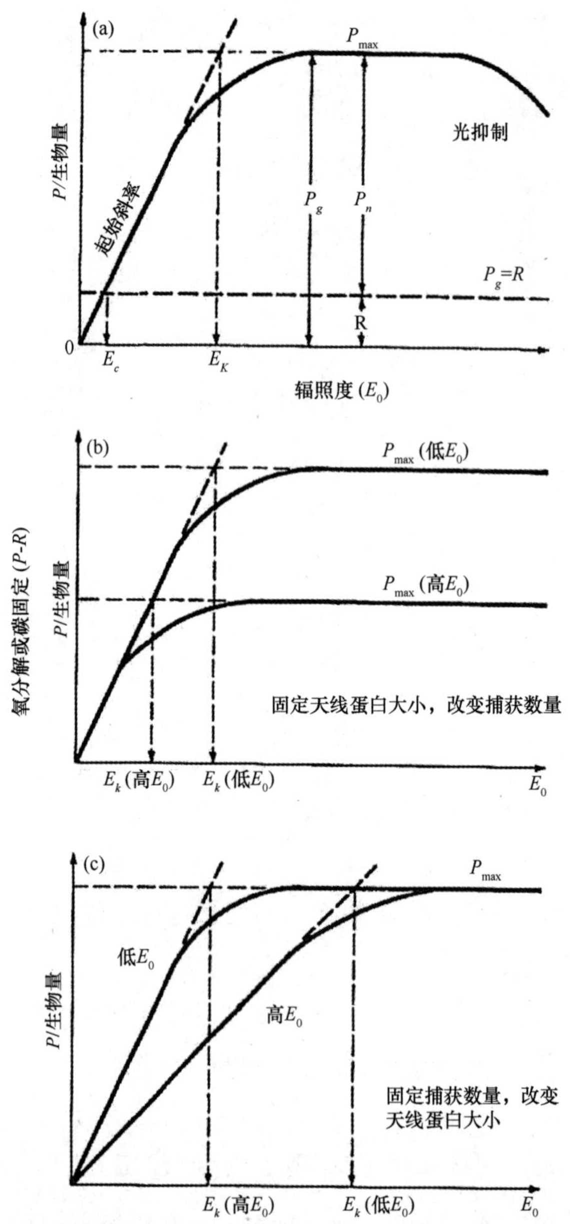

图 5.13　净光合速率（P）与入射辐照度（E_0）的光饱和曲线模型

注：（a）通用模型定义 P_{max} 为最大净光合速率；P_g 为总光合速率；P_n 为净光合速率；R 为呼吸作用；E_c 为补偿辐照度；E_k 为饱和辐照度水平。水平虚线表示零净光合速率（$PR=R$）。（b）光合单位调整模型：通过改变 PSUs 的数量而不是它们的大小进行调整。（c）极端辐照度调整模型：通过改变固定数量的 PSUs 的大小进行调整（引自 Ramus，1981）。

浅水海藻需要达到补偿点的辐照度水平约为 2~11 μmol · m^{-2} · s^{-1}（Arnold and Murray，1980；Hay，1986），但在较暗的栖息地则值更低。深水生长的壳状的珊瑚藻（crustose coralline algae）被发现可在低至 0.01 μmol · m^{-2} · s^{-1} 的辐照度下生存（Littler et al.，1985）。显然，低光适应的物种具有较高的光合效率和非常低的补偿点和饱和点，但由于处在能量稳定消耗的过程中，仍然难以解释海藻在小于 0.5 μmol · m^{-2} · s^{-1}的辐照度下维持生长的机制（Raven et al.，2000）。具有“阴影”适应特点的极地藻类，生长在深度接近 30 m 处，具有非常低的 E_k和 E_c值，分别为 11 μmol · m^{-2} · s^{-1}和 2 μmol · m^{-2} · s^{-1}，使得这些海藻几乎在全日照时期保持积极的碳平衡（净光合速率），从而弥补暗呼吸作用（Gómez et al.，2009）。

饱和光强显示出与生境有一定的相关性，但一般和全日照时间短相关，这表明海藻具有或多或少的“阴影适应性”（Reiskind et al.，1989）。潮间带物种的 E_k值为 400～600 μmol · m^{-2} · s^{-1}（20%的全日照），上亚潮带和中亚潮带物种为 150～250 μmol · m^{-2} · s^{-1}，下亚潮带物种小于 100 μmol · m^{-2} · s^{-1}（Lüning，1981a），北极物种甚至具有更强烈的阴影适应性（Weykam et al.，1996）。Marquardt 等（2010）最近的研究调整了智利 3 种重要经济红藻的 E_k值。可能的机制涉及反应中心比例的调整，以及捕光色素与光保护色素比例的变化。这种针对沿深度梯度变化的光可利用性的适应对于海藻碳平衡具有重要意义。

总的来说，海藻对低光照条件发生响应，即在水深增加时相应增加天线的尺寸，如减少深海绿藻的叶绿素 $a:b$ 比率（Yokohama and Misonou，1980）。因此，较大的天线增加了捕光效率，但也需要在色素合成中消耗更多的能量。因此，当藻类从高辐照到低辐照转移时会遭受“能源危机”（energy crisis）（Falkowski and LaRoche，1991），其可能会把大分子合成从脂类和碳水化合物转移至蛋白质（捕光复合体），然后再回到脂类（细胞膜）。

在浅海或潮间带生境高辐照度条件下生长的海藻会观察到相反的现象：较小的天线降低了过度激发的风险，潜在地会导致光抑制（photoinhibition）和光损伤（photodamage）。在这种条件下，藻类必须在光合蛋白和酶以及光保护机制的转换中投入更多的能量。在超过光合作用需求的高辐照度条件下，可以观察到光抑制现象。光抑制被定义为光保护机制未能缓解光灭活作用（photoinactivation）时出现的现象（Franklin et al.，2003）。早期的文献表明，光抑制主要是由于光合作用被破坏引起的，但最近的研究则显示出存在着一个调控和保护成分。因此，Osmond（1994）提出了动态光抑制（dynamic photoinhibition）的概念，指通过光合量子产率（photosynthetic quantum yield）的短暂减少来保护反应中心避免吸收过多能量，同时抑制由 Mehler 反应形成的活性氧，此过程中电子（来源于水）被传递给氧（见下文）。在植物和海藻的动态光抑制过程中，一旦能量压力再次降低（如涨潮条件下水体增加或中午过后太阳能对水体保温作用的降低），光合量子产率会迅速恢复，而且通常是在几小时内完全恢复。在这个意义上，动态光抑制也可被称为光保护（Franklin et al.，2003），包括导致减少量子激发传递到反应中心的所有过程。这些过程参与整体光驯化（photoacclimation），包括调整光合器（photosynthetic apparatus）结构和功能以抵消光抑制/光灭活的所有机制。光灭活（以前也被称为慢性光抑制）仅指量子产率的缓慢可逆抑制，并同时代表光损伤，如活性氧介导的光合色素和蛋白质的光氧化，或在高光胁迫下增加的 PSⅡ碎片和非充分的 D1 蛋白转换（protein turnover）速度（Aro et al.，1993）。光抑制是潮间带海藻受干燥胁迫时常见的现象（Huppertz et al.，1990）。

动态光抑制的机制仍然没有完全解决，但是叶黄素循环的核心作用已被认为是一个重要的替代能源。通过由紫黄素到环氧玉米黄素再到玉米黄素的释放能量的环氧化作用（exergonic epoxidation），多余的能量通过散热从系统中排出（Demmig-Adams and Adams Ⅲ，

1992；Demmig-Adams et al.，2008）。这个过程主要在高等植物中发生，也被证明在绿藻和褐藻中发挥功效（Uhrmacher et al.，1995；Bischof et al.，2002a）。动态光抑制是浅水藻类的重要特点，可用于适应在低潮期恰逢高太阳仰角时的高辐照度环境，不同藻类运用这一特征的能力已被证实反映了藻类的垂直分布特征（Hanelt，1998）。然而，Raven（2011）认为抵消光抑制的所有机制均需要某种代谢能量，这可能会导致增加/替代的营养和能量需求，并最终影响生长。

光合作用的抑制在海藻暴露于增强的紫外线辐射（UV-R）时也常被观察到（臭氧消耗和紫外辐射对海藻的影响将在第7章介绍）。在野外条件下，PAR和UV-R可能引起光合性能的抑制，因此不容易被区分（Bischof et al.，2006a；Fredersdorf and Bischof，2007）。然而，PAR和UV-R介导的损害机制是完全不同的。过量的PAR有利于活性氧的生成（见7.1节），因此利于光合色素、蛋白质和膜脂的光合氧化（photo-oxdidation）。而UV-R采取更直接的方式，通过紫外发色团（如肽键，芳香族氨基酸残基等）吸收高能量子，这可能直接导致如构象变化从而影响分子的功能。一般来说，动态光抑制过程无法防御UV-R暴露。

海藻光合作用也受到光谱成分变化的影响。这些变化通常随藻类冠层的深度梯度出现，也随日常和季节性的周期变化出现，并可被藻类感知后作为环境信号影响光形态建成（photomorphogenesis）以及PSⅡ、PSⅠ相关的色素成分。例如，在红藻门白斑紫菜（*Pyropia leucosticte* Sutherland et al. 2011；曾用名*Porphyra leucosticta* Le Jolis 1863）中，绿光：红光的比例增加会导致其光系统Ⅱ的光吸收增加，以及藻红蛋白：藻蓝蛋白，藻红蛋白：叶绿素的比值变化（Salles et al.，1996）。蓝光也会短期或长期地影响光合速率，并可能刺激光合能力。短期的蓝光暴露（2 min）会刺激掌状海带（*Laminaria digitata*）在红光下的光合作用，但只能维持约1 h（Dring，1989）。这表明蓝光激活了内部存储的CO_2的释放（Schmid and Dring，1996）。

Ramus（1990）开发了一种海藻生长速率的辐射模型，可对上述光利用方面的差异给出个体生态学的结果。其定义光子产率（photon growth yield，PGY）作为评估光利用效率的定量参数：$PGY=\mu/E_a$，其中μ代表特定生长速率，E_a代表吸收的光。通过对E_o和E_a作图（图5.14a，b）比较了石莼属（*Ulva*）和松藻属（*Codium*），发现松藻属的生长饱和更快并会出现光抑制（图5.14a，b），但在中间辐照度下松藻属对入射光的利用比石莼属更有效（图5.14c）。

5.3.4 作用光谱（action spectra）和补充色适应（complementary chromatic adaptation）的理论测试

每种色素蛋白复合体都有其特征吸收光谱；所有色素的总合形成藻体的吸收光谱，会受形态的影响而变的复杂。Engelmann（1883；1884）、Haxo和Blinks（1950）的经典实验采用窄波段的光来记录吸收光谱。然而，自然光即使在深水中也是宽波段的，这极大地改变了光合作用的波长依赖性。在Fork（1963）的红藻实验中，当用少量的绿色光（546 nm）补充单色光后，发生在500 nm以下和650 nm以上的光合作用显著增加并与额外光的量不成比例，而作用光谱和吸收光谱更为接近。Fork选择的补充波长接近深水光谱的峰值。

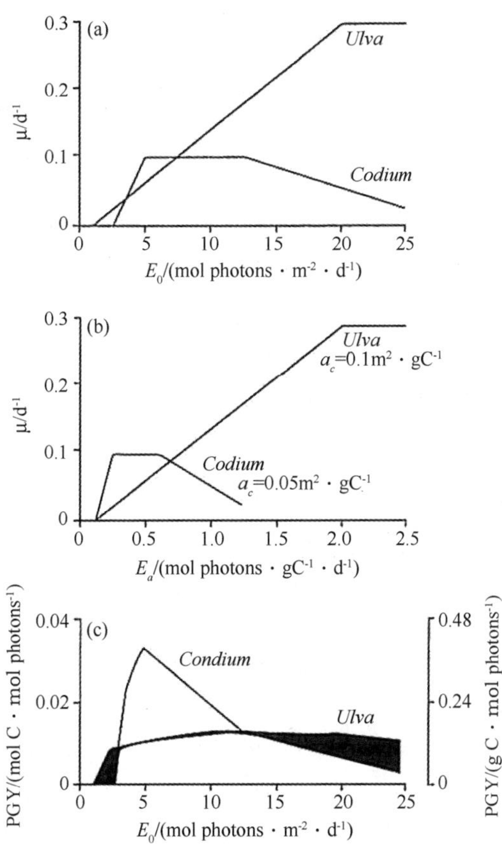

图 5.14　石莼属（*Ulva*）和松藻属（*Codium*）的生长速率和光的关系

注：（a）比生长速率（μ）和入射光（E_0）的关系；（b）比生长速率与光吸收（E_a）的关系，$E_a = E_0 a_c$（a_c=截面的特定碳吸收）；（c）光子产率（PGY）与 E_0 的关系（引自 Ramus，1990）。

Engelmann 的实验提出了海藻成带现象对应其色素补充物的理论，即补充色适应理论。虽然这一理论已被充分证明有误（Ramus，1978；Dring，1981），其“引人注意的逻辑”（Ramus，1982）和百年来的接受历史，使其一直流行在生物学教科书上（Saffo，1987）。Engelmann 理论提出仅携带叶绿素的绿藻限于浅水生长；具有岩藻黄素的褐藻生长环境可进一步延伸；而红藻的藻胆素可以填补所谓的“绿色窗口”（green window），具有最大的垂直分布，也是在深水（绿光）生长的唯一藻类。该理论指出红藻已经进化出了适应深水生存的藻胆素。这一理论事实上只适用于光照受限地区，而不是潮间带（Dring，1981）。该理论依据 3 个主要假设，全都是错误的（Saffo，1987）：①红藻、绿藻和褐藻的垂直分布如上所述；②光是影响成带现象的唯一因素；③红藻的色素补充物使它们在海底光质量下更有效。从一开始这一理论就有许多的反对者。Oltmanns（1892）特别强调成带现象被过度夸大了，总辐射比光谱质量对于海藻的垂直分布有更大的作用。Lubimenko 和 Tichovskaya（1928）推断在 50 m 深度的低光照条件下藻类光合作用的能力是由色素总数量决定，而不是特定的色素种类。

Engelmann 试图解释的广义的成带模式是在 1844 年出版的海洋生物学论著中提出的。Engelmann 认为在光线较暗的潮间带生境中红藻的生物量丰富，而绿藻不丰富，但他忽视了一些“异常”情况（Saffo，1987）。深水疏浚可促使壳状的珊瑚藻（crustose coralline algae）生长，但有很大的局限性；同时只有通过水肺和潜水器才可以确定藻类附着和生长的深度（Runcie et al.，2008）。在许多地方，红藻是生长最深的海藻，但我们现在知道红藻并不完全占据海藻最大深度的栖息地。例如在夏威夷 Malat 地区和巴哈马群岛附近，绿藻生长在海藻极限深度附近（Larkum et al.，1967；Lang，1974；Little et al.，1985）。一些绿藻（如掌孔藻属 *Palmoclathrus* 和拟扇形藻属 *Rhipiliopsis*）只发现在深水中。与绿藻相比，红藻的物种数量和生物量并不随深度增加（Schneider，1976；Titlyanov，1976）。

即使在亚潮带，光也绝对不是唯一的环境变量。具有类似的色素和功能型的密切相关物种，通常有不同的深度限制。如果只考虑光合作用和生长的光饱和参数，大多数的海藻能在比它们现实生存更深的栖息地生活。海藻的功能型不仅影响其捕光能力，也影响其营养和碳通量（Pekol and Ramus，1988）。所有这些能力均有利于其生长和竞争能力。Sand-Jensen（1987）关于碳吸收的评论同样适用于光捕获：“植物的许多特点已被建议是对于增加的无机碳外部供应的适应……然而，植物可以作为一个综合的功能单元，应对一系列的环境变量。所以，这些特点不能单纯地被看做是对增加碳获得的适应，而是植物生理学和生态学的一般特征。”

至于捕光能力，如果海藻为光学黑暗（optically black）类型，特殊的补充色素并不重要（Ramus 1978；1981）。厚的藻体，或者内部反射和散射光多的藻体是最彻底的吸收器，因其光路较长且光子撞击质体的可能性更大。此外，虽然绿藻在光谱的绿色区域吸收相对较差，但其在该区域确实存在吸收，同时叶绿素浓度增加与在黄绿色区域的吸收增加不成比例（Larkum Barrett，1983）。

光不是成带现象的唯一因素，红藻的色素并不会帮助其更好地适应亚潮带的光环境。相反，光量是至关重要的，海藻通过增加所有辅助色素和改变藻体的形态和朝向来捕获弱光。然而，已报道了藻类在不同光质下的色素补充或比率的变化，如蓝细菌对彩色光的表型调节（驯化）（Bogorad，1975；Ramus，1982；Grossman et al.，1989）。光质的影响必须与低光量的影响分开，常规方法是通过比较相等能量的彩色光。红藻呈现出“光强和光质”适配器的特点（Talarico and Maranzana，2000），然而光质量的适应机制比色素（藻胆素）比率的调整复杂得多。光场的光谱分量（spectral components）的调制会诱导光形态发生的信号级联反应，这可能会改变藻胆体的结构及其在类囊体膜上的附着。这些信号将最终影响在动态光环境下的藻类生长和代谢（Talarico and Maranzana，2000）。

5.4 碳固定：光合作用的“暗反应”

5.4.1 无机碳源和吸收

海藻利用无机碳作为其几乎唯一的碳源。然而，一些机会海藻（石莼属 *Ulva*，褐茸藻属 *Hincksia*）吸收和利用有机碳源（如葡萄糖、乙酸和亮氨酸）的能力有限（Schmitz and Riffarth，1980；Markage and Sand-Jensen，1990），而寄生海藻至少是部分异养的（Court，1980；Kremer，1983）。

海水中的无机碳性质不同于空气或淡水。与淡水相比，其碱性高，pH 值高，稳定性高，盐度（salinity）普遍较高。空气中的无机碳是 CO_2。海藻在水中也可以获得 CO_2，水体中 CO_2 和空气中的浓度相似，但比在空气中的扩散慢 10^4 倍（见第 8 章）。然而，水中的 CO_2 是碳酸盐缓冲系统的一部分（图 5.15），无机碳和碳酸氢根（HCO_3^-）一样也可被许多海藻利用。无机碳的形式的相对比例（relative proportions）取决于 pH 值和盐度（图 5.16）以及温度（Kalle，1972；Kerby and Raven，1985）。在 pH 值为 8、盐度为 35 的海水中，90%的无机碳以 HCO_3^- 形式存在。其中 CO_2 绝对值约为 10 μmol/L，HCO_3^->2 mmol/L；与此相比，CO_2 在空气中的浓度为 380×10^{-6}（约 13 μmol/L；Kremer，1981a）。海洋中的碳限制（carbon limitation）长期以来一直被认为是罕见的，因为无机碳的浓度似乎很高，而从贝壳和岩石补充供应的碳酸盐似乎是无限的。然而，一些特别的亚潮带红藻完全依赖 CO_2 扩散进入细胞作为唯一的无机碳源，已被证实其可能会经历碳限制（Raven and Beradall，1981；Maberly，1990）。

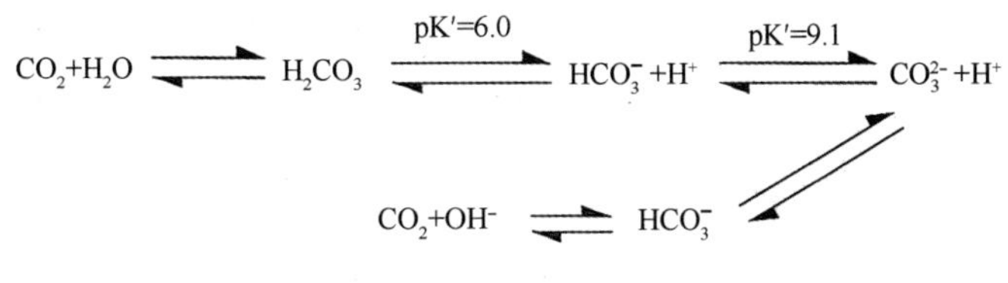

图 5.15　碳酸盐平衡

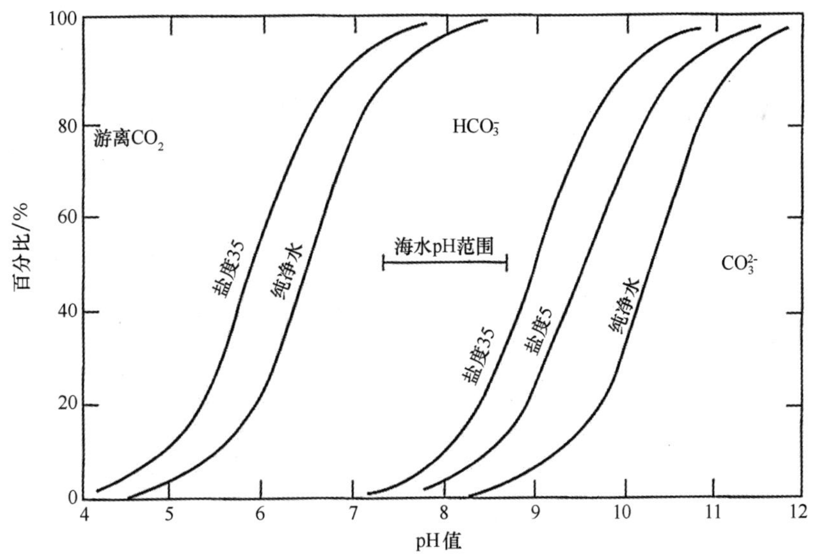

图 5.16　3 种不同盐度海水的不同形态无机碳的百分比分布

（修改自 Kalle，1945 和 Der Stoffhaushalt des Meeres，经 Akademische Verlagsgesellschaft 和 Geest und Portig KG 允许）

绝大多数海藻利用 HCO_3^- 为主要的无机碳源，涉及不同的获取机制（Raven，2010）。RuBisCO 需要 CO_2 作为底物，如果海藻只吸收 CO_2，则吸收依赖于从海水中相对较低的浓度（与高得多的碳酸盐浓度相比）的分子扩散（见 8.1.3 节）。CO_2 扩散容易穿过细胞和质体膜，而 HCO_3^- 和其他离子并不容易。

HCO_3^-利用的主要途径是通过碳酸酐酶（carbonic anhydrase，CA），该酶可大大加快HCO_3^-和CO_2之间的平衡，在藻类中的定位可以是细胞外或细胞内（Badger，2003）。外部CA捕获无机碳已被证实存在于大量不同地理和气候环境的海藻中（Gordillo et al.，2009；Gómez and Huovinen，2012）。此外，质子泵系统（proton pump systems）特殊的转运体（如OH^-/HCO_3^-逆向转运体），或阴离子交换蛋白的活性已被证明可促进海藻（如石莼属 *Ulva*，海带属 *Laminaria* 和刚毛藻属 *Cladophora*）对HCO_3^-的利用（Drechsler et al.，1994；Klenell et al.，2002；Chool et al.，2005）。这两个机制在大多数海藻中都是有效的，都导致接近RuBisCO的CO_2具有有效的浓度，从而保证饱和的碳供应。用以增加RuBisCO位点处无机碳浓度的所有相关的策略被称为“碳浓缩机制”（carbon concentrating mechanisms，CCMs）。然而，细胞内浓缩CO_2的任何机制均需要与质膜的泄漏相抗争，导致了回流（backflux）/流出（efflux）。进入细胞的HCO_3^-影响膜的电化学势（electrochemical potential），所以必须与阳离子（如H^+）共转移，或者换成另外的阴离子（如HCO^-解离时释放的OH^-；Raven and Lucas，1985）。利用碳酸氢盐的藻类通常会提高藻体周围环境的pH值，在某些情况下可达到大于10.5（Maberly，1990）。在一些钙化藻类中，OH^-的排除和碳酸氢盐吸收以及碳酸钙沉淀相关（Borowitzk，1982；Pentecost，1985；见6.5.3节）。

大多数已研究的海藻可以利用HCO_3^-（Raven，2010），但不包括一些亚潮带红藻（Maberly，1990）。由于在诱发CCM活动的条件下观察到了光合作用量子产率的下降（Raven and Lucas，1985），Kübler和Raven（1994）讨论了有效的CCM是否可以在一个给定的海藻物种中运行，通过比较存在和不存在CCMs的红藻，提出了利用CCMs的能量交换理论。掌形藻（*Palmaria palmata*）和羽裂紫萁藻（*Osmundea pinnatifida* Stackhouse 1809；曾用名 *Laurencia pinnatifida* Lamouroux 1813）都有运行CCM的潜力。当藻类在限制辐照下生长时，会减少对无机碳的吸收；而当在光饱和条件生长时，CCM活性增加。节荚藻属酵母节荚藻（*Lomentaria articulata*）缺乏这种无机碳吸收效率的调整能力，也不能利用HCO_3^-。这一CCMs存在/缺失的发现符合反映栖息地偏好性的一般假设，缺乏CCM的海藻一般在阴影/低光环境下生长受到限制（Johnston et al.，1992）。这再次表明活跃的CCMs对于能量的高消耗须要更高的光合速率来补偿。

潮间带墨角藻属相对亚潮带褐藻对碳酸氢盐的利用更多，这一现象被Surif和Raven（1989）发现，之后得到Maberly（1990）进一步地确认。一般来说，潮间带墨角藻的CCMs可被作为一个有效的策略来抑制光呼吸（见下文；Kawamitsu and Boyer，1999）。鹿角菜科（Fucaceae）的光合作用在光饱和下并不出现碳限制（Surif and Raven，1989），但研究中的亚潮带褐藻类群在光饱和下出现碳限制（即在介质中加入过多的HCO_3^-增加了P_{max}）。

虽然海藻生活在海洋中，潮间带物种在露出水面时也可以进行光合作用，某些情况下光合作用速率和埋于水下时相同（Madsen and Maberlv，1990）。因此，藻类必须利用CO_2，因为存在于海藻表面水中的碳酸氢盐会迅速耗尽（Kerby and Raven，1985）。高浓度的CO_2可以替代HCO_3^-（Bidwell and McLachlan，1985），同时潮间带物种能够生理性的适应高浓度的CO_2（Johnston and Rayen，1990）。Surif和Raven（1990）总结了对褐藻的研究，认为潮间带物种由于自身CO_2吸收能力，在空气中几乎为碳饱和状态。相反，潮下带的物种在空气中则显示出严重的碳限制。当螺旋墨角藻（*Fucus spiralis*）干露时，其光合作用参数如 E_k、E_c 和最佳温度发生改变；假如其含水量（water content）仍然很高，这种高潮带藻类在空气中的光合作用和在水中是相似的，甚至更高（Madsen and Maberly，1990）。但是，如果抛开干露时失水可忽略不计的理论假设，考虑到失水增加的现实情况，Maberly 和 Madsen（1990）开发的模型表明，干燥因素会逐步压倒碳源可利用性的影响，与海藻在岸边的相对位置以及干露的持续时间相一致（图 5.17）。

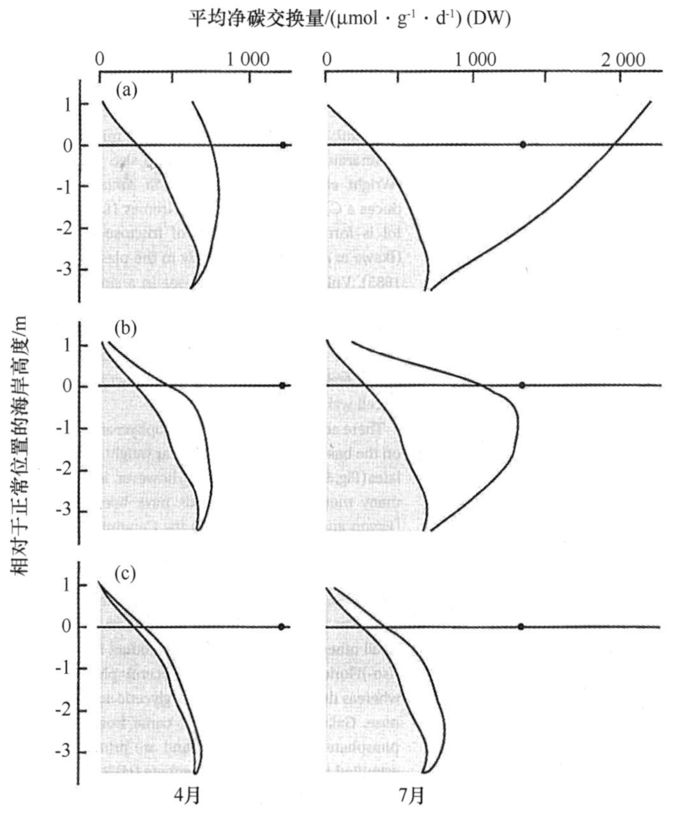

图 5.17　螺旋墨角藻（*Fucus spiralis*）不同垂直分布对平均日净产量的影响

注：英国圣安德鲁斯地区（4 月和 7 月）在水下（点画面积）和空气中（空白面积）的螺旋墨角藻（*Fucus spiralis*）存在于岸边的位置对于平均日净产量的影响；总产量为两个区域的总和。（a）无失水；（b）中度失水；（c）极端失水。水平线代表螺旋墨角藻的正常高度。结果表明，在充分水化的条件下空气中的生产量和水中一样，随着岸边高度和出水时间增加其生产会随之降低（Reprinted Maberly and Madsen，1990）。

最后，附着于贝壳中的藻类（如紫菜属 *Porphyra*/红菜属 *Pyropia* 的丝状体阶段、礁膜属 *Monostroma* 的配子阶段），以及众多生活在珊瑚中的物种具有特别良好的碳环境。通过酸化 $CaCO_3$ 来释放 Ca^{2+} 和 HCO_3^-，甘紫菜（*Pyropia tenera*）孢子体可以从贝壳中获得碳和钙以满足其大部分的需求（Ogata，1971）。

我们已经了解到海水 pH 值很容易影响海洋的碳化学，未来海洋酸化（大气中 CO_2 浓度增加导致）的潜在影响已备受关注。海水碳化学变化可能会改变存在 CCM 或无 CCM 的海藻对不同种类碳的利用性，对生长速率和各物种的竞争力的影响目前尚不清楚。

5.4.2 海藻的光合作用途径

主要的光合作用途径有不同的名称，如光合碳还原循环（photosynthetic carbon-reduction cycle，PCRC），还原磷酸戊糖途径（reductive pentose phosphate pathway），最普遍的名称是卡尔文循环（Calvin cycle）；所有这些名称基本上是指高等陆生植物中的 C_3 光合作用过程。该过程中果糖-6-磷酸出现之前的所有步骤几乎在所有藻类和高等植物中都是常见的，但从果糖-6-磷酸开始，特有的低分子量和高分子碳水化合物在不同的藻类中合成（Craigie，1974；Kremer，1981a）。其中部分低分子量化合物在渗透调节（osmoregulation）中起着重要的作用，而其他化合物如一些糖醇类（如甘露醇）是重要的储藏类碳水化合物（见下文）。

虽然由于海藻胶和酚类物质的存在，使得提取活性酶有时比较困难，海藻卡尔文循环的关键酶已经得到了研究（Kerby and Rraven，1985；Raven，1997b；Cabello-Pasini and Alberte，2001；Bischof et al.，2000；Bischof et al.，2002a）。Chapman 等（1988）解析了被子植物 RuBisCO 的三维结构，其由质体编码的 8 个大催化亚基（约 53 kDa）和核编码的 8 个小催化亚基（约 15 kDa）组成。不同的光合活性生物中存在多种 RuBisCO 类型，其中只有 I 型已被确认存在于海藻中（Raven，1997b；Tabita et al.，2008）。RuBisCO 的活性受到 Mg^{2+}、CO_2、光和特定活化酶的调控（Salvucci，1989）。

氧是 RuBisCO 羧化酶活性的竞争性抑制剂，同时作为其加氧酶活性的底物导致光呼吸（见下文）。RuBisCO 是蛋白核的重要组成部分，但许多物种没有蛋白核。活化 RuBisCO 在任何情况下均存在于质体基质中。

到目前为止的研究表明，绿藻和高等植物一样，其主要低分子量光合产物是蔗糖（sucrose），其是由葡萄糖（glucose）和果糖（fructose）形成的二糖。也有报道表明绿藻可合成葡萄糖和果糖而不生产蔗糖，或者可单独合成大量果糖（Kremer，1981a）。蕨藻属简状蕨藻（*Caulerpa simpliciuscula*）的已糖主要以 β-葡聚糖和糖磷酸盐的形式存在，而不是蔗糖和淀粉（Howard et al.，1975）。褐藻纲物种以甘露醇（mannitol）的合成闻名（图 5.18）。此外，海条藻属（*Himanthalia*）可合成阿卓糖醇（altritol）（Wright et al.，1985），沟鹿角菜（*Pelvetia canaliculata*）可合成一种 7 碳醇庚七醇（volemitol）（Kremer，1981a）。甘露醇通过还原果糖-6-磷酸合成（Ikawa et al.，1972），合成部位为质体（Kremer，1985）。庚七醇可能是通过类似的方式通过卡尔文循环中间体景天庚酮糖-7-磷酸（sedoheptulose-7-phosphate）合成（Kremer，1977）。除了作为细胞存储物质，这些化合物可以在藻类代谢中发挥其他作用并作为细胞壁组分合成的前体。

红藻可根据其合成的低分子量光合物质划分成 3 个类群（图 5.18）（Kremer，1981a），而近年来更多的其他化合物已被发现（Eggert and Karsten，2010）。大部分仙菜目（Ceramiales）大部分物种合成海人草素（digeneaside），除了卷枝藻属（*Bostrychia*）和其相关属斑管藻属（*Stictosiphonia* Harvey and Hooker 1847；现为 *Bostrychia* Montagne 1842）通过合成 D-山梨醇（这些属的大多数物种）和 D-半乳糖醇替代海人草素（Kremer，1981a；Karsten et al.，1990）。所有其他目物种的主要产物是弗洛里多苷（红藻糖苷，floridoside）。（异-）弗洛里多苷由甘油和半乳糖组成，而海人草素由甘油酸和甘露糖组成。半乳糖和甘露糖来自于果糖-6-磷酸的差向异构化，可在被耦合到甘油或甘油酸之前被酯化形成核苷酸磷酸

(UTP，GTP)。甘油/甘油酸可能来自于卡尔文循环（或糖酵解途径）的早期 C_3化合物，如磷酸甘油醛（glyceraldehyde-P）。对红树林红藻物种鹧鸪菜（*Caloglossa leprieurii*）的研究显示半乳糖醇和山梨醇合成途径可能与甘露醇合成类似（Karsten et al.，1997）。在该物种中发现甘露醇循环（mannitol cycle）的证据，该循环的合成代谢阶段通过甘露醇-1-磷酸脱氢酶（mannitol-1-P-dehydrogenase）还原果糖-6-磷酸生成甘露醇-1-磷酸（mannitol-1-P），然后在甘露醇磷酸酶（mannitol-phosphatase）脱磷酸作用下合成甘露醇。在分解代谢阶段，甘露醇在甘露醇脱氢酶（mannitol dehydrogenase）和己糖激酶（hexokinase）的作用下转化为果糖和果糖-6-磷酸。

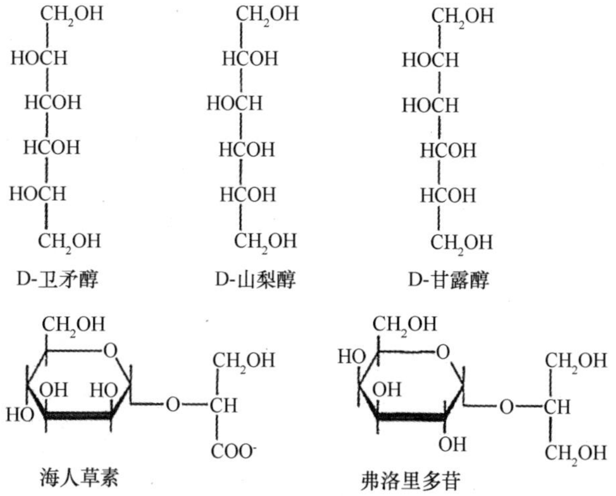

D-卫矛醇　D-山梨醇　D-甘露醇

海人草素　弗洛里多苷

图 5.18　红藻和褐藻中的一些低分子量的碳水化合物

光呼吸（或光合碳氧化循环，photosynthetic carbon oxidation cycle，PCOC）是 RuBisCO 加氧酶发挥功能的结果，该过程中 RuBP 被加氧分解。一个早期的产物是二碳化合物乙醇酸（acid glycolate）（Rave et al.，2005）。在一个涉及过氧化物酶体（peroxisomes）和线粒体（mitochondria）的复杂通路中，乙醇酸中 3/4 的碳再次进入卡尔文循环（Kerby and Raven，1985）。乙醇酸氧化酶（glycolate oxidase）定位于过氧化物酶体；氧化乙醇酸，同时将氧气还原为过氧化氢，而过氧化氢会迅速被过氧化物酶体中的过氧化氢酶（catalase）还原成水。此外，乙醇酸还可被线粒体中的乙醇酸脱氢酶（glycolate dehydrogenase）氧化。硅藻、褐藻和绿藻中存在不同的乙醇脱氢酶（Gross，1990；Suzuki et al.，1991）。

虽然研究光呼吸和细胞乙醇酸途径的海藻物种数量非常有限（Iwamoto and Ikawa，1997），但研究证明光呼吸的碳氧化普遍存在于海藻中（Raven，1997b）。毕竟，RuBisCO 加氧酶活性和光呼吸似乎在具有碳浓缩机制的海藻中被不同程度的抑制；而在如暗光适应红藻中更有意义，因其更强烈地依赖于 RuBisCO 提供的扩散 CO_2（Raven，2010）。

5.4.3　非依光性碳固定（light-independent carbon fixation）

海藻像陆地植物一样，含有可以转换 C_3和 C_4化合物的羧化酶和脱羧酶。其中一些酶生成了柠檬酸循环（Krebs cycle）的中间体草酰乙酸（oxaloacetic acid，OAA），接受来自糖酵解途径（glycolysis）的碳。因为生物合成途径对柠檬酸循环中间体的利用需要回补反应以保持循环的运转。一些羧化酶可添加 CO_2（某些以 HCO_3^- 为底物）至磷酸烯醇式丙酮酸（phosphoenolpyruvate，PEP）或丙酮酸（pyruvate）的β-碳原子，因此被称为β-羧化酶（β-carboxylases）。海藻中两个特别重要的β-羧化酶是磷酸烯醇式丙酮酸羧激酶（PEPCK；图 5.19a，b）和磷酸烯醇式丙酮酸羧化酶（PEPC）：

$$PEP + CO_2 + H_2O \xrightarrow[PEPC]{Mg^{2+}} OAA + P_i$$

$$\begin{array}{ccc} GDP & & GTP \\ PEP + CO_2 + IDP & \underset{PEPCK}{\overset{Mn^{2+}}{\rightleftharpoons}} & OAA + ITP \\ ADP & & ATP \end{array}$$

草酰乙酸可被迅速转化为苹果酸（malate）或（通过转氨作用）氨基酸如天冬氨酸。这样的反应一般用来补充呼吸作用和生物合成所需的前体，其对 CO_2的固定可被植物利用。C_4和 CAM 植物使用β-羧化酶固定 CO_2到丙酮酸，但如前所述，这种过程并不产生长期的净固碳量。

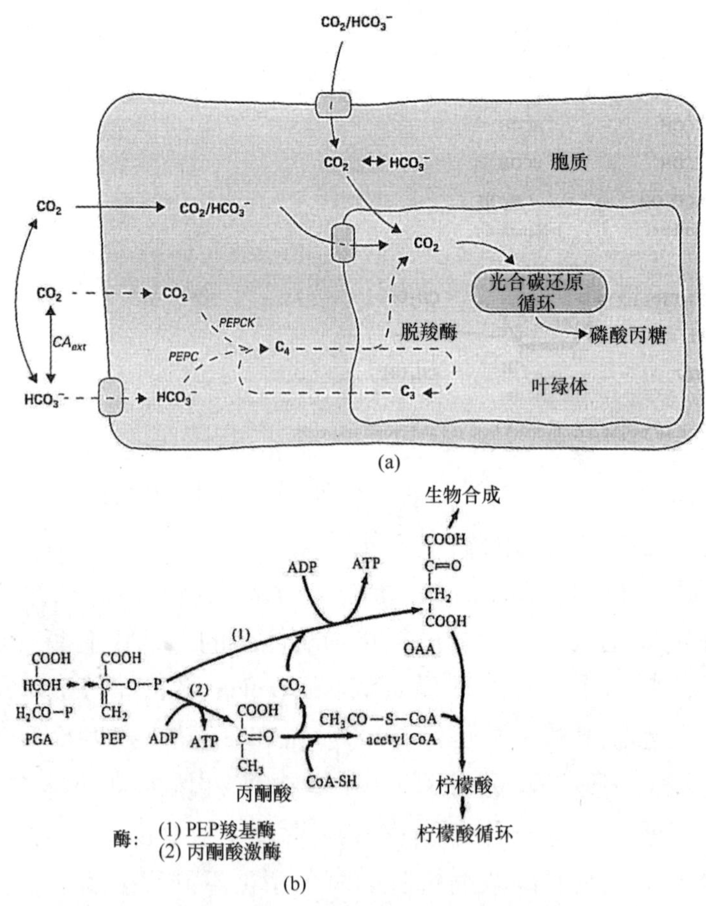

图 5.19　真核藻类碳代谢

注：（a）真核藻类细胞中的无机碳运输和 CO_2积累方案；（b）非依光性碳固定中通过 PEP 羧激酶利用 PEP（1），或在糖酵解中通过丙酮酸激酶利用 PEP（2）（图 a 引自 Giordano et al.，2005；图 b 仿自 Kremer，1981b）。

在黑暗条件下，海藻可将带标记的碳固定为与卡尔文循环不同的各种各样的特色产物。黑暗中，大型红藻和绿藻形成少量的氨基酸。褐藻具有相对来说较高的非依光性碳固定速率，可以通过 PEPCK 形成苹果酸、天冬氨酸、柠檬酸和丙氨酸（Kerby and Evans，1983）。虽然褐藻中都存在非依光性碳固定（在光照和黑暗条件下均可发生），并且在海带目、墨角藻目和酸藻目（Desmarestiales）物种的幼嫩组织中会达到很高的程度，可以固定总碳的13%以上（Kremer，1981b；Johnston and Raven，1986；Thomas and Wiencke，1991）。

β-羧化作用对于海带目和墨角藻目物种的重要性主要在两个方面。海带目光合作用在年老组织中最高，而β-羧化作用在分生组织中最活跃。甘露醇从成熟或年老的组织中转移到分生组织以提供能量和生长需要的碳骨架。在高度季节性环境中（特别是北极地区）生长的许多褐藻和红藻显示出高效率的β-羧化作用，以减少呼吸作用的碳损失并通过回收碳原子在生长季节（某些物种是在强烈的光限制条件下生长）来维持生长（Drew and Hastings，1992 Weykam et al.，1997；Gómez and Wiencke，1998；Wiencke et al.，2009）。PEPCK 将糖酵解过程中丙酮酸转化为乙酰辅酶 A（acetyl-CoA）时释放的CO_2再次利用（图 5.19b）。这个过程在能量输出方面没有区别，因为不管 PEP 是被用于固定CO_2或在糖酵解过程中转化为丙酮酸，均可以生成 ATP（Kremer，1981b）。1 mol 的甘露醇产生 2 mol 的CO_2，CO_2固定成C_4化合物不会被再次释放用以合成C_3底物，所以该过程与 CAM 或C_4代谢通路不同，可完成净固碳。这并不意味着暗固定的CO_2大于呼吸作用损失的CO_2，事实上 Johnston 和 Raven（1986）证明在瘤状囊叶藻（*Ascophyllum nodosum*）中前者小于后者，但确实可以保存一些因呼吸作用损失的碳。海带目黑叶巨藻（*Lessonia nigrescens*）的非依光性固碳机制也被认为是一种应对有害 UV-B 辐射的策略（Gómez et al.，2007）。海藻通过 RuBisCO 的光合固碳已被证明对 UV-B 暴露非常敏感（Bischof et al.，2002），而β-羧化作用较不敏感，因此，其可以被视为在非生物胁迫下对碳的战略补充（Gómez et al.，2007）。

非依光性碳固定明显和陆生维管植物的C_4代谢过程具有一定的相似性，这种途径主要是用来增加 RuBisCO 反应部位的CO_2以抑制光呼吸。然而，就我们所知，到目前为止大多数海藻利用β-羧化作用作为回补途径而不是 CCM（Raven，2010）。相反，绿藻钙扇藻属（*Udotea*）中报道了利用β-羧化作用抑制光呼吸的现象，其中苹果酸和天冬氨酸为 PEPCK（光照条件下）的早期光合产物，并很快地转化成为C_3化合物（Resiskind et al.，1988；1989）。作者推测，PEPCK-C_4类似途径可能是这种藻类降低光呼吸的机制。另一种潜在降低光呼吸的手段是降低O_2浓度以降低加氧酶活性。因为O_2是由 PSⅡ产生的，PSⅠ的光合作用可以产生 ATP 但不释放O_2。这种发现于蓝细菌异形胞（heterocysts）的机制可能在红藻 RuBisCO 集中的蛋白核（pyrenoids）中也是有效的。类囊体横跨蛋白核，但缺失藻胆体和 PSⅡ，可能导致局部的低氧浓度（McKay and Gibbs，1990；Giordano et al.，2005）。

如果一种海藻利用 CCMs 获取无机碳，则可以通过有机碳同位素印迹方法检测。特别是$^{13}C/^{12}C$比例提供了一个辨别 CCMs 缺失/存在的良好指示器，其原理是基于 RuBisCO 高的羧化酶活性，其可以固定$^{12}CO_2$而不是$^{13}CO_2$（Raven et al.，2002）。$\delta^{13}C$值经常在文献中使用，该值范围广泛，从绿藻梨状松藻（*Codium pomoides*）的-2.7×10^{-3}到红藻合生乔治藻（*Georgiella confluens*）的-35×10^{-3}（Raven et al.，2002a）。$\delta^{13}C$已被发现与海藻分类学和生态学相关，其最低值发现于红藻类群的真红藻纲（Florideophyceae）。进一步研究支持当$\delta^{13}C$小于-30×10^{-3}时，海藻主要依靠 RuBisCO 扩散的 CO_2供应，因而缺乏 CCM（Maberly et al.，1992；Raven et al.，2002b）。然而，即使在存在 CCMs 的物种中，$\delta^{13}C$ 值的变化也很多，其受到众多的物理（扩散、边界层）和生态（生长形态、潮位）因素的影响（Maberly et al.，1992；Mwecado et al.，2009）。

5.5 海藻多糖

光合作用的低分子量产物具有许多功能，包括可立即应用于呼吸作用，或作为细胞碳骨架的功能或结构组分，另外一些产物可作为细胞的存储化合物。海藻以其多样性的存储和结构多糖闻名，如色素分子是较高等分类群（taxonomic groups）的特征。近年来，对于海藻多糖的研究因其潜在的多种医学用途而得到推动（Haslin et al.，2001；Ruperez et al.，2002；Dias et al.，2004；Mandal et al.，2007）。海藻多糖可能具有抗血管生成和抗肿瘤（马尾藻属 *Sargassum*）、抗氧化（墨角藻属 *Fucus*）、抗病毒（如印度多枝藻 *Polycladia indica* Draisma et al. 2010；曾用名 *Cystoseira indica* Mairh 1968）可抗单纯疱疹病毒；刺海门东 *Asparagopsis armata* 抗 HIV 病毒的能力）。

5.5.1 存储聚合物

碳可被存储于单体化合物如甘露醇中，但多数被存储在聚合物中。以聚合物作为碳存储物的一个优点是其与相同量的单体碳相比在渗透势（osmotic potential）方面有较小的影响。在红藻、褐藻、绿藻和蓝细菌中发现了一些特有的存储多糖，但大部分仍以支链或直链葡萄糖单元（葡聚糖）的形式存在（Craigie，1974；McCandless，1981）。大部分绿藻和高等植物一样以淀粉为主要存储物，它是支链分子（支链淀粉，amylopectin）和直链分子（直链淀粉，amylose）的混合物（图 5.20）。直链淀粉由 α-D-葡萄糖单位以 1→4 糖苷键相连；支链淀粉中除了 α（1→4）糖苷键还存在 α（1→6）糖苷键。直链淀粉不溶于水，形成的胶团中分子成螺旋状卷曲，而支链淀粉是可溶的。绒枝藻目（Dasycladales）如伞藻属（*Acetabularia*），并不总是储存淀粉，而常以一种果糖聚合物菊粉（inulin）为主要存储物（Percival，1979）。红藻主要存储红藻淀粉（floridean starch），它是一种类似于支链淀粉的分支葡聚糖，但含有少数的 α（1→3）糖苷键。红藻淀粉在细胞质中形成明显的颗粒。McCracken 和 Cain（1981）证明原始红藻（包括 5 个海洋物种）中也存在直链淀粉。褐藻以褐藻淀粉（又称海带多糖，laminaran）为主要存储物，其与淀粉类似也是由分枝的可溶性分子和不分枝的不溶性分子（这些化合物被简单称为可溶性和不溶性褐藻淀粉）组成。褐藻淀粉的葡萄糖为 β 形式，其连接糖苷键为 β（1→3）和 β（1→5）（图 5.20c）。此外，一些褐藻淀粉分子被称为 M-链（M-chains），其的还原性（C-1）末端具有甘露醇分子。

存储化合物显示与季节（生长相关）、海藻部位和生殖情况相关的定量变化。这些变化已经在具有商业价值的海带目、墨角藻目和杉藻目（Gigartinales）物种中明确指出。Black（1949；1950）以及 Jensen 和 Haug（1956）对海带属和墨角藻属物种的研究主要关注有价值的细胞壁多糖和碘的变化，同时也记录了甘露醇和褐藻淀粉的含量变化。生长、存储，有时还包括氮有效性（nitrogen availability）之间的关系已在沟沙菜（*Hypnea musciformis*）（Durako and Dawes 1980）、麒麟菜属（*Eucheuma* Dawes et al. 1974），和长茎海带（*Saccharina longicruris* Kuntze 1891；曾用名 *Laminaria longicruris* Bachelot de la Pylaie 1824）中进行了讨论（Chapman and Craigie，1977；Gagne et al.，1982）。在低生长或氮饥饿期间，角叉菜（*Chondrus crispus*）（Neish et al. 1977）和麒麟菜属物种（Dawes et al.，1977）已被证明通过多糖积累碳水化合物。

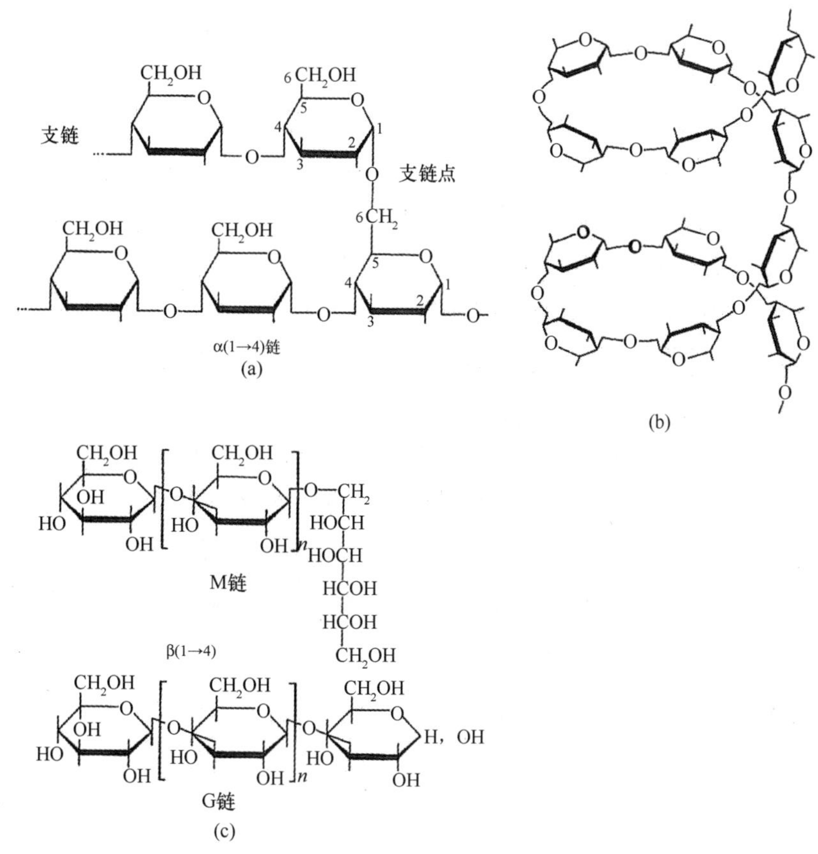

图 5.20　海藻中存储的多糖

注：（a）支链淀粉；（b）直链淀粉；（c）褐藻淀粉的两种类型，M 链在还原末端含有甘露醇，G 链的还原末端含有葡萄糖（图 a 和图 b 引自 Lehninger，1975；图 c 引自 Percival and McDowell，1967）。

5.5.2　细胞壁多糖

海藻因其合成大量的多糖闻名，海藻（和海草）与淡水植物（包括淡水藻类）以及陆生植物不同，可合成硫酸多糖。每个类群都可产生一系列的特征化合物。其中部分化合物具有商业价值（如褐藻胶）或已被证明具有抗氧化和抗病毒活性。藻胶的商业生产和使用将在 10.3 节、10.5 节和 10.6 节讨论。

细胞壁聚合物多糖比纤维多糖或存储碳水化合物更加复杂。其中许多可变性很大，如“卡拉胶”（carrageenan）涵盖一系列相似但不相同的分子。总的来说，这些聚合物（如直链淀粉）会形成螺旋，并以各种不同的方式聚集成凝胶状态（Rees，1975；Kloareg and Quatrano，1988）。

在食品科学和医学等方面多种商业应用的发现进一步增加了对海藻多糖的认识。相对于广泛使用的褐藻多糖和红藻多糖，绿藻多糖的应用还在研究中。绿藻合成高度复杂的硫酸杂多糖，每个分子由几个不同的残基组成。藻类中主要的糖类物质是葡萄糖醛酸（glucuronic acid）、木糖（xylose）、鼠李糖（rhamnose），阿拉伯糖（arabinose）和半乳糖（galactose），并以不同的方式组合起来。石莼属未定种（*Ulva* sp.）中细胞壁多糖的主要成分是异聚物石莼聚糖（ulvan），此外还包括纤维素、少量木葡聚糖（xyloglucan）以及葡萄糖醛酸聚糖（glucuronan）（Lahaye and Robic，2007），共同组成一个复杂的结构网络（见 1. 3. 1 节）。石莼聚糖包括大量具有不同组成成分的多糖，现在已被用于指代所有的石莼属同类物种中发现的复杂异聚物。与石莼聚糖在组成上以及物种（甚至藻株）特异性的差异相一致，不同种类的石莼聚糖分子量从 5.3×10^5~3.6×10^6 g/mol 不等。由于其在结构和组成上的变化，石莼聚糖的生物合成方式目前还没有完全明确。Lahaye 和 Robic（2007）综述了目前石莼聚糖的研究现状，同时也提出了一些潜在应用价值。石莼聚糖已被证明具有抗肿瘤和抗凝血活性，也可抑制植物病原菌的生长并提高鱼类抗病性。

与石莼聚糖相比，褐藻多糖的成分相对简单，包括由甘露糖醛酸（mannuronic acids）和古洛糖醛酸（guluronic acids）组成的海藻酸（alginic acid），以及由岩藻糖（fucose）形成的岩藻多糖（fucoidan，岩藻聚糖硫酸酯）（Percival and McDowell，1967）。然而，“岩藻多糖”涵盖了一系列范围广泛的化合物，最简单的是岩藻聚糖（fucan；如从二列墨角藻 *Fucus distichus* 中提取）；最复杂的岩藻多糖（如从瘤状囊叶藻 *Ascophyllum nodosum* 中提取）是由岩藻糖、木糖、半乳糖和葡萄糖醛酸形成的异聚物，可能以糖醛酸形成骨架且由中性糖形成分支（Larsen et al.，1970；McCandless and Craigie，1979）。即使是岩藻聚糖（fucan）也是很复杂的，其以 α（1→2）和 α（1→4）糖苷键连接岩藻糖单元，以 α（1→3）糖苷键连接剩余的羟基基团并具有不同程度的硫酸化（图 5. 21a）。如在墨角藻（*Fucus vesiculosus*）中，硫酸岩藻聚糖被证明是由等量的 2，3-二硫酸-4-α-l-吡喃岩藻糖（fucopyranosyl）和 2-硫酸-3-α-l-吡喃岩藻糖单元组成（Pomin and Mourao，2008）。

海藻酸（Algin，褐藻胶）由两种糖醛酸组成（在其 C-6 位存在羧基基团）：β（1→4）-D-甘露糖醛酸（M）及其 C-5 差向异构体 α（1→4）-L-古洛糖醛酸（G）见图 5. 21b。在大多数链中残基以 $(-M-)_n$，$(-G-)_n$ 和 $(-MG-)_n$ 形式存在（Kloareg and Quatrano，1988；Gacesa，1988）。海藻酸盐（alginates）的强度依赖于 Ca^{2+} 结合，古洛糖醛酸比甘露糖醛酸具有更高的 Ca^{2+} 亲和力。原因在于聚古洛糖醛酸具有更加曲折的构象，可以将 Ca^{2+} 刚好置入其中。海带假根（holdfasts）中多包含坚硬的、古洛糖醛酸丰富的海藻酸盐；而叶片则以弹性和富含甘露糖醛酸的海藻酸盐为主（Cheshire and Hallam，1985；Storz et al.，2009）。最近的水云属（*Ectocarpus*）基因组测序（Cock et al.，2010a）打开了褐藻细胞壁多糖代谢及其系统发育研究的新方向，表明褐藻的纤维素合成“继承自祖先的红藻内共生体（endosymbiont），而海藻酸生物合成的终端途径是通过放线菌的基因水平转移（horizontal gene transfer）获得。半纤维素（hemicellulose）生物合成的基因也来源于基因水平转移事件。相比之下，岩藻聚糖硫酸酯的合成路线是一个祖先来源途径，与动物中的途径类似”（Michel et al.，2010a；Chi et al.，2018）。

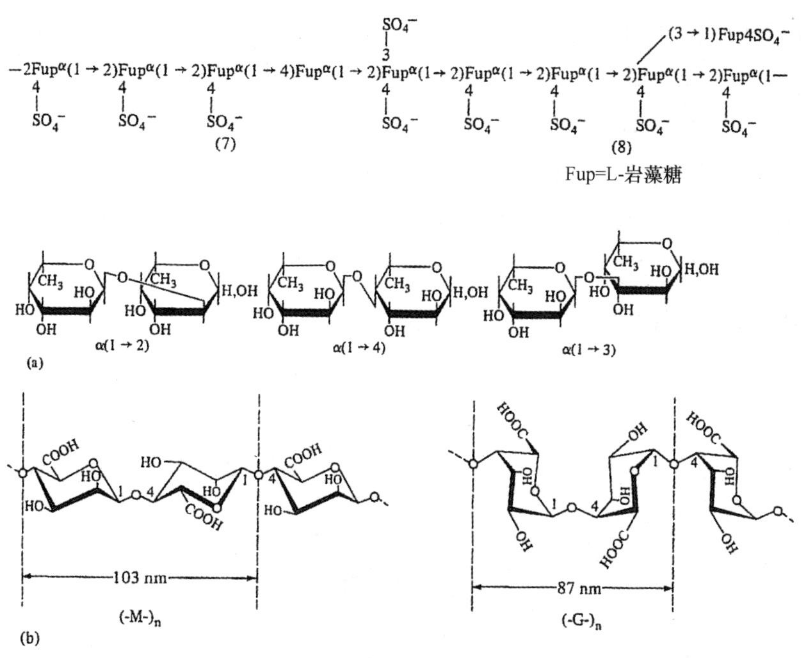

图 5.21　褐藻细胞壁多糖

注：(a) 岩藻聚糖，呈现出一部分链的整体结构，以及 3 种连接的细节；(b) 海藻酸的部分结构，左侧：聚甘露糖醛酸；右侧：聚古洛糖醛酸（图 a 引自 Percival and McDowell，1967；图 b 引自 Mackie and Preston，1974）。

大多数红藻的细胞壁多糖是半乳聚糖（galactans），以 α（1→3）和 β（1→4）糖苷键交替连接（Craigie，1990；Pomin，2010）。聚合物的变化和羟基的硫酸化、丙酮酸化以及甲基化有关，也和 C-3 和 C-6 之间形成的酸酐键有关（图 5.22）。但是，红藻多糖中最重要的经济多糖为琼脂（agars）和卡拉胶（carrageenans）。琼脂由交替的 β-D-半乳糖和 α-L-半乳糖组成，硫酸化程度较低。最好的商品琼脂是中性琼脂糖（neutral agarose），几乎完全没有硫酸化。一些具有琼脂凝胶结构的高度硫酸化聚合物并不会胶化，因而不能被称为琼脂（例如海萝属未知群体 *Gloiopeltis* spp. 的海萝聚糖 funoran）。卡拉胶中 β-D-半乳糖和 α-D-半乳糖（而不是 α-L-半乳糖）相间存在，存在相对更多的硫酸化。硫酸基团突出于聚合物螺旋的外侧；形成的聚合电解质表面增加了分子可溶性（Rees，1975）。在 λ-卡拉胶和 κ-卡拉胶中酸酐键替代了 6 位硫酸基团，产生更强的凝胶。两种卡拉胶经典的区分是根据其在 KCl 中的溶解性。一些卡拉胶种类被识别和分类入 λ 和 κ 家族，其分类基础是 β-半乳糖残基 C-4 位的硫酸化是否存在（图 5.22）（McCandless and Craigie，1979；Kloareg and Quatrano，1988）。硫酸化程度高的分子形成较强的凝胶。半乳糖-6-硫酸转换为 3，6-酸酐会产生较硬的凝胶，因为其取代了链中的“扭结”，形成更广泛的双螺旋，从而产生更紧凑的凝胶（Percival，1979）。κ-卡拉胶主要在角叉菜以及一些杉藻科（Gigartinaceae）和育叶藻科（Phyllophoraceae）物种的配子体中发现，λ-卡拉胶则存在于其四分孢子体（tetrasporophytes）中。这种生化交替对于海藻的生理意义尚不清楚。其他杉藻目物种（如麒麟菜）在不同阶段只合成一种卡拉胶（Dawes，1979）。

可形成凝胶的多糖无疑增加了藻类细胞壁的刚性，同时可能提供潮间带生长需要的一定量的弹性。一些凝胶的强度取决于结合的 Ca^{2+} 或其他二价阳离子，它们可以交联聚合物链。然而，聚合物增加二价离子结合的倾向性是不同的。岩藻多糖的凝胶强度和 Ca^{2+} 结合的能力依赖于硫酸化程度（例如在缺乏硫酸根的条件下，墨角藻属 *Fucus* 胚胎无法粘附于基质）。然而，高度硫酸化的琼脂很少能形成较好的凝胶，硫酸酯会干扰石莼（*Ulva lactuca*）的多糖和钙结合（Haug，1976）。在石莼属物种中，硼酸盐在聚合物中与鼠李糖残基结合，Ca^{2+} 可稳定这种复合体。硫酸化阻止了与硼酸盐的络合，因此产生较软的凝胶。虽然糖醛酸之间的硫酸化或异构化改变可以影响海藻细胞壁的强度（如可能有利于孢子释放），但到目前为止很少有证据表明，当聚合物在细胞外时海藻可以产生上述变化。

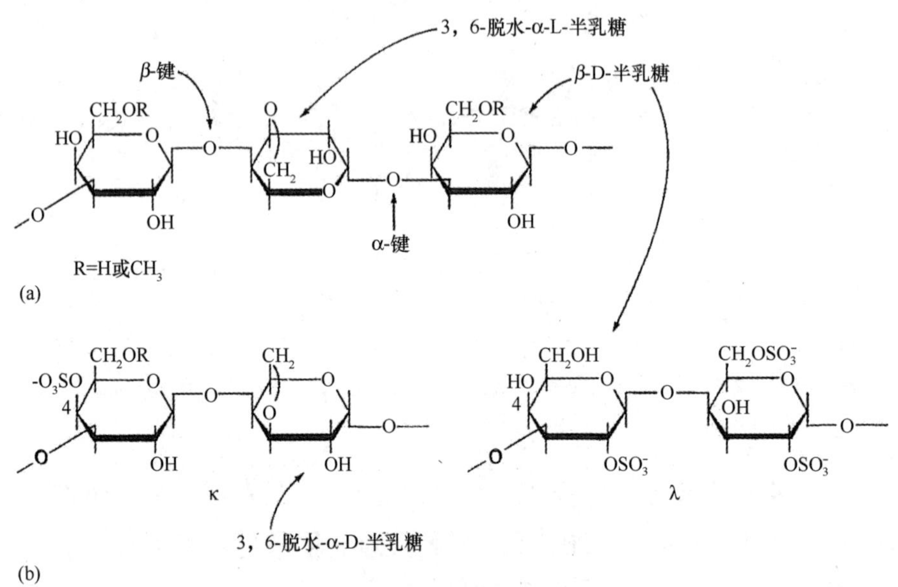

图 5.22　红藻细胞壁多糖

（a）琼脂。（b）κ-卡拉胶和 λ-卡拉胶存在不同的硫酸化，β-D-半乳糖的 C-4 被用来区分不同的卡拉胶。

5.5.3　多糖的生物合成

不同的细胞壁多糖和存储多糖在细胞内的多个部位合成。细胞壁多糖的生物合成一般包括细胞质中糖核苷酸（sugar nucleotide）前体的合成，细胞内膜系统上前体的聚合，前体输出并在细胞壁装配（Lahaye and Robic，2007）。褐藻中，糖核苷酸前体被转运至高尔基体（Golgi apparatus），并作为底物结合糖基转移酶（glycosyltransferases）。UDP-半乳糖基转移酶（UDP-galactosyltransferase）可以将半乳糖合成为岩藻多糖；该酶定位于齿缘墨角藻（*Fucus serratus*）的高尔基体（Coughlan and Evans，1978）。红藻大珊瑚藻（*Corallina maxima* Hind & Saunders 2013；曾用名 *Serraticardia maxima* Silva 1957）细胞质中的淀粉颗粒含有淀粉合成酶，该酶全名为“ADP-葡萄糖：α-1，4-葡聚糖 α-4-葡糖基转移酶”（ADP-glucose：α-l，4-glucan α-4-glucosyltransferase；Nagashima et al.，1971）。在其他藻类中，淀粉在质体中合成和存储。

多糖合成一般涉及将核苷二磷酸连接的单体添加至引物或现有的糖链（Turvey，1978）。Lin 和 Hassid（1966）提出了将甘露糖转移至海藻酸的路线：D-甘露糖→D-甘露糖-6-磷酸

→D-甘露糖-1-磷酸→GDP-D-甘露糖→GDP-D-甘露糖醛酸→聚甘露糖醛酸→海藻酸。

聚合物中不同的键型由不同的酶催化。因此，支链淀粉需要一种酶合成（1→4）糖苷键，而另一种酶合成（1→6）糖苷键（Haug and Larsen，1974）。复杂性似乎在聚合物合成后增加。海藻酸首先形成聚甘露糖醛酸；然后通过 C-5 差向异构化转化为古洛糖醛酸。各种多糖中硫酸基团和甲基基团的添加以及酸酐键的形成也发生在聚合作用之后（Percival，1979）。Wong 和 Craigie（1978）获得了角叉菜（也包括其他红藻）中的部分酶片段，可以在 C-6 硫酸化的半乳糖残基形成 3，6-酸酐键，同时释放硫酸基。由此产生的 κ-卡拉胶的结构如图 5.22 所示。还有一种红藻丛生链藻（*Catenella caespitosa*），在合成 λ-卡拉胶后在细胞外发生硫酸酯转换，其硫酸是由甲基胞苷酸提供（De Lestang-Bremond and Quillet，1981；Quillet and de Lestang-Bremond，1981）。

5.6　碳转运

最简单的海藻中每个细胞在营养方面几乎独立于其他细胞。然而，许多海藻的髓质包含无色素细胞，通过含色素的皮层和表皮细胞提供光合同化产物。寄生藻通过寄主的短距离转运接收有机碳。在一些存在顶端-基部梯度（apico-basal gradient）的藻类中发现明显的生长调节物质的移动。这种短距离运输可能通过胞间连丝（plasmodesmata）完成（全部的褐藻以及部分绿藻）。在一些绿藻和可能大部分的褐藻中，胞间连丝穿过细胞壁进入细胞质把细胞连接成连续的共质体（symplast）。在红藻中则具有孔纹连接，纹孔塞（pit plugs）提供细胞之间的潜在通路（Pueschel et al.，1990；Gonen，1996）。营养物质转运将在第 6.6 节描述。

高等植物栖息地的光和 CO_2仅存在于空气中，而水和矿物质主要存在于土壤中，为适应这一特点因此其进化出的长距离转运。海藻因为整个外表面可进行光合作用并参与营养物质的吸收，因而没有必要在藻体不同部位之间进行物质的交换转运。然而，转运也可以用于光合同化物的重新分配，即从成熟的（非生长）、较强光合作用部位转移至快速生长的所谓的"碳汇"（carbon sink）部位。这种方式只有当藻体中存在局部生长区域和相对大和较远的成熟区域时是有用的。海带目孢子体和墨角藻目都具有这种转运结构，而转运在海带目物种中特别发达（Schmitz，1981；Buggeln，1983；Moss，1983；Westermeier and Gómez，1996）。墨角藻目和海带目中矿物离子的转运机制非常完善。萱藻目（Scytosiphonales）和酸藻目（Desmarestiales）中也发现了物质的长距离转运（Moe and Silva，1981；Guimaraes et al.，1986；Wiencke and Clayton，1990；Raven，2003；见 6.6 节）。

几乎所有海带目物种的转运都是通过筛管分子（sieve elements）完成的，它们也被称为喇叭丝（trumpet hyphae）或喇叭细胞（trumpet cells）。这些结构在藻体柄部和叶片部的皮层和髓部之间形成环状。纵向的筛管分子形成分支，互相连接并和皮层细胞相连（Buggeln et al.，1985）。筛管分子的结构（特别是其端壁形成的典型多孔筛板）从小的、较简单的海带（如海带属 *Laminaria*）到最大、最复杂的巨囊藻属（*Macrocystis*）呈现出一个趋势：较大的海藻中筛孔变得少而大，提高了转运的效率。海带的筛管分子充满细胞质，具有细胞器和众多的小藻泡；而巨囊藻属筛管分子更类似于植物，包含无细胞核的细胞质和一个非常大的中央液泡或管腔（图 5.23）。筛板的筛孔周围积累胼胝质（callose，β-1，3-葡聚糖），在维管植物中会逐渐积累并阻塞筛孔。这种机制在损伤的情况下导致筛管液的大量损失，也可以调整转运的路线。目前唯一已知的和上述描述不同的海带目物种是皮状囊根藻（*Saccorhiza dermatodea*）（Emerson et al. 1982），其转运发生在髓部，通过和较小细胞（对偶囊，allelocysts）交叉连接高度狭长的细胞（螺旋囊，solenocysts）来完成。狭长细胞的超微结构类似于其他属物种中的筛管分子。在酸藻目和囊翼藻目（Ascoseirales）藻类中也发现了类似的长距离转运结构。

海带目物种转运的有机物就是光合作用产生的有机物；显然在筛管装载物质方面并没有选择性。甘露醇和氨基酸（主要是丙氨酸、谷氨酸和天冬氨酸）各占约一半的碳输出量。此外，转运物质还包括许多其他的化合物（Manley，1983）。这些物质的移动速度从海带属（*Laminaria*）的小于 0.10 $m \cdot h^{-1}$到巨囊藻属（*Macrocystis*）的约 0.70 $m \cdot h^{-1}$，转运速度一般与筛板的筛孔大小有关。转运率不仅取决于转运速度，还取决于所移动的物质的量，因此取决于溶液浓度和筛管分子的横截面积。转运率的范围从翅藻属（*Alaria*）的 1 g（干重）$\cdot h^{-1} \cdot cm^{-2}$到巨囊藻属的 5~10 $g \cdot h^{-1} \cdot cm^{-2}$。大多数维管植物的转运率为 0.2~6.0 $g \cdot h^{-1} \cdot cm^{-2}$，某些物种的转运率更高（Schmitz，1981）。光合同化物的转运遵循“源-汇模式”（source-to-sink pattern）。“源”主要为成熟组织；“汇”包括居间分生组织（intercalary meristems）、孢子叶（sporophylls）和固着器（haptera）。只存在单个叶片的物种其转运模式比较简单。成熟的远端组织输出物质，叶片和柄交界处的分生组织输入物质。巨囊藻属中的模式比较复杂，因其在生长和成熟的各个阶段存在大量的叶片，而年轻的叶片从年老的叶片长出。随着叶片成熟，其转运模式也发生变化，与双子叶被子植物（dicotyledonous angiosperms）的模式非常相似。年轻的叶片只输入物质，但当其长至最大尺寸时开始输出物质。最初输出方向向上至正在生长叶片的分生组织；后期，也向下到从母叶上长出的新生叶片。梨形巨藻（*Macrocystis pyrifera* Agardh 1820；曾用名 *Macrocystis integrifolia* Bory 1826）生活在具有季节性变化的生境中，秋季其向下方的物质输出也包括将光合产物（photosynthates）运输至藻体基部用于存储（Lobban，1978 b；1978c）。当藻体生长停止时，转运也随之停止（Lüning et al.，1973；Lobban，1978c）。南半球海带目的黑叶巨藻（*Lessonia nigrescens*）也发现了类似的年龄和藻体大小依赖性的碳转运变化（Westermeier and Gómez，1996；Gómez et al.，2007）。

巨囊藻属（*Macrocystis*）筛管分子的结构（图 5.23b）包括 Münch 质量流（massflow，或压力流）机制，定位在物质输出部位的筛管会引起水渗透流入，从而推动物质流向输入部位，与维管植物一样在该处将物质卸载（Buchanan et al.，2000）。海带属（*Laminaria*）筛管的泡状结构不能阻止质量流（图 5.23a）（Schmitz，1981；Buggeln，1983）。海带和维管植物的进化差异意味着，独立起源的海带质量流机制也非常具有研究价值。

转运的生态意义是可以促进局部的分生组织迅速生长。这对于巨囊藻属（*Macrocystis*）等海藻尤为重要，因为这些藻类可能会附生在深水中，其新生叶片会受到水体和表层冠型叶片的遮盖。梨形巨藻（*M. pyrifera*）群落生长在分层的水体中，表面水营养较差，转运可以

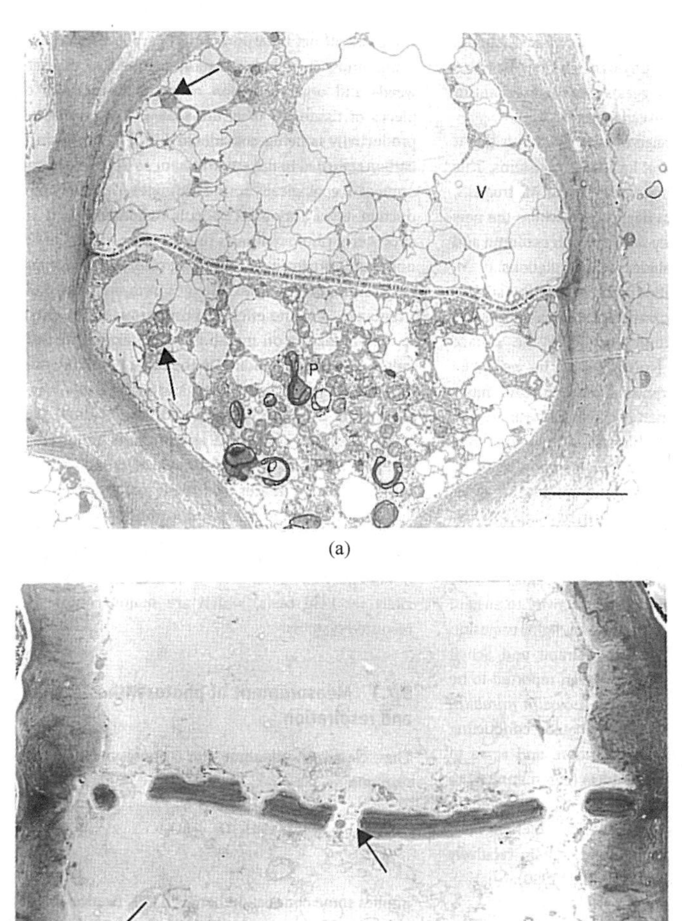

(a)

(b)

图 5.23　海带筛管中筛板处的纵切

注：（a）格岛海带（*Laminaria groenlandica* Rosenvinge 1893；现用名糖海带 *Saccharina latissima* Lane et al. 2006）。（b）梨形巨藻（*Macrocystis pyrifera* Agardh 1820，曾用名 *Macrocystis integrifolia* Bory 1826）。两图中箭头指示线粒体；质体（P）和液泡（V）存在于海带属（*Laminaria*）。海带属筛板中存在很多狭小的筛孔，巨囊藻属则为大而少的筛孔。标尺 = 5 μm（图 a 引自 Schmitz and Srivastava，1974；图 b 引自 Schmitz，1981）。

用来转运氮（氨基酸）至表面冠层（Wheeler and North，1981）。在多年生的海带中，转运可将存储的碳从成熟叶片移至新生长的分生组织；极北海带（*L. hyperborea*）中，组织新生长由光周期（photoperiod）触发起始（Lüning，1986），而在其他几个物种中通过有效氮触发起始（如长茎海带 *L. longicruris*；现用名 *Saccharina longicruris* Gagne et al. 1982）。北极的方足海带（*L. solidungula*）的转运活性随季节变化，这与高水平的 β-羧化活性相关，用以在北极冬季长期的无光条件下维持生长（Dunton and Schell，1986）。类似的策略在南极褐藻奇异囊翼藻（*Ascoseira mirabilis*）中已被报道，其髓质结构作为“传输通道”显示出转运能力，通过对光合产物（如甘露醇）的再利用来刺激季节性生长（Gómez and Wiencke，1998）。年轻个体的这些结构具有代谢活性，存在胞间连丝和含有相对较少的藻泡

（physodes；Clayton and Ashburner，1990）。

5.7 光合速率与初级生产力

光合作用是一个重要且容易测量的代谢过程，通常用来衡量环境对海藻的影响。光合作用也是初级生产力的基础，其精确的测量对于生态研究是非常重要的。初级生产力是指碳固定为有机化合物的速率。其包括保留在海藻中的碳和分泌物或组织碎片（如果考虑到种群生产力指整个海藻）释放的有机碳，但不包括以 CO_2形式返回到环境中的碳。无论是基于短期的光合作用或长期产量，初级生产力的生态学评估都是非常困难的。一方面，光合作用和呼吸作用的内在变化、E_0和每日总辐照度的复杂变化以及许多其他环境因素对代谢的影响非常难以衡量或建模。另一方面，生物量数据必须考虑到摄食和其他组织的损失（Murthy et al.，1986；Ferreira and Ramos，1989）。许多概括和假设需要对单独海藻或群落的碳收支（carbon budget）评估，后者需要具有广泛的置信区间（confidence intervals）。这样的评估是重要的，但是在不同营养级（trophic levels）特别是对海藻床（主要具有商业价值的生态系统）的资源管理方面，已经出现了很多建模研究。

5.7.1 光合作用和呼吸作用的测量

光合作用与呼吸作用的经典方程如下：

$$6CO_2 + 6H_2O \underset{R}{\overset{PS}{\rightleftharpoons}} C_6H_{12}O_6 + 6O_2$$

包含一些 CO_2固定和 O_2释放之间的复杂联系（反之亦然）。一些过程吸收或释放碳，另一些过程吸收和释放 O_2；测量值是所有这些过程的集合，被光合碳还原和水解电子传输主导。在这里存在一个基本问题，即在气体交换或^{14}C 固定实验测量参数的选择。

鉴于光合作用消耗 CO_2并产生 O_2，呼吸作用利用 O_2并释放 CO_2。这两个过程都发生在光照情况下，因此光下的气体交换率可用来测量净光合作用或表观光合作用（apparent photosynthesis）。总光合作用等于净光合作用加光照条件下的呼吸作用，或当总光合作用等于呼吸作用时，净光合作用为零。然而，呼吸作用速率通常是黑暗条件下的数据，因为其很容易在黑暗中测量。在光照条件和黑暗条件下的呼吸作用气体交换率一直存在相当大的争议，但相当多的数据显示虽然呼吸代谢通路一直在连续运作，但光照下的呼吸作用要低很多（Raven and Beardall，1981；Kelly，1989）。在高等植物中，光照条件释放的 CO_2大部分来自呼吸作用。光照下少量（具体数量未知）O_2被假定的循环光合磷酸化（pseudocyclic photophosphorylation；Mehler 反应）消耗，产生 ATP，消耗掉水释放的一半的 O_2（Raven and Beardall，1981）。这些过程相对较少，但当光合作用低或氧浓度高时变得较为显著。

正如我们将在下面看到的，每一种用来确定光合作用和呼吸作用的方法都有其独特的优势和局限性。一个广泛应用于测量水中的光合作用和呼吸作用的方法是测定氧的释放和在光照和黑暗下的生物需氧量（biological oxygen demand，BOD）瓶或其他合适容器中固定的^{14}C。然而，由于反应容器体积较小，这种技术对海藻光合作用和呼吸作用的测量强加了许多限制。一个极端情况是海藻藻甸太小并与其他物种过度纠缠（包括附生植物），以至于很难对个体进行衡量，而在这种情况下必须对整个群落进行衡量（Atkinson and Grigg，1984；Hackney and Sze，1988）。另一个极端情况是个体较大的海藻采样时必须使用相对小的组织块，虽然较大的样本也被使用过（Hatcher，1977；Atkinson and Grigg，1984）。测量的主要障碍包括针对个体极大的海藻（如巨囊藻属 *Macrocystis*）采样，以及受损伤的呼吸作用（Littler，1979；Arnold 和 Manley，1985）。此外，红外气体分析法（infrared gas analysis，IRGA）已被用于测量空气中海藻的 CO_2 交换（Bidwell and McLachlan，1985；Surif and Raven，1990）。

前面给出的简单方程意味着在 CO_2 固定和 O_2 释放之间存在着 1∶1 的比例。但在实际情况中，这个比例很少为 1。如果生产力（以 C 代表）的估计是基于对 O_2 测量，则必须对 CO_2 固定：O_2 释放的比率进行修正，称为光合商（photosynthetic quotient，PQ）。PQ 的测量常用于浮游植物，通常值约为 1.2（Strickland and Parsons，1972）。然而，PQ 可能存在相当大的变化，部分取决于固定的主要生产力是否是碳水化合物（如上述方程所示）、脂肪或蛋白质，或者取决于光合能量是否被直接利用如 NO_3^- 还原。目前仅有少量的海藻测量了 PQ 值，但 Hatcher 等（1977）发现长茎海带（*Saccharina longicruris*）的 PQ 值显示出从 0.67～1.50 的范围。在另一项研究中，巴西圣保罗沿海 5 种群落优势种海藻的 PQ 值范围为 0.42～1.01（Rosenberg et al.，1995）。

光合速率以不同特性为基础表述可能有不同的结果。Ramus（1981）推荐光合作用表述为单位叶绿素的碳通量（又称同化数；Kelly，1989），即使在饱和光照度下叶绿素含量和光合速率间也并不存在恒定的关系。因为呼吸作用发生在细胞质中，该过程可能最好是能在总蛋白的基础上进行表述，而不是以干重为基础进行表述，因为干重还包括细胞壁。然而，只有在严格控制的实验组别之间可以直接比较两者的速率，因为光合作用和呼吸作用的复杂过程受到许多变量的影响，包括辐照、组织年龄、营养水平、温度和 pH 值。

在生产力评估方面，^{14}C 标记法可能仍然是最可靠的。然而，在最近几年大量的新发明改进了光合测量技术，增加了空间和时间分辨率，降低了检测极限，减少了测量时间，因此增加了实验的可重复性。这些改进都取决于典型的克拉克型电极（Clark-type electrodes）的改良，并已被广泛用于测定氧释放（oxygen evolution）。提高的电极稳定性及响应时间（response time），以及减小的反应容器体积缩短了记录 P-E 曲线所需要的时间。相对于氧测定，微型传感器（microsensors）的优化极大改善了对水和组织中氧含量的测定，该方法采用了针状电极（Revsbech，1989）。这些电极被用来测量硬毛藻属（*Chaetomorpha*）藻冠不同深度梯度的氧含量（Bischof et al.，2006b），还用来监测盘状仙掌藻（*Halimeda discoidea*）藻体表面的微观情况（de Beer and Larkum，2001）。最近，一种新型光学荧光测量技术已被应用于水产科学，称为光极系统技术（optode system）（Gansert and Blossfeld，2008）。简单的测量原理是当氧与化学复合物（即钌元素）相互作用时可以作为一种选择性的荧光猝灭剂，并被传感器探头捕捉。在受到蓝光激发时，红色荧光信号被发射，而淬火取决于介质的氧浓度。这种测量是非常快速的，现在正在成为海藻研究领域最先进的工具，例如，可用来估测极北海带（*Laminaria hyperborea*）的光合作用活性（Miller and Dunton，2007；Miller et al.，2009）。

如上所述，通过监测氧释放/消耗或 CO_2 固定速率来测量光合作用提供了随时间变化的绝对读数，因此可用于评估生产力。然而，光合性能的估计也可以被用来作为一种生理性的“健康指标”。这种方法最近促进了更多的以实验为基础的海藻环境胁迫生理学研究（见第 7 章）。方法的优化使我们能够通过足够多的重复测量来比较在人为操作的非生物条件下的海藻性能（随时间的变化或跨物种变化）。这方面一个主要的成就是使用叶绿素发射的荧光信号来估测光合活性的技术的实施。例如，通过众所周知的脉冲幅度调制（pulse amplitude modulated，PAM）荧光技术，PSⅡ中不同的叶绿素荧光已被用来监测光系统Ⅱ的量子效率（Krause and Weis，1991；Schreiber et al.，1994）。测量原理是基于光合天线激发的一个叶绿素分子在能量释放方面的竞争路径。正如最初概述的，激发的电子可以通过 3 种方式释放：①传递能量到相邻的叶绿素以完成进一步的光合作用进程；②作为热量耗散；③释放荧光信号。在光合活性受损的条件下（即减少的电子释放），第一个过程是受限制的，因此更高的能量份额将通过荧光和散热途径被耗尽（图 5.24）。

测量设备基于对荧光信号的检测计算导出值，如光系统Ⅱ的最优量子产量（也称为 F_v/F_m，最大荧光变量比率，$F_v=F_m-F_0$；F_0指一段黑暗驯化后在非光化辐射下测量的荧光；F_m指在过度饱和辐照度下的最大荧光产量），在瞬态光下测量的有效量子产量（$\Delta F/F_m$）以及各种淬火参数如非光化学淬灭（non-photochemical quenchin，NPQ），包括散热并往往和叶黄素循环的脱环氧化活性相关（Bischof et al.，2002b）。在一系列增加的 PAR 辐照度下对有效量子产率的测量也可用来记录 P–E 曲线，可被用于衍生（最大）电子传递速率（electron transport rate，ETR），以及光合作用的理论饱和点（E_k）。ETR 和有效量子产量（或“产量”）的关系如下：

ETR＝产量×PAR×0.5×AF（AF 指藻体各自的吸收率）。

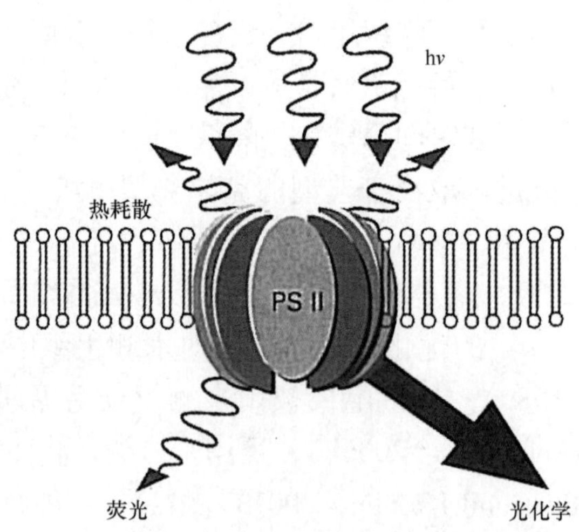

图 5.24　光系统Ⅱ的能量流

注：正常光照条件下的吸收光能（hν）主要用来驱动光化学。少量的能量通过荧光丢失，可以用来计算光合作用的量子产率。其他的能量作为热量耗散。过量的光照条件下热耗散强烈增加，因此减少了 PSⅡ的量子产率（引自 Hanelt and Nultsch，2003）。

Genty 等（1989）对高等植物的研究发现，荧光产量决定的电子传输速率和 CO_2 固定的测量值之间存在较强的相关性。叶绿素荧光技术近年来经历了快速的发展和改进，制造商提供了大量的应用设备（基于显微镜的潜水操作、浮游植物荧光成像等）。基于荧光的光合性能评估的最大优点是其快速性和易应用性。因此，量子产量（特别是 F_v/F_m）是目前广泛应用于海藻生理生态整体健康评估的参数。尽管操作简单，这种评估的物理基础是复杂的，测量理论的缺乏可能会导致错误的数据采集和解释（Saroussi and Beer，2007）。叶绿素荧光的测量只提供对于能量从捕光天线到 PS Ⅱ 转移的效率的相对估计值，而不能测量呼吸作用。因此，无法使用单独叶绿素荧光数据对任何一种生产力进行估测。

根据 Genty 等（1989）的方法，荧光衍生的 ETR 和 CO_2固定/O_2释放之间的有效关联已在一些海藻中进行了评价，如绿藻石莼（*Ulva lactuca*）、褐藻齿缘墨角藻（*Fucus serratus*）和糖海带（*Saccharina latissima*）、红藻掌形藻（*Palmaria palmata*）和脐形紫菜（*Pyropia umbilicalis*）等藻类（Hanelt and Nultsch，1995；Longstaff et al.，2002；Beer and Axelsson，2004）。总体的共识是，叶绿素荧光读数可能是一个很好的光合速率指标（基于氧释放），但只限于低和中等辐照度条件。具体而言，有效的量子产率随着辐照度的增加而减少，已被发现在低于 0.1 的临界值时会影响 ETR 准确性，导致在高辐照下观察到的荧光和氧数据不匹配（Beer and Axelsson，2004；Saroussi and Beer，2007）。此外，Nielsen 和 Nielsen（2008）的研究表明，海藻物种的藻体形态（即藻体厚度）可能影响荧光和氧数据之间的相关性。考虑到上述的局限性，叶绿素荧光的引入对于海藻响应环境调控的快速评估仍然是一个巨大的改善。而利用叶绿素荧光的 PAM 技术仍然是海藻研究中最常用的工具，其他相关技术如快速重复率荧光（Fast Repetition Rate Fluorescence，FRRF）或荧光诱导和释放技术（Fluorescence Induction and Relaxation，FIRe）也在各方面实现了应用，有时可提供不同的评估（Rottgers，2007）。

5.7.2　光合作用的内在变化

光合速率受到许多非生物因素（除了光）的影响，也有一些个体内部存在的生物因素会影响光合速率，如形态、个体发育（ontogeny）与昼夜节律（circadian rhythms）。

海藻的光合速率受到藻体形态的强烈影响（图 5.25），特别是表面积：体积比值以及光合：非光合组织的比值（Littler and Littler，1980；Littler and Arnold，1982；Littler et al.，1983）。在这些研究中，薄片型海藻的平均净光合速率最高。因为在一般情况下，该类海藻所有的细胞都可进行光合作用，在水中有直接碳供应，并造成较小的自阴影。就表面积：体积比值而言，丝状藻类应该具有更高的生产力，但聚集（可能在干燥胁迫下有优势等）降低了其有效表面积（Littler and Arnold，1982）。Littler 和 Arnold（1982）将藻类根据藻体形态分成 5 组，光合速率高的前 5 组平均速率呈现两倍依次递减的趋势，壳状物种光合速率最低，同时在组和组之间有相当大的重叠。例如，太平洋凹顶藻（*Laurencia pacifica*）（第 3 组）的光合素率明显高于孔紫菜（*Pyropia perforata*）（第 1 组）。Johansson 和 Snoeijs（2002）进行了 32 种海藻的调查，证实光合作用对藻体形态具有较强的依赖性。然而，这项研究结果强烈地依赖于用于标准化的参数，在分别使用干重或表面积时结果恰好相反（图 5.26）。Stewart 和 Carpenter（2003）发现同样的形态功能组内（以及同一物种内），形态对于不同机械作用（波浪作用、水流）的响应也会影响净光合作用（见 8.2.1 节）。

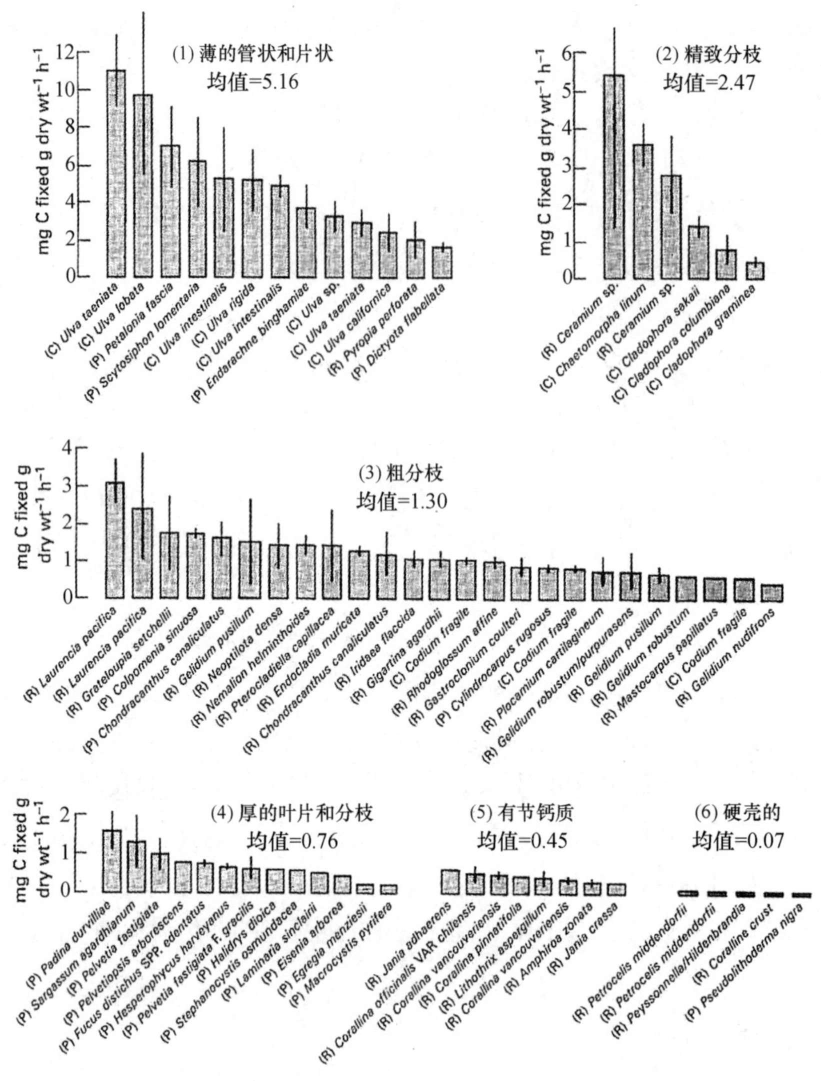

图 5.25　海藻 6 个功能型组别的光合性能

注：采样地点在加利福尼亚南部和加利福尼亚半岛的 6 个站位。纵坐标代表每克干重每小时固定生产力（mg）的平均速率。C，绿藻；P，褐藻；R，红藻（引自 Littler and Arnold，1982）。

光合特性的变化发生在海藻的不同组织或年龄。在复杂的海藻如巨囊藻属（*Macrocystis*）中，个体梯度发生沿单独的叶片分布，同时存在于不同的叶片之间。如图 5.27 显示了 3 类不同年龄叶片的净光合速率。基于干重的光合速率存在剧烈波动，而变化趋势具有共同特性。基于叶绿素 *a* 和基于组织部位的数据结果不同，原因在于光合皮层：光合髓部组织的比率越靠近叶片基部越小。薄的叶片顶端具有比较多的光合组织；较厚的叶片基部（又称为分生组织）具有更多的呼吸组织。显然，部分组织不能代表整个叶片，单一叶片也不能代表整个海藻。类似的个体发育的变化也存在于其他海带目藻类（Kuppers and Kremer，1978）、墨角藻属（*Fucus*）（Khailov et al.，1978；Mclachlan and Bidwell，1978）、马尾藻属（*Sargassum*）（Kilar et al.，1989）和黑叶巨藻（*Lessonia nigrescens*）（Westermeier and Gómez，1996；Gómez et al.，2005）。非光合组织的比例也存在个体差异，如沟软刺藻（*Chondracanthus canaliculatus* Hommersand et al. 1993；曾用名 *Gigartina canaliculata* Harvey

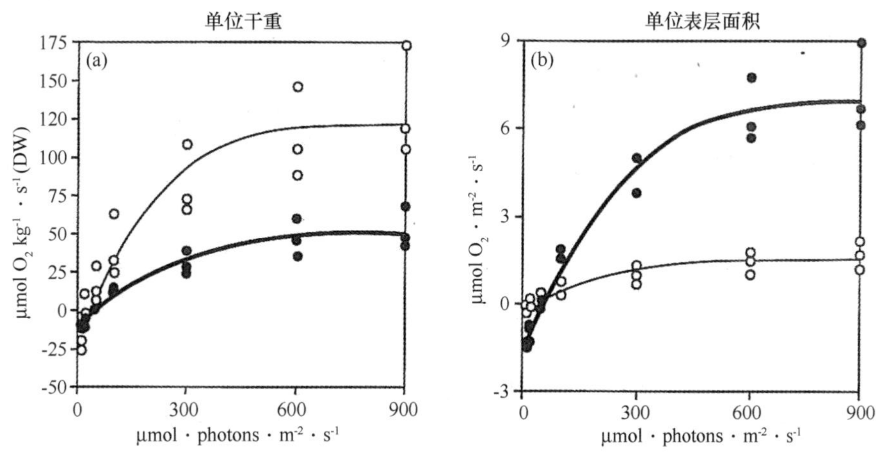

图 5.26　光合作用对藻体形态具有较强的依赖性

注：共存在于 Skagerrak 海峡上部沿岸带的两种物种墨角藻（*Fucus vesiculosus*；粗线，实点）和脐形紫菜（*Pyropia umbilicalis*；细线，开环）分别以干重（a）和表面积（b）为标准化的 O_2 释放测量和 P–E 曲线（引自 Johansson and Snoeijs，2002）。

1840）的坚硬与肉质个体的差异（Littler and Arnold，1980）。

光合速率一天的变化和 E_0 的变化并不一定平行，部分取决于光抑制、光诱导和昼夜节律。基于瞬时测量的预测使光合作用类似于从黎明开始的 E_0 增加直到 E_0 超过了 E_k，同时使光合作用保持到下午或晚上 E_0 再度降至 E_k 之下，然后逐渐减少。然而，上午和下午的 P–E 曲线并不总是一致的（Ramus and Rosenberg，1980；Ramus，1981；Gao and Umezaki，1989a；Gao and Umezaki，1989b）。光合作用经常存在午间抑制（Hanelt and Nultsc，1995；Bischof et al.，1995b），在下午晚些时候会部分恢复，高达 70% 的日光合作用在中午前发生。光抑制现象将在第 5.3.3 章节综述。

有些海藻的光合速率即使在统一的实验室条件下也呈现出日变化（Mishkind et al.，1979；Ramus，1981）。光合速率的这种变化起因于内源生物钟。昼夜节律（Circadian diel hythms）在许多物种中影响细胞活性、酶或细胞分裂（见 1.3.5 节）。节律周期约为 21～27 h，因会受到光刺激（如黎明或黄昏时）以 24 h 为周期（Hillman，1976；Sweeney and Prezelin，1987）。日变化起因于内源的节律而不是环境变量的结果（见 2.3.1 节）。这可以通过转移海藻至连续（通常是昏暗的）的光照下，并在不同的时间点（平行于原来的光暗周期）取样测量光饱和速率来证明。速率在一个相对应光周期的中间是最高的，在黑暗周期的中间是最低的（图 5.28）。对热带海藻长心卡帕藻（*Kappaphycus alvarezii*）连续 6 d 测量了基于 O_2 的光合作用节律，发现其受到不同光的数量和质量的影响，说明在光转导通路（light transduction pathway）中存在两种光感受器（Granbom et al.，2001）。在连续光照情况下，节律周期逐渐变化，原因是不存在中间的光刺激（Mishkind et al.，1979；Oohusa，1980）。如果光暗周期逆转，内源性节律也随之变化（图 5.28b）。

存在几个潜在因素对光合速率周期有贡献。石莼属（*Ulva*）中存在细胞侧面和端面之间质体的昼夜迁移（Britz and Briggs，1976），但并不调控光合作用的昼夜节律（Nultsch et al.，1981；Larkum and Barrett，1983）。相反，节律控制可能的位点是在电子传输的限速步

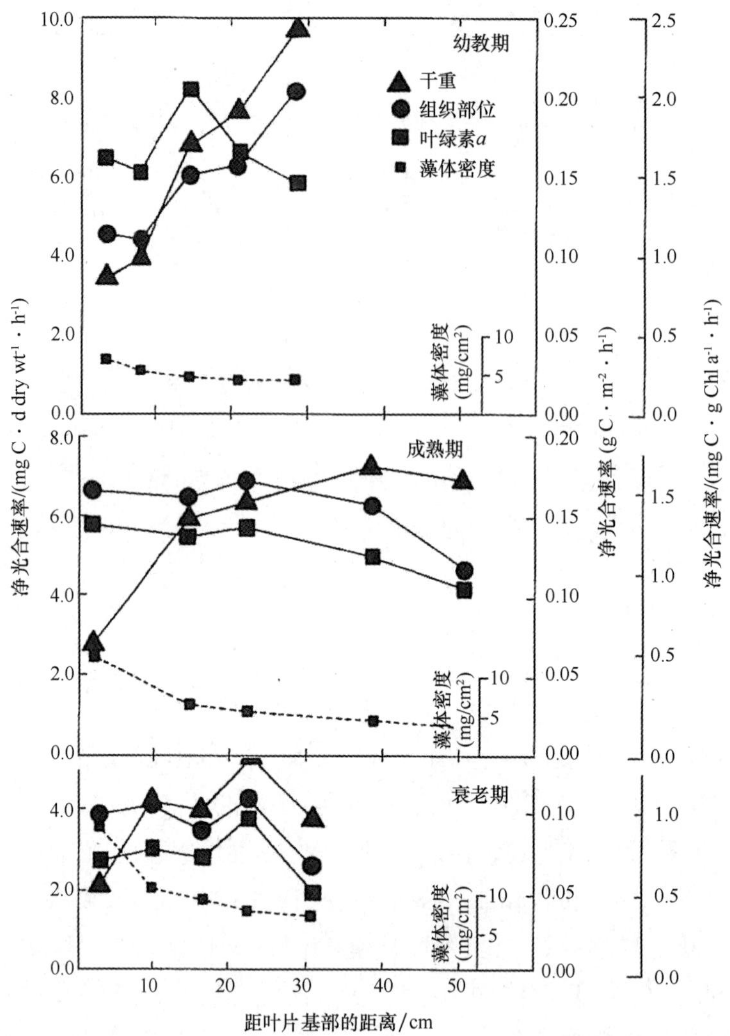

图 5.27 巨囊藻属（*Macrocystis*）不同年龄的叶片的光合作用变化

注：当选取不同的标准化因子包括干重（三角形），组织部位（圆形）、叶绿素 *a*（方形）时显示出差异。每个小方形显示取样处的藻体密度（mg/cm²（DW））（引自 Amold and Manley，1985）。

骤，可能是质体醌和 PS Ⅰ之间的某个步骤（Mishkind et al.，1979）。进一步的控制点可能是某些酶。Yamada 等（1979）研究了褐藻太平洋网翼藻（*Dictyopteris pacifica* Hwang et al. 2004；曾用名 *Spatoglossum pacificum* Yendo 1920），表明卡尔文循环中的几种酶存在节律现象，包括 RuBP 羧化酶（RuBP carboxylase）、果糖-1，6-二磷酸水解酶（fructose-1，6-bisphosphate phosphohydrolase）、甘露醇-1-磷酸水解酶（mannitol-1-phosphate phosphohydrolase）和核糖-5-磷酸异构酶（ribose-5-phosphate isomerase）。然而，这些酶的活性与生物钟的关系有可能是复杂的。例如，RuBP 羧化酶（在高等植物中）被光驱动的 Mg^{2+} 流激活（Jensen and Bahr，1977）；但这类调控方式并不是节律的机制，而是其表现方式。

5.7.3 碳损失

渗出物（exudation）已被证明占据了海藻中相当大的碳损失，其数额可能高达净同化的 30%~40%（Khailov and Burlakova，1969；Sieburth，1969）。海带目物种已被证明是特别活

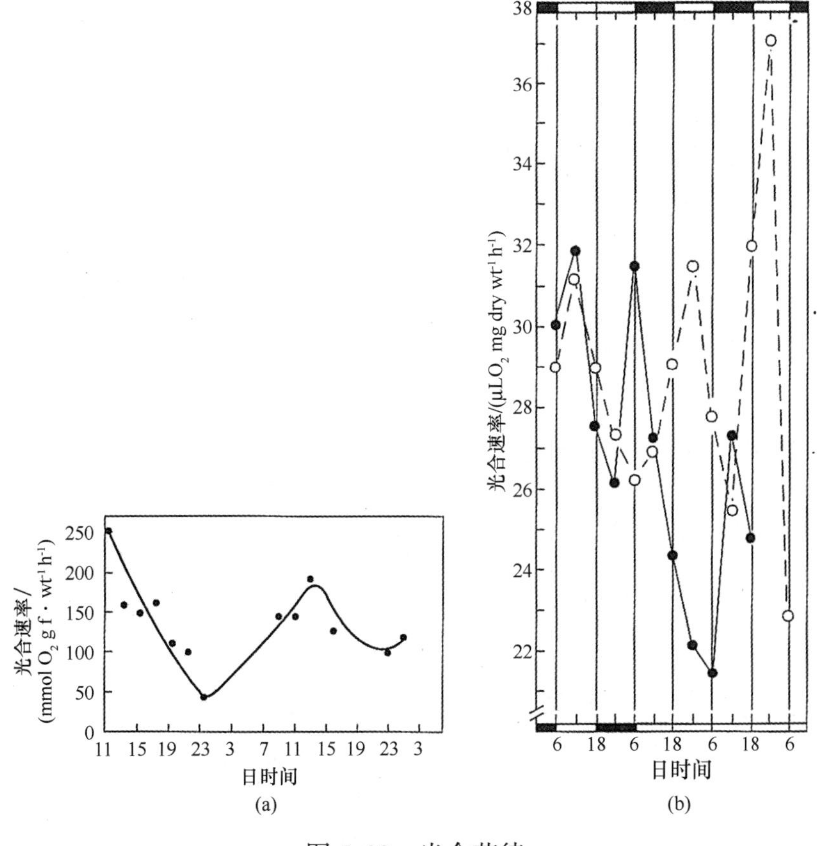

图 5.28　光合节律

注：(a) 连续昏暗光照 (2 mW · cm^{-2}) 下石莼 (*Ulva lactuca*) 的光饱和光合速率。沿横坐标显示收集环境的东部标准时间和黑暗的小时数。(b) 条斑紫菜 (*Pyropia yezoensis*) 光合能力的日变化。实线表示第一天之后海藻转移至连续光照条件 (下方横坐标显示光暗周期)。虚线代表海藻转移至相反的光暗周期 (上方横坐标)，并显示出内源性节律的逆转 (图 a 引自 Mishkind et al.，1979；图 b 引自 Oohusa，1980)。

跃的渗出者 (exuders)，极端有机碳释放出现在穴昆布 (*Ecklonia cava*) 中，占净初级生产力的 62%左右 (Wada et al.，2007；2008)。然而，渗出率高度依赖于物种种类，此外还受到多种生物和内在因素、季节以及胁迫暴露的影响 (Abdullah and Fredriksen，2004；Hulatt et al.，2009)。最近，在渗出物的功能研究方面取得了实质性的进展。例如，释放的化合物可能在控制污染 (Harder et al.，2004) 和阻碍摄食 (Abdullah and Fredriksen，2004) 方面发挥作用。近年来，褐藻多酚 (phlorotannins) 的功能引起了特别的关注，因为其具有阻碍摄食以及抗紫外线的作用 (Pavia et al.，1997；Swanson and Swanson，2002；见 4.2.2 节和 4.4.1 节)。对于海带目的不同物种，孢子释放过程中可以检测到大量褐藻多酚的渗出。UV-B 暴露进一步刺激了多酚渗出。据推测，形成孢子囊的组织的多酚分泌可以被视为一种繁殖的保护措施，可以在水体中创建 UV-B 避难所从而保护对紫外线敏感的游孢子 (Müller et al.，2009a；见第 7 章)。

组织损失比渗出更容易记录和理解。组织的损失取决于外在和内在的原因。外在原因包括直接或间接的摄食损伤、物理磨损和微生物降解，如老的海带组织被子囊菌 (*Phycomelaina laminariae*) 分解 (Schatz，1980)。令人惊讶的是墨角藻属和瘤状囊叶藻属繁殖后会出现大量的组织脱落。前者不仅生殖托（receptacles）脱落，其下方的节间（internodes）也会脱落（Knight and Parke，1950）。瘤状囊叶藻属的生殖托可以占到海藻生物量的一半（Josselyn and Mathieson，1978）。海带属叶片从尖端不断损失旧组织，整个叶片每年可重生 1~5 次（Mann，1972）。极北海带则存在另一种模式，在冬末，新叶会在老叶的基础上长出。碳并且还可能包括氮，将在老叶片脱落后，从老叶片中被重新利用于新的叶片生长；Luning（1969）证明当老叶存在时，新的叶片可以在黑暗中生长，但如果老叶被切断，即使在光下也几乎没有新的生长。随后，Lüning 等（1973）证明了从老叶到新叶的新固定碳的转运，但目前并没有发现碳或氨基酸被重新利用的途径。根据被子植物叶片衰老的例子，推测这种重新利用也可能发生在海藻中，因为在海藻中也存在同样的转运机制。

5.7.4　生产力和碳预算（carbon budgets）的个体生态学模型

估计生产力的困难程度取决于海藻或种群的复杂性。海带属/糖藻属（*Laminaria/Saccharina*）等单个叶排片的海带的产量经常以长度增量建模，因为其分生组织呈现一种“传送带”（moving belt）的形式（Parke，1948；Mann，1972；Dieckmann，1980；Gagne and Mann，1987）。然而，简单的长度-重量回归分析（length-weight regressions）（Mann，1972）是不够的，因为在生长周期中两者之间的关系存在着变化。Kain（1979）整理了 Mann（1972）和 Hatcher 等（1977）对长茎海带（*Saccharina longicruris*）相同种群的研究数据并进行了计算，发现了在年产量方面存在 10 倍的差异。Hatcher 等（1977）的数据来自于光合作用测量为基础的碳估算。目前，多种公式已被用来提高生物量估测的准确性。Gagen 和 Mann（1987）测试了长茎海带的 4 个模型，认为线性生长（linear growth）乘以宽度均匀的叶片每单位长度的重量是估测生物量的最佳方法。在这个物种和其他一些海带目物种中，顶端分生组织仅仅是整个带形叶片的一小部分，而更多的三角形藻体需要采用更复杂的计算方法。如针对昆布属（*Ecklonia*）（Mann et al.，1979）、爱氏藻属（*Eisenia*）和巨囊藻属（*Macrocystis*），这种方法并不适用。

Ferreira 和 Ramos（1989）想将光合速率的短期评估和生物量的长期评估结合起来。测量了 3 个河口区物种每月的生物量，并从辐照度估计（irradiance estimates，考虑到每小时的潮高和水浊度）和 *P-E* 关系（*P-E* relations，包括墨角藻在空气中进行光合作用的假设）建模的角度，每月计算开始的生物量和增加的生产力；并进一步将计算进行简化，实验的白天长度恒定为 16 h（该研究在葡萄牙进行），而 8 h 的黑暗条件下净生产力为零（不考虑呼吸作用的损失）。虽然该模型没有考虑到第一个月内的损失，但在接下来的几个月中并没有任何的错误，因为每月计算时都会从实际的生物量开始计算。

为了改进具有高度商业价值的角石花菜（*Gelidium corneum* Lamouroux 1813；曾用名 *Gelidium sesquipedale* Bornet & Thuret 1876）的养殖方法，建立了一个特别复杂的模型（Duarte and Ferreira，1993；1997）。该模型依赖于之前对于大小等级的定义来模拟单个叶片的重量和大小、生物量以及藻类种群密度。该模型包括生物量、整体深度、总生产力、呼吸作用、渗出，藻体损伤和死亡率，可进行季节性生长的预测及最佳采收期的确定。

巨型海藻床生产力建模同时涉及对其占据的大型三维环境的建模，因为巨大的藻体显著影响物理环境（光、水流）和穿过藻床的水流的化学性质，同时它们本身也受到这些因素的影响。Jackson 等通过一系列的步骤建立了相关模型，包括针对环境（Jackson，1984）、叶片关系（Jackson et al.，1984）以及辐照度与产量的关系（Jackson，1987）分别建模。模型给出了和现场测量大体一致的生物量和生产力的结果，但在生长最大值和最小值的预测时间方面存在差异。以辐照度为基础预测的简单的季节性周期会由于其他因素变得复杂，其中最重要的可能是营养因素。Jackson（1987）列出了在之后建模时需要考虑的 5 个方面，包括叶片对低辐照度的适应、摄食和腐烂导致的组织损失、光场云层的影响和营养成分的影响。Burgman 和 Gerard（1990）建立了一个孢子体密度的计算机模型，包括了温度/营养（相关的）和辐照度的调控因子。

Graham 等（2010）建立的巨藻模型，可以对末次盛冰期以来南加利福尼亚湾的海带目生产率变化进行评估（图 5.29）。其整合了海带目生物量的调查数据，包括岩石基质上的时间动态（temporal changes）数据、海平面（sea level）数据、海面温度（sea surface temperature，SST）、营养丰富的 sub-photic 水（$\delta^{15}N$）的存在和表面水的生产率（% C_{org}），后三者来源于沉积物。海带目物种的生产率存在明显的变化，是由于自上升流强度的海洋环境变化导致的。在这个模型中，过去气候条件变化的影响被认为是对未来气候变化的结果进行预测的基础。

5.7.5　海藻生产力的生态影响

海藻固定的碳或能量最终传递至其他营养级。根据位置的不同，海藻固定的碳可以占沿海栖息地总固定碳的 50%（Gattuso et al.，2006）。固定的碳最终会通过不同方式传递，并提供能量给次级生产。水体中的渗出物作为溶解有机碳（dissolved organic carbon，DOC）可被异养细菌利用。海藻碎片类颗粒物可以沿着海岸沉积（Duggins et al.，1989），甚至转移至深海栖息地（Fischer and Wiencke，1992）。海藻碎屑可以作为种类繁多的无脊椎动物的食品，如滤食动物，蜗牛、海胆等。这样，最初由海藻固定的碳将向两个方向传递：向更高的营养级传递，通过食物链二级的食草动物向腐生生物（食碎屑生物 detritivores）；或向较低营养级传递，通过细菌和真菌将碎屑或食草动物粪便进行再矿化（图 5.30a）。食草动物对海藻的直接摄食是控制生产力的重要因素（见 4.3 节）。海胆对海藻床的摄食是破坏性的，在很大程度上阻止了海藻招募（Sjϕtun et al.，2006）。摄食（通过草食性鱼类）的重要性在热带礁石区域最明显，食草动物阻止大型海藻生长，并阻碍了大型海藻对缓慢生长的珊瑚（Mantyka and Belllwood，2007）以及珊瑚藻（Hoegh-guldberg，2007）对栖息地的占据。

海藻床特别有助于温带近岸水域的次级生产，并远远超出了海藻床生态系统的影响。Duggins 等（1990）发现海藻来源的碳广泛存在于阿拉斯加近岸的食物网（图 5.30b）。从初级生产者到其他生物的能量流动对于生态系统动态是很重要的，尤其是对生态系统和资源管理而言。营养标记物在海藻生物量流动中的应用取得了显著的进展。两个特别有价值的方法是脂肪酸组成分析以及稳定同位素（$\delta^{13}C$、$\delta^{15}N$）分析。脂肪酸分析可用于跟踪和识别通过食物网的特定的物种特异性信号（Graeve et al.，2002），稳定同位素分析有利于对海藻来源的碳摄入进行定量分析（Rossi et al.，2010）。在 Balasse 等（2009）最近对 Orkney 群岛羊类的研究中，这个强大的工具已被用来完成在新石器时代（neolithicum）、铁器时代（iron age）和现代阶段海藻作为家畜饲料消耗部分的评估和比较。Hanson 等（2010）建议将脂肪

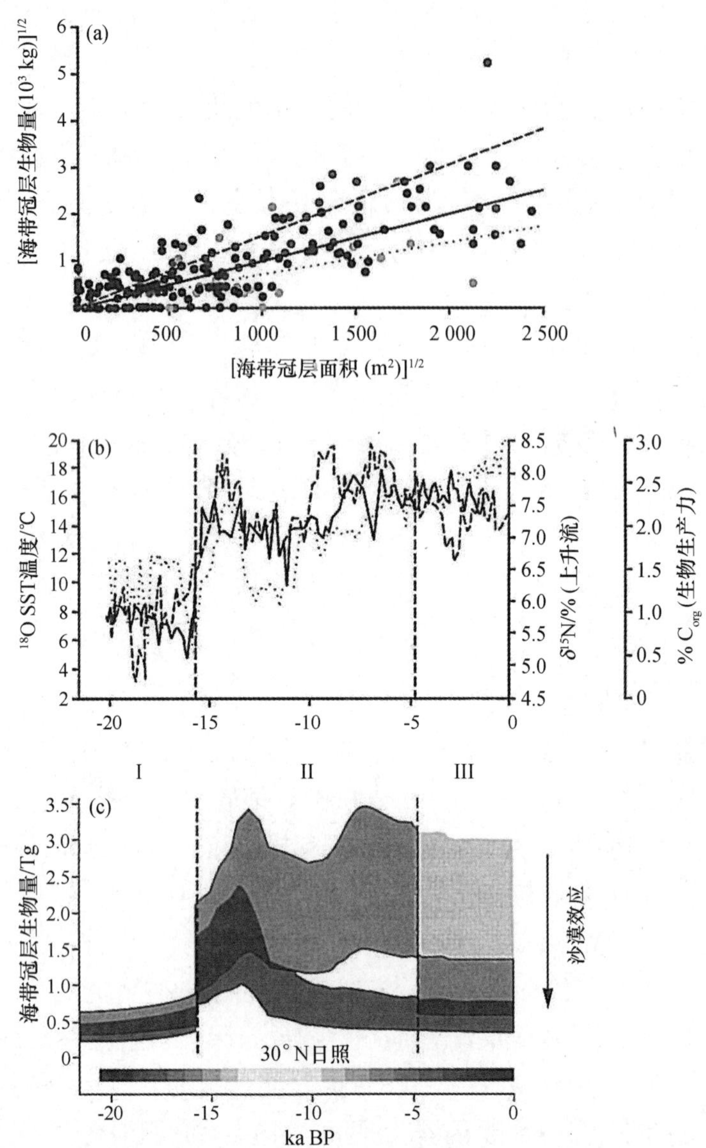

图 5.29 自末次盛冰期以来海带目物种群落生产力（生物量变化）的重建

注：(a) 在厄尔尼诺现象（点画线），拉尼娜现象（断续线）和正常海洋气候（实线）下，加利福尼亚南部巨型海藻冠层生物量年极值（湿重，kg）与巨型海藻冠层表面积（m^2）的相关性。(b) 南加利福尼亚海湾的古海洋条件，包括海洋表面温度（SST；黑线）、上升流（$\delta^{15}N$；断续线）和生物生产力（有机碳百分率；点画线；最近 10 000 年的值作为上限）。左垂直参考线标记了 15 600 年前的 Bolling-Allerod 变暖时期可能是高生产力时期的开始；而右垂直参考线标记 4 750 年前可能是大陆被沙漠覆盖的起始点。(c) 第四纪晚期南加利福尼亚群岛（深色阴影）和合计（岛屿大陆；浅色阴影）的巨型海藻冠层生物量变化（湿重，百万吨）。时期Ⅰ指较低的生产力条件；时期Ⅱ和时期Ⅲ显示在大陆被沙漠覆盖前后的高生产力条件。时期Ⅲ的大箭头和阴影显示去除“沙漠效应”后的总的巨型海藻冠层生物量（减少 70%，相当于现代岛屿和大陆之间的海带目冠层的差异）。底部为北半球太阳日射指数（Berger and Loutre，1991），浅灰色为最高 520 W · m^{-2}，黑色为最低 460 W · m^{-2}（引自 Graham et al.，2010）。

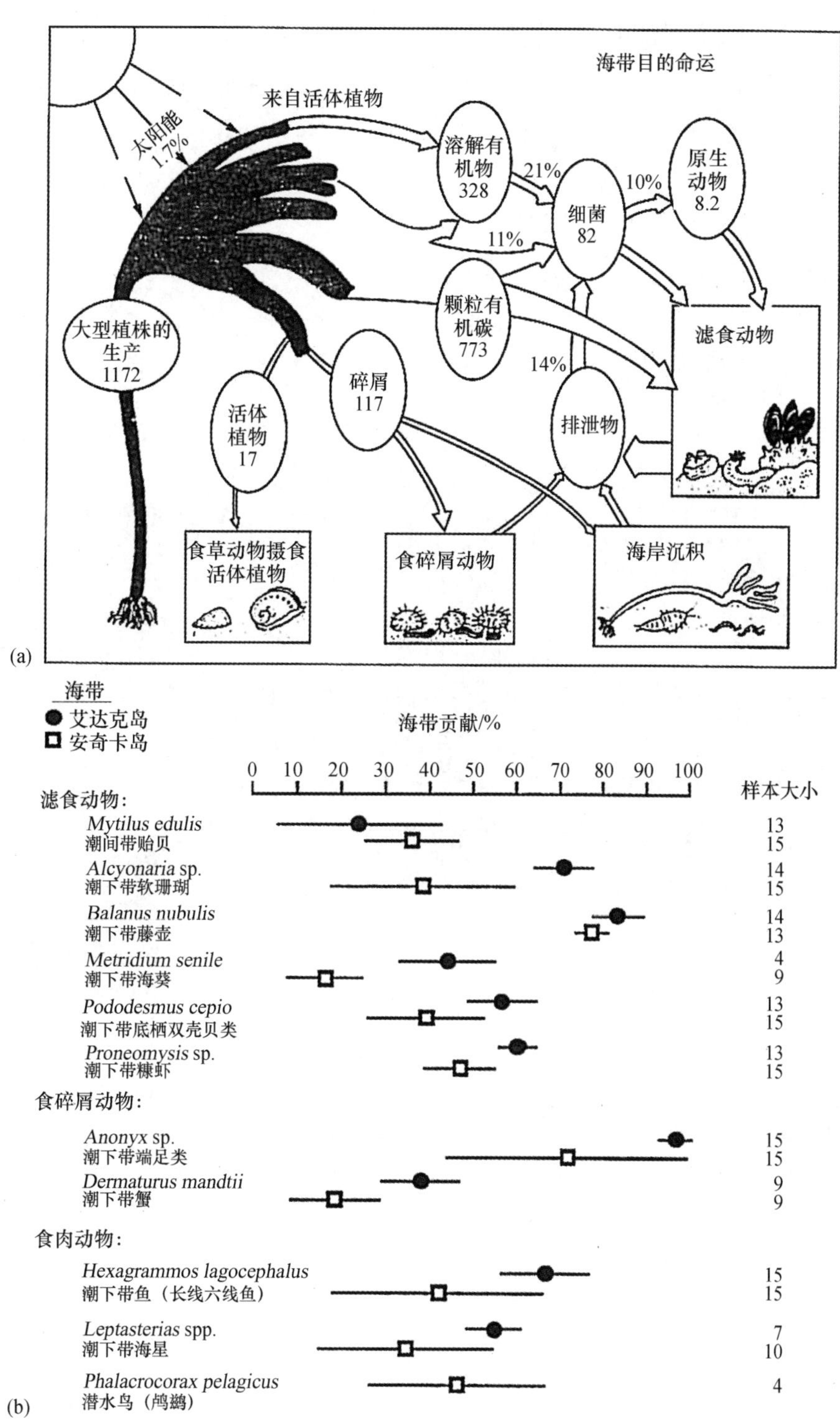

图 5.30　近岸生态系统海藻生产力

注：(a) 海带目物种产量和消耗量（克生产力每平方米每年）。箭头上的百分比表示不同组别之间的转换效率；(b) 在具有广泛亚潮带海带床的阿拉斯加岛屿地区，海带目光合作用产生的碳在消费者组织中占据的百分比。海藻来源的碳通过 δ^{13}C 标记确认（图 a 引自 Branch and Gfiffiths，1988；图 b 引自 Duggins et al.，1989）。

酸分析和同位素分析相结合应用于未来食物网的研究。

对一个生态系统动态的模拟需要了解生产力输入、生物量以及所有营养级之间和内部的能量流动。Ruiz 和 Wolff（2011）研究了 Bolivar 海峡的营养流，该地区代表了加拉帕戈斯群岛（Galapagos archipelago）生产力最高的区域（图 5. 31）。图 5. 31 显示了大型海藻在生物量和向二级营养水平流动方面的突出作用。其还强调了浮游植物的贡献只占底栖生物量（大型海藻和底栖硅藻）的约 4%。然而，碎屑是从第一营养级到第二营养级进行能量传递的重要载体。如图 5. 31 所见，一半的功能组都属于第二营养级或接近第二营养级，可以利用特别多的初级食品生产。这一研究的意义在于提供一个参考模型，用来未来模拟不同的捕鱼活动以及气候对生态系统的影响（Ruiz and Wolff，2011）。

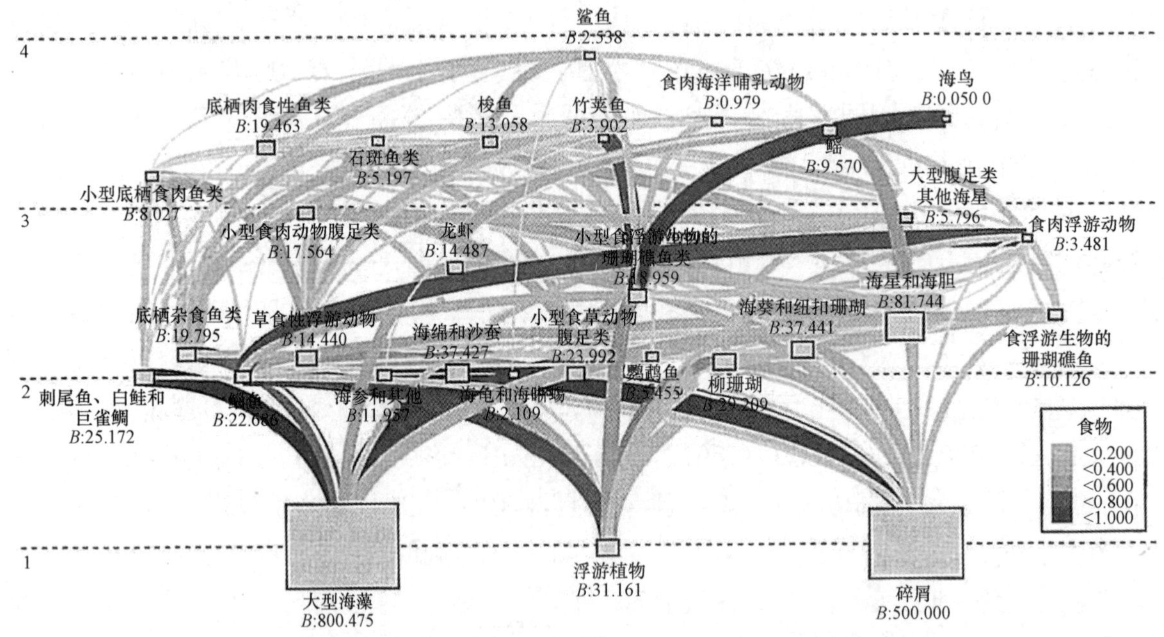

图 5. 31　Bolivar 海峡生态系统生物量预算示意图

注：该生态系统位于 Isabella 群岛和加拉帕戈斯群岛的 Femandina 岛之间（B，生物量，单位为 t/km²）。图中显示系统中所有流动和进入的生物量，每个方形的大小和其代表功能组的生物量成正比，功能组之间连线的阴影和宽度代表猎物占捕食者食物的相对比例。纵轴显示功能组的相对营养级；底栖初级生产者功能组包括大型海藻和底栖硅藻（引自 Ruiz and Wolff，2011）。

5. 8　小结

光合有效辐射的波段从 350 nm 或 400~700 nm。每时间段光到达的数量或通量被称为辐照度，以微摩尔光子每平方米每秒或微瓦特每平方米为单位计量。海洋中光的质量和数量是高度可变的。不同时间尺度的辐照度变化和波浪因素强烈影响海洋中光的穿透性。在水中，光由于散射和吸收的影响导致衰减，其红色光谱大大减少，蓝绿色波长可穿透至最深的海域。紫外线辐射在水中可被迅速吸收，但在浅海可能危害海藻的生长。基于光质量参数的差异定义了几种海水类型。

叶绿素 a 为藻类中共有的光合色素。此外，不同类型的藻类具有特有的辅助色素，包括其他叶绿素、胡萝卜素、叶黄素以及红藻（和蓝细菌）中的藻胆素。叶绿素和藻胆素存在于色素-蛋白复合体。藻胆素都聚集于类囊体膜表面的藻胆蛋白；其他辅助色素（除了外部天线）和光合器的其余部分都是类囊体膜不可或缺的组成部分。

质体中的类囊体排布在不同的藻类中存在差异，但所有海藻中的类囊体膜和光合作用的过程在本质上是相同的。光合器包括两个不同的反应中心，各自具有少许不同的红光吸收峰。反应中心与核心复合物相连，并一起与捕光复合体相连；在每个层次上，色素都结合在蛋白质上。辅助色素和大多数的叶绿素 a 排布于光合天线，与吸收较长波长的色素被认为更接近反应中心。

藻体的捕光量（光的吸收率）取决于色素浓度和藻体形态。显著的形态方面的影响因素是藻体厚度和分支分布产生的自阴影。光合速率强烈地依赖于辐照度水平。在补偿辐照度条件下，总的光合作用等于呼吸作用，因此净光合作用为零。在饱和辐照度条件下，光合作用是最大的。在高辐照度下，光合速率可能由于光抑制再次下降。极端的辐照度对藻类有害，并会造成藻体损伤，如导致色素漂白，而相关机制往往涉及光合作用活性氧的生成。

海藻可以适应光的质量和数量上的差异。色素的数量或光合单位的密度可能增加，有时辅助色素相对于叶绿素 a 的比例会发生变化。然而，过去认为海藻可以通过改变颜色来补充栖息地光限制的观点是错误的。

碳固定是光合作用的“暗反应”。海水中的碳源主要为 HCO_3^-；同时存在少量的 CO_2，其比例取决于海水的 pH 值和盐度。寄生藻类可利用宿主的碳，但其他海藻很少或没有使用外源有机碳的能力。

CO_2通过 RuBP 羧化/加氧酶（RuBisCO）固定于卡尔文循环。HCO_3在碳酸酐酶的作用下转化为 CO_2。褐藻特别是海带目和墨角藻属海藻的幼嫩组织，在光照和黑暗下均存在非依光性的碳固定；该反应通过 PEP 羧激酶可利用游离的 CO_2。RuBisCO 也可作为加氧酶引起光呼吸，但大多数海藻似乎能够通过各种在 RuBisCO 附近浓缩 CO_2的手段抑制这种反应。

海藻中发现了光合作用固定碳的各种不同产物。绿藻中主要是蔗糖；褐藻形成甘露醇；红藻主要形成红藻糖苷和海人草素。此外，所有类群中均可积累一些氨基酸。

海带目物种中低分子量的化合物可以从成熟组织转运至分生组织。有机分子在输出位置被筛管分子加载并转运和卸载至输入位置。

光合作用的初始产物可以聚合成多糖，用于存储或细胞壁形成。与低分子量产物相似，不同的海藻门类具有各自的特征化合物。存储化合物包括淀粉（绿藻）或红藻淀粉（红藻），以及褐藻中的褐藻多糖。海藻细胞壁有一个由纤维素、甘露聚糖或木聚糖组成的纤维层。不同的特征黏多糖也在海藻细胞壁中发现，包括一些具有商业价值的化合物，如琼脂、卡拉胶和海藻酸盐。这些聚合物的化学变化可以使它们形成不同强度的凝胶。大分子的多糖天然结构目前仍不为人所知。一些藻类在生活史的不同阶段可以合成不同的细胞壁多糖。

光合作用是初级生产力的基础，其测量也经常被用来指示海藻对环境变量的（应激）反应，因为其受温度、pH 值、昼夜节律、组织年龄和辐照度的影响。光合速率可以通过光照下组织的 CO_2吸收或 O_2释放进行测量，但必须考虑到光下呼吸作用对 O_2的利用和 CO_2的释放。呼吸作用通常在黑暗条件下测量，但在光照条件下也发生较小程度的呼吸作用。作为光合量子产率的相对指标和健康程度的一般指标，可变叶绿素荧光的测定提供了一种非侵入性、快速和易操作的工具。

初级生产力的评估不仅需要测量光合作用、呼吸作用和光呼吸（如果存在的话），也需要测量组织损失和有机碳的渗出率。海藻可以划分为不同的功能型类群，如壳状形式和薄片形式，具有不同的生产力水平特征。碳预算和能量流模型显示了海藻生产力是如何被传递到更高的营养级。存在大型海藻如海带目物种的环境中，初级生产的碳可能被广泛散播。然而针对一些如存在普遍较小的、微观生产者的珊瑚礁环境，生产力主要局限在内部系统循环。

第6章　营养物质

海藻需要无机碳、水、光和各种矿物离子以满足光合作用和生长的需要。天然营养来源则包括水体混合、潮汐混合、沉积物的释放，而人为营养源则包括污水、肥料、动物粪便和大气沉降。本章将探讨营养摄取机制、营养需求和必需营养素（不含碳、氢、氮）的代谢作用。在养分吸收和生长动力学的重要性方面，将在其对海藻的化学成分、生长、发育和分布的影响等方面进行讨论。虽然最近报道认为磷在某些区域是藻类的限制因素，但由于氮是最常见的海藻生长的限制元素，本章将重点讨论氮的相关情况。大型海藻和浮游植物的营养需求大致相同，因此当缺乏大型海藻的相关信息时，加入了浮游植物对营养需求的讨论作为未来研究的潜在建议。

海藻是近岸浅海和河口生态系统中重要的初级生产者。在这些浅水区海藻单位面积的生物量大约是浮游植物的400倍，单位面积的干物质年产量与草原甚至雨林的年产量相似（Rees，2003；见5.7节）。大型海藻提供了全球5%~10%的海洋初级生产力，然而其仅为浮游植物所占海洋表面积的一小部分。大型海藻和浮游植物之间的另一个有趣的差异是在化学组成方面。浮游植物比大型海藻的蛋白质含量高（50%：15%干重），而碳氮比（6.7：20）更低（Atkinson and Smith，1983；Durarte，1992）。由于大型海藻的生长率低于浮游植物，因此其特殊氮的需求也低于浮游植物。然而，在生态系统的基础上，大型海藻相对浮游植物单位生物量具有较低的氮需求，以及与浅水区大型海藻比浮游植物更高的生物量相互抵消。

6.1　营养需求

6.1.1　必需元素

20世纪60年代发展的藻类无菌培养技术使得确定何种营养元素对于藻类生长必需成为可能。必需元素指当该元素缺乏时藻类无法生长，或无法完成营养繁殖或生殖周期，同时该营养元素不能被其他元素取代。碳、氢、氧、氮、镁、铜、锰、锌和钼被认为是所有藻类的必需营养物质（DeBoer，1981）；硫、钾和钙也是所有藻类必需的，但可以被其他元素部分取代；钠、钴、钒、硒、硅、氯、硼和碘只对于某些藻类是必需的。海水中除锶和氟以外的所有主要成分均是大型海藻必需的营养物质（DeBoer，1981）。

植物的主要代谢过程需要高达21种必需元素（表6.1），海藻中存在着数量大于两倍的成分。海藻组织中某些元素的存在并不能证明该元素是必不可少的，存在的数量也不代表该元素的相对重要性。一般来说，必需（和非必需）元素在藻类组织积累的浓度远高于海水浓度，大约高达10^3倍（Phillips，1991）（表6.2）。藻类吸收的某些元素高于对其的需求，而另一些元素虽然被藻类吸收但并未利用。

表 6.1　海藻必需元素的功能和化合物

元素	可能的功能	化合物
氮	化合物的主要代谢作用	氨基酸、嘌呤、嘧啶、氨基糖、胺
磷	结构、能量转移	ATP、GTP 等，核酸、磷脂、辅酶（含辅酶 A）、磷酸烯醇式丙酮酸
钾	渗透调节、pH 控制、蛋白质构象和稳定性	可能主要发生在离子形式
钙	结构、酶活性、离子运输的辅助因子	藻酸钙、碳酸钙
镁	光合色素、酶活性、离子运输的辅助因子、稳定核糖体	叶绿素
硫	酶和辅酶的结构性活性基团	蛋氨酸、胱氨酸、谷胱甘肽、琼脂、卡拉胶、硫脂、辅酶 A
铁	卟啉分子与酶的活性基团	铁氧还蛋白、细胞色素、硝酸还原酶、亚硝酸还原酶、过氧化氢酶
二氧化锰	光系统Ⅱ电子传递、质体膜结构维持	
铜	光合作用电子传递、酶	质体蓝素、胺氧化酶
锌	酶、核糖体结构（?）	碳酸酐酶
钼	硝酸盐还原、离子吸收	硝酸还原酶
钠	酶活性、水平衡	硝酸还原酶
氯	光系统Ⅱ、次生代谢产物	Violacene
硼	调节碳利用率（?）、核糖体结构（?）	
钴	维生素 B_{12}成分	B_{12}
溴[a]	抗生素化合物的毒性（?）防御物质	广泛的卤代化合物，尤其是在红藻
碘[a]	防御物质	褐藻中碘和碘化物的积累

[a]在某些海藻中可能是必需元素。改自 DeBoer，1981。

表 6.2　海水和海藻的一些必需元素的浓度

元素	海水的平均浓度		干物质的浓度		海水浓度与海藻组织浓度的比值
	/（$mmol \cdot kg^{-1}$）	/（$\mu g \cdot g^{-1}$）	平均值/（$\mu g \cdot g^{-1}$）	范围/（$\mu g \cdot g^{-1}$）	
大量元素					
H	105 000	10 500	49 500	22 000~72 000	2.1×10^{0}
Mg	53.2	1 293	7 300	1 900~66 000	1.8×10^{-1}
S	28.2	904	19 400	4 500~8 200	4.7×10^{-2}
K	10.2	399	41 100	30 000~82 000	1.0×10^{-2}
Ca	10.3	413	14 300	2 000~360 000	2.9×10^{-2}
C	2.3	27.6[a,b]	274 000	140 000~460 000	1.0×10^{-4}

续表

元素	海水的平均浓度		干物质的浓度		海水浓度与海藻组织浓度的比值
	/（mmol · kg^{-1}）	/（μg · g^{-1}）	平均值/（μg · g^{-1}）	范围/（μg · g^{-1}）	
B	0. 42	450	184	15~910	2.4×10^{-2}
N	0. 03	0. 420[a,c]	23 000	500~65 000	2.1×10^{-5}
P	0. 002	0. 071	2 800	300~12 000	2.4×10^{-5}
微量元素					
Zn	6×10^{-6}	0. 000 4[a]	90	2~680	4.4×10^{-5}
Fe	1×10^{-6}	0. 000 06[a]	300	90~1 500	1.0×10^{-5}
Cu	4×10^{-6}	0. 000 2[a]	15	0. 6~80	1.7×10^{-4}
Mn	0.5×10^{-6}	0. 000 03[a]	50	4~240	2.0×10^{-5}

[a]海水中存在相当大的变化（Bruland，1983）。[b]溶解无机碳。[c]结合氮（溶解有机和无机氮）。引自 DeBoer，1981；Bruland，1983。

6.1.2　必需有机物：维生素

一般来说，海藻和浮游植物都需要相同的维生素。与此相反，大多数高等植物自己合成维生素，而不依赖于环境供给。培养基中常规添加的 3 种维生素是 B_{12}（cyanocobalamin）、硫胺素（thiamine）和生物素（biotin）。其中，维生素 B_{12}是最广泛的海藻必需维生素，但在海水中的存在量约 1 ng · L^{-1}，小于硫胺素（约 10 ng · L^{-1}）和生物素（约 2 ng · L^{-1}）。1 个绿藻纲、1 个褐藻纲和 10 个红藻纲的物种已被证实均需要维生素 B_{12}（DeBoer，1981）。但对于硫胺素和生物素而言相似的需求尚未发现。采用高效液相色谱测定维生素技术的发展将会进一步带动更多对维生素的研究。

6.1.3　限制性营养物质

1 个多世纪前，Liebig 最小因子定律（Liebig' s law of the minimum）认为在其他营养元素为最优情况时，供给量最少（与需要量比相差较大）的元素限制植物的生长速率。氮是最常见的限制性营养物质，其次是磷和铁。这些元素浓度在海水中有很大的不同，而在海藻组织中其浓度是海水中浓度的 10^4 ~ 10^5倍（表 6. 2）。当营养物质受限时，其浓度会给出某些指示；但营养的供应率或周转时间以及和藻类生长速度的关系对于确定限制的幅度或程度更加重要。例如，如果一个营养物质的浓度是受限的，但供给率只略低于吸收率，那么藻类将只受到轻微的营养限制。两个营养物质同时受到限制也是可能的。例如，氮元素受到限制可能会降低磷的吸收，因为氮是促进磷吸收的某些酶和蛋白质的必需元素（Harpole et al. ，2011）。然而，一种藻类所需的两种营养物质的比例（如氮、磷比）可能与另一种藻类有很大差异。因此，一个物种可能受到氮限制；而另一种则受到磷限制，说明每个物种受单一营养物质的限制使其竞争不同的营养资源。

6.2 海水中的养分供应

海水中各种元素的浓度可以相差高达6个数量级（表6.2）。浓度在纳摩尔每升（nmol/L）范围（表6.2中小于0.01 μg·g^{-1}）的元素被称为微量元素（micronutrients），如铁、铜、锰、锌。浓度较高的元素被称为大量元素（macronutrients），如碳、氮、磷。一般来说，海洋科学家采用微摩尔每升（μmol/L）表示浓度，而早期文献中则采用微克每升（μg/L）。淡水营养物质的浓度一般表示为微克每升（μg/L）或十亿分之几（parts per billion，ppb）。将微克转换到微摩尔需要除以该元素的原子量（例如对于NO_3和NH_4，1 μmol/L＝14 μg/L；对于尿素而言，由于每个尿素分子含有两个氮原子，1 μmol/L＝28 μg/L）。Parsons 等（1984）和 Wheeler（1985）回顾了测量营养物质的方法（例如硝酸盐、铵盐和磷酸盐）。在最原始的温带地区，表层沿海水域的硝酸盐、亚硝酸盐、氨氮和磷酸盐的浓度变化从无法检测到分别为30 μmol/L、1 μmol/L、3 μmol/L和2 μmol/L。有机氮源通常包括溶解有机氮（dissolved organic nitrogen，DON；Antia et al.，1991）和吸收的尿素混合物，以及一些氨基酸。

Libes（1992）和Herbert（1999）回顾了营养循环的特点，这里只讨论少数的基本原则。氮循环的重要特征总结如图6.1。将氮元素带入透光层（euphotic zone）使其可以被藻类生长利用的过程包括以下方面（图6.1）：①营养跃层之下的垂直混合和上升流，主要是硝酸盐形式；②大气输入的氨基盐和硝酸盐，通过雨水或污水和动物养殖（Paerl et al.，1990）；③细菌和蓝细菌固氮；④地面排水、污水和农业肥料输入氮。从上述4种机制中输入的氮被称为“新生氮”，而从颗粒有机物分解过程中释放的铵被称为“再生氮”。水体中氮的再生是由两个不同的过程产生的，一个是由细菌分解；另一个是来自其他海洋动物的排泄，尤其是食草动物如浮游动物和底栖动物产生的铵（NH_4^+）。铵是通过细菌分解沉积物中的有机质进行再生的，穴居动物的活动可以提高其量级。在一些小的浅水河口，石莼属（*Ulva*）或硬毛藻属（*Chaetomorpha*）藻类的分解可以短期主导夏季的氮循环（Sfriso et al.，1987；Lavery and McComd，1991a）。

大型海藻和微藻可以利用不同的氮源。研究人员在南非上升流区域比较了大昆布（*Ecklonia maxima*）和浮游植物对氮的吸收率（Probyn and McQuaid，1985）。研究发现，海藻可吸收硝酸盐和氨基盐，但不吸收尿素，而对硝酸盐的吸收在浓度大于20 μmol/L时仍然不饱和。相比之下，浮游植物吸收3种形态的氮，但优先吸收氨基盐和尿素。事实上，该海域的硝酸盐是最丰富、利用效率最高的氮源，这显示大多数（80%）的年度海藻生产力是基于新生氮（NO_3^-），而不是回收氮（NH_4^+和尿素）。最新的研究则显示，大型海藻也具有尿素转运和代谢的基因（Kakinuma et al.，2008；Collén et al.，2013）。

另一个可能的营养来源，尤其是硝酸盐，是来自沿海地区地下水潜流（Capone and Bautista，1985；Lapointe，1997）。由于地下水中硝酸盐的浓度可能很高（50~120 μmol/L），少量的排放就可以大量提高夏季氮缺乏的沿海水域硝酸盐浓度。地下水中的硝酸盐对于菲律宾马尾藻（*Sargassum filipendula*）和肠浒苔（*Ulva intestinalis*；曾用名 *Enteromorpha intestinalis*）

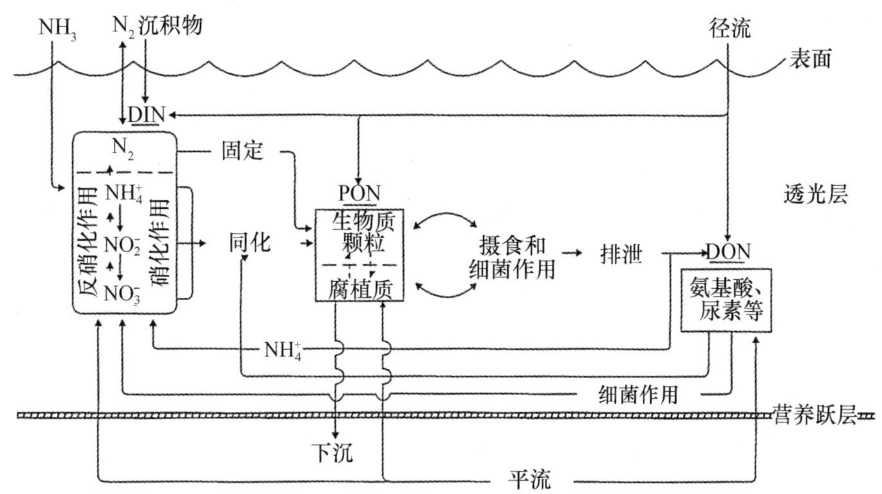

图 6.1　海洋氮循环示意图

注：PON 为颗粒态氮；DON 为溶解颗粒氮；DIN 为溶解无机氮。氮的来源包括降水、径流、排泄与再生、平流与沉积物（引自 Turpin，1980）。

的可用性，已通过验证硝酸还原酶（nitrate reductase）高活力而得以确认（Maier and Pregnall，1990）。此外，沉积物再生的营养物质也可能是氮的重要来源，其氨基盐和磷酸盐的浓度可分别达到 10 mmol/L 和 1 mmol/L。如果海水循环夹带着部分泥沙水层进入表层水体，这些再生的营养物质将导致水体的富营养化。Smetacek 等（1976）观察到一种很少被发现的机制，即高盐度水在取代低盐度间隙水的过程中，使得营养物质从沉积物中释放，并导致水体中的氨基盐、磷酸盐和硅酸盐浓度增加约 10 倍。

尽管环境中的氮气（N_2）比硝酸盐丰富 20 倍，红藻、绿藻和褐藻都无法直接利用 N_2。脱皮松藻（*Codium decorticatum*）（Rosenberg and Paerl，1981）和刺松藻（*C. Fragile*）（Geraard et al.，1990）的 N_2 固定归功于其附生生物固氮菌（如 *Azotobacter*）和蓝细菌异形胞（如 *Calothrix*）。Gerard 等（1990）没有发现作为宿主的大型海藻大量固定氮气（N_2）的证据，但 Philips 和 Zeman（1990）认为某些蓝细菌（如 *Oscillatoria*）显著地增加了马尾藻的 N_2 固定。

在海水的 pH 值条件下，磷元素主要存在 3 种离子。在 pH 值为 8.2，温度为 20℃ 条件下，HPO_4^{2-} 占 97%，PO_4^{3-} 小于 1%，$H_2PO_4^-$ 为 2.5%（Turner et al.，1981）。磷酸盐离子（PO_4^{3-}）可形成金属磷酸盐复合体（如和 Ca^{2+} 与 Mg^{2+} 结合），或与有机化合物结合，因此游离磷酸盐仅占海水中总无机磷酸盐的 30% 以下。测定无机磷的标准技术钼酸盐反应倾向于高估其真实浓度，因为在分析过程中某些形式的有机磷也被分析试剂所水解（Cembella et al.，1984）。

6.3　离子摄入的途径和障碍

6.3.1　膜结构和离子运动

藻类和高等植物的质膜由穿插各种蛋白质的双层脂质组成（Raven et al.，2005）。大多数细胞所需的物质具有极性，需要转运蛋白帮助它们穿膜。每个转运蛋白都具有很高的选择性，其为特定的溶解物提供通路，帮助其在不接触脂质双分子层的疏水屏障情况下穿膜。离子通常比不带电荷的分子（如 CO_2和尿素）具有更低的渗透率。膜具有电极性并含有带电基团，会排斥或吸引（固定）带电荷的离子，使其难以渗透入膜。此外，离子通常具有很强的亲水性，其粒径大小通常由于水合作用而增加。这两个属性往往会降低扩散率（Glass，1989）。转运蛋白包括 3 种类型：离子泵（pumps）、离子载体（carriers）和离子通道（channels）。Raven 等（2005）和 Buchanan 等（2000）的研究总结了常规的膜结构和离子运动。

6.3.2 离子运动和穿膜

离子进入细胞需要运动穿过浓度边界层（CBL）达到细胞表面，然后穿过细胞壁和质膜（细胞膜）进入细胞质。CBL 的厚度会影响离子的吸收率，因为如果藻体表面的湍流较小时，CBL 会变得很厚而离子吸收会受到扩散速率的限制（见 8.1.3 节）。细胞壁与质膜不同，通常不会对离子进入造成障碍。当将海藻放置在营养培养基中，初始吸收速率很快并不需要能量（即独立于代谢），这一过程通常持续不到 1 min。这种情况通常归因为离子扩散到质膜外的表面自由空间。当用贫营养盐的培养基清洗海藻时，离子也可以很容易地从表面自由空间除去。一些离子（特别是阳离子）可能会被细胞壁成分吸附，因此无法到达质膜。多糖和蛋白质具有硫酸基、羧基和磷酸基团，这些基团的质子解离使上述细胞壁化合物携带静负电荷（Kloareg et al.，1987）。实际上，这些大分子类似于阳离子交换器。大量的阳离子可以被吸附，但实际上没有进入细胞壁。褐藻中钙、锶和镁的浓度主要是海水与细胞壁中的酸性多糖褐藻酸（alginate）之间离子交换的结果；而存在于细胞质和液泡中的这些离子仅占整个藻体总离子数的一小部分。

6.3.3 被动运输（Passive transport）

不带电荷分子的运输方向是由膜两侧的浓度梯度决定，顺着自由能（free energy）或化学势能梯度（chemical potential gradient）扩散，因此称为“下行运输”（downhill transport）。穿膜扩散速率随质膜两侧的化学势梯度或活力差异而有所变化（约等于浓度）。许多重要的气体（如 CO_2、NH_3、O_2和 N_2）通过溶解于膜的脂质部分来跨越双层脂膜，扩散到另一侧的脂质-水界面，然后溶解在膜另一侧的水相中（Glass，1989）。不带电荷的分子（如水和尿素）也是高度可移动的。然而，分子如 NH_3被转换成离子时可能被困在细胞中（Reed，1990c）。NH_3/NH_4的 pKa 为 9.4，在 pH 值为 8.2 的海水中只有 5%~10%的总铵以 NH_3的形式存在（因此最好是使用术语“铵”而不是“氨”来指代其在海水中的浓度）。在较高的 pH 值情况下，如密集培养或受限制的潮汐池，NH_3的比例可提高到 50%以上（pH 值 9.4），允许其快速扩散进入细胞。由于细胞质的 pH 值仅为 7.0~7.5，大部分进入的 NH_3被质子化为 NH_4，后者不能反向扩散穿越质膜。NH_3的吸收可以占到高 pH 值条件藻类净吸收的 10%（Glass，1989）。被动扩散的发生不需要细胞代谢能量的消耗，因此温度对速率的影响不大；然而，电子梯度可能驱动被动阳离子的运动，这一过程是细胞代谢的结果。此外，扩散过程没有载体或结合位点的参与，因此不具有饱和性。

6.3.4　促进扩散（Facilitated diffusion）

促进扩散类似于被动扩散，运输也顺着电化学梯度进行，但通常这一过程的运输速度比扩散快。其需要借助载体蛋白或通道蛋白，与主动运输（active transport）具有相似的特性：①具有饱和性，运输参数近似符合米氏方程（Michaelis-Menten equation）；②只运输特定离子；③容易受到竞争性和非竞争性抑制。然而，与主动运输机制相反，运输所需的任何能量消耗都是间接的（Glass，1989；Raven et al.，2008）。

6.3.5　主动运输（Active transport）

主动运输是离子或分子逆电化学电位梯度跨膜转移，这一过程需要能量，因此又称为“上行运输”（uphill transport）。由于外部无机营养盐浓度（如 NO_3^-和 PO_4^-）通常是微摩尔级，而细胞内浓度是毫摩尔级（即存在 1 000 倍的差别），因此沿电化学梯度的被动运输是不重要的（Reed，1990c）。与自由扩散（free diffusion）或促进扩散不同，主动运输具有能量依赖性。当加入代谢抑制剂（如二硝基酚）或温度变化时吸收率则发生变化，因为上述因素会影响能量生成。主动运输的其他性能，如离子运输的单向性、选择性和载体系统的饱和，并不是主动运输的明确标准，因为它们同时也是促进扩散的特征。

6.4　养分吸收动力学

养分吸收的动力学取决于使用何种吸收机制。如果运输是完全由被动扩散产生，则运输速率将与电化学势梯度（外部浓度）成正比（图 6.2a）。与此相反，促进扩散和主动运输在外部离子浓度增加时表现出膜载体的饱和性。离子的促进扩散或主动吸收速率和其外部浓度之间的关系通常形成矩形双曲线，类似于酶动力学米氏方程（图 6.2b）。K_s（相当于 K_m）称为半饱和常数，是吸收速率达到最大速率一半时的底物浓度。K_s值越低，载体对特定离子的亲和力越高。植物的运输能力一般是由参数 V_{max}和 K_s表示。双曲线的初始线性部分的斜率（即 $V_{max}:K_s$）代表对底物的亲和力，比 K_s更易于比较不同物种对于限制性营养元素的竞争能力（Duke et al.，1989；Harrison et al.，1989）。这在概念上类似于 P-E 曲线斜率 a 的使用（图 5.13）。但使用 K_s存在一个严重问题，即 K_s值和 V_{max}相关（即使双曲线的初始斜率不变，当 V_{max}减小，K_s值也降低；图 6.2c）。采用计算机程序获得的米氏方程符合非线性回归。Rees（2003）的研究附录中总结了各种绿藻、红藻和褐藻的硝酸盐和氨基盐的动力学参数（V_{max}、K_s、$V_{max}:K_s$）。对于 56 种大型海藻的 NH_4 吸收而言，V_{max}和 K_s的平均值分别为 185 nmol · cm^{-2} · h^{-1}和 17.5 μmol/L；而对于 44 种大型海藻的 NO_3吸收而言，V_{max}和 K_s的平均值分别为 93 nmol · cm^{-2} · h^{-1}和 9 μmol/L。浮游植物的平均 K_s值要低得多，对于 NH_4是 0.7 μmol/L，而对于 NO_3是 4 μmol/L（Rees，2003；2007）。由于氨基盐的 V_{max}和 K_s值高于硝酸盐，对于大型藻类而言氨基盐可能是一个比 NO_3更重要的氮源。浮游植物对 NO_3和 NH_4的 $V_{max}:K_s$（吸收亲和力）值分别为 9 和 22，而海藻的两个值分别为 10 和 12，两者非常相似（Taylor et al.，1998）。

主动吸收可能不遵循简单的饱和动力学。高等植物中的吸收系统可能是双相的

(Crawford and Glass，1998)。在双相动力学（biphasic kinetics）情况下，用养分吸收率 V 与限制营养物浓度 S 作图形成两个直角双曲线，通常被称为高亲和系统和低亲和系统。底物浓度低时，高亲和系统运作，表现出高度的离子特异性和低 K_s 值；而底物浓度高时，低亲和系统运作，表现出较低的离子选择性和很高的 K_s 值。到目前为止，海藻中没有发现双相的吸收动力学的有力证据，但 Collos 等（1992）阐释了两种海洋硅藻中硝酸盐吸收的双相动力学。他们认为，由于细胞内硝酸盐池的浓度为毫摩尔级别，在 200~500 μmol/L 条件下的硝酸盐吸收必须是主动的，从而可以逆着这种浓度梯度运输硝酸盐。如果主动吸收和扩散同时发生，也可能发生饱和动力学的偏差。在低底物浓度条件下，扩散是不重要的；但当底物浓度远远高于环境浓度时，可能是显著的。在后者的情况下，总吸收率包括主动吸收和扩散，并没有表现出饱和动力学特征（图 6.2d）；巨囊藻属（*Macrocystis*）、提克江蓠（*Gracilaria tikvahiae*）和丛生阿加德藻（*Agardhiella subulata*）等物种被证明在氨基盐浓度大于 25 μmol/L 时对氨基盐的吸收符合上述情况（Haines and Wheeler，1978；D'Elia and DeBoer，1978；Friedlander and Dawes，1985）。在养分受限制的条件下，吸收率可能不符合米氏双曲线，原因在于吸收可能不受内部营养水平控制，而是依赖于外部养分浓度（Fujita et al.，1989）。

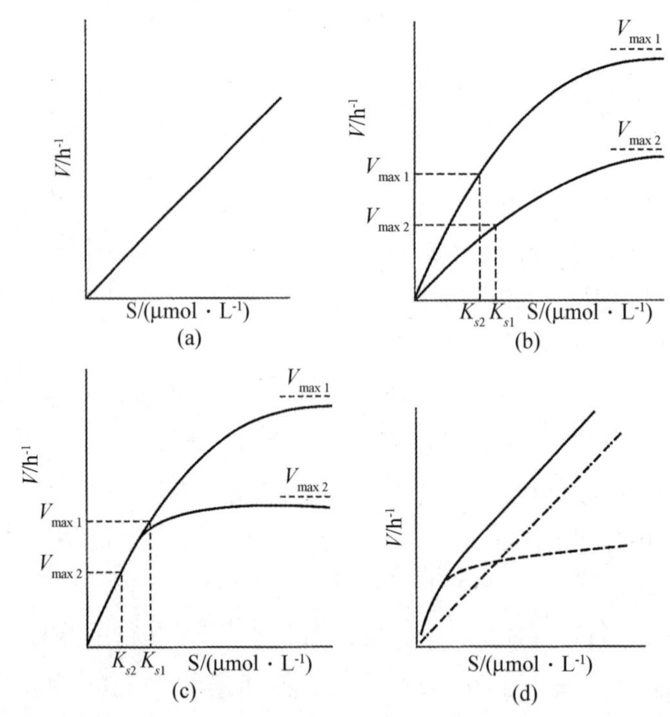

图 6.2　养分吸收率（nutrient uptake rates，V）和限制营养物质浓度（concentrations of the limiting nutrients，S）曲线

注：(a) 被动扩散；(b) 促进扩散或主动运输，$V_{max\,2}=1/2\ V_{max\,1}$，因此 $K_{s\,1}<K_{s\,2}$；(c) 尽管物种 1 和物种 2 的斜率（营养物质亲和性）保持不变，由于 $V_{max\,2}=1/2\ V_{max\,1}$，当 V_{max} 下降 50%时导致 $K_{s\,2}$ 减小。因此在低/限制性营养物质浓度下，斜率（$V_{max}:K_s$）是衡量物种的竞争能力的更好的参数；(d) 实线表示被动扩散加主动运输，虚线表示主动运输，点画线表示主动运输减去被动扩散。

6.4.1　养分吸收率的测量

养分吸收率可以用4个常用单位表示。吸收可以通过海藻表面积（$\mu mol \cdot cm^{-2} \cdot h^{-1}$）、湿重（$\mu mol \cdot g^{-1} \cdot h^{-1}$）、干重（$\mu mol \cdot g^{-1} \cdot h^{-1}$）或养分含量进行标准化，从而简化成特定吸收率（$h^{-1}$）。如果不考虑转换因子，用不同单位表示的养分吸收数据无法准确比较。养分的吸收率测量有两种主要技术手段：①放射性或稳定同位素吸收（Glibert et al.，1982；Naldi和Wheeler，2002）；②比色法测定培养基的营养损失（Harrison and Druehl，1982；Harlin and Wheeler，1985；Harrison et al.，1989）。Glibert和Capone（1993）综述了^{15}N技术的优点和存在的问题。同位素测量灵敏度高，处理时间短，可以通过同位素稀释测定无机氮流出（O'Brien and Wheeler，1987），可确定特定有机分子的氮同化率。

同位素技术存在的问题则包括：①藻体的不同部位积累同位素的速率不同，因此需要选取藻体不同部位的样品取平均值以获得整个藻体的吸收率（针对生态目的的最有效的测量）；②在实验结束时不是所有同位素都可以检测到（即同位素失踪问题），通常是由于无机或有机氮释放到介质中导致的同位素稀释造成（Glibert et al.，1982；Naldi and Wheeler，2002；Mullholland and Lomas，2008）。O'Brien and Wheeler（1987）将稳定同位素方法与营养损失法进行比较，发现具有良好的异质性。这一结果与Williams和Fisher（1985）的研究不同，后者报道了在蕨藻属（*Caulerpa*）的研究中，氨基盐损失实验检测到的结果比^{15}N同位素实验更多，排除了氨基盐池的同位素稀释。他们认为：①二级的氨基盐池，如细胞壁吸附或细菌吸收，降低了氨基盐浓度；②^{15}N丢失是由于标记的溶解性有机氮损失或在^{15}N样品制备时挥发。其他研究认为原因在于无机和有机氮（主要是氨基酸）的释放（Naldi and Wheeler，2002；Tyler and McGlathery，2006）。因此，仅仅根据生长率和组织氮含量估计新的氮同化可能低估了实际的氮吸收（Tyler and McGlathery，2006）。在所有这些技术中，较短的处理时间（<10～15 min）得出的结果近似于总吸收率（流入）；而考虑到从藻体流回入培养基的营养物质（无机和有机形式），较长处理时间（>6 h）得出的结果则更近似于净吸收的速率。

实验室中测量海藻营养吸收率是通过在过滤的天然海水中增加饱和水平的营养元素（除待研究营养元素）、微量元素和维生素，然后培养无附生植物的藻体组织或整个海藻。为了排除快速扩散至细胞表面自由空间的影响，海藻通常会预先在饱和营养盐中预处理1～2 min，然后放置于实验浓度的营养盐中；Reed和Collins（1980）、Harrison和Druehl（1982）以及Harlin和Wheelr（1985）对这一问题进行了详细的讨论。充分地搅拌可以使边界层厚度降至最小，否则会降低吸收率。另一方面，暴露于空气中的搅拌会在高生物量密度、藻体生长活跃和近9.4的pH值条件下引起氨的损失，50%的总NH_4和NH_3将转换为很容易释放的NH_3气体（Pereira et al.，2008）。

有两个基本的方法可以通过分析培养基中的营养物质损失来确定营养吸收参数（Harrison et al.，1989）。第一种方法是在培养基中添加感兴趣的营养元素，然后检测直到营养枯竭发生之前的营养损失情况（即扰动实验，perturbation experiment），该方法给出了营养元素减少的时间过程。图6.3a中营养元素的减少随时间线性下降，在藻体不受营养限制的条件下是典型的。然而，如果藻体受到营养限制，则呈现非线性下降（图6.3c），而这是氨基氮（Probyn and Dhapman，1982；Rosenberg et al.，1984；Thomas and Harrison，1987）或硝酸盐（Thomas and Harrison，1985；Thomas et al.，1987a）受限制时的普遍情况。在这种情况下，必须使用另一种处理时间短的方法来正确评价斜率 V_{max}：K_s和最大吸收速率 V_{max}（Harrison et al.，1989）。这种方法需要采用含有不同浓度营养元素的容器对不同的藻体部位进行测量（即多瓶测量，multiple flask measurement）。处理时间较短（10~30 min），所有浓度处理时间一致（图 6.3b）。由于受限制的海藻吸收率随时间变化频繁，Harrison 等（1989）建议设置一个时间上标（如 $V_{max}^{0-10\ min}$表示在处理前 10 min 测量的最大速率）。总之，养分吸收率的时间过程始终需要考虑，然后决定使用哪种方法测量养分吸收率，以确定该物种是否存在营养限制。

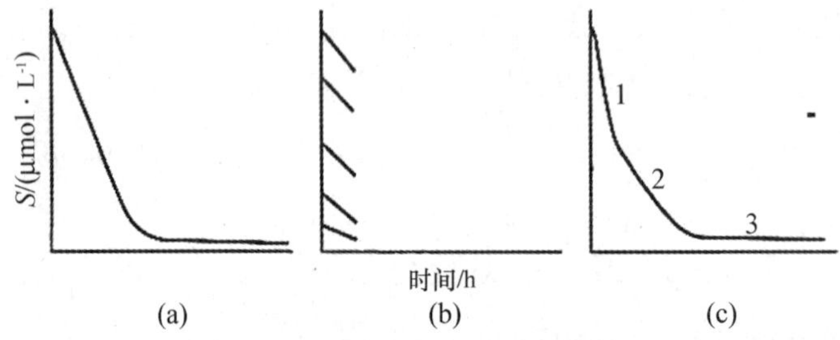

图 6.3　表示营养从介质中消失的假设时间序列可采用的测定方法

注：（a）饱和吸收和时间呈线性关系的扰动法；（b）多瓶恒定处理时间法；（c）饱和吸收和时间呈非线性关系的扰动法。阶段 1（V_s）为“潮”吸收阶段，原因为内部的营养池填充；阶段 2（V_i）代表内部控制下的同化率；阶段 3（V_e）代表浓度限制时的营养耗尽（即外部控制）（引自 Harrison and Druehl，1982）。

营养受限的藻类吸收呈现 3 个阶段（尤其是对氨基盐而言）：①初始的快速吸收（V_s），代表营养池填充；②内部控制的吸收（V_i），其受到吸收系统填充细胞内营养池的反馈抑制致使速率较慢；③外部控制的吸收率（V_e），养分浓度较低导致吸收率减缓（Harrison et al.，1989）。氮元素限制的石莼（*Ulva lactuca*）和浮游植物呈现出相同的 3 个吸收率阶段（图 6.4 和图 6.5），同时 Pedersen（1994）发现氨基盐的减少并不与时间呈线性关系（图 6.4a），但确实随时间的延长而下降（图 6.4b）。

吸收率改变的原因有几个。在氮限制情况，细胞内的氮库较少，起始的 0~60 min 的增强吸收速率代表氮库填充阶段（Fujita et al.，1988；Harrison et al.，1989；Pedersen，1994）。Lartigue 和 Sherman（2005）证明在硝酸盐潮吸收时除了组织硝酸盐增加，硝酸还原酶也随之增加，但组织氨基盐和游离氨基酸保持恒定（图 6.6）。第一阶段的潮吸收（V_s）可以帮助藻类克服前期的 N 缺乏，因为吸收率比生长率快几倍。但当细胞内营养元素库得到填充后，吸收率可能由于吸收系统的反馈抑制而降低（Harrison et al.，1989）。因此，之后的吸收率并不代表真正不受反馈抑制的跨膜运输。扰动法检测了营养元素的损失直到其从培养基中耗尽，因为藻体的营养状态随时间变化（即 N 缺乏状态减弱），因此并不推荐采用该方法评估 V_{max}和 K_s。然而，扰动法对于检测同化率 V_i（即细胞内硝酸盐和氨基盐整合入氨基酸和蛋白质的速率）是有效的（图 6.3c 和图 6.5）。

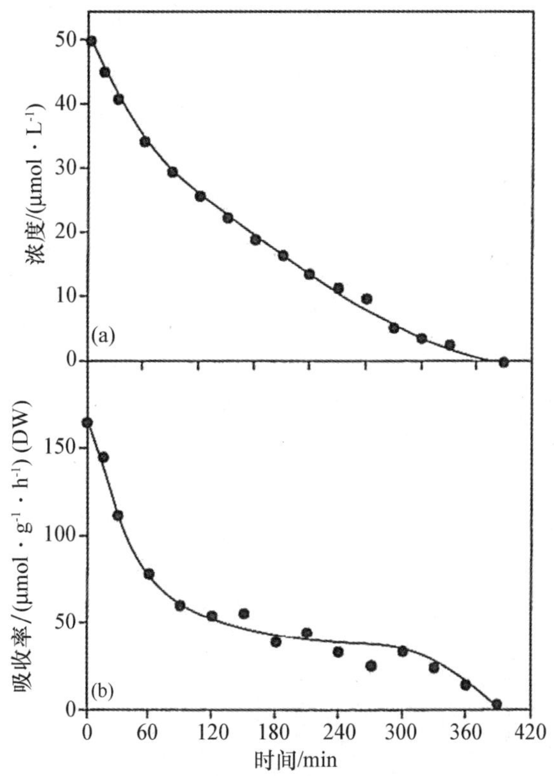

图 6.4　氨基盐吸收的时间进程

注：(a) 氨基盐消耗；(b) 当在氮限制的石莼 (*Ulva lactuca*) 中添加 50 μmol/L 的氨基盐后，扰动实验中的氨基盐吸收（引自 Pedersen，1994）。

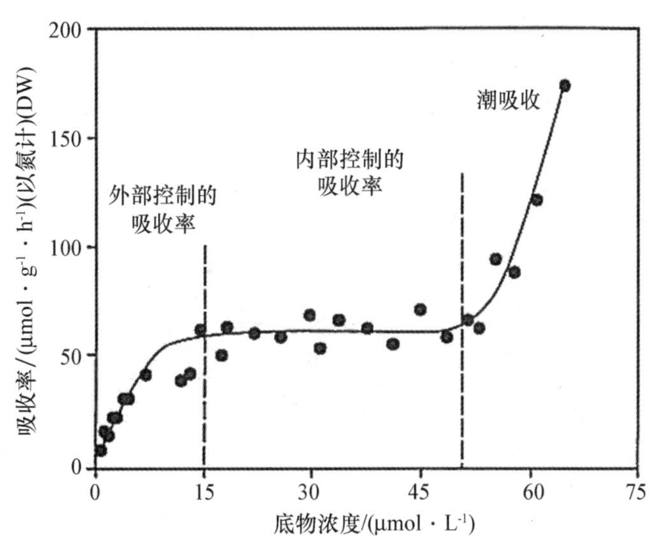

图 6.5　扰动实验中石莼对氨基盐的吸收

注：当在氮限制的石莼 (*Ulva lactuca*) 中添加 70 μmol/L 的氨基盐后，扰动实验中的氨基盐吸收，3 个阶段的吸收以潮吸收开始（引自 Pedersen，1994）。

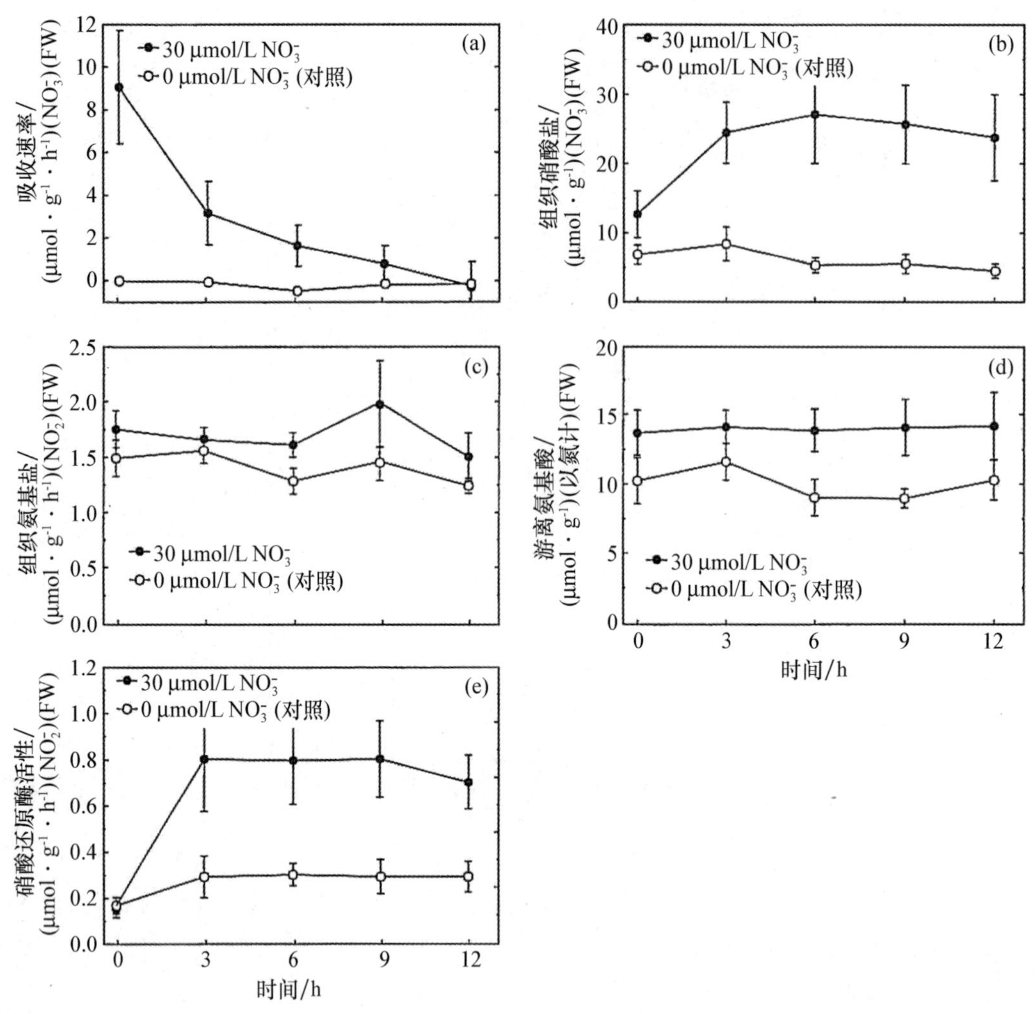

图 6.6　石莼属（*Ulva*）对氮的吸收

注：在氮限制的石莼属（*Ulva*）中加入 30 μmol/L 的硝酸盐后的（a）硝酸盐吸收；（b）组织硝酸盐；（c）组织氨基盐；（d）游离氨基酸（FAA）和（e）硝酸还原酶活性（仿自 Lartigue and Sherman，2005）。

为了区分吸收和同化，质子载体（protonophore）羰基氰化间氯苯腙（carbonyl cyanide mchlorophenylhydrazone，CCCP）被用来衡量 NH_4 的同化（Rees et al.，1998）。将藻类组织用^{14}C-甲基铵处理，后者可作为细胞内 NH_4 吸收和积累的示踪剂。CCCP 完全抑制了 NH_4 的吸收并允许残余铵和甲基铵的释放，从而抑制主动吸收和同化，但不抑制被动吸收。因此，对于石莼属（*Ulva*，原为浒苔属 *Enteromorpha*）而言，V_i 期具有最大同化率。这种方法对绿藻有效，但应用于红藻会受到铵测定的干扰。因此，正如 Harrisson 等（1989）和 Pedersen（1994）所述，在扰动实验的 V_i 期更加容易检测同化率。

对于限制性营养元素（尤其是氨基盐和磷酸盐）而言，在 NH_4^+ 或磷限制的藻类中再次添加可提高吸收率，同时碳固定通路往往是关闭的（Gordillo，2012）。微藻的固碳抑制可能会持续几分钟（Turpin and Hoppe，1994），而大型海藻可能需要 24 h 来恢复光合速率（Williams and Herbert，1989）。除了藻体自身的吸收，藻体表面的附生生物（微藻和细菌）也可能对养分吸收有所贡献。这些附生生物不容易去除，但抗生素如链霉素和青霉素可用来抑制细菌。然而，并不存在可完全抑制细菌摄取营养而不影响藻类的抗生素。

6.4.2　影响营养物质吸收率的因素

物理因素　光照会通过光合作用间接影响养分的吸收：①为主动运输提供能量（ATP）；②产生营养离子整合入大分子（如氨基酸和蛋白质）必要的碳骨架；③为形成化学势的带电离子的生产提供能量；④增加生长速度从而增加对营养元素的需要。研究发现辐照度能够影响硝酸盐的吸收率（图 6.7a）。巨囊藻属（*Macrocystis*）的硝酸盐吸收数据大致符合直角双曲线；但曲线与 Y 轴相交，表明在黑暗中硝酸盐的吸收量是巨大的。相反，巨囊藻属（*Macrocystis*）的氨基盐吸收和辐照度无关（图 6.7a）。光周期影响硝酸盐的吸收，可能是由于硝酸还原酶的活性和合成具有昼夜周期性（Berges，1997）。氮同化的代谢成本是相当大的，而昼夜周期可能减小这种成本（Turpin and Huppe，1994）。NH_4最高同化率在每日的早期是最大的，原因在于同化的早期过程在该时段最大，可能与硝酸还原酶的活性和生长率峰值相一致（Gevaert et al.，2007）。硝酸盐吸收的昼夜周期性通常在硝酸盐充足的海藻中比氮限制海藻中更明显（当海藻受到氮限制时，暗吸收比例较光吸收高）。Raikar 和 Wafar（2006）观察了 3 种珊瑚环礁大型海藻的氨基盐潮吸收过程（4 min 以上），发现黑暗中的潮吸收是光照条件下的 80%，表明海藻在夜间很容易吸收珊瑚礁动物排出的氨基盐。令人惊讶的是，潮间带海藻在退潮时会长时间暴露于高剂量的紫外线下，在夏季氮限制情况下还可能形成双重胁迫，但在 UV-A 和 UV-B 对藻类营养吸收和同化作用的影响方面却很少有研究。

温度影响主动吸收和细胞代谢的 Q_{10}值近似于 2（即温度每增加 10℃ 导致速率增加 1 倍）。对于纯粹的物理过程（如扩散），温度的影响较小（Q_{10}值为 1.0～1.2）。一些研究表明，温度对离子吸收的影响具有离子特异性和藻类物种特异性（Raven and Geider，1988）。例如，随着温度的降低，长茎海带（*Saccharina longicruris*）的硝酸盐吸收率显著降低，而螺旋墨角藻（*Fucus spiralis*）则不受影响（Topinka，1978）。这种明显的差异可能由于这两个物种具有不同的养分吸收最适温度。由于温度每天都存在波动，研究吸收率如何迅速响应温度变化将会非常有意义。对于一些干出海藻特别是潮间带的海藻，必须容忍的双重胁迫包括了干燥和夏季高温（Dudgeon et al.，1995）。

水流运动是离子运动至藻体表面的另一个因素，有助于减少藻体周围边界层的厚度（Hurd，2000）（见 8.1.3 节）。在低湍流区或无搅拌的实验室培养条件下，通过浓度边界层的运输受到扩散率的限制，而不一定受培养基中营养浓度的限制（Hurd，2000）。在营养有限的水域吸收率的降低是明显的，特别是当藻体是厚的叶状体而不是丝状体时（因此存在较低的 SA：V 比值）。当巨囊藻属（*Macrocystis*）叶片上的水流速度小于 3～6 cm/s 时，其碳和氮的运输受到限制（图 6.7）。夏季水流速度增加了受到氮限制的红藻亚当藻属（*Adamsiella*）氨基盐的吸收，但令人惊讶的是对于该物种硝酸盐的吸收则没有影响（Kregting et al.，2008a）。

海藻的耐干燥性与其在潮间带的位置有关。低潮期藻体暴露在空气中经常导致藻体失水，这种情况的产生与季节相关。轻度干燥（10%～30%的水损失）会在藻体淹没在营养饱和海水中后提高其短期的（10～30 min）养分吸收率（图 6.8）（Thomas and Turpin，1980；Thomas et al.，1987b）。这种增强的吸收反应发生在藻体生长受到养分限制，以及藻体被暴

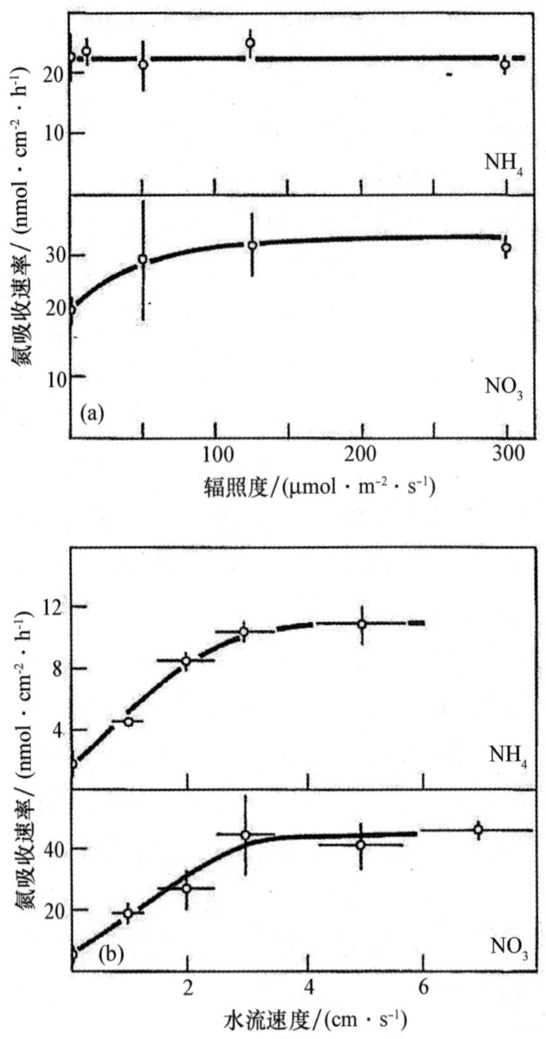

图 6.7　不同条件下梨形巨藻（*Macrocystis pyrifera*）成熟叶片的硝酸盐和氨基盐吸收速率

注：(a) 辐照度，(b) 水流速度（引自 Wheeler，1982）。

露在重复干燥的条件下数周内。研究发现，对于 5 种潮间带大型海藻而言，氮吸收率增强的相对程度、产生的最大吸收速率和干燥程度，以及对于高度脱水的耐性和潮高呈正相关（Thomas et al.，1987b）。低潮间带物种如太平洋江蓠（*Gracilaria pacifica*）在干燥条件后没有呈现出对于氮吸收的增强。相反，两个高潮间带物种小拟鹿角菜（*Pelvetiopsis limitata*）和二列墨角藻（*Fucus distichus*）在干燥程度大于 30%时，硝酸盐和氨基盐的吸收率增强了 2 倍；甚至在经历严重干燥时（占鲜重的 50%~60%）仍保持吸收能力；硝酸盐吸收增强的时间（20~60 min）比氨基盐吸收增强的时间（10~30 min）更长。Thomas 等（1987a）通过对太平洋江蓠的研究表明，当藻体从低潮间带（1.0 m）处移植到高潮站位（1.8 m），在干燥后呈现出增强的氮吸收率；而将高潮间带藻体移植到低潮间带后氮吸收能力则不会增强。这项研究还表明，种内和种间适应均依赖于潮间带高度。针对海藻在潮间带位置对吸收率影响的进一步研究显示，生长在高岸位（即干燥时间更长）的物种一般比低岸位（即干燥时间短）物种对硝酸盐和尿素吸收的饱和性更高，但对氨基盐的吸收即使在添加大于

100 μmol/L的氨基盐的情况下也不会达到饱和（Philips and Hurd，2004）。生长在最高岸位的物种具有较高的组织总氮含量和较大的内部氮库（NH_4>NO_3）（Philips and Hurd，2003）。Hurd 和 Dring（1991）发现墨角藻物种生长岸位高度增加时，耐干旱的程度（即物种在干燥失去 50%水后恢复最大磷吸收率的快速程度）也会增强。

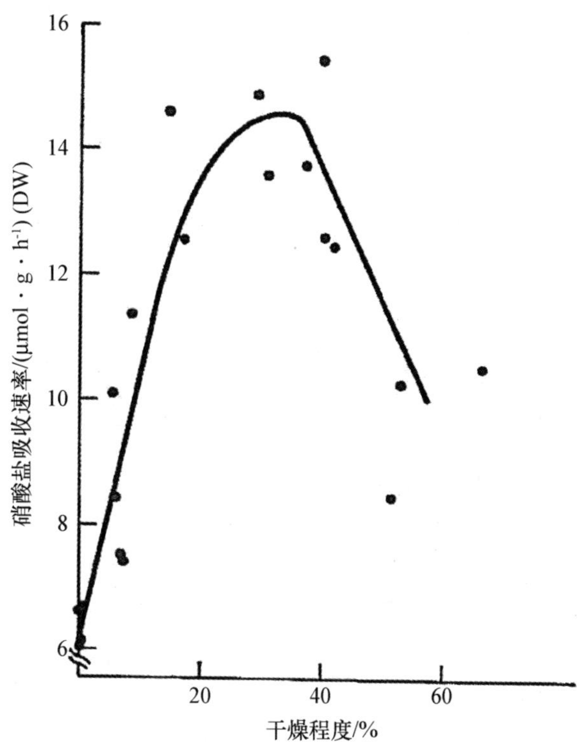

图 6.8　二列墨角藻（*Fucus distichus*）硝酸盐的吸收速率和干燥程度的关系

注：海藻在经历不同程度的干燥后被放置在含有 30 μmol/L NO_3 培养基中保持 30 min（引自 Thomas and Turpin，1980）。

化学因素　化学因素如被吸收的营养物质的浓度，以及元素的离子或分子形式会影响吸收率。例如，许多海藻会优先吸收氨基盐，其吸收率远远高于硝酸盐、尿素或氨基酸的吸收率（DeBoer，1981）。吸收率也会受到培养基中其他离子浓度的影响。对于许多大型海藻（DeBoer，1981）和微藻（Dortch，1990）而言，氨基盐对硝酸盐吸收率的抑制可能会高达 50%。与之相反，当将硝酸盐和氨基盐同时提供给石花菜属（*Gelidium*）、巨囊藻属（*Macrocystis*）和糖藻属（*Saccharina*），其吸收速度相似（Haines and Wheeler，1978；Harrison et al.，1986；Ahn et al.，1998）。令人惊讶的是，相比于氨基盐，海带科海囊藻属（*Nereocystis*）则更倾向于吸收硝酸盐（Ahn et al.，1998）。海藻对氮素形态的偏好也存在季节性。冬季 3 种氮资源的利用顺序由大到小依次为 NH_4、NO_3、尿素，而夏季顺序为 NH_4 = NO_3>尿素（Philips and Hurd，2003）。细胞内细胞质和液泡的离子浓度也会影响吸收率。Wheeler 和 Srivastava（1984）发现梨形巨藻（*Macrocystis pyrifera*，曾用名 *M. integrifolia*）的硝酸盐吸收率和胞内的硝酸盐浓度成反比。Pedersen（1994）研究了氮缺乏 25 d 的石莼（*Ulva lactuca*）组织氮总量，发现在组织低氮条件出现氨基盐吸收高峰；但当组织中的氮含量进一步下降时，氨基盐的吸收也下降。这表明存在一个最大氮吸收的最佳胁迫状态（图6.9）。

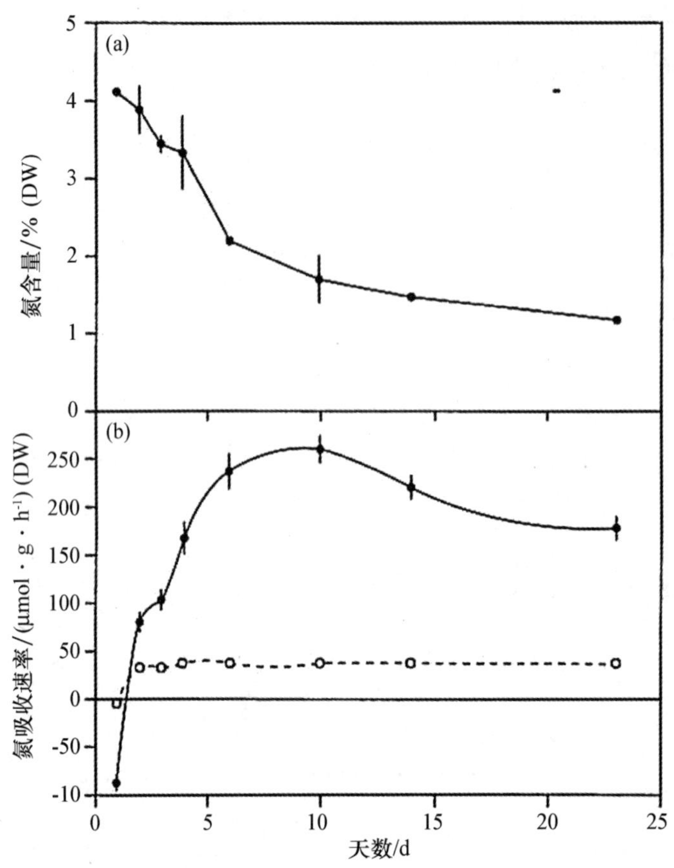

图 6.9 氮缺乏 24 d 的石莼（*Ulva lactuca*）的组织氮含量下降（a），以及短期潮吸收（实心圆）和长期吸收（“内部控制”，空心圆）（b）

注：潮吸收高峰出现在氮饥饿 10 d 后（引自 Pedersen，1994）

生物因素 影响吸收率的生物因素包括表面积：体积的比率（SA：V）、纤毛形成、组织的类型、海藻的年龄、营养史和海藻变异。对于生态测量而言全藻体的吸收测定是更可取的，但如果藻体太大，则可能只能测量藻体的一部分。切割藻体获得组织片段可能会改变吸收率，可能的原因包括损伤响应及呼吸作用增加，或转运系统或主动吸收区域的去除。比较巨囊藻属（*Macrocystis*）的部分切割组织和整个叶片发现，部分组织的吸收率显著降低（Wheeler，1980），表明在用部分切割片段展示整个海藻吸收率时需要更加谨慎。

许多海藻是多年生物种，因此其自然种群经常包含不同年龄的藻体。格岛海带（*Saccharina groenlandica*，曾用名 *Laminaria groenlandica*）3 个不同年龄的群体对于硝酸盐和氨基盐的吸收率随年龄的增加而降低；生长仅 1 年的海藻吸收率（每克干重）比生长 2~3 a 的海藻大 3 倍（Harrison et al.，1986）。养分吸收能力的明显差异也会发生于同一物种的早期生活史阶段和成熟阶段之间。二列墨角藻（*Fucus ditichus*）幼植体的氨基盐和硝酸盐的吸收率分别是成熟藻体的 8 倍和 30 倍（Thomas et al.，1985）。幼植体呈现饱和吸收动力学，但成熟藻体则不存在，说明幼植体的吸收动力学更类似于浮游植物而不是成熟海藻。成熟藻体中氨基盐的存在会抑制硝酸盐的吸收，而幼植体中没有类似的情况。养分吸收的这些特征表明，幼植体比成熟藻体获得限制性营养元素的能力更强。这种巨大吸收能力的差异可能是由于成体海藻具有较大比例的存储和支持组织，而这些组织对氮的需求并不多。另外，有趣的是年老的叶片和叶柄保留了吸收氨基盐的能力，但完全无法吸收硝酸盐。而年轻的代谢活跃的组织，同时可以吸收硝酸盐和氨基盐以满足自身更大的氮元素需求。

海藻的不同部分吸收营养物质的速率不同。螺旋墨角藻（*Fucus spiralis*）柄部吸收氮的速率最低，与其较低的代谢活性一致（Topinka，1978）。Davison 和 Stewart（1983）发现掌状海带的成熟组织可吸收氮元素并将其转运至分生组织；并发现该物种居间分生组织需要的 70%的氮来自于成熟叶片所同化氮的运输供给（可能是以氨基酸的形式）。Gerard（1982a）发现巨囊藻属（*Macrocystis*）处于深水区的成熟叶片可以从营养相对丰富的深水中吸收氮，然后以氨基酸的形式转运至生长在营养贫瘠的表层水区的叶片。蕨藻目（Caulerpales）物种生活在贫营养的热带水域的软底基质，具有发达的假根可于沉积物中固着生长。Williams 和 Fisher（1985）发现柏叶蕨藻（*Caulerpa cupressoides*）不仅可利用间隙水的氨基盐，还能从沉积物中获得其所需的所有氮元素。^{15}N 标记呈现从假根到叶片的明显移位，表明假根从沉积物中吸收的氨基盐可用于叶片中光驱动的有机氮的生产（Williams，1984）。

海藻的氨基盐吸收率可通过组织的碳氮比来评价。在氮限制（即藻体的摩尔 C/N 比大于 10）的条件下生长的叶江蓠（*Gracilaria foliifera*）和丛生阿加德藻（*Agardhiella subulata*），比不受氮限制（C/N 比小于 10）的海藻具有更高的铵基氮吸收率（D' Elia and DeBer，1978）。

藻体的 SA∶V 比值和形状也会影响营养物质的吸收率，原因在于养分吸收的发生需要通过藻体的细胞膜表面。因此，吸收率和 SA∶V 比具有相关性。Rosenberg 等（1984）发现，对于硝酸盐和氨基盐，两者的最大吸收速率（V_{max}）和底物浓度吸收曲线的初始斜率（即 $V_{max}:K_s$，代表限制性营养元素的亲和力指数）在 4 种潮间带海藻中均与 SA∶V 比值呈正相关。但是他们选择的海藻石莼属（*Ulva*；生活史短暂的机会海藻，具有较高的 SA∶V 比）和松藻属（*Codium*；生活史长的后期演替海藻，具有较低的 SA∶V 比）可能过分强调了这个比例的重要性。在另一个对 17 种大型海藻更广泛的研究中，Wallentinus（1984）发现生活史较短、机会性的、丝状的、精细分支的或单层形式的海藻（团集刚毛藻 *Cladophora glomerata*、大石莼 *Ulva procera* 等，具有高 SA∶V 比值）对硝酸盐、氨基盐和磷酸盐的吸收率较高。演替后期、寿命较长、具有低 SA∶V 比值的低等物种（墨角藻 *Fucus vesiculosus*、截形育叶藻 *Phyllophora truncata* 等）的吸收率最低。当棒状仙菜（*Ceramium virgatum*）藻体表面长出的分支增加后会导致其 SA∶V 比值增加，相应的发现其营养吸收率增加（DeBoer and Whoriskey，1983；见 6. 8. 1 节）。表面分支增加了太平洋江蓠（*Gracilaria pacifica*）约 180%的表面积和异形石花菜（*Gelidium vagum*）约 50%的表面积（Oates and Cole，1994）。Taylor 等（1999）研究了 9 个海藻物种发现，当以单位生物量表示时，氨基盐最大同化率（V_i）和潮吸收（V_s）以及存储容量与 SA∶V 比值呈正相关；相反，当以单位表面积表示时，这些参数不依赖于 SA∶V 比值。上述结果表明氨基盐的代谢主要受限于细胞的最外层（Taylor et al.，1998）。

当在 SA∶V 比值的基础上比较浮游植物和藻类的吸收率时，浮游植物始终超过海藻。Hein 等（1995）研究了大量的微藻和大型海藻的尺寸（SA∶V 比）依赖性的氮吸收（图 6.10）。微藻的 SA∶V 比和平均吸收率比大型海藻高 10 倍。微藻的组织氮（干重的 1%～14%）比大型海藻（干重的 0.4%～4.4%）高很多（Duayte，1992）。由于微藻具有较高的生长率和氮含量，也具有显著的高氮需求，往往在高氮环境占主导地位。因此，微藻的 V_{max} 和 V_{max}∶K_s 值较大型海藻高而 K_s 值低，同时微藻所有部位的 V–S 曲线均比大型海藻高（图 6.11）。由于大型海藻比微藻具有更缓慢的生长率（即减少的氮需求），其存储的营养元素在氮限制的环境会持续较长时间，因此大型海藻在低营养环境生长更好。Rees（2007）比较了微藻和大型海藻，发现其干重（dry weight，DW）有 10^{17} 倍的差异而 SA∶V 比仅有 10^4 倍的差异。然而，获取普通单位的尺度数据（scaling data）成为比较两种初级生产者的困难之一。大型藻类的代谢率通常表示为干重或鲜重；而浮游植物的代谢速率通常表示为每细胞（即转运速率）或氮特异性速率（单位时间），也可表示为每克干重（Hein et al.，1995）。表面相关的代谢过程，如吸收可能会限制生长，特别是在多细胞的低 SA∶V 比值的海藻。低氮浓度下（约 1 μmol/L）微藻和大型海藻单位面积的 NO_3 和 NH_4 吸收率非常相似（NH_4 9～12 nmol·cm^{-2}·h^{-1} 和 NO_3 8～9 nmol·cm^{-2}·h^{-1}），并与氮源无关（Rees，2007）。边界层对吸收率具有反面影响，会显著减小低 SA∶V 比值的大型海藻的吸收率。因此，水流运动/刺激对大型海藻比浮游植物更加重要。

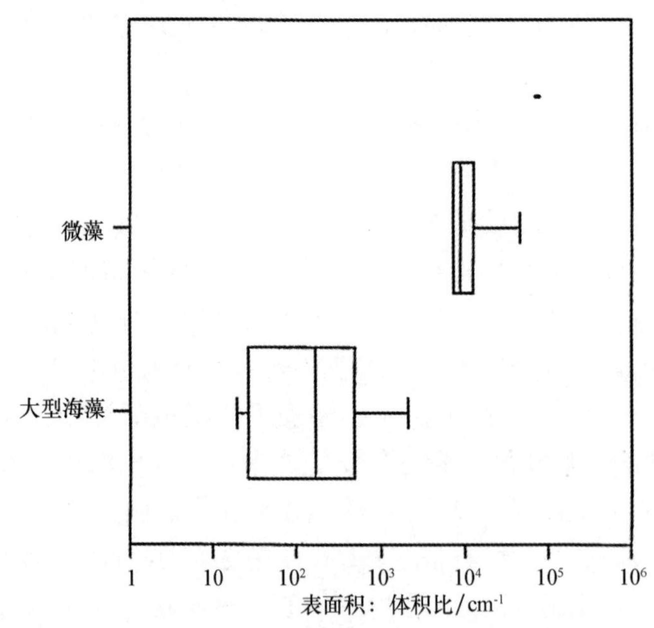

图 6.10　微藻和大型海藻的相对表面积体积比（SA∶V 比）

注：标尺显示最大值和最小值（引自 Hein et al.，1995）。

另一个比较不同海藻养分需求的方式是，通过比较最大养分吸收率和最高环境浓度的吸收率的比值。Rees（2003）将这一比值定义为“安全系数”（safety factor），其提供了对于养分吸收系统的过剩生产力的简单估计（注意，术语“安全系数”也被用于海藻生物力学，和上述定义不同；详见 8.3.1 节）。因此，低的安全系数意味着吸收系统以接近最大速率运

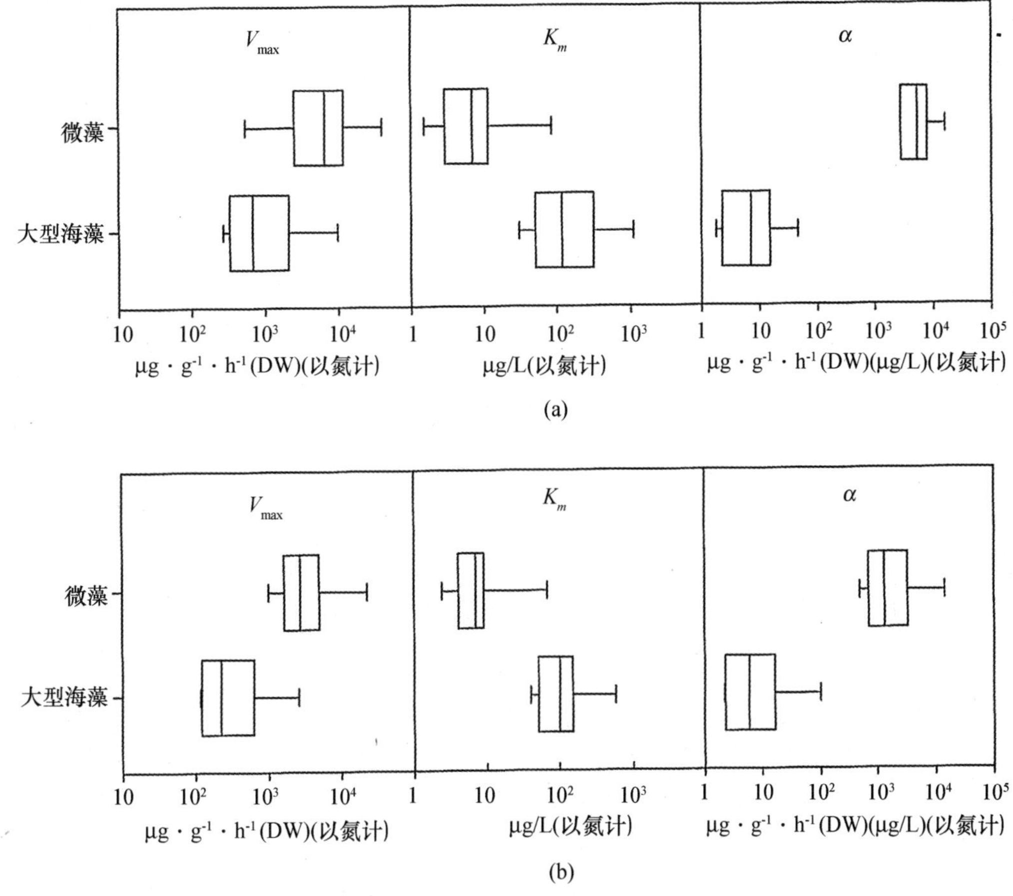

图 6.11　微藻和大型海藻的氨基盐（a）和硝酸盐（b）吸收动力参数分配

注：标尺代表最大值和最小值（引自 Hein et al.，1995）。

行。Rees（2003）发现海藻的硝酸盐和磷酸盐吸收以及浮游植物的氨基盐吸收具有较低的安全系数，而海藻的氨基盐吸收具有较高的安全系数（Rees，2003 附录 I）。此外，氨基盐吸收比硝酸盐吸收的能力高 3 倍（即在 5 μmol/L NO_3的氮吸收率＝1.5 μmol/L NH_4的氮吸收率）。从环境角度比较氮吸收率也是有用的。Philips 和 Hurd（2004）比较了相同浓度（2 μmol/L）下 3 种主要氮源（NO_3、NH_4和尿素）的吸收率，最终确定了 NH_4吸收的重要性（Rees，2003）。

6.5　吸收、同化、整合和代谢作用

营养获取过程包括几个常规的定义（Berges，1997）：吸收（uptake），指跨质膜的物质运输；同化（assimilation），指一系列将无机离子转化为有机小分子如氨基酸的反应，可作为生长率的测量指数；整合（incorporation）指有机小分子结合成大分子如蛋白质和核酸的过程（Berges，1997；Mulholland and Lomas，2008）。Hanisak（1983）和 Gordillo（2012）总结了大型海藻的氮吸收和同化作用，Mulholl 和 Lomas（2008）总结了浮游植物的上述作用。各种必需元素的代谢作用在表 6.1 中已总结，并将在下面的章节中具体讨论。

6.5.1 氮

吸收 本节讨论氮吸收速率和机制，以及藻类对硝酸盐、亚硝酸盐、氨基盐、尿素和氨基酸的吸收动力学参数。因为大型海藻无法固定 N_2（除了某些含有共生体的物种），因此海藻吸收的无机氮源主要包括硝酸盐、亚硝酸盐和氨基盐。目前大多数研究集中在 NO_3和 NH_4吸收，少数研究探讨了尿素吸收（Phillips and Hurd，2004），而鲜有对亚硝酸盐吸收的研究。生态相关浓度下氨基盐的吸收率普遍高于硝酸盐。对于大多数海藻而言，氨基盐似乎没有毒性，因为当氨基盐的浓度从 100 μmol/L 添加至 500 μmol/L 时均会产生正常的氨基盐吸收率。需要注意的是，大部分对氨基盐吸收率测量所提供的氨基盐实验浓度高达自然条件浓度（0~5 μmol/L）的 10 倍。一些藻类如南极革木藻（*Scytothamnus australis*）的氨基盐呈现饱和动力学，表明在夏季为主动运输，而在冬季为线性吸收（Phillips and Hurd，2004）。对于其他物种，氨基盐的吸收随浓度的增加呈线性增加（Taylor et al.，1998；Phillips and Hurd，2004）（图 6.12）。这种吸收率在高铵浓度下的线性增加可能代表着第二种运输机制，如 NH_3通过离子通道扩散。氨基盐在一系列浓度范围（高达 100 μmol/L）的线性吸收率在多种海藻物种中发现，如二列墨角藻（*Fucus distichus*）（Thomas et al.，1985）、格岛海带（*Saccharina groenlandica*）（Harrison et al.，1986）、红藻太平洋江蓠（*Gracilaria pacifica*）（Thomas et al.，1987a）和树状斑管藻（*Stictosiphonia arbuscula*）（Phillips and Hurd，2004）、绿藻石莼属（*Ulva*）和硬毛藻属（*Chaetomorpha*）（Lavery and McComb，1991b）和新西兰的 5 种海藻（Taylor et al.，1998）。吸收（V_s阶段）可能不饱和，而同化（V_i期）一般随着 NH_4浓度增加达到饱和，产生 V_i期的 K_s浓度为 20~40 μmol/L NH_4（Pedersen and Borum，1997；Taylor et al.，1998；Taylor et al.，1999）。

硝酸盐的吸收一半呈现为饱和动力学（DeBoer，1981；Phillips and Hurd，2004；Rees et al.，2007）。然而，在格岛海带（*Saccharina groenlandica*）（Harrison et al.，1986）、线形硬毛藻（*Chaetomorpha linum*）（Lavery and McComb，1991b）以及太平洋江蓠（*Gracilaria pacifica*）（Thomas et al.，1987a）中报道了硝酸盐的吸收随浓度增加呈现线性增加。细胞内（细胞质或液泡）硝酸盐池的浓度比周围海水高 10^3倍，表明吸收为主动的，但其质膜运输机制尚不清楚。浮游植物中氨基盐一般会抑制硝酸盐的吸收；但对于某些大型海藻如毛状翅枝藻（*Pterocladiella capillacea*）和软骨叶剑柄藻（*Xiphophora chondrophylla*），20 μmol/L 的 NH_4不会抑制 NO_3的吸收（Rees et al.，2007）。然而，栖息地和营养状况会决定 NH_4抑制是否发生。低氮环境下，肠浒苔 NO_3吸收会被 NH_4抑制；但高氮环境下无抑制作用。因此，Rees 等（2007）认为至少有两个硝酸盐转运系统：一个组成型转运系统对 NH_4不敏感；另一个对 NH_4抑制敏感的转运系统会被 NH_4下调。氨基盐除了会抑制 NO_3的吸收，还可以抑制硝酸还原酶（nitrate reductase，NR）的活性。

亚硝酸盐的吸收情况研究较少。刺松藻（*Codium fragile*）的亚硝酸盐最大吸收速率被认为类似于硝酸盐，但低于氨基盐（Hanisak and Harlin，1978；Topinka，1978）。Brinkhuis 等（1989）观察到亚硝酸盐的快速吸收仅持续几分钟，随后释放出一些亚硝酸盐至培养基中，然后持续吸收数小时。掌形藻（*Palmaria palmata*）在比环境浓度高得多的亚硝酸盐条件下，吸收呈线性（Martinez and Rico，2004）。

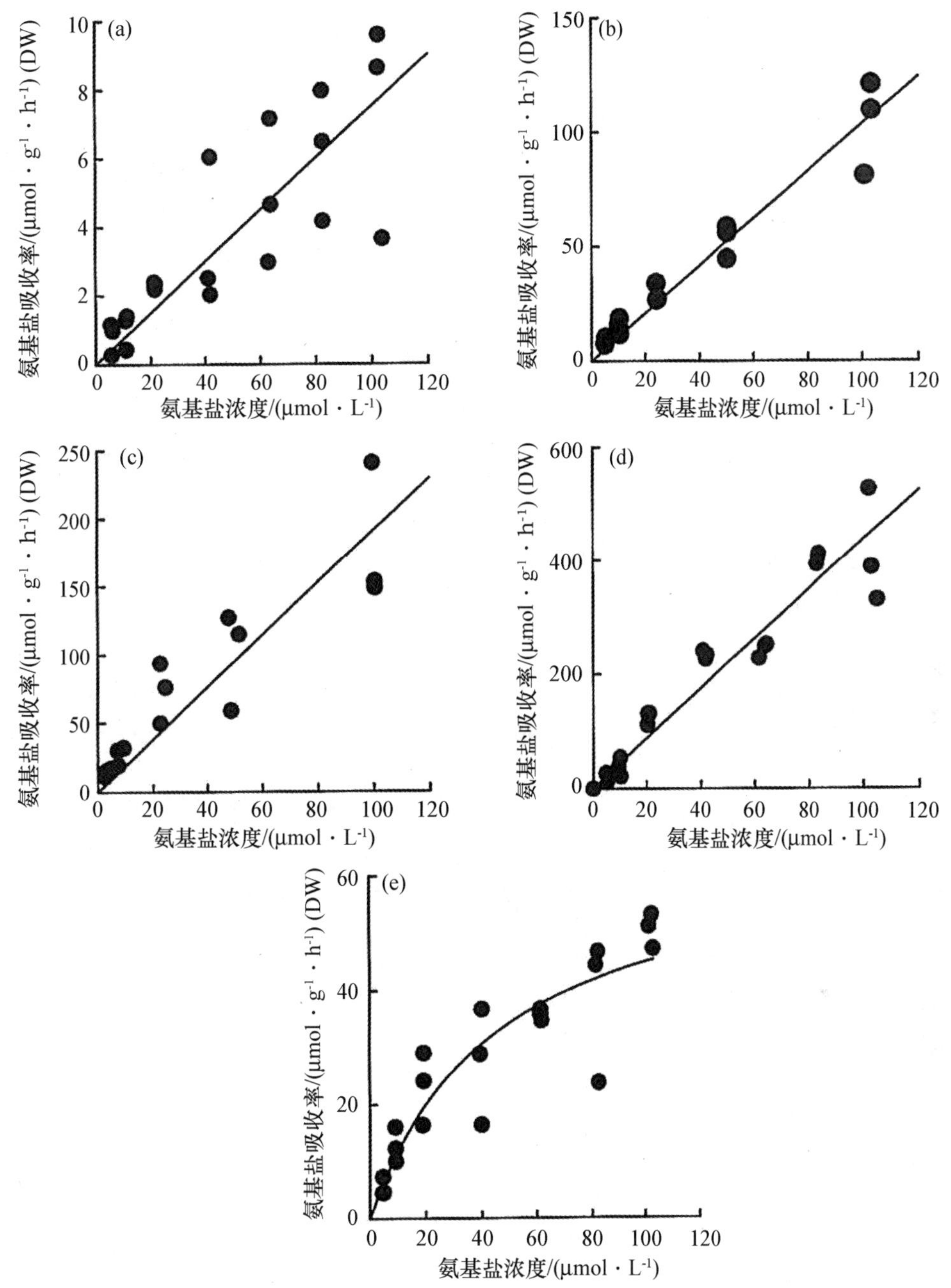

图 6.12　氨基盐浓度对东北新西兰海藻氨基盐吸收率的影响

注：(a) 软骨叶剑柄藻 (*Xiphophora chondrophylla*)；(b) 石莼属 (*Ulva*)；(c) 红菜属 (*Pyropia*)；(d) 浒苔属 (*Enteromorpha*，现归类于 *Ulva* 属) 和 (e) 毛状翅枝藻 (*Pterocladia capillacea*) (引自 Taylor et al.，1998)。

目前已有一些研究针对溶解有机氮化合物，如尿素。尿素是许多海藻优良的氮源 (Probyn and Chapman，1982；Thomas et al.，1985)，但其他物种鲜有研究 (DeBoer et al.，1978)。Phillips 和 Hurd (2004) 发现 4 种海藻的尿素吸收低于硝酸盐和氨基盐吸收，同时夏季尿素的吸收 (如 1~5 μmol · g^{-1} · h^{-1} (DW)，K_s = 8~50 μmol/L) 高于冬季，但仍比硝酸盐或氨基盐低 5~10 倍。当海藻被细菌污染后，评估尿素作为海藻氮源的情况较为复杂。因为细菌能将尿素分解为氨基盐，后者可以被海藻利用。尿素是一个小的无电荷分子，应该具有较高的扩散率，但尿素吸收通常呈现出饱和吸收动力学，因此一般认为这种吸收是主动的（Phillips and Hurd，2004）。

目前仅有一个明确的研究氨基酸吸收动力学的报道。Schmitz 和 Riffarth（1980）研究了丝状褐藻柱状褐茸藻（*Hincksia mitchelliae*）对于 17 种不同氨基酸的吸收，发现 L–亮氨酸具有最高的吸收率。亮氨酸的吸收不依赖于光，具有非常低的亲和力（K_s = 30～120 μmol/L）和低的最大吸收速率（0.03 μmol · g^{-1} · h^{-1}）（DW），认为外源氨基酸的吸收占这种藻类氮需求的 5%。

如前所述，吸收率受到物种类型和大量其他因素的影响。表 6.3 总结了氮吸收动力学参数的一些实例（也可参见 Rees，2003；Phillip and Hurd，2004）。藻类硝酸盐和氨基盐的 K_s 值相似并比浮游植物高 10 倍（2～40 μmol/L）（图 6.11）（Hein et al.，1995）。藻类硝酸盐和氨基盐的 V_{max} 值范围从 4μmol · g^{-1} · h^{-1}（DW）到大于 200 μmol · g^{-1} · h^{-1}（DW）。虽然 Hein 等（1995）通过将已知浮游植物吸收率单位转换为 μmol · g^{-1} · h^{-1}（DW）来比较其与海藻的差别，但因为海藻特定吸收率（用藻体每小时产生氮含量归一化）报道较少，导致比较两者的差异难度较大。重要的是 6.4.1 节已提到，V_{max} 通常随处理时间而变化（Harrison et al.，1989）。因此，氨基盐的 V_{max} 值在 0～10 min 测定值可能要远远高于在 0～60 min 的测定值。相反，氮限制藻类的硝酸盐吸收可能出现滞后，在 1～2 h 后增加（Thomas and Harrison，1987）。

表 6.3 海藻的氮吸收动力学常数

藻类	温度/℃	NO_3^-		NH_4^+		参考文献
		(K_s±SE)/(μmol · L^{-1})	V_{max}/(μmol · g^{-1} · h^{-1})(DW)	(K_s±SE)/(μmol · L^{-1})	V_{max}/(μmol · g^{-1} · h^{-1})(DW)	
褐藻						
螺旋墨角藻（*Fucus spiralis*）	5	6.6±0.9		6.4±2.0		Topinka，1978
	10	6.7±0.8		5.4±2.0		
	15	7.8±1.4		9.6±2.6		
	15[a]	12.8±3.5		5.8±1.8		
二列墨角藻（*Fucus distichus*）	15	1～5	25	3～5	60	Thomas et al.，1985
长茎海带（*Saccharina longicruris*）	15[b]	4.1	9.6			Harlin and Craigie，1978
	10[c]	5.9	7.0			
梨形巨藻（*Macrocystis pyrifera*）	16	13.1±1.6	30.5	5.3[f]±1.0	23.8[f]	Haines and Wheeler，1978
	6～9			50[g]	23.6[g]	Wheeler，1979

续表

藻类	温度/℃	NO_3^- (K_s±SE)/(μmol·L^{-1})	NO_3^- V_{max}/(μmol·g^{-1}·h^{-1})(DW)	NH_4^+ (K_s±SE)/(μmol·L^{-1})	NH_4^+ V_{max}/(μmol·g^{-1}·h^{-1})(DW)	参考文献
鞭状索藻（*Chordaria flagelliformis*）	11	5.9±1.2	8.8			Probyn，1984
格岛海带（*Saccharina groenlandica*）	13		20[d]		20	Harrison et al.，1986
			6[e]		6	
红藻						
叶江蓠（*Gracilaria foliifera*）	20	2.5±0.5	9.7	1.6[f]	23.8[f]	D'Elia and DeBoer，1978
丛生阿加德藻（*Agardhiella subulata*）	20	2.4±0.3	11.7	3.9[f]	15.9[f]	D'Elia and DeBoer，1978
沟沙菜（*Hypnea musciformis*）	26	4.9±3.9	28.5	16.6±1.8		Haines and Wheeler，1978
角叉菜（*Chondrus crispus*）	17			35.5	62	Amat and Vraud，1990
孔紫菜（*Pyropia perforata*）	12		15		40~50	Thomas and Harrison，1985
绿藻						
线形硬毛藻（*Chaetomorpha linum*）	25		60		230	Lavery and McComb，1991b
浒苔（*Ulva prolifera*）	12~14	2.3~13.3	75~169	9.3~13.4	39~188	O'Brien and Wheeler，1987
未定名的石莼属群体 *Ulva* spp.	15	16.6	129.4			Harlin，1978
刺松藻（*Codium fragile*）	6	1.9±0.5	2.8	1.5±0.2	13.0	Hanisak and Harlin，1978
	24	7.6±0.6	9.6	1.4±0.2	28.0	
石莼（*Ulva lactuca*）	20			40.7±8.5	138±78	Fujita，1985
硬石莼（*Ulva rigida*）	25	20~33	60~90		60	Lavery 和 McComb，1991b

注：[a]黑暗；[b]夏季的组织；[c]冬季的组织；[d]1 年生藻体；[e]2 年和 3 年生藻体；[f]Mechanism-1 吸收（高亲和系统）；[g]NO_4^+ 类似物甲胺的吸收。

同化　硝酸盐必须在细胞内还原为亚硝酸盐，然后转化为氨基盐之后才能整合为氨基酸。硝酸盐还原成亚硝酸盐通常被认为是氮整合为氨基酸的限速步骤（Syrett，1981；Berges and Mulholland，2008）。还原反应有两个主要步骤：第一步是硝酸还原酶催化硝酸盐还原为亚硝酸盐（Berges，1997）。接下来亚硝酸盐被运送到质体，在亚硝酸盐还原酶（NiR）的作用下还原为 NH_4（图 6.14）。NiR 有一个铁辅基，并使用铁氧还蛋白作为辅助因子提供电子。NR 和 NiR 紧密相连，可能用以防止亚硝酸盐在细胞内积聚而对细胞产生毒性（Berges and Mulholland，2008）。在大多数情况下，NiR 活性大于 NR，表明硝酸盐还原为氨基盐的限速步骤是 NR 介导的硝酸盐还原反应。NiR 比 NR 多含有 5 倍的铁，因此铁限制对 NiR 的酶活性影响更大（Milligan and Harrison，2000）。NiR 的分析过程比 NR 更为复杂，可能因此海藻中几乎没有对于 NiR 研究，但 NiR 的分析也是很必要的。

许多种微藻已经分离和纯化获得了硝酸盐还原酶（Berges，1997；Berges and Mulholland，2008），该酶也存在于海草中（Thomas and Harrison，1988；Brinkhuis et al.，1989；Young et al.，2007；Young et al.，2009）。NR 是一个较大的分子，具有 3 个功能结构域，亚钼嘌呤（molybdopterin）、细胞色素 b_5（cytochrome b_5）和黄素腺嘌呤二核苷酸（FAD）。其电子供体通常是 NADH，但在一些微藻中为 NADPH（Berges and Mulholland，2008）。该酶被认为存在于细胞质中，但有一些证据表明它可能与叶绿体膜或质膜相关（Berges，1997；Berges and Mulholland，2008）。对微型绿藻已进行了大量的 NR 研究工作，但大型海藻中研究较少需要更多的研究，特别是 *NR* 基因的挖掘（Falcão et al.，2010）、硝酸盐转运蛋白、亚硝酸还原酶和参与氮同化的下游酶（Berges，1997；Berges and Mulholland，2008）。

目前，体外检测 NR 活性实验已被广泛应用。针对微藻的相关检测技术（Berges and Harrison，1995）已被改良并应用于海藻（Thomas and Harrison，1998；Brinkhuis et al.，1989；Hurd et al.，1995；Young et al.，2005）。酶活性检测中需要考虑两个问题：①酶应被完全提取，且处于良好的状态。由于坚韧的藻体研磨困难使得测量海藻中的 NR 难度较大，但目前采用液氮冷冻藻体解决了这个问题（Hurd et al.，1995；Young et al.，2005）。酚类物质的存在（Ilvessalo and Tuomi，1989；Beerges，1997）可使酶失活，并干扰蛋白测定从而影响 NR 活性的检测。这种情况在褐藻中尤为明显，但目前已可通过加入聚乙烯吡咯烷酮或牛血清白蛋白来结合酚（Thomas and Harrison，1988；Hurd et al.，1995），或通过在纯化步骤中去除干扰酶活性的褐藻胶来解决这一问题。蛋白酶（proteases）也会影响 NR 酶的活性，可以通过添加蛋白酶抑制剂 chyostatin 来解决（Berges and Harrison，1995；Berges and Mulholland，2008）。Young 等（2005）发现，加入 1%的 Triton X-100 会显著提高酶的提取率，这与 Hurd 等使用 0.1%的 Triton X-100 不同（Hurd et al.，1995）。②第二个问题是需要选择最佳的检测条件，而这些条件通常是具有物种特异性的（Young et al.，2005）。例如，当采用红菜属（*Pyropia*）NR 活性的最适 pH 值检测石莼属（*Ulva*）时，石莼属的酶活性下降了 50%（Thomas and Harrison，1988）。

体内 NR 检测（或原位检测）存在一些干扰。包括在黑暗条件下，用含有较高硝酸盐浓度（20 mmol/L）和正丙醇（*n*-propanol，用以渗透细胞膜）的培养基处理海藻来检测培养基中的亚硝酸盐。一些研究人员（Davison et al.，1984；Corzo and Niell，1994）推荐选择“体内”实验，因为体内实验代表了自然状态，并提供了对酶活力更真实的评估。然而，正丙醇破坏了细胞膜和脂质层，因此这并不是真正的“体内”的实验。Thomas 和 Harrison

(1988) 进行了进一步的研究并检测到体内活性实验的一个主要干扰因素：海藻在含有正丙醇培养基中处理的时间长短会改变酶活测定的结果，提示渗透率是反应速率的限制因素，而不是 NR 活性。另外一种可能的干扰因素是硝酸盐向周围组织的扩散作用，尤其是在异丙醇含量较高的情况下。Brinkhuis 等（1989）发现被释放到培养基中的亚硝酸盐，可能会被藻体再次吸收。因此，体外实验比体内实验更适合检测 NR 的活性（Hurd et al.，1995；Berges and Mulholland，2008）。Young 等（2005）检测了褐藻、红藻和绿藻的 22 个物种的最大 NR 活力，发现测量值差异可高达 2 个数量级，NO_3 从 2 $nmol \cdot min^{-1} \cdot g^{-1}$（冷冻重量）到大于 200 $nmol \cdot min^{-1} \cdot g^{-1}$（冷冻重量）。其他用于 NR 活性标准化的参数包括蛋白、组织氮和碳以及叶绿素（Berges and Mulholland，2008）。

NR 已被用来检测各种组织的代谢活性。在掌状海带中，成熟叶片的 NR 活性最高，越接近基部分生区的活力越低（Davison and Stewart，1984）。上述结果和分生组织的生长需要通过将有机氮从成熟叶片运输到分生组织的观点一致；外部高色素含量的分生表皮组织的高 NR 活性可能与该部位高水平的光合活性相关；NR 在柄和假根的活性最低。

NR 活性受到多种因素的调节，包括光/暗、氮形态、环境氮源、温度、海藻组织、季节等。Chow 和 de Oliveira（2008）发现添加硝酸盐可快速（2 min）诱导硝酸还原酶的活性，这表明智利江蓠（*Gracilaria chilensis*）存在着快速的翻译后调控。相反，向饥饿海藻中添加硝酸盐刺激了快速吸收但没有同时诱导 NR 活性，表明吸收和同化的调控不同，并可能在不同的时间尺度发生响应。此外，氨基盐或尿素可在 24 h 后刺激 NR 活性增加，而在 72 h 后降低。黑暗条件下 NR 活性较低，但 15 min 的光脉冲会诱导 NR 活性增加。他们认为磷酸化和去磷酸化导致的翻译后调控是迅速的，而 RNA 与全新 NR 蛋白合成的调控速度较慢。Young 等（2007）发现，掌状海带的 NR 活性表现出强烈的昼夜模式（夜间低，中午高），但该模式并不是由昼夜节律控制的，而 3 种墨角藻则不存在昼夜模式。掌状海带中加入氨基盐会抑制硝酸还原酶大于 80%的活性，而墨角藻并不受影响（Young et al.，2009）。墨角藻属是比较独特的，其 NR 活性不受氨基盐和光的调节。因此，墨角藻和海带可能含有不同的同工酶。在自然界中，海带大部分时间淹没在水下；而墨角藻分布在位置较高的潮间带，会经历更长期的干燥并受更多的潮周期环境因素控制。

在细胞质中还原硝酸盐为亚硝酸盐的另一种方法是在液泡中储存硝酸盐（图 6.14）。对细胞内硝酸盐池的分析表明，硝酸盐可能在潮间带大型海藻的胞质或液泡中大量积累，尤其是 NR 相对不活跃的情况（Thomas and Harrison，1985；Naldi and Wheeler，1999）。一些研究分析了大型海藻给予氮脉冲后氮素吸收、同化和整合入硝酸盐池的情况。给予氮限制的石莼属 30 μmol/L 的 NO_3脉冲，发现 6 h 后 NO_3的吸收由于内部硝酸盐池填充而减少（Lartigue and Sherman，2005）。由于 NR 活性峰值比 NO_3的吸收率低 11 倍，而 NO_3池增加时 NO_2、NH_4和游离氨基酸池含量保持不变（图 6.6），表明 NR 活性是吸收 NO_3脉冲的关键限速步骤（Lartigue and Sherman，2005）。Naldi 和 Wheeler（1999）在两个氮充足的海藻中加入饱和 NO_3或 NH_4并持续 9 d，用以检测氮存储情况。蛋白氮的浓度范围为 700～2 300 μmol/g（DW）（总氮的 43%～66%），对于总氮（TN）增加的贡献最大（41%～89%）。游离氨基酸（FAA）池的氮含量占总氮的 4%～17%（70～600 μmol/g（DW））。穿孔石莼（*Ulva fen-*

ezestrata）中 NO_3贡献了短暂高达 200 μmol/g（DW）的存储池（总氮的 7%），高于游离氨基酸（FAA）池。氨基盐池氮含量均小于总氮的 3%。相反，太平洋江蓠（*Gracilaria paxifica*）有一个较小的 NO_3 池，而藻红蛋白氮池约占总氮的 6%（Naldi and Wheeler，1999）。叶绿素不是一个主要的氮存储池。在类似的研究中，McGlatheiy 等（1996）检测了绿藻线形硬毛藻（*Chaetomorpha linum*）在氮充足（总氮占干重的约 4.61%）和氮缺乏（总氮占干重的约 1.2%）条件下氮池的变化。硝酸盐池氮含量大于氨基盐池，而残留的有机氮库（FAA 替代物）氮含量占总氮的 50%，同时其增加速度比蛋白池快。存储的氮可允许藻类生长两代（14 d）。令人惊讶的是，蛋白质池并没有减少太多，这表明在氮饥饿期间蛋白质池的贡献不大。

基于前人对浮游植物研究的基础，硝酸还原酶被认为可提供良好的硝酸盐吸收指数。然而，最近的工作已经显示出吸收和 NR 酶活性之间的相关性较差（Berges and Mulholland，2008），原因可能在于硝酸盐储存在液泡中，或蛋白酶引起的酶不稳定。需要认识到，酶的活性只能作为衡量反应的最大能力，而不能用以衡量瞬时速率。

同化是指 NO_3^-和 NH_4^+整合入氨基酸和蛋白质，是生长速率的一个很好的指标（Harrison et al.，1989；Pedersen，1994；Rees et al.，1998）。虽然吸收可能呈现出线性动力学，但同化可能具有饱和性（图 6.13）并具有较高的 K_s值，特别是针对 NH_4而言（Harrison et al.，1989；Taylor and Rees，1999）。吸收和同化的 K_s值差异可以用符号如 K_{S-vs}和 K_{s-vi}显示。同化在 V_i期很容易测量（通常在 60 min 或更长的时间之后），整合了多种因素如酶活性，以及碳骨架、ATP 和还原剂的可用性（Turpin and Huppe，1994）。谷氨酰胺合成酶（Glutamine synthetase，GS）是主要的 NH_4同化酶，Taylor 和 Rees（1999）发现 GS 活性的速率与 NH_4同化的最大速率一致。几个大型海藻的同化率与 NH_4浓度比呈现饱和性，体内同化的 K_s的浓度范围为 20~40 μmol/L NH_4（图 6.13）（Taylor and Rees，1999；Gevaert et al.，2007）。因此，自然种群中氨基盐的同化持续保持最大速率，并受到环境 NH_4浓度的限制（Taylor and Regis，1999）。当外部 NH_4 浓度为 40 μmol/L 时，石莼属（*Ulva*）的内部 NH_4 池约为 11 μmol/g（DW）或 7.5 mmol/L。假设 NH_3是被动吸收的，细胞内的 pH 值约为 6，这表明大多数的氨基盐存在于酸性的细胞器，如液泡，而不是在 GS 定位的细胞质或质体上（Taylor and Rees，1999）。石莼属中较高的 K_m值和 GS 表明，氨基盐在藻体内部的使用对 GS 的高效运作是必要的。

氨基盐整合的第一个产物是 GS 催化生成的谷氨酰胺，第二步反应由谷氨酸合成酶（glutamine-oxoglutarate antinotransferase，GOGAT）催化生成谷氨酸。最新的标记和酶活性研究表明，GS-GOGAT 途径是柱状褐茸藻（*Hincksia mitchelliae*）（Sclamitz and Riffarth，1980）和掌状海带（Davison and Stewart，1984）叶片中氨基盐合成氨基酸的主要通路。管状绿藻小蕨藻（*Caulerpa simpliciuscula*）质体分离实验证明氨基盐同化的两条通路（即 GS-GOGAT 和 GDH）同时存在（McKenzie et al.，1979）。研究表明，浮游植物在外部环境氨基盐浓度高的条件下，GDH 途径开始运作；其对细胞内的氨基盐亲和力低（K_m = 5~28 mmol/L）、不需要 ATP，但需要 NAD（P）H 和能量（Syrett，1981；Berges and Mulholland，2008）。NH_4或 NO_3的变化会改变肠浒苔的氨基酸组成。与 GS 通路的氨基盐同化预期一致，谷氨酰胺和

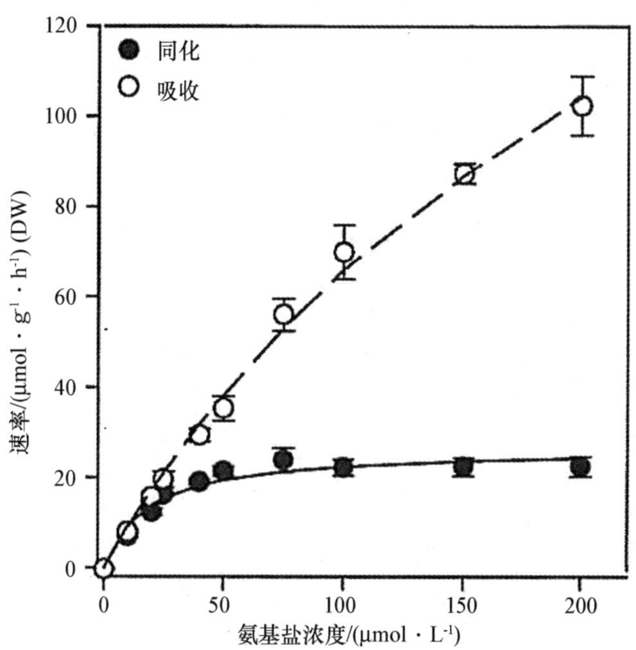

图 6.13　氨基盐浓度对石莼属（*Ulva*）物种氨基盐吸收和同化的影响（引自 Taylor and Rees，1999）

天门冬氨酸含量增加 10 倍，而谷氨酸减少（Taylor et al.，2006）。有研究认为谷氨酰胺水平是衡量近期营养条件的一个很好的指标，而组织氮含量则提供了一个更全面的环境营养条件的长期指标（Fong et al.，1994）。Barr 和 Rees（2003）认为，相比于谷氨酰胺：谷氨酸的比值或总氨基酸水平，谷氨酰胺是近期营养条件的一个更好的指标。

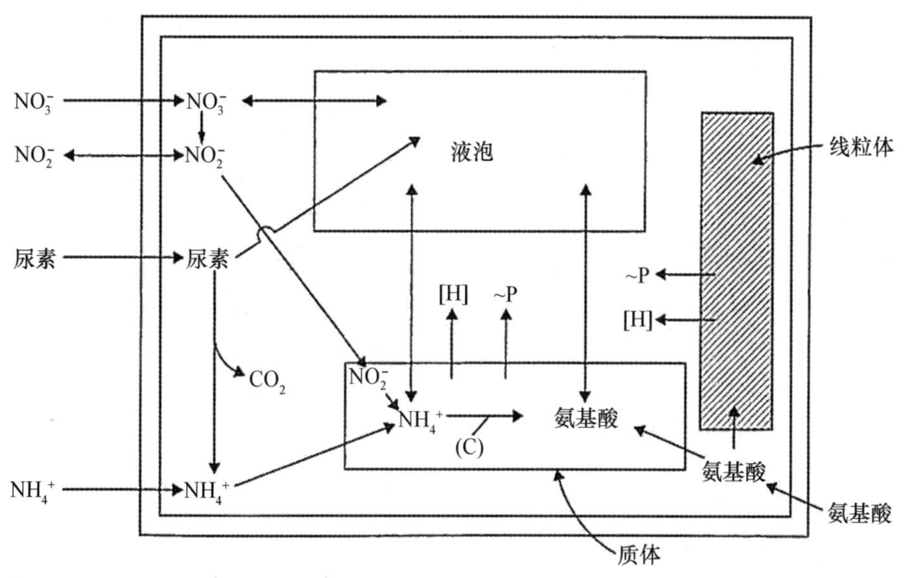

图 6.14　藻类细胞氮吸收和同化示意图（引自 Syrett，1981）

尿素是一种有机氮源，类似于硝酸盐必须先转化为氨基盐才可被同化。首先被含镍尿素酶分解成二氧化碳和氨基盐，然后游离氨基盐通过 GS-GOGAT 通路整合入氨基酸（Antia et al.，1991）。浮游植物中已建立了尿素酶的酶活检测方法，但并没有被应用于大型海藻，除了在石莼（*Ulva lactuca*）中有一个简单的描述（Bekheet et al.，1984）。

整合 氮限制细胞的氮元素整合受到了蛋白质合成速率的限制（Syrett，1981；Mulholland and Lomas，2008）。在氮限制的海藻（Haxen and Lewis，1981；Thomas and Harrison，1985）和浮游植物（Dortch，1982）培养基中加入氮后出现了内部硝酸盐、氨基盐和游离氨基酸池的积聚，从而证明了上述理论。如果蛋白质合成率不小于膜运输和随后的氨基酸代谢率，内部氮池不会积累。糖藻属（*Saccharina*）几个物种积累硝酸盐，其组织水平的硝酸盐是总氮的一个重要部分（Ghapman and Craigie，1977；Young et al.，2009）。然而，在许多海藻中，内部硝酸盐水平较低，含量小于总氮的5%（Wheeler and North，1980；McGlathery et al.，1996；Naldi and Wheeler，1999）。Thomas 和 Harrison（1985）发现，具孔紫菜（*Pyropia perforate*）内部硝酸盐和氨基盐池仅占游离氨基酸池的10%。当海藻缺乏氮时，硝酸盐水平在5 d内会下降到完全检测不到，而氨基盐和氨基酸池只下降50%。因此，以硝酸盐作为氮的储存物在海藻中并不普遍。而氨基酸（特别是丙氨酸）和蛋白质是提克江蓠（*Gracilaria tikuahiae*）（Bird et al.，1982），叶江蓠（*G. foliifera*）（Rosenberg and Ramus，1982），以及梨形巨藻（*Macrocystis pyrifera*）（Wheeler and North，1980）的主要氮储存池。偏生江蓠（*Gracilaria secundata*）中则是瓜氨酸和精氨酸含量丰富（Lignell and Pedersen，1987）。海藻中氮（NO_3和 NH_4）的形式会影响形成的氨基酸种类。Jones 等（1996）发现，江蓠属海藻中硝酸盐氮脉冲会导致谷氨酸、瓜氨酸、丙氨酸增加，而氨基盐脉冲会形成瓜氨酸、丙氨酸和丝氨酸。研究发现，瓜氨酸和大量的二肽瓜氨酸基精氨酸是角叉菜（Laycock et al.，1981）、江蓠和其他红藻（Laycock and Craigie，1977）中的主要氮储存化合物。北极特有的方足海带（*Laminaria solidungula*）观察到了从1~10 μm直径的蛋白体（Pueschel and Korb，2001）。

无机和有机氮存储量在近缘海藻或是生长在不同地方的同一物种中可以存在较大的差异。提克江蓠（*Gracilaria tikvahiae*）可以储存足够的氮，即使在氮缺乏状态也可在几天内维持最大生长速度（Lapointe and Ryther，1979；Fujita，1985），而偏生江蓠（*Gracilaria secundata*）具有非常有限的氮储存能力（Lingell and Pedersen，1987）。这两个物种之间的差异可能与其栖息地相关；偏生江蓠生长在富营养化的环境，而提克江蓠可能经历不同时期的氮限制。Pedersen 和 Borum（1996）比较了5种大型藻类和浮游植物的氮存储容量，发现大型海藻比浮游植物更容易在氮限制的时期存活。因为很多大型海藻可以储存氮，这一特性已被用于控制水产养殖系统中附生生物的生长。生长在低光照中的密集江蓠（*Gracilaria conferta*）每周给予0.5 mmol/L的 NH_4脉冲可以控制附生生物的生长，从而达到其最大生长率（Friedlander et al.，1991）

细胞蛋白的分解代谢和转换研究较少。氮可以通过光呼吸途径被重新利用（Syrett，1981；Singh et al.，1985）。细胞色素和相关蛋白如藻红蛋白可作为红藻的氮储存化合物（Bird et al.，1982），但 Naldi 和 Wheeler（1999）的研究发现在江蓠属中藻红蛋白只是一种次要的氮储存化合物。

6.5.2 磷

磷主要以无机离子 PO_4^{3-} 和 $H_2PO_4^-$的形式存在（以下简称 P_i），而当有机分子的 PO_4被磷酸酶酶切后会形成一些小分子有机磷化合物。一般情况下，磷不是藻类的主要限制生长的营养元素。然而，P_i 限制发生在牙买加附近的加勒比海（Lapointe et al.，1992；Lapointe，1997；Lapointe，1999），以及一些人为导致的高氮区域如中国的一些沿岸区域（Harrison et al.，1990）和奥斯陆峡湾（Pedersen et al.，2010）。在浅水区，珊瑚礁附近的碳酸盐沉积物形成了磷的接收器，从而减少了大型海藻的磷供应（McGlathery et al.，1994）。磷在藻类的核酸、蛋白质和磷脂（后者是细胞膜的重要成分）中起重要作用（表 6.1）。然而，磷最重要的作用还是通过 ATP 进行能量转移，是光合作用和呼吸作用的高能化合物（图 6.15）以及代谢途径的"启动"分子。Cembella 等（1981）与 Wagner 和 Falkner（2001）概述了磷对于浮游植物的生理生态作用。

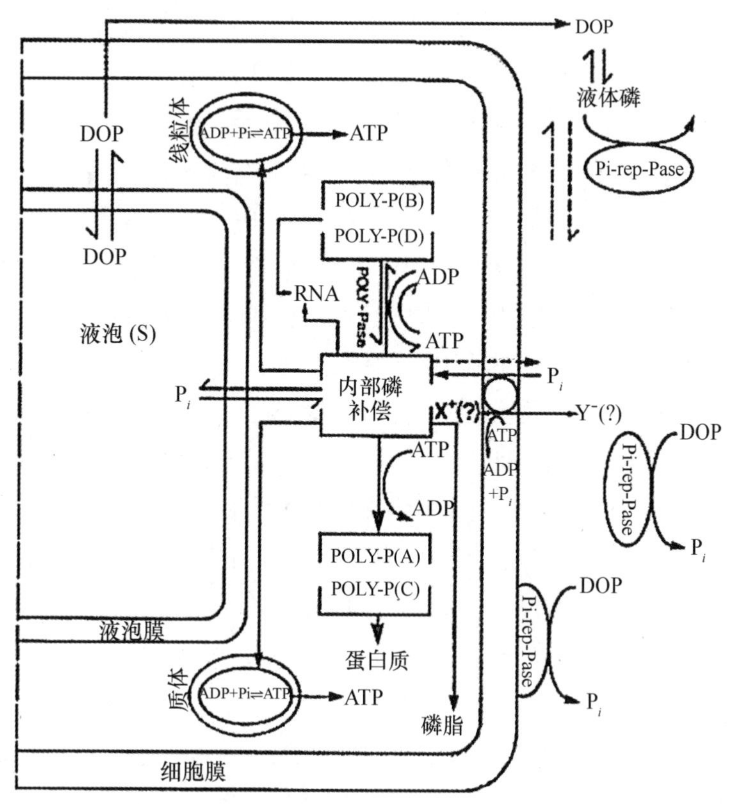

图 6.15　微藻细胞磷吸收和同化的主要特点

注：DOP 为溶解有机磷；P_i 为无机磷酸盐（引自 Cembella et al.，1984）。

P_i 的吸收、同化和整合动力学和氮非常相似。P_i 吸收动力学可通过放射性 ^{32}P 的吸收来测量（Runcie et al.，2004），该实验提供了细胞通量的评估（即几分钟内的流入量）。与此相反，稳定的 P_i 的吸收实验提供了一个对净 P_i 吸收的估计（即流入减流出），因此从两种方法得出的吸收率不可以直接比较。当大型海藻处于 P_i 饥饿时，激增的吸收会发生在几分钟内，而在磷充足的海藻中基本上不存在这种情况。海藻中存在两个或两个以上的活性 P_i 的吸收转运系统（如高亲和系统和低亲和系统）（Raghothama，1999）。而在高等植物和一些藻类中存在 H^+/P_i 和 Na^+/P_i 联合转运系统（Bausch and Bucher，2002）。

一种二室模型可以用来研究磷的吸收、同化和存储。利用指数衰减模型来描述 $^{32}P_i$ 释放的时间进程，可以推断出快速交换室/池（细胞质）和缓慢交换室/池（液泡）的大小和通量（Rurtcie and Larkum，2001）。整合和存储可以通过对于化合物的评估确定，相关化合物可能存在于快速交换室，具有可溶性（如 P_i、糖类、脂类、核苷酸、短链聚磷酸盐）；或存在于缓慢交换室和三羧酸循环（TCA），为不溶性化合物（如核酸、长链多聚磷酸盐和磷酸化蛋白）。新兴的功能和结构基因组学研究可以有针对性地研究基因表达，可研究特定的受到调节启动子控制的组织中 P_i 吸收和适应 P_i 压力的分子机制。几种藻类的全基因组测序将有助于研究 P_i 吸收和 P_i 压力驯化的信号转导通路的分子机制。

藻类吸收、同化和存储的差异决定了其在各种磷环境的适应能力。石莼（*Ulva lactuca*）是一种常见的 1 年生机会物种，其具有较高的营养吸收能力，因此具有较高的生长率；而粗壮链藻（*Catenella nipae*）是一种演替后期红藻浮生生物，其生长率较为缓慢（Runcie et al.，2004）。这两个物种的 K_s 值均为 3.7 μmol/L。当两个物种处于 P_i 充足状态，大部分的 $^{32}P_i$ 积累为 PO_4。相反，当两者处于 P_i 饥饿状态时，粗壮链藻可以将更多的 P_i 整合入不可溶的 TCA 池，表明其比石莼具有更大的存储容量。两者的快速交换室（即细胞质）的半衰期较短，为 2~12 min；而两者的缓慢交换室（即液泡）的半衰期分别为 4 d 和 12 d（石莼属 *Ulva* 和链藻属 *Catenella*）。石莼属可在几小时内吸收 P_i 并将其转移为组织磷和 TCA 可溶性磷。然而，链藻属对于磷的吸收较慢，同时可存储更多不可移动的不溶性形式 TCA。Runcie 等（2004）认为由于链藻属对于 P_i 的存储具有长期性，因此可作为 P_i 可用性长期指标的指示生物，而石莼属的磷状态可能只体现了几个小时或几天的 P_i 可用性。因此，相比于石莼属，链藻属可能是在 P_i 浓度高变的河口区的一个更好的指示生物。

在海水中的氮耗尽时，P_i 浓度也经常接近检测的极限，目前对海藻中 P_i 摄取动力学的研究较少。初步研究表明，海藻中 P_i 是主动吸收的，红藻的 *Agardhlella subulata* 饱和动力学参数 V_{max} 为 0.47 μmol · g^{-1} · h^{-1}（DW），K_s 为 0.4 μmol/L（DeBoer，1981）。富营养河口的两种绿藻优势物种石莼属（*Ulva*）和硬毛藻属（*Chaetomorpha*）的动力学参数相当高；K_s 值分别为 3.5 μmol/L 和 10 μmol/L，V_{max} 值分别为 8.5 μmol · g^{-1} · h^{-1} 和 20.8 μmol · g^{-1} · h^{-1}（DW）（Lavery and McComb，1991b）。提克江蓠（*Gracilaria tikvahiae*）的 P_i 吸收呈现 3 个阶段，在较低浓度下两个饱和阶段（0~0.2 μmol/L 和 0~2 μmol/L）以及一个线性阶段（0~11 μmol/L；Friedlander and Dawes，1985）。掌形藻（*Palmaria palmata*）表现出双相的吸收动力学，饱和阶段的低浓度为和高浓度的线性阶段（高浓度状态的 P_i 比环境浓度高得多）（Mariinez and Rico，2004）。珊瑚轮藻（*Chara corallina*）存在两个吸收系统，包括 P_i 饥饿藻体中的高亲和力磷转运系统（K_s = 4 μmol/L），以及 P_i 充足藻体中的低亲和力磷转运系统（K_s = 220 μmol/L）（Mimura et al.，1998）。

P_i 吸收随岸位和季节变化。Hurd 和 Dring（1990）研究了 5 个潮间带墨角藻的成带分布和季节与磷吸收的关系，发现鹿角菜属（*Pelvetia*）和两种墨角藻属（*Fucus*）物种经历了一个初始（30 min）的快速 P_i 吸收，然后几乎没有吸收（30 min；可能是由于 P_i 释放回培养基中），最后是持续数小时的中间吸收率。囊叶藻属（*Ascophyllum*）出现超过 6 h 的恒定的缓慢吸收率。5 种墨角藻被分为两个不同的组别：一组包括鹿角菜属和囊叶藻属，两者在一个潮周期吸收少量磷酸盐，吸收率比值为 6∶1（鹿角菜属∶囊叶藻属）；其吸收能力和在岸上的位置相关（鹿角菜属存在于最高的区域），以及其对养分的需求较低（如低增长率）。墨角藻属（*Fucus*）的 3 种海藻为第二组：在一个潮周期能够吸收大量的 P_i，吸收率由大到小依次为螺旋墨角藻（*F. spiralis*）、墨角藻（*F. vesiculosus*）、齿缘墨角藻（*F. serratus*），直接与其在岸边的位置相关。Hurd 等（1993）发现墨角藻属所有物种在晚冬季节，其顶端区域和中上部藻体会产生透明的毛结构，该构造会在秋天脱落。这些毛结构被证明可以提高养分的吸收。螺旋墨角藻在 7 月吸收率的下降是由于干燥条件引起的损伤以及毛结构被滨螺摄食导致的。

P_i限制可以通过 P_i添加生物测定实验来评估。Lapointe（1986）利用原位笼养殖和船上流动海水养殖系统研究了夏季马尾藻海（Sargasso Sea）西部的漂浮马尾藻（*Sargassum natans*）和浮游马尾藻（*S. fluitans*）种群对于磷的富集。与氮富集以及未富集 P_i相比，P_i富集增加了其生长和光合速率。对于佛罗里达群岛提克江蓠（*Gracilaria tikvahiae*）进一步的富集研究及组织分析表明，该物种在夏季受 P_i 限制，而在冬季则同时存在氮和 P_i 限制（Lapointe，1985，1987）。O'Brien 和 Wheeler（1987）发现俄勒冈海岸的浒苔（*Ulva prolifera*）可能在 11 月受到 P_i限制。大幅度提高的 C：P 比和 N：P 比值进一步确认了 P_i的限制（Lapointe，1987；1997）。Atkinson 和 Smith（1983）报道未富集 P_i 的提克江蓠 C：P 比大于 1 800，N：P 比大于 120，比正常状态下的平均值（分别为 550 和 30）高 3 倍。

蕨藻目（Caulerpales）绿藻对磷限制的易感性可能取决于物种的生活型。该目物种对于热带珊瑚礁钙化有重要作用，包括两种不同的生活型：①石生种，具有有限的附着结构；②沙生种，具有丰富的地下假根系统。前者生活在浅水生境，有相对较低的氮磷比，后者生活于具有富含碳酸盐的沉积层的孔隙水中，Littler and Littler（1990）推测，石生种往往是氮限制的，而沙生物种则为磷限制的。这一假说在随后营养添加生物测定实验中得到了证实（Littler et al.，1988；Littler and Littler，1990）。石生形式的物种，如仙掌藻（*Halimeda opuntia*）、泪滴仙掌藻（*Halimeda lacrimosa*）和大量仙掌藻（*Halimeda copiosa*），当加入氮时光合速率增加，而加入磷时则无变化。与此相反，沙生形式物种，如胶粘钙扇藻（*Udotea conglutinata*）、念珠状仙掌藻（*Halimeda monile*）、标准仙掌藻（*H. tuna*）和相仿仙掌藻（*H. simulans*），更容易受到磷的刺激。

有些海藻可以通过产生细胞外碱性磷酸酶（alkaline phosphatase，APA）使用有机形式的磷，如甘油。细胞酶解磷酸基团和有机基团之间连接的酯键的能力是取决于细胞表面的磷酸单酯酶（phosphomonoesterases，俗称磷酸酶）。磷酸酶根据其最适 pH 值、磷酸可逆性和细胞学定位被分为两类（Cembella et al.，1984）。碱性磷酸酶（如磷酸单酯酶）可被 P_i阻遏，诱导型表达，最适 pH 值为碱性，一般位于细胞表面（细胞壁、膜或周质空间）或释放到周围的海水中。酸性磷酸酶（Acid phosphatases）可被 P_i阻遏，组成型表达，最适 pH 值为酸性，一般存在于细胞的胞质内。这两种类型可以同时被发现存在于藻类细胞中，APA 协助有机磷化合物的吸收，酸性磷酸酶在细胞内化合物的裂解中起至关重要的作用。APA 检测可在体内（全藻体，在野外或实验室条件）或体外（部分纯化酶）进行。Hernandez 等（2002）综述了 APA 活性测量方法以及最优反应条件。5 种 APA 同工酶在石莼（*Ulva lactuca*）中进行了检测（Lee et al.，2005）。Hernandez 等（2002）建议，大型海藻 APA 活性可用于磷的环境监测以及环境磷的可用性评估。具有较高 SA：V 比值的物种可能对磷胁迫表现出明显、广泛和易于识别的反应，并对内部 P_i浓度表现出强烈的响应，如石花菜属（*Gelidium*）、刚毛藻属（*Cladophora*）、多管藻属（*Polysiphonia*）和硬茎藻属（*Stypocaulon*）。

影响 APA 活性的因素很多。螺旋墨角藻（*Fucus spiralis*）在岸边的位置和 APA 活性没有相关性，在退潮后干露的海藻具有最高的 APA 活力发生，因为它们无法吸收 P_i。APA 与整个组织的 P 相关，最高的 APA 发生在藻体分生区（Hernandez et al.，1997）。因此 APA 的变化取决于复杂的生物和环境因素，如干露、生长期、组织磷含量和 N：P 比，以及藻体部位。磷酸酶有效参与细胞代谢的基本特征是其可以根据代谢的需求被诱导和抑制。当外部 P_i浓度高，APA 合成被抑制，细胞利用有机磷化合物的能力低。而当外部 P_i耗尽后，细胞内储存的聚磷酸盐和 P_i很快被用尽（Lundberg et al.，1989），APA 活性随之增加。Weich 和 Graneli（1989）发现石莼（*Ulva lactuca*）中 APA 的活性受到磷限制和光的刺激。增加的幅度具有物种特异性，并取决于有机磷酸盐的可用性以及细胞所经历的磷限制的程度（Cembella et al.，1994；Hernandez et al.，2002）。

P_i跨质膜运输后进入细胞内的动态 P_i池。其被同化为磷酸化代谢物（Chopin et al.，1990），或储存在液泡或聚磷酸盐的囊泡（Chopin et al.，1997）（图 6.15）。P_i限制的藻类可以非常迅速地同化 P_i，且同化的量通常超过细胞生长的实际需求。过量的磷将在聚磷酸激酶（polyphosphate kinase）的作用下合成聚磷酸盐（Cerebella et al.，1984）。

维管植物和藻类磷代谢的重要差异是聚磷酸盐的形成。已知可形成聚磷酸盐的海藻包括石莼属（*Ulva*）、仙菜属（*Ceramium*）和丝藻属（*Ulothrix*）等（Lundberg et al.，1989）。用高分辨率核磁共振以及^{31}P 发现相对较小的（6~20 P_i单位）聚磷酸盐储存在石莼（*Ulva lactuca*）的液泡中，进而发现褐藻间囊藻属（*Pilayella*）储存的磷主要为磷酸盐（在液泡中）而不是聚磷酸盐。在角叉菜中也发现了聚磷酸盐胞质颗粒，主要存在于沿质膜分布，尤其是靠近凹陷处的髓部细胞中（Chopin et al.，1997）。存储的化合物可归类成环状和线性的聚磷酸盐。这两种类型不能用简单的冷 TCA 提取方法分离，但可以采用连续提取技术分为 4 类（A-D，图 6.15）（Cembella et al.，1984）。在线性聚合物中，磷酸残基通过能量丰富的磷酸酐键相连，与 ATP 含有的末端磷酸键相似，因此可以在水解过程中释放能量。

绿藻蕨藻目物种（如蕨藻属）可大量生长在热带贫营养水域，可能是由于其可以通过广泛的假根系统从沉积物孔隙水中吸收养分（Williams，1984）。一些地区的高 P_i流入，以及生长在佛罗里达州西海岸硅质沉积物中的海藻，已显示出可以抑制根状绿藻厚节仙掌藻（*Halimeda incrassata*）的生物矿化（biomineralization）（Delgado et al.，1994；Demes et al.，2009b）。与此相反，在佛罗里达群岛当海藻生长在 P_i限制的碳酸盐沉积物中，则产生更多的生物矿化碳酸钙。生物矿化可以防止藻类被食草动物摄食，因此减少生物矿化的藻类可能具有较高的营养水平（Hay et al.，1994）。此外，环境 P_i浓度（>2 μmol/L）也被证明可以抑制珊瑚钙化。

6.5.3 钙和镁

钙质海藻是一个非常不同的类群，其可以将碳酸钙（主要是石灰石）整合入藻体之上或藻体之中。大约有 5%的大型海藻是钙化的（Smith et al.，2012）。3 个大型海藻类群（红藻、绿藻和褐藻）的钙化是独立进化的，目前钙质藻类有 100 多个属（Nelson，2009）。钙质红藻的化石记录可追溯到前寒武纪时期（Precambrian times）。大约 3.6 亿年前，钙化壳演化形成。钙质红藻大多发现于潮下带和低潮间带区域。海藻褪色主要是干燥引起的，受光照和温度的影响不大（Martone et al.，2010b）。惊人的是在 260 m 深处发现了珊瑚藻，这是已知分布最深的底栖藻类；而该区域被碳酸钙覆盖，几乎没有光照（Littler et al.，1985）。钙质红藻是生长最慢的大型藻类，生活史可能超过 700 年，是寿命最长的海洋生物（Steneck and Martone，2007）。在食草动物活跃的区域，其生长往往比较旺盛。帽贝通过摄食珊瑚藻上的附生植物，减少浮生植物对珊瑚藻的遮蔽或抑制，从而和藻体之间形成一个有趣的正相关关系。此外，珊瑚藻释放的化合物有助于许多动物，包括珊瑚的定居和形态发生（Nelson，2009）。分枝、直立的珊瑚藻可能被鱼类严重摄食。有些珊瑚藻可以产生假根，从而从沉积物中吸收营养并帮助定生在浅水的砂质基质中，还可能促进从裸露的砂质区域向海藻床演替。

藻类钙化的方式和程度差别很大。褐藻团扇藻钙化层较薄，而绿藻仙掌藻和红藻如珊瑚藻的钙化严重（Steneck and Martone，2007）。仙掌藻的钙化部分可能是环礁沉积物（即白色"沙子"）的主要部分，从而在环礁形成中起作用（Barnes and Challcer，1990）。红藻中的珊瑚藻目是最有名的钙化海藻，具有膝曲状（有关节或铰接）或非膝状体（通常为壳状）。这些硬壳在看起来像是坚硬的表面"粉红漆"状物，对壳质的研究在很大程度上被忽略了，可能是由于壳质随年龄和环境因素变化产生的分类问题。钙质红藻附着于坚硬的基质包括硬壳动物如软体动物的贝壳上。壳状珊瑚红藻具有帮助巩固礁石、抵抗波浪的作用，并在波浪暴露的热带礁区形成厚达 10 m 的"藻脊"。在一些地区如大堡礁，每年可以产生高达 10 kg·m^{-2}的 $CaCO_3$，而这种钙化率会导致礁石每年向上增长约 7 mm（Chisholm，2000）。铰接式珊瑚藻形成直立叶片，通过生产柔性关节（genicula）克服钙化的生物力学限制，此类物种主要集中在绿藻和红藻的钙化藻（Sfeneck and Martone，2007）。一种自由非膝状珊瑚藻称为红石（rhodoliths），可积累藻团粒（maerl），其可作为碳酸钙源加入土壤以增加 pH 值（Nelson，2009）。

钙的沉积物为碳酸钙（$CaCO_3$），有时伴随少量碳酸镁和碳酸锶。碳酸钙存在两种晶体形式：方解石（calcit，六角菱形晶体）和霰石（aragonit，正交晶体），在自然条件下它们不会同时出现。镁和钙沉积的生物矿物学会部分被环境 Mg/Ca 比影响。目前海水中的 Mg/Ca 比值约为 5.2，因此现在珊瑚藻体中的 Mg/Ca 比值（更多为霰石）比在白垩纪时约等于 1 的 Mg/Ca 比值高（更多为钙化方解石）（Ries，2010；Stanley et al.，2010）。实验室实验解释了团扇藻目前比较丰富的原因，即其在 Mg/Ca 比值为 1 的方解石海水（类似于白垩纪海水条件）中线性生长速率要慢得多（Ries，2010；Stanley et al.，2010）。霰石是碳酸钙的可溶形式，是最常见的沉积物，特别是在珊瑚藻的外壳中，因此导致藻类对于 pH 值的变化比较敏感（图 6.16）。霰石是非生物的沉淀形式，由于海水中高 Mg/Ca 比值（约 5.2），同时可能含有多达 15%的镁。霰石通常也被称为高镁方解石。海洋酸化造成了 pH 值和碳酸盐浓度的降低，而高镁含量增加碳酸钙在海水中的溶解度，因此具有较高镁的霰石早于方解石溶解（Smith et al.，2012）。直立的铰接珊瑚藻一般含有少量霰石。Borowitzka（1987，1989），Simkiss 和 Wilbur（1989），McConnaughey（1991，1998），McConnaughey 和 Wlelan

(1997) 综述了海藻的钙化现象。藻类矿化的沉积部位和形式各不相同，但存在两种基本类型，即胞外和胞内沉积（表6.4）。

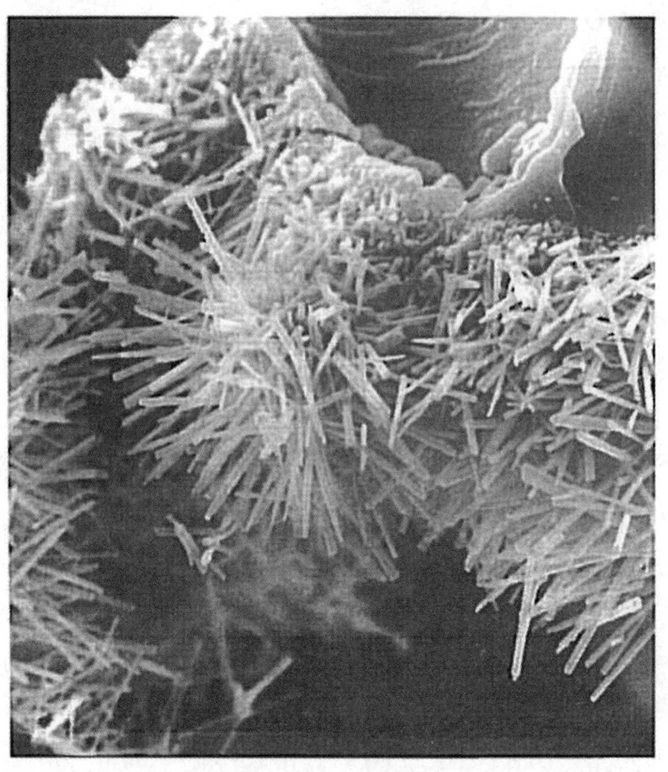

图6.16 体外矿化的钙质藻类仙掌藻属物种的扫描电镜照片

注：显示了薄的无定向的霰石晶体（2 880×）。右上角可见细胞壁的一部分（引自 Weiner，1986）。

表6.4 海藻矿化的沉积部位和形式

部位	形式	代表物种
细胞外		
细胞壁表面	细胞表面细小的针状霰石同心带方解石晶体表面硬壳	团扇藻属（*Padina*）网地藻科（Dictyotaceae） 硬毛藻属（*Chaetomorpha*）刚毛藻科（Cladophoraceae）
细胞间	细胞间隙细小的针状霰石	仙掌藻属（*Halimeda*）、钙扇藻属（*Udotea*）仙掌藻科（Halimedaceae）；环蠕藻属（*Neomeris*）绒枝藻科（Dasycladaceae）
	霰石和/或方解石的胞间结晶，可能形成小束	粉枝藻属（*Liagora*）粉枝藻科（Liagoraceae）；乳节藻属（*Galaxaura*）乳节藻科（Galaxauraceae）
外壳	霰石针束	画笔藻属（*Penicillus*）钙扇藻属（*Udotea*）钙扇藻科（Udoteaceae）
	不规则、成束的针状晶体，通常为霰石	织线藻属（*Plectonema*）颤藻科（Oscillatoriaceae）
细胞壁	方解石晶体，往往具有清晰导向	石叶藻属（*Lithophyllum*）、石枝藻属（*Lithothamnion*），珊瑚藻科（Corallinaceae）
细胞内	各种形式的钙化板（颗石藻），通常为方解石；形成于高尔基体小泡	球石藻属（*Emiliania*）秋钙板藻属（*Cricosphaera*）土栖藻科（Prymnesiophyceae）

细胞外沉积研究最好的例子是绿藻仙掌藻属细胞间隙中的霰石（图 6. 17）。其外表面是由垂直、膨胀的丝状形成的胞囊（图 6. 18）。最外层的细胞壁融合，阻挡海水流入细胞间隙。仙掌藻和其他绿藻形成不同晶体形状的霰石沉淀，无选择性取向（图 6. 16）。该晶体一开始作为细胞间隙（成核位点）纤维材料的小颗粒，然后一直生长直到细胞间隙几乎完全被充满。Ca^{+}和 HCO_3^-通过扩散跨越融合的丝状细胞壁或通过主动吸收进入细胞间隙。在光合作用过程中，CO_2被从细胞间隙中吸收，导致细胞内 pH 值（$HCO_3^- \rightarrow CO_2 + OH^-$）和 CO_3^{2-}浓度升高，随之出现霰石沉积（图 6. 17）。仙掌藻属这一钙化假设并不适用于所有的霰石储存藻，因为其他具有合适形态（间隙）的海藻并不出现钙化（如石莼属 *Ulva*）（Borowitzka，1977）。

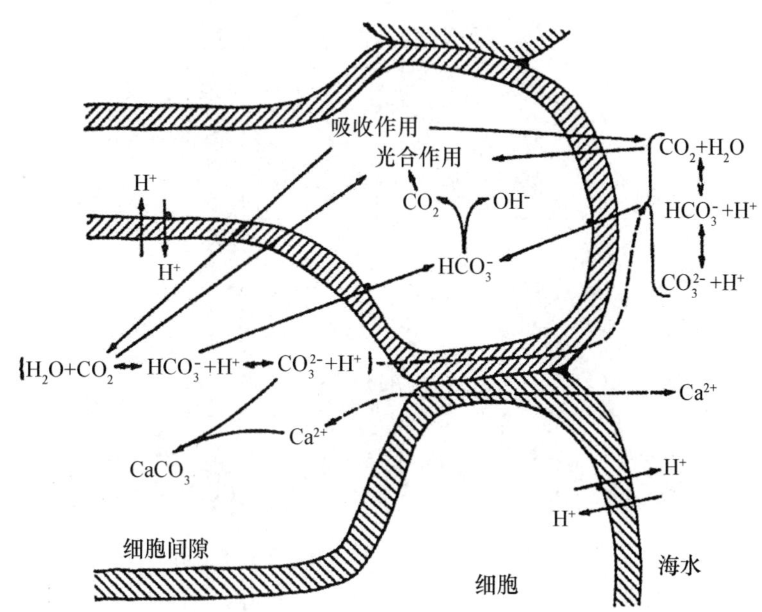

图 6. 17　仙掌藻属中假设的离子通量影响碳酸钙沉淀的示意图

注：质膜的黑点表示流动量被认为是主动的（引自 Borowitzka，1977）。

与绿藻相反，红藻主要是细胞壁的钙化，虽然有些碳酸钙也沉积在细胞间隙中（Cabioch and Giraud，1986）。其细胞壁的钙化程度很高，导致除具有纹孔连接之外的细胞最终被包裹起来。红藻中，钙化以方解石形式发生在珊瑚藻科，以霰石形式发生在一些胭脂藻科、杉藻科和红毛菜目的成员中，其中珊瑚藻是钙化最丰富并被广泛认知的海藻。大型海藻细胞外钙化和微藻颗石藻的细胞内钙化形成对比，但颗石藻的颗石（碳酸钙）沉积在外部。

珊瑚藻营养细胞（除了分生组织、关节和生殖细胞）的细胞壁方解石沉积中含有高浓度的镁（6%）。钙化开始在中间层，并迅速蔓延至整个细胞壁。中间层的晶体沿生长轴排列，而质膜附近的方解石晶体取向与质膜成直角（图 6. 18）。方解石晶体与细胞壁材料密切相关，某些细胞壁组分可能作为新晶体沉积和定向的模板。对于叶状叉节藻（*Amphiroa foliacea*）藻体交换性 Ca^{2+}的研究表明至少有两个主要部分和结合与交换有机钙有关，推定为酸性多糖细胞壁化合物 COO^-和 $O-SO_2-O$（Borowitzka，1979）。因为霰石是碳酸钙从海水中沉淀的正常结晶形式，珊瑚藻的细胞壁材质被认为可促进沉积。这些结果进一步支持了珊瑚藻一些特定的细胞壁成分在影响碳酸钙结晶析出中的可能作用，此外还包含可以阻塞晶体生长点和停止钙化的化合物（可能是多糖）。例如，关节（非钙化）的形成需要钙化细胞的脱钙和重组以塑造灵活的组织。在粗珊藻属（*Calliarthron*）细胞壁中，碳酸钙晶体精确地沿着有机基质（可能是一种蛋白多糖复合体）排列，关节细胞壁中木半乳聚糖的木糖分支可能有助于确定碳酸钙的成核位点（Martone et al.，2010）。相反，关节形成的高度甲基化的半乳聚糖可能不支持成核现象，阻止了脱钙后的矿物沉积并维持藻体关节处的柔性。

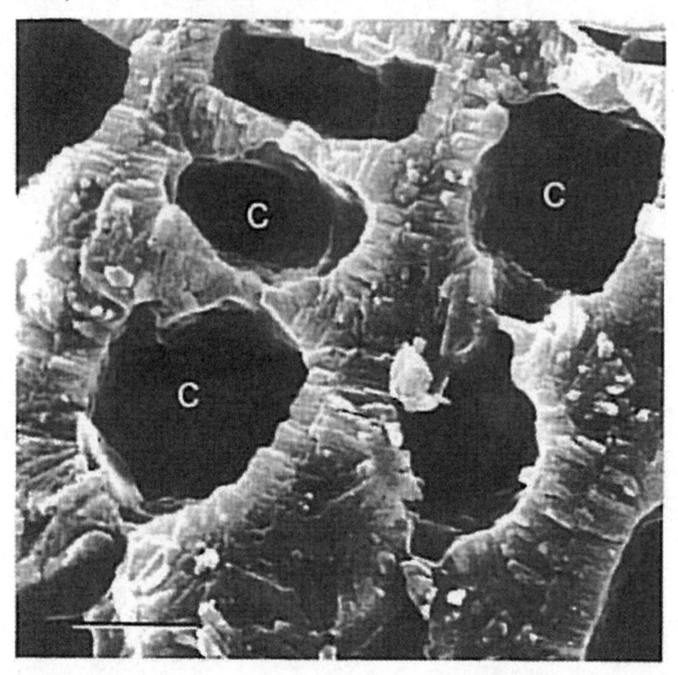

图 6.18　壳状珊瑚藻（*Lithothamnion australe*）细胞壁扫描电镜

注：这种藻类有特别大的方解石晶体，可以清楚地看到与细胞（C）成垂直方向分布。标尺 = 5 μmol/L（仿自 Borowitzka，1982）。

在 20 世纪 80—90 年代对于珊瑚藻的钙化机制并没有发现新的信息，除了证明其受光刺激和光合作用影响，以及 CO_3^{2-} 浓度成正比，并在年幼组织中程度最高。Pentecost（1985）提出了珊瑚藻的两种钙化模型（图 6.19a，b）。第一个模型中（图 6.19a），HCO_3^-被吸收并转化为 CO_3^{2-}和质子（H^+），被释放到细胞外结合钙离子形成碳酸钙。叉节藻属（*Amphiroa*）光合作用的最适 pH 值介于 6.5~7.5。当 pH 值大于 8 时，光合作用大于完全基于 CO_2利用的预期。这表明藻类在较高的 pH 值条件下吸收 HCO_3^-（见 5.4.1 节）。黑暗的钙化率约占饱和光照和正常的 pH 值条件下钙化率的 50%，而光照和 pH 被认为是珊瑚钙化过程的非代谢影响组分（Borowitzka，1989）。藻类组织呼吸酸化或微生物活动可以导致夜间的碳酸盐溶解（Chislrolm，2000）。在第二种模型中（图 6.19b），外排的 H^+和海水 HCO_3^-反应生成 CO_2，后者扩散到细胞中用于光合作用。外排的 OH^-维持了细胞的电中性，提高了细胞间隙的 pH 值和 CO_3^{2-}浓度，导致局部钙化。这一模型排除了 HCO_3^-吸收机制，由于 CO_2被吸收而需要细胞内高 pH 值产生 CO_3^{2-}。

在大多数钙化藻类中，钙化发生在细胞外，与周围海水直接接触，很大程度上取决于物

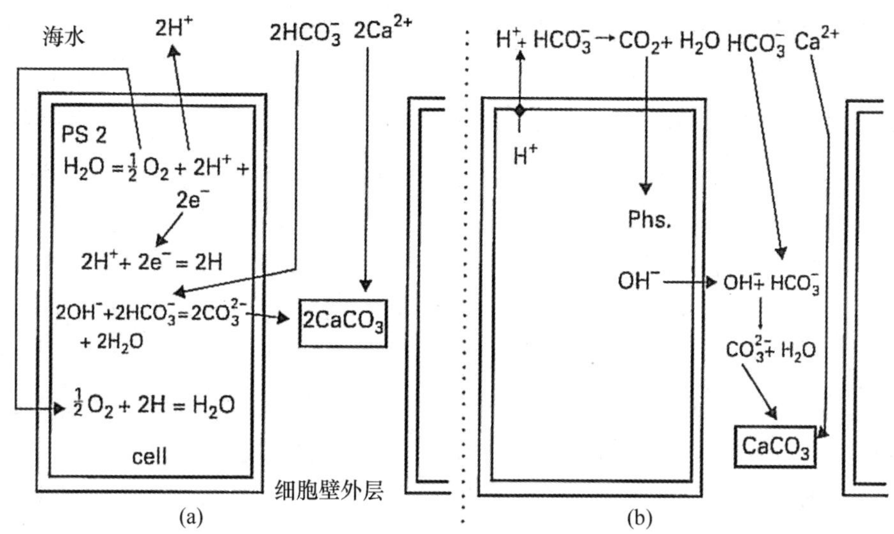

图 6.19　珊瑚藻科钙化模型

注：(a) Dighy (1977) 提出的模型，经过略微的简化；(b) 替代模型，具有局部流出的 H^+ 和 OH^- (引自 Pentecost，1985)。

理因素如 pH 值、光合作用、呼吸作用和光驱动的质子泵决定的表面 pH。相反，珊瑚的钙转运是光驱动的，钙化部位发生在细胞内，因此珊瑚可直接控制钙化过程（De Beer and Larkutn，2001）。生物基因衍生的钙化和光合作用中 CO_2 吸收紧密相连，其可转变碳酸盐系统为生产碳酸盐，增加碳酸钙的饱和状态和 pH 值，从而提高碳酸钙的沉淀和钙化。pH 值的影响可以部分解释为光合作用、呼吸和钙化对碳酸盐系统的影响。光合作用 CO_2 吸收导致 pH 值的增大，而呼吸和钙化作用中 CO_2 和 H^+ 的释放导致 pH 值和碱度降低，从而提高 CO_2 的可用性。因此，暗呼吸和黑暗中的钙化作用均可导致 pH 值降低，从而使藻体表面的 pH 值下降。在光照下，光合作用 CO_2 的吸收必须高于钙化和呼吸作用中 CO_2 的释放，从而产生高于海水的 pH 值。因此在盘状仙掌藻（*Halimeda discoidea*）中，钙化并不由藻类调节，而是光合作用过程中 pH 值上升的结果（De Beer and Larkutn，2001）。钙化不能供应足够的质子和二氧化碳以维持光合作用，因此需要碳酸酐酶帮助利用 HCO_3^-，从而减轻 CO_2 的限制。

Ca^{2+} 外流和稳定同位素研究，以及碳酸钙晶体同构沉积的类型，都表明大部分生成碳酸钙的碳来自于海水。然而，长期的脉冲追踪研究表明呼吸作用产生的 CO_2 也被整合入仙掌藻的碳酸钙。碳酸钙的沉淀需要足够的钙离子浓度和代谢引起的 pH 值上升。在海水中，这种 pH 值变化通过光合作用吸收 CO_2 很容易实现；然而在淡水中，H^+ 外流或 OH^- 被藻类吸收可能也是必要的。碳酸钙成核似乎也受到海藻细胞壁有机物质的影响。一旦成核，碳酸钙沉积将持续受到光合作用 CO_2 吸收导致的局部 pH 值和碳酸盐的变化的影响。

正磷酸盐抑制珊瑚藻钙化，但其作用机制尚不明确。当珊瑚藻生长在磷富集（30～150 μmol/L PO_4^{3-}）的培养基时，只发生微弱的钙化，提示珊瑚藻生长在沿海磷酸盐污染水域受到抑制。此外，生长在佛罗里达群岛磷限制的碳酸盐沉积物中的根状藻类厚节仙掌藻（*Halimeda incrassata*）比生长在佛罗里达州西海岸硅状碎屑沉积物的海藻出现更明显的钙化（Delgado and Lapointe，1994；Demes et al.，2009b）。

海洋酸化导致 pH 值降低、CO_2分压（pCO_2）升高，从而降低碳酸盐饱和状态（参见 7.7 节）。预测当 pH 值降低至 7.65 时，H_2CO_3将增加 300%，而 HCO_3^-增加 9%，CO_3^{2-}降低大于 50%。这些变化预计将导致在壳状珊瑚藻的丰度下降，更多肉质海藻增加（Kuffner et al.，2008）。此外，壳状珊瑚藻通常对 pH 值增加的敏感度比珊瑚更高。能够控制钙化部位的 pH 值的生物不容易受到海洋酸化的影响。由于海洋酸化和全球变暖同时发生，二氧化碳分压和温度的增加对钙化作用的影响应该在长期的多因子实验中进行共同研究（Diaz-Pulido et al.，2012）。对于壳状珊瑚藻孔石藻（*Porolithon onkodes*），温度变暖（26→29℃）增加了 pCO_2增加的负面影响，比如降低了钙化作用甚至导致溶解和死亡。相反，当快速的光合作用导致热带海藻甸的 pH 值从 7.9 增加到 8.9 时，水石藻未定种（*Hydrolithon* sp.）的钙化率增加几倍（Semesi et al.，2009）。Hall-Spencer 等（2008）试图确定 pH 值降低如何在更大的进化学尺度影响地中海一个 CO_2出口附近的珊瑚藻生长，例如可能发生的基因型适应。他们发现一些珊瑚藻可以生长在 pH 值为 7.6 的条件下（远低于预期的 2100 年海洋 pH 值），表明一些珊瑚藻已经适应了 pH 值降低 1.5 单位的环境。该实验强调了评估基因型适应而不是表型驯化的重要性。

钙化作用存在一些缺点。与许多动物不同，藻类不需要碳酸钙或相关盐作为骨骼支持，事实上，碳酸钙沉积往往是藻类的一种“负债”，而不是“资产”。碳酸钙沉积特别是出现在细胞外时，会形成扩散壁垒抑制营养物质的吸收，同时也限制了光线透入藻体，从而降低光合作用并抑制生长。钙质海藻质膜的高 pH 值也可能阻碍磷的吸收，因为在高 pH 值条件 $H_2PO_4^-$转换为 HPO_4^{2-}和 PO_4^{3-}。因此藻类钙化最好被看成是光合作用的副产品，许多藻类进化出机制来避免钙化（Simkiss and Wilbur，1989）。钙化的主要优点是碳酸钙可以减少珊瑚藻被摄食。

钙在多种细胞功能中有重要作用（表 6.1），是所有生物体维护细胞膜所必需的元素。钙在形态和趋光性方面也有作用，已有证据表明 Ca^{2+}可作为光信号的信使在墨角藻卵细胞极性发育方面起作用（见 2.5.3 节）（图 2.23）。有相当多的证据表明，Ca^{2+}和结合调节蛋白钙调蛋白（calmodulin）是植物细胞重要的第二信使（White and Broadley，2003）。钙对于细胞内少量的酶（α-淀粉酶、磷脂酶和一些 ATP 酶）是必需的。事实上，Ca^{2+}会抑制许多酶（如 PEP 羧化酶）的活性，但也可激活某些钙质藻类的 ATP 酶。

镁是叶绿素的重要组成部分，可形成金属卟啉（metalloporphyrin）（表 6.1）。作为一个二价阳离子，可以在带电多糖链相互结合中发挥作用，同时还是许多反应的辅因子或活化剂，如硝酸盐还原、硫酸盐还原和磷酸盐转移（除了磷酸化酶）。镁在几个羧化和脱羧反应中也很重要，包括固碳的第一步反应，即 1，5-二磷酸核酮糖羧化酶（RuBP）催化 1，5-二磷酸核酮糖与二氧化碳的羧化反应。镁还激活参与核酸合成以及连接核糖体亚基的酶。镁的作用包括以下几种：①可以将酶和底物结合在一起，例如在磷酸转移出 ATP 的反应中；②可能通过与产物结合而改变反应的平衡常数，如在某些激酶反应中；③可能与酶抑制剂进行络合反应（Raven et al.，2005）。

6.5.4 硫

硫通常是作为一种多糖的成分，参与细胞代谢，并间接参与气候变化进程。硫对于稳定蛋白质的三级结构非常重要，许多藻类的细胞壁多糖高度硫酸化。硫是主要的液泡渗透调节物质，高硫含量可抑制摄食（Giordano et al.，2005b）。酸藻属某些种类的液泡中含有大量的硫，导致其 pH 值接近于 1。大多数藻类可以通过还原硫酸盐满足所有的硫需求，而硫酸盐是有氧海水中最丰富的硫形式（约 29 mmol/L）（Giordano et al.，2008）。两种含硫氨基酸，半胱氨酸和蛋氨酸，在维持蛋白质通过硫桥形成的三维构型中非常重要，同时在藻胆蛋白中连接发色团和蛋白质（图 5.21）。有些海藻可以形成具有商业价值的硫酸多糖，对于藻体的强度（如红藻的卡拉胶）和黏附（如褐藻的岩藻聚糖）非常重要（见 1.3.1 节，2.5.2 节、5.5.2 节，10.3 节，10.5 节）　（Coughlan，1977）。Schiff（1983）和 Giordano 等（2005）综述了藻类对于硫营养的利用，Leustek 等（2000）综述了高等植物的相关信息。

6.5.5　铁

铁是大型海藻生长的一种重要微量元素。铁是地球的地壳中含量第四丰富的元素，也是含氧水域中最不易溶解的金属。因此，一些沿海地区的铁浓度仅为 0.2 nmol/L，可能会限制一些海藻的生长。众所周知，南大洋中部和太平洋赤道及东北地区的浮游植物生长受到铁的限制，该区域的大气尘埃中铁的输入较低，铁浓度约为 0.05 nmol/L（Boyd and Ellwood，2010）。海水中铁的形态复杂，这是了解藻类对铁吸收的主要障碍。在海水的 pH 值（约 8.2）条件下，铁离子与氢氧根离子结合形成氢氧化铁，是相对不溶的（K_{sp}约为 10^{-38} mol/L）。因此大量的铁仅通过和天然螯合剂或配体（如近岸地区的黄腐酸）和腐殖酸形成复合物来保持可溶状态。沿海水域铁的供应量较高，其来源包括沉积物再悬浮、城市输入、生物质燃烧颗粒物、降雨、河流输入和径流。因此，在浅海地区的铁限制很少。铁的化学及其可用性是复杂的，受络合作用（有机和无机配体）、藻类吸收机制、光、温度、尤其是微生物的相互作用和再循环利用的影响（Boyd and Ellwood，2010；Hunter and Strzepek，2008）。

藻类的光合作用、叶绿素合成、呼吸作用、线粒体电子运输以及硝酸盐还原过程均需要铁，在铁限制的情况下许多过程都被下调。例如，Cyt*b6f*（6 个铁原子）、PSI（12 个铁原子）相比 PSⅡ（2 个铁原子）需要大量的铁。氮代谢的许多关键酶是含铁蛋白（NR、NiR、GOCAT 和固氮酶），因此氮代谢对铁胁迫非常敏感。例如，亚硝酸盐还原酶每个分子含有 5 个 Fe 原子，硝酸还原酶每个分子含有两个 Fe 原子。在许多海藻中观察到了缺铁黄化现象（Liu et al.，2000）。采用放射性^{59}Fe 吸收实验研究海带、裙带菜和一种壳状珊瑚藻石叶藻属（*Lithophyllum*），发现在环境铁浓度极低（小于 2 nmol/L）的日本北部海域，海带和裙带菜受到铁限制（Suzuki et al.，1995）。

6.5.6　微量元素

锰、铜、锌、硒、镍和钼元素主要是作为酶的辅助因子，其化合物参见表 6.1。沿海水域铜的浓度范围为 1~4 μmol/L，而开放的海洋中浓度值约低 3 个数量级（0.5~4 nmol/L）（Libes，1992）。藻类可利用游离铜离子和某些有机结合态铜。铜和铁类似，其可用性也由有机复合物控制。浓度非常高的铜可能具有毒性（见 9.3.4 节）。镍是尿素酶的一个组成部分，该酶催化尿素水解为氨基盐。补充硒可增加螺旋墨角藻（*Fucus spiralis*）和红藻茎丝藻（*Stylonema alsidii*）的生长（Fries，1982）。藻类的线粒体和质体含有一种重要的含硒谷胱甘肽过氧化物酶，可解毒有害的脂质过氧化物并维持细胞膜的完整性（Price and Harrison，1988）。

开阔海域的总碘浓度约为0.5 mmol/L，主要种类包括碘酸盐和碘化物（An Gall et al.，2004）。海带目物种是所有生物中最强的碘积累物，在其组织中积累的碘高达海水的30 000倍，即通常为海藻干重的1%，幼嫩藻体可高达4.7%（Kupper et al.，1998）。中国最早发现了碘对于甲状腺功能的重要性及富碘海带治疗甲状腺肿的作用，后来在欧洲也发现了上述现象（Kupper et al.，2008）。海带的显微成像显示，碘主要以碘化物的形式储存在外周组织的细胞外基质（Kupper et al.，2008；Verhaeghe et al.，2008）。碘化物可以很容易地清除各种活性氧，其生物学作用是作为一种无机的抗氧化剂（Kupper et al.，2008）。氧化应激发生时，碘化物被外排到大气中。在沿海地区，海带目物种是碘流入大气的主要贡献者，它们可以进行分子碘和吸湿碘氧化物的释放和挥发，产生的颗粒物可以作为云凝结核（cloud condensation nuclei）。

6.6 长途运输（运转）

一些大型海藻与维管束植物类似，也可以进行无机和有机化合物的运转（translocation）。第5.6节讨论了有机物的运动和筛管的解剖特点，后者可以在叶片和柄部的髓质中形成立体的输导组织。筛管端部有筛板，筛板上有直径可达6 μm的筛孔。红藻中的长距离运输研究较少。几十年前有几项运输的研究，但近期的研究很少（Raven，2003）。结构和生理数据表明，大型海藻巨囊藻属（*Macrocystis*）的筛管运输可能属于Münch压力流机制，但其他褐藻的共质体长途运输则不太可能存在类似机制（Raven，1984；2003）。巨囊藻属（*Macrocystis*）孢子体从海水中吸收营养物质，将光合同化物从成熟的非生长组织转运至基部和顶端分生组织从而支持其快速生长。筛管液中含有甘露醇（占干重的65%）、氨基酸（15%），无机离子Fe、Mn、Co、Ca、Zn、Mo、I、Ni（Manley，1983，1984）。各种示踪剂（^{32}P、^{86}Rb、^{35}S、^{99}Mo、^{45}Ca、^{36}Cl）已被用于研究掌状海带的叶片中矿物元素的运动。磷、硫和铷经历了明显的长途运输，而氯、钼、钙固定不动（Floc'h，1982）。梨形巨藻（*Macrocystis pyrifera*）的筛管液中含有硝酸盐（Manley，1983），Hepburn等（2012）发现氨基盐（^{15}N）可以从巨囊藻属的叶片基部被运送至柄部，然后继续运送至更多的顶端叶片，该实验证明该物种可以长距离运输营养物质。

藻类的生长或分生区对磷的需求很高。墨角藻目和海带目的^{32}P均从年老组织向年轻的生长组织运输。因此，藻类中存在类似于维管植物的从源到汇的运输（Raven，1984，2003）。极北海带（*Laminaria hyperborea*）年老的叶片可作为分生组织的磷源，这与碳同化的形式相似（见5.6节）（Floc'h，1982）。磷转运的证据是间接的，年轻和年老组织对于^{32}P的吸收没有显著差异，但年老的生长缓慢的组织可能将未使用的磷转运到生长旺盛的新生组织。放射自显影显示许多墨角藻目的“中脉”是矿物运输的主要通道（Floc'h，1982）。大多数的运输发生在髓部，一些次级横向运输发生在柄部的髓部到分生组织（分生组织表皮）。

6.7　生长动力学

6.7.1　生长动力学的测量

有多种方法可用于测量海藻的生长速率。非破坏性的测量方法包括检测表面湿重的变化或测量在叶片上打的孔相对于叶片基部叶柄的运动（Brinkhuis，1985）。野外测量优选非破坏性采样，因为一个给定海藻的生长受到时间推移和环境限制营养浓度影响。破坏性取样包括测定干重或组织碳或氮的变化。研究上述任何一个参数随时间序列的变化，可以通过分析参数每天增加的百分比计算特定的生长率（μ）。例如，在指数生长阶段，可以用每日鲜重增加来计算生长率，计算公式为：$\mu = [\ln(N_t/N_0)]/t$（N_0 和 N_t 分别代表开始时和在时间 t 时的生物量）。

确定海藻外源养分浓度和生长速率之间关系的最准确的方法是使用连续流加培养（continuous-flow cultures）。这种培养实验是通过采用高稀释度（流量/容器容积）和低的海藻生物量/容器的体积比来保持外部营养浓度不变。然后在一系列限制营养浓度下测量生长率，直到达到稳定状态。为维持稳定状态必须保持一个合理的恒定生物量，可通过频繁的收取（即减少生物量）或增加流入的养分浓度来弥补增加的生物量。在浮游植物连续培养中，这种生物量的调节是自动实现的，因为细胞随着流出的介质而被去除。采用半连续培养也可近似达到稳定的状态，在培养基中的养分浓度的变化由于海藻吸收营养导致限制性营养物质的频繁变化而降至最低。达到稳定状态所需的时间主要取决于生长速度和培养条件。

当营养物质不限制生长，或营养限制条件下发生稳态生长时，吸收率近似等于生长率。然而，当在营养限制的海藻培养基中添加营养元素后，吸收率可能会大大超过生长率（见 6.4.1 节）。在短期吸收实验的瞬态条件下测定的吸收率半饱和常数 K_s 值可能大于生长率的 K_s 值，为防止混淆后者有时也表示为 K_u。

6.7.2　生长动力学参数和组织营养

在 20 世纪 80 年代进行了许多稳态研究，但最近的研究重点一直在营养物质对吸收率（而不是生长率）的影响。DeBoer 等（1978）发现两种红藻丛生阿加德藻（*Agardhiella subulata*）和叶江蓠（*Gracilaria foliifera*）的氮生长动力学遵循典型的生长曲线（图 6.20）。不同的氮源条件下 K_s 值的范围从 0.2 μmol/L 到 0.4 μmol/L 不等，而生长率在 NH_4^+或 NO_3^-浓度仅为1 μmol/L时即达到饱和。类似的是，同样为低浓度，1 年生褐藻鞭状索藻（*Chordaria flagelliformis*）在不同的 3 种氮源条件（硝酸盐、氨基盐和尿素）均具有较低的 K_s 值（0.2~0.5 μmol/L）（Probyn and Clrapman，1983）。然而部分藻类与之相反，糖海带的生长率在 10 μmol/L的硝酸盐条件下达到饱和（Chapman et al.，1978；Wheeler and Weidner，1983），梨形巨藻（*Macrocystis pyrifera*）的硝酸盐饱和浓度为 6~15 μmol/L，河口绿藻刚毛藻属（*Cladophnra* aff. *albida*）的硝酸盐饱或氨基盐饱和浓度为 30 μmol/L（Gordon et al.，1981）。这类对浮游植物的竞争能力较差，因为后者的生长速度在氮浓度仅为 1 μmol/L 或更小时即达到饱和。年幼的巨藻孢子体生长率在 PO_4^{3-}浓度大于 1 μmol/L 时饱和（Manley and North，1984）。

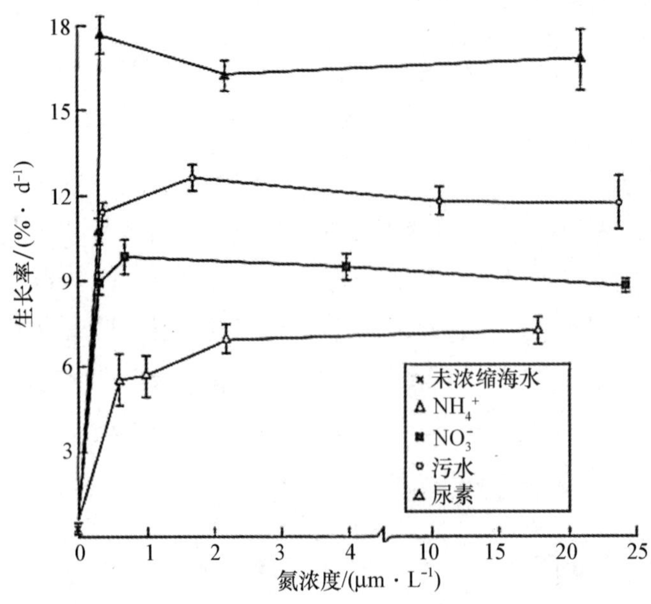

图 6.20　红藻丛生阿加德藻（*Agardhiella subulata*）在不同氮源浓度下的生长率

（引自 DeBaer et al.，1978）

虽然生长率往往与外部介质中的营养物质浓度相关，但许多早期的研究表明，浮游植物的生长速度可以通过细胞内营养物质的浓度（即细胞配额）进行更准确的估计。这一基本原理与植物组织分析中常见的农业实践有关，其临界浓度出现在生长率开始饱和的位置。较高或较低的组织浓度分别代表养分储存或不足（Hanisak，1979；Hanisak，1990；DeBoer，1981）。表 6.5 中给出一些藻类的氮临界组织浓度以及最低组织浓度。刺松藻（*Codium fragile*）的生长被认为和组织氮浓度的相关性大于周围水环境的氮浓度（图 6.21）。组织氮浓度介于 0.9%~4.8%，生长率保持恒定大于 2%。而当外部氮浓度增加时，组织氮达到饱和值，磷却很难达到饱和（Gordon et al.，1981；Bjornsater and Wheeler，1990；Pedersen et al.，2010；图 6.22）。因此，临界组织磷浓度较难准确测定。幼年的梨形巨藻（*Macrocystis pyrifera*）在不同磷浓度条件需要花费 3 个周才能达到稳态生长。在外部 PO_4^{3-} 浓度和生长率之间呈现双曲线关系，组织磷占干重的 0.12%~0.53%，浓度范围为 0.3~0.6 μmol/L，临界组织磷含量约为干重的 0.2%（Manley and North，1984）。

表 6.5　藻类最大、临界和最小的氮、磷组织浓度　　%

物种	营养	最大值（干重）	临界值（干重）	最小值（干重）	参考文献
褐藻					
鞭状索藻（*Chordaria flagelliformis*）	NH_4^+		1.5	0.5	Probyn and Chapman，1983
	NO_3^-		0.9	0.3	
糖海带（*Saccharina latissima*）	NO_3^-		1.9	1.3	Chapman et al.，1978
梨形巨藻（*Macrocystis pyrifera*）	NO_3^-		a	0.7	Wheeler and North，1980

续表

物种	营养	最大值（干重）	临界值（干重）	最小值（干重）	参考文献
梨形巨藻（*Macrocystis pyrifera*）	PO_4^{3-}		0.2		Manley and North, 1984
小拟鹿角菜（*Pelvetiopsis limitata*）	NO_3^-		1.2~1.5		Fujita et al., 1989
	NH_4^+		0.9		Fujita et al., 1989
	总氮	2.2	1.5	0.86	Wheeler and Björnsäter, 1992
	PO_4^{3-}	0.5		0.27	
绿藻					
线形硬毛藻（*Chaetomorpha linum*）	总氮	3.2	0.7	0.3	Lavery and McComb, 1991b
	PO_4^{3-}	0.23	0.04	0.01	Lavery and McComb, 1991b
苍白刚毛藻（*Cladophora albida*）	总氮		2.1	1.2	Gordon et al., 1981
刺松藻（*Codium fragile*）	NO_3^-	2.6	1.9	0.8	Hanisak, 1979
	PO_4^{3-}	0.48		0.28	
肠浒苔（*Ulva intestinalis*）	总氮	5.1	2.5	2.0	Björnsäter and Wheeler, 1990
	PO_4^{3-}	0.73		0.37	
穿孔石莼（*Ulva fenestrata*）	PO_4^{3-}	0.6	0.5	0.3	Björnsäter and Wheeler, 1990
	总氮	5.5	3.2	2.4	
硬石莼（*Ulva rigida*）	NO_3^-		2.4		Fujita et al., 1989
	NH_4^+		3.0		Fujita et al., 1989
	总氮	3.2	3.0	1.3	Lavery and McComb, 1991b
	PO_4^{3-}	0.06	0.025	0.02	Lavery and McComb, 1991b

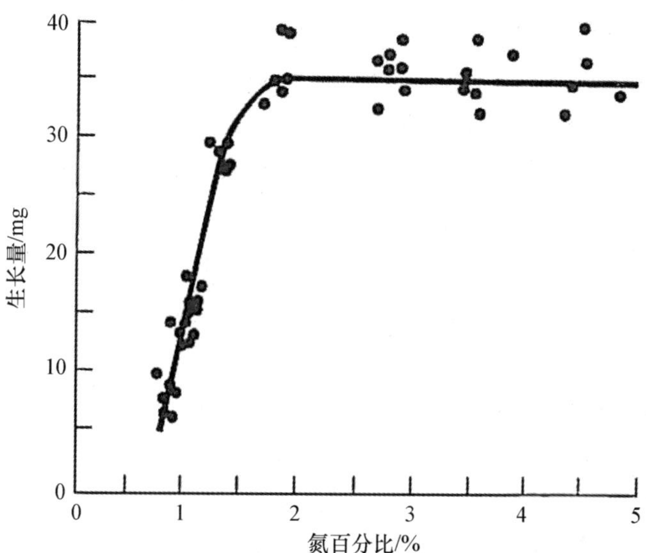

图 6.21　刺松藻（*Codium fragile*）21 d 后干重增加和内部氮浓度之间的关系（引自 Hanisak，1979）

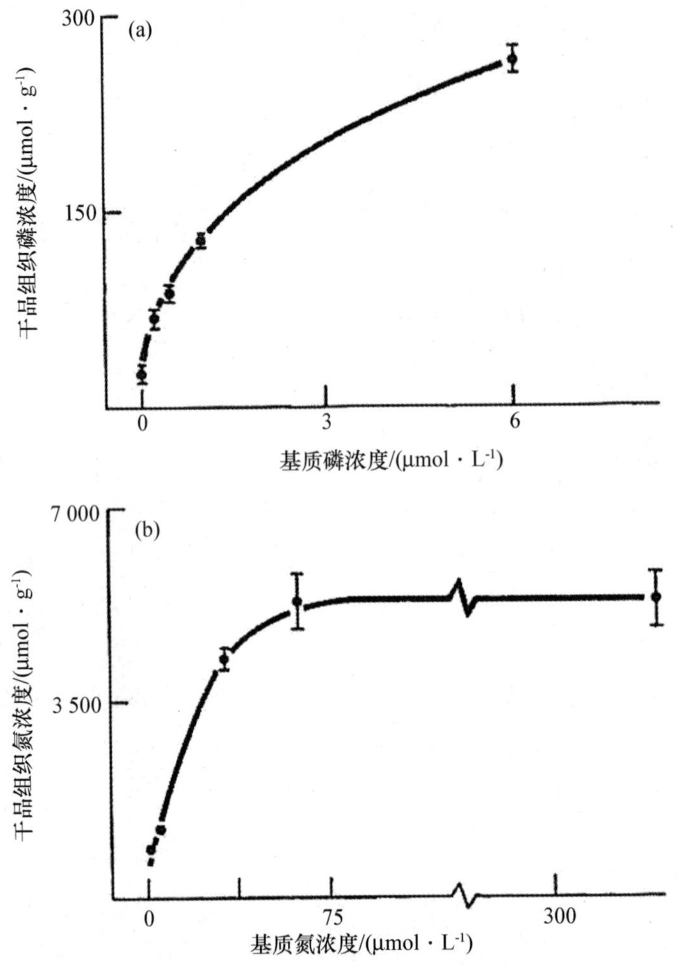

图 6.22　当在培养基中添加相应的营养浓度时，刚毛藻属（*Cladophora*）的组织总养分浓度

注：(a) 当培养基提供的磷浓度为 0~6 μmol/L、氮浓度为 375 μmol/L 时的组织磷浓度；(b) 当培养基提供的氮浓度为 0~375 μmol/L、磷浓度为 12 μmol/L 时的组织氮浓度（引自 Gondon et al.，1981）。

事实上，当考虑到其他因素如光的影响时，海藻并不只有一个临界组织氮浓度。这是因为光通过改变生化成分（即色素、RuBisCO 和氮储量）影响氮水平，从而改变最大光合作用和生长对氮的需求（Lapointe and Duke，1984；Shivji，1985）。例如，当色素（如藻红蛋白）、组织 NO_3^-和蛋白质增加时，提克江蓠（*Gracilaria tikuahiae*）的氮水平提高。一种营养素的环境浓度变化也可能影响另一种营养素的临界组织浓度。磷限制的石莼属（*Ulva*）保持着高水平的组织氮，但氮限制的藻类会经历磷的减少或枯竭（Björnsäter and Wheeler，1990）。因此，由于光和环境养分浓度随季节变化，临界氮和磷的组织浓度也存在季节性变化（Wheeler and Björnsäter，1992）。

棒状仙菜（*Ceramium virgatum*，曾用名 *C. rubrum*）组织的养分浓度已被用于监测丹麦沿海水域的营养限制。通过每月监测组织氮和氮磷浓度，并和实验确定的临界组织浓度比较，发现海藻生长在 5 月受到磷限制，其他月份受到氮限制（Hynghy，1990）。

最大和最小的组织氮比值已被用来解释物种的竞争和随后的演替现象。研究人员监测了澳大利亚西南部 Peel-Harvey 河口大型海藻的生物量 20 年的变化（Lavery et al.，1991）。在

20 世纪 60 年代末，大型藻类突然大量繁殖，直到 1979 年蒙氏刚毛藻（*Cladophora montagneana*）一直为主要优势种。由于一系列的不利条件形成的复合灾难事件导致深层区域刚毛藻属衰退，在河口区被硬毛藻属（*Chaetomorpha*）替代，后者在浅水区更具竞争力。高营养浓度期间硬石莼（*Ulva rigida*）和肠浒苔（*Ulva intestinalis*，曾用名 *Enteromorpha intestinalis*）较占优势，而低营养条件硬毛藻恢复优势地位。对硬毛藻和石莼的营养生理生态的研究发现了一些导致它们的生态分布变化的生理机制（Lavery and McComb，1991b）。临界组织氮和磷浓度揭示，石莼比硬毛藻大约需要两倍的氮，分别为 20 mg/g（DW）和 12 mg/g（DW）；而前者对磷的需求小于后者，分别为 0.25 mg/g（DW）和 0.5 mg/g（DW）。然而，石莼对氨基盐和硝基盐的吸收速度比硬毛藻慢。春季石莼具有较高的氮需求、降低的氮吸收能力以及受限制储存营养的能力，因此经常是氮限制的（组织氮的最大值与最小值比为 2∶5）（表 6.5）。硬毛藻可在冬季存活，因此可以利用冬季增加的营养浓度并储存营养物质（组织氮和磷的最大值与最小值比分别为 11 和 23）；储存的营养物质可用于在春天和夏天在氮限制时支持高生长率。此外，密集累积的硬毛藻减少了沉积物表面水层的氧含量，而随后的缺氧导致沉积物中磷的释放（Lavery and McComb，1991a）。总之，组织氮的最大值与最小值的比值是氮储量的指标（如硬毛藻存储的氮是石莼的 5 倍），临界氮浓度代表最大生长率的开始。

6.8　养分供应效应

6.8.1　表面积：体积比和藻类形态

由于氮是限制海藻生长的主要营养物质，海藻生长速率的变化应与氮素供应的变化有关。吸收能力（V_{max}）直接受表面积：体积（SA：V）比控制（Rosenberg and Ramus，1984；Wallentinus，1984；Hein et al.，1995），而氮储量与 SA：V 比值成反比（Rosenberg and Ramus，1982；Duke et al.，1987）。这表明，海藻生长率和氮供应之间的耦合程度也同样与 SA：V 比值相关。高 SA：V 物种具有很高的 V_{max} 值，氮存储容量低，其生长率与氮供应高度相关。相反，低 SA：V 物种具有较低的 V_{max} 值，其氮存储量和生长率和氮供应无关（Rosenberg and Ramus，1982；Raven 和 Taylor，2003）。例如，1 年生机会物种弯石莼（*Ulva curvata*）具有较高的 SA：V 比值，能够利用瞬时高浓度氨基盐（高 V_{max}），具有高生长率。相反，多年生刺松藻（*Codium fragile*）不能有效利用氨基盐，生长速度缓慢（Ramus and Venable，1987）。因此，海藻的“功能型”（Littler and Littler，1980）（见 1.2.2 节）（表 1.1）可能会决定其缓冲养分变化的能力。总的来说，机会物种往往是一年生的、具有快速摄取营养和快速生长的潜力、有高 SA：V 比、低营养存储以及防御草食动物的能力（可能是因为损失的组织很容易通过快速吸收养分和生长而更替），通常在富营养化环境占主导地位（Littler and Littler，1980）。另一方面，多年生物种往往生长缓慢、可以存储大量的营养物质，存储的营养在营养物质短缺时期可作为补充（Carpenter，1990）。Raven 和 Taylor（2003）研究了营养丰富的河口区的大型海藻优势物种，发现这类藻类多为生活史短暂的（即 1 年生的）、快速增长的 *r*−选择物种（见文献中表Ⅱ、Ⅱ和Ⅳ的 *r*−选择物种和 *k*−选择物种的动力学参数)。除了褐藻的水云属和间囊藻属(*Pilayella*),这类藻类几乎均属于绿藻的硬毛藻属、刚毛藻和石莼。

海藻的多细胞性导致了减少 SA : V 比值。为适应营养缺乏,有些海藻在藻体表面长出透明的毛结构,类似于在维管束植物根毛的产生。DeBoer(1981)、DeBoer 和 Whoriskey(1983)观察到在低氮浓度(如 NH_4^+<0.5 μm)和适度的搅拌条件下,沟沙菜(*Hypnea musciformis*)、江蓠属未知种(*Gracilaria* sp.)、丛生阿加德藻(*Agardhiella subulata*)和棒状仙菜(*Ceramium virgatum*,曾用名 *C. rubrum*)的毛细胞形成增加。氨基盐浓度大于 20 μmol/L 抑制毛结构的形成。有趣的是,在养分吸收率很高的藻体顶端(分生组织),毛结构内产生细胞质流;而在低吸收率的叶状体的下部则不产生。有毛结构的棒状仙菜(*Ceramium virgatum*,曾用名 *C. rubrum*)氨基盐吸收率大约是无毛藻体的 2 倍。DeBoer 和 Whoriskey(1983)认为,这些毛结构可能增加了表面积,从而增加吸收养分的"位点"数量。墨角藻属毛结构的形成始于 2 月下旬天然海水磷酸盐枯竭之前,并在 10 月停止(Hurd et al., 1993)。实验室研究发现,磷限制会促进螺旋墨角藻(*Fucus spiralis*)毛结构更迅速地形成,比无毛海藻吸收磷酸盐的速度快 2~3 倍。因此,毛结构的生产可以帮助大型海藻与浮游植物和细菌竞争磷的供应。毛结构对于提高养分获得的其他机制已在 2.6.2 节进行了讨论。

6.8.2 化学成分和营养限制

海洋浮游生物的大量化学成分分析表明其碳 : 氮 : 磷的(原子)比值为 106 : 16 : 1(即 C : N=7 : 1,N : P=16 : 1)。这通常被称为 Redfield 比值(Redfield ratio)。这类有机物的分解倾向于按相同比例发生。然而,Atkinson 和 Smith(1983)报道底栖大型海藻和海草的碳比例而言,比浮游植物消耗的磷更多、氮更少。因此,海藻碳、氮、磷比值的中间数为 550 : 30 : 1(即 C : N=18 : 1,N : P=30 : 1)。因此,海藻支持特定水平的碳净生产量的营养需求比浮游植物低很多。此外,海藻比浮游植物更不容易受到磷限制,因为海藻的 N : P 比为 30 : 1,而浮游植物为 16 : 1。海藻高 C : N : P 比被认为是由于其含有大量的结构碳和储存碳,具体含量根据物种有所区别。Niell(1976)发现褐藻比绿藻和红藻具有更高 C : N 比。海藻的平均碳水化合物和蛋白质含量分别约占无灰干重的 80%和 15%(Atkinson and Smith, 1983)。相反,浮游植物的平均碳水化合物和蛋白质含量分别为 35%和 50%(Parsons et al., 1977)。

Lapointe 等(1992)进行了广泛的调查发现,在加勒比热带海域富含碳酸盐的海水中生长的海藻与生长在温带水域的藻类其有更显著的消耗磷(相对于碳和氮),其磷含量分别占干重的 0.07%和 0.15%。热带海藻的平均组织 N : P 比为 43.4,温带海藻为 14.9。这些数据以及被证明的较高碱性磷酸酶活性表明,这些热带海藻可能趋向于磷限制,而温带海藻往往受到氮限制。

组织 C : N 比常被用来确定一个大型海藻是否受到氮限制,当 C : N 比大于 20 时表明可能受限。当提克江蓠(*G. tikvahiae*)同时受到光和氮限制时,生长率和组织 C : N 比呈抛物线关系(图 6.23),因为光和氮对生长率和组织 C : N 比的关系的作用正好相反(Lapointe and Duke, 1984)。光限制条件下下,NO_3^-吸收较固碳率高,这导致了低 C : N 比和较少的氮存储（如藻红蛋白和硝酸盐积累）。相反，高光照和氮限制条件下，固碳率较 NO_3^- 吸收高，导致高 C∶N 比以及降低的氮含量（如藻红蛋白）。

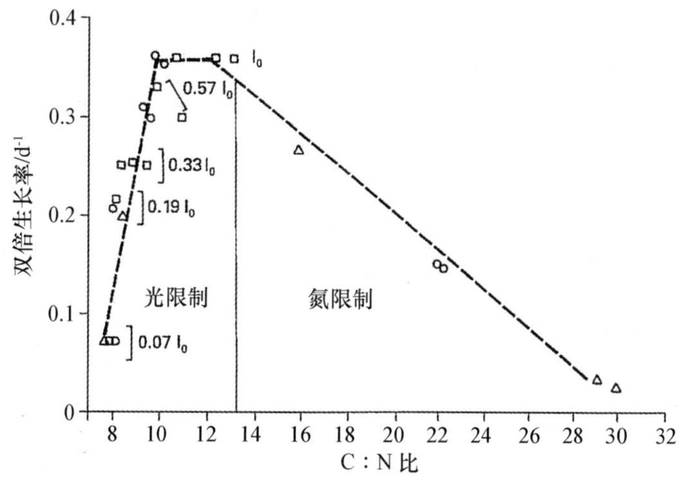

图 6.23　在光和氮限制条件下提克江蓠（*Gracilaria tikvahiae*）生长速率和组织 C∶N 比的关系（引自 Lapointe and Duke，1984）

石莼的实验室研究表明其营养供应与组织营养成分相关（氮的供给率高而磷低导致高组织 N∶P 比）（Björnsäter and Wheeler，1990）。Wheeler 和 Björnsäter（1992）测量了 5 种海藻随季节变化的组织 N∶P 比值（范围为 5~22），并将其与随季节变化的环境营养浓度及临界组织氮和磷的浓度进行了比较，发现这些分布于美国俄勒冈州的 5 种海藻受到的磷限制比氮限制更频繁，这与浮游植物长期处于氮限制的情况相反。

Redfield 比值的差异常被用来推断浮游植物的生长受到哪种营养的限制。磷限制的浮游植物 N∶P 比值大于 30∶1，氮限制的浮游植物 N∶P 比值小于 10∶1。而氮限制的海藻 C∶N 比值大于 18∶1，原因在于氨基酸和蛋白减少而碳水化合物增加（Björnsäter and Wheeler，1990）。例如，在氮饥饿条件，石莼（*Ulva lactuca*）的 β-丙氨酸和天冬酰胺浓度会降低至 1/20。红藻的氨基酸组成变化较大，而褐藻的组成更单一，其主要氨基酸包括丙氨酸、天冬氨酸和谷氨酸（Rosell and Srivastava，1985）。角叉菜的卡拉胶含量在低氮海水比在氮富足的培养介质中更高，类似的影响也存在于叶江蓠（*Gracilaria foliifera*）的琼脂含量。当组织 C∶N 比值高于 10 时，提高的氨基盐瞬时吸收率被用来预示叶江蓠和丛生阿加德藻（*Agardhiella subulata*）受到的氮限制（D'Elia and DeBoer，1978）。

许多温带海藻的化学组成随季节变化，主要因为沿海水域夏季开始的氮限制。Wheeler 和 Srivastava（1984）发现在加拿大不列颠哥伦比亚省，梨形巨藻（*Macrocystis pyrifera*，曾用名 *M. integrifolia*）的组织硝酸盐（乙醇可溶硝酸盐）和总硝酸盐与环境硝酸盐水平变化一致，在夏季达到最小值、冬季最大值（硝酸盐水平从 0~70 μmol/g（FW），总氮占干重的 0.9%~2.9%）。相反，Wheeler 和 North（1981）发现冬季加利福尼亚的梨形巨藻组织中既不积累硝酸盐也不积累氨基盐，可能因为冬季海藻生长率低而当地的光照水平高；自由氨基占可溶性氮的绝大部分；梨形巨藻幼孢子体并不储存氮素。

高分子量化合物可能参与了氮素的积累和储藏。在较低的温度下，为角叉菜提供硝酸盐或氨基盐供给时，二肽 L-瓜氨酸-L-精氨酸可以积累至很高的浓度（Laycock et al.，1981）。当海藻在春末和夏季遭遇高温、高光照和低水平的外源氮影响时，这些储备的氮可以随时被调动用于生长。因此，当环境氮消失后，快速的生长率伴随着氮储量持续减少。在低温和低光照条件下，存储的可溶性氮储量被充分利用（Rosenberg and Ramus，1982）；在这些条件下，积累率超过了生长的需求。色素或其他相关蛋白质，也可能在氮存储方面发挥次要作用（Smith et al.，1983）。很多研究发现，缺氮条件下色素含量明显降低（DeBoer，1981）。叶江蓠（*Gracilaria foliifera*）、丛生阿加德藻（*Agardhiella subulata*）和棒状仙菜（*Ceramium virgatum*，曾用名 *C. rubrum*）的叶绿素和藻红蛋白浓度受到培养基中的无机氮浓度的强烈影响。

6.8.3 营养储藏和养分有效性

养分储存与生长速率的相互作用，决定了藻类在营养限制下继续生长的时间。Pedersen 和 Borum（1996）研究了快速生长的藻类比缓慢生长的藻类更易受到营养限制这一假说，采用的材料包括浮游植物、4 种 1 年生藻类（石莼属 *Ulva*、刚毛藻属 *Cladophora*、硬毛藻属 *Chaetomorpha* 和仙菜属 *Ceramium*）以及 1 种多年生藻类墨角藻属（*Fucus*）。快速生长的藻类每单位生物量和时间的氮需求是缓慢生长藻类的 30 倍，归因于前者的生长率是后者的 10 倍而用以维持 μ_{max} 的临界氮浓度是后者的 3 倍；他们发现不同种类和形态的藻类中，氮存储池的大小没有系统性的变化。因此，营养储藏不能仅从浓度评价，因为临界氮浓度和生长速率的种间变异影响了存储池的大小以及在营养限制下维持的时间；认为夏季低营养条件限制了浮游植物和 1 年生藻类的生长；而多年生藻类如墨角藻属（*Fucus*）由于其生长速度缓慢使营养池可持续更长的时间，因此可以在夏季大部分时间维持接近最大生长率。在对磷限制的类似研究中，Pedersen 等（2010）证明奥斯陆海湾快速生长和缓慢生长的大型海藻有相似大小的存储池，但多年生海藻的生长速度较慢，使得磷存储池可以被缓慢使用达数周（表 6.6）。因此，将存储池看做营养的供给和需求，而存储容量（即存储池可以维持多长时间）代表供给，生长率则代表需求。同时，还发现当夏季磷受到限制时，藻体较薄、生长快速的物种如石莼属（*Ulva*）和仙菜属（*Ceramium*）受到磷限制，因为其存储的磷会很快用完；相反，藻体较厚、生长缓慢的物种如墨角藻属（*Fucus*）和囊叶藻属（*Ascophyllum*）则很少受到磷限制，因为其拥有更大的磷存储容量（表 6.6）（Pedersen et al.，2010）。

表 6.6 临界和最大组织磷浓度（平均±SD）、绝对的磷存储量、支持最大生长率的磷存储容量以及支持模拟的季节性生长率的磷存储容量

种名	临界组织磷浓度 /（μmol·g^{-1}）（DW）	最大组织磷浓度 /（μmol·g^{-1}）（DW）	绝对磷存储量 wk	最大生长率的磷存储容量 /wk	模拟季节性生长率的磷存储容量 /wk
石莼（*Ulva lactuca*）	65.5	125±20	59.5	2 （2~2）	4 （3~4）
Ceramium virgatum	142.9	186±22	43.1	1 （1~2）	5 （4~7）
墨角藻（*Fucus vesiculous*）	<38.7	173±7	>134.3	>10 （10~13）	>12 （11~>52）

续表

种名	临界组织磷浓度 /（μmol · g^{-1}）（DW）	最大组织磷浓度 /（μmol · g^{-1}）（DW）	绝对磷存储量 wk	最大生长率的磷存储容量 /wk	模拟季节性生长率的磷存储容量 /wk
齿缘墨角藻（*Fucus serratus*）	71.9	161±20	89.1	8 （7~11）	11 （11~>52）
瘤状囊叶藻（*Ascophyllum nodosum*）	48.1	90±9	41.9	12 （11~16）	22 （15~>52）
掌状海带（*Laminaria digitata*）	69.4	133	63.6	19 （17~31）	>52 （>52~>52）

（引自 Pedersen et al.，2010）

光照和温度对生长的限制往往可以解除氮吸收和存储对生长的影响。低光和低温通过降低生长率减少海藻的需求，因此存储池或较低的营养供应可能足以在数周内维持最大生长率，即较低的需求和较低的供应相平衡（Duke et al.，1989）。这可以解释为什么海藻在低光照和低温度下积累氮，因为氮的吸收受光和温度的限制可能比其对生长的限制小。

6.8.4　生长率和分布

海藻的生长和生产力部分受到环境因素如光照、温度、养分供应和水体运动等的影响。对加拿大东部长茎海带（*Saccharina longicruris*）经典的季节性研究实验，阐明了营养供应量（尤其是氮）明显的季节性波动（Hatcher et al.，1977；Gagne et al.，1982）。这些海带床有两个主要限制因素，光照和氮的可用性。在沿岸上升流站位，氮全年存在；而在附近的小海湾，存在 8 个月的氮限制。在这两个站位光照和不同氮素供应量的相互作用导致了海藻生长的显著季节差异。在氮限制的海湾，大型海藻主要在冬季和早春的氮供应期生长。大型藻体可以在晚秋和冬季储存大量的无机氮和有机氮，并在春末夏初当氮限制而光照条件改善时用于藻体生长（图 6.24）。因此，在春季当氮限制时至少还能够延长生长 2 个月。夏季高光照情况下，海湾处的海藻可进行碳水化合物（海带淀粉）的存储。在冬季即使光合作用受到低光照限制时，这些存储碳可以和氮（高环境浓度）一起生成氨基酸和蛋白质用于海藻生长。上升流站位的海藻不储备海带多糖，夏季生长率和光照同样达到最大值，此时上升流带来大量氮供给（图 6.24）。由于这些海藻没有碳水化合物的储备，在初冬辐照度下降时它们的生长率随之下降。

类似于上述比较的上升流站位和小海湾海藻分布的例子，还包括北极和南极海藻的比较。北极氮的供应量季节性波动强，夏季通常为氮限制，该地区特有的方足海带（*Laminaria solidungula*）具有较强的存储能力和高 V_{max}，使其可利用春季高浓度的硝酸盐（图 6.25）（Korb and Gerard，2000）；方足海带在氮贫瘠的夏季停止生长，同时积累碳骨架，并用于早春时低光照但存在硝酸盐的情况；同时具有利用硝酸盐和氨基盐的能力，通过大量的吸收和储存以尽量减少季节性低氮的影响。与此相反，南极和上升流站位情况类似，

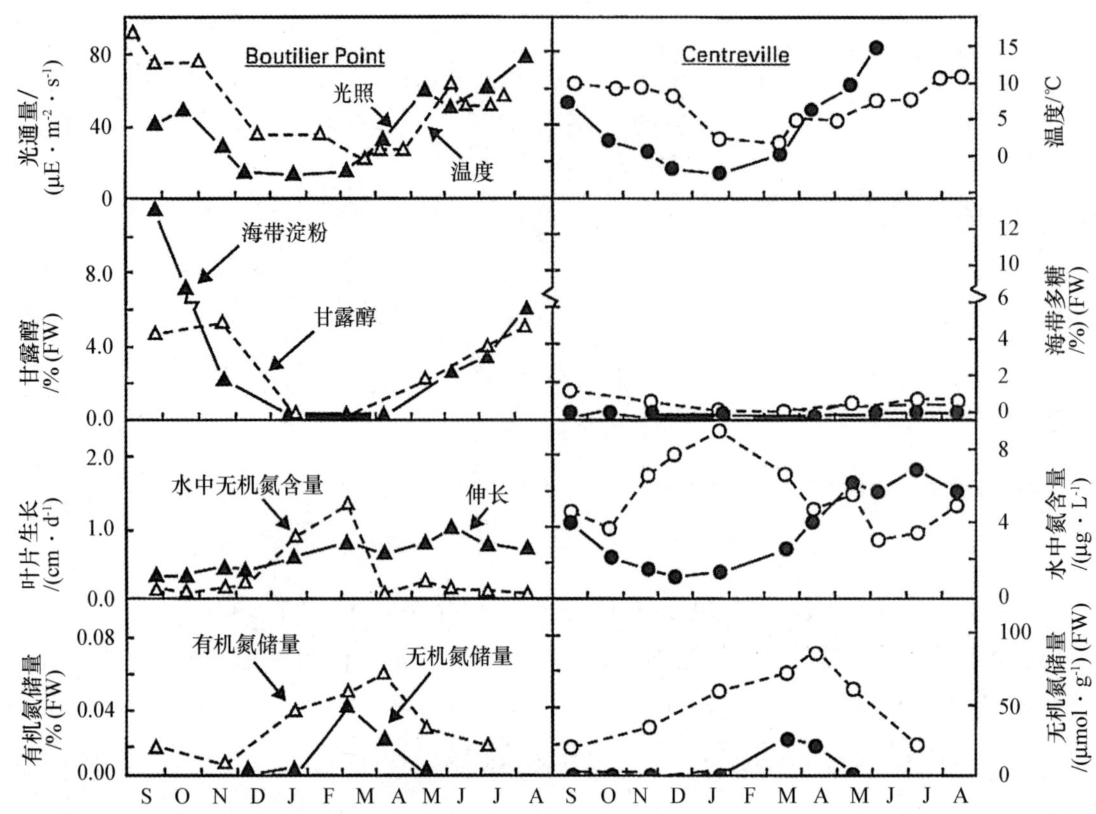

图 6.24 分布于新斯科舍两个光照和氮环境差异较大站位的长茎海带（*Saccharina longreruris*）的叶片生长、内部的无机和有机氮储量、海带多糖和甘露醇含量（引自 Gagne et al.，1982）

其营养元素很少受到限制。南极特有的酸藻目海藻大叶海氏藻（*Himantothallus grandifolius*）具有较高的氨基盐 V_{max}（图 6.25），可以利用氨基盐。长时间的黑暗条件会大量降低硝酸盐吸收，但对氨基盐的吸收影响较小。因此，该物种表现出较强的节能特性，因为同化氨基盐比硝酸盐需要更少的能量。

通过再生和其他过程，即使在环境营养物质处于极限浓度时，也总会有养分供应。机会物种往往具有高亲和力吸收系统，即使在限制浓度或临近限制浓度，也可以吸收营养物质。一年生鞭状索藻（*Chordaria flagelliformis*）即使在环境氮枯竭的夏季也保持较高的生长率（Probyn and Chapman，1982）。索藻属（*Chordaria*）对硝酸盐、氨基盐和尿素均具有非常低的 K_s 值（0.2～0.5 μmol/L），因此这些 1 年生物种可以将环境氮全部吸收（Probyn and Chapman，1983）。索藻属的细胞内氮库很小（占干重的 0.1%～0.4%），证明其是一种典型机会物种，其新吸收的氮几乎全部用于生长而不是储存。

6.8.5 营养富集对群落相互作用的影响

营养富集对于短暂/机会主义物种产生的复杂影响如图 6.26 所示。存在着大量的相互作用因素，如三大类初级生产者，微藻（浮游植物和附生植物）、多年生冠状大型海藻和 1 年生赤潮海藻，一系列的食草动物及其捕食者均与非生物因素如光、温度、波浪暴露、基质类型存在着相互作用。因此，海藻群落对于简单营养富集的响应非常多样，存在许多例外情况

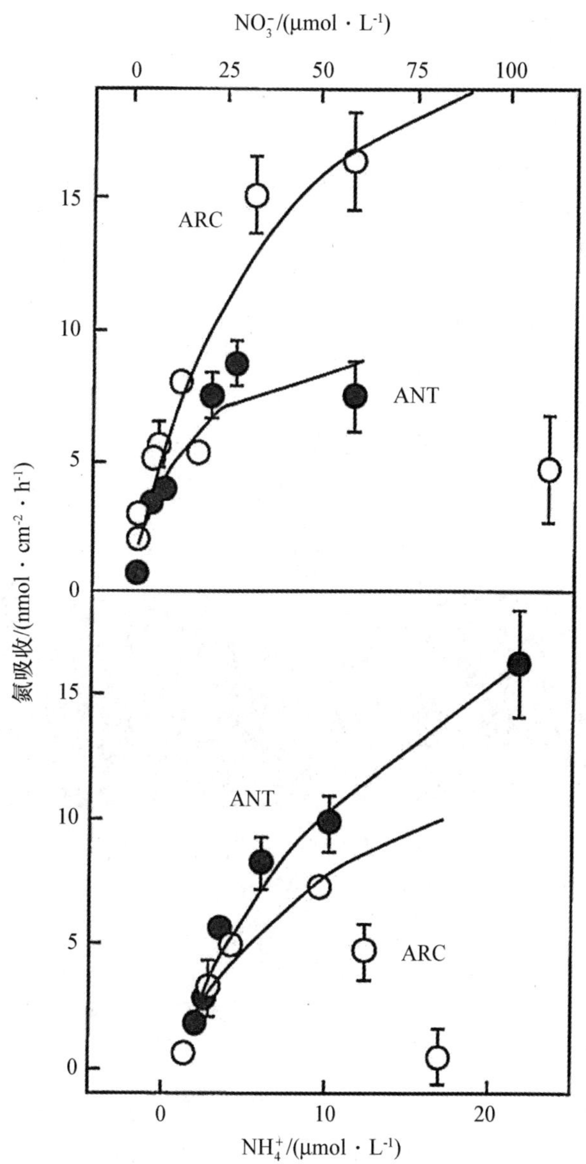

图 6.25　南极的海氏藻属（*Himantothallus*）（ANT）和北极海带属（*Laminaria*）（ARC）在不同的 NO_3 和 NH_4 浓度吸收硝酸盐和氨基盐的能力（引自 Korb and Gerard，2000）

（Valiela et al.，1997；Worm and Lotze，2006；Russell and Connell，2007；Karufvelin et al.，2010）。下面提供了一些营养富集对群落结构影响的例子。然而，中型实验生态系即使包括统计学重复也无法完全模拟现实情况，在自然环境中可能会产生不同的结果，特别是当存在着浮游植物时（参见 9.6 节关于富营养化的内容）。

很多研究专注于分析海藻的生理生态特征（如养分吸收动力学或 SA：V 比值）是否可以解释大型藻类发生水华时的模式。Lotze 和 Schramm（2000）认为，波罗的海间囊藻属（*Pilayella*）对浒苔属（*Enteromorpha*，现归类于 *Ulva* 属）的压倒性优势不能通过种间的生理差异来解释。他们发现物种分布受到藻类不同的越冬和招募策略，以及草食动物选择的强烈控制。野外试验中，养分富集对于两个物种的影响是同样的，因为其具有相似的养分吸收

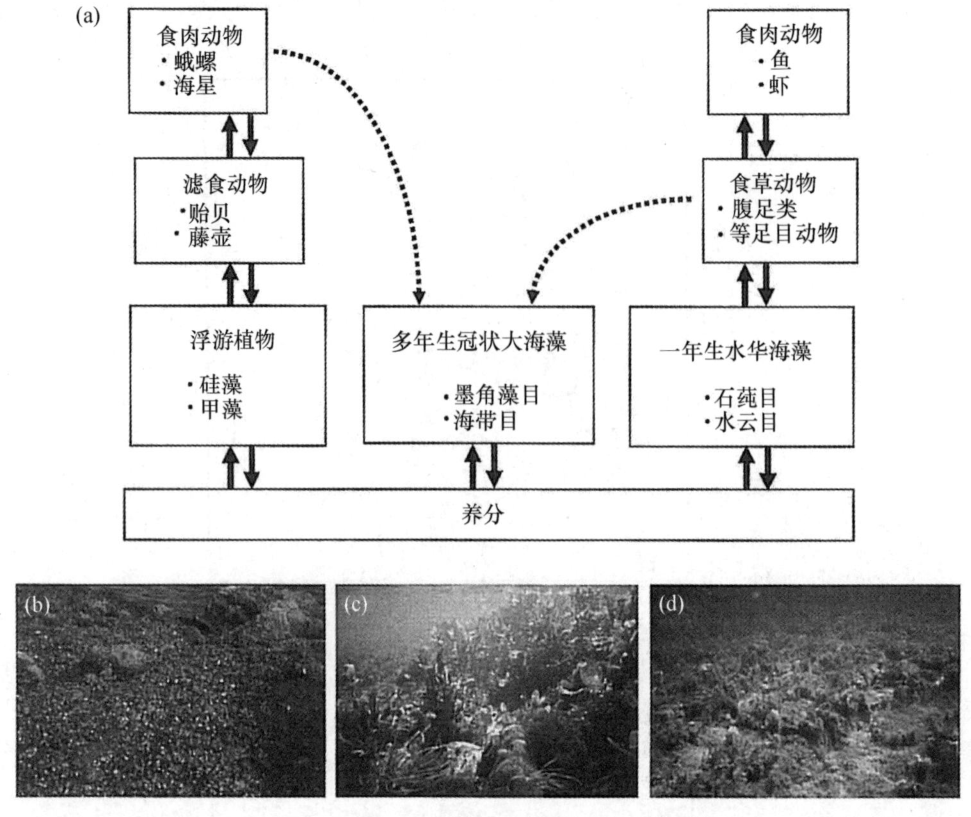

图 6.26　群落食物网的相互作用

注：向上的箭头表示资源（自下而上）的影响和向下箭头表示消费者（“自上而下”）的影响。虚线箭头表示间接正效应。营养富集促进浮游植物和 1 年生赤潮藻类的生长。食肉动物和食草动物限制了滤食动物和 1 年生藻类的生长，可能会间接地维持多年生藻类。过度富营养化可以推翻自上而下的控制，有利于贻贝床（b）或 1 年生藻类（d）的发展，上述两者均会取代多年生藻类冠层年度藻类（c）（引自 Worm and Lotze，2006）。

动力学；但是当食草动物存在时，由于其偏好摄食浒苔属（*Enteromorpha*，现归类于 *Ulva* 属）导致间囊藻属（*Pilayella*）占优势地位。因此，研究野外环境的物种优势时考虑群落的相互作用。

当研究从 2.5 a 延长至 5 a 时，基岩海岸生物群落补充营养后产生了显著不同的结果。氮和磷被添加给潮间带以墨角藻为主的生物群落（Bokn et al.，2003）。2.5 a 后，快速生长的短暂/机会绿藻增加，而丝状红藻和大型多年生褐藻基本未受影响。然而，墨角藻的生物量仍占主导地位。因此，已经形成的基岩海岸群落似乎能够抵御营养增加的影响。Bokn 等（2003）认为藻类冠层引起的对空间和光的竞争、食草动物对机会海藻的优先摄食以及物理干扰的共同作用，阻止了快速生长的藻类在 2.5 a 后成为优势物种。额外的招募研究表明，在产生可用空间的同时食草动物较少的情况下，机会藻类可能成为优势物种。2.5 a 的研究显示养分富集的效应是一个非常缓慢的过程，可能不足以刺激一些基岩群落结构的变化。进一步的研究继续增加了 2.5 a（即总研究时间为 5 a），然后发现了令人惊讶的结果（Kraufvelin et al.，2006）。在持续养分富集的第 4 年，墨角藻（*Fucus vesiculosus*）和齿缘墨角藻（*Fucus serratus*）开始减少；在第 5 年这些冠状物种完全被机会绿藻取代。后续研究再次持续了 2 a，仅使用天然海水来确定藻类群落是否能恢复原来的墨角藻优势群落。在不到 2 a 的时间里，藻类和动物群落均恢复正常。这一长期研究表明养分富集的响应可能有一个长期的延迟（长达 4 a），但恢复的速度非常快。因此，群落变化的短期研究（如 2 a）得出的结论需要经过谨慎考虑，而长期的研究是必要的。在潮池中，硝酸盐的浓度受到上升流、混合的潮汐和风，以及微生物活性的影响，而氨基盐的浓度则受当地无脊椎动物排泄物（Bracken and Nielsen，2004）和微生物氧化的控制。在低潮中，两种氮形式均可供海藻利用，而 Bracken 和 Stachowicz（2006）发现不同海藻对硝酸盐和氨基盐的利用是互补的；有些物种则偏好利用硝酸盐，而有些物种偏好利用氨基盐。因此，当硝酸盐和氨基盐同时存在时，混合群落的吸收率比单一群落高 22%，因为不同物种可互补利用不同形式的氮。

岸边的潮位可以与草食动物交互影响着海藻群落的结构和丰富度，并最终影响海藻集群的氮吸收。食草动物不会影响藻类丰度，但低岸位草食动物与具有较高硝酸盐吸收率的藻类相关（Bracken et al.，2011）。生活在高岸位的物种具有较高的生物量和特异性硝酸盐吸收率，特别是在高硝酸盐浓度条件下。当硝酸盐浓度低时，被摄食的海藻硝酸盐吸收率的较低，有可能是由于本来具有高 SA：V 比值的海藻被摄食后损失了年轻叶片而导致 SA：V 比值降低。Bracken 等（2011）认为当单独考虑硝酸盐吸收和海藻丰度时，它们之间并不存在相互关系。然而，当将丰度、食草动物和硝酸盐吸收同时进行评估时，所有 3 个因素在低硝酸盐浓度下对硝酸盐吸收具有很强的影响。

选择性摄食可以通过去除年轻叶片对某些种类的藻类生物量有自上而下的影响，反过来通过减少氮的吸收产生自下而上的效果。摄食和营养吸收之间的相互作用可能会大大影响潮间带群落的结构和功能。当小型甲壳动物摄食大型海藻时，往往选择更可口和具有更少化学防御的顶端区域和年幼叶片（Bracken and Stachowicz，2007）。海藻的这些部分通常具有较高的生长率和高 SA：V 比值，导致其不成比例的高养分吸收率。Bracken 和 Stachowicz（2007）发现螃蟹（*Pugettia producta*）选择性地摄食门氏优秀藻（*Egregia menziesii*）具有高 SA：V 比的叶片部分，降低了剩余 65%藻类组织的生物量特异性的氮吸收率（图 6.27）。这种摄食的影响往往非常强烈，会导致形态发生剧烈的变化（图 6.28）。

Bracken 和 Nielsen（2004）选择不同容积和贝类生物量的潮池来检测氮负荷和藻类多样性之间的关系，来评估局部尺度的氨基盐排泄对海藻多样性的影响。由于贻贝排泄氨基盐形成的高氮负荷，导致了海藻物种数量的倍增以及快速生长、氨基盐吸收率高物种的较高丰度以满足其较高的氮需求；认为生态系统具有一个营养负荷的临界水平：低于该水平时，当系统养分有限时少量的营养补充会增加物种多样性；高于该水平时，过度富集会导致多样性下降。

牙买加和佛罗里达州东南部的礁石似乎已经超过了富营养化的临界水平，产生显著的大型海藻藻华（如硬毛藻属 *Chaetomorpha*、马尾藻属 *Sargassum* 和松藻属 *Codium*）。对于这些藻华形成的原因有不同的观点。Hughes 等（1999）认为原因主要为食草动物的减少，而 Lapointe（1999）则认为食草动物的减少和人类活动导致的营养输入都很重要。Lapointe（1997）证明了自上而下的摄食和养分提供对确定珊瑚、藻甸藻类、珊瑚藻类和大型藻类之间相对优势的作用（图 3.8）。Lapointe（1999）认为，大型藻甸藻类的增加是两个因素的综

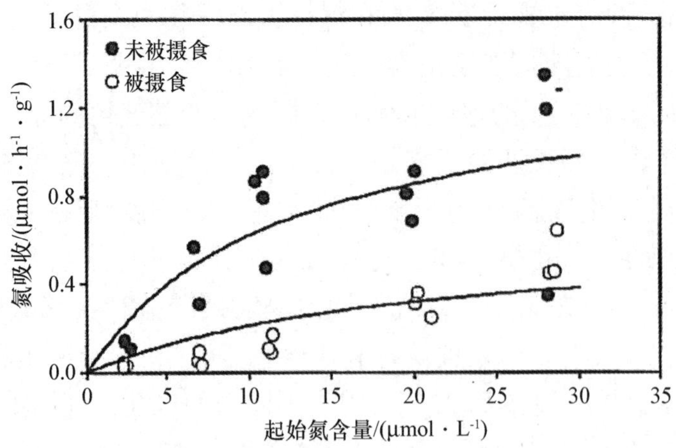

图 6.27 受到摄食和未被摄食的门氏优秀藻（*Egregia menziesii*）的硝酸盐吸收和 NO_3 浓度的关系（引自 Bracken and Stachowicz，2007）

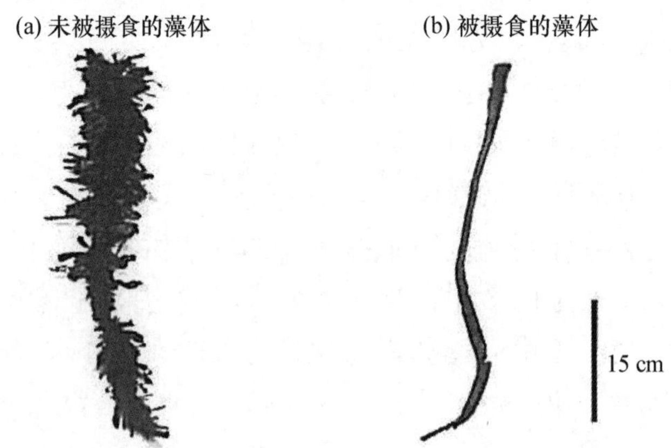

图 6.28 未被摄食（a）的门氏优秀藻（*Egregia menziesii*）具有很多叶片；被蟹类（*Pugettia producta*）摄食（b）的门氏优秀藻仅保留了中央柄部（引自 Bracken and Stachowicz，2007）

合作用：一个因素是由于过度捕捞和海胆（*Diadema*）广泛死亡导致的食草动物减少，第二个因素是当天然养分输入低时通过污水和地下输入导致的养分增加。因此，在天然高营养输入的牙买加北部海岸，如图 3.8 的右下象限所示，大型海藻占统治地位，而不是藻甸藻类。水体营养盐的浓度代表了各种通量/比率，如内部养分循环、藻类同化和外部输入的净残差和，并为藻类生长的营养充足性或限制性提供了直接评估。一些物种的生长率和 DIN 浓度之间的关系表明，当在珊瑚礁站位的 DIN 平均浓度小于 0.5 μmol/L 时，生长率则受到 DIN 的限制，与流速无关。在这些条件下，DIN 浓度的增加可能导致生长率的增加以及藻类的发生（图 6.29）。对于磷元素而言，阈值为 0.1~0.2 μmol/L（Lapointe et al.，1992）。在牙买加富碳酸盐礁石区，大型藻类如线形硬毛藻（*Chaetomorpha linum*）受到定期的磷限制，实验表明地下水中的高 DIN：P 比值（85）、高的组织 C：P 比（973）和 N：P 比（45）以及高碱性磷酸酶活性。相比之下，佛罗里达州东南部的碎屑礁石区的大型藻类如狭枝松藻

（*Codium isthmocladum*）则受到氮限制（Lapointe 1997）。在活跃的地下水出流站位，锯叶蕨藻（*Caulerpa brachypus*）在过去的几十年里快速入侵（Lapointe and Bedford，2010），有些类似于地中海地区的杉叶蕨藻（*Caulerpa taxifolia*）的入侵。

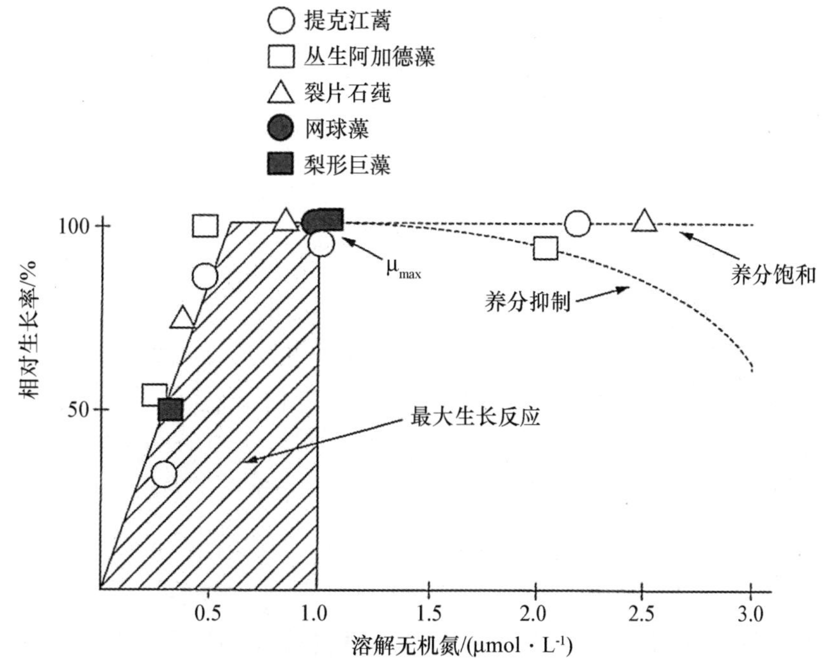

图 6.29　几个大型海藻的相对生长率（μ：μ_{max}）和溶解无机氮（DIN）的关系

注：阴影区表示 DIN 从 0 和 0.5～1 μmol/L 的氮限制。当 DIN>1 μmol/L，生长率达到 μ_{max} 或由于附生生物污染或毒性特别是 NH_4 的影响而减小（引自 Lapointe，1999）。

6.9　小结

大型海藻构成了全球 5%～10% 的海洋初级生产力，在浅水区每单位面积的生物量可能是浮游植物的 400 倍。由于海藻的生长速度比浮游植物慢，其氮需求也低于浮游植物，因此更容易在营养限制时期生存。浮游植物的化学成分是 106C：16N：1P（原子；即 C：N=7：1，N：P=16：1），而大型海藻的这一比值为 550C：30N：1P（即 C：N=18：1，N：P=30：1）。因此，需要支持特定水平净碳生产的营养量在海藻中比浮游植物低得多。此外，海藻的 N：P 比为 30：1，而浮游植物为 16：1，因此大型海藻更不容易受到磷限制。大型海藻中高的碳、氮、磷比被认为是由于其具有大量的结构和储存碳。

海藻需要各种矿物质离子用于生长，氮是其中最常受到限制的，其次是磷，而在一些特殊情况下为铁。元素以离子状态（带电粒子）被吸收，首先扩散到细胞表面，然后通过细胞壁和细胞膜/质膜。离子可以被动地通过质膜，方式包括被动扩散和促进扩散；然而，通常是由一个需要能量的主动过程输送。对于大多数的离子，离子吸收速率与海水中的离子浓度之间的关系可以用矩形双曲线描述，其中代表 V_{max} 最大吸收速率，K_s 代表速度达到 V_{max} 的一半时的浓度，V_{max}：K_s 代表营养元素的亲和性。许多情况下不形成饱和吸收动力学，吸收率和浓度呈线性关系。通过藻类组织中的同位素积累或通过检测培养基中营养物质的消失可以测量养分的吸收速率。当给一些氮限制的 1 年生物种（尤其是机会物种）重新补充氮（尤其是氨基盐）后，其吸收率的时间序列可以分为不同阶段。“潮”吸收（V_s）发生在池填充过程的前 1 h，之后是接近同化率（营养元素同化为氨基酸）的较慢吸收速率（V_i）。

比较各种海藻营养需求的另一种方法是比较最大养分吸收率与养分在最大环境浓度时吸收率之间的比值。这个比值被称为“安全系数”，其提供了对营养吸收系统的过剩生产力的简单评估。因此，低的安全系数意味着吸收系统的运行接近于最大速率。海藻硝酸盐和磷酸盐吸收以及浮游植物氨基盐吸收的安全系数往往较低，而海藻氨基盐吸收的安全系数较高。因此，氨基盐可能对于海藻而言是一个非常重要的氮源，因为海藻对氨基盐吸收能力比硝酸盐高 3 倍（即 5 μmol/L NO_3^-的吸收率＝1. 5 μmol/L NH_4^+的吸收率）。

溶解无机氮（硝酸盐、亚硝酸盐、氨基盐）和有机氮（尿素、氨基酸）是海藻的主要氮源。所有氮形式中氨基盐是大多数海藻的首选。氮和其他离子的吸收速率受到光照、温度、水流运动、干燥程度、元素离子形式等因素的影响。影响吸收的生物因素包括组织类型、海藻年龄（1 年生或多年生）、过去的营养历史和海藻间差异。片状或丝状藻体具有更高的表面积：体积比，吸收率往往比较厚的海藻高。当离子被吸收后，部分（如氮、磷、硫）可能被转运到藻体（特别是大型海藻如海带）的其他组织内。

硝酸盐和氨基盐被吸收后，通常被同化成氨基酸和蛋白质。硝酸盐在细胞内通过硝酸盐还原酶和亚硝酸盐还原酶被还原为氨基盐。氨基盐主要通过谷氨酰胺合成酶途径被合成氨基酸。谷氨酰胺是第一个产物，之后通过氨基转移酶形成其他氨基酸。营养物质常被储存在细胞质和液泡中，特别是当吸收率大于生长率时。

几个 P_i限制的情况出现在加勒比海附近的碳酸盐礁石区和奥斯陆海湾，前者由于 P_i常与碳酸钙结合，而后者则是由于人为输入。海藻可以吸收阳性磷酸离子，或者通过碱性磷酸酶裂解有机化合物获得 P_i。磷最重要的作用是参与光合作用和呼吸作用中的 ATP 和其他高能化合物的能量传递。

珊瑚藻是大型海藻中的特殊类群，可以在藻体表面和内部沉积碳酸钙；壳状珊瑚藻在热带珊瑚礁的形成中具有重要贡献。大约 5%的藻类会发生钙化，其化石记录可以向前追溯到前寒武纪时期。珊瑚藻大多存在于潮下带和低潮间带区域，因为其对干燥比较敏感。令人吃惊的是，一些珊瑚藻生长于 260 m 深的海域，是目前已知分布最深的底栖藻类；尽管这些海藻被碳酸钙覆盖几乎无法接受光照。珊瑚藻是生长最慢的大型海藻，“生长带”证明其寿命可以超过 700 a，可能是寿命最长的海洋生物。由于碳酸钙可以阻止摄食，即使在摄食作用最强烈的区域它们也可以存活。碳酸钙存在两种晶体形式，方解石和霰石，后者是最常见的沉积形式，特别是在壳状珊瑚中。珊瑚藻的钙化模型非常多样。一般来说，钙化和光合作用成正比，CO_3^{2-}浓度受到光的刺激，并在年幼组织中最高。在光合作用过程中，CO_2和 HCO_3^-从细胞间隙中被吸收，导致细胞内 pH 值（即 $HCO_3^- \rightarrow CO_2 + OH^-$）和 CO_3^{2-}浓度的增加以及后续的霰石沉积。海洋酸化导致了 pH 值和 CO_2分压（pCO_2）的增加，并产生一个较低的碳酸盐饱和状态。高镁含量的霰石先于方解石溶解，因为高镁含量会增加碳酸钙在海水中的溶解度。这可能会导致壳状珊瑚藻的丰度降低，形成更多的肉质海藻。此外，壳状珊瑚藻比珊瑚对于增加的二氧化碳更为敏感。由于海洋酸化和全球变暖的同时发生，二氧化碳分压和温度的增加对钙化作用的影响应进行长期的析因设计实验来同时评估基因型适应而不是表型驯化的作用。

铁化学及其生物利用比较复杂，受到铁元素形态（有机和无机）、藻类吸收机制、光照、温度、特别是微生物的相互作用和再循环的影响。铁在海水的 pH 条件下相对不可溶（0.2 nmol/L），因此主要以不溶性氧化物和氢氧化物形式存在，如 $Fe(OH)_3$，但 Fe（Ⅲ）也可以形成有机胶质。一些生物产生的有机物质可以作为配体与铁结合，从而增加了其数倍的溶解度。有机铁络合物可被吸收并作为无机铁在细胞内释放。这些海洋配体类似于土壤微生物形成的铁载体用以隔离/结合铁。因此，在一些地区高达 99%的铁是有机结合的，但只有部分有机络合铁可以被生物利用。海藻吸收铁的研究报道较少，可能是因为铁在近岸潮下带很少受到限制。然而，海带、裙带菜和壳状珊瑚藻石叶藻属（*Lithophyllum*）对于铁吸收的研究表明，在日本北部海域铁环境浓度极低（<2 nmol/L）的情况下，海带和裙带菜会受到铁限制。海带和裙带菜只有当铁浓度达到 0.3 μmol/L 以上时呈现饱和吸收率，比石叶藻属呈现饱和吸收率的铁浓度（在<0.1 nmol/L 的浓度下也可以生长）高 50 倍。

外部养分浓度和生长速率之间的关系与养分吸收类似，可以用矩形双曲线表示。只有当营养不限制生长或在营养限制条件下发生稳态生长时，吸收率和生长率趋于相等。海藻生长的半饱和常数（K_s）一般要高于浮游植物，表明浮游植物对氮具有较高的亲和力，而在氮浓度较低时浮游植物可能优于大型海藻生长。生长速率也与组织中的营养物质浓度有关，临界组织浓度存在于生长开始饱和的区域。大型海藻不只具有一个临界组织氮浓度，因为光可以通过改变含氮成分如色素、RuBisCO 以及氮储量来改变最大光合作用和生长所需要的氮。通过将组织氮和氮磷浓度与实验室确定的临界组织浓度进行每月的比较，可以用组织营养浓度评估营养限制。最大比最小的组织氮比值是评价氮素储存能力的一个指标。

海藻的“功能型”可以决定其对养分变化的响应能力。总的来说，机会物种往往是片状或丝状的 1 年生生物、养分吸收和生长速度快、具有高 SA∶V 比、低的营养存储能力以及防御摄食的能力（可能是因为损失的组织很容易通过快速的营养吸收和生长更替），并通常在富营养化的环境中占主导地位。另一方面，多年生物种往往体积较大、藻体较厚、生长缓慢、并可存储大量的营养物质，而这些存储的营养可在营养物质短缺时作为缓冲。

营养储存和临界氮浓度与生长速率相互作用，决定了存储池可以持续的时间，继而决定了藻类可以在营养限制下继续生长的时间。夏季低浓度养分限制了浮游植物和 1 年生藻类的生长，而生长缓慢的多年生藻类如墨角藻可以保持接近最大生长率，原因在于其缓慢的生长速度（即低营养需求）使营养池可以持续更长的时间。因此，长期的营养限制下的生长体现了供应与需求之间的平衡，藻类的存储容量（即存储池可以维持生长的时间）代表了供应，而生长率表示需求。

温带海藻床有两个主要限制因素，即光照和氮的可用性。在上升流区与小海湾中光照和不同氮素供应量之间的相互作用，证明海藻生长的季节性模式存在显著差异。在氮限制的海湾，大型海藻主要在冬季和早春的氮供应期生长，而在春末夏初当氮受到限制时利用存储氮生长。因此，能在春季氮限制的条件下延长生长至少两个月。在夏季，当照度高时，海湾的大型海藻可以储存碳水化合物（海带淀粉）用于在初冬光合作用受到光照限制时的生长。在上升流站位，藻体不储存海带淀粉，其生长率和辐照度相关，在夏季上升流提供高氮时生长率达到最大。由于这些海藻没有碳水化合物储备，因此在初冬辐照度下降时生长率也随之下降。

群落对增加的养分富集会产生多样性的响应，会存在很多例外现象，如增加的营养导致机会/一年生物种的快速生长。存在许多相互作用的因素，如各种初级生产者（浮游植物和附生生物、多年生冠状大型海藻和1年生藻华海藻），一系列的食草动物及其捕食者都与其他因素如光照、温度、波浪暴露、基质类型、盐度等存在相互作用。此外，中型生态系统因其容易进行统计学重复而经常被用于研究，但其往往不能完全模拟现实情况，可能会产生与自然环境不同的结果，特别是由于生态系统中浮游植物趋于增加产生的差异。不同研究间差异的原因可能还包括研究的持续时间。例如，2 a的研究发现海藻对营养富集的响应较小，但当研究持续5 a后则发现了延迟和戏剧性的响应。

摄食和养分吸收之间的相互作用可能会显著影响潮间带群落的结构和功能。选择性摄食可以通过去除年幼叶片形成自上而下的影响，而反过来通过减少氮吸收会形成自下而上的效应。当小型甲壳动物摄食大型海藻时，往往偏好更可口的顶端区域和幼嫩的叶片。针对潮池的研究发现，由于无脊椎动物如贻贝的氨基盐排泄物引起的高氮负荷，会导致快速生长物种的物种数量倍增、丰度提高，这类物种的氨基盐吸收率较高可以满足其较高的氮需求。一个生态系统具有一个营养负荷的临界水平：当低于该水平时，在营养限制的系统中少量添加营养往往会增加多样性；而当高于该水平时，过度的营养往往会导致多样性的下降。

第7章　海藻生物学的环境胁迫理化因子

7.1　什么是胁迫

任何环境因素在超过了一个海藻物种可容忍的上限或下限阈值时都可能成为该物种的“胁迫”因子。海藻群落是由多种外部的生物和非生物因素和单一物种的内部响应的复杂相互作用所决定的。这些因素随空间或时间变化并不是恒定不变的，需要频繁的代谢调整，因此称为驯化（acclimation）（见1.1.3节）。遗传基础对于驯化所设置的限制称为适应（adaptation）。物种特异性的适应和驯化效果的改变决定了物种与其他物种的相互竞争是否成功，从而形成了自然条件下复杂的海藻群落组成。例如，目前公认大型海藻的许多生物相互作用（如竞争、捕食等），以及海藻控制这些相互作用的方式是由环境胁迫介导的（Menge et al.，2003）。非生物因素的重大变化主要是沿空间和时间尺度。在空间尺度上，沿全球范围的纬度梯度存在温度、光照的季节性变化，沿海岸线坡度梯度存在从潮间带至潮下带的变化；但即使在非常小的尺度上（如藻垫）也存在非生物环境的剧烈变化（Bischof et al.，2006b）。在时间尺度上，非生物因素存在自然波动如季节变化，昼夜循环或潮汐周期，气候的变化如南方厄尔尼诺（ENSO）事件。海藻生存的理化环境处于不断的自然变化之中，这种变化程度被称为“生境稳定性”（habitat stability），并往往与大型海藻类群的垂直分带模式紧密相连，潮间带物种生长于环境最苛刻的、最不稳定的栖息地（Davison and Pearson，1996）（见3.1节）。显然，不同空间尺度环境胁迫的量级可以解释海藻的分布格局，已有研究报道了赫尔戈兰岛潮间带岩石区海藻集群的情况（Valdivia et al.，2011）。Valdivia等（2011）认为群落结构的垂直变化显著高于斑块和站位尺度的水平变化，但低于沿岸尺度的水平变化。目前最受关注的研究工作是对于人为造成的非生物环境的变化，这包括了从局部到全球的尺度。

耐受度具有物种、阶段甚至样品特异性的，Davison和Pearson（1996）指出：“胁迫必须被定义为个体的响应而不是特定的环境变量值”；并提出了“限制性胁迫”（limitation stress）和“破坏性胁迫”（disruptive stress）的概念，前者指由于资源供给不足导致的生长降低（或其他综合参数如繁殖、招募），后者则包括产生了生理/细胞损伤或需要代谢活动来抵消/修复损伤。一个环境变量是否产生胁迫可能不仅仅取决于其严重程度，同时也取决于其持续的时间、频率和其他环境因素的相互作用（图7.1）。

生理应激常与“氧化应激”有关。在环境条件下，通过电子传输链（如在线粒体呼吸或光合作用中）形成限制电子流，电子可能会转移到O_2，最终成为活性氧（ROS）。这也适用于超氧阴离子自由基（O_2^-）、单线态氧（$^1O_2$）和羟基自由基（HO^-）。此外，过氧化氢

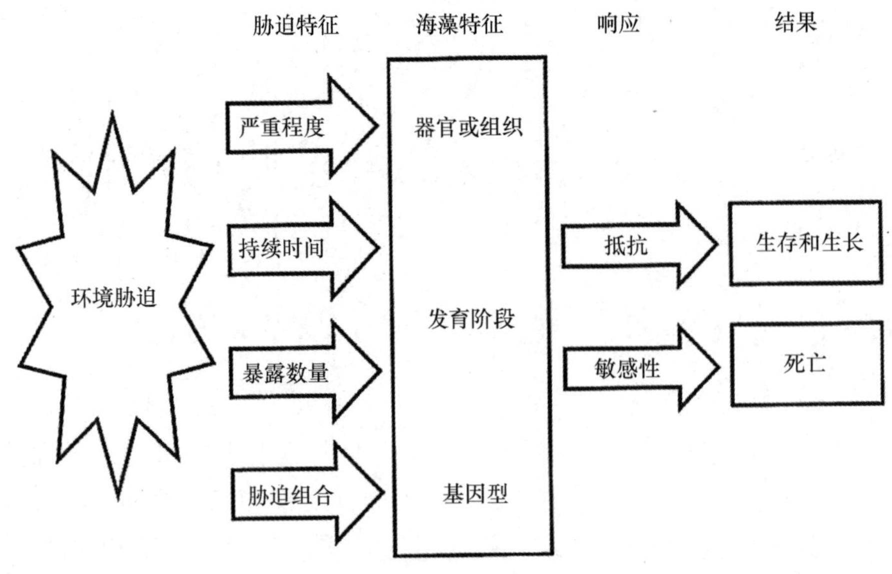

图 7.1　个体海藻的非生物胁迫程度取决于外部和内在因素的复杂相互作用

（引自 Buchanan et al.，2000）

（H_2O_2）通常也包含在 ROS 类群中。事实上，任何一种环境胁迫，如高辐照度、温度和盐胁迫、营养不良、污染等，均可能增加 ROS 形成的可能性，随之造成生物分子和生理过程的氧化损伤。本章将重点讨论自然以及人为导致的理化因素变化从生物地理学、垂直成带和胁迫生理方面对大型海藻群落方面的影响。

7.2　温度和盐度的自然范围

7.2.1　开放沿海水域

海洋表面温度有两种主要的变化方式。首先，温度从低纬度向高纬度地区降低，从约 28℃的热带到 0℃的两极，同时这种变化趋势也受洋流的显著影响。其次，中纬度地区的季节变化对海洋温度影响较大。在热带和极地地区，年温度变化范围往往小于 2℃（Kinne，1970），而在中纬度地区常为 5～10℃。

最新表示盐度的国际标准称为“绝对盐度 S_A”（absolute salinity S_A），是根据 TEOS-10 标准，利用海水中盐的质量分数，根据每千克海水中溶解盐的克数计算；因而非常类似于以前的“千分（parts per thousand）”概念（Wright et al.，2010）。在应用领域，盐度可以用电导仪、或折射仪（测量光的折射）、或比重计（测量密度）进行测量，这种测量不准确，但速度较快，并同时具有温度依赖性。

开放海洋表层水的盐度一般为 34～37（S_A），在高降雨量的海岸地区稍低，而在高蒸发率和低降雨量的热带地区稍高（Groen，1980）。某些海域具有明显较高或较低的盐度。地中海具有较高的蒸发和较少的淡水流入率，其盐度为 38.4～39.0（S_A）；红海，特别是亚喀巴湾水域的盐度为 40（S_A）。沿海水域一些部分，与海洋分隔或受严重径流影响的区域，盐度会达到 28~30（S_A）甚至更低。盐度轻微的纬度趋势在沿海地区由于淡水的输入被掩盖。在降雨具有季节性显著差异的地区，或具有冬季降雪在春季融化的地区，其盐度尤其是地表海水盐度可能出现急剧变化（Hanelt et al.，2001）。

分层现象常见于沿岸水域，尤其是在半封闭水体如河口、海湾等。而急剧的温度变化界限称为温跃层（thermoclines），通常产生于水层之间，特别是在遮蔽水域或有淡水输入的水域。低潮期温暖的水流从热带潟湖流出，不容易和暗礁的冷水混合。盐度边界称为盐跃层（halocline）。通常情况下，表层水比下层水更加温暖、盐度更低。海水温度和盐度对密度的综合影响会形成密度边界，或密度跃层（pycnoline），后者是水层混合的强烈屏障。因此，垂直混合的过程非常缓慢，除非存在强有力的波浪作用。在潮汐振幅中等或较大的区域，这种密度跃层（通常只在表面 1~2 m 以下）将扫除浅潮下带和低潮间带的分隔，导致在每个潮汐的退潮和涨潮之间温度和盐度的迅速改变。此外，对于纽芬兰岛两个截然不同的海湾的研究证明了温度分层对海藻的重要性（Hooper and South，1977）。狭窄的 Bonne 湾具有温跃层，温暖的海水停留在表层；因此无法耐受超过 5℃ 的北极海藻物种可以生活在较深的潮下带。而 Placentia 湾开放程度高，具有较多的湍流，因此不存在温跃层，但由于水温过高因此北极藻类无法生长。

7.2.2　河口和海湾

在沿岸水域可观察到的温度和盐度变化在海湾和河口区域更加明显。圣劳伦斯湾爱德华王子岛的浅海湾，在冬季结冰，而夏季温度可高达 22℃ 或更高。西澳大利亚皮尔湾的盐度范围为 2~50（S_A），与刚毛藻属（*Cladophora* aff. *albida*）可耐受盐度的年度变化一致（Gordon et al.，1980）。一般来说，距离河口越远，平均温度越高而平均盐度越低，两者的变化范围越大。

河口的盐度取决于河水和海水的比例；这一比例取决于潮汐与河流的状态，存在日变化和季节性变化。除了沿河口的梯度变化，低岸区往往比高岸区的盐度变化更大，因为高岸区基本只被表面水（淡水）覆盖，而低岸区则受到地下水和海水的交替作用（Anderson and Green，1980）。由于水层的混合速度很慢，即使很少的淡水输入也会产生强烈的、但只发生在局部的影响。也就是说，其可以像大量输入一样对个体产生强烈的影响，但影响的个体数量很少。潮间带区域淡水的输入通常可以被观察到，因为石莼属（*Ulva*）可以在低盐水域中生长从而形成一个明亮的“绿色通道”。

温度-盐度（*T-S*）图可用于描述河口的水环境，并用于了解其分布模式的原因。事实上，Druehl 和 Footit（1985）认为，温度和盐度不应被视为影响海藻分布的独立因素而被分隔开，例如，不列颠哥伦比亚的 Nootka 岛和 Entrance 岛的年平均温度和盐度几乎相同，但梨形巨藻（*Macrorystis pyrifera*，曾用名 *M. integrifolia*）只在 Nootka 岛生长（Druehl，1978）。Nootka 岛在温哥华岛的外海岸，而 Entrance 岛在佐治亚海峡一个大河口的口部位置。*T-S* 图显示（图 7.2），Nootka 岛温度高时盐度也高；Entrance 岛温度高时盐度低。在巴塔戈尼亚地区的河口区，梨形巨藻的存在及其丰度显著取决于盐度梯度（Dayton，1985）。在高盐度下，巨藻能承受较高的温度。

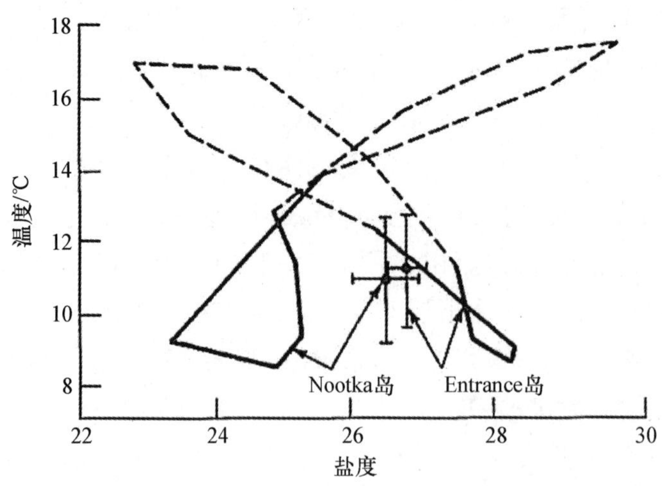

图 7.2　不列颠哥伦比亚两个站位的温度-盐度关系

注：其中一个（Nootka 岛）支持梨形巨藻（*Macrorystis pyrifera*）生长；另一个（Entrance 岛）巨藻无法生长（引自 Druehl，1981）。

7.2.3　潮间带区域

潮间带的主要环境特征是其定期的暴露在大气条件下（见 3.1 节）。因此，这里的温度变化比潮下带更复杂。不同因素形成的大量微环境影响了局部温度和本地生物的生长温度。一些因素如阴影，则影响热量向有机体的流入；而其他因素如蒸发，则影响热量流出。潮间带区域在退潮时的主要热源来自于直接的太阳辐射。辐射可能会因为云、水、其他藻类和海岸地形（包括凸出、裂缝以及斜坡方向）形成的阴影而减少。小尺度地形特征给藻类提供躲避风的庇护地，从而减少了蒸发冷却。还有一种重要的温度是细胞质温度，这一温度较难测量。图 7.3 中给出了炎热天气中两种藻类在干露情况下的实际温度记录。瘤果内枝藻（*Endocladia muricata*）是一种坚硬的丛生海藻，其藻丛内部的温度由于阴影和开放气流的影响，大大低于暴露于空气中或生长于岩石表面的海藻（图 7.3a）（Glynn，1965）。与之相反，伏生紫菜（*Pyropia fucicola*）紧贴在岩石表面生长，类似于小的太阳能电池板，晴天的藻体温度可能比暴露在空气中的温度更高（图 7.3b）（Biebl，1970）。这些图也显示了当潮水覆盖海藻后其温度会急剧下降。红菜属（*Pyropia*）藻体表面温度可在几分钟内从 33℃下降到 13℃。

影响潮间带海藻温度的其他变量还包括退潮发生的时间和波浪对海藻加热或冷却的程度。在黎明或黄昏时的退潮期间，海藻暴露出水面后需要忍耐的热量较少；而当低潮发生在正午时，受到的热量（和干燥）可能是非常极端的。夏季水温可能比裸露的岩石和海藻温度更低（图 7.3b）。冬季海水温度通常比空气高，可以帮助暴露于零下温度的空气中结冰的藻类解冻。

潮池（见 3.3.4 节）比开放的岩面受到的极端变化低。暴露时间越长，以及岸池表面积：体积比越大，涨潮再次淹没潮池之间发生的变化越大。大部分影响暴露潮池温度的因素也影响其盐度。因为主要的热源是太阳能，潮池的温度变化在夏季白天更剧烈（图 7.4a）。

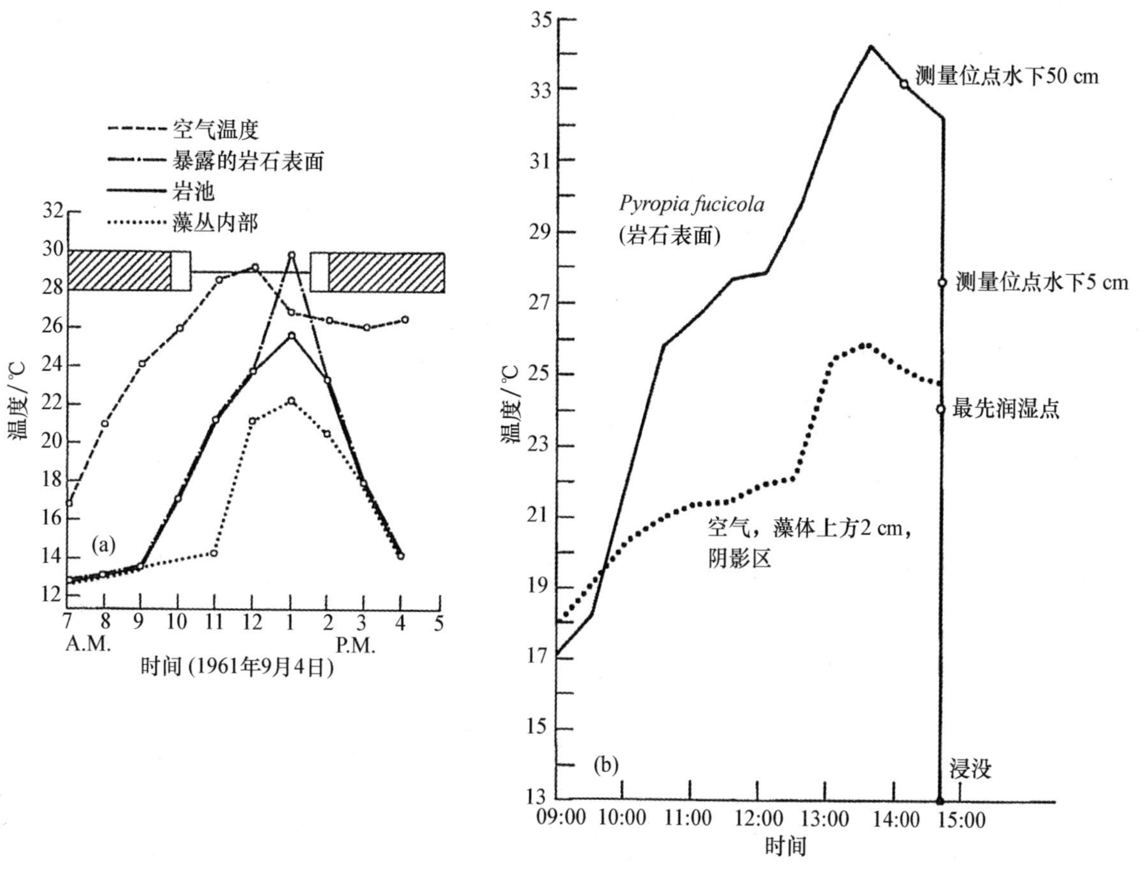

图 7.3 两个高潮间带分布红藻的温度观测

注：(a) 加利福尼亚蒙特雷高潮间带藻类集群内枝藻属（*Endocladia*）-藤壶属（*Balanus*）在 3 种不同微生境条件下的温度观测，与低水暴露相关。图中显示了观测期间附近气象站监测的空气温度。图顶部的水平杆和线显示观察到淹没（斜线）、同海平面齐平（空白）和暴露（横直线）的持续时间。(b) 在晴天的退潮期伏生紫菜（*Pyropia fucicola*）的藻体温度（图 a 引自 Glynn，1965；图 b 引自 Biebl，1970）。

然而，气温可能会导致这类潮池的升温或冷却（甚至结冰）。径流、雨水或雪水可以加热或冷却池水的温度。潮池水几乎很少混合，因此很容易分层。温度分层通常发生在白天（但不出现盐度分层），并往往在夜间消失。

大气变化也会给开放岩石表面和潮池中的海藻带来频繁的盐度波动。蒸发会导致海藻表面水层的盐度增加，而在潮池中这种变化较慢。相反，雨水、降雪和淡水河将导致盐度降低。Littler 和 Littler（1987）记录了洪水造成的潮间带群落混乱。因为淡水浮于盐水层之上，而使池水盐度产生显著变化需要长时间的蒸发，因此在中潮间带和低潮间带潮池盐度变化不大，除了在非常炎热的天气或较大的降雨情况。高潮池很少被海水淹没或仅由于浪溅水花得到海水补充，在雨季盐度较低而在炎热干燥的天气盐度会变得很高（图 7.4b）。结冰可能会引起潮池盐度的急剧增加，因为盐会从结冰层中析出并集中在剩余的液体中（Edelstein and McLachlan，1975）。潮池中的海藻盐度范围为正常值（即海水的盐度为 35）的 0.3~2.2 倍（盐度 10~77）（Gessner and Schramm，1971）。

潮间带海藻在生理生态方面显示出复杂的相互作用，以及对环境因素剧烈变化表现出卓越的适应性。下面，我们将特别关注潮间带海藻，讨论不同的非生物因素对其的影响。

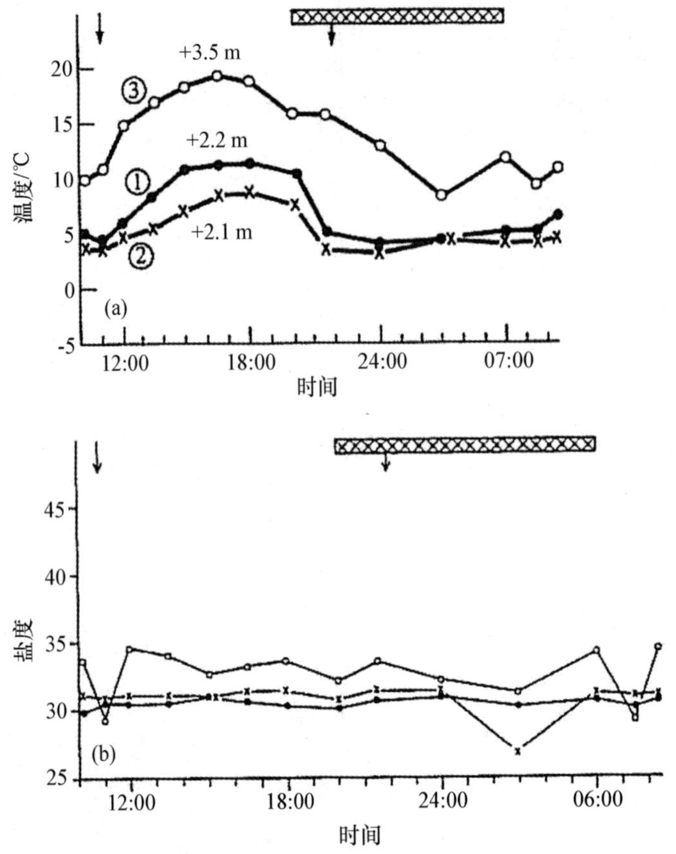

图 7.4　1970 年 5 月 8—9 日，哈利法克斯州的新斯科舍附近潮间带 3 个不同位置潮池的温度（a）和盐度（b）变化（引自 Edelstein and McLachlan，1975）

7.3　温度的影响

温度对化学反应的速率具有根本性的影响。反过来，代谢途径作为许多化学反应的总和，也受到温度的影响，但其与其他因素的相互作用则变得更加复杂。下文将讨论温度从化学水平到种群水平的影响，并讨论海藻对外部环境变化的温度适应和驯化机制。

7.3.1　化学反应速率

温度对化学反应速率的影响通过温度系数 Q_{10} 体现，表示在给定的温度时的速率和温度降低 10℃（t-10）时的速率之间的比率。通常 $Q_{10} \approx 2$；即温度增加 10℃时速率加倍，但速率可以会更高。冰藻集群的 Q_{10} 值可高达到 6（Kottmeier and Sullivan，1988；Kirst and Wiencke，1995），对南极海藻光合作用的研究发现在 0～10℃温度间隔其 Q_{10} 为 1.4～2.5（Wiencke et al.，1993；Krist and Wiencke，1995）。温度对非催化反应比催化反应（如酶）的影响更大（Raven and Geider，1988）。在具有米氏动力学（Michaelis-Menten kinetics）特点的酶催化反应动力学中，$v = V_{max}[S]/(K_m + [S])$，其中 v 代表初始反应速度，V_{max} 为最大速度，［S］为底物浓度，K_m为米氏常数（即酶促反应达最大速度 V_{max}一半时的底物浓度）。其中，V_{max}和 K_m均受到温度的影响，而由于温度会通过影响膜转运能力而改变底物可用性从而也会影响［S］（Davison，1991）。当改变实验温度来检测酶催化反应的速率时，往往会出现一个峰值。这个最佳温度和峰值的锐度也取决于 pH 值和酶的纯度（体外实验）。酶存在一个临界热变性温度，在降低温度时酶会恢复其活性构象，也有可能会永久性的失活。

单位酶的细胞内反应速率不同于体外反应速率，取决于酶的量，以及其动力学参数的季节性变化（Küppers and Weidner，1980；Davison and Davison，1987；Cabello-Pasini and Alberte，1997）。Küppers 和 Weidner（1980）研究了极北海带（*Laminaria hyperborea*）6 个不同代谢途径的酶：RuBisCO、磷酸烯醇式丙酮酸羧激酶（phosphoenolpytuvate carboxykinase，PEPCK）；苹果酸脱氢酶（malate dehydrogenase，MDH）、天冬氨酸转氨酶（aspartate transaminase）、磷酸甘油脱氢酶（glycerol phosphate dehydrogenase）和甘露醇-1-磷酸脱氢酶（mannitol-l-phosphate dehydrogenase）。从极北海带中提取上述酶，并在标准的实验条件下（温度为 25℃）测定它们的活性。所有 6 种酶均发现了季节变化，一般在 2—4 月出现峰值。当然，在自然条件下温度并不是恒定不变（或高达 25℃）。为了确定温度对各种酶的体外活性的影响，研究人员计算出了在岸边生长的海带中的酶活性，再次发现每种酶都存在季节性变化，但高峰出现在 8 月。酶活性等于转换率（具有温度依赖性）和酶浓度的乘积。而每个酶的量取决于氮的可用性，其中 RuBisCO（乃至光合作用）对氮饥饿最敏感（Wheeler and Weidner，1983）。夏季海带具有较高水平的酶活性，因为少量的酶分子具有较高的转换率；而在氮可用性和生长率高的春季，虽然转换率较低，但因为酶的总量增加而酶的活性仍然较高。

Davison 和 Davison（1987）研究了糖海带（*Saccharina latissima*，曾用名 *Laminaria saccharina*），研究了 RuBisCO 和 NADP 依赖的甘油醛磷酸脱氢酶（glyceraldehyde-P dehydrogenase，GAPDH；卡尔文循环的另一个酶），发现温度和标准活性（20℃时）成反比；还发现在标准温度（15℃）测定的光合速率与温度之间成反比，但当在生长温度条件下进一步测量光合作用时，这种反比关系则不再存在。这表明卡尔文循环的增加对低温进行了补偿，并导致糖海带的光合作用几乎与温度无关。事实上，糖海带增加 RuBisCO 浓度以适应低温（5℃）环境，其浓度为 Machalek 等（1996）报道的海带 RuBisCO 浓度的 3 倍（生长温度为 17℃）。

事实上，对于参与维持光合作用的主要蛋白质，强烈的温度依赖性显然是不成立的。但对于同一物种，Bruhn 和 Gerard（1996）发现温度对光抑制的程度和恢复有明显的影响。研究发现，升高的温度可以提高保护机制以抵消高光胁迫，但可能损害修复过程，如从头合成和整合 Dl 蛋白。相反，较低的温度会由于抑制捕光复合物向光系统传递能量，从而增加对高光照的敏感度（Schofield et al.，1988），进而降低了恢复能力（Gómez et al.，2001）。

极地海藻酶活性的季节性变化可能取决于温度变化（通常发生在一个相当小的幅度）和光可用性的综合影响。Aguilera 等（2002）选择斯匹次卑尔根岛的两种红藻（芽鳞德氏藻 *Devaleraea ramentacea*、掌形藻 *Palmaria palmate*），以及绿藻礁膜属未定种（*Monostroma* sp.)，研究了3种与氧化胁迫相关的酶（超氧化物歧化酶、过氧化氢酶、谷胱甘肽还原酶）的活性变化。总的来说，活性的变化主要归因于对原位光场变化（春天冰雪覆盖导致的低光、海冰融解后的高光照、高水位径流）的响应。而且，这个物种各自的垂直位置分布和整体的酶反应相关。与生长在较深水域的掌形藻（*Palmaria palmata*）相反，生长在低盐、浅水生境的芽鳞德氏藻（*Devaleraea ramentacea*）具有较高的酶活性，该生境具有明显的温度、辐照和盐度变化。

如Raven等所述（2002b），温度可能通过其他方式影响RuBisCO的碳获取，比如通过酶的活性、CO_2和C_i的平衡改变，及其各自随温度变化的扩散速率。此外，不同藻类的RuBisCO对于CO_2的亲和力具有物种差异（Badger et al.，1998）。总体认为，低温有利于CO_2扩散进入细胞，除了增加RuBisCO浓度或结构修饰，还有助于维持碳固定。

7.3.2 代谢率

当测量复杂的反应如光合作用和呼吸作用的速率和温度时，总速率是所有单个反应速率的集合。限速反应在不同温度下可能不同。温度变化对于不同代谢过程的影响也可能是不同的，因为酶具有不同的温度敏感性以及其他因素（包括光、pH值和养分）受温度的影响也有不同。例如在光合作用中，扩散率、碳酸酐酶活性以及CO_2和HCO_3^-的主动运输都受温度的影响，其决定了固碳途径的底物供应（Raven and Geider，1988；Davison，1991）。Raven和Geider（1988）指出，一般情况下代谢过程涉及许多酶和运输过程，因此较低的温度可能会通过一些特别敏感的步骤限制整体速率。藻类可以通过改变限速酶的数量或性质来进行响应。

在其他条件相同的情况下，海藻光合作用和呼吸作用随温度变化的速率，夏季和冬季会呈现出酶反应速率受温度驯化的季节性变化。例如，Mathieson和Norall（1975）发现在给定的辐照下，几种藻类的净光合速率最大值出现在冬季而不是夏季。更重要的是，冬季样本在冷水中的光合作用速率比夏季样本更高，而夏季海藻比冬季海藻更易在较高温度下保持接近峰值的光合作用速率。在更大的纬度范围也观察到海藻的不同温度性状：温度下沿纬度梯度的普遍生态型分化已通过“共同环境实验”（common-environment experiments）确定，实验中同一藻种的不同温度环境下的个体被进行相同的温度处理，大部分光合活性和生长被用于作为响应变量，结果显示出存在明显的温度驯化甚至适应，然而温度生态型形成的遗传基础仍然鲜有研究（Johansson et al.，2003）。

生长在温度存在着季节波动栖息地的海藻可能比生长在相对稳定生境中的海藻能够更好地适应温度变化。例如，Dawes（1989）比较了来自于佛罗里达州（温度范围16~28℃）和菲律宾（温度约25℃）的两种麒麟菜，佛罗里达州海藻在环境温度18℃时体现出更好的适应性。

不同物种，甚至同一物种的不同种群对于温度变化都会表现出不同的反应。不同来源的大型海藻的数据可以通过Knoop和Bate（1990）提出的数学模型进行比较。该方程中，P代表光合速率，T为一个给定的温度，a代表温度低于最适温度的生长率，b代表温度高于最适温度的生长率，T_{max}和T_{min}分别代表可进行光合作用的最高和最低温度：

$$P = a(T - T_{min})\{1 - \exp[b(T - T_{max})]\}$$

Davison 和其他一些学者的工作使我们更密切地关注到了温度-光合作用驯化，并了解一些因素的相互作用。最初的光化学反应与温度无关，但酶的磷酸化、电子传输和质体醌扩散具有温度依赖性。因此，捕光效率在亚饱和光强（$P-E$ 曲线的初始斜率 α）可能会随温度变化（Davison，1991）。暗呼吸作用一般随温度升高而增加。因此，达到补偿（E_c）所需的光量随温度的增加而增加。但是，这种短期的影响可能与海藻在实际环境中的长期反应不相关，后者可能由于酶的驯化作用和高温下海藻色素的增加而变得更为复杂。糖海带（*Saccharina latissima*，曾用名 *Laminaria saccharina*）生长在 15℃时比在 5℃时含有更多的叶绿素 *a*（更多的 PSⅡ反应中心和可能更大的光合单元）。因此，将在 5℃生长的藻体在 15℃时进行测定，其 E_c 和 E_k 均低于在 15℃生长的海藻（Davison et al.，1991）。虽然生长在 5℃和 15℃的海藻 E_c 随处理温度升高，但其影响可被驯化作用所抵消；在海藻本身的生长温度检测的 E_c 和 E_k 值类似。这种特性是很重要的，因为许多海藻生长在光限制的环境中。糖海带在 15℃生长比 5℃具有较低的 Q_{10}（1.05 比 1.52）；即提高实验温度对低温海藻的影响较大。总的来说，Q_{10} 往往在冬季高于夏季（Kremer，1981a）。极地物种比温带物种的这种变化是更加明显（Drew，1977；Kirst and Wiencke，1995）。然而，后者的研究结果显示，温度驯化模式可能受到光可用性的调节，并且这两个参数可能同时变化。因此，Machalek 等（1996）对糖海带开展了温度驯化和光驯化的相互作用研究，进行双因子交叉分析实验，包括两个温度（5℃和 17℃）、两种光强（15 $\mu mol \cdot m^{-2} \cdot s^{-1}$ 和 150 $\mu mol \cdot m^{-2} \cdot s^{-1}$）。研究测量了光合作用、藻体吸收率、色素成分、Rubisco 和岩藻黄素-叶绿素 *a/c* 结合蛋白（fucoxanthin-chlorophyll *a/c* binding protein，FCP）浓度，以及光合单位的大小（图 7.5）。在标准温度下，冷水样品的最大光合速率较高，高温生长藻类的光合效率（α）较高。低温下，低光照生长的藻类比高光照生长藻类光合速率高。这种模式也受光吸收率差异的影响，而色素成分、PSⅡ反应中心的密度和 FCP 丰度均会影响吸收率。

有趣的是，南极海藻通常生活环境为恒定低温但光照条件可变，其显示出对两个因素的光合适应（Wiencke et al.，1993）。这些研究阐明了藻类不同生理过程的复杂代谢调控，以及光合作用与最常见的物理因素变化（光和温度）的响应相关。

7.3.3　生长最适条件

许多研究调查了温度对于光合作用、呼吸和生长的影响。最大速率温度往往与藻类栖息地的温度相近。然而，也有一些研究发现其最适温度（即最大速率温度）和海藻生长的自然条件不一致，例如一些极地海藻（Wiencke and Clayton，2002；Fredersdorf et al.，2009）。一个经典的例子是 Fries（1966）发现在无菌培养的 3 种红藻生长的最适温度为 20~25℃，而其栖息地水温即使在夏天也很少超过 15℃。Fries 推测产生差异的原因可能是由于培养环境中没有细菌存在。海藻可能可以利用微生物菌群产生的生长物质，而海洋细菌在低温下生长最好。换句话说，海藻在自然情况下存在生理上的最适条件，并与细菌、真菌和其他环境因素相互作用。

不同物种、不同藻株甚至不同生活史阶段的最适温度都有变化（Pereira et al.，2011）。例如，南极洲特有的褐藻双头酸藻（*Desmarestia anceps*）孢子体，其生长最适温度为 0℃，在 5℃时生长率下降 50%。其雄配子体具有较广泛的最适温度，范围在 0~5℃；而雌配子体

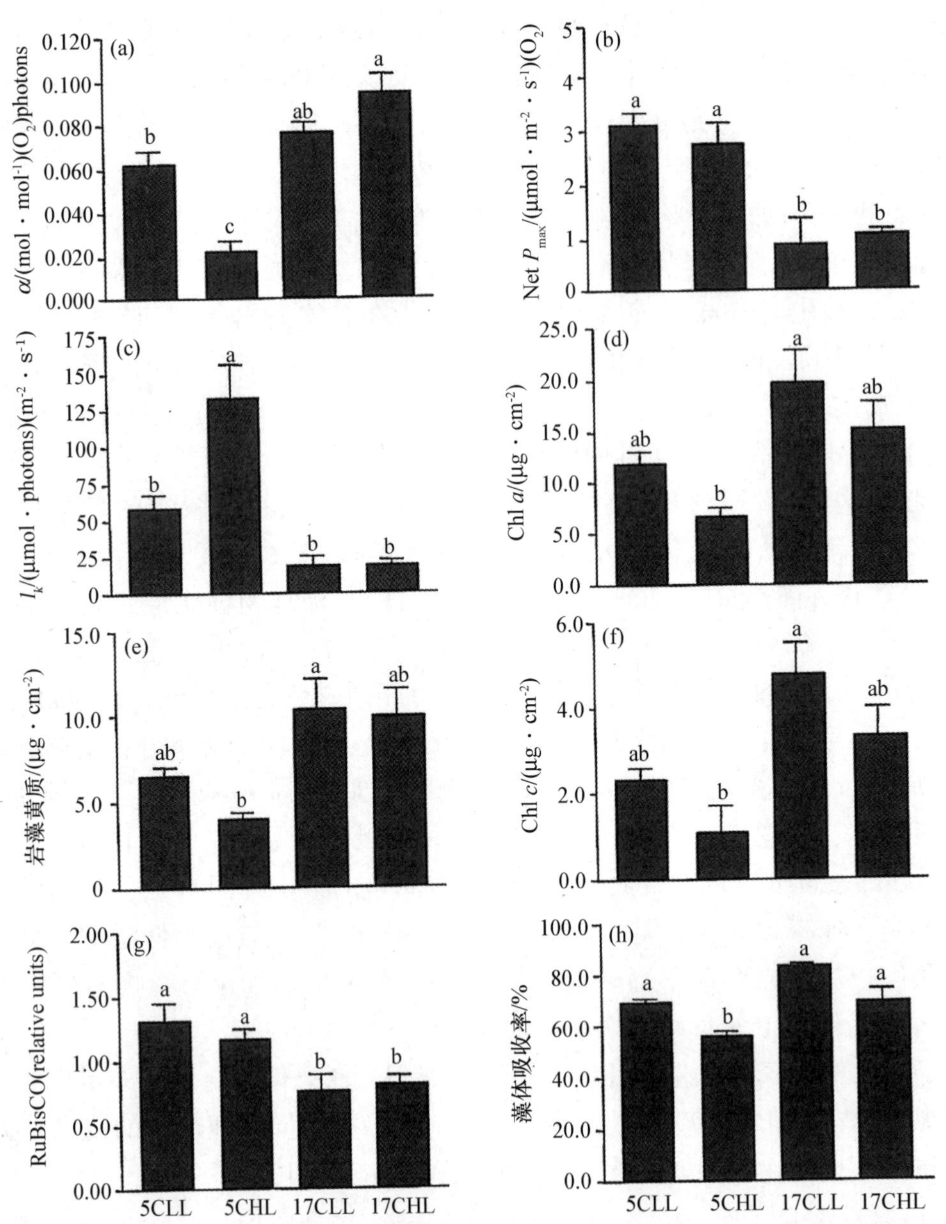

图 7.5　不同生长温度（5℃或 17℃）和辐照度（15 μmol · m^{-2} · s^{-1}或 150 μmol · m^{-2} · s^{-1}）对糖海带光合作用相关参数的影响

注：(a) 光子产生；(b) 光饱和的光合速率；(c) 光饱和点；(d) 叶绿素 *a*；(e) 岩藻黄素；(f) 叶绿素 *c*；(g) RuBisCO 含量；(h) 藻体吸收率（引自 Machalek et al,, 1996）。

的最适温度为 5℃（Wiencke and Dieck，1989；Wiencke and Clayton，2002）（图 7.9）。藻体的年龄也会影响最适温度的变化。例如，条斑紫菜壳孢子萌发的最适温度为 20℃，10～20 mm藻体的最适生长温度为 14～18℃，而较大的藻体会更低（Tseng，1981）。此外，在实验室条件下温度保持恒定，藻类的最适温度可能会比自然条件范围更窄。特别是一些在实验室长期保存的藻种（可能已经在实验室条件下保存了好几年），甚至可能发生遗传变异。因此将实验室的结果应用于现场条件时应该格外慎重。因此，Wiencke 和 Dieck（1989），Wiencke 等（1993，1994）对于一个已经保存了 20 多年的南极海藻进行的光照和温度需求的重新评价实验，现在看来是非常具有研究价值的。

藻类年龄和阶段特异性的生长最适温度变化可能与其生态入侵能力相关。Norton（1977）认为海黍子（*Sargassum muticum*）在高温下非常高的生长率是其在相对温暖水域具高入侵性的原因。Kain（1969）报道了这种优势的一个例子，涉及球茎囊沟藻（*Saccorhiza polyschides*）和一些海带属物种。球茎囊沟藻（*Saccorhiza polyschides*）的配子体和幼孢子体，在 10℃和 17℃的生长比极北海带（*Laminaria hyperborea*）、掌状海带（*L. digitata*）和糖海带（*Saccharina latissima*）都快（图 7.6），而在 5℃下囊沟藻属（*Saccorhiza*）的生长则比极北海带和糖海带慢。囊沟藻属不仅在温暖的水域生长更快，而且其细胞的明显较大（在所有温度下），其柄部细胞更加细长，使得幼孢子体更好地接受光照。糖海带在 5℃生长最快；极北海带在 10℃和 17℃同样生长旺盛；而掌状海带在所有温度生长最慢。囊沟藻属在欧洲的分布比海带属更偏南，这可能与其在冷水中生长不良有关，但海藻物种的相对生长率与分布的相关性目前研究的并不清楚。

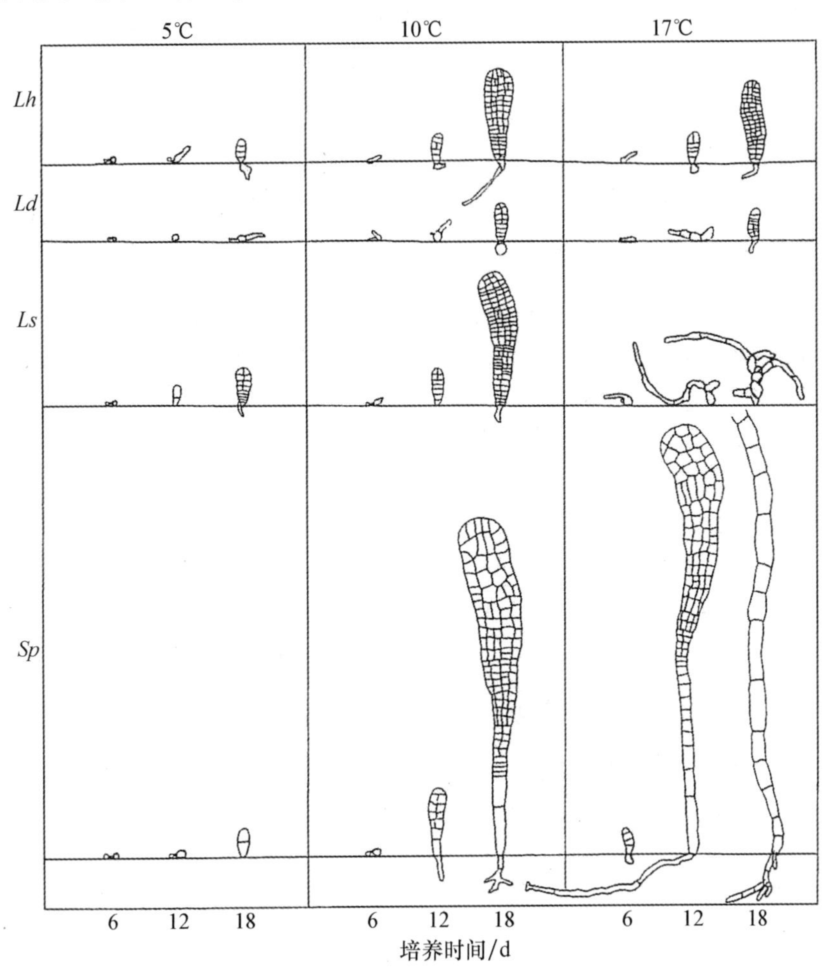

图 7.6　在 5℃、10℃和 17℃分别培养 6 d、12 d 和 18 d 后幼孢子体的生长和柄部伸长情况

注：*Lh* 代表极北海带；*Ld* 代表掌状海带；*Ls* 代表糖海带；*Sp* 代表球茎囊沟藻（引自 Kiain，1969）。

如上所述，物种可能因耐温性和最适生长温度产生相当大的遗传变异（Innes，1988；Gerard and Du Bois，1988；Bischoff and Wiencke，1995；Eggert et al.，2003）。例如，高潮间

带和低潮间带的缘管浒苔（*Ulva linza*，曾用名 *Enteromorpha linza*）具有不同的温度响应（Innes，1988）。这种变化可能导致形成地理上的不同种群，也可能导致同一个种群中出现表型变异。然而，长囊水云的种群并不形成差异较大的“生态型”（ecotypes），Bolton（1983）认为它们存在逐渐变化从而形成生态渐变群（ecocline）。该物种广泛分布于北美洲东部，从得克萨斯州到高纬度北极地区，而其遗传变异范围随温度梯度从一个种群到另一个种群逐渐变化。

温度限制可以改变，繁殖时间也可能会改变。长岛湾的瘤状囊叶藻（*Ascophyllum nodosum*）在冬末繁殖，而格陵兰岛的该物种则在夏季繁殖；其配子释放在 6℃ 开始 15℃ 结束（Bacon and Vadas，1991）。West（1972）认为紫色红线藻（*Rhodochorton purpureum*）因其温度依赖性的孢子形成与纬度的相关性受到环境选择。分布非常广泛的长囊水云的隔离群具有表型变异，地理分布不同的隔离群具有基因型变异，原因不仅包括温度适应性也包括盐度耐受性（Russell and Bolton，1975）。即使分布范围较窄的物种，如糖海带也显示出最适温度对其分布的遗传适应（Gerard and Du Bois，1988）。同时，对于寒温带（黑尔戈兰岛，德国）和北极（斯匹次卑尔根）海带目同一物种的研究表明，环境生态型分化应在藻类物种各自的生活史阶段分别进行研究（Müller et al.，2008）。最近对温度生态型形成的分子遗传研究可能突显了物种形成过程的潜在转变。重叠栖息地的生态型形成，已在热带和亚热带的绿藻膜质拟刚毛藻（*Cladophoropsis membranacea*）中得到了证明，这可能使这种藻类能在周期性和局部灭绝后再次进行殖民，例如在加那利群岛。因此，温度生态型的形成将与全球范围内海表面温度的增加高度相关。然而，对膜质拟刚毛藻的研究结果也暗示，不同的膜质拟刚毛藻种群可能倾向于发展成多个物种复合体（van der Strate et al.，2002）。

7.3.4 温度耐受性

一般来说，温带藻类至少可以耐受水温低至-1.5℃（海水冰点）。Lüning 和 Freshwater（1988）在华盛顿星期五港（此处海水不结冰）研究了 49 种海藻，只有 6 个物种在-1.5℃无法存活。少数温带藻类包括瘤果内枝藻（*Endocladia muricata*）的微型个体阶段，可耐受水温高达 28℃，但在 30℃时无法存活。海带目海藻对温度的耐受性最小，仅在 15~18℃可存活（Müller et al.，2008）。一些纽芬兰岛的北极藻类具有很低的温度耐受下限：绢丝异丝藻（*Papenfussiella callitricha*）的温度下限为 8℃（Hooper and South，1977），嗜冷褐管藻（*Phaeosiphoniella cryophila*）的温度范围为-2℃~5℃（Hooper et al.，1988）。Lüning（1984）在北海发现了一些能忍受 30℃高温的海藻，波状原礁膜（*Protomonostroma undulatum*）则只能耐受 10℃的低温，而某些物种耐受温度则存在季节性变化，有时可低至 5℃（特别是未定名的海带属群体 *Laminaria* spp. 和刺酸藻 *Desmarestia aculeata*）。然而，由于作用因素众多，生长纬度范围较广，海藻的温度耐受上限无法获得绝对的定值。其次，营养可用性（如 NO_3^-）已被确定为糖海带高温耐受性的一个重要调节因子：Gerard（1997）研究了距离大约 400 km 的两个种群，其栖息地具有不同的温度和养分环境。结果表明，营养限制明显降低了光合构造的热稳定性和卡尔文循环的酶活性，最终导致出现了负的日净固碳。正如我们下面将看到的，这些发现对于分布于太平洋并经历厄尔尼诺现象的海藻是非常重要的。

大多数海藻在结冰后会死亡。然而，水中溶质的存在降低了冰点，而细胞质中的高浓度盐提供了保护，可防止细胞内的水结冰。此外，结晶温度通常低于冰点（Spaargaren，1984）。组织中的水在温度低至-35℃～-40℃时才会完全结冰。在逐步冷却过程中，冰结晶会首先在细胞外形成。这往往会从原生质体中吸取水分导致其脱水，除非在非常快速的冷却条件下致使原生质体直接结冰。冰晶形成会对细胞造成机械破坏（Bidwell，1979）。液泡膜损伤对于细胞是非常有害的，因为储存在液泡中的有毒物质和无机离子会释放出来并对细胞造成毒害或抑制胞内代谢过程。之前对结冰对寒温带大型海藻光合作用影响的研究都集中在一些潮间带模式生物，例如未定名的墨角藻属群体（*Fucus* spp.）（Davison et al.，1989；Pearson and Davison，1993；Pearson and Davison，1994）、角叉菜和星状乳头藻（*Mastocarpus stellatus*）（Dudgeon et al.，1989；1990）。角叉菜在零下20℃危害与质膜透性增加以及光合层的破坏有关（色素损失）；但生长在较高岸的星状乳头藻（*Mastocarpus stellatus*）在该温度下则没有受到损伤（Dudgeon et al.，1989）。这些早期的研究主要是通过测量冻结之前和之后的光合活性来揭示海藻的抗冻性。Collén和Davison（1999a，1999b，2001）研究了温度对寒温带墨角藻（*Fucus vesiculosus*）活性氧生物形成和清除的影响。发现生长在不同岸位的几个墨角藻物种，其氧自由基的产生程度和岸位相关（Collén and Davison，1999a；1999b；2001）。对于大多数其他潮间带的常见胁迫因子，物种抗寒性和岸位之间存在直接的关系（Davison et al.，1989；Lundheim，1997）（图7.7）。Lundheim研究了挪威Trondhjemfjord的9个藻类物种，沿其分布的潮位在夏季和冬季分别取样，并比较特定物种的平均形成冰晶的温度（组织样品开始结冰）；结果再次证实了藻类抗冻性和分布潮位之间的紧密联系。此外，夏季和冬季样品成核温度的差异显示了藻类抗冻性的季节性变化。

通常可能会认为在水面下结冰（因而被冻结在冰中）和退潮时干露的潮间带海藻会产生不同的生理反应。然而，公认在一般情况下，结冰和干燥具有相似的生理效应（Pearson and Davison，1994）。Becker等（2009）对斯匹次卑尔根的二列墨角藻（*Fucus distichus*）进行了不同的冻结处理，结果表明干燥和霜冻的共同作用并没有比单独作用对藻类生理产生较强的影响。此外，干燥在低温下的影响较小，因为冻结的水不能蒸发。

虽然结冰的影响是很容易解释的，但低温的破坏性影响以及海藻对寒冷的抵抗机制很难理解。氧化应激可能是造成损伤的最主要因素，因为低温限制了电子传递和光子捕获（Davison，1991；Collén and Davison，1999a；Collén and Davison，1999b；Collén and Davison，1999c；Collén and Davison，2001）。

在潮间带和潮下带海藻中均已发现了温度诱导性损伤。Schonbeck和Norton（1978，1980a）阐述了高潮间带墨角藻沟鹿角菜（*Pelvetia canaliculata*）和螺旋墨角藻（*Fucus spiralis*）受到的温度损伤，包括温度胁迫处理10 d后腐烂组织形成了红色斑点、顶端生长变窄、延伸率和增重率降低。在较低的湿度条件下（即海藻被干燥），这两个物种的高温损伤并不严重。海藻可以从这种损伤中恢复过来，除非损伤极端严重。异常高温产生的不利影响已在加利福尼亚梨形巨藻（*Macrocystis pyrifera*）种群中被发现，那里温暖的海水导致了藻类的黑腐病（black-rot disease）（Andrews，1976）。我们将在以下部分探讨海藻适应温度变化（包括高温胁迫）的一些机制。然而，海藻的低温保护机制几乎没有研究报道。在高等植物中已经发现了特殊的冻结保护蛋白，如“cryoprotectin”可以在冻结情况下稳定细胞膜

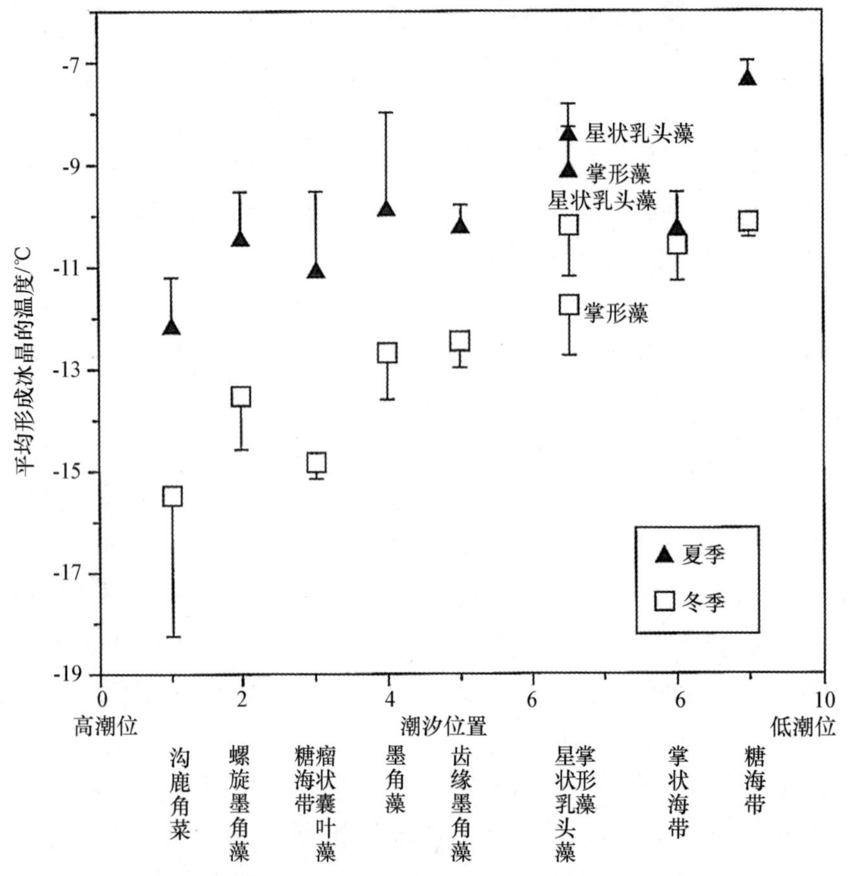

图 7.7　沿岸不同藻类的组织平均形成冰晶的温度

注：物种按潮汐位置排列，从潮位靠上的沟鹿角菜（*Pelvetia canaliculata*）开始。正方形标志代表 1996 年 3 月 5 日采集的藻类形成冰晶的温度，三角形标志代表从 7 月 4—6 日采集的藻类形成冰晶的温度（引自 Lundheim，1997）。

（Hincha，2002），其他一些蛋白则可以阻止冰晶体产生。在硅藻圆柱拟脆杆藻（*Fragilariopsis cylindrus*）中已发现了抗冻蛋白（Armbrust et al.，2004），但海藻抗冻性的分子机制仍有待研究，特别是了解海藻对极端环境的基本适应特性。

7.3.5　温度变化的生理适应

虽然关于藻类生存等综合参数（如生长、繁殖和光合作用）物种特异性的温度耐受范围、适应性以及响应已经取得了较多的研究成果，但基本生理过程仍需进行进一步研究，这些大部分机制的理论都来自于陆生植物。

由于温度的变化，藻类可能在酶水平上发生适应性（长期）修饰，包括通过调节酶浓度以补偿活性的温度依赖性变化，或通过结构修饰改变酶学特性如底物亲和力与最适温度。卡尔文循环中的酶可能采用上述方法来提供足够的 NADPH（Gerard，1997）。这对于光合机构在不同的光照和温度下运行是非常重要的，否则可能会发生光合初级反应和次级反应之间的不平衡。光合作用的次级反应与初级反应不同，其严格依赖于温度，因此低温和高水平的光合有效辐射（photosynthetically active radiation，PAR）结合可增加光合作用的辐照胁迫。由于酶反应的温度依赖性，在低温下最大光合能力降低。其机制包括 RuBisCO 的活性降低、光系统Ⅱ的 D1 反应中心蛋白的周转速度下降，后者也会受到质体膜流动性降低的影响，从而阻碍了新合成蛋白的加入（Davison，1991；Aro et al.，1993；Becker et al.，2010）。由于低温下光合作用暗反应的酶促反应减慢，PAR 高辐射维持的高能量输入可能会进一步导致电子传递链中电子压力增加。在光合作用中，吸收过量辐射必然导致了在 Mehler 反应中的活性氧（如超氧阴离子自由基和过氧化氢）的生成（Polle，1996）。此外，三连叶绿素（triplet-chlorophyll）的电子转移可能导致高活性的单线态氧的产生（Asada and Takahashi，1987）。增加的氧化应激将会导致慢性光抑制、光合色素的漂白、细胞膜脂质过氧化以及 D1 蛋白的降解（Aro et al.，1993；Osmond，1994）。

从上述温度依赖性的光抑制机制可以得出，温度适应的一个重要特征是不同的膜脂组成。迄今为止，对大型海藻这方面已经进行了广泛的研究。然而，最近对于南极红藻并基掌形藻（*Palmaria decipiens*）的研究显示，其生物膜的脂肪酸组成（链长度和饱和状态）可根据实验温度处理以及潮位的不同生长位置进行灵活调整（Becker et al.，2010）。不同温度下，细胞可以调整脂肪酸组成来维持类囊体膜的流动性。低温下短链和多不饱和脂肪酸保持膜的液体状态，而在升高的温度下长链脂肪酸和较高的饱和状态则增加了膜的刚性从而防止膜泄漏。脂肪酸组成及其分子调控的生理作用是当前海藻生理生态学研究的重要领域。

然而，不耐热酶的失活可能导致高温对光合功能产生损伤。酶的热稳定性与其形成的温度有一定的关系。由于蛋白质分子的不断变化，酶可能逐渐适应不断变化的温度。温度胁迫后，大量生物体包括海藻会表达热休克蛋白（heat shock proteins，HSPs）。热休克蛋白和分子伴侣（CPNs）可保护功能蛋白防止其热介导的变性，并维持正常的折叠模式。此外，分子伴侣还会参与新合成多肽的折叠。温度胁迫导致的热休克蛋白形成已经在大量海藻中发现，包括绿藻（石莼 *Ulva lactuca*、肠浒苔 *Ulva intestinalis*）、红藻（软骨海头红 *Plocamium cartilagineum*、角叉菜 *Chondrus crispus*、掌形藻 *Palmaria palmata*）和褐藻（齿缘墨角藻 *Fucus serratus*、墨角藻 *F. vesiculosus*、螺旋墨角藻 *F. spiralis*、生根墨角藻 *F. radicans*）、海带 *Laminaria japonica*、裙带菜 *Undaria pinnatifida*、门氏优秀藻 *Egregia menziesii*），但明显地取决于空间梯度和温度处理的物种特异性，以及位置特异性的响应（Vayda and Yuan，1994；Ireland et al.，2004；Collén et al.，2007；Fu et al.，2009；Lago-Leston et al.，2010）。将现场采集（温度在-0.3~-1.1℃）的南极红藻软骨海头红（*Plocamium cartilagineum*）在高温下（5~10℃）处理 1 h，其 HSP70 编码的 mRNA 被高诱导表达。长时间和较高的温度处理则会导致 HSP70 转录减少，而 20℃的处理温度对海藻是致命的（Vayda and Yuan，1994）。潮间带红藻列紫菜（*Porphyra seriata*）中鉴定到了不同的热休克蛋白编码基因，并证明了热休克蛋白的功能；高温下 PsHSP70b 的转录水平显著提高。当将此基因转入衣藻属（*Chlamydomonas*）并过量表达后，衣藻在高温下生存率和生长的耐热性得到了显著增加（Park et al.，2011）。

HSP 和 CPN 的诱导可能不仅仅是对温度胁迫的响应，而是一种普遍的应激反应。如在红藻角叉菜配子体中，高光照条件也会诱导热休克蛋白基因表达的增强（Collén et al.，2007）。在绿藻圆叶石莼（*Ulva rotundata*）中，UV 辐射增强会增加 CPN 60（也被称为 RuBisCO 结合蛋白）的细胞含量，但在这项研究中的温度增加的额外作用也不能完全被排除

(Bischof et al., 2002)。总之，有理由认为 HSP 和其他生物分子的抗胁迫功能可能是对多个因素组合的响应。事实上，对潮间带海藻暴露于不同胁迫方面，利用多重 cDNA 微阵列技术研究了不同胁迫下特定基因的上调，此外也表明氧化应激下基因表达的重要性（Collén et al., 2007）。

7.3.6 极地海藻的温度耐受性

正如 3.3.3 节所讨论的，南极海藻具有长达 1 500 万年左右的冷水生活史，而北极海藻只有 270 万年。南极和北极的冷水历史和特有物种之间的差异主要体现在两个地区优势海藻的寒冷适应程度。Wiencke 及其同事通过研究南极许多物种的光合作用和生长性能来分析其寒冷适应性（Wiencke，1996；Wiencke and Clayton，2002）。狭温性物种南极红藻厚壁杉藻（*Gigartina skottsbergii*）与合生乔治藻（*Georgiella confluens*）的生长在温度低至 5℃ 时停止（图 7.8），因此其温度耐受范围极窄（Bischoff-Basmann and Wiencke，1996）。有趣的是，对北大西洋寒温带典型物种软骨海头红（*Plocamium cartilagineum*）也发现了类似的结果，而这个物种显然是生活在完全不同的温度环境。Lüning（1984）证明黑尔戈兰岛（北海，德国湾）的软骨海头红（*Plocamium cartilagineum*）隔离群的生存上限温度为 23℃。因此，这一物种可能存在显著和有效的适应，并形成了相应的生态型（Vayda and Yuan，1994）。

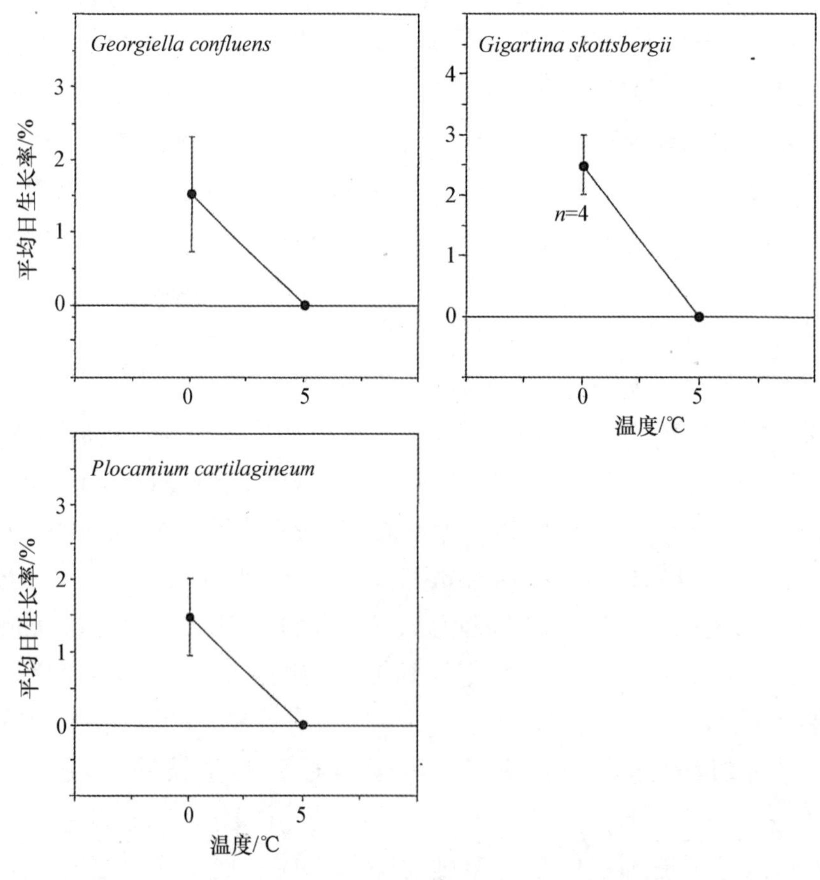

图 7.8 南极洲 3 种狭温性红藻的温度需求

（引自 Bischoff-Bäsmann and Wiencke，1996）

南极的大型海藻通过调整生命周期以适应强烈的季节性环境。因此，与当时的温度状况相适应，海藻的不同生活史阶段，即双头酸藻（*Desmarestia anceps*）的孢子体和雌、雄配子体，具有不同的温度耐受范围（Wiencke and Dieck，1989；Wiencke and Clayton，2002）（图 7.9）。

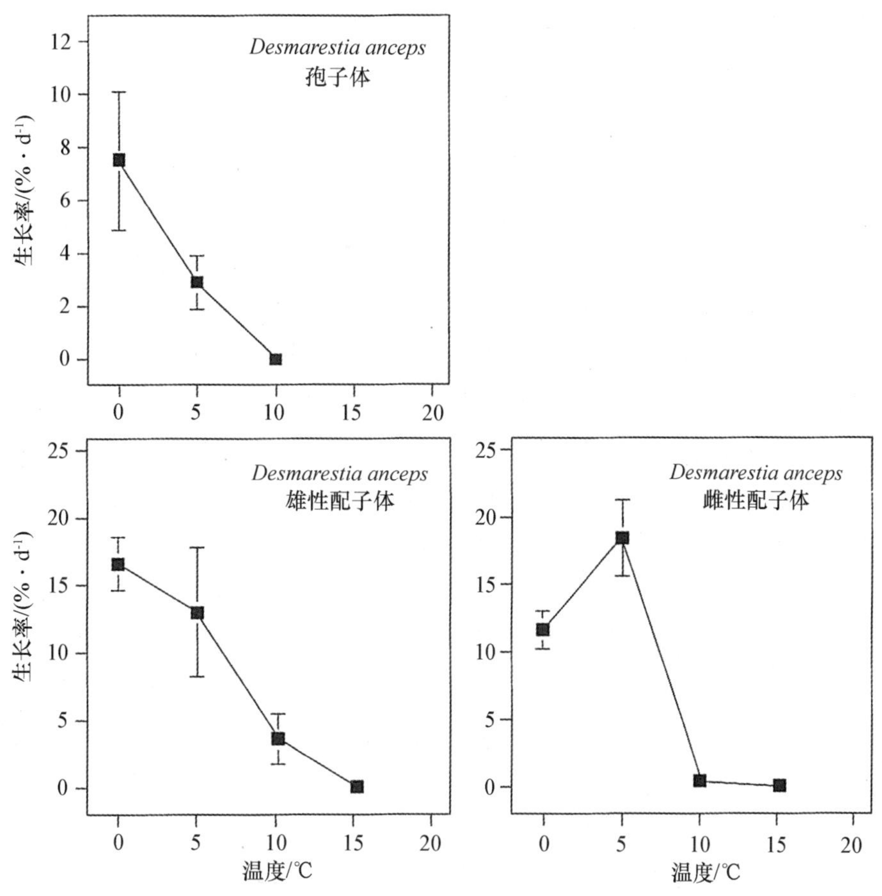

图 7.9　南极洲双头酸藻（*Desmarestia anceps*）的孢子体和雌、雄配子体生长的温度需求

（引自 Wiencke and Clayton，2002，仿自 Wiencke and Dieck，1989）

目前南极大型海藻生长的温度响应的数据量较少，无法满足研究其寒冷适应机制的需求。然而，产生不饱和脂肪酸防止膜脂硬化来维持生物膜的流动性，酶产生分子适应以维持关键代谢过程催化反应的速率，冷休克和抗冻蛋白的进化，以及低温条件下光合电子传递链的功能适应性被视为南极藻类对温度的主要生理适应（Graeve et al.，2002；Becker et al.，2010）。

除了少数真正的北极特有物种，如方足海带（*Laminaria solidungula*）（Dunton and Dayton，1995），北极地区常见物种基本不存在低温环境适应性。Müller 等（2008）和 Fredersdorf 等（2009）研究了斯匹次卑尔根岛（78°N）海藻对于紫外线和温度的耐受性，发现大多数藻类的温度耐受范围远远超过其生长位置的预期升温范围。对温度最敏感的掌状海带，其发育过程（孢子萌发，释放卵子）在温度高达 12℃ 时也可正常进行（Müller et al.，2008）。而在同一研究站位，目前北极夏天的海表面温度可达到 5℃（Svendsen et al.，

2002)，对北极气温升高最悲观的预测也仅是增加 5℃（IPCC 2007）。斯匹次卑尔根的大多数样本与其在南部地区的同类样本显示出类似的温度响应（如黑尔戈兰岛、德国湾）(Müller et al.，2008)，尽管有迹象表明其正处于生态分化过程中。例如，一些物种如翅菜（*Alaria esculenta*）的孢子萌发最适温度比目前北极该物种分布站位的环境温度高。同时，对于这个物种还发现紫外线引起的胁迫可能通过温度升高来进行补偿（Fredersdorf et al.，2009）。斯匹次卑尔根翅菜的情况可以理解，因为该物种的分布范围很广，向南可以延伸到大西洋东部的布列塔尼和大西洋西部的罗得岛。

一些物种如软骨海头红（*Plocamium cartilagineum*）已被报道在赤道和两极均有分布(Wiencke et al.，1994)。而越来越多的外来物种被引入（如在船运中通过船体或压舱水）先前孤立的栖息地，气候和水文过程也导致了物种在两极地区的扩散，如末次盛冰期的物种扩散(van Oppen et al.，1993；1994)。绿藻顶管藻（*Acrosiphonia arcta*）和褐藻酸藻（*Desmarestia viridis*）耐受的上限温度和 18 000 年前大西洋赤道地区的冷水团温度相似，从而允许上述物种在两个半球之间的交流（Bischoff-Bäsmann，1997）（图 7.10）。van Oppen 等（1993，1994）通过分子生物学数据有力地支持了顶管藻（*Acrosiphonia arcta*）的这一假定传播路径。

政府间气候变化专门委员会（Intergovernmental Panel on Climate Change，IPCC）的预测表明，大气和海表面温度的增加将在北极地区最为显著。然而，南极也被确定为一个容易发生严重环境变化的地区（IPCC，2007)，环境变化对其海洋生物包括群落的潜在影响是目前备受关注的研究问题。然而，根据北极与南极海藻群落对于冷适应程度的差异，温度升高可能在两个半球产生不同的影响。对于大多数海藻充斥的北极地区，海表面温度升高 3~5℃可能不会造成致命的影响，属于大多数北极物种的可耐受范围。作为温度升高的结果，沿着北极海岸线分布的海藻群落更可能受到新的来自南部地区入侵者的影响，从而导致其分布进一步向北转移。一个潜在的入侵者可能是极北海带，目前其已经广泛分布于所有挪威海岸。而占据斯匹次卑尔根北极群岛的潜在站位可能是巴伦支海的熊岛，位于挪威北端和斯匹次卑尔根之间（Müller et al.，2009b)。与此相反，由于南极洲主导物种的高度冷适应性，升高的温度可能是海藻生理的关键胁迫因子，因此可能会发生新的竞争调整。因此，严格的冷适应性特有物种可能会被亚极地和世界性物种取代。有趣的是，虽然南极物种通常在温度小于 2℃条件下生活，一些物种却保留了在温度高达 19℃时的生存能力（Wiencke and Dieck，1989)。这提出了各种各样的问题，包括其是否可能反映一个生理现象的前提条件，以容忍全球变化造成的广泛环境变化。同时，这也是海藻胁迫生态的一个亟待解决的问题，即是否有机体的适应性可被用做预测未来环境变化的有用线索。

7.3.7 厄尔尼诺（El Niño）

影响沿海海洋生态系统最重要的大型环境变化之一是厄尔尼诺南方涛动（El Niño-Southern Oscillation，ENSO)。中部和南美洲太平洋地区通常是以洪堡特上升流（Humboldt Current Upwelling System，HCS）带来的低温和营养丰富的水域为主。ENSO 事件期间，信风通常导致温暖的表层海水向西流动，少量温暖和贫营养海水沿赤道地区向东移动。到达海岸后，海水向南移动，覆盖于上涌流的寒冷和高生产力的水体之上。因此导致了海平面和表面水温升高、温跃层加深、水体透明度增加，而营养物质的上涌停止（Glynn，1988；Chavez

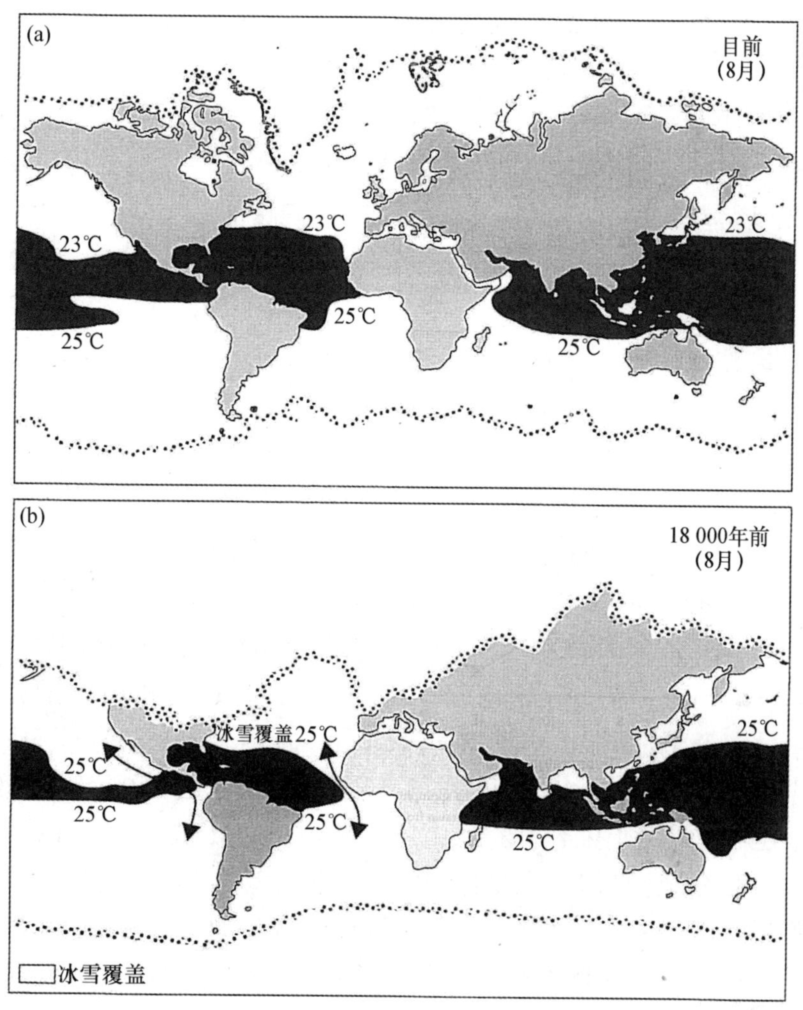

图 7.10　以绿藻顶管藻（*Acrosiphonia arcta*）为例概述海藻的赤道分布

注：(a) 目前的热带区域的暖水屏障，等温线与热带水域边界一直也与顶管藻（*Acrosiphonia arcta*）的生存上限温度一致；(b) 在末次冰期，暖水屏障的水口促进了两个半球之间的物种交流（仿自 Bischoff-Bäsmann，1997）。

et al.，1999）。温暖的海水首先到达位于厄瓜多尔海岸以西 1 000 km 的加拉帕戈斯群岛。为此，加拉帕戈斯群岛已被证明可以提供 ENSO 的早期预警信号（Kessler，2006）。ENSO 的现象每隔 2~7 年出现一次，其最强的影响发生在 11 月至翌年 1 月的东部热带太平洋。ENSO 事件之后往往随之出现一个非常强大的上升流，导致温度低于正常温度。这种现象被称为拉尼娜（La Niña），与厄尔尼诺情况相反。在 ENSO 过程中，水温与营养盐浓度呈负相关。非 ENSO 期间，HCS 上升流区域的海表面温度（sea surface temperatures，SST）在 13~18℃，但在 ENSO 期间可能增加到 26℃。由于温跃层加深了 90 m，导致营养丰富的水体上升流减小。HCS 的营养通常较高，尤其是氮浓度可高达 2~6 μmol/L（硝酸盐）。但在 1982—1983 年的强 ENSO 期间，圣克鲁斯海岸（加拉帕戈斯群岛）的硝酸盐浓度降至小于 0.2 μmol/L（Kongelschatz et al.，1985）。同时，ENSO 还和许多不良事件，如强风暴、极端潮汐，海平面上升、过量降雨等相关（Suple，1999）。在受到影响的东太平洋和周边加拉帕戈斯群岛，ENSO 与当地许多物种的迁出和死亡、秘鲁和加利福尼亚沙丁鱼渔场崩溃、外来的热带入侵者的定居相关（Wolff，1987；Arntz et al.，2006），甚至珊瑚礁的死亡也与 ENSO 直接相关（Warwick et al.，1990）。

1982—1983 年和 1997—1998 年是有记录以来最严重的 ENSOs，造成了加利福尼亚（在受影响区域的边缘）广泛和持久的海洋温度的增加（2~5℃）与海平面上升（0.2 m 以上）。受影响的中心区域是秘鲁，那里的水温增加的峰值达到了 8℃（Glynn，1988）。被检测到物理变化的最北部为阿拉斯加南部，但在该站位并未发现 ENSO 对生物的影响（Paine，1986）。但厄尔尼诺中心位置附近的影响包括加拉帕戈斯群岛的红藻和绿藻大量死亡，智利北部的大型海藻顶端枯死。Baja 和加利福尼亚中部（Dayton and Tegner，1984b；Carballo et al.，2002；Edwards and Ester，2006）以及 HCS 影响的海岸（Thiel et al.，2007）均观测到了褐藻如巨囊藻属未定种（*Macrocystis* sp.）的减少和死亡。在加拉帕戈斯群岛，原本大量存在的加拉帕戈斯双叉藻（*Bifucaria galapagensis*）和许多马尾藻属物种几乎完全消失。加拉帕戈斯爱氏藻（*Eisenia galapagensis*）种群在 ENSO 期间被大量摧毁（Garsk，2002），但一些多年生植物，如帚状鹿角菜（*Pelvetia fastigiata*）在暖水期被大量招募。因为厄尔尼诺期间温跃层加深，形成较厚的营养枯竭水层，导致潮下带海藻也受到营养不足的影响。梨形巨藻（*Macrocystis pyrifera*）（Zimmerman and Robertson，1985）和加氏中肋藻（*Pleurophycus gardneri*）（Germann，1988）的生长率降低。Dean 和 Jacobsen（1986）证明巨囊藻属（*Macrocystis*）生长降低是取决于营养限制而不是高温。ENSO 期间，水体的 NO_3浓度小于 0.5 μmol/L。然而巨囊藻属所需维持细胞生长和存活的 NO_3浓度为 1 μmol/L（Gerard，1982b）。Gerard（1997）表明 N 的可用性对于糖海带光合作用的温度驯化是至关重要的。N 限制和其他环境条件进一步的相互作用知之甚少，但可能在 ENSO 中起重要作用。在 ENSO 期间，水体透明度增加使得太阳辐射包括有害的 UV-B 辐射可以穿透至更深的水域，这是热带和亚热带地区的典型特征，可能在以海藻为主体的海岸生态系统的构建中起作用（Bischof et al.，2006a）。

中美洲和南美洲海岸的潮下带海藻生态系统生产力较高，包含丰富的大型无脊椎动物和鱼类种群（Vasquez et al.，2001）。这种丰富的群落系统可能会缓冲轻微的 ENSO 影响并容易恢复（Steneck et al.，2002）。然而，严重的厄尔尼诺事件导致的巨藻森林的损失会给沿海生态系统带来灾难性的影响，因为巨藻是这些系统的主要结构生物。多年生巨藻森林的恢复时间相对于快速生长的机会绿藻是非常长的。Edwards 和 Hernandez-Carmona（2005）认为受厄尔尼诺影响的梨形巨藻（*Macrocystis pyrifera*）藻床的恢复不仅取决于高温和养分耗竭引起的胁迫，还取决于和一些物种如爱氏藻（*Eisenia arborea*）对附着基质的竞争，后者在厄尔尼诺期间对基质的附着更持久。此外，当一个完整的种群崩溃后，必须招募新的外来成员，或通过抗胁迫的其他生活史阶段来恢复（通过休眠或由于阶段特异性的高抗胁迫能力）。Ladah 和 Zertuche-Gonzalez（2007）指出巨囊藻属（*Macrocystis*）的微观二倍体阶段（幼孢子体）即为上述抗胁迫阶段，因此可以被作为“种子银行”来帮助种群在南部的恢复。基于巨藻行为的 ENSO 事件对生态系统效应的评估对海藻研究是非常重要的，因为其可对生态系统产生广泛的影响。

7.3.8 温度和地理分布

温度是海藻生物地理学的主要驱动力，而温度条件则存在着全球性的变化，意味着海藻会响应气候变化而产生新的竞争和分布限制的纬度变化（Müller et al.，2009b；Wernberg et al.，2011a）。Biebl（1970）、van den Hoek 及其同事（Cambridge et al.，1984；Yarish et al.，1984）、Lüning（1984）、Lüning 和 Freshwater，1988）采用经典实验检测了海藻的耐受性，并比较了温度数据和分布限制，从而研究区域和全球温度变化的影响。然而，这些科学家采用了完全不同的处理时间，从几小时到几个月不等，发现较长的处理时间降低了生存能力和再生能力（Yarish et al.，1987）。从简单的胁迫响应实验得出的结论忽略了温度驯化和适应的过程，此外恢复的时间和条件必须是已知和标准化的。如果海藻生长于潮间带，对于结果的解释不仅要考虑到水温还需要考虑到大气温度。此外，实验材料的限制（年龄、阶段、生殖状态等）也需要被充分地考虑（Lüning and Freshwater，1988）。

如 Lüning（1990）所述，不同种类的海藻对水温的耐受性至少部分与其成体的地理分布模式相关。从受洋流影响物种可以得出温度对于海藻重要性的间接证据，因为海藻的分布并不存在严格的纬度相关性（这种相关性可能是由光的可用量决定的）。南非的东海岸和西海岸是温暖和寒冷水流影响的经典案例。南海岸的海藻群落是暖水物种和冷水物种的混合体，因为该水域为阿古拉斯海流的温水和本格拉海流的冷水以及冷水上升流的混合（Stephenson and Stephenson，1972）。但是，上升流在一年中并不是恒定不变的，因此植物区系可能存在和水文季节相关的显著变化（Dawson，1951）。在远离巴西海岸的赤道以南仅 22°—23°纬度的位置发现了一种冷水海带属物种，原因在于该藻类生长在相当深的位置存在着冷水上涌流（Joly and Oliveira，1967）。即使在非常小的尺度上，独特的水文条件也可能导致海藻生物地理学的急剧变化，例如阿拉伯海和阿曼湾的巨大差异取决于沿海水域季节性的温度范围和物种组成（Schils and Wilson，2006）。南半球的寒温带植物区系被采用 ACC 和极地锋区循环建模，定义了南美洲南部（智利和阿根廷巴塔哥尼亚）、维多利亚塔斯马尼亚地区、新西兰南部和亚南极群岛的海藻多样性、生物地理学和生态（Huovinen and Gomez，2012）。在经典实验中，Hutchins（1947）定义了 4 个用于海藻生物地理分析的临界温度：①生存最低温度，决定了冬季向极地方向的边界；②繁殖最低温度，决定夏季向极地方向的边界；③繁殖最高温度，决定冬季向赤道方向的边界；④生存最高温度，决定夏季向赤道方向的边界。Van den Hoek（1982）增加了两个潜在的边界，即向极地和向赤道方向生长的边界。因此，一个物种可能受到向北方和南方的繁殖温度限制，与向北方和南方的生存温度限制，或者仅受到一个生存和一个繁殖温度限制。Breeman（1988）通过实验和物候学证据得出结论，认为温度响应确实是大部分海藻地理边界的影响因素。海藻最顽强的生活史阶段（通常为异形生活史的微观藻体）受到高或低的生存限制，所有生活史阶段的繁殖受到温度需求的限制，而生长和无性繁殖也受温度限制。异形生活史海藻的大型藻体及其生长繁殖最适条件的致死限制并不一定与地理限制相关（Wiencke and Dieck，1989）。具在相同温度耐受性的物种可能有不同的地理界限；例如，对食草动物敏感的物种的最小生长率比不敏感的物种更高（Breeman，1988）。附加胁迫会降低藻类对极端温度的抵抗力。这些额外的胁迫可能在海藻分布范围的边缘是最有效的。罕见的极冷或极热条件可能会摧毁海藻分布范围边缘的种群，这种短暂的极端条件可能对控制藻类的分布起决定性作用（Gessner，1970）。

Breeman（1990）评估了全球变暖引起的温度升高会对北大西洋海藻造成的可能后果。

在最坏的情况下，夏季温度可能升高4℃，会造成分布于南部的极北海带向北方的扩展。同样，如Müller等（2009b）所述，该物种的北部极限边界在21世纪末将扩展到斯匹次卑尔根，并与北极特有种方足海带（*Laminaria solidungula*）产生竞争。一般认为，全球温度变化未来将导致海藻分布范围的变化，主要取决于敏感生活史阶段的温度耐受性。随着纬度（和温度）梯度的变化，物种（及其各自的生活史阶段）形成的海藻群落将受到不同温度变化的影响，意味着竞争和物种组成的变化。Matson和Edwards（2007）研究了温度升高对加州海岸两个共生海藻加州带翅藻（*Pterygophora californica*）和爱氏藻（*Eisenia arborea*）的不同生活史阶段的影响，发现两个物种的孢子体耐受类似的高温，但微观阶段的反应不同，这证明了多重生活史阶段的研究对于环境胁迫生态学的重要性，表明墨西哥北下加利福尼亚州的加州带翅藻的南部分布界限是由其敏感的微观阶段控制。因此，海洋变暖将对加州海岸的物种组成造成不同的改变。

一些对海藻温度影响的研究将群落响应作为重点。Wernberg等（2011a）证明，澳大利亚沿海从20世纪40年代到目前已经发生了大量的海藻向极地迁移的现象。在全球变化的尺度上，上述研究可能意味着澳大利亚数百个海藻物种的潜在撤离可能性（图7.11）。通过计算了温度诱导的海藻物种损失的移位率（displacement rates），认为温度每增加1℃可能会损失77个物种（Wernberg et al.，2011a）。Wernberg等（2010）对海藻床的研究发现，虽然澳大利亚海岸的一些物种可以简单地通过代谢调整来响应温度升高，但在经历附加事件（如风暴或污染）影响后的恢复则可能受损。此外，Wernberg等（2011b）还分析了澳大利亚西海岸4个不同区域，将其常见栖息地结构（海带vs墨角藻vs混合冠层）随温度梯度的变化进行了建模（图7.12）。虽然在全球变暖情况下，多重和复杂相互作用的生态意义很难阐述，但很明显未来海藻群落会经历深刻的改变。例如，在衰落的混合群落中，马尾藻属物种对比其他墨角藻变得更有竞争性。温度和二氧化碳的增加导致的群落变化是非常剧烈的，甚至采用了“相移”（phase shift，支配生命形式的变化）这一术语。Connell和Russell（2010）认为预期的海水温度和二氧化碳的变化更倾向于藻甸海藻的生长。反过来，已发现藻甸藻类可抑制带状海藻的招募，导致从带状海藻主导的栖息地向藻甸藻类主导栖息地的转换。与二氧化碳扰动实验研究结果的复杂性相比，温度实验的结果通常是相当简单的。然而，温度和二氧化碳的增加将直接耦合，因此开展双重或多重因子研究实验应该放在首位。

7.4 盐度的生理生化影响

“盐度”可以简单地定义为单位溶液中盐的质量（g）；但这个简单的定义掩饰了这一因素的物理、化学和生物的复杂性。从物理的角度来看，其复杂性在于海水密度、光线折射和电导率与盐度（也包括温度）的关系（Kalle，1971）。盐度的生物意义主要在于其离子浓度、海水密度，特别是渗透压。

盐度的最重要的影响是水分子沿水的电位梯度和离子流沿电化学梯度的渗透。这些过程同时发生，两者都部分受到细胞和细胞区室外围半透膜的调节。下一节将描述水流运动，之后是细胞应对渗透变化的方式。

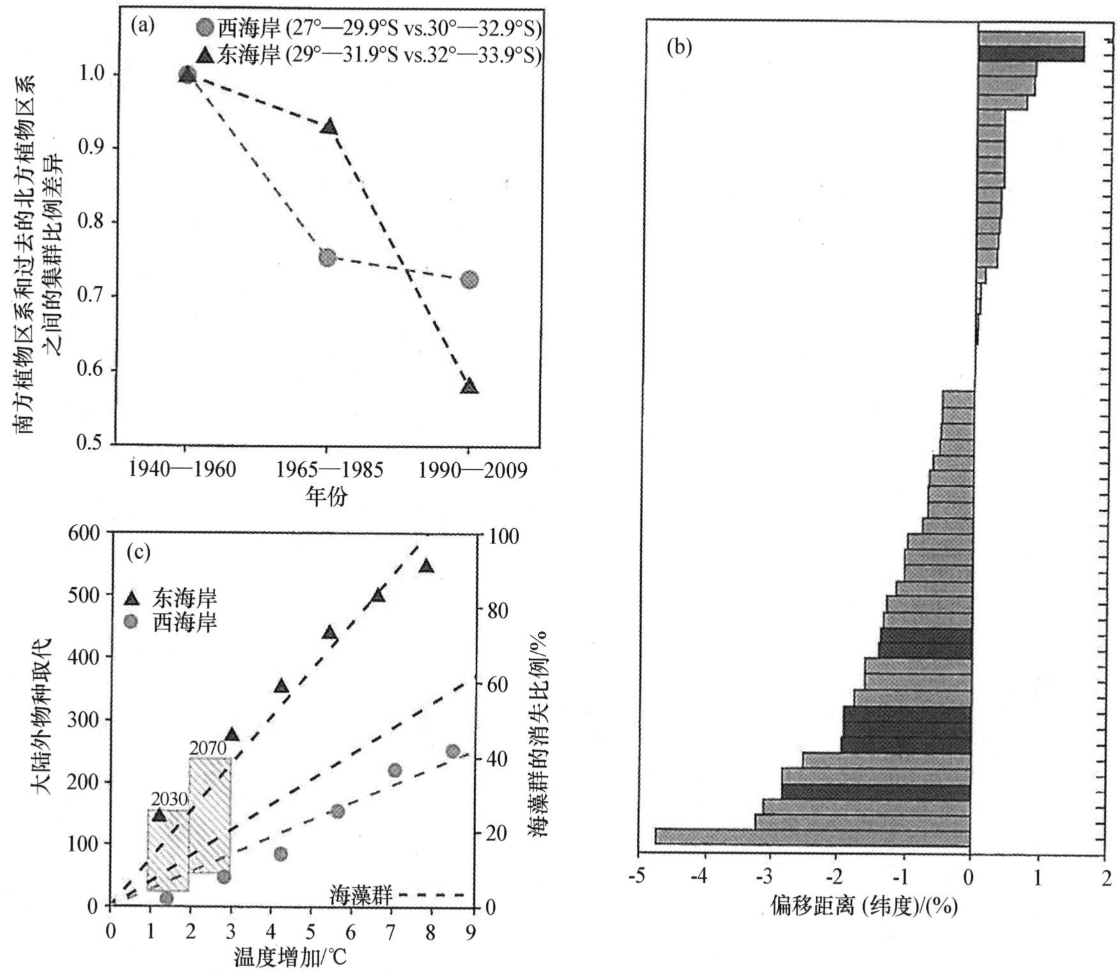

图 7.11　利用标本记录来评估澳大利亚温带海藻向极地转移的趋势

注：(a) 过去的北方植物区系和随后的南方植物区系之间的集群结构多变量差异性 (Sorensen 相异性比例)；(b) 1940—1960 年和 1990—2009 年澳大利亚温带大型藻类生长的北部边界的移动；(c) 温度升高导致的物种取代 (三角形和圆形符号分别代表东海岸和西海岸 44°—35°S 站位)，假设每个海岸的中值范围变化对所有种群具有代表性。灰线表示通过原点的线性回归，温度升高产生了物种脱位率，在东、西海岸分别为 77 (R^2 = 0.96) 和 28 (R^2=0.94)。黑线表示预计的相对总物种损失 (总共 1 454 种)。阴影区域表示预测的 2030 年和 2070 年的温度范围 (仿自 Wernberg et al.，2011a)。

7.4.1　水势 (Water potential)

要了解盐度的生理影响，首先必须了解水势的基本原理，该原理已经在植物生理学进行了具体阐述 (Buchanan et al.，2000)。简而言之，分子运动需要自由能。自由能来源于温度、浓度或压力的变化，以及重力和其他力的作用。分子可以从各种来源获得自由能。物质的自由能称为化学势，而水的化学势就是水势，用希腊字母 Ψ ("Psi") 表示。被溶液包围的细胞的 Ψ 包括几个组分。基质势 (matric potential) Ψ_m是衡量水分子与胶体物质 (包括蛋白质和细胞壁) 结合的力；对于水下细胞，其作用较小，但对于暴露于海岸的干燥细胞是非常重要的。渗透势 (osmotic potential) Ψ_π指水向溶液中扩散的潜力。纯水的渗透势为零，任何溶解于水中的物质都会降低其渗透势。溶液中颗粒越多，渗透势越低 (负值)。

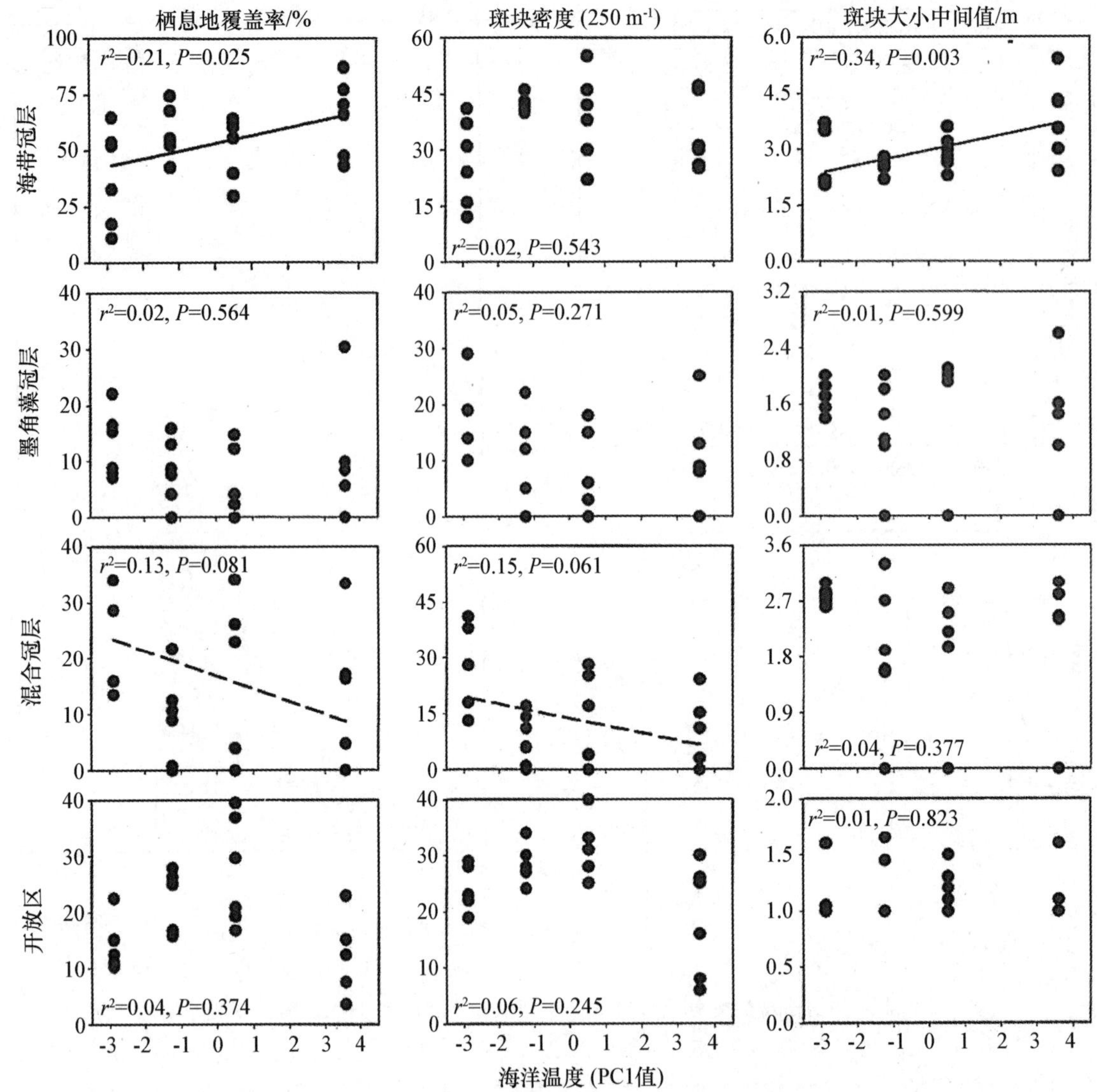

图 7.12　海洋温度在 4 个区域（从左到右：Hamelin 湾，Marmion，Jurien 湾和 Kalbarri）的关系，以及各个区域中 6 个独立站位的生境特征

注：海藻冠层为单一物种放射昆布（*Ecklonia radiata*）组成，海洋温度包括多个时间尺度的温度变化（引自 Wernberg et al.，2011b）。

水往下流的电势梯度，即朝向更负值的 Ψ_π。水流运动导致高浓度溶液的有效稀释。Ψ_π的下降和颗粒溶解的数量成正比，与其大小无关。盐的每个解离的离子计为一个粒子，因此在理想的情况下，1 mol 氯化钠溶液的渗透势是 1 mol 蔗糖溶液的 2 倍（在实际情况中，必须将一个修正系数-活力系数计算在内）。用于渗透测试的溶液浓度不能用体积摩尔浓度（20℃时，摩尔每升溶剂）表示，而应该用质量摩尔浓度（摩尔每千克溶剂）表示，由于溶质分子的加入会稀释溶剂分子。采用质量摩尔浓度，一般指的都是溶剂分子数。单位为渗透压（毫）摩尔每千克：1 000 g 水中 1 mol 未解离溶质 = 1 000 mosmol · kg^{-1}。在 20℃，盐度 35 的海水渗透压为 1 050 mosmol · kg^{-1}（Kirst，1988）。

当水流入植物或藻类细胞时，会对细胞壁产生压力。压力造成的水流运动的趋势称为压力势，Ψ_p。在大气压力下，细胞外的压力势被定义为零；但在静水压力下，植物/藻类在水中的压力势为正值。平衡状态的净水流压力势为零，$\Psi_{\pi e}+\Psi_{pe}=\Psi_{\pi i}+\Psi_{pi}$（Buchanan et al.，2000）。压力势是水的特点，但当水压作用于细胞壁，细胞壁产生大小相等但方向相反的压力称为膨胀压（turgor pressure）（$P_i=-\Psi_{pe}$）。需要注意的是，膨胀压是细胞的一种特性，而不是水的特性。如果外部压力势很小，膨胀压将平衡内部和外部的细胞渗透势的差别。

一般而言，水势最重要的组分是渗透势（或化学势）Ψ_π，由于压力是对于盐度变化的渗透调节的重要组分，膨胀压和渗透压（π）是很重要的。静水压力的衡量单位和气压相同，为帕斯卡（Pa）。在平衡状态下，$\Psi_e=\Psi_i=P_i-\pi_i=-\pi_e$，或者 $P_i=\pi_i-\pi_e$（Reed，1990c）。淡水的渗透压是最小的，而细胞的膨胀压相当于内部的渗透压（$P_i=\pi_i$）。海水中 $\pi_e\simeq2.5$ MPa，因此细胞必须保持一个较高的内部溶质浓度（Ψ_i）以维持细胞形态。

如果细胞处于高渗溶液（与细胞相比，溶液中溶质浓度低）中，水会迅速流出细胞，因为水对细胞膜的渗透是自由的。膨胀压会降低，细胞首先会变得松弛。然后，由于细胞质和液泡进一步萎缩，质膜会与细胞壁分离。这种质壁分离（plasmolysis）的过程对质膜造成的损伤通常是无法挽回的。然而有一些海藻可以在质壁分离后继续存活（Biebl，1962）。如果细胞放置在低渗溶液中，水将进入细胞（离子将通过通道离开）导致细胞膨胀，如果渗透势的差异足够大，细胞将会胀破。这种破裂同样是致命的。将海藻浸没在蒸馏水中，因为自由空间的溶液会与培养介质进行平衡，藻体在几分钟内即会迅速失去“自由空间”（细胞间隙和细胞壁，见 6.3.1 节）的离子，（Gessner and Hammer，1968）。由于海藻细胞的渗透势比海水更低，其盐度必须在海水达到高渗之前大幅增加。海藻的耐盐能力（即避免质壁分离的能力）取决于内部和外部渗透势的差异，以及细胞壁的弹性。在盐度降低时，膨胀压增大。只要细胞壁是有弹性的，细胞就会一直膨胀，但由于正常的海水相对于细胞内部已经处于低渗状态，随着盐度的降低，细胞承受的拉力就会增加。细胞壁的强度和细胞增加其内部渗透势的能力，将决定它们对低盐度的耐受性。

然而，在含有带电粒子的系统中，溶质不仅具有化学势，还具有电势（electrical potential）。正电荷和负电荷的数目趋于平衡。而这两种电荷的电位梯度并不总指向同一方向。离子跨膜的净被动运动取决于组合的电化学梯度，同时也由于许多分子不能实现自由穿膜而变得复杂。海水因为其溶解的盐而具有非常低的水势，但细胞的水势更低（具有高浓度的颗粒），而由此产生的膨胀压对细胞生长非常重要（Cosgrove，1981）。

7.4.2　细胞体积和渗透控制

细胞体积控制显然对于无细胞壁的细胞极其重要（包括海藻的配子和孢子）（Russell，1987），但海藻也已被报道可以在盐度变化时改变其内部的水分，因此这类海藻可能可以调节自身细胞的膨胀压。细胞可以通过增加或减少 $\Psi_{\pi i}$响应 $\Psi_{\pi e}$来控制膨胀压。一些研究结果支持了这一假设，而其他报道也指出了一些例外的情况。此外，有些海藻不能调节膨胀压（如蝎形卷枝藻 *Bostrychia scorpioides*）（Karsten and Kirst，1989）。藻类细胞可能通过无机离子的吸收和释放，或通过单体和多聚代谢物的相互转换来改变其内部的水势（Hellebust，1976；Russell，1987）（图 7.13）。因为水可以自由地进出细胞膜，所以细胞不能通过水分子的进出来改变水势。然而，由于细胞膜整合了所谓的水分子通道蛋白，最近也发现了藻类组织之间高性能的水分子转移（Anderberg et al.，2011；Chan et al.，2012b）。

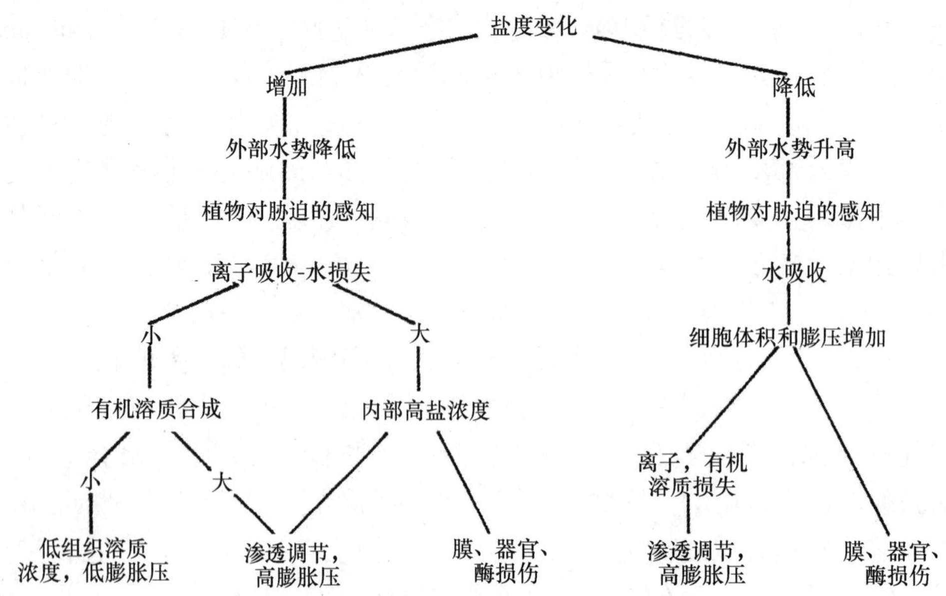

图 7.13　海藻对盐度变化的短期反应（仿自 Russell，1987）

虽然离子浓度的变化似乎是渗透驯化的一个适当的解决方案，但细胞质酶和核糖体无法耐受细胞质离子成分的大范围波动，因此驯化必须以相容性溶质（compatible solutes）为基础。例如，无机盐（如氯化钾和硝酸钾）对糖海带和墨角藻（*Fucus vesiculosus*）的酶有强烈的抑制作用。这些褐藻中，离子在液泡中被用于渗透调节，在细胞质短期（0～30 min）驯化中比较重要（Borowitzka，1986）。但在细胞质和细胞器（如线粒体和质体）中，水势由有机渗透剂控制，在上述物种中为甘露醇浓度（Davison and Reed，1985。Reed et al.，1985）。海带属（*Laminaria*）的皮层细胞具有大的液泡，组织中含有较多的钾离子、钠离子、氯离子和较少的甘露醇；相反分生组织液泡较小、细胞质比例大，并含有较少的钾离子、钠离子、氯离子和较多的甘露醇（Davison and Reed，1985）。

相容性溶质必须是高度可溶的，不存在净电荷，并以高浓度梯度保留于细胞内，而不能穿过质膜和液泡膜（Blunden and Gordon，1986；Borowitzka，1986）。此外，其不能作为任何主要生化途径的中间体，但需要被两到三步酶促反应转化，使得渗透调节和代谢之间不形成冲突（Borowitzka，1986）。一些化合物（如蔗糖等）则不符合这个标准；甘露醇虽然被认为是褐藻的主要光合产物，实际上还可以起到渗透作用（Reed et al.，1985）。然而，相容性溶质不仅仅可用于平衡渗透，其还可以稳定酶的构象，使其在失水时不发生变化（Borowitzka，1986）。

甘露醇和蔗糖属于低分子量碳水化合物，其“-OH”基团被认为与细胞水结构能很好地融合。在过去的 20 年里，红藻中已发现了众多活跃的渗透调节化合物（如红藻糖苷、海藻糖等）（Eggert and Karsten，2010）。下舌藻属（*Hypoglossum*）中发现了一种新型相容性溶质化合物，二半乳糖甘油（digalactosylglycerol）（Karsten et al.，2005）。这种低分子量化合物成为红藻真红藻纲（Florideophyceae）的化学分类学基础（Karsten et al.，2007）。某些氨基酸特别是脯氨酸，也可作为相容性溶质（如在肠浒苔 *Ulva intestinalis* 中）（Edwards et al.，1987），此外还包括季铵（quaternary ammonium）化合物及其三硫类似物（Blunden and Gordon，1986；Borowitzka，1986）。三硫化合物 β-Dimethylsulfoniopropionate（β-二甲基二氢硫基丙酸盐，DMSP）被发现存在于大量的绿藻中（Kirst，1990；Alstyne et al.，2001），但被认为其生态功能可能与抗草食动物的防御更相关（Alstyne et al.，2001）。

并非所有海藻完全依赖于离子和代谢物的浓度以抵抗盐度变化。也有一些海藻会产生形态学防御，或随盐度变化改变其体积。紫红紫菜（*Pyropia purpurea*）与许多海藻不同，具有一个非刚性的细胞壁，主要由甘露聚糖和木聚糖组成而不是纤维素。细胞壁聚合物以颗粒状排列，不形成微纤维。而脐形紫菜（*Pyropia umbilicalis*）可调控原生质体的体积，这种调节与液泡无关，仅是作为一个离子的储存结构，可能与胞质酶的抑制作用有关（Knoth and Wiencke，1984）。然而，紫菜属（*Porphyra* 和 *Pyropia*）的其他一些物种可以改变离子组成（特别是钾离子和氯离子）和代谢物浓度以响应盐度变化（Reed et al.，1980；Wiencke and Lauchli，1981）。类似的现象发生在绿藻石莼属中，河口肠浒苔（*Ulva intestinalis*）的细胞壁比海洋和潮池的同种海藻更薄，因此更有弹性，从而在低盐条件下当水进入细胞时容易发生膨胀。而在高盐条件下，虽然无机离子、蔗糖和脯氨酸增加，细胞体积仍会减小（Edwards et al.，1987）。同时，石莼属可以反复地经历质壁分离和去质壁分离而不会导致膜的损伤（Ritchie and Larkum，1987）。

7.4.3　盐度变化对光合作用和生长的影响

正如光合作用、呼吸作用、招募和生长过程存在最适温度一样，这些过程往往也存在最适盐度（图 7.14）。Gessner 和 Schramm（1971）给出了许多最适盐度的例子，Munns 等（1983）则综述了高盐对藻类的影响。最近的研究分析了盐度、温度和紫外辐射胁迫之间的相互作用。盐度降低对海带目翅菜（*Alaria esculenta*）孢子萌发过程的额外的抑制作用（图

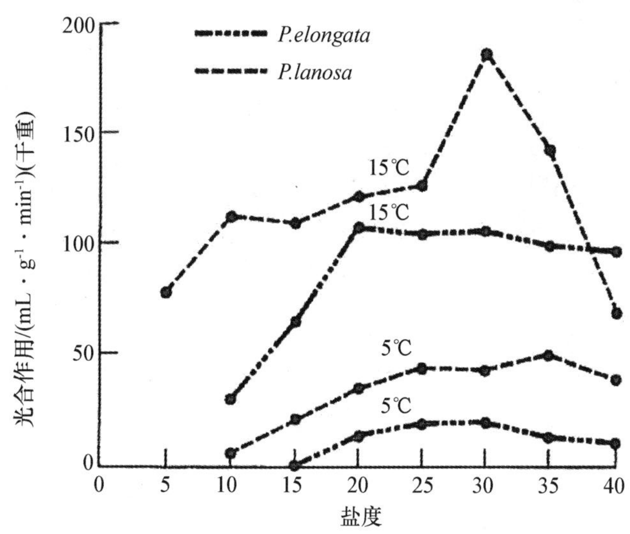

图 7.14　河口绒毛多管藻（*Polysiphonia lanosa*）和长多管藻（*P. elongata*）在 5℃和 15℃时盐度和表观光合速率（每分钟每克干重藻体产生的氧气）的关系，最适盐度约等于海水盐度

（引自 Fralick and Mathieson，1975）

7.15）（Fredersdorf et al.，2009），而在高温条件下这种抑制作用最明显。然而，与其他任何一种胁迫因子相同，这种变化的速度是很重要的（Wiencke and Davenport，1987）；因此，进行不同研究之间的比较是困难的。

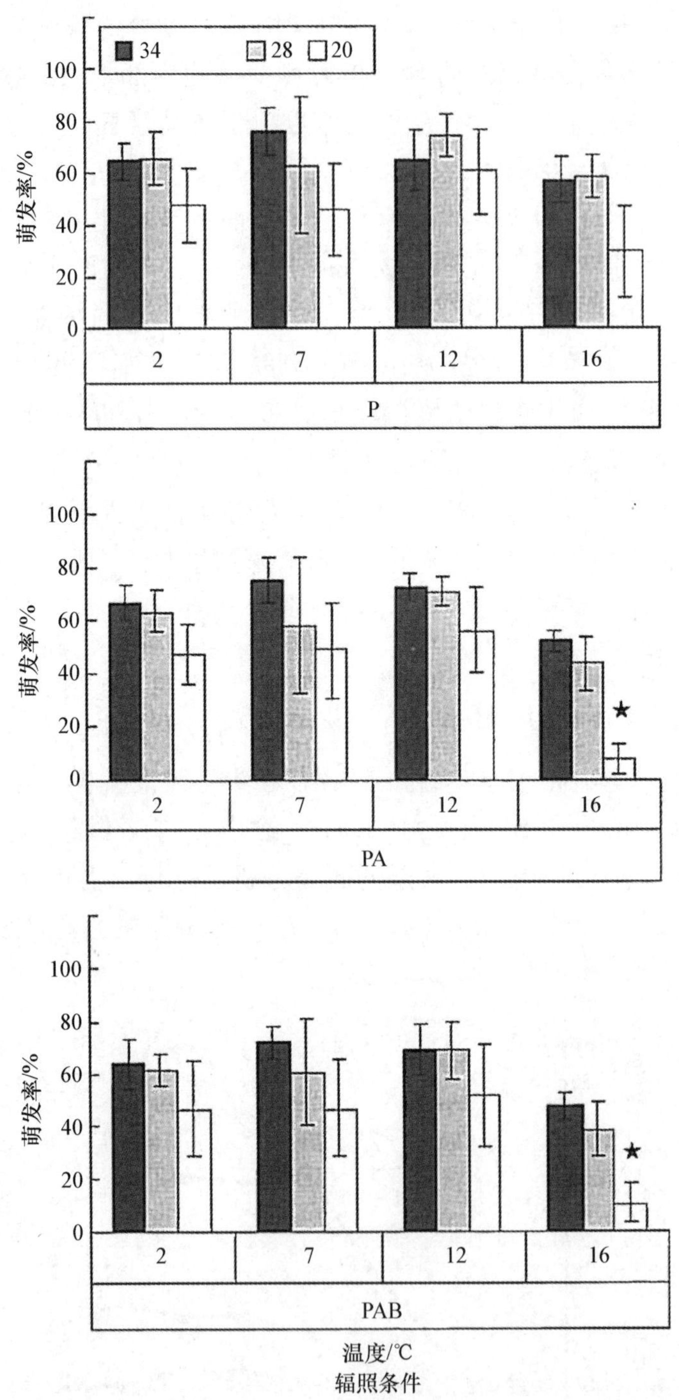

图 7.15 翅菜光照、温度和盐度处理实验

注：翅菜（*Alaria esculenta*）先在不同辐照条件下暴露 8 h，再经历 7 d 的弱光照、不同温度条件（2℃、7℃、12℃和16℃）和不同盐度条件（暗灰色柱形图为盐度 34，浅灰色为盐度 28，白色为盐度 20）恢复后的孢子萌发率（以占标准条件的百分比表示）。P 代表光合有效辐射（PAR），PA 代表 PAR + 紫外（UV）-A，PAB 代表 PAR + UV-A + UV-B。样本数 $n=3$，星号代表温度和盐度的交互作用具有统计学意义（$P<0.05$）（引自 Fredersdorf et al.，2009）。

波罗的海和大西洋墨角藻（*Fucus vesiculosus*）生长情况的差别体现了对不同盐度的长期适应，并形成了盐度生态型（Back et al.，1992）（图 7.16）。总体来说，潮间带墨角藻（*F. vesiculosus*）为广盐性物种，但在不同盐度下各自的生长速率存在着明显差异。波罗的海隔离群采用高盐条件处理，而大西洋隔离群则采用低盐条件处理。事实上，大西洋物种在低盐条件下无法存活，但波罗的海物种仍能保持活跃的生长；但这两个站位的物种表现出具有相同的最适盐度，盐度为 12。

一般而言，波罗的海有利于揭示长期的盐度适应。波罗的海通过一条狭窄的海峡与北海相连。其后冰川期历史已知包括了几个主要的盐度变化，最近的一个时期开始于约 7 500 年以前（Russell，1987，1988）。其较低的盐度已保持了约 3 000 年。波罗的海分布的多种墨角藻和其他海洋藻类也在北海生长。虽然波罗的海种群的最适盐度一贯较低，其藻体组织形态与开放海岸同种物种不同，并存在许多不同的方式。有的藻体较小而细胞尺寸相似；有的拥有更小的细胞但藻体大小正常；还有的只有某些特定细胞的尺寸较小（Russell，1987；1988）。

一些研究人员试图解释海水稀释导致光合作用下降的原因。某些海藻如石莼（*Ulva lactuca*），当从海水转移至自来水中时光合速率急剧下降，而当再次转移回海水后迅速恢复正常，这被解释为碳供给（CO_2 和 HCO_3^-）的影响（Gessner and Schramm，1971）。Dawes 和 Mclntosh（1981）解释了红藻柔弱卷枝藻（*Bostrychia tenera*）在某些佛罗里达州河口水域中光合速率比全海水或蒸馏水稀释的海水中短暂增加的原因；研究发现这类河口水中主要包含了富含 Ca^{2+} 和 HCO_3^- 的泉水。虽然卷枝藻属（*Bostrychia*）长时间处在极低盐度水域中会导致死亡、但由于在泉水稀释的海水中光合作用的增加，使其能够在很低的盐度存活较短时间（几天）。钙使质膜对于其他离子的渗透性降低，从而使在稀释海水中的细胞离子损失降低（Gessner and Schramm，1971）。Yarish 等（1980）发现 Ca^{2+} 和 K^+ 是河口水域红藻光合作用的限制因子。虽然 Ca^{2+} 在低盐水中同样存在，但其浓度可能由于降雨而变得极低从而影响潮间带的干露藻类。

7.4.4 盐度耐受和驯化

当生物体适应一系列新的条件时，通常丧失了在先前条件下表现出的能力。在进化过程中，这种现象导致出现了两个几乎独立的生物群体：淡水和海洋。真核生物中很少的物种甚至属，能够跨越所谓的盐度屏障；而刚毛藻属（*Cladophora*）、根枝藻属（*Rhizoclonium*）和红毛菜属（*Bangia*）则可以适应这种剧烈的盐度变化。通常可能会认为低盐栖息地混合了淡水和海水，因此可能被淡水藻类和海洋藻类共同占据，但事实并非如此。低盐水域的盐度低至 10 或者更低，主要被广盐性海藻如墨角藻属（*Fucus*）和石莼属（*Ulva*）占据；盐沼中常为典型半咸水种类如河边根枝藻（*Rhizoclonium riparium*）和无隔藻属（*Vaucheria*）物种（Nienhuis，1987；Christensen，1988），而在红树林沼泽中，则为鹧鸪菜属（*Caloglossa*）和卷枝藻属（*Bostrychia*）（King，1990）。

潮间带海藻一般都能够耐受海水盐度范围为 10~100；潮下带海藻耐受性较低（尤其是对于盐度增加），一般可耐受盐度范围为 18~52（Biebl，1962；Gessner and Schramm，1971；Russell，1987）。前者必须在露出水面时耐受不可知的盐度变化。河口潮下带海藻承受的盐

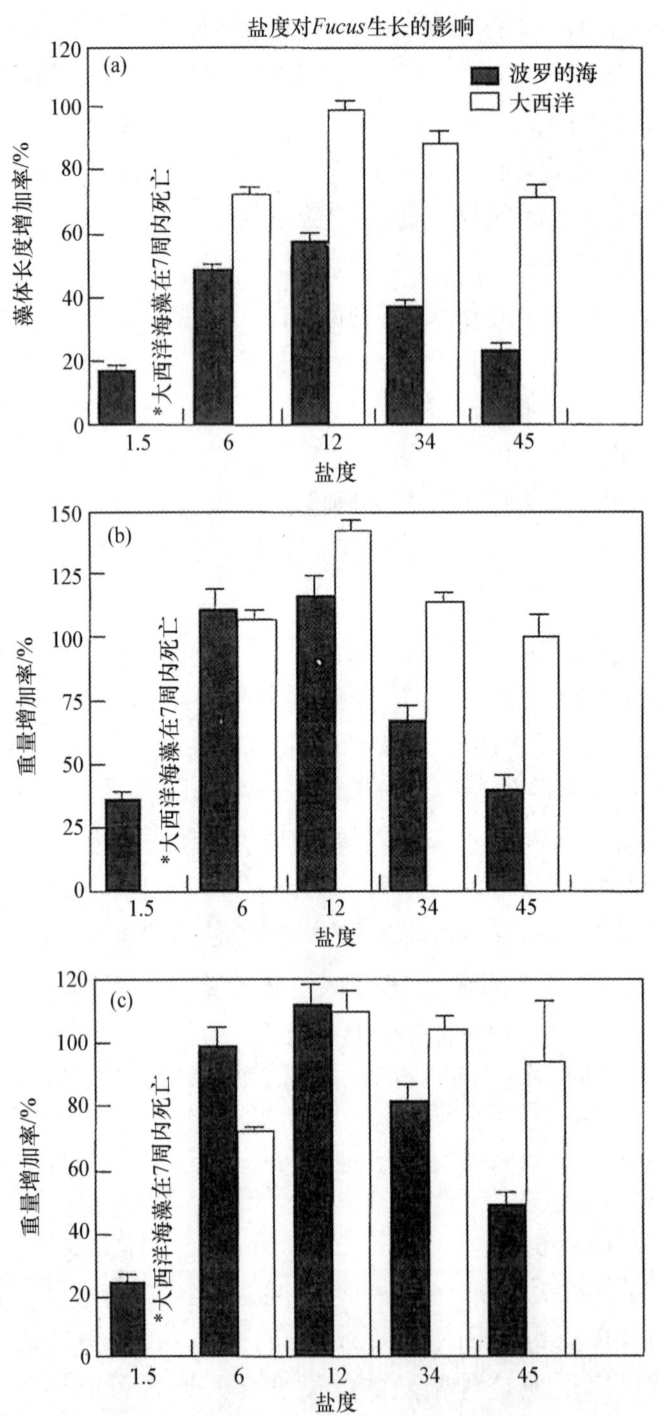

图 7.16　大西洋和波罗的海墨角藻（*Focus vesiculosus*）在不同盐度范围生长

注：大西洋和波罗的海墨角藻（*Focus vesiculosus*）在盐度范围 1.5~45（现在称为 S_A）的条件下生长 11 周后的藻体长度（a）和鲜重（b）增加百分比（平均值±SE）。（c）藻体鲜重比培养 1 周后的重量增加的百分比。* 盐度为 1.5 时，大西洋海藻在 7 周内死亡（引自 Back et al.，1992）。

度波动更有规律。盐度变化的另一个有趣的栖息地是北极高海岸线。其冬季为全盐条件，春季和夏季温度增加引起融雪和冰川破碎，导致大量的淡水排放到沿岸栖息地。Karsten（2007）调查了北极康斯峡湾 6 个主要褐藻，证实了垂直分带模式和耐盐性之间的联系，同时发现浅水二列墨角藻（*Fucus distichus*）为最耐低渗透压和高渗透压的海藻，而北极特有的深水海带方足海带（*Laminaria solidungula*）耐受性最差（图 7.17）。

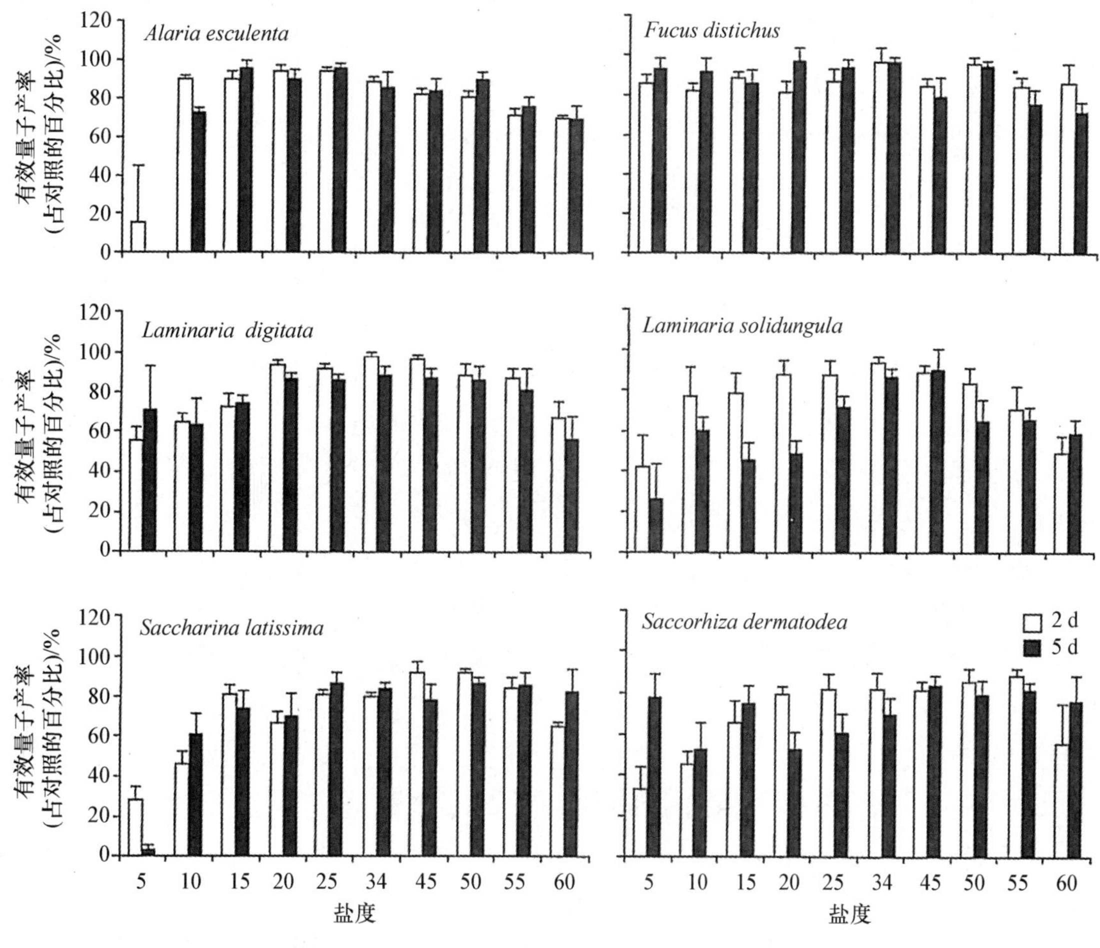

图 7.17　北极康斯峡湾褐藻的耐盐性

注：在北极康斯峡湾收集的褐藻翅菜（*Alaria esculenta*）、二列墨角藻（*Fucus distichus*）、掌状海带（*Laminaria digitata*）、方足海带（*Laminaria solidungula*）、糖海带（*Saccharina latissima*；曾用名 *Laminaria saccharina*）和皮状囊沟藻（*Saccorhiza dermatodea*）用不同盐度处理 2 d 和 5 d 对量子产量（$\Delta F/Fm$）的影响。每个类群的最大有效量子产率设置为 100%。所显示的数据表示为平均值±SD（$n=5$）（引自 Karsten，2007）。

7.5　进一步的潜在胁迫：水和冻结有关的干燥

从生理上讲，海藻个体在盐胁迫下的渗透调节代表了对微生境水势变化的响应。在这方面，干燥和霜冻也基本上与水势的变化相关，因此，针对所有 3 个胁迫的生理驱动机制类似，产生的适应性响应也是相似的。显然，针对频繁和大幅度水势变化的适应和驯化对于潮间带海藻是必需的，潮间带可被认为是一个具有极端变化的环境（Davison and Pearson，1996）。而首先，干燥似乎是潮间带最显著的潜在威胁因素。

7.5.1 干燥

海藻基本上属于海洋生物，即使其有超过一半的时间是离水的。海藻物种在大气中的暴露是一种胁迫，而其具有或多或少的耐受性。除了在凉爽和非常潮湿的条件下，海藻的脱水从露出水面一开始就显现出来；在这种情况下，干燥属于一种盐胁迫。海藻离开海水也剥夺了其营养来源，包括大多数的无机碳；尽管在二列墨角藻（*Fucus distichus*）中已发现干燥后增强了对限制养分的吸收（Thomas and Turpin，1980），这将在一定程度上间歇性地弥补了营养物质的可用性（见 6.4.2 节）。狭义上说，“干燥”等同于“脱水”，但也包含了这些营养物质的变化，因为两者通常同时发生。然而，在潮湿且没有脱水的情况下这些胁迫也可能发生。

干燥和表面积：体积（SA：V）的比例相关。小型生物则更易受到影响。固着生物随着个体增大可以耐受更严酷的条件，但在个体较小时必须避免干燥（例如生长在裂缝中，或在夜间或清晨低潮时进行固着）（Danny et al.，1985）。蒸发速率受温度的影响；白天比在夜间、夏季比冬季往往有更多的水损失（Mizuno，1984）。反过来，蒸发通过表面水势的变化而与盐度相关。潮汐的季节变化是很重要的，因为白天的低潮在炎热的天气里更具有破坏性。

短暂暴露于凉爽、潮湿的空气中可能不会对海藻产生影响，而长时间的接触，特别是在炎热的夏季，可能会造成严重的胁迫。物种生长的岸位越高，暴露于干燥的时间越长。研究必须考虑到小尺度的生境，因为海藻可以通过聚集生长和岸边斜坡部分的取向及孔隙度获得保护。而许多潮间带海藻显然可以耐受干燥，一些生长在裂缝或其他潮湿区域的物种，可以通过生长在岩礁阴影区或其他藻类下方来避免干燥。例如，加利福尼亚南部部分地区的温哥华珊瑚藻（*Corallina vancouveriensis*）可以通过生长在海葵（*Anthopleura elegantissima*）之间获得保护，后者可形成保水的地毯式结构（Taylor and Littler，1982）。囊状潮间带藻类外来囊藻（*Colpomenia peregrina*）可通过形成囊状藻体包裹海水在很大程度上避免干燥胁迫（Vogel and Loudon，1985；Oates，1988）。Tanner（1986）对加州石莼（*Ulva californica*）的研究发现，温度会影响海藻的生长形态，从而避免干燥。在温度高于 15℃ 培养的加州石莼以及在加利福尼亚康赛普逊南部（水温通常大于 15℃）发现的海藻均会形成浓密丛生的“藻甸”；这比 15℃ 培养和在康赛普逊北部（水温较低、空气较潮湿）海藻的保水性更强。目前，Bischof 和同事正在进一步研究沿海岸线生长的掌状海带（*Laminaria digitata*）脱水率和辐照的关系。光合作用期间的水消耗（取决于辐照）还会导致藻体暴露后的水分流失。

在藻体露水后会发生哪些事件？关于光合反应的一系列特殊事件已被观察到。海藻一旦离水，其光合速率通常会急剧下降，甚至在干燥发生之前（Chapman，1986）。这是因为无机碳的供应受到很大限制；海藻表面水膜中少量的碳酸氢盐可用于光合作用，但无法得到很快补充。二氧化碳必须从空气中扩散入水膜并溶解，但空气中的二氧化碳浓度约为海水的碳酸氢盐含量的 1/10。但是，常有报道发现，中度干燥实际上增加了光合速率（Johnson et al.，1974；Davison and Pearson，1996），尽管持续干燥会导致光合速率进一步减小。增加的原因可能是当水膜蒸发后，空气中的二氧化碳可以更迅速地渗透入细胞。Dring 和 Brown（1982）对于齿缘墨角藻（*Fucus serratus*）的研究发现，如果实验的相对湿度条件保持在足够高的水平以防止干燥，光合速率可能在长时期内保持不变。这证明了藻体露水本身并非不利于光合作用。以色列阿尔瓦岛石莼属的一个物种可在 0%～20%的水分损失下保持不变的光合速率，并在 35%的水分损失下继续进行光合作用。Beer 和 Eshel（1983）预测，这些海藻在上午离水后会维持约 90 min 的积极光合作用，但在中午只能维持 30 min。在低潮期，只有位于种群最高位置的海藻个体无法维持积极的光合作用，大概可通过潮汐过程的其他潮湿阶段，或通过波浪飞溅来维持存活。

很多实验通常通过测量干燥胁迫后海藻再次浸入水中后的光合速率和呼吸速率来测试海藻的恢复情况。这类典型实验包括测量干燥后潮间带藻类的水分损失程度，然后将其再次浸入水中测量不同时间的气体交换率。Dring 和 Brown（1982）将胁迫和恢复与岸边墨角藻属物种的正常正电子条件相联系，发现不同物种的光合速率和水分损失存在类似的线性关系（图 7.18），表明高岸位置的墨角藻光合机构并不比低岸物种更耐受水的损失，同时水损失速率也并没有出现预期中的降低情况。有区别的是，干燥胁迫后藻体再次浸入水中后光合机构恢复，以及通常的细胞恢复能力（图 7.21）。Dring 和 Brown（1982）评估了干燥对潮间带海藻和成带现象影响的 3 个假说：①高岸物种在低组织水含量情况下比低岸物种更能保持活跃的光合作用（图 7.18 中的数据反驳了这一假说）；②离水一段时间后，高岸物种的光合作用恢复速率更快（现有的数据也反驳了这一假说）；③离水一段时间后，高岸物种的光合作用恢复更完全。第三个假说得到了 Huppertz 等（1990）进一步的证明，发现干燥保护了齿缘墨角藻（*Fucus serratus*）的光抑制状态，因此高岸物种光抑制的恢复可能从较小程度的抑制开始，而受到强烈抑制的低岸物种其光抑制恢复开始时的抑制程度更大。总的来说，分布在岸边较高位置的藻类需要提高其时间利用效率，因为这些物种生产和吸收营养物质的时间更少，由此在充分水合状态下进行光合作用的时间更少（Skene，2004）。

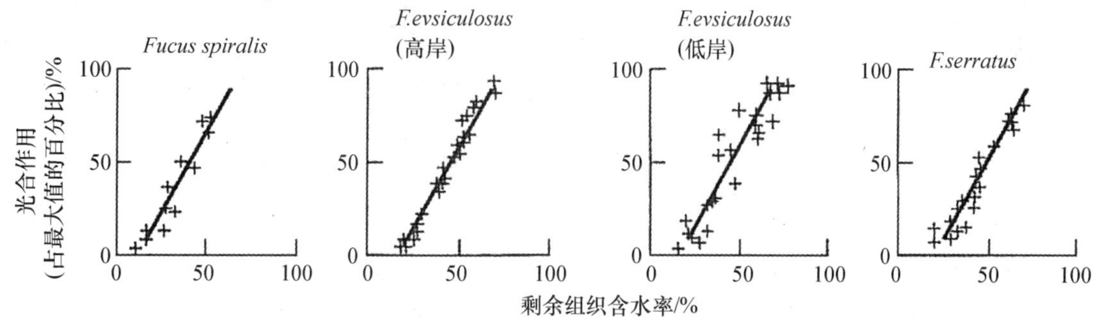

图 7.18　潮间带区域 4 个不同高岸位的 3 种墨角藻物种，在暴露于空气中时的光合作用和水分含量的关系，4 个种群的线性回归线差异不显著（引自 Dring and Brown，1982）。

干燥情况下，光合作用的关键步骤在于电子从 PSⅡ转移到 PSⅠ以及水的分解（Wiltens et al.，1978），而在耐干燥红藻圣胡安紫菜（*Porphyra sanjuanensis*）中，再水化首先导致了系统间电子转移过程的恢复，然后是水分解过程的恢复。受干燥影响的关键细胞成分可能包括生物膜和质膜的完整性，其可以通过测量细胞溶质的渗漏来评估（Hurd and Dring，1991）。干燥和再水化过程中，膜结合的磷脂从液晶状态转变为凝胶状结构，然后再回复到液晶态。Burritt 等（2002）从两个不同的岸位收集红藻树状斑管藻（*Stictosiphonia* arbuscula）并测量了其氨基酸渗漏（图 7.19）。同样发现，不同生长站位的物种的渗漏程度不同，表明其高度可塑的驯化情况，在抗氧化代谢中也存在明显的可塑驯化。高岸物种的暴露时间更长，其膜泄漏程度较低、过氧化氢生产量低，因此膜脂过氧化程度低，使得其“硬化”（hardening）现象更加明显。高岸海藻个体所有与抗氧化机构相关的测试参数（谷胱甘肽含量、活性氧清除酶的活性）都较高。正如我们下面即将看到的，是活性氧自由基生成时非生物胁迫暴露的直接结果。因此，抗氧化代谢研究为生长于特殊胁迫环境（潮间带）物种的生理生态学提供了特别的见解。

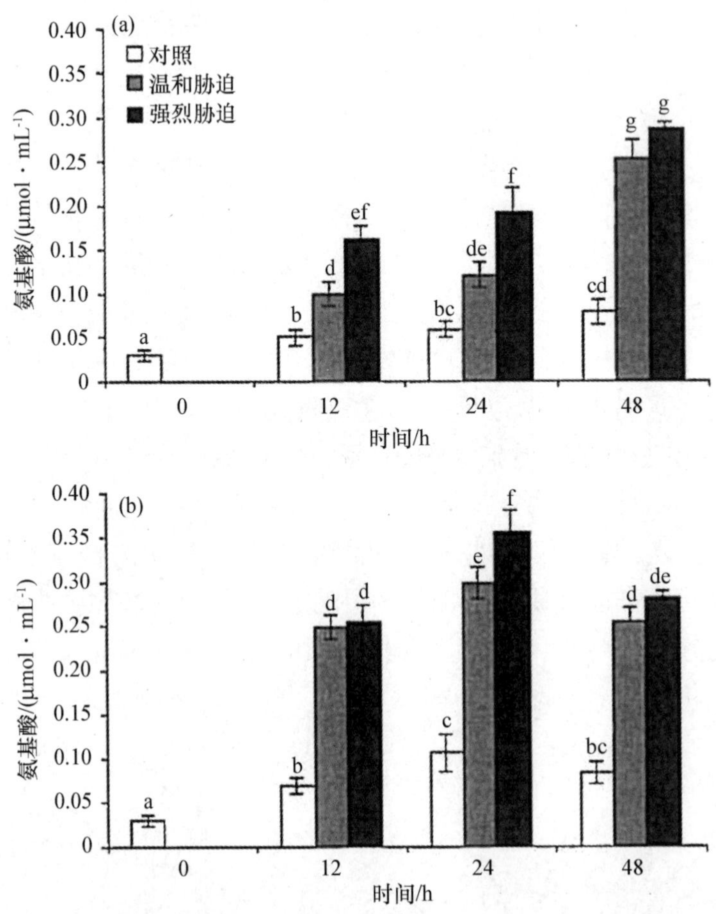

图 7.19　树状斑管藻（*Stictosiphonia arbuscula*）样本在再水化过程中脱水对氨基酸渗漏的影响（a）高岸群落；（b）低岸群落（引自 Burritt et al.，2002）。

研究人员对墨角藻属的不同物种和（或）不同种群，设计了特别有趣的实验系统来揭示不同物种对干燥的保护策略（Collén and Davison，1999a，Collén and Davison，1999b；Pearson et al.，2000；Schagerl and Möstl，2011）。例如，墨角藻（*Fucus vesiculosus*）是北海海岸潮间带的优势物种，而同一物种在波罗的海完全浸没于水下生长。正如 Pearson 等（2000）所示，波罗的海的墨角藻种群已基本失去了抵御干旱胁迫的能力（图 7.20）。

墨角藻属的形态变化也可能与干燥耐受性相关（Schagerl and Möstl，2011）。对螺旋墨角藻（*F. spiralis*）而言，较厚和肉质的低潮间带藻体比较小较硬的高潮间带藻体对于胁迫更加敏感。这项研究还显示保护能力与生长形态相关，藻甸状群落比单独的海藻个体具有更好

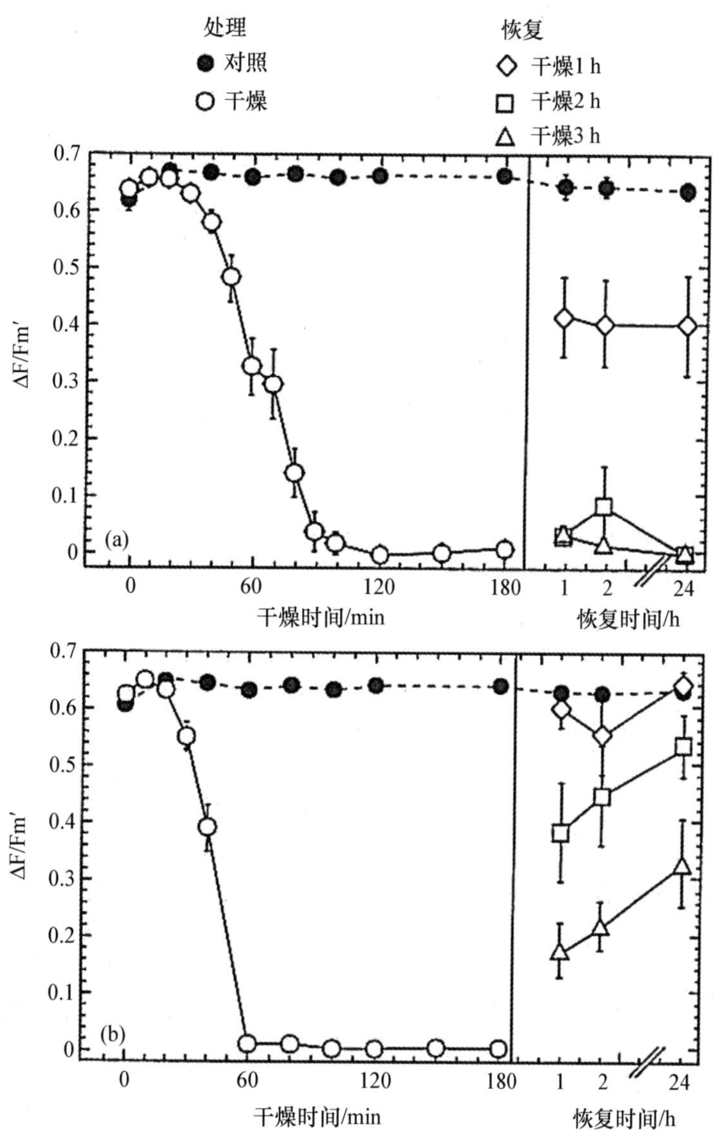

图 7.20　生长于波罗的海中部的幼年墨角藻（*Fucus vesiculosus*）在 25℃的干燥和恢复期的有效光化学产量（$\Delta F/Fm'$）

注：(a) 波罗的海藻类；(b) 北海藻类。对照藻类在空气中保持水合状态，恢复藻类保存在波罗的海海水中，均生长于 25℃条件。数据为平均值±SD（$n=7$）（引自 Pearson et al.，2000）。

的保护能力（图 7.21）。显然，墨角藻属离水后，藻甸群落藻体的光合量子产率随时间逐渐减小，而单个藻体的量子产量则会被藻类快速抑制（Schagerl and Möstl，2011）。

7.5.2　结冰

至少在极地和寒冷的温带地区的潮间带，一个重要的胁迫因素是结冰。海水的结冰伴随着溶解离子的排出。因此，自由水的可用性也降低，而在未冻水中的离子含量大幅度增加，导致进一步的、有时是非常猛烈的水势降低。在这方面，结冰的生理驱动再次类似于盐度胁迫。在前面的章节，已经探讨了海藻的部分冷适应机制。相对于温度对光合作用的影响和结冰引起的渗透性的变化，相似的机制如相容性溶质作为冻结保护剂的合成也会发生。如极地

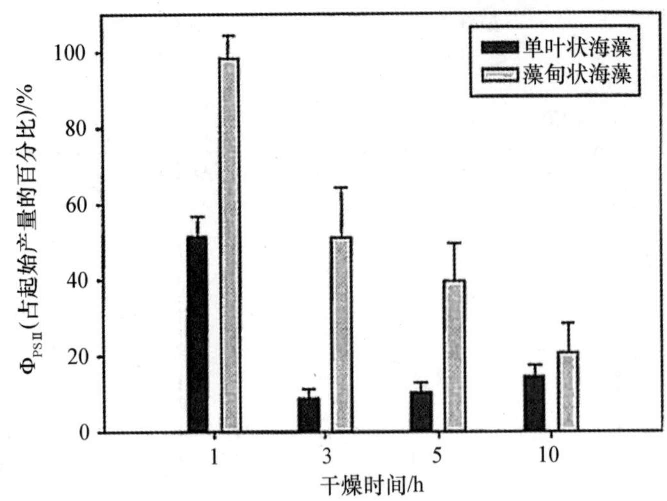

图 7.21　螺旋墨角藻（*Fucus spiralis*）不同干燥时间下有效量子产率

注：网格上的螺旋墨角藻（*Fucus spiralis*）暴露在阳光下，干燥持续 1 h、3 h、5 h 和 10 h 后，藻甸状海藻（灰色）和单叶状海藻（黑色）的有效量子产率（%）比较。以初始产量为标准（平均值±SE；n=14）（引自 Schagerl and Möstl，2011）。

的硅藻中报道的专门的抗冻蛋白（AFPs）的合成（Armbrust et al.，2004；Bayer-Giraldi et al.，2010）尚未在其他海藻中得到证实。科学家以结冰诱导的膜渗漏来代表抗冻性，进行了海藻渗透胁迫的研究（Davison et al.，1989）。对于大多数胁迫参数而言，抗冻性，表现为光合损伤和膜渗漏，一般与物种在岸边的位置相关（图 7.22），此外，Collén 和 Davison（1999a，b，c）的研究证明，在岸边分布稍有不同的墨角藻属不同物种或相关的红藻角叉菜和星状乳头藻（*Mastocarpus stellatus*）中，抗氧化代谢是决定抗冻性的主要因素。然而，这些工作还强调，更频繁发生的干燥可能是塑造海藻垂直成带模式的更重要的驱动力。

7.6　紫外线辐射暴露

潮间带常见的海藻物种所处的栖息地稳定性较低，通常对其理化环境大量多变的因素显示出较宽尺度的耐受性。正如上面提到的，潮间带物种对其各自生长站位的大幅度环境变化具有充分的适应，而大尺度的环境变化（如气候因素的影响）对生物体构成新的挑战。过去的大约 25 年中，由于平流层臭氧损耗导致到达地球表面 UV-B 辐射的增加即属于这类胁迫，其变化超过了海藻群落过去几千年经历的自然变化的幅度。

南极洲上空平流层臭氧损耗可以追溯到 20 世纪 70 年代，而最近的报告显示，虽然南极臭氧层在缓慢恢复，这种损耗仍持续存在（Kerr，2011）。然而，北极地区的平流层臭氧损失记录发生在 2011 年春季（Manney et al.，2011）。臭氧主要在低纬度地区通过分子氧的光解作用产生。在平流层，臭氧分子受到 UV-R 介导的光解作用支配，也可能在催化循环的反应中分解，后者以 NO、Cl 或 Br 作为催化剂（Lary，1997；Bischof et al.，2006a）。这些化合物在大气中的浓度增加主要是由于人为排放从而导致了臭氧消耗。臭氧可选择性吸收 UV-B 辐射，柱层臭氧（column ozone）降低 10%会导致表面辐照在 320 nm 处（UV-A 辐射）约

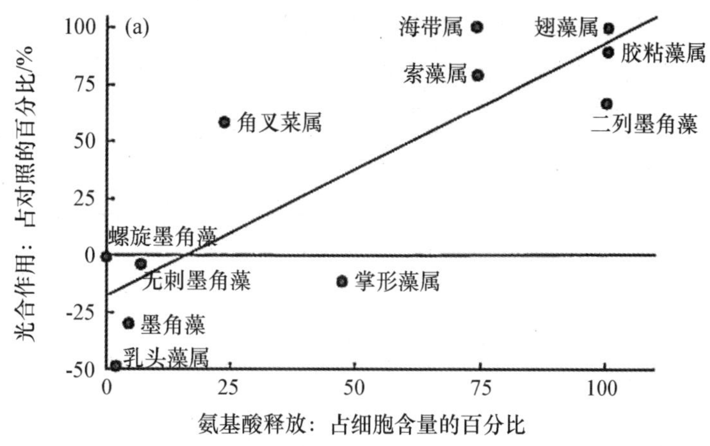

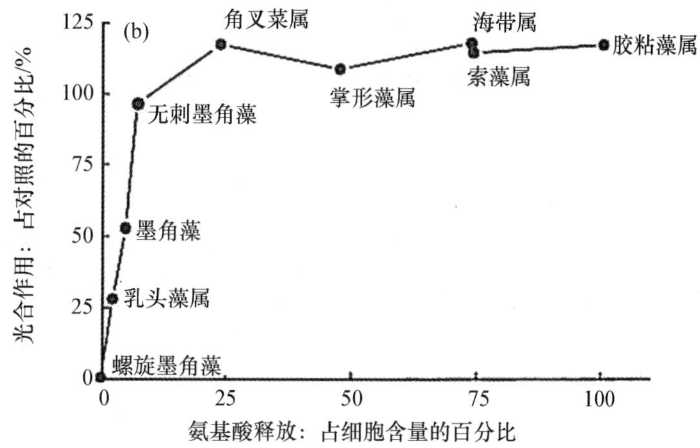

图 7.22　几个潮间带褐藻和红藻的抗冻性与垂直成带现象

注：-20℃3 h 后的细胞氨基酸释放百分比和-20℃处理 12 h 后在 7 d 测量的光合作用（a）；或-20℃处理 3 h 后立即测量的光合作用（b）的关系（引自 Davison et al.，1989）。

增加 5%，在 300 nm 处（UV-B 辐射）增加 100%（Frederick et al.，1989）。

由于根据普朗克方程 $E=h \times c/\lambda$，（with E=energy，c=speed of light，λ=wavelength，h=Planck's constant），UV-B 辐射的能量含量高，同时许多生物分子（蛋白质、核酸）对其具有独特的吸收特性，因此 UV-B 本身就是一个严重的环境胁迫因子。一般情况下，UV-B 辐射对生物系统的影响是多方面的，包括从分子水平到生态系统水平。UV-B 介导的分子靶点的损伤，可能进一步削弱主要生理过程（如光合作用和养分吸收），最终导致生长、生产和繁殖的减少，以及生态系统功能的改变（Bischof et al.，2006a；Bischof and Steinhoff，2012）。然而，由于 UV-B 是理化环境中（至少在陆地、潮间带和浅水系统中）无所不在的组成部分，生物已经对各自的自然栖息地的紫外负荷制定了充分的保护策略。如红藻物种可按分布的深度梯度调节紫外吸收物质类菌胞素氨基酸（mycosporine-like amino acids，MAAs）的合成能力从而避免紫外线介导的 DNA 损伤（Hoyer et al.，2001；van de Poll et al.，2001）。Hoyer 等（2001）提出红藻抗辐射的分类方式：Ⅰ型为完全不能合成 MAAs 的红藻，通常为深海物种如红橡叶藻（*Phycodrys rubens*）；Ⅱ型为浅潮下带物种如掌形藻（*Palmaria palmata*)，能够根据环境辐射条件调整 MAA 合成；Ⅲ型物种为一直维持高 MAA 含量的红藻，通常生存于高辐射环境，如紫菜属未知种（*Porphyra* sp.）（Huovinen et al.，2004）。从南极不同红藻的光饱和值与 MAA 浓度曲线可获得 MAA 含量和海藻成带模式之间的线性相关性（图 7.23）（Hoyer et al.，2001）。

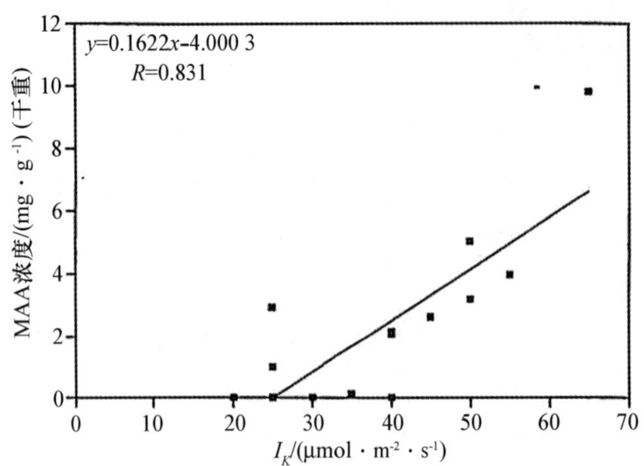

图 7.23　南极洲野外采集红藻的光合作用初始光饱和点（I_k）和各自的菌胞素氨基酸（MAA）浓度（$mg \cdot g^{-1}$）（干重）的关系

注：回归分析：$y=0.162x-4.0$，$r=0.831$（引自 Hoyer et al.，2001；仿自 Weykam et al.，1996）。

自然条件下，温带和热带地区由于较高的太阳高度，导致 UV-B 辐射较高。因此，其最大辐照远高于极地地区（即使在最严重的臭氧消耗情况）。例如，水体最上层几米的紫外辐射被证明是地中海地区控制海藻垂直分布的一个重要因素（Wiencke et al.，2000）。因此，对热带浅水海藻光合生理的研究将有利于揭示高 UV-B 暴露的适应机制，然而，令人惊讶的是目前这方面研究较少。少量的几个（亚）热带水生植物的研究表明，UV-B 暴露可能促进光抑制的恢复，这暗示了藻类对高紫外线辐射环境潜在的适应过程（Hanelt et al.，2006；Hanelt and Roleda，2009）。

臭氧层破坏在极地地区的生态相关性最强，由于近期北极地区报道的强烈的臭氧损耗，对海藻响应的大量研究已经开展（Manney et al.，2011）。Franklin 和 Forster（1997）、Vass（1997）和 Björn 等（1999）综述了 UV-B 辐射引起的大量生理响应，同时 Bischof 等（2006a）对 UV-B 辐射对于海藻的生态影响进行了探讨。目前用来评估 UV-B 辐射程度的改变对海藻群落结构的生态影响的数据仍然较少，但最近已经取得了一些针对极地海岸生态系统的重要见解。北极海带目海藻的游孢子（特别是孢子萌发）阶段为生活史中最容易受到 UV-B 暴露影响的阶段，因此其发育周期可能由于 UV-B 诱导的孢子损伤而受到破坏（Roleda et al.，2005；Steinhoff et al.，2008）。然而，在孢子释放的过程中，孢子体向周围水域释放褐藻多酚（phlorotannins），从而降低水体的紫外线透明度。北极海带目海藻的这一过程被认为是孢子体的“亲本投资”，用于保护对紫外线最敏感的生殖阶段（Müller et al.，2009b）。此外，野外研究表明 由于游孢子对于紫外辐射具有显著敏感性，UV-B 辐射会影响北极海带目物种垂直分带的高度上限（Roleda et al.，2005；Wiencke et al.，2006）。Wiencke 等（2006）发现特定物种的孢子萌发和 UV-B 剂量的相关性。同样的，分布于高岸的皮状囊沟藻（*Saccorhiza dermatodea*）萌发效率对 UV-B 的敏感性，比从低岸物种弱（掌状海带）（图 7.24）。但对南极潮间带海藻群落的进一步实验表明，发展中的大型藻类群落在去除 UV-B 处理后，物种丰富度最高，而 UV-A 和 UV-B 辐射均会对大型藻类演替产生负面影响，从而突显出紫外辐射的生态意义（Zacher et al.，2007）。

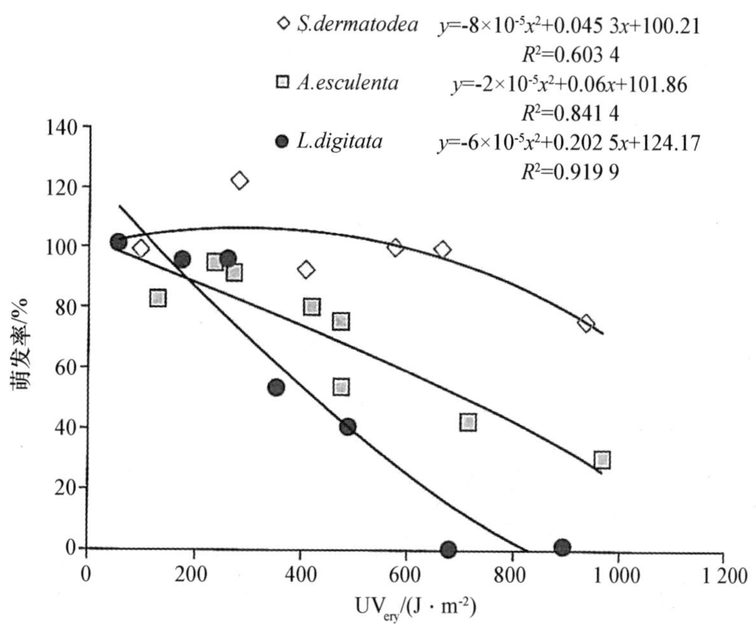

图 7.24　有效 UV-B 剂量和褐藻孢子萌发率

注：有效 UV-B 剂量以紫外辐射加权最小红斑量（minimum erythermal dose）函数 UV_{ery} 表示；褐藻孢子萌发率以 PAR 百分比表示。非线性回归得到了剂量响应关系。皮状囊沟藻（*Saccorhiza dermatodea*）、翅菜（*Alaria esculenta*）和掌状海带（*Laminaria digitata*）中，对萌发率抑制达到 50% 的生物有效剂量 BED50 分别为：>1 000 J · m^{-2}，700 J · m^{-2} 和 418 J · m^{-2}（引自 Wiencke et al.，2006）。

7.7　海水 pH 值和群落变化对海洋酸化的影响

潮间带和浅水水域的海水 pH 值变化比较频繁，而且自然条件下可能会发生大幅度的变化。因此，潮间带潮池的 pH 值变化和 CO_2 可用性最为显著，光合活性导致其 pH 值的增加，而呼吸作用导致其下降。这种变化不仅取决于光照，也取决于各自的群落组成（自养生物 vs. 异养生物）。目前，对气候驱动的海洋大规模酸化的关注正在增加，之前已经讨论了一些光合作用（见 5.4.1 节）和钙化作用（见 6.5.3 节）的潜在影响。早期对于海洋酸化的研究，特别是针对浮游植物如颗石藻，得到的结果往往是不同的，甚至在钙化作用和生产力方面具有藻株特异性差异（Langer et al.，2009）。对于海藻而言，海洋酸化影响的数据库仍然较小，但呈稳步增长的趋势；同时，对于一般生理性能即光合作用和生长，观察到的结果包括消极、中性到积极的作用。然而，不同的研究结果仍然难以比较，因为产生的影响具有物种特异性，同时往往随特定的实验设计和条件变化；因此推荐采用一套常规的实验程序（Hurd et al.，2009）。然而，对于钙化的大型海藻，最近的研究认为在今后 100 年内预测的 CO_2条件下海藻的钙化率会降低甚至开始脱钙化：在红藻珊瑚藻（*Corallina officinalis*）中钙化及脱钙化的动态平衡导致沉淀碳酸钙的净损耗（图 7.25）（Hofmann et al.，2012a）。然而，海水 pH 值降低的不利影响同时也依赖于水流运动，即浓度边界层（CBL）的厚度（见 8.1.3 节），后者可通过实验控制。对于珊瑚藻麦孢石藻（*Sporolithon durum*）高水速以及因此导致的 CBL 厚度的减小可帮助缓冲藻体表面的高 pH 值和低 pH 值（Hurd et al.，2011）（图 7.26）。在群落基础上，钙化对藻类的负面影响导致藻类群落竞争力降低的情况已经在

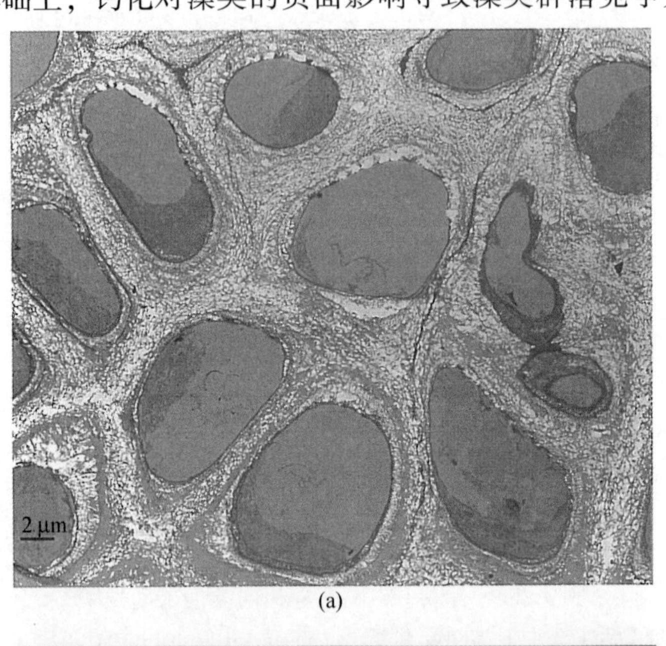

(a)

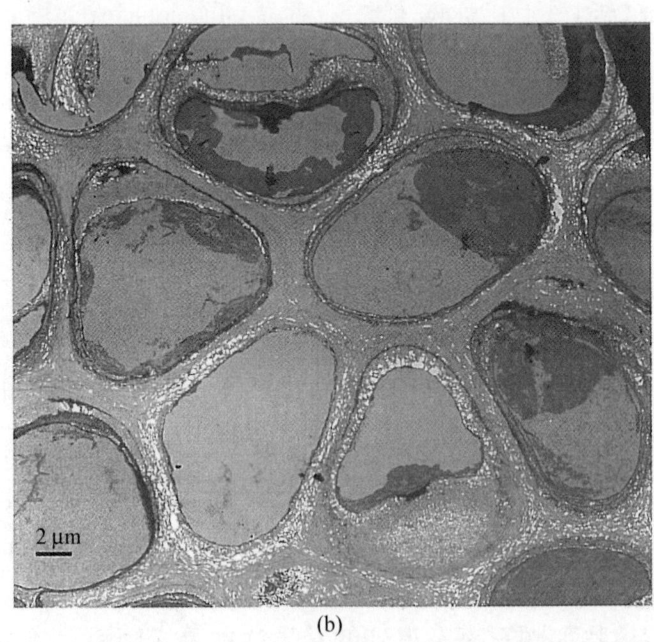

(b)

图 7.25　珊瑚藻（*Corallina officinalis*）藻体最年幼梢部纵向截面的透射电子显微镜图像

注：CO_2环境条件下（a）生长的藻类细胞之间的方解石沉积（白色物质）比高浓度 CO_2条件（b）更多（引自 Hofmann et al.，2012a）。

黑尔戈兰岛大型藻类群落的水槽实验中得到了证明。随着 pCO_2 的增加，原有的钙化藻类损失，非钙化物种覆盖度增加（Hofmann et al.，2012b）（图 7.27）。新西兰南部的天然海带目森林群落中报道了相关的藻类群落潜在变化（Hepburn et al.，2011）。最早的研究海洋酸化对不同海洋生物有机体影响的分析证明，不同的测试组中（海藻、海草、颗石藻、珊瑚、棘皮动物、软体动物等）钙化大型藻类对海洋酸化最为敏感（Kroeker et al.，2010）（图 7.28）。一些研究工作则强调目前海洋酸化对钙化藻类的不良影响的研究忽视了其对非钙化性物种的潜在深远影响，包括由于碳可用性和竞争关系改变导致的从带状海藻为主的群落向藻甸状海藻为主的群落的潜在变化（Connell and Russell，2010）。

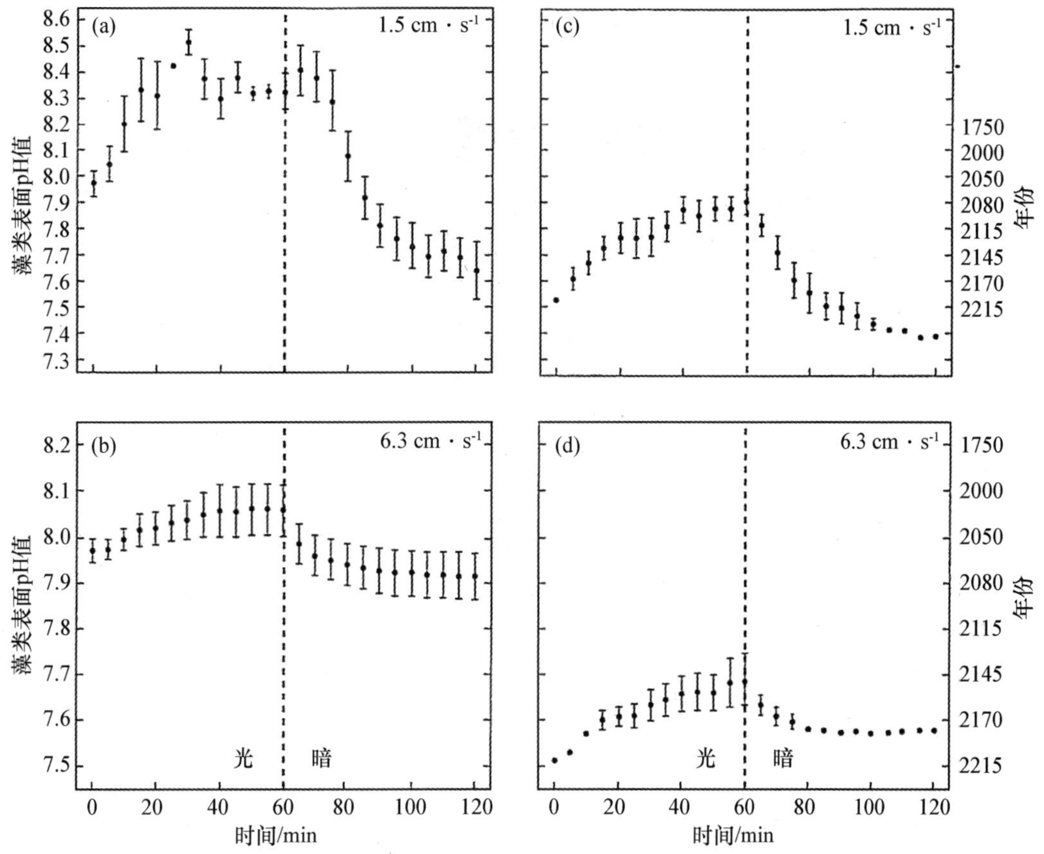

图 7.26　1 h 光照和 1 h 黑暗过程中珊瑚海藻麦孢石藻（*Sporolithon durum*）表面的 pH 值波动

注：环境 pH 值分别为 7.97±0.06（a，b）和 7.50±0.01（c，d）。水流速度分别为 1.5 cm · s^{-1}（a，c）和 6.3 cm · s^{-1}（b，d）。右侧坐标轴显示了百年时间尺度的地表水 pH 值，即从 1750—2215 年（Caldeira and Wickett，2003）。数值为 3 次重复的平均值（±1 SEM）（引自 Hurd et al.，2011）。

7.8　应激源、氧化应激和交叉适应的相互作用

海藻生理生态中所有的非生物驱动力可产生交互（协同或拮抗）。在这方面，对于多种胁迫相互作用的研究具有最大的生态相关性。在拮抗作用中（不太频繁出现的情况），一个环境变量的变化可以补偿或抵消另一个参数引起的不利影响。如压力暴露期间（后），海藻

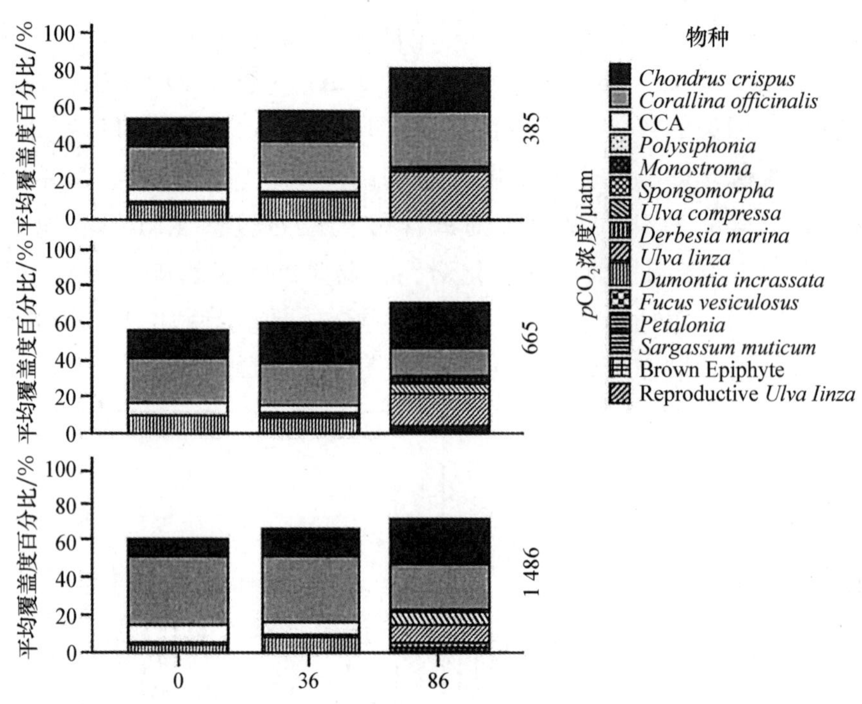

图 7.27 CO_2扰动水槽实验中黑尔戈兰岛（德国湾）藻类群落的变化

注：3 个不同的 pCO_2水平条件处理 0 d、36 d 和 86 d 后所有物种覆盖度的平均百分比（引自 Hofmann et al.，2012b）。

可通过升高温度以提高恢复率（修复率）。Rautenberger 和 Bischof（2006）研究了南极和亚南极地区的 2 种石莼属物种，测试了其在不同温度下对紫外线照射的敏感性。总体而言，发现适度升高温度可以补偿紫外线辐射对光合作用的抑制作用。在智利南部人类活动影响地区的海带目藻类，海藻的 UV 响应则受到营养和金属含量的负调控（Huovinen et al.，2010）。

由于应激源复杂的相互作用，对一个环境因素的适应性反应也可以导致对另一个环境变量的耐受性增加，这种现象称为“交叉适应”（cross adaptation）。交叉适应在响应不同的环境诱因时最有可能发生，但是会导致类似的初级生理效应。这种反应的一个例子是应激诱导的活性氧（ROS）形成。氧化应激的产生是生物体对各种不同压力的生理反应，因为所有的应激源最终损害了光合作用的电子排放。到目前为止，自然环境中普遍存在的非生物胁迫诱导生成 ROS 已在不同条件的海藻中发现，包括高光暴露、紫外辐射、温度和盐度变化、冻结和干燥；而在潮间带物种如石莼属、墨角藻属和角叉菜中研究的最透彻（Collén and Davison，1999a，b，c；Bischof et al.，2002，2003；Collén et al.，2007；Kumar et al.，2010a，2011）。此外，生长于污染区（重金属浓度升高）的藻类也会促进 ROS 的形成（Kumar et al.，2010b；Ritter et al.，2008）。氧化应激也可以被视为一种普通的、非特异性的应激反应。由于活性氧可能是有机体感知环境胁迫的信号级联反应的一部分（Mackerness et al.，1999），非特异性的适应性反应也被观察到可响应各种不同的应激源。例如，常发现于地中海沿岸潮池的绿藻蠕形绒枝藻（*Dasycladus vermicularis*），可针对不同的应激源（包括紫外辐射、高 PAR、温度、高盐度）合成和分泌的酚类化合物 3，6，7-三羟基香豆素（3，6，7-trihydroxycoumarin）（Perez-Rodriguez et al.，2001）。此外，在上述物种中还发现，活性氧

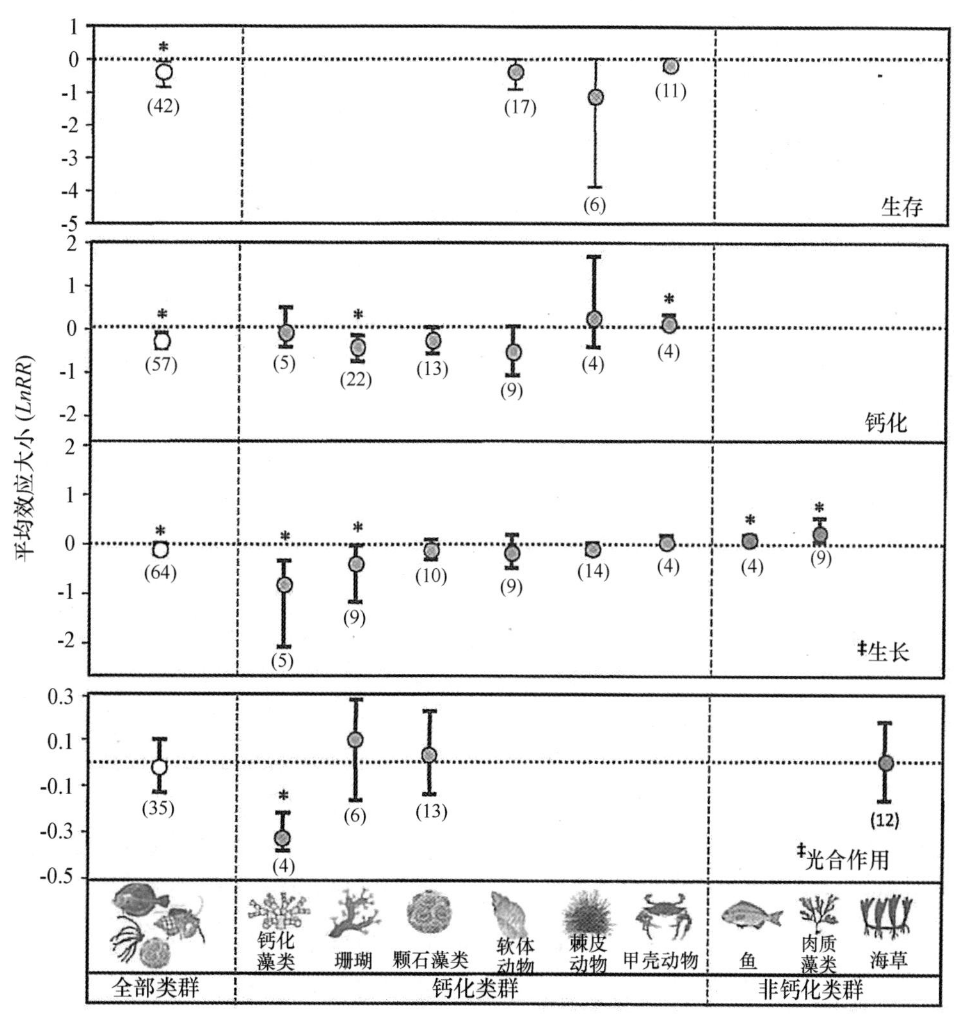

图 7.28　海洋酸化效应的类群变异

注：注意生存和光合作用的 y 轴尺度不同。所有生物组合（整体）、钙化和非钙化物种显示出平均效应的大小和 95%偏置校正 bootstrapped 置信区间。钙化类群包括：钙化藻类、珊瑚、颗石藻类、软体动物、棘皮动物和甲壳动物。非钙化类群包括：鱼类、肉质海藻和海草。括号中显示为用于计算平均效应大小的实验数。没有平均效应大小表明研究太少（n<4）无法比较（引自 Kroeker et al.，2010）。

是应激信号级联的一个重要组成部分（Ross et al.，2005）。这里应该指出的是，类似的诱因也被用于生物相互作用。海藻在生物胁迫（食草动物或病原体）下会产生所谓的氧化暴发（释放过氧化氢）用以抵御生物攻击（Dring，2005；Potin，2008）。这些氧化暴发的产生是通过一个与温度和光胁迫下 ROS 的形成完全不同的途径，但与海藻受到的机械胁迫有关（Ross et al.，2005）。Lesser（2006）综述了生物或生理生化过程形成 ROS 对海洋环境的意义。

另一种酚类化合物，褐藻多酚（phlorotannins）被认为是抗紫外线物质和摄食阻碍剂（Pavia et al.，1997）；褐藻瘤状囊叶藻（*Ascophyllum nodosum*）在 UV-B 和摄食作用增多时这些化合物含量增加，从而响应生物和非生物胁迫。作为交叉适应的另一个例子，热激蛋白（heat shock proteins，HSPs）会在热应激下合成。然而，由于热激蛋白的主要功能是防止蛋白质去折叠导致的变性，任何形式会损害蛋白质功能的胁迫下均可能形成 HSPs，如高温、UV-B 辐射、重金属和氨基盐毒性。同时，在上述所有的胁迫条件下，活性氧可能作为一种信号（Dring，2005）。近年来，微型藻类和大型海藻中发现了促分裂素原活化蛋白激酶（mitogen-protein activated kinases，MAPK）在应激信号调控中起作用（Jimenez et al.，2004）。氧化应激和抗氧化反应对于不同岸位梯度海藻受到的梯度环境胁迫的作用已得到了广泛研究（Dring，2005），例如 Collén 和 Davison（1999a，1999b，1999c）分别比较了潮间带墨角藻属物种和角叉菜以及星状乳头藻（*Mastocarpus stellatus*）的活性氧代谢。上述结果均显示出通过不同机制清除活性氧的能力和海藻在浅水区的垂直分布位置具有相关性。同时，最近的墨角藻属两种海藻和角叉菜的转录组分析实验对于非生物胁迫下基因表达模式的研究强调了活性氧代谢的刺激及热休克蛋白的合成（Collén et al.，2007；Pearson et al.，2010）。

7.9 生理应激指标

如上所述，胁迫会在许多层面上影响海藻生物学和生理过程。海岸管理和环境保护科学家们的目标是尽快发现（任何形式的）胁迫。因此，海藻生物学研究的一个重要方向侧重于建立可作为预警指标的生理或生态参数。

迄今所看到的大多数的非生物胁迫都可作用于生理水平，从而最终导致了光合电子传递的损伤，可能增加光合作用产生的活性氧。因此，活性氧的生产可能会被视为对于任何一种非生物胁迫的普遍应激反应，因此对氧化应激水平的量化可以作为一个很好的衡量藻类健康的生理指标。其中，海藻的氧化应激水平可以通过测量几个指标进行衡量，包括作为膜脂过氧化作用副产物的丙二醛的生成量（MDA 实验）（Bischof et al.，2002）、总抗氧化能力的变化（DPPH 实验）（Cruces et al.，2012）、谷胱甘肽转换（Pawlik-Skowrońska et al.，2007）或超氧化物歧化酶活性变化（Bischof et al.，2003；Rautenberger and Bischof，2006）。然而，由于上述指标的检测需要的设备要求较高，因此这些应激指标的应用收到了限制。分光光度法进行的 MDA 检测已被证明是一个不准确的方法，可以通过 HPLC 分析改进。SOD 测定是一个耦合的酶学试验（McCord and Fridovich，1969；Aguilera et al.，2002），需要先进的实验技术。此外，这种方法最适合检测适应特性（如深度或纬度梯度），但无法检测受到 SOD 活性变化影响的对急性应激的短期响应（Dring，2005）。总体而言，这类生化检测对于野外现场实验并不适用，因此，氧化应激作为应激指标的应用是受限的。

非生物胁迫最终会导致光合作用的损伤，用来评估光合性能的，同时可完美应用于野外试验的易衡量参数的发展体现了植物生理生态学的一大进展（Schreiber et al.，1994）。正如在第 5 章所看到的，虽然如果缺乏基础过程的生理知识，叶绿素荧光测量的结果可能不太确定，但其存在着在不同的实验条件下均可快速测量的优点（Saroussi and Beer，2007）。通过最大荧光比（F_v/F_m）测定的 PSⅡ最大量子产量，可以提供一个快速的工具来获得给定实验条件下藻类光合健康的第一印象（Büchel and Wilhelm，1993；Hanelt et al.，2003）。在海藻的环境应激生态学中，相对于高 PAR 和紫外线辐射（Bischof et al.，1998；Hanelt，

1998)、温度胁迫（Eggert et al.，2006)、盐度变化（Karsten，2007)、有机污染物和重金属暴露（Nielsen et al.，2003a；Huovinen et al.，2010）影响的评估而言，F_v/F_m的测量得到了广泛的应用。然而，F_v/F_m分析无法很容易地检测到所有理化环境的变化。在评估 pCO_2相关的生理应激时，Hofmann 等（2012a）发现钙化红藻珊瑚藻（*Corallina officinalis*）的钙化和细胞壁的脱钙化过程并不伴有 F_v/F_m的变化。

对于大多数的海藻应激生态，F_v/F_m测量对于检测应激出现或光合性能的改变是一个非常有用的工具。然而，F_v/F_m的短期变化可能会影响调控机制（如光保护；见 5.3.3 节），这可能是藻类短期适应策略的一个重要指标，但不能反映长期应激的影响。因此，海藻应激生态学家可能还需要使用到在长期水平整合应激反应的参数，从而得出更多的生态学结论。这种综合性参数通常为生长和繁殖。只有对多个应激影响进行整合才可提供环境胁迫对生态环境影响的结论性见解。任何类型的应激指标的重要性，必须根据不同的生活史阶段进一步考查。北极和温带海带目不同生活史阶段对温度升高和紫外线照射的响应已清楚地证明了上述情况（Müller et al.，2009b)。不仅不同的生活史阶段（如配子体和孢子体)，不同的个体发育过程（如精子形成、孢子萌发）均有特定的耐受性范围。因此，对于栖息地占主导地位的海藻物种，逆境生理生态应该试图揭示物种最敏感的发育阶段或过程的耐受范围（Roleda et al.，2005；Wiencke et al.，2006)；同时，生态和生理应激指标的探索对于预测新入侵海藻物种的扩展范围潜力也是有效的。

在群落层面上，物种特异性的胁迫耐受性的差异将可能改变各自的竞争力，并最终表现为群落结构的变化。最近对于地中海西部大型藻类群落响应不同水平的人为胁迫（即污染和沉淀）的研究提出了一个新的方法，可通过监测某些形态-功能组的组成变化，作为（潮间带）群落响应应激的指标（Balata et al.，2011)。其在海岸带管理中应用的可行性仍然需要进行更全面的评估。

7.10　小结

海藻暴露于可能在时间和空间梯度大幅度变化的广泛的非生物因素中。这类物理化学环境需要特定的适应和驯化机制，并进一步受到额外的人为环境变化的挑战。温度是海藻生物地理学的主要驱动力，海水的表面温度随纬度和洋流的变化而改变。开放海域的年温度变化范围通常只有 5℃左右，但在河口和海湾的浅水区可能会更大。此外，潮间带海藻在低潮期间还受到大气加热和冷却的影响。海洋和咸水的自然盐度范围为 10~70，最常见盐度值为 25~35。潮间带海藻可能因为蒸发或降雨/径流而经历极端的盐度变化。

温度会对海藻产生深远的影响，最终影响到其分子结构和活性。温度每上升 10℃而生化反应速率约增加 1 倍，但酶反应在某些最适温度活力达到峰值，高于该温度任何 3 级或 4 级结构的变化将导致酶失活并最终变性。光合作用、呼吸作用和生长是酶反应的连续过程，因此也具有最适温度，但在所有这些过程中的温度影响并不一致。这种最适条件存在种间和种内变化。在更复杂的水平上，其他环境变量具有更大的影响，甚至会掩盖的温度作用。代谢率可以适应逐渐变化的温度。结冰可导致许多藻类死亡，特别是在细胞中形成冰晶的情况下。然而，许多潮间带藻类可以承受0℃以下的低温，特别是当其细胞处于部分干燥状态时。另一方面，热带藻类即使在0℃以上的低温条件也会死亡。

在存在极端季节性温度变化的区域，有些海藻的生活史事件与温度（也包括光照）相关。通过对海藻生活史以及海藻温度范围耐受性的影响，温度影响了海藻的地理分布，可能是主要的大型调控因子。盐度、波浪运动和基质结构对生物地理学也起重要作用，但通常只是局部影响。

对于海藻生理重要的盐度组分包括溶解盐的总浓度和相应的水势，以及一些特定离子，特别是钙和碳酸氢盐的可用性。许多海藻刚性细胞壁的细胞内部的压力通过离子主动跨膜运输或单体和聚合物之间的相互转换来调节。

潮间带藻类的干燥胁迫部分为盐度胁迫，因为当水蒸发时，海藻中剩余水的盐浓度增加。在露出水面的过程中，海藻也被剥夺了光合作用所需的碳酸氢盐。生长岸位较高的海藻一般比岸位较低的物种对干旱的耐受性更强。

总体来说，潮间带区域代表一种高度苛刻的环境条件，其一直存在非生物因素的变化，包括PAR和高紫外辐射，以及大尺度的盐度、温度和pH值的变化。所有这些胁迫最终与海藻生理，即光合作用相关联，并增加氧化应激的负担。抑制氧化应激的能力与海藻的抗逆性以及物种的垂直分布位置（反映生境的稳定性）相关。海藻不同生活史阶段对于应激耐受的敏感性不同。因此，最易感阶段是该环境条件下藻类分布的决定性阶段，并应优先予以研究。

第 8 章　海水运动

海洋水体处于不断运动之中。水体运动的原因很多，包括大尺度的洋流（ocean currents）、潮流（tidal currents）、波浪（waves）和其他推动力，以及小尺度的局部密度变化引起的环流型式（circulation patterns）（Vogel，1994；Thurman and Trujillo，2004）。水动力（hydrodynamic force）是其中一个直接的环境因素，海水运动也影响其他因素，包括养分供给、光穿透以及温度和盐度的变化。波浪所展现的力量是很难理解的；水体的密度使得波浪或水流可以比风具有更大的力量。“想象一个人类在飓风中觅食或寻找配偶，对于施加这种波掠（wave-swept）生活的物理约束只会有一个模糊的概念”（Patterson，1989b）。广阔的大气和海洋的相互作用所积累的能量会以波浪的形式作用于海岸线（Leigh et al.，1987）。同样很难被形象化的是海藻细胞表面与海水相互作用的微观层次。较大的海水运动产生的力可以把海藻从岩石上撕落，而这也为海藻幼体补充提供了新的空间斑块。海藻表面较少的海水运动及营养物质浓度梯度会限制养分吸收，浓度梯度也会被海藻用来探查周围海水运动的速度，从而为配子（gamete）或孢子（spore）的释放提供信号。

在波浪暴露（wave-exposed）和波浪保护（wave-protected）站位，对海藻形态和功能的研究进一步加深了对一些物种的了解，包括海藻在水流缓慢时最大限度地获取资源（resource acquisition）和在水流快速时最大限度地减少阻力之间的权衡。Denny（1988，1993，2006）、Vogel（1994）、Denny 和 Wethey（2001）的研究提供了流体力学的必要背景。“海洋生态动力学”（marine ecomechanics）是一个新兴的研究领域，其采用“物理结构”（physical framework）来理解海洋生物从细胞到生态系统尺度上的响应（Denny and Helmuth，2009；Denny and Gaylord，2010）。本章首先描述了海藻生长的水动力环境，然后讨论海藻在水流缓慢时增强资源获取和在波浪暴露站位抵抗水动力的机制，最后讨论了波浪作用和沉积物对海藻群落的影响。营养盐和污染物对海藻群落的影响在第 6 章和第 9 章分别讨论。

8.1　水流量

8.1.1　水流（currents）

水流的量级范围从巨大的洋流（主要关注其对生物地理学的温度影响；见 7.3.8 节）到小尺度的表面和近海面水流。水流在狭窄的通道会达到极限速度，在大潮（spring tide）时最大速度可以超过 2.5 m/s（5 n mile/h）（图 8.1）。0.5 m/s（1 n mile/h）的稳态水流通常被认为是强大的，但其速度比碎波（breaking waves）的速度还低。如图 8.1 所示，沿海岸水流的流动由于地形因素变得复杂。岛屿和礁石对水流流动的影响较相似，同时可以聚集漂浮在涡旋之间的浮游生物和受精卵等（Wolanski and Hamner，1988）。此外，水流速度由于摩擦和涡流黏度（eddy viscosity；后者为湍流的特点）在接近海床（seabed）时迅速下降。因此，海底的海水运动取决于湍流（turbulence）和水的一般流动（图 8.2）。

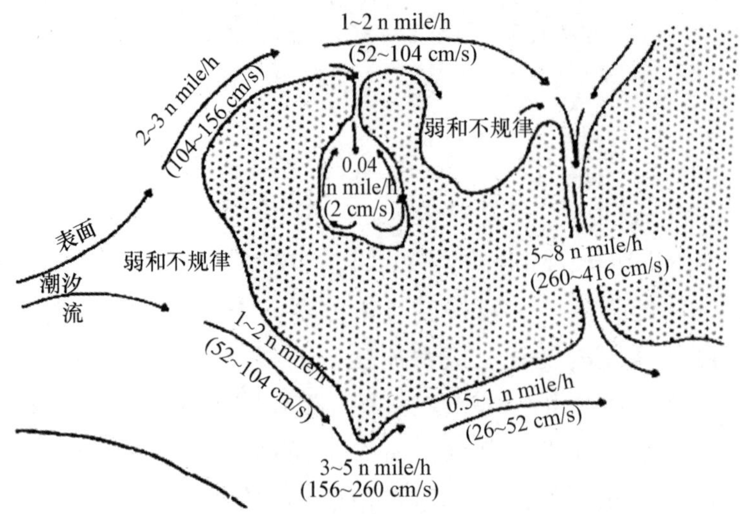

图 8.1　海岸地形对表面水流速度的影响（引自 Hiscock，1983）

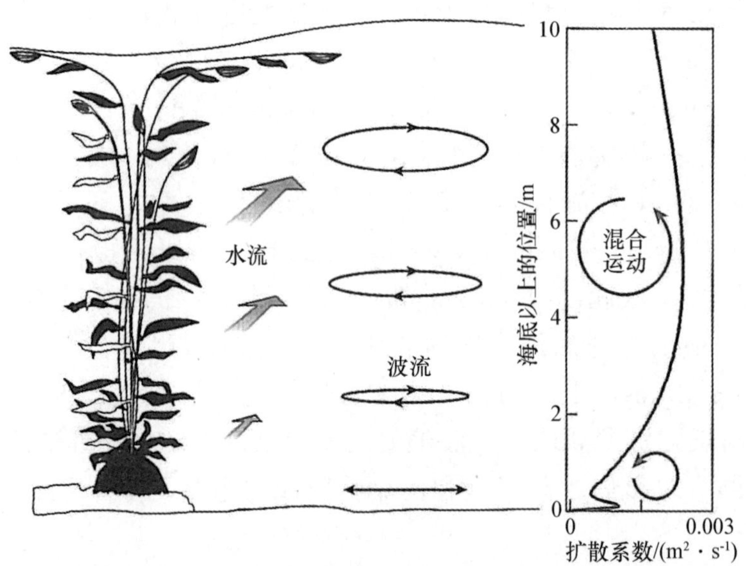

图 8.2　物理因素对孢子传播的支配和最终的传播模式

注：示意图显示水流速度随水深变化的方式和形成的垂直混合模型。混合模型的长度尺度在中层水体比海底大，但强度尺度在近海底处更大。这些因素产生一个非单调的混合剖面（涡流扩散剖面，eddy diffusivity profile）。根据 Denny 和 Gaylord（2010）的计算方法得出 2 cm · s^{-1} 的水流和 10 s 内 2 m 的波浪与沙质海底发生相互作用的涡流扩散率值（eddy diffusivity values）（引自 Denny and Gaylord，2010）。

8.1.2　波浪的物理性质

风拂动海洋表面产生波浪。某些波浪的特点，如高度、周期和波长，取决于风的速度和持续时间以及风拂动的开阔水面（open water）的距离。波浪行进（或传播）的速度（celerity）被单独定义以区别于水流本身的速度（Denny，1988；Denny and Wethey，2001）。波浪传播的距离远远超出了产生它们的风暴。波浪传播的过程伴随着能量损失；由于越长的波传播速度越快，形成了不同的波列（wave trains）使得相似大小的波浪以类似的速度传播。越长的波浪能保留越多的能量，因为消耗在传播上的时间较短。当然，海洋表面很少由均匀的涌浪组成（图 8.3a），通常是混乱无序的（图 8.3b）。

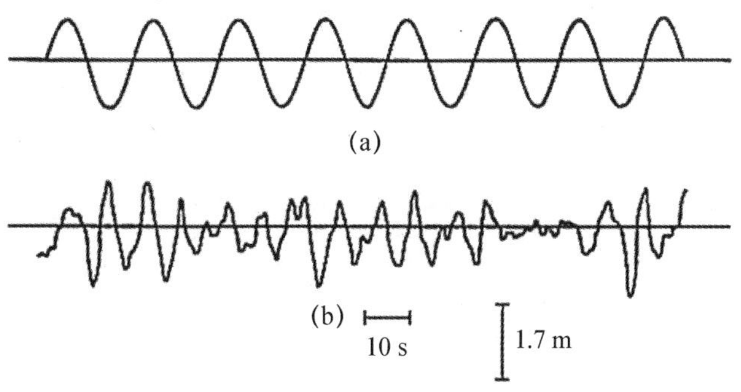

图 8.3　正弦曲线和实际的表面波

注：（a）一个单色正弦波列：波浪高度、长度和周期都能被很好地定义；（b）海洋的水面标高记录：波浪高度、长度和周期都存在变化（引自 Denny，1988）。

当波浪靠近海岸和海底时速度下降。当与波长相比水深度较小时（例如近海岸的涌浪），波浪速度与水深度的平方根成正比；能量守恒原理会导致慢速波的波高增加。无论波浪在海上方向如何，都倾向于以几乎垂直的角度接近海滩。假如波浪的路径是倾斜的，一端位于较浅的水域，其速度将下降到比较深的水域的另一端而更低；因此，波前（wave front）会弯曲，往往会沿海岸平行线左右摆动。波的能量往往在海岬处增加，在海湾处减弱；因此海岬更容易受到波浪作用的影响。斜向波的部分动力将会驱动海流沿岸边流动，形成沿岸流（longshore current）。当两个反向水流相遇时，水流会流向近海形成离岸流（rip current）。这两种水流对于海藻孢子的运输都是很重要的。

在开放的海洋中，水流的运动是圆形的（围绕于一个垂直于波浪方向的轴线）（图 8.2）。圆的半径随深度减小，直到波浪的影响减小至零。在浅水处（<30 m），水流的圆周运动逐渐趋向于平面运动，直到海底形成简单的水平来回运动，通常被称为“涌浪”（surge）（图 8.2）。而在海水表面，在其轨道顶端的水流速度超过波浪速度，则水流开始溢出波浪的前端形成破碎波。当波浪撞击海岸时，能量被摩擦所消耗。在岸边的波浪破碎形成的水流由波峰喷射至岩石的水流再加上一个较强的平行于岩石的涌浪组成（图 8.4 说明了一个破碎波的涌浪组分的水动力条件）。作为小角度倾斜海岸的特色“塌陷”波浪，其降落的水流的影响比涌浪的影响更大；而作为陡峭海岸的特色“涌浪”波的影响分量更大。

在公制单位中，力（force）［质量（kg）×加速度（$m \cdot s^{-2}$）］的单位是牛顿（$N = kg \cdot m^{-1} \cdot s^{-2}$）；压力（pressure）［$N \cdot m^{-2} = Pa$（pascal）］指单位面积上的力。机械能（mechanical energy）指做功的有效能量，单位是焦耳（J）。不可压缩流体如海水的有效能量（available energy）有 3 个组成部分（Denny，1988）：①重力势能（gravitational potential energy），如一个塌陷波下落的水流，其重力势能为水的质量乘以加速度（重力乘以下落的距

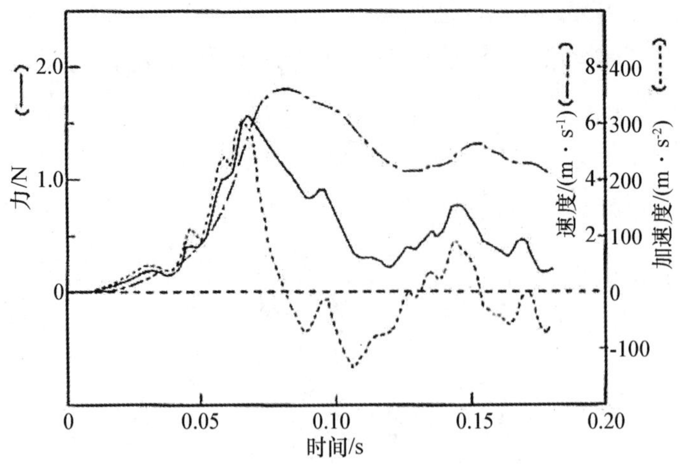

图 8.4　华盛顿波浪暴露潮间带海岸一个典型波的初始部分的水流速度和加速度，显示出波浪对藤壶施加的水动力（引自 Denny et al.，1985）

离导致)；②动能（kinetic energy)，指将一个给定质量的水流加速至给定的速度所需的能量（水流停止时丢失)，等于质量乘以（速度)^2/2；③流动能（flow energy)，比如在浪涌中等于压力乘以体积。卷碎波（plunging breakers）产生的压力可能达到 1.5×10^6 N·m^{-2}（Denny et al.，1985)。夏季波浪作用产生的压力通常在 4×10^3 N·m^{-2}（Palumbi，1984；Denny et al.，1985)。波浪暴露海岸的典型波速是 10 m·s^{-1}，最高测量到了高达 20 m·s^{-1}的速度（Bell and Denny，1994；Denny，2006)。在波浪扫掠的海岸，潮间带海藻每天需要经历 8 600次碎波的重击，其波浪力相当于 1 050 km·h^{-1}的风速（Mach et al.，2007)；而在陆地上，一个 6 级的飓风风力（>280 km·h^{-1}）就会摧毁沿途的一切。

当风力强大到足以引起白浪，溢出的水流如碎浪会向前运动，并将海洋表面的海藻冠盖向岸面拖拽；而实际上因为水体中存在空气使其密度降低，海藻受到的力是不确定的（Seymour et al.，1989)。这种风力产生的波浪影响了梨形巨藻（*Macrocystis pyrifera*）的生长：由于波浪的波长小于巨藻冠层叶片的长度，因此叶片可同时受到多个波浪的拖拽。大型波浪的破坏性主要取决于其直接的水动力，同时因其移动的岩石颗粒（从沙子到卵石）进一步增加。1988 年 1 月在加利福尼亚南部发生的剧烈风暴，搬运了深达 22 m 直径的 200 mm 的卵石，“这种岩石导弹能够引起非常广泛的损害”（Seymour et al.，1989，第 289 页)。

8.1.3　海面层流和湍流

了解海藻的气体交换和营养物质的吸收利用，就需要知道海藻表面水流的情况，因为海藻是从其紧邻的水层中吸收和释放溶解物，如 CO_2、O_2、H^+、OH^-、硝态氮、铵和磷酸盐。基于 Hiscock（1983)、Koehl（1986)、Wheeler（1988)、Vogel（1994)、Hurd（2000)、Denny（1988，1993)、Denny 和 Wethey（2001）的研究得出了以下的结论。

与固体表面接触的水是静止的，定义为无滑移条件（no-slip condition；Denny and Wethey，2001)。因此，从无阻碍的海水“主干流”或“水体”到物体表面存在速度梯度（图 8.5 和图 8.6)，从而形成了一个速度边界层（velocity boundary layer，VBL)。VBL 的厚度定义为小于 99%的自由流速度（free-stream velocity）（Vogel，1994）。这一梯度不是线性的：在下方 5%的水层中，局部速度已经达到超过 50%的水层厚度的自由流速度。因为表面会有效地减缓水流，因此存在一个和表面对立的应力，称为流体（或表面）剪切应力（fluid/surface shear stress）τ_0。“剪切力”指的是一个平行于表面的力，与压缩力（compressive forces）相反，是一种垂直作用。

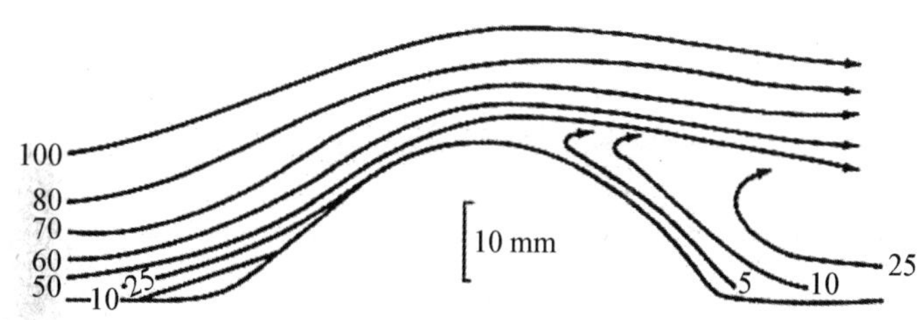

图 8.5 海底山脊表面的水流（速度单位为 cm · s^{-1}），显示出层流和下游一侧的涡流（引自 Hiscock，1983）

当水流流过一个障碍物时，其边缘处形成涡流，如图 8.5 右侧所示。如果障碍物为光滑的平板状，则平板中间的水流首先是层流。层流又指平滑流，可以想象成层状，其速度在接近障碍物表面时降低（图 8.5 和图 8.6）。剪切力减缓了表面的水流，而这些流动层拖拽水流，导致层流层的厚度增加（图 8.6），这种情况的发生与表面是光滑或是粗糙无关。在沿介质表面一定距离以外，层流层将变得不稳定，并通过一个过渡阶段形成湍流（turbulent flow）（图 8.6）。在湍流中有垂直的混合型也有水平流。然而，即使在 VBL 为混乱状态时，海藻表面仍然存在湍流被黏度抑制而形成层流的区域，称为黏性底层（viscous sub-layer）（图 8.6）。在层流中，质量（如营养物质）、动量和热量的传输是通过分子扩散，而这个区域被称为“扩散边界层”（diffusion boundary layer）。动量沿速度梯度扩散，而质量沿浓度梯度扩散（Denny and Wethey，2001）。

海藻表面的流动是层流还是湍流，对于了解溶解物质向海藻流入或流出的通量是至关重要的。流动的类型可以通过雷诺数（Reynolds number，*Re*）评估，是惯性力（inertial forces）和黏性力（viscous forces）的无量纲比值（dimensionless ratio），与物体的大小、表面摩擦速度（friction velocity，u_*）和运动黏度（kinematic viscosity）（20℃ 的海水等于 1.06 m^{-2} · s^{-1}）相关（Denny，1993）。雷诺数有许多有用的用途（Denny，1993）。例如，粗糙雷诺数（roughness *Re*，Re_*）可以用来确定物体表面上的结构元素会引起的流动是层流还是湍流（Roberson and Coyer，2004；Hurd and Pilditch，2011）。$Re_* < 5$ 时流体的流动为层流，$Re_* > 60$ 为湍流，处于两者之间为过渡流（Roberson and Coyer，2004）。海藻的大小、整体形状和分枝间距会影响流体的流动。在单向流动情况下，大型叶片海藻如海带可产生 1~3 cm · s^{-1}速度的湍流（Hurd and Stevens，1997）。具有圆柱形分枝的藻体如许多小型海藻和裸石花菜（*Gelidium nudifrons*），水流在藻体一系列狭长、排列紧密的棒状表面流动。叶状体作为一个整体抑制水体中的大型湍流导致其速度降低，当水流离开藻体时则变为平滑流。当流速高于 60~120 mm · s^{-1}的临界速度时（取决于藻体分枝的直径和间距），藻体分枝将形成微湍流（microturbulence）（Anderson and Charters，1982）。

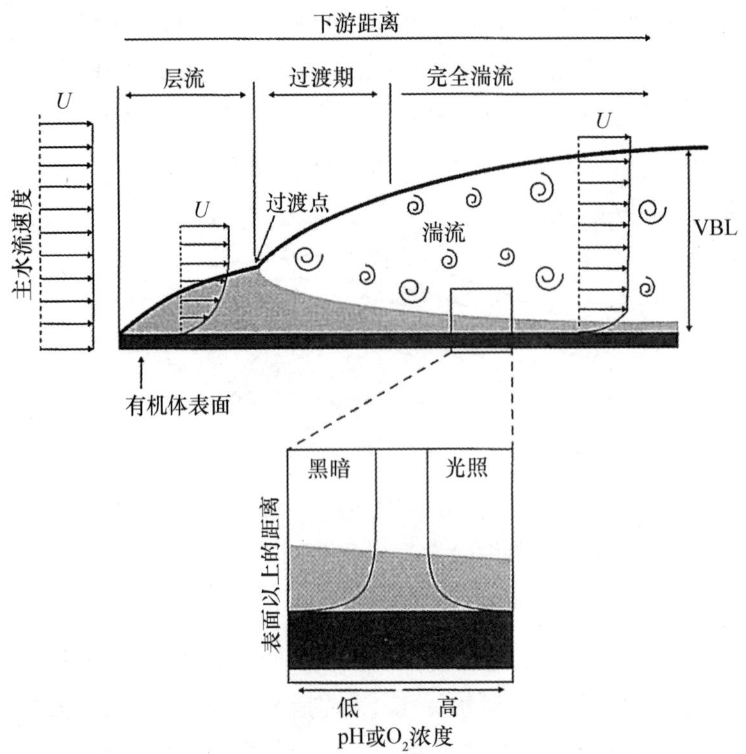

图 8.6　海藻表面的速度边界层（VBL）内浓度边界层（concentration boundary layer，CBL）的形成模式

注：最初，均匀的海流（层流）（箭头指速度，*U*）遇到海藻叶片的前缘（理想的平面）。层流 VBL 在机体表面形成，如果海藻在其表面进行代谢交换，则在层流区形成 CBL。CBL 的最大厚度取决于 VBL 层流区的外边界（即生物体表面的阴影区域）。随着湍流增加，CBL 厚度减小。插入图：在光照与黑暗条件下海藻表面的 pH 值和氧气的预测梯度。在光照条件下，光合作用导致海藻表面形成较高的 pH 值和 O_2浓度；而在黑暗条件，pH 值和 O_2浓度较低，原因在于藻类的呼吸作用以及钙质海藻的钙化作用（引自 Hurd et al.，2011）。

营养物质从海水流向海藻表面并被其吸收必须跨越 VBL 层流区，同样海藻表面代谢产物的释放也需要经历这一过程。营养物质通过分子扩散从高浓度移动到低浓度区域的过程会在海藻表面形成梯度，称为“浓度边界层”（concentration boundary layer，CBL，δ_C）（图 8.6）。通常来说扩散边界层（diffusion boundary layer）这一术语也具有类似的含义（Hurd，2000），但 CBL 更有利于区分质量的扩散通量（diffusive flux）和动量扩散通量（δ_M）或热量扩散通量（δ_T）（Denny and Wethey，2001；Nishihara and Ackerman，2007）。溶解物质穿越 CBL 的通量取决于其分子扩散系数（diffusion coefficient，*D*）以及海水和海藻表面的浓度差异，这也反过来依赖于海水的流速及其是否为层流、过渡流或湍流。穿越 CBL 的通量同时也依赖于海藻的代谢状态，即海藻表面吸收/释放物质的速度。最后，一些溶解物质会与其他溶解在海水中的分子发生化学反应也会影响穿越 CBL 的通量；这尤其适用于会与水发生反应的二氧化碳（Nishihara and Ackerman，2006）。对于一些限制性营养物质，如果海藻的需求大于供给，则海藻的生长和生产率可能发生“传质控制”（mass transport limitation）（Hurd，2000）。

海藻表面 CBL 的厚度可以通过 Fick 扩散第一定律或施密特数（Schmidt number）间接估计（Denny and Wethey，2001），也可使用微探针（microprobes）直接估计（Raven and Hurd，2012）。海藻的叶片形态和生长形式会通过它们对于湍流产生或抑制的效应影响 CBL 的厚度。藻体表面的微小特征如表面波纹和毛窝相比光滑的叶片会增加 CBL 厚度，因为其降低了 Re_* 并在海藻表面拦截了部分水体。在水流速度为 1.5 cm · s^{-1}时，墨角藻（*Fucus vesiculosus*）表面的毛窝比无毛窝叶片使 CBL 厚度增加 0.3 mm（Spilling et al.，2010；见 2.6.2 节）。一些分枝密布的海藻会在藻体中拦截水体，导致 CBL 可以从海藻基部一直延伸到冠层顶部甚至更远处。例如 Cornwall 等（2013）检测了一个节状珊瑚海藻的氧气和 H^+浓度梯度，发现其厚度达到 60 mm。此外，在海藻群落中每个“层面”的海藻（即藻甸、冠下肉质海藻和海藻冠层）都有与其相关的 CBL。很明显，海藻表面的物理和化学环境和海水的情况是非常不同的（图 7.26）。

8.1.4　海流和波浪力的测量方法

亚潮带的水流速度、方向和湍流可以采用 S4 电流表、声学多普勒测速仪（acoustic Doppler velocimeters，ADV）或声学多普勒流速剖面仪（acoustic Doppler current profilers，ADCPs）测量。这类仪器可以放置在海藻床内，因此可以直接测量水流速度被减弱的程度（Stevens et al.，2003；Gaylord et al.，2007）。Figurski 等（2011）开发了一个“水下相对膨胀动力学仪”（underwater relative swell kinetics instrument，URSKI），这种价格低廉的设备具有一个可以测量水下流动波速度的加速度计。在实验室水槽中，微型 ADV 可以测量海藻表面的流速和湍流（Hansen et al.，2011），而热膜传感器（hot film sensors）已被用于野外的相关检测（Koch，1994）。土块中的熟石膏（Doty，1971）和石膏球（Gerard and Mann，1979）的溶解率有利于对传质速率的估计（Porter et al.，2000），小的溶块可以依附于海藻叶片之上（Koehl and Alberte，1988；Hepburn et al.，2007）。然而，由于溶出率受到海水运动方式（如单向和轨道式）的影响，必须谨慎地推断其溶解速度（Porter et al.，2000）；但是潮间带由于受到大气条件的影响，这种对于溶解率的推断是不合适的。

海洋的“波浪起伏”（waviness）可以在数学上被估算为有效波高（significant wave height，HS），将波列中的波高由大到小依次排列，其中最大的 1/3 部分波高的平均值（Denny and Wethey，2001）。美国和日本一些国家已经建立了全国的波浪浮标阵列（wave-rider buoys）用于连续记录接近岸边的海浪高度，存档的数据在网站上是公开的（Denny and Wethey，2001；Nishihara，2010）。价格低廉的压力传感器可用以测量波高（Denny and Wethey，2001；Stevens et al.，2002）。知道接近岸边的海浪的大小可以给出波浪暴露的提示，但小规模的局部地形会强烈地影响水流的形式，因此波高可能不是一个很好的预测有机体承受的水动力或是某一站位受到物理干扰可能性的指标（Helmuth and Denny，2003）。因此，在生物体的尺度上，或是从生物体本身测量波浪力是更合适的。在潮间带，Bell 和 Denny（1994）发明的“威浮球仪”测力计（wiffle-ball dynamometer）是一种廉价的记录最大波浪力的仪器（Denny and Wethey，2001）。Boller 和 Carrington（2006a）采用该仪器直接测量了潮间带角叉菜（*Chondrus crispus*）承受的波浪力，而在实验室则使用更灵敏的应变计力传感器（strain gauge force transducer）测量了海藻承受的拖拽力（Boller and Carrington，

2006b)。Stevens 等（2002）利用了公牛藻属未定种（*Durvillaea* sp.）独特的较粗的柄部和较厚的叶片，在其上固定了位移和力传感器（displacement and forces transducers）以及加速度计（accelerometers）。藻类的假根附着于基质使得整个藻体锚定于潮间带，其记录的柄部承受波浪力为 300 N，而叶片加速度为 30 m · s^{-2}。Gaylord 等（2008）也采用类似的传感器分别测量了潮间带和亚潮带的门氏优秀藻（*Egregia menziesii*）和梨形巨藻（*Macrocystis pyrifera*）承受的波浪力。此外，还有一些间接测量海藻承受的波浪力的方法，例如 Seymour 等（1989）采用对波高和频率的测量来计算巨囊藻属（*Macrocystis*）承受的阻力。

波浪暴露指数（wave-exposure indices）推导自确定波大小的一些因素，已被用于海滩经历的波浪暴露水平的分类（Burrows et al.，2008）。其中最简单的测量方法是根据开阔水面的角度（水流可向任意方向的站位流动），其可以直接从地图确定（Baardseth，1970）。这种方法仅依赖于波浪作用，但不考虑其他参与产生或修改波浪作用的因素。Thomas（1986）提出了一种更精细的方法，该方法通过计算一个取决于风的速度、方向和持续时间以及海岸坡度影响的指数。该方法包括了大部分影响波浪作用的因素；这一指数可以从现成的水文和气象数据推断出，而且是普遍适用的。地理信息系统（geographic information systems，GIS）计算机软件的出现，进一步提高间接测量方法的可靠性（Burrows et al.，2008），可被应用于海藻的覆盖率和生物多样性的预测（Hill et al.，2010）。此外，还有一个间接的方法是生物暴露测量（biological-exposure scale），其整合了波浪暴露的所有复杂组分，包括海浪的冲击压力、风力导致的润湿作用、潮间带的沉积物、松动岩石的移动和养分供给（Lewis，1964；Dalby，1980）。然而，所有的生物波浪暴露指数最终都是受限的：这类方法的校准或合理化是依赖于生物体的分布规律假设，而后者正是此类方法想要阐述的对象（Burrows et al.，2008）。

各种实验室水槽（Vogel，1994）已被用于检测海藻在单向流（Wing and Patterson，1993；Hurd et al.，1994b）和脉动流（Carpenter et al.，1991；Lowe et al.，2005）中的代谢过程。水槽可以足够大到容纳整个海藻群落（Larned and Atkinson，1997；Rosman et al.，2010；Kregting et al.，2011）。藻类表面的水流类型（层流、过渡流、湍流）可以使用染料示踪或粒子追踪技术达到可视化（Wheeler，1980；Anderson and Charters，1982；Hurd et al.，1997）（图 8.7），并可使用 ADV 进行量化（Hurd and Pilditch，2011）。研究已经检测到了单向水槽中水流速度高达 4 m · s^{-1}时海藻受到的阻力（Bell，1999；Martone et al.，2012）。然而，海藻在这种速度较慢的单向水流（实验室环境）和更快的多向水流（现实环境）中的反应特性可能存在差别，所以在将实验室结果外推至现实情况时必须更加谨慎（Bell，1999；Martone et al.，2012）。为此，Martone 和 Denny（2008a）设计了一个重力加速的水槽，其可产生高达 10 m · s^{-1}的速度以模拟破碎波的作用。

8.2 海水运动和生物过程

8.2.1 资源获取的功能与形式

海藻的代谢过程，如光合作用、呼吸作用和营养吸收都依赖于溶解物质通过叶片表面的

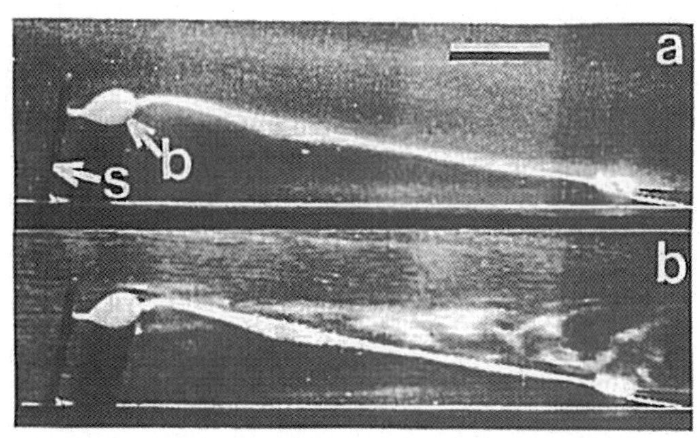

图 8.7　梨形巨藻（*Macrocystis pyrifera*）单一叶片受不同速度海流的影响情况

注：(a) 流速 0.5 cm·s^{-1}；(b) 流速 1.5 cm·s^{-1}。(a) 中藻体的柄部 (s) 和球茎部 (b) 分别由箭头指示。(a) 中的 VBL 为层流。(b) 中 VBL 为湍流，整个叶片发生分离。球茎周围的剪切作用和加速度比较明显 (b)。标尺=5 cm（引自 Hurd and Stevens，1997）。

流量。当海水流速增大时，CBL 厚度减小，物质穿越的距离减小（Wheeler，1988；Hurd，2000）（图 8.6）。藻类的生理速率包括生长往往随水流速度增加直到达到最大速率，此时物质穿越 CBL 的过程不再受速率控制（图 6.7b 和图 8.8）。生理速率达到最大时的水流速度随物种而变：如南方石莼（*Ulva australis*，曾用名 *U. pertusa*）的生长率最大时流速为 0.5 cm·s^{-1}（Barr et al.，2008；图 8.8）；波状网翼藻（*Dictyopteris undulate*）和法氏圆扇藻（*Zonaria farlowii*）光合作用在流速小于 2 cm·s^{-1}时达到饱和（Stewart and Carpenter，2003）；梨形巨藻（*M. pyrifera*）的光合作用和养分吸收的饱和时水流速度为 2~6 cm·s^{-1}（Wheeler，1980；Hurd et al.，1996）；珊瑚礁海藻网球藻（*Dictyosphaeria cavernosa*）的氨基盐和磷酸盐吸收率在水流速度高达 13 cm·s^{-1}时也未达到饱和（Larned and Atkinson，1997）；而对于藻甸群落藻类而言，在水流速度高达 20 cm s^{-1}时吸收率达到最大（Carpenter et al.，1991）。此外，水流的运动方式也会影响藻类的生理速率。珊瑚藻藻甸的生产率在模拟涌浪的脉冲流室比相同流速的搅拌流室高 21%（Carpenter et al.，1991）。同样，南方石莼（*Ulva australis*）的生长和氨基盐吸收率在涌浪的情况下提高了 1.5 倍（Barr et al.，2008）（图 8.8）。因为水流对藻类的代谢过程非常重要，所以在实验室测量相关的光合作用、呼吸作用和营养物质吸收时必须在搅拌流室内操作（Dromgoole，1978；Littler，1979；Harrison and Druehl，1982）。

许多海藻的形态在波浪保护站位和波浪暴露站位存在着差异（Koehl et al.，2008）（图 8.9）。Wheeler（1988）提出了海藻具有“演变的形态，其可以使层流边界层转换为湍流边界层”，从而降低 CBL 的厚度并增加营养的供给。在这一开创性工作中，Wheeler（1980）表明，海藻叶片比光滑的平面更容易产生湍流。Hurd 等（1996）对这一观点产生质疑，认为如果这是一种对增加养分供应的适应，那么波浪保护海藻应比波浪暴露海藻产生更多的湍流，因为后者不受递质（mass-transfer）的限制。上述假设已经在梨形巨藻（*Macrocystis pyrifera*）中得到了验证。许多典型的波浪保护海藻拥有较宽、薄而扁平的叶片，其边缘有起伏的波褶（3~5 cm 宽），而波浪暴露海藻的叶片厚而窄，表面有纵沟（1 mm 宽）（Hurd

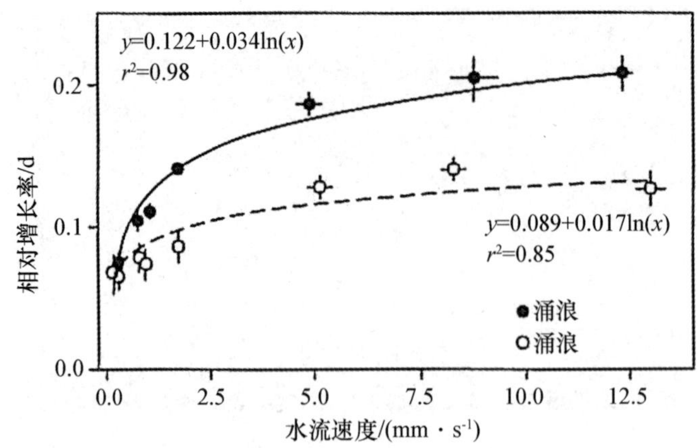

图 8.8 室外水池中南方石莼（*Ulva australis*，曾用名 *Ulva pertusa*）每天的相对增长率（湿重/d）受涌浪的影响情况（引自 Barr et al.，2008）

and Pilditch，2011）。与预测相反，波浪暴露和波浪保护海藻的叶片对于硝态氮和铵态氮的吸收率是相似的（Hurd et al.，1996），从层流到湍流边界层的过渡发生在相同的水流速度条件（1~3 cm · s^{-1}）（Hurd et al.，1997），并没有证据表明波浪保护海藻比波浪暴露海藻的叶片在水流缓慢时更能引起湍流的增加（Hurd and Pilditch，2011）。然而，叶片形态确实影响了 CBL 的厚度和养分供应，但并不是增强湍流的必要条件。海藻边缘的波褶导致叶片在缓慢流动的水流中摆动，因而导致了周期性的 CBL 缺失从而为海藻表面补充新鲜海水（Koehl and Alberte，1988；Stevens and Hurd，1997；Koehl et al.，2008；Huang et al.，2011）。波浪暴露海藻叶片纵沟较小无法产生湍流（$Re_* = 1.5$），但它们和叶片表面的毛窝（Spilling et al.，2010）类似可在叶片表面聚集水流（Hurd and Pilditch，2011）。这种“流体捕获”可以通过产生胞外酶聚集的静态区域来增强养分吸收，相关胞外酶包括碳酸酐酶（carbonic anhydrase）和碱性磷酸酶（alkaline phosphatase）等（Raven，1991；Schaffelke，1999b；Hurd，2000；Enriquez and Rodriguez-Roman，2006）。波浪暴露叶片的纵沟可能通过诱导顺叶片方向的涡流来减小摩擦阻力（Hurd et al.，1997）。

对于 CBL 的研究主要集中在对海水养分供应的影响，但离子和分子也积累在海藻的表面（图 8.6）从而影响着生理反应过程。光合作用释放的 O_2 会在海藻表面形成一个高含氧量层，会增加光呼吸并降低光合速率。隅江蓠（*Hydropuntia cornea*，曾用名 *Gracilaria cornea*）在缓慢水流中产生这种现象（Mass et al.，2010），但高 O_2 浓度并没有减小 *Lomentaria articulata* 或隅江蓠的光合速率（Gonen et al.，1995；Kübler et al.，1999）。对于隅江蓠而言，OH^- 在叶片表面的积累被认为是缓慢水流中光合作用降低的原因（Gonen et al.，1995）。高含氧层可能对移动和固着生活在海藻表面的无脊椎动物有害（Irwin and Davenport，2002）。CBL 中的 H^+ 浓度也有很大的差别，这会导致海藻表面 pH 值的波动。呼吸作用和钙化作用引起 pH 值增加而光合作用导致 pH 值降低，这可能暗示了海藻应对海洋酸化的方式（见 7.7 节）（Beer and Larku，2001；Hurd et al.，2011；Cornwall et al.，2013）。

波浪保护站位和波浪暴露站位不同的叶片形态也影响海藻生长的光捕获（light-harvesting）能力（Stewart and Carpenter，2003）。众所周知，上文中提到的叶片运动产生的

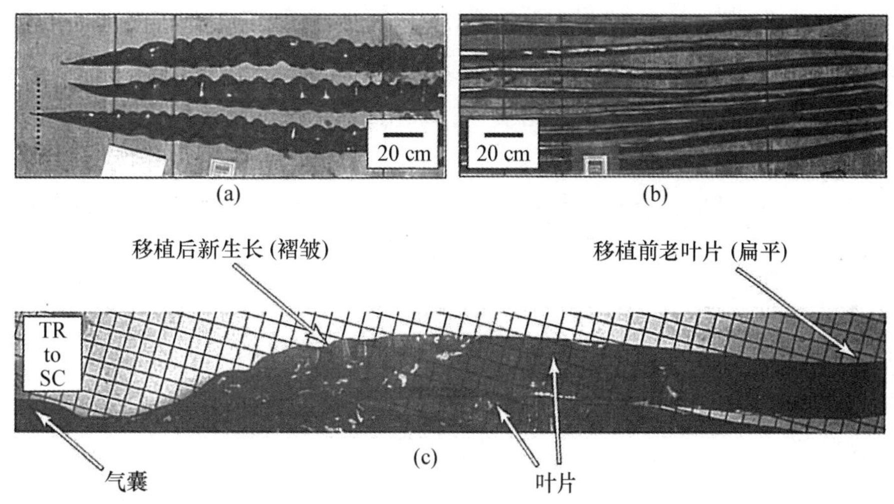

图 8.9　在波浪保护站位和波浪暴露站位海藻形态的差异

注：(a) 在水流缓慢的站位采集到的海囊藻（*Nereocystis luetkeana*）叶片较宽，呈现褶皱状。虚线表示叶片生长点的位置（自该位置处从圆柱形柄开始延伸成扁平的叶片）。(b) 在波掠站位处采集的海囊藻叶片平而细窄。(c) 将海囊藻从波掠站位处移植到水流缓慢的站位处 6 d 后拍摄的照片（网格标记 1 cm）。远端部分生长缓慢的老叶片保留了移植前扁平的叶片形态特征，而新的快速增长的近端部分叶片形成了褶皱。从波掠站位收集又移植回原站位的所有个体（$n=5$）叶片保持扁平（引自 Koehl et al.，2008）。

光斑能够提高光合速率（Wing and Patterson，1993）。波浪保护站位海藻叶片较薄且更加透明，有利于光线传递给位于下方的叶片（Raven and Hurd，2012）。波浪保护站位放射昆布（*Ecklonia radiata*）叶片每单位的色素含量和光在亚饱和 PFD（即较高的 α 波）的光捕获量高于波浪暴露的叶片（Miller et al.，2006；Wing et al.，2007）。Stewart 和 Carpenter（2003）研究了波浪保护站位与波浪暴露站位，波状网翼藻（*Dictyopteris undulate*）和法氏圆扇藻（*Zonaria farlowii*）不同形态的光子通量密度和流速（2～32 cm · s^{-1}）与光合速率的关系。在亚饱和 PFD 条件下，流速对两个物种净光合速率的影响非常小，因为穿越 CBL 的碳和营养物质的供应能够满足光合作用的需求。然而，在饱和的 PFD 条件下，海水运动对光合作用的影响强烈。光合速率在流速为 2～20 cm · s^{-1} 相似，但流速更高时光合速率大幅下降，原因在于藻体在高流速状态下会重新分布。这种重新分布减小了藻体受到的阻力（见 8.3.1 节），但也减小了有效表面积，导致自阴影增大；而密集的藻体意味着的海藻中心部位 DIC 的供应也随之减少。

某些海藻的形态会从波浪保护站位移植至波浪暴露站位时发生变化，反之亦然。例如，当位于波浪暴露站位的海囊藻（*Nereocystis luetkeana*）移植到波浪保护站位后，其叶片产生倾向于波浪保护站位叶片形态的变化（Koehl et al.，2008）（图 8.9b）。然而，这种变化是不普遍的。爱氏藻（*Eisenia arborea*）不论从水流较快还是较慢的位点移植到美国蒙特利湾水族馆的“海藻森林展览区”，在 4 a 内均保留了原有的形态特征，这表明海水运动可能仅影响早期的形态变化（Roberson and Coyer，2004）。

对于那些显示出海水运动形态可塑性的海藻而言，其叶片的发育受到作用于海藻的阻力控制。Gerard（1987）首次证明了这一理论，培养了处于幼龄期的糖海带（*Saccharina latis-*

sima；曾用名 *Laminaria saccharina*），在部分海带的梢部连接了一个重物。在有重物的情况下，叶片形成了波浪暴露站位的形态；而在没有重物的情况下，形成了波浪保护站位的形态。Kraemer 和 Chapman（1991a，b）发现幼龄期的门氏优秀藻（*Egregia menziesii*）也会产生同样的形态变化，同时发现附加的重量引起 DIC 的吸收率增加 56%，这部分碳被用于生成较厚的细胞壁。波浪保护站位海藻边缘的特征性起伏波褶的形成取决于叶片外部区域相对中线区域不同的细胞生长速率，又称为“弹性屈曲”（elastic buckling）（Koehl et al.，2008）。这些波褶并不是刚性的，当水流流经时会改变相应的形状和尺寸。机械扰动会触发陆生植物类似的形态变化。Niklas（2009）认为检测机械刺激的机制存在于所有的光合生物中，相关受体存在于细胞膜和细胞壁之间，可以通过改变纤维素的合成和细胞骨架的特性来改变细胞的大小和形状。

8.2.2 海藻配子和孢子释放的同步性

浓度边界层在控制配子和孢子释放时间中起关键作用。观察发现波罗的海的墨角藻（*Fucus vesiculosus*）群落只在平静但无风的下午同时释放配子，因此进行了一系列的实验来揭示海藻感知缓慢水流的生理机制（Serrao et al.，1996；Pearson and Serrao，2006）。未定名的墨角藻属群体（*Fucus* spp.）可在其表面，即在 CBL 中通过检测溶解无机碳（DIC，可能是碳酸氢盐）的浓度感知海水运动（Pearson et al.，1998）。在实验室中，摇晃培养瓶或在无海水运动的条件下增加 DIC 浓度会抑制配子释放（图 8.10）。平静条件下的 CBL 较厚，叶片表面的 DIC 由于海藻的活跃吸收而耗尽。这种 DIC 检测系统需要与光合作用关联，因为此过程中光剂量的测定是必需的。当给予平静的条件和适当的触发光时，生殖托（receptacles）准备释放配子（Pearson et al.，2004）。扁鹿角菜（*Silvetia compressa*）的生殖托可通过简单地将其放置在流速较高的条件下暂时进入沉默期（Pearson et al.，1998）。这种机制确保了如果局部流动条件变得过于动荡，生殖托不会进入配子释放的阶段（Speransky et al.，2001）。

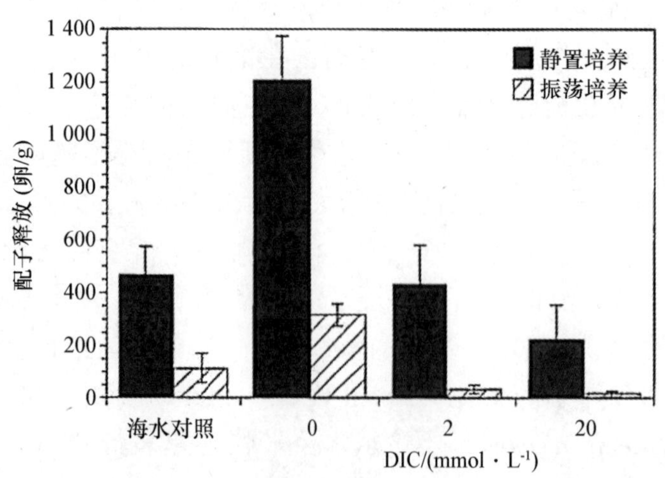

图 8.10 DIC 和海水运动对墨角藻（*F. vesiculosus*；数量为 4 株）生殖托配子释放的影响（引自 Pearson et al.，1998）

海水运动的差异会影响不同种类的海藻以及同一物种的不同生活史阶段的繁殖体释放。翅菜（*Alaria esculenta*）在流动水体中的孢子释放比在平静水体中高 2 倍；而其雄配子体的精子释放情况则相反，在平静水体中的精子释放比在流动水体中高 2 倍（Gordon and Brawley，2004）。海带孢子体可进行孢子的长距离扩散，因此在湍流条件下释放孢子有利于其进一步散播。然而，由微观配子体释放精子是由雌配子体释放的信息素引发的（见 2.4 节）；而快速水流会将卵子释放的信息素带走，从而降低受精成功率。因此，对于翅藻属（*Alaria*）而言，缓慢的水流是成功受精的一个先决条件。石莼（*Ulva lactuca*）具有同形世代交替的生活史，该物种的孢子和配子释放在快速的水流中均会增强，其配子释放提高 5 倍而游孢子释放仅增加 20%（Gordon and Brawley，2004）。平静的水流情况也会增强多核绿藻羽藻属（*Bryopsis*）的配子释放，但湍流条件不会像抑制墨角藻一样抑制该物种的配子释放（Speransky et al.，2000）。

8.3　波掠海岸

8.3.1　海藻的生物力学特性

生长于波掠海岸的海藻往往比波浪保护海岸的同一海藻物种个体更小，而潮间带海藻往往比亚潮带海藻个体小（Wolcott，2007）。“不同于生活在较深水域的鲸和巨藻，潮间带动植物个体大小很少超过 0.5 m× 0.5 m”（Martone and Denny，2008a）。这是由于运动水流产生的力决定了海藻可以生长的最大尺寸，而在潮间带波浪暴露区域的力远比波浪保护站位大得多（Denny et al.，1985；Denny et al.，1997；Wolcott，2007；Martone and Denny，2008a）。阻力对于海藻的影响（F_D）目前受到了最多的关注（Mach et al.，2007）。F_D与海藻的大小成正比，后者作为与海水相互作用的藻体大小的量化被定义为锋面积（A_F）（Denny and Wethey，2001）。F_D也和阻力系数（C_D）成正比，后者可用于藻类形状的测量（Denny，2006；Boller and Carrington，2006b；Boller and Carrington，2007；Martone et al.，2012）。最后，F_D与速度的平方（u^2）成正比。因此，海藻生长会达到一个临界尺寸，使其更容易被波浪阻力移动。波浪运动不仅随地域变化，同时还随季节变化并具有风暴导致的不可预知性。平静的条件下藻体可生长至很大的尺寸并只在暴风雨期间被剪切或破坏，如生长于美国加利福尼亚的二列墨角藻（*Fucus distichus*；曾用名 *Fucus gardneri*）和小拟鹿角菜（*Pelvetiopsis limitata*）（Blanchette，1997；Wolcott，2007）。阻力还会导致藻体弯曲而破碎（Martone and Denny，2008b）。

海藻比其他定生的底栖生物（如珊瑚）更加多变（Boller and Carrington，2006b）。这种灵活性使其藻体叶片重新配置使整体形状适应改变的水流速度和方向（Denny et al.，1985）。重新配置被认为是海藻在高动态流体环境中生存的先决条件（Harder et al.，2004b）。Boller 和 Carrington（2006b）发现了两个角叉菜随水流变化重新配置的机制。在较低的流速（>0.2 m·s^{-1}），藻体的柄部弯曲，使藻体平行于附着基质。这种弯曲减小了作用于藻体的水动力，并因此使柄部的受力较小（Koehl，1986）。在高流速条件下，角叉菜通过“压实”藻体，并将分支聚集在一起变得更加密集，从而导致海藻的形状（C_D）和大小

(A_F) 共同变化 (Boller and Carrington, 2006b; Boller and Carrington, 2007; Martone et al., 2012)。在波浪暴露海岸不同大小和形态的海藻一起成长，暗示其承受相似的阻力。这个想法是由 Martone 等 (2012) 提出的，其比较了分枝型和单一叶片型海藻通过在高流速下改变形状和/或大小而重新配置的能力 ($10\ m \cdot s^{-1}$)。测试的所有物种均可同时改变形状和大小，但是叶片型海藻比分枝型海藻的形状改变更大，而分枝型海藻的表面积改变更大。结果显示，不同形态的海藻承受了相似的阻力。

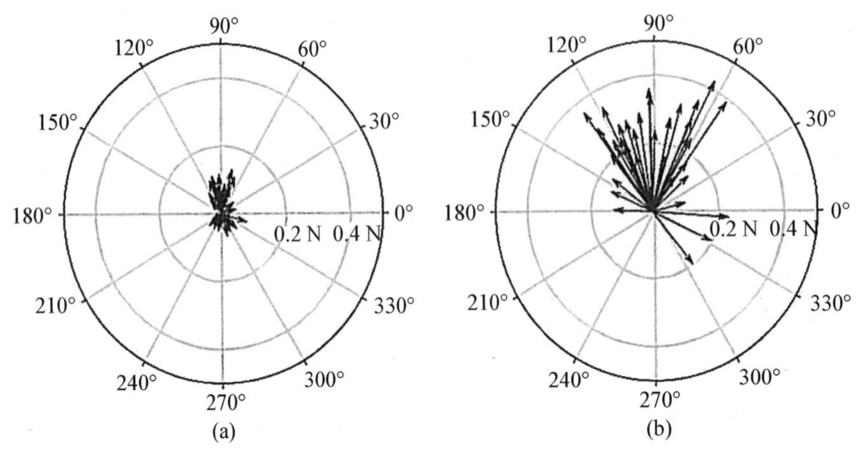

图 8.11　典型的冠层树枝状海藻经历的峰值力的大小和相对方向

注：2004 年 11 月 7 日，典型的冠层树枝状海藻经历的峰值力的大小和相对方向。每个箭头的长度代表每 10 s 记录的峰值力 (N)：(a) 冠状海藻；(b) 独立海藻（引自 Boller and Carrington，2006a）。

另一种海藻减小阻力的方式是生长于群落中。聚集的生物体（如海藻场或海草床）比单独的藻体承受的水动力更弱（图 8.11）。在成群生长时，海藻也受到来自临近藻体的机械支持（Johnson，2001）。在实验室研究中，生长在群体中心的角叉菜比边缘位置的藻体承受的阻力小 83%（Johnson，2001）；野外条件对承受力的直接测量也表现出相同的趋势，但减小的百分比较低（15%~65%）(Boller and Carrington，2006a)。在澳大利亚南部，放射昆布 (*Ecklonia radiata*) 在波浪暴露站位比波浪保护站位生长的更密集，而波浪暴露海藻的假根有更大的附着面积和更大的附着力（Wernberg，2005）。对于膝曲状粗珊藻属（*Calliarthron*）而言，邻近海藻会减少叶片的弯曲和破损（Martone and Denny，2008a）。然而，掌状囊沟藻 (*Postelsia palmaeformis*) 可能是个例外，因为这种小型海藻所经历的波浪速度太大，无法通过聚集形态来保护个体的生长（Holbrook et al.，1991）。

海藻形态往往随海水运动变化（见 8.2.1 节），后者也会影响海藻个体承受的水动力。例如，波浪暴露站位处海囊藻（*Nereocystis luetkeana*）的带状叶片呈流线型并比波浪保护站位的叶片承受较小的阻力，后者的边缘呈波褶起伏状以防止重新配置（Koehl and Alberte，1988；Koehl et al.，2008）。Boller 和 Carrington（2006a）测量了不同形态的潮间带海藻在野外承受的阻力。扁平的、较少分枝的“平面”形态的角叉菜比高度分枝化的“树状”结构角叉菜承受较小的阻力，这表明平面形态的海藻在波掠站位更易生存。热带珊瑚礁喇叭藻 (*Turbinaria ornata*) 的气囊（pneumatocysts）的产生是波浪作用的可塑性响应。生长在波浪暴露礁前位置的海藻不产生气囊，但移植至波浪保护礁后站位时长出气囊使其可以漂浮

(Stewart, 2006)。通过将气囊中的空气更换成水，Stewart (2004) 在不影响喇叭藻属 (*Turbinaria*) 形态的条件下改变了其漂浮能力。结果显示无浮力的喇叭藻属承受了更大的阻力，表明浮力也直接影响了海藻承受的水动力。然而，形态的变化并不总是会导致阻力的差异。*Mastocarpus papillatus* 在形态上具有相当大的变化（例如其叶状体的厚度和分枝程度），但其承受的阻力与其形态并不显著相关（Carrington, 1990）。

虽然大部分研究的重点集中于海藻承受波浪作用的能力，但其他如加速度、提升力以及冲击力也可以影响海藻（Gaylord, 2000; Denny, 2006; Gaylord et al., 2008）。破碎波的加速度对于潮间带海藻并不重要，因为它作用的空间尺度太小（1 cm）而海藻通常觉察不到（Gaylord, 2000; Denny and Wethey, 2001; Denny, 2006）。然而，提升力和冲击力与海水流速直接相关，因此作用在更大的空间尺度，两者都具有影响海藻移动变位的可能性（Gaylord, 2000; Denny, 2006）。提升力和阻力类似，但表现为垂直作用而不是平行作用（Denny, 2006）。这就是为什么海藻弯曲并平行于基质的形态会减小承受的力（Koehl, 1986）。冲击力是潮间带生物体经历波浪冲击波时受到的力（Gaylord, 2000; Gaylord et al., 2008）。这种力作用的时间很短，但可使海藻受到的单独阻力增加至 3 倍（Gaylord et al., 2008）。冲击力持续时间短暂的特点也意味着海藻仅有很少的时间来完成重新配置（Martone et al., 2012）。

破坏或者去除海藻需要的力被定义为海藻的韧度（tenacity），可以通过在海藻远端固定弹簧秤进行拖拉很容易地测量并记录力和断裂位置（Bell and Denny, 1994; Shaughnessy et al., 1996; Wolcott, 2007）。韧度通常与大小相关，因为较大的海藻需要更多的力进行摆动（Thomsen et al., 2004）。然而，对于班氏链囊藻（*Hormosira banksii*）而言，韧度与大小没有关系，但与海藻被拖拉的方向有关（McKenzie and Bellgrove, 2009）。波浪暴露条件也会增加某些物种的韧度，如放射昆布（*Ecklonia radiata*）（Thomsen et al., 2004）、海带（*Saccharina japonica*）（Kawamata, 2001）和角叉菜（Carrington, 1990）。此外，无柄海带（*Saccharina sessilis*，曾用名 *Hedophyllum sessile*）并不符合上述情况，但冬季风暴之后其韧度确实会增加，呈现出一种季节性效应（Milligan and DeWreede, 2000）。海藻被分离的可能性可以采用"安全系数"（safety factor）（Denny, 2006）或"环境压力因子"（environmental stress factor, ESF）（Johnson and Koehl, 1994）进行评估，两者均与藻类移除所需的波浪力有关（请注意，这里使用的"环境压力" = 单位面积的受力，和在第 7 章中讨论的生理压力无关）。例如，当 ESF<1 时，海藻从附着基质上脱落；而当 ESF>1 时，海藻仍附着于基质；ESF 值越高，移除的风险越低（Johnson and Koehl, 1994; Stewart, 2006; Koehl et al., 2008）。然而，在使用这些简单的比率时存在一些问题，因为它们是基于海藻的强度和环境压力的平均值来计算。为了更全面地评估海藻变位的"风险"，需要考虑到海藻的强度和波浪力的固有变差（inherent variations）（Denny, 2006）。

海藻的材料性能影响了其对水动力的反应方式。相比于其他生物材料，海藻具有易伸缩、可扩展和高弹性的特点，但同时强度较差（Holbrook et al., 1991; Martone, 2006）。Martone (2007) 研究了抗拉力实验中藻体强度和藻体破裂点（通常为柄部）的直径的关系，将海藻分为两组（图 8.12）。褐藻的组织相对薄弱，但其破裂点直径较大；红藻组织强度高但破裂点直径小。结果表明，海藻组织的强度和厚度之间存在一种平衡。一个极端的例子是唇孢珊瑚藻（*Calliarthron cheilosporioides*），其 geniculae（膝曲状结构）较窄但组织强度比其他海藻高一个数量级，而且它们也更易于延展，具备惊人的灵活性和重塑能力（Martone, 2006；Martone and Denny, 2008a；Martone and Denny, 2008b；Denny et al. , 2010a；Denny et al. , 2012）。另一个相反的极端例子是南极海茸（*Durvillaea antarctica*），其具有海藻中最粗的柄但组织强度也是最弱的，两者综合使其在波浪暴露潮间带可以生长成巨大的尺寸（Koehl, 1986；Stevens et al. , 2002）。

“拉扯破坏试验”（pull to break test）是一个标准的生物力学方法，该实验将海藻组织（柄部和/或叶片）进行拉扯（即施加拉力）直至断裂。基于上述测试，研究发现有些海藻针对栖息地呈现出“过度设计”的状态，即其承受的破碎波的力远小于能够破坏它们的力（Denny, 2006；Mach et al. , 2007；Martone and Denny, 2008a）。然而，这种观点与风暴后在海滩上会看到大量漂移海藻的事实相抵触（见第 5 章）。通过对海藻反复施以亚致死应力，海藻明显地过度设计和大量的移除之间的矛盾得到了消除。这样反复施力造成组织“疲劳”导致海藻组织形成小裂纹并继续蔓延直至组织破裂。“疲劳裂纹扩展”（fatigue crack growth）可能在决定海藻种群破裂方面比单次施加的压力更加重要（Mach, 2009；Martone et al. , 2010）。由于海藻组织比较脆弱，即使是一个非常小的裂纹，在其表面也会迅速蔓延，最终导致整体结构被破坏。同时，草食动物的摄食也会造成裂纹的形成，使海藻更容易脱落移位（Mach et al. , 2007；见下文）。

接下来的研究分析了决定不同种类的海藻和波浪暴露情况下组织性能差异的细胞特性。红藻和褐藻含有大量和不同形式的细胞壁多糖（见 5.5 节），它们各有其独特的凝胶性能，分布于海藻的不同组织部位（如海藻叶柄与叶片）以及红藻的不同生活史阶段（Carrington et al. , 2001）。虽然这样的生化差异可能导致了不同波浪暴露站位生长的海藻具有不同的组织特性，但对这一观点的支持较少。Craigie 等（1984）和 Venegas 等（1993）发现波浪暴露长茎海带（*Saccharina longicruris*）和横条巨藻（*Lessonia trabeculata*）的叶片比波浪保护点的海藻含有更大比例的多聚古洛糖醛酸（强度高的刚性凝胶），但关键连接结构的叶柄和假根部却没有差异。角叉菜配子体叶片比四分孢子体的强度和延展性更高，这与卡拉胶的特性相关；但同样与藻体的假根和柄部连接处的多糖特性无显著差异（Carrington et al. , 2001）。生长于高能环境中的门氏优秀藻（*Egregia menziesii*）叶片含有较低的海藻胶（多聚古洛糖醛酸含量少；见 5.5.2 节），导致叶片更具有柔韧性；而在生物力学测试中，其叶片比在平静的水环境中生长的叶片强度更大（Kraemer and Chapman, 1991a）。Kraemer 和 Chapman（199la）以及 Carrington 等（2001）的研究表明，除了多糖以外，海藻细胞的特性也决定了不同的组织特性。Martone（2007）发现粗珊藻属（*Calliarthron*）的细胞壁增厚增加了组织强度；而 Demes 等（2011）证明叶片结构也会影响组织强度。

亚潮带的波浪力远小于潮间带，因此海藻可以生长得更大（Gaylord and Denny, 1997）。与潮间带海藻响应波浪进行快速重新配置不同，亚潮带藻类会花更长的时间在水流中充分延展（Gaylord and Denny, 1997）。海藻的弹性使得它们可随水流而动，因此叶片承受的流速远远低于周围的海水（Stevens et al. , 2001）。这种减小阻力的手段是非常有效的，特别是

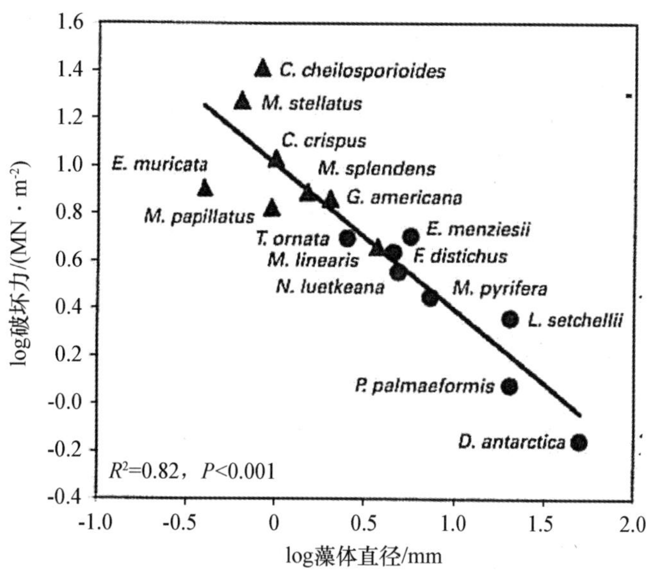

图 8.12 不同大型红藻（三角形表示）和大型褐藻（圆形表示）的藻体破裂处的平均直径和平均破坏力的关系

物种名称：唇孢珊瑚藻（*Calliarthron cheilosporioides*），星状乳头藻（*Mastocarpus stellatus*），角叉菜（*Chondrus crispus*），瘤果内枝藻（*Endocladia muricata*），光亮马泽藻（*Mazzaella splendens*），美国蜈蚣藻（*Grateloupia americana*）（曾用名 *Prionitis lanceolata*），*Mastocarpus papillatus*，门氏优秀藻（*Egregia menziesii*），喇叭藻（*Turbinaria ornata*），线形马泽藻（*Mazzaella linearis*），海囊藻（*Nereocystis luetkeana*），梨形巨藻（*Macrocystis pyrifera*），二列墨角藻（*Fucus distichus*）（曾用名 *Fucus gardneri*），赛氏海带（*Laminaria setchellii*），掌状囊沟藻（*Postelsia palmaeformis*）和南极海茸（*Durvillaea antarctica*）。二列墨角藻（*Fucus distichus*）的直径测量是由霍普金斯海洋站人员完成（引自 Martone，2007）。

对于成熟海囊藻（*Nereocystis luetkeana*）的叶柄而言，柄部在靠近基部处变得非常狭窄和有弹性（Koehl and Wainwright 1977，1985；Denny et al.，1997）。其柄部相对假根而言格外小，然而其能承受大多数波浪所施加的力直到它们被摄食或磨损破坏（Koehl and Wainwright，1977）。海囊藻属（*Nereocystis*）具有下述两个特点帮助其抵抗波浪运动而存活。首先，可以把海藻想象为固定在一个弹性绳末端的球体。最大加速度力发生在波浪最先击打的阶段，但波浪力对藻体柄部的拉扯只有当海藻在大浪方向充分伸展时发生。假设海藻已经在前一个大浪的回流中完全延伸，必须经过一定的距离才能再次完全伸展（图 8.13）。其次，可以伸展很长时间直到波浪力有机会破坏藻体的柄部。藻体的伸展需要时间，Denny（1988）估计一个成熟海囊藻属（*Nereocystis*）的伸展时间需要 12~13 s。因为水流向岸流动的时间只占波周期的一半，因此大多数波周期时间很短，难以对海藻造成损伤："如果柄部足够长，在水流速度变化方向前叶片无法将柄部拉扯至极限"（Denny，1988，245 页）。大多数海藻的长度远短于成熟的海囊藻属的长度，因此会承受波浪力的拉扯作用。事实上，海囊藻属幼体也很容易断裂（Denny et al.，1997）。

一些亚潮带海藻的叶柄非常坚硬（Gaylord and Denny，1997）。爱氏藻（*Eisenia arborea*）和黑叶巨藻（*Lessonia nigrescens*）呈现多分支形态，每个分支顶端排列一束叶片。当水流平静时，这种形态使叶片铺张开产生最大光捕获。而当大浪到来时，叶片聚集在一起，同时柄

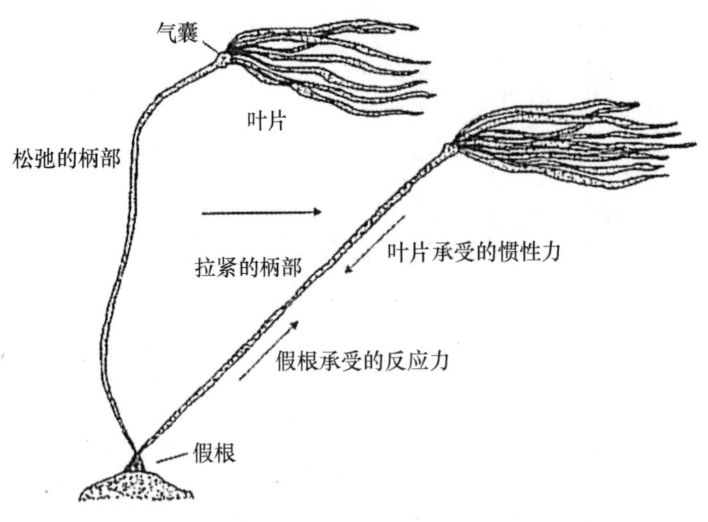

图 8.13 海囊藻叶片随海水运动的过程

注：海囊藻（*Nereocystis luetkeana*）的叶片通过绳状的弹性柄部连接在基质上。在叶片随海水运动的过程中，它会突然将柄部拉扯至极限。由此产生的减速会对柄部施加大幅的惯性力（仿自 Denny and Wethey，2001）。

部弯曲，使整个藻体成流线型（Charters et al.，1969；Neushul，1972；Neushul，1982；Neushul，1986；Gaylord and Denny，1997）。带翅藻属（*Pterygophora*）物种的柄部强度是海囊藻属（*Nereocystis*）的6倍，但仍然非常柔韧（Biedka et al.，1987），其抵抗破坏的能力部分来自于其不同的拉伸和压缩性能。藻类的柄部组织相对于拉伸更容易被压缩。当柄部弯曲时，其内侧被压缩的细胞部分减轻了对外侧细胞的拉伸力，使得柄部可以进一步弯曲（Biedka et al.，1987）。事实上，带翅藻属的柄部必须被加倍的弯曲和挤压才会折断，而这种极端情况很少在自然条件下发生。带翅藻属柄部的强度取决于其坚硬、强壮和可延展的皮层。然而，叶柄表面的裂纹或摄食导致的损伤将大大降低叶柄的机械强度（Biedka et al.，1987；Mach et al.，2007）。同时，裂缝也会帮助一些无柄的藻类如无柄海带（*Saccharina sessilis*）在波浪暴露站位经历强波时通过损失部分叶片来保留基本的分生组织（Armstrong，1987）。类似的情况已在二列墨角藻（*Fucus distichus*）发现，它在从波浪保护站位移植到波浪暴露站位后会脱落部分藻体分枝（Blanchette，1997）。

不管是温带基岩海岸还是热带珊瑚礁，经常被波浪拍打的海岸生产力都比较高。带来的问题是波浪的冲击产生的能量是否可以提高生产力（Leigh et al.，1987）。波浪可能直接通过不断移动海藻叶片、减少自阴影以及产生更多的光斑来增强光合作用（Wing and Patterson，1993；Kubler and Raven，1996），或通过产生阻力刺激海藻的碳吸收（Kraemer and Chapman，199lb）。同时，海藻会通过叶片的不断波动来去除竞争对手（见 4.2.1 节），并通过波浪作用减少动物摄食（见 4.3.2 节）。在实验室中，增加海水运动确实会通过海藻的生理和生长率，但在实际情况中是否可以转化成更高的生产率呢？目前有少量研究针对沿波浪暴露梯度的海藻生长率和生产力，但并没有发现明确的模式。叶片红藻 *Adamsiella chauvinii* 在缓慢水流中生长率较低，原因解释为缓慢水流中泥沙在叶片上的沉积（Kregting et al.，2008b）。对糖海带（*Saccharina latissima*）而言，在波浪保护站位的生长率更高，原因在于该处可获得更多的来自于无脊椎动物的再生氮供应（Gerard and Mann，1979）。波浪暴露站位的梨形巨藻（*Macrocystis pyrifera*）生长率仅在秋季较高（Hepburn et al.，2007）。对极北海带（*L. hyperborea*）而言，2~3 a 生藻体生长率受到密度因素控制而与海水运动无关，但 4 a 生藻体的生长率在波浪暴露站位更高（Sjötun et al.，1998）。这些研究主要集中在亚潮带的单一物种，波浪运动对于潮间带海藻群落生产力的影响仍需要进一步评估（Leigh et al.，1987）。

8.3.2　波浪运动和其他机械破坏对群落的影响

“干扰”（disturbance）可以被定义为由于死亡和损失导致群落生物量减少的因素。这一定义不同于“压力”（stress），后者导致生物体生长潜力的降低（Sousa，2001；Grime，1979；见 3.5.2 节和 7.1 节）。物理干扰包括海水运动、沉淀、冰冲刷、地震、山体滑坡（Sousa，2001）和污染（第 9 章）。干扰在何种程度上影响海藻种群或群落取决于干扰的强度或幅度，即种群消除的比例或剩余海藻的破坏程度，以及相关干扰发生的频率和持续时间（Connell et al.，1997；Sousa，2001）。干扰状况早期被称为“灾难”或“浩劫”（Harper，1977；Paine，1979），但现在海洋生态学家倾向于使用术语“急性”和“慢性”（Connell et al.，1997；Sousa，2001）。急性干扰是“离散”的短期事件，如一个特别大的波浪清空一块空间内的海藻；而慢性的干扰导致的结果需要群落花费很长时间才能“恢复”。急性和慢性的干扰是梯度干扰的两个极端，但如果急性干扰发生足够频繁，其累积作用可以形成类似于慢性干扰的作用（Connell et al.，1997）。实验操作中采用术语“脉冲”（pulse）来描述生物量的一次性去除（急性干扰），用“压迫”（press）来描述生物量的重复去除，即慢性干扰（Bender et al.，1984；Lilley and Schiel，2006）。干扰对群落的影响可以是直接的，如创造新的空间，或是间接的，如通过改变物理和生物环境（Sousa，2001）。

海水运动是海藻种群的主要干扰源，在海藻生长的各个阶段导致其受到损伤或死亡。被冲刷到海滩的大量藻类证明了波浪移除海藻和海洋动物的力量，而在某些情况下海藻上还连接着附着基质（图 8.14）。风暴摧毁巨石，将沙石从海滩上移出和移入。在许多地区，风暴形成正常的季节性现象，尽管其强度存在明显变化（Seymour et al.，1989）。不太频繁的物理干扰如地震，可能会导致潮间带海藻群落的整体上升。例如，智利存在着 10 a 左右的特大地震周期，地震和其引起的海啸共同对潮间带海藻群落产生毁灭性的影响（Gastilla，1988；Castilla et al.，2010）。加勒比海 2009 年发生的地震摧毁了 21 个珊瑚礁中的 10 个，上述珊瑚礁站位属于一个长期监测计划的一部分（Aronson et al.，2012）。而在某些地区，龙卷风（飓风或台风）会造成不可预知的干扰。例如牙买加 1980 年艾伦飓风掀起了高达 12 m 的大浪，通过水流的直接作用力和飓风所夹带的海水拍击摧毁了浅海礁前的海藻群落（Woodley et al.，1981）。

上述所有事件都属于干扰，它们摧毁一些生物，也为其他生物创造空间。许多研究关注于在受到干扰后，海藻种群能够“恢复”到何种程度。种群的发展主要取决于干扰的强度和空间尺度。如果一个干扰对基础物种造成相对较少的损害，那么群落可能从现存的种群开始再生，而不会太多地改变群落多样性。而在很大比例的生物量从一个区域被移除的情况下，原来的系统内会形成大量“补丁”式的裸露空间。这种情况下新群落的发展将更强烈地依赖于游动繁殖体的供应，其会在岩石表面形成生物膜并继续演替（见 2.5 节）。产生的

图 8.14 在温哥华岛西海岸海水运动将带翅藻属（*Pterygophora*）藻类及其附着基质一起被冲上岸

补丁大小变化很大，而其大小本身也影响了群落恢复的程度（见 4. 3. 1 节中对囊叶藻属 *Ascophyllum* 的讨论）。小型补丁经常从邻近海藻招募补充；而大补丁由于中心位置离周围海藻太远，所以往往被游动繁殖体占据。物理环境的变化越大，种群恢复的速度越慢。Aronson 等（2012）估计，上文提到的加勒比海珊瑚礁系统的广泛损害将需要 2 000~4 000 a 才能恢复到地震前的状态。

下面的段落中给出了干扰如何影响海藻占主导地位群落的 3 个经典案例，然后讨论了用来测试一般性反应的 2 个模型。在暴露的东北太平洋基岩海岸，贻贝（*Mytilus californianus*）是中潮带区域的竞争优势种（Paine and Levin，1981）。当贻贝群落中形成补丁后，演替首先从一个生物膜开始，然后往往让位于贻贝床，而这个过程可能需要 7 ~ 8 a（Sousa，2001）。在这个群落中，掌状囊沟藻（*Postelsia palmaeformis*）特别依赖于干扰（Dayton，1973；Paine，1979；Paine，1988；Blanchette，1996）。囊沟藻属只生活在中潮带区域严重暴露于波浪中的海岬，其小孢子体可在裸露的岩石、动物（附着于贻贝的藤壶）和其他藻类上同样附着，但只有附着于光裸岩石上的孢子体可继续发育至成熟（Paine，1988）。通常来说，波浪将丛生的囊沟藻属及其上附着的藤壶/贻贝移位，同时直接作用于贻贝，共同形成裸露的空间。Dayton（1973）认为囊沟藻属的孢子（来自于临近个体）会定居到新的补丁空地并成长至成熟。但 Blanchette（1996）对这一观点提出了质疑，认为裸露的补丁空间通常是由于冬季风暴造成的，而囊沟藻属在夏季释放孢子，此时空地已经被其他固着生物占据；并发现裸露空间的孢子体的招募在冬季达到最大程度，但可能来自于某些生长在岩石上的贻贝下方的配子体。贻贝冠层去除所增加的光照会引发有性繁殖（参见 2.3 节的巨囊藻属 *Macrocystis* 和海带属 *Laminaria*）。贻贝也对囊沟藻属配子体有益，可以降低其承受的干燥胁迫并保护其免受帽贝摄食。

干扰对西澳大利亚放射昆布（*Ecklonia radiata*）海藻床的维护也很重要，在这里昆布属（*Ecklonia*）是亚潮带生境占主导地位的生物体（Kirkman，1981；Kennelly，1987a；Kennelly，1987b；Toohey and Kendrick，2007）。当干扰较小时，昆布属可以尽可能地保持其生存优势。耐阴的藻类幼体存在于下层并处于发育停滞的状态；而当小型空地出现时，这些幼体将会快速成长并取代损失的成熟个体。幼体的生存率取决于空地出现的季节，夏末的恢复速度高于初夏季节（Toohey and Kendrick，2007）。当较大规模的干扰出现时会产生不同的模式。Toohey 等（2007）在昆布属冠层下人为创造了 18 个裸露的补丁空地（每个补丁面积为 314 m^2），然后比较了 34 个月内补丁空地和 18 个不受干扰的对照站位的演替物种的多样性。裸露空地最初（7 个月后）的生物多样性比对照站位高，主要是丝状的海藻藻甸和叶状海藻群落。中期（11~22 个月）时马尾藻冠层在许多裸露空地形成，34 个月时昆布属藻床开始恢复。然而，丝状海藻藻甸仍然在一些补丁空地占主导地位。在整个研究过程中，裸露空地的多样性均比对照站位高，说明昆布属是一个竞争优势种，会对下层藻类形成局部阴影。

由于冬季风暴潮对岩石的破坏，潮间带岩石区域在冬季受到周期性扰动的干扰。在加利福尼亚南部地区，受到较短时间间隔干扰的小型岩石上存在早期演替的石莼-藤壶群落。很少受到干扰作用的大型岩石则以藻甸红藻沟软刺藻（*Chondracanthus canaliculata*，曾用名 *Gigartina canaliculata*）为主。在中潮带区域，早期演替藻类竞争性抑制中期演替的红藻群落，后者竞争性抑制后期演替的软刺藻群落（Sousa，1979）。而软刺藻藻甸竞争掉了平滑优秀藻（*Egregia laevigata*），后者只在一年的某段时间招募孢子。沟软刺藻红藻在所有季节都会通过其匍匐茎向所有可用的空间扩张，其藻床中间的 100 cm^2的空地可在 2 a 内完全填满。藻甸还会捕获沉积物，使其填满海藻匍匐茎之间的空间并防止其他藻类孢子附着（Sousa，1979；Sousa et al.，1981）。门氏优秀藻（*Egregia menziesii*，曾用名为平滑优秀藻 *E. laevigata*）仅在特定时间段出现空地时定居；但当藻体处于成熟阶段时（其生活史仅为 8~15 个月）会侵占周围的所有空间从而防止被其他海藻取代。

中度干扰假说（intermediate disturbance hypothesis，IDH）认为，当一个干扰事件发生后，必要的资源（如空间和光照）被释放出来，从而使一些处于竞争劣势的物种（如藻甸海藻和叶状海藻）定居下来并增加多样性（Sousa，2001；Svensson et al.，2012）。采用术语“中度”（intermediate）是因为如果干扰太少，仅发展具有竞争优势的顶级群落（例如海藻床）；而如果干扰太频繁，则海藻床将没有时间恢复（Sousa，2001）。然而，当检测 IDH 时必须意识到“多样性”同时包括物种丰富度（richness）和均匀度（evenness）（见 3.5.1 节），这些成分对干扰的响应不同（Svensson et al.，2012）。不同研究人员使用的不同的多样性指数也使得 IDH 检测的结果有差异；同时当检测 IDH 时，需要分别采用针对丰富度和均匀度的不同假设（Svensson et al.，2012）。

IDH 预测将物种丰富度和波浪暴露作图应该会得出一个钟形曲线的结果。Nishihara 和

Terada（2010）就此测试了横跨日本（26°—33°N）的红藻、绿藻和褐藻的丰富度。发现检测的437个物种总体的丰度随波浪暴露而下降。红藻和绿藻群体也呈现这一趋势，但褐藻的丰度随波浪暴露而增加。由此认为，大型褐藻已经适应了波浪暴露的压力，在波浪暴露站位会比红藻和绿藻更具竞争优势。上述研究中钟形曲线的缺失表明，干扰只是影响沿海水运动梯度的物种多样性的其中一个因素（Nishihara and Terada，2010）。

另一个检测波浪产生的干扰影响沿海群落的多样性和生产力的模型是动态平衡模型（dynamic equilibrium model，DEM），其假设一个系统的生产率将改变干扰机制对物种多样性的影响（Svensson et al.，2007；2010；2012）。该模型认为一个系统的生产力越高，则越需要更多的干扰以产生基础物种对竞争力较弱的物种所造成的竞争性排斥。Svensson等（2010）采用交错区隔设施（Ecotone Mesocosm Facility）测试了上述模型。研究了物理干扰（5个水平的波浪运动来模拟脉冲干扰）、生物干扰（存在和不存在 *Littorina littorea* 的情况来模拟胁迫干扰）和养分富集（生产力-环境和营养丰富）对于海藻和无脊椎动物丰富度的交互作用。大型岩石被放置在实验设施中，通过滚动岩石模拟波浪作用的影响。结果发现物理干扰对藻类物种丰富度的影响不大，但无脊椎动物的丰度减小至无干扰处理组的一半。对于4种主要海藻而言，多年生角叉菜和墨角藻的覆盖率随干扰水平的增加而降低，而生活史很短的黑绿硬毛藻（*Chaetomorpha melagonium*）和肠浒苔（*Ulva intestinalis*）正好相反。同时，物理干扰与养分富集之间不存在交互作用。然而，生物干扰有一个与众不同的作用，其会影响物种的生产力：营养丰富的海藻生长速度快，抵消了摄食对物种丰度的影响。这个实验说明了干扰（物理与生物）如何对生物系统的生产力产生不同的作用，并有助于解释为什么波浪运动和物种丰度之间的关系并不一定是钟形曲线。

沙和沉积物也是主要的干扰因素之一，可以和海水运动结合起来直接或间接影响海藻群落（图8.15）。在波浪保护站位，细小的颗粒泥沙堆积在岩石和海藻的表面；而波浪暴露站位的岩石表面基本无沉积物，但较大的沙石颗粒会悬浮在湍急的水流中冲刷岩石表面（Raffaelli and Hawkins，1996；Schiel et al.，2006）。附着在沉积物颗粒上的海藻孢子很快就会被冲走，特别是当其生长进入更快移动的水层时。另外，如果沉积物覆盖在孢子上，形成的阴影会使孢子死亡。Devinny和Volse（1978）发现，即使少量的泥沙附着在梨形巨藻（*Macrocystis pyrifera*）的孢子上都会显著降低孢子在玻片上附着和生长的比例。其他的研究也发现了沉积物对于处在早期生活史阶段的藻类的负面影响（Airoldi，2003）。例如，须囊链藻（*Cystoseira barbata*）上沉积物的附着会强烈地阻碍招募作用，同时会造成定植体83%的死亡率（Irving et al.，2009）。目前，沿海系统沉积物的增加主要是由于森林砍伐、污水排放和倾倒。因此，这些研究可以帮助确定上述情况对生态系统服务（ecosystem services）的潜在影响。

沉积物对海藻物种的影响具有物种特异性，同时对不同生活史阶段的藻类影响也存在着差异。在新西兰南部的岩石海岸，南极海茸（*Durvillaea antarctica*）是波浪暴露潮间带站位的优势物种，而班氏链囊藻（*Hormosira banksii*）是波浪保护站位的优势物种。实验室研究发现两个物种几乎所有的幼植体都可以附着在无沉积物的基质上，而两个物种均不能附着于覆盖着2 mm沉积物的基质上。当存在中度沉积物覆盖时，链囊藻的招募情况比公牛藻属

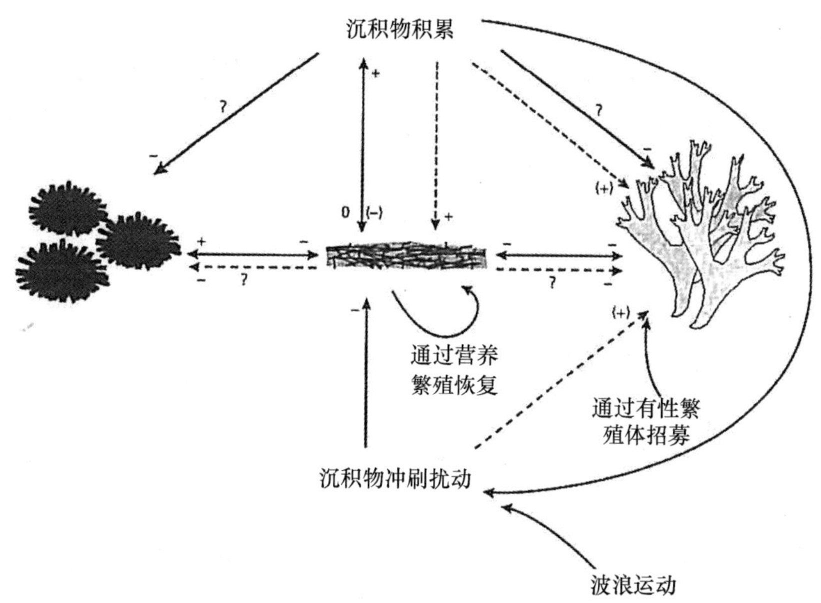

图 8.15　沉积物对于岩石海岸藻类的直接（实线箭头）和间接（虚线箭头）影响（+：积极影响，-：消极影响；0：无影响）。

注：括号表示只在某些情况下发生的影响，问号表示需要进一步的实验验证。丝状海藻藻甸可聚集沉积物。反过来沉积物有时会减小藻甸的厚度，但不影响藻甸的覆盖度。沉积物聚集可以阻止食草动物的摄食并抑制和海藻藻甸竞争空间的直立海藻的招募。严重的冲刷和积累可以局部性地清除海藻藻甸，允许直立海藻的临时生长。然而这种积极的间接影响只发生在特定的时间，并取决于藻体的繁殖情况。海藻藻甸通过营养繁殖可以较快恢复（引自 Airoldi，2003）。

（*Durvillaea*）稍好，部分解释了前者在沉积物覆盖的波浪保护站位的优势（Schiel et al.，2006）。Umar 等（1998）发现在澳大利亚大堡礁，当少量沉积物附着在微叶马尾藻（*Sargassum microphyllum*）的自然种群会影响其招募、覆盖率以及生长率。然而，当已经定居的微叶马尾藻（*Sargassum microphyllum*）叶片表面沉积物被自然去除后，其生长率不受影响，表明成体海藻可以承受一定程度的沉积物。

对于糖海带成熟孢子体的研究发现了高光照水平下沉积物对海藻的保护作用（Roleda and Dethleff，2011）。海藻在 220 μmol · m^{-2} · s^{-1}的光照下被砾石或砂覆盖 7 d 后，叶片的光合效率（F_v/F_m）没有受到影响；但当藻体被淤泥和黏土覆盖后，其 F_v/F_m 值从 0.7 下降到 0.5。然而，相比于没有沉积物的对照，这种下降的程度较小，后者 F_v/F_m<0.2。日本南部的马尾藻属未知种（*Sargassum* sp.）存在不同类型的保护作用（Kawamata et al.，2012）。其可以被招募到沉积物覆盖的鹅卵石上，虽然其机制目前还不清楚。由于海胆偏好于在无沉积物覆盖的站位摄食，沉积物覆盖的卵石为马尾藻属提供避难的栖息地。

沙石冲刷和掩埋抑制了许多海藻的生长，但也存在着一些对细粒沉积物具有抗性的藻种。沙质海滩的孤立岩石和岩石海岸的沙质地区的藻类种类相对较少。这些物种包括一些强健、耐压的多年生藻类如 *Protohalopteris radicans*（曾用名 *Sphacelaria radicans*）和具褶伊谷藻（*Ahnfeltia plicata*），或生活史较短的机会物种如线形硬毛藻（*Chaetomorpha linum*）、未定名的石莼属群体（*Ulva* spp.）和水云属群体（*Ectocarpus* spp.），以及底栖硅藻（Daly and

Mathieson, 1977; Littler et al., 1983b)。机会物种能够定居在沙石冲刷较弱和裸露的岩石上；当冲刷再次发生之前离开。加利福尼亚南部的一些珊瑚藻群落受到沙石的压力，但珊瑚藻抵抗了沙石冲刷并使沙石稳定（Stewart, 1983; 1989）。然而，一些珊瑚藻群落受到沉积物的负面影响。加利福尼亚南部的大陆海岸群落受到了大量的泥沙冲刷，囊状褐藻（囊藻属 *Colpomenia* 和黏膜藻属 *Leathesia*）附生于珊瑚藻藻甸，而无法直接锚定在岩石上。然而，在沙石冲刷较少的近海岛屿，上述褐藻可以直接生长在岩石上（Oates, 1989）。

海滩上的沙石运动通常是季节性的。沙子一般在春季和夏季堆积，而在秋天和冬天被冲刷到亚潮带（图 8.16）。耐沙海藻必须在沙石冲刷以及长达数月的掩埋下存活。包括北美西海岸的线形拟伊藻（*Ahnfeltiopsis linearis*；曾用名 *Gymnogongrus linearis*）、辛氏海带（*Laminaria sinclairii*）、不规则褐种阜藻（*Phaeostrophion irregulare*）和未定名的伊谷藻属群体（*Ahnfeltia* spp.），北美东海岸的多叉藻属（*Polyides*）-伊谷藻属（*Ahnfeltia*）复合群体和生根原型海翼藻（*Protohalopteris radicans*；曾用名 *Sphacelaria radicans*），南非的好望角马泽藻（*Mazzaella capensis*）、复杂拟伊藻（*Ahnfeltiopsis complicata*；曾用名 *Gracilaria complicates*）和簇状拟伊藻（*Ahnfeltiopsis glomerata*；曾用名 *Gracilaria glomeratus*）这些物种（Markham and Newroth, 1972; Markham, 1973; Sears and Wilce, 1975; Daly and Mathieson, 1977; Anderson et al., 2008）。Airoldi（2003；表 1）梳理了这些藻类的特点：具有坚韧、圆柱形、细胞壁较厚的叶状体；强大的再生能力，或功能相当于再生的无性生殖周期；再生时间发生在海藻未被沙石覆盖的时期；耐砂的壳状基质（如 *Mazzaella capensis*）或异形生活史周期（微观状态耐受沙石影响而宏观状态出现于沙石消失的阶段，例如好望角紫菜（*Porphyra capensis*）（Anderson et al., 2008）。被掩埋的海藻需要生理适应力以抵御黑暗、营养缺乏、厌氧条件和 H_2S。虽然这类沙耐受的物种和群落的特征已经确定，但它们的生理适应性的特点仍很少被关注（Roleda and Dethleff, 2011）。这些藻类早期被称为“噬沙性海藻”（psammophilic），但 Littler 等（1983b）指出，这个名字意味着海藻在沙石存在时生长更好（更高的生长率或生殖输出），而实际上其在沙石存在时生长同样较差，只是相对于其他竞争对手没有受到太严重的影响。加拉帕戈斯群岛的壳状珊瑚藻被招募至熔岩巨石就是上述情况，沙子冲刷去除了可能长满珊瑚的藻甸（Kendrick, 1991）。多年生耐沙物种可以占据原岩基质，例如加利福尼亚南部低潮间带的珊瑚藻属（*Corallina*）（Stewart, 1982; 1983; 1989）。但当珊瑚藻属没有被完全掩埋时，会为一些生活史较短的附生植物提供基质（见 4.2.2 节）。在其他情况下，丝状藻类藻甸在沙子冲刷较强烈的环境中占主导地位。例如在地中海地区，刚毛状蠕虫藻（*Wormersleyella setacea*，曾用名刚毛状多管藻 *Polysiphina setacea*）可以捕获沙子并将其作为群落整体结构的一部分（Airoldi, 1998; Airoldi and Virgilio, 1998）。

一些藻类，尤其是热带潟湖区的藻类如画笔藻属（*Penicillus*）和一些仙掌藻属（*Halimeda*）物种，发育出可固着于沙子和淤泥的假根。沙子对于这些藻类是必要的附着基质，而其面临的干扰包括大浪和穴居动物对海藻的掩埋和连根拔起。例如，加勒比海软质海底的蕨藻属（*Caulerpa*）物种频繁受到海螺、幽灵虾、鱼等生物的干扰。会将海藻连根拔起、通过挖孔破坏海藻或造成大规模的泥沙再分配（Williams et al., 1985）。匍匐茎和直立枝通过转折向上或形成新的直立枝来抵抗掩埋，但其生长率与未收到干扰的海藻相比减小。匍匐茎的伸长很少增加生物量，所以从掩埋恢复的消耗不是很大；其质体会转移至管状海藻未被掩埋的部分。

(a)

(b)

图 8.16　俄勒冈沙滩上辛氏海带（*Laminaria sinclairii*）栖息地研究

注：(a) 4 月时海滩的沙子较少；(b) 7 月时岩石几乎全部掩埋在沙中。箭头指向同一块岩石（引自 Markham，1973）。

8.4　小结

海水运动从根本上改变了海藻生长的物理和化学环境。表面波浪为海藻创造了一个动态的水下光环境从而提高其光合作用速率。破碎波对海藻施加流体动力，将其从岩石上剥离，但也为其他海藻的殖民提供新的空间。缓慢流动的水流在海藻表面形成养分浓度梯度，从而限制了海藻的营养供应。

海藻的形态是最大限度地提高表面积以捕获光吸收和养分与最大限度地减小波浪产生的

阻力之间的平衡。随着海水流速增加，生理速率如光合作用和养分吸收通常会增加至最大速度，流经浓度边界层（CBL）的营养供应增加而代谢废物被移除。缓慢流动的水流中，沿海藻叶片边缘波动的水流引起叶片起伏，从而为海藻表面供应新鲜海水。有些海藻能够通过在CBL中的溶解无机碳浓度的变化察觉到缓慢水流的周期，从而触发配子或孢子释放。

碎波对海藻施加大量的力，最主要的是包括阻力、提升力和冲击力。海藻藻体非常灵活，能在水流中重新配置，通过改变大小和形状来减少阻力。在高速的水流下，藻体形态的重新配置被认为是抵抗阻力的先决条件，但这也会导致自阴影产生和较低的光合速率。当藻体聚集在一起生长时，个体承受的拖拽力减小。相比于波浪保护站位，波浪暴露站位的海藻叶片会呈现为更完美的流线型。

波浪作用对海藻种群造成干扰，形成裸露的补丁空间。干扰的频率和强度会影响群落的演替，如邻近地区的繁殖体供应。海水运动也包括沉积物运动。一般而言，沉积物对于藻类是有害的，但一些物种能够忍受长时间的沙石掩埋，还有一些物种则在多沙区域具有竞争优势。

第 9 章　海洋污染

9.1　引言

海洋污染有几种类型。在这一章中，讨论了大型海藻常见的 6 种污染类型：汞、铅、镉、锌和铜等金属，油，杀虫剂、工业化学品和防污化合物等合成有机化学品，富营养化（过盛的营养，如氮、磷），辐射（radioactivity），热污染（thermal pollution）。在 20 世纪 70 年代和 80 年代，海洋污染是一个热门话题，因此一些重要的早期参考资料被保留了下来。在过去的 20 年里，对金属和富营养化的研究特别活跃，其次是石油、防污涂料和有机废物。关于热污染的研究很少，尽管其可能是评估全球变暖/气候变化潜在长期影响的一个良好的替代指标。海洋酸化（见 7.7 节）和纳米微粒如二氧化钛（TiO_2）也是新兴的人为因素（Miller et al.，2010；2012）。

9.2　常规污染

关于污染物的研究有几个普遍的考虑，其中包括：测试生物体的选择，是否要研究慢性或急性效应，如致命或剂量水平等效果；从生理到群落各级组织的复杂性，生物学可获得的数量和污染物种类以及组成。一种化合物的总体效果是通过急性或慢性接触来评估的。急性效应是短期暴露的结果（例如 48～96 h），是由生物体的存活率决定的，而不是毒素浓度；长期影响是暴露在较长时间内的结果，例如生物体寿命的 10%或更长的时间（Walker et al.，2006）。

污染影响的评估较为复杂，因为有多种污染物来源进入沿海地区，在几个不同层次（图 9.1 和图 9.2）的各种生物地球化学过程，改变了其浓度和生物利用率（bioavailability）。在生化和生理水平上，污染物的影响可导致正常性状数量个体的减少。种群层次的污染研究主要集中在补充（recruitment）、死亡率（mortality）、年龄结构（age structure）与规模、生物量（biomass）和种群生产量（population production）等方面。由于在时间和空间尺度上有很大的变化，因此在群落水平进行污染效应检测是最复杂的（图 9.1）（Underwood，1992；Laws，2000）。

到目前为止，在群落水平的污染物效应检测已经尝试了两种方法：①描述性统计。其涉及描述每个样本中检测到的物种数量、单个物种的丰度和生物量，然后以多样性和物种丰度（species richness）的方式来总结这些信息。在不存在经常干扰的条件下，物种间的竞争将导致竞争的转移，少数有竞争力的物种将在群落中占据主导地位，物种多样性将相对较低。

如果群落受到污染的干扰，竞争平衡（competitive equilibrium）就会中断，物种数量也会增加。在更高水平的干扰下，物种将从群落中消失，多样性将会下降。②物种丰度和生物量模式。为了衡量对群落的影响，人们提出了多种数量和多样性的分析方法。最常用的技术之一是多元分析，其试图将同时出现的物种分组到基于多种生物特征的多元集群中（Undenvood，1992）。在群落水平可以检测出的低水平慢性影响是公认的难点。大多数情况下，为了检测到群落效应，干扰通常是一个特定的事件（如石油泄漏），或者是一个点源污染，并且必须要进行反复取样，并与多个控制或参考点进行比较，这样才能通过时间和空间的变化来确定有统计学意义的影响（Underwood，1992；1994）。

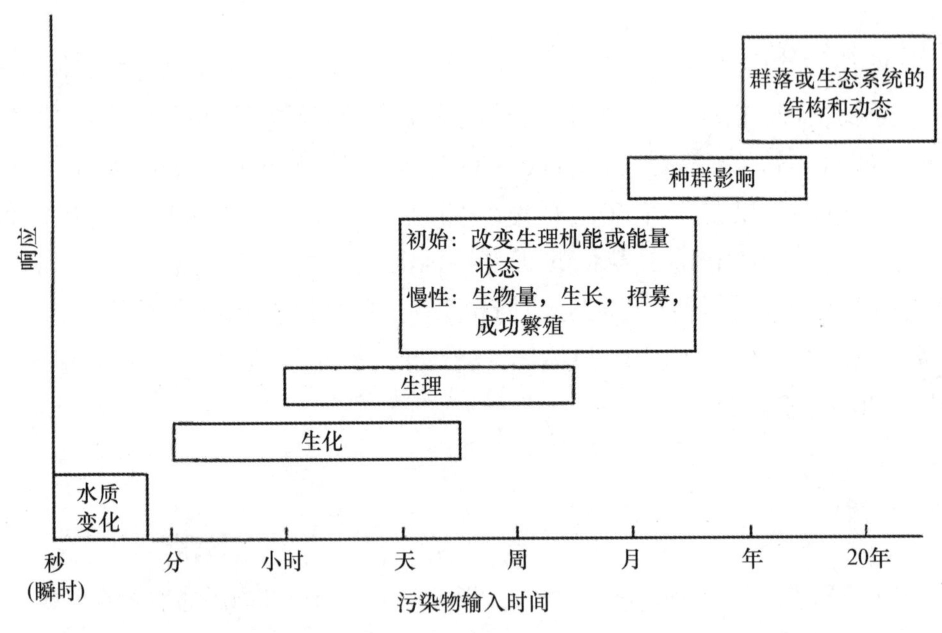

图 9.1　在不同的生物组织中观察到对污染物潜在影响的假设时间序列（引自 Hood et al.，1989）

对水生生物的不利影响通常是根据其致死和半致死的影响来确定的。死亡率很容易被识别和量化，但是低水平半致死的慢性影响很难被发现。生物体潜在的半致死反应可以根据对生物体的影响进行分类：①生物化学/生理学；②形态学；③行为；④遗传学和繁殖。关于如何检测对一种污染物的半致死浓度的生物反应，实验室生物测定是否给出了有意义的结果（Bayne，1989），以及实验室观察到的反应是否可以外推出海洋中更多的自然和变化的条件（White，1984）。由于实验室实验条件的简单性与海洋环境的复杂性相比，有必要进行现场直接观察，并考虑季节和年际的时间变化。例如，可以通过将大型藻类附着在人造基质上，并将其放在污染海域，这样就可以进行连续的观察。长期检测该海域的群落结构变化需要至少几年的时间，以考虑年际变化和评估低污染物浓度的影响。由于大部分的长期污染物通常会沉降到沉积层中，需要进一步的研究沉积物吸收和释放污染物的机制和动力，及其转移到生物群落的过程（Ahlf et al.，2002）。红外线摄影或光谱辐射测量技术是当前的新型强大工具，可以快速地对大范围的大型植物群落进行快速调查，并记录多年来的重大变化。实际上，实验室和现场测量都是必要的。为了填补这两种方法之间的鸿沟，一些实验室设施被扩大并投入到现场的中试生态系统实验中（Boyle，1985）。数学模型也可以用来评估从不同站

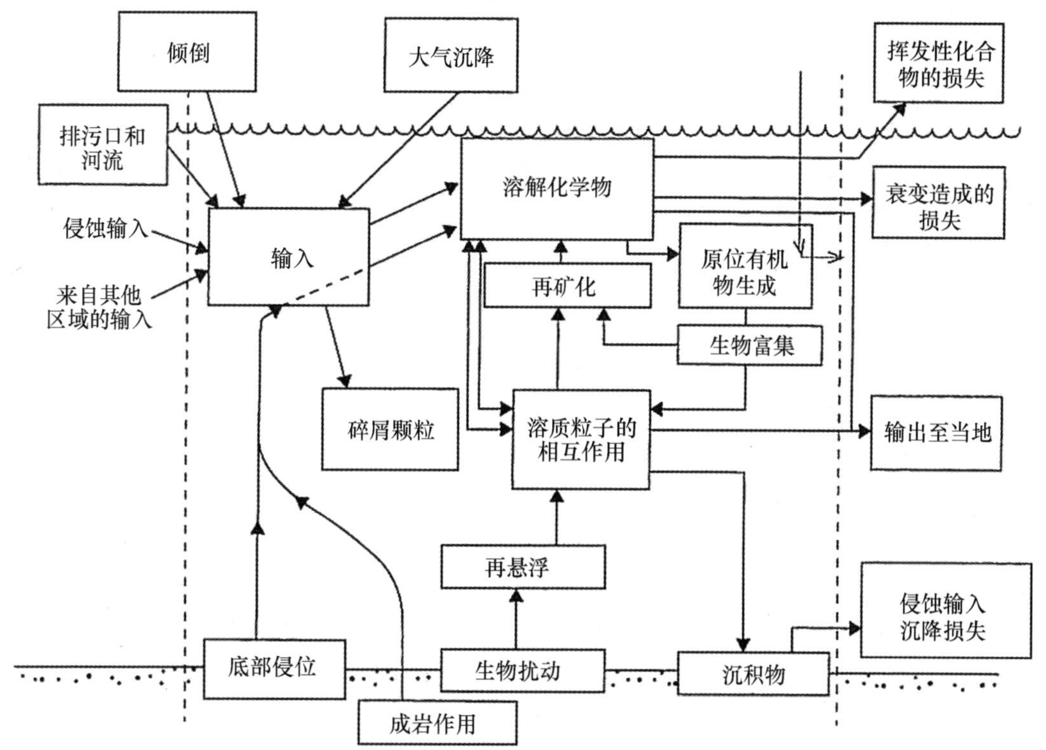

图 9.2　影响海洋生态系统化学污染物命运的重要生物地球化学过程输入来自于沉积物、水平对流、侵蚀、倾倒和大气（干和湿沉降）

注：右侧的损失是挥发、腐烂、输出和沉积（仿自 Libes，1992）。

位的测试数据，将生物测试系统的不确定性纳入考虑生物测试的可变性和生态相关性中（Keiter et al.，2009）。

污染物的总体浓度可能没有显示出其毒性。目前，我们不能准确地评估污染物在物理化学层面的生物学效果对毒性的影响，因为只有生命系统才能整合那些具有重要生物学变量的影响（Philips，1990；Eklund et al.，2010）。这些方面包括溶解性、吸附、化学复杂性和物种形成（Higgins and Higgins，1987）；由于这种相互作用，只有一小部分污染物是生物学上可利用的。

在对毒性的评估中，通常会对主要生产者、主要消费者和次要消费者共同进行测试。对初级生产者最常用的测试是对海洋微藻的生长抑制（ISO 10253：2006）。大型海藻是生态系统的重要组成部分，目前，全球沿海国家已大量应用大型海藻来测试单一物质、出水（effluent waters）和其他复杂混合物。美国，自 20 世纪 80 年代以来（Thursby，1984）一直使用大型红藻环节藻（*Champia parvula*）的长期繁殖实验进行测试，并作为美国测试和材料协会（Americam Society for Testing and Materials，ASTM）的标准（ASTM 2004）。在韩国和澳大利亚利用绿藻孔石莼（*Ulva pertusa*）来检测污染物对孢子发生的抑制（Han and Choi，2005；Han et al.，2008，2009）。对褐藻班氏链囊藻（*Hormosira banksii*）萌发的影响已被提议进行监管测试（Seery et al.，2006；Myers et al.，2007）。自 2010 年起，红藻仙菜属 *Ceramium tenuicorne* 的生长抑制试验在北半球和南半球的温带水域都有共同的发展，已经作为

ISO（ISO 2010）和欧洲标准的测试。

对于藻类而言，生长速率（通常是通过光合速率、干重、荧光等变化）、萌发或繁殖生长而不是动物中常用的生存（死亡），因为大型藻类很难被准确地测定死亡。其他的指标，如孢子形成与否和繁殖也可能被采用。在毒性测试中，报道的反应是增长率降低 50%的浓度比，被称为 50%有效浓度（50% effective concentration，EC_{50}）（图 9.3）。

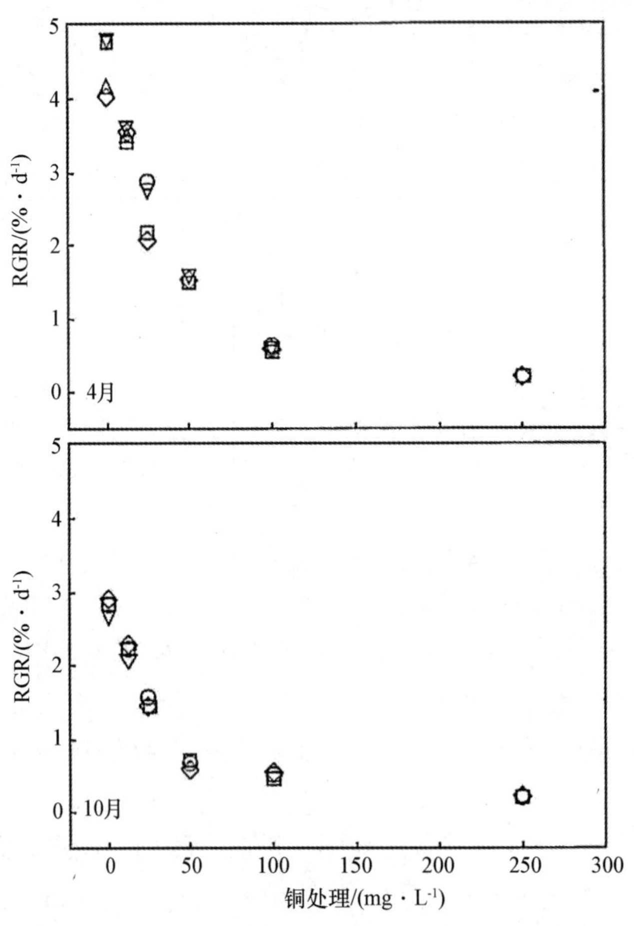

图 9.3 铜对相对生长反应（relative growth response，RGR）的影响

注：7 d 处理后的植物顶端长度测量结果（表示为%·d^{-1}），并在英格兰西南部的长龙须菜（*Gracilariopsis longissima*）的 5 个种群中对其进行了抽样调查。50%有效浓度（EC_{50}）大约是 30 μg/L，12 μg/L 即可引起显著的生产下降（引自 Brown et al.，2012）。

被测试生物的选择通常是基于其易于处理和培养，以及与调查的相关性（也就是说，其是否为生态的重要物种）。根据调查的目的，可能会采用不同的策略。当目的是对某一种化学物质的毒性进行排序时，应该使用最敏感的藻类。然而，如果目的是对某一特定生态系统中可能的影响进行适当的评估，并提供有关种群（populations）存活的信息，那么就必须考虑生物体的完整生命周期。生物体的响应最终必须与生命周期的健康发展有关，包括最敏感的阶段，如萌发，包括幼体和成体良好的生长，以及成功的繁殖。几个最优的生态重要物种应该全部被测试；同时应该检查恢复过程，但不幸的是后者很少被评估。对大型藻类的进一步研究发现，污染物诱导有性生殖的可能性，主要是通过基因型的适应来实现的。

有人提出，由于某些早期的大型藻类非常敏感，可以用来进行毒性测试。在使用微藻和各种无脊椎动物的有毒物质生物测试中，没有一种国际公认的标准的藻类生物检测方法。Han 等（2007，2008，2009）研究表明，石莼属（*Ulva*）的早期生命阶段具有相当大的毒性测试潜力。通过对石莼属的孢子释放、萌发和配子生长的测定，对污水和污泥中的有毒物质进行了定量分析。4 种金属的 EC_{50}值通常比标准的 Microtox 测试和其他 5 种标准测试生物的值要低（即更敏感）（Han et al.，2007，表 3 和图 2）。由于人工诱导石莼属孢子的释放已经成为常规方法，测试可以全年进行，快速（7 h），成本低，并且可对多种有毒物质进行测试。在繁殖期间，游动细胞的释放，可非常明显地观察到色泽的变化，从正常的营养组织的黄绿色到最后的白色，反映出生殖细胞的释放。对生殖细胞释放的抑制可以通过评估叶状体脱落生殖细胞的百分比来评估（Han et al.，2007，图 1）。在进行生物测试时，关键是要意识到它们受到的限制。例如，悬浮颗粒的存在或消失被认为对通过表面对多种污染物的吸附作用而产生深远的影响（Ytreberg et al.，2011a，2011b）。其他环境因素，如 pH 值、温度、光线、营养限制以及其他污染物的存在，可能对污染物具有协同作用或污染物间的相互作用（Eklund，2005；Ytreberg et al.，2011b）。

9.3 金属

金属污染是污染研究中最活跃的领域之一。本节将讨论的主题包括：来源和形态、吸附、吸收、生物监测、代谢作用、金属耐受性、相互作用因素，以及生态学方面的内容。

9.3.1 来源和形式

一般来说，像汞和铅这样的金属对大型藻类的生长来说是不重要的（图 9.4）。10～50 μg/L的汞可能只具有毒性（Gaur and Rai，2001，Costa et al.，2011）。然而，一些金属，如锰、铁、铜和锌，则是必需元素/微量元素，并且经常被称为生长所需的微量金属元素（Bruland and Lohan，2004；Sunda，2009）（见 6.5.5 节和 6.5.6 节）。如果这些金属元素的浓度太低，则可能会限制藻类的生长，但也可能在高浓度下有毒；通常情况下，生长的最佳浓度范围是较为狭窄的（图 9.4）。在表 9.1 中给出了海洋中各种微量金属的浓度和种类，与沿海和受污染水域中广泛存在的差异相比，其代表了相对较清洁状态下的浓度。

矿物和岩石中的金属可以通过岩石风化、土壤和植被的浸出，以及火山活动自然地进入到水环境中。因此，在评估海洋污染时，必须在自然资源和人类活动之间作出区分。人类在诸如采矿和冶炼矿石、燃烧矿质燃料、处理工业废弃物和加工制造原料等各种活动中向环境释放金属元素。大多数溶解或微粒的金属输入都是通过水流运输，通过河流或陆地径流到达海洋。通过大气干/湿沉降可以携带镉、铜、锌、铅到海洋中，特别是在人口稠密的沿海地区。大气中的这些金属来自化石燃料和人类运输系统的燃烧。沉积物中的金属可以被还原或氧化（主要是由细菌引起），然后被释放到上层的水中（Bruland and Lohan，2004）。

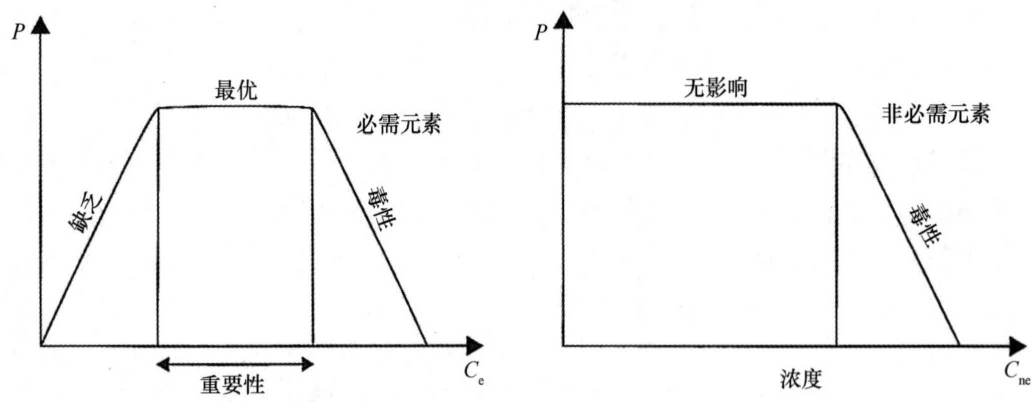

图 9.4　必需元素浓度（C_e）和非必需元素（C_{ne}）与大型藻类（生长、繁殖力和存活）表现（P）之间的关系

注：在低浓度的必需元素情况下，生长可能会减少（也就是说缺乏必需元素）。与必需元素相比，更低浓度的非必需元素通常即可表现出毒性（仿自 Walker et al.，2006）。

表 9.1　大洋中各种微量金属的主要种类和浓度（修改自 Clark，2001）

金属		地区	浓度/（μg·L^{-1}）	水体金属种类	
				35% 盐度	10% 盐度
银 Silver	Ag	东北太平洋 NE Pacific	0 000 04～0.002 5	$AgCl_2^-$	
铝 Aluminum	Al	东北大西洋 NE Atlantic	0.162～0.864	Al（OH）$_4^-$，AJ（OH）$_3$	
		北大西洋 N. Atlantic	0.218～0.674		
砷 Arsenic	As	大西洋 Atlantic	1.27～2.10	$HAsO_4^{2-}$	
镉 Cadmium	Cd	北太平洋 N. Pacific	0.015～0.118	$CdCl_2$，$CdCl_3$，$CdCl^+$	Cd^{-2}，$CdCl^+$
		马尾藻海 Sargasso Sea	0.000 2～0.033		
		大西洋 Arctic	0.015～0.025		
钴 Cobalt	Co	东北太平洋 NE Pacific	0.001 4～0.007	$CoCO_3$，Co^{+2}	Co^{2+}，$CoCO_3$
铬 Chromium	Cr	东太平洋 E. Pacific	0.057～0.234	CrO_4^{2+}，$NaCrO_4^-$	CrO_4^{2+}
铜 Copper	Cu	北极 Arctic	0.121～0.146	$CuCO_3$，Cu-organic	Cu-humic，Cu（OH）$_2$
		马尾藻海 Sargasso Sea	0.076～0.108		
铁 Iron	Fe	北极 Arctic	0.067～0.553	Fe（OH）$_3$，Fe（OH）$_2^+$	
汞 Mercury	Hg	北大西洋 N. Atlantic	0.001～0.004	$HgCl_4^{2-}$，$HgCl_3^-$	Hg-humic，$HgCl_2$
锰 Manganese	Mn	大西洋 Atlantic	0.027～0.165	Mn^{2+}，$MnCl^+$	Mn^{2+}
		马尾藻海 Sargasso Sea	0.033～0.126		
镍 Nickel	Ni	北极 Arctic	0.205～0.241	$NiCO_3$，Ni^{2+}	Ni^{2+}，$NiCO_3$
		马尾藻海 Sargasso Sea	0.135～0.334		
铅 Lead	Pb	中太平洋 Central Pacific	0.001～0.014	$PbCO_3$，$PbOH^+$	
		马尾藻海 Sargasso Sea	0.005～0.035		
锑 Antimony	Sb	北太平洋 N. Pacific	0.092～0.141	Sb（OH）$_6^-$	Sb（OH）$_6^-$

续表

金属		地区	浓度/（μg·L^{-1}）	水体金属种类	
				35‰ 盐度	10‰ 盐度
硒 Selenium	Se	太平洋和印度洋 Pacific and Indian	0.044～0.170	SeO_4^{2-}，SeO_3^{2-}	
锡 Tin	Sn	东北太平洋 NE Pacific	0.000 3～0.000 8	$SnO(OH)_3^-$	
钒 Vanadium	V	东北大西洋 NE Atlantic	0.83～1.57	HVO_4^{2-}，$H_2VO_4^-$	
锌 Zinc	Zn	北太平洋 N. Pacific	0.007～0.64	Zn^{2+}，$ZnCl^+$	Zn^{2+}
		马尾藻海 Sargasso Sea	0.004～0.098		
		北极 Arctic	0.056～0.225		

水生环境中的金属以溶解或微粒形式存在。其可被溶解为自由的水合离子或复杂的离子（与无机配体，如 OH^-、Cl^-或 CO_3^{2-}），或形成有机配体（如胺类 amines，腐殖质 humic 和腐殖酸 fulvic acids，蛋白质）。可在多种情况下发现颗粒状物质：胶体或聚合物（如：水合氧化物）；吸附到颗粒；金属涂层被沉淀到粒子上；并融入到藻类等有机粒子中（Gaur and Rai 2001；Sunda，2009）。海水中金属的物理和化学形态受环境变量的控制，如 pH 值、氧化还原电位、离子强度、盐度、碱度、溶解的有机物和微粒的存在，以及生物活性和金属内在性质。这些变量的变化会导致金属化学形态的转变，从而导致其可用性、积累和毒性（Mance，1987；Gaur and Rai，2001；Yterberg et al.，2011a 和 2011b）。

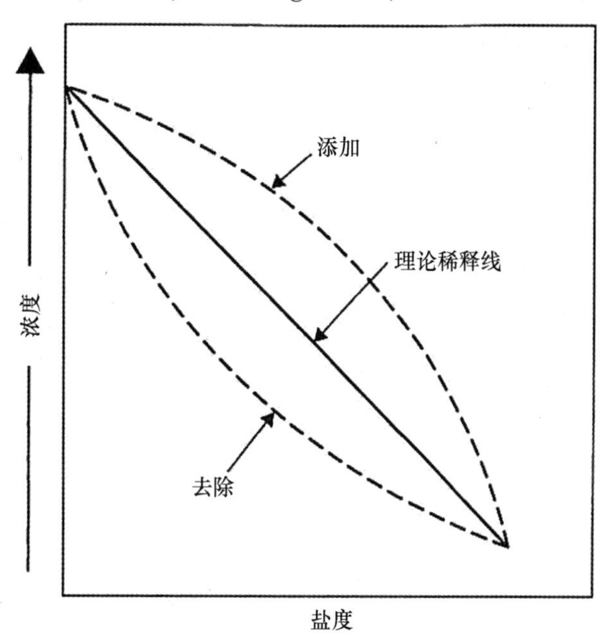

图 9.5　溶解污染物和盐度（保守的混合指标）之间的关系

注：当江河水污染物的浓度大于海水（实线），以及污染物的添加或去除（生物或化学过程吸收）时（仿自 Libes，1992）。

如图 9.5 所示，在沿海水域，由于典型的混合机制，重金属的浓度呈线性下降，与河口的距离呈直线下降。在理论线性稀释线以下的偏差是由于生物和（或）化学过程的去除，而在稀释线之上的偏差主要是由于化学过程的增加而造成的。化学过程去除的一个例子是，高分子量组分的盐析过程和随着盐度增加无机物的絮凝反应；金属可以吸附到这些新形成的粒子上，然后沉入到沉积物中。另一方面，水体中一些先前附着在颗粒上的金属被氯离子取代从而释放，并有可能被吸收。关于金属的生物地球化学的进一步信息可以参考 Libes（1992），Laws（2000），Gaur 和 Gaur（2001）。

9.3.2 吸附、吸收、积累和生物监测

即使金属的浓度不足以影响到大型藻类的生长，藻类也能含有比周围环境多出几个数量级的金属。污染物的来源来自于水这一过程被称为生物富集或生物积累，当含有污染物的海藻作为食草动物的食物来源时，其会增加食草动物和更高的营养级中金属的浓度，这是一个被称为“生物放大”的过程（Gray，2002；Walker et al.，2006）。

金属是由藻类被动和主动地吸收的。一些金属，如铜、铅和锶，可能被吸附在细胞壁和被带电荷的多糖所吸附在胞间基质中（Eide et al.，1980；Toth and Pavia，2000b）。其他金属（例如锌、铜、镉）则被吸收用以积极地抵抗高水平的细胞内浓度梯度（Gledhill et al.，1997；Burridge and Bidwell，2002）。大型水生植物（Macrophytes）将金属离子从海水中浓缩提高到几个数量级。高度积累是不通过新陈代谢进行金属调节的，因此在吸收和外排浓度之间几乎呈线性关系，形成良好的生物指标（Shimshock et al.，1992；Rainbow and Phillips，1993）。

使用海藻（seaweeds）作为金属污染的指标有几个原因（Philips，1990；Rainbow and Phillips，1993；Rainbow，1995）。第一是海水中溶解的金属浓度通常接近分析检测的极限，并可能随着时间而变化，而海藻的金属积累可以将海水的短期波动进行合并。第二是由于海藻不吸收特殊的金属（就像动物一样），其只积累那些具有生物可利用性的金属（假设吸附的程度是轻微的）。藻类组织的金属易于通过原子吸收光谱测定法分析，最近常用电感耦合等离子体质谱（inductively coupled plasma mass spectrometry，ICPMS）和发射光谱（optical emission spectrometry，OES）。很多海藻被用作追踪金属污染的指示生物（Phillips，1991；Hou and Yan，1998）：褐藻［例如墨角藻属 *Fucus*（Bond et al.，1999），囊叶藻属 *Ascophyllum*（Stengel and Dring，2000）］；绿藻［石莼属 *Ulva*（Villares et al.，2001，2005）］；红藻［仙菜属 *Ceramium*（Eklund，2005），红菜属 *Pyropia*（Leal et al.，1997）］。至于哪个物种是最好的指示生物，目前还没有达成共识。Ho（1990）发现绿藻石莼（*Ulva lactuca*）是一种很好的指示生物，由于具有高积累能力，可作为铜、锌和铅污染的生物指标。出于类似的原因，Forsberg 等（1988）发现褐藻墨角藻（*Fucus vesiculosus*）也是金属污染的良好“检测器”。

在图 9.6 中给出了 7 种微量元素的背景浓度（即不明显接触微量金属污染）的变化。浓度因子是一种金属在海藻中的浓度（如 μg/g 干重），除以海水中的金属浓度，如果这个因子在几个月和季节里是恒定的，那么就能估算出海水浓度的长期变化。表 9.2 给出了 2 种褐藻的 4 种金属浓度因子。各种元素的浓度因子一般从 10^3 ~ 10^4 不等。然而，在同一地点，甚

至同一地点的不同物种之间的浓度因子可能有相当大的差异（Villares et al.，2001；Stengel et al.，2004）。与褐藻和一些绿藻相比，锌累积速率在红藻中的变化最大，这可能是由于其形态和表面积：体积比的巨大变化（Stengel et al.，2004）。组织内金属的高度变化与大小、年龄、部分海藻分解、生殖和营养状况、附生物和表面附着颗粒有关（Phillips，1990；Shimshock et al.，1992；Villares et al.，2001）。水体中金属浓度的高度变化可能与温度、盐度、悬浮荷重（suspended load）、其他污染物、金属来源、季节变化、pH 值、螯合物、溶解有机物等有关。

表 9.2　4 种金属在海水和褐藻中的浓度及其组织的浓缩系数（改自 Foster，1976）

重金属	海水中浓度 /（$\mu g \cdot L^{-1}$）	墨角藻（*Fucus vesiculosus*）		瘤状囊叶藻（*Ascophyllum nodosum*）	
		浓度/10^{-6}	浓缩系数[a]/10^3	浓度/10^{-6}	浓缩系数[a]/10^3
Zn	11.3	116	10	149	13
Cu	1.4	9	6.4	12	8.6
Mn	5.3	103	19	21	3.9
Ni	1.2	8	6.8	5.5	4.6

注：[a]浓缩系数 = 干海藻重金属浓度（10^{-6}）/海水中溶解的金属浓度（$\mu g \cdot L^{-1}$）。

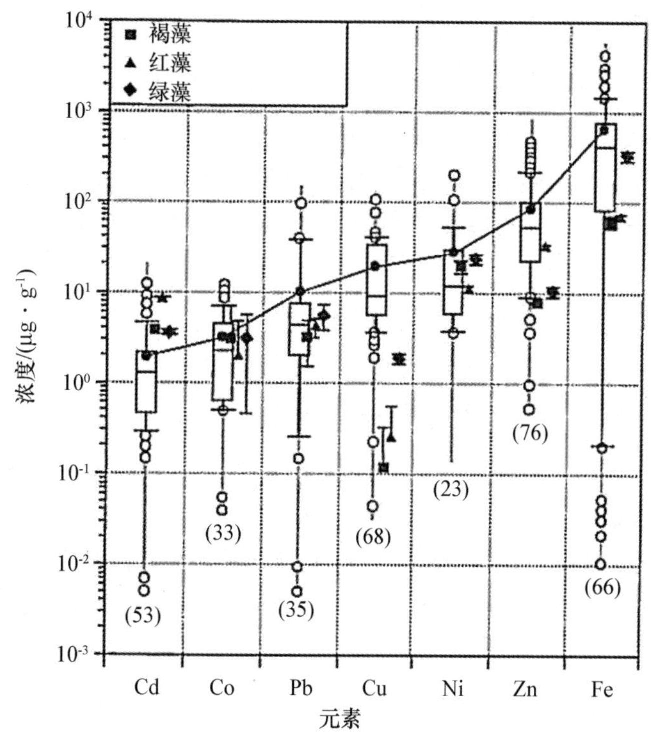

图 9.6　缺乏显著人为输入的区域褐藻、绿藻和红藻 7 种微量元素平均浓度（±1 SD）

注：空心圆圈代表的是超过 90 和 10 百分位的值；灰色线覆盖范围从最小值到最大值，填充圆圈代表平均浓度。括号中的数字表示在计算平均金属浓度时所包含的数值。注意 y 轴上的对数刻度（引自 Leon-Chavira et al.，2003）。

由于海藻可能并不总是准确地反映周围水体中的金属浓度，所以对水体微量金属浓度的直接测定也应该定期进行，以检验海藻生物数据的有效性。为了进一步讨论在解释生物数据和组织内浓度方面的必要预防措施，可以参考 Phillips（1990）、Burridge 和 Bidwell（2002）、Eklund 和 Kautsky（2003）的综述。

任何能改变生长速率的因素，如光、温度、盐度、营养限制（nutrient limitation）、季节、潮位（tidal level）、浊度（turbidity）及其他污染物等，都可能改变海藻作为指示生物（bioindicator）或生物积累性（bioaccumulator）的有效性（Phillips，1990；Eklund and Kautsky，2003；Connan and Stengel，2011）。例如，石莼属（*Ulva*）和红菜属（*Pyropia*）藻类，冬季的铜吸收量比夏季要高，而对铅和镉的吸收则没有季节性，可能是由于不同季节藻类分泌物的种类和数量不同导致的（Vasconcelos and Leal，2001）。

生物研究结果的广泛变化通常与海藻的选择及其特征（如：种类、大小、年龄、部分海藻分解、生殖和营养状况、除去颗粒和附生植物）有关。一般来说，当周围的金属浓度降低时，老龄组织保留金属的时间比年轻组织要长（即降低的速度比较慢）。一些研究者提出了不同的分析结果，老龄组织可能在确定一个地点的污染历史方面具有优势（Stengel and Dring，2000），Higgins 和 Mackey（1987）发现用 EDTA 水溶液预处理放射昆布（*Ecklonia radiata*）导致了 90%的锌和镉，25%的铜，7%的铁的释放。

在浑浊的水域中，金属污染的悬浮颗粒可能会黏附在叶状体表面的黏液上，在分析之前，很难通过清洗或洗刷来消除（Gledhill et al.，1998；Villares et al.，2001）。这一问题对于与颗粒物密切相关的金属，如铁、铅和铬来说尤为严重（Barnett and Ashcroft，1985）。附生植物也很难从附着的表面上移除掉，因此将会高估了海藻组织的实际金属含量，因为附生植物也会积累金属（Stengel and Dring，2000）。例如，锌被发现主要与附生植物的细胞外聚物和来自智利江蓠（*Gracilaria chilensis*）的细菌产生的胞外聚合物有关，很少被转移到大型水生植物中（Holmes et al.，1991）。囊叶藻属（*Ascophyllum*）海藻可以通过在年轻组织频繁的表皮脱落来清洁其表面，这个过程会周期性地降低组织中的金属浓度，并导致了所观察到的高时间变异性（Stengel and Dring，2000；见 4.2.2 节）。因此，需要从不同类型的叶状体组织中去除颗粒和附着的附生生物（微藻和细菌）的标准方法，而不必去除一些叶状体表面组织，Gledhill 等（1998）比较了 8 种方法，发现采用乙醇和海水按照 1∶9 比例混合后处理得到的金属含量值最低。

作为一种替代方法，被动的生物技术产生了许多问题和不确定性，Brown 等（2012）提议采取“主动（active）”的方法。长龙须菜（*Gracilariopsis longissima*）的情况说明，其组织具有铜抗性，并具有吸收和释放铜的能力，使之成为一种适合进行生物监测的海藻。在两个不同的季节，从不同的铜污染的 5 个不同地点测定了海藻生长速率，并在实验室中对铜浓度进行了检测。

尽管在 5 个污染地区都广泛受到了不同的铜污染，但其增长率并没有什么不同，半致死浓度（EC_{50}）约为 30 μg/L（图 9.3）。因此，该物种并没有进化出不同程度的耐铜生态类型，这表明其具有一种基本的铜耐受力。这一物种的另一个理想特征是，当它被转移到“清洁”海水的 8 d 后，其损失了 80%的铜（即良好的净化效应）。此外，在对不同铜污染的自然地点进行的原位移植实验结果也很好。在移植实验中比较了铜和镉的响应，Andrade等（2010）发现在数小时内其组织中的铜发生了巨大变化，虽然镉的变化是在几周内发生的，但这表明移植生物的方法对铜的作用比对镉的作用更大。因此，在移植实验中使用理想物种的年轻组织，应该能够快速地吸收和释放金属，但是这会随着不同金属的变化而变化。这种主动的生物活性方法值得进一步与被动方法进行相互比较，因为被动方法通常不是定量的，因为上面讨论的众多因素会影响到特定物种的最终金属浓度。

9.3.3　涉及毒性耐受的机制

关于海藻对金属毒性的耐受力的研究相对较少，因此，一些来自微生物和高等植物的综合研究（Stauber and Florence，1987；Hall，2002）讨论了一些基本的原理（图9.7）。下面介绍了细胞外、细胞表面以及由海藻/细胞所采取的细胞内机制，来进行各种金属解毒，并减少毒性作用。由于铜是一种非常常见的有毒金属，广泛用于防污漆，下面的一些实例将主要集中在铜元素方面。

在细胞外或细胞表面的金属离子的解毒被称为排除机制（exclusion mechanism），因为金属离子不会穿过细胞膜（图9.7）。大型藻类可以产生细胞外和（或）细胞壁的螯合物（Gekeler et al.，1988；Gledhill et al.，1999），可以与某些金属离子结合，使金属不产生毒性。异枝卡帕藻（*Kappaphycus striatum*）的卡拉胶（carrageenan），瘤状囊叶藻（*Ascophyllum nodosum*）的岩藻多糖（fucoidan），已证实能够通过离子交换机制有效地与镉、铅和锶等金属结合。卡拉胶的金属结合能力与其硫酸化程度有关。在大型水生植物中尚未观察到另一种排除机制，由表面活性微生物形成的生物膜（biofilm）对金属离子吸附或解毒。有可能海藻表面的附生生物（如硅藻或细菌）在金属离子到达海藻细胞膜之前就将其隔离了（Riquelme et al.，1997）。Stauber和Florence（1987）发现三价金属离子（Al、Fe、Cr）或二价金属离子（Mn、Co）添加到培养基中，可以被藻类氧化为三价类型，通过在细胞周围形成一层水合金属（Ⅲ）氧化物来保护2种海洋硅藻免受铜毒性。这种膜层（水合金属氧化物）被认为能吸附铜离子，然后才能进入细胞。Stauber和Florence（1987）报道了这项重要的研究结果，为之前报道的一些金属抗性效应（antagonistic effects）（Stauber and Florence，1985）提供了机制解释，如锰、铁和钴等对铜毒性（如增加锰后降低了铜的毒性）。镍的化学性质与钴相似，不能在海水中被氧化为镍（Ⅲ），因此其对铜毒性的保护是完全无效的；同样，锌（Ⅱ）也是无效的。锰和钴的保护作用增强了其清除具有破坏性的超氧化物自由基（superoxide radicals）和H_2O_2的能力（Pinto et al.，2003；Lesser，2006；Bischof and Rautenberger，2012）。

如果细胞外的排除机制正在运行，那么金属离子就可以穿过细胞膜进入细胞质。如果金属仍然是自由离子，那么就能发挥其毒性作用（图9.7）。细胞内的解毒机制包括：与巯基和羧基的各种化合物结合，与胞内配体或植物螯合物的螯合。在液泡中储存也是一种常用的解毒机制。特别是对汞而言，可以进行不同的无机或有机形态的转化。未定名的*Lessonia*属群体（*Lessonia* spp. 也曾称为巨藻）对高铜浓度的耐受原因，是不同的组织能够以沉淀在细胞壁上的方式吸收铜，并能在周质空间中产生少量的液泡（Leonardi and Vasquez，1999）。与此相反，曲浒苔（*Ulva flexuosa*）大多数铜都存在于液泡中富铜的沉淀（Andrade et al.，

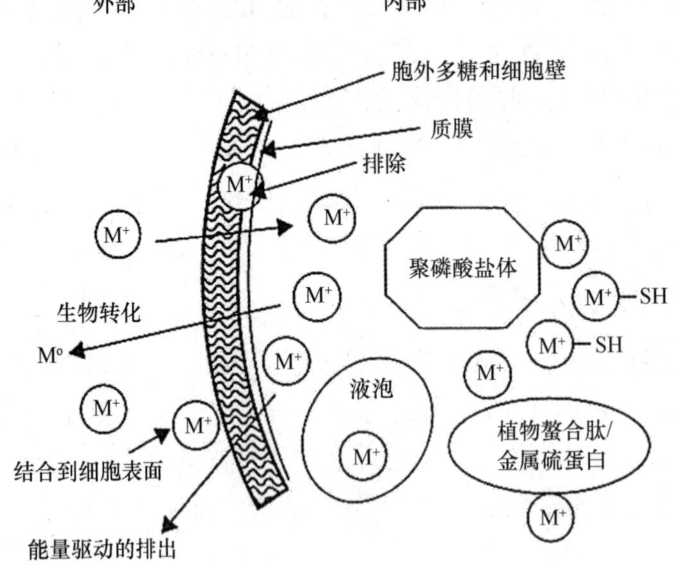

图 9.7　大型藻类对一些常见金属（M）的耐受力机制

注：耐受力可能是结合在细胞表面，生物转化，排出，排除，与聚磷酸盐体，巯基聚合的植物螯合物（SH）结合的结果（仿自 Gaur and Rai，2001）。

2004）。在上升流区，磷和镉的天然浓度高，梨形巨藻（*Macrocystis pyrifera*）在多磷酸盐体（图 9.7）中储存磷，并伴随着高镉浓度（Walsh and Hunter，1992）。植物螯合蛋白（Phytochelatins，PCs）是一种金属硫蛋白（metallothionein protein），已从墨角藻（*Fucus vesiculosus*）中鉴定出一种金属硫蛋白。这是由暴露在铜环境中引起的，其编码的蛋白质产物与镉和铜结合（Morris et al.，1999）。这些金属络合性硫醇蛋白质是由一些生活在金属污染海域的海藻产生的（图 9.7）。植物螯合蛋白与金属体内平衡和解毒有关，在同一环境中不同物种之间的差异是不同的，而差异取决于叶状体的形态、多糖组成、细胞内金属积累，以及植物螯合蛋白前体的产生，谷胱甘肽（Pawlik-Skowronska et al.，2007）。谷胱甘肽（glutathione）也可用于减少氧化应激和某些金属复合体（Pinto et al.，2003）。褐藻多酚（phlorotannins）是金属的强螯合剂，存在于细胞内特别隔室（囊泡，physodes），并有潜在的金属解毒能力。然而，Toth 和 Pavia（2000b）发现瘤状囊叶藻（*Ascophyllum nodosum*）褐藻多酚的产生，不是由高浓度的铜浓度引起的；在这种海藻中铜与褐藻多酚的结合可能不是一种重要的内部解毒机制。他们认为，在瘤状囊叶藻中，其他与多糖和（或）植物螯合物等金属结合的物质可能更重要。

除了对重金属的生理耐受外，藻类对金属的抗性很可能是由基因控制的。船体污损藻类扁浒苔（*Ulva compressa*）的铜耐受性，似乎是由基因决定的，因为子代也被发现具有非常好的耐铜性（Reed and Moffat，1983）。同样的，Nielsen 等（2003a）报道了齿缘墨角藻（*Fucus serratus*）子代对铜的耐受性，至少是部分遗传的；但这与 Correa 等（1996）的研究结果形成对比，其认为扁浒苔没有表现出可遗传的铜抗性。由于藻类可以对污染物产生抗性，因此，污染地区藻类的抑制性效应可能比来自对照地点藻类的数量级要高得多。例如，Marsden 和 DeWreede（2000）发现生活在酸性排水区的石莼属（*Ulva*）对高浓度的铜产生了抗性，但是这个机制没有得到阐明。在广泛的水生生物中对重金属的遗传适应可参考 Klerks 和 Weis（1987），Hall（2002）对高等植物的评述。

9.3.4 金属对藻类代谢的影响

对藻类金属毒性的顺序随藻类种类和实验条件而变化，但是通常的顺序由大到小依次为：汞、铜、镉、银、铅、锌（Gaur and Rai，2001）。尽管汞是毒性最强的金属，但铜毒性是最活跃的研究内容，其次是镉、锌和铅。目前很少有关于金属混合物的研究，以评估协同作用或拮抗作用，以及对金属毒性和环境因素之间的相互作用，如盐度、温度、光线、养分限制等因素的相互作用，但需要对这些环境中存在的现实组合进行更多的研究。

汞是毒性最强的金属，其与酶系统相互作用，并抑制其功能，尤其是具有活性的巯基（-SH）组的酶（Van Assche and Clijsters，1990）。汞对藻类的毒性作用通常包括：①极端情况下停止增长；②抑制光合作用；③叶绿素含量的减小；④细胞的通透性和细胞内钾离子的流失（Gaur and Rai，2001）。在早期的研究中，Hopkin 和 Kain（1978）研究了极北海带（*Saccharina hyperborea*，曾用名 *Laminaria hyperborea*）不同生活史阶段受到的影响，发现配子体的生长是最敏感的。一项关于汞对 5 个潮间带墨角藻目藻类长度影响的研究表明，暴露在 100~200 μg/L 汞浓度下 10 d 后生长率降低了 50%（Stromgren，1980b）。5 μg/L 对石莼（*Ulva lactuca*）生长率没有影响，50 μg/L 下生长率显著减小，500 μg/L 下死亡（Costa et al.，2011）。研究表明，石莼属（*Ulva*）对汞的吸收率快，使其成为植物修复理想的大型水生植物（见 10.9 节）。

铜是第二种毒性最强的金属，尽管其在低浓度下是重要的微量元素（图 9.4）。铜毒性依赖于离子活性（游离型 Cu^{2+} 离子的浓度），而不是铜的总浓度（Gledhill et al.，1997；1999）。在进行毒性实验时，铜的化学形式（形成）是一个非常重要的考虑因素，这个问题得到了 Gledhill 等（1997）很好的评价。然而，一些有机铜化合物（特别是脂溶性化合物）比铜离子的毒性更大（Stauber and Florence，1987），因为这些脂溶性复合体可以直接通过膜扩散。与在正常海水中观察到较弱的铜稳定常数相比较（Gledhill et al.，1997），许多海藻释放出的复合体的稳定常数在 10^6 ~ 10^{13}。这些分泌物（exudates）/配体（ligands）可能调控着海水中铜的形成，因此在一定范围的环境条件下，需要对大型藻类的分泌进行研究（Gledhill et al.，1997）。

铜的细胞效应很普遍。首先铜影响了质膜的渗透性，导致细胞失去 K^+ 和细胞体积的变化。在细胞中初始的铜结合可能是与膜蛋白中的羧基和氨基残留物，而不是巯基的基团，因为 Cu-藻类的稳定常数的数量级低于巯基和铜的结合常数。在细胞膜上，铜可能会影响细胞的渗透性或必需金属的结合。进入细胞质后，铜可以与-SH 酶（-SH enzyme）组和游离硫醇（thiols，例如谷胱甘肽 glutathione）反应，破坏酶的活性位点。铜可诱导巨藻属（*Lessonia*）和萱藻属（*Scytosiphon*）氧化应激的典型症状，产生 H_2O_2，超氧化物阴离子（superoxide anions），脂肪酶（lipoperoxides）以及抗氧化酶（antioxidant enzyme）的活性，后者包括过氧化氢酶（catalase），谷蛋白酸氧化酶（glutathione peroxidase），抗氧化酶（ascorbate peroxidase），脱氢酶（dehydroascorbate reductase）和谷胱甘肽还原酶（glutathione reductase）等（Pinto et al.，2003；Contreras et al.，2009；Bischof and Rautenberger，2012；

见 7.8 节）。最近报告了石莼属（*Ulva*）铜诱导基因的鉴定（Contreras-Porcia et al.，2011）。铜也可在亚细胞水平的细胞器中产生毒性，干扰线粒体电子传输、呼吸和 ATP 的生产。

铜易于通过阻断 $NADP^+$电子传送来抑制光合作用的关键细胞过程。随着离子浓度的增加，铜与质膜和其他细胞蛋白质结合在一起，导致叶绿素和其他色素的降解。在更高浓度的情况下，铜会对质体片层产生不可逆转的损害，阻止光合作用，最终导致死亡（Kupper et al.，2002）。墨角藻属（*Fucus*）控制纺锤轴排列和确保正确的细胞分裂的 DNA 复制检查点，可能是藻类生长过程中铜的主要目标。Nielsen 等（2005）的结论是铜对齿缘墨角藻（*Fucus serratus*）光合作用的抑制作用类似于光抑制的作用，因为高辐射会影响光系统Ⅱ反应中心并减小量子产率。Nielsen 和 Nielsen（2010）发现对铜毒性的敏感性并不依赖于光的适应，认为可能涉及非光化学的叶黄素类循环（xanthophyll cycle）淬灭调控。墨角藻属（*Fucus*）受精卵的实验，显示了铜对细胞外组分（也就是细胞膨大所需的）的分泌物具有非常强烈的抑制效果（Nielsen et al.，2003b）。在受精卵发育中极轴（polar axis）的确定受到了铜的抑制，铜破坏了钙的信号传导过程，因此发育受到了抑制。脉冲幅度调制（pulse amplitude fluorescence，PAM；见 5.7.1 节和 7.9 节）反映出与 PSⅡ、膜降解、光合电子传递效率之间的相互作用，其可以用来评估光合作用机制的损伤（Baumann et al.，2009），并发现金属浓度与荧光的关系具有藻类和金属的种类特异性。

早期极北海带（*Saccharina hyperborea*）的研究结果表明，铜的影响遵循了类似于汞的模式，因为配子体的生长比孢子体的生长更敏感，但铜的毒性则比汞毒性小（Hopkin and Kain，1978）。糖海带（*Saccharina latissimi*）孢子体的生长对铜（>10 μg/L）最敏感，依次是减数孢子的释放，配子体发育（–50 μg/L），减数孢子的附着和萌发（500 μg/L）（Chung and Brinkhuis，1986）。50 μg/L 的铜可导致糖海带孢子体的生长模式异常，假根类似突起（haptera-like protuberances），细胞巨大（giant cells），分枝模式异常。对梨形巨藻（*Macrocystis pyrifera*）生物检测结果表明，繁殖对锌的敏感性是游孢子萌发的 3 倍，但只有萌发管伸长（germ-tube elongation）敏感性的一半（Anderson and Hunt，1988）。金属可以通过干扰精子找到卵子的能力来抑制繁殖，信息素也可能参与这个过程（Maier and Muller，1986）。石莼属（*Ulva*）固着器的再生出现了不同的结果，并且盘状固着器的生长不如墨角藻卵敏感（Scalan and Wilkinson，1987）。研究了铜对波罗的海分布的墨角藻（*Fucus vesiculosus*）卵、受精、萌发、顶端毛丝（apical hair）的发育的影响；受到 2.5 μg/L 的铜影响，萌发是最敏感的阶段（Andersson and Kautsky，1996）。在添加游动精子（spermatozoids）之前，将卵暴露在 10 μg/L 铜中 30 min，则显著降低了受精率。Nielsen 等（2005）研究发现，对孢子和胚胎的假根伸长的抑制是生物测定中敏感的参数，可能会受到前期亲本海藻与铜接触的影响。在毒物学测试中，将铜用于孢子或受精卵附着后立刻取样或释放后约 1 h 内取样，假根伸长被认为是一个比萌发更敏感的参数（Anderson et al.，1990；Bidwell et al.，1998；Bond et al.，1999）。最近，Brown 和 Newman（2003）进行了一项非常必要的研究，比较了龙须菜属（*Gracilariopsis*）铜毒性的各种生理指标或参数，发现在浓度 12.5 μg/L 以下铜处理下，相对生长率是最敏感的（图 9.8）。250 μg/L 的铜（20 倍的生长速率抑制浓度），光合作用速率，叶绿素荧光（如光合作用效率 photosynthetic efficiency，F_v/F_m）和 O_2

都出现了损伤；甚至更高的铜浓度（500 μg/L）下出现了离子外渗（ion leakage），藻胆色素浓度降低，顶端生长受到抑制（图9.8）。

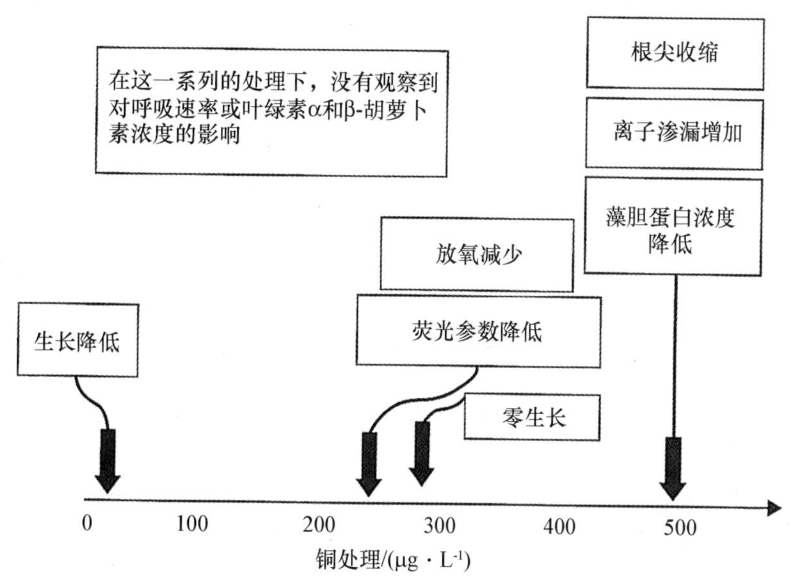

图9.8　铜浓度（0和500 μg/L）连续处理7 d对长龙须菜（*Gracilariopsis longissima*）生长和各种生理参数的比较效应（引自Brown and Newman，2003）

正常海域的铜浓度只比具有潜在毒性的浓度低一些。对于极北海带（*Saccharina hyperborea*）孢子体具有毒性的最低铜浓度，是典型海水浓度的3.3倍；远远低于汞的200倍和镉的2 000倍。如果沿海的铜浓度只增加一点点，就会对这个物种产生毒性。60~80 μg/L的铜就会对墨角藻类海藻的生长产生比汞更大的影响，并且比锌，铅，或镉的毒性更大（Stromgren，1980a，1980b）。随着盐度的降低，铜毒性则增加，红藻仙菜属的 *Ceramium tenuicorne* 表现出在盐度为7时，约3 μg/L的铜即可抑制其50%的生长；在盐度为20下，则大约11 μg/L的铜会抑制其50%生长（Eklund，2005）；孔石莼（*Ulva pertusa*）则被25~50 μg/L的铜抑制（Han et al.，2008）。Fielding和Russell（1976）研究结果表明，与单独培养不同，混合培养的物种出现了对铜的不同反应，这表明单独培养藻类的结果可能会出现误导，因为其忽略了可能存在的物种间相互作用。

与铜相比，镉污染发生的浓度比正常海水浓度高出几个数量级，0.1~5 μg/L（表9.1）。在上升流区发现高的镉浓度，比在大型藻类、浮游植物（phytoplankton）和双壳类动物（bivalves）中自然的镉浓度更高。镉是碳酸酐酶唯一已知的辅助因子，因此其有时也被认为是必需元素。高浓度镉是有毒的，而且与有机配体的配合很弱（Andrade et al.，2006）。镉对含巯基（sulfhydryl-）和含氧（oxygen-）基团的高亲和力导致了各种生物分子的基本功能基团的阻塞，尽管这种活动在很大程度上是未知的；镉可以抑制许多大量/微量营养素的摄取和运输，并导致营养缺乏（Kumar et al.，2010b，2012）。Markham等（1980）报道了关于石莼（*Ulva lactuca*）和糖海带（*Saccharina latissimi*）对镉的吸收，及其对生长、色素含量、碳同化的影响。2 000 μg/L（比污染最严重的地区多出几个数量级）的镉导致孢子体的生长速度降低50%。一般来说，RuBP羧化酶（RuBP carboxylase）、磷酸稀醇式丙酮酸羧激酶（PEP carboxykinase）、甘露醇磷酸脱氢酶（mannitol-phosphate dehydrogenase）的活性不会受到体外增加镉的影响（Kremer and Markham，1982）；镉可以抑制蛋白质合成中的一个或多个步骤，从而导致酶的缺乏和一系列的后续反应。Andrade 等（2010）发现在污染海域，海藻组织中的铜含量要高出 200 倍，但仍低于对照站位。在移植到一个受铜污染的海域后，巨藻属（*Lessonia*）组织中的铜在几个小时内得到增加，而组织中镉的减少则是发生在几个周的时间；因而提出，在生物监测应用中采用组织金属浓度时，必须考虑到金属之间的抗性关系。石莼（*Ulva lactuca*）中，0.4 mmol/L 的镉会导致生长速度和色素的增加，诱导氧化应激导致脂肪酶（lipoperoxidases）和 H_2O_2增加 2 倍，增强抗氧化酶（如超氧化物歧化酶 superoxide dismutase，抗坏血酸过氧化物酶 ascorbate peroxidase，谷胱甘肽还原酶 glutathione reductase，谷胱甘肽过氧化物酶 glutathione peroxidase），并且降低过氧化氢酶（catalase）（Kumar et al.，2010b）。

很少有对毒性较低的重金属的研究，如海藻中的铅和锌。锌与铜相似，当盐度降低时其毒性增强（Eklund，2005）。生长的显著放缓至发生在现实中不存在的高浓度（10 mg/L 的 $PbCl_2$）。尽管锌是一种很重要的微量金属，但其毒性却相对较低。在早期的研究中，Stromgren（1979）发现 5~10 g/L 的锌使 5 种潮间带的墨角藻目藻类的生长降低了 50%，相比之下，铜和汞毒性的浓度为锌浓度的 1%，而镉和铅产生毒性的浓度为锌浓度的 20%。

9.3.5 金属毒性影响因素

金属吸附在颗粒上或溶解的有机物上，通常会降低金属的毒性，减少游离离子的浓度。对铜的暴露导致了 4 种海藻快速释放有机配体，后者影响了铜的生物可利用性（bioavailability）、生物积累（bioaccumulation）、毒性和细胞内铜的运输（Andrade et al.，2010）。目前，根据与铜的结合强度可以将配体划分为两类（Gledhill et al.，1999）。巨藻属（*Lessonia*）藻类加入标准的铜，在几个小时内产生了大量的配体从而减小了毒性，因此，有人建议利用生物修复的方法将这种海藻重新引入受污染的海域，可能会利用其重新恢复其他对铜敏感的海藻和无脊椎动物（Andrade et al.，2010）。非正常的高浓度溶解有机物出现在污水排放区域，可能会降低这些区域的金属毒性。因为金属存在的形式难以描述，大多数早期的研究都测量了金属的总浓度，但这与毒性没有直接关系（Florence et al.，1984；Gledhill et al.，1997，1999）。这也许可以解释为什么在研究特定海藻中对同一种金属的总浓度的不同研究可能会得到完全不同的结果。pH 值和氧化还原电位都对金属毒性的有效性有相当大的影响（Guar and Rai，2001）。在 pH 值较低的情况下，金属通常作为自由的阳离子存在；但在碱性 pH 值的海水环境中，金属倾向于沉淀为不溶的氢化物、氧化物、碳酸盐或磷酸盐。

盐度和温度与毒性的相互作用并不总是清晰的（Munda and Hudnik，1988）。通常海水的金属浓度低于淡水。Munda（1984）发现了肠浒苔（*Ulva intestinalis*）和萱藻属海藻（*Scytosiphon simplicissimus*）可以通过降低盐度来提高锌、锰和铜的积累，这应在河口生物监测中予以考虑。这可能与表面电荷有关，因为浮游植物和海藻可能在低盐度的情况下带有负电荷。红藻仙菜属 *Ceramium tenuicorne* 中，盐度只对铜的毒性产生了极小的影响，与有机物质的浓度相比，后者显著降低了生物可利用性和铜的毒性（Ytreberg et al.，2011a and

2011b）。铜在 *Ceramium tenuicorne* 中的生物积累，结果表明，除了 Cu^{2+}，这种大型海藻还能产生相当大量的有机铜，细胞膜对 Cu^{2+}浓度是限制通透的。在某些情况下，温度升高会增加毒性，但在其他情况下也会降低毒性（Guar and Rai，2001）。较高温度下的毒性增加可以通过增加能量需求来解释，这将导致呼吸作用的增强。

金属之间可能存在协同或对立的相互作用，其他污染物也影响重金属的毒性作用。在一些研究中观察到金属的拮抗。例如，硒可以缓解汞中毒（Guar and Rai，2001）；在不同的微生物中，锰或铁可以减少铜的毒性（Stauber and Florence，1985；Munda and Hudnik，1986）。添加铜和锌，或者是汞和锌后，观察到其他金属（添加的锌）对瘤状囊叶藻（*Ascophyllum nodosum*）生长抑制的显著抗性效果（Strömgren，1980c）。然而，当两种高毒性金属（如铜和汞）同时添加时，一般来说毒性作用是叠加的。仅有几例金属之间的协同作用，如锰和钴对墨角藻（*Fucus vesiculosus*）生长的影响（Munda and Hudnik，1986）。

9.3.6　生态影响

考虑到温带地区普遍存在的高生物量，大量非沉积物金属可以与大型藻类相联系，其实质性的可缓冲这些元素。由于大部分大型藻类的生物量都进入了碎屑池（detrital pool），在沿海水域的微量金属循环中，大量海藻碎屑的分解可以起到很重要的作用。海藻碎屑的分解可能会浸出大量的金属，多酚类物质和溶解有机碳（如有机配体），可以与铜、铁和锌形成稳定的复合物。因此，海藻床的高生物量可能在调节近岸环境中重金属浓度方面起着重要的作用。由于褐藻的海藻酸盐等细胞壁成分的螯合特性，其可以进行金属的补充和恢复（Davis et al.，2003；Brinza et al.，2009）。

铜可以通过食草动物对大型藻类产生间接的影响。污染减少了马尾藻属（*Sargassum*）底栖动物的定殖。端足类动物（*Peramphithoe parmerong*）与对照组相比，在受污染的情况下，显示出对马尾藻属藻类的较低偏好和较低的摄食率（Roberts et al.，2006）。令人惊讶的是，两栖类动物的生长速度并没有减小。两栖动物可以在颗粒中储存和积累多余的铜，使其无毒并逐渐排出。在污染严重的地区可以找到生物放大作用的例子，研究发现，在镉、锌和铅含量很高的沿岸水域中，镉和锌都是在食物链中积累的。表 9.3 显示在墨角藻属（*Fucus*）藻类（初级生产力）中含量处于相对较低的水平，而在食草动物的帽贝生物（*Patella*）中含量较高，最高浓度则为肉食性的海螺（*Thais*），后者随着营养水平的增加污染物也会增加。

表 9.3　埃文河口附近的塞文河口到布里斯托尔海峡的海水、海藻和沿岸动物中的镉含量（引自 Butterworth et al.，1972）

地点	到埃文河口距离 /km	海水浓度 /（$\mu g \cdot L^{-1}$）	墨角藻属（*Fucus*） /（$mg \cdot kg^{-1}$）	帽贝生物（*Patella*） /（$mg \cdot kg^{-1}$）	海螺（*Thais*） /（$mg \cdot kg^{-1}$）
Portishead	4	5.8	220	550	无报道
Brean	25	2.0	50	200	425
Minehead	60	1.0	20	50	270
Lynmouth	80	0.5	30	50	65

还有人因为海藻能有效地积累金属而对健康担忧，特别是由于各种健康原因而导致的商业海藻消费的增加。自 2004 年，英国食品标准局发布了一份反对食用羊栖菜属（*Hijikia*）海藻的咨询报告。之后，Nakajima 等（2006）发现羊栖菜（*Hijikia fusiformis*）作为食物的摄入，在尿液中含有大约 100 μg 不同形式的砷，所含的浓度等同于砷中毒的浓度。中毒的症状是头痛、嗜睡、肌肉痉挛、腹泻、呕吐，严重的致昏迷和死亡。砷是丙酮酸脱氢酶（pyruvate dehydrogenase）复合体重要组成部分，该酶将丙酮酸氧化为乙酰辅酶 a（acetyl-CoA）。Besada 等（2009）在许多商业化利用的可食用海藻中测试重金属，发现大多数羊栖菜样本都有高含量的镉和砷，并指出了限制用量；一些紫菜也含有高量的锌和铜。海藻也被作为农作物肥料，因此来自高度污染海域的海藻增加了农作物中高金属含量的风险。

9.4 石油

1967 年英国石油公司在托里峡谷（Torrey Canyon）发生了石油泄漏事故，20 世纪 70 年代，一系列其他的石油泄露事件引起了人们对海洋环境污染的关注。当前，这是一个与油轮运营投入、近海石油钻探大幅增加相结合的持续发展的问题。在过去的 50 a 里有 40 多个相对较大的石油泄漏事件，其中有 25 个发生在 1970—1985 年的 15 a 间（Clark，2001）。在 1978 年，*Amoco Cadiz* 石油泄漏（223 000 t）是法国北部海岸最大的，也是最值得研究的油轮泄漏事故之一。蒸发（30%）和搁浅在岸上（30%）的原油共占原油泄漏总量的 60%。3 a 后，大部分明显的污染后果消失了，但是在最初被大量石油污染的河口和沼泽中，仍然存在高浓度的碳氢化合物（Gundlach et al.，1983）。其他研究过的石油泄漏事件还有英国托雷峡谷（Hawkins and Southurard，1992），阿拉斯加的“埃克森瓦尔德斯”油轮（Preston，2001），西班牙北部的普雷斯蒂奇（Penela-Arenaz，2009）。墨西哥湾深水地平线钻井泄漏事件再次引发了人们对石油泄漏的担忧（Camilli et al.，2010）。在以下几节中，将讨论石油的构成、生命周期、毒性和生态效应。

全球石油需求稳步上升，石油约占世界能源产量的 40%，而 50% 的石油用于交通运输行业。报纸头条报道的油轮事故和油井喷油事故，只占总版面的一小部分（3%），但其在当地可能是毁灭性的。油碳氢化合物的一半来自与运输相关的活动，工业和城市废油排放及油轮的日常运行（特别是中东航线）（Preston，1988；Clark，2001）。1983 年，国际防止船舶污染公约（被称为 MAR-POL）在国际共同约定，所有新的原油油轮都有独立的压载舱和原油洗舱系统。这些要求排除了油轮卸油后的残余油量，这些油轮在卸完油后，抽入水作为压舱水。最主要的石油输入发生在沿海地区，这通常是最具生物生产力的海域。随着卫星遥感技术的应用，石油泄漏监测现在已经相对常规化（Brekke and Solberg，2005）。石油污染研究在 70 年代和 80 年代非常活跃，因此这一节包括了在此期间许多重要的早期报道。

石油或原油是一种极其复杂的碳氢化合物混合物，含有一些额外的化合物，包括氧、硫、氮和金属，如镍、钒、铁和铜（Preston，1988）。油的成分因不同油田而异，在同一个油田的生命周期中也可能会有所不同。产品产地（例如尼日利亚或科威特原油），使用气相色谱法，可以对原油独特的特性（“指纹”）进行测定，轻油（light oil）含有低硫（sulfur)、焦油（tars）和蜡（waxes），而重油（heavy oil）则含有大量的蜡和焦油。

分子排列包括直链（straight chain）、支链（branched chain）或环链（cyclic chain），包括芳香族化合物（aromatic compound）和苯环（benzene ring），其被分为三大类。

（1）烷烃（图 9.9 a~c；饱和；单健；直链或支链），一般由 C_nH_{2n+2}组成，占石油碳氢化合物含量的 60%~90%。甲烷是最简单的碳氢化合物。只有饱和化学键才会使其难以降解。分子的分支越多（例如异丁烷），生物降解的难度越大。低分子量（$>C_6$）烷烃一般为气体（例如甲烷、丙烷、丁烷），高分子量烷烃（$>C_{18}$）为固体（例如蜡、石蜡）。碳原子的数量越少，挥发性越高，溶于水的化合物越多。烷烃相对无毒。

（2）环烷或环烷烃（图 9.9 d~f），与烷烃很相似，除了部分或全部的碳原子排列在环上。它们是毒性作用的中间产物。这些化合物一般的分子式为 C_nH_{2n}，约占原油的 50%，最普遍的是环戊烷和环已烷。通常，烷基（例如，$-CH_3$）是环烷烃环被取代并形成甲基环已烷（methylcyclohexane）类似的化合物。多环烷酸（polycyclic naphthene）很难被微生物降解。

（3）芳烃（图 9.9 g~i）包含一个或多个苯环，其名称来自于这些化合物的芳香气味。其通常在原油中被发现，或者在精炼过程中产生；包括苯、甲苯、萘和酚。芳烃通常占原油总量的 20%以下，但是其毒性非常大，多环芳烃（polycyclic aromatics，PCBs）是强致癌物质。芳烃是不稳定和容易降解的，具有双键或三键的不饱和链化合物，但是没有在苯环中发现的规律，例如乙烯和乙炔在精炼过程中产生。

石油污染涉及精炼石油产品和天然原油。炼油技术利用了碳氢化合物的沸点随着分子大小的增加而增加的特性。因此，通过分馏过程，可以将原油分为不同的精炼产品。精炼产品（汽油、苯等）含有较高比例的低分子量产品，毒性与分子大小呈正相关。

9.4.1　海洋中石油的生命周期

当石油进入到环境中就会因风化而发生变化，包括蒸发、溶解、乳化、分散、光氧化（photo-oxidation）和生物降解（biodegradation）。石油的生命周期将取决于泄漏的类型和泄漏的地方，许多精炼石油产品也被泄露，包括汽油、煤油、燃料油和润滑油。控制原油生命周期的主要是物理、化学和生物过程，图 9.10 和表 9.4 描述了海洋石油的风化过程。

大多数原油泄漏会立即形成一层薄薄的表面浮油（薄如 0.1 μm），并且轻油比重油传播得快。速度大约是风速的 3%，和一个表面漂移的物体差不多（Preston，1988）。已知的膜厚度，再加上对浮油面积的估计，将会估算出涉及的石油总量。有趣的是，水中石油的色彩光泽显示出只有 0.3 μm 的膜厚度。这个厚度，相当于 350 L 的石油覆盖到 1 km^2 的面积（Preston，1988）。

许多碳氢化合物是挥发性的，并开始迅速蒸发。24 h 后，C_{14}化合物中有一半已经蒸发，但是比 C_{17}短的碳氢化合物则需要 3 周的时间才能蒸发一半（图 9.11）。在接下来的几周内，蒸发会缓慢地进行，这是将石油从水面上移除最重要的自然因素。从最初的泄漏到形成焦油状的块状物和其他抵抗性产品的过程被称为风化。汽油和煤油等精炼产品可能几乎完全消失，而黏性原油则可能因蒸发而减少 25%（图 9.11）。

当海面被风刮得很粗糙时，油可以吸收高达 50%重量的水并形成棕色的聚合物，称为

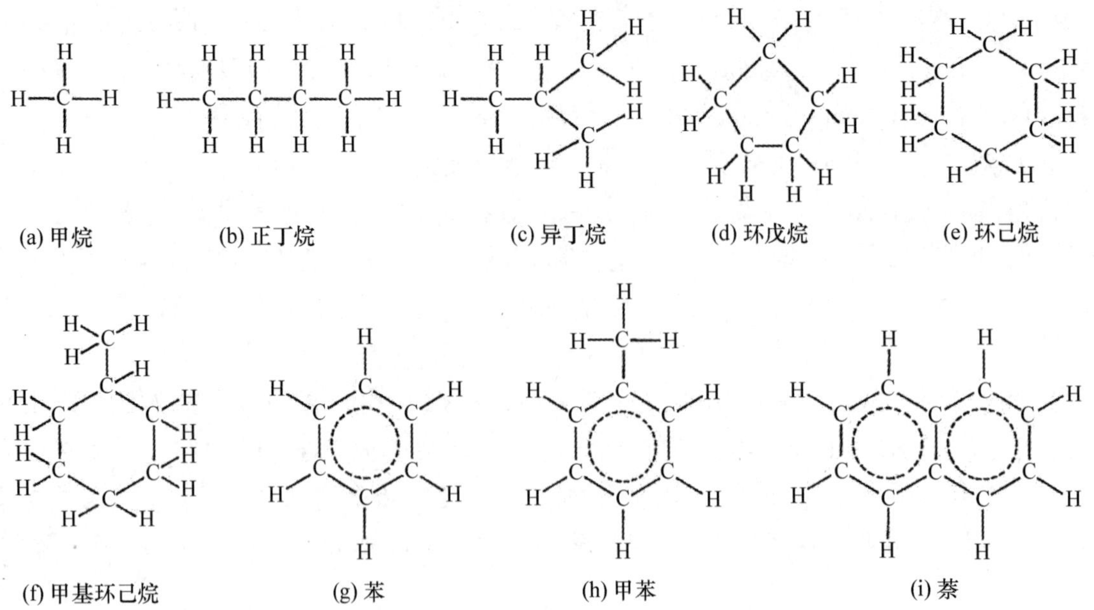

图 9.9　3 组来自原油的碳氢化合物

注：（a~c）烷烃，（d~f）环烷烃或环烷；（g~i）芳族化合物。

“巧克力慕斯”（Laws，2000）。特别是在添加化学品（分散剂）的影响下，还可形成水-油乳剂、油-水乳剂（分散）的形式。虽然乳化和分散会给人造成一种印象，那就是石油已经从表面上消失了，但其实际上仍然以微小的液滴形式存在，其仍然具有潜在的毒性作用。然而，这种分散状态的毒性被降低了，因为较轻的分子量（例如芳烃）短链分子的蒸发速度更快。在较长的时间尺度，光化学氧化可能有助于石油的风化。通过氧气和太阳辐射的作用，在浮油中含氧化合物的比例将会增加。例如，芳香化合物和烷基取代环烷烃更容易被氧化，形成可溶的化合物和不溶性的焦油。

表 9.4　不同时间尺度上原油生命周期的各种途径贡献率（引自 butler et al.，1976）

途径	时间/d	最初的百分比/%
蒸发 Evaporation	1~10	25
溶解 Solution	1~10	5
光化学降解 Photochemical degradation	10~100	5
生物降解 Biodegradation	50~500	30
分解和沉降 Disintegration and sinking	100~1 000	15
残留 Residue	>100	20
总量		100

微生物的降解只有在表面的油老化并失去一些高度挥发性，有毒成分蒸发的时候才开始发生。至少有 90 种海洋细菌和真菌以及一些藻类能够生物降解石油的某些成分。油分解细菌在石油泄漏后缓慢增加，其生长可能受到营养物质的限制。因此，应该添加氮或磷来加速退化。

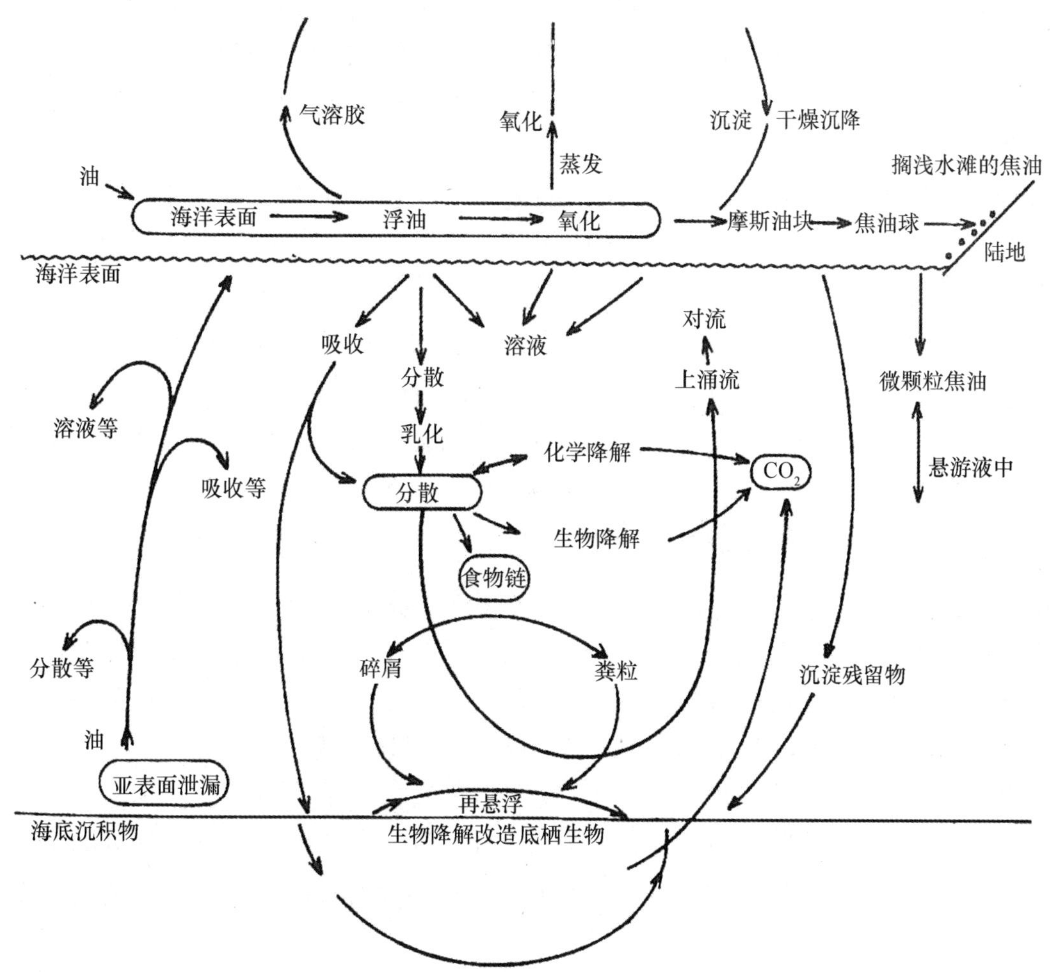

图 9.10　海面浮油的风化作用（引自 Preston，1988）

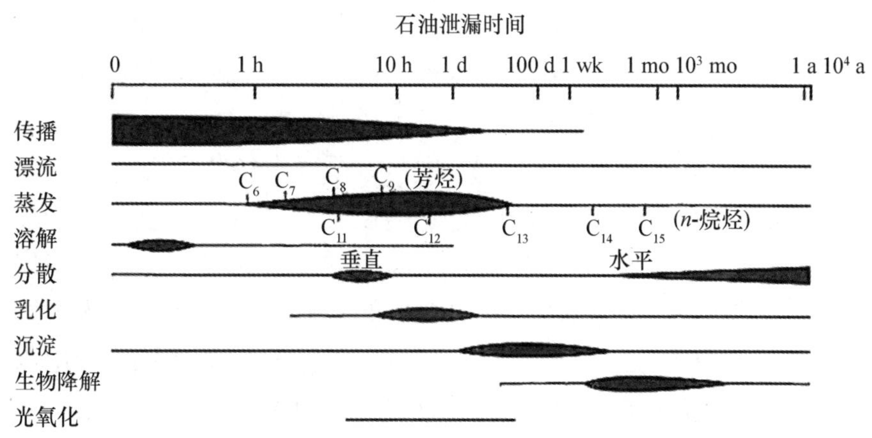

图 9.11　影响石油泄漏的各种因素的时间进程（非线性时间尺度；仿自 Libes，1992）

石油降解菌在石油泄漏后缓慢增加，其生长可能受到营养物质的限制。因此，应该添加氮和（或）磷来加速石油的降解（Young-Sook et al.，2001）。此外，许多重大的石油泄漏事件发生在冬季的温带水域，这个季节的低温将限制细菌的生长速度。无毒的分散剂会极大地增加原油的表面积，从而提高生物降解能力（King，1984）。正常情况下，烷烃是最容易被降解的，而芳烃、环烷烃和支链烷烃则更困难（Preston，1988）。石油微生物降解的进一步信息可参阅 Gundlach 等（1983）和 Preston（1988）的报道。

如果石油泄漏发生在海岸附近，在适当的风向下，就会发生泄漏石油的搁浅。这种油可以附着在岩石、植物和动物上，但是，冬季大浪可能足以将一些石油从岩石中移除。如果使用分散剂，石油可能会被分解到沉积物中。因为在砂粒间的水中缺少氧气，因此石油渗透到空隙间会导致降解速率非常缓慢。因此，石油可能会在沉积物中存留数年的时间。

风化的最后阶段是焦油块的形成和下沉。油可能吸附在粒子或沉积层中，或被可能被滤食浮游生物所消耗并形成粪便。风化油可能形成块状物（通常是豌豆大小），并可以通过底栖动物（如鹅颈藤壶）被合并，变得足够大，再一次形成块状下沉到沉积层（图 9.10）。

9.4.2 石油对藻类代谢、生命周期和群落的影响

生物分析研究揭示了可变的影响，取决于所测试的油和成分的物理与化学性质（例如全油对比精炼产品）、被测量的参数，以及使用的测试物种。尤其是在长期实验中，与解释许多生物分析实验相关的其他方面的问题是，缺乏关于石油提取物制备方法的细节，这种提取物在应用前的年代时间是多少（由此挥发物中有多少是丢失的），碳氢化合物总的或特异性损失。由于这些原因，很多研究人员选择使用石油的单个组成成分，其成分至少被理解和可测量，然后他们试图推断出最初的石油特征。石油对海藻的影响，从最初的组织外部的包埋（涂层）开始，下面讨论了渗透、影响代谢速率，对酶的影响，有性繁殖的干扰，以及群落的变化。

由于组织外部的包埋（涂层）物分子量较高，与原油相关的不溶于水的碳氢化合物可以减少 CO_2扩散和渗透到海藻中。光合速率的减少通常与油层的厚度有关，在接触空气的过程中，油可以减少叶片的干燥，允许光合作用比正常时间长，但是光合速率下降了。这种机制的损失主要与高分子量、不溶于水的碳氢化合物有关（Nelson-Smith，1972）。

石油的渗透将依赖于石油对藻类组织的覆盖。褐藻被认为在很大程度上受其的黏质层保护。在一场油井爆裂后，圣芭芭拉的海藻床（巨囊藻属 *Macrocystis*）被认为得到了这种“保护”。然而，一些分散剂可能会破坏这种保护的黏液层。最容易渗透到组织的化合物，也是最具毒性的，低分子量亲脂性化合物，例如芳香族化合物，可能被整合到构成细胞膜的脂肪层中（Nelson-Smith，1972）。毒性最小的成分和最不溶于水的成分是长链烷烃。环烷烃与长链烷烃是毒性的中间产物，芳香化合物和其他有毒的碳氢化合物通过进入细胞膜的脂层来发挥其毒性作用，破坏细胞膜的分子间距，因此，膜不再能够正确地控制进出细胞的过程。

细胞代谢的破坏通常是通过光合作用或呼吸和生长速率的变化来测量的。光合速率的降低随原油类型、有机物浓度、接触时间、油-海水混合物的制备方法、辐照强度和藻类物种的不同而不同。光合抑制发生在 7×10^{-6}的原油条件下，特别是在高辐照度情况下。由于苯和萘酚等挥发性芳香化合物的毒性，原油提取物抑制了光合作用。由于很难将其毒性效应与包埋（窒息）的纯机械效应分离，并减少海藻实际对光的利用，因此很少研究光合抑制的实际机制。红藻中常见的漂白现象是煤油相关化合物导致的藻红蛋白分解引起的。脂溶性色

素，如叶绿素，可通过油从细胞中提取（O’Brien and Dixon，1976）。关于油污染对藻类呼吸作用的影响，只有少数几例研究。极北海带（*Saccharina hyperborea*）的呼吸速率立刻被苯酚所抑制（Hopkin and Kain，1978）。油可能会影响呼吸作用的很多过程，例如气体扩散、糖酵解和氧化磷酸化。与二氧化碳相比，氧气在气体扩散的机械堵塞方面被认为不那么明显。

酶和结构蛋白可能会受到芳香化合物的影响。谷胱甘肽转移酶（Glutathione Stransferase，GST）属于一种酶家族，通过催化污染物与谷胱甘肽的结合来促进解毒过程，其也参与了细胞中活性氧的解毒。在几个墨角藻属未定种（*Fucus* sp.）中谷胱甘肽转移酶的活动，被作为调查石油污染的潜在环境生物标记（Cairrão et al.，2004）。在藻类接触高浓度的原油后，已经发现了对 DNA 和 RNA 活动的抑制（Stepanyan and Voskoboinikov，2006）。与乳化的油-海水混合物（$100\times10^{-6}\sim10\ 000\times10^{-6}$）的接触 24 h，导致了红藻暗色多管藻（*Polysiphonia opaca*）中 DNA 减少。考虑到核酸对于复制和蛋白质合成的重要基础，这一早期研究为了解不同物种对石油损害的抗性机制提供了开创性工作。

生长率整合了许多细胞过程。在挪威的一项研究中，位于 50 m^3 的盆地礁石海岸的藻类藻群，连续 2 a 接触柴油（Bokn，1987）。在 130 g/L 的柴油浓度下，瘤状囊叶藻（*Ascophyllum nodosum*）和掌状海带（*Laminaria digitata*）的纵向生长显著降低，2 a 期间减少了约 50%。在较低的柴油浓度（30 g/L）中，有周期性的生长抑制，但总长度没有减小。在连续 2 a 的石油开采后，海藻在之后没有油的生长季节中得到了完全恢复。

石油可能会干扰有性繁殖。几种雌雄异体的褐藻，包括水云属（*Ectocarpus*）和墨角藻属（*Fucus*），将烯烃类碳氢化合物作为精子的性诱导物质。Derenbach 和 Gereck（1980）发现，石油烃类化合物可能会引起墨角藻属精子对诱导物质齿缘墨角藻烯（fucoserratene）的识别混乱。他们发现石油碳氢化合物的组合（而不是单一化合物）会吸引精子，但其浓度是齿缘墨角藻烯的 100 倍。在无刺墨角藻（*Fucus edentatus*）和糖海带（*Saccharina latissimi*）生殖阶段，对石油特别敏感，特别是在配子或孢子释放的过程中（Steele and Hanisak，1979）。在高浓度的油中，多糖的分泌明显减少，孢子的黏附性受到抑制（Coelho et al.，2000）。原油或几种燃料油的浓度低至 2 μg/L 即可阻止墨角藻属的受精，显然是因为对精子产生了毒性作用。糖藻属（*Saccharina*，之前称为海带属 *Laminaria*）的孢子在浓度为 20 μg/L 的原油中不能萌发。雄性配子体对油比雌性配子体更为敏感。因为，在墨角藻属和糖藻属中，雄性配子体比雌性配子体个体小，因此有更高的面积体积比，拥有更少的存储物质，以及更快的代谢速度以创造更大的能源需求。

9.4.3　生态影响

在实验室里，与复杂和广泛变化的群落效应相比，上面所述的油产生的细胞学效应更容易量化和与复杂情况的对比，而在这些情况在现场的群落效应则差异很大。环境现场的变化是由于石油类型、泄漏量、水温、天气状况、之前暴露在油区、其他污染物的存在，以及补救措施方式（如使用分散剂）类型等因素造成的。

如果泄漏发生在海滩附近，并迅速冲上岸，其影响将是全面的。如果石油在几天内没有到达海岸，就会产生最小的影响，这期间会有很多有毒的挥发性化合物被蒸发掉。在这一节中，我们将讨论如何评估原油泄漏的严重程度，以及如何使用分散剂处理的清理过程。

自20世纪60年代初，人们已经尝试了使用各种方法来量化世界上不同地区的大型石油泄漏对各种动植物的影响。这些研究得出的结论各有不同，从最小的影响到严重的损害。根据所研究的生态系统和群落或种群的观察，评估结果有所不同。Gundlach 和 Hayes（1978）根据生态系统的脆弱性，建立了一个“石油泄漏指数（oil spill index）”，根据不同的生态系统脆弱性对不同的生态系统进行排名。岩石裸露的悬崖是最脆弱的，而盐沼、红树林和珊瑚礁则是极其脆弱的（Loya and Rinkevich，1980；Sanders et al.，1980）（表9.5）。因为石油是轻的，其会影响表层生物，但在恶劣天气情况下，一些石油也会下沉。群落也有排名，鸟类和底栖生物群落最脆弱，而浮游生物和底栖岩潮间的群落仅属于轻微脆弱。随着珊瑚的死亡，在死珊瑚的骨架上藻类快速“移植”，可能会因石油污染而增强。

石油的影响很大程度上取决于泄漏后的时间长短以及与海岸的距离。在这种情况下，在石油到达海岸之前，风化过程有时间清除更多挥发性的有毒成分，即使是大量的石油沉积在潮间植物群中，其影响在很大程度上也是物理上的，多数是因油的窒息和吸附而造成的损伤。生长在小潮和春季满潮之间的物种，尤其是那些在春季高潮位附近的海藻，石油可能长期被滞留在那里，受油膜的影响最严重。许多红藻纲（Rhodophyceae）和褐藻纲（Rhodophyceae）高潮间带物种，当其表面变得干燥时，就转变成为亲油性（O’Brien and Dixon，1976）。这种强大的吸附能力可以使藻类通过吸附油和被波浪破坏而严重地超负荷。对于每年通过基部生长的海藻来说，远端叶片的损失可能不会比冬季风暴造成的损失更小（Nelson-Smith，1972）。然而，在生长季节失去了太多进行光合作用的叶片，当储存的代谢产物减少时，可能会减弱海藻的再生能力（O’Brien and Dixon 1976）。

从分类学和潮间藻类对石油耐受性之间的关系中，不存在明显的模式。有几项研究表明，蓝细菌纲（Cyanophyceae）对石油具有特别的耐受性（O’Brien and Dixon，1976）。特别是绿藻纲（Chlorophyceae）物种，具有一种非凡的能力，可以入侵到其他物种已经被消灭的地区。绿藻的传播通常是由于食草动物的死亡，并且比其他海藻更容易受到石油损害。早期的观察表明，丝状红藻（filamentous red algae）和珊瑚（coralline）最容易受油和油乳化剂的影响。可能是由于对藻红蛋白的破坏（Nelson-Smith，1972），但是这个结论需要进一步的确认。

石油的生态影响随海藻的栖息地而变化。在基岩海岸可能会有轻微的短期影响，但对大型藻类群落没有显著的长期影响（Nelson，1982；Gundlach et al.，1983）。1989年“埃克森瓦尔德斯”油轮漏油事件之后，成熟的墨角藻属（*Fucus*）藻类被石油覆盖，但似乎并没有因为石油而死亡（Driskell，2001）。然而，最大的死亡率来自于使用高压热水清洗岩石上的浮油来试图减轻原油泄漏对鸟类和哺乳动物的负面影响（Preston，2001）。这是一个公开可见的清理过程，但其导致加氏墨角藻（*Fucus gardneri*）以及植食性的帽贝、荔枝螺、贻贝和藤壶的幼体约90%的死亡（Stekoll and Deysher，2000；Preston，2001），因此，之后无法通过墨角藻属来补充帽贝等植食性动物。由于繁殖体从成体的分散范围小于1 m，所以墨角藻属的恢复是缓慢的。有人发现，在漏油事件发生后不久，墨角藻属群落补充的数量迅速增加并达到了正常水平，漏油事件约5 a后恢复到接近正常的丰度；但在墨角藻属群落的大小、结构和动态维持的持续性方面，则在 1996 年（漏油事件发生 7 a 后）之前也没有完全恢复，因为群落数量仍然存在相当大的振幅（Driskell et al.，2001）。

海岸环境的墨角藻属（*Fucus*）的恢复较为缓慢，因为新个体对干燥环境非常敏感，特别是在没有大型个体荫蔽保护的情况下（见 4.1 节）。油的其他影响包括藤壶和绿藻对海岸带高潮线区域生态位的侵占。墨角藻属传播到海拔较低的海岸，并阻碍了红藻群落的恢复。海囊藻属（*Nereocystis*）、孔叶藻属（*Agarum*）和糖藻属（*Saccharina*）这些优势巨型藻类的分布，在 1990 年出现了大量的新生个体，这意味着 1989 年出现了大量老龄个体的死亡（Preston，2001）。

石油泄漏的恢复是多变的。在石油泄漏后用清洁剂清理的岩石潮间带已经显示出与对照区相差无几的藻类移植速率。1967 年托里峡谷泄漏事件后，在康沃尔海岸首个重新开始恢复的大型藻类是石莼属未知种（*Ulva* sp.）（Hawkins and Southward，1992）。由于植食性动物（例如帽贝，玉黍螺）被石油杀灭，石莼很快就覆盖了整个地区。掌状海带（*Laminaria digitata*）和长海条藻（*Himanthalia elongata*）分布的上限，在最初的几年中最高为 200 m。在 7 a 内海藻的分布已经恢复到正常水平（Gerlach，1982）。类似的观察也在英格兰的萨默赛特海岸进行，没有发生石油黏附的螺旋墨角藻（*Fucus spiralis*），在漏油事件后，这种海藻的覆盖率从 50%上升到 100%（Crothers，1983）。没有发现“阿莫科·卡迪兹”漏油事件对糖藻属（*Saccharina*）、墨角藻属（*Fucus*）、囊叶藻属（*Ascophyllum*）的显著影响（Gundlach et al.，1983）。一些对珊瑚的损害，如褪色，似乎部分或全部是由于分散剂和其有毒的芳香族溶剂造成的。一些无毒的分散剂（如 Corexit）是可用的，因此，分散剂的毒性作用不再是一个问题。

有两种类型的分散剂经常在清理过程中使用（Preston，1988）。碳氢化合物或传统的分散剂是基于碳氢化合物的溶剂，含有约 20%的表面活性剂，必须预先稀释并与海水混合。因为即使是大范围或者中等大小的处理，使用的体积也需要较大，这些化学物质更适合于小型船只的应用。第二类，浓缩或自混合的分散剂是含有乙醇或乙二醇类物质，通常含有较高浓度的表面活性剂成分。典型的剂量率（分散剂：石油）在 1：5 和 1：30 之间，这使得其更适合于空中喷洒。通常海洋的自然运动足以将这些分散剂混合在一起，因此，对于大型的石油泄漏来说，后者更为实用。在“摩斯（mousse，油水混合物）”形成之前尽快应用这两类分散剂对于获得最好的处理效果是至关重要的。不过，这将会使那些通常会蒸发掉的挥发性和有毒成分更容易被吸收。像汽油这样的轻燃料油是通过蒸发去除的，而重油和“摩斯（mousse，油水混合物）”不能被驱散。更多关于石油清理和生物修复的信息见 Laws（2000）的报道。

分散剂可能和石油一样是有毒的。通过对褐藻叶孢藻（*Phyllospora comosa*）的萌发抑制，对以上 2 类的 4 种分散剂，以及柴油和原油的混合效果进行了评估（Burridge and Shir，1995）。当加入 4 种分散剂时，增加了对柴油水溶性比例的抑制（EC_{50}从 6 800 μL/L 下降到 400 μL/L）。Corexit 9500 处理组出现了最大的萌发抑制，而 Corexit 8667 是毒性最小的，可能是因为其在水中不溶，毒性可能会因其他增加毒性的因素而增强。与之相反，对于原油，添加分散剂则提高了萌发率（EC_{50}从 130 μL/L 提高至约 3 000 μL/L）。但是，最好是不要使用分散剂。在不使用分散剂来进行油污清理的情况下，海藻通常受到的影响较小。在 1971 年的旧金山海湾石油泄漏事件中（由两艘载有燃油的油轮相撞造成的），在 2 a 内，海藻的密度得到了恢复。

总之，确定石油泄漏对油田的影响是具有挑战性的（Crowe et al.，2000）。通常情况下，在漏油事件发生前，往往缺乏该地点的数据。这是由于在选择邻近的对照地点存在着更为复杂的生物群落和物理/化学环境方面的矛盾。从石油的实际影响中达到实际清理油污（可能使用有毒的分散剂或高压热水）的效果通常是很难的。经常在面临着追求清洁过程的公众压力，这是很明显的。很难说服监管机构将一些未处理的领域作为对照，与清理石油的区域进行比较。在石油泄漏的开始阶段，资源往往被过度使用，但是其随着对公共利益影响的减轻而减少，对长期恢复研究的资助也是如此。不幸的是，大多数石油泄漏错过了科学设计清理实验的机会，这些实验将确定哪些清理过程产生了最好的结果，然后对其进行改进以供未来的应用（Paine et al.，1996；Crowe et al.，2000）。大型的中型生态实验系统研究可能有助于简化在实际工作中遇到的挑战。例如，Bokn 等（1993）使用大型的室外罐来确定低剂量的柴油在 2 a 内如何影响群落。虽然实验室研究有助于确定不同浓度的特定化合物对特定大型藻类的影响，但真正昂贵的是需要对现场污染进行长期投资（10 a），以记录漏油的恢复情况。

表 9.5 各种海洋生物栖息地石油泄漏的清理建议和预期影响（引自 Gerlach，1982）

裸露的岩石峭壁	在高能量波浪的情况下，通常不必要清理油污
暴露的岩石平台	波浪作用通常在几周内可导致石油的快速消散，在大多数情况下，不必要清理
平坦的细沙海滩	由于沉积物的紧密堆积，油渗透受到限制，油通常形成一层薄薄的表层，可以有效地被刮除
	清理工作应该集中在高潮线上；较低的海滩可通过波浪作用迅速清除油污
中或粗粒砂的海滩	油形成厚的油沙层，并与沉积物混合，可达到 1 m 深，清理污染的海滩应该集中在较高潮位的区域
暴露的滩涂	油不能穿透致密的沉积物表面，但会造成生物学的损害，只有在石油污染严重的情况下，才有必要进行清理工作
砂和砾石混合海滩	石油迅速渗透和埋藏，石油持续存在并具有长期影响
砾石海滩	石油渗入地下，深埋地下，清除油污的砾石可能会导致海滩未来被侵蚀
岩石海岸	由于缺乏波浪作用，油可以粘在岩石表面和潮间带水坑中，会产生严重的生物损伤，清理油污可能会造成比不处理石油更大的损害
掩蔽（潮汐）海滩	发生长期的生物损伤，在不造成进一步损害的情况下，清除石油几乎是不可能的，只有在潮滩受到严重的油污染情况下，才有必要进行清理工作
盐沼和红树林	发生长期的有害影响，石油可能会继续存在 10 a 甚至更长时间

9.5　合成有机物

农药按照预定的有害目标分类（例如除草剂、杀虫剂、杀菌剂）。它们被广泛用于农业、林业和人类健康活动。其通过集水盆地、地下水、河流和大气沉积的途径进入海洋和海岸环境。具有长期滞留时间的沿海潟湖可能具有最高的浓度，特别是在周围地区有密集的农业活动的情况下。尽管在一些沿海地区，农药含量很容易被检测到，但只有少量的室内和野外研究已经检验了杀虫剂的效果，特别是与其他胁迫条件下对大型藻类的协同效应情况。由于除草剂和杀虫剂在淡水中比在海洋生态系统中更严重，所以这里没有涉及，尽管人们也对大堡礁的除草剂问题感到担忧（Lewis et al.，2009）。同样的情况，因为多氯联苯（polychlorinated）正在被淘汰，而在这里没有进行探讨。

防污化合物对海洋生物有明显的影响。据估计，每年因水下建筑工程而造成影响海洋生物污染或沉降，以及生长的成本为300万美元（Myers et al.，2006）。三丁基锡（Tributyl tin，TBT）是在20世纪60年代中期引入的，直到最近其仍是最广泛使用的防污剂。国际海事组织（International Maritime Organization's，IMO）提出2008年禁止在防污漆中使用有机生物剂（Antizar-Ladislao，2008）。这一禁令刺激了新型防污漆的开发，其中包括了诸如敌草隆（diuron）、代森锌（zineb）、吡啶硫酮锌（zinc pyrithione）等“增强生物农药”（Myers et al.，2006）。然而，这些增强生物农药（booster biocides）的环境效应仍然鲜为人知。

海洋油漆的防污性能是基于诸如铜等有毒物质的缓慢泄漏而产生的。叔丁氨基（irgarol）和丁基锡（tributyl），其阻止了油漆表面生物的生长和附着。自1970年以来，有机分子，特别是三苯锡基（TPT）和三丁基锡（TBT），已被广泛应用于船舶船壳和水产养殖设备的防污漆中（Almeida et al.，2007）。TBT非常持久，降解速度很慢。即使TBT已经被禁止在游艇使用超过20年了，在港口的沉积物中仍然存在着高浓度TBT，特别是在造船厂附近（Eklund，2008）。对非目标生物的影响比之前预期的水平要低，在码头附近采集牡蛎数量的异常、生长减缓和新成员补充量减少TBT问题最早发现的现象。随后，对一些海洋和河口物种的影响也已得到了证实（Langston，1990；Antizar-Ladislao，2008）。尽管高浓度的TBT和TPT对石莼属（*Ulva*）不利，但其对水云属（*Ectocarpus*）方面的影响较弱，并通常在影响大型藻类之前，会形成对由细菌，底栖硅藻和一些绿藻构成的微生物膜的微量污染（Millner and Evans，1981）。

TBT会影响到大型藻类的全部生命阶段。仙菜属海藻 *Ceramium tenuicorne* 的 EC_{50} 为0.49 μg/L的TBT（Karlsson et al.，2006）。与肠浒苔（*Ulva intestinalis*）相比，丝藻属（*Ulothrix*）游动孢子和生长组织的光合作用对三苯基锡不敏感（Millner and Evans，1980）。还有一些问题需要回答，例如，为何丝藻属比石莼属（*Ulva*）具有有机锡的抗性，尽管丝藻属能够更快地吸收有机锡？河口（特别是码头区域）TBT浓度范围为0.1~2 μg/L，这种量级的高浓度可能会抑制初级生产力（Hall and Pinkley，1984）。

较新的防污漆含有氧化亚铜（cuprous oxide）或硫氰酸亚铜（cuprous thiocyanate）等促

进剂。氧化锌通常与铜（I）相结合，作为一种辅剂，其毒性增加了200倍。有些藻类对Cu+Zn的混合物，以及Cu-或Zn-叔丁氨基啶硫酮1051（三嗪类除草剂）、百菌清（杀菌剂）、敌草隆（除草剂）等（见Turner，2010的评论）其他杀虫剂的添加具有抗性。敌草隆是最受欢迎的生物药物之一，因为其毒性较低而且已经替代了有机锡（Konstantinou and Albanis，2004）。然而，其对仙菜属海藻 *Ceramium tenuicorne* 生长抑制仍然较强，EC_{50}仍达到了3.4 μg/L（Karlsson et al.，2006）。一般来说，细菌、甲壳类动物和鱼类的敏感性低于海藻，后者的EC_{50}值大于74 mg/L（Myers et al.，2006）。褐藻班氏链囊藻（*Hormosira banksii*）孢子萌发比生长更敏感，因为萌发与水体物质浓度具有更为密切的关系。敌草隆相对的半衰期是14~35 d，在水层中的浓度范围为0.003~17 μg/L（Konstantinou and Albanis，2004）。另一种受欢迎的生物杀灭剂是Irgarol 1051（均三氮苯，s-triazine），在海洋中的浓度可达到4 μg/L（Hall et al.，1999）。叔丁氨基对 *Ceramium tenuicorne* 生长抑制的EC_{50}值为0.96 μg/L（Karlsson et al.，2006）。浮游植物似乎比大型藻类和细菌更敏感，其EC_{50}值为0.3~7.8 μg/L，但是只有少数的大型藻类被测试过（Zhang et al.，2008a）。叔丁氨基（Irgarol）经光降解可转化为另一种名为"M1"的均三嗪产物，后者比叔丁氨基的毒性更小。由于协同效应，重要的是不仅要测试防污涂料中的活性物质，整个产品都应被测试和评估对生态系统的影响（Karlsson and Eklund，2004）。利用 *Ceramium tenuicorne* 对各种防污漆浸出物的毒性进行了测试。一些油漆溶出了更多的铜产生了毒性。对于其他一些油漆锌是有毒的，而其他油漆则铜和锌同时溶出浓度都达到产生毒性的浓度水平。对于某种油漆，铜和锌都不能解释所观察到的毒性，在这种情况下，人们推测锌除虫菊酮（zinc pyrethon）作为油漆的防腐剂可能是原因之一（Karlsson et al.，2010）。在对一种物质的锌除虫菊酮（zinc pyrethon）测试中，检测出EC_{50}值为3.3 μg/L（Karlsson and Eklund，2004）。

船厂已经开始检测清理防污涂料颗粒的效果（Turner et al.，2009）。在油漆粒子浓度为4 mg/L时，从油漆粒子中浸出的铜和锌对石莼属（*Ulva*）产生毒性；这种油漆粒子浓度水平比许多不发达港口区域所检测到的浓度要低一个数量级。铜主要是通过吸附到细胞表面进行积累，但没有观察到细胞表面锌的积累。

9.6 富营养化

在下面几节中，重点探讨无机营养物质对大型水生植物的影响，并简要地讨论大气沉积和地下水排放等其他人为因素。污水排放场附近，NH_4和金属浓度可能会达到有毒剂量，并减少水生植物的生长。在温带地区，大型水生植物在海岸带占主导地位，与之相反的是，珊瑚礁上的大型水生植物通常较小，当营养物质破坏了珊瑚和虫黄藻之间的微妙平衡时，大型水生植物可能会占据主导地位。

9.6.1 污水排放和富营养对藻类群落的影响

污水被归类为一种复杂的废弃物是因为其含有无机养分（氮、磷，可能有毒的NH_4浓度），有机物，氯（氯化作用产生的）和一些金属（Camargo and Alonso，2006）。污水有一级、二级和三级 3 个主要的处理阶段。在一级处理阶段，经过过滤的污水被传送到沉淀室，过滤出的有机颗粒和污泥可能会被运输至垃圾填埋场或焚烧；在二级处理阶段，剩余的液体被曝气，以促进细菌的生长，并促进分解有机物；在三级处理阶段，氮和磷等营养素被化学处理去除（例如通过明矾的磷酸盐进行沉淀）或生物处理（通过细菌脱氮作用将 NO_3 转化为 N_2 气体）。在低速的水交换条件下，向沿海地区排放的无机和有机营养废物，可能会促进藻类的生长，产生过多的浮游植物和（或）大型水生植物，从而出现生物学、景观或休闲娱乐方面的问题。富营养化是广泛存在的，由人类的营养负荷产生的大量的海藻生物量（大型水生植物和浮游植物）很快就开始腐烂，严重地耗尽水体底部氧气含量，造成低氧（O_2 浓度为 2 mg/L）或缺氧（O_2 浓度为 0 mg/L）环境可能会胁迫或杀死动物。在增加富营养化的 4 个阶段中，一个浅海生态系统中各种参数的变化显示在图 9.12 中。在阶段Ⅰ，多年生大型水生植物占主导地位，但是在阶段Ⅱ，附生植物和大型食草动物同样增加；通过阶段Ⅲ，大多数大型水生植物由于浮游植物的增加而导致的渗透光减少，进行自由漂浮；在阶段Ⅳ，只有极少大型浮游植物和非常高的浮游植物生物量，可能导致水体底部缺氧（这取决于水层的深度）。一些文章综述了富营养化的发展阶段以及海藻/植物作为营养过滤器在河口的作用（Schramm，1999；Grall and Chauvaud，2002；McGlathery et al.，2007）。

大多数的研究都是大型水生植物对富营养化的反应，因为这类研究更适宜于较小范围的区域，而在营养物浓度的梯度下降的情况下，对污水的排放也很重要。一般来说，这些研究都是从生态学的角度出发的，考察了群落结构和多样性的变化。在这类早期的经典研究中，Littler 和 Murray（1975）在圣克莱门特岛（加利福尼亚州）附近发现了少于 17 种的大型水生植物，低于附近对照区域的种类；结果显示：水生植物群落的分布差异较小，并显示出群落分层（空间异质性）的降低；认为污水有利于快速移植生物（例如石莼属 *Ulva*）和更多的污水耐受生物。在早期阶段，靠近排污口的大型水生植物表现出较高的初级生产力，较低的增长方式，更简单和更短的生活周期。Murray 和 Littler（1978）实验确定了生长于污水胁迫环境中的藻类群落是否表现出较高的恢复力；研究发现，在对照区和污水处理区持续处理的早期阶段，蓝细菌、丝状体的水云科（Ectocarpaceae）和硅藻具有显著的优势。在排污口附近的加州石莼（*Ulva californica*）、匍匐石花菜（*Gelidium pusillum*）、黑拟石皮藻（*Pseudolithoderma nigrum*）得到迅速恢复，这些藻类具有快速种群补充能力；而未受污染的裸露区（对照区）的藻类群落即使是在 30 个月之后也没有完全恢复。

Murray 和 Littler（1978）以及 Kindig 和 Littler（1980）开展的污水对大型植物影响的早期研究，为野外研究和实验室研究提供了很好的范例。他们的研究从一个群落的研究发展到现场实验操作（裸露的地块），然后在实验室中再研究重要物种的环境生理学。Kindig 和 Littler（1980）在实验室长期培养中，研究了 10 种大型水生植物对各种污水（未经处理的、初级处理、二级处理、二级处理-氯化）的反应。扁节藻属藻类 *Bossiella orbigniana* 和珊瑚藻（*Corallina officinalis*）暴露在初级处理的污水中，显示出光合作用的增加，在长期培养中其生长得到了提高；在第一周的培养过程中，氯化废水仅造成了生长短暂的降低。实验前经过不同污染处理过程的珊瑚藻的 3 个种群，其对污水的耐受程度显示出与之前接触的污染程度有关。这一发现表明，该物种可能能够适应污水的胁迫，并表明在选择底栖藻类作为生物污

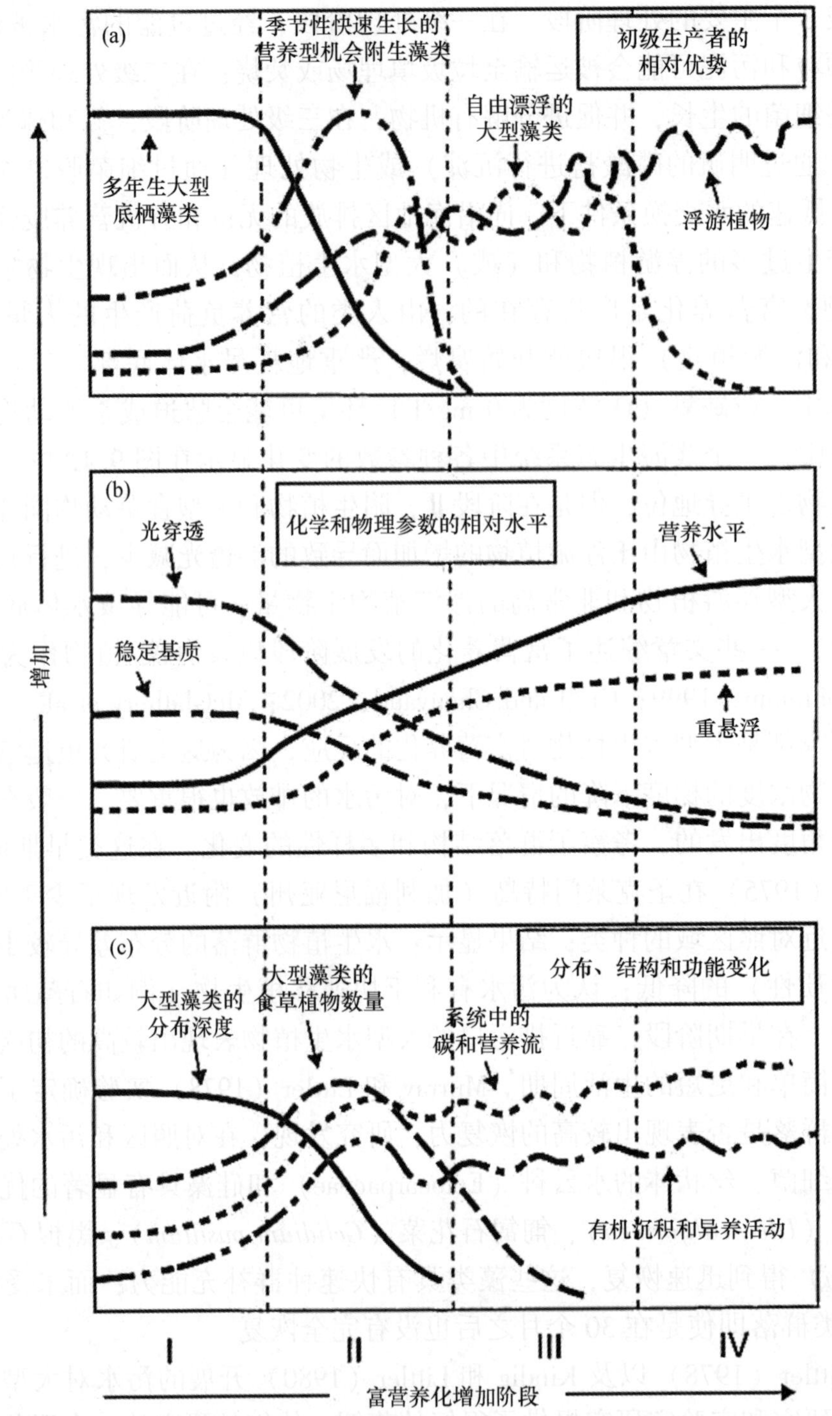

图 9.12　各种参数的分布、结构和功能的典型变化示意图

注：(a) 主导地位初级生产者；(b) 物理、化学和生物参数的相对关系；(c) 在富营养化的 4 个阶段（引自 Schramm，1999）。

染指标时，必须慎重考虑。来自污水口和近海的 90%的藻类生物是由可形成珊瑚构造的扁节藻属（*Bossiella*）和珊瑚藻属（*Corallina*）组成的，由此认为，珊瑚构造（石灰质）的藻类似乎极其耐受高浓度的污水。

污水排放较多的封闭海湾中，绿色海藻的过度生长正成为日益常见的现象（Reise, 1983；Soulsby et al.，1985；Tewari and Joshi，1988；Teichberg et al.，2008，2010）。夏天，沃登海潮滩大量的石莼属（*Ulva*）藻类，被认为是由附近污水排放引起的富营养化导致的；但后期，红菜属（*Pyropia*）、刚毛藻属（*Cladophora*）和硬毛藻属（*Chaetomorpha*）的藻类则成为第二阶段的组成部分。

诸如移植和清理场地等操纵性的现场实验，可以为分析污水口附近的物种演替提供帮助。在挪威奥斯陆的奥斯洛夫约德的内部，对沿岸海藻的污染研究已经持续了几十年，瘤状囊叶藻（*Ascophyllum nodosum*）是 1940 年之前在该海域占主导地位的海藻（Bergstrom et al.，2003）。当污水负荷大幅增加时，许多物种，例如紫色红线藻（*Rhodochorton purpureum*）、截形育叶藻（*Phyllophora truncata*）、瘤状囊叶藻消失或变得罕见（Rueness, 1973）。清理了奥斯洛夫约德地区靠近排污口的一些区域，并选择一个对照区域进行观察再繁殖的情况。另外，瘤状囊叶藻已从对照区域的岩石上移植到了污水胁迫区。菲安内峡湾对照区的恢复速度要快得多，在内部峡湾中，占主导地位的移植物种，包括扁浒苔（*Ulva compressa*），随后是螺旋墨角藻（*Fucus spiralis*），但没有观察到囊叶藻属（*Ascophyllum*）。在清除的对照区内，藻类的恢复则更慢，绿藻也不那么占主导地位。清理区在 6 个月后，被重新接受的物种数量也更大，种群增长主要是由紫色紫菜（*Pyropia purpurea*）密集生长所主导的。移植到“污水处理区”的囊叶藻属被大量的附生植物频繁干扰，而且经常丛生着石莼属（*Ulva*）、细苞仙菜（*Ceramium capillaceum*）和贻贝属（*Mytilus*）生物。Rueness（1973）的结论是污水加剧了对基质和遮蔽效应（shading effect）的竞争，石莼属减少了囊叶藻属在排污口附近重建的机会。

在海洋和珊瑚礁群落的贫营养海域，已经观察到污水排放的显著影响（Pastorok and Bilyard，1985；Laws，2000）。Kaneohe 湾是夏威夷群岛上的亚热带海湾，被排放到海湾的污水通过两种方式影响了珊瑚礁群落：①由浮游植物生长的增加引起了透明度的降低，这就减少了与珊瑚的共生虫黄藻的光辐照度，从而降低了珊瑚的生长，还可能增加以死珊瑚作为基质的附生生物的数量。珊瑚的生长也可能受到营养物质微量增加的影响，这些营养物质可能会导致珊瑚排斥内共生的虫黄藻，因为珊瑚吸收了外部环境的营养，而不是从共生关系中获得营养（Falkowski et al.，1993）。②污水排放刺激了绿藻网球藻（*Dictyosphaeria cavernosa*）的生长（通常被称为“泡沫藻”），其通常是在珊瑚的顶端生长的，然后叶片向外生长，最终包裹并杀死珊瑚。这种海藻在污水处理区以外的地方并不多，因此其似乎已经随着营养浓度的升高而扩散。最终，污水转移到海湾中，群落的恢复也得到了记载（Laws，2000）。虽然无机养分的浓度已经恢复到污水前的水平，因为浮游生物的营养缓慢释放，污水排放期间累积的泥沙，以及海岸线城市化导致的持续性非点源输入，这个生态该系统经过很多年才完全稳定下来。

在过去的 30 a 里，加勒比海域珊瑚礁的珊瑚覆盖面积从 50%下降到不足 10%。在很多情况下，这个空间以前是由叶状藻类（frondose algae）占据的，特别是褐色叶状藻类，例如网地藻属（*Dictyota*）、匍扇藻属（*Lobophora*）、团扇藻属（*Padina*）、马尾藻属（*Sargassum*）和喇叭藻属（*Turbinaria*）的藻类（McClanahan et al.，2003，2004）。研究发现，一种掺有氮和磷的肥料可以促进丝状绿藻（例如浒苔 *Ulva prolifera*）的移植并提高覆盖率，但不是直立的褐藻和红藻。因此，加勒比海珊瑚礁的许多大型褐藻的增加似乎并不完全是因为富营养化。同样的结果也在大堡礁海岸的营养梯度研究中被发现（Fabricius et al.，2005）。绿色和红色的海藻随着营养的增加而增加，而褐藻则保持不变。

人们对珊瑚礁水质的变化越来越感到担忧。水质恶化是除海洋酸化外的第二大主要压力（见 7.7 节）。Cooper 等（2009）评估了最佳的生物指标以检测珊瑚礁的水质变化，并为改进监测程序提出了建议。富营养的陆源水影响珊瑚礁群落的大型水生植物。育枝刚毛藻（*Cladophora prolifera*）的生产力通常都受到在百慕大海域的浅水低营养近海水域的磷和氮的限制（Lapointe and O'Connell，1989）。然而，富含氮的地下水的渗漏，以及高碱性磷酸酶对有机磷利用在某些地区的增幅最近有所增加。在过去 20 年里，在百慕大群岛的近海水域中刚毛藻属（*Cladophora*）的大量繁殖，表明海洋生态系统受到富营养化地下水的影响，这是一种急剧的生态变化。

在高营养的威尼斯潟湖中，明确证实了大型藻类生长与浮游植物大量繁殖之间的相互作用（Sfriso et al.，1987）。在有氧条件下，营养主要在春季和夏季期间被吸收；当氧气的生产和消耗不平衡而出现缺氧条件时，大量的营养物质被释放到沉积物中，这些物质被分解随之出现浮游植物藻华。

9.6.2 污水排放和毒性

如上所述，营养物质可以促进大型水生植物的生长，但是在某些情况下，像 NH_4 这样的氮源可能是有毒的，并且会减少其生长。排放污水中的铵离子浓度很高（高达 2 200 μmol/L）（Camargo and Alsonso，2006）。敏感的褐藻班氏链囊藻（*Hormosira banksii*）和 *Durvillaea potatorum* 消失了，而珊瑚藻属（*Corallina*）则增加了；在澳大利亚墨尔本的污水排放口附近，机会主义（opportunistic）大型绿藻，被调查用于确定在第二阶段处理的污水中氨是否是主要的有毒物质（Adams et al.，2008）。在水溶液中，总氨存在的两种形式：NH_3（合成氨气，毒性最强的气体）和 NH_4^+（铵离子）主要由 pH 控制（Camargo and Alonso，2006）。在 pH 值小于 9.5 时，有更多的 NH_4^+（pH 值为 8.2 的海水中则有 95%的 NH_4^+），pH 值大于 9.5 时，则有更多的 NH_3。因此，如果海水的 pH 值增加到 10，那么氨（气体）就可以减少/转化为海水中活跃的气泡。利用微藻（新月菱形藻 *Nitzschia closterium*）生长，大型藻类班氏链囊藻（*Hormosira banksii*）的受精、萌发和细胞分裂，扇贝幼虫的发育进行氨的慢性毒性试验中，大型藻类测试是最敏感的，其 EC_{50} 浓度为 100 μmol/L；接下来是扇贝幼虫发育（EC_{50} 浓度为 200 μmol/L），微藻生长是最不敏感的（EC_{50} 浓度为 800 μmol/L）。污水也可能含有其他的毒性，因此不可能仅仅是氨气的原因。因此氨必须去除（利用 3 种不同的方法），以评估其他的有毒物质。氨可以被耐受性强的石莼（*Ulva inctuca*）吸收，或者是通过沸石、曝气（将 pH 值提高到 10 并充气）去除（Burgess et al.，2003）。

在洛杉矶 White's Point 污水排放的表层水体中发现了浓度最大值的铵（35 μmol/L），更多的时候其浓度是 5~10 μmol/L，这表明是排放浓度稀释了约 100 倍。10~30 μmol/L 铵的浓度对藻类无毒，但在 200 μmol/L 下，甲藻（dinoflagellate）比硅藻（diatom）更为敏感。绿藻纲（Chlorophyceae）似乎比许多浮游植物的物种更能容忍污水的毒性。缘管浒苔（*Ulva linza*）在纯污水中生长良好，尽管铵离子浓度达到 500 μmol/L（Chan et al.，1982）。扁浒苔（*Ulva compressa*）似乎更敏感，在 75 μmol/L NH_4环境出现了对光合作用的抑制。在铵浓度不超过 3.5 mmol/L 的二级处理污水中，马尾藻属（*Sargassum*）3 个物种合子的萌发率为 0%～50%，比当 pH<7 时的毒性降低了 50%（Ogawa，1984）。残余的氯浓度大于 3 mg/L，阴离子表面活性剂也有毒性，在污水排放附近观察到的生长抑制可能不是因为过度的氨，而是高浓度铵和其他抑制因素，如重金属的结合，含氯废水中的含氯化合物例如氯胺（chloramine），以及表面活性剂。

除了污水对大型藻类的直接抑制作用外，次生或间接的影响可能解释了富营养水体中大型藻类的减少。有证据表明，一些大型藻类的减少是由于附生植物（藻类）、丝状藻类和大型藻床（beds of macrophytes）的大量生长和避荫导致的，由于浮游植物的生长，水体表层的浑浊度也增加了（Schramm，1999；McGlathery et al.，2007）。

污水中的其他成分是洗涤剂（由于有机负荷，会导致氧耗竭），表面活性剂和城市污泥，以及可能存在的多氯联苯都集中在沉淀物中。家庭生活污水中的大部分洗涤剂都是阴离子清洁剂/表面活性剂，用极北海带（*Laminaria hyperborea*）检测了其中的 3 种，十二烷基醚硫酸钠（sodium lauryl ether sulfate）、十二烷基苯磺酸钠（sodium dodecylbenzenesulfonate，SDBS）、葵酰氧苯磺酸钠（DOBS 055）（Hopkin and Kain，1978）。1～10 mg/L 的 SDBS 和 DOBS 055 降低了孢子体的生长，配子体的萌发也被 SDBS 抑制。十二烷基硫酸钠（sodium dodecyl sulfate）和聚乙二醇辛基苯基醚（Triton X-100）这种阴离子和中性的表面活性剂，对组织吸收金属没有影响。洗涤剂和表面活性剂的毒性是对细胞和细胞内膜的破坏造成的。实际上，像 Triton X-100 这样的洗涤剂在研究中则被用于提取细胞成分。

9.6.3　其他人为的营养源

还有大量其他的人为营养源，如肥料、动物养殖、地下水和大气沉积。2 种氮稳定同位素（^{15}N 和 ^{14}N）的使用，可通过污染物不同的 $^{15}N/^{14}N$ 比例来确定不同来源的氮对大型藻类生长的贡献。通过测量干燥海藻组织中 $^{15}N/^{14}N$ 比例，并将其与世界各地的标准进行比较，可以确定 ^{15}N 或 $\delta^{15}N$ 的相对量（Heatoni，1986）。各种环境成分的 $\delta^{15}N$ 值也必须被测定，用于校准和解释海藻组织中 $\delta^{15}N$ 值。例如，硝酸盐和化肥生产的主要方法是工业固氮，结果是 $\delta^{15}N$ 值约为 0。在动物或污水废弃物中，氮的排泄主要是尿素转化为氨，并且其中一部分在空气中消失了。剩余氨的 ^{15}N 由于被浓缩而增加值为 $6\times10^{-3}\sim10\times10^{-3}$（取决于在处理过程中脱氮和氨化的数量），这区别于 N 值为 0 的肥料。污水颗粒物的 $\delta^{15}N$ 值从 $0\times10^{-3}\sim3\times10^{-3}$ 不等。海洋溶解无机氮（DIN）和颗粒物有机氮的 $\delta^{15}N$ 值为 $3\times10^{-3}\sim7\times10^{-3}$，而地下水则在 $2\times10^{-3}\sim8\times10^{-3}$之间变化。

通过确定每个站位的 $\delta^{15}N$ 值（见上文），可以定性地确定各种来源对大型藻类生长的贡献。Gartner 等（2002）发现 3 种海洋植物的 $\delta^{15}N$ 值与污水排放的分布有关，生长速度更快的南方石莼（*Ulva australis*）对于 $\delta^{15}N$ 信号高于生长缓慢的放射昆布（*Ecklonia radiata*）。季节性趋势（高 $\delta^{15}N$ 值）被认为是由于营养的可获得性而导致在冬季更快的生长。他们估计南方石莼从污水中吸收了 25%～90%的氮。类似地，在一项全球范围的调查中分析了石莼属未知种（*Ulva* sp.）的 $\delta^{15}N$ 值。Teichberg 等（2010）在各种区域都发现了较高的石莼属未知种的 $\delta^{15}N$ 值，并得出结论，石莼属未知种是检测污水输入的良好前哨物种（sentinel species）。Cohen 和 Fong（2005）发现石莼属（*Ulva*）对于 $^{14}N/^{15}N$ 并没有分馏（fractionate）或选择性，同位素比值直接反映出水体可利用的氮情况。虾场废水中培养3 d的红藻刺状鱼栖苔（*Acanthophora spicifera*）的 $\delta^{15}N$ 值为 $2\times10^{-3}\sim6\times10^{-3}$，表明虾场是主要的氮源而不是农业径流或污水（Lin and Fong，2008）。在新西兰的一个污水处理厂关闭后，使用稳定的碳和氮同位素来评估污水污染的恢复情况（Rogers，2003）。对关闭前和 3 个月后的石莼（*Ulva lactuca*）进行 $\delta^{15}N$ 值比较，结果表明，在 3 个月的污染治理期间，$\delta^{15}N$ 值变得更高，最终达到了与控制地点相同的值。在污水排放场的梯度追踪过程中，也得到了非常相似的结果（Tucker et al.，1999）。他们发现，在距排水口大约 18 km 的站位中，石莼属的 $\delta^{15}N$ 值得到了增大（6×10^{-3}增大到 14×10^{-3}）。Hisk 等（2009）已经证实了利用 $\delta^{15}N$ 值来评估珊瑚礁的污水胁迫情况，每个营养水平都有 3×10^{-3}的正增长。最近，Raimonet 等（2013）认为不同的养分、光照和温度条件下大型藻类存在着代谢变化，因此质疑大型藻类 $\delta^{15}N$ 值作为人为氮源输入指标的准确性，并建议在不同环境条件下对氮的分馏进行进一步的研究。

在过去的一个世纪里，人为的大气氮沉积已经反映了氮氧化物（NO_3+ NO_2+NH_4）是由于人为化石燃料排放而得到增加。自 20 世纪 50 年代以来，北半球氮的大气沉积增加了 5 倍，在过去的几十年里，新排放的氮（与氮循环相对比）在生物圈中增加了 2 倍（Galloway et al.，1994）。在巴哈马附近的一个偏远小岛上，沉积的 NO_3（1～137 μmol/L）和 NH_4（2～122 μmol/L）表示 DIN 的平均沉积速率为 0.2 mg · m^{-2} · a^{-1}（Barile and Lapointe，2005）。他们估计，为了满足巴哈马群岛附近珊瑚礁的大型藻类生长需求，这种大气氮沉积提供了 20%的必要新氮。由于雨水中含有比磷多的无机氮（N：P 摩尔比是 50～300），因此，在富氮的降雨后，可能会引起磷的限制。

9.7 放射性

在海洋环境中，大规模的放射性污染主要来自于与核武器试验有关的大气放射性尘埃，并被储存在低活动性的大面积海洋中。相比之下，核设施的点源排放是在高浓度和特定的沿海地区发生的。因此，这两种来源的放射性元素表现出明显不同的行为，它们影响着生物体的吸收，并通过食物链传递。

放射性是通过一种物质的放射性衰变来测量的，1 个贝克勒尔（Bq）表示每秒产生 1 个衰变。贝克勒尔取代了旧的单位居里（Ci），后者是由 1 克镭（^{226}Ra）表示的放射量，1 Ci 等于 3.7×10^{10} Bq。海水中的一些金属具有放射性，正常海水的放射性水平为-0.01 kBq/L。墨角藻属（*Fucus*）和红菜属（*Pyropia*）通常放射性为 0.2～0.6 kBq/kg（湿重），软体动物和鱼类的放射性为 0.4～1 kBq/kg（Gerlach，1982）。某些地区的放射性水平甚至可以更高，特别是核电站附近的废弃物。

在核电后处理工厂附近的海藻很容易积累放射性，有两个欧洲的核废料处理厂，法国的 La Hague 和英国爱尔兰海的 Sellafield，释放出^{129}I、^{137}Cs 等各种放射性同位素。从这两个后处理工厂释放出的^{129}I 比自然水平高 10 倍，^{129}I 与其他同位素的比值被用于研究海洋洋流和运输时间的示踪物。通过分析收集来自爱尔兰海和法国的墨角藻（*Fucus vesiculosus*）和二列墨角藻（*Fucus distichus*）样品，可估计出其迁移到波罗的海和北极地区的同位素运输时间（Kershaw et al.，1999；Hou et al.，2000；Yiou et al.，2002）。根据墨角藻和海水样品中人为来源的^{129}I 对爱尔兰沿海水域的影响显示，东北海岸的^{129}I 比西海岸海域高出 100 倍（Keogh et al.，2007）。如果核电站附近的海藻被消费，则应该关注人类的健康。在塞拉菲尔德污染附近红菜属（*Pyropia*），特别是含有的^{106}Ru 是正常水平的 35 倍。对于南威尔士的居民来说，由红菜属做成的“紫菜面包”（laver bread）是一种食品，通过经常食用，它们显示出相当大的辐射（Gerlach，1982）。

日本东北部的福岛核电站是世界上最大的核电站之一。2011 年 3 月 11 日发生的一场大地震，随后是海啸破坏了核电站，并导致了对空气和海洋的放射性物质泄漏。其中的 2 种放射性同位素是 8 d 半衰期的^{131}I 和 30 a 半衰期的^{137}Cs（Buesseler et al.，2011）。在事故发生后的 1 个月里向海洋排放有一个高峰，在接下来的 1 个月里迅速降低了 1 000 倍，^{137}Cs 是正常水平的 10 000 倍。目前，由于直接暴露在开放海域，剂量计算表明对海洋生物和人类的影响最小。就潜在的生物影响而言，辐射剂量通常受例如^{210}Pb 这样的天然放射性同位素控制。要与天然^{210}Pb 的剂量相比较，^{137}CS 水平需要比日本观测到的水平高出 1～3 个数量级（Buesseler et al.，2012）。然而，食品消费领域的生物摄入及其浓度仍在调查中（Buesseler et al.，2012）。

9.8　热污染

在 20 世纪 70 年代和 80 年代早期，热辐射效应的影响是一个更加活跃的研究领域，但是从那时起，研究的数量就开始减少了（Langford，1990；Laws，2000）。在这一节中，我们给出了一些早期关于大型藻类热影响的例子，并提出在发电厂附近发现的热梯度可以被看做是一个自然的长期实验来研究全球气候变暖对气候变化的潜在影响。

传统的发电厂约占美国热污染的 75%，而核电站和炼油厂等行业则是次要的。发电厂使用化石燃料或核能发电，以产生用于驱动涡轮机的蒸汽，蒸汽在冷凝器中重新获得，通过冷却周围的水和排放加热的水来冷却。除了极限的热排放死亡，有机体可能会被通道围栏杀死。有些生物对氯气或其他杀灭剂很敏感，后者会定期使用，以防止管道系统中生物的附生。因为通常有多重压力源，所以很难将全部综合效应仅仅归结于热效应。在封闭的系统操作中，通过使用运河和循环冷却水来冷却接近环境温度的加热废水，以减少热影响。

现在，许多北欧国家建议，当一个新的电厂建成并被海水冷却时，混合后的温度增加不能超过 2℃，而夏天混合水的温度不能超过 26℃。尽管有这样的限制，但受影响地区的物种组成可能会发生变化，即使在没有对个体造成热损害的情况下，由于温度的增加也可能会影响物种的竞争。

热排放对大型藻类的影响可能是有害的，也可能是有益的，这取决于地理位置、季节和所涉及的物种。藻类物种的变化可能会影响到食物链上层的草食动物和动物的组成。如果突然关闭热源，则可能会产生其他有害影响，从而对大藻类造成冷冲击。不同于那些可能暴露在宽范围（约50℃）的高等植物，海藻一般存在于更窄的范围（10~25℃）。大型藻类能否在不断升高的水温中存活，取决于它们与最高存活温度的上限（见7.3.4节）。对于一个物种来说，这种温度的耐受力并不是恒定的，其可依赖于其他环境因素，如光、盐、营养和污染物（Laws，2000）。例如，在温带浅湾或热带地区的夏季，环境水温可能已经接近可承受的温度的上限。另一方面，在春天和初夏，在大多数温带沿海地区，有较高的水交换率，局部的温度升高通常会导致生长速率和初级生产力的增加。目前还没有研究热排放对大型藻类生殖和生长的影响。

已经观察到的3种与热相关的疾病，分别是黑腐病（black rot）、瘤样膨大病（tumor-like swellings）和烂柄病（stipe rot）。黑腐病是通常最先出现叶片尖端发黑，然后扩散到基部。在北美洲的大西洋海岸，据报道，长时间的间歇性热胁迫会影响到瘤状囊叶藻（*Ascophyllum nodosum*）叶片的（顶端）增长（Vadas et al.，1978））（图9.13）。据报道，瘤状囊叶藻的覆盖率、生物量、生长和存活率都显著下降。但是藻体基部存活了下来，尽管其与基质的联系很弱。顶端的分生组织并不是在第二个春季开始发生的，但是在后来的几年里，群落规模完全恢复了。然而，当发电产热又开始时，藻类的覆盖就减少了，并且再也没有重新恢复。

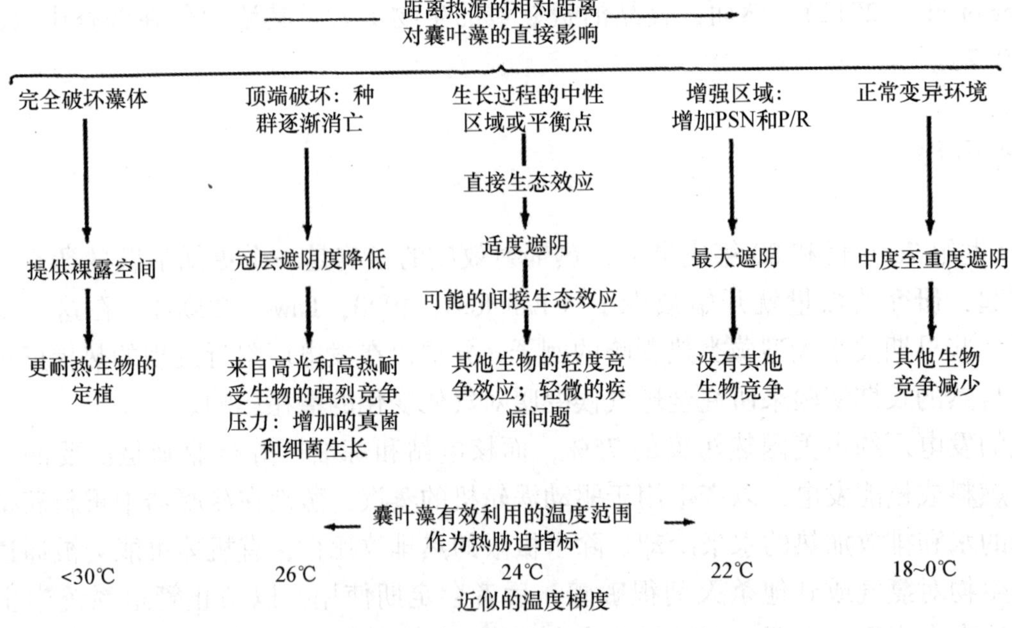

图9.13　气温升高对瘤状囊叶藻（*Ascophyllum nodosum*）群落的潜在影响示意图

注：包括光合作用（PSN）和初级生产力（*P/R*）（引自Vadas et al.，1978）。

热辐射可导致亚致死的交互作用。水温的升高会增加生物体的呼吸速率，但会降低水中氧气的溶解度；温度升高10℃会使氧气的溶解度降低20%。此外，热辐射倾向于在表面形成一层热水层，从而增加了热分层并减少了氧气向更深的水域的输送，后者可同时将营养物质与表层水体的混合。

最近，来自发电厂的热排放被用作评估气候变化和升高的水温可能对未来影响的一项自然实验（Keser et al.，2005）。在温度达到 25℃之前，瘤状囊叶藻（*Ascophyllum nodosum*）增强生长与动力装置的热输入相关；25℃以上的增长率迅速下降，死亡在 27~28℃时发生。由于东部长岛海域的水温现达到 22~23℃，所以气候变化再导致 4~5℃的温度上升，可能导致囊叶藻属（*Ascophyllum*）的死亡（Keser et al.，2005）。在加利福尼亚州进行的一项类似的研究，是为了深入了解增温对底栖生物群落的影响，该群落温度上升了 3℃，这可能与气候变化引起的潜在温度增长相类似（Schiel et al.，2004）。他们发现，在变热的区域，海囊藻属（*Nereocystis*）、带翅藻属（*Pterygophora*）和海带属（*Laminaria*）等主要的藻类增长率在温度增加 3℃的环境中均出现了显著下降。这些观察结果表明，由于气候变化，3℃的增加可能会对藻类物种组成产生巨大的影响。

9.9　小结

污染包括了增加到环境中的有害物质和能量。污染物对大型藻类的影响可以是致命的（急性）或亚致死（慢性），并且可通过生物分析实验对其进行评估，这些实验应该在实验室和现场进行。物理化学方面，如溶解度、吸附、化学络合和形成等，在定量分析化学络合和形成过程中具有极其重要的作用。如果污染物具有不同的化学形式/种类，污染物的总浓度可能对其毒性没有任何价值，因为某些形式可能是不能被生物利用的。实验室的生物化学实验有明显的局限性，特别是因为它们不含天然悬浮颗粒，而这些悬浮颗粒可以通过在河口地区吸附重金属来大幅降低重金属的毒性。研究污染物与盐、温度、光和其他污染物的协同作用和对抗作用，测定生物的选择、生活史阶段及其长期恢复的潜力，在污染评估中也很重要。

重金属毒性的程度受金属离子的类型、水中颗粒数量和大型藻类种类的影响。一般来说，海藻的金属毒性的顺序由大到小依次为：汞、铜、镉、银、铅、锌。因为金属的毒性通常只有当金属作为游离的离子存在时才会发生，所以粒子对离子的吸附可能是某些环境中非常重要的解毒过程。大型藻类有几种机制来对这些金属进行解毒，或者增强它们的耐受性。在细胞外，金属可以通过与藻类细胞外产物的结合来解毒。在细胞壁上，金属离子的排斥可以通过结合细胞壁多糖或细胞膜的转运特性而发生。在细胞内，金属可能会经历价态的变化，也可能转化为无毒的有机化合物。已经被观察到金属在液泡和细胞核内的细胞内积累。如果不发生明显的排毒，金属离子可能会抑制酶系统的功能，从而引发以下反应：部分原因是抑制光合作用导致的停止生长，减小叶绿素含量，增加细胞通透性，以及从细胞中失去 K^+。金属的浓度比周围的海水高出几个数量级，而浓度因素可能在 10 000 倍以上。这一过程被称为生物积累，而通过食物链的进一步生物积累被称为生物放大。

一般来说，金属对海洋环境的威胁不大，除了河口或缺乏水交换的地区。自然浓度和急性效应是可观察到的，除了铜以外通常是几个数量级，这类差异较小。这是最可能被发现的更隐蔽的亚致死效应，而且它们的浓度可能只比产生急性效应的浓度低一个数量级。亚致死效应是用剂量-反应曲线来确定的，反应是通过相对生长率来测量的。越来越敏感的生物化学/分子指标可能最终使我们能够在更低的水平上检测到这类亚致死效应。在实验室条件下已经证实了亚致死的影响，但在自然和复杂的环境条件下，它们很少被发现。亚致死和急性毒性严重依赖于生物体的发育阶段。生殖和早期发育阶段通常是最脆弱的。由于进行长时间暴露于污染物的生命周期研究是复杂且昂贵的，因此尤为需要对其进行生命周期研究，但这需要确定微量金属污染对大型藻类群落的真实影响。

石油是一种极其复杂的碳氢化合物混合物，包括烷烃、环烷烃和芳香烃。通过阻碍气体交换、破坏质膜、破坏叶绿素、改变细胞的通透性，石油可以减少植物的光合作用和生长。在某些情况下，油的渗透会被黏液层所减少，尤其是在一些褐藻中。最容易渗透到组织的成分是较低的分子量、挥发性、脂类化合物，包括芳香族化合物。烷烃是有毒的。在实验室里，石油毒性的浓度取决于石油的类型、提取制备方式、有毒成分稳定性以及水温和其他污染物或分散剂的存在情况。影响石油毒性的其他因素还包括漏油是否接近海岸和天气状况，特别是风可以把油混合在一起，或者将其推到岸边。多岩石的潮间带地区因石油泄漏而受到轻微的短期影响，而对盐沼和珊瑚礁的影响则是严重且长期的。石油的风化过程是由许多过程产生的，其中最重要的是有毒化合物的蒸发。食草动物通常比大型藻类更容易受到石油的影响，而且，大型藻类短暂增加的生物数量是对减小的增殖压力的一种反应。

防污涂料是影响海藻的主要合成有机化合物之一。新的防污化合物如“促进生物化学剂”正在开发中，因为自2008年以来，丁基锡已经被禁止使用。这些新化合物需要进一步的测试来确定它们对所有生命周期阶段的毒性，尤其是在早期阶段，它们更敏感。然而，丁基锡仍继续从已有船上的船壳和游艇上渗漏出来，因此丁基锡仍然是一个令人担忧的问题。

增加的养分供应，特别是氮的富集，包括污水排放、大气沉积和地下水的排放。营养丰富会改变群落结构和多样性，特别是快速增长的绿色藻类和附生植物的增加。^{15}N 的稳定同位素通常用来测定用于宏观植物生长的不同氮源中某种氮的相对贡献，靠近下水道的大型海藻往往表现出相对较高的净初级生产力，较小的生长形式，以及更简单和更短的生命历史；大多数都是早期占据这一环境的生物种类。褐藻比红藻和绿藻更敏感。NH_4可能在污水排放口附近有毒性。在热带水域，如果存在着长期的富营养化，珊瑚就很容易受到营养丰富的影响，珊瑚礁也会退化成为大型海藻床。

热污染主要来源于电厂排放的冷却水，如果水温没有超过一个物种生长的最佳温度，就会受到刺激。在南加利福尼亚出现了大型藻类的热胁迫，其症状包括：叶状硬化、漂白或变黑，以及质壁分离。迄今为止，已研究的大部分生态系统都显示出，当污染物的来源被移除时，生态系统的恢复能力是惊人的。大部分的影响都是局部的，而且仅限于沿岸区域，因为那里是污染物的主要来源。在许多情况下，动物比大型藻类更敏感，导致了增殖的减少和一些海藻的增加。最近，开展了几项利用发电厂热污染的梯度来研究长期物种的影响和基因型适应的研究工作，这些地点可以作为研究全球气候变化的现场替代模型。

尽管已经有关于污染物效应的总结，但在大量的环境和生理因素影响毒性的情况下，要特别小心，尤其是不同生物所表现出的各种各样的耐受性。对污染物的遗传适应是很重要的，但迄今为止只有很少的证据确凿的例子。大多数研究都对表型适应（即在几天或几周内的短期反应）进行了研究。此外，消除敏感物种所造成的间接影响可能对研究的准确性具有更大的意义。

珊瑚礁是最美丽和最高生物多样性的地方。由于其高生产力并且其通常位于偏远的地方，珊瑚礁也为数百万人提供了生计（Burke et al.，2011）。在考虑或参观珊瑚礁时，海藻并不是最令人想到的东西，但大型海藻为构成珊瑚礁的鱼类提供了大量的初级生产力。

多年来，我对研究温带海藻的珊瑚礁大海藻变得很感兴趣。在我的博士研究过程中，我是 Klaus Luning 教授的一个令人兴奋的研究小组的成员，他开创了一种精心设计的内源性系统，控制着海藻的生长，使它们的生长阶段完全与季节同步（Schaffelke et al.，1994）。之后，我的研究重点扩展到海藻生长、生物量和丰度的一般环境和生态驱动因素，以便理解栖息地、海藻群落形成、为什么在波罗的海的海带目和墨角藻目藻类的减少。许多环境因素导致海藻的减少，包括因富营养化导致的可用光减少，以及诸如体内寄生菌感染、水华和短暂的大型藻类竞争（Schaffelke et al.，1996；Schramm，1999；Lotze et al.，2000）。在大堡礁（GBR）不断增加的大型藻类的问题吸引了我的注意，我开始研究由于增加的养分输入而在近海礁石上过度繁殖的海藻。

大量的环境因素影响着珊瑚礁及其生物群落，包括在珊瑚礁上发现的海藻。在礁石上的大型海藻群落根据珊瑚礁类型、珊瑚礁区域（斜坡、平坦、礁冠或潟湖）深度梯度和季节而变化，并依赖于珊瑚礁群落的生长状态。例如，因珊瑚死亡受影响的珊瑚礁，一般来说，海藻的覆盖面积和生物量都更高，因为海藻能快速在新暴露的珊瑚礁基质上增殖。在大多数珊瑚礁上，珊瑚在数年之内会恢复主导地位，然而，在某些情况下，长期的干扰会导致持续的群落变化。

虽然海藻也会受到急性生理紊乱的影响，但长期的后果往往会对大型藻类有益，这可能会使珊瑚与海藻的竞争平衡（Diazpulido et al.，2007b）。在珊瑚死亡之后，礁体的可用性是至关重要的，因为大型藻类很少能在健康的珊瑚中生长。海藻一般能够快速地利用可获得的空间（Diazpulido and McCook，2002，2004），而且在飓风中或飓风过后（1992 年），出现高丰度的藻类是较为常见的。许多常见的珊瑚礁附生海藻种类很好地适应了在干扰后的通过破裂的碎片进行增殖，例如凹顶藻属（*Laurencia*）、鱼栖苔属（*Acanthophora*）、麒麟菜属（*Eucheuma*）、蕨藻属（*Caulerpa*）、网球藻属（*Dictyosphaeria*）、马尾藻属（*Sargassum*）、喇叭藻属（*Turbinaria*）、匍扇藻属（*Lobophora*）、网地藻属（*Dictyota*），这也通常是环境变化或影响的征兆。珊瑚礁一直受到干扰的影响，例如严重的风暴、珊瑚捕食者和病害。在过去的几十年里，珊瑚礁暴露出更多的急性和/或长期的干扰，如全球气候变化、海洋污染和资源开发日益增加等（Pandolfi et al.，2003）。因此，目前世界上只有 46%的珊瑚礁被认为是健康的，不存在着在任何地方或海域的环境胁迫（Wilkinson，2008）。在对珊瑚死亡和/或改变环境条件的干扰后（底层，营养和光的可用性，食草性），珊瑚礁要么逐渐恢复，要么会变得不稳定，变成不受欢迎的状态，这些状态主要由直立的大型藻类，滤食性动物，甚至没有更大的本底生物所主导，因此形成了一个健康的珊瑚礁的三维结构（Mumby and Steneck，2011）。

在殖民化之后，高的海藻丰度通常是由减少自上而下的（食草性）和自下而上的（营养供应）所控制的组合而来的，这通常是共同发生的（Littler et al，1984；Smith et al.，2010；Rasher et al.，2012）。当营养物质自然处于极限水平时，能够被浓缩并且促进叶状大型藻类的生长并增加生物量（Lapointe，1997；Schaffelke and Klumpp，1998a；Stimson et al.，2001）。这种自下向上的控制激发了我的好奇心，因为珊瑚礁通常被认为是在低营养水域发生的，到了20世纪90年代中期，只有很少的关于人为富营养导致了珊瑚礁上海藻生物量增加的报道（Smith et al.，1981）。如果在GBR海岸珊瑚礁经常看到的这些褐藻时，有效地利用该系统中可用的营养的机制是什么呢？我能够证明，在高可用性期间，马尾藻（*Sargassum*）吸收了溶解的营养物质，例如，在一次洪水中，它从邻近的农业集水区中携带了过量的营养物质（Brodie et al.，2012），藻类将这些营养物质储存在组织中以维持数周的生长（Schaffelke and Klmpp，1998b；Schaffelke，1999a）。未定名的马尾藻属群体（*Sargassum* spp.）同时利用从高负荷的颗粒有机营养中提取的营养元素来维持高生产力（Schaffelke，1999b）。几个近岸分布的褐藻，毛孢藻（*Chnoospora implexa*）、楔形叶囊藻（*Hormophysa cuneiformis*）、网胰藻（*Hydroclathrus clathratus*）、纤细团扇藻（*Padina tenuis*）、未定名的马尾藻属群体也有高的碱性磷酸酶活性（alkaline phosphatase activity，APA），除了可溶性磷酸盐外还可以使用有机磷酶池（Schaffelke，2001）和诱导弥补磷限制（Lapointe et al.，1992）。相比之下，壳状的珊瑚藻（CCA）的分布、生长、钙化和光合作用受到了营养、有机物质的可用性和沉积作用的负面影响，类似于珊瑚（Bjork et al.，1995；Harrington et al.，2005；McClanahan et al.，2005）。

食草动物通过将生物量降低到一个特定的阈值来改变养分的反应，在那里，食草动物不能食用更多的大型藻类生物（Williams et al.，2001）。充足的藻类生物质可以导致选择吃得更美味或更富营养的物种，从而导致不容易被增殖的物种所控制（Stimson et al.，2001；Boyer et al.，2004；Ledlie et al.，2007）。在夏威夷的珊瑚礁上，藻类的高生物量可能是由非本地的大型藻类的入侵引起的，主要原因是充足的可获得养分和当地食草动物的回避/选择性增殖（Smith et al.，2004；Conklin and Smith，2005）。

珊瑚礁海藻的高丰度取决于海藻分类、生长形式和生活史。大型藻体、快速生长率（不仅仅是褐藻类群，也包括仙掌藻属 *Halimeda*、鱼栖苔属 *Acanthophora*、江蓠属 *Gracilaria*、沙菜属 *Hypnea*、卡帕藻属 *Kappaphycus* 和麒麟菜属 *Eucheuma*）的物种，与珊瑚竞争，导致珊瑚的空间排斥，减少珊瑚生长，或者在极端情况下导致部分或全部的珊瑚死亡（McCook et al.，2001；Nugues and Bak，2006；Littler and Littler，2007）。此外，短期存在的类群，例如网胰藻属（*Hydroclathrus*）、网地藻属（*Dictyota*）和团扇藻属（*Padina*），可以形成密集的藻席（床），通过减少光和水的交换，并增加溶解的营养和有机碳的浓度（Hauri et al.，2010），从而对珊瑚的微环境产生负面影响。珊瑚礁海藻发生率的增加被认为是珊瑚礁退化的后果和原因（McCook et al.，2001）。因为海藻不仅能够忍受，而且能在对珊瑚最不适宜的环境中生存，一旦藻类群落被建立起来，就会通过生态反馈来限制珊瑚的恢复能力（Mumby and Steneck，2011）。

全球环境的变化和未来对珊瑚礁来说并没有很好的前景，因为它们受到全球和地方或地区环境压力的影响。气候变化将进一步使海洋变暖，导致更多的珊瑚白化和珊瑚死亡，并导致更高强度的风暴，从而破坏珊瑚礁并导致海平面的上升。此外，化石燃料的燃烧会增加更多溶解二氧化碳引起的海洋酸化，这将进一步改变珊瑚礁群落，我们才刚刚开始认识到这一点（Anthony et al.，2011；Fabricius et al.，2011）。增加资源开发（渔业、矿业）和增加农业、城市和工业发展的海岸和流域，会导致当地珊瑚礁的胁迫增强，促进海藻生物质过剩，过度捕捞和破坏性捕捞食草动物，海洋水域富营养（Fabricius，2011），由于全球贸易和非原生海藻的增多导致了更多的海洋敌害生物的出现（Schaffelke and Hewitt，2007；Andrealas and Schaffelke，2012）。

根据对气候变化的脆弱性评估，Diaz-Pulido 等（2007b）描绘一幅未来的珊瑚礁海藻群落的画面：珊瑚藻（CCA）和其他钙化藻类的数量将会减少；食草动物较少的礁石将会被海藻覆盖并增加海藻生物量；由非钙化藻类所主导并通常是短暂的；在扰动后快速生长，迅速恢复/增殖；紫外线，以及光波动（PAR）和养分的可用性，可从二氧化碳的增加中受益。我们对海藻群落的动态、生理和生态的认识，与对其他主要的珊瑚礁生物群落的认识相比，仍然是有限的，然而，即使这样对于整个珊瑚礁生态系统的作用也是显而易见的。虽然许多人类产生的胁迫可以得到解决，特别是通过本地规模更大的管理和保护工作；但保护珊瑚礁需要更加有效和全面，包括全球减少温室气体排放而做出的努力（Burke et al.，2011）。

第 10 章　海藻养殖

10.1　引言

近几十年来，随着海藻消费量的增加，海藻养殖填补了野生量与当前需求之间的差距。古老的记载表明，在中国约 2 500 a 前人们就开始采集海藻作为食物（Tseng，1981），而欧洲则是从 1 500 a 前开始的（Critchley and Ohno，1998）。在日本、中国和其他东亚国家，海藻一直是居民饮食的重要组成部分；海藻养殖是这些国家主要的水产部门。自 1970 年以来，海藻养殖产量每年增加约 8%（FAO，2009）。1999—2016 年海藻养殖产量从 880 万 t 增加到 2 731 万 t，价值约 56 亿美元（FAO，2016）。水产养殖提供了世界上大部分的海藻供给。早在 1971 年，海藻的养殖量/野生采收量就超过了 50%，而鱼类的养殖量/野生量直到 2012 年才超过 50%（Chopin，2012）。亚洲的海藻养殖约占全世界的 99%，而中国的养殖产量约占 54%（1 283 万 t），其次是印度尼西亚、菲律宾、韩国和日本。智利是除亚洲国家以外最重要的海藻生产商，其野生海藻收获量为 9 万 t/a。表 10.1 展示了 2009—2010 年水产养殖系统中最重要的 6 个海藻属的产量、产值、单价和 3 个主要生产国。褐藻产量占总产量的 64% 左右（产值占 67%）；红藻产量大约占 36%（产值占 33%）；绿藻的产量和产值仅占 2%，约 99%由亚洲国家生产（Chopin and Sawhney，2009）。在过去 10 年中，海藻的产量快速增长，特别是红藻和褐藻（图 10.1）。产量最大的海藻为海带（*Saccharina japonica*，曾用名 *Laminaria japonica*；在日本称为为昆布），其产量约为 460 万 t（表 10.1），主要生产国为中国。韩国主要养殖裙带菜（*Undaria pinnatifida*）（1.8 万 t/a）和红菜属（*Pyropia*，曾用名紫菜属 *Porphyra*），而日本主要养殖紫菜。然而，由于紫菜（条斑紫菜 *Pyropia yezoensis* 和甘紫菜 *P. tenera*）价格较高，日本的海藻产值为世界第二（12 亿美元；FAO，2010）。紫菜（1.6 万美元/t，干重）的价格大约是裙带菜的两倍，是海带的 5 倍左右（McHugh，2004）。海藻的商业生产国从 20 世纪 80 年代的几个国家到现在大约 35 个国家，呈现显著增加的趋势。据联合国粮农组织统计（2010），海藻养殖占世界水产养殖总量的 23%（产值约为 74 亿美元），软体动物占 19%，鱼类占 50%。在全世界的海水养殖方面，海藻产量占到了惊人的 46%。DVD 版的世界海藻资源权威参考系统（Critchley et al.，2006）是世界海藻资源图书（Seaweed Resources of the World）（Critchley and Ohno，1998）的更新版。Guiry 的网站（www.seaweed.ie）也提供了广泛的囊括海藻生产、养殖以及用途的信息。

表 10.1　6 个最重要的海藻属的 3 个主要生产国养殖产量、产值和单价（改自 FAO，2009；Pereira and Yarish，2010）

属名	产量/百万 t	产值/亿美元	单价/（美元 · t^{-1}）	3 个主要生产国
海带	4.6	28.9	627	中国（98%）、日本、韩国
裙带菜	1.8	7.9	448	中国（87%）、韩国、日本
紫菜	1.5	15.4	1 020	中国（58%）、日本、韩国
江蓠	1.1	5.2	490	中国（94%）、越南、智利
麒麟菜和卡帕藻	3.2	5.5	174	菲律宾（94%）、印度尼西亚、中国

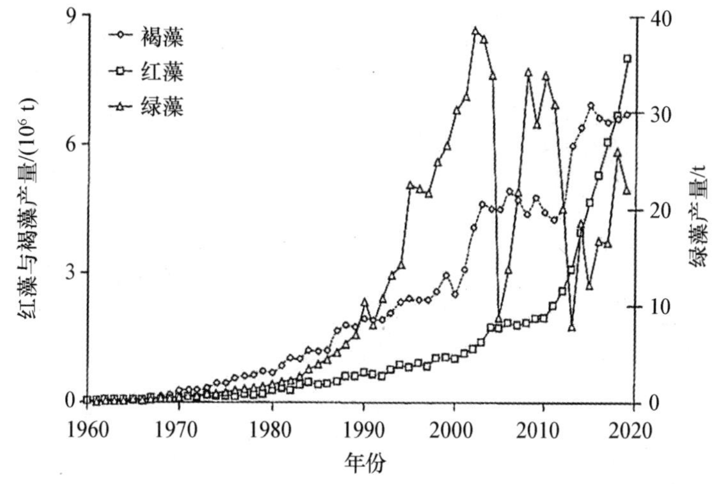

图 10.1　过去 50 a 中大型红藻、褐藻和绿藻的商业生产情况（引自 Buchholz et al.，2012）

海藻具有很广泛的用途，包括人类食物、动物饲料、生物聚合物（藻胶）、化工、农药、化妆品、药品、保健食品和生物能源化合物。最近，它们还被用于多营养层次综合水产养殖（integrated multi-trophic aquaculture，IMTA）中，可吸收混养系统中无脊椎动物和脊椎动物产生的营养物质（Chopin et al.，2001；Troell et al.，2009；Buchholz et al.，2012）。海藻的利用中人类消费占据了非常重要的部分，用量高达 860 万 t 湿重（占海藻总量的 76%），价值为 53 亿美元（88%）；而藻胶工业使用量仅为 130 万 t 湿重（11%），价值为 6.5 亿美元（11%）（Chopin and Sawhney，2009）。而在当前，仅有约 37.8%以上的养殖海藻被用于食用（FAO，2016），其中海带、紫菜和裙带菜占据了主要的食用海藻市场。藻类对养分的生物提取（bioextraction）或植物修复（phytomitigation）（沿海地区过量营养物质的去除）的价值目前很难评价，因为针对沿海水域过量营养物质的排放和去除的指导方案较少。如果假设海藻的平均组成为大约 0.35%的氮、0.04%的磷和 3%的碳，其营养信用交易（nutrient-trading credits，NTC）应该分别在 10～30 美元/kg，4 美元/kg 和 30 美元/kg 左右。因此，以 2010 年养殖海藻（1 580 万 t）的生态系统服务价值至少为 5.9 亿～17 亿美元，仅占其商业价值（74 亿美元）的 23%（Chopin et al.，2012）。海藻产品广泛存在于人类的日常生活中。

作为人类饮食的一部分，海藻可提供蛋白质、维生素和矿物质（尤其是海带中的碘）。此外，3种重要的藻胶（琼脂、卡拉胶、褐藻胶）提取自红藻和褐藻。表10.2列出了三者的产量、产值和单价，在过去10年中其得到了显著地增长。石花菜属（*Gelidium*）中提取的琼脂已广泛用于微生物及组织的固体培养介质以及电泳的凝胶。来自于江蓠属（*Gracilaria*）的琼脂主要用于食品。主要从卡帕藻属（*Kappaphycus*）、麒麟菜属（*Eucheuma*）和角叉菜属（*Chondrus*）中获得的卡拉胶（carrageenans）被广泛应用于乳制品中的增稠剂。从海带属（*Saccharina* 和 *Laminaria*）、囊叶藻属（*Ascophyllum*）以及其他海带目和墨角藻目中获得的褐藻酸盐，也在众多产品中被用于增稠剂，包括沙拉酱、石油钻井液以及造纸涂料（McHugh，2004；Bixler and Porse，2011）。

表10.2　1999—2009年期间海藻藻胶的产量、平均价格和产值

（改自 Bixler and Porse，2011）

藻胶	产量/（1 000 t）		平均价格/（美元·kg^{-1}）		产值/百万美元	
	1999年	2009年	1999年	2009年	1999年	2009年
琼胶	7.5	9.6	17	18	128	173
褐藻胶	23.0	26.5	9	12	225	318
卡拉胶	42.0	50.0	8	10.5	291	527
合计	72.5	86.1			644	1 018

目前大型海藻已知种类约为10 500种，只有大约500种被用于人类食物和药物长达1个世纪之久。然而，只有约220种海藻目前在世界范围内栽培（Chopin and Sawhney，2009）。其中，6个属的海藻产量占据了全部海藻养殖产量的95%，其产值占98%，包括糖藻属（*Saccharina*）（约40%的产量和48%的产值）、裙带菜属（*Undaria*）（约22%的产量和18%的产值）、红菜属（*Pyropia*）（约12%的产量和23%的产值）、卡帕藻属/麒麟菜属（*Kappaphycus/Eucheum*）（约12%的产量和2%的产值）和江蓠属（*Gracilaria*）（约8%的产量和7%的产值）。海藻养殖的成功归功于对其复杂的生活史、藻体的再生能力、高繁殖力孢子的产生，以及海藻和光、温度和营养物质之间的相互作用的深入解析。卡帕藻/麒麟菜和江蓠可进行无性繁殖，而紫菜、海带和裙带菜必须通过孢子繁殖。亚洲的大部分海藻养殖都在大规模的开放式水系统中，但也有些品种是在池塘中养殖的。成功的海水养殖有赖于广泛的海藻生物学和生理学的基本知识、藻种筛选，以及如何对海藻生长起重要作用的环境因素加以操纵以提高产量。下面的章节总结了从食品到藻胶生产的6个最常见的商业化种植海藻的海水养殖实践。前面章节中描述的生态学和生理学原理的应用将被强调，包括对这些物种的产品的一些讨论。

10.2　紫菜的海水养殖

条斑紫菜（*Pyropia yezoensis*，曾用名 *Porphyra yezoensis*）（Suffierland et al.，2011）是最

有商业价值的海藻之一。2008 年的年产量约 150 万 t，产值约 15 亿美元（表 10.1）（FAO，2009；Pereira and Yarish，2010）。中国年产量为 80 万 t（湿重），其次是日本为 33.7 万 t，韩国为 22.4 万 t（FAO，2010）。约 90%的条斑紫菜产于中国北部江苏省并出口到国际市场，而坛紫菜（*P. haitanensis*）则主要生长在中国南部地区并用于本国内需求（FAO，2005）。基于分子系统发育分析，部分原来的紫菜属（*Porphyra*）物种被划分为其他属，大多数被归为红菜属（*Pyropia*）（Sutherland et al.，2011；见 1.4.1 节）。在世界范围内目前存在超过 50 种红菜属物种（www.algaebase.org）。5 种红菜属物种：条斑紫菜、甘紫菜（*P. tenera*）、坛紫菜、拟线型紫菜（*Porphyra pseudolinearis*）和长紫菜（*P. dentata*），已用于商业化养殖，而前 3 种的产量占总产量的绝大部分（Yarish and Pereira，2008；Pereira and Yarish，2010）。在日本，奈良轮条斑紫菜（*P. yezoensis* f. *narawaensis*）因其旺盛的生长速率和更细长的叶片已成为最常见的养殖品种（Niwa et al.，2009）。20 世纪 80 年代，美国华盛顿州经过 10 多年的发展，出现了很小规模的紫菜栽培产业（Mumford，1990）。虽然紫菜（红菜）栽培在生物学和经济上是可行的，同时产品质量较高，但由于难以获得养殖水域，以及滨海土地所有者对水域污染的关切，进一步的养殖已经停止。此外，Neefus 等（2008）正在针对 3 种被引入到西北大西洋的亚洲物种进行生长和养殖研究。

紫菜主要被用于食品行业，尤其是作为寿司的食材。紫菜在不同的国家拥有不同的别名，包括日本的“nori”、韩国的“gim”、中国的“zicai”和英国的“purple laver”。过去 10 年里，全球消费量不断扩大，特别是在北美洲。这部分是由于日本的营销努力和日本料理消费的增加。韩国的生产和出口正在增加，25%的产品被运往美国。紫菜具有高度可消化的蛋白质（占湿重的 20%-25%）以及游离氨基酸（尤其是谷氨酸、甘氨酸和丙氨酸），使其具有特殊的味道。紫菜的维生素 C 含量类似于柠檬，还含有丰富的 B 族维生素，同时还是很好的碘等微量元素的来源（Keiji and Kanji，1989；Burtin，2003；MacArtain et al.，2007）。

10.2.1　生物学

紫菜（*Pyropia/Porphyra*）生活史为异形（双相）世代交替（图 2.7）。其叶状配子体可以食用。叶片为黄色、橄榄色、粉红色或紫色，由 1~4 层细胞组成，长度可达 1 m。某些物种的叶片可通过原孢子（archeospores）或不动孢子（aplanospores）进行无性繁殖。商业化养殖的紫菜物种在光照时间增加和温度提升的刺激下进行有性生殖。精子囊（spermatangium）释放的精子和雌性生殖细胞果胞子（carpogonium）融合，受精后进行有丝分裂，形成二倍体的果孢子（carpospores）。果孢子体成熟后脱离藻体释放于海水中，附着于贝壳或其他钙质基质，成长为丝状体（二倍体的孢子体）。自然界中，丝状体是一种多年生的生活史阶段，也可以在实验室中长时间培养，进行无性/营养繁殖。在光照时间缩短和温度降低的情况下，丝状体的末端细胞形成壳孢子囊（conchosporangia），产生二倍体的壳孢子（conchospores）。壳孢子萌发过程中发生减数分裂，形成宏观的配子体（单倍体叶状体）。

紫菜产业的巨大成功来自于对脐型紫菜（*Porphyra umbilicalis*）各种未知生活史阶段的发现。1949 年以前，还缺乏对紫菜孢子来源的认识，Drew（1949）发现过去认为的“Conchocelis rosea”属实际上是紫菜的一个生活史阶段，而这一发现改变了整个紫菜产业。继而发展出了室内在灭菌的牡蛎或文蛤壳中大规模培养丝状体的技术，以及在室外将壳孢子直接“播种”于海水中网帘的方法。

10.2.2 养殖

初期紫菜养殖技术非常简单。野生种群量的增加最初是由在海湾底部泥层中堆积木桩或竹桩来实现；或者通过清除岩石表面，使得壳孢子在初秋释放时拥有更多的附着和生长空间。后来则使用了更容易从收集地运输到养殖区的网帘（FAO，2005）。

养殖技术包括 4 个主要步骤：①丝状体培养和壳孢子释放；②壳孢子附着于网帘；③幼苗培养；④收获。这些步骤如图 10.2 所示。丝状体的贝壳接种和大量培养主要在温室水泥池中进行的（Tseng，1981；Sahoo and Yarish，2005）。在 2 月或 3 月，紫菜藻体通过干燥过夜，然后重新浸没于海水中诱导果孢子体的释放。无菌的牡蛎和文蛤壳，或方解石颗粒制备的人工基质被放置于海水池中，加入成熟的紫菜叶片或加入悬浮的果孢子体。也可以将丝状体在生物反应器中体外培养，破碎成藻丝段后施放到附着基质上（Sahoo and Yarish，2005；He and Yarish，2006）。果孢子体在低光照和 10～15℃温度条件下萌发，并钻入贝壳或人工基质中。丝状体在养殖池中的生长需要黑暗（防止硅藻的生长）、较低水平的营养盐和阶段性洗刷（去除硅藻等敌害生物），温度条件为 15～25℃。

光照和温度对壳孢子发育起着至关重要的作用。从 7 月上旬至 9 月末，环境温度从 22℃左右升高到 28～30℃，然后逐渐降低。这是壳孢子囊形成和最大壳孢子产量的关键时期，依赖于温度和光周期的相互作用。在室内水泥池中，光强需在 7 月初降低到约 15 μmol · photons m^{-2} · s^{-1}，然后环境水温需持续上升。9 月，当环境温度下降到约 23℃时，人为减少光照至每天 8～10 h，水温降低到 17～18℃会刺激孢子形成。室内采苗时将网帘置于水泥池中，海区采苗时则将壳孢子水泼洒到网帘上方。壳孢子的附着和萌发需要大于 50 μmol · photons m^{-2} · s^{-1}高光照，萌发通常在海上进行。

壳孢子在网帘上的成功附着需要一定的条件。最优的附着密度为 2～5 个/mm^2，在室内水箱中仅 8～10 min 即可完成附着，野外则需要 15 d。然后网帘被连接到桩或筏架上在海区进行幼苗养殖；每个生长季收割 3～4 次。网帘也可以卷起并冷冻保藏 6 个月或更长时间，然后再放回海区生长。这使得在生长期内可达到多次收获，特别是已有养殖网帘上的叶状体被真菌或真菌类寄生虫破坏的情况下。

挂网的方式有几种，取决于养殖区的水深和潮汐幅度（图 10.3）。在浅水区，网帘悬吊于固定杆（柱式），使藻体经常暴露于大气中（图 10.3a）。如果潮差大于 2 m，网帘则在两端固定（浮动式），在退潮时置于暴露出的海底面，在涨潮时漂浮于水面（图 10.3c）。在深水区，网帘固定于海中的浮筏。潮间带柱式养殖往往是首选，因为其可保证周期性的暴露，这有助于减少疾病的发生和竞争性物种尤其是附生硅藻的生长（Tseng，1981；Pereira and Yarish，2010）。目前，人工培养的丝状体释放的壳孢子的附着被广泛采用，此过程开始于水温 20℃左右的秋季。

最大收获量取决于适当的养分和温度条件。随着藻体年龄的增长，最适生长温度降低。因此，在海区养殖时间长短是很重要的。延期将减慢幼苗的生长从而导致初始收获期延后。

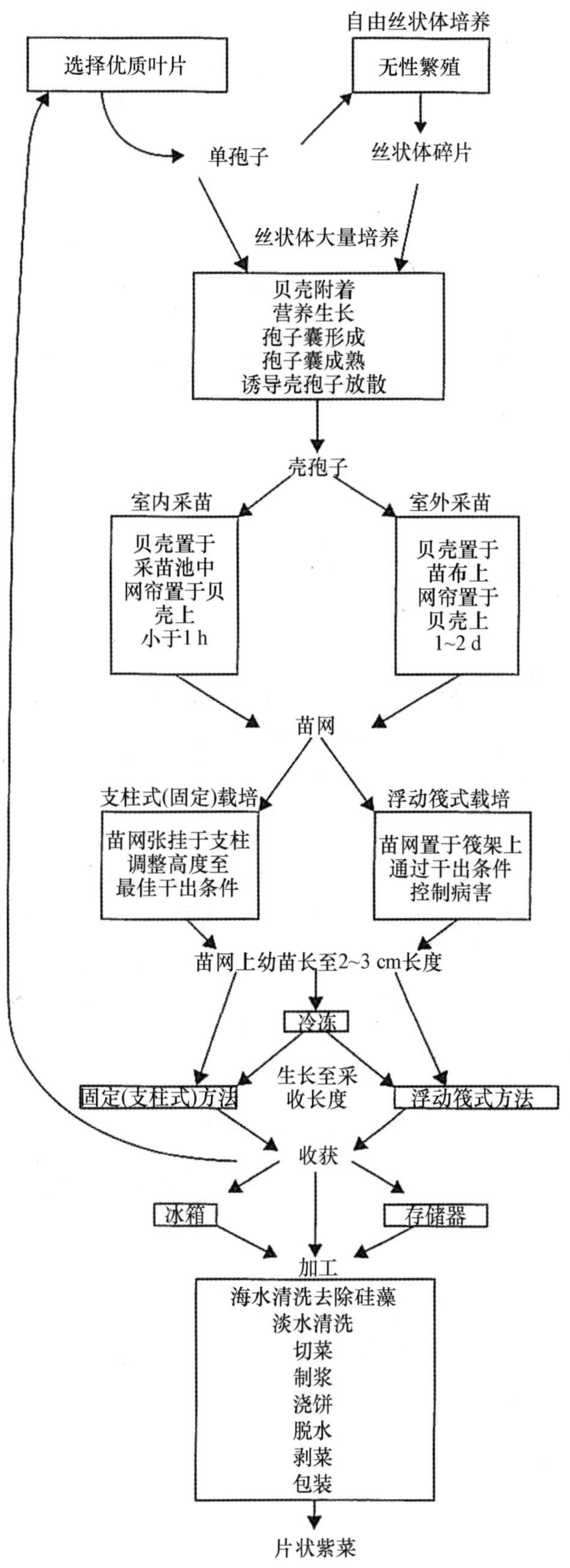

图 10.2　日本的紫菜生产和加工流程（引自 Mumford and Miura，1988）

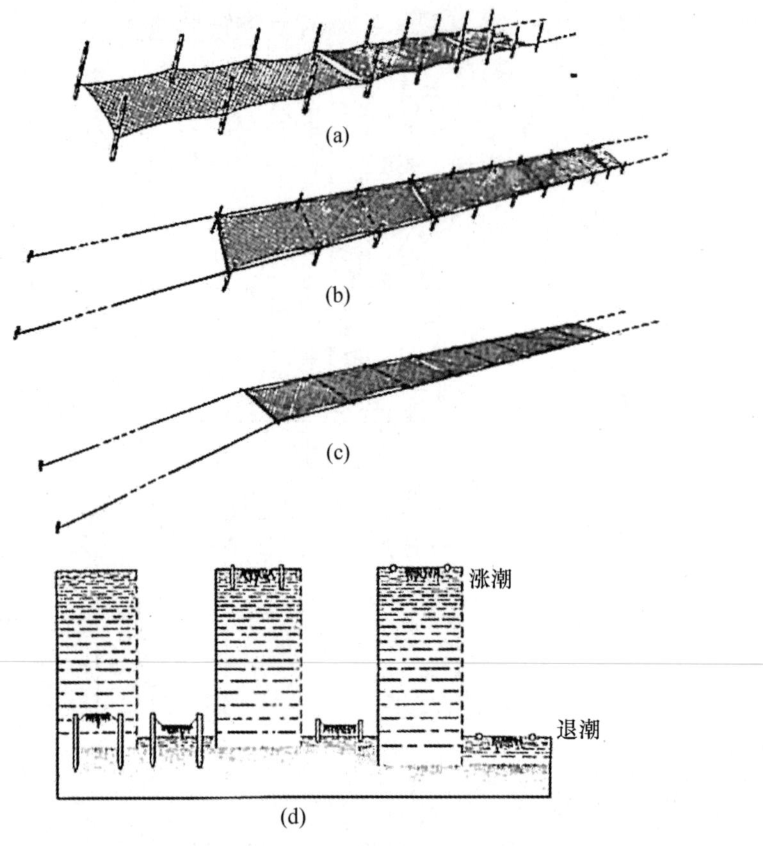

图 10.3　紫菜养殖的 3 种方法

注：(a) 柱式固定法；(b) 半浮动法；(C) 全浮动法；(d) 3 种方法在涨潮和退潮时的表现，左边为涨潮，右侧代表退潮（引自 Tseng，1981）。

NH_4^+和 NO_3^-的浓度必须大于 3 μmol/L，而最优质的紫菜养殖需要的氮浓度需大于 15 μmol/L。过去，硫酸铵等肥料被喷洒在藻床上，或从悬挂在支柱上的瓶子中扩散入养殖水域。然而，最近的环境保护法规不再允许这种做法。质量最好的海藻是从 10—12 月在正常生长条件下采集的藻体。收获每 10~20 d 完成一次，采用机械化收割机每个网帘可收获 6 次或更多。当第一轮的网帘被收获几次后，可能会替换成冷藏的新网帘。这个过程至少会重复 3~4 次直到生长季节结束（第二年的 1 月或 2 月），原因是因增厚而导致质量下降（Pereira and Yarish，2010）。

紫菜幼体在深度冷冻后仍可存活，为紫菜养殖提供了新的方式。将藻体干燥至初始含水量的 20%~30%，然后冷冻并储存于-20℃，可以保存 1 a 后恢复正常生长。这种做法可以将收获期延长到 3 月或 4 月，也可以在前期养殖失败时作为保险。冷冻网能够生产出比现有养殖区更多的幼苗，并在病害和污染控制方面具有更大的灵活性。

紫菜的加工包括几个步骤。收获的藻体首先用海水彻底清洗，去除所有的附生生物和死亡藻体。然后藻体加入淡水清洗后铺平并干燥。成品（在日本成为 *hoshi-nori*）可以直接用于调料、汤、沙拉和寿司或进行二次加工。

10.2.3　紫菜养殖的问题

正如有陆地农业存在的杂草问题，紫菜养殖也存在类似的问题。一般来说，紫菜有两种竞争性杂藻：绿藻（通常为礁膜属 *Monostroma*、石莼属 *Ulva* 和尾孢藻属 *Urospora*）和硅藻（如楔形藻属 *Licmophora*）。阻止这些藻类的孢子附着有 3 种方式：①年轻藻体产生的单孢子增加了附着密度，因此留给杂藻孢子的附着空间较小。尤其是注意网帘不会因藻体脱落而产生空白区供杂藻附着；②只收获较长的藻体，这部分仍然主要是紫菜；③如果杂藻附着在网帘上，可将其暴露于空气中几个小时以杀死杂藻，因为杂藻比紫菜对失水更加敏感（Mumford and Miura，1988）。

近期，在濑户内海秋末暴发的硅藻威氏圆筛藻（*Coscinodiscus wailesii*）藻华导致海水中氮的耗尽并引起紫菜漂白，原因是氮是紫菜色素（藻红蛋白）生产的必须元素（Nishikawa and Yamaguchi，2008）。在日本，海湾中密集的网帘可能由于温度突然升高受损。这通常发生在 11 月，此时的海水较平静，且表层海水由于分层增加而变暖。温度上升会导致一些紫菜幼体死亡，网帘会部分出现空白，导致产量降低以及附生生物的入侵。另一个问题是草食性鱼类对紫菜的摄食。如果摄食问题严重，必须用特殊的围网来保护紫菜（Tseng，1981）。

病害仍然是对紫菜生产最大的威胁，尤其是在高密度养殖过程中。大多数病害是由真菌引起的（Andrews，1976；Neill et al.，2008；Gachon et al.，2010）。紫菜常见病包括由卵菌（*Pythium*）引起的“赤腐病”（red rot）和由真菌（*Olpidiopsis*）引起的“壶菌病”（chytrid blight）（Ding and Ma，2005）。这两种真菌经常同期发生，并导致霉变和加工质量的明显下降。对导致紫菜“Akagusare”病的真菌腐霉菌（*Pythium*）抗性筛选，最近被用来确定涉及敏感和抗性宿主的宿主-病原体相互作用（Uppalapati and Fujita，2001）。在日本，由于抵制食品藻类中使用化学药物，许多病害都通过干燥和/或冷冻受感染的网帘加以控制，并通过良好的栽培方法和其他创新方法维持藻体的健康（Ding and Ma，2005）。例如，一个绿色突变体被发现具有高抗赤腐病的抗性，这种抗性可能是由于该绿色突变体具有相对较厚的细胞壁，而易感性与细胞壁厚度之间呈反比关系。不幸的是，几十年来对紫菜的筛选一直偏向于细胞壁薄的藻株（具有更好的口感和质量）。这种绿色株型的颜色和厚度是否可被消费者接受是令人怀疑的。“绿斑病”是由弧菌（*Vibrio*）和假单胞菌（*Pseudomonas*）等致病细菌引起的（Neill et al.，2008）。每种商业化养殖海藻都易患一种或多种疾病，有些是由于病原体引起的。然而，其他所谓的“疾病”其实是由于有害的环境物理条件（Andrews，1976；Tseng，1981；Gachon et al.，2010）。“冠瘿病”（crown-gall disease）导致瘤状物生长，可能是由于污水中的致癌物质（Tseng，1981），在日本，尘雾会引起紫菜作物受损严重，因其频繁地暴露于大气中。空气污染中的亚硫酸盐溶解于水时会形成亚硫酸，部分导致了这一现象。

仅使用少数高度选择的藻株会导致遗传单一，从而导致由于疾病或不利条件对养殖海藻的普遍影响，而增加歉收的可能性。因此需要从野外采集具有较高的疾病耐受性和更深颜色的叶状体，来获得具有遗传多样性的新的丝状体。Niwa 和 Sakamoto（2010）证明了在自然和栽培种群的异源二倍性（allodiploidy），这提示了未来紫菜多倍体育种的发展潜力。作为一种保障措施，现在网帘一般会接种多个品种。Mumford 和 Miura（1988）建议建立丝状体

“基因库”来维持遗传多样性。采用重离子束诱变分离获得的红色突变体（IBY-R1）相比野生型具有更多的藻红蛋白（暗红色/黑色—理想的颜色）和较高的总游离氨基酸（丙氨酸、牛磺酸—更好的口感），但产量较低（Niwa et al.，2011）。Niwa 等（2008）证明第一次收获的紫菜味道最好，因其具有较薄的叶片和较高的谷氨酸含量。使用同一网帘后续收获的紫菜因叶片变厚、谷氨酸含量下降而导致品质下降。

传统的日本紫菜养殖户大部分为自给自足，现在则趋向专业化。现在农民可以从公司购买贝壳丝状体或已附着好壳孢子的网帘。最后，农民可以将紫菜卖给加工商，而不是自己进行加工。

叶状体无性繁殖能力的缺乏使得紫菜养殖呈现劳动密集型和高成本，因为每个藻体均需来自于丝状体释放的壳孢子。事实上，仅有少数种类的紫菜养殖品种来自于配子体自然产生的原孢子（以前叫单孢子，monospores）。一些物种（例如条斑紫菜）的配子体能够形成叶片原孢子，是由无性孢子萌发形成新的叶片。这使得产量可大幅度增加到每个网帘可收割6~8次（Pereira and Yarish，2010）。叶状体亲本筛选的原则为叶片狭长、成熟期晚、可产生原孢子。网帘上较窄的藻体产量更大。当繁殖时，其快速生长被叶缘破损部分抵消。在网帘上原孢子的二次附着可以帮助克服初始孢子附着量的不足。Hafting（1999）将条斑紫菜的叶片悬浮培养并切割成很小的碎片。3 周后叶片细胞崩解，产生原孢子，并形成高密度的悬浮叶状体，这一发现可促进紫菜的栽培生产。

自由生活悬浮培养的白斑紫菜（*Pyropia leucosticta*）丝状体可以在实验室培养（15℃、温和光照）。提高温度至 20℃并减少光照至光暗比为 8 h：16 h，4 周后诱导壳孢子囊形成，并可以维持 6 个月（He and Yarish，2006）。降低温度、增加光照和光周期会诱导壳孢子释放。壳孢子可附着、萌发并生长成幼嫩叶片。另一种方法是由 Saito 等（2008）针对雌雄异株的具有商业价值的拟线型紫菜（*Porphyra pseudolinearis*）发明的，该物种不能产生无性孢子（如原孢子）。在培养基中加入尿囊素（allantoin）后会诱导形成原孢子囊（archeosporangium）。尿囊素具有细胞分裂素的特性，可以促进拟线型紫菜（*Porphyra pseudolinearis*）叶状体的发育，然后通过轻度搅拌破坏细胞壁而促进原孢子的释放。

通过原生质体营养繁殖可以解决两个问题。由于消除了丝状体阶段，可以降低生产成本和遗传多样性。在组织培养中从叶片培养营养细胞对理想的基因型有更大的控制作用。原生质体的制备和融合技术（Polne-Fuller and Gibor，1984；Chen，1986；Fujita and Migata，1986；Reddy et al.，2008a）已在多个紫菜物种中成功应用（Polne-Fuller and Gibor，1990；Saito et al.，2008）。营养细胞的分离和再生能力可以诱导和选择所需的突变以及特异性藻株的营养克隆。单细胞和原生质体技术的另一个好处是能够避免有性生殖过程，从而维持纯合体状态。

遗传学、生理学和生物化学的最新进展正在迅速应用于新的生产技术中。“紫菜基因组”项目正在进行中（Gantt et al.，2010；见 1.4.1 节），脐形紫菜基因组和紫红紫菜（*Pyropia purpurea*）转录组已经公开（Chen et al.，2012a；Brawley et al.，2017）。紫菜属藻类拥有由 3~4 个染色体组成的较小的基因组（约 2.7 Mbp）和较短的世代（1~3 个月），使其适合于未来生物技术和基因工程应用的遗传分析（Gantt et al.，2010）。

10.3　海带—食用和褐藻酸提取

海带（*Saccharina japonica*，曾用名 *Laminaria japonica*）是养殖最普遍的海带目物种，产量占世界海藻总产量的 26%（FAO，2016）。增加海带产量最可行的方式是通过养殖，因为过去 20 a 中野生海带的收获量没有增加（Druehl，1988）。早在 8 世纪时，日本北部就开始收集海带的野生种群，并部分作为贡品出口到中国（Tseng，1981；1987）。海带养殖最早开始于 20 世纪 50 年代早期的中国和日本（Kawashima，1984；Brinkhrus et al.，1989），最近开始在韩国开展。中国海带占主导地位，贡献了全球近 500 万 t 湿重收获量中的超过 400 万 t（表 10.1；FAO，2010），而韩国更偏向于养殖裙带菜（McHugh，2004）。海带每公顷产量从 50~130 t 不等（Druehl，1988）。海带是最佳的碘浓缩物（其浓度为海水浓度的 10^5 倍），因此其在中国主要被食用来预防甲状腺肿，也可用于褐藻酸和甘露醇的生产（Tseng，1987）。海带（在日本俗称昆布）在低于 20℃的条件生长最好，自然情况下生活于低潮间带和潮下带冷水性的温带环境。生活史为可收获的宏观孢子体和微观配子体的世代交替（图 2.5 和图 2.8）。尽管日本和韩国主要养殖裙带菜来食用，由于过去的 10 年中海带市场需求的快速增长，海带的养殖已越来越重要（Buchholz et al.，2012）。在加拿大，糖海带（*Saccharina latissima*，曾用名 *Laminaria saccharina*）和翅菜（*Alaria esculenta*）被用于多营养层次综合水产养殖（IMTA 栽培）（Chopin et al.，2008）。在智利，褐藻如未定名的巨藻属群体（*Lessonia* spp.）、梨形巨藻（*Macrocystis pyrifera*）和南极海茸（*Durvillaea antarctica*）混合培养可达到年产量 10 万 t，主要用于生产褐藻酸和鲍饲料（Buschmann et al.，2008）。

此外，还有其他几个海带目物种被养殖用于食用褐藻酸提取。加拿大东部（Chapman，1987；Chopin and Sawhney，2009）和美国东部（Yarish et al.，1990）有小规模的糖海带养殖。加拿大东部也进行翅菜（*Alaria esculenta*）养殖（Chopin and Sawhney，2009）。此外，加拿大东部（Sharp，1987）和北欧（Kain and Dawes，1987）收获野生瘤状囊叶藻（*Ascophyllum nodosum*）用于提取褐藻酸，日本养殖羊栖菜（*Sargassum fusiforme*）作为食物（Nisnawa et al.，1987）。智利是褐藻的重要产地，产量约占全球供应量的 10%（每年 25 万 t 湿重）。未定名的巨藻属群体（*Lessonia* spp.）具有较大的自然种群，而巨囊藻属（*Macrocystis*）的野生种群较小，都被用于迅速扩大的鲍产业和提取褐藻酸（Vasquez，2008）。

10.3.1　养殖

海带生活史包括微观配子体阶段和宏观孢子体阶段的世代交替（图 2.8）。孢子体主要在夏季和秋季释放游孢子，游孢子附着并萌发成雌、雄配子体。配子体需要低温和蓝光才能发育成熟。精子和卵子受精后，20 d 内产生幼孢子体。养殖海带一般只生长一年，在日本通常是 9—11 月收获，而中国则主要在 4—7 月收获。

海带养殖主要分为 4 个步骤：①孢子收集和苗帘附着；②苗帘暂养；③分苗养殖；④收获（Sahoo and Yarish，2005；FAO，2006；Yarish and Pereira，2008）。种子来自于野生或栽培海带孢子囊释放的减数孢子。孢子囊被用力擦拭或在漂白剂中短暂浸泡进行清洗，然后置于阴凉、黑暗的地方 4~24 h。干燥有助于孢子的释放。接下来孢子囊被重新浸泡于海水中，在 1~2 h 内完成孢子释放，但孢子无法在 20℃以上温度存活。游孢子在 2~24 h 内附着于苗绳等基质，并经过胚孢子阶段进一步发育为配子体。种苗培育通常是在水平或垂直的苗绳上进行的，之后苗绳被储存在封闭水域中 7~10 d；在中国通常培养时间为 37~80 d。之后，携带有海带幼孢子体的苗绳被切成小段，分别夹在养殖绳上或者用吊养在海区中。单绳或双绳筏式养殖系统被用于在秋末帮助幼孢子体在海水中悬浮养殖。相比而言，单绳筏能够更好地在深水区获得营养，特别是在清澈的海水中（McHugh，2004）。每隔几个月需检查一次养殖绳，降低海藻密度并去除附着的污染物。日本东海岸的冬季，海带需保持在水面以下 5 m 以避免冬季的风暴潮；而在春季和夏季需保持在水面以下 2 m，以获得更多的光照。在 5 月和 6 月，将成熟的叶片从养殖绳上切断，水洗除去附生硅藻等，然后在太阳下晒干。

人们研究了缩短海带生产时间的方法。最初的两年养殖法在深秋通过孢子体产生孢子囊群获得孢子。在日本，幼苗在 12 月到第二年 2 月出库，海带收获需要 20 个月（Kawashima，1984；图 10.4）。而强制性养殖法通过夏季孢子体获得孢子，秋季在海区生长 3 个月，成为第二年的海藻。这种方法节省了 1 a 的生长时间（图 10.4；Kawashima，1984），这一模式最早在中国建立，并在中国海带养殖中被广泛应用。海带的自然生活周期还可被更进一步操控。通过抑制配子体阶段所需的蓝光，可以延迟配子的形成时间，使得生殖细胞在一年四季均可进行生产（Lüning and Dring，1972，Druehl et al.，1988）。

在中国，通过大量分离培养的配子体克隆生产受精卵改进了海带育苗技术。雌、雄配子体被分批培养，然后在适当的条件下进行受精。该方法的优点是具有理想性状的幼苗可大批量生产，减少了对温控的温室长期培养的需要。因此，利用配子体产生幼苗而不是从成熟孢子体上收集游孢子的方法更不受季节的限制，但限制于海带孢子体对水温的限制（22℃以下），其生产的周期仍然保持着与游孢子采苗相同的季节。

中国已经进行了海带的遗传育种研究，开发出采用连续近交、选育和杂交获得新品种的方法。已经培育出耐高温、生长速度快、碘含量高的品种（Tseng，1987；Zhang et al.，2016，2018）。由孢子产生的微观配子体受到蓝光抑制以及光照强度的控制可以保持无性繁殖状态（Lüning and Dring，1972）。目前，这种配子体可以通过破碎的方式被大量克隆，从而提供相同基因型的配子体种群。这些配子体杂交可形成相同基因型的孢子体。该系统可以长时间保持优良藻种。直接培育获得纯合体子代孢子体，可以维持优良品种的基因型，这一技术已在 20 世纪 80 年代得到了突破，并成为中国海带杂交育种和杂种优势利用的主要手段。

有几种方法可以提高海带的产量。海带在叶柄和叶片基部之间的分生组织形成新组织完成纵向生长。在夏季较老的梢部叶片组织的自然脱落，损失量高达总收获的 25%。在中国，第二年 4 月和 5 月间可进行梢部切除来消除收获物的损失（Tseng，1987）。在中国北方，早期海带养殖曾使用陶罐来缓慢释放氮肥来克服海水的氮限制，但现在由于近海富营养化，在 90 年代末期已经取消了这一施肥养殖工艺。

海带也会发生病害。海带养殖最严重的 3 种疾病都是由不良环境条件导致的（Tseng，

1987；Neill et al.，2008）：绿烂病（green-rot disease）是由于辐照度过低，白烂病（white-rot disease）是由于辐照度过高、氮含量过低，而泡烂病（blister disease）则是源自于降雨导致的淡水影响。此外，夏季育苗阶段，由假单孢菌（褐藻酸降解菌）作为条件致病菌，可以引发细菌病害。

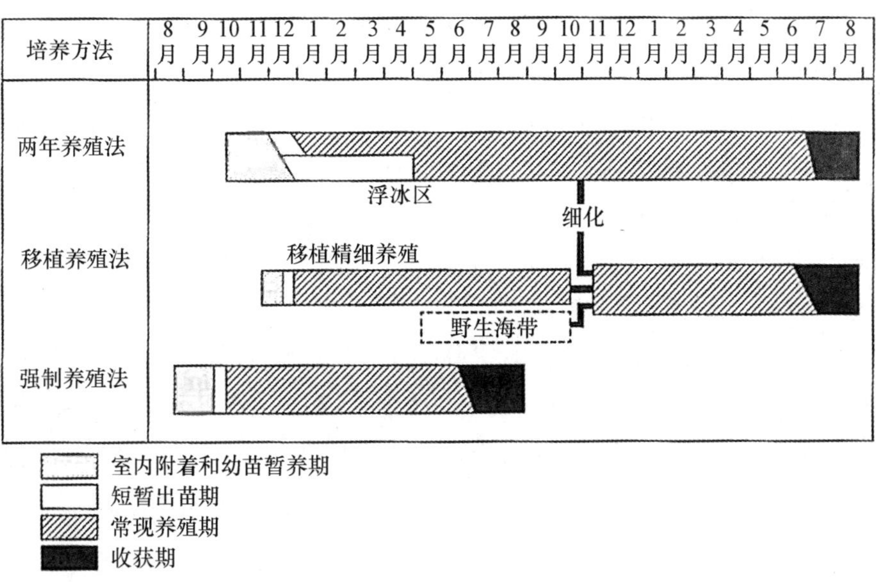

图 10.4　日本不同海带养殖方法的主要季节性工作（引自 Kawashima，1984）

10.3.2　利用和未来的前景

海带被广泛应用于各种食品和褐藻酸工业。大部分的海带经过煮烫和盐渍后被加工成不同形状的蔬菜食品而被食用，少量经过干燥并用于汤类、沙拉、茶，或各种调味料副产品（如糖、盐和酱油）。海带含有大约 8%～10%的蛋白质，它在中国已被用于作为碘膳食补充物（碘在紫菜和其他红藻中含量相对较低），来预防甲状腺肿（Brinkhuis et al.，1987）。在中国、日本和韩国，海带用于医药和食品的历史已长达 1 500 年（Tseng，1981）。极北海带（*Laminaria hyperborea*）和掌状海带（*L. digitata*）有很长一段时间作为褐藻酸工业的主要原料（Kain and Dawes，1987；McHugh，2004；Bartsch et al.，2008）。糖藻属（*Saccharina*）（主要来自中国）和巨藻属（*Lessonia*）（来自智利）是当前褐藻酸提取的两种主要海藻（Bixler and Porse，2011）。

褐藻胶在褐藻的细胞壁中以钙、镁、钠的藻酸盐形式存在。从海藻中提取褐藻胶首先要将所有的藻酸盐转化为褐藻酸钠（因为钙盐和镁盐不溶于水），然后溶解于水，通过过滤发除去海藻残留，并从溶液中回收褐藻胶。最经济的方法是将褐藻酸钠转化为褐藻酸钙进行沉淀，然后加酸转化为褐藻酸（McHugh，2004）。褐藻胶分子是含有两种不同酸组分的长链，缩写为 M 和 G 单元。这些 M 和 G 单元在褐藻胶中的组成方式以及 M/G 的总体比例具有物种特异性，因此从不同的褐藻中提取的褐藻胶性质有很大的不同。虽然中国的海带产量很高，但其所含的褐藻胶 M/G 比值较低，获得的藻酸盐凝胶强度较低，可用于织物印染和纸张涂料（Bixler and Porse，2011）。另一种褐藻酸衍生物褐藻酸丙二醇酯（propylene glycol alginates）可用于食品工业。关于藻酸盐化学的简要回顾，可详见 Jensen（1995）。

藻酸盐的用途主要基于其 3 个特性。①当溶于水时会增加溶液的黏度（即变稠）。例如，水油乳剂如蛋黄酱和沙拉酱加入藻酸盐后增厚并不易产生水油分离。酸奶的纹理、主体和光泽可以通过加入藻酸盐改进。②当加入钙来取代藻酸盐中的钠离子后会形成凝胶。这一过程不需要热量，而这些凝胶在加热时不会熔化，是许多产品的理想添加剂。例如，在冰淇淋中起到稳定剂的作用，在结冰过程中减少冰晶的形成，使产品口感更加顺滑。同时还降低了冰淇淋融化的速度。藻酸盐还可增加啤酒中泡沫的量和持续时间，同时可加快葡萄酒的澄清。③藻酸盐可形成褐藻酸钠或褐藻酸钙薄膜，有助于保存冷冻食品。食品冷冻在褐藻酸钙凝胶中可防止食品接触空气，因此大大降低了氧化导致的食品酸败。藻酸盐其他应用于纺织印刷、造纸工业、医药和药用用途的例子详见 McHugh（2004）。褐藻酸盐提取在不同国家和地区具有不同物种的原料来源（McHugh，2004），例如，亚洲主要是糖藻属（*Saccharina*）以及从智利进口的巨藻属（*Lessosnia*）；欧洲则使用海带属（*Laminaria*）和囊叶藻属（*Ascophyllum*）；美国南部使用巨囊藻属（*Macrocystis*）和巨藻属（*Lessosnia*）；南美洲也使用巨藻属（*Lessosnia*）和少量公牛藻属（*Durvillaea*）；非洲和澳大利亚则主要使用昆布属（*Ecklonia*）。在过去 10 年中，藻酸盐的需求量和价格得到显著增加（表 10.2）。

10.4 裙带菜—食用

所有的海藻都或多或少地可被食用，但其中裙带菜和海带是最重要的经济食物来源。裙带菜自公元 700 年以来，在日本就一直是重要的高值食品（Nisizawa et al.，1987）。20 世纪初，裙带菜的需求量超过其野生产量。日本和韩国最早开始裙带菜养殖，后来中国也相继进行。在过去的 10 年中，裙带菜养殖呈现显著增加趋势（Buchholz et al.，2012）。2007 年，裙带菜全球年产量约 1.8 百万 t，价值 8 亿美元，中国产量占全球产量的 90%（表 10.1；FAO，2009）。韩国曾经是最主要的裙带菜生产国，但中国因其廉价的劳动力和高效的养殖技术而居于主导地位（FAO，2009）。然而，韩国约 50%的海藻养殖仍为裙带菜。同时，裙带菜在北美洲和欧洲越来越受欢迎，尽管与亚洲市场相比仍然微不足道。

裙带菜属包括裙带菜（*Undaria pinnatifida*）、薄叶裙带菜（*U. undarioides*）和绿裙带菜（*Underiella peterseniana*）3 个物种，其中裙带菜是主要的品种。裙带菜是潮下带一年生物种。其与海带相似具有异形世代交替生活史，其大型孢子体可以养殖。幼龄叶状体在 10 月/11 月，并至春季进行快速增长。在日本，因产值、产量和品质等原因，裙带菜（也称为 wakame）比海带具有更重要的商业价值。北美已开发了几个裙带菜的替代品，如翅藻属（*Alaria*）和海囊藻属（*Nereocystis*）。

10.4.1 养殖

裙带菜的养殖步骤和方法类似于海带。通常情况下，在 4 月和 5 月当水温为 17~20℃时，将养殖线或养殖绳浸在含有成熟孢子体的海水池中（Sahoo and Yarish，2005；Yarish and Pereira，2008）。成熟孢子体被干燥几小时诱导游孢子释放，然后附着在苗线上直到达到合适的密度。游孢子产生配子体，受精卵发育成幼孢子体。然后将苗线捆绑在苗框上浸于海水池中直到 9 月或 11 月（McHugh，2004）。当环境温度小于 15~17℃时，将苗线缠绕在养殖绳上（日本），或者是将其剪为 2~3 cm 的小段夹在养殖绳上（中国）进行养殖。由于裙带菜为一年生海藻，生长迅速，孢子体可以在晚冬收获（被转移到海上养殖 3~5 个月后）。裙带菜收获后通过悬挂干燥（日本），或类似于海带的煮烫和盐渍加工后，再进一步烘干。

在日本，裙带菜通常和海带一起夹杂于浮筏上养殖。裙带菜的生长期较短且比海带的生长期早，收获期为每年的 3 月份，不会妨碍在 6 月份收获的海带的生长（Tseng，1981），因此每年可生产两种产品。而在中国，为了进一步提升养殖产量以及裙带菜养殖需要更大水流的环境条件的原因，只进行单一物种的养殖。裙带菜在 1971 年被意外引入法国（Perez et al.，1988），其在日本的高需求促使法国人探索其养殖潜力。法国人使用了类似于海带配子体克隆的育苗方法，将配子体保存在实验室中，悬浮培养后喷洒到苗绳上，并悬挂在养殖池中培养，给予光照直至长成 3~5 mm 的幼孢子体足以在海上生存（Perez et al.，1988）。然后将收集线从苗框上解下苗绳并缠绕在养殖绳上，在 1 m 深的海区养殖。

在过去的 20 年中，裙带菜的穿孔病（pinhole disease）显著增加。其孔洞由底栖桡足动物（*Amenophia orientalis*）造成，主要发生在从 12 月至第二年 4 月的生长季节。因为有较多孔洞的裙带菜售价较低，因此往往被作为鲍饵料（Park et al.，2008）。而其他的海带常见病害也通常在裙带菜中多发（Neill et al.，2008）。

10.4.2　产品及未来趋势

裙带菜可加工成各种食品。可以煮食或干品销售，也是豆酱汤和海藻沙拉的配料。去除中肋的裙带菜原材料需要被切割和干燥，但在储存过程中藻体的一些酶仍保有活性会导致叶片的褪色和软化。为了克服这个问题，可将新鲜的裙带菜和秸秆、木材或砖灰混合，铺在地上晾干，然后装在塑料袋中在暗处保存。秸秆、木材或砖灰这类碱性干燥剂可以抑制酶活力，防止藻酸盐的降解和叶片软化。使用时可先用海水洗净，再用清水除去附着的灰和盐后再进行晒干。这种处理方法保留了藻体的深褐绿色，并使产品更具有咀嚼弹性和风味。裙带菜常用于方便食品如汤和面条或者以干片销售。

裙带菜养殖方面出现了一些新的改进。目前发展出了一种类似于海带的无性繁殖配子体克隆的技术，通过培养配子体进行育种（Yarish and Pereira，2008）。

10.5　卡帕藻和麒麟菜—卡拉胶供给

生产卡拉胶的红藻主要养殖在亚洲，尤其是东南亚地区，在 2006 年干藻产量达到约 10 万 t（FAO，2008）。麒麟菜属和卡帕藻属的卡拉胶产量合计占全球总产量的 80%，而其中 80%的原料藻为卡帕藻属（Yarish and Pereira，2008）。2009 年海藻胶的销售量约 8.6 万 t，包括 58%的卡拉胶，31%的褐藻胶和 11%的琼脂（Bixler and Porse，2011）。为了简化文字，在下文中将卡帕藻属和麒麟菜属合成为“麒麟菜（*Eucheuma*）”。世界上一半以上的卡拉胶原料来自于菲律宾和印度尼西亚，少量来自于中国、马来西亚、西太平洋群岛和东非。两种主要的产胶物种为麒麟菜（*E. denticulatum*，曾用名 *E. spinosum*）和长心卡帕藻

（*K. aluarezii*，曾用名 *E. cottoni*）（Ask et al.，2002；Bixler and Porse，2011），两者在过去的10年产量显著增加（Buchholz et al.，2012）。欧洲和加拿大东部的野生角叉菜提供了部分卡拉胶产量。角叉菜的卡拉胶产量（40%～50%）高于麒麟菜（20%～30%）；然而，较低的劳动力成本和更快的生长速率使亚洲产胶物种更具有竞争力。卡拉胶也可从智利、摩洛哥、墨西哥和秘鲁的杉藻属（*Gigartina*）和乳头藻属（*Mastocarpus*）野生藻床中获取原料（McHugh，2004）。多年生的物种通常具有更高的含胶量，例如，有报道异枝卡帕藻（*Kappaphycus striatum*）（马达加斯加）卡拉胶产率达到76%，琼枝（*Betaphycus gelatinum*）和长心卡帕藻（菲律宾）中卡拉胶占干重的70%（Pereira et al.，2009，2012）。但在养殖情况下，含胶量一般在20%～30%。2009年不同国家的卡拉胶生产、销售和价格信息详见Bixler和Porse（2011）。

麒麟菜（*E. denticulatum*）和长心卡帕藻（*K. aluarezii*）主要生长在20°N—20°S间的亚热带和热带地区，在流速高和透明度高的开放海域生长较好，生长速率为0.5%·d^{-1}～5%·d^{-1}。

10.5.1 生物学

"麒麟菜（*Eucheuma*）"的生活史为红藻常见的三相世代交替（见2.2节），包括配子体（*n*），果孢子体（carposporophyte，2*n*）和四分孢子体（tetrasporophyte，2*n*）。二倍体的四分孢子体阶段（2*n*）产生非游动的减数孢子称为四分孢子（tetraspores，*n*）。四分孢子通常发育成单倍体的雌、雄配子体（*n*）。雌配子体受精后原位发育成二倍体的果孢子体。果孢子体释放二倍体果孢子体（carpospores），再次发育成四分孢子体阶段。与紫菜不同，"麒麟菜（*Eucheuma*）"的配子体和孢子体世代是同形的宏观藻体，均可进行养殖和收获。

10.5.2 养殖

"麒麟菜（*Eucheuma*）"商业规模的养殖始于20世纪70年代早期的印度尼西亚和菲律宾，这两个国家也是目前世界上最大的生产国。养殖海域必须具备以下特点：盐度>30；优良的水流运动；水温25～30℃；水质清澈；海底基质为粗砂可固定红树枝并保持藻体不被淤泥覆盖。在良好的养殖海域，藻体可以在30 d内增长1倍（日增长率为3%～5%）。海底基质需清除海草、海藻、大石、珊瑚和食草动物（如海胆）。藻体在退潮时干露会降低生长速率。养殖方法包括底层和浮筏单线养殖法。藻体被切割成小块，作为"苗种"间隔捆绑于养殖绳上。杂藻和动物（尤其是海胆）需要手工清除。当藻体生长约2～3个月重量达1 kg时可收获，每年最多可收获5次。藻体收获后可用于加工销售或修剪成"苗种"大小继续用于养殖。最好的海藻常作为"苗种"被保存下来。收获的海藻需经清洗、晒干、再次清洗以去除附生生物并再次晒干。

"麒麟菜（*Eucheuma*）"杂藻污染，以及被海星、海胆摄食可以通过定期的维护来控制（Ask et al.，2002），在中国常见的敌害则是蓝子鱼。常见的冰样白化病（ice-ice disease）会导致产胶藻体白化和软化而降低其品质，并导致其死亡（Solis et al.，2010）。致病原因包括高温、低盐和光照，或海洋细菌如弧菌和噬细胞菌-黄杆菌。Solis等（2010）也发现一些海洋真菌（曲霉属 *Aspergillus*、茎点霉属 *Phoma*）可诱导冰样白化病。

10.5.3　生产、使用和对未来的展望

卡拉胶是提取自红藻的线性硫酸多糖，化学结构是由重复的硫酸基化的或非硫酸基化的半乳糖和 3-6-脱水半乳糖单元组成通过 α-1，3 糖苷键和 β-1，4 糖苷键交替连接而成（见 5.5 节）。商品卡拉胶多为稳定的钠、钾、钙盐，或这些盐的混合物，可分为 ι 型（iota）、κ 型（kappa）、λ 型（lambda）和 β 型（beta）。ι 型卡拉胶与钙离子相互作用形成透明、富有弹性的凝胶，而 κ 型卡拉胶与钙离子形成的凝胶较脆，但可与钾离子形成坚硬的凝胶。相反，λ 型卡拉胶可形成高黏度的溶液，但不形成凝胶。麒麟菜产生 λ-卡拉胶，而卡帕藻的单倍体和二倍体均可产生 κ 型卡拉胶。这与其他卡拉胶海藻如角叉菜属（*Chondrus*）、银杏藻属（*Iridaea*）、杉藻属（*Gigartina*）不同，这些物种的配子体通常会产生 κ/ι 型卡拉胶，而孢子体通常产生 λ 型卡拉胶（Dawes，1987；Chopin et al.，1999）。菲律宾和中国产琼枝（*Betaphycus gelatinum*）生产的 β-卡拉胶性质介于卡拉胶和琼脂之间，因此有时被称为"carragars"（Chopin et al.，1999）。

根据不同的提取方法，卡拉胶提取物可分为半精制卡拉胶（semi-refined carrageenans）和精制卡拉胶（refined carrageenans）两种。从海藻中获得半精制卡拉胶的方法不属于提取法，直接将干净的海藻用碱溶液处理提高凝胶强度，清洗几次后留下卡拉胶和不溶性物质，在太阳下晒干。碱处理后的材料磨碎后以海藻粉形式出售，其中所含有的 9%~15%的纤维会导致其凝胶和溶液呈现明显的云状和颗粒状。这种制备工艺比精制卡拉胶的提取工艺耗时短、成本低。然而，半精制卡拉胶比精制卡拉胶的应用更广，其通常用于罐装肉和宠物食品以及一些对颜色和浊度要求不高的产品。精制或过滤卡拉胶的提取方法需要先用碱溶液预处理后在水中烹煮。海藻渣经过滤去除后，用异丙醇（或乙醇）从溶液中沉淀回收卡拉胶，或通过反复冻融将卡拉胶中的水完全去除。然后采用和半精制卡拉胶同样的方式进行干燥和粉碎。所得产品为几乎没有任何海藻渣残留的纯卡拉胶；由于其为无色产品，可用于食品工业中的精炼品如甜品、布丁等（McHugh，2004）。

ι 型和 κ 型卡拉胶的钾盐和钙盐在加热到 60℃ 时完全溶解，冷却后均可形成凝胶（McHugh，2004）。钾盐形式的 κ 型卡拉胶是所有卡拉胶中最坚硬的类型，但容易脱水。因此，常用刺槐豆胶（locust bean gum，从角豆树的种子中获得）和 κ 型卡拉胶复配以降低后者的用量。ι 型卡拉胶常与钙盐形成柔软、几乎不脱水的凝胶。ι 型和 κ 型卡拉胶可以在不破坏凝胶的情况下反复冻融。目前卡拉胶市场需求大部分为 ι 型和 κ 型卡拉胶。水溶性的 ι 型和 κ 型卡拉胶常以粉状用于方便食品，如巧克力牛奶和牙膏；λ 型卡拉胶则形成高黏性、非胶凝的聚阴离子水状胶体，非常适合用于即食混合食品（McHugh，2004）。卡拉胶在食品工业中已被广泛使用，尤其是乳制品中的卡拉胶添加量可达 0.01%~0.05%。例如，κ 型卡拉胶被用于奶酪添加物以防止乳清分离。可可粉可以保持在巧克力牛奶中悬浮，可形成较弱的触变凝胶（thixotrophic gel），除非强烈地摇晃，会一直保持稳定。此外，卡拉胶还可用于生产几乎无脂肪含量的汉堡包（例如 McLean 汉堡）。

质量控制已成为农民面临的一大问题。最近，由于菲律宾海藻杂交，导致卡拉胶质量下降。该地区的海藻比过去生长的越来越慢，可能是因为农民持续使用海藻营养组织作为苗种出现的种质退化的原因（Rovilla et al.，2010）。为了解决连续养殖产生的问题，建议周期性

地引入新的亲本，以防止卡拉胶质量和生长速率方面的遗传退化。在实验室中从野生果孢子体（carposporophytes）上获得脱落的孢子，通过多步培养过程培养直至成熟，然后在室外养殖池中暂养后下海培养（Rovilla et al.，2010）。这一过程提供了利用野生藻株养殖来避免“品种老化”的可能性。

10.6 石花菜和江蓠—琼脂供给

10.6.1 石花菜生产和产品

在1942年之前，石花菜属（*Gelidium*）是琼脂的主要来源，因其含有的优质琼脂（高凝胶强度和较低的硫酸化）被看做是极有价值的海藻。由于石花菜生长缓慢，其天然藻床常被过度采集。石花菜多生长在潮间带和潮下带水流运动较好的地区（McHugh，2004）。石花菜在许多国家均有生产，主要包括西班牙、摩洛哥、日本、韩国，少量来自于智利、中国、法国、印度尼西亚、墨西哥和南非（Critchley and Ohno，1998）。在西班牙和葡萄牙，野生海藻收获主要来自于风暴潮将其冲击和堆积到海岸上。岩礁海藻的收获则主要由潜水员完成，将藻体从假根上切割下来，这种方式可以维持藻体快速再生（McHugh，2004）。另外，通过扩大岩礁基质区域来增加产量，采用养殖绳和筏式养殖石花菜，甚至在陆地养殖池悬浮培养均获得了成功（Santelices，1991；McHugh，2004）。世界上大约35%的琼脂生产来自于石花菜，全部的微生物培养使用的琼脂除极少量来自鸡毛菜属（*Pterocladia*）以外，全部来自于石花菜（Santelices，1991；McHugh，2004；Buschmann et al.，2008）。由于石花菜个体较小导致的单位面积养殖产量过低，1999年约63%的琼脂原料来自于江蓠属（*Gracilaria*），而2009年增长到80%（表10.2；Bixler and Porse，2011；Buchholz et al.，2012）。其中多于90%的江蓠产自中国（龙须菜），少数来自于越南和智利（表10.1）。而在最近的几年，江蓠则主要来自于印度尼西亚（芋根江蓠）和智利（智利江蓠）。

琼脂的提取首先需要将在海藻水中加热几个小时来溶解琼脂。去除残余海藻后将热溶液冷却形成含有约1%琼脂的凝胶。然后通过冻融或挤压从凝胶中去除水分，最后将凝胶进行干燥和研磨至均匀粒径，并用于各种食品加工（McHugh，2004）。高压膜压机（High pressure membrane presses）极大地改良了琼脂脱水过程，降低了能源成本。微生物培养基的琼脂只能从石花菜中提取，该琼脂具有较低的凝胶温度（34~36℃），使其他化合物加入琼脂时产生的热损伤最小。相比之下，江蓠属（*Gracilaria*）和凝花菜属（*Gelediella*）产生的琼脂成胶温度则在41℃或更高（McHugh，2004）。琼脂可以分为两个级别：琼脂糖（形成凝胶的成分）和琼脂胶（一种各种硫酸分子混合物，具有较低的胶凝能力）。琼脂糖是通过从琼脂胶中分离获得，在不断增长的生物技术市场中价格较高，如可用于电泳凝胶（McHugh，2004）。

约有90%的琼脂产品用于食品工业。琼脂在32~43℃形成凝胶，并保持凝胶状态直到温度高于85℃，而明胶（gelatin，来源于动物）熔点在约37℃。同时，琼脂和明胶的口感不同，不会在入口后融化或溶解。此外，琼脂耐高温的能力意味着其可被高温灭菌，使其可被广泛应用于细菌学和药理学。琼脂也可以被用来作为饼馅、酥皮、鱼冻和肉冻的增稠剂和稳定剂。在素食产品中可作为肉类代用品。琼脂还可与其他胶混合用来稳定冰冻果子露或提高乳制品如奶酪和酸奶的质地。与淀粉不同的是，琼脂不易消化、热量小，非常适于生产低热量食品。

10.6.2　江蓠属（*Gracilaria*）生产和产品

由于石花菜生长缓慢，人们对养殖种的兴趣转向一些快速生长的物种如智利江蓠（*Gracilaria chilensis*）以及龙须菜（San-telices and Doty，1989；McHugh，2004；Buschmann et al.，2001；Buschmann et al.，2008）。江蓠生长在温带至热带潮间带水域（如智利、阿根廷、巴西、加拿大、中国等）的砂质或泥质沉积物表面，该区域可以保护藻体避免被波浪冲击（McHugh，2004；Buschmann et al.，2008）。由于江蓠藻体比较脆弱，也会经常断裂，脱落的藻体分枝可重新生长或者被冲刷上岸被采收。人们还采用在渔船上用耙子收集基质表面藻体的方法，但需要留下一些藻体以便其再生。智利人率先使用含有优质琼脂的智利江蓠物种进行商业化种植（Busclunann et al.，2008）。江蓠多养殖于海湾底部沉积物和河口的养殖线、绳或网上，或在池塘或水池中培养（Buschmann et al.，1995，2008；Yarish and Pereira，2008）。养殖线或绳的养殖方法与褐藻相似。江蓠分枝被夹苗在养殖桩中间的养殖绳上。许多亚洲国家采取池塘养殖，相对绳式养殖的劳动密集性较低。然而，池塘养殖江蓠的琼脂由于硫酸盐含量较高导致凝胶强度低，只适用于生产食品级琼脂（McHugh，2004）。收获期一般为 35~45 d，通常是从底部捞出藻体，放置在浮筏或篮子中。剩下的藻体作为后续“种子”。池塘养殖中，由于藻体生长于池塘底部，比较难控制的问题是附生生物，有时也投放罗非鱼或虱目鱼来控制附生生物。

超过 20 个以上的国家来收获野生江蓠，目前正在努力尝试在陆地上的养殖池中养殖江蓠。养殖池中江蓠生长迅速，但需要充足的营养供应（NO_3、PO_4和 CO_2）和光照。台湾地区多采用池塘养殖，先收集野生藻体并分解为 10 cm 长的分枝。经过 3 个月的培养，藻体可生长至原来的 10 倍。年产量估计为 24 t/hm^2（干重）。中国采用筏式养殖龙须菜（Ren et al.，1984）。在圣露西亚，柔弱江蓠（*Gracilaria debilis*）和多米尼加江蓠（*G. domingensis*）在养殖绳上共同培养，类似于“麒麟菜（*Eucheuma*）”的养殖（Smith et al.，1984）。生长较快的多米尼加江蓠（*G. domingensis*）可清除柔弱江蓠上大多数的附生生物。同时，虽然许多种类的江蓠藻体脆弱，但这两个物种的藻体韧性较强适合绳式养殖。人们现在仍在寻找一些新的种类，特别是能产生强凝胶琼脂的物种。通常来说，收获的产琼脂海藻必须先用碱处理除去 L-半乳糖中的 6-硫酸基，从而保证琼脂具有足够的凝胶强度。

附生生物是智利江蓠产业面临的主要问题，因为该国的江蓠多在单一养殖条件下保持高密度生长。附生生物和内生生物之间存在一定的连续性，但后者比较少见（见 4.2.2 节和 4.5.2 节）。Leonardi 等（2006）报道了 5 种宿主和附生生物的关系。

一个极端的情况是附生生物在宿主表面的附着力较弱，因此不损伤宿主组织（如褐茸藻属未定种 *Hincksia* sp. 和水云属未定种 *Ectocarpus* sp.）。而另一个极端包括如未定名的多管藻属群体（*Polysiphonia* spp.）、沙菜属群体（*Hypnea* spp.）和仙菜属群体（*Ceramium* spp.），该类生物深入到宿主的皮层和外髓质，破坏受感染部位周围的宿主细胞。内生的阿米巴穿透智利江蓠（*G. chilensis*）的皮质和髓质细胞，降解细胞原生质从而引起藻体的白化、腐烂和碎裂（Correa and Flores，1995）。以前的报告认为内生细菌或真菌具有非常相似的症状，目前认为阿米巴的附生也可能是很重要的敌害生物。

江蓠品系选择通常假定无性繁殖可以在不同环境中长期维持而无重大变化。就海藻而言，分枝养殖经常用来保持种群的独立性，是最常用的智利江蓠养殖方法。然而，Meneses 和 Santelices（1999）发现智利江蓠分枝呈现出无性繁殖的变异，而这种变化可能是由于有丝分裂产生的与生长相关 DNA 组成的快速变化；这些遗传变异还可能由于分枝分生或在高度可变海区环境中的生长而增强。因此，他们认为目前采用的分枝养殖，可能并不如期望的一样可选择藻体并减少变异，反而会传播遗传差异的材料并在养殖群体中引入变异。最近，Guillemin 等（2008）提出，智利地区的智利江蓠生产问题和养殖群体的遗传多样性降低是由于该地区在过去的 25 a 里几乎完全采用营养体（克隆）繁殖。该地区采用手工收获藻体，最大（增长最快）的藻体被保留下来用以再生。他们采用了 6 个微卫星分子标记实验证明上述养殖方法导致了遗传多样性的减少，并解释了附生生物和内生生物的发生以及导致的日益严重的问题。二倍体优势是杂种优势（heterosis）的一个例子（即杂合子优于典型的单倍二倍体野生种群）。因此，二倍体世代具有有利的表型性状（如高生长率），而在养殖中被无意识地进行选择作为种苗。

10.7 养殖池培养

陆地养殖池主要养殖一些商业价值较高的海藻如角叉菜（爱尔兰苔藓）、石花菜、鸡毛菜、紫菜等，此类海藻可用于生产高值产品如专业级琼脂或可作为小众市场的海洋蔬菜（Craigie and Shacklock，1995；Israel et al.，2006；Friedlander，2008；Pereira et al.，2012）。养殖池培养比普通的开放式水系统培养更具挑战性，但可更有效地控制各种环境因素（Titlyanov and Titlyanov，2010）。由于生产目标是高品质以及高价值的商业产品，因此在开展大规模的昂贵的海藻养殖之前可针对可控的环境因素如光、营养和温度采用小规模的析因设计实验来决定这些因素的最优组合（Chopin and Wagey，1999）。

在商业上成功地培育一个特定的海藻物种必须考虑到多种因素。商业经营的成败可能取决于养殖场地的选址。由于大量的海水将被泵送通过养殖池系统，优质海水的供给必须是全年的，最好是富含营养并靠近养殖池。养殖池的设计（确保容易悬浮和注入 CO_2）、尺寸和材料也是成功生产的关键。同时，由于需要进行全年的生产，物种的生命周期也很重要。可以在悬浮培养液中无性繁殖的海藻具有更高的成本效益，因为有性生殖阶段可能需要额外的育苗池和育苗过程。品种的选择通常是一项持续的工作，目的是最大限度地提高产量以及减少病害等。环境因素如温度和营养物质的控制花费较高；在温度方面，可能由于夏季时间过长或冬季气温过低而限制海藻的全年生产。相对而言，光照的控制比较简单，可以通过改变不同的养殖密度或在夏季辐照度高的情况下加放遮光帘。6.8.3 节，以及 Harrison 和 Hurd（2001）概述了营养生理学概念在海藻养殖业中的应用。养殖池培养过程中最先被消耗的元素是碳（以 pH 值提高到 9 以上为标志）和氮。由于 CO_2 气体不容易溶解在海水中，因此碳的补充通常是采用一种精细的充气系统添加 CO_2 气体。营养物质连续培养和脉冲式添加的优点在 6.8 节中进行了讨论。敌害动物、杂草（附生生物）和病害可能会对藻体造成损伤。学习最佳的操作条件需要时间，而这些都会随着季节和偶发事件（如大雨、多云天气的周期）等变化。培养池培养角叉菜的细节在 Craigie 和 Shacklock（1995），以及 Lobban 和 Harrison（1994；第 294-297 页）的论著中有详细介绍。关于石花菜目物种的养殖池培养可参考 Friedlander（2008）的综述。

10.8　近海/开放的海洋系统养殖

从海藻中开发生物质能已经引起了广泛的兴趣。在美国东北部和加利福尼亚分别进行的海带（Brinkhuis et al.，1987）和巨囊藻属（*Macrocystis*）（North，1987）的养殖，上述两个属的海藻具有生产生物燃料的潜力。由于该类项目的工程设计无法抵抗风暴，因此这些项目没有继续下去。之后，人们建议用浮式系统进行替代，因为其在抵御风暴方面具有一定的优势，但其位置会随水流运动而发生改变。此外，由于随水流移动，因此与锚定系统相比，其养分更新受到了限制，因此在某些时期可能会出现营养限制。

与环境因素可以得到很好控制的养殖池相比，近海养殖更依赖于所在地和变化的环境条件。最大的工程挑战之一是设计能够抵御风暴的结构。一个建议是将其定位在风力发电场的位置。风力发电机安装在海底的塔架可用于固定养殖结构（Buck and Buchholz，2005）。靠近风力发电场（即多功能区）的另一个优势是该区域受到强有力的法律运输条例保护，可避免商船对养殖设施的破坏。

在北海恶劣条件下的近海大规模养殖需要坚固的支架系统，既能抵御风暴，又能保留海藻。Buck 和 Buchholz（2004）发明了一个新的近海环状养殖系统，可承受 2 $m \cdot s^{-1}$的水流和 6 m 的波浪，同时相比其他系统更容易收获海藻。除了物理工程方面的挑战外，海藻生长也可能取决于表面的营养浓度。目前已经测试了一些营养物质上涌的管道来克服这一问题（Buck and Buchholz，2005）。

糖海带（*Saccharina latissima*）被选为海洋系统的测试种。因为其具有柔韧的柄部，能够迅速地使藻体和水流方向保持一致（Buck and Buchholz，2005）。Buck 和 Buchholz（2005）发现，生长于庇护地的糖海带具有更大的波褶和更宽的叶片，而生长于水流压力较大区域的藻类叶片较平、宽度较窄，前者比后者受到的阻力更大（见 8.2.1 节）。在实验室的水槽培养实验中，研究人员发现野外生长的海藻能承受更高的模拟破坏力；这一研究结果表明，只有在流水中培养的海藻才能形成最佳的叶片形态以满足近海养殖。

10.9　多营养层次综合水产养殖（IMTA）和生物修复

水产养殖供应了全世界近 50%的海产品；在过去的几十年中，产量每年增加了近 10%。因此，是全球增长最快的食品生产部门（Chopin，2012）。鱼类和贝类的养殖分别占所有养殖产量的 9%和 43%，而海藻养殖占 46%（约 1 580 万 t），其中大约 99%的海藻生产来自亚洲的中国、印度尼西亚、菲律宾、韩国和日本（FAO，2012）。在鱼类养殖中，仅 25%～

35%的饲料中的氮和磷转化为鱼肉，而剩余的 65%~75%则释放到水中（Krom et al.，1995）。鱼类养殖系统中影响氮释放的主要过程包括鱼类排泄的铵盐（约占 30%）、溶解的有机氮（DON；约占 30%）、氮残渣（约占 10%）和有机氮向氨基盐的迅速转化（20%~40%）。硝化作用（即通过硝化细菌将 NH_4^+转化为 NO_3^-）占比例较小（约占 10%）。因此，如果这些营养素不被去除，将可能导致富营养化和赤潮的暴发（Fei，2004）。细菌的生物过滤过程可以去除这类营养物质，这一异化过程可产生 CO_2和 N_2等气体，因此导致一些潜在的营养资源流失到大气中。相反，海藻的生物过滤过程是将营养元素同化成可能具有商业价值的颗粒成分，然后可被收获。在 20 世纪 70 年代，Ryther 等（1979）开发了一种营养级综合陆上海水养殖系统，现已应用于鱼类养殖和养殖池养殖。

生长于鱼类养殖场附近的海藻可以吸收来自养殖场的营养物质，生产有价值的海藻资源，特别是使用某些具有商业价值的物种，如紫菜和海带。因此，海藻可以提供生物修复服务，类似于陆地植物去除大气中过量的二氧化碳。Chopin 和 Taylor（2011）创造了“综合生态养殖”（IMTA）来描述应与养殖（长须鲸）投喂结合的 3 个额外的营养水平：①悬浮的有机提取物，贝类等无脊椎动物（如贻贝）从鱼食中夺取小颗粒有机物；②悬浮的无机提取物，海藻或其他水生植物夺取溶解无机养分；③沉淀的有机提取物，底栖的无脊椎动物或摄食鱼类利用沉到水底的大颗粒有机物（图 10.5）。因此，一个物种的水产养殖废物被用来促进另一个物种的生长，以减少潜在的污染。该系统的目标是将水产养殖提升到一个新的“生态系统相关的水产养殖”（ecosystem responsible aquaculture）（Chopin et al.，2001）。因此，这种综合的水产养殖通过调节培养物种和提取物种，可以利用回收水产养殖的副产品。这种混合不同营养水平（全部和商业价值相关）的方法模仿了自然生态系统，比目前的标准单一养殖法更加有利可图，并可减少养殖对环境的影响（Ridler et al.，2007）。因为在大多数司法管辖区内没有对水产养殖废物或废水排放收取费用，目前的水产养殖商业模式没有考虑或认识到生物过滤物种提供的营养型生物修复/生态系统服务的经济价值。然而，沿海地区需要考虑采取类似于碳交易信贷计划（carbon-trading credit programs）的营养信用交易制度（nutrient-trading credit system）（Chopin，2011，2012）。利用海藻从环境中消除/吸收过剩的营养物是最具成本效益的方法，因为海藻可生产具有商业价值的产品（不同于大量繁殖的浮游植物，其很难被经济地从水中过滤获得）（Troell et al.，2003；Neori et al.，2004，2007）。目前至少 40 个国家开展了不同类型的包括陆地和开放海域的 IMTA 项目（如以色列、加拿大、中国、南非），并且已经证明在商业上是可以放大的（Neori et al.，2004；He et al.，2008；Chopin et al.，2008）。当然，几个世纪以来，海藻在亚洲已经被用在更基础的水平上。温带和热带地区的 IMTA 开展可分别详见 Barrington 等（2009）和 Troell（2009）的综述。

在沿海水域，当江蓠采用养殖绳养殖在鱼类网箱外 10 m 左右时，其呈现约 40%的较高的增长率（与 1 km 外的对照组相比，每天特定生长率约 7%）（Troell et al.，1999）。同时，江蓠组织的氮和磷含量较高，且积累的琼脂含量较高（即使每单位生物量的琼脂产量较低，大幅度增加量的生物量足以补充较低的琼脂产量）（Neori et al.，2004）。在中国沿海地区 300 hm^2 条斑紫菜的养殖减少了高达 90%的 NH_4^+和 NO_2^-，而 NO_3^-仅减少了约 35%，PO_4^{3-}减少了约 60%，导致富营养的沿海水域营养物的有效去除（He et al.，2008）。环境海水的氮、磷比约为 40∶1，表明条斑紫菜的增长受到磷限制，因此紫菜藻体平均氮和磷含量分别为为 6%和 1%干重。因此，紫菜除了可生产大量的食用价值的海苔外，还可用于富营养化水域的生物修复（虽然这里没有评估重金属污染的情况）。然而，在开放水系统中海藻对养分吸收效率较低，主要是由于水流会快速地稀释从鱼类网箱中流出的营养物质（Petrell et al.，1993；Troell et al.，2003，2009；Neori et al.，2004）。

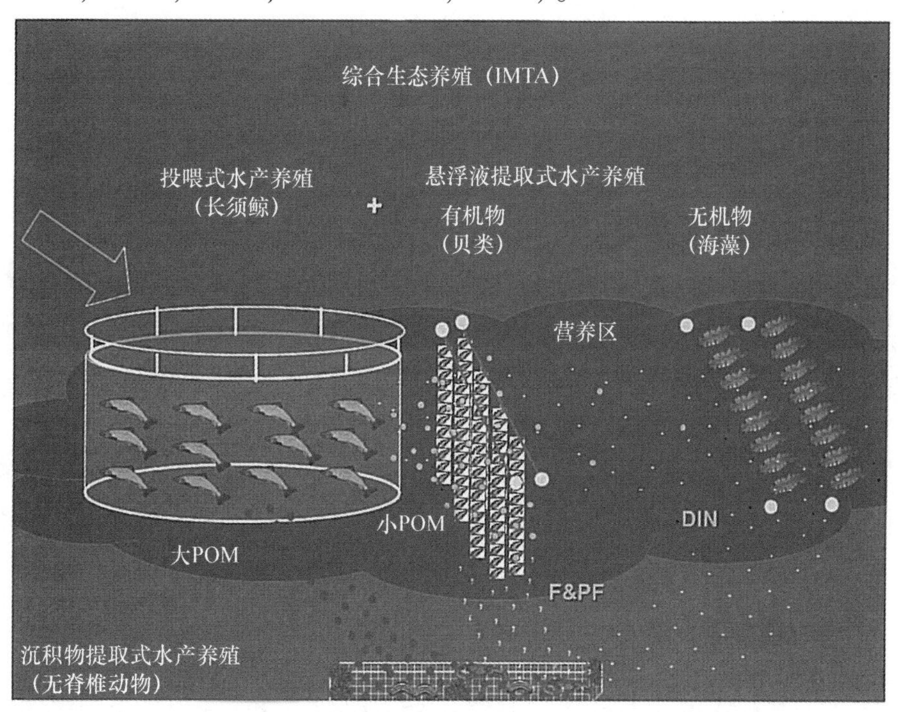

图 10.5　综合生态养殖（IMTA）概念

注：长须鲸（投喂式水产养殖）和它们的食物可以产生 3 种可利用/吸收的成分：（1）海藻吸收的溶解无机营养物质；（2）贝类吸收的悬浮有机物；（3）食碎屑动物（例如海胆、海参、多毛类）从悬浮的生物体饲料中吸收的颗粒有机物（particulate organic matter，POM）、粪便（feces，F）和假粪（pseudofeces，PF）。在底部的水流扰动也产生一些无机物和有机物，可被海藻吸收（引自 Chopin，2012）。

一些规模为 1 hm^2 的陆上 IMTA 系统试点（养殖海鲷—贝类—海藻）可生产 25 t 鱼、50 t 海藻和 30 t 的贝类（Neori et al.，2004）。以色列建立了鱼塘—海藻生物滤池系统，海鲷养殖池的废水沉淀后排入石莼（*Ulva lactuca*）养殖池，其中的营养物质被石莼吸收（Krom et al.，1995）。氨浓度 100 μmol/L 以上（1.5 mg · L^{-1}）（NH_3-N）对于大多数鱼类有毒，所以必须被去除。硝化作用（如利用细菌将 NH_4^+转化为 NO_3^-）和利用石莼属吸收的 NH_4^+减少了鱼类产生的约 20%的高浓度 NH_4^+，及以进入的废水中约 30%的 PO_4^{3-}。由于石莼属对于 NO_3^-吸收效率较低（Wallentinus，1984），其主要减少了鱼类排泄的 NH_4^+，细菌则进行硝化作用将 NH_4^+转化为 NO_3^-。为了使海藻更加有效地去除磷，鱼类饲料的氮、磷摩尔比必须大于 16∶1，否则磷会限制海藻的吸收和生长。Schuenhoff 等（2003）将上面的生物滤池系统扩展为三级温室系统，除了海鲷外还引入了鲍（*Haliotis*）和海胆（*Paracentrotus*）。早晨鱼类进食产生的最大 NH_4^+排泄量与海藻的最大光依赖的 NH_4^+吸收量一致。白天石莼属的光合作用吸收了鱼类所产生的 CO_2，并帮助平衡鱼塘的 pH 值；而光合作用产生的氧气满足了鱼类的部分需氧量。在白天，光合作用和随后的 CO_2 消耗导致了 pH 值上升，潜在增加了 NH_4^+ 对鱼类的毒性并降低其食欲。石莼属的蛋白质含量平均大于干重的 34%，可作为鲍和海胆的饵料（Schuenhoff et al.，2003）。江蓠和鲑共培养系统的季节性研究发现，江蓠在冬季和春季分别可去除 50%和 90%~95%的溶解 NH_4^+（Troell et al.，1999）。

10.10 海藻的其他用途

大型海藻具有非常广泛的用途（见 Guiry 的网站）。由于对海藻高营养价值的认知，人们对海藻的需求量一直在增加，特别是在北美洲地区（Pereira et al.，2012）。一些常用的食用海藻营养价值包括纤维、矿物质、脂肪酸、维生素和蛋白质含量（Keiji and Kanji，1989；Burtin，2003；MacArtain et al.，2007；Craigie，2011）。日本人实用的青海苔是海莴苣（石莼属 *Ulva*）和宽礁膜（*Monostroma latissimum*）的混合物。海菜的商业化价值不断增长，是佃煮（在海藻中加入酱油炖煮形成的绿色糊状物）的重要材料（Nisizawa et al.，1987）。此外，海藻的天然产物具有很多医药用途，Smit（2004）、Løvstad Holdt 和 Kraan（2011）在综述中对这部分内容进行了总结。海藻的抗菌和抗病毒活性对肿瘤和 HIV 治疗的阳性结果体现出显著的商业利益，但将海藻产物正式应用于医疗用途仍然面临巨大的挑战（Løvstad Holdt and Kraan，2011）。

褐藻如昆布属、瘤状囊叶藻属和墨角藻属，往往可在海滩上大量采集，可用于土壤改良剂和肥料。此类海藻含有氮、磷和钾元素，而其氮：磷：钾比类似于常用化肥，但磷元素含量远低于传统肥料，（McHugh，2004）。海藻还含有微量元素，但与正常海藻需求相比贡献量很小。褐藻中大量的不溶性碳水化合物可通过改善土壤结构、通气和保湿性来作为土壤调理剂。

瘤状囊叶藻（*Ascophyllum nodosum*）和掌状海带（*Laminaria digitata*）干品研磨产生的细粉可作为动物饲料添加剂。其含有有用的矿物质（钾、磷、镁、钙、钠、氯和硫）、微量元素（铁、锌、钴、铬、碘、钼、钒、镍等）和维生素。由于蛋白质常结合于酚类化合物，大多数的碳水化合物和蛋白质不易消化，因此常规饲料中仅添加少量（约 10%）的海藻粉（McHugh，2004）。相比囊叶藻属（*Ascophyllum*）藻类，翅菜（*Alaria esculenta*）是一种更为有效的动物饲料添加剂，其具有较好的蛋白质消化率。饲养试验表明，添加囊叶藻属有利于羊和牛的体重增加，但对猪和鸡没有效果（McHugh，2004）。在产蛋鸡饲料中加入巨囊藻属（*Macrocystis*）可提高蛋的 n-3 脂肪酸质量（McHugh，2004）。鱼类饲料包括肉类和鱼类残渣，两者需要紧密结合以防止在水中分离。这里可使用海藻粉作为黏合剂，因为其比藻酸盐更加便宜（McHugh，2004）。目前，巨囊藻属、江蓠属（*Gracilaria*）、掌形藻属（*Palmaria*）、石莼属（*Ulva*）新鲜海藻的市场较为活跃，其可作为鲍饲料（Buschmann et al.，2008；Kim et al.，2013）。

20 世纪 70 年代，由于石油价格急剧上涨，建立海洋养殖场生产海带目海藻并利用厌氧发酵技术将海藻转化为甲烷作为替代能源的研究开始兴起。然而，该项目中在大范围开放海域养殖巨囊藻属（*Macrocystis*）比厌氧发酵还难实现（McHugh，2004）。

化妆品中的乳霜和乳液通常含有“海藻提取物”（海藻酸盐或卡拉胶），有助于保持皮肤湿润。海洋疗法在欧洲风靡，使用富含矿物质的海水以及各种海泥和藻类进行护理（McHugh，2004）。有越来越多的产品使用到海藻，包括乳霜、面膜、洗发水、身体凝胶、浴盐、水疗按摩等，但这些产品的效果必须由用户决定（Pereira et al.，2012）。

海藻具有从污水和农业废弃物中去除氮和磷的能力，许多海藻可在高氨基盐浓度下生长，而氨基盐通常是污水中的主要氮源。一些绿藻如石莼和礁膜耐受极端的环境条件（McHugh，2004）。使用海藻将营养废物转化为有用的产品在商业上是很理想的，但这些物种无法耐受不同的生长条件。海藻已被用作“生物吸收器（bioabsorbers）”来去除工业废水中的有毒金属（铜、镍、铅、锌、铬）。目前，已有许多小规模的实验报道，但大规模的实验仍然很少。在 2008 年奥运会帆船比赛前几周，黄海发生了一次大规模的非计划性的自然缓解事件（营养清除）超过 100 万 t 的浒苔（*Ulva prolifera*，曾用名 *Enteromorpha prolifera*）被风和海流作用堆积到海岸上，并估计约 200 万 t 沉入水底（Liu et al.，2009）。去除 100 万 t 的海藻相当于去除 3 000~5 000 t 的氮、400 t 的磷和 30 000 t 碳。因此，一些观点认为这类计划外的天然大型藻类具有约 3 200 万~15 200 万美元的生物修复价值（Chopin，2012）。对于大型海藻的固碳作用可详见 Chung 等（2006）的综述。同时，目前浒苔绿潮通过船只打捞后已用于作为肥料的生产。

10.11　海藻生物技术：现状与前景

海藻单细胞分离培养技术的发展为海藻生物技术的发展带来了新的机遇。海藻组织培养和基因工程的进步使以下技术成为可能：①遗传纯合海藻的大规模快速繁殖，可能利用光合生物反应器；②利用体细胞无性系变异技术进行品种改良的选育；③通过原生质体融合与细胞培养技术对不同品种和物种杂交；④利用重组 DNA 技术向海藻细胞引入新的遗传物质（Evans and Butler，1988；van der Meer，1988；Aguirre-Lipperheide et al.，1995；Baweja et al.，2009）。大型海藻生物技术的进展远远落后于陆地植物，主要由于人们对于海藻和相关商业产品的关注较少，以及两者在生物化学和生理学知识方面的巨大差距。此外，大型藻类中红藻的角叉菜（*Chondrus crispus*）（Collén et al.，2013）、龙须菜（*Gracilariopsis lemaneiformis*）（Zhou et al.，2013）、条斑紫菜（*Pyropia yezoensis*）（Nakamura et al.，2013）、脐形紫菜（*Porphyra umbilicalis*）（Brawley et al.，2017），以及褐藻的真海带（*Saccharina japonica*）（Ye et al.，2015）均已完成了基因组学分析（Collén et al.，2013），而裙带菜属（*Undaria*）的遗传分析也已经提出（Waaland et al.，2004；见 1.4.1 节）。

海藻中最早新技术的发展应用是在无菌条件下从二倍体和单倍体组织中成功分离原生质体（Reddy et al.，2008a）。原生质体的成功分离和再生为植物系统可用于多个具有重要商业价值的物种，包括具有复杂解剖学结构的海带、裙带菜、紫菜、江蓠属（Reddy et al.，2008b）。海藻原生质体成功分离的第一步是用蛋白酶或质壁分离液预处理藻体，并寻找特定的细胞壁溶解酶将刚性和复合多糖细胞壁完全去除（Polne-Fuller and Gibor，1987；Evans and Butler, 1988; Aguirre-Lipperheide et al., 1995; Reddy et al., 2008b)。一些物种中，以原生质体为基础的方法已被用于培育紫菜丝状体。此外，原生质体还被用于生理和生化研究。因为这些海藻单细胞类似于微藻或浮游植物，在实验室的各种环境条件下更容易培养。

海带目自然种群已被证明存在杂交和远缘杂交情况（Druehl et al., 2005a），而且现在也可以在实验室和育种中实现。原生质体分离和再生的成功为研究体细胞杂交（基因重组）开发新的改良藻株提供了工具和动力。原生质体融合技术产生为具有相关性但性不相容的或不育物种的杂交提供了独特的机会（参见 Reddy et al., 2008b 表 3）。种间和属间原生质体融合常采用聚乙二醇（PEG）和电融合的方法。在大多数情况下，异质性的融合和原生质体融合后体细胞杂交种的后续恢复效率非常低（Reddy et al., 2008b）。这些体细胞杂交种会形成复合基因组和新的细胞质组合。紫菜色素突变体的颜色差异有助于确定这种异核体，但仍需要开发类似于陆生植物如差异荧光标记和遗传和生理互补分离异核体（双亲融合体）的方法。

愈伤组织（在伤口处形成的未分化的细胞团或组织外植体）的形成可以作为营养细胞的来源。愈伤组织可以被诱导分化成完整的植株，或作为种质保存可以保存，目前已有多种海藻发出愈伤组织培养技术（Evans and Butler, 1988; Reddy et al., 2008a）。然而，海藻愈伤组织一般较小、生长缓慢、有些海藻中的愈伤组织发生率低且零星。因此，新的藻体更容易通过原生质体再生而不是愈伤组织。此外，生长调节剂（激素，见 2.6.3 节）和碳源对海藻外植体愈伤组织的形成是可变的（Reddy et al., 2008a）。陆生植物生长激素如细胞分裂素和生长素诱导愈伤组织报道较少。细胞分裂素的一些不同类型已被发现可应用于海藻，下一步要确定其是否可以提高愈伤组织的诱导（Reddy et al., 2008a）。另一组植物生长调节剂多胺（如腐胺、亚精胺）也被发现存在于海藻中（见 2.6.3 节），胁迫条件如高盐度和低盐度会增加其浓度，其可能在自然界中的细胞生长和发育中起重要的作用。

海藻基因工程和原生质体遗传转化仍处在非常早期的阶段（Reddy et al., 2008b）。外源基因转化的高效表达取决于合适的启动子，而目前尚缺乏大型藻类启动子，如来自于海藻相关感染病毒和细菌。海藻分子生物学和遗传学的研究进展已在 1.4 节中讨论过。

目前，仍无法应用这些新的技术有效地生产藻胶如琼脂、卡拉胶。另一方面，体细胞杂交产生抗病害（如真菌病害）的藻株是可能的（Evans and Butler, 1988）。因此，应致力于完善基础生物技术（原生质体分离、原生质体融合、愈伤组织形成和藻体再生）必须加大科研力度以实现海藻更多的潜力和价值。

10.12 小结

海藻养殖包括在海洋或陆上的大型养殖场养殖，其生命周期决定了养殖方式。海藻具有食用价值，可提供蛋白质、维生素和矿物质（特别是碘）。具有重要商业价值的藻胶包括来源于红藻的琼脂和卡拉胶，以及来源于褐藻的褐藻胶。藻类添加剂产业正在迅速增长，涉及土壤添加剂/调节剂、动物饲料添加剂、医药、保健品、化妆品、天然色素。亚洲栽培的六大海藻属为红藻卡帕藻、麒麟菜、紫菜、江蓠，褐藻海带和裙带菜。海藻养殖主要包括两个阶段：种苗生产、种苗养殖和收获。

紫菜藻体经诱导释放果孢子，附着于贝壳并萌发形成微观丝状体。丝状体产生壳孢子，附着于网帘在海区养殖，孢子萌发并成长为成熟的叶状体。收获藻体被破碎、干燥、制浆，然后压制成片状紫菜。紫菜养殖的问题包括快速生长的杂藻污染、草食性鱼类摄食以及多种病害的威胁。

两个最重要的食用经济性海带目海藻为海带（主要来自中国）和裙带菜（主要来自韩国和中国）。其养殖包括 4 个步骤：①游孢子采集和苗绳附着；②苗种生产；③移植和幼苗生长；④收获。海带目海藻具有异形世代交替生活史，其微观单倍体（配子体）阶段可在实验室培养和操作。孢子体种苗夹苗于浮筏系统连接的养殖绳上。在日本，裙带菜常为人工采摘、晒干并制成不同类型的“wakame”。大多数的海带经过煮烫和盐渍后被直接作为蔬菜食用，而干燥后可加工为包括添加在汤、沙拉和茶，或是用作各种调味料的副产品，同时也可用于褐藻胶生产。

全世界的卡拉胶一半由菲律宾和印度尼西亚生产，这两个国家养殖了大量的卡帕藻和麒麟菜。这些海藻的养殖始于 20 世纪 70 年代，是目前海藻养殖产业最成功的案例。最近养殖海藻生长速度比过去较慢，可能是因为利用现有苗种作为后续作物的幼苗（即无性繁殖）。为了克服连续移植引起的这一问题，新植株的定期繁育被推荐作为预防卡拉胶质量的遗传退化和生长率降低的手段。

石花菜是优质琼脂的主要来源（高凝胶强度和低硫酸盐含量），微生物培养基用的琼脂完全是从该属物种中分离得到。由于其生长缓慢，天然藻床常常被过度收割。由于石花菜收获量较少，1999 年约 63%的琼脂原料来自于江蓠，而 2009 年则提高到 80%。然而，来自于江蓠的琼脂具有较低的凝胶强度，同时其成胶温度高于石花菜琼脂，因此各种应用功能较少。约 90%的江蓠产自中国，越南和智利占百分之几。江蓠是海湾和河口底部主要生长物种，其多养殖于苗线、绳或网，也可在池塘或养殖池中生长。藻体分枝可被置入沉积物，首先横向生长，然后垂直生长的藻枝可被收获；其养殖线或绳的养殖方法与褐藻相似。

多营养层次综合水产养殖（IMTA）包括喂养物种（鱼类）和提取物种的养殖，后者可利用/提取无机（如海藻）和有机过剩营养物（如悬浮和沉积食性无脊椎动物）。因此，添加不同营养层级的提取物种产生不同的生物量，同时提供生态系统服务。IMTA 允许养殖一些物种导致的食物、营养和副产品损失，将其转化为具有商业价值可重新收获的海产品。此外，还可提供生物修复/生态系统服务，如营养物质和 CO_2 的部分去除以及鱼类呼吸的氧气供应。IMTA 系统选择最好的海藻的重要标准是：高 NH_4^+ 吸收率和生长率、高 NH_4^+ 浓度耐受和高组织氮储存能力（较小程度的磷储存能力）、易控制的栽培和生命周期、真菌和病害抗性，作为原料或其衍生产品的市场价值以及在商业化上不具有不可逾越的监管障碍（Neori et al.，2004；Chopin，2011）。本地物种可能为最好的选择，以确保生理生态特性和生长环境之间的良好匹配，并可将经济价值与有效的生物修复相结合。浒苔完全符合上述标准，除了目前并未发现其显著的商业价值，因此如果目标主要是生物修复，则该物种是最合适的（但其清理方法有待解决）。海带、裙带菜、翅藻和紫菜具有商业价值，但其生活史特点使养殖管理更加复杂和昂贵。

海藻的驯化涉及生态学、生理学和遗传学的应用，为海藻养殖提供科学依据。ι 型和 κ 型卡拉胶生产者角叉菜的驯化，在过去的 30 a 被大量研究。该驯化过程涉及物种选择（即产品选择和市场调查）、养殖地点选择和品种选择（即选择生长最快和/或在所提供的环境条件中可产生最多的生物量的个体）。养殖池的设计和水循环是关键。生理实验为海藻的有效生长提供了基础知识。这种陆地系统代表了大规模冷水海藻养殖的首次尝试。由此产生的复杂和昂贵的操作系统也将培养的初衷从生产高价值的卡拉胶向高值食用海洋蔬菜的小众市场转变，这是保持经济运行的唯一可行性。

无性繁殖，包括从藻体产生新的藻体（如江蓠）或从叶片产生原孢子（如紫菜），忽略生活史中有性生殖阶段是最有效的。最近，Blouin 等（2007）采用脐形紫菜无性繁殖产生的中性孢子进行了网帘附着。无性繁殖的后代在遗传上与母体相同，确保所选克隆的理想性状得到保留。然而，在智利，智利江蓠长达 25 a 的无性繁殖导致二倍体为主导，以及遗传多样性的显著降低。

海藻组织和细胞培养是目前正在使用的技术。通过酶消化除去细胞的细胞壁获得原生质体，可以分裂成特定的细胞组织或萌发成苗。原生质体也可以与其他原生质体（甚至是其他物种或属）融合，从而产生能够形成新的理想性状的基因重组。愈伤组织是在伤口处和组织培养中形成的未分化细胞的聚集体。通常加入某些化学物质（生长调节剂或激素），可以被诱导分化为幼苗。相比于愈伤组织，新的藻体更容易从原生质体再生，而原生质体更适合悬浮培养。陆地植物已建立了良好的体细胞杂交技术基础，但在海藻方面该技术仍处于早期阶段。同样，转基因海藻的研究工作已经开始，但将转基因海藻释放到沿海水域是一个需要认真考虑的重要问题。

参考文献

Abdullah M I,S Fredriksen.2004.Production,respiration and exudation of dissolved organic matter by the kelp *Laminaria hyperborea* along the west coast of Norway[J].Journal of the Marine Biological Association of the UK,84(5):887-894.

Åberg P.1992.A demographic study of two populations of the seaweed *Ascophyllum nodosum*[J].Ecology,73:1473-1487.

Åberg P.1996.Patterns of reproductive effort in the brown alga *Ascophyllum nodosum*[J].Marine Ecology Progress Series,138(1-3):199-207.

Abreu M H,Pereira R,Sousa-Pinto I,et al.2011.Ecophysiological studies of the non-indigenous species *Gracilaria vermiculophylla*(Rhodophyta)and its abundance patterns in Ria de Aveiro lagoon,Portugal[J].European Journal of Phycology,46(4):453-464.

Ackerman J D.1998.Is the limited diversity of higher plants in marine systems the result of biophysical limitations for reproduction or evolutionary and physiological constraints? [J].Functional Ecology,12(6):979-982.

Ackland J C,West J A,Pickett-Heaps J.2007.Actin and myosin regulate pseudopodia of *Porphyra pulchella*(Rhodophyta)archeospores[J].Journal of Phycology,43(1):129-138.

Adams M S,Stauber J L,Binet M T,et al.2008.Toxicity of a secondary-treated sewage effluent to marine biota in Bass Strait,Australia:development of action trigger values for a toxicity monitoring program[J].Marine Pollution Bulletin,57(6):587-598.

Adams N M.1994.Seaweeds of New Zealand(An Illustrated Guide)[J].Limnology & Oceanography,37(2):1345-1360.

Adams T S,Sterner R W.2000.The effect of dietary nitrogen content on trophic level 15N enrichment[J].Limnology & Oceanography,45(3):601-607.

Adey W H,Goertemiller T.1987.Coral reef algal turfs:master producers in nutrient poor seas[J].Phycologia,26(3):374-386.

Adey W H,Vassar J M.1975.Colonization,succession and growth rates of tropical crustose coralline algae(Rhodophyta,Cryptonemiales)[J].Phycologia,14(2):55-69.

Aguilera J,Karsten U,Dummermuth A,et al.2002.Enzymatic defences against photooxidative stress induced by ultraviolet radiation in Arctic marine macroalgae[J].Polar Biology,25(6):432-441.

Aguirre-Lipperheide M, Estrada-Rodriguez F J, Evans L V. 1995. Facts, problems and need in seaweed tissue culture:an appraisal[J].Journal of Phycology,31(5):677-688.

Ahlf W,Hollert H,Neumann-Hensel H,et al.2002.A guidance for the assessment and evaluation of sediment quality a German Approach based on ecotoxicological and chemical measurements[J].Journal of Soils & Sediments,2(1):37-42.

Ahn O,Petrell R J,Harrison P J.1998.Ammonium and nitrate uptake by *Laminaria saccharina* and *Nereocystis leutkeana* originating from a salmon sea cage farm[J].Journal of Applied Phycology,10:333-340.

Airoldi L.1998.Roles of disturbance,sediment stress,and substratum retention on spatial dominance in algal turf

[J].Ecology,79(8):2759-2770.

Airoldi L.2000.Effects of disturbance,life histories,and overgrowth on coexistence of algal crusts and turfs[J].Ecology,81(3):798-814.

Airoldi L.2003.The effects of sedimentation on rocky coast assemblages[J].Oceanogr.Mar.Biol,41(1):161-236.

Airoldi L,Virgilio M.1998.Responses of turf-forming algae to spatial variations in the deposition of sediments[J].Marine Ecology Progress Series,165:271-282.

Alamsjah M A,Hirao S,Ishibashi F,et al.2008.Algicidal activity of polyunsaturated fatty acids derived from *Ulva fasciata* and *U.pertusa*(Ulvaceae,Chlorophyta)on phytoplankton[J].Journal of Applied Phycology,20:713-720.

Alfaro A C,Thomas F,Sergent L,et al.2006.Identification of trophic interactions within an estuarine food web (northern New Zealand)using fatty acid biomarkers and stable isotopes[J].Estuarine Coastal & Shelf Science,70(1-2):271-286.

Algarra P,Neill F X.1987.Structural adaptations to light reception in two morphotypes of *Corallina elongata* Ellis and Soland[J].Marine Ecology,8:253-261.

Algarra P,Thomas J C,Mousseau A.1990.Phycobilisome heterogeneity in the red alga *Porphyra umbilicalis*[J].Plant Physiology,92(3):570-576.

Allen J F.2003.State-transitions:a question of balance[J].Science,299:1530-1532.

Allen T F H.1997.Scale in microscopic algal ecology:a neglected dimension[J].Phycologia,16(3):253-257.

Almeida E,Diamantino T C,de Sousa O.2007.Marine paints:the particular case of antifouling paints[J].Progress in Organic Coatings,59(1):2-20.

Amat M A,Braud J P.1990.Ammonium uptake by *Chondrus crispus*,Stackhouse(Gigartinales,Rhodophyta)in culture[J].Hydrobiologia,204-205(1):467-471.

Amsler C D.2008.Algal Chemical Ecology[M].London:Springer,313.

Amsler C D.2012.Chemical ecology of seaweeds.In Wiencke C,Bischof K(eds),Seaweed biology:novel insights into ecophysiology,ecology and Utilization(pp.177-188).Series:Ecological Studies,Volume 219.Berlin and Heidelberg:Springer.

Amsler C D,Fairhead V A.2006.Defensive and sensory chemical ecology of brown algae[J].Advances in Botanical Research,43:1-91.

Amsler C D,Neushul M.1989.Diel periodicity of spore release from the kelp *Nereocystis luetkeana*(Mertens)Postels *et*,Ruprecht[J].Journal of Experimental Marine Biology & Ecology,134(2):117-127.

Amsler C D,Neushul M.1989.Chemotactic effects of nutrients on spores of the kelps *Macrocytis pyrifera* and *Pterygophora california*[J].Marine Biology,102(4):557-564.

Amsler C D,Neushul M.1990.Nutrient stimulation of spore settlement in the kelps *Pterygophora californica* and *Macrocystis pyrifera*[J].Marine Biology,1990,107(2):297-304.

Amsler C D,Searles R B.1980.Vertical distribution of seaweed spores in a water column offshore of North Carolina[J].Journal of Phycology,16(4):617-619.

Amsler C D,Reed D C,Neushul M.1992.The microclimate inhabited by macroalgal propagules[J].British Phycological Journal,27(3):253-270.

Amsler C D,McClintock J B,Baker B J.2008.Macroalgal chemical defenses in polar marine communities.In Amsler C D(ed.),Algal chemical ecology(pp.91-104).London:Springer.

Amsler C D,Amsler M O,McClintock J B,et al.2009.Filamentous algal endophytes in macrophytic Antarctic algae:prevalence in hosts and palatability to mesoherbivores[J].Phycologia,48:324-334.

Anderberg H I, Danielson J, Johanson U. 2011. Algal MIPs, high diversity and conserved motifs [J]. BMC Evolutionary Biology, 11(1):110.

Andersen R A.2004.Biology and systematics of heterokont and haptophyte algae[J].American Journal of Botany,91(10):1508-1522.

Anderson B S, Hunt J W.1998.Bioassay methods for evaluating the toxicity of heavy metals, biocides and sewage effluent using microscopic stages of giant kelp *Macrocystis pyrifera* (Agardh): a preliminary report[J].Marine Environmental Research,26(2):113-134.

Anderson B S, Hunt J W, Turpen S L, et al.1990.Copper toxicity to microscopic stages of giant kelp *Macrocystis pyrifera*: interpopulation comparisons and temporal variability[J].Marine Ecology Progress Series, 68(1-2): 147-156.

Anderson F E, Green J.1980.The new encyclopaedia britannica[M].London: Encyclopaedia Britannica, 968-976.

Andersen R J, Bolton J J.1989.Growth and fertility, in relation to temperature and photoperiod, in South African *Desmarestia firma* (Phaeophyceae)[J].Botanica Marina,32(2):149-158.

Anderson R J, Anderson D R, Anderson J S.2008.Survival of sand-burial by seaweeds with crustose bases or life-history stages structures the biotic community on an intertidal rocky shore[J].Botanica Marina,51(1):10-20.

Anderson S M, Charters A C. 1982. A fluid dynamics study of seawater flow through *Gelidium nudifrons* [J]. Limnology & Oceanography,27(3):399-412.

Andersson S, Kautsky L.1996.Copper effects on reproductive stages of Baltic *Sea Fucus vesiculosus*[J].Marine Biology,125(1):171-176.

Andrade L R, Farina M, Amado Filho G M.2004.Effects of copper on *Enteromorpha flexuosa* (Chlorophyta) *in vitro* [J].Ecotoxicology & Environmental Safety,58(1):117-125.

Andrade S, Medina M H, Moffett J W, et al.2006.Cadmium-copper antagonism in seaweeds inhabiting coastal areas affected by copper mine waste disposals[J].Environmental Science & Technology,40(14):4382.

Andrade S, Pulido M J, Correa J A.2010.The effect of organic ligands exuded by intertidal seaweeds on copper complexation[J].Chemosphere,78(4):397-401.

Andreakis N, Schaffelke B.2012.Invasive Marine Seaweeds: Pest or Prize? In Wiencke C, Bischof K(eds).Seaweed biology: novel insights into ecophysiology, ecology and utilizntion, ecological studies 219.Berlin and Heidelberg: Springer-Verlag, 235-262.

Andréfouët S, Payri C, Hochberg E J, et al.2004.Use of *in Situ* and airborne reflectance for scaling-up spectral discrimination of coral reef macroalgae from species to communities[J].Marine Ecology Progress Series Series, 161-177.

Andrew N L.1993.Spatial heterogeneity, sea urchin grazing and habitat structure on reefs in temperate Australia[J]. Ecological Studies,74:292-302.

Andrews J H.1976.The pathology of marine algae[J].Biological Reviews,51(2):211-252.

Ang P O.1992.Cost of reproduction in *Fucus distichus*[J].Marine Ecology Progress Series Series,89(1):25-35.

Ang P O, DeWreede D E.1993.Simulation and analysis of the dynamics of a *Fucus distichus* (Phaeophyceae, Fucales) population[J].Marine Ecology Progress Series Series,93:253-265.

Anthony K R N, Maynard J A, Guillermo D P, et al.2011.Ocean acidification and warming will lower coral reef resilience[J].Global Change Biology,17(5):1798-1808.

Antia N J, Harrison P J, Oliveira L.1991.The role of dissolved organic nitrogen in phytoplankton nutrition, cell biology and ecology[J].Phycologia,30(1):1-89.

Antizar-ladislao B.2008.Environmental levels,toxicity and human exposure to tributyltin(TBT) contaminated marine environment.A review[J].Environment International,34(2):292-308.

Gall E A,Kupper F C,Kloareg B.2004.A survey of iodine content in *Laminaria digitata*[J].Botanica Marina,47(1):30-37.

Archibald J M.2009.The origin and spread of eukaryotic photosynthesis:evolving views in light of genomics[J].Botanica Marina,52(2):95-103.

Arenas F,Femzindez C.2000.Size structure and dynamics in a population of *Sargassum muticum*(Phaeophyceae)[J].Journal of Phycology,36(6):1012-1020.

Arenas F,Sánchez I,Hawkins S J,et al.2006.The invisibility of marine algal assemblages:role of functional diversity and identity[J].Ecology,87(11):2851-2861.

Arkema K K,Reed D C,Schroeter S C.2009.Direct and indirect effects of giant kelp determine benthic community structure and dynamics[J].Ecology,90(11):3126-3137.

Armbrust E,Berges J,Bowler C,et al.2004.The genome of the diatom *Thalassiosira Pseudonana*:Ecology,evolution, and metabolism[J].Science,306(5693):79-86.

Armstrong S L.1987.Mechanical properties of the tissues of the brown alga *Hedophyllum sessile* (C.Ag.) Setchell: variability with habitat[J].Journal of Experimental Marine Biology & Ecology,114(2):143-151.

Arnold K E,Manley S L.1985.Carbon allocation in *Macrocystis pyrifera*(Phaeophyta):intrinsic variability in photosynthesis and respiration[J].Journal of Phycology,21(1):154-167.

Arnold K E,Murray S N.1980.Relationships between irradiance and photosynthesis for marine benthic green algae (Chlorophyta) of differing morphologies[J].Journal of Experimental Marine Biology & Ecology,43(2):183-192.

Arnold T M,Targett N M,Tanner C E,et al.2001.Evidence for methyl jasmonate-induced phlorotannin production in *Fucus vesiculosus*(Phaeophy ceae)[J].Journal of Phycology,37(6):1026-1029.

Arntz W,Gallardo V A,Gutiérrez D,et al.2006.El Niño and similar perturbation effects on the benthos of the Humboldt,California,and Benguela Current upwelling ecosystems[J].6(6):243-265.

Aro E M,Virgin I,Andersson B.1993.Photoinhibition of photosystem II.Inactivation,protein damage and turnover[J].Biochimica Et Biophysica Acta,1143(2):113-134.

Aronson R B,Precht W F,Macintyre I G,et al.2012.Catastrophe and the life span of coral reefs[J].Ecology,93(2):303-313.

Asada K,Takahashi M.1987.Production and scavenging of active oxygen in photosynthesis.In Kyle D J,Osmond C B,Arntzen C J(eds).Photoinhibition.Topics in photosynthesis 9(89-109).Amsterdam:Elsevier Science Publishers.

Ashen J B,Cohen J D,Goff L G.1999.GC-SIM-MS detection and quantification of free indole-3-acetic acid in bacterial galls on the marine alga *Prionitis lanceolata* (Rhodophyta)[J].Phycology,35:493-500.

Asimgil H,Kavakli I H.2012.Purification and characterization of five members of photolyase/cryptochrome family from *Cyanidioschyzon merolae*[J].Plant Science,185-186(4):190-198.

Ask E I,Azanza R V.2002.Advances in cultivation technology of commercial eucheumatoid species:a review with suggestions for future research[J].Aquaculture,206(3-4):257-277.

ASTM.2004.Standard guide for conducting sexual reproduction tests with seaweeds[J].ASTM,El498-492.

Atalah J,Crowe T P.2010.Combined effects of nutrient enrichment,sedimentation and grazer loss on rock pool assemblages[J].Journal of Experimental Marine Biology & Ecology,388(1-2):51-57.

Ateweberhan M,Bruggemann J H,Breeman A M.2005.Seasonal dynamics of *Sargassum ilicifolium*(Phaeophyta) on a shallow reef flat in the southern Red Sea(Eritrea)[J].Marine Ecology Progress Series,292(1):159-171.

Ateweberhan M,Bruggemann J H,Breeman A M.2006.Seasonal module dynamics of *Turbinaria triquetra*(Fucales, Phaeophyceae)in the southern Red Sea[J].Journal of Phycology,42(5):990-1001.

Ateweberhan M,Bruggemann J H,Breeman A M.2009.Seasonal changes in size structure of *Sargassum* and *Turbinaria* populations(Phaeophyceae) on tropical reef flats in the Southern Red Sea[J].Journal of Phycology,45(1):69.

Atkinson M J,Grigg R W.1984.Model of a coral reef ecosystem.II.Gross and net benthic primary production at French Frigate Shoals,Hawaii[J].Coral Reefs,3:13-22.

Atkinson M J,Smith S V.1983.C : N : P ratios of benthic marine plants[J].Limnology & Oceanography,28(3):568-574.

Audibert L,Fauchon M,Blanc N,et al.2010.Phenolic compounds in the brown seaweed *Ascophyllum nodosum*:distribution and radical-scavenging activities[J].Phytochem Anal,21(5):399-405.

Austin A P,Pringle J D.1969.Periodicity of mitosis in red algae[J].Proceedings of the Fifth International Seaweed Symposium,6:41-52.

Avila E,Carballo J.2006.Habitat selection by larvae of the symbiotic sponge *Haliclona caerulea*(Hechtel,1965)(Demospongiae,Haplosclerida)[J].Symbiosis,41(1):21-29.

Azanza-Corrales R, Dawes C J.1989.Wound healing in cultured *Eucheuma alvarezii* var.*tambalang* Doty[J].Botanica Marina,32(3):229-234.

Azimzadeh J,Marshall W F.2010.Building the centriole[J].Current Biology,20:R816-825.

Baardseth E.1970.A square-scanning,two-stage sampling method of estimating seaweed quantities[J].Norwegian Institute of Seaweed Research,Report 33,41.

Babcock R C,Shears N T,Alcala A C,et al.2010.Decadal trends in marine reserves reveal differential rates of change in direct and indirect effects[J].Proceedings of the National Academy of Sciences of the United States of America,107(43):18 256-18 261.

Bäck S,Collins J C,Russell G.1992.Effects of salinity on growth of Baltic and Atlantic *Fucus vesiculosus*[J].British Phycological Journal,27:39-47.

Bacon L C,Vadas R L.1991.A model for gamete release in *Ascophyllum nodosum* (Phaeophyta)[J].Journal of Phycology,27(2):166-173.

Badger M.2003.The roles of carbonic anhydrases in photosynthetic CO_2 concentrating mechanisms[J].Photosynthesis Research,77(2-3):83-94.

Badger M R,Andrews T J,Whitney S M.1998.The diversity and coevolution of Rubisco,plastids,pyrenoids and chloroplast-based CO_2 concentrating mechanisms in the algae[J].Canadian Journal of Botany,76:1052-1071.

Baker S M,Bohling M H.1916.On the brown seaweeds of the salt marsh.Part II.Their systematic relationships,morphology,and ecology[J].Botanical Journal of the Linnean Society,43:325-380.

Balasse M,Mainland I,Richards M P.2009.Stable isotope evidence for seasonal consumption of marine seaweed by modern and archaeological sheep in the Orkney archipelago(Scotland)[J].Environmental Archaeology,14(1):1-14.

Balata D,Piazzi L,Benedetti-Cecchi L.2007.Sediment disturbance and loss of beta diversity on subtidal rocky reefs[J].Ecology,88(10):2455-2461.

Balata D,Piazzi L,Rindi F.2011.Testing a new classification of morphological functional groups of marine macroalgae for the detection of responses to stress[J].Marine Biology,158(11):2459-2469.

Ballesteros E, Garrabou J, Hereu B, et al. 2009. Deep-water stands of *Cystoseira zosteroides*, C. Agardh (Fucales, Ochrophyta) in the Northwestern Mediterranean: insights into assemblage structure and population dynamics[J]. Estuarine Coastal & Shelf Science, 82(3): 477–484.

Barbrook A C, Howe C J, Kurniawan D P, et al. 2010. Organization and Expression of organellar genomes[J]. Philosophical Transactions of the Royal Society of London, 365(1541): 785–797.

Barile P J, Lapointe B E. 2005. Atmospheric nitrogen deposition from a remote source enriches macroalgae in coral reef ecosystems near Green Turtle Cay, Abacos, Bahamas[J]. Marine Pollution Bulletin, 50(11): 1262–1272.

Barner A K, Pfister C A, Wootton T. 2010. The mixed mating system of the sea palm kelp *Postelsia palmaeformis*: few costs to selfing[J]. Proceedings Biological Sciences, 278(1710): 1347–1355.

Barnes D J, Chalker B E. 1990. Calcification and photosynthesis in reef-building corals and algae. In Dubinsky Z (ed.). Ecosystems of the World 25 (pp. 109–131). Amsterdam: Elsevier.

Barnett B E, Ashcroft C R. 1985. Heavy metals in *Fucus vesiculosus* in the Humber Estuary[J]. Environmental Pollution, 9(3): 193–201.

Barr N G, Rees T A V. 2003. Nitrogen status and metabolism in the green seaweed *Enteromorpha intestinalis*: an examination of three natural populations[J]. Marine Ecology Progress Series, 249(1): 133–144.

Barr N G, Kloeppel A, Rees T, et al. 2008. Wave surge increases growth and nutrient uptake in the green seaweed *Ulva pertusa* maintained at low bulk flow velocities[J]. Aquatic Biology, 3(2): 179–186.

Barrington K, Chopin T, Robinson S. 2009. Integrated multi-trophic aquaculture (IMTA) in marine temperate waters. In Soto D (ed.). Integrated mariculture: A global reuiew. FAO Fisheries and Aquaculture Technical Paper No.529: 7–49.

Bartsch I, Christian Wiencke, Kai Bischof, et al. 2008. The genus *Laminaria sensu lato* : recent insights and developments[J]. European Journal of Phycology, 43(1): 1–86.

Basu S, Sun H G, Brian R L, et al. 2002. Early embryo development in *Fucus distichus* is auxin sensitive[J]. Plant Physiology, 130(1): 292–302.

Bates C R, Saunders G W, Chopin T. 2009. Historical versus contemporary measures of seaweed biodiversity in the Bay of Fundy[J]. Botany-botanique, 87(11): 1066–1076.

Baumann H A, Morrison L, Stengel D B. 2009. Metal accumulation and toxicity measured by PAM chlorophyll fluorescence in seven species of marine macroalgae[J]. Ecotoxicology & Environmental Safety, 72(4): 1063–1075.

Baweja P, Sahoo D, Robaina R. 2009. Seaweed tissue culture as applied to biotechnology: problems, achievements and prospects[J]. Phycological Research, 57(1): 45–58.

Bayer-Giraldi M, Uhlig C, John U, et al. 2010. Antifreeze proteins in polar sea ice diatoms: diversity and gene expression in the genus *Fragilariopsis*[J]. Environmental Microbiology, 12(4): 1041–1052.

Bayne B L. 1989. Biological effects of pollutants. In Albaiges J (ed.). Marine Pollution (pp. 131–151). New York: Hemisphere.

Beck C B. 2010. An introduction to plant structure and development: plant anatomy for the Twenty-First Century [M]. Cambridge: Cambridge University Press, 464.

Becker S, Walter B, Bischof K. 2009. Freezing tolerance and photosynthetic performance of polar seaweeds at low temperatures[J]. Botanica Marina, 52(6): 609–616.

Becker S, Graeve M, Kai B. 2010. Photosynthesis and lipid composition of the Antarctic endemic rhodophyte *Palmaria decipiens* : effects of changing light and temperature levels[J]. Polar Biology, 33(7): 945–955.

Beer S, Axelsson L. 2004. Limitations in the use of PAM fluorometry for measuring photosynthetic rates of macroalgae at high irradiances[J].European Journal of Phycology,39(1):1-7.

Beer S,Eshel A.1983.Photosynthesis of *Ulva* sp.I.Effects of desiccation when exposed to air[J].Journal of Experimental Marine Biology & Ecology,70(1):91-97.

Bégin C,Scheibling R E.2003.Growth and survival of the invasive green alga *Codium fragile* ssp.*tomentosoides* in tide pools on a rocky shore in Nova Scotia[J].Botanica Marina,46(5):404-412.

Bekheet I A,Kandil K M,Shahan N Z.1984.Studies on urease extracted from *Ulva lactuca*[J].Hydrobiologia,116-117(1):580-583.

Bell E C.1995.Environmental and morphological influences on thallus temperature and desiccation of the intertidal alga *Mastocarpus papillatus* Kützing[J].Journal of Experimental Marine Biology & Ecology,191(1):29-55.

Bell E C.1999.Applying flow tank measurements to the surf zone:predicting dislodgment of the Gigartinaceae[J].Phycological Research,47(3):159-166.

Bell E C,Denny M W.1994.Quantifying wave exposure:a simple device for recording maximum velocity and results of its use at several field sites[J].Journal of Experimental Marine Biology and Ecology,24(6):357-367.

Bell G.1997.The evolution of the life cycle of brown seaweeds[J].Biological Journal of the Linnean Society,60(1):21-38.

Bellgrove A,Kihara H,Iwata A,et al.2009.Fourier transform infrared microspectroscopy as a tool to identify macroalgal propagules[J].Journal of Phycology,45(3):560-570.

Belliveau D J,Garbary D J,Mclachlan J L.1990.Effects of fluorescent brighteners on growth and morphology of the red alga *Antithamnion Kylinii*[J].Stain Technology,65(6):303-311.

Bellwood D R,Hughes T P,Folke C,et al.2004.Confronting the coral reef crisis[J].Nature,429(6994):827-833.

Bender E A,Case T G,Gilpin M E.1984.Perturbation experiments in community ecology:theory and practice[J].Ecology,65:1-13.

Benedetti-Cecchi L.2001.Variability in abundance of algae and invertebrates at different spatial scales on rocky sea shores[J].Marine Ecology Progress Series,215(8):79-92.

Benedetti-Cecchi L.2005.Unanticipated impacts of spatial variance of biodiversity on plant productivity[J].Ecology Letters,8(8):791-799.

Benedetti-Cecchi L, Bertocci I, Vaselli S, et al. 2006. Morphological plasticity and variable spatial patterns in different populations of the red alga *Rissoella verrucosa*[J].Marine Ecology Progress Series,315(8):87-98.

Benson E E,Rutter J C,Cobb A H.1983.Seasonal Variation in Frond Morphology and Chloroplast Physiology of the Intertidal alga *Codium fragile*(Suringar)Hariot[J].New Phytologist,95(4):569-580.

Berges J A.1997.Algal nitrate reductases[J].European Journal of Phycology,32:3-8.

Berges J A, Harrison P J. 1995. Nitrate reductase activity quantitatively predicts the rate of nitrate incorporation under steady state light limitation:a revised assay and characterization of the enzyme in three species of marine phytoplankton[J].Limnology & Oceanography,40(1):82-93.

Berges J A, Mulholland M. 2008. Enzymes and cellular N cycling. In Capone D G, Bronk D A, Mulholland M R (eds).Nitrogen in the marine environment(pp.1361-1420).New York:Academic Press.

Bergström L,Berger R,Kautsky L.2003.Negative direct effects of nutrient enrichment on the establishment of *Fucus vesiculosus* in the Baltic Sea[J].European Journal of Phycology,38(1):41-46.

Berndt M L,Callow J A,Brawley S H.2002.Gamete concentrations and timing and success of fertilization in a rocky shore seaweed[J].Marine Ecology Progress Series,226(1):273-285.

Bernstein B B,Jung N.1979.Selective pressures and coevolution in a kelp canopy community in southern California

[J].Ecological Monographs,49(3):335-355.

Bertness M D,Callaway R.1994.Positive interactions in communities[J].Trends in Ecology & Evolution,9(5):191.

Bertness M D,Leonard G H,Levine J M,et al.1999.Testing the relative contribution of positive and negative interactions in rocky intertidal communities[J].Ecology,80(8):2711-2726.

Bertness M D,Gaines S D,Hay M E.2001.Marine community ecology[M].Sinauer Associates,550.

Bertness M D,Trussell G C,Ewanschuk P J.2002.Do alternate stable community states exist in the Gulf of Maine rocky intertidal zone? [J].Ecology,83:3434-3448.

Besada V,Andrade J M,Schultze F,et al.2009.Heavy metals in edible seaweeds commercialized for human consumption[J].Journal of Marine Systems,75(1-2):305-313.

Bessho K,Iwasa Y.2009.Heteromorphic and isomorphic alternations of generations in macroalgae as adaptations to a seasonal environment[J].Evolutionary Ecology Research,11(5):691-711.

Bessho K,Iwasa Y.2010.Optimal seasonal schedules and the relative dominance of heteromorphic and isomorphic life cycles in macroalgae[J].Journal of Theoretical Biology,267(2):201-212.

Beutlich A,Borstelmann B,Reddemann R,et al.1990.Notes on the life histories of *Boergesenia* and *Valonia*(Siphonocladales,Chlorophyta)[J].Hydrobiologia,204-205(1):425-434.

Bhattacharya D,Druehl L D.1988.Phylogenetic comparison of the small-subunit ribosomal DNA sequence of *Costaria costata*(Phaeophyta) with those of other algae, vascular plants and oomycetes[J].Journal of Phycology,24(4):539-543.

Bidwell J R,Wheeler K W,Burridge T R.1998.Toxicant effects on the zoospore stage of the marine macroalga *Ecklonia radiata*(Phaeophyta:Laminariales)[J].Marine Ecology Progress Series,171(8):259-265.

Bidwell R G S.1979.Plant physiology,2nd edn[M].New York:Macmillan.

Bidwell R G S,McLachlan J.1985.Carbon nutrition of seaweeds:photosynthesis,photorespiration and respiration[J].Journal of Experimental Marine Biology & Ecology,86(1):15-46.

Biebl R.1962.Seaweeds.In Lewin R A(ed.).Physiology and biochemistry of the algae(pp.799-815).New York:Academic Press.

Biebl R. 1970. Vergleichende Untersuchungen zur Temperaturresistenz von Meeresalgen entlang der pazifischen Küste Nordamerikas[J].Protoplasma,69(1):61-83.

Biedka R F,Gosline J M,Wreede R D.1987.Biomechanical analysis of wave-induced mortality in the marine alga *Pterygophora californica*[J].Marine Ecology Progress Series,36(2):163-170.

Biggins J,Bruce D.1989.Regulation of excitation energy transfer in organisms containing phycobilins[J].Photosynthesis Research,20(1):1-34.

Billard E,Serrão E,Pearson G,et al.2010.*Fucus vesiculosus* and *spiralis* species complex:a nested model of local adaptation at the shore level[J].Marine Ecology Progress Series,405(405):163-174.

Bernard B,Le B A,Charrier C.2008.A stochastic 1D nearest-neighbour automaton models early development of the brown alga *Ectocarpus siliculosus*[J].Functional Plant Biology,35(10):1014-1024.

Bingham S,Schiff J A.1979.Conditions for attachment and development of single cells released from mechanically disrupted thalli of *Prasiola stipitata* Suhr[J].Biological Bulletin,156(3):257-271.

Bird K T,Habig C,Debusk T.1982.Nitrogen allocation and storage patterns in *Gracilaria tikvahiae*(Rhodophyta)[J].Journal of Phycology,18(3):344-348.

Birrell C L,McCook L J,Willis B L,et al.2008.Effects of benthic algae on the replenishment of corals and the implications for the resilience of coral reefs[J].Oceanography & Marine Biology,46:25-63.

Bischof K, Steinhoff F. 2012. Impacts of ozone stratospheric depletion and solar UVB radiation on seaweeds. In Wiencke C, Bischof K(eds). Seaweed biology: novel insights into ecophysiology, ecology and utilization, ecological studies, Vol.219(pp.433-438). New York: Springer.

Bischof K, Hanelt D, Wiencke C. 1998. UV-radiation can affect depth-zonation of Antarctic macroalgae[J]. Marine Biology, 131(4): 597-605.

Bischof K, Hanelt D, Wiencke C. 2000. Effects of ultraviolet radiation on photosynthesis and related enzyme reactions of marine macroalgae[J]. Planta, 211(4): 555-562.

Bischof K, Kräbs G, Wiencke C, et al. 2002. Solar ultraviolet radiation affects the activity of ribulose-1, 5-bisphosphate carboxylase-oxygenase and the composition of photosynthetic and xanthophyll cycle pigments in the intertidal green alga *Ulva lactuca* L[J]. Planta, 215(3): 502-509.

Bischof K, Peralta G, Kräbs G, et al. 2002. Effects of solar UV-B radiation on canopy structure of *Ulva* communities from southern Spain[J]. Journal of Experimental Botany, 53(379): 2411-2421.

Bischof K, Janknegt P J, Buma A G J, et al. 2003. Oxidative stress and enzymatic scavenging of superoxide radicals induced by solar UV-B radiation in *Ulva* canopies from southern Spain[J]. Scientia Marina, 67(3): 353-359.

Bischof K, Gómez I, Molis M, et al. 2006. Ultraviolet radiation shapes seaweed communities[J]. Reviews in Environmental Science & Biotechnology, 5(2-3): 141-166.

Bischof K, Rautenberger R, Brey L, et al. 2006. Physiological acclimation to gradients of solar irradiance within mats of the filamentous green macroalga *Chaetomorpha linum* from southern Spain[J]. Marine Ecology Progress Series, 306(8): 165-175.

Bischoff B, Wiencke C. 1995. Temperature adaptation in strains of the amphi-equatorial green alga *Urospora penicilliformis* (Acrosiphoniales): biogeographical implications[J]. Marine Biology, 122(4): 681-688.

Bischoff K, Rautenberger R. 2012. Seaweed responses to environmental stress: reactive oxygen and antioxidative strategies. In Wienke C, Bischof K(eds). Seaweed biology: novel insights into ecophysiology, ecology and utiliznation (pp.109-33). New York: Springer.

Bischoff-Bäsmann B. 1997. Temperature requirements and biogeography of marine macroalgae: adaptation of marine macroalgae to low temperatures[J]. Berichte zur Polarforschung, 245, 134.

Bischoff-Bäsmann B, Wiencke C. 1996. Temperature requirements for growth and survival of Antarctic Rhodophyta [J]. Journal of Phycology, 32(4): 525-535.

Bisgrove S R. 2007. Cytoskeleton and early development in fucoid algae[J]. Journal of Integrative Plant Biology, 49 (8): 1192-1198.

Bisgrove S R, Kropf D L. 2001. Cell wall deposition during morphogenesis in fucoid algae[J]. Planta, 212(5-6): 648-658.

Bisgrove S R, Kropf D L. 2007. Asymmetric cell divisions: zygotes of fucoid algae as a nodel system[M]. Cell Division Control in Plants. Springer Berlin Heidelberg, 9: 323-341.

Bixler H J, Porse H. 2011. A decade of change in the seaweed hydrocolloids industry[J]. Journal of Applied Phycology, 23(3): 321-335.

Björk M, Axelsson L, Beer S. 2004. Why is *Ulva intestinalis* the only macroalga inhabiting isolated rockpools along the Swedish Atlantic coast? [J]. Marine Ecology Progress Series, 284(1): 109-116.

Björk M, Björklund M, Mohammed S M, et al. 1995. Coralline algae, important coral reef builders threatened by pollution[J]. Ambio A Journal of the Human Environment, 24(7): 502-505.

Björn L O, Callaghan T V, Gehrke C, et al. 1999. Ozone depletion, ultraviolet radiation and plant life[J]. Chemosphere-Global Change Science,1(4):449-454.

Björnsater B R,Wheeler P A.1990.Effect of nitrogen and phosphorus supply on growth and tissue composition of *Ulva fenestrata* and *Enteromorpha intestinalis*(Ulvales,Chlorophyta)[J].Journal of Phycology,26(4):603-611.

Black W A P.1949.Seasonal variation in chemical composition of some of the littoral seaweeds common to scotland. Part II.*Fucus serratus.Fucus vesiculosus.Fucus spiralis* and *Pelvetia canaliculata*[J].Journal of Chemical Technology & Biotechnology,68(6):183-189.

Black W A P.1950.The seasonal variation in weight and chemical composition of the common British Laminariaceae [J].Journal of the Marine Biological Association of the United Kingdom,29(1):45-72.

Blanchette C A.1996.Seasonal patterns of disturbance influence recruitment of the sea palm,*Postelsia palmaeformis* [J].Journal of Experimental Marine Biology & Ecology,197(1):1-14.

Blanchette C A.1997.Size and survival of intertidal plants in response to wave action:a case study with *Fucus gardneri*[J].Ecology,78(5):1563-1578.

Blanchette C A,Melissa M C,Raimondi P T,et al.2008.Biogeographical patterns of rocky intertidal communities along the Pacific coast of North America[J].Journal of Biogeography,35(9):1593-1607.

Blouin N,Xiugeng F,Peng J,et al.2007.Seeding nets with neutral spores of the red alga *Porphyra umbilicalis* (L.) Kützing for use in integrated multi-trophic aquaculture(IMTA)[J].Aquaculture,27:77-91.

Blunden G,Gordon S M.1986.Betaines and their sulphonio analogues in marine algae[J].Progress in Phycological Research,4:39-80.

Blunt J W,Copp B R,Hu W P,et al.2007.Marine natural products[J].Natural Product Reports,23:31-86.

Boaventura D,Alexander M,Santina P D,et al.2002.The effects of grazing on the distribution and composition of low-shore algal communities on the central coast of Portugal and on the southern coast of Britain[J].Journal of Experimental Marine Biology & Ecology,267(2):185-206.

Bogorad L.1975.Phycobiliproteins and complementary chromatic adaptation[J].Annual Review of Plant Physiology, 26(1):369-401.

Bokn T.1987.Effects of diesel oil and subsequent recovery of commercial benthic algae[J].Hydrobiologia,151-152 (1):277-284.

Bokn T L,Moy F E,Murray S N.1993.Long-term effects of the water-accomodated fraction(WAF)of diesel oil on rocky shore populations maintained in experimental mesocosms[J].Botanica Marina,36(4):313-319.

Bokn T L,Duarte C M,Pedersen M F,et al.2003.The response of experimental rocky shore communities to nutrient additions[J].Ecosystems,6(6):577-594.

Bold H C,Wynne M J.1985.Introduction to the algae:structure and reproduction[M].Englewood Cliffs,NJ:Prentice Hall,706.

Boller M L,Carrington E.2006.*In situ*,measurements of hydrodynamic forces imposed on *Chondrus crispus*,Stackhouse[J].Journal of Experimental Marine Biology & Ecology,337(2):159-170.

Boller M L,Carrington E.2006.The hydrodynamic effects of shape and size change during reconfiguration of a flexible macroalga[J].Journal of Experimental Biology,209(10):1895-903.

Boller M L, Carrington E. 2007. Interspecific comparison of hydrodynamic performance and structural properties among intertidal macroalgae[J].Journal of Experimental Biology,210:1874-1884.

Bolton J J.1983.Ecoclinal variation in *Ectocarpus siliculosus* (Phaeophyceae) with respect to temperature growth optima and survival limits[J].Marine Biology,73(2):131-138.

Bolwell G P,Callow J A,Callow M E,et al.1979.Fertilization in brown algae.II.Evidence for lectinsensitive complementary receptors involved in gamete recognition in *Fucus serratus*[J].Journal of Cell Science,36(6):19-30.

Bolwell G P,Callow J A,Evans L V.1980.Fertilization in brown algae.III.Preliminary characterization of putative gamete receptors from eggs and sperm of *Fucus serratus*[J].Journal of Cell Science,43:209-224.

Bond P R,Brown M T,Moate R M,et al.1999.Arrested development in *Fucus spiralis*(Phaeophyceae),germlings exposed to copper[J].European Journal of Phycology,34(5):513-521.

Booth D,Provan J,Maggs C A,et al.2007.Molecular approaches to the study of invasive seaweeds[J].Botanica Marina,50(5/6):385-396.

Borowitzka L M.1986.Osmoregulation in blue-green algae[J].Progress in Phycological Research,4:243-256.

Borowitzka M A.1977.Algal calcification[J].Oceanography and Marine Biology.Annual Review,15:189-223.

Borowitzka M A.1979.Calcium exchange and the measurement of calcification rates in the calcareous coralline red alga *Amphiroa foliacea*[J].Marine Biology,50(4):339-347.

Borowitzka M A.1982.Mechanisms in algal calcification[J].Progress in Phycological Research,137-177.

Borowitzka M A.1987.Larkum.Calcification in algae:mechanisms and the role of metabolism[J].Critical Reviews in Plant Sciences,6(1):1-45.

Borowitzka M A.1989.Carbonate calcification in algae initiation and control.In Mann S,Webb J,Williams R J P (eds).Biomineralization:chemical and biochemical perspectives(pp.63-94).Weinheim,Germany:VCH Publications.

Bothwell J H,Marie D,Peters A F,et al.2010.Role of endoreduplication and apomeiosis during parthenogenetic reproduction in the model brown *alga Ectocarpus*[J].New Phytologist,188(1):111-121.

Bouarab K,Potin P,Correa J,et al.1999.Sulfated oligosaccharides mediate the interaction between a marine red alga and its green algal pathogenic endophyte[J].Plant Cell,11(9):1635-1650.

Bouarab K,Kloareg B,Potin P,et al.2001.Ecological and biochemical aspects in algal infectious diseases[J].Cahiers De Biologie Marine,42(1):91-100.

Bouarab K,Adas F,Gaquerel E,et al.2004.The innate immunity of a marine red alga involves oxylipins from both the eicosanoid and octadecanoid pathways[J].Plant Physiology,135(3):1838-1848.

Bouzon Z L,Ouriques L C.2007.Characterization of *Laurencia arbuscular* spore mucilage and cell walls with stains and FITC-labelled lectins[J].Aquatic Botany,86(4):301-308.

Bouzon Z L,Ouriques L C,Oliveira E C.2005.Ultrastructure of tetraspore germination in the agarproducing seaweed *Gelidium floridanum* (Gelidiales,Rhodophyta)[J].Phycologia,44(4):409-415.

Bouzon Z L,Ouriques L C,Oliveira E C.2006.Spore adhesion and cell wall formation in *Gelidium Floridanum*(Rhodophyta,Gelidiales)[J].Journal of Applied Phycology,18(3-5):287-294.

Boyd P W,Ellwood M J.2010.The biogeochemical cycle of iron in the ocean[J].Nature Geoscience,3(10):675-682.

Boyen C,Kloareg B,Vreeland V.1998.Comparison of protoplast wall regeneration and native wall deposition in zygotes of *Fucus distichus* by cell wall labelling with monoclonal antibodies[J].Plant Physiology Biochemistry,26:653-659.

Boyer K E,Fong P,Armitage A R,et al.2004.Elevated nutrient content of tropical macroalgae increases rates of herbivory in coral,seagrass,and mangrove habitats[J].Coral Reefs,23(4):530-538.

Boyer K E,Kertesz J S,Bruno J F.2009.Biodiversity effects on productivity and stability of marine macroalgal communities:the role of environmental context[J].Oikos,118(7):1062-1072.

Boyle T P.1985.Validation and predictability of laboratory methods for assessing the fate and effects of contaminants in aquatic ecosystems :a symposium[M].ASTM STP,865.

Bracken M E S,Nielsen K J.2004.Diversity of intertidal macroalgae increases with nitrogen loading by invertebrates [J].Ecology,85(10):2828-2836.

Bracken M E S,Stachowicz J J.2006.Seaweed diversity enhances nitrogen uptake via complementary use of nitrate and ammonium[J].Ecology,87(9):2397-2403.

Bracken M E S,Stachowicz J J.2007.Top-down modification of bottom-up processes:selective grazing reduces macroalgal nitrogen uptake[J].Marine Ecology Progress Series,330(12):75-82.

Bracken M E S,Gonzalez-Dorantes C A,Stachowicz J J.2007.Whole-community mutualism:associated invertebrates facilitate a dominant habitat-forming seaweed[J].Ecology,88(9):2211-2219.

Bracken M E S,Jones E,Williams S L.2011.Herbivores,tidal elevation,and species richness simultaneously mediate nitrate uptake by seaweed assemblages[J].Ecology,92(5):1083-1093.

Bradley P M.1991.Plant hormones do have a role in controlling growth and development of algae[J].Journal of Phycology,27(3):317-321.

Branch G M.1975.Mechanisms reducing intraspecific competition in *Patella* spp.:migration,differentiation and territorial behaviour[J].Journal of Animal Ecology,44(2):575-600.

Branch G M,Griffiths C L.1988.The Benguela ecosystem.Part V.The coastal zone[J].Oceanography and Marine Biology.Annual Review,26:395-486.

Brawley S H.1987.A sodium-dependent,fast block to polyspermy occurs in eggs of fucoid algae[J].Developmental Biology,124(2):390-397.

Brawley S H.1991.The fast block against polyspermy in fucoid algae is an electrical block[J].Developmental Biology,144(1):94-106.

Brawley S H.1992.Fertilization in natural populations of the dioecious brown alga *Fucus ceranoides* and the importance of the polyspermy block[J].Marine Biology,113(1):145-157.

Brawley S H.1992.Mesoherbivores.In John D M,Hawkinsr S J,Price J H(eds).Plant-animal interactions in the Marine Benthos(pp.235-63).Oxford:Oxford University Press.

Brawley S H,Adey W H.1977.Territorial behavior of three-spot damselfish(*Eupomacentrus planifrons*)increases reef algal biomass and productivity[J].Environmental Biology of Fishes,2(1):45-51.

Brawley S H,Adey W H.1981.The effect of micrograzers on algal community structure in a coral reef microcosm [J].Marine Biology,61(2-3):167-177.

Brawley S H,Blouin N A,Ficko-Blean E,et al.2017.Insights into the red algae and eukaryotic evolution from the genome of Porphyra umbilicalis(Bangiophyceae,Rhodophyta)[J].Proc Natl Acad Sci U S A,114(31):E6361-E6370.

Brawley S H,Fei X.1987.Studies of mesoherbivory in aquaria and in an unbarricaded mariculture farm on the Chinese coast[J].Journal of Phycology,23(4):614-623.

Brawley S H,Johnson L E.1992.Gametogenesis,gametes and zygotes:an ecological perspective on sexual reproduction in the algae[J].European Journal of Phycology,27(3):233-252.

Breeman A M.1988.Relative importance of temperature and other factors in determining geographic boundaries of seaweeds:experimental and phenological evidence[J].Helgoländer Meeresuntersuchungen,42(2):199-241.

Breeman A M.1990.Expected effects of changing seawater temperatures on the geographic distribution of seaweed species[J].Amsterdam:Kluwer Academic Publishers,57:69-76.

Breeman A M,Guiry M D.1989.Tidal influences on the photoperiodic induction of tetrasporogenesis in *Bonnemaiso-*

nia hamifera (Rhodophyta)[J].Marine Biology,102(1):5-14.

Breeman A M,Bos S,Essen S V,et al.1984.Light-dark regimes in the intertidal zone and tetrasporangial periodicity in the red alga *Rhodochorton purpureum*[J].Helgoländer Meeresuntersuchungen,38(3-4):365-387.

Breeman A M,Meulenhoff E J S,Guiry M D.1988.Life history regulation and phenology of the red alga *Bonnemaisonia hamifera*[J].Helgoländer Meeresuntersuchungen,42(3-4):535-551.

Breen P A,Mann K H.1976.Changing lobster abundance and the destruction of kelp beds by sea urchins[J].Marine Biology,34(2):137-142.

Brekke C,Solberg A H S.2005.Oil spill detection by satellite remote sensing[J].Remote Sensing of Environment,95(1):1-13.

Brenchley J L,Raven J A,Johnston A M.1996.A comparison of reproductive allocation and reproductive effort between semelparous and iteroparous fucoids(Fucales,Phaeophyta)[J].Hydrobiologia,326-327(1):185-190.

Brinkhuis B H.1985.Growth patterns and rates.In Littler M M,Littler D S(eds).Handbook of phycological methods: ecological field methods:macroalgae(pp.461-477).Cambridge:Cambridge University Press.

Brinkhuis B H,Levine H G,Schlenk C G,et al.1987.Laminaria cultivation in the Far East and North America.In Bird K T,Benson P H(eds).Seaweed cultivation for renewable resources(pp.107-146).Amsterdam:Elsevier.

Brinkhuis B H,Li R,Wu C,et al.1989.Nitrite uptake transients and consequences for in vivo algal nitrate reductase assays[J].Journal of Phycology,25(3):539-545.

Brinza L,Nygård C A,Dring M J,et al.2009.Cadmium tolerance and adsorption by the marine brown alga *Fucus vesiculosus* from the Irish Sea and the Bothnian Sea[J].Bioresour Technol,100(5):1727-1733.

Britz S J,Briggs W R.1976.Circadian rhythms of chloroplast orientation and photosynthetic capacity in *Ulva*[J].Plant Physiology,58(1):22-27.

Broadwater S T,Scott J.1982.Ultrastructure of early development in the female reproductive system of *Polysiphonia harveyi* Bailey(Ceramiales,Rhodophyta)[J].Journal of Phycology,18(4):427-441.

Brodie J A,Lewis J.2007.Unravelling the algae:the past,present and future of algal systematics[M].Boca Raton, FL:CRC Press Inc,376.

Brodie J,Andersen R A,Kawachi M,et al.2009.Endangered algal species and how to protect them[J].Phycologia, 48(5):423-438.

Brodie J E,Kroon F J,Schaffelke B,et al.2012.Terrestrial pollutant runoff to the Great Barrier Reef:an update of issues,priorities and management responses[J].Marine Pollution Bulletin,65(4-9):81-100.

Brokovich E,Ayalon I,Einbinder S,et al.2010.Grazing pressure on coral reefs decreases across a wide depth gradient in the Gulf of Aqaba,Red Sea[J].Marine Ecology Progress Series,399(399):69-80.

Brown J H.1995.Macroecology[M].Chicago,IL:University of Chicago Press.

Brown M T,Newman J E.2003.Physiological responses of *Gracilariopsis longissima* (S.G.Gmelin) Steentoft, L.M. Irvine and Farnham(Rhodophyceae)to sublethal copper concentrations[J].Aquatic Toxicology,64(2):201-213.

Brown M T,Newman J E,Han T.2012.Inter-population comparisons of copper resistance and accumulation in the red seaweed,*Gracilariopsis longissima*[J].Ecotoxicology,21(2):591-600.

Bruhn J,Gerard V A.1996.Photoinhibition and recovery of the kelp *Laminaria saccharina* at optimal and superoptimal temperatures[J].Marine Biology,125(4):639-648.

Bruland K W.1983.Trace Elements in sea-water[M].Chemical Oceanography.Elsevier Inc.157-219.London:Academic Press.

Bruland K W,Lohan M C.2004.Controls of trace metals in seawater[J].Treatise on Geochemistry,23-47.

Bruno E, Eklund B.2003.Two new growth inhibition tests with the filamentous algae *Ceramium strictum* and *C.tenuicorne* (*Rhodophyta*) [*J*].*Environmental Pollution*, 125(2):287–293.

Bruno J F, Bertness M D.2001.Habitat modification and facilitation in benthic marine communities.In Bertnessr M D, Gaines S D, Hay M E(eds).Marine community ecology(pp.201–218).Sunderland, MA: Sinauer Associates.

Bruno J F, Sweatman H, Precht W F, et al.2009.Assessing evidence of phase shifts from coral to macroalgal dominance on coral reefs[J].Ecology, 90(6):1478–1484.

Brzezinski M A, Reed D C, Amsler C D.1993.Neutral lipids as major storage products in zoospores of the giant-kelp *Macrocystis pyrifera* (Phaeophyceae)[J].Journal of Phycology, 29(1):16–23.

Buchanan B, Gruissem B W, Jones R L.2000.Biochemistry and molecular biology of plants[M].Rockville, MD: ASPP, 1367.

Büchel C, Wilhelm C.1993.*In vivo* analysis of slow chlorophyll fluorescence induction kinetics in algae: progress, problems and perspectives[J].Photochemistry & Photobiology, 58(1):137–148.

Buchholz C M, Krause G, Buck B H.2012.Seaweed and man.In Wiencke C, Bischof K(eds).Seaweed biology: novel insights into ecophysiology, ecology and utilization(pp.471–493).New York: Springer.

Buck B H, Buchholz C M.2004.The offshore ring: a new system design for the open ocean aquaculture of macroalgae [J].Journal of Applied Phycology, 16(5):355–368.

Buck B H, Buchholz C M.2005.Response of offshore cultivated *Laminaria saccharina* to hydrodynamic forcing in the North Sea[J].Aquaculture, 250(3–4):674–691.

Buesseler K, Aoyama M, Fukasawa M.2011.Impacts of the Fukushima nuclear power plants on marine radioactivity [J].Environmental Science & Technology, 45(23):9931–9935.

Buesseler K, Jayne S R, Fisher N S, et al.2012.Fukushima-derived radionuclides in the ocean and biota off Japan [J].Proceedings of the National Academy of Sciences of the United States of America, 109(16):5984–5988.

Buggeln R G. 1974. Negative phototropism of the haptera of *Alaria esculenta* (Laminariales) [J]. Journal of Phycology, 10(1):80–82.

Buggeln R G.1981.Morphogenesis and growth substances.In Lobban C S, Wynne M J(eds).The biology of seaweeds (pp.627–660).Oxford: Blackwell Scientific.

Buggeln R G.1983.Photoassimilate translocation in brown algae[J].Progress in Phycological Research, 2:283–332.

Buggeln R G, Fensom D S, Emerson C J.1985.Translocation of ^{11}C-photoassimilate in the blade of *Macrocystis pyrifera*(Phaeophyceae)[J].Journal of Phycology, 21(1):35–40.

Bulleri F.2006.Duration of overgrowth affects survival of encrusting coralline algae[J].Marine Ecology Progress Series, 321:79–85.

Bulleri F.2009.Facilitation research in marine systems: state of the art, emerging patterns and insights for future developments[J].Journal of Ecology, 97(6):1121–1130.

Bulleri F, Benedetti-Cecchi L.2008.Facilitation of the introduced green alga *Caulerpa racemosa* by resident algal turfs: experimental evaluation of underlying mechanisms[J].Marine Ecology Progress Series, 364(01):77–86.

Bulleri F, Balata D, Bertocci I, et al.2010.The seaweed *Caulerpa racemosa* on Mediterranean rocky reefs: from passenger to driver of ecological change[J].Ecology, 91(8):2205–2212.

Burgess R M, Pelletier M C, Ho K T, et al. 2003. Removal of ammonia toxicity in marine sediment TIEs: a comparison of *Ulva lactuca*, xeolite and aeration methods[J].Marine Pollution Bulletin, 46(5):607–618.

Burgman M A, Gerard V A.1990.A stage-structured, stochastic population model for the giant kelp *Macrocystis pyrifera*[J].Marine Biology, 105(1):15–23.

Burke L M, Reytar K, Spalding M, et al.2011.Reefs at risk revisited[J].Washington, DC: World Resources Institute.

Burkhardt E, Peters A F.1998.Molecular evidence from nrDNA its sequences that *Laminariocolax* (Phaeophyceae, Ectocarpales *sensu lato*) is a worldwide clade of closely related kelp endophytes[J].Journal of Phycology, 34(4): 682-691.

Burki F, Okamoto N, Pombert J F, et al. 2012. The evolutionary history of haptophytes and cryptophytes: phylogenomic evidence for separate origins[J]. Proceedings of the Royal Society B Biological Sciences, 279 (1736): 2246-2254.

Burridge T R, Bidwell J.2002.Review of the potential use of brown algal ecotoxicological assays in monitoring effluent discharge and pollution in southern Australia[J].Marine Pollution Bulletin, 45(1-12): 140-147.

Burridge T R, Shir M A.1995.The comparative effects of oil dispersants and oil/dispersant conjugates on germination of the marine macroalga *Phyllospora comosa* (Fucales: Phaeophyta)[J].Marine Pollution Bulletin, 31(4-12): 446-452.

Burritt D J, Larkindale J, Hurd C L.2002.Antioxidant metabolism in the intertidal red seaweed *Stictosiphonia arbuscula* following desiccation[J].Planta, 215(5): 829-838.

Burrows M T, Harvey R, Robb L.2008.Wave exposure indices from digital coastlines and the prediction of rocky shore community structure[J].Marine Ecology Progress Series, 353(01): 1-12..

Burrows M T, Harvey R, Robb L, et al.2009.Spatial scales of variance in abundance of intertidal species: effects of region, dispersal mode, and trophic level[J].Ecology, 90(5): 1242-1254.

Burtin P. 2003. Nutritional value of seaweeds [J]. Electronic Journal of Environmental Agricultural & Food Chemistry, 2: 1-9.

Buschmann A H, Bravo A.1990.Intertidal amphipods as potential dispersal agents of carpospores of *Iridaea laminarioides* (Gigartinales, Rhodophyta)[J].Journal of Phycology, 26(3): 417-420.

Buschmann A H, Westermeier R, Retamales C A. 1995. Cultivation of *Gracilaria* on the sea-bottom in southern Chile: a review[J].Journal of Applied Phycology, 7(3): 291-301.

Buschmann A H, Correa J A, Westermeier R, et al.2001.Red algal farming in Chile: a review[J].Aquaculture, 194 (3): 203-220.

Buschmann A H, Vásquez J A, Osorio P, et al.2004.The effect of water movement, temperature and salinity on abundance and reproductive patterns of *Macrocystis* spp.(Phaeophyta) at different latitudes in Chile[J].Marine Biology, 145(5): 849-862.

Buschmann A H, Moreno C, Vásquez J A, et al.2006.Reproduction strategies of *Macrocystis pyrifera* (Phaeophyta) in Southern Chile: the importance of population dynamics[J].Journal of Applied Phycology, 18(3-5): 575-582.

Buschmann A H, Hernández-González M D C, Varela D.2008.Seaweed future cultivation in Chile: perspectives and challenges[J].International Journal of Environment & Pollution, 33(4): 432-455.

Butler D M, Ostgaard C, et al.1989.Isolation conditions for high yields of protoplasts from *Laminaria saccharaina* and *L.digitata* (Phaeophyceae)[J].Journal of Experimental Botany, 40: 1237-1246.

Butler J N, Morris B F, Sleeter T D.1976.The fate of petroleum in the open ocean.In Sources, effects, and sinks of Hydrocarbons in the aquatic environment(pp.287-297).Washington DC: American Institute of Biological Sciences.

Butterworth J, Lester P, Nickless G.1972.Distribution of heavy metals in the Severn Estuary[J].Marine Pollution Bulletin, 3(5): 72-74.

Cabello-Pasini A, Alberte R S.1997.Seasonal patterns of photosynthesis and light-independent carbon fixation in marine macrophytes[J].Journal of Phycology,33(3):321−329.

Cabello-Pasini A,Alberte R S.2001.Enzymatic regulation of photosynthetic and light-independent carbon fixation in *Laminaria setchelli* (Phaeophyta), *Ulva lactuca* (Chlorophyta) and *Iridaea cordata* (Rhodophyta) Regulación enzimática de la fotosíntesis y la fijación de carbono en obscurid[J].Revista Chilena De Historia Natural,74(2):226−236.

Cabioch J.1988.Morphogenesis and generic concepts in coralline algae−a reappraisal[J].Helgoländer Meeresuntersuchungen,42(3−4):493−509.

Cabioch J,Giraud G.1986.Structural aspects of biomineralization in the coralline algae(calcified Rhodophyceae).In Leadbeater B S C, Riding R (eds). Biomineralization in lower plants and animals (pp. 141 − 156). Oxford: Clarendon Press.

Cáceres E J,Parodi E R.1989.Fine structure of zoosporogenesis,zoospore germination,and early gametophyte development in *Cladophora surera*(Cladophorales,Chlorophyta)[J].Journal of Phycology,34(5):825−834.

Cairrão E,Couderchet M,Soares A M,et al.2004.Glutathione-S-transferase activity of *Fucus* spp.as a biomarker of environmental contamination[J].Aquatic Toxicology,70(4):277−286.

Caldeira K,Wickett M E,Wickett,et al.2003.Anthropogenic carbon and ocean pH[J].Nature,425:365−367.

Callaway R M. 2007. Positive interactions and interdependence in plant communities [M]. The Netherlands: Springer,415.

Callow J A,Callow M E.2006.The *Ulva* spore adhesive system.In Smith A M,Callow J A(eds).Biological adhesives (pp.63−78).Berlin and Heidelberg:Springer-Verlag.

Callow J A,Callow M E,Evans L V.1979.Nutrition studies on the parasitic red alga *Choreocolax polysiphoniae*[J].New Phytologist,83(2):451−462.

Callow M E,Evans L V,Bolwell G P,et al.1978.Fertilization in brown algae.I.SEM and other observations on *Fucus serratus*[J].Journal of Cell Science,32:45−54.

Callow M E,Callow J A,Pickett-Heaps J D,et al.1997.Primary adhesion of *Enteromorpha*(Chlorophyta,Ulvales) propagules:quantitative settlement studies and video microscopy[J].Journal of Phycology,33(6):938−947.

Camargo J A,Alvaro Alonso.2006.Ecological and toxicological effects of inorganic nitrogen pollution in aquatic ecosystems:a global assessment[J].Environment International,32(6):832−849.

Cambridge M,Breeman A M,van den Hoek C.1984.Temperature responses of some North Atlantic *Cladophora* species(Chlorophyceae)in relation to their geographic distribution[J].Helgoländer Meeresuntersuchungen,38(3−4):349−363.

Camilli R,Reddy C M,Yoerger D R,et al.2010.Tracking hydrocarbon plume transport and biodegradation at Deepwater Horizon[J].Science,330:201−204.

Campbell J W, Aarup T. 1989. Photosynthetically available radiation at high latitudes [J]. Limnology & Oceanography,34(8):1490−1499.

Cancino J M,Muñoz J,Muñoz M,et al.1987.Effects of the bryozoan *Membranipora tuberculata*(Bosc.)on the photosynthesis and growth of *Gelidium rex* Santelices et Abbott[J].Journal of Experimental Marine Biology & Ecology, 113(2):105−112.

Canuel E A,Cloern J E,Ringelberg D B,et al.1995.Molecular and isotopic tracers used to examine sources of organic matter and its incorporation into the food webs of San Francisco Bay[J].Limnology & Oceanography,40(1):67−81.

Capone D G,Bautista M F.1985.A groundwater source of nitrate in nearshore marine sediments[J].Nature,313:

214-216.

Carballo J L, Olabarria C, Osuna T G.2002.Analysis of four macroalgal assemblages along the Pacific Mexican Coast during and after the 1997—1998 El Niño[J].Ecosystems, 5(8):749-760.

Carrillo S, López E, Casas M M, et al.2008.Potential use of seaweeds in the laying hen ration to improve the quality of n-3 fatty acid enriched eggs[J].Journal of Applied Phycology, 20(5):721-728.

Carney L T.2011.A multispecies laboratory assessment of rapid sporophyte recruitment from delayed kelp gamtophytes[J].Journal of Phycology, 47:244-251.

Caron L, Dubacq J P, Berkaloff C, et al.1985.Subchloroplast fractions from the brown alga *Fucus serratus*: phosphatidylglycerol contents[J].Plant & Cell Physiology, 26(1):131-139.

Caron L, Remy R, Berkaloff C.1988.Polypeptide composition of light harvesting complexes from some brown algae and diatoms[J].Febs Letters, 229(1):11-15.

Carpenter R C.1988.Mass mortality of a Caribbean sea urchin: immediate effects on community metabolism and other herbivores[J].Proceedings of the National Academy of Sciences of the United States of America, 85(2): 511-514.

Carpenter R C.1990.Competition among marine macroalgae: a physiological perspective[J].Journal of Phycology, 26(1):6-12.

Carpenter R C, Edmunds P J.2006.Local and regional scale recovery of *Diadema* promotes recruitment of scleractinian corals[J].Ecology Letters, 9(3):268-277.

Carpenter R C, Hackney J M, Adey W H.1991.Measurements of primary productivity and nitrogenase activity of coral reef algae in a chamber incorporating oscillatory flow[J].Limnology & Oceanography, 36(1):40-49.

Carrington E.1990.Drag and dislodgment of an intertidal macroalga: consequences of morphological variation in *Mastocarpus papillatus* Kützing[J].Journal of Experimental Marine Biology & Ecology, 139(3):185-200.

Carrington E, Grace S P, Chopin T.2001.Life history phases and the biomechanical properties of the red alga *Chondrus crispus*(Rhodophyta)[J].Journal of Phycology, 37(5):699-704.

Cashmore A R.2005.Cryptochrome overview.In Wada M, Shimazaki K, Lino M(eds).Light sensing in plants(pp.121-130).Tokyo: Springer-Verlag(Yamada Science Foundation and Springer-Verlag Tokyo).

Cassab G I.1988.Plant cell wall proteins[J].Annual Review of Plant Physiology & Plant Molecular Biology, 49(49):281-309.

Castilla J C.1988.Earthquake-caused coastal uplift and its effects on rocky intertidal kelp communities[J].Science, 242(4877):440-443.

Castilla J C, Manriquez P H, Camaño A.2010.Effects of rocky shore coseismic uplift and the 2010 Chilean mega-earthquake on intertidal biomarker species[J].Marine Ecology Progress Series, 418:17-23.

Caut S, Angulo E, Courchamp F.2009.Variation in discrimination factors(Delta N-15 and Delta C-13): the effect of diet isotopic values and applications for diet reconstruction[J].Journal of Applied Ecology, 46(2):443-453.

Cavalier-Smith T. 1999. Principles of protein and lipid targeting in secondary symbiogenesis: euglenoid, dinoflagellate, and sporozoan plastid origins and the eukaryote family tree[J].Journal of Eukaryotic Microbiology, 46(4):347-366.

Cavanaugh K C, Siegel D A, Kinlan B P, et al.2010.Scaling giant kelp field measurements to regional scales using satellite observations[J].Marine Ecology Progress Series, 403(6):13-27.

Ceccarelli D M, Jones G P, McCook L J.2001.Territorial damselfishes as determinants of the structure of benthic communities on coral reefs[J].Oceanography & Marine Biology, 39(1):355-389.

Cecere E, Petrocelli A, Verlaque M.2011. Vegetative reproduction by multicellular Rhodophyta: an overview[J]. Marine Ecology, 32(4): 419-437.

Cembella A, Antia N J, Harrison P J.1984. The utilization of inorganic and organic phosphorous compounds as nutrients by eukaryotic microalgae: a multidisciplinary perspective[J]. Critical Reviews in Microbiology, 10: 317-391.

Cerda O, Hinojosa I A, Thiel M.2010. Nest-building by the amphipod *Peramphithoe femorata* (Kroyer) on the kelp *Macrocystis pyrifera* (Linnaeus) C. Agardh from Northern-Central Chile[J]. Biological Bulletin, 218(3): 248-258.

Cetrulo G L, Hay M E.2000. Activated chemical defenses in tropical versus temperate seaweeds[J]. Marine Ecology Progress Series, 207(1): 243-253.

Chamberlain Y M.1984. Spore size and germination in *Fosliella*, *Pneophyllum* and *Melobesia* (Rhodophyta, Corallinaceae)[J]. Phycologia, 23(4): 433-442.

Chan C X, Blouin N A, Zhuang Y, et al.2012. *Porphyra* (Bangiophyceae) transcriptomes provide insights into red algal development and metabolism[J]. Journal of Phycology, 48(6): 1328-1342.

Chan C X, Zauner S, Wheeler G L, et al.2012. Analysis of *Porphyra* membrane transporters demonstrates gene transfer among photosynthetic eukaryotes and numerous sodium-coupled transport systems[J]. Plant Physiology, 158(4): 2001-2012.

Chan K Y, Wong P K, Ng S L.1982. Growth of *Enteromorpha linza* in sewage effluent and sewage effluent-seawater mixtures[J]. Hydrobiologia, 97(1): 9-13.

Chapman A R O.1973. Methods for macroscopic algae. In Stein J R(ed.). Handbook of phycological methods: culture methods and growth measurements(pp.87-104). Cambridge: Cambridge University Press.

Chapman A R O.1984. Reproduction, recruitment and mortality in two species of *Laminaria* in southwest Nova Scotia [J]. Journal of Experimental Marine Biology & Ecology, 78(1): 99-108.

Chapman A R O.1985. Demography. In Littler M M, Littjer D S(eds). Handbook of phycological methods: ecological field methods: macroalgae(pp.251-268). Cambridge: Cambridge University Press.

Chapman A R O.1986. Population and community ecology of seaweeds. In Blaxter J H S, Southward A J(eds). Advances in marine biology(vol.23, pp.1-161). London: Academic Press.

Chapman A R O.1987. The wild harvest and culture of *Laminaria longicruris* in eastern Canada. In Doty M S, Caddy J F, Santelices B(eds). Case studies of seven commercial seaweed resources(pp.193-237). FAO Fish Tech Pap, 281.

Chapman A.1993. Hard data for matrix modeling of *Laminaria digitata* (Laminariales, Phaeophyta) populations[C]. Proceedings of the Fifth International Seaweed Symposium, 263-267.

Chapman A R O.1995. Functional ecology of fucoid algae: twenty-three years of progress[J]. Phycologia, 34(1): 1-32.

Chapman A R O, Burrows E M.1970. Experimental investigations into the controlling effects of light conditions on the development and growth of *Desmarestia aculeata* (L.) Lamour[J]. Phycologia, 9(1): 103-108.

Chapman A R O, Craigie J S.1977. Seasonal growth in *Laminaria longicruris*: relations with dissolved inorganic nutrients and internal reserves of nitrogen[J]. Marine Biology, 40(3): 197-205.

Chapman A R O, Goudey C L.1983. Demographic study of the macrothallus of *Leathesia difformis* (Phaeophyta) in Nova Scotia[J]. Canadian Journal of Botany, 61(1): 319-323.

Chapman A R O, Markham J W, Lüning K.1978. Effects of nitrate concentration on the growth and physiology of *Laminaria saccharina* (Phaeophyta) in culture[J]. Journal of Phycology, 14(2): 195-198.

Chapman A S.1999. From introduced species to invader: what determines variation in the success of *Codium fragile* ssp.*tomentosoides*(Chlorophyta) in the North Atlantic Ocean? [J].Helgolander Meeresuntersuchungen,52(3-4):277-289.

Chapman M G,Underwood A J.1998.Inconsistency and variation in the development of rocky intertidal algal assemblages[J].Journal of Experimental Marine Biology & Ecology,224(2):265-289.

Chapman M S,Suh S W,Curmi P M,et al.1999.Tertiary structure of plant RuBisCO:domains and their contacts [J].Science,241:71-74.

Charpy L,Casareto B E,Langlade M J,et al.2012.Cyanobacteria in coral reef ecosystems:a review[J].Journal of Marine Biology,259-571.

Charrier B,Coelho S M,Le B A,et al.2008.Development and physiology of the brown alga *Ectocarpus siliculosus*:two centuries of research[J].New Phytologist,177(2):319-332.

Charters A C,Neushul M,Barilotti C.1969.The functional morphology of *Eisenia arborea*[J].Proceedings of the Fifth International Seaweed Symposium,6:89-105.

Chavez F P,Strutton P G,Friederich G E,et al.1999.Biological and chemical response of the Equatorial Pacific Ocean to the 1997—1998 El Niño[J].Science,286:2126-2131.

Chen L C M.1986.Cell development of *Porphyra miniata* (Rhodophyceae) under axenic culture [J]. Botanica Marina,29(5):435-439.

Chen L C,Edelstein T,Ogata E,et al.1970.The life history of *Porphyra miniata*[J].Canadian Journal of Botany,48 (48):385-389.

Cheshire A C,Hallam N D.1985.The environmental role of alginates in *Durvillaea potatorum*(Fucales,Phaeophyta) [J].Phycologia,24(2):147-153.

Cheshire A C,Hallam N D.1989.Methods for assessing the age composition of native stands of subtidal macro-algae: a case study on *Durvillaea potatorum*[J].Botanica Marina,2(3):199-204.

Chisholm J R M.2000.Calcification by crustose coralline algae on the northern Great Barrier Reef,Australia[J]. Limnology & Oceanography,45(7):1476-1484.

Chisholm J,Marchioretti M,Jaubert J M.2000.Effect of low water temperature on metabolism and growth of a subtropical strain of *Caulerpa taxifolia*(Chlorophyta)[J].Marine Ecology Progress Series,201(3):189-198.

Choi D,Kim J H,Lee Y.2008.Expansins in plant development[J].Advances in Botanical Research,47(8):47-97.

Choi H G,Lee L K.1996.Mixed-phase reproduction in *Dasysiphonia chejuensis*(Rhodophyta)from Korea[J].Phycologia,35(1):9-18.

Choi H G,Norton T A.2005.Competition and facilitation between germlings of *Ascophyllum nodosum* and *Fucus vesiculosus*[J].Marine Biology,147:525-532.

Choi H G,Norton T A.2005.Competitive interactions between two fucoid algae with different growth forms,*Fucus serratus* and *Himanthalia elongata*[J].Marine Biology,146(2):283-291.

Choo K S, Nilsson J, Pedersén M, et al. 2005. Photosynthesis, carbon uptake and antioxidant defence in two coexisting filamentous green algae under different stress conditions[J].Marine Ecology Progress Series,292(1): 127-138.

Chopin T.2011.Progression of the Integrated Multi-Trophic Aquaculture(IMTA)concept and upscaling of IMTA systems towards commercialization[J].Aquaculture Europe,36:5-12.

Chopin T.2012.Aquaculture,integrated Multi-trophic(IMTA).In Meyers R A(ed.).Encyclopedia of sustainability science and technology(pp.542-564).Dordrecht,The Netherlands:Springer.

Chopin T,Sawhney M.2009.Seaweeds and their mariculture.In Steele J H,Thorpe S A,Turekian K K(eds).The encyclopedia of ocean sciences(pp.4477-4487).Oxford:Elsevier.

Chopin T,Wagey B T.1999.Factorial study of the effects of phosphorus and nitrogen enrichments on nutrient and carrageenan content in *Chondrus crispus* (Rhodophyceae)and on residual nutrient concentration in seawater[J]. Botanica Marina,42(1):23-31.

Chopin T,Hourmat A,Floc'h J-Y,et al.1990.Seasonal variations in the red alga *Chondrus crispus* on the Atlantic French coast.II.Relations with phosphorus concentration in seawater and intertidal phosphorylated fractions[J]. Canadian Journal of Botany,68:512-517.

Chopin T,Lehmal H,Halcrow K.1997.Polyphosphates in the red macroalga *Condrus crispus*(Rhodophyta)[J].New Phytologist,135(4):587-594.

Chopin T,Kerin B F,Mazerolle R.1999.Phycocolloid chemistry as a taxonomic indicator of phylogeny in the Gigartinales,Rhodophyceae:a review and current developments using Fourier transform infrared diffuse reflectance spectroscopy[J].Phycological Research,47(3):167-188.

Chopin T,Buschmann A H,Halling C,et al.2001.Integrating seaweeds into marine aquaculture systems:a key towards sustainability[J].Journal of Phycology,2001,37(6):975-986.

Chopin T,Robinson S M C,Troell M,et al.2008.Multitrophic integration for sustainable marine aquaculture.In Jorgensen S E,Fath B D(eds).The encyclopedia of ecology,ecological engineering(Vol.3,pp.2463-2475).Oxford: Elsevier.

Chopin T,Cooper J A,Reid G,et al.2012.Open-water integrated multi-trophic aquaculture:environmental biomitigation and economic diversification of fed aquaculture by extractive aquaculture[J].Reviews in Aquaculture,4(4): 209-220.

Chow F,Oliveira M C D.2008.Rapid and slow modulation of nitrate reductase activity in the red macroalga *Gracilaria chilensis*(Gracilariales,Rhodophyta):influence of different nitrogen sources[J].Journal of Applied Phycology, 20(5):775-782.

Christensen T.1988.Salinity preference of twenty species of *Vaucheria* (Tribophyceae)[J].Journal of the Marine Biological Association of the UK,68(3):531-545.

Christie A O,Margaret Shaw.1968.Settlement experiments with zoospores of *Enteromorpha intestinalis* (L.)link[J]. European Journal of Phycology,3(3):529-534.

Christie H,Norderhaug K M,Fredriksen S.2009.Macrophytes as habitat for fauna[J].Marine Ecology Progress Series,396(6):221-233.

Chu Z X,Anderson J M.1985.Isolation and characterization of a siphonaxanthin-chlorophyll a/bprotein complex of photosystem I from a *Codium*,species(Siphonales)[J].Biochim Biophys Acta,806(1):154-160.

Chung I K,Brinkhuis B H.1986.Copper effects in early stages of the kelp,*Laminaria saccharina*[J].Marine Pollution Bulletin,17(5):213-218.

Chung I K,Beardall J,Mehta S,et al.2011.Using marine macroalgae for carbon sequestration:a critical appraisal [J].Journal of Applied Phycology,23(5):877-886.

Clark M S,Tanguy A,Jollivet D,et al.2010.Populations and pathways:genomic approaches to understanding population structure and environmental adaptation. In Cock J M, Tessmar-Raibje K, Boyen C(eds). Introtluction to marine genomics(pp.73-118).

Clark R B.2001.Marine pollution[M].Oxford:Oxford University Press,237.

Claudet J,Osenberg C W,Benedetti-Cecchi L,et al.2008.Marine reserves:size and age do matter[J].Ecology Letters,11(5):481-489.

Clayton M N.1981.Correlated studies on seasonal changes in the sexuality, growth rate, and longevity of complanate *Scytosiphon(Scytosiphonaceae:Phaeophyta) from southern Australia growing in situ*[J].Journal of Experimental Marine Biology & Ecology, 51(1):87-96.

Clayton M N. 1984. An electron microscope study of gamete release and settling in the complanate form of *Scytosiphon*(Scytosiphonaceae, Phaeophyta)[J].Journal of Phycology, 20(2):276-285.

Clayton M N.1988.Evolution and life histories of brown algae[J].Botanica Marina, 31(5):379-387.

Clayton M N.1992.Propagules of marine macroalgae: structure and development[J].European Journal of Phycology, 27(3):219-232.

Clayton M N, Ashburner C M.1990.The anatomy and ultrastructure of "conducting channels" in *Ascoseira mirabilis* (Ascoseirales, Phaeophyceae)[J].Botanica Marina, 33(1):63-70.

Clayton M N, Kevekordes K, Schoenwaelder M E A, et al.1998.Parthenogenesis in *Hormosira banksii* (Fucales, Phaeophyceae)[J].Botanica Marina, 41(1-6):23-30.

Kendalld C, David R, Jhoward C.2009.Nutritional ecology of marine herbivorous fishes: ten years on[J].Functional Ecology, 23(1):79-92.

Clifton K E.1997.Mass spawning by green algae on coral reefs[J].Science, 275(5303):1116-1118.

Clifton K E, Clifton L M.1999.The phenology of sexual reproduction by green algae(Bryopsidales) on Caribbean coral reefs[J].Journal of Phycology, 35(1):24-34.

Cock J M, Sterck L, Rouzé P, et al.2010.The *Ectocarpus* genome and the independent evolution of multicellularity in brown algae[J].Nature, 465:617-621.

Cock J M, Tessmar-Raible K, Boyen C, et al.2010.Introduction to marine genomics[M].The Netherlands: Springer.

Cocquyt E, Verbruggen H, Leliaert F, et al.2010.Evolution and cytological diversification of the green seaweeds(Ulvophyceae)[J].Molecular Biology & Evolution, 27(9):2052-2061.

Coelho L, Prince J, Nolen T G.1998.Processing of defensive pigment in *Aplysia californica*: acquisition, modification and mobilization of the red algal pigment, r-phycoerythrin by the digestive gland[J].Journal of Experimental Biology, 201:425-438.

Coelho S M, Rijstenbil J W, Brown M T.2000.Impacts of anthropogenic stresses on the early development stages of seaweeds[J].Journal of Aquatic Ecosystem Stress & Recovery, 7(4):317-333.

Coelho S M, Peters A F, Charrier B, et al. 2007. Complex life cycles of multicellular eukaryotes: new approaches based on the use of model organisms[J].Gene, 406(1-2):152-170.

Coelho S M, Brownlee C, Bothwell J H.2008.A tiphigh, Ca^{2+}-interdependent, reactive oxygen species gradient is associated with polarized growth in *Fucus serratus* zygotes[J].Planta, 227(5):1037-1046.

Coelho S M, Heesch S, Grimsley N, et al.2010.Genornics of marine algae.In Cock J K, Tessmar-Raible K, Boyen C (eds).Introduction to marine genomics, aduances in marine genomics(pp.179-212).The Netherlands: Springer.

Coelho S M, Godfroy O, Arun A, et al.2011.OUROBOROS is a master regulator of the gametophyte to sporophyte life cycle transition in the brown alga *Ectocarpus*[J].PNAS, 108(28):11 518-11 523.

Cohen R A, Fong P.2005.Experimental evidence supports the use of δ15N content of the opportunistic green macroalga *Enteromorpha intestinalis* (Chlorophyta) to determine nitrogen sources to estuaries [J]. Journal of Phycology, 41:149-156.

Cohen-Bazire G, Bryant D A.1982.Phycobilisomes: composition and structure.In Carr N G, Whitton B A(eds).The biology of cyanobacteria(pp.143-190).Oxford: Blackwell Scientific.

Cole D G.2003.The intraflagellar transport machinery of *Chlamydomonas reinhardtii*[J].Traffic, 4(7):435-442.

Coleman M A.2002.Small-scale spatial variability in intertidal and subtidal turfing algal assemblages and the temporal generality of these patterns[J].Journal of Experimental Marine Biology & Ecology,267(1):53-74.

Coleman M A C,Brawley S H.2005.Are life history characteristics good predictors of genetic diversity and structure? A case study of the intertidal alga *Fucus spiralis*(Heterokontophyta;Phaeophyceae)[J].Journal of Phycology,41(4):753-762.

Coleman R A,Underwood A J,Benedetti-Cecchi L,et al.2006.A continental scale evaluation of the role of limpet grazing on rocky shores[J].Community Ecology,147(3):556-564.

Coleman R A,Ramchunder S J,Moody A J,et al.2007.An enzyme in snail saliva induces herbivoreresistance in a marine alga[J].Functional Ecology,21(1):101-106.

Collado-Vides L.2002.Clonal architecture in marine macroalgae:ecological and evolutionary perspectives[J].Evolutionary Ecology,15(4-6):531-545.

Collado-Vides L.2002.Morphological plasticity of *Caulerpa prolifera*(Caulerpales,Chlorophyta)in relation to growth form in a coral reef lagoon[J].Botanica Marina,45(2):123-129.

Collado-Vides L,Rutten L M,Fourqurean J W.2005.Spatiotemporal variation of the abundance of calcareous green macroalgae in the Florida Keys:a study of synchrony within a macroalgal functional-form group[J].Journal of Phycology,41(4):742-752.

Collén J,Davison I R.1999.Reactive oxygen metabolism in intertidal *Fucus* spp.(Phaeophyceae)[J].Journal of Phycology,35(1):62-69.

Collén J,Davison I R.1999.Production and damage of reactive oxygen in intertidal *Fucus* spp.(Phaeophyceae)[J].Journal of Phycology,35:54-61.

Collén J,Davison I R.1999.Stress tolerance and reactive oxygen metabolism in the intertidal red seaweeds *Mastocarpus stellatus* and *Chondrus crispus*[J].Plant Cell & Environment,22(9):1143-1151.

Collén J,Davison I R.2001.Seasonality and thermal acclimation of reactive oxygen metabolism in *Fucus vesiculosus*(Phaeophyceae)[J].Journal of Phycology,37(4):474-481.

Collén J,Rio M J D,García-Reina G,et al.1995.Photosynthetic H_2O_2 production by *Ulva rigida*[J].Planta,196(2):225-230.

Collén J, Roeder V, Rousvoal S, et al. 2006. An expressed sequence tag analysis of thallus and regenerating protoplasts of *Chondrus crispus*(Gigarinales,Rhodophyceae)[J].Journal of Phycology,42(1):104-112.

Collén J,Guislemarsollier I,Léger J J,et al.2007.Response of the transcriptome of the intertidal red seaweed *Chondrus crispus* to controlled and natural stresses[J].New Phytologist,176(1):45-55.

Collén J,Porcel B,Carré W,et al.2013.Genome structure and metabolic features in the red seaweed *Chondrus crispus* shed light on evolution of the Archaeplastida[J].Proceedings of the National Academy of Sciences of the United States of America,110(13):5247-5252.

Collins C J,Fraser C I,Ashcroft A,et al.2010.Asymmetric dispersal of southern bull-kelp(*Durvillaea antarctica*) adults in coastal New Zealand:testing an oceanographic hypothesis[J].Molecular Ecology,19(20):4572-4580.

Collins S,Bell G.2004.Phenotypic consequences of 1,000 generations of selection at elevated CO_2 in a green alga[J].Nature,431(7008):566-569.

Collos Y,Siddiqi M Y,Wang M Y,et al.1992.Nitrate uptake kinetics by two marine diatoms using the radioactive tracer ^{13}N[J].Journal of Experimental Marine Biology & Ecology,163(2):251-260.

Colman J.1993.The nature of the intertidal zonation of plants and animals[J].Journal of the Marine Biological Association of the United Kingdom,18(2):435-476.

Conklin E J, Smith J E.2005.Abundance and spread of the invasive red algae, *Kappaphycus* spp.in Kane'ohe Bay, Hawaii and an experimental assessment of management options[J].Biological Invasions, 7(6):1029–1039.

Connan S, Stengel D B.2011.Impacts of ambient salinity and copper on brown algae:1.Interactive effects on photosynthesis, growth, and copper accumulation[J].Aquatic Toxicology, 104(1–2):94–107.

Connell J H.1961.Effects of competition, predation by *Thais lapillus*, and other factors on natural populations of the barnacle *Balanus balanoides*[J].Ecological Monographs, 31(1):61–104.

Connell J H.1961.The influence of interspecific competition and other factors on the distribution of the barnacle *Chthamalus Stellatus*[J].Ecology, 42(4):710–723.

Connell J H.1978.Diversity in tropical rain forests and coral reefs[J].Science, 199(4335):1302–1310.

Connell J H, Slatyer R O.1977.Mechanisms of succession in natural communities and their role in community stability and organization[J].American Naturalist, 111(982):1119–1144.

Connell J H, Hughes T P, Wallace C C.1977.A 30-year study of coral abundance, recruitment, and disturbance at several scales in space and time[J].Ecological Monographs, 67(4):461–488.

Connell S D.2007.Subtidal temperate rocky habitats:habitat heterogeneity at local to continental scales.In Connell S D, Gillanders B M(eds).Marine Ecology(pp.378–401).Melbourne, Australia:Oxford University Press.

Connell S D.2007.Water quality and the loss of coral reefs and kelp forests:alternative states and the influence of fishing.In Connell S D, Gillanders B M(eds).Marine Ecology(pp.556–568).Melbourne, Australia:Oxford University Press.

Connell S D, Gillanders B M.2007.Marine ecology[M].Melbourne, Australia:Oxford University Press, 630.

Connell S D, Irving A D.2009.The subtidal ecology of rocky coasts:local-regional biogeographic patterns and their experimental analysis.In Witman J D, Roy K(eds).Marine macroecology(pp.392–417).Chicago, IL:University of Chicago Press.

Connell S D, Russell B D.2010.The direct effects of increasing CO_2 and temperature on non-calcifying organisms:increasing the potential for phase shifts in kelp forests[J]. Proceedings Biological Sciences, 277(1686):1409–1415.

Connolly R M, Guest M A, Melville A J, et al.2004.Sulfur stable isotopes separate producers in marine food-web analysis[J].Oecologia, 138(2):161–167.

Connolly S R, Roughgarden J. 1999. Theory of marine communities: competition, predation, and recruitment dependent interaction strength[J].Ecological Monographs, 69:277–296.

Contreras L, Mella D, Moenne A, et al.2009.Differential responses to copper-induced oxidative stress in the marine macroalgae *Lessonia nigrescens* and *Scytosiphon lomentaria* (Phaeophyceae)[J]. Aquatic Toxicology, 94(2):94–102.

Contreras-Porcia L, Dennett G, González A, et al.2011.Identification of copper-induced genes in the marine alga *Ulva compressa*(Chlorophyta)[J].Marine Biotechnology, 13(3):544–556.

Cook P L, Revill A T, Butler E C, et al.2004.Carbon and nitrogen cycling on intertidal mudflats of a temperate Australian estuary:I.Benthic metabolism[M].Marine Ecology Progress Series Series, 39–54.

Coomans R J, Hommersand M H.1990.Vegetative growth and organization.In Cole K M, Sheaffi R G(eds), Biology of the red algae(pp.275–304).Cambridge:Cambridge University Press.

Coon D A, Neushul M, Charters A C.1972.The settling behavior of marine algal spores[C].International Symposium on Seaweed Research, 7:237–42.

Cooper T F, Gilmour J P, Fabricius K E.2009.Bioindicators of changes in water quality on coral reefs:review and recommendations for monitoring programmes[J].Coral Reefs,28(3):589-606.

Corbit J D,Garbary D J.1993.Computer simulation of the morphology and development of several species of seaweed using lindenmayer systems[J].Computers & Graphics,17(1):85-88.

Cornwall C E,Hepburn C D,Pilditch C A,et al.2013.Concentration boundary layers around complex assemblages of macroalgae:Implications for the effects of ocean acidification on understory coralline algae[J].Limnology & Oceanography,58(1):121-130.

Correa J A,Flores V.1995.Whitening,thallus decay and fragmentation in *Gracilaria chilensis* associated with an endophytic amoeba[J].Journal of Applied Phycology,7(4):421-425.

Correa J A,Martínez E A.1996.Factors associated with host specificity in *Sporocladopsis novae-zelandiae*(Chlorophyta)[J].Journal of Phycology,32(1):22-27.

Correa J A,Mclachlan J L.1991.Endophytic algae of *Chondrus crispus* (Rhodophyta).III.Host specificity[J].Journal of Phycology,27:448-59.

Juan A.Correa,J.L.McLachlan.1994.Endophytic algae of *Chondrus crispus* (Rhodophyta).V.Fine structure of the infection by *Acrochaete operculata*(Chlorophyta)[J].European Journal of Phycology,29(1):33-47.

Correa J,Novaczek I,Mclachlan J.1986.Effect of temperature and daylength on morphogenesis of *Scytosiphon lomentaria*(Scytosiphonales,Phaeophyta)from eastern Canada[J].Phycologia,25(4):469-475.

Correa J A,González P,Sánchez P,et al.1996.Copper-algae interactions:inheritance or adaptation.[J].Environmental Monitoring & Assessment,40(1):41-54.

Corzo A,Niell F X.1991.Determination of nitrate reductase activity in *Ulva rigida* C.Agardh by the *in situ* method [J].Journal of Experimental Marine Biology & Ecology,146(2):181-191.

Corzo A,Niell F X.1994.Nitrate reductase activity and *in vivo* nitrate reduction rate in *Ulva rigida* illuminated by blue light[J].Marine Biology,120(1):17-23.

Cosgrove D J.1981.Analysis of the dynamic and steady-state responses of growth rate and turgor pressure to changes in cell parameters[J].Plant Physiology,68(6):1439-1446.

Cosse A,Leblanc C,Potin P.2008.Dynamic defense of marine macroalgae against pathogens:from early activated to gene-regulated responses[J].Advances in Botanical Research,46(8 Supplement):221-266.

Costa S,Crespo D,Henriques B M G,et al.2011.Kinetics of mercury accumulation and its effects on *Ulva lactuca* growth rate at two salinities and exposure conditions[J].Water Air & Soil Pollution,217(1-4):689-699.

Cotton A D.1912.Marine algae[M].Dublin:Hodges,Figgis and Company,1-178.

Coughlan S.1977.Sulphate Uptake in *Fucus serratus*[J].Journal of Experimental Botany,28(106):1207-1215.

Coughlan S,Evans L V.1978.Isolation and characterization of Golgi bodies from vegetative tissue of the brown alga *Fucus serratus*[J].Journal of Experimental Botany,29:55-68.

Court G J.1980.Photosynthesis and translocation studies of *Laurencia spectabilis* and its symbiont *Janczewskia gardneri*(Rhodophyceae)[J].Journal of Phycology,16(2):270-279.

Coutinho R,Yoneshigue Y.1990.Diurnal variation in photosynthesis vs.irradiance curves from "sun" and "shade" plants of *Pterocladia capillacea*(Gmelin)Bornet et Thuret(Gelidiaciaceae:Rhodophyta)from Cabo Frio,Rio de Janeiro,Brazil[J].Journal of Experimental Marine Biology & Ecology,118(3):217-228.

Coyer J A,Peters A F,Hoarau G,et al.2002.Hybridization of the marine seaweeds,*Fucus serratus* and *Fucus evanescens*(Heterokontophyta:Phaeophyceae)in a 100-year-old zone of secondary contact[J].Proceedings of the Royal Society B Biological Sciences,269(1502):1829-1834.

Coyer J A,Hoarau G,Oudot-Le Secq M-P,et al.2006.A mtDNA-based phylogeny of the brown algal genus *Fucus*

(Heterokontophyta;Phaeophyta)[J].Molecular Phylogenetics & Evolution,39(1):209-222.

Coyer J A,Hoarau G,Pearson G A,et al.2006.Convergent adaptation to a marginal habitat by homoploid hybrids and polyploid ecads in the seaweed genus *Fucus*[J].Biology Letters,2(3):405-408.

Craigie J S.1974.Storage products.In Stewart W D P(ed.),Algal physiology and biochemistry(pp.206-235).Oxford:Blackwell Scientific.

Craigie J S.1990.Cell walls.In Cole K M,SheathR G(eds),Biology of the red algae(pp.221-257).Cambridge:Cambridge University Pres.

Craigie J S.2011.Seaweed extract stimuli in plant science and agriculture[J].Journal of Applied Phycology,23(3):371-393.

Craigie J S,Shacklock P F.1995.Culture of Irish moss.In Boghen A D(ed.),Cold-water aquaculture in Atlantic Canada(pp.363-390).Canadian Institute for Research and Regional Development,Moncton,NB,Canada.

Craigie J S,Morris E R,Rees D A,et al.1984.Alginate block structure in Phaeophyceae from Nova Scotia:variation with species,environment and tissue-type[J].Carbohydrate Polymers,4(4):237-252.

Craigie J S,Correa J A,Gordon M E.1992.Cuticles from *Chondrus crispus*(Rhodophyta)[J].Journal of Phycology,28(6):777-786.

Crawford N M,Glass A D M.1998.Molecular and physiological aspects of nitrate uptake in plants[J].Trends in Plant Science,10(10):389-395.

Crawley K R,Hyndes G A.2007.The role of different types of detached macrophytes in the food and habitat choice of a surf-zone inhabiting amphipod[J].Marine Biology,151(4):1433-1443.

Crawley K R,Hyndes G A,Ayvazian S G.2006.Influence of different volumes and typesof detached macrophytes on fish communitystructure in surf zones of sandy beaches[J].Marine Ecology Progress Series,307(8):233-246.

Crawley K R,Hyndes G A,Vanderklift M A,et al.2009.Allochthonous brown algae are the primary food source for consumers in a temperate,coastal environment[J].Marine Ecology Progress Series,376:33-44.

Crayton M A,Wilson E,Quatrano R S.1974.Sulfation of fucoidan in *Fucus* embryos.II.Separation from initiation of polar growth[J].Developmental Biology,39(1):134-137.

Creed J C,Norton T A,Harding S P.1996.The development of size structure in a young *Fucus serratus* population [J].European Journal of Phycology,31(3):203-209.

Creed J C,Norton T A,Kain J M.1997.Intraspecific competition in *Fucus serratus* germlings:the interaction of light,nutrients and density[J].Journal of Experimental Marine Biology & Ecology,212(2):211-223.

Creed J C,Kain J M,Norton T A.1998.An experimental evaluation of density and plant size in two large brown seaweeds[J].Journal of Phycology,34(1):39-52.

Critchley A T,Ohno J M.1998.Seaweed resources of the world[J].Yokosuka,Japan:Japan Intemational Cooperation Agency,429.

Critchley A T,Ohno M,Largo D B.2006.World seaweed resources:*An authoritative reference system* [DVD][J].Wokingham,UK:ETI Information Services.

Cronin G,Hay M E.1996.Susceptibility to herbivores depends on recent history of both the plant and animal[J].Ecology,77(5):1531-1543.

Cronin G,Hay M E.1996.Induction of seaweed chemical defenses by amphipod grazing[J].Ecology,77(8):2287-2301.

Crothers J H.1983.Field experiments on the effects of crude oil and dispersant on the common animals and plants of rocky sea shores[J].Marine Environmental Research,8(4):215-239.

Crowe T P,Thompson R C,Bray S,et al.2000.Impacts of anthropogenic stress on rocky intertidal communities[J].

Journal of Aquatic Ecosystem Stress & Recovery, 7(4): 273–297.

Cruces E, Huovinen P, Gómez I. 2012. Phlorotannin and antioxidant responses upon short-term exposure to UV-radiation and elevated temperature in three south pacific kelps[J]. Photochemistry & Photobiology, 88(1): 58–66.

Cruz-Rivera E, Hay M E. 2000. Can quantity replace quality? Food choice, compensatory feeding, and fitness of marine mesograzers[J]. Ecology, 81(1): 201–219.

Cunningham E M, Guiry M D, Breeman A M. 1993. Environmental regulation of development, life history and biogeography of *Helminthora stackhousei* (Rhodophyta) by daylength and temperature[J]. Journal of Experimental Marine Biology & Ecology, 171(1): 1–21.

Dalby D H. 1980. Monitoring and exposure scales. In Price J H, Irvine D E G, Famham W F (eds), The shore environment. Vol.1: Methods (pp.117–136). New York Academic Press.

Daly M A, Mathieson A C. 1977. The effects of sand movement on intertidal seaweeds and selected invertebrates at Bound Rock, New Hampshire, USA[J]. Marine Biology, 43(1): 45–55.

Davenport A C, Anderson T W. 2007. Positive indirect effects of reef fishes on kelp performance: the importance of mesograzers[J]. Ecology, 88(6): 1548–1561.

Davis T A, Volesky B, Mucci A. 2003. A review of the biochemistry of heavy metal biosorption by brown algae[J]. Water Research, 37(18): 4311–4330.

Davison I R. 1991. Environmental effects on algal photosynthesis: temperature[J]. Journal of Phycology, 27(1): 2–8.

Davison I R, Davison J O. 1987. The effect of growth temperature on enzyme activities in the brown alga *Laminaria saccharina*[J]. European Journal of Phycology, 22(1): 77–87.

Davison I R, Pearson G A. 1996. Stress tolerance in intertidal seaweeds[J]. Journal of Phycology, 32(2): 197–222.

Davison I R, Reed R H. 1985. Osmotic adjustment in *Laminaria digitata* (Phaeophyta) with particular reference to seasonal changes in internal solute concentrations[J]. Journal of Phycology, 21(1): 41–50.

Davison I R, Stewart W D P. 1983. Occurrence and significance of nitrogen transport in the brown alga *Laminaria digitata*[J]. Marine Biology, 77(2): 107–112.

Davison I R, Stewart W D P. 1984. Studies on nitrate reductase activity in *Laminaria digitata* (Huds.) Lamour. I. Longitudinal and transverse profiles of nitrate reductase activity within the thallus[J]. Journal of Experimental Marine Biology & Ecology, 74(2): 201–210.

Davison I R, Andrews M, Stewart W D P. 1984. Regulation of growth in *Laminaria digitata*: use of in-vivo nitrate reductase activities as an indicator of nitrogen limitation in field populations of *Laminaria* spp.[J]. Marine Biology, 84: 207–217.

Davison I R, Dudgeon S R, Ruan H M. 1989. Effect of freezing on seaweed photosynthesis[J]. Marine Ecology Progress Series, 58(1–2): 123–131.

Davison I R, Greene R M, Podolak E J. 1991. Temperature acclimation of respiration and photosynthesis in the brown alga *Laminaria saccharina*[J]. Marine Biology, 110(3): 449–454.

Dawes C J. 1979. Physiological and biochemical comparisons of *Eucheuma* spp. (Florideophyceae) yielding iotacarrageenan[J]. Proceedings of the Fifth International Seaweed Symposium, 9: 188–207.

Dawes C J. 1987. The biology of commercially important tropical marine algae. In Bird K, Benson P H (eds), Seaweed cultivation for renewable resources (pp.155–190). Amsterdam: Elsevier.

Dawes C J. 1989. Temperature acclimation in cultured *Eucheuma isiforme* from Florida and *E. alvarezii* from the Philippines[J]. Journal of Applied Phycology, 1(1): 59–65.

Dawes C J, Barilotti C. 1969. Cytoplasmic organization and rhythmic streaming in growing blades of *Caulerpa prolifera*

[J].American Journal of Botany,56(1):8-15.

Dawes C J,McIntosh R P.1981.The effect of organic material and inorganic ions on the photosynthetic rate of the red alga *Bostrychia binderi* from a Florida estuary[J].Marine Biology,64(2):213-218.

Dawes C J,Lawrence J M,Cheney D P,et al.1974.Ecological studies of floridian *Eucheuma*(Rhodophyta,Gigartinales).III.Seasonal variation of carrageenan,total carbohydrate,protein and lipid[J].Bulletin of Marine Science Miami,24(2):286-299.

Dawes C J,Stanley N F,Stanicoff O J.1977.Seasonal and reproductive aspects of plant chemistry,and *iota-carrageenan* from Floridian *Eucheuma*(Rhodophyta,Gigartinales)[J].Botanica Marina,20(3):137-147.

Dawson E Y.1950.A giant new *Codium* from Pacific Baja California[J].Bulletin of the Torrey Botanical Club,77(4):298-300.

Dawson E Y.1951.A further study of upwelling and associated vegetation along Pacific Baja California,Mexico[J].Journal of Marine Research,10:39-58.

Dayton P K.1971.Competition,disturbance and community organization:the provision and subsequent utilization of space in a rocky intertidal community[J].Ecological Monographs,41(4):351-389.

Dayton P K.1973.Dispersion,dispersal,and persistence of the annual intertidal alga,*Postelsia palmaeformis* ruprecht[J].Ecology,54(2):433-438.

Dayton P K.1975.Experimental evaluation of ecological dominance in a rocky intertidal algal community[J].Ecological Monographs,45(2):137-159.

Dayton P K.1985.The structure and regulation of some South American kelp communities[J].Ecological Monographs,55(4):447-468.

Dayton P K,Tegner M J.1984a.The importance of scale in community ecology:a kelp forest example with terrestrial analogs.In Price P W,Slobodchikoff C W,Gaud W S(eds),A new Ecology:novel approaches to interactive systems(pp.457-481).New York:John Wiley and Sons.

Dayton P K,Tegner M J.1984b.Catastrophic storms,El Niño and patch stability in a southern California kelp community[J].Science,224(4646):283-285.

De A L,Risé P,Giavarini F,et al.2005.Marine macroalgae analyzed by mass spectrometry are rich sources of polyunsaturated fatty acids[J].Journal of Mass Spectrometry Jms,40(12):1605-1608.

De Beer D,Larkum A W D.2001.Photosynthesis and calcification in the calcifying algae *Halimeda discoidea* studied with microsensors[J].Plant Cell & Environment,24(11):1209-1217.

De Burgh M E,Fankboner P V.1978.A nutritional association between the bull kelp *nereocystis luetkeana* and its epizooic bryozoan *Membranipora membranacea*[J].Oikos,31(1):69-72.

De Lestang-Bremond G,Quillet M.1981.The turnover of sulphates on the lambda-carrageenan of the cell-walls of the red seaweed Gigartinale:*Catenella opuntia*(Grev.)[J].Proceedings of the Fifth International Seaweed Symposium,10:449-454.

De Los Santos C B,Pérezl-Lloréns J L,Vergara J J.2009.Photosynthesis and growth in macroalgae:linking functional-form and power-scaling approaches[J].Marine Ecology Progress Series,377(12):113-122.

De Martino A,Douady D,Quinet-Szely M,et al.2000.The light-harvesting antenna of brown algae[J].European Journal of Biochemistry,267(17):5540-5549.

De Nys R,Jameson P E,Chin N,et al.1990.The cytokinins as endogenous growth-regulators in *Macrocystis pyrifera*(L.)C.Ag.(Phaeophyceae)[J].Botanica Marina,33(6):465-477.

De Nys R,Jameson P E,Brown M T.1991.The influence of cytokinins on the growth of *Macrocystis pyrifera*[J].Botanica Marina,34(6):465–468.

De Nys R,P D Steinberg,P Willemsen,et al.1995.Broad spectrum effects of secondary metabolites from the red alga *Delisea pulchra* in antifouling assays[J].Biofouling,8(4):259–271.

De Ruyter van Steveninck,Bak R.1986.Changes in abundance of coral reef bottom components related to mass mortality of the sea urchin *Diadema antillarum*[J].Marine Ecology Progress Series,34(1–2):87–94.

De Wit C T.1960.On competition[J].Versl.Landbouwkd Onderz(Agric.Res.Rep.),66:1–82.

De Wreede,R E.1985.Destructive(harvest) sampling.In Littler M M,Littler D S(eds),Handbook of phycological methods:ecological field methods:macroalgae(pp.147–160).Cambridge:Cambridge University Press.

De Wreede,R E,Klinger T.1988.Reproductive strategies in algae.In Lovett–Doust J,Lovett–Doust L(eds),Plant reproductiue ecology:patterns and strategies(pp.267–284).Oxford:Oxford University Press.

De Wreede, R E, Scrosati R, Servière-Zaragoza. 2000. Ramet dynamics for the clonal seaweed *Pterocladiella capillacea* (Rhodophyta):a comparison with *Chondrus crispus* and with *Mazzaella cornucopiae*(Gigartinales)[J]. Journal of Phycology,36(6):1061–1068.

Deal M S,Hay M E,Wilson D,et al.2003.Galactolipids rather than phlorotannins as herbivore deterrents in the brown seaweed *Fucus vesiculosus*[J].Oecologia,136(1):107–114.

Dean T A,Jacobsen F R.1986.Nutrient-limited growth of juvenile kelp,*Macrocystis pyrifera*,during the 1982—1984 “El Niño” in southern California[J].Marine Biology,90(4):597–602.

DeBoer J A.1981.Nutrients.In Lobban C S,Wynne M J(eds),The biology of seaweeds(pp.356–391).Oxford: Blackwell Scientific.

DeBoer J A,Whoriskey F G.1983.Production and role of hyaline hairs in *Ceramium rubrum*[J].Marine Biology,77 (3):229–234.

DeBoer J A,Guigli H J,Israel T L,et al.1978.Nutritional studies of two red algae.I.Growth rate as a function of nitrogen source and concentration[J].Journal of Phycology,14(3):261–266.

Decew T C,West J A.1982.A sexual life history in *Rhodophysema*(Rhodophyceae):a re–interpretation[J].Phycologia,21(1):67–74.

Deckert R J,Garbary D J.2005.*Ascophyllum* and its symbionts.VI.Microscopic Characterization of the *Ascophyllum nodosum*(Phaeophyceae),*Mycophycias ascophylli* (Ascomycetes)Symbiotum[J].Algae,20:225–223.

Deegan L A,Wright A,Ayvazian S G,et al.2002.Nitrogen loading alters seagrass ecosystem structure and support of higher trophic levels[J].Aquatic Conservation Marine & Freshwater Ecosystems,12(2):193–212.

Delage L,Leblanc C,Pi N C,et al.2011.*In Silico* survey of the mitochondrial protein uptake and maturation systems in the brown alga *Ectocarpus siliculosus*[J].Plos One,6(5):0019540.

De León-Chavira F,Huerta-Diaz M A,Chee–Barragán A.2003.New methodology for extraction of total metals from macroalgae and its application to selected samples collected in pristine zones from Baja California,Mexico[J]. Bulletin of Environmental Contamination & Toxicology,70(4):809–816.

Delgado O,Lapointe B E.1994.Nutrient–limited productivity of calcareous versus fleshy macroalgae in a eutrophic, carbonate–rich tropical marine environment[J].Coral Reefs,13(3):151–159.

Delia C F,Deboer J.1978.Nutritional studies of two red algae .II.Kinetics of ammonium and nitrate uptake[J].Journal of Hygiene,14:266–272.

Demes K W,Graham M H,Suskiewicz T S.2009a.Phenotypic plasticity reconciles incongruous molecular and morphological taxonomies:the giant kelp,*Macrocystis* (Laminariales,Phaeophyceae),is a monospecific genus[J]. Journal of Phycology,45(6):1266–1269.

Demes K W, Bell S S, Dawes C J.2009b.The effects of phosphate on the biomineralization of the green alga, Halimeda incrassata(Ellis) Lam[J].Journal of Experimental Marine Biology & Ecology, 374(2):123-127.

Demes K W, Carrington E, Gosline J, et al.2011.Variation in anatomical and material properties explains differences in hydrodynamic performances of foliose red macroalgae (Rhodophyta) [J]. Journal of Phycology, 47 (6): 1360-1367.

Demmig-Adams B, Adams Ⅲ W W.1992.Photoprotection and other responses of plants to high light stress[J].Annual Review of Plant Physiology & Plant Molecular Biology, 43:599-626.

Demmig-Adams B, Adams Ⅲ W W, Mattoo A.2008.Photoprotection, photoinhibition, gene regulation, and environment.Advances in photosynthesis and respiration, Volume 21[M].Dordrecht, The Netherlands: Springer.

Den Hartog C.1972.Substratum.Multicellar plants.In Kinne(ed.), Marine ecology(vol.I pt.3, pp.1277-1289).New York: Wiley.

Deniaud E, Fleurence J, Lahaye M.2003.Preparation and chemical characterization of cell wall fractions enriched in structural proteinsfrom *Palmaria palmata* (Rhodophyta)[J].Botanica Marina, 46(4):366-377.

DeNiro M J, Epstein S.1978.Influence of diet on the distribution of carbon isotopes in animals[J].Geochimica Et Cosmochimica Acta, 42(5):495-506.

Deniro E J, Dayton P K.1985.Competition among macroalgae.In Littler M M, Littler D S(eds), Handbook of phycological methods: ecological field methods: macroalgae(pp.511-530).Cambridge: Cambridge University Press.

Denny M W.1982.Forces on intertidal organisms due to breaking ocean waves: Design and application of a telemetry system[J].Limnology & Oceanography, 27(1):178-183.

Denny M W. 1988. Biology and the mechanics of the wave-swept environment [M]. Princeton, NJ: Princeton University Press.

Denny M W.1993.Air and water: the biology and physics of life's media[M].Princeton, NJ: Princeton University Press, 341.

Denny M W.2006.Ocean waves, nearshore ecology, and natural selection[J].Aquatic Ecology, 40(4):439-461.

Denny M W, Gaylord B.2010.Marine ecomechanics[J].Ann Rev Mar Sci, 2(2):89-114.

Denny M, Helmuth B.2009.Confronting the physiological bottleneck: a challenge from ecomechanics[J].Integrative & Comparative Biology, 49(3):197-201.

Denny M, Wethey D.2001.Physical processes that generate patterns in marine communities.In Bertness M D, Gaines S D, Hay M E(eds), Marine community ecology(pp.3-37).Sunderland, MA: Sinauer Assocs.

Denny M W, Daniel T L, Koehl M A R.1985.Mechanical limits to size in wave-swept organisms[J].Ecological Monographs, 55(1):69-102.

Denny M, Brown V, Carrington E, et al.1989.Fracture mechanics and the survival of wave-swept macroalgae[J].Journal of Experimental Marine Biology & Ecology, 127(3):211-228.

Denny M W, Gaylord B P, Cowen E A.1997.Flow and flexibility.II.The roles of size and shape in determining wave forces on the bull kelp *Nereocystis luetkeana*[J].Journal of Experimental Biology, 200(24):3165-3183.

Derenbach J B, Gereck M V.1980.Interference of petroleum hydrocarbons with the sex pheromone reaction of *Fucus vesiculosus*(L.)[J].Journal of Experimental Marine Biology & Ecology, 44(1):61-65.

Destombe C, Oppliger L V.2011.Male gametophyte fragmentation in *Laminaria digitata*: a life history strategy to enhance reproductive success[J].Cahiers De Biologie Marine, 52(4):385-394.

Dethier M N.1982.Pattern and process in tidepool algae: factors influencing seasonality and distribution[J].Botanica Marina, 25(2):55-66.

Dethier M N.1984.Disturbance and recovery in intertidal pools:maintenance of mosaic patterns[J].Ecological Monographs,54(1):99–118.

Dethier M N,Steneck R.2001.Growth and persistence of diverse intertidal crusts:survival of the slow in a fast-paced world[J].Marine Ecology Progress Series.2001:89–100.

Dethier M N,Williams S L.2009.Seasonal stresses shift optimal intertidal algal habitats[J].Marine Biology,156(4):555–567.

Devinny J S,Volse L A.1978.Effects of sediments on the development of *Macrocystis pyrifera* gametophytes[J].Marine Biology,48(4):343–348.

Deysher L,Norton T.1982.Dispersal and colonization in *Sargassum muticum*(Yendo)Fensholt[J].Journal of Experimental Marine Biology & Ecology,56(2):179–195.

Diamond J.1986.Overwew:laboratory experiments,field experiments,and natural experiments.In Diamond J,Case T J(ed.),Community ecology(pp.3–22).New York,NY:Harper and Row Publishersr,Inc.

Dias P F,Jr S J,Vendruscolo L F,et al.2005.Antiangiogenic and antitumoral properties of a polysaccharide isolated from the seaweed *Sargassum stenophyllum*[J].Cancer Chemotherapy & Pharmacology,56(4):436–446.

Diaz–Pulido G,Mccook L J.2002.The fate of bleached corals:patterns and dynamics of algal recruitment[J].Marine Ecology Progress Series,232(4):115–128.

Diaz–Pulido G,Mccook L J.2004.Effects of live coral,epilithic algal communities and substrate type on algal recruitment[J].Coral Reefs,23(2):225–233.

Diaz–Pulido G,Villamil L,Almanza V.2007.Herbivory effects on the morphology of the brown alga *Padina boergesenii* (Phaeophyta)[J].Phycologia,46(2):131–136.

Diaz–Pulido G,Mccook L J,Larkum A W D,et al.2007.Chapter 7:Vulnerability of macroalgae of the Great Barrier Reef to climate change.In Johnson J E,Marshall P A(eds),Climate change and the Great Barrier Reef(pp.153–192)Great Barrier Reef Marine Park Authority and Australian Greenhouse Office,Townsville.

Diaz–Pulido G,Kenneth R.N.Anthony,Kline D L,et al.2012.Interactions between ocean acidification and warming on the mortality and dissolution of coralline algae[J].Journal of Phycology,48(1):32–39.

Dickson L G,Waaland J R.1985.*Porphyra nereocystis*:a dual–daylength seaweed[J].Planta,165(4):548–553.

Dieckmann G S.1980.Aspects of the ecology of *Laminaria pallida*(Grev.)J.Ag.off the Cape Peninsula(South Africa).I.Seasonal growth[J].Botanica Marina,23:579–585.

Dierssen H M,Zimmerman R C,Drake L A,et al.2010.Benthic ecology from space:optics and net primary production in seagrass and benthic algae across the Great Bahama Bank[J].Marine Ecology Progress Series,411(6):1–15.

Digby P S B.1977.Photosynthesis and respiration in the coralline algae,*Clathromorphum circumscriptum* and *Corallina officinalis* and the metabolic basis of calcification[J].Journal of the Marine Biological Association of the United Kingdom,57(4):1111–1124.

Dillon P S, Maki J S, Mitchell R.1989. Adhesion of *Enteromorpha* swarmers to microbial films[J]. Microbial Ecology,17(1):39–47.

Ding H,Ma J.2005.Simultaneous infection by red rot and chytrid diseases in *Porphyra yezoensis Ueda*[J].Journal of Applied Phycology,17(1):51–56.

Dittami S M,Proux C,Rousvoal S,et al.2011.Microarray estimation of genomic inter–strain variability in the genus *Ectocarpus*(Phaeophyceae)[J].BMC Molecular Biology,12(1):1–12.

Dixon P S,Richardson W N.1970.Growth and reproduction in red algae in relation to light and dark cycles[J].Annals of the New York Academy of Sciences,175(1):764-777.

Doblin M S,Kurek I,Jacob-Wilk D,et al.2002.Cellulose biosynthesis in plants:from genes to rosettes[J].Plant & Cell Physiology,43(12):1407-1420.

Done T J.1992.Phase shifts in coral reef communities and their ecological significance[J].Hydrobiologia,247(1-3):121-132.

Done T J,Dayton P K,Dayton A E,et al.1996.Regional and local variability in recovery of shallow coral communities:Moorea,French Polynesia and central Great Barrier Reef[J].Coral Reefs,9(4):183-192.

Doney S C,Fabry V J,Feely R A,et al.2009.Ocean acidification:The other CO_2 problem[J].Annual Review of Marine Science,1(1):169-192.

Doropoulos C,Hyndes G A,Lavery P S,et al.2009.Dietary preferences of two seagrass inhabiting gastropods:allochthonous vs autochthonous resources[J].Estuarine Coastal & Shelf Science,83(1):13-18.

Dortch Q.1982.Effect of growth conditions on accumulation of internal nitrate,ammonium and protein in three marine diatoms[J].Journal of Experimental Marine Biology & Ecology,61(3):243-264.

Dortch Q.1990.The interaction between ammonium and nitrate uptake in phytoplankton[J].Marine Ecology Progress Series,61:183-201.

Doty M S.1946.Critical tide factors that are correlated with the vertical distribution of marine algae and other organisms along the Pacific Coast[J].Ecology,27(4):315-328.

Doty M S.1971.Measurement of water movement in reference to benthic algal growth[J].Botanica Marina,14(1):32-35.

Drechsler Z,Sharkia R,Cabantchik Z I,et al.1994.The relationship of arginine groups to photosynthetic HCO_3^-,uptake in *Ulva*,sp.mediated by a putative anion exchanger[J].Planta,194(2):250-255.

Drew E A.1977.The physiology of photosynthesis and respiration in some Antarctic marine algae.[J].British Journal of Orthodontics,46:59-76.

Drew E A.1983.Light.In Earll R,Erwin D G(eds),Sublittoral ecology:the ecology of the shallow sublittoral benthos (pp.10-57).Oxford:Clarendon Press.

Drew E A,Abel K M.1990.Studies on *Halimeda*.III.A daily cycle of chloroplast migration within segments[J].Botanica Marina,33(1):31-45.

Drew E A,Hastings R M.1992.A year-round ecophysiological study of *Himantothallus grandifolius*(Desmarestiales,Phaeophyta)at Signy Island,Antarctica[J].Phycologia,31(3/4):262-277.

Drew K M.1949.Conchocelis phase in the life history of *Porphyra umbilicalis*(L.)Kütz[J].Nature,164:748-749.

Dring M J.1967.Phytochrome in red alga,*Porphyra tenera*[J].Nature,215(5108):1411-1412.

Dring M J.1974.Reproduction.In Stewart W D P(eds),Algal physiology and biochemistry(pp.814-837).Oxford:Blackwell Scientific.

Dring M J.1981.Photosynthesis and development in marine macrophytes in natural light spectra.In Smith H(ed),Plants and the daylight spectrum(pp.297-314).London:Academic Press.

Dring M J.1982.The biology of marine plants[M].London:Arnold.

Dring M J.1984.Photoperiodism and phycology[J].Progress in Phycological Research,159-192.

Dring M J.1984.Blue light effects in marine macroalgae.In Senger H(ed.),Blue light effects in biological systems (pp.509-516).Berlin:Springer-Verlag.

Dring M J.1987.Light climate in intertidal and subtidal zones in relation to photosynthesis and growth of benthic algae:a theoretical model.In Crawford R M M(ed.),Plant life in aquatic and amphibious habitats(pp.23-34).Oxford:Blackwell Scientific.

Dring M J.1988.Photocontrol of development in algae[J].Annual Review of Plant Biology,39(1):157-174.

Dring M J.1989.Stimulation of light-saturated photosynthesis in *Laminaria* (Phaeophyta) by blue light[J].Journal of Phycology,25(2):254-258.

Dring M J.1990.Light harvesting and pigment composition in marine phytoplankton and macroalgae.In Herring, Campbell A K, Whitfield M(eds), Light and life in the sea(pp.89-103).Cambridge: Cambridge University Press.

Dring M J.2005.Stress resistance and disease resistance in seaweeds:the role of reactive oxygen metabolism[J].Advances in Botanical Research,43(05):175-207.

Dring M J, Brown F A.1982.Photosynthesis of intertidal brown algae during and after periods of emersion:a renewed search for physiological causes of zonation[J].Marine Ecology Progress Series,8(2):301-308.

Dring M J, Lüning K.1975.A photoperiodic response mediated by blue light in the brown alga *Scytosiphon lomentaria* [J].Planta,125(1):25-32.

Dring M J, Lüning K.1983.Photomorphogenesis of marine macroalgae.In Shropshire W, Jr., Mohr H(eds), Encyclopaedia of plant physiololgy, Vol.16B:Photomorphogenesis(pp.545-568).Berlin:Springer-Verlag.

Dring M J, West J A.1983.Photoperiodic control of tetrasporangium formation in the red alga *Rhodochorton purpureum*[J].Planta,159(2):143-150.

Driskell W B, Ruesink J L, Lees D C, et al.2001.Long-term signal of disturbance:*Fucus gardneri* after the exxon valdez oil spill[J].Ecological Applications,11(3):815-827.

Dromgoole F I.1978.The effects of oxygen on dark respiration and apparent photosynthesis of marine macro-algae [J].Aquatic Botany,4:281-97.

Dromgoole F I.1982.The buoyant properties of codium[J].Botanica Marina,25:391-7.

Dromgoole F I.1990.Gas-filled structures, buoyancy and support in marine macro-algae[J].Progress in Phycological Research,7:169-211.

Druehl L D.1978.The distribution of *Macrocystis integrifolia* in British Columbia as related to environmental parameters[J].Canadian Journal of Botany,56(1):69-79.

Druehl L D.1981.Geographic distribution.In Lobban C S, Wynne M J(eds), The biology of seaweeds(pp.306-325).Oxford:Blaclavell Scientific.

Druehl L D.1988.Cultivated edible kelp.In Lembi C A, Waaland J R(eds), Algae and human affairs(pp.119-134).Cambridge:Cambridge University Press.

Druehl L D.2001.Pacific seaweeds:a guide to common seaweeds of the West Coas[M].Madeira Park, Canada:Harbour Publishing.

Druehl L D, Footit R G.1985.Biogeographical analysis.In Littler M M, Littler D S(eds), Handbook of phycological methods:Ecological field methods(pp.315-325).Cambridge:Cambridge University Press.

Druehl L D, Green J M.1982.Vertical distribution of intertidal seaweeds as related to patterns of submersion and emersion[J].Marine Ecology Progress Series,9(2):163-170.

Druehl L D, Saunders G W.1992.Molecular explorations of kelp evolution[J].Progress in Phycological Research,8:47-83.

Druehl L D, Baird R, Lindwall A, et al.1988.Longline cultivation of some Laminariaceae in British Columbia, Canada[J].Aquaculture Research,19(3):253-263.

Druehl L D, Collins J D, Lane C E, et al.2005.An evaluation of methods used to assess intergeneric hybridization in kelp using Pacific Laminariales(Phaeophyceae)[J].Journal of Phycology,41(2):250-262.

Druehl L D,Collins J D,Lane C E,et al.2005.A critique of intergeneric kelp hybridization protocol,employing Pacific Laminariales(Phaeophyceae)[J].Journal of Phycology,41:250-262.

Duarte C M.1992.Nutrient concentration of aquatic plants patterns across species[J].Limnology & Oceanography, 37(4):882-889.

Duarte P,Ferreira J G.1993.A methodology for parameter estimation in seaweed productivity modelling[J].Hydrobiologia,260-261(1):183-189.

Duarte P,Ferreira J G.1997.A model for the simulation of macroalgal population dynamics and productivity[J].Ecological Modelling,98(2-3):199-214.

Dube M A,Ball E.1971.Desmarestia sp.associated with the seapen *Ptilosarcus gurneyi*(Gray)[J].Journal of Phycology,7(3):218-220.

Ducreux G.1984.Experimental modification of the morphogenetic behavior of the isolated sub-apical cell of the apex of *Sphacelaria cirrosa*(Phaeophyceae)[J].Journal of Phycology,20(4):447-454.

Ducreux G, Kloareg B.1988.Plant regeneration from protoplasts of *Sphacelaria* (Phaeophyceae) [J].Planta, 174 (1):259.

Dudgeon S,Petraitis P S.2005.First year demography of the foundation species,*Ascophyllum nodosum*,and its community implications[J].Oikos,109(2):405-415.

Dudgeon S R,Davison I R,Vadas R L.1989.Effect of freezing on photosynthesis of intertidal macroalgae:relative tolerance of *Chondrus crispus* and *Mastocarpus stellatus*(Rhodophyta)[J].Marine Biology,101(1):107-114.

Dudgeon S R,Davison I R,Vadas R L.1990.Freezing tolerance in the intertidal red algae *Chondrus crispus* and *Mastocarpus stellatus*:relative importance of acclimation and adaptation[J].Marine Biology,106(3):427-436.

Dudgeon S R,Kubler J E,Vadas R,et al.1995.Physiological responses to environmental variation in intertidal red algae:does thallus morphology matter? [J].Marine Ecology Progress Series,117(1-3):193-206.

Duffy J E.1990.Amphipods on seaweeds:partners or pests[J].Oecologia,83(2):267-276.

Duffy J E.2009.Why biodiversity is important to the functioning of real-world ecosystems? [J].Frontiers in Ecology & the Environment,7(8):437-444.

Duffy J E,Hay M E.1990.Seaweed adaptations to herbivory[J].Bioscience,40(5):368-375.

Duffy J E,Hay M E.2000.Strong impacts of grazing amphipods on the organization of a benthic community[J].Ecological Monographs,70(2):237-263.

Duffy J E,Hay M E(2001).The ecology and evolution of marine consumer-prey interactions.In Bertness M D, Gaines S D,Hay M E(eds),Marine commurzity ecology(pp.131-157).Sunderland,MA:Sinauer Assocs.

Duggins D O.1980.Kelp beds and sea otters:an experimental approach[J].Ecology,61(3):447-453.

Duggins D O,Simenstad C A,Estes J A.1989.Magnification of secondary production by kelp detritus in coastal marine ecosystems[J].Science,245(4914):170-173.

Duke C S,Litaker R W,Ramus J.1987.Seasonal variation in RuBPcase activity and N allocation in the chlorophyte seaweeds ulva curvata(kutz.)de toni and Codium decorticatum(Woodw.)Howe[J].Journal of Experimental Marine Biology & Ecology,112(2):145-154.

Duke C S,Litaker W,Ramus J.1989.Effects of temperature,nitrogen supply,and tissue nitrogen on ammonium uptake rates of the chlorophyte seaweeds *Ulva curvata* and *Codium decorticatum*[J].Journal of Phycology,25(1): 113-120.

Duncan M J,Foreman R E.1980.Phytochrome-mediated stipe elongation in the kelp *Nereocystis* (Phaeophyceae)

[J].Journal of Phycology,16(1):138-142.

Dunn E K,Shoue D A,Huang X,et al.2007.Spectroscopic and biochemical analysis of regions of the cell wall of the unicellular "mannan weed",*Acetabularia acetabulum*[J].Plant & Cell Physiology,48(1):122-133.

Dunton K H,Schell D M.1986.Seasonal carbon budget and growth of *Laminaria solidungula* in the Alaskan High Arctic[J].Marine Ecology Progress Series,31(31):57-66.

Dunton K H,Dayton P K.1995.The biology of high latitude kelp.In Skjoldal H S,Hopkins C,Erikstad K E,Leinaas H P(eds),Ecology of fjords and coastal waters(pp.499-507).Amsterdam:Elsevier Science.

Durako M J,Dawes C J.1980.A comparative seasonal study of two populations of *Hypnea musciformis* from the East and West Coasts of Florida,USA II.Photosynthetic and respiratory rates[J].Marine Biology,59(3):157-162.

Durante K M,Chia F S.1991.Epiphytism on *Agarum fimbriatum*:can herbivore preferences explain distribution of epiphytic bryozoans? [J].Marine Ecology Progress Series Series,77:279-287.

Dworjanyn S A,Nys R D,Steinberg P D.1999.Localisation and surface quantification of secondary metabolites[J].Marine Biology,133(4):727-736.

Dworjanyn S A,Nys R D,Steinberg P D.2006.Chemically mediated antifouling in the red alga *Delisea pulchra*[J].Marine Ecology Progress Series Series,318(8):153-163.

Dworjanyn S A,Wright J T,Paul N A,et al.2006.Cost of chemical defence in the red alga *Delisea pulchra*[J].Oikos,113(1):13-22.

Dyck L J, Wreede R E D. 2006. Seasonal and spatial patterns of population density in the marine macroalga *Mazzaella splendens*(Gigartinales,Rhodophyta)[J].Phycological Research,54(1):21-31.

Dyck J L,Dewreede R E.2006.Reproduction and survival in *Mazzaella splendens*(Gigartinales,Rhodophyta)[J].Phycologia,45(3):302-310.

Eardley D D,Sutton C W,Hempel W M,et al.1990.Monoclonal-antibodies specific for sulfated polysaccharides on the surface of *Macrocystis pyrifera*(Phaeophyceae)[J].Journal of Phycology,26(1):54-62.

Edelstein T,Mclachlan J. 1975. Autecology of *Fucus distichus* ssp. *Distichus* (Phaeophyceae:Fucales) in Nova Scotia,Canada[J].Marine Biology,30(4):305-324.

Edwards D M,Reed R H,Chudek J A,et al.1987.Organic solute accumulation in osmotically-stressed *Enteromorpha intestinalis*[J].Marine Biology,95(4):583-592.

Edwards M S,Connell S D.2012.Competition,a major factor structuring seaweed communities.In Wiencke C,Bischof K(eds),Seaweed biology:nouel insights into ecophysiologly,ecology and utilization,ecological studies 219(pp.135-156).Berlin and Heidelberg:Springer-Verlag.

Edwards M S,Estes J A.2006.Catastrophe,recovery and range limitation in NE Pacific kelp forests:A large-scale perspective[J].Marine Ecology Progress Series,320(8):79-87.

Edwards M S,Hernάndez-Carmona G.2005.Delayed recovery of giant kelp near its southern range limit in the North Pacific following El Niño[J].Marine Biology,147(1):273-279.

Eggert A,Karsten U.2010.Low molecular weight carbohydrates in red algae-an ecophysiological and biochemical perspective.In Seckbach J, Chapman D, Weber A (eds), Cellular origins, life in extreme habitats and astrobiology,red algae in the genomic age(pp.445-456).Berlin and Heidelberg:Springer-Verlag.

Eggert A,Burger E M,Breeman A M.2003.Ecotypic differentiation in thermal traits in the tropical to warm-temperate green macrophyte*Valonia utricularis*[J].Botanica Marina,46(1):69-81.

Eggert A,Visser R,Van Hasselt P,et al.2006.Differences in acclimation potential of photosynthesis in seven isolates of the tropical to warm temperate macrophyte *Valonia utricularis*(Chlorophyta)[J].Phycologia,45(5):546-556.

Eide I, Myklestad S, Melsom S.1980.Long-term uptake and release of heavy metals by *Ascophyllum nodosum* (L.) Le jol.(phaeophyceae) *in situ*[J].Environmental Pollution, 23(1):19-28.

Eklund B.2005.Development of a growth inhibition test with the marine and brackish water red alga *Ceramium tenuicorne*[J].Marine Pollution Bulletin, 50(9):921-930.

Eklund B T, Kautsky L.2003.Review on toxicity testing with marine macroalgae and the need for method standardization-exemplified with copper and phenol[J].Marine Pollution Bulletin, 46(2):171-181.

Eklund B, Elfstrom M, Borg H.2008.TBT originates from pleasure boats in Sweden in spite of firm restrictions[J]. Open Environmental Sciences, 2(1):124-132.

Eklund B, Elfström M, Gallego I, et al.2010.Biological and chemical characterization of harbour sediments from the Stockholm area[J].Journal of Soils & Sediments, 10(1):127-141.

Elner R W, Vadas R L.1990.Inference in ecology: the sea urchin phenomenon in the northwestern Atlantic[J]. American Naturalist, 136(1):108-125.

Emerson C J, Buggeln R G, Bal A K.1982.Translocation in *Saccorhiza dermatodea* (Laminariales, Phaeophyceae): anatomy and physiology[J].Canadian Journal of Botany, 60(10):2164-2184.

Engel C R, Wattier R, Destombe C, et al.1999.Performance of non-motile male gametes in the sea: analysis of paternity and fertilization success in a natural population of a red seaweed, *Gracilaria gracilis*[J].Proceedings of the Royal Society B Biological Sciences, 266(1431):1879-1886.

Engel C, Daguin C E.2005.Genetic entities and mating system in hermaphroditic *Fucus spiralis* and its close dioecious relative *F.vesiculosus*(Fucaceae, Phaeophyceae)[J].Molecular Ecology, 14(7):2033-2046.

Engelen A, Rui S.2009.Which demographic traits determine population growth in the invasive brown seaweed *Sargassum muticum*? [J].Journal of Ecology, 97(4):675-684.

Engelmann T W.1883.Farbe und Assimilation[J].Bot Zeit, 41:1-13.

Engelmann T W.1884.Untersuchungen iiber die quantitativen Beziehungen zwischen Absorption des Lichtes und Assimilation in Pflanzenzellen[J].Bot Zeit, 42:81-93.

Enright C T.1979.Competitive interaction between *Chondrus crispus* (Florideophyceae) and *Ulva lactuca*(Chlorophyceae) in *Chondrus* aquaculture[J].Proceedings of the Fifth International Seaweed Symposium, 9:209-218.

Enríquez S, Rodríguez-Román A.2006.Effect of water flow on the photosynthesis of three marine macrophytes from a fringing-reef lagoon[J].Marine Ecology Progress Series, 323(8):119-132.

Enríquez S, Duarte C M, Sand-Jensen K, et al.1996.Broad-scale comparison of photosynthetic rates across phototrophic organisms[J].Oecologia, 108(2):197-206.

Enríquez S, Ávila E, Carballo J L.2009.Phenotypic plasticity induced in transplant experiments in a mutualistic association between the red alga Jania adhaerens(Rhodophyta, Corallinales) and the sponge *Haliclona caerulea*(Porifera: Haplosclerida): morphological responses of the alga[J].Journal of Phycology, 45(1):81-90.

Estes J A, Steinberg P D.1988.Predation, herbivory, and kelp evolution[J].Paleobiology, 14(1):19-36.

Estes J A, Danner E M, Doak D F, et al.2004.Complex trophic interactions in kelp forest ecosystems[J].Bulletin of Marine Science, 74(74):621-638.

Estes J A, Tinker M T, Williams T M, et al.1998.Killer whale predation on sea otters linking oceanic and nearshore ecosystems[J].Science, 282(5388):473-476.

Estevez J M, Cáceres E J.2003.Fine structural study of the red seaweed *Gymnogongrus torulosus* (Phyllophoraceae, Rhodophyta)[J].Biocell, 27(2):181-187.

Evans L V, Butler D M.1988.Seaweed biotechnology: current status and future prospects.In Rogers L J, Gallon J R (eds.), Biochemistry of the algae and cyanobacteria(pp.335-350). Oxford: Clarendon Press.

Evans L V, Christie A A O.1970. Studies on the ship-fouling alga *Enteromorpha* I. Aspects of the fine-structure and biochemistry of swimming and newly settled zoospores[J]. Annals of Botany, 34(135): 451-466.

Evans L V, Callow J A, Callow M E.1973. Structural and physiological studies on the parasitic red alga *Holmsella* [J]. New Phytologist, 72(2): 393-402.

Evans L V, Callow J A, Callow M E.1982. The biology and biochemistry of reproduction and early development in *Fucus*[J]. Progress in Phycological Research, 1: 67-110.

Fabricius K E.2011. Factors determining the resilience of coral reefs to eutrophication: a review and conceptual model. In Dubinsky Z, Stambler N(eds), Coral reefs: an ecosystem in transition(pp.493-506) Berlin and Heidelberg: Springer-Verlag.

Fabricius K, De'ath G, Mccook L, et al.2005. Changes in algal, coral and fish assemblages along water quality gradients on the inshore Great Barrier Reef[J]. Marine Pollution Bulletin, 51(1): 384-398.

Fabricius K E, Langdon C, Uthicke S, et al.2011. Losers and winners in coral reefs acclimatized to elevated carbon dioxide concentrations[J]. Nature Climate Change, 1(1): 165-169.

Faes V A, Viejo R M.2003. Structure and dynamics of a population of *Palmaria palmata*(Rhodophyta) in northern Spain[J]. Journal of Phycology, 39(6): 1038-1049.

Fagerberg W R, Dawes C J.1977. Studies on Sargassum, II. Quantitative ultrastructural changes in differentiated stipe cells during wound regeneration and regrowth[J]. Protoplasma, 92(3-4): 211-227.

Fagerberg W R, (Lavoie) Hodges E, Dawes C J.2010. The development and potential roles of cell wall trabeculae in *Caulerpa mericana* (Chlorophyta)[J]. Journal of Phycology, 46(2): 309-315.

Fain S R, Druehl L D, Baillie D L.1988. Repeat and single copy sequences are differentially conserved in the evolution of kelp chloroplast DNA[J]. Journal of Phycology, 24(3): 292-302.

Fairhead V A, Amsler C D, Mcclintock J B, et al.2005. Within-thallus variation in chemical and physical defences in two species of ecologically dominant brown macroalgae from the Antarctic Peninsula[J]. Journal of Experimental Marine Biology & Ecology, 322(1): 1-12.

Falcão V R, Oliveira M C, Colepicolo P.2010. Molecular characterization of nitrate reductase gene and its expression in the marine red alga *Gracilaria tenuistipitata* (Rhodophyta)[J]. Journal of Applied Phycology, 22(5): 613-622.

Falkowski P G, LaRoche J.1991. Acclimation to spectral irradiance in algae[J]. Journal of Phycology, 27(1): 8-14.

Falkowski P G, Raven J A.2007. Aquatic photosynthesis, 2nd[M]. Princeton NJ: Princeton University Press, 484.

Falkowski P G, Dubinsky Z, Muscatine L, et al.1993. Population control in symbiotic corals[J]. Bioscience, 43(9): 606-611.

Fantle M S, Dittel A I, Schwalm S M, et al.1999. A food web analysis of the juvenile blue crab, *Callinectes sapidus*, using stable isotopes in whole animals and individual amino acids[J]. Oecologia, 120(3): 416-426.

FAO.2005. Cultured aquaculture species information program: porphyra spp. Rome: FAO. Available at: www.fao.org/fishery/culturedspecies/Porphyra spp/en.

FAO.2006. Cultured aquaculture species information program: *Laminaria japonica*. Rome: FAO. Available at: www.fao.org/fishery/culturedspecies/Laminaria_japonica/en.

FAO.2008. Cultured aquaculture species information program: *Euchema* spp. Rome: FAO. Available at: www.fao.org/fishery/culturedspecies/Euchema_spp./en.

FAO.2009. World review of fisheries and aquaculrure. FAO Fisheries and Aquaculture Dept. Rome: FAO.

FAO.2010.The State of Wortd Fisheries and Aquaculture 2010.FAO Fisheries and Aquaculture Dept.Rome:FAO.

Fath B.2008.Encyclopedia of ecology,ecological engineering[M].Oxford:Elsevier,2463–2475.

Fawley M W,Douglas C A,Stewart K D,et al.1990.Light–harvesting pigment–protein complexes of the Ulvophyceae (Chlorophyta):characterization and phylogenetic sigruficance[J].Journal of Phycology,26(1):186–195.

Fei X.2004.Solving the coastal eutrophication problem by large scale seaweed cultivation[J].Hydrobiologia,512(1–3):145–151.

Fernάndez P V,Ciancia M,Miravalles A B,et al.2010.Cell wall polymer mapping in the coennocytic macroalga *Codium vermilara*(Bryopsidales,Chlorophyta)[J].Journal of Phycology,46(3):456–465.

Ferreira J G,Ramos L.1989.A model for the estimation of annual production rates of macrophyte algae[J].Aquatic Botany,33(1):53–70.

Fetter R,Neushul M.1981.Studies in developing and released spermatia in the red alga *Tiffaniella snyderae*(Rhodophyta)[J].Journal of Phycology,17(2):141–159.

Fielding A H,Russell G.1976.The effect of copper on competition between marine algae[J].Journal of Applied Ecology,13(3):871–876.

Fierst J,Terhorst C,Kübler J E,et al.2005.Fertilization success can drive patterns of phase dominance in complex life histories[J].Journal of Phycology,41(2):238–249.

Figueroa F L,Aguilera J,Niell F X.1994.End–of–day light control of crowth and pigmentation in the red alga *Porphyra umbilicalis*(L.)Kützing[J].Zeitschrift Für Naturforschung C,49(9–10):593–600.

Figurski J D,Dan M,Lacy J R,et al.2011.An inexpensive instrument for measuring wave exposure and water velocity[J].Limnology & Oceanography Methods,9(5):204–214.

Filion–Myklebust C,Norton T A.1981.Epidermis shedding in the brown seaweed *Ascophyllum nodosum* (L.)Le Jolis,and its ecological significance[J].Marine Biology Letters,2(1):45–51.

Fischer G,Wiencke C.1992.Stable carbon isotope composition,depth distribution and fate of macroalgae from the Antarctic Peninsula region[J].Polar Biology,12(3–4):341–348.

Fjeld A.1972.Genetic control of cellular differentiation in *Ulva mutabilis*.Gene effects in early development[J].Developmental Biology,28(2):326–343.

Fjeld A,Levlie A.1976.Genetics of multicellular marine algae.In Lewin R A(ed.),The genetics of algae(pp.219–235).Oxford:Blackwell Scientific.

Fletcher R L,Callow M E.1992.The settlement,attachment and establishment of marine algal spores[J].British Phycological Journal,27(3):303–329.

Fletcher R L,Baier R E,Fornalik M S.1985.The effects of surface energy on germling development of some marine macroalgae(abstract)[J].British Phycological Journal,20:184–185.

Floc'h J-Y.1982.Uptake of inorganic ions and their long distance transport in Fucales and Laminariales.In Srivastava L M(ed.),Synthetic and degradative processes in marine macrophytes(pp.139–165).Berlin:Walter de Gruyter.

Floeter S R,Behrens M D,Ferreira C E L,et al.2005.Geographical gradients of marine herbivorous fishes:patterns and processes[J].Marine Biology,147(6):1435–1447.

Florence T M,Lurnsden B G,Fardy J J.1984.Algae as indicators of copper speciation.In Kramer C J M,Duinker J C (eds),Complexation of trace metals in natural waters(pp.411–418).The Netherlands:Dr.Junk W.

Flores–Moya A.2012.Warm temperate seaweed communities:a case study of deep water kelp forests from the Alboran Sea(SW Mediterranean Sea)and the Strait of Gibraltar.In Wiencke C,Bischof K(eds),Seaweed biology:

novel insights into ecophysiology, ecology and utilization (pp.315-327). Series: Ecological Studies, Volume 219. Berlin and Heidelberg: Springer.

Flores-Moya A, Fernández J A, Niell F X.1997.Growth pattern, reproduction and self-thinning in seaweeds: a re-evaluation in reply to Scrosati[J].Journal of Phycology, 32(5): 1080-1081.

Fong P, Paul V J.2011.Coral reef algae.In Dubinsky Z, Stambler N(eds), Coral reefs: an ecosystem in transition (pp.241-272).Dordrecht, The Netherlands: Springer.

Fong P, Donohoe R M, Zedler J B.1994.Nutrient concentration in tissue of the macroalga *Enteromorpha* as a function of nutrient history: an experimental evaluation using field microcosms[J].Marine Ecology Progress Series, 106 (3): 273-281.

Fork D C.1963.Observations on the function of chlorophyll a and accessory pigments in photosynthesis.In Photosynthetic mechanisms in green plants(pp.352-361).Publ.no.1145, NAS-NRC, Washington, DC.

Forrest B M, Brown S N, Taylor M D, et al.2000.The role of natural dispersal mechanisms in the spread of *Undaria pinnatifida* (Laminariales, Phaeophyceae)[J].Phycologia, 39(6): 547-553.

Forsberg A, Soderlund S, Frank A, et al.1988.Studies on metal content in the brown seaweed, *Fucus vesiculosus*, from the Archipelago of Stockholm[J].Environmental Pollution, 49(4): 245-263.

Forsberg J, Allen J F.2001.Molecular recognition in thylakoid structure and function[J].Trends in Plant Science, 6 (7): 317-326.

Förster T.1948.Zwischenmolekulare Energiewanderung und Fluoreszenz[J].Annalen Der Physik, 437: 5.

Foster M S. 1972. The algal turf community in the nest of the ocean goldfish (Hypsypops rubicunda) [C]. International Symposium on Seaweed Research, Sapporo, 7: 55-60.

Foster M S.1975.Regulation of algal community development in a *Macrocystis pyrifera* forest[J].Marine Biology, 32 (4): 331-342.

Foster M S, Schiel D R.2010.Loss of predators and the collapse of southern California kelp forests(?): alternatives, explanations and generalizations[J].Journal of Experimental Marine Biology & Ecology, 393(1): 59-70.

Foster M S, Sousa W P.1985.Succession.In Littler M M, Littler D S(eds), Handbook of phycological methods: ecological field methods: macroalgae(pp.269-290).Cambridge: Cambridge University Press.

Foster M S, Edwards M S, Reed D C, et al.2006.Top-down vs.bottom-up effects in kelp forests[J].Science, 313 (5794): 1737-1738.

Foster N L, Box S J, Mumby P J.2008.Competitive effects of macroalgae on fecundity of the reef-building coral *Montastraea annularis*[J].Marine Ecology Progress Series, 367(01): 143-152.

Foster P.1976.Concentrations and concentration factors of heavy metals in brown algae[J].Environmental Pollution, 10(1): 45-54.

Fowler J E, Quatrano R S.1997.Plant cell morphogenesis: plasma membrane interactions with the cytoskeleton and cell wall[J].Annual Review of Cell & Developmental Biology, 13(13): 697-743.

Fowler-Walker M J, Wernberg T, Connell S D.2006.Differences in kelp morphology between wave sheltered and exposed localities: morphologically plastic or fixed traits? [J].Marine Biology, 148(4): 755-767.

Fox C H, Swanson A K.2007.Nested PCR detection of microscopic life-stages of laminarian macroalgae and comparison with adult forms along intertidal height gradients[J].Marine Ecology Progress Series, 332(12): 1-10.

Fralick R A, Mathieson A C.1975.Physiological ecology of four *Polysiphonia* species(Rhodophyta, Ceramiales)[J]. Marine Biology, 9(1): 29-36.

Franklin L, Rodney Forster.1997.The changing irradiance environment: consequences for marine macrophyte physiology, productivity and ecology[J].European Journal of Phycology, 32(3):207-232.

Franklin L A, Osmond B, Larkum A W D.2003.Photoinhibition, UV-B and algal photosynthesis.In Larkum A W D, Dovglas S E, Raven J A(eds), Photosynthesis in algae.Aduances in photosynthesis and respiration(Vol.14, pp. 11-28).Dordrecht, The Netherlands: Kluwer Academic Publishers.

Fraschetti S, Terlizzi A, Benedetti-Cecchi L.2005.Patterns of distribution of marine assemblages from rocky shores: evidence of relevant scales of variation[J].Marine Ecology Progress Series, 296(1):13-29.

Ceridweni F, Cameronh H, Hamishg S, et al.2009.Genetic and morphological analyses of the southern bull kelp *Durvillaea antarctica*(Phaeophyceae: Durvillaeales) in New Zealand reveal cryptic species[J].Journal of Phycology, 45(2):436-443.

Frederick J E, Snell H E, Haywood E K.1989.Solar ultraviolet radiation at the earth's surface[J].Photochemistry & Photobiology, 50(4):443-450.

Fredersdorf J, Kai B.2007.Irradiance of photosynthetically active radiation determines ultraviolet-susceptibility of photosynthesis in *Ulva lactuca* L.(Chlorophyta)[J].Phycological Research, 55(4):295-301.

Fredersdorf J, Müller R, Becker S, et al.2009.Interactive effects of radiation, temperature and salinity on different life history stages of the Arctic kelp *Alaria esculenta*(Phaeophyceae)[J].Oecologia, 160(3):483-92.

Freidenburg T L.2002.Macroscale to local scale variation in rocky intertidal community structure and dynamics in relation to coastal upwelling[J].Oregon State University.

Fretwell S D, Barach A L.1977.The regulation of plant communities by the food chains exploiting them[J].Perspectives in Biology & Medicine, 20(2):169-185.

Beilfuss S.2011.Succession patterns in algal turf vegetation on a Caribbean coral reef[J].Botanica Marina, 54(2): 111-126.

Fricke A, Titlyanova T V, Nugues M M, et al.2011.Depth-related variation in epiphytic communities growing on the brown alga *Lobophora variegata* in a Caribbean coral reef[J].Coral Reefs, 30(4):967-973.

Friedlander M.2008.Advances in cultivation of Gelidiales[J].Journal of Applied Phycology, 20(5):451-456.

Friedlander M, Dawes C J.1985.*In situ* uptake kinetics of ammonium and phosphate and chemical composition of the red seaweed *Gracilaria tikvahiae*[J].Journal of Phycology, 21(3):448-453.

Friedlander M, Krom M D, Ben-Amotz A.1991.The effect of light and ammonium on growth, epiphytes and chemical constituents of *Gracilaria conferta* in outdoor cultures[J].Botanica Marina, 34(3):161-166.

Friedmann E I.1961.Cinemicrography of spermatozoids and fertilization in *Fucales*[J].Bull Res Counc of Israel, 10D:73-83.

Friedrich M W.2012.Bacterial communities on macroalgae.In Wiencke C, Bischof K(eds), Seaweed biology: nouel insights into ecophysiology, ecology and utilization, ecological studies 219(pp.189-202).Berlin, Heidelberg: Springer-Verlag.

Fries L.1966.Temperature optima of some red algae in axenic culture[J].Botanica Marina, 9(1-2):12-14.

Fries L.1982.Selenium stimulates growth of marine macroalgae in axenic culture[J].Journal of Phycology, 18(3): 328-331.

Fries N.1979.Physiological characteristics of *Mycosphaerella ascophylli*, a fungal endophyte of the marine brown alga *Ascophyllum nodosum*[J].Physiologia Plantarum, 45(1):117-121.

Fritsch F E.1945.The structure and reproduction of the algae Vol.2[M].Cambridge University Press.

Fry B, Scalan R S, Winters J K, et al.1982.Sulphur uptake by salt grasses, mangroves, and seagrasses in anaerobic sediments[J].Geochimica Et Cosmochimica Acta, 46(6):1121-1124.

Fu W, Yao J, Wang X, et al.2009.Molecular cloning and expression analysis of a cytosolic Hsp70 gene from *Laminaria japonica*(Laminariaceae, Phaeophyta)[J].Marine Biotechnology, 11(6):738-747.

Fujimura T, Kawai T, Shiga M, et al.1989.Regeneration of protoplasts into complete thalli in the marine green alga *Ulva pertusa*[J].Nippon Suisan Gakkaishi, 55(8):1353-1359.

Fujita R M.1985.The role of nitrogen status in regulating transient ammonium uptake and nitrogen storage by macroalgae[J].Journal of Experimental Marine Biology & Ecology, 92(2-3):283-301.

Fujita R M, Migata S.1986.Isolation of protoplasts from leaves of red algae *Porphyra yezoensis*.Jpn[J].Journal of Phycology, 34:63.

Fujita R M, Wheeler P A, Edwards R L.1988.Metabolic regulation of ammonium uptake by *Ulva rigida*(Chlorophyta):a compartmental analysis of the rate-limiting step for uptake[J].Journal of Phycology, 24(4):560-566.

Fujita R M, Wheeler P A, Edwards R L.1989.Assessment of macroalgal nitrogen limitation in a seasonal upwelling region[J].Marine Ecology Progress Series, 53(3):293-303.

Satoshi Fujita, Mineo Iseki, Shinya Yoshikawa, et al.2005.Identification and characterization of a fluorescent flagellar protein from the brown alga *Scytosiphon lomentaria*(Scytosiphonales, Phaeophyceae):a flavoprotein homologous to old yellow enzyme[J].European Journal of Phycology, 40(2):159-167.

Fukuhara Y, Mizuta H, Yasui H.2002.Swimming activities of zoospores in *Laminaria japonica*(Phaeophyceae)[J].Fisheries Science, 68(6):1173-1181.

Fulcher R G, Mccully M E. 1969. Histological studies on the genus *Fucus*. IV. Regeneration and adventiv[J]. Canadian Journal of Botany, 47(11):1643-1649.

Fulcher R G, McCully M E.1971.Histological studies on the genus *Fucus*. V.An autoradiographic and electron microscopic study of the early stages of regeneration[J].Canadian Journal of Botany, 49:161-165.

Gacesa P.1988.Alginates[J].Carbohydrate Polymers, 8(3):161-182.

Gachon C M M, Simengando T, Strittmatter M, et al.2010.Algal diseases: spotlight on a black box[J].Trends in Plant Science, 15(11):633-640.

Gacia E, Rodriguez-Prieto C, Delgado O, et al.1996.Seasonal light and temperature responses of *Caulerpa taxifolia* from the northwestern mediterranean[J].Aquatic Botany, 53(3-4):215-225.

Gagne J A, Mann K H.1987.Evaluation of four models used to estimate kelp productivity from growth measurements [J].Marine Ecology Progress Series, 37(1):35-44.

Gagné J A, Mann K H, Chapman A R O.1982.Seasonal patterns of growth and storage in *Laminaria longicruris* in relation to differing patterns of availability of nitrogen in the water[J].Marine Biology, 69(1):91-101.

Gagnon P, Scheibling R E, Jones W, et al.2008.The role of digital bathymetry in mapping shallow marine vegetation from hyperspectral image data[J].International Journal of Remote Sensing, 29(3):879-904.

Gaillard J, L'Hardy-Halos M T. 1990. Morphogenèse du *Dictyota dichotoma* (Dictyotales, Phaeophyta). III. Ontogenese et croissance des frondes adventives[J].Phycologia, 29(1):39-53.

Gaines S D, Lubchenco J. 1982. A unified approach to marine plant-herbivore interactions. II. Biogeography[J]. Annual Review of Ecology & Systematics, 13(13):111-138.

Gaines S, Roughgarden J.1985.Larval settlement rate: a leading determinant of structure in an ecological community of the marine intertidal zone[J].Proceedings of the National Academy of Sciences of the United States of America, 82(11):3707-3711.

Gaines S D, Lester S E, Eckert G, et al.2009.Dispersal and geographic ranges in the sea.In Witman J D, Roy K (eds), Marine macroecology(pp.227-249).Chicago: University of Chicago Press.

Gall E, Aldo Asensi, Dominique Marie, et al.1996.Parthenogenesis and apospory in the Laminariales: a flow cytometry analysis[J].European Journal of Phycology, 31(4): 369–380.

Galloway J N, Kasibhatla P S.1994.Year 2020: Consequences of population growth and development on deposition of oxidized nitrogen[J].Ambio, 23(2): 120–123.

Gansert D, Blossfeld S.2008.The application of novel optical sensors(optodes) in experimental plant ecology[J].Progress in Botany, 69: 333–358.

Gantt E.1975.Phycobilisomes: light-harvesting pigment complexes[J].Bioscience, 25(12): 781–788.

Gantt E, Berg G M, Bhattacharya D, et al.2010.Porphyra: complex life histories in a harsh environment: P.umbilicalis, an intertidal red alga for genomic analysis.In Seckbach J, Chapman D J(eds), Red algae in the genomic age (Cellular Origin, Life in Extreme Habitats and Astrobiology 13) (pp.129–148).Dordrecht, The Netherlands: Springer.

Gao K, Umezaki I.1989a.Studies on diurnal photosynthetic performance of *Sargassum thunbergii* .I.Changes in photosynthesis under natural light[J].Japanese Journal of Phycology, 37: 89–98.

Gao K, Umezaki I.1989b.Studies on diurnal photosynthetic performance of *Sargassum thunbergii* .II.Explanation of diurnal photosynthesis patterns from examinations in the laboratory[J].Japanese Journal of Phycology 37(2): 99–104.

Garbary D J, Belliveau D J.1990.Diffuse growth, a new pattern of cell wall deposition for the Rhodophyta[J].Phycologia, 29(29): 98–102.

Garbary D J, Clarke B.2002.Intraplant variation in nuclear DNA content in *Laminaria saccharina* and *Alaria esculenta* (Phaeophyceae)[J].Botanica Marina, 45(3): 211–216.

Garbary D J, Gautam A.1989.The *Ascophyllum*, *Polysiphonia*, *Mycosphaerella* symbiosis.I.Population ecology of *Mycosphaerella* from Nova Scotia[J].Botanica Marina, 32(2): 181–186.

Garbary D J, London J F.1995.*The Ascophyllum/Polysiphonia/Mycosphaerella* Symbiosis V.Fungal infection protects A. *nosodum* from desiccation[J].Botanica Marina, 38(1–6): 529–533.

Garbary D J, Macdonald K A.1995.The *Ascophyllum/Polysiphonia/Mycosphaerella* Symbiosis.IV.Mutualism in the *Ascophyllum/Mycosphaerella* interaction[J].Botanica Marina, 38(1–6): 221–225.

Garbary D J, Mcdonald A R.1996.Fluorescent labeling of the cytoskeleton in *Cerarnium strictum*(Rhodophyta)[J].Journal of Phycology, 32(1): 85–93.

Blackburn D.1988.Apical control of band elongation in *Antithamnion defectum*(Ceramiaceae, Rhodophyta)[J].Canadian Journal of Botany, 66(7): 1308–1315.

Garbary D J, Kim K Y, Klinger T, et al.1999.Red algae as hosts for endophytic kelp gametophytes[J].Marine Biology, 135(1): 35–40.

Garbary D J, Clement K, Lawson G, et al.2009.Cell division in the absence of mitosis: the unusual case of the fucoid *Ascophyllum nodosum*(L.) Le Jolis(Phaeophyceae)[J].Algae, 24(4): 239–248.

García-Jiménez P, Just P M, Delgado A M, et al.2007.Transglutaminase activity decrease during acclimation to hyposaline conditions in marine seaweed *Grateloupia doryphora*(Rhodophyta, Halymeniaceae)[J].Journal of Plant Physiology, 164(3): 367–370.

García-Jiménez, Pilar, García-Maroto, et al.2009.Differential expression of the ornithine decarboxylase gene during carposporogenesis in the thallus of the red seaweed *Grateloupia imbricata*(Halymeniaceae)[J].Journal of Plant Physiology, 166(16): 1745–1754.

Garreta A, Siguan M, Soler N, et al.2010.Fucales(Phaeophyceae) from Spain characterized by large-scale discontinuous nuclear DNA contents consistent with ancestral cryptopolyploidy[J].Phycologia,49(1):64-72.

Garske L E.2002.Macroalgas marinas.In Danulat E,Edgar G J(eds),Reserua marina de galapagos.Linea base de la biodiversidad(pp.419-431).Santa Cruz,Galapagos,Ecuador:Estacion Cientifica Charles Darwin/Servicio del Parque Nacional.

Gartner A,Lavery P,Smit A J.2002.Use of $\delta^{15}N$ signatures of different functional forms of macroalgae and filter-feeders to reveal temporal and spatial patterns in sewage dispersal[J].Marine Ecology Progress Series,235(1):63-73.

Gattuso J P,Gentili B,Duarte C M,et al.2006.Light availability in the coastal ocean:impact on the distribution of benthic photosynthetic organisms and contribution to primary production[J].Biogeosciences Discussions,3(4):489-513.

Gaur J P,Rai L C.2001.Heavy metal tolerance in algae.In Rai L C,Gaur J P(eds),Algal adaptatiorz to enuironmental stresses:physical,biochemical and molecular mechanisms(pp.363-368).New York:Springer.

Gaylord B.2000.Biological implications of surf-zone flow complexity[J].Limnology & Oceanography,45(45):174-188.

Gaylord B,Denny M.1997.Flow and flexibility.I.Effects of size,shape and stiffness in determining wave forces on the stipitate kelps eisenia arborea and pterygophora californica[J].Journal of Experimental Biology,200:3141-3164.

Gaylord B,Reed D C,Raimondi P T,et al.2002.A physically based model of macroalgal spore dispersal in the wave and current-dominated nearshore[J].Ecology,83(5):1239-1251.

Gaylord B,Rosman J H,Reed D C,et al.2007.Spatial patterns of flow and their modification within and around a giant kelp forest[J].Limnology & Oceanography,52(5):1838-1852.

Gaylord B,Denny M W,Koehl M A.2008.Flow forces on seaweeds:field evidence for roles of wave impingement and organism inertia[J].Biological Bulletin,215(3):295-308.

Gekeler W,Grill E,Winnacker E L,et al.1988.Algae sequester heavy metals via synthesis of phytochelatin complexes[J].Archives of Microbiology,150(2):197-202.

Genty B,Briantais J M,Baker N R.1989.The relationship between the quantum yield of photosynthetic electron transport and quenching of chlorophyll fluorescence[J].Biochim Biophys Acta,990(1):87-92.

Gerard V A.1982.Growth and utilization of internal nitrogen reserves by the giant kelp *Macrocystis pyrifera* in a low-nitrogen environment[J].Marine Biology,66(1):27-35.

Gerard V A.1982.*In situ* rates of nitrate uptake by giant kelp,*Macrocystis Pyrifera*(L.)C.Agardh:tissue differences,environmental effects,and predictions of nitrogen limited growth[J].Journal of Experimental Marine Biology & Ecology,62(3):211-224.

Gerard V A.1987.Hydrodynamic streamlining of *Laminaria saccharina* Lamour.in response to mechanical stress[J].Journal of Experimental Marine Biology & Ecology,107(3):237-244.

Gerard V A.1997.The role of nitrogen nutrition in high temperature tolerance of the kelp, *Laminaria saccharina*(Chromophyta)[J].Journal of Phycology,33(5):800-810.

Gerard V A,Bois K R D.1988.Temperature ecotypes near the southern boundary of the kelp *Laminaria saccharina*[J].Marine Biology,97(4):575-580.

Gerard V A,Mann K H.1979.Growth and production of *Laminaria longicruris*(Phaeophyta)populations exposed to different intensities of water movement[J].Journal of Phycology,15(1):33-41.

Gerard V A,Dunham S E,Rosenberg G.1990.Nitrogen-fixation by cyanobacteria associated with *Codium fragile*

(Chlorophyta):environmental effects and transfer of fixed nitrogen[J].Marine Biology,105(1):1-8.

Gerlach S A.1982.Marine pollution :diagnosis and therapy[J].Berlin:Springer-Verlag,218.

Germann I.1988.Effects of the 1983-El Niño on growth and carbon and nitrogen metabolism of *Pleurophycus gardneri*(Phaeopyceae:Laminariales)in the northeastern Pacific[J].Marine Biology,99(3):445-455.

Gerwick W H,Lang N J.1977.Structural,chemical and ecological studies on iridescence in *Iridaea*(Rhodophyta)[J].Journal of Phycology,13(2):121-127.

Gessner F.1970.Temperature:plants.In Kinne O(eds),Marine ecology(Vol.1,pt.I,pp.363-406).New York:Wiley.

Gessner F,Hammer L.1968.Exosmosis and "free space" in marine benthic algae[J].Marine Biology,2(1):88-91.

Gessner F,Schramm W.1971.Salinity:plants.In Kinne O(eds),Marine ecology(Vol.1,pt.2,pp.705-820).New York:Wiley.

Gevaert F,Barr N G,Rees T A V.2007.Diurnal cycle and kinetics of ammonium assimilation in the green alga *Ulva pertusa*[J].Marine Biology,151(4):1517-1524.

Giddings T H,Wasmann C,Staehelin L A.1983.Structure of the thylakoids and envelope membranes of the cyanelles of *Cyanophora paradoxa*[J].Plant Physiology,71(2):409-419.

Gilman S E,Harley C D G,Strickl D C,et al.2006.Evaluation of effective shore level as a method of characterizing intertidal wave exposure regimes[J].Limnology & Oceanography Methods,4(12):448-457.

Ginger M,Portman N,Mckean P.2008.Swimming with protists:perception,motility and flagellum assembly[J].Nature Reviews Microbiology,6(11):838-850.

Giordano M,Beardall J,Raven J A.2005.CO_2 concentrating mechanisms in algae:mechanisms,environmental modulation,and evolution[J].Annual Review of Plant Biology,56(1):99-131.

Giordano M, Norici A, Hell R. 2005. Sulfur and phytoplankton: acquisition, metabolism and impact on the environment[J].New Phytologist,166(2):371-382.

Giordano M,Norci A,Ratti S,et al.2008.Role of sulfur in algae:acquisition,metabolism,ecology and evolution.In Heel R,Dahl C,Knaff D B(eds),Sulfur metabolism in phototrophic organisms(pp.397-415).Dordrecht,The Netherlands:Springer.

Givskov M,De N R,Manefield M,et al.1996.Eukaryotic interference with homoserine lactone-mediated prokaryotic signalling[J].Journal of Bacteriology,178(22):6618-6622.

Glass A D M.1989.Plant nutrition:an introduction to current concepts[J].Q MA:Jones and Barttell,234.

Glazer A N.1985.Light harvesting by phycobilisomes[J].Annual Review of Biophysics & Biophysical Chemistry,14(14):47-77.

Gledhill M,Nimmo M,Hill S J,et al.1997.The toxicity of copper(Ⅱ)species to marine algae,with particular reference to macroalgae[J].Journal of Phycology,33(1):2-11.

Gledhill M,Nimmo M,Hill S J,et al.1999.The release of copper-complexing ligands by the brown alga *Fucus vesiculosis*(Phaeophyceae)in response to increasing total copper levels[J].Journal of Phycology,35(3):501-509.

Gledhill M,Brown M T,Nimmo M,et al.1998.Comparison of techniques for the removal of particulate material from seaweed tissue[J].Marine Environmental Research,45(3):295-307.

Glibert P M, Capone D G. 1993. Mineralization and assimilation in aquatic, sediment, and wetland systems. In Knowles R,Blackbum R(eds),Nitrogen Isotope Techniques(pp.243-272).San Diego:Academic Press.

Glibert P M,Lipschultz F,Mccarthy J J,et al.1982.Isotope dilution models of uptake and remineralization of ammonium by marine plankton[J].Limnology & Oceanography,27(4):639-650.

Glynn P W.1965.Community composition,structure,and interrelationships in the marine intertidal *Endocladia muri-*

cata–Balanus glandula association in Monterey Bay, California[J].Beaufortia, 12:1–198.

Glynn P W.1988.El Niño-Southern Oscillation 1982—1983: Nearshore Population, Community, and Ecosystem Responses[J].Annual Review of Ecology & Systematics, 19(19):309–345.

Goecke F, Labes A, Wiese J, et al.2010.Chemical interactions between marine macroalgae and bacteria[J].Marine Ecology Progress Series, 409(6):267–299.

Goff L J.1982.Biology of parasitic red algae[J].Progress in Phycological Research, 1:289–369.

Goff L J, Coleman A W.1988.The use of plastid DNA restriction endonuclease patterns in delimiting red algal species and populations[J].Journal of Phycology, 24(3):357–368.

Goff L J, Coleman A W.1990.Red algal plasmids[J].Current Genetics, 18(6):557–565.

Goff L J, Coleman A W.1995.Fate of parasite and host organelle DNA during cellular transformation of red algae by their parasites[J].Plant Cell, 7(11):1899–1911.

Goff L J, Zuccarello G.1994.The evolution of parasitism in red algae: cellular interactions of adelphoparasites and their hosts[J].Journal of Phycology, 30(4):695–720.

Goff L J, Moon D A, Pi N, et al.1996.The evolution of parasitism in the red algae: molecular comparisons of adelphoparasites and their hosts[J].Journal of Phycology, 32(2):297–312.

Goff L J, Ashen J, Moon D.1997.The evolution of parasites from their hosts: a case study in the parasitic red algae [J].Evolution, 51(4):1068–1078.

Gomez I, Huovinen P.2011.Morpho-functional patterns and zonation of South Chilean seaweeds: the importance of photosynthetic and bio–optical traits[J].Marine Ecology Progress Series, 422(2):77–91.

Gomez I, Huovinen P.2012.Morpho-functionality of carbon metabolism in seaweeds.In Wiencke C, Bischof K(eds), Seaweed biolotgy: novel insights into ecophysiology, ecology and utilization, ecological studies (Vol.219, pp.25–45).Berlin: Springer-Verlag.

Gómez I, Wiencke C.1998.Seasonal changes in C, N and major organic compounds and their significance to morpho–functional processes in the endemic Antarctic brown alga *Ascoseira mirabilis* [J]. Polar Biology, 19 (2): 115–124.

Gómez I, Figueroa F L, Sousapinto I, et al.2001.Effects of UV radiation and temperature on photosynthesis as measured by PAM fluorescence in the red alga *Gelidium pulchellum* (Turner) Kützing[J].Botanica Marina, 44(1): 9–16.

Gómez I, Ulloa N, Orostegui M.2005.Morpho–functional patterns of photosynthesis and UV sensitivity in the kelp *Lessonia nigrescens* (Laminariales, Phaeophyta)[J].Marine Biology, 148(2):231–240.

Gómez I, Orostegui M, Huovinen P.2007.Morpho-functional patterns of photosynthesis in the South Pacific kelp *Lessonia nigrescens*: effects of UV radiation on ^{14}C fixation and primary photochemical reactions[J].Journal of Phycology, 43(1):55–64.

Gómez I, Wulff A.2009.Light and temperature demands of marine benthic microalgae and seaweeds in polar regions [J].Botanica Marina, 52(6):593–608.

Gonen Y, Kimmel E, Friedlander M.1995.Diffusion boundary layer transport in *Gracilaria conferta* (Rhodophyta) [J].Journal of Phycology, 31(5):768–773.

Gonen Y, Kimmel E, Tel-Or E, et al.1996.Intercellular assimilate translocation in *Gracilaria cornea* (Gracilariaceae, Rhodophyta)[J].Hydrobiologia, 326/327(1):421–428.

Goodwin T W, Mercer E I.1983.Introduction to plant biochemistry[M].Pergamon Press.

Gordillo F J L.2012.Environment and algal nutrition.In Weincke C, Bischoff K (eds), Seaweed biology: novel insights into ecophysiology and utilization(pp.67-86).Ecology Study Series.Berlin:Springer.

Gordillo F J,Aguilera J,Jimenez C,et al.2006.The response of nutrient assimilation and biochemical composition of Arctic seaweeds to a nutrient input in summer[J].Journal of Experimental Botany,57(11):2661-2671.

Gordon D M,Birch P B,Mccomb A J.1980.The effect of light,temperature and salinity on photosynthetic rates of an estuarine *Cladophora*[J].Botanica Marina,23(12):749-755.

Gordon D M,Birch P B,Mccomb A J.1981.Effects of inorganic phosphorus and nitrogen on the growth of an estuarine *Cladophora* in culture[J].Botanica Marina,24(2):93-106.

Gordon R,Brawley S H.2004.Effects of water motion on propagule release from algae with complex life histories[J].Marine Biology,145(1):21-29.

Gorman D,Connell S D.2009.Recovering subtidal forests in human-dominated landscapes[J].Journal of Applied Ecology,46(6):1258-1265.

Gorospe K D,Karl S A.2011.Small-scale spatial analysis of in situ sea temperature throughout a single coral patch reef[J].Journal of Marine Biology,12.

Graeve M,Hagen W,Kattner G.1994.Herbivorous or omnivorous? On the significance of lipid compositions as trophic markers in Antarctic copepods[J].41(5-6):915-924.

Graeve M,Kattner G,Wiencke C,et al.2002.Fatty acid composition of Arctic and Antarctic macroalgae:indicator of,phylogenetic and trophic relationships[J].Marine Ecology Progress Series,231(1):67-74.

Graham L E,Graham J M,Wilcox L W.2009.Algae[M].Pearson College Division,616.

Graham M H. 1997. Factors determining the upper limit of giant kelp, *Macrocystis pyrifera* Agardh, along the Monterey Peninsula,central California, USA[J].Journal of Experimental Marine Biology & Ecology,218(1):127-149.

Graham M H.1999.Identification of kelp zoospores from *in situ* plankton samples[J].Marine Biology,135(4):709-720.

Graham M.2002.Prolonged reproductive consequences of short-term biomass loss in seaweeds[J].Marine Biology,140(5):901-911.

Graham M H,Vásquez J A,Buschmann A H.2007.Global ecology of the giant kelp *Macrocystis* from ecotypes to ecosystems[J].Oceanography & Marine Biology,45:39-88.

Graham M H,Kinlan B P,Druehl L D,et al.2007.Deep-water kelp refugia as potential hotspots of tropical marine diversity and productivity[J].Proceedings of the National Academy of Sciences of the United States of America,104(42):576-580.

Graham M H,Kinlan B P,Grosberg R K.2010.Post-glacial redistribution and shifts in productivity of giant kelp forests[J].Proceedings Biological Sciences,277(1680):399-406.

Grall J,Chauvaud L.2002.Marine eutrophication and benthos:the need for new approaches and concepts[J].Global Change Biology,8(9):813-830.

Granbom M,Pedersén M,Kadel P,et al.2001.Circadian rhythm of photosynthetic oxygen evolution in *Kappaphycus alvarezii*(Rhodophyta):dependence on light quantity and quality[J].Journal of Phycology,37(6):1020-1025.

Granhag L M,Larsson A I,Jonsson P R.2007.Algal spore settlement and germling removal as a function of flow speed[J].Marine Ecology Progress Series,344(12):63-69.

Grant A J,Trautman D A,Menz I,et al.2006.Separation of two cell signalling molecules from a symbiotic sponge that modify algal carbon metabolism[J].Biochem Biophys Res Commun,348(1):92-98.

Grant B R,Borowitzka M A.1984.The chloroplasts of giant-celled and coenocytic algae:biochemistry and structure

[J].Botanical Review,50(3):267-307.

Gravel D,Guichard F,Loreau M,et al.2010.Source and sink dynamics in meta-ecosystems[J].Ecology,91(7):2172-2184.

Gravel D,Mouquet N,Loreau M,et al.2010.Patch dynamics,persistence,and species coexistence in metaecosystems[J].American Naturalist,176(3):289-302.

Gravot A D S M,Rousvoal S,Lugan R,et al.2010.Diurnal oscillations of metabolite abundances and gene analysis provide new insights into central metabolic processes of the brown alga *Ectocarpus siliculosus* [J]. New Phytologist,188(1):98-110.

Gray J S.2002.Biomagnification in marine systems:the perspective of an ecologist[J].Marine Pollution Bulletin,45(1-12):46-52.

Green B R,Durnford D G.1996.The chlorophyll carotenoid proteins of oxygenic photosynthesis[J].Annu Rev Plant Physiol Plant Mol Biol,47(1):685-714.

Greene R M,Gerard V A.1990.Effects of high-frequency light fluctuations on growth and photoacclimation of the red alga *Chondrus crispus*[J].Marine Biology,105(2):337-344.

Greene R W.1970.Symbiosis in sacoglossan opisthobranchs:functional capacity of symbiotic chloroplasts[J].Marine Biology,7(2):138-142.

Greer S P,Amsler C D.2004.Clonal variation in phototaxis and settlement behaviors of Hincksia irregularis(Phaephyceae)spores[J].Journal of Phycology,40(1):44-53.

Gregory T R.2005.The C-value enigma in plants and animals:a review of parallels and an appeal for partnership[J].Annals of Botany,95(1):133-146.

Gressler V, Colepicolo P, Pinto E. 2009. Useful Strategies for algal volatile analysis [J]. Current Analytical Chemistry,5(3):271-292.

Grime J P.1979.Plant strategies and vegetation processes[M].New York:Wiley.

Groen P.1980.Oceans and seas.I.Physical and chemical properties.In The new Encyclopaedia Britannica(Vol.13, pp.484-497).London:Macropaedia.

Gross M G.1996.Oceanography[J].Prentice Hall,236.

Gross W.1990.Occurrence of glycolate oxidase and hydropyruvate reductase in *Egreggia menziesii* (Phaeophyta)[J].Journal of Phycology,26(2):381-383.

Grossman A.2005.Regeneration of a cell from protoplasm[J].Journal of Phycology,42(1):1-5.

Grossman A R,Anderson L K,Conley P B,et al.1989.Molecular analyses of complementary chromatic adaptation and the biosynthesis of a phycobili some.In Coleman A W,Goff L J,Stein-Taylor J R(eds),Algae as experimental systems(pp.269-288).New York:Alan R.Liss.

Orzymski J,Johnsen G,Sakshaug E.1997.The significance of intracellular self-shading on the bio-optical properties of brown,red and green macroalgae[J].Journal of Phycology,33(3):408-414.

Paolo G,Robinson K R.2002.A rhodopsin-like protein in the plasma membrane of *Silvetia compressa* eggs[J].Photochemistry & Photobiology,75(1):76-78.

Guerry A D.2006.Grazing,nutrients,and marine benthic algae:insights into the drivers and protection of diversity[J].PhD Dissertation,Oregon State University.

Guerry A D,Menge B A,Dunmore R A.2009.Effects of consumers and enrichment on abundance and diversity of benthic algae in a rocky intertidal community[J].Journal of Experimental Marine Biology & Ecology,369(2):155-164.

Guest M A, Frusher S D, Nichols P D, et al.2009. Trophic effects of fishing southern rock lobster *Jasus edwardsii* shown by combined fatty acid and stable isotope analyses[J]. Marine Ecology Progress Series, 388(6): 169-184.

Guillemin M L, Faugeron S, Destombe C, et al.2008. Genetic variation in wild and cultivated populations of the haploid-diploid red alga *Gracilaria chilensis*: how farming practices favor asexual reproduction and heterozygosity[J]. Evolution; international journal of organic evolution, 62(6): 1500-1519.

Guimarães S M P B, Braga M R A, Cordeiro-Marino M, et al. 1986. Morphology and taxonomy of *Jolyna laminarioides*, a new member of the Scytosiphonales(Phaeophyceae) from Brazil[J]. Phycologia, 25(1): 99-108.

Guiry M.2011. Available online: wwwseaweed/ie/aquaculture.

Guiry M D.1974. A preliminary consideration of the taxonomic position of *Palmaria Palmata*(Linnaeus) Stackhouse =*Rhodymenia palmata*(Linnaeus) Greville[J]. Journal of the Marine Biological Association of the United Kingdom, 54(3): 509-528.

Guiry M D.1978. The importance of sporangia in the classification of the Florideophycidae. In Irvine D E G, Price J H(eds), Modern approaches to the taxonomy of red and brown algae(pp.111-144). London: Academic Press.

Guiry M D.1990. Sporangia and spores. In Cole K M, Sheath R G(eds), Biology of the red algae(pp.43-71). Cambridge: Cambridge University Press.

Gundlach E, Hayes M.1978. Vulnerability of coastal environments to oil spill impacts[J]. Marine Technology Society Journal, 12(4): 18-27.

Gundlach E R, Boehm P D, Marchand M, et al. 1983. The fate of Amoco Cadiz Oil[J]. Science, 221(4606): 122-129.

Haavisto F V T, Jormalainen V.2010. Induced resistance in a brown alga: phlorotannins, genotypic variation and fitness costs for the crustacean herbivore[J]. Oecologia, 162(3): 685-695.

Hable W E, Kropf D L.2000. Sperm entry induces polarity in fucoid zygotes[J]. Development, 127(3): 493-501.

Hable W E, Miller N R, Kropf D L.2003. Polarity establishment requires dynamic actin in fucoid zygotes[J]. Protoplasma, 221(3-4): 193.

Hackney J M, Sze P.1988. Photorespiration and productivity rates of a coral reef algal turf assemblage[J]. Marine Biology, 98(4): 483-492.

Hackney J M, Carpenter R C, Adey W H. 1989. Characteristic adaptations to grazing among algal turfs on a Caribbean coral reef[J]. Phycologia, 28(1): 109-119.

Häder D P, Kumar H D, Smith R C, et al.1998. Effects on aquatic ecosystems[J]. Journal of Photochemistry & Photobiology B Biology, 46(1-3): 53-68.

Hafting J T.1999. A novel technique for propagation of *Porphyra yezoensis* Ueda blades in suspension cultures via monospores[J]. Journal of Applied Phycology, 11(4): 361-367.

Hagen N T.1995. Recurrent destructive grazing of successionally immature kelp forests by green sea urchins in vestfjorden, Northern Norway[J]. Marine Ecology Progress Series, 123(1-3): 95-106.

Hagopian J C, Reis M, Kitajima J P, et al.2004. Comparative analysis of the complete plastid genome sequence of the red alga *Gracilaria tenuistipitata* var.*liui* provides insights into the evolution of rhodoplasts and their relationship to other plastids[J]. Journal of Molecular Evolution, 59(4): 464-477.

Haines K C, Wheeler P A.1978. Ammonium and nitrate uptake by the marine macrophyte *Hypnea musciformis*(Rhodophyta) and *Macrocystis pyrifera* (Phaeophyta)[J]. Journal of Phycology, 14(3): 319-324.

Hairston N G, Smith F E, Slobodkin B.1960. Community structure, population control, and competition[J]. American Naturalist, 94(879): 421-425.

Hall J D, Murray S N.1998.The life history of a Santa Catalina Island population of *Liagora californica*(Nemaliales, Rhodophyta) in the field and in laboratory culture[J].Phycologia, 37(37): 184–194.

Hall J L.2002.Cellular mechanisms for heavy metal detoxification and tolerance[J].Journal of Experimental Botany, 53(366): 1–11.

Hall Jr L W, Giddings J M, Solomon K R, et al.1999.An ecological risk assessment for the use of Irgarol 1051 as an algaecide for antifoulant paints[J].Critical Reviews in Toxicology, 29(4): 367–437.

Hall Jr L W, Pinkney A E.1984.Acute and sublethal effects of organotin compounds on aquatic biota: an interpretative literature evaluation[J].Critical Reviews in Toxicology, 14(2): 159–209.

Halldal P.1964.Ultraviolet action spectra of photosynthesis and photosynthetic inhibition in a green and a red alga [J].Physiologia Plantarum, 17(2): 414–421.

Hall–Spencer J M, Rodolfo–Metalpa R, Martin S, et al.2008.Volcanic carbon dioxide vents show ecosystem effects of ocean acidification[J].Nature, 454(7200): 96–99.

Halpern B S, Walbridge S, Selkoe K A, et al.2008.A global map of human impact on marine ecosystems[J].Science, 319(5865): 948–952.

Hamilton J G, Zangerl A R, Delucia E H, et al.2001.The carbon–nutrient balance hypothesis: its rise and fall[J]. Ecology Letters, 4(1): 86–95.

Han T, Choi G W.2005.A novel marine algal toxicity bioassay based on sporulation inhibition in the green macroalga *Ulva pertusa*(Chlorophyta)[J].Aquatic Toxicology, 75(3): 202–212.

Han T, Han Y S, Kain J M, et al.2003.Thallus differentiation of photosynthesis, growth, reproduction and UV–B sensitivity in the green alga *Ulva pertusa*(Chlorophyceae)[J].Journal of Phycology, 39(4): 712–721.

Han T, Han Y S, Park C Y, et al.2008.Spore release by the green alga *Ulva*: a quantitative assay to evaluate aquatic toxicants[J].Environmental Pollution, 153(3): 699–705.

Han T, Kong J A, Brown M T.2009.Aquatic toxicity tests of *Ulva pertusa* Kjellman(Ulvales, Chlorophyta) using spore germination and gametophyte growth[J].European Journal of Phycology, 44(3): 357–363.

Han T, Kong J A, Brown M T, Park G S, et al.2007.Evaluating aquatic toxicity by visual inspection of thallus color in the green macroalga *Ulva*: Testing a novel bioassay[J].Environmental Science & Technology, 41(10): 3667–3671.

Hanelt D.1998.Capability of dynamic photoinhibition in Arctic macroalgae is related to their depth distribution[J]. Marine Biology, 131(2): 361–369.

Hanelt D, Nultsch W.1990.Daily changes of the phaeoplast arrangement in the brown alga *Dictyota dichotoma* as studied in field experiments[J].Marine Ecology Progress Series, 61: 273–279.

Hanelt D, Nultsch W.1991.The role of chromatophore arrangement in protecting the chromatophores of the brown alga *Dictyota dichotoma* against photodamage[J].Journal of Plant Physiology, 138(4): 470–475.

Hanelt D, Nultsch W.1995.Field studies of photoinhibition show non–correlations between oxygen and fluorescence measurements in the arctic red alga *Palmaria palmata*[J].Journal of Plant Physiology, 145(1): 31–38.

Hanelt D, Nultsch W.2003.Photoinhibition in seaweeds.In Heldrnaier G, Werner D(eds), Environmental signal processing and adaptation(pp.1414–1467).Heidelberg and Berlin: Springer Publishers.

Hanelt D, Roleda M.2009.UVB radiation may ameliorate photoinhibition in specific shallow–water tropical marine macrophytes[J].Aquatic Botany, 91(1): 6–12.

Hanelt D, Tüg H, Bischof K, et al.2001.Light regime in an Arctic fjord: a study related to stratospheric ozone depletion as a basis for determination of UV effects on algal growth[J].Marine Biology, 138(3): 649–658.

Hanelt D, Wiencke C, Bischof K. 2003. Photosynthesis in marine macroalgae. In Larkum A W D, Douglas S E, Raven J A(eds), Photosynthesis in algae. Advances in photosynthesis and respiration(Vol.14, pp.413–435). Dordrecht, The Netherlands: Kluwer Academic Publishers.

Hanelt D, Hawes I, Rae R. 2006. Reduction of UV–B radiation causes an enhancement of photoinhibition in high light stressed aquatic plants from New Zealand lakes[J]. Journal of Photochemistry & Photobiology Biology, 84(2): 89–102.

Hanic L A, Craigie J S. 1969. Studies on the algal cuticle[J]. Journal of Phycology, 5(2): 89–109.

Hanisak M D. 1979. Nitrogen limitation of *Codium fragile* ssp. *tomentosoides* as determined by tissue analysis[J]. Marine Biology, 50(4): 333–337.

Hanisak M D. 1983. The nitrogen relationships of marine macroalgae. In Carpenter E J, Capone D G(eds), Nirrogen in the marine environment(pp.699–730). New York: Academic Press.

Hanisak M D. 1990. The use of *Gracilaria tikvahiae*(Gracilariales, Rhodophyta) as a model system to understand the nitrogen nutrition of cultured seaweeds[J]. Hydrobiologia, 204–205(1): 79–87.

Hanisak M D, Harlin M M. 1978. Uptake of inorganic nitrogen by *Codium fragile* subsp. *tomentosoides*(Chlorophyta)[J]. Journal of Phycology, 14(4): 450–454.

Hanisak M D, Littler M M, Littler D S. 1988. Significance of macroalgal polymorphism: intraspecific tests of the functional–form model[J]. Marine Biology, 99(2): 157–165.

Hansen A T, Hondzo M, Hurd C L. 2011. Photosynthetic oxygen flux by *Macrocystis pyrifera*: a mass transfer model with experimental validation[J]. Marine Ecology Progress Series, 434(434): 45–55.

Hanson C E, Hyndes G A, Wang S F. 2010. Differentiation of benthic marine primary producers using biomarker techniques: a comparative study with stable isotopes and fatty acids[J]. Aquatic Botany, 93: 114–122.

Harder D L, Speck O, Hurd C L, et al. 2004. Reconfiguration as a prerequisite for survival in highly unstable flow–dominated habitats[J]. Journal of Plant Growth Regulation, 23(2): 98–107.

Harder T, Dobretsov S, Qian P Y. 2004. Waterborne polar macromolecules act as algal antifoulants in the seaweed *Ulva reticulata*[J]. Marine Ecology Progress Series, 274(274): 133–141.

Hardy F G, Moss B L. 1979. Attachment and development of the zygotes of *Pelvetia canaliculata*(L.) Dcne. et Thur. (Phaeophyceae, Fucales)[J]. Phycologia, 18(3): 203–212.

Harley C D G. 2003. Abiotic stress and herbivory interact to set range limits across a two–dimensional stress gradient[J]. Ecology, 84(6): 1477–1488.

Harley C D G, Helmuth B S T. 2003. Local- and regional-scale effects of wave exposure, thermal stress, and absolute versus effective shore level on patterns of intertidal zonation[J]. Limnology & Oceanography, 48(4): 1498–1508.

Harlin M M. 1978. Nitrate uptake by *Enteromorpha* spp. (Chlorophyceae): applications to aquaculture systems[J]. Aquaculture, 15(4): 373–376.

Harlin M M. 1987. Allelochemistry in marine macroalgae[J]. Critical Reviews in Plant Sciences, 5(3): 237–249.

Harlin M M, Craigie J S. 1975. The distribution of photosynthate in *Ascophyllum nodosum* as it relates to epiphytic *Polysiphonia lanosa*[J]. Journal of Phycology, 11(1): 109–113.

Harlin M M, Craigie J S. 1978. Nitrate uptake by *Laminaria longicruris*(Phaeophyceae)[J]. Journal of Phycology, 14(4): 464–467.

Harlin M M, Wheeler P A. 1985. Nutrient uptake. In Littler M M, Littler D S(eds), Handbook of phycological methods: ecological field methods: macroalgae(pp.493–508). Cambridge: Cambridge University Press.

Harmer S L. 2009. The circadian system in higher plants[J]. Annual Review of Plant Biology, 60(1): 357–377.

Harper J L.1977.Population biology of plants[J].New York:Academic Press,892.

Harpole W S,Ngai J T,Cleland E E,et al.2011.Nutrient co-limitation of primary producer communities[J].Ecology Letters,14(9):852-862.

Harrington L,Fabricius K,Negri A.2004.Recognition and selection of settlement substrata determine post-settlement survival in corals[J].Ecology,85(12):3428-3437.

Harrington, Fabricius K E, Negri A, et al. 2005. Synergistic effects of diuron and sedimentation on the photophysiology and survival of crustose coralline algae[J].Marine Pollution Bulletin,51:415-27.

Harris L G,Jones A C.2005.Temperature,herbivory and epibiont acquisition as factors controlling the distribution and ecological role of an invasive seaweed[J].Biological Invasions,7(6):913-924.

Harrison P J,Druehl L D.1982.Nutrient uptake and growth in the Laminariales and other macrophytes:a consideration of methods. In Srivastava L M(ed.), Synthetic and degradative processes in marine macrophytes(pp.99-120).Berlin:Walter de Gruyter.

Harrison P,Hurd C.2001.Nutrient physiology of seaweeds:application of concepts to aquaculture[J].Cahiers De Biologie Marine,42(1):71-82.

Harrison P J,Druehl L D,Lloyd K E,et al.1986.Nitrogen uptake kinetics in three year-classes of *Laminaria groenlandica*(Laminariales:Phaeophyta)[J].Marine Biology,93(1):29-35.

Harrison P,Parslow J S,Conway H L.1989.Determination of nutrient uptake kinetic parameters:a comparison of methods[J].Marine Ecology Progress Series,52(3):301-312.

Harrison P J,Hu M H,Yang Y P,et al.1990.Phosphate limitation in estuarine and coastal waters of China[J].Journal of Experimental Marine Biology & Ecology,140(1):79-87.

Hartnoll R G,Hawkins S J.1982.The emersion curve in semidiurnal tidal regimes[J].Estuarine Coastal & Shelf Science,15(4):365-371.

Haslin C,Lahaye M,Pellegrini M,et al.2001.*In vitro* anti-HIV activity of sulfated cell-wall polysaccharides from gametic,carposporic and tetrasporic stages of the Mediterranean red alga *Asparagopsis armata*[J].Planta Medica,67(04):301-305.

Hata H,Kato M.2004.Monoculture and mixed-species algal farms on a coral reef are maintained through intensive and extensive management by damselfishes[J].Journal of Experimental Marine Biology & Ecology,313(2):285-296.

Hata H,Kato M.2006.A novel obligate cultivation mutualism between damselfish and Polysiphonia algae[J].Biol Lett,2(4):593-596.

Hatcher B G.1977.An apparatus for measuring photosynthesis and respiration of intact large marine algae and comparison of results with those from experiments with tissue segments[J].Marine Biology,43(4):381-385.

Hatcher B G,Chapman A R O,Mann K H.1977.An annual carbon budget for the kelp *Laminaria longicruris*[J].Marine Biology,44(1):85-96.

Haug A.1976.The influence of borate and calcium on the gel formation of a sulfated polysaccharide from *Ulva lactuca*[J].30(6):562-566.

Haug A,Larsen B.1974.Biosynthesis of algal polysaccharides.In Pridham J B(ed),Plant carbohydrate biochemishy (pp.207-218).New York:Academic Press.

Hauri C,Fabricius K E,Schaffelke B,et al.2010.Chemical and physical environmental conditions underneath mat- and canopy-forming macroalgae,and their effects on understorey corals[J].Plos One,5(9):e12685.

Hawkes M W.1990.Reproductive strategies.In Cole K M,Sheath R G(eds),Biology of the red algae(pp.455-476).

Cambridge:Cambridge University Press.

Hawkins S J, Southward A J. 1992. The torrey canyon oil spill: recovery of rock shore communities. In Thayer G W (ed.), Restoring the nation's environment (pp.583-631). College Park, MD: Maryland Sea Grant Coll.

Hawkins S J, Sugden H E, Mieszkowska N, et al. 2009. Consequences of climate-driven biodiversity changes for ecosystem functioning of North European rocky shores [J]. Marine Ecology Progress Series, 396(6): 245-259.

Haxen P G, Lewis O A M. 1981. Nitrate assimilation in the marine kelp, *Macrocystis angustifolia* (Phaeophyceae) [J]. Botanica Marina, 24: 631-635.

Haxo F T, Blinks L R. 1950. Photosynthetic action spectra of marine algae [J]. Journal of General Physiology, 33 (4): 389-425.

Hay M E. 1981. The functional morphology of turf-forming seaweeds: persistence in stressful marine habitats [J]. Ecology, 62(3): 739-750.

Hay M E. 1981. Spatial patterns of agrazing intensity on a Caribbean barrier reef: herbivory and algal distribution [J]. Aquatic Botany, 11: 97-109.

Hay M E. 1986. Functional geometry of seaweeds: ecological consequences of thallus layering and shape in contrasting light environments. In: Givnish T J (ed), On the economy of planl form and function (pp.635-66). Cambridge: ambridge University Press.

Hay M E. 1988. Associational pant dfenses and the mintenance of secies dversity: tuning cmpetitors ito acomplices [J]. American Naturalist, 128(5): 617-641.

Hay M E. 2009. Marine chemical ecology: chemical signals and cues structure marine populations, communities, and ecosystems [J]. Annual Review of Marine Science, 1(1): 193-212.

Hay M E, Parker J D, Burkepile D E, et al. 2004. Mutualisms and aquatic community structure: the enemy of my enemy is my friend [J]. Annual Review of Ecology Evolution & Systematics, 35(1): 175-197.

Hay M E, Stachowicz J J, Cruz-Rivera E, et al. 1998. Bioassays with marine and freshwater macroorganisms. In Haynes K F, Millar J G (eds), Methods in chemical ecology, Vol.2: Bioassay methods (pp.39-141). New York: Chapman and Hall.

Hay M E, Kappel Q E, Fenical W. 1994. Synergisms in plant defenses against herbivores: interactions of chemistry, calcification, and plant quality [J]. Ecology, 75(6): 1714-1726.

Hay M E, Paul V J, Lewis S M, et al. 1988. Can tropical seaweeds reduce herbivory by growing at night? Diel patterns of growth, nitrogen content, herbivory, and chemical versus morphological defenses [J]. Oecologia, 75(2): 233-245.

Hays C G. 2007. Adaptive phenotypic differentiation across the intertidal gradient in the alga *Silvetia compressa* [J]. Ecology, 88(1): 149-157.

He P, Yarish C. 2006. The developmental regulation of mass cultures of free-living conchocelis for commercial net seeding of *Porphyra leucosticta* from Northeast America [J]. Aquaculture, 257(1-4): 373-381.

He P, Xu S, Zhang H, et al. 2008. Bioremediation efficiency in the removal of dissolved inorganic nutrients by the red seaweed, *Porphyra yezoensis*, cultivated in the open sea [J]. Water Research, 42(4-5): 1281-1289.

Heaton T H E. 1986. Isotopic studies of nitrogen pollution in the hydrosphere and atmosphere: a review [J]. Chemical Geology Isotope Geoscience, 59(2): 87-102.

Hebert P D N, Cywinska A, Ball S L, et al. 2003. Biological identifications through DNA barcodes [J]. Proceedings Biological Sciences, 270: 313-22.

Heesch S, Peters A F, Broom J E, et al. 2008. Affiliation of the parasite *Herpodiscus durvillaeae* (Phaeophyceae) with the Sphacelariales based on DNA sequence comparisons and morphological observations[J].European Journal of Phycology,43(3):283-295.

Heesch S,Cock J M.2010.A sequence-tagged genetic map for the brown alga *Ectocarpus siliculosus* provides large-scale assembly of the genome sequence[J].New Phytologist,188(1):42-51.

Hegemann P.2008.Algal sensory photoreceptors[J].Annual Review of Plant Biology,59(5):167-189.

Hein M,Pedersen M F,Sand-Jensen K.1995.Size-dependent nitrogen uptake in micro-and macroalgae[J].Marine Ecology Progress Series,118(1-3):247-253.

Hellebusi J A.1976.Osmoregulation[J].Plant Biology,27:485-505.

Brian H,Denny M W.2003.Predicting wave exposure in the rocky intertidal zone:Do bigger waves always lead to larger forces? [J].Limnology & Oceanography,48(3):1338-1345.

Helmuth B, Mieszkowska N, Moore P, et al. 2006. Living on the edge of two changing worlds: forecasting the responses of rocky intertidal ecosystems to climate change [J]. Annual Review of Ecology Evolution & Systematics,37(1):373-404.

Hemmi A,Honkanen T,Jormalainen V.2004.Inducible resistance to herbivory in *Fucus vesiculosus*:duration,spreading and variation with nutrient availability[J].Marine Ecology Progress Series,273(1):109-120.

Hemminga M,Duarte C.2000.Seagrass ecology[M].Cambridge University Press,298.

Henry E C.1998.Regulation of reproduction in brown algae by light and temperature[J].Botanica Marina,31(4):353-357.

Henry E C,Cole K M.1982.Ultrastructure of swarmers in the Laminariales.I.Zoospores[J].Journal of Phycology,18(4):550-569.

Hepburn C,Hurd C.2005.Conditional mutualism between the giant kelp *Macrocystis pyrifera* and colonial epifauna [J].Marine Ecology Progress Series,302(1):37-48.

Hepburn C D,Hurd C L,Frew R D.2006.Colony structure and seasonal differences in light and nitrogen modify the impact of sessile epifauna on the giant kelp *Macrocystis pyrifera*(L.)C Agardh[J].Hydrobiologia,560(1):373-384.

Hepburn C D,Holborow J D,Wing S R,et al.2007.Exposure to waves enhances the growth rate and nitrogen status of the giant kelp *Macrocystis pyrifera*[J].Marine Ecology Progress Series,339(12):99-108.

Hepburn C,Pritchard D,Cornwall C,et al.2011.Diversity of carbon use strategies in a kelp forest community:implications for a high CO_2 ocean[M].Global Change Biology,17:2488-97.

Hepburn C D,Frew R D,Hurd C L.2012.Uptake and transport of nitrogen derived from sessile epifauna in the giant kelp *Macrocystis pyrifera*[J].Aquatic Biology,14(2):121-128.

Herbert R A.1999.Nitrogen cycling in coastal marine ecosystems[J].Fems Microbiology Reviews,23(5):563-590.

Herbert S K.1990.Photoinhibition resistance in the red alga *Porphyra perforata*:the role of photoinhibition repair [J].Plant Physiology,92(2):514-519.

Herbert S K,Waaland J R.1988.Photoinhibition of photosynthesis in a sun and a shade species of the red algal genus *Porphyra*[J].Marine Biology,97(1):1-7.

Hernúndez I,Christmas M,Yelloly J M,et al.1997.Factors affecting surface alkaline phosphatase activity in the brown alga *Fucus spiralis* at a North Sea intertidal site(Tyne Sands,Scotland)[J].Journal of Phycology,33(4):569-575.

Hernúndez I,Niell F X,Whitton B A.2002.Phosphatase activity of benthic marine algae.An overview[J].Journal of Applied Phycology,14(6):475-487.

Heyward A J, Negri A P.1999.Natural inducers for coral larval metamorphosis[J].Coral Reefs, 18(3):273-279.

Higgins H W, Mackey D J.1987.Role of *Ecklonia radiata* (C.Ag.) J.Agardh in determining trace metal availability in coastal waters.I.Total trace metals[J].Marine & Freshwater Research, 38(3):307-315.

Hill N A, Pepper A R, Puotinen M L, et al.2010.Quantifying wave exposure in shallow temperate reef systems: applicability of fetch models for predicting algal biodiversity[J].Marine Ecology Progress Series, 417(6):83-95.

Hillebrand H, Gruner D S, Borer E T, et al.2007.Consumer versus resource control of producer diversity depends on ecosystem type and producer community structure[J].Proceedings of the National Academy of Sciences of the United States of America, 104(26):10904-10909.

Hillis L.1997.Coralgal reefs from a calcareous green alga perspective, and a first carbonate budget[J].Proceedings of the Fifth International Seaweed Symposium, 1:761-766.

Hillis-Colinveaux L.1985.Halimeda and other deep forereef algae at Enewetak Atoll.In Harmelin V M, Salvat B (eds), Proceedings of the 5th International Coral Reef Congress, Tahiti (vol.5, pp.9-14).Moorea, French Polynesia: Antenne Museurn-EPHE

Hillman W S.1976.Biological rhythms and physiological timing[J].Annual Review of Plant Physiology, 27(1): 159-179.

Hincha D K.2002.Cryoprotectin: a plant lipid-transfer protein homologue that stabilizes membranes during freezing [J].Philosophical Transactions of the Royal Society of London, 357(1423):909-915.

Hinds P A, Ballantine D L.1987.Effects of the Caribbean threespot damselfish, *Stegastes Planifrons* (Cuvier), on algal lawn composition[J].Aquatic Botany, 27(4):299-308.

Hinojosa I A, Pizarro M, Ramos M, et al.2010.Spatial and temporal distribution of floating kelp in the channels and fjords of southern Chile[J].Estuarine Coastal & Shelf Science, 87(3):367-377.

Hiscock K.1983.Water movement.In Earll R, Erwin D G (eds), Sublittoral ecology (pp.58-96).Oxford: Clarendon Press.

Ho Y B.1990.Metals in *Ulva Lactuca* in Hong Kong intertidal waters[J].Bulletin of Marine Science Miami, 47(1): 79-85.

Hoarau G, Coyer J A, Olsen J L.2009.Patemal leakage of mitochondrial DNA in a *Fucus* (Phaeophyceae) hybrid zone[J].Journal of Phycology, 45(3):621-624.

Hoeghguldberg O, Mumby P J, Hooten A J, et al. 2007. Coral reefs under rapid climate change and ocean acidification[J].Science, 318(5857):1737-1742.

Hoffmann A J, Camus P.1989.Sinking rates and viability of spores from benthic algae in central Chile[J].Journal of Experimental Marine Biology & Ecology, 126(3):281-291.

Hofmann L C, Yildiz G, Hanelt D, et al.2012.Physiological responses of the calcifying rhodophyte, *Corallina officinalis* (L.), to future CO_2 levels[J].Marine Biology, 159(4):783-792.

Hofmann L C, Straub S, Kai B.2012.Competitive interactions calcifying and noncalcifying temperate marine macroalgae under elevated CO_2 levels[J].Marine Ecology Progress Series, 464(464):89-105.

Holbrook N M, Denny M W, Koehl M A R.1991.Intertidal "trees": consequences of aggregation on the mechanical and photosynthetic properties of sea-palms *Postelsia palmaeformis* Ruprecht[J].Journal of Experimental Marine Biology & Ecology, 146(1):39-67.

Holmes M A, Brown M T, Loutit M W, et al.1991.The involvement of epiphytic bacteria in zinc concentration by the red alga *Gracilaria sordida*[J].Marine Environmental Research, 31(1):55-67.

Hommersand M H, Fredericq S.1990.Sexual reproduction and cystocarp development.In Cole K M, Sheath R G (eds), Biology of the red algae(pp.305-345).Cambridge:Cambridge University Press.

Hong Y K, Sohn C H, Polne-Fuller M, et al.1995.Differential display of tissue-specific messenger RNAs in *Porphyra perforata*(Rhodophyta) thallus[J].Journal of Phycology, 31(4):640-643.

Honkanen T, Jormalainen V.2005.Genotypic variation in tolerance and resistance to fouling in the brown alga *Fucus vesiculosus*[J].Oecologia, 144(2):196-205.

Hood D W, Schoener A, Park P K, et al.1989.Evolution of at-sea scientific monitoring strategies.In Hood D W, Schoener A, Park P K(eds), Oceanic processes in marine pollution.Vol.4:Scientific monitoring strategies for ocean waste disposal(pp.4-28).Malabau, FL:E.W.Krieger Publishing.

Hooper R, South G R.1977.Distribution and ecology of *Papenfussiella callitricha* (Rosenv.) Kylin(Phaeophyceae, Chordariaceae)[J].Phycologia, 16(2):153-157.

Hooper R G, Henry E C, Kuhlenkamp R.1988.*Phaeosiphoniella cryophila* gen.et sp.nov.a third member of the Tilopteridales(Phaeophyceae)[J].Phycologia, 27(3):395-404.

Hop H C, Wiencke C, Vogele B, et al.2012.Species composition and zonation of marine benthic macroalgae at Hansneset in Kongsfjorden, Svalbard[J].Botanica Marina, 55:399-414.

Hopkin R, Kain J M.1978.The effects of some pollutants on the survival, growth and respiration of *Laminaria hyperborea*[J].Estuarine & Coastal Marine Science, 7(6):531-553.

Hou X, Yan X.1998.Study on the concentration and seasonal variation of inorganic elements in 35 species of marine algae[J].Science of the Total Environment, 222(3):141-156.

Hou X L, Dahlgaard H, Nielsen S P.2000.Iodine-129 time series in Danish, Norwegian and northwest Greenland coast and the Baltic Sea by seaweed[J].Estuarine Coastal & Shelf Science, 51(5):571-584.

Howard B M, Fenical W.1981.The scope and diversity of terpenoid biosynthesis by the marine alga *Laurencia*[J].Progress in Phytochemistry, 7:263-300.

Howard R J, Gayler K R, Grant B R.1975.Products of photosynthesis in *Caulerpa simpliciuscula*[J].Journal of Phycology, 11(4):463-471.

Howe C J, Barbrook A C, Nisbet R E R, et al.2008.The origin of plastids[J].Philosophical Transactions of the Royal Society of London, 363(1504):2675-2685.

Hoyer K, Karsten U, Sawall T, et al.2001.Photoprotective substances in Antarctic macroalgae and their variation with respect to depth distribution, different tissues and developmental stages[J].Marine Ecology Progress Series, 211(8):117-129.

Hsiao S I C.1969.Life history and iodine nutrition of the marine brown alga *Petalonia fascia*[J].Canadian Journal of Botany, 47(10):1611-1616.

Huang I, Rominger J, Nepf H.2011.The motion of kelp blades and the surface renewal model[J].Limnology & Oceanography, 56(4):1453-1462.

Hubbard C B, Garbary D J, Kim K Y, et al.2004.Host specificity and growth of kelp gametophytes symbiotic with filamentous red algae(Ceramiales, Rhodophyta)[J].Helgoland Marine Research, 58(1):18-25.

Hughes J S, Otto S P.1999.Ecology and the evolution of biphasic life cycles[J].American Naturalist, 154(3):306-320.

Hughes T P.1994.Catastrophes, phase shifts, and large-scale degradation of a Caribbean coral reef[J].Science, 265(5178):1547-51.

Hughes T P, Reed D C, Boyle M J.1987.Herbivory on coral reefs:community structure following mass mortalities of sea urchins[J].Journal of Experimental Marine Biology & Ecology, 113(1):39-60.

Hughes T. 1999. Algal blooms on coral reefs: what are the causes? [J]. Limnology & Oceanography, 44(6): 1583-1586.

Huisman J M.2000.Marine plants of Australia[J].University of Westem Australia Press.

Hulatt C J, Thomas D N, Bowers D G, et al.2009.Exudation and decomposition of chromophoric dissolved organic matter(CDOM) from some temperate macroalgae[J].Estuarine Coastal & Shelf Science, 84(1): 147-153.

Hunter K A, Strzepek R.2008.Iron cycle.In Jorgensen S E, Fath B D(eds), Global ecology, Vol.3 of encyclopedia of ecology(pp.2028-2033).Oxford: Elsevier.

Huovinen P, Gómez I.2011.Spectral attenuation of solar radiation in Patagonian fjord and coastal waters and implications for algal photobiology[J].Continental Shelf Research, 31(3-4): 254-259.

Huovinen P, Gomez I.2012.Cold temperate seaweed communities of the southem hemisphere.In Wiencke C, Bischof K(eds), Seaweed biology: novel insights into ecophysiology, ecology and utilization(Series: Ecological Studies, Volume 219, pp.293-313).Berlin and Heidelberg: Springer.

Huovinen P, Gómez I, Figueroa F L, et al.2004.UV absorbing mycosporine-like amino acids in red macroalgae from Chile[J].Botanica Marina, 47(1): 21-29.

Huovinen P, Gómez I, Orostegui M.2007.Patterns and UV sensitivity of carbon anhydrase and nitrate reductase activities in south Pacific macroalgae[J].Marine Biology, 151(5): 1813-1821.

Huovinen P, Leal P.2010.Impact of interaction of copper, nitrogen and UV radiation on the physiology of three south Pacific kelps[J].Marine & Freshwater Research, 61(3): 330-341.

Huppertz K, Hanelt D, Nultsch W.1990.Photoinhibition of photosynthesis in the marine brown alga *Fucus serratus* as studied in field experiments[J].Marine Ecology Progress Series, 66(1-2): 175-182.

Hurd C L.2000. Water motion, marine macroalgal physiology, and production[J]. Journal of Phycology, 36(3): 453-472.

Hurd C L, Dring M J.1990.Phosphate uptake by intertidal algae in relation to zonation and season[J].Marine Biology, 107(2): 281-289.

Hurd C L, Dring M J.1991.Desiccation and phosphate uptake by intertidal fucoid algae in relation to zonation[J]. British Phycological Journal, 26(4): 327-333.

Hurd C L, Pilditch C A.2011. Flow-induced morphological variations affect diffusion boundary-layer thickness of *Macrocystis pyrifera*(Heterokontophyta, Laminariales)[J].Journal of Phycology, 47(2): 341-351.

Hurd C L, Stevens C L.1997.Flow visualization around single-and multiple-bladed seaweeds with various morphologies[J].Journal of Phycology, 33(3): 360-367.

Hurd C L, Galvin R S, Norton T A, et al.1993.Production of hyline hairs by intertidal species of *Fucus* (Fucales) and their role in phosphate uptake[J].Journal of Phycology, 29(2): 160-165.

Hurd C L, Durante K M, Chia F S, et al.1994.Effect of bryozoan colonization on inorganic nitrogen acquisition by the kelps *Agarum fimbriatum* and *Macrocystis integrifolia*[J].Marine Biology, 121(1): 167-173.

Hurd C L, Quick M, Stevens C L, et al.1994.A low-volume flow tank for measuring nutrient uptake by large macrophytes[J].Journal of Phycology, 30(5): 892-896.

Hurd C L, Berges J A, Osborne J, et al.1995.An *in vitro* nitrate reductase assay for marine macroalgae: optimization and characterization of the enzyme for *Fucus gardneri* (Phaeophyta)[J].Journal of Phycology, 31(5): 835-843.

Hurd C L, Harrison P J, Druehl L D.1996.Effect of seawater velocity on inorganic nitrogen uptake by morphologically distinct forms of *Macrocystis integrifolia* from wave-sheltered and exposed sites[J].Marine Biology, 126(2): 205-214.

Hurd C L, Stevens C L, Laval B E, et al. 1997. Visualization of seawater flow around morphologically distinct forms of the giant kelp *Macrocystis integrifolia* from wave-sheltered and exposed sites[J]. Limnology & Oceanography, 42: 156-163.

Hurd C L, Hepburn C D, Currie K I, et al. 2009. Testing the effects of ocean acidification on algal metabolism: considerations for experimental designs[J]. Journal of Phycology, 45(6): 1236-1251.

Hurd C L, Cornwall C E, Currie K, et al. 2011. Metabolically induced pH fluctuations by some coastal calcifiers exceed projected 22nd century ocean acidification: a mechanism for differential susceptibility? [J]. Global Change Biology, 17(10): 3254-3262.

Hurlbert S H. 1984. Pseudoreplication and the design of ecological field experiments[J]. Ecological Monographs, 54(2): 187-211.

Hutchins L W. 1947. The bases for temperature zonation in geographical distribution[J]. Ecological Monographs, 17(3): 325-335.

Hwang E K, Dring M J. 2002. Quantitative photoperiodic control of erect thallus production in *Sargassum muticum* [J]. Botanica Marina, 45(5): 471-475.

Hyndes G A, Lavery P S. 2005. Does transported seagrass provide an important trophic link in unvegetated, nearshore areas? [J]. Estuarine Coastal & Shelf Science, 63(4): 633-643.

Hyndes G A, Lavery P S, Doropoulos C. 2012. Dual processes for cross-boundary subsidies: incorporation of nutrients from reef-derived kelp into a seagrass ecosystem[J]. Marine Ecology Progress Series, 445(1): 97-107.

Ianora A, Boersma M, Asotti R C, et al. 2006. The H.T. Odum synthesis essay: new trends in marine chemical ecology [J]. Estuaries & Coasts, 29(4): 531-551.

Ikawa T, Watanabe T, Nisizawa K. 1972. Enzymes involved in the last steps of the biosynthesis of mannitol in brown algae[J]. Plant and cell physiology, 13(6): 1017-1029.

Iken K. 2012. Grazers on benthic seaweeds. In Wiencke C, Bischof K(eds), Seaweed biology: nouel insights into ecophysiology, ecology and utilization(Series: ecological studies, Volume 219, pp. 157-175). Berlin and Heidelberg: Springer.

Ilvessalo H, Tuomi J. 1989. Nutrient availability and accumulation of phenolic compounds in the brown alga *Fucus vesiculosus*[J]. Marine Biology, 101(1): 115-119.

Inderjit Chapman D, Ranelletti M, Kaushik S. 2006. Invasive marine algae: an ecological perspective[J]. Botanical Review, 72(2): 153-178.

Innes D J. 1988. Genetic differentiation in the intertidal zone in populations of the alga *Enteromorpha linza*(Ulvales: Chlorophyta)[J]. Marine Biology, 97(1): 9-16.

Inouye R S, Schaffer W M. 1981. On the ecological meaning of ratio(de Wit) diagrams in plant ecology[J]. Ecology, 62(6): 1679-1681.

IPCC. 2007. Climate Change 2007: The physical science basis. Summary for policymakers. Contribution of working group I to the fourth assessment report. The Intergovernmental Panel on Climate Change, http://www.ipcc.ch/SPM2feb07.pdf.

Ireland H E, Harding S J, Bonwick G A, et al. 2004. Evaluation of heat shock protein 70 as a biomarker of environmental stress in *Fucus serratus* and *Lemna minor*[J]. Biomarkers, 9(2): 139-155.

Irving A D, Connell S D. 2006. Predicting understorey structure from the presence and composition of canopies: an assembly rule for marine algae[J]. Oecologia, 148(3): 491-502.

Irving A D, Connell S D. 2006. Physical disturbance by kelp abrades erect algae from the understorey[J]. Marine

Ecology Progress Series,324(1):127-137.

Irving A D,Balata D,Colosio F,et al.2009.Light,sediment,temperature,and the early life-history of the habitat-forming alga *Cystoseira barbata*[J].Marine Biology,156(6):1223-1231.

Irwin S,Davenport J.2002.Hyperoxic boundary layers inhabited by the epiphytic meiofauna of Fucus serratus[J].Marine Ecology Progress Series,244:73-79.

Ishikawa M,Kataoka H.2009.Distribution and phylogeny of the blue light receptors aureochromes in eukaryotes[J].Planta,230(3):543-52.

ISO.2006.Water quality-Marine algal growth inhibition test with *Skeletonema costatum* and *Phaeodactylum tricornutum*[J].ISO International Standard,10253.

ISO.2010.Water quality-Growth inhibition test with the marine and brackish water macroalga *Ceramium tenuicorne* [J].ISO International Standard,10710.

Israel A,Levy I, Friedlander M.2006.Experimental tank cultivation of *Porphyra* in Israel[J].Journal of Applied Phycology,18(3-5):235-240.

Iwamoto K,Ikawa T.1997.Glycolate metabolism and subcellular distribution of glycolate oxidase in *Patoglossum pacificum*(Phaeophyceae,Chromophyta)[J].Phycological Research,45(2):77-83.

Jackson G A.1984.The physical and chemical environment of a kelp community.In Bascom W(ed.),The effects of waste disposal on kelp communities(pp.11-37).Long Beach,CA:So.Calif.Coastal Water Res Proj.

Jackson G A.1987.Modelling the growth and harvest yield of the giant kelp *Macrocystis pyrifera*[J].Marine Biology,95(4):611-624.

Jackson G A, James D E, North W J. 1985. Morphological relationships among fronds of giant kelp *Macrocystis pyrifera* off La Jolla,California[J].Marine Ecology Progress Series,26(3):261-270.

Jacobs W P.1993.A search for some angl osperm hormones and their metabolites in *Caulerpa paspaloides*(chlorophyta)[J].Journal of Phycology,29(5):595-600.

Jacobs W P.1970.Develoment and regeneration of the algal giant coenocyte *Caulerpa*[J].Annals of the New York Academy of Sciences,175(1):732-748.

Jacobs W P.1994.Caulerpa[J].Scientific American,December.

Jacobs W P,Olson J.1980.Developmental changes in the algal coenocyte *Caulerpa prolifera*(Siphonales)after inversion with respect to gravity[J].American Journal of Botany,67:141-146.

Janouškovec J,Liu S L,Martone P T,et al.2013.Evolution of red algal plastid genomes:ancient architectures,introns,horizontal gene transfer,and taxonomic utility of plastid markers[J].Plos One,8(3):e59001.

Jaschinski S,Brepohl D C,Sommer U.2008.Carbon sources and trophic structure in an eelgrass *Zostera marina* bed,based on stable isotope and fatty acid analyses[J].Marine Ecology Progress Series,358(358):103-114.

Jassby A D,Platt T.1976.Mathematical formulation of the relationship between photosynthesis and light for phytoplankton[J].Limnology & Oceanography,21(4):540-547.

Jékely G.2009.Evolution of phototaxis[J].Philosophical Transactions of the Royal Society of London,364(1531):2795-2808.

Jelinek R,Kolusheva S.2004.Carbohydrate biosensors[J].Chemical Reviews,2004,104(12):5987-6015.

Jenkins S R,Moore P,Burrows M T,et al.2008.Comparative ecology of North Atlantic shores:do differences in players matter for process? [J].Ecology,89:S3-S23.

Jennings J G,Steinberg P D.1997.Phlorotannins versus other factors affecting epiphyte abundance on the kelp *Ecklonia radiata*[J].Oecologia,109(3):461-473.

Jensen A.1995.Production of alginate.In Wiessner W,Schnepf E,Star R C(eds),Algae,environment and human affairs(pp.79–92).Bristol,UK:Biopress Ltd.

Jensen A,Haug A.1985.Geographical and seasonal variation in the chemical composition of *Laminaria hyperborea* and *Laminaria digitata* from the Norwegian Coast[J].Norwegian Institute of Seaweed Research,Report 14.

And R G J,Bahr J T.1977.Ribulose 1,5–bisphosphate carboxylase–oxygenase[J].Annual Review of Biochemistry, 28:379–400.

Jerlov N G.1970.Light:general introduction.In Kinne O(ed),Marine ecology(Vol.1,pt.I,pp.95–102).New York: Wiley.

Jerlov N G.1976.Marine optics[J].Amsterdam:Elsevier,231.

Jiménez C,Berl T,Rivard C J,et al.2004.Phosphorylation of MAP kinase–like proteins mediate the response of the halotolerant alga *Dunaliella viridis* to hypertonic shock[J].Biochimica Et Biophysica Acta Molecular Cell Research,1644(1):61–69.

Jin Q,Dong S.2003.Comparative studies on the allelopathic effects of two different strains of *Ulva pertusa* on *Heterosigma akashiwo* and *Alexandrium tamarense*[J].Journal of Experimental Marine Biology & Ecology,293(1): 41–55.

Qiu Jin,Shuanglin Dong Dr,Changyun Wang.2005.Allelopathic growth inhibition of *Prorocentrum micans*(Dinophyta)by *Ulva pertusa* and *Ulva linza* (Chlorophyta)in laboratory cultures[J].European Journal of Phycology,40 (1):31–37.

Johannesson K.1989.The bare zone of Swedish rocky shores:why is it there? [J].Oikos,54(1):77–86.

Johansson G, Snoeijs P.2002.Macroalgal photosynthetic responses to light in relation to thallus morphology and depth zonation[J].Marine Ecology Progress Series,244(11):63–72.

Johansson G,Sosa P A,Snoeijs P.2003.Genetic variability and level of differentiation in North Sea and Baltic Sea populations of the green alga *Cladophora rupestris*[J].Marine Biology,142(5):1019–1027.

Johnson A S.2001.Drag,drafting,and mechanical interactions in canopies of the red alga *Chondrus crispus*[J].Biological Bulletin,201(2):126–135.

Johnson A,Koehl M.1994.Maintenance of dynamic strain similarity and environmental stres factor in different flow habitats:thallus allometry and material properties of a giant kelp[J].Journal of Experimental Biology,195(1): 381–410.

Johnson C H.2010.Circadian clocks and cell division[J].Cell Cycle,9(19):3864–3873.

Johnson C,Chapman A R O.2008.Seaweed invasions:introduction and scope[J].Botanica Marina,50:321–325.

Johnson C R,Banks S C,Barrett N S,et al.2011.Climate change cascades:shifts in oceanography,species' ranges and subtidal marine community dynamics in eastern Tasmania[J].Journal of Experimental Marine Biology & Ecology,400(1):17–32.

Johnson L E,Brawley S H.1998.Dispersal and recruitment of a canopy–forming intertidal alga:the relative roles of propagule availability and post–settlement processes[J].Oecologia,117(4):517–526.

Johnson M P,Hawkins S J,Hartnoll R G,et al.1998.The establishment of fucoid zonation on algal–dominated rocky shores:hypotheses derived from a simulation model[J].Functional Ecology,12(2):259–269.

Johnson W S,Gigon A,Gulmon S L,et al.1974.Comparative photosynthetic capacities of intertidal algae under exposed and submerged conditions[J].Ecology,55(2):450–453.

Johnston A M,Raven J A.1986.Dark carbon fixation studies on the intertidal macroalga *Ascophyllum nodosum*(Phaeophyta)[J].Journal of Phycology,22(1):78–83.

Johnston A M, Raven J A. 1990. Effects of culture in high CO_2 on the photosynthetic physiology of Fucus serratus [J]. European Journal of Phycology, 25(1): 75-82.

Johnston A M, Maberly S C, Raven J A. 1992. The acquisition of inorganic carbon by four red macroalgae from different habitats[J]. Oecologia, 92(3): 317-326.

Joint I M E, Callow M E, Callow J A, et al. 2000. The attachment of *Enteromorpha* zoospores to a bacterial biofilm assemblage[J]. Biofouling, 16(2-4): 151-158.

Joint I, Tait K, Callow M E, et al. 2002. Cell-to-cell communication across the prokaryote-eukaryote boundary[J]. Science, 298(5596): 1207.

Joly A B, Filho E D O. 1967. Two Brazilian *Laminarias*[J]. Publ. Inst. Pesq. Mar, 4: 1-13.

Jones A B, Dennison W C, Stewart G R. 1996. Macroalgal responses to nitrogen source and availability: amino acid metabolic profiling as a bioindicator using *Gracilaria edulis* (Rhodophyta) [J]. Journal of Phycology, 32(5): 757-766.

Jones G P, Santana L, Mccook L J, et al. 2006. Resource use and impact of three herbivorous damselfishes on coral reef communities[J]. Marine Ecology Progress Series, 328(1): 215-224.

Jones J L, Callow J A, Green J R. 1988. Monoclonal antibodies to sperm surface antigens of the brown alga *Fucus serratus* exhibit region-, gamete-, species-and genus-preferential binding[J]. Planta, 176(3): 298-306.

Jonsson S, Laur M H, Pham-Quang L. 1985. Mise en evidence de differents types de glycoproteines dans un extrait inhibiteur de la gametogenese chez *Enteromorpha prolifera*, Chlorophyceae marine[J]. Cryptogam Algol, 6: 253-264.

Jormalainen V, Honkanen T. 2008. Macroalgal chemical defenses and their roles in structuring temperate marine comrrmnities. In Amsler C D(ed.), Algal chemical ecology(pp. 57-90). London: Springer(Limited).

Jormalainen V, Honkanen T, Heikkila N. 2001. Feeding preferences and performance of a marine isopod on seaweed hosts: cost of habitat specialization[J]. Marine Ecology Progress Series Series, 220(8): 219-230.

Jormalainen V, Honkanen T, Koivikko R, et al. 2003. Induction of phlorotannin production in a brown alga: defense or resource dynamics? [J]. Oikos, 103(3): 640-650.

Joska M A P, Bolton J J. 1987. *In situ* measurement of zoospore release and seasonality of reproduction in *Ecklonia maxima* (Alariaceae, Laminariales) [J]. British Phycological Journal, 22(2): 209-214.

Josselyn M N, Mathieson A C. 1978. Contribution of receptacles from the fucoid *Ascophyllum nodosum* to the detrital pool of a north temperate estuary[J]. Estuaries, 1(4): 258-261.

Juanes J A, Guinda X, Puente A, et al. 2008. Macroalgae, a suitable indicator of the ecological status of coastal rocky communities in the NE Atlantic[J]. Ecological Indicators, 8(4): 351-359.

Jung V, Pohnert G. 2001. Rapid wound-activated transformation of the green algal defensive metabolite caulerpenyne [J]. Tetrahedron, 57(33): 7169-7172.

Kaczmarska I, Dowe L L. 1997. Reproductive biology of the red alga *Polysiphonia lanosa* (Ceramiales) in the Bay of Fundy, Canada[J]. Marine Biology, 128(4): 695-703.

Kagami Y, Mogi Y, Arai T, et al. 2008. Sexuality and uniparental inheritance of chloroplast DNA in the isogamous green alga *Ulva compressa* (Ulvophyceae) [J]. Journal of Phycology, 44(3): 691-702.

Kai T, Nimura K, Yasui H, et al. 2006. Regulation of sorus formation by auxin in Laminariales sporophyte[J]. Journal of Applied Phycology, 18(1): 95-101.

Kain J M. 1969. The biology of *Laminaria hyperborea*. V. Comparison with early stages of competitors[J]. Journal of the Marine Biological Association of the United Kingdom, 49(2): 455-473.

Kain J M.1979.A view of the genus *Laminaria*[J].Oceanography and Marine Biology.Annual Review,17:101-161.

Kain J M.1989.The seasons in the subtidal[J].British Phycological Journal,24(3):203-215.

Kain J M. 2006. Photoperiodism in *Delesseria sanguinea* (Ceramiales, Rhodophyta) 2. Daylengths are shorter underwater[J].Phycologia,35(5):446-455.

Kain J.2008.Winter favours growth and survival of *Ralfsia verrucosa*(Phaeophyceae)in high intertidal rockpools in southeast Australia[J].Phycologia,47(5):498-509.

Kain J M,Destombe C.1995.A review of the life history,reproduction and phenology of *Gracilaria*[J].Journal of Applied Phycology,7(3):269-281.

Kaiser M J,Attrill M A,Jennings S,et al.2011.Marine ecology:processes,systems and impacts[M].Oxford:Oxford University Press,528.

Kajiwara T, Hatanaka A, Tanaka Y, et al. 1989. Volatile constituents from marine brown algae of Japanese *Dictyopteris*[J].Phytochemistry,28(2):636-638.

Kakinuma M, Coury DA, Nakamoto C, et al. 2008. Molecular analysis of physiological responses to changes in nitrogen in a marine macroalga,*Porphyra yezoensis*(Rhodophyta).Cell Biol Toxicol,24(6):629-639.

Kalle K.1945.Der Stoffhaushalt des meeres[M].Leipzig,Germany:Becker & Erler,263.

Kalle,K.1971.Salinity:general introduction.In Kinne O(ed.),Marine ecology(Vol.1,pt.2,pp.683-688).New York:Wiley.

Kamiya M,West J A.2010.Investigations on reproductive affinities in red algae.In Seckbach J,Chapman D J(eds), Red algae in the genomic age(Cellular origin,life in extreme habitats and astrobiology(13)(pp.77-109).Dordrecht,The Netherlands:Springer.

Kapraun D F.2005.Nuclear DNA content estimates in multicellular green,red and brown algae:phylogenetic considerations[J].Annals of Botany,95(1):7-44.

Kapraun D F,Boone P W.1987.Karyological studies of three species of Scytosiphonaceae(Phaeophyta)from coastal North Carolina[J].Journal of Phycology,23:318-322.

Kapraun D F,Martin D J.1987.Karyological studies of three species of *Codium* (Codiales,Chlorophyta)from coastal North Carolina[J].Phycologia,26(2):228-234.

Karez R,Engelbert S,Sommer U.2000.Co-consumption and protective coating:two new proposed effects of epiphytes on their macroalgal hosts in mesograzer-epiphyte-host interactions[J].Marine Ecology Progress Series,205(1):85-93.

Karlsson J,Eklund B.2004.New biocide-free anti-fouling paints are toxic[J].Marine Pollution Bulletin,49(5-6):456-464.

Karlsson J,Breitholtz M,Eklund B.2006.A practical ranking system to compare toxicity of anti-fouling paints[J].Marine Pollution Bulletin,52(12):1661-1667.

Karlsson J,Ytreberg E,Eklund B.2010.Toxicity of anti-fouling paints for use on ships and leisure boats to non-target organisms representing three trophic levels[J].Environmental Pollution,158(3):681-687.

Karsten U.2007.Salinity tolerance of Arctic kelps from Spitsbergen[J].Phycological Research,55:257-262.

Karsten U,Kirst G O.1989.Incomplete turgor pressure regulation in the "terrestrial" red alga,*Bostrychia scorpioides* (Huds.)[J].Plant Science,61(1):29-36.

Karsten U,King R J,Kirst G O.1990.The distribution of D-sorbitol and D-dulcitol in the red algal genera *Bostrychia* and *Stictosiphonia*(Rhodomelaceae,Rhodophyta)-a re-evaluation[J].Br Rhycol J,25(4):363-366.

Karsten U,Barrow K D,Nixdorf O,et al.1997.Characterization of mannitol metabolism in the mangrove red alga *Cal-*

oglossa leprieurii (Montagne)[J].J Agardh Planta,201(2):173-178.

Karsten U,Michalik D,Michalik M,et al.2005.A new unusual low molecular weight carbohydrate in the red algal genus *Hypoglossum* (Delesseriaceae, Ceramiales) and its possible function as an osmolyte[J]. Planta, 22(2): 319-326.

Karsten U, Gors S, Eggert A, et al. 2007. Trehalose, digeneaside, and floridoside in the Florideophyceae (Rhodophyta)-a reevaluation of its chemotaxonomic value[J].Phycologia,46(46):143-150.

Karyophyllis D,Katsaros C,Galatis B.2000.F-actin involvement in apical cell morphogenesis of *Sphacelaria rigidula* (Phaeophyceae):mutual alignment between cortical actin filaments and cellulose microfibrils[J].European Journal of Phycology,35(2):195-203.

Katoh T,Ehara T.1990.Supramolecular assembly of fucoxanthin-chlorophyll-Protein complexes isolated from a brown alga, *Petalonia fascia*.Electron Microscopic Studies[J].Plant & Cell Physiology,31(4):439-447.

Katsaros C,Galatis B.1988.Thallus development in *Dictyopteris membranacea* (Phaeophyta,Dictyotales)[J].British Phycological Journal,23(1):71-88.

Katsaros C,Karyophyllis D,Galatis B.2006.Cytoskeleton and morphogenesis in brown algae[J].Annals of Botany, 97(5):679-693.

Katsaros C,Motomura T,Nagasato C,et al.2009.Diaphragm development in cytokinetic vegetative cells of brown algae[J].Botanica Marina,52(2):150-161.

Kavanaugh M T,Nielsen K J,Chan F T,et al.2009.Experimental assessment of the effects of shade on an intertidal kelp:do phytoplankton blooms inhibit growth of open coast macroalgae? [J]. Limnology & Oceanography, 54 (1):276-288.

Kawai H,Müller D G,Fölster E,et al.1990.Phototactic responses in the gametes of the brown alga,*Ectocarpus siliculosus*[J].Planta,182(2):292-297.

Kawai H,Nakamura S,Mimuro M,et al.1996.Microspectrofluorometry of the autofluorescent flagellum in phototactic brown algal zoids[J].Protoplasma,191(3-4):172-177.

Kawamata S.1998.Effect of wave-induced oscillatory flow on grazing by a subtidal sea urchin *Strongylocentrotus nudus*(A.Agassiz)[J].Journal of Experimental Marine Biology & Ecology,224(1):31-48.

Kawamata S.2001.Adaptive mechanical tolerance and dislodgement velocity of the kelp *Laminaria japonica* in wave -induced water motion[J].Marine Ecology Progress Series,211(4):89-104.

Kawamata S.2010.Inhibitory effects of wave action on destructive grazing by sea urchins:a review[J].Bull Fish Res Agen,32:95-102.

Kawamata S,Yoshimitsu S,Tokunaga S,et al.2012.Sediment tolerance of *Sargassum* algae inhabiting sediment-covered rocky reefs[J].Marine Biology,159(4):723-733.

Kawamitsu Y,Boyer J S.1999.Photosynthesis and carbon storage between tides in a brown alga,*Fucus vesiculosus* [J].Marine Biology,133(2):361-369.

Kawamitsu S.1984.Kombu cultivation in Japan for human foodstuff.Jpn[J].Journal of Phycology,32:379-94.

Keats D W,Knight M A,Pueschel C M.1997.Antifouling effects of epithallial shedding in three crustose coralline algae(Rhodophyta,Coralinales)on a coral reef[J].Journal of Experimental Marine Biology & Ecology,213(2): 281-293.

Keeling P J. 2009. Chromalveolates and the evoluton of plastids by secondary endosymbiosis [J]. Journal of Eukaryotic Microbiology,56:1-8.

Keeling P J.2010.The endosymbiotic origin,diversification and fate of plastids[J].Philosophical Transactions of the

Royal Society of London,365(1541):729-748.

Keiji I,Hori K.1989.Seaweed:chemical composition and potential food uses[J].Food Reviews International,5(1):101-144.

Keiter S,Braunbeck T,Heise S,et al.2009.A fuzzy logic-classification of sediments based on data from in vitro biotests[J].Journal of Soils & Sediments,9(3):168-179.

Kelly G J.1989.A comparison of marine photosynthesis with terrestrial photosynthesis:a biochemical perspective[J].Oceanography & Marine Biology An Annual Review,27:11-44.

Kendrick G A.1991.Recruitment of coralline crusts and filamentous turf algae in the Galapagos archipelago:effect of simulated scour,erosion and accretion[J].Journal of Experimental Marine Biology & Ecology,147(1):47-63.

Kennelly S J.1987.Inhibition of kelp recruitment by turfing algae and consequences for an Australian kelp community[J].Journal of Experimental Marine Biology & Ecology,112(1):49-60.

Kennelly S J.1987.Physical disturbances in an Australian kelp community.I.Temporal effects[J].Marine Ecology Progress Series,40(1-2):145-153.

Kenyon K W,Rice D W.1959.Life history of the Hawaiian monk seal[J].University of Hawaii Press,13:215-252.

Keogh S M,Aldahan A,Possnert G,et al.2007.Trends in the spatial and temporal distribution of ^{129}I and ^{99}Tc in coastal waters surrounding Ireland using *Fucus vesiculosus* as a bio-indicator[J].Environ Radioact,95(1):23-38.

Kerby N W,Raven J A.1985.Transport and fixation of inorganic carbon by marine algae[J].Advances in Botanical Research,11(4):71-123.

Kerby N W,Evans L V.1983.Phosphoenolpyruvate carboxykinase activity in *Ascophyllum nodosum*(Phaeophyceae)[J].Journal of Phycology,19(1):1-3.

Kerr R A.2011.First detection of ozone hole recovery claimed[J].Science,332(6026):160.

Kershaw P J,Mccubbin D,Leonard K S.1999.Continuing contamination of north Atlantic and Arctic waters by Sellafield radionuclides[J].Science of the Total Environment,237/238:119-132.

Kerswell A P.2006.Global biodiversity patterns of benthic marine algae[J].Ecology,87(10):2479-2488.

Keser M,Swenarton J T,Foertch J F.2005.Effects of thermal input and climate change on growth of *Ascophyllum nodosum*(Fucales,Phaeophyceae)in eastern Long Island Sound[J].Journal of Sea Research,54(3):211-220.

Kessler W S.2006.The circulation of the eastern tropical Pacific:a review[J].Progress in Oceanography,69(2-4):181-217.

Khailov K M,Burlakova Z P.1969.Release of dissolved organic matter by marine seaweeds and distribution of their total organic production to inshore communities[J].Limnology & Oceanography,14(4):521-527.

Khailov K M,Kholodov V I,Firsov Y K,et al.1978.Thalli of *Fucus vesiculosus* in ontogenesis:changes in morpho-physiological parameters[J].Botanica Marina,21(5):289-311.

Kharlamenko V I,Kiyashko S I,Imbs A B,et al.2001.Identification of food sources of invertebrates from the seagrass *Zostera marina* community using carbon and sulfur stable isotope ratio and fatty acid analyses[J].Marine Ecology Progress Series,220(1):103-117.

Khotimchenko S V.2003.The fatty acid composition of glycolipids of marine macrophytes[J].Russian Journal of Marine Biology,29(2):126-128.

Kilar J A,Littler M M,Littler D S.1989.Functional-morphological relationships in *Sargassum polyceratium*(Phaeophyta):phenotypic and ontogenetic variability in apparent photosynthesis and dark respiration[J].Journal of Phycology,25(4):713-720.

Kim S H, Lee I K, Fritz L.1996.Cell-cell recognition during fertilization in the red alga, *Aglaothamnion oosumiense* (Ceramiaceae, Rhodophyta) [J].Plant Cell Physiology, 37:621-628.

Kim G H, Klotchkova T A, Lee B C, et al.2001.FITC-phalloidin staining of F-actin in *Aglaothamnion oosumiense* and *Griffithsia japonica* (Rhodophyta) [J].Botanica Marina, 44(5):501-508.

Kim G H, Klotchkova T A, Kang Y M.2001.Life without a cell membrane: regeneration of protoplasts from disintegrated cells of the marine green alga *Bryopsis plumosa* [J].Journal of Cell Science, 114(11):2009-2014.

Kim G H, Klotchkova T A, West J A. 2002. From protoplasm to swarmer: regeneration of protoplasts from disintegrated cells of the multicellular marine green alga *Microdictyon umbilicaturn* (Chlorophyta) [J].Journal of Phycology, 38(1):174-183.

Kim G H, Klotchkova T A, Yoon K S, et al.2005.Purification and characterization of a lectin, bryohealin, involved in the protoplast formation of a marine green alga *Bryopsis plumosa* (Chlorophyta) [J].Journal of Phycology, 42(1):86-95.

Kim J K, Kraemer G P, Yarish C.2013.Integrated multi-tropic aquaculnire in the United States.In Chopin T, Neori A, Robinson S(eds), Integrated multi-trophic aquaculture(IMTA).New York: Springer Science.

Kim S H, Kim G H.1999.Cell-cell recognition during fertilization in the red alga, *Aglaothamnion oosumiense* (Ceramiaceae, Rhodophyta) [J].Hydrobiologia, 398-399(3):81-89.

Kimura K C, Nagasato C, Kogame K, et al.2010.Disappearance of male rnitochondrial DNA after the four-cell stage in sporophytes of the isogamous brown alga *Scytosiphon lomentaria* (Scytosiphonaceae, Phaeophyceae) [J].Journal of Phycology, 46(1):143-152.

Kindig A C, Littler M M.1980.Growth and primary productivity of marine macrophytes exposed to domestic sewage effluents[J].Marine Environmental Research, 3(2):81-100.

King, R.J.1984.Oil pollution and marine plant systems.In Cheng M H, Field C D(eds).Pollution and Plants(pp. 127-142).Melbourne: Insearch Ltd.

King R J.1990.Macroalgae associated with the mangrove vegetation of Papua New Guinea[J].Botanica Marina, 33 (1):55-62.

Kingham D L, Evans L V.1986.The pelvetia-mycosphaerella interrelationship.In Moss S T(ed.), The Biology of marine fungi(pp.177-187).Cambridge: Cambridge University Press.

Kingsford M, Battershill C.1998.Studying temperate marine environments: A handbook for ecologists[J].NZ: Canterbury University Press, 335.

Kinne O.1970.Temperature: general introduction.In Kinne O(ed), Marine ecology(vol.1, pt.1, pp.321-346).New York: Wiley.

Kirk J T O.2010.Light and photosynthesis in aquatic ecosystems, 3rd edn[M].Cambridge: Cambridge University Press, 649.

Kirkman H.1981.The first year in the life history and the survival of the juvenile marine macrophyte, *Ecklonia radiata* (Turn.) 1.Agardh[J].Journal of Experimental Marine Biology & Ecology, 55(2):243-254.

Kirst G O.1988.Turgor pressure regulation in marine macroalgae.In Lobban C S, Chapman D J, Kremer B P(eds), Erperimental phycology: a laboratory manual(pp.203-209).Cambridge: Cambridge University Press.

Kirst G O.1990.Salinity tolerance of eukaryotic marine algae[J].Annual Review of Plant Physiology & Plant Molecular Biology, 40(41):21-53.

Kirst G O, Wiencke C.1995.Ecophysiology of polar algae[J].Journal of Phycology, 31(2):181-199.

Kitade Y, Nakamura M, Uji T, et al.2008.Structural features and gene-expression profiles of actin homologs in *Por-*

phyra yezoensis(Rhodophyta)[J].Gene,423(1):79-84.

Kitagawa D,Vakonakis I,Olieric N,et al.2011.Structural basis of the 9-fold symmetry of centrioles[J].Cell,144(3):364-375.

Klenell M,Snoeijs P,Marianne Pedersen M.2002.The involvement of a plasma membrane H^+-ATPase in the blue-light enhancement of photosynthesis in *Laminaria digitata* (Phaeophyta) [J]. Journal of Phycology, 38 (6): 1143-1149.

Klerks P L,Weis J S.1987.Genetic adaptation to heavy metals in aquatic organisms:a review[J].Environmental Pollution,45(3):173-205.

Kling R,Bodard M.1986.La construction du thalle de *Gracilaria verrucosa* Rhodophyceae,Gigartinales):edification de la fronde;essai d'interpretation phylogenetique[J].Cryptogam Algol,7:231-246.

Klinger T,DeWreede R E.1988.Stipe rings,age,and size in populations of *Laminaria setchellii* Silva(Laminariales, Phaeophyta)in British Columbia,Canada[J].Phycologia,27(2):234-240.

Kloareg B,Quatrano B R S.1988.Structure of the cell walls of marine algae and ecophysiological functions of the matrix polysaccharides[J].Annual Review of Plant Physiology,26:259-315.

Kloareg B,Demarty M,Mabeau S.1986.Polyanionic characteristics of purified sulphated homofucans from brown algae[J].International Journal of Biological Macromolecules,8(6):380-386.

Kloareg B,Demarty M,Mabeau S.1987.Ion-exchange properties of isolated cell walls of brown algae:the interstitial solution[J].Journal of Experimental Botany,38(195):1652-1662.

Klotchkova T A,Chah O K,West J A,et al.2003.Cytochemical and ultrastructural studies on protoplast formation from disintegrated cells of the marine alga *Chaetomorpha aerea*(Chlorophyta)[J].Oecologia,38(3):205-216.

Klumpp D W,McKinnon A D.1989.Temporal and spatial patterns in primary production of a coral-reef epilithic algal community[J].Journal of Experimental Marine Biology and Ecology,131(1):1-22.

Klumpp D W,Polunin Y C.1989.Partitioning among grazers of food resources within damselfish territories on a coral reef[J].Journal of Experimental Marine Biology & Ecology,125(2):145-169.

Klumpp D W, Mckinnon D, Daniel P.1987. Damselfish territories: zones of high productivity on coral reefs [J]. Marine Ecology Progress Series,40(1-2):41-51.

Knight M,Parke M.1950.A biological study of *Fucus vesiculosus* L.and *F.serratus* L.[J].Proceedings of the Linnean Society of London,159(2):87-90.

Knoop W T,Bate G C.1990.A model for the description of photosynthesis-temperature responses by subtidal rhodophyta[J].Botanica Marina,33(2):165-171.

Knoth A,Wiencke C.1984.Dynamic changes of protoplasmic volume and of fine structure during osmotic adaptation in the intertidal red alga *Porphyra umbilicalis*[J].Plant Cell & Environment,7(2):113-119.

Koch E W. 1994. Hydrodynamics, diffusion-boundary layers and photosynthesis of the seagrasses *Thalassia testudinum* and *Cymodocea nodosa*[J].Marine Biology,118(4):767-776.

Koehl M A R.1982. The interaction of moving water and sessile organisms [J]. Scientific American, 247 (6): 124-135.

Koehl M A R.1986.Seaweeds in moving water:form and mechanical function.In Givnish T J(ed.),On the economy of plant form and function(pp.603-634).Cambridge:Cambridge University Press.

Koehl M A R,Alberte R S.1988.Flow,flapping,and photosynthesis of *Nereocystis leutkeana*:a functional comparison of undulate and flat blade morphologies[J].Marine Biology,99(3):435-444.

Koehl M A R,Wainwright S A.1977.Mechanical adaptations of a giant kelp[J].Limnology & Oceanography,22

(6):1067-1071.

Koehl M A R, Wainwright S A. 1985. Biomechanics. In Littler M M, Littler D S(eds), Handbook of phycological methods: ecological field methods: macroalage(pp.291-313). Cambridge: Cambridge University Press.

Koehl M A, Silk W K, Liang H, et al. 2008. How kelp produce blade shapes suited to different flow regimes: a new wrinkle[J]. Integrative & Comparative Biology, 48(6):834-851.

Kohlmeyer J, Kohlmeyer E. 1972. Is Ascophyllum nodosum lichenized? [J]. Botanica Marina, 15(2):109-112.

Kohlmeyer J, Hawkes M W. 1983. A suspected case of mycophycobiosis between *Mycosphaerella apophlaeae* (Ascomycetes) and *Apophlaea* spp. (Phodophyta) [J]. Journal of Phycology, 19:257-260.

Kongelschatz J, Solorzano L, Barber R, et al. 1985. Oceanographic conditions in the Galapagos Islands during the 1982/1983 El Nino. In Robinson G, Del Pino E M(eds), El Niño en las Islas Galapagos. El evento de 1982/1983. Fund(pp.91-123). Quito: Charles Darwin.

Konstantinou I K, Albanis T A. 2004. Worldwide occurrence and effects of antifouling paint booster biocides in the aquatic environment: a review[J]. Environment international, 30(2):235-248.

Kooistra W H C F, Joosten A M T, Hoek C V D. 1989. Zonation patterns in intertidal pools and their possible causes: a multivariate approach[J]. Botanica Marina, 32(1):9-26.

Kopczak C D, Zimmerman R C, Kremer J N. 1991. Variation in nitrogen physiology and growth among geographically isolated populations of the giant kelp, *Macrocystis pyrifera* (phaeophyta) [J]. Journal of Phycology, 27(2): 149-158.

Kopp D, Bouchonnavaro Y, Cordonnier S, et al. 2010. Evaluation of algal regulation by herbivorous fishes on Caribbean coral reefs[J]. Helgoland Marine Research, 64(3):181-190.

Korb R E, Gerard V A. 2000. Nitrogen assimilation characteristics of polar seaweeds from differing nutrient environments[J]. Marine Ecology Progress Series, 198(1):83-92.

Kornmann P. 1970. Advances in marine phycology on the basis of cultivation[J]. Helgoländer Wissenschaftliche Meeresuntersuchungen, 20(1-4):39-61.

Kornmann P, Sahling P H. 1977. Marine algae of Helgoland: benthic green, brown and red algae[J]. Helgoländer Wissenschaftliche Meeresuntersuchungen, 29(1-2):1-289.

Korpinen S, Jormalainen V, Honkanen T. 2007. Bottom-up and cascading top-down control of macroalgae along a depth gradient[J]. Journal of Experimental Marine Biology & Ecology, 343(1):52-63.

Kottmeier S T, Sullivan C W. 1988. Sea ice microbial communities(SIMCO)[J]. Polar Biology, 8:293-304.

Kraan S, Guiry M D. 2000. Molecular and morphological character inheritance in hybrids of *Alaria esculenta* and *A. praelonga*(Alariaceae, Phaeophyceae)[J]. Phycologia, 39(6):554-559.

Kraberg A C, Norton T A. 2007. Effect of epiphytism on reproductive and vegetative lateral formation in the brown, intertidal seaweed *Ascophyllum nodosum*(Phaephyceae)[J]. Phycological Research, 55(1):17-24.

Kraemer G P, Chapman D J. 1991. Biomechanics and alginic acid composition during hydrodynamic adaptation by *Egregia menziesii*(Phaeophyceae) juveniles[J]. Journal of Phycology, 27(1):47-53.

Kraemer G P, Chapman D J. 1991. Effects of tensile force and nutrient availability on carbon uptake and wall synthesis in blades of juvenile *Egregia menziesii*(Turn.) Aresch. (Phaeophyta)[J]. Journal of Experimental Marine Biology & Ecology, 149(2):267-277.

Kraufvelin P, Moy F E, Christie H, et al. 2006. Nutrient addition to experimental rocky shore communities revisited: delayed responses, rapid recovery[J]. Ecosystems, 9(7):1076-1093.

Kraufvelin P, Lindholm A, Pedersen M F, et al. 2010. Biomass, diversity and production of rocky shore macroalgae at two nutrient enrichment and wave action levels[J].Marine Biology,157(1):29-47.

Krause G H,E Weis.1991.Chlorophyll fluorescence and photosynthesis:the basics[J].Annual Review of Plant Physiology,42(42):313-349.

Kregting L T,Hurd C L,Pilditch C A,et al.2008.The relative importance of water motion on nitrogen uptake by the subtidal macroalga *Adamsiella chauvinii*(Rhodophyta) in winter and summer[J].Journal of Phycology,44(2):320-330.

Kregting L T,Hepburn C D,Hurd C L,et al.2008.Seasonal patterns of growth and nutrient status of the macroalga *Adamsiella chauvinii*,(Rhodophyta) in soft sediment environments[J].Journal of Experimental Marine Biology & Ecology,360(2):94-102.

Kregting L T,Stevens C L,Cornelisen C D,et al.2011.Effects of a small-bladed macroalgal canopy on benthic boundary layer dynamics:implications for nutrient transport[J].Aquatic Biology,14(1):41-56.

Kreimer G.2001.Light perception and signal modulation during photoorientation of flagellate green algae.In Hader D-P,Lebert M(eds),Photomovement;comprehensive series in photosciences(Vol.1,pp.193-227).Amsterdam:Elsevier.

Kreimer G,Kawai H,Müller D G,et al.1991.Reflective properties of the stigma in male gametes of *Ectocarpus siliculosus*(phaeophyceae) studied by confocal laser scanning microscopy[J].Journal of Phycology,27(2):268-276.

Kremer B P.1977.Biosynthesis of polyols in *Pelvetia canaliculata*[J].Zeitschrift Für Pflanzenphysiologie,81(1):68-73.

Kremer B P.198l.Carbon metabolism.In Lobban C S,Wynne M J(eds),The biology of seaweeds(pp.493-533).Oxford:Blackwell Scientific.

Kremer B P.1981.Metabolic implications of non-photosynthetic carbon fixation in brown microalgae[J].Phycologia,20(3):242-250.

Kremer B P.1983.Carbon economy and nutrition of the alloparasitic red alga *Harveyella mirabilis*[J].Marine Biology,76(3):231-239.

Kremer B P.1985.Aspects of cellular compartmentation in brown marine macroalgae[J].Journal of Plant Physiology,120(5):401-407.

Kremer B P,Markham J W.1982.Primary metabolic effects of cadmium in the brown alga.*Laminaria saccharina*[J].Zeitschrift Für Pflanzenphysiologie,108(2):125-130.

Kroeker K J,Kordas R L,Crim R N,et al.2010.Meta-analysis reveals negative yet variable effects of ocean acidification on marine organisms[J].Ecology Letters,13(11):1419-1434.

Krom M D,Ellner S,Van Rijinet J,et al.1995.Nitrogen and phosphorus cycling and transformations in a prototype "non polluting" integrated mariculture system,Eilat,Israel[J].Marine Ecology Progress Series,118(1-3):25-36.

Krumhansl K A,Lee J M,Scheibling R E.2011.Grazing damage and encrustation by an invasive bryozoan reduce the ability of kelps to withstand breakage by waves[J].Journal of Experimental Marine Biology & Ecology,407(1):12-18.

Kubanek J,Lester S E,Fenical W,et al.2004.Ambiguous role of phlorotannins as chemical defenses in the brown alga *Fucus vesiculosus*[J].Marine Ecology Progress Series,277(1):79-93.

Kübler J E,Dudgeon S R.1996.Temperature dependent change in the complexity of form of *Chondrus crispus* fronds[J].Journal of Experimental Marine Biology & Ecology,207(1):15-24.

Kübler J E,Raven J A.1994.Consequences of light limitation for carbon acquisition in three rhodophytes[J].Marine

Ecology Progress Series, 110(2-3): 203-209.

Kübler J E, Raven J A. 1996. Nonequilibrium rates of photosynthesis and respiration under dynamic light supply[J]. Journal of Phycology, 32(6): 963-969.

Kübler J E, Johnston A M, Raven J A. 1999. The effects of reduced and elevated CO_2 and O_2 on the seaweed *Lomentaria articulata*[J]. Plant Cell & Environment, 22(10): 1303-1310.

Kucera H, Saunders G W. 2008. Assigning morphological variance of *Fucus*(Fucales, Phaeophyceae) in Canadian waters to recognized species using DNA barcoding[J]. Botany-botanique, 86(9): 1065-1079.

Kuffner I B, Andersson A J, Jokel P L, et al. 2008. Decreased abundance of crustose coralline algae due to ocean acidification[J]. Nature Geoscience, 1(2): 114-117.

Kumar M, Kumari P, Gupta V, et al. 2010. Biochemical responses of red alga *Gracilaria corticata*(Gracilariales, Rhodophyta) to salinity induced oxidative stress[J]. Journal of Experimental Marine Biology & Ecology, 391(1): 27-34.

Kumar M, Kumari P, Gupta V, et al. 2010. Differential responses to cadmium induced oxidative stress in marine macroalga *Ulva lactuca*(Ulvales, Chlorophyta)[J]. Biometals, 23(2): 315-325.

Kumar M, Gupta V, Trivedi N, et al. 2011. Desiccation induced oxidative stress and its biochemical responses in intertidal red alga *Gracilaria corticata*(Gracilariales, Rhodophyta)[J]. Environmental & Experimental Botany, 72(2): 194-201.

Kumar M, Bijo A J, Baghel R S, et al. 2012. Selenium and spermine alleviate cadmium induced toxicity in the red seaweed *Gracilaria dura* by regulating antioxidants and DNA methylation[J]. Plant Physiology & Biochemistry, 51(2): 129-138.

Küpper F C, Schweigert N, Ar Gall E, et al. 1998. Iodine uptake in Laminariales involves extracellular, haloperoxidase-mediated oxidation of iodide[J]. Planta, 207(2): 163-171.

Küpper F C, Müller D G, Peters A F, et al. 2002. Oligoalginate recognition and oxidative burst play a key role in natural and induced resistance of sporophytes of Laminariales[J]. Journal of Chemical Ecology, 28(10): 2057-2081.

Küpper H, Šetlík I, Spiller F, et al. 2002. Heavy metal-induced inhibition of photosynthesis: targets of in vivo heavy metal chlorophyll formation[J]. Journal of Phycology, 38(3): 429-441.

Küpper F C, Carpenter L J, McFiggans G B, et al. 2008. Iodide accumulation provides kelp with an inorganic antioxidant impacting atmospheric chemistry[J]. Proceedings of the National Academy of Sciences of the United States of America, 105(19): 6954-6958.

Küpper U, Kremer B P. 1978. Longitudinal profiles of carbon dioxide fixation capacities in marine macroalgae[J]. Plant Physiology, 62(1): 49-53.

Küpper U, Weidner M. 1980. Seasonal variation of enzyme activities in *Laminaria hyperborea*[J]. Planta. 148(3): 222-230.

Kurihara A, Abe T, Tani M, et al. 2010. Molecular phylogeny and evolution of red algal parasites: a case study of *Benzaitenia*, *Janczewskia*, and *Ululanrh*(Ceramiales)[J]. Journal of Phycology, 46(3): 580-590.

Kurle C M, Croll D A, Tershy B R. 2008. Introduced rats indirectly change marine rocky intertidal communities from algae-to invertebrate-dominated[J]. Proceedings of the National Academy of Science, 105(10): 3800-3804.

Kurogi M, Hirano K. 1956. Influences of water temperature on the growth, formation of monosporangia and monospore-liberation in the *Conchocelis*-phase of *Porphyra tenera* Kjellm[J]. Bulletin of Tohoku Regional Fisheries Research Laboratory, 8: 45-61.

Kutser T, Vahtmäe E, Martin G.2006.Assessing suitability of multispectral satellites for mapping benthic macroalgal cover in turbid coastal waters by means of model simulations[J].Estuarine Coastal & Shelf Science, 67(3): 521-529.

Kuwano K, Sakurai R, Motozu Y, et al.2008.Diurnal cell division regulated by gating the G_1/S transition in *Enteromorpha compressa*(Chlorophyta)[J].Journal of Phycology, 2 44(2): 364-373.

Kylin H.1956.Die Gattungen der Rhodophyceen[M].Lund, Sweden: Gleerups Forlag.

La Claire J W II.1982.Cytomorphological aspects of wound healing in selected Siphonocladales(Chlorophyceae)[J].Journal of Phycology, 18(3): 379-384.

La Claire J W II.1982.Wound-healing motility in the green alga *Ernodesmis*: calcium ions and metabolic energy are required[J].Planta, 156(5): 466-474.

La Claire J W II.1989.Actin cytoskeleton in intact and wounded coenocytic green algae[J].Planta, 171(1): 30-42.

La Claire J W II, Wang J.2000.Localization of plasmidlike DNA in giant-celled marine green algae[J].Protoplasma, 213(3-4): 157-164.

Ladah L B, Zertuche-González J A.2007.Survival of microscopic stages of a perennial kelp(*Macrocystis pyrifera*) from the center and the southern extreme of its range in the Northern Hemisphere after exposure to simulated El Niño stress[J].Marine Biology, 152(3): 677-686.

Ladah L B, Feddersen F, Pearson G A, et al.2008.Egg release and settlement patterns of dioecious and hermaphroditic fucoid algae during the tidal cycle[J].Marine Biology, 155(6): 583-591.

Lago-Lestón A, Mota C, Kautsky L, et al.2010.Functional divergence in heat shock response following rapid speciation of *Fucus* spp.in the Baltic Sea[J].Marine Biology, 157(3): 683-688.

Lahaye M, Robic A.2007.Structure and functional properties of ulvan, a polysaccharide from green seaweeds[J].Biomacromolecules, 8(6): 1765-1774.

Lane C E, Saunders G W.2005.Molecular investigation reveals epi/endophytic extrageneric kelp, (Laminariales, Phaeophyceae) gametophytes colonizing *Lessoniopsis littoralis thalli*[J].Botanica Marina, 48: 426-436.

Lane C E, Mayes C, Druehl L D, et al.2006.A multi-gene molecular investigation of the kelp(Laminariales, Phaeophyceae) supports substantial taxonomic reorganization[J].Journal of Phycology, 42(2): 493-512.

Lane C E, Lindstrom S C, Saunders G W.2007.A molecular assessment of northeast Pacific *Alaria species*(Laminariales, Phaeophyceae) with reference to the utility of DNA barcoding[J].Molecular Phylogenetics & Evolution, 44(2): 634-648.

Lang J C.1974.Biological zonation at the base of a reef[J].American Scientist, 62(62): 272-281.

Langer G, Nehrke G, Probert I, et al.2009.Strain-specific responses of *Emiliania huxleyi* to changing seawater carbonate chemistry[J].Biogeosciences, 6(11): 2637-2646.

Langford T E L.1990.Ecological effects of thermal discharges[M].New York: Elsevier Applied Science, 468.

Langston W J.1990.Toxic effects of metals and the incidence of metal pollution in marine ecosysterns.In Fumess R W, Rainbow P S(eds), Heauy metals in the marine environment(pp.101-122).Boca Raton, FL: CRC Press.

Lapointe B E.1985.Strategies for pulsed nutrient supply to *Gracilaria*, cultures in the Florida Keys: Interactions between concentration and frequency of nutrient pulses[J].Journal of Experimental Marine Biology & Ecology, 93(3): 211-222.

Lapointe B E.1986.Phosphorus-limited photosynthesis and growth of *Sargassum natans* and *Sargassum fluitans*(Phaeophyceae) in the western North Atlantic[J].Deep Sea Research Part A Oceanographic Research Papers, 33(3): 391-399.

Lapointe B E. 1987. Phosphorus-and nitrogen-limited photosynthesis and growth of *Gracilaria tikvahiae* (Rhodophyceae) in the Florida Keys: an experimental field study[J]. Marine Biology, 93(4): 561-568.

Lapointe B E. 1997. Nutrient thresholds for bottom-up control of macroalgal blooms on coral reefs in jamaica and southeast florida[J]. Limnology & Oceanography, 42(5): 1119-1131.

Lapointe B E. 1999. Simultaneous top-down and bottom-up forces control macroalgal blooms on coral reefs (Reply to the comment by hughes *et al.*) [J]. Limnology & Oceanography, 44(6): 1586-1592.

Lapointe B E, Bedford B I. 2010. Ecology and nutrition of invasive *Caulerpa brachypus* f.*parvifolia* blooms on coral reefs off southeast Florida[J]. USA Harmful Algae, 9(1): 1-12.

Lapointe B E, Duke C S. 1984. Biochemical strategies for growth of *Gracilaria tikvahiae* (Rhodophyta) in relation to light intensity and nitrogen availability[J]. Journal of Phycology, 20(4): 488-495.

Lapointe B E, O'Connell J. 1989. Nutrient-enhanced growth of *Cladophora prolifera* in Harrington Sound, bermuda: eutrophication of a confined, phosphorus-limited marine ecosystem[J]. Estuarine Coastal & Shelf Science, 28(4): 347-360.

Lapointe B E, Ryther J H. 1979. The effects of nitrogen and seawater flow rate on the growth and biochemical composition of *Gracilaria foliifera* v. *angustissima* in mass outdoor cultures[J]. Botanica Marina, 22(8): 529-537.

Lapointe B E, Littler M M, Littler D S. 1987. A comparison of nutrient-limited productivity in macroalgae from a Caribbean barrier reef and from a mangrove ecosystem[J]. Aquatic Botany, 28(3): 243-255.

Lapointe B E, Littler M M, Littler D S. 1992. Nutrient availability to marine macroalgae in siliciclastic versus carbonate-rich coastal waters[J]. Estuaries, 15(1): 75-82.

Larkum A W D, Jack Barrett. 1983. Light-harvesting processes in algae[J]. Advances in Botanical Research, 10: 1-219.

Larkum A W D, Kühl M. 2005. Chlorophyll d: the puzzle resolved[J]. Trends in plant science, 10(8): 355-357.

Larkum A W D, Vesk M. 2003. Algal plastids: their fine structure and properties. In Larkum A W D, Douglas S E, Raven J A (eds), Photosynthesis in algae. Advances in photosynthesis and respiration (Vol. 14, pp. 11-28). Dordrecht, The Netherlands: Kluwer Academic Publishers.

Larkum A W D, Drew E A, Crossett R N. 1967. The vertical distribution of attached marine algae in malta[J]. Journal of Ecology, 55(2): 361-371.

Larkum B D, Orth R, Duarte C. 2006. Seagrasses: biology, ecology and conservation[M]. The Netherlands: Springer, 691.

Larkum A W D, Anya S, Michael K. 2011. Rapid mass movement of chloroplasts during segment formation of the calcifying siphonalean green alga *Halimeda macroloba*[J]. Plos One, 6(7): e20841.

Larned S T, Atkinson M J. 1997. Effects of water velocity on NH_4 and PO_4 uptake and nutrient-limited growth in the macroalga *Dictyosphaeria cavernosa*[J]. Marine Ecology Progress Series, 157(8): 295-302.

Larsen B, Haug A, Painter T. 1970. Sulphated polysaccharides in brown algae. III. The native state of fucoidan in *Ascophyllum nodosum* and *Fucus vesiculosus*[J]. Acta Chemica Scandinavica, 24(9): 3339-3352.

Lartigue J, Sherman T D. 2005. Response of *Enteromorpha* sp. (Chlorophyceae) to a nitrate pulse: nitrate uptake, inorganic nitrogen storage and nitrate reductase activity[J]. Marine Ecology Progress Series, 292: 147-157.

Lary D J. 1997. Catalytic destruction of stratospheric ozone[J]. Journal of Geophysical Research Atmospheres, 102(D17): 21515-21526.

Lasley-Rasher R S, Rasher D B, Marion Z H, et al. 2011. Predation constrains host choice for a marine mesograzer[J]. Marine Ecology Progress Series Series, 434(434): 91-99.

Lassuy D R.1980.Effects of "farming" behavior by *Eupomacentrus lividus* and *Hemiglyphidodon plagiometopon* on algal community structure[J].Bulletin of Marine Science-Miami-,30:304-312.

Lauzon-Guay J-S,Scheibling R E.2007.Seasonal variation in movement,aggregation and destructive grazing of the green sea urchin(*Strongylocentrotus droebachiensis*)in relation to wave action and sea temperature[J].Marine Biology,151(6):2109-2118.

Lauzon-Guay J S,Scheibling R E.2010.Spatial dynamics,ecological thresholds and phase shifts:modelling grazer aggregation and gap formation in kelp beds[J].Marine Ecology Progress Series,403(6):29-41.

Lavery P S,McComb A J.1991.Macroalgal-sediment nutrient interactions and their importance to macroalgal nutrition in a eutrophic estuary[J].Estuarine Coastal & Shelf Science,32(3):281-295.

Lavery P S,Mccomb A J.1991.The nutritional eco-physiology of *Chaetomorpha linum* and *Ulva rigida* in Peel Inlet, Western Australia[J].Botanica Marina,34(3):251-260.

Lavery P S,Vanderklift M A.2002.A comparison of spatial and temporal patterns in epiphytic macroagal assemlages of the seagrasses *Amphibolis griffithii* and *Posidonia coriacea* [J]. Marine Ecology Progress Series, 236 (4): 99-112.

Lavery P S,Lukatelich R J,Mccomb A J.1991.Changes in the biomass and species composition of macroalgae in a eutrophic estuary[J].Estuarine Coastal & Shelf Science,33(1):1-22.

Laws E A.2002.Aquatic pollution :an introductory text[M].New York:J Wiley,655.

Laycock M V,Craigie J S.1977.The occurrence and seasonal variation of gigartinine and L-citrullinyl-L-arginine in *Chondrus crispus* Stackh[J].Canadian Journal of Biochemistry,55(1):27-30.

Laycock M V,Morgan K C,Craigie J S.1981.Physiological factors affecting the accumulation of L-citrullinyl-L-arginine in *Chondrus crispus*[J].Canadian Journal of Botany,59(4):522-527.

Le Bail A,Billoud B,Maisonneuve C,et al.2008.Early development pattern of the brown alga *Ectoarpus siliculosus* (Ectocarpales,Phaeophyceae)sporophyte[J].Journal of Phycology,44:1269-1281.

Le Bail A,Billoud B,Kowalczyk N,et al.2010.Auxin metabolism and function in the multicellular brown alga *Ectocarpus siliculosus*[J].Plant Physiology,153(1):128-144.

Le Bail A,Billoud B,Le P S,et al.2011.ETOILE regulates developmental patterning in the filamentous brown alga *Ectocarpus siliculosus*[J].Plant Cell,23:1666-1678.

Le Corguillé G,Pearson G,Valente M,et al.2009.Plastid genomes of two brown algae,*Ectocarpus siliculosus* and *Fucus vesiculosus*:further insights on the evolution of red algal derived plastids[J].BMC Evolutionary Biology,9 (1):240-253.

Le Gall L,Saunders G W.2007.A nuclear phylogeny of the Florideophyceae(Rhodophyta)inferred from combined EF2,small subunit and large subunit ribosomal DNA:establishing the new red algal subclass Corallinophycidae [J].Molecular Phylogenetics & Evolution,43(3):1118-1130.

Le Gall L,Saunders G W.2010.DNA barcoding is a powerful tool to uncover algal diversity:a case study of the Phyllophoraceae(Gigartinales,Rhodophyta)in the Canadian flora[J].Journal of Phycology,46(2):374-389.

Le Gall L,Rusig A M,Cosson J.2004.Organisation of the microtubular cytoskeleton in protoplasts from Palmaria palmata(Palmariales,Rhodophyta)[J].Botanica Marina,47(3):231-237.

Leal M C F,Vasconcelos M T,Sousa-Pinto I,et al.1997.Biomonitoring with benthic macroalgae and direct assay of heavy metals in seawater of the Oporto coast(NW Portugal)[J].Marine Pollution Bulletin,34(12):1006-1015.

Lechat H,Amat M,Mazoyer J,et al.2000.Structure and distribution of glucomannan and sulfated glucan in the cell walls of the red alga *Kappaphycus alvarezii* (Gigartinales, Rhodophyta) [J]. Journal of Phycology, 36 (5):

891-902.

Ledlie M,Graham N,Bythell J,et al.2007.Phase shifts and the role of herbivory in the resilience of coral reefs[J].Coral Reefs,26(3):641-653.

Lee S H,Motomura T,Ichimura T.2002.Light and electron microscopic observations of preferential destruction of chloroplast and mitochondrial DNA at early male gametogenesis of the anisogamous green alga *Derbesra tenuissima* (Chlorophyta)[J].Journal of Phycology,38(3):534-542.

Lee T M.1998.Investigations of some intertidal green macroalgae to hyposaline stress:Detrimental role of putrescine under extreme hyposaline conditions[J].Plant Science,138(1):1-8.

Lee T M,Tsai P F,Shyu Y T,et al.2005.The effects of phosphate on phosphate starvation responses of *Ulva lactuca* (Ulvales,Chlorophyta)[J].Journal of Phycology,41(5):975-982.

Lehninger A L.1975.Biochemistry,2nd edn[M].New York:Worth,1104.

Leichter J J,Stokes M D,Genovese S J.2008.Deep water macroalgal communities adjacent to the Florida Keys reef tract[J].Marine Ecology Progress Series,356(01):123-138.

Leigh E G, Paine R T, Quinn J F, et al. 1987. Wave energy and intertidal productivity[J]. Proceedings of the National Academy of Sciences of the United States of America,84(5):1314-1318.

Leighton D L.1971.Grazing activities of benthic invertebrates in southern California kelp beds[J].Nova Hedwigia,32:421-453.

Leighton D L,Jones L G,North W J.1966.Ecological relationships between giant kelp and sea urchins in souffiem California[J].Proceedings of the Fifth International Seaweed Symposium,5:141-153.

Lenanton R,Robertson A I,Hansen J A.1982.Nearshore accumulations of detached macrophytes as nursery areas for fish[J].Marine Ecology Progress Series,9(1):51-57.

Leonardi P I,Julio A.Vasquez.1999.Effects of copper pollution on the ultrastructure of *Lessonia* spp.[J].Hydrobiologia,398-399(3):375-383.

Leonardi P I,Miravalles A B,Faugeron S,et al.2006.Diversity,phenomenology and epidemiology of epiphytism in farmed *Gracilaria chilensis* (Rhodophyta)in northern Chile[J].European Journal of Phycology,41(2):247-257.

Lepoint G,Nyssen F,Gobert S,et al.2000.Relative impact of a seagrass bed and its adjacent epilithic algal community in consumer diets[J].Marine Biology,136(3):513-518.

Leroux S J,Loreau M.2008.Subsidy hypothesis and strength of trophic cascades across ecosystems[J].Ecology Letters,11(11):1147-1156.

Lesser M P. 2006. Oxidative stress in marine environments: biochemistry and physiological ecology[J]. Annual Review of Physiology,68(1):253-278.

Lessios H A.1988.Mass mortality of *Diadema antillarum* in the Caribbean:what have we learned? [J].Annual Review of Ecology & Systematics,19(19):371-393.

Lessios H A. 2005. *Diadema antillarum* populations in Panama twenty years following mass mortality[J]. Coral Reefs,24(1):125-127.

Leustek T,Martin M N,Bick J A,et al.2000.Pathways and regulation of sulfur metabolism revealed through molecular and genetic studies[J].Annual Review of Plant Physiology & Plant Molecular Biology,51(4):141-165.

Levenbach S.2008.Behavioral mechanism for an associational refuge for macroalgae on temperate reefs[J].Marine Ecology Progress Series,370(01):45-52.

Levin S A.1992.The problem of pattern and scale in ecology[J].Ecology,73(6):1943-1967.

Lewis J R.1964.The ecology of rocky shores[M].London:English Universities Press,323.

Lewis J R.1980.Objectives in littoral ecology:a personal viewpoint.In Price J H,Irvine D E G,Famham W F(eds), The shore enuironment.Vol.1:Methods(pp.118).New York:Academic Press.

Lewis S M,Norris J N,Searles R B.1987.The regulation of morphological plasticity in tropical reef algae by herbivory[J].Ecology,68(3):636-641.

Lewis S E,Brodie J E,Bainbridge Z T,et al.2009.Herbicides:a new threat to the Great Barrier Reef[J].Environmental Pollution,157(8-9):24702484.

Li N,Cattolico R A.1987.Chloroplast genome characterization in the red alga *Griffithsia pacifica*[J].Molecular & general genetics,209(2):343-351.

Li T,Wang C,Miao J.2007.Identification and quantification of indole-3-acetic acid in the kelp *Laminaria japonica* Areschoug and its effect on growth of marine microalgae[J].Journal of Applied Phycology,19(5):479-484.

Libes S M.1992.Introduction to marine biogeochemistry[M].Amsterdam:Elsevier,909.

Lignell A, Pedersen M. 1987. Nitrogen metabolism in *Gracilaria secundata* [J]. Hydrobiologia, 151 - 152 (1): 431-441.

Lilley S A,Schiel D R.2006.Community effects following the deletion of a habitat-forming alga from rocky marine shores[J].Oecologia,148(4):672-681.

Lin D T,Fong P.2008.Macroalgal bioindicators(growth,tissue N,δ^{15}N) detect nutrient enrichment from shrimp farm effluent entering Opunohu Bay,Moorea,French Polynesia[J].Marine Pollution Bulletin,56(2):245-249.

Lin R,Stekoll M S.2007.Effects of plant growth substances on the conchocelis phase of Alaskan *Porphyra* (Bangiales,Rhodophyta) species in conjunction with environmental variables [J]. Journal of Phycology, 43 (5): 1094-1103.

Lin T Y,Hassid W Z.1966.Pathway of alginic acid synthesis in the marine brown alga,*Fucus gardneri Silva*[J]. Journal of Biological Chemistry,241(22):5284-5297.

Lindstrom S C.2008.Cryptic diversity and phylogenetic relationships within the *Mastocarpus papillatus* species complex(Rhodophyta,Phyllophoraceae)[J].Journal of Phycology,44(5):1300-1308.

Ling S D,Johnson C R.2009.Population dynamics of an ecologically important range-extender:kelp beds versus sea urchin barrens[J].Marine Ecology Progress Series,374:113-125.

Littler M M.1979.The effects of bottle volume,thallus weight,oxygen saturation levels,and water movement on apparent photosynthetic rates in marine algae[J].Aquatic Botany,7(1):21-34.

Littler M M,Arnold K E.1980.Sources of variability in macroalgal primary productivity:sampling and interpretative problems[J].Aquatic Botany,8(8):141-156.

Littler M M,Arnold K E.1982.Primary productivity of marine macroalgal functional-form groups from southwestern North America[J].Journal of Phycology,18(3):307-311.

Littler M M,Kauker B J.1984.Heterotrichy and survival strategies in the red alga *Corallina officinalis* L[J].Botanica Marina,27(1):37-44.

Littler M M,Littler D S.1980.The evolution of thallus form and survival strategies in benthic marine macroalgae: field and laboratory tests of a functional form model[J].American Naturalist,116(1):25-44.

Littler M M,Littler D S.1984.Models of tropical reef biogenesis:the contribution of algae[J].Progress in Phycological Research ,3:323-364.

Littler M M,Littler D S.1987.Effects of stochastic processes on rocky-intertidal biotas:an unusual flash flood near Corona del Mar,California[J].Bulletin of the Southern California Academy of Science,86(2):95-106.

Littler M M,Littler D S.1988.Structure and role of algae in tropical reef communities.In Lembi C A,Waaland J R (eds), Algae and human affairs (pp.29–56). Cambridge: Cambridge University Press.

Littler M M, Littler D S. 1990. Productivity and nutrient relationships in psammophytic versus epilithic forms of Bryopsidales (Chlorophyta): comparisons based on a short-term physiological assay [J]. Hydrobiologia, 204–205(1): 49–55.

Littler M M, Littler D S. 1999. Blade abandonment/proliferation: a novel mechanism for rapid epiphyte control in marine macrophytes [J]. Ecology, 80(5): 1736–1746.

Littler M M, Littler D S. 2007. Assessment of coral reefs using herbivory/nutrient assays and indicator groups of benthic primary producers: a critical synthesis, proposed protocols, and critique of management strategies [J]. Aquatic Conservation Marine & Freshwater Ecosystems, 17(2): 195–215.

Littler M M, Littler D S. 2011. Algae: macro. In Hopley D (ed.), Encyclopedia of modern coral reefs: structure, form and process (pp.30–38). Berlin: Springer-Verlag.

Littler M M, Littler D S. 2011. Algae, turf. In Hopley D (ed.), Encyclopedia of modern coral reefs: structure, form and process (pp.38–39). Berlin: Springer-Verlag.

Littler M M, Littler D S. 2011. Algae, coralline. In Hopley D (ed.), Encyclopedia of modern coral reefs: structure, form and process (pp.20–30). Berlin: Springer-Verlag.

Littler M M, Littler D S. 2011. Algae, blue-green boring. In Hopley D (ed.), Encyclopedia of modern coral reefs: structure, form and process (pp.18–20). Berlin: Springer-Verlag.

Littler M M, Murray S N. 1975. Impact of sewage on the distribution, abundance and community structure of rocky intertidal macro–organisms [J]. Marine Biology, 30(4): 277–291.

Littler M M, Littler D S, Taylor P R. 1983. Evolutionary strategies in a tropical barrier reef system: functional–form groups of marine macroalgae [J]. Journal of Phycology, 19(2): 229–237.

Littler M M, Martz, Littler D S. 1983. Effects of recurrent sand deposition on rocky intertidal organisms: importance of substrate heterogeneity in a fluctuating environment [J]. Marine Ecology Progress Series, 11(2): 129–139.

Littler M M, Littler D S, Blair S M, et al. 1985. Deepest known plant life discovered on an uncharted seamount [J]. Science, 227(4682): 57–59.

Littler M M, Littler D S, Blair S M, et al. 1986. Deep-water plant communities from an uncharted seamount off San Salvador Island, Bahamas: distribution, abundance, and primary productivity [J]. Deep Sea Research Part A, Oceanographic Research Papers, 33(7): 881–892.

Littler M M, Taylor P R, Littler D S. 1986. Plant defense associations in the marine environment [J]. Coral Reefs, 5(2): 63–71.

Littler M M, Littler D S, Taylor P R. 1987. Animal–plant defense associations: effects on the distribution and abundance of tropical reef macrophytes [J]. Journal of Experimental Marine Biology & Ecology, 105(2–3): 107–121.

Littler M M, Littler D S, Lapointe B E. 1988. A comparison of nutrient–and light–limited photosynthesis in psammophytic versus epilithic forms of *Halimeda* (Caulerpales, Halimedaceae) from the Bahamas [J]. Coral Reefs, 6(3–4): 219–225.

Littler M M, Littler D S, Brooks B L. 2006. Harmful algae on tropical coral reefs: Bottom–up eutrophication and top–down herbivory [J]. Harmful Algae, 5(5): 565–585.

Liu D, Keesing J K, Xing Q, et al. 2009. World's largest macroalgal bloom caused by expansion of seaweed aquaculture in China [J]. Marine Pollution Bulletin, 58(6): 888–895.

Liu J, Dong S, Liu X, et al. 2000. Responses of the macroalga *Gracilaria tenuistipitata* var. liui (Rhodophyta) to iron stress [J]. Journal of Applied Phycology, 12(6): 605–612.

Lobban C S. 1978. The growth and death of the *Macrocystis* sporophyte (Phaeophyceae, Laminariales) [J]. Phycologia, 17(2): 196–212.

Lobban C S.1978.Translocation of ^{14}C in *Macrocystis pyrifera* (Giant Kelp) [J].Plant physiology, 61(4): 585–589.

Lobban C S.1978.Translocation of ^{14}C in Macrocystis integrifolia (Phaeophyceae) [J].Journal of Phycology, 14(2): 178–182.

Lobban C S.1989.Environmental factors, plant responses, and colony growth in relation to tube-dwelling diatom blooms in the Bay of Fundy, Canada, with a review of the biology of tube-dwelling diatoms [J].Diatom Research, 4: 89–109.

Lobban C S, Baxter D M.1983.Distribution of the red algal epiphyte *Polysiphonia lanosa* on its brown algal host *Ascophyllum nodosum* in the Bay of Fundy, Canada [J].Botanica Marina, 26(11): 533–538.

Lobban C S, Harrison P J.1994.Seaweed ecology and physiology [M].Cambridge: Cambridge University Press.

Lobban C S, Jordan R W.2010.Diatoms on coral reefs and in tropical marine lakes.In Smol J P, Stoermer E F (eds), The diatoms: applications for the environmental and earth sciences (2nd edn) (pp.346–56).Cambridge: Cambridge University Press.

Lodish H, Berk A, Kaiser C A, et al.2008.Molecular cell biology [M].New York: W.H.Freeman, 973.

Longstaff B J, Kildea T, Runcie J W, et al.2002.An *in situ* study of photosynthetic oxygen exchange and electron transport rate in the marine macroalga *Ulva lactuca* (Chlorophyta) [J]. Photosynthesis Research, 74(3): 281–293.

Longtin C M, Scrosati R A. 2009. Role of surface wounds and brown algal epiphytes in the colonization of *Ascophyllum nodosum* (Phaeophyceae) fronds by *Vertebrata lanosa* (Rhodophyta) [J]. Journal of phycology, 45(3): 535–539.

López-Figueroa F, Niell X.1990.Effects of light quality on chlorophyll and biliprotein accumulation in seaweeds [J]. Marine Biology, 104(2): 321–327.

López-Figueroa F, Lindemann P, Braslavsky S E, et al.1989.Detection of a phytochrome-like protein in macroalgae [J].Plant Biology, 102(2): 178–180.

Lorb R E, Gerard V A.2000.Nitrogen assimilation characteristics of polar seaweeds from differing nutrient environments [J].Marine Ecology Progress Series, 198(1): 83–92.

Loreau M, Mouquet N, Holt R D.2003.Meta-ecosystems: a theoretical framework for a spatial ecosystem ecology [J]. Ecology Letters, 6(8): 673–679.

Lotze H K, Schramm W.2000.Ecophysiological traits explain species dominance patterns in macroalgal blooms [J]. Journal of Phycology, 36(2): 287–295.

Lotze Heike K, Worm B, Sommer U.2000.Propagule banks, herbivory and nutrient supply control population development and dominance patterns in macroalgal blooms [J].Oikos, 89(1): 46–58.

Lotze H K, Worm B, Sommer U.2001.Strong bottom-up and top-down control of early life stages of macroalgae [J]. Limnology & Oceanography, 46(4): 749–757.

Løvstad Holdt S, Kraan S.2011.Bioactive compounds in seaweed: functional food applications and legislation [J]. Journal of Applied Phycology, 23(3): 543–597.

Lowe R J, Koseff J R, Monismith S G.2005.Oscillatory flow through submerged canopies: 1.Velocity structure [J]. Journal of Geophysical Research Oceans, 110(C10): 423–436.

Loya Y, Rinkevich B.1980.Effects of oil pollution on coral reef communities [J].Marine Ecology Progress Series, 3(3): 167–180.

Lü F, Xü W, Tian C, et al. 2011. The *Bryopsis hypnoides* plastid genome: multimeric forms and complete nucleotide sequence[J]. Plos One, 7(3): e14663.

Lubchenco J. 1978. Plant species diversity in a marine intertidal community: importance of herbivore food preference and algal competitive abilities[J]. The American Naturalist, 112(983): 23-39.

Lubchenco J. 1983. *Littornia* and *Fucus*: effects of herbivores, substratum heterogeneity, and plant escapes during succession[J]. Ecology, 64(5): 1116-1123.

Lubchenco J. 1986. Relative importance of competition and predation: early colonization by seaweeds in New England. In Diamond J M, Case T(eds), Community Ecology(pp.537-55). New York: Harper and Row.

Lubchenco J, Cubit J. 1980. Heteromorphic life histories of certain marine algae as adaptations to variations in herbivory[J]. Ecology, 61(3): 676-687.

Lubchenco J, Gaines S D. 1981. A unified approach to marine plant-herbivore interactions. I. Populations and communities[J]. Annual Review of Ecology & Systematics, 12(12): 405-437.

Lubchenco J, Menge B A. 1978. Community development and persistence in a low rocky intertidal zone[J]. Ecological Monographs, 48(1): 67-94.

Lubimenko V, Tichovskaya Q. 1928. Recherches sur la Photosynthese et ´Adaptation Chromatique chez les Algues Marines[J]. Moscow: Academy of Sciences.

Lück J, Lück H B, L'Hardy-Halos M T, et al. 1999. Simulation of the thallus development of *Antithamnion plumula* (Ellis) Le Jolis, (Rhodophyceae, Ceramiales) [J]. Acta Biotheoretica, 47(3-4): 329-351.

Lüder U H, Clayton M N. 2004. Induction of phlorotannins in the brown macroalga *Ecklonia radiata* (Laminariales, Phaeophyta) in response to simulated herbivory-the first microscopic study[J]. Planta, 218(6): 928-37.

Lundberg P, Weich RG, Jensén P, et al. 1989. Phosphorus-31 and nitrogen-14 studies of the uptake of phosphorus and nitrogen compounds in the marine macroalgae *Ulva lactuca*[J]. Plant physiology, 89(4): 1380-1387.

Lundheim R. 1997. Ice nucleation in seaweeds in relation to vertical zonation[J]. Journal of Phycology, 33(5): 739-742.

Lüning K. 1969. Growth of amputated and dark-exposed individuals of the brown alga *Laminaria hyperborea*[J]. Marine Biology, 2(3): 218-223.

Luning K. 1980. Control of algal life-history by daylength and temperature. In Price J H, Irvine D E G, Famham W F (eds), The shore environments. Vol.2: Ecosystems(pp.915-945). New York: Academic Press.

Luning K. 1981. Light. In: Lobban C S, Wynne M J(eds), The biology of seaweeds(pp.326-355). Oxford: Blackwell Scientific.

Lüning K. 1981. Photomorphogenesis of reproduction in marine macroalgae[J]. Plant Biology, 94(1): 401-417.

Lüning K. 1984. Temperature tolerance and biogeography of seaweeds: the marine algal flora of Helgoland (North Sea) as an example[J]. Helgoländer Meeresuntersuchungen, 38(2): 305-317.

Lüning K. 1986. New frond formation in *Laminaria hyperborea* (Phaeophyta): a photoperiodic response[J]. British Phycological Journal, 21(3): 269-273.

Lüning K. 1988. Photoperiodic control of sorus formation in the brown alga *Laminaria Saccharina*[J]. Marine Ecology Progress Series Series, 45(1-2): 137-144.

Lüning K. 1990. Seaweeds: their environment, biogeography, and ecophysiology[M]. New York: Wiley-Interscience.

Lüning K. 1991. Circannual growth rhythm in a brown alga, Pterygophora californica[J]. Plant Biology, 104(2): 157-162.

Lüning K. 1994. When do algae grow? The third Founders´ Lecture[J]. European Journal of Phycology, 29(2):

61-67.

Lüning K, Dieck I T.1989.Environmental triggers in algal seasonality[J].Botanica Marina, 32(5):389-397.

Luning K, Dieck I T.1990.The distribution and evolution of the Laminariales: North Pacific-Atlantic relationships. In Garbary D J, South G R(eds), Evolutionary biogeography of the marine algae of the North Atlantic (pp.187-204). Berlin: Springer-Verlag.

Lünning K, Dring M J.1972. Reproduction induced by blue light in female gametophytes of *Laminaria saccharina* [J].Planta, 104(3):252-256.

Lüning K, Dring M J.1979.Continuous underwater light measurement near Helgoland (North Sea) and its significance for characteristic light limits in the sublittoral region[J].Helgoländer Wissenschaftliche Meeresuntersuchungen, 32(4):403-424.

Lüning K, Wilson F.1988.Temperature tolerance of northeast Pacific marine algae[J].Journal of Phycology, 24(3): 310-315.

Lüning K, Neushul M.1978.Light and temperature demands for growth and reproduction of laminarian gametophytes in southern and central California[J].Marine Biology, 45(4):297-309.

Lüning K, Schmitz K, Willenbrink J.1973.CO_2 fixation and translocation in benthic marine algae.III.Rates and ecological significance of translocation in *Laminaria hyperborea* and *L. saccharina* [J]. Marine Biology, 23(4): 275-281.

Lüning K, Titlyanov E A, Titlyanov T, et al.1997.Diurnal and circadian periodicity of mitosis and growth in, marine macroalgae.III.The red alga *Porphyra umbilicalis*[J].European Journal of Phycology, 32(2):167-173.

Lüning K, Petra K, Pang S.2008.Control of reproduction thythmicity by environmental and endogenous signals in *Ulva pseudocuruata*(Chlorophyta)[J].Journal of Phycology, 866-873.

Lyngby J E.1990.Monitoring of nutrient availability and limitation using the marine macroalga *Ceramium rubrum*, (Huds.)C.Ag[J].Aquatic Botany, 38(2):153-161.

Lyons D A, Scheibling R E.2009.Range expansion by invasive marine algae: rates and patterns of spread at a regional scale[J].Diversity & Distributions, 15(5):762-775.

Maberly S C.1990.Exogenous sources of inorganic carbon for photosynthesis by marine macroalgae[J].Journal of Phycology, 26(3):439-449.

Maberly S C, Madsen T V.1990.Contribution of air and water to the carbon balance of *Fucus spiralis*[J].Marine Ecology Progress Series Series, 28(1-2):175-183.

Maberly S C, Raven J A, Johnston A M.1992.Discrimination of ^{12}C and ^{13}C by marine plants[J].Oecologia, 91(4): 481-492.

MacArtain P, Gill C I R, Brooks M, et al.2007.Nutritional value of edible seaweeds[J].Nutrition Reviews, 65(12 Pt 1):535-545.

MacArthur R.1955.Fluctuations of animal populations and a measure of community stability[J].Ecology, 36(3): 533-536.

MacArthur R H.1965.Patterns of species diversity[J].Biological Reviews, 40(4):510-533.

MacArthur R H.1972.Strong, or weak, interactions? Transactions of the Connecticut Academy of Arts and Sciences, 44:177-188.

MacArthur R H, Levins R.1967.The limiting similarity, convergence, and divergence of coexisting species[J].American Naturalist, 101(921):377-385.

MacArthur R H, Wilson E O.1963.An equilibrium theory of insular zoogeography[J].Evolution, 17(4):373-387.

Macaya E C,Zuccarello G C.2010.Genetic structure of the giant kelp *Macrocystis pyrifera* along the southeastern Pacific[J].Marine Ecology Progress Series,420(12):103–112.

Mach K J.2009.Mechanical and biological consequences of repetitive loading:crack initiation and fatigue failure in the red macroalga *Mazzaella*[J].Journal of Experimental Biology,212:961–976.

Mach K J, Nelson D V, Denny M W.2007.Techniques for predicting the lifetimes of wave-swept macroalgae: a primer on fracture mechanics and crack growth[J].Journal of Experimental Biology,210(13):2213–2230.

Machalek K M,Davison I R,Falkowski P G.1996.Thermal acclimation and photoacclimation of photosynthesis in the brown alga *Laminaria saccarina*[J].Plant Cell & Environment,19(9):1005–1016.

Mackerness S A-H,Jordan B R.1999.Changes in gene expression in response to UV–B induced stress.In Pessarakli M(ed.),Hantlbook of plant and crop stress(pp.749–768).New York:Marcel Dekker Inc.

Mackie W,Preston R D.1974.Cell wall and intercellular region polysaccharides.In Stewart W D P(ed.),Algal physiology and biochemistry(pp.40–85).Oxford:Blackwell Scientific.

Madronich S,Mckenzie R L,Bjorn L O,et al.1998.Changes in biologically active ultraviolet radiation reaching the Earth's surface[J].Journal of the European Photochemistry Association & the European Society for Photobiology, 2(1):5–19.

Madsen T V,Maberly S C.1990.A comparison of air and water as environments for photosynthesis by the intertidal alga *Fucus spiralis* L[J].Journal of Phycology,26(1):24–30.

Maggs C A.1988.Intraspecific life history variability in the Florideophycidae(Rhodophyta)[J].Botanica Marina,31(6):465–490.

Maggs C A.1989.*Erythrodermis allenii* Batters in the life history of *Phyllophora traillii* Holmes ex Batters(Phyllophoraceae,Rhodophyta)[J].Phycologia,28(3):305–317.

Maggs C A.1998.Life history variation in *Dasya ocellata* (Dasyaceae, Rhodophyta) [J]. Phycologia, 37 (2): 100–105.

Maggs C A,Cheney D P.1990.Competition studies of marine macroalgae in laboratory culture[J].Journal of Phycology,26(1):17–24.

Maggs C A,Guiry M D.1987.Environmental control of macroalgal phenology.In Crawford M M R(ed.),Plant life in aquatic and amphibious habitats(pp.359–373).Oxford:Blackwell Scientific.

Maggs C A,Pueschel C M.1989.Morphology and development of *Ahnfeltia plicata*(Rhodophyta):proposal of Ahnfeltiales ord.novo[J].Journal of Phycology,25(2):333–351.

Maggs C A,Fletcher H L,Fewer D,et al.2011.Speciation in red algae:members of the Ceramiales as model organisms[J].Integrative & Comparative Biology,51(3):492–504.

Magrude W H.1984.Specialized appendages on spermatia from the red alga *Aglaothamnion neglectum*(Ceramiales, Ceramiaceae)specifically bind with trichogynes[J].Journal of Phycology,20(3):436–440.

Maier C M,Pregnall A M.1990.Increased macrophyte nitrate reductase activity as a consequence of groundwater input of nitrate through sandy beaches[J].Marine Biology,107(2):263–271.

Maier I.1997.Fertilization,early embryogenesis and parthenogenesis in *Durvillaea potatorum* (Durvillaeales,Phaeophyceae)[J].Nova Hedwigia,64(1):41–50.

Maier I,Müller D G.1986.Sexual pheromones in algae[J].Biological Bulletin,170(2):145–175.

Maier I,Hertweck C,Boland W.2001.Stereochemical specificity of lamoxirene,the sperm-releasing pheromone in kelp(Laminariales,Phaeophyceae)[J].The Biological bulletin,201(2):121–125.

Makarov V N,Schoschina E V,Lüning K.1995.Diurnal and circadian periodicity of mitosis and growth in marine macroalgae.I.Juvenile sporophytes of Laminariales(Phaeophyta)[J].European Journal of Phycology,30(4):261-266.

Malta E J,Ferreira D G,Vergara J,et al.2005.Nitrogen load and irradiance affect morphology,photosynthesis and growth of *Caulerpa prolifera*(Bryopsidales :Chlorophyta)[J].Marine Ecology Progress Series,298(1):101-114.

Mance G.1987.Pollution threat of heavy metals in aquatic environments[M].Amsterdam:Elsevier.

Mandal P,Mateu C G,Chattopadhyay K,et al.2007.Structural features and antiviral activity of sulphated fucans from the brown seaweed *Cystoseira indica*[J].Antiviral Chemistry & Chemotherapy,18(3):153-162.

Mandoli D F.1998.What ever happened to acetabularia? Bringing a once-classic model system into the age of molecular genetics[J].International Review of Cytology,182:1-67.

Mandoli D F.1998.Elaboration of body plan and phase change during development of *Acetabularia*:how is the complex architecture of a giant unicell built? [J].Annual Review of Plant Physiology & Plant Molecular Biology,49(49):173-198.

Maneveldt G W,Keats D W.2008.Effects of herbivore grazing on the physiognomy of the coralline alga *Spongites yendoi* and on associated competitive interactions[J].African Journal of Marine Science,30(3):581-593.

Maneveldt G W,Eager R C,Bassier A.2009.Effects of long-term exclusion of the limpet *Cymbula oculus*(Born)on the distribution of intertidal organisms on a rocky shore[J].African Journal of Marine Science,31(2):171-179.

Manley S L.1983.Composition of sieve tube sap from *Macrocystis pyrifera* (Phaeophyta)with emphasis on the inorganic constituents[J].Journal of Phycology,19(1):118-121.

Manley S L,North W J.1984.Phosphorus and the growth of juvenile *Macrocystis pyrifera* (Phaeophyta)sporophytes [J].Journal of Phycology,20(3):389-393.

Mann K H.1972.Ecological energetics of the sea-weed zone in a marine bay on the Atlantic coast of Canada.II.Productivity of the seaweeds[J].Marine Biology,14(3):199-209.

Mann K H,Jarman J,Dieckmann G.1979.Development of a method for measuring the productivity of the kelp *Ecklonia maxima*(Osbeck)Papenf[J].Transactions of the Royal Society of South Africa,44(1):27-41.

Manney G L,Santee M L,Rex M,et al.2011.Unprecedented Arctic ozone loss in 2011[J].Nature,478(7370):469-475.

Manning M W,Strain H H.1943.Chlorophyll d,a green pigment of red algae[J].Journal of Biological Chemistry,151(1):1-19.

Mantyka C S,Belllwood D R.2007.Macroalgal grazing selectivity among herbivorous coral reef fishes[J].Marine Ecology-Progress Series,352(12):177-185.

Marande W,Kohl L.2011.Flagellar kinesins in protists[J].Future microbiology,6(2):231-246.

Mariốn F D,García-Jiménez P,Robaina R R.2000.Polyamines in marine macroalgae:Levels of putrescine,spermidine and spermine in the thalli and changes in their concentration during glycerol-induced cell growth *in vitro* [J].Physiologia Plantarum,110(4):530-534.

Markager S,Sand-Jensen K.1990.Heterotrophic growth of *Ulva lactuca*(Chlorophyceae)[J].Journal of Phycology,26(4):670-673.

Markham J W.1973.Observations on the ecology of *Laminarra sinclairii* on three northem Oregon beaches[J].Journal of Phycology,9(3):336-341.

Markham J W,Newroth P R.1972.Observations on the ecology of *Gymnogongrus linearis* and related species[J].International Symposium on Seaweed Research,7:127-130.

Markham J W,Kremer B P,Sperling K R.1980.Effects of Cadmium on *Laminaria saccarina* in Culture[J].Marine

Ecology Progress Series,3(3):31-39.

Marquardt R,Schubert H,Varela D A,et al.2010.Light acclimation strategies of three commercially important red algal species[J].Aquaculture,299(1-4):140-148.

Marsden A D,DeWreede R E.2000.Marine macroalgal community structure,metal content and reproductive function near an acid mine drainage outflow[J].Environmental Pollution,110(3):431-440.

Marshall K,Joint I,Callow M E,et al.2006.Effect of marine bacterial isolates on the growth and morphology of axenic plantlets of the green alga *Ulva linza*[J].Microbial Ecology,52(2):302-310.

Martinez B,Rico J M.2004.Inorganic nitrogen and phosphorus uptake kinetics in *Palmaria palmata* (Rhodophyta)[J].Journal of Phycology,40(4):642-650.

Martinez E A,Destombe C,Quillet M C,et al.1999.Identification of random amplified polymorphic DNA(RAPD) markers highly linked to sex determination in the red alga *Gracilaria gracilis*[J].Molecular Ecology,8(9):1533-1538.

Martins G M,Hawkins S J,Thompson R C,et al.2007.Community structure and functioning in intertidal rock pools:effects of pool size and shore height at different successional stages[J].Marine Ecology Progress Series,329(329):43-55.

Martone P T.2006.Size,strength and allometry of joints in the articulated coralline *Calliarthron*[J].Journal of Experimental Biology,209(9):1678-1689.

Martone P T.2007.Kelp versus coralline:cellular basis for mechanical strength in the wave-swept seaweed *Calliarthron*(Corallinaceae,Rhodophyta)[J].Journal of Phycology,43(5):882-891.

Martone P T,Denny M W.2008.To break a coralline:mechanical constraints on the size and survival of a wave-swept seaweed[J].Journal of Experimental Biology,211(21):3433-3441.

Martone P T,Denny M W.2008.To bend a coralline:effect of joint morphology on flexibility and stress amplification in an articulated calcified seaweed[J].Journal of Experimental Biology,211(21):3421-3432.

Martone P T,Estevez J M,et al.2009.Discovery of lignin in seaweed reveals convergent evolution of cell-wall architecture[J].Current Biology,19(2):169-175.

Martone P T,Boller M,Burgert I,et al.2010.Mechanics without muscle:biomechanical inspiration from the plant world[J].Integrative & Comparative Biology,50(5):888-907.

Martone P T,Navarro D A,Stortz C A,et al.2010.Differences in polysaccharide structure between calcified and uncalcified segments in the coralline *Calliarthron cheilosporiodes*[J].Journal of Phycology,46(3):507-515.

Martone P T,Kost L,Boller M.2012.Drag reduction in wave-swept macroalgae:alternative strategies and new predictions[J].American Journal of Botany,99(5):806-815.

Maschek J A,Baker B D.2008.The chemistry of algal secondary metabolites.In Amsler C D(ed.),Algal chemical ecology(pp.1-24).London:Springer(Limited).

Mass T,Genin A,Shavit U,et al.2010.Flow enhances photosynthesis in marine benthic autotrophs by increasing the efflux of oxygen from the organism to the water[J].Proceedings of the National Academy of Sciences of the United States of America,107(6):2527-2531.

Masterson P,Arena F A,Thomps R C,et al.2008.Interaction of top down and bottom up factors in intertidal rockpools:effects on early successional macroalgal community composition,abundance and productivity[J].Journal of Experimental Marine Biology & Ecology,363(1):12-20.

Mathews S.2006.Phytochrome-mediated development in land plants:red light sensing evolves to meet the challenges of changing light environments[J].Molecular Ecology,15(12):3483-3503.

Mathieson A C, Norall T L. 1975. Physiological studies of subtidal red algae[J]. Journal of Experimental Marine Biology & Ecology, 20(3): 237-247.

Mathieson A C, Penniman C A. 1991. Floristic patterns and numerical classification of New England estuarine and open coastal seaweed populations[J]. Nova Hedwigia, 52: 453-485.

Mathieson A C, Dawes C J, Anderson M L, et al. 2001. Seaweeds of the brave boat harbor salt marsh and adjacent open coast of southern Maine[J]. Rhodora, 103(913): 1-46.

Mathieson A C, Dawes C J, Wallace A L, et al. 2006. Distribution, morphology, and genetic affinities of dwarf embedded *Fucus* populations from the Northwest Atlantic Ocean[J]. Botanica Marina, 49: 283-303.

Mathieson A C, Hehre E J, Dawes C J, et al. 2008. An historical comparison of seaweed populations from Casco Bay, Maine[J]. Rhodora, 110(941): 1-102.

Matilsky M B, Jacobs W P. 1983. Accumulation of amyloplasts on the bottom of normal and inverted rhizome tips of *Caulerpa prolifera* (Forsskål) Lamouroux[J]. Planta, 159(2): 189-192.

Matson P G, Edwards M S. 2008. Effects of ocean temperature on the southern range limits of two understory kelps, *Pterygophora californica* and *Eisenia arborea*, at multiple life-stages[J]. Marine Biology, 151(5): 1941-1949.

Matsunaga S, Uchida H, Iseki M, et al. 2010. Flagellar motions in phototactic steering in a brown algal swarmer[J]. Photochemistry & Photobiology, 86(2): 374-381.

Matsuo Y, Imagawa H, Nishizawa M, et al. 2005. Isolation of an algal morphogenesis inducer from a marine bacterium [J]. Science, 307(5715): 1598.

Matz C. 2011. Competition, communication, cooperation: molecular crosstalk in multi-species biofilms. In Flemming H C, Wingender J, Szewzyk U (eds), Biofilm highlights (pp. 29-40). Springer Series on Biofilms 5. Berlin and Heidelberg: Springer-Verlag.

Maumus F, Rabinowicz P, Bowler C, et al. 2011. Stemming epigenetics in marine stramenopiles [J]. Current Genomics, 12(5): 357-370.

Maxell B A, Miller K A. 1996. Demographic studies of the annual kelps *Nereocystis luetkeana* and *Costaria costata* (Laminariales, Phaeophyta) in Puget Sound, Washington[J]. Botanica Marina, 39(1-6): 479-490.

Maximilien R, Nys R D, Holmström C, et al. 1998. Chemical mediation of bacterial surface colonisation by secondary metabolites from the red alga *Delisea pulchra*[J]. Aquatic Microbial Ecology, 15(3): 233-246.

Maximova O V, Sazhin A F. 2010. The role of gametes of the macroalgae *Ascophyllum nodosum* (L.) Le Jolis and *Fucus vesiculosus* L. (Fucales, Phaeophyceae) in summer nanoplankton of the White Sea coastal waters[J]. Marine Biology, 50: 218-229.

Mayhoub H, Gayral P, Jacques R. 1976. Action de la composition spectrale de la lumiere sur la croissance et la reproduction de *Calosiphonia vermicularis* (J. Agardh) Schmitz (Rhodophycees, Gigartinales) [J]. Comptes Rendus De l'Académie Des Sciences, 283(D): 1041-1044.

Mayr E. 1982. The growth of biological thought: diversity, evolution, andinheritance [M]. Cambridge, MA: Belknap/Harvard Press, 992.

Mcarthur D M, Moss B L. 1977. The ultrastructure of cell walls in *Enteromorpha intestinalis* (L.) Link[J]. European Journal of Phycology, 12(4): 359-368.

McCandless E L. 1981. Polysaccharides of the seaweeds. In Lobban C S, Wynne M J (eds), The biology of seaweeds (pp. 559-588). Oxford: Blackwell Scientific.

McCandless E L, Craigie J S. 1979. Sulfated polysaccharides in red and brown algae [J]. Annual Review of Plant Physiology, 30(30): 41-53.

McClanahan T R,Sala E,Stickels P,et al.2003.Interaction between nutrients and herbivory in controlling algal communities and coral condition on Glover's Reef,Belize[J].Marine Ecology Progress Series,261:135-147.

McClanahan T R,Sal E,Mumbyc P J,et al.2004.Phosphorus and nitrogen enrichment do not enhance brown frondose "macroalgae"[J].Marine Pollution Bulletin,48(1):196-199.

McClanahan T R,Steneck R S,Pietri D,et al.2005.Interaction between inorganic nutrients and organic matter in controlling coral reef communities in Glovers Reef Belize[J].Marine Pollution Bulletin,50(5):566-575.

McClintock J B,Baker B J.2010.Marine chemical ecology[M].Taylor and Francis,624.

McClintock M,Higinbotham N,Uribe E G,et al.1982.Active,irreversible accumulation of extreme levels of H_2SO_4 in the brown alga,*Desmarestia*[J].Plant Physiology,70(3):771-774.

McClintock J B,Amsler C D,Baker B J.2010.Overview of the chemical ecology of benthic marine invertebrates along the western Antarctic peninsula[J].Integrative & Comparative Biology,50(6):967-980.

McConnaughey T.1991.Calcification in *Chara corallina*: CO_2 hydroxylation generates protons for bicarbonate assimilation[J].Limnology & Oceanography,36(4):619-628.

McConnaughey T.1998.Acid secretion,calcification,and photosynthetic carbon concentrating[J].Canadian Journal of Botany,76(6):1119-1126.

McConnaughey T,Whelan J F.1997.Calcification generates protons for nutrient and bicarbonate uptake[J].Earth-Science Reviews,42(1-2):95-117.

McConnico L A,Foster M S.2005.Population biology of the intertidal kelp,*Alaria marginata* Postels and Ruprecht: A non-fugitive annual[J].Journal of Experimental Marine Biology & Ecology,324(1):61-75.

McCook L J,Chapman A R O.1992.Vegetative regeneration of *Fucus* rockweed canopy as a mechanism of secondary succession on an exposed rocky shore[J].Botanica Marina,35(1):35-46.

McCook L J,Jompa J,Diaz-Pulido G.2001.Competition between corals and algae on coral reefs:a review of evidence and mechanisms[J].Coral Reefs,19(4):400-417.

McCord J M,Fridovich I.1996.Superoxide dismutase-an enzymic function for erythrocuprein(hemocuprein)[J]. The Journal of biological chemistry,244(22):6049-6055.

McCracken D A,Cain J R.1981.Amylose in floridean starch[J].New Phytologist,88(1):67-71.

McDevit D C,Saunders G W.2009.On the utility of DNA barcoding for species differentiation among brown macroalgae(Phaeophyceae)including a novel extraction protocol[J].Phycological Research,57(2):131-141.

McDevit D,Saunders G.2010.A DNA barcode examination of the Laminariaceae(Phaeophyceae)in Canada reveals novel biogeographical and evolutionary insights[J].Phycologia,49(3):235-248.

McGlathery K J,Marino R,Howarth R W.1994.Variable rates of phosphate uptake by shallow marine carbonate sediments:Mechanisms and ecological significance[J].Biogeochemistry,25(2):127-146.

McGlathery K J,Pedersen M F,Borum J.1996.Changes in intracellular nitrogen pools and feedback controls on nitrogen uptake in *Chaetomorpha linum*(Chlorophyta)[J].Journal of Phycology,32(3):393-401.

McGlathery K J,Sundbäck K,Anderson I C.2007.Eutrophication in shallow coastal bay and lagoons:the role of plant in the coastal filter[J].Marine Ecology Progress Series,348(12):1-18.

McHugh D J.2004.A guide to the seaweed industry[J].FAO Fisheries Technical Paper,No.441,Rome:FAO,105.

McKay R M,Gibbs S P.1990.Phycoerythrin is absent from the pyrenoid of *Porphyridium cruentum*:photosynthetic implications[J].Planta,180(2):249-256.

McKenzie G H,Ch'ng A L,Gayler K R.1979.Glutamine synthetase/glutamine:alpha-ketoglutarate aminotransferase in chloroplasts from the marine alga *Caulerpa simpliciuscula*[J].Plant Physiology,63(3):578-582.

McKenzie P F, Bellgrove A.2009.Dislodgment and attachment strength of the intertidal macroalga *Hormosira banksii* (Fucales, Phaeophyceae)[J].Phycologia, 48(5):335-343.

McLachlan J, Bidwell R G S. 1978. Photosynthesis of eggs, sperm, zygotes, and embryos of *Fucus serratus*[J]. Canadian Journal of Botany, 56(4):371-373.

Meinesz A.1980.Connaissances actuelles et contribution a l' etude de la reproduction et du cycle des Udoteacees (Caulerpales, Chlorophytes)[J].Phycologia, 19(2):110-138.

Meinesz A.2007.Methods for identifying and tracking seaweed invasions[J].Botanica Marina, 50(5/6):373-384.

Mejia A Y, Puncher G N, Engelen A H.2012.Macroalgae in tropical marine coastal systems.In Wiencke C, Bischof C(eds), Seaweed biology: novel insights into ecophysiology, ecology and utilization(Series: Ecological Studies, Volume 219, pp.329-357).Berlin and Heidelberg: Springer.

Melkonian M, Robenek H.1984.The eyespot apparatus of flagellated green algae[J].Progress in Phycological Research, 3:193-268.

Meneses I, Santelices B. 1999. Strain selection and genetic variation in *Gracilaria chilensis* (Gracilariales, Rhodophyta)[J].Journal of Applied Phycology, 11(3):241-246.

Menge B A.1972.Competition for food between two intertidal starfish species and its effect on body size and feeding [J].Ecology, 53(4):635-644.

Menge B A. 1972. Foraging strategy of a starfish in relation to actual prey availability and environmental predictability[J].Ecological Monographs, 42(1):25-50.

Menge B A.1976.Organization of the New England rocky intertidal community: role of predation, competition and environmental heterogeneity[J].Ecological Monographs, 46(4):355-393.

Menge B A.1978.Predation intensity in a rocky intertidal community: effect of an algal canopy, wave action and desiccation on predator feeding rates[J].Oecologia, 34(1):17-35.

Menge B A.1978.Predation intensity in a rocky intertidal community.Relation between predator foraging activity and environmental harshness[J].Oecologia, 34:1-16.

Menge B A.1983.Components of predation intensity in the low zone of the New England rocky intertidal region[J]. Oecologia, 58(2):141-155.

Menge B A.1991.Generalizing from experiments: is predation strong or weak in the New England rocky intertidal? [J].Oecologia, 88(1):1-8.

Menge B A.1992.Community regulation: under what conditions are bottom-up factors important on rocky shores? [J].Ecology, 73(3):755-765.

Menge B A, Branch G M.2001.Rocky intertidal communities.In Bertness M D, Gaines S D, Hay M E(eds), Marine community ecology(pp.221-251).Sunderland, MA: Sinauer Associates.

Menge B A, Sutherland J P.1976.Species diversity gradients: synthesis of the roles of predation, competition, and temporal heterogeneity[J].American Naturalist, 110(973):351-369.

Menge B A, Sutherland J P.1987.Community regulation: variation in disturbance, competition, and predation in relation to environmental stress and recruitment[J].American Naturalist, 130(5):730-757.

Menge B A, Lubchenco J, Gaines S D.1986.A test of the Menge-Sutherland model of community organization in a tropical rocky intertidal food web[J].Oecologia, 71(1):75-89.

Menge B A, Berlow E L, Blanchette C A.1994.The keystone species concept: variation in interaction strength in a rocky intertidal habitat[J].Ecological Monographs, 64(3):250-286.

Menge B A, Lubchenco J, Bracken M E S, et al.2003.Coastal oceanography sets the pace of rocky intertidal community dynamics[J].Proceedings of the National Academy of Sciences of the United States of America,100(21): 12229-12234.

Menge J L,Menge B A.1974.Role of resource allocation,aggression and spatial heterogeneity in coexistence of two competing intertidal starfish[J].Ecological Monographs,44(2):189-209.

Menzel D.1998.How do giant plant cells cope with injury? The wound response in siphonous green algae[J].Protoplasma,144(2-3):73-91.

Menzel D.1994.Cell differentiation and the cytoskeleton in *Acetabularia*[J].New Phytologist,128(3):369-393.

Menzel D,Elsner-Menzel C.1989.Actin-based chloroplast rearrangements in the cortex of the giant coenocytic green alga *Caulerpa*[J].Protoplasma,150(1):1-8.

Mercado J C,Jimenez C,Niell F X,et al.1996.Comparison of methods for measuring light absorption by algae and their application to the estimation of the package effect[J].Scientia Marina,60(60):39-45.

Mercado J M,Carmona R,Niell F X.1998.Bryozoans increase available CO_2 for photosynthesis in *Gelidiurn sesquipedale*(Rhodophyceae)[J].Journal of Phycology,34(6):925-927.

Mercado J M,Santos,de los Santos C B,PérezLloréns J L,et al.2009.Carbon isotopic fractionation in macroalgae from Cádiz Bay(Southern Spain):comparison with other bio-geographic regions[J].Estuarine,Coastal and Shelf Science,85(3):449-458.

Metaxas A,Scheibling R E.1994.Spatial and temporal variability of tidepool hyper-benthos on a rocky shore in Nova Scotia,Canada[J].Marine Ecology Progress Series,108(1-2):175-184.

Michael T S.2009.Glycoconjugate organization of *Enteromorpha*(=*Ulva*)*flexuosa* and *Ulva fasciata* (Chlorophyta) zoospores[J].Journal of phycology,45(3):660-677.

Michel G,Tonon T,Scornet D,et al.2010.The cell wall polysaccharide metabolism of the brown alga *Ectocarpus siliculosus*.Insights into the evolution of extracellular matrix polysaccharides in Eukaryotes[J].New Phytologist,188(1):82-97.

Michel G,Tonon T,Scornet D,et al.2010.Central and storage carbon metabolism of the brown alga *Ectocarpus siliculosus*:insights into the origin and evolution of storage carbohydrates in Eukaryotes[J].New Phytologist,188(1): 67-81.

Michener R H,Schell D M.1994.Stable isotope ratios as tracers in marine aquatic food webs.In Lajtha K,Michener R H(eds),Stable isotopes in ecology and environmental science(pp.138-157).Oxford:Blackwell Scientific Publications.

Miller III H L,Dunton K H.2007.Stable isotope(^{13}C)and O_2 micro-optode alternatives for measuring photosythesis in seaweeds[J].Marine Ecology Progress Series,329(1):85-97.

Miller III H L,Neale P J,Dunton K H.2009.Biological weighting functions for UV inhibition of photosynthesis in the kelp *Laminaria hyperborea*(Phaeophyceae)[J].Journal of Phycology,45(3):571-584.

Miller K A,Olsen J L,Stam W T.2000.Genetic divergence correlates with morphological and ecological subdivision in the deep-water elk kelp,*Pelagophycus porra*(Phaeophyceae)[J].Journal of Phycology,36(5):862-870.

Miller R J,Lenihan H S,Muller E B,et al.2010.Impacts of metal oxide nanoparticles on marine phytoplankton[J]. Environmental Science & Technology,44(19):7329-7334.

Miller R J,Bennett S,Keller A A,et al.2012.TiO_2 nanoparticles are phototoxic to marine phytoplankton[J].Plos One,7(1):e30321.

Miller S M,Wing S R,Hurd C L.2006.Photoacclimation of *Ecklonia radiata* (Laminariales,Heterokontophyta) in Doubtful Sound,Fjordland,Southern New Zealand[J].Phycologia,45(1):44-52.

Milligan A J M, Harrison P J.2000.Effects of non-steady-state iron limitation on nitrogen assimilatory enzymes in the marine diatom *Thalassiosira weissflogii* (Bacillariophyta) [J].Journal of Phycology, 36(1):78-86.

Milligan K L, Dewreede R E.2000.Variations in holdfast attachment mechanics with developmental stage, substratum-type, season, and wave-exposure for the intertidal kelp species *Hedophyllum sessile* (C.Agardh) Setchell [J]. Journal of Experimental Marine Biology & Ecology, 254(2):189-209.

Millner A, Evans L V.1980.The effects of triphenyltin chloride on respiration and photosynthesis in the green algae *Enteromorpha intestinalis* and *Ulothrix pseudoflacca* [J].Plant Cell & Environment, 3(5):339-348.

Millner A, Evans L V.1981.Uptake of triphenyltin chloride by *Enteromorpha intestinalis* and *Ulothrix pseudoflacca* [J].Plant Cell & Environment, 4(5):383-389.

Mimura T, Reid R J, Smith F A.1988.Control of phosphate transport across the plasma membrane of *Chara corallina* [J].Journal of Experimental Botany, 49(318):13-19.

Mimuro M, Akimoto S.2003.Carotenoids of light harvesting systems: energy transfer processes from fucoxanthin and peridinin to chlorophyll.In Larkum A W D, Douglas S E, Raven J R (eds) Photosynthesis in algae. Advances in photosynthesis and respiration, (Vol.14 pp.335-349).Dordrecht, The Netherlands: Kuwer Academic Publishers.

Minagawa M, Wada E.1984.Stepwise enrichment of ^{15}N along food chains: further evidence and the relation between δ^{15}N and animal age [J].Geochimica Et Cosmochimica Acta, 48(5):1135-1140.

Mine I, Anota Y, Menzel D, et al.2005.Poly(A)$^+$RNA and cytoskeleton during cyst formation in the cap ray of *Acetabularia peniculus* [J].Protoplasma, 226(3-4):199-206.

Mine I, Menzel D, Okuda K.2008.Morphogenesis in giant-celled algae [J].International Review of Cell & Molecular Biology, 266(266):37-83.

Miner B G, Sultan S E, Morgan S G, et al.2005.Ecological consequences of phenotypic plasticity [J].Trends in ecology & evolution, 20(12):685-692.

Mishkind M, Mauzerall D, Beale S I.1979.Diurnal variation in situ of photosynthetic capacity in *Ulva* is caused by a dark reaction [J].Plant Physiology, 64(5):896-899.

Mitman G G, Meer J P V D.1994.Meiosis, blade development, and sex determination in Porphyra purpurea (Rhodophyta) [J].Journal of Phycology, 30(1):147-159.

Miura A.1975.Porphyra cultivation in Japan.In Tokida J, Hirose H (eds), Aduance of phycology in Japan (pp.273-304).The Hague: Dr.\N.Junk.

Miyagishima S-Y, Nakanishi H.2010.The chloroplast division machinery: origin and evolution.In Seckbach J, Chapman D J (eds), Red algae in the genomic age (Cellular origin, life in extreme habitats and astrobiology 13) (pp. 3-23).Dordrecht, The Netherlands: Springer.

Miyamura S.2010.Cytoplasmic inheritance in green algae: patterns, mechanisms and relation to sex type [J].Journal of Plant Research, 123(2):171-184.

Miyamura S, Sakaushi S, Terumitsu Hori, et al. 2010. Behavior of flagella and flagellar root systems in the planozygotes and settled zygotes of the green alga *Bryopsis maxima* Okamura (Ulvophyceae, Chlorophyta) with reference to spatial arrangement of eyespot and cell fusion site [J].Phycological Research, 58(4):258-269.

Miyashita H, Ikemoto H, Kurano N, et al. 2003.*Acaryochloris marina* ge. Et. Sp. nov (Cyabobacteria), an oxygenic photosynthetic prokaryote containing chlorophyll *d* as a major pigment [J]. Journal of Phycology, 39 (6): 1247-1253.

Mizuno M.1984.Environment at the front shore of the Institue of Algological Research of Hokkaido University [J]. Scientific papers of the Institute of Algological Research, Faculty of Science, Hokkaido University, 7:263-292.

Mizuta H,Kai T,Tabuchi K,et al.2007.Effects of light quality on the reproduction and morphology of sporophytes of *Laminaria japonica*(Phaeophyceae)[J].Aquaculture Research,38(12):1323-1329.

Mobley C D.1989.A numerical model for the computation of radiance distributions in natural waters with wind-roughened surfaces[J].Limnology & Oceanography,34(8):1473-1483.

Moe R L,Silva P C.1981.Morphology and taxonomy of *Himanthothallus*(including *Phaeoglossum* and *Phyllogigas*), an Antarctic member of the Desmarestiales(Phaeophyceae)[J].Journal of Phycology,17(1):15-29.

Molis M,Körner J,Ko Y W,et al.2006.Inducible responses in the brown seaweed *Ecklonia cava*:the role of grazer identity and season[J].Journal of Ecology,94(1):243-249.

Molis M,Wessels H,Hagen W,et al.2009.Do sulphuric acid and the brown alga *Desmarestia viridis* support community structure in arctic kelp patches by altering grazing impact, distribution patterns, and behaviour of sea urchins? [J].Polar Biology,32(1):71-82.

Moncreiff C A,Sullivan M J.2001.Trophic importance of epiphytic algae in subtropical seagrass beds:evidence from multiple stable isotope analyses[J].Marine Ecology Progress Series,215(1):93-106.

Monro K,Poore A G.2009.The potential for evolutionary responses to cell-lineage selection on growth form and its plasticity in a red seaweed[J].American Naturalist,173(2):151-163.

Monro K,Poore A G B.2009.Performance benefits of growth-form plasticity in a clonal red seaweed[J].Biological Journal of the Linnean Society,97(1):80-89.

Monro K,Poore A G B,Brooks R.2007.Multivariate selection shapes environment-dependent variation in the clonal morphology of a red seaweed[J].Evolutionary Ecology,21(6):765-782.

Monteiro C A, Engelen A H, Santos R O P. 2009. Macro-and mesoherbivores prefer native seaweeds over the invasive brown seaweed Sargassum muticum: a potential regulating role on invasions[J]. Marine Biology, 156(12):2505-2515.

Moon D A,Goff L J.1997.Molecular characterization of two large DNA plasmids in the red alga *Porphyra pulchra* [J].Current Genetics,32(2):132-138.

Morel F M M,Rueter J G,Anderson D M,et al.1979.Aquil:a chemically defined phytoplankton culture medium for trace metal studies[J].Journal of Phycology,15(2):135-141.

Moreno C A,Jaramillo E.1983.The role of grazers in the zonation of intertidal macroalgae of the Chilean Coast[J]. Oikos,41(1):73-76.

Morris C A,Sampson V,Harwood J L,et al.1999.Identification and characterization of a recombinant metallothionein protein from a marine alga,*Fucus vesiculosus*[J].Journal of Biochemistry,338:553-560.

Moss B.1964.Wound healing and regeneration in *Fucus vesiculosus* L[J].Proceedings of the Fifth International Seaweed Symposium,4:117-122.

Moss B.1974.Attachment and germination of the zygotes of *Pelvetia canaliculata*(L.)Dcne.et Thur.(Phaeophyceae, Fucales)[J].Phycologia,13(4):317-322.

Moss B L.1982.The control of epiphytes by *Halidrys siliquosa* (L.)Lyngb.(Phaeophyta,Cystoseiraceae)[J].Phycologia,21(2):185-191.

Moss B L.1983.Sieve elements in the Fucales[J].New Phytologist,93(3):433-437.

Motomura T.1990.Ultrastructure of fertilization in *Laminaria angustata* (Phaeophyta,Laminariales)with emphasis on the behavior of centrioles,mitochondria and chloroplasts of the sperm[J].Journal of Phycology,26(1):80-89.

Motomura T,Nagasato C.2004.The first spindle formation in brown algal zygotes[J].Hydrobiologia,512(1-3):

171-176.

Motomura T,Sakai Y.1988.The occurrence of flagellated eggs in *Laminaria angustata* (Phaeophyta,Laminariales) [J].Journal of Phycology,24(2):282-285.

Motomura T,Nagasato C,Kimura K.2010.Cytoplasmic inheritance of organelles in brown algae[J].Journal of Plant Research,123(2):185-192.

Muhlin J F,Engel C R,Stessel R,et al.2008.The influence of coastal topography,circulation patterns,and rafting in structuring populations of an intertidal alga[J].Molecular Ecology,17(5):1198-1210.

Mulholland M R,Lomas M W.2008.Nitrogen uptake and assimilation.In Capone D G,Bronk D A,MulhollandM R (eds),Nitrogen in the marine environment(pp.303-384).New York:Academic Press.

Müller D G.1963.Die Temperaturabhangigkeit der sporangienbildung bei *Ectocarpus siliculosus* von verschiedenen Standorten[J].Publ.Staz.Zool.Napoli 33:310-314.

Müller D G.1981.Sexuality and sex attraction.In Lobban C S,Wynne M J(eds),The biology of seaweeds(pp.661-674).Oxford:Blackwell Scientific.

Müller D G.1989.The role of pheromones in sexual reproduction of brown algae.In Coleman A W,Goff L,Stein-Taylor R(eds),Algae as experimental systems(pp.201-213).New York:Alan R.Liss.

Müller D G,Maier I,Gassmann G.1985.Survey on sexual pheromone specificity in Laminariales(Phaeophyceae) [J].Phycologia,24(4):475-477.

Müller R,Wiencke C,Bischof K.2008.Interactive effects of UV radiation and temperature on microstages of Laminariales(Phaeophyceae)from the Arctic and North Sea[J].Climate Research,37(2-3):203-213.

Müller R,Wiencke C,Kai B,et al.2009.Zoospores of three Arctic Laminariales under different UV radiation and temperature conditions:exceptional spectral absorbance properties and lack of phlorotannin induction[J].Photochemistry & Photobiology,85(4):970-977.

Müller R,Laepple T,Bartsch I,et al.2009.Impact of oceanic warming on the distribution of seaweeds in polar and cold-temperate waters[J].Botanica Marina,52(6):617-638.

Mumby P J,Steneck R S.2011.The resilience of coral reefs and its implications for reef management.In Dubinsky Z,Stambler N(eds),Coral reefs:an ecosystem in transition(pp.509-519).Dordrecht,The Netherlands:Springer.

Mumford T E,Jr.1990.Nori cultivation in North America:growth of the industry[J].Hydrobiologia,204-205(1):89-98.

Mumford T E,Jr,Miura A.1988.Porphyra as food:cultivation and economics.In Lembi C A,Waaland J R(eds),ALgae and human affairs(pp.87-117).Cambridge:Cambridge University Press.

Munda I M.1984.Salinity dependent accumulation of Zn,Co and Mn in *Scytosiphon lomentaria* (Lyngb.)Link and *Enteromorpha intestinalis* (L.)from the Adriatic Sea[J].Botanica Marina,27(8):371-376.

Munda I M,Hudnik V.1986.Growth response of *Fucus vesiculosus* to heavy metals,singly and in dual combinations,as related to accumulation[J].Botanica Marina,29(5):401-412.

Munda I M,Hudnik V.1988.The effects of Zn,Mn,and Co accumulation on growth and chemical composition of *Fucus vesiculosus* L.under different temperature and salinity conditions[J].Marine Ecology,9(3):213-225.

Munns R,Greenway H,Kirst G O.1983.Halotolerant eukaryotes.In Pirson A,Zimmerman M H(eds),Encyclopedia of plant physiology.Vol.12:Physiological plant ecology Ⅲ(pp.59-135).Berlin:Springer-Verlag.

Muñoz J,Cancino J M,Molina M X.1991.Effect of encrusting bryozoans on the physiology of their algal substratum [J].Journal of the Marine Biological Association of the United Kingdom,71(4):877-882.

Murray S N,Dixon P S.1992.The Rhodophyta:some aspects of their biology[J].Oceanography & Marine Biology,

30:1-148.

Murray S N, Littler M M.1978. Patterns of algal succession in a perturbated marine intertidal community[J].Journal of Phycology, 14(4):506-512.

Murray S N, Arnbrose R F, Dethier M N.2006. Monitoring rocky shores[M].Princeton, NJ: University of California Press, 240.

Murthy M S, Ramakrishna T, Babu G V S, et al.1986. Estimation of net primary productivity of intertidal seaweeds-limitations and latent problems[J].Aquatic Botany, 23(4):383-387.

Mutchler T, Sullivan M J, Fry B.2005. Potential of N-14 isotope enrichment to resolve ambiguities in coastal trophic relationships[J].Marine Ecology Progress Series, 266:27-33.

Myers J H, Gunthorpe L, Allinson G, et al.2006. Effects of antifouling biocides to the germination and growth of the marine macroalga *Hormosira banksii*(Turner) Desicaine[J].Marine Pollution Bulletin, 52(9):1048-1055.

Myers J H, Duda S, Gunthorpe L, et al.2007. Evaluation of the *Hormosira banksii*(Turner) desicaine germination and growth inhibition bioassay for use as a regulatory assay[J].Chemosphere, 69(6):955-960.

Nagasato C.2005. Behavior and function of paternally inherited centrioles in brown algal zygotes[J].Journal of Plant Research, 118(6):361-369.

Nagasato C, Inoue A, Mizuno M, et al.2010. Membrane fusion process and assembly of cell wall during cytokinesis in the brown alga, *Silvetia babingtonii*(Fucales, Phaeophyceae)[J].Planta, 232(2):287-298.

Nagashima H, Nakamura S, Nisizawa K, et al.1971. Enzymic synthesis of floridean starch in a red alga, *Serraticardia maxima*[J].Plant and Cell Physiology, 12(2):243-253.

Nakahara H, Nakamura Y.1973. Parthenogenesis, apogamy and apospory in *Alaria crassifolia*(Laminariales)[J].Marine Biology, 18(4):327-332.

Nakajima Y, Endo Y, Inoue Y, et al.2006. Ingestion of *Hijiki* seaweed and risk of arsenic poisoning[J].Applied Organometallic Chemistry, 20(9):557-564.

Nakamura Y, Sasaki N, Kobayashi M, et al. 2013. The first symbiont-free genome sequence of marine red alga, Susabi-nori(*Pyropia yezoensis*)[J].Plos One, 8(3):e57122.

Naldi M, Wheeler P A.1999. Changes in nitrogen pools in *Ulva fenestrata*(Chlorophyta) and *Gracilaria pacifica*(Rhodophyta) under nitrate and ammonium enrichment[J].Journal of Phycology, 35(1):70-77.

Naldi M, Wheeler P A.2002. ^{15}N measurements of ammonium and nitrate uptake by *Ulva fenestrata*(Chlorophyta) and *Gracilaria pacifica* (Rhodophyta): comparison of net nutrient disappearance, release of ammonium and nitrate and ^{15}N accumulation in algal tissue[J].Journal of Phycology, 38:135-144.

Nanba N, Kado R, Ogawa H, et al.2005. Effects of irradiance and water flow on formation and growth of spongy and filamentous thalli of *Codium fragile*[J].Aquatic Botany, 81(4):315-325.

Navarrete S A, Broitman B R, Wieters E A, et al.2005. Scales of benthic-pelagic coupling and the intensity of species interactions: from recruitment limitation to top-down control[J].Proceedings of the National Academy of Sciences of the United States of America, 102(50):18046-18051.

Neefus C, Mathieson A C, Bray T L, et al.2008. The occurrence of three introduced Asiatic species of *Porphyra*(Bangiales, Rhodophyta) in the northwestern Atlantic[J].Journal of Phycology, 44:1399-1414.

Neill K, Heesch S, Nelson W.2008. Diseases, Pathogens and Parasites of Undaria pinnatifida. Ministry of Agriculture and Forestry, Biosecurity New Zealand, Tech. Paper No.2009/44. Available at www.maf.govt.nz/publications.

Neish A C, Shacklock P F, Fox C H, et al.1977. The cultivation of *Chondrus crispus*. Factors affecting growth under greenhouse conditions[J].Canadian Journal of Botany, 55(16):2263-2271.

Neiva J, Pearson G A, Valero M, et al.2010.Surfing the wave on a borrowed board: range expansion and spread of introgressed organellar genomes in the seaweed *Fucus ceranoides* L[J].Molecular Ecology, 19(21): 4812–4822.

Nelson S G, Siegrist A W.1987.Comparison of mathematical expressions describing light–saturation curves for photosynthesis by tropical marine macroalgae[J].Bulletin of Marine Science, 41(2): 617–622.

Nelson T A, Lee D J, Smith B C.2003.Are "green tides" harmful algal blooms? Toxic properties of water-soluble extracts from two bloom-forming macroalgae, *Ulva fenestrata* and *Ulvaria obscura* (Ulvophyceae)[J].Journal of Phycology, 39(5): 874–879.

Nelson W A.2005.Life history and growth in culture of the endemic New Zealand kelp *Lessonia variegata*, J.Agardh in response to differing regimes of temperature, photoperiod and light[J].Journal of Applied Phycology, 17(1): 23–28.

Nelson W A.2009.Calcified macroalgae-critical to coastal ecosystems and vulnerable to change: a review[J].Marine & Freshwater Research, 60(8): 787–801.

Nelson W A, Brodie J, Guiry M D.1999.Terminology used to describe reproduction and life history stages in the genus *Porphyra* (Bangiales, Rhodophyta)[J].Journal of Applied Phycology, 11(5): 407–410.

Nelson W G.1982.Experimental studies of oil pollution on the rocky intertidal community of a Norwegian fjord[J].Journal of Experimental Marine Biology & Ecology, 65(2): 121–138.

Nelson-Srnith A.1972.Oil pollution and marine ecology[M].London: Elek Science Press, 260.

Neori A, Chopin T, Troell M, et al.2004.Integrated aquaculture: rationale, evolution and state of the art emphasizing seaweed biofiltration in modern mariculture[J].Aquaculture, 231(1): 361–391.

Neori A, Troell M, Chopin M, et al.2007.The need for a balanced ecosystem approach to blue revolution aquaculture [J].Environment, 49(3): 36–43.

Neushul M.1972.Functional interpretation of benthic marine algal morphology.In Abbott I A, Kurogi M(eds), Contributions to the systematics of benthic marine algae of the North Pacific(pp.47–73).Tokyo: Japan Society for Phycology.

Neushul M.1981.The ocean as a culture dish: experimental studies of marine algal ecology[J].Proceedings of the Fifth International Seaweed Symposium, 8: 19–35.

Neville A C.1988.The helicoidal arrangement of microfibrils in some algal cell walls[J].Progress in Phycological Research, 6: 1–21.

Newcombe E M, Taylor R B.2010.Trophic cascade in a seaweed–epifauna–fish food chain[J].Marine Ecology Progress Series, 408: 161–167.

Nezlin N P, Kamer K, Stein E D.2007.Application of color infrared aerial photography to assess macroalgal distribution in an eutrophic estuary, Upper Newport Bay, California[J].Estuaries & Coasts, 30(5): 855–868.

Nicotri M E.1980.Factors involved in herbivore food preference[J].Journal of Experimental Marine Biology & Ecology, 42(1): 13–26.

Niell F X.1976.C: N ratio in some marine macrophytes and its possible ecological significance[J].Botanica Marina, 19(6): 347–350.

Nielsen H D, Nielsen S L.2008.Evaluation of imaging and conventional PAM as a measure of photosynthesis in thin–and thick-leaved marine macroalgae[J].Aquatic Biology, 3(2): 121–131.

Nielsen H D, Nielsen S L.2010.Adaptation to high light irradiances enhances the photosynthetic Cu^{2+} resistance in Cu^{2+} tolerant and non-tolerant populations of the brown macroalgae *Fucus serratus*[J].Marine Pollution Bulletin, 60(5): 710–717.

Nielsen H D, Brownlee C, Coelho S M, et al.2003.Inter-population differences in inherited copper tolerance involve photosynthetic adaptation and exclusion mechanisms in *Fucus serratus*[J].New Phytologist, 160(1):157-165.

Nielsen H D, Brown M T, Brownlee C.2003.Cellular responses of developing *Fucus serratus* embryos exposed to elevated concentrations of Cu[J].Plant Cell & Environment, 26(10):1737-1747.

Nielsen H D, Burridge T R, Brownlee C, et al.2005.Prior exposure to Cu contamination influences the outcome of toxicological testing of *Fucus serratus* embryos[J].Marine Pollution Bulletin, 50(12):1675-1680.

Nielsen K J.2001.Bottom-up and top-down forces in tide pools: test of a food chain model in an intertidal community [J].Ecological Monographs, 71(2):187-217.

Nielsen K J, Navarrete S A.2004.Mesoscale regulation comes from the bottom-up: intertidal interactions between consumers and upwelling[J].Ecology Letters, 7(1):31-41.

Nienhuis P H.1987.Ecology of salt-marsh algae in the Netherlands.In Huiskes A H L, Blom C W P M, Rozema J (eds), Vegetation between land and sea(pp.66-83).Dordrecht, The Netherlands: Dr.W.Junk.

Niklas K J.2009.Functional adaptation and phenotypic plasticity at the cellular and whole plant level[J].Journal of Biosciences, 34(4):613-620.

Nilsen G, Nordby Ø.1975.A sporulation-inhibiting substance from vegetative thalli of the green alga *Ulva mutabilis* Føyn[J].Planta, 125(2):127-139.

Nishihara G N, Ackerman J D.2006.The effect of hydrodynamics on the mass transfer of dissolved inorganic carbon to the freshwater macrophyte *Vallisneria americana*[J].Limnology & Oceanography, 51(6):2734-2745.

Nishihara G N, Ackerman J D.2007.On the determination of mass transfer in a concentration boundary layer[J]. Limnology & Oceanography Methods, 5(2):88-96.

Nishihara G N, Terada R.2010.Species richness of marine macrophytes is correlated to a wave exposure gradient [J].Phycological Research, 58(4):280-292.

Nishikawa T, Yamaguchi M.2008.Effect of temperature on light-limited growth of the harmful diatom *Coscinodiscus wailesii*, a causative organism in the bleaching of aquacultured *Porphyra thalli*[J]. Harmful Algae, 7(5): 561-566.

Nishimura N J, Mandoli D F.1992.Population analysis of reproductive cell structures of *Acetabularia acetabulum* (Chlorophyta)[J].Phycologia, 31(3/4):351-358.

Nisizawa K, Noda H, Kikuchi R, et al.1987.The main seaweed foods in Japan[J].Hydrobiologia, 151-152(1): 5-29.

Niwa K, Sakamoto T.2010.Allopolyploidy in natural and cultivated populations of Porphyra(Bangiales, Rhodophyta) [J].Journal of Phycology, 46(6):1097-1105.

Niwa K, Furuita H, Yarnarnoto T.2008.Changes of growth characteristics and free amino acid content of cultivated *Porphyra yezoensis* Ueda(Bangiales Rhodophyta) blades with the progression of the number of harvests in a nori farm[J].Journal of Applied Phycology, 20(5):687-693.

Niwa K, Iida S, Kato A, et al.2009.Genetic diversity and introgression in two cultivated species(*Porphyra yezoensis and Porphyra tenera*) and closely related wild species of *Porphyra*(Bangiales, Rhodophyta)[J].Journal of Phycology, 45:493-502.

Niwa K, Hayashi Y, Abe T, et al.2009.Induction and isolation of pigmentation mutants of *Porphyra yezoensis* (Bangiales, Rhodophyta) by heavy-ion beam irradiation[J].Phycological Research, 57(3):194-202.

Niwa K, Yamamoto T, Furuita H, et al.2011.Mutation breeding in the marine crop *Porphyra yezoensis*(Bangiales, Rhodophyta): cultivation experiment of the artificial red mutant isolated by heavy-ion beam mutagenesis[J].Aquaculture,314(1-4):182-187.

Noël M L J,Hawkins S J,Jenkins S R,et al.2009.Grazing dynamics in intertidal rockpools:connectivity of microhabitats[J].Journal of Experimental Marine Biology & Ecology,370(1):9-17.

North W J.1987.Biology of the macrocystis resource in North America.In Doty M S,Caddy F,Saruelices B(eds),Case studies of seven commerical seaweed resources(pp.265-311).FAO Fish Tech Pap.281.

Norton T A.1977.Ecological experiments with *Sargassum muticum*[J].Journal of the Marine Biological Association of the United Kingdom,57(1):33-43.

Norton T A.1991.Conflicting constraints on the form of intertidal algae[J].European Journal of Phycology,26(3):203-218.

Norton T A.1992.Dispersal by algae[J].European Journal of Phycology,27(3):293-301.

Norton T A,Fetter R.1981.The settlement of *Sargassum muticum* propagules in stationary and flowing water[J].Journal of the Marine Biological Association of the United Kingdom,61(4):929-940.

Norton T A,Mathieson A C.1983.The biology of unattached seaweeds[J].Progress in Phycological Research,2:333-386.

Norton T A,Mathieson A C,Neushul M.1981.Morphology and environment.In Lobban C S,Wynne M J(eds),The biology of seaweeds(pp.421-451).Oxford:Blackwell Scientific.

Nott A,Jung H S,Koussevitzky S,et al.2006.Plastid-to-nucleus retrograde signaling[J].Annual Review of Plant Biology,57(1):739-759.

Nugues M M,Bak R.2006.Differential competitive abilities between Caribbean coral species and a brown alga:a year of experiments and a long-term perspective[J].Marine Ecology Progress Series,315(8):75-86.

Nultsch W,Pfau J,Rüffer U.1981.Do correlations exist between chromatophore arrangement and photosynthetic activity in seaweeds? [J].Marine Biology,62(2-3):111-117.

Nyberg C D,Wallentinus I.2005.Can species traits be used to predict marine macroalgal introductions? [J].Biological Invasions,7(2):265-279.

Nylund G M,Pavia H.2005.Chemical versus mechanical inhibition of fouling in the red alga *Dilsea carnosa*[J].Marine Ecology Progress Series,299(1):111-121.

Nylund G M,Cervin G,Hermansson M,et al.2005.Chemical inhibition of bacterial colonization by the red alga *Bonnemaisonia hamifera*[J].Marine Ecology Progress Series,302(1):27-36.

Oates B R.1988.Water relations of the intertidal saccate alga *Colpomenia peregrina*(Phaeophyta,Scytosiphonales)[J].Botanica Marina,31(1):57-63.

Oates B R.1989.Articulated coralline algae as a refuge for the intertidal saccate species,*Colpomenia peregrina* and *Leathesia difformis* in Southern California[J].Botanica Marina,32(5):475-478.

Oates B R,Cole K M.1994.Comparative studies on hair cells of two agarophyte red algae,*Gelidium vagum*(Gelidiales,Rhodophyta) and *Gracilaria pacifica* (Gracilariales,Rhodophyta)[J].Phycologia,33(6):420-433.

O'Brien M C,Wheeler P A.1987.Short-term uptake of nutrients by *Enteromorpha prolifera*(Chlorophyceae)[J].Journal of Phycology,23(4):547-556.

O'Brien P Y,Dixon P S.1976.The effects of oils and oil components on algae:a review[J].European Journal of Phycology,11(2):115-142.

Ogata E.1971.Growth of conchocelis in artificial medium in relation to carbon dioxide and calcium metabolism[J].Journal of National Fisheries University,19:123-129.

Ogawa H.1984.Effects of treated municipal wastewater on the early development of sargassaceous plants[J].Hydrobiologia,116-117(1):389-392.

Ogden J C,Brown R A,Salesky N.1973.Grazing by the echinoid *Diadema antillarum* Philippi:formation of halos around West Indian patch reefs[J].Science,182(4113):715-717.

Okabe Y,Okada M.1990.Nitrate reductase activity and nitrite in native pyrenoids purified from the green alga *Bryopsis maxima*[J].Plant & Cell Physiology,31(4):429-432.

O'Kelly C J,Baca B J.1984.The time course of carpogonial branch and carposporophyte development in *Callithamnion cordatum* (Rhodophyta,Ceramiales)[J].Phycologia,23(4):407-417.

Okuda T,Noda T,Yamamoto T,et al.2010.Contribution of environmental and spatial processes to rocky intertidal metacommunity structure[J].Acta Oecologica,36(4):413-422.

Olson A M,Lubchenco J.1990.Competition in seaweeds:linking plant traits to competitive outcomes[J].Journal of Phycology,26(1):1-6.

Oltmanns F.1892.Ueber die Cultur-und Lebensbedingungen der Meeresalgen[J].Jahrb Wissensch Botanik,23:349-440.

Oohusa T.1980.Diurnal rhythm in the rates of cell division,growth and photosynthesis of *Porphyra yezoensis*(Rhodophyceae)cultured in the laboratory[J].Botanica Marina,23(1):1-5.

Oppliger L V,Correa J A,Peters A.2007.Parthenogenesis in the brown alga *Lessonia nigrescens* (laminariales,phaeophyceae)from central chile[J].Journal of Phycology,43(6):1295-1301.

Orduñarojas J,Robledo D.1999.Effects of irradiance and temperature on the release and growth of carpospores from *Gracilaria cornea* J.Agardh(Gracilariales,Rhodophyta)[J].Botanica Marina,42(4):315-319.

Osborne B A,Raven J A.1986.Light absorpLon by plants and its implications for photosynthesis[J].Biological Reviews,61(1):1-61.

Osmond C B.1994.What is photoinhibition? Some insights from comparisons of shade and sun plants.In Baker N R,Bowyer N R(eds),Photoinhibition of photosynthesis,from the molecular mechanisms to the field(pp.1-24).Oxford:BIOS Scientific Publ.

Ouriques L C,Bouzon Z L.2003.Ultrastructure of germinating tetraspores of *Hypnea musciformis*(Gigartinales,Rhodophyta)[J].Plant Biosystems,137(2):193-202.

Ouriques L C,Schmidt E C,Bouzon Z L.2012.The mechanism of adhesion and germination in the carpospores of *Porphyra spiralis* var.*amplifolia*(Rhodophyta,Bangiales)[J].Micron,43(2):269-277.

Owens N J P.1987.Natural Variations in ^{15}N in the marine environment[J].Advances in Marine Biology,24:389-451.

Padilla D K,Allen B J.2000.Paradigm lost:reconsidering functional form and group hypotheses in marine ecology[J].Journal of Experimental Marine Biology & Ecology,250(1-2):207-221.

Paerl H W,Rudek J,Mallin M A.1990.Stimulation of phytoplankton production in coastal waters by natural rainfall inputs:Nutritional and trophic implications[J].Marine Biology,107(2):247-254.

Paine R T.1966.Food web complexity and species diversity[J].American Naturalist,100(910):65-75.

Paine R T.1979.Disaster,catastrophe,and local persistence of the sea palm *Postelsia palmaeformis*[J].Science,69(6):685-687.

Paine R T.1986.Benthic community-water column coupling during the 1982-1983 El Nino.Are community changes at high latitudes attributable to cause or coincidence? [J].Limnology & Oceanography,31(2):351-360.

Paine R T.1988.Habitat suitability and local population persistence of the sea palm *Postelsia palmaeformis*[J].Ecology,69:1787-1794.

Paine R T.1990.Benthic macroalgal competition:complications and consequences[J].Journal of Phycology,26(1):12-17.

Paine R T.1994.Marine rocky shores and community ecology:an experimentalist´s perspective.In Kinne O(ed.), Excellence in ecology 4.Ecology institute,D-21385 Oldendorf/Luhe,Germany,152.

Paine R T.2010.Macroecology:does it ignore or can it encourage further ecological syntheses based on spatially local experimental manipulations? (American Society of Naturalists address)[J].American Naturalist,176(4):385-393.

Paine R T,Levin S A.1981.Intertidal landscapes:disturbance and the dynamics of pattern[C].Ecological Monographs,145-178.

Paine R T,Ruesink J L,Sun A,et al.1996.Trouble in oiled waters:lessons from the *Exxon Valdez* oil spill[J].Annual Review of Ecology and Systematics,27(27):197-235.

Pak J Y,Solorzano C,Arai M,et al.1991.Two distinct steps for spontaneous generation of subprotoplasts from a disintegrated *Bryopsis* cell[J].Plant Physiology,96(3):819-825.

Palmieri M,Kiss J Z.2007.The role of plastids in gravitropism.In Wise R R,Hoober J K(eds),The structure and function of plastids(pp.507-525).Dordrecht,The Netherlands:Springer.

Palumbi S R.1984.Measuring intertidal wave forces[J].Journal of Experimental Marine Biology & Ecology,81(2):171-179.

Palurnbi S R.2001.The ecology of marine protected areas.In Bertness M D,Gaines S D,Hay M E(eds),Marine community ecology(pp.509-530).Sunderland,MA:Sinauer Associates,Inc.

Pandolfi J M,Bradbury R H,Sala E,et al.2003.Global trajectories of the long-term decline of coral reef ecosystems[J].Science,301(5635):955-958.

Pang S-J,Lüning K.2004.Photoperiodic long-day control of sporophyll and hair formation in the brown alga *Undaria pinnatifida*[J].Journal of Applied Phycology,16(2):83-92.

Papenfuss G F.1958.Die Gattungen der rhodophyceen[J].By Harold Kylin.Bull.Torrey Botan ,Club 85:142-143.

Pareek M,Mishra A,Jha B.2010.Molecular phylogeny of *Gracilaria* species inferred from molecular markers belonging to three different genomes[J].Journal of Phycology,46(6):1322-1328.

Park C S,Park K Y,Baek J M,et al.2008.The occurrence of pinhole disease in relation to developmental stage in cultivated *Undaria pinnatifida*(Harvey) Suringar(Phaeophyta) in Korea[J].Journal of Applied Phycology,20(5):485-490.

Park H S,Jeong W J,Kim E C,et al.2011.Heat shock protein gene family of the *Porphyra seriata* and enhancement of heat stress tolerance by PsHSP70 in *Chlamydomonas*[J].Marine Biotechnology,14(3):332-342.

Parke M W.1948.Studies on British laminariaceae.I.Growth in *Laminaria saccharina*(L.) Lamour[J].Journal of the Marine Biological Association of the United Kingdom,27(3):651-709.

Parsons T R,Takahashi M,Hargrave B.1977.Biological oceanographic processes(2nd edn)[M].New York:Pergamon Press,332.

Parsons T R,Maita Y,Lalli C M.1984.A manual of chemical and biological methods for seawater analysis[M].New York:Pergamon Press,173.

Pastorok R A,Bilyard G R.1985.Effects of sewage pollution on coral reef communities[J].Marine Ecology Progress Series,21(1-2):175-189.

Patterson D J.1989.Stramenopiles:chromophytes from a protistan perspective.In Green J C,Leadbeater B S C,Diver W L(eds),The chrornophyte algae:problems and perspectives(Systematics Association Special Volume 38,pp.

357-379).Oxford:Clarendon Press.

Patterson M R.1989.Review:nearshore biomechanics[J].Science,243:1374.

Patwary M U,Meer J P V D.1994.Application of RAPD markers in an examination of heterosis in *Geldium uagum* (Rhodophyta)[J].Journal of Phycology,30(1):91-97.

Paul N A,Cole L,Nys R D,et al.2006.Ultrastructure of the gland cells of the red alga *Asparagopsis armata*(Bonnemaisoniaceae)[J].Journal of Phycology,42(3):637-645.

Paul N A,Nys R D,Steinberg P D.2006.Chemical defence against bacteria in the red alga *Asparagopsis armata*: linking structure with function[J].Marine Ecology Progress Series,306(4):87-101.

Paul V J,Hay M E.1986.Seaweed susceptibility to herbivory:chemical and morphological correlates[J].Marine Ecology Progress Series,33(3):255-264.

Paul V J, Alstyne K L V.1988.Chemical defense and chemical variation in some tropical Pacific species of *Halimeda*(Halimedaceae;Chlorophyta)[J].Coral Reefs,6(3-4):263-269.

Paul V J,Alstyne K L V.1988.Use of ingested algal diterpenoids by *Elysia halimedae* Macnae(Opisthobranchia:Ascoglossa)as antipredator defenses[J].Journal of Experimental Marine Biology & Ecology,119(1):15-29.

Paul V J, Alstyne K L V.1992.Activation of chemical defenses in the tropical green algae *Halimeda*, spp.[J].Journal of Experimental Marine Biology & Ecology,160(2):191-203.

Paul V J, Puglisi M P, Ritson-Williams R.2006.Marine chemical ecology[J].Natural Product Reports,23(2): 153-180.

Paul V J,Ritson-Williams R,Sharp K.2011.Marine chemical ecology in benthic environments[J].Natural product reports,28:345-87.

Pavia H,Toth G B.2000.Inducible chemical resistance to herbivory in the brown seaweed *Ascophyllum nodosum*[J].Ecology,81(11):3212-3225.

Pavia H,Toth G B.2008.Macroalgal models in testing and extending defense theories.In Amsler C D(ed.), Algal chemical ecology(pp.147-172).London:Springer(Limited).

Pavia H,G Cervin,A Lindgren,et al.1997.Effects of UV-B radiation and simulated herbivory on phlorotannins in the brown alga *Ascophyllum nodosum*[J].Marine Ecology Progress Series,157(22):139-146.

Pavia H,Toth G,Aberg P.1999.Trade-offs between phlorotannin production and annual growth in natural populations of the brown seaweed *Ascophyllum nodosum*[J].Journal of Ecology,87(5):761-771.

Pawlik-Skowrońska B,Pirszel J,Brown M T.2007.Concentrations of phytochelatins and glutathione found in natural assemblages of seaweeds depend on species and metal concentrations of the habitat[J].Aquatic Toxicology,83(3):190-199.

Pearson G A,Davison I R.1993.Freezing rate and duration determine the physiological response of intertidal fucoids to freezing[J].Marine Biology,115(3):353-362.

Pearson G A,Davison I R.1994.Freezing stress and osmotic dehydration in *Fucus distichus*(Phaeophyta):evidence for physiological similarity[J].Journal of Phycology,30(2):257-267.

Pearson G A,Evans L V.1990.Settlement and survival of *Polysiphonia lanosa* (Ceramiales)spores on *Ascophyllum nodosum* and *Fucus vesiculosus*(Fucales)[J].Journal of Phycology,26(4):597-603.

Pearson G A,Serrão E A.2006.Revisiting synchronous gamete release by fucoid algae in the intertidal zone:fertilization success and beyond? [J].Integrative & Comparative Biology,46(5):587-597.

Pearson G A,Serrão E A,Brawley S H.1998.Control of gamete release in fucoid algae:sensing hydrodynamic conditions via carbon acquisition[J].Ecology,79(5):1725-1739.

Pearson G, Kautsky L, Serrão E. 2000. Recent evolution in Baltic *Fucus vesiculosus*: reduced tolerance to emersion stresses compared to intertidal (North Sea) populations[J]. Journal of Interprofessional Care, 202(4): 67–79.

Pearson G A, Serrão E A, Dring M, et al. 2004. Blue-and green-light signals for gamete release in the brown alga, *Silvetia compressa*[J]. Oecologia, 138(2): 193–201.

Pearson G A, Lago-Leston A, Mota C. 2009. Frayed at the edges: selective pressure and adaptive response to abiotic stressors are mismatched in low diversity edge populations[J]. Journal of Ecology, 97(3): 450–462.

Pearson G A, Hoarau G, Lago-Leston A, et al. 2010. An expressed sequence tag analysis of the intertidal brown seaweeds *Fucus serratus* (L.) and *F. vesiculosus* (L.) (Heterokontophyta, Phaeophyceae) in response to abiotic stressors[J]. Marine biotechnology, 12(2): 195–213.

Peckol P, Ramus J. 1988. Abundances and physiological properties of deep-water seaweeds from Carolina outer continental shelf[J]. Journal of Experimental Marine Biology & Ecology, 115(1): 25–39.

Peckol P, Krane J M, Yates J L. 1996. Interactive effects of inducible defense and resource availability on phlorotannins in the North Atlantic brown alga *Fucus vesiculosus*[J]. Marine Ecology Progress Series, 138(1): 209–217.

Peddigari S, Zhang W, Takechi K, et al. 2008. Two different clades of copia-like retrotransposons in the red alga, *Porphyra yezoensis*[J]. Gene, 424(1–2): 153–158.

Pedersen M F. 1994. Transient ammonium uptake in the macroalga *Ulva lactuca* (Chlorophyta): nature, regujation, and the consequences for the choice of measuring technique[J]. Journal of Phycology, 30(6): 980–986.

Pedersen M F, Borum J. 1996. Nutrient control of algal growth in estuarine waters. Nutrient limitation and the importance of nitrogen requirements and nitrogen storage among phytoplankton and species of macroalgae[J]. Marine Ecology Progress Series, 142(1–3): 261–272.

Pedersen M F, Borum J. 1997. Nutrient control of estuarine macroalgae: growth strategy and the balance between nitrogen requirements and uptake[J]. Marine Ecology Progress Series, 161(8): 155–163.

Pedersen M F, Snoeijs P. 2001. Patterns of macroalgal diversity, community composition and long-term changes along the Swedish west coast[J]. Hydrobiologia, 459(1–3): 83–102.

Pedersen L B, Geimer S, Rosenbaum J L, et al. 2006. Dissecting the molecular mechanisms of intraflagellar transport in *Chlamydomonas*[J]. Current Biology Cb, 16(5): 450–459.

Pedersen M F, Borum J, Fotel F L. 2010. Phosphorus dynamics and limitation of fast-and slow-growing temperate seaweeds in Oslofjord, Norway[J]. Marine Ecology Progress Series, 399(6): 103–115.

Pedersen P M. 1981. Phaeophyta: life histories. In Lobban C S, Wynne M J(eds), The biology of seaweeds(pp. 194–217). Oxford: Blackwell Scientific.

Pelevin V N, Rutkovskaya V A. 1977. On the optical classification of ocean waters from the spectral attenuation of solar radiation[J]. Oceanology, 17: 28–32.

Pellegrini L. 1980. Cytological studies on physodes in the vegetative cells of *Cystoseira stricta* Sauvageau (Phaeophyta, Fucales)[J]. Journal of Cell Science, 41(41): 209–231.

Pelletreau K N, Muller-Parker G. 2002. Sulfuric acid in the phaeophyte alga Desmarestia munda deters feeding by the sea urchin Strongylocentrotus droebachiensis[J]. Marine Biology, 141(1): 1–9.

Pelletreau K N, Targett N M. 2008. New perspectives for addressing patterns of secondary metabolites in marine algae. In Amsler C D(ed.), Algal chemical ecology(pp. 121–146). London: Springer(Limited).

Penela-Arenaz M, Bellas J, Vázquez E. 2009. Effects of the *Prestige* oil spill on the biota of NW Spain: 5 years of learning[J]. Advances in Marine Biology, 56(1–3): 365–394.

Pennings S C. 1990. Size-related shifts in herbivory: specialization in the sea hare *Aplysia californica* Cooper[J].

Journal of Experimental Marine Biology & Ecology, 142(1-2): 43-61.

Pennings S C, Bertness M D. 2001. Salt-marsh communities. In Bertness M D, Gaines S D, Hay M E(eds), Marine communiry ecology(pp.289-337). Sunderland, MA: Sinauer Associates, Inc.

Pennings S C, Carefoot T H, Zimmer M, et al. 2000. Feeding preferences of supralittoral isopods and amphipods[J]. Canadian Journal of Zoology, 78(11): 1918-1929.

Pentecost A. 1985. Photosynthetic plants as intermediary agents between environmental HCO^{3-} and carbonate deposition. In Lucas W J, Berry J A(eds), Inorganic carbon uptake by aquatic photosynthetic organisms(pp.459-480). Bethesda, MD: American Society of Plant Physiologists.

Percival E. 1979. The polysaccharides of green, red and brown seaweeds: their basic structure, biosynthesis and function[J]. European Journal of Phycology, 14(2): 103-117.

Percival E, McDowell R H. 1967. Chemistry and enzymology of marine algal polysaccharides[M]. New York: Academic Press, 219.

Pereira L, Critchley A T, Amado A M, et al. 2009. A comparative analysis of phycocolloids produced by underutilized versus industrially utilized carrageenophytes (Gigartinales, Rhodophyta) [J]. Journal of Applied Phycology, 21(5): 599-605.

Pereira R C, Gama B A P D. 2008. Macroalgal chemical defenses and their roles in structuring tropical marine communities. In Amsler C D(ed.), Algal chemical ecology(pp.25-56). London: Springer(Limited).

Pereira R C, Éverson M. Bianco, Bueno L B, et al. 2010. Associational defense against herbivory between brown seaweeds[J]. Phycologia, 49(5): 424-428.

Pereira R G, Yarish C. 2010. The role of *Porphyra* in sustainable culture systems: physiology and applications. In Israel A, Einav R(eds), Role of seaweeds in a globally changing environment(pp.339-354). New York: Springer.

Pereira R, Kraemer G, Yarish C, et al. 2008. Nitrogen uptake by gametophytes of, *Porphyra dioica*(Bangiales, Rhodophyta) under controlled-culture conditions[J]. European Journal of Phycology, 43(1): 107-118.

Pereira R, Yarish C, Critchley A. 2012. Seaweed aquaculture for human foods, in land-based and IMTA systems. In Meyers R A(ed.). Encyclopedia of sustainability science and technology(pp.9109-9128). New York: Springer Science.

Pereira T R, Engelen A H, Pearson G, et al. 2011. Temperature effects on the microscopic haploid stage development of *Laminaria ochroleuca* and *Saccorhiza polyschides*, kelps with contrasting life histories[J]. Cahiers De Biologie Marine, 52(4): 395-403.

Perez R, Durand P, Kaas R, et al. 1988. Undaria pinnatifida on ffie French coasts: cultivation method, biochemical composition of the sporophyte and the gametophyte. In Stadler T(ed.), Algal biotechnology(pp.315-327). Amsterdam: Elsevier.

Pérezrodrĭguez E, Aguilera J, Gómez I, et al. 2001. Excretion of coumarins by the Mediterranean green alga *Dasycladus vermicularis* in response to environmental stress[J]. Marine Biology, 139(4): 633-639.

Perrin C, Daguin C, Van De Vliet M, et al. 2007. Implications of mating system for genetic diversity of sister algal species: *Fucus spiralis* and *Fucus vesiculosus*(Heterokontophyta, Phaeophyceae)[J]. European Journal of Phycology, 42(3): 219-230.

Perrone C, Felicini G P. 1976. Les bourgeons adventifs de *Gigartina acicularis*(Wulf.) Lamour. (Rhodophyta, Gigartinales) en culture[J]. Phycologia, 15(1): 45-50.

Perrotrechenmann C. 2010. Cellular responses to auxin: division versus expansion[J]. Cold Spring Harbor Perspectives in Biology, 2(5): a001446.

Peters A F,Clayton M N.1998.Molecular and morphological investigations of three brown algal genera with stellate plastids:evidence for Scytothamnales ord.nov.(Phaeophyceae)[J].Phycologia,37(2):106-113.

Peters A F,Schaffelke B.1996.*Streblonema*(Ectocarpales,Phaeophyceae)infection in the kelp *Laminaria saccharina*(Laminariales,Phaeophyceae)in the western Baltic[J].Hydrobiologia,326-327(1):111-116.

Peters A F,van Oppen M J H,Wiencke C,et al.1997.Phylogeny and historical ecology of the Desmarestiaceae(Phaeophyceae)support a southem hemisphere origin[J].Journal of Phycology,33(2):294-309.

Peters A F,Scornet D,Müller D G,et al.2004.Inheritance of organelles in artificial hybrids of the isogamous multicellular chromist alga *Ectocarpus siliculosus*(Phaeophyceae)[J].European Journal of Phycology,39(3):235-242.

Peters A F,Marie D,Scomet D,et al.2004.Proposal of *Ectocarpus siliculosus*(Ectocarpales,Phaeophyceae)as a model organism for brown algal genetics and genomics[J].Journal of Phycology,40(6):1079-1088.

Peters A F,Scornet D,Ratin M,et al.2008.Life-cycle-generation-specific developmental processes are modified in the immediate upright mutant of the brown alga *Ectocarpus siliculosus*[J].Development,135(8):1503-1512.

Peterson B J,Fry B.1987.Stable isotopes in ecosystem studies[J].Annual Review of Ecology and Systematics,18(1):293-320.

Peterson D H,Perry M J,Bencala K E,et al.1987.Phytoplankton productivity in relation to light intensity:a simple equation[J].Estuarine Coastal & Shelf Science,24(6):813-832.

Peterson R D.1972.Effects of light intensity on the morphology and productivity of *Caulerpa racemosa*(Forsskal)1. Agardh[J].Micronesica,8:63-86.

Petraitis P S,Methratta E T,Rhile E C,et al.2009.Experimental confirmation of multiple community states in a marine ecosystem[J].Oecologia,161(1):139-148.

Petrell R J,Tabrizi K M,Harrison P J,et al.1993.Mathematical model of *Laminaria production* near a British Columbian salmon sea cage farm[J].Journal of Applied Phycology,5(1):1-4.

Pfister C A.2007.Intertidal invertebrates locally enhance primary production[J].Ecology,88(7):1647-1653.

Pfister C A,Hay M E.1988.Associational plant refuges:convergent patterns in marine and terrestrial communities result from differing mechanisms[J].Oecologia,77(1):118-129.

Phillips J C,Hurd C.2003.Nitrogen ecophysiology of intertidal seaweeds from New Zealand:N uptake,storage and utilisation in relation to shore position and season[J].Marine Ecology Progress Series,264(8):31-40.

Phillips J C,Hurd C L.2004.Kinetics of nitrate,ammonium,and urea uptake by four intertidal seaweeds from New Zealand[J].Journal of Phycology,40(3):534-545.

Phillips D J H.1990.Use of macroalgae and invertebrates as monitors of metaJ levels in estuaries and coastal waters. In Furness R W,Rainbow P S(eds),Heauy metals in the marine environment(pp.82-99).Boca Raton,FL:CRC Press.

Phillips D J H.1991.Selected trace elements and the use of biomonitors in subtropical and tropical marine ecosystems[J].Reviews of Environmental Contamination & Toxicology,120(1):105-129.

Phillips J A,Clayton M N,Maier I,et al.1990.Sexual reproduction in Dictyota diemensis(Dictyotales,Phaeophyta)[J].Phycologia,29:367-379.

Phillips J C,Kendrick G A,Lavery P S.1997.A test of a functional group approach to detecting shifts in macroalgal communities along a disturbance gradient[J].Marine Ecology Progress Series,153(1):125-138.

Phlips E, Zeman C. 1990. Photosynthesis, growth and nitrogen fixation by epiphytic forms of filamentous cyanobacteria from pelagic *Sargassum*[J].Bulletin of Marine Science-Miami-,47(3):613-621.

Pianka E R. 1966. Latitudinal gradients in species diversity: a review of concepts [J]. American Naturalist, 100 (910):33-46.

Pickett-Heaps J D, West J.1998.Time-lapse video observations on sexual plasmogamy in the red alga *Bostrychia*[J]. European Journal of Phycology, 33(1):43-56.

Pickett-Heaps J D, West J A, Wilson S M, et al.2001.Time-lapse videomicroscopy of cell(spore) movement in red algae[J].European Journal of Phycology, 36(1):9-22.

Pils B, Heyl A.2009.Unraveling the evolution of cytokinin signaling[J].Plant Physiology, 151(2):782-791.

Pintor E, Sigaud-kutner T C S, Leitão M A S, et al.2003.Heavy metal-induced oxidative stress in algae[J].Journal of Phycology, 39(6):1008-1018.

Plastino E, Ursi S, Fujii M T.2003.Color inheritance, pigment characterization, and growth of a rare light green strain of *Gracilaria birdiae*(Gracilariales, Rhodophyta)[J].Phycological Research, 52(1):45-52.

Plettner I, Steinke M, Ethene G.2005.Ethene(ethylene) production in the marine macroalga *Ulva*(*Enteromorpha*) *intestinalis* L.(Chlorophyta, Ulvophyceae): effect of light-stress and co-production with dimethyl sulphide[J].Plant Cell and Environment, 28(9):1136-1145.

Pohnert G, Boland W.2002.The oxylipin chemistry of attraction and defense in brown algae and diatoms[J].Natural Product Reports, 19(1):108-122.

Polis G A, Anderson W B, Holt R D.1997.Toward an integration of landscape and food web ecology: the dynamics of spatially subsidized food webs[J].Annual Review of Ecology & Systematics, 28(1):289-316.

Polle A.1996.Mehler reaction: friend or foe in photosynthesis? [J].Plant Biology, 109(2):84-89.

Polne-Fuller M, Gibor A.1984.Development studies in *Porphyra*. I.Blade differentiation in *Porphyra perforata* as expressed by morphology, enzymatic digestion, and protoplast regeneration [J]. Journal of Phycology, 20 (4): 609-616.

Polne-Fuller M, Gibor A.1987.Tissue culture of seaweeds.In Bird K T, Benson P H(eds), Seaweed cultiuation for renewable resources(pp.219-240).Amsterdam: Elsevier.

Polne-Fuller M, Gibor A.1990.Development studies in *Porphyra*(Rhodophyceae).III.Effect of culture conditions on wall regeneration and differentiation of protoplasts[J].Journal of Phycology, 26(4):674-682.

Polunin N V C.1988.Efficient uptake of algal production by a single resident herbivorous fish on the reef[J].Journal of Experimental Marine Biology & Ecology, 123(1):61-76.

Pomin V.2010. Structural and functional insights into sulfated galactans: a systematic review [J]. Glycoconjugate Journal, 27(1):1-12.

Pomin V H, Mourao P A S.2008.Structure, biology, evolution, and medical importance of sulfated fucans and galactans[J].Glycobiology, 18(12):1016-1027.

Poore A G B, Campbell A H, Steinberg P D.2009.Natural densities of mesograzers fail to limit growth of macroalgae or their epiphytes in a temperate algal bed[J].Journal of Ecology, 97:164-75.

Poore A G, Campbell A H, Coleman R A, et al.2012.Global patterns in the impact of marine herbivores on benthic primary producers[J].Ecology Letters, 15(8):912-922.

Porter E T, Lawrence P S, Sumes S E.2000.Gypsum dissolution is not a universal integrator of "water motion"[J]. Limnology and Oceanography, 45(1):145-158.

Potin P.2008.Oxidative burst and related responses in biotic inieractions of algae.In Amsler C D(ed.), Algal chemical ecology(pp.245-272).Berlin and Heidelberg: Springer-Verlag.

Potin P.2012.Intimate associations benveen epiphytes, endophytes, and parasites of seaweeds.In Wiencke C, Bischof

K(eds),Seaweed biology:nouel insights into ecophysiology,ecology and utilization,ecologicat studies 219(pp. 203–234).Berlin and Heidelberg:Springer-Verlag.

Peterson C H.2001.The *Exxon Valdez* oil spill in Alaska:acute,indirect and chronic effects on the ecosystem[J]. Advances in Marine Biology,39(01):1–101.

Preston M R. 1988. Marine pollution. In Riley J P (ed.), Chemical oceanography (pp. 53 – 196). Orlando, FL: Academic Press.

Price I R.1989.Seaweed phenology in a tropical Australian locality(Townsville,North Queensland)[J].Botanica Marina,32(5):399–406.

Price I R,Friker R L,Wilkinson C R.1984.*Ceratodictyon spongiosum*(Rhodophyta),the macroalgal parmer in an alga–sponge symbiosis,grown in unialgal culture[J].Journal of Phycology,20(1):156–158.

Price N M,Harrison P J.1988.Specific selenium–containing macromolecules in the marine diatom *Thalassiosira pseudonana*[J].Plant Physiology,86(1):192–199.

Prince E K,Pohnert G.2010.Searching for signals in the noise:metabolomics in chemical ecology[J].Analytical & Bioanalytical Chemistry,396(1):193–197.

Prince J S,Trowbridge C D.2004.Reproduction in the green macroalga *Codium* (Chlorophyta):characterization of gametes[J].Botanica Marina,47:461–470.

Probyn T A.1984.Nitrate uptake by *Chordaria flagelliformis*(Phaeophyta)[J].Botanica Marina,27(6):271–275.

Probyn T A,Chapman A R O.1982.Nitrogen uptake characteristics of *Chordaria flagelliformis*(Phaeophyta) in batch mode and continuous mode experiments[J].Marine Biology,71(2):129–133.

Probyn T A,Chapman A R O.1983.Summer growth of *Chordaria flagelliformis* (O.F.Muell.) C.Ag: Physiological strategies in a nutrient stressed environment[J].Journal of Experimental Marine Biology & Ecology,73(3): 243–271.

Probyn T A,Mcquaid C D.1985.*In-situ*,measurements of nitrogenous nutrient uptake by kelp(*Ecklonia maxima*) and phytoplankton in a nitrate-rich upwelling environment[J].Marine Biology,88(2):149–154.

Provasoli L,Pintner I J.1980.Bacteria induced polymorphism in an axenic laboratory strain of *Ulva lactuca*(Chlorophyceae)[J].Journal of Phycology,16(2):196–201.

Rongsun Pu,Robinson K R.2003.The involvement of Ca^{2+} gradients,Ca^{2+} fluxes,and CaM kinase II in polarization and germination of *Silvetia compressa* zygotes[J].Planta,217(3):407–16.

Pueschel C M.1989.An expanded survey of the ultrastruc ture of red algal pit plugs[J].Journal of Phycology,25 (4):625–636.

Pueschel C M.1990.Cell structure.In Cole K M,Sheath R G(eds),Biology of the red algae(pp.7–41).Cambridge: Cambridge University Press.

Pueschel C M,Cole K M.1982.Rhodophycean pit plugs:an ultrastructural survey with taxonomic implications[J]. American Journal of Botany,69(5):703–720.

Pueschel C M,Korb R E.2001.Storage of nitrogen in the form of protein bodies in the kelp *Laminaria solidunguta* [J].Marine Ecology Progress Series Series,218:107–114.

Purton S.2002.Algal chloroplasts.In:*eLS*(pp.1–9).Chichester:John Wiley and Sons Ltd.

Quillet M,de Lestang-Bremond G.1981.The MeCDPS,a carrying sulphate´s nucleotide of the red seaweed *Catenella opuntia* (Grev.)[J].Proceedings of the Fifth International Seaweed Symposium,10:503–507.

Raffaelli D,Hawkins S J.1996.Intertidal ecology[M].Dordrecht,The Netherlands:Kluwer Academic Pubs,356.

Ragan M A,Glombitza K W.1986.Phlorotannins,brown algal polyphenols[J].Progress in Phycological Research,4:

129-241.

Raghothama K G.1999.Phosphate acquisition[J].Ann.Reu Plant Physiol.Plant Mol.Biol,50:655-93.

Raikar V,Wafar M.2006.Surge ammonium uptake in macroalgae from a coral atoll[J].Journal of Experimental Marine Biology & Ecology,339(2):236-240.

Raimondi P T,Reed D C,Gaylord B,et al.2004.Effects of self-fertilization in the giant kelp *Macrocystis pyrifera*[J].Ecology,85(12):3267-3276.

Raimonet M,Guillou G,Mornet F,et al.2013.Macroalgae $\delta^{15}N$ values in well-mixed estuaries:Indicator of anthropogenic nitrogen input or macroalgae metabolism? [J].Estuarine,Coastal and Shelf Science,119(3):126-138.

Rainbow P S.1995.Biomonitoring of heavy metal availability in the marine environment[J].Marine Pollution Bulletin,94(2):183-192.

Rainbow P S,Phillips D J H.1993.Cosmopolitan biomonitors of trace metals[J].Marine Pollution Bulletin,26(11):593-601.

Ramirez M E,Müller D G,Peters A F.1986.Life history and taxonomy of two populations of ligulate *Desmarestia* (Phaeophyceae)from Chile[J].Canadian Journal of Botany,64(12):2948-2954.

Ramon E.1973.Germinating and attachment of zygotes of *Himanthalia elongata*(L.)S.F.Gray[J].Journal of Phycology,9(4):445-449.

Ramus J.1978.Seaweed anatomy and photosynthetic performance:the ecological significance of light guides,heterogeneous absorption and multiple scatter[J].Journal of Phycology,14(3):352-362.

Ramus J.1981.The capture and transduction of light energy.In Lobban C S,Wynne M J(eds),The biology of seaweeds(pp.458-492).Oxford:Blackwell Scientific.

Ramus J.1982.Engelmann's theory:the compelling logic.In Srivastava L M(ed.),synthetic and degradative processes in marine macrophytes(pp.29-46).Berlin:Walter de Gruyter.

Ramus J S.1990.A form-function analysis of photon capture for seaweeds[J].Hydrobiologia,204-205(1):65-71.

Ramus J,Rosenberg G.1980.Diurnal photosynthetic performance of seaweeds measured under natural conditions[J].Marine Biology,56(1):21-28.

Ramus J,Venable M.1987.Temporal ammonium patchiness and growth rate in *Codium* and *Ulva*(Ulvophyceae)[J].Journal of Phycology,23(4):518-523.

Rasher D B,Hay M E.2010.Chemically rich seaweeds poison corals when not controlled by herbivores[J].PNAS,107(6):9683-9688.

Rasher D B,Engel S,Bonito V,et al.2012.Effects of herbivory,nutrients,and reef protection on algal proliferation and coral growth on a tropical reef[J].Oecologia,169(1):187-198.

Rausch C,Bucher M.2002.Molecular mechanisms of phosphate transport in plants[J].Planta,216(1):23-37.

Rautenberger R,Bischof K.2006.Impact of temperature on UV-susceptibility of two *Ulva*(Chlorophyta)species from Antarctic and Subantarctic regions[J].Polar Biology,29(11):988-996.

Raven J A.1984.Energetics and transport in aquatic plants(*MBL Lectures in Biology*,Volume 4[J].New York:AJan R.Liss.

Raven J A.1991.Implications of inorganic carbon utilization:ecology,evolution,and geochemistry[J].Canadian Journal of Botany,69(69):908-924.

Raven J A.1996.Into the voids:the distribution,function,development and maintenance of gas spaces in plants[J].Annals of Botany,78(2):137-142.

Raven J A.1997.Miniview:multiple origins of plasmodesmata[J].European Journal of Phycology,32(2):95-101.

Raven J A.1997.Putting the C in phycology[J].European Journal of Phycology,32(4):319-333.

Raven J A.2003.Long-distance transport in non-vascular plants[J].Plant Cell & Environment,26(1):73-85.

Raven J A.2010.Inorganic carbon acquisition by eukaryotic algae:four current questions[J].Photosynthesis Research,106(1-2):123-134.

Raven J A.2011.The cost of photoinhibition[J].Physiologia Plantarum,142(1):87-104.

Raven J A,Beardall J.1981.Respiration and photorespiration[J].Canadian Journal of Fisheries & Aquatic Sciences,210:55-82.

Raven J A,Geider R J.1988.Temperature and algal growth[J].New Phytologist,110(4):441-461.

Raven J A,Geider R J.2003.Adaptation,acclimation and regulation in algal photosynthesis.In Larkum A W D,Douglas S E,Raven J A(eds),Photosynthesis in algae.Advances in photosynthesis and respiration(Volume 14,pp.385-412).Dordrecht,The Netherlands:Kluwer Academic Publishers.

Raven J A,Hurd C L.2012.Ecophysiology of photosynthesis in macroalgae[J].Photosynthesis Research,113(1-3):105-125.

Raven J A,Lucas W J.1985.The energetics of carbon acquisition.In Lucas W J,Berry J A(eds),Inorganic carbon uptake by aquatic photosynthetic organisms(pp.305-324).Rockville MD:The American Society of Plant Physiologists.

Raven J A,Taylor R.2003.Macroalgal growth in nutrient-enriched estuaries:a biogeochemical and evolutionary perspective[J].Water Air & Soil Pollution Focus,3(1):7-26.

Raven J A,Johnston A M,MacFarlane J J.1990.Carbon metabolism.In Cole K M,Sheath R G(eds),Biology of the red algae(pp.171-202).Cambridge:Cambridge University Press.

Raven J A,Kübler J E,Beardall J.2000.Put out the light,and then put out the light[J].Journal of the Marine Biological Association of the UK,80:1-25.

Raven J A,Johnston A M,Kübler J E,et al.2002.Mechanistic interpretation of carbon isotope discrimination by marine macroalgae and seagrasses[J].Functional Plant Biology,29(2-3):355-378.

Raven J A,Johnston A M,Kübler J E,et al.2002.Seaweeds in cold seas:evolution and carbon acquisition[J].Annals of Botany,90(4):525-536.

Raven J A,Giordano M,Beardall J.2008.Insights into the evolution of CCMs from comparisons with other resource acquisition and assimilation processes[J].Physiologia Plantarum,133(1):4-14.

Raven J A,Giordano M,Beardall J,et al.2012.Algal evolution in relation to atmospheric CO_2:carboxylases,carbon-concentrating mechanisms and carbon oxidation cycles[J].Philosophical transactions of the Royal Society of London.Series B,Biological sciences,367(1588):493-507.

Raven P H,Evert R F,Eichhorn S E.2005.Biology of Plants(7th edn)[M].New York:Freeman and Company Publishers,686.

Rayko E,Maumus F,Maheswari U,et al.2010.Transcription factor families inferred from genome sequences of photosynthetic stramenopiles[J].New Phytologist,188(1):52-66.

Reddy C R K,Jha B,Fujita Y,et al.2008.Seaweed protoplasts:an overview[J].Journal of Applied Phycology,20(5):609-617.

Reddy C R K,Gupta M K M V A,Jha B.2008.Seaweed protoplasts:status,biotechnological perspectives and needs[J].Journal of Applied Phycology,20(5):619-652.

Reed D C.1990.The effects of variable settlement and early competition on patterns of kelp recruitment[J].Ecology,71(2):776-787.

Reed D C.1990.An experimental evaluation of density dependence in a subtidal algal population[J].Ecology,71(6):2286-2296.

Reed D C,Laur D R,Ebeling A W.1988.Variation in algal dispersal and recruitment:the importance of episodic events[J].Ecological Monographs,58(4):321-335.

Reed D C,Amsler C D,Ebeling A W.1992.Dispersal in kelps:factors affecting spore swimming and competency[J].Ecology,73(5):1577-1585.

Reed D C,Anderson T W,Ebeling A W,et al.1997.The role of reproductive synchrony in the colonization potential of kelp[J].Ecology,78(8):2443-2457.

Reed D C,Brzezinski M A,Coury D A,et al.1999.Neutral lipids in macroalgal spores and their role in swimming [J].Marine Biology,133(4):737-744.

Reed D C,Kinlan B P,Raimondi P T,et al.2006.A metapopulation perspective on the patch dynamics of giant kelp in Southern California.In Kritzer J,Sale P(eds),Marine metapopulations(pp.353-386) Burlington,MA:Elsevier Academic Press.

Reed R H.1990.Solute accumulation and osmotic adjustment.In Cole K M,Sheath R G(eds),Biology of red algae (pp.147-170).Cambridge:Cambridge University Press.

Reed R H,Collins J C.1980.The ionic relations of *Porphyra purpurea*(Roth) C.Ag.(Rhodophyta,Bangiales)[J].Plant Cell & Environment,3(6):399-401.

Reed R H,Moffat L.1983.Copper toxicity and copper tolerance in *Enteromorpha compressa*(L.) Grev[J].Journal of Experimental Marine Biology & Ecology,69(1):85-103.

Reed R H,Collins J C,Russell G.1980.The effects of salinity upon galactosyl-glycerol content and concentration of the marine red alga porphyra purpurea(Roth) C.Ag[J].Journal of Experimental Botany,31(125):1539-1554.

Reed R H,Davison I R,Chudek J A,et al.1985.The osmotic role of mannitol in the Phaeophyta:an appraisal[J].Phycologia,24(1):35-47.

Rees D A.1975.Stereochemistry and binding behaviour of carbohydrate chains.In Whelan W J(ed.),Biochemistry of Carbohydrates(pp.1-42).London:Butterworth.

Rees T A V.2003.Safety factors and nutrient uptake by seaweeds[J].Marine Ecology Progress Series,263(1):29-40.

Rees T A V.2007.Metabolic and ecological constraints imposed by similar rates of ammonium and nitrate uptake per unit surface area at Jow substrate concentrations in marine phytoplankton and macroalgae[J].Journal of Phycology,43(2):197-207.

Rees T A V,Grant C M,Harmens H E,et al.1998.Measuring rates of ammonium assimilation in marine algae:use of the protonophore carbonyl cyanide *m*-chjorophenylhydrazone to distinguish between uptake and assimilation[J].Journal of Phycology,34(2):264-272.

Rees T A V,Dobson B C,Bijl M,et al.2007.Kinetics of nitrate uptake by New Zealand marine macroalgae and evidence for two nitrate transporters in *Ulva intestinalis* L[J].Hydrobiologia,586(1):135-141.

Reise K.1983.Sewage,green algal mats anchored by lugworms,and the effects on *Turbellaria* and small Polychaeta [J].Helgoländer Meeresuntersuchungen,36(2):151-162.

Reiskind J B,Seamon P T,Bowes G.1988.Alternative methods of photosynthetic carbon assimilation in marine macroalgae[J].Plant Physiology,87(3):686-692.

Reiskind J B,Beer S,Bowes G.1989.Photosynthesis,photorespiration and ecophysiological interactions in marine macroalgae[J].Aquatic Botany,34(1):131-152.

Reith M, Munholland J.1995.Complete nucleotide sequence of the *Porphyra purpurea* chloroplast genome[J].Plant Molecular Biology Reporter, 13(4):333-335.

Ren G Z, Wang J C, Chen M Q.1984.Cultivation of *Gracilaria* by means of low rafts[J].Hydrobiologia, 116-117(1):72-76.

Rensing L, Ruoff P.2002.Temperature effect on entrainment, phase shifting, and amplitude of circadian clocks and its molecular bases[J].Chronobiology International, 19(5):807-864.

Revsbech N P. 1989. An oxygen microelectrode with a guard cathode [J]. Limnology & Oceanography, 55: 1907-1910.

Reyesprieto A, Weber A P M, Bhattacharya D.2007.The origin and establishment of the plastid in algae and plants [J].Annual Review of Genetics, 41(41):147-168.

Rhoades D F.1979.Evolution of plant chenucal defense against herbivores.In Rosenthal G A, Janzen D H(eds), Herbivores:Their interaction with secondary plant metabolites(pp.3-54).New York:Academic Press.

Richoux N B, Froneman P W.2008.Trophic ecology of dominant zooplankton and macrofauna in a temperate, oligotrophic South African estuary:a fatty acid approach[J].Marine Ecology Progress Series, 357(357):121-137.

Rico J M, Guiry M D.1996.Phototropism in seaweeds:a review[J].Scientia Marina, 60(60):273-281.

Ridler N, Wowchuk M, Robinson B, et al.2007.Integrated multi-trophic aquaculture(IMTA):a potential strategic choice for farmers[J].Aquaculture Economics & Management, 11(1):99-110.

Ries J B.2010.Review:geological and experimental evidence for secular variation in seawater Mg/Ca(calcite-aragonite seas)and its effects on marine biological calcification[J].Biogeosciences, 7(9):2795-2849.

Rietema H.1982.Effects of photoperiod and temperature on macrothallus initiation in *Dumontia contorta*(Rhodophyta)[J].Marine Ecology Progress Series, 8(2):187-196.

Rietema H.1984.Development of erect thalli from basal crusts in *Dumontia contorta*(Gmel.)Rupr.(Rhodophyta, Cryptonemiales):Botanica Marina[J].Botanica Marina, 27(1):29-36.

Rietema H, Breeman A M.1982.The regulation of the life history of *Dumontia contorta* in comparison to that of several other dumontiaceae(Rhodophyta)[J].Botanica Marina, 25(12):569-576.

Riquelme C, Rojas A, Flores V, et al.1997.Epiphytic bacteria in a copper-enriched environment in northern Chile [J].Marine Pollution Bulletin, 34(10):816-820.

Risk M J, Lapointe B E, Sherwood O A, et al.2009.The use of $\delta^{15}N$ in assessing sewage stress on coral reefs[J].Marine Pollution Bulletin, 58(6):793-802.

Ritchie R J, Larkum A W D.1987.The ionic relations of small-celled marine algae[J].Progress in Phycological Research, 5:179-222.

Ritter A, Goulitquer S, Salaün J P, et al.2008.Copper stress induces biosynthesis of octadecanoid and eicosanoid oxygenated derivatives in the brown algal kelp *Laminaria digitata*[J].New Phytologist, 180(4):809-821.

Rivera M, Scrosati R.2006.Population dynamics of *Sargassum lapazeanum*(Fucales, Phaeophyta)from the Gulf of California, Mexico[J].Phycologia, 45(2):178-189.

Rivera M, Scrosati R.2008.Self-thinning and size inequality dynamics in a clonal seaweed(*Sargassum lapazeanum*, *Phaeophyceae*)[J].Journal of Phycology, 44(1):45-49.

Roberson L M, Coyer J A.2004.Variation in blade morphology of the kelp *Eisenia arborea*:incipient speciation due to local water motion? [J].Marine Ecology Progress Series, 282(1):115-128.

Roberts D A, Poore A G, Johnston E L.2006.Ecological consequences of copper contamination in macroalgae:Effects on epifauna and associated herbivores[J].Environmental Toxicology & Chemistry, 25(9):2470-2479.

Roberts E, Roberts A W.2009.A cellulose synthase(CESA) gene from the red alga *Porphyra yezoensis* (Rhodophyta) [J].Journal of Phycology,45(1):203-212.

Roberts M, Ring F M.1972.Preliminary investigations into conditions affecting the growth of the microscopic phase of *Scytosiphon lomentarius* (Lyngbye) Link[J].Soc Bot France Mem,119:117-128.

Roberts S K, Gillot I, Brownlee C.1994.Cytoplasmic calcium and *Fucus* egg activation[J].Development,120(1):155-163.

Robertson A I, Lucas J S.1983.Food choice, feeding rates, and the turnover of macrophyte biomass by a surf-zone inhabiting amphipod[J].Journal of Experimental Marine Biology & Ecology,72(2):99-124.

Robles C, Desharnais R.2002.History and current development of a paradigm of predation in rocky intertidal communities[J].Ecology,83(6):1521-1536.

Roenneberg T, Mittag M.1996.The circadian program of algae[J].Seminars in Cell & Developmental Biology,7(6):753-763.

Rogers K M.2003.Stable carbon and nitrogen isotope signatures indicate recovery of marine biota from sewage pollution at Moa Point, New Zealand[J].Marine Pollution Bulletin,46(7):821-827.

Rohde S, Wahl M.2008.Antifeeding defense in Baltic macroalgae: induction by direct grazing versus waterborne cues [J].Journal of Phycology,44(1):85-90.

Rohde S, Molis M, Wahl M.2004.Regulation of anti-herbivore defence by *Fucus vesiculosus* in response to various cues[J].Journal of Ecology,92(6):1011-1018.

Rohde S, Hiebenthal C, Wahl M, et al.2008.Decreased depth distribution of *Fucus vesiculosus* (Phaeophyceae) in the Western Baltic: effects of light deficiency and epibionts on growth and photosynthesis[J].European Journal of Phycology,43(2):143-150.

Roleda M Y.Roleda, Dethleff D.2011.Storm-generated sediment deposition on rocky shores: Simulating burial effects on the physiology and morphology of *Saccharina latissima* sporophytes[J].Marine Biology Research,7(3):213-223.

Roleda M Y, Wiencke C, Hanelt D, et al.2005.Sensitivity of Laminariales zoospores from Helgoland (North Sea) to ultraviolet and photosynthetically active radiation: implications for depth distribution and seasonal reproduction [J].Plant Cell & Environment,28(4):466-479.

Rosell K G, Srivastava L M.1985.Seasonal variations in total nitrogen, carbon and amino acids in *Macrocystis integrifola* and *Nereocystis luetkeana*[J].Journal of Phycology,21(2):304-309.

Rosenberg G, Paerl H W.1981.Nitrogen fixation by blue-green algae associated with the siphonous green seaweed *Codium decorticatum*: effects on ammonium uptake[J].Marine Biology,61(2-3):151-158.

Rosenberg C, Ramus J.1982.Ecological growth strategies in the seaweeds *Gracilaria foliifera* (Rhodophyceae) and *Ulva*, sp.(Chlorophyceae): Soluble nitrogen and reserve carbohydrates[J].Marine Biology,66(3):251-259.

Rosenberg G, Ramus J.1984.Uptake of inorganic nitrogen and seaweed surface area: Volume ratios[J].Aquatic Botany,19(1):65-72.

Rosenberg G, Probyn T A, Mann K H.1984.Nutrient uptake and growth kinetics in brown seaweeds: response to continuous and single additions of ammonium[J].Journal of Experimental Marine Biology & Ecology,80(2):125-146.

Rosenberg G, Littler D S, Littler M M, et al.1995.Primary production and photosynthetic quotients of seaweeds from Sao Paulo State, Brazil[J].Botanica Marina,38(1-6):369-377.

Rosman J H, Monismith S G, Denny M W, et al.2010.Currents and turbulence within a kelp forest (*Macrocystis pyrif-*

era):Insights from a dynamically scaled laboratory model[J].Limnology & Oceanography,55(3):1145-1158.

Ross C,Van Alstyne K L.2007.Intraspecific variation in stress-induced hydrogen peroxide scavenging by the ulvoid macroalga *Ulva lactuca*[J].Journal of Phycology,43(3):466-474.

Ross C,Vreeland V,Waite J H,et al.2005.Rapid assembly of a wound plug:stage one of a two-stage wound repair mechanism in the giant unicellular chlorophyte *Dasycladus uermicularis*(Chlorophyceae)[J].Journal of Phycology,41(1):46-54.

Ross C,Küpper F C,Vreeland V,et al.2005.Evidence of a latent oxidative burst in relation to wound repair in the giant unicellular chlorophyte *Dasycladus uermicularis*[J].Journal of Phycology,41(3):531-541.

Ross C,Küpper F C,Jacobs R S.2006.Involvement of reactive oxygen species and reactive nitrogen species in the wound response of *Dasycladus vermicularis*[J].Chemistry & Biology,13(4):353-364.

Rossi F,Olabarria C,Incera M,et al.2010.The trophic significance of the invasive seaweed *Sargassum muticum* in sandy beaches[J].Journal of Sea Research,63(1):52-61.

Rothäusler E,Gómez I,Hinojosa I A,et al.2009.Effect of temperature and grazing on growth and reproduction of floating *Macrocystis* spp.(Phaeophyceae)along a latitudinal gradient[J].Journal of Phycology,45(3):547-559.

Rothausler E,Gutow L,Thiel M.2012.Floating seaweeds and their communities.In Wiencke C,Bischof K(eds), Seaweed biology:movel insights into ecophysiology,ecology and utilization(Ecological Studies,Volume 219,pp. 359-380).Berlin and Heidelberg:Springer.

Röttgers R.2007.Comparison of different variable chlorophyll fluorescence techniques to determine photosynthetic parameters of natural phytoplankton[J].Deep Sea Research Part I:Oceanographic Research Papers,54(3): 437-451.

Roughgarden J, Gaines S, Possingham H. 1988. Recruitment dynamics in complex life cycles[J]. Science, 241 (4872):1460-1466.

Rovilla M,Luhan J,Sollesta H.2010.Growing the reproductive cells(carpospores)of the seaweed,*Kappaphycus striatum*,in the laboratory until outplanting in the field and maturation to tetrasporophyte[J].Journal of Applied Phycology,22(5):579-585.

Rowan K S.1989.Photosynthetic pigments of algae[M].Cambridge University Press,

Rüdiger W,López-Figueroa F.1992.Photoreceptors in algae[J].Photochemistry & Photobiology,55(6):949-954.

Rueness J.1973.Pollution effects on littoral algal communities in the inner Oslofjord,with special reference to *Ascophyllum nodosum*[J].Helgoländer Wissenschaftliche Meeresuntersuchungen,24(1-4):446-454.

Ruesink J L.1998.Diatom epiphytes on *Odonthalia floccosa*:the importance of extent and timing[J].Journal of Phycology,34(1):29-38.

Rugg D A,Norton T A.1987.Pelvetia canaliculata,a high shore seaweed that shuns the sea.In Crawford R M M (ed.),Plant life in aquatic and amphibious habitats(pp.347-358).Oxford:Blackwell Scientific.

Rui F,Boland W.2010.Algal pheromone biosynthesis:stereochemical analysis and mechanistic implications in gametes of *Ectocarpus siliculosus*[J].Journal of Organic Chemistry,75(12):3958-3964.

Ruiz D J,Wolff M.2011.The bolivar channel ecosystem of the galapagos marine reserve:energy flow structure and role of keystone groups[J].Journal of Sea Research,66(2):123-134.

Rumpho M E,Dastoor F P,Manhart J R,et al.2006.The kleptoplast.In Wise R R,Hoober J K(eds),The structure and function of plastids(pp.451-473).Series:advances in photosynthesis and respiration,Vol.23.Springer.

Rumpho M E,Worful J M,Lee J,et al.2008.Horizontal gene transfer of the algal nuclear gene *psbO* to the photosynthetic seaslug *Elysia chlorotica*[J].Proceedings of the National Academy of Sciences of the United States of

America,105(46):17867-17871.

Rumpho M E,Pelletreau K N,Moustafa A,et al.2011.The making of a photosynthetic animal[J].Journal of Experimental Biology,214(Pt 2):303-311.

Runcie J W,Larkum A W.2001.Estimating internal phosphorus pools in macroalgae using radioactive phosphorus and trichloroacetic acid extracts[J].Analytical Biochemistry,297(2):191-192.

Runcie J W,Ritchie R J,Larkum A W D.2004.Uptake kinetics and assimilation of phosphorus by *Catenella nipae* and *Ulva lactuca* can be used to indicate ambient phosphate availability[J].Journal of Applied Phycology,16(3):181-194.

Runcie J W,Gurgel C F D,Mcdermid K J.2008. *In situ* photosynthetic rates of tropical marine macroalgae at their lower depth limit[J].European Journal of Phycology,43(4):377-388.

Rupérez P,Ahrazem O,Leal J A.2002. Potential antioxidant capacity of sulfated polysaccharides from the edible marine brown seaweed *Fucus vesiculosus*[J].Journal of Agricultural & Food Chemistry,50(4):840-845.

Rusig A M,Guyader H L,Ducreux G.1994.Dedifferentiation and microtubule reorganization in the apical cell protoplast of *Sphacelaria* (Phaeophyceae)[J].Protoplasma,179(1-2):83-94.

Russell B D,Connell S D.2007. Response of grazers to sudden nutrient pulses in oligotrophic versus eutrophic conditions[J].Marine Ecology Progress Series,349(1):73-80.

Russell G.1983. Formation of an ectocarpoid epiflora on blades of *Laminaria digitata*[J].Marine Ecology Progress Series,11(2):181-187.

Russell G.1986.Variation and natural selection in marine macroalgae[J].Oceanography & Marine Biology,24:309-377.

Russell G.1987.Salinity and seaweed vegetation.In Crawford R M M(ed.),Plant life in aquatic and amphibious habitats(pp.35-52).Oxford:Blackwell Scientific.

Russell G.1988.The seaweed flora of a young semi-enclosed sea:the baltic.Salinity as a possible agent of flora divergence[J].Helgoländer Meeresuntersuchungen,42(2):243-250.

Russell G.1991.Vertical distribution.In Mathieson A C,Nienhuis P H(eds),Ecosystems of the World.24.Intertidal and littoral ecosysterrzs(pp.43-65).New York:Elsevier.

Russell G,Bolton J J.1975.Euryhaline ecotypes of *Ectocarpus siliculosus*(Dillw.)*Lyngb*[J].Estuarine & Coastal Marine Science,3(1):91-94.

Russell G,Fielding A H.1974.The competitive properties of marine algae in culture[J].Journal of Ecology,62(3):689-698.

Russell G,Fielding A H.1981.Individuals,populations and communities.In Lobban C S,Wynne M J(eds),The biology of seaweeds(pp.393-420).Oxford:Blackwell Scientific.

Russell G,Veltkamp C J.1984.Epiphyte survival on skin-shedding macrophytes[J].Marine Ecology Progress Series,18:149-153.

Russell L K,Hepburn C D,Hurd C L,et al.2008.The expanding range of *Undaria pinnatifida* in southern New Zealand:distribution,dispersal mechanisms and the invasion of wave-exposed environments[J].Biological Invasions,10(1):103-115.

Russell-Hunter W D.1970.Aquatic productivity.An introduction to some basic aspects of biological oceanography and limnology[M].New York:Macmillan.

Ryther J H,Goldman J C,Gifford C E,et al.1979.Physical models of integrated waste recycling-marine polyculture systems[J].Aquaculture,5(2):163-177.

Sacramento A T, García-Jiménez P, Alcázar R, et al. 2004. Influence of polymines on the sporulation of *Grateloupia* (Halymeniaceae, Rhodophyta) [J]. Journal of Phycology, 40(5): 887–894.

Sacramento A T, García-Jiménez P, Robaina R R. 2007. The polyamine spermine induces cystocarp development in the seaweed *Grateloupia* (Rhodophyta) [J]. Plant Growth Regulation, 53(3): 147–154.

Saffo M B. 1987. New light on seaweeds [J]. Bioscience, 37(9): 654–664.

Saga N, Uchida T, Sakai Y. 1978. Clone *Laminaria* from single isolated cell [J]. Bulletin of the Japanese Society of Scientific Fisheries, 44(1): 87.

Sagert S, Schubert H. 1995. Acclimation of the photosynthetic aparatus of *Palmaria palmata* (Rhodophyta) to light qualities that preferentially excite photosystem I or PS II [J]. Journal of Phycology, 31(4): 547–554.

Sahoo D, Yarish C. 2005. Mariculture of seaweeds. In Andersen R (ed.), Algal culturing techniques (pp. 219–237). New York: Academic Press.

Saito A, Hiroyuki M, Hajime Y, et al. 2008. Artificial production of regenerable free cells in the gametophyte of *Porphyra pseudolinearis* (Bangiales, Rhodophyceae) [J]. Aquaculture, 281(1–4): 138–144.

Salgado L T, Viana N B, Andrade L R, et al. 2008. Intra-cellular storage, transport and exocytosis of halogenated compounds in marine red alga *Laurencia obtusa* [J]. Journal of Structural Biology, 162(2): 345–355.

Salisbury J L. 2007. A mechanistic view on the evolutionary origin for centrin-based control of centriole duplication [J]. Journal of Cellular Physiology, 213(2): 420–428.

Salles S, Aguilera J, Figueroa F L. 1996. Light field in algal canopies: changes in spectral light ratios and growth of *Porphyra leucosticta* Thur in Le Jol [J]. Scientia Marina, 60(3): 29–38.

Salvucci M E. 1989. Regulation of Rubisco activity in vivo [J]. Physiologia Plantarum, 77(1): 164–171.

Sánchez P C, Correa J A, Garcia-Reina G. 1996. Host-specificity of *Endophyton ramosum* (Chlorophyta), the causative agent of green patch disease in *Mazzaella laminarioides* (Rhodophyta) [J]. European Journal of Phycology, 31(2): 173–179.

Sanders H L, Grassle J F, Hampson G R, et al. 1980. Anatomy of an oil spill: Long-term effects from the grounding of the barge *Florida* off West Falmouth, Massachusetts [J]. Journal of Marine Research, 38: 2(2): 265–380.

Sand-Jensen K. 1987. Environmental control of bicarbonate use among freshwater and marine macrophytes. In Crawford R M M (ed.), Plant life in aquatic and amphibious habitats (pp. 99–112). Oxford: Blackwell Scientific.

Sanina N M, Goncharova S N, Kostetsky E Y. 2004. Fatty acid composition of individual polar lipid classes from marine macrophytes [J]. Phytochemistry, 65(6): 721–730.

Santelices B. 1990. Patterns of reproduction, dispersal and recruitment in seaweeds [J]. Oceanogr. Mar. Biol. Annu. Rev, 28: 177–276.

Santelices B. 1991. Production ecology of *Gelidium* [J]. Hydrobiologia, 221(1): 31–44.

Santelices B. 1999. How many kinds of individual are there? [J]. Trends in Ecology & Evolution, 14(4): 152–155.

Santelices B. 2002. Recent advances in fertilization ecology of macroalgae [J]. Journal of Phycology, 38(1): 4–10.

Santelices B. 2004. A comparison of ecological responses among aclonal (unitary), clonal and coalescing macroalgae [J]. Journal of Experimental Marine Biology & Ecology, 300(1–2): 31–64.

Santelices B. 2004. Mosaicism and chimerism as components of intraorganismal genetic heterogeneity [J]. Journal of Evolutionary Biology, 17(6): 1187–1188.

Santelices B, Doty M. 1989. A review of *Gracilaria* farming [J]. Aquaculture, 78(2): 95–133.

Santelices B, Martínez E. 1988. Effects of filter-feeders and grazers on algal settlement and growth in mussel beds [J]. Journal of Experimental Marine Biology & Ecology, 118(3): 281–306.

Santelices B,Ojeda F P.1984.Recruitment,growth and survival of *Lessonia nigrescens*(Phaeophyta)at various tidal levels in exposed habitats of central Chile[J].Marine Ecology Progress Series,19(1-2):73-82.

Santelices B, Paya I. 1989. Digestion survival of algae: some ecological comparisons between free spores and propagules in fecal pellets[J].Journal of Phycology,25(4):693-699.

Santelices B, Montalva S, Oliger P.1981. Competitive algal community organization in exposed intertidal habitats from central Chile[J].Marine Ecology Progress Series,6(3):267-276.

Santelices B,Correa J,Avila M.1983.Benthic algal spores surviving digestion by sea urchins[J].Journal of Experimental Marine Biology & Ecology,70(3):263-269.

Santelices B,Hoffmann A J,Aedo D,et al.1995.A bank of microscopic forms on disturbed boulders and stones in tide pools[J].Marine Ecology Progress Series,129(1-3):215-228.

Santelices B,Correa J A,Aedo D,et al.1999.Convergent biological processes in coalescing Rhodophyta[J].Journal of Phycology,35(6):1127-1149.

Santelices B,Correa J A,Meneses I,et al.1996.Sporeling coalescence and intraclonal variation in *Gracilaria chilensis* (Gracilariales,Rhodophyta)[J].Journal of Phycology,32:313-322.

Santelices B,Bolton J J,Meneses I.2009.Marine algal communities.In Witman J D,Roy K(eds),Marine macroecology(pp.153-192).Chicago:University of Chicago Press.

Santelices B,Alvarado J L, Flores V.2010.Size increments due to interindividual fusions:how much and for how long? [J].Journal of Phycology,46(4):685-692.

Saroussi S,Beer S.2007.Alpha and quantum yield of aquatic plants derived from PAM fluorometry:uses and misuses [J].Aquatic Botany,86(1):89-92.

Saunders G W.2005.Applying DNA barcoding to red macroalgae:a preliminary appraisal holds promise for future applications[J].Philosophical Transactions of the Royal Society of London,360(1462):1879-1888.

Saunders G W.2008.A DNA barcode examination of the red algal family Dumontiaceae in Canadian waters reveals substantial cryptic species diversity.1.The foliose *DilseaNeodilsea* complex and *Weeksia*[J].Botany-botanique,86 (7):773-789.

Saunders G W.2009.Routine DNA barcoding of Canadian Gracilariales(Rhodophyta)reveals the invasive species *Gracilaria vermiculophylla* in British Columbia[J].Molecular Ecology Resources,9(s1):140-150.

Saunders G W, Druehl L D.1992.Nucleotide sequences of the small-subunit ribosomal RNA genes from selected Laminariales(Phaeophyta):implications for kelp evolution[J].Journal of Phycology,28(4):544-549.

Saunders G W,Druehl L D.1993.Revision of the kelp family Alariaceae and the taxonomic affinities of *Lessoniopsis* Reinke(Laminariales,Phaeophyta)[J].Hydrobiologia,260-261(1):689-697.

Saunders G W,Hommersand M H.2004.Assessing red algal supraordinal diversity and taxonomy in the context of contemporary systematic data[J].American Journal of Botany,91(10):1494-1507.

Saunders G W,Kraft G T.1997.A molecular perspective on red algal evolution:focus on the Florideophycidae[M]. Plant Systematics and Evolution(Supplement),11:115-138.

Saunders G W,Lehmkuhl K V.2005.Molecular divergence and morphological diversity among four cryptic species of *Plocamium*(Plocamiales, Florideophyceae) in northern Europe [J]. European Journal of Phycology, 40 (3): 293-312.

Saunders G W, Bird C J, Ragan M A, et al.1995. Phylogenetic relationships of species of uncertain taxonomic position within the Acrochaetiales/Palmariales complex(Rhodophyta):inferences from phenotypic and 18S rDNA sequence data[J].Journal of Phycology,31(4):601-611.

Saxena I M, Brown Jr M.2005.Cellulose biosynthesis: current views and evolving concepts[J].Annals of Botany, 96: 9-21.

Scanlan C M, Wilkinson M.1987.The use of seaweeds in biocide toxicity testing.Part 1.The sensitivity of different stages in the life-history of Fucus, and of other algae, to certain biocides[J].Marine Environmental Research, 21(1): 11-29.

Schaffelke B.1995.Storage carbohydrates and abscisic acid contents in *Larninaria hyperborea* are entrained by experimental daylengths[J].European Journal of Phycology, 30(4): 313-317.

Schaffelke B.1995.Abscisic acid in sporophytes of 3 *Laminaria* species (Phaeophyta) [J].Journal of Plant Physiology, 146(4): 453-458.

Schaffelke B.1999.Short-term nutrient pulses as tools to assess responses of coral reef macroalgae to enhanced nutrient availability[J].Marine Ecology Progress Series, 182(3): 305-310.

Schaffelke B.1999.Particulate organic matter as an altemative nutrient source for tropical *Sargassum* species (Fucales, Phaeophyceae) [J].Journal of Phycology, 35(6): 1150-1157.

Schaffelke B.2001.Surface alkaline phosphatase activities of macroalgae on coral reefs of the central Great Barrier Reef, Australia[J].Coral Reefs, 19(4): 310-317.

Schaffelke B, Deane D.2005.Desiccation tolerance of the introduced marine green alga *Codium fragile* ssp.*tomentosoides*: clues for likely transport vectors? [J].Biological Invasions, 7(4): 577-565.

Schaffelke B, Hewitt C L, Johnson C R.2007.Impacts of introduced seaweeds[J].Botanica Marina, 50(5/6): 397-417.

Schaffelke B, Klumpp D W.1998.Nutrient-limited growth of the coral reef macroalga *Sargassum baccularia* and experimental growth enhancement by nutrient addition in continuous flow culture[J].Marine Ecology Progress Series, 164(8): 199-211.

Schaffelke B, Klumpp D W.1998.Short-term nutrient pulses enhance growth and photosynthesis of the coral reef macroalga *Sargassum baccularia*[J].Marine Ecology Progress Series, 170(3): 95-105.

B.Schaffelke, K.Lüning.1994.A circannual rhythm controls seasonal growth in the kelps *Laminaria hyperborea* and *L.digitata* from Helgoland (North Sea) [J].European Journal of Phycology, 29(1): 49-56.

Schaffelke B, Peters A F, Reusch T B H.1996.Factors influencing depth distribution of soft bottom inhabiting *Laminaria saccharina* (L.) Lamour.in Kiel Bay, Western Baltic[J].Hydrobiologia, 326-327(1): 117-123.

Schaffelke B, Smith J E, Hewitt C L.2006.Introduced Macroalgae-a Growing Concern[J].Journal of Applied Phycology, 18(3-5): 529-541.

Schagerl M, Möstl M.2011.Drought stress, rain and recovery of the intertidal seaweed *Fucus spiralis*[J].Marine Biology, 158(11): 2471-2479.

Schatz S.1980.Degradation of *Laminaria saccharina* by higher fungi: a preliminary report[J].Botanica Marina, 23: 617-622.

Scheibling R E, Gagnon P.2006.Competitive interactions between the invasive green alga *Codium fragile* ssp.*tomentosoides* and native canopy-forming seaweeds in Nova Scotia (Canada) [J].Marine Ecology Progress Series, 325(1): 1-14.

Scheibling R E, Hatcher B G.2007.Ecology of *Strongylocentrorus droebachiensis*.In Lawrence J M (ed.), Edible sea Urchins: biology and ecology (pp.353-392).New York: Elsevier.

Schiel D R.2006.Rivets or bolts? When single species count in the function of temperate rocky reef communities [J].Journal of Experimental Marine Biology & Ecology, 338(2): 233-252.

Schiel D R, Choat J H.1980.Effects of density on monospecific stands of marine algae[J].Nature, 285(5763): 324-326.

Schiel D R, Foster M S.1986.The structure of subtidal algal stands in temperate waters[J].Oceanogr Mar Biol Annu Rev, 24:265-307.

Schiel D R, Foster M S.2006.The population biology of large brown seaweeds: ecological consequences of multiphase life histories in dynamic coastal environments[J].Annual Review of Ecology Evolution & Systematics, 37(37): 343-372.

Schiel D R, Lilley S A.2011.Impacts and negative feedbacks in community recovery over eight years following removal of habitat-forming macroalgae[J].Journal of Experimental Marine Biology & Ecology, 407(1):108-115.

Schiel D R, Steinbeck J R, Foster M S.2005.Ten years of induced ocean warming causes comprehensive changes in marine benthic communities[J].Ecology, 85(7):1833-1839.

Schiel D R, Dunmore W R A, Taylor D I.2006.Sediment on rocky intertidal reefs: effects on early post-settlement stages of habitat-forming seaweeds[J].Journal of Experimental Marine Biology & Ecology, 331(2):158-172.

Schiff J A.1983.Reduction and other metabolic reactions of sulfate.In Uiuchli A, Bieleski R L(eds), Encyclopaedia of plant physiology(VoL 15, pp.382-399).Berlin: Springer-Verlag.

Schils T, Wilson S C.2006.Temperature threshold as a biogeographic barrier in northern Indian Ocean macroalgae [J].Journal of Phycology, 42(4):749-756.

Schmid C E.1993.Cell-cell-recognition during fertilization in *Ectocarpus siliculosus*(Phaeophyceae)[J].Hydrobiologia, 260-261(1):437-443.

Schmid C E, Schroer N, Müller D G.1994.Female gamete membrane glycoproteins potentially involved in gamete recognition in *Ectocarpus siliculosus*(Phaeophyceae)[J].Plant Science, 102(1):61-67.

Schmid R.1984.Blue light effects on morphogenesis and metabolism in Acetabularia.In Senger H(ed.), Blue light effects in biological systems(pp.419-432).Berlin: Springer-Verlag.

Schmid R, Dring M J.1996.Blue light and carbon acquisition in brown algae: an overview and recent developments [J].Scientia Marina, 60(1):115-124.

Schmid R, Tünnermann M, Idziak E M.1990.Role of red light in hair-whorl formation induced by blue light in *Acetabularia mediterranea*[J].Planta, 181(1):144-147.

Schmitt T M, Lindquist N, Hay M E.1998.Seaweed secondary metabolites as antifoulants: effects of *Dictyota* spp. diterpenes on survivorship, settlement, and development of marine invertebrate larvae[J].Chemoecology, 8(3): 125-131.

Schmitz K.1981.Translocation.In Lobban C S, Wynne M J(eds), The biology of seaweeds(pp.534-558) Oxfdord: Blackwell Scientific.

Schmitz K, Riffarth W. 1980. Carrier-mediated uptake of L-leucine by the brown alga *Giffordia mitchellae*[J]. Zeitschrift Für Pflanzenphysiologie, 96(4):311-324.

Schmitz K, Srivastava L M.1974.Fine structure and development of sieve tubes in *Laminaria groenlandica* Rosenv [J].Cytobiologie, 10:66-87.

Schneider C W.1976.Spatial and temporal distributions of benthic marine algae on the continental shelf of the Carolinas[J].Bulletin of Marine Science, 26(2):133-151.

Schoch G C, Menge B A, Allison G, et al.2006.Fifteen degrees of separation: latitudinal gradients of rocky intertidal biota along the California Current[J].Limnology & Oceanography, 51(6):2564-2585.

Schoenwaelder M E A.2002.The occurrence and cellular significance of physodes in brown algae[J].Phycologia, 41

(2):125-139.

Schoenwaelder M E A, Clayton M N.1999.The role of the cytoskeleton in brown algal physode movement[J].European Journal of Phycology, 167(3):223-229.

Schofield O, Evens T J, Millie D F.1998.Photosystem II quantum yields and xanthophyll-cycle pigments of the macroalga *Sargassum natans*(Phaeophyceae): responses under natural sunlight[J].Journal of Phycology, 34(1): 104-112.

Schonbeck M, Norton T A.1978.Factors controlling the upper limits of fucoid algae on the shore[J].Journal of Experimental Marine Biology & Ecology, 31(3):303-313.

Schonbeck M W, Norton T A.1979.An investigation of drought avoidance in intertidal fucoid algae[J].Botanica Marina, 22(3):133-144.

Schonbeck M W, Norton T A, et al.1979.Drought-hardening in the upper-shore seaweeds *Fucus spiralis* and *Pelvetia canaliculata*[J].Journal of Ecology, 67(2):687-696.

Schonbeck M, Norton T A.1979.The effects of brief periodic submergence on intertidal fucoid algae[J].Estuarine & Coastal Marine Science, 8(3):205-211.

Schonbeck M, Norton T A.1980.Factors controlling the upper limits of fucoid algae on the shore[J].Journal of Experimental Marine Biology & Ecology, 43:131-150.

Schonbeck M, Norton T A.1980.The effects on intertidal fucoid algae of exposure to air under various conditions[J].Botanica Marina, 23(3):141-147.

Schramm W.1999.Factors influencing seaweed responses to eutrophication: some results from EU-project EUMAC [J].Journal of Applied Phycology, 11(1):69-78.

Schreiber U, Bilger W, Neubauer C.1994.Chlorophyll fluorescence as a non-intrusive indicator for rapid assess ment of in vivo photosynthesis.In Schulze E D, Caldwell M(eds), Ecophysiology of photosynthesis(pp.49-70).Berlin: Springer-Verlag.

Schubert H, Sagert S, Forster R M.2001.Evaluation of the different levels of variability in the underwater light field of a shallow estuary[J].Helgoland Marine Research, 55(1):12-22.

Schuenhoff A, Shpigel M, Lupatsch I, et al.2003.A semi-recirculating, integrated system for the culture of fish and seaweed[J].Aquaculture, 221(1):167-181.

Schulze T, Prager K, Dathe H, et al.2010.How the green alga *Chlamydomonas reinhardtii* keeps time[J].Protoplasma, 244(1-4):3-14.

Schumacher J F, Carman M L, Estes T G, et al.2007.Engineered antifouling microtopographies-effect of feature size, geometry, and roughness on settlement of zoospores of the green alga *Ulva*[J].Biofouling, 23(1):55-62.

Schweikert K, Sutherland J E S, Hurd C L, et al.2011.UV-B radiation induces changes in polyamine metabolism in the red seaweed *Porphyra cinnamomea*[J].Plant Growth Regulation, 65(2):389-399.

Schwenk K, Padilla D K, Bakken G S, et al.2009.Grand Challenges in Organismal Biology[J].Integrative & Comparative Biology, 49(1):7-14.

Scott F J, Wetherbee R, Kraft G T.1984.The morphology and development of some prominently stalked southern Australian Halymeniaceae (Cryptonemiales, Rhodophyta). II. The sponge-associated genera *Thamnoclonium* Kuetzing and *Codiophyllum* Gray[J].Journal of Phycology, 20(2):286-295.

Scrosati R.2002.An updated definition of genet applicable to clonal seaweeds, bryophytes, and vascular plants[J]. Basic & Applied Ecology, 3(2):97-99.

Scrosati R.2002.Morphological plasticity and apparent loss of apical dominance following the natural loss of the main apex in *Pterocladiella capillacea*(Rhodophyta, Gelidiales) fronds[J]. Phycologia, 41(1):96-98.

Scrosati R. 2005. Review of studies on biomass-density relationships (including self-thinning lines) in seaweeds: Main contributions and persisting misconceptions[J]. Phycological Research, 53(3):224-233.

Scrosati R, Heaven C. 2008. Trends in abundance of rocky intertidal seaweeds and filter feeders across gradients of elevation, wave exposure, and ice scour in eastern Canada[J]. Hydrobiologia, 603(1):1-14.

Scrosati R, Mudge B. 2004. Persistence of gametophyte predominance in *Chondrus crispus* (Rhodophyta, Gigartinaceae) from Nova Scotia after 12 years[J]. Hydrobiologia, 519(1-3):215-218.

Scrosati R, Dewreede R E. 1997. Dynamics of the biomass-density relationship and frond biomass inequality for *Mazzaella cornucopiae*(Gigartinaceae, Rhodophyta): implications for the understanding of frond interactions[J]. Phycologia, 36(36):506-516.

Searles R B. 1980. Strategy of the red algal life-history[J]. American Naturalist, 115(1):113-120.

Sears J R, Wilce R T. 1975. Sublittoral, benthic marine algae of southern Cape Cod and adjacent island: seasonal periodicity, associations, diversity, and floristic composition[J]. Ecological Monographs, 45(4):337-365.

Seery C R, Gunthorpe L, Ralph P J. 2006. Herbicide impact on *Hormosira banksii* gametes measured by fluorescence and germination bioassays[J]. Environmental Pollution, 2006, 140(1):43-51.

Semesi I S, Beer S, Björk M. 2009. Seagrass photosynthesis controls rates of calcification and photosynthesis of calcareous macroalgae in a tropical seagrass meadow[J]. Marine Ecology Progress Series, 382(1):41-47.

Serikawa K A, Mandoli D F. 1999. *Aaknox*1, a *kn*1-like homeobox gene in *Acetabularia acetabulum*, undergoes developmentally regulated subcellular localization[J]. Plant Molecular Biology, 41(6):785-793.

Serikawa K A, Porterfield D M, Mandoli D F. 2001. Asymmetric subcellular mRNA distribution correlates with carbonic anhydrase activity in *Acetabularia acetabulum*[J]. Plant Physiology, 125(2):900-911.

Serrao E A, Pearson G, Kautsky L, et al. 1996. Successful external fertilization in turbulent environments[J]. Proceedings of the National Academy of Sciences of the United States of America, 93(11):5286-5290.

Serrão E A, Alice L A, Brawley S H. 1999. Evolution of the Fucaceae (Phaeophyceae) inferred from nrDNA-ITS[J]. Journal of Phycology, 35(2):382-394.

Setchell W A, Gardner N L, Holman R M. 1919. The marine algae of the Pacific Coast of North America. Part I. Myxophyceae[J]. University of California publications in botany, 8:1-138.

Setchell W A, Gardner N L. 1925. Ⅲ. Melanophyceae. The marine algae of the Pacific Coast of North America[M]. Berkley, CA: University of California Press, 383-898.

Seymour R J, Tegner M J, Dayton P K, et al. 1989. Storm wave induced mortality of giant kelp, *Macrocystis pyrifera*, in southern California[J]. Estuarine Coastal & Shelf Science, 28(3):277-292.

Sfriso A, Marcomini A, Pavoni B. 1987. Relationships between macroalgal biomass and nutrient concentrations in a hypertrophic area of the Venice Lagoon[J]. Marine Environmental Research, 22(4):297-312.

Sharp G. 1987. Ascophyllum nodosum and its harvesting in eastem Canada. In Doty M S, Caddy J F, Santelices B (eds), Case studies of seven commercial seaweed resources (pp.3-48). FAO. Fish. Tech. Pap. 281.

Sharrock R A. 2008. The phytochrome red/far-red photoreceptor superfamily[J]. Genome Biology, 9:230.

Shaughnessy F J, Wreede R D, Bell E C. 1996. Consequences of morphology and tissue strength to blade survivorship of two closely related Rhodophyta species[J]. Marine Ecology Progress Series, 136(1-3):257-266.

Shears N T, Babcock R C. 2003. Continuing trophic cascade effects after 25 years, of no-take marine reserve protection[J]. Marine Ecology Progress Series, 246:1-16.

Shepherd V A, Beilby M J, Bisson M A. 2004. When is a cell not a cell? A theory relating coenocytic structure to the unusual electrophysiology of *Ventricaria ventricosa*(Valonia ventricosa)[J].Protoplasma,223(2-4):79-91.

Shimshock N,Sennefelder G,Dueker M,et al.1992.Patterns of metal accumulation in *Laminaria longicruris* from Long Island Sound(Connecticut)[J].Archives of Environmental Contamination & Toxicology,22(3):305-312.

Shivji M S.1985.Interactive effects of light and nitrogen on growth and chemical composition of juvenile *Macrocystis pyrifera*(L.)C.Ag.(Phaeophyta)sporophytes[J].Journal of Experimental Marine Biology & Ecology,89(1):81-96.

Shivji M S.1991.Organization of the chloroplast genome in the red alga *Porphyra yezoensis*[J].Current Genetics,19(1):49-54.

Sieburth J M.1969.Studies on algal substances in the sea.III.The production of extracellular organic matter by littoral marine algae[J].Journal of Experimental Marine Biology & Ecology,3(3):290-309.

Sieburth J M,Tootle J L.1981.Seasonality of microbial fouling on *Ascophyllum nodosum*(L.)Lejol.*Fucus vesiculosus* L.Polysiphonia lanosa(L.)Tandy and *Chondrus crispus* Stackh[J].Journal of Phycology,17(1):57-64.

Silberfeld T,Leigh J W,Verbruggen H,et al.2010.A multi-locus time-calibrated phylogeny of the brown algae(Heterokonta,Ochrophyta,Phaeophyceae):investigating the evolutionary nature of the "brown algal crown radiation"[J].Molecular Phylogenetics & Evolution,56(2):659-674.

Simkiss K,Wilbur K M.1989.Biomineralization:cell biology and mineral deposition[M].Orlando,FL:Academic Press,340.

Simpson C L,Stern D B.2002.The treasure trove of algal chloroplast genomes.Surprises in architecture and gene content,and their functional implications[J].Plant Physiology,129(3):957-966.

Singh P,Kumar P A,Abrol Y P,et al.1985.Photorespiratory nitrogen cycle-a critical evaluation[J].Physiologia Plantarum,66(1):169-176.

Sjøtun K,Fredriksen S,Rueness J.1998.Effect of canopy biomass and wave exposure on growth in *Laminaria hyperborea* (Laminariaceae:Phaeophyta)[J].European Journal of Phycology,33(4):337-343.

Sjøtun K,Christie H,Fosså J H.2006.The combined effect of canopy shading and sea urchin grazing on recruitment in kelp forest(*Laminaria hyperborea*)[J].Marine Biology Research,2(1):24-32.

Skene K R.2004.Key differences in photosynthetic characteristics of nine species of intertidal macroalgae are related to their position on the shore[J].Canadian Journal of Botany,82(2):177-184.

Slocum C J.1980.Differential susceptibility to grazers in two phases of an intertidal alga:Advantages of heteromorphic generations[J].Journal of Experimental Marine Biology & Ecology,46(1):99-110.

Smetacek V,Bodungen B V,Bröckel K V,et al.1976.The plankton tower.II.Release of nutrients from sediments due to changes in the density of bottom water[J].Marine Biology,34(4):373-378.

Smit A J.2004.Medicinal and pharmaceutical uses of seaweed natural products:a review[J].Journal of Applied Phycology,16(4):245-262.

Smit A J,Brearley A,Hyndes G A,et al.2005.Carbon and nitrogen stable isotope analysis of an *Amphibolis griffithii* seagrass bed[J].Estuarine Coastal & Shelf Science,65(3):545-556.

Smit A,Brearley A,Hyndes G,et al.2006.Delta N-15 and delta C-13 analysis of a *Posidonia sinuosa* seagrass bed[J].Aquatic Botany,84(3):277-282.

Smith A H,Nichols K,Mclachlan J.1984.Cultivation of seamoss(*Gracilaria*)in St.Lucia,West Indies[J].Hydrobiologia,116/117:249-251.

Smith A M,Sutherland J E,Kregting L,et al.2012.Phylomineralogy of the coralline red algae:correlation of skeletal mineralogy with molecular phylogeny[J].Phytochemistry,81(5):97-108.

Smith C M, Walters L J.1999.Fragmentation as a strategy for *Caulerpa*, species: fates of fragments and implications for management of an invasive weed[J].Marine Ecology, 20(3-4): 307-319.

Smith D R, Hua J, Lee R W, et al.2012.Relative rates of evolution among the three genetic compartments of the red alga *Porphyra* differ from those of green plants and do not correlate with genome architecture[J].Molecular Phylogenetics & Evolution, 65(1): 339-344.

Smith G M.1947.On the reproduction of some Pacific Coast species of *Ulva*[J].American Journal of Botany, 34(2): 80-87.

Smith J E, Hunter C L, Conklin E J, et al.2004.Ecology of the invasive red alga *Gracilaria salicornia*(Rhodophyta) on O'ahu, Hawai'i[J].Pacific Science, 58(2): 325-343.

Smith J E, Conklin E J, Smith C M, et al.2008.Fighting algae in Kaneohe Bay(response)[J].Science, 319(5860): 157-158.

Smith J, Hunter C, Smith C.2010.The effects of top-down versus bottom-up control on benthic coral reef community structure[J].Oecologia, 163(2): 497-507.

Smith R C, Tyler J E.1974.In Jerlov N G, Steemann-Nielsen E(eds), Optical aspects of oceanography.Orlando, FL: Academic Press.

Smith R C, Tyler J E.1976.Transmission of solar radiation into natural waters[J].Photochemical and Photobiological Reviews, 1: 117-155.

Smith R G, Wheeler W N, Srivastava L M.1983.Seasonal photosynthetic performance of *Macrocystis integrifolia* (Phaeophyceae)[J].Journal of Phycology, 19(3): 352-359.

Smith S D A.2002.Kelp rafts in the Southern Ocean[J].Global Ecology & Biogeography, 11(1): 67-69.

Smith S V, Kimmerer W J, Laws E A, et al.1981.Kaneohe Bay sewage diversion experiment: perspectives on ecosystem responses to nutritional perturbation[J].Pacificence, 35(4): 279-395.

Solis M J L, Draeger S, Cruz T E E D, et al.2010.Marine-derived fungi from *Kappaphycus alvarezii* and *K.striatum* as potential causative agents of ice-ice disease in farmed seaweeds[J].Botanica Marina, 53(6): 587-594.

Sorte C J B, Williams S L, Carlton J T.2010.Marine range shifts and species introductions: comparative spread rates and community impacts[J].Global Ecology & Biogeography, 19(3): 303-316.

Sotka E E.2005.Local adaptation in host use among marine invertebrates[J].Ecology Letters, 8(4): 448-459.

Sotka E E, Reynolds P L.2011.Rapid experimental shift in host use traits of a polyphagous marine herbivore reveals fitness costs on alternative hosts[J].Evolutionary Ecology, 25(6): 1335-1355.

Sotka E E, Whalen K E.2008.Herbivore offense in the sea: the detoxification and transport of secondary rnetabolites. In Amsler C D(ed.), Algal chemical ecology(pp.203-228).London: Springer(Limited).

Sotka E E, Hay M E, Thomas J D.1999.Host-plant specialization by a non-herbivorous amphipod: advantages for the amphipod and costs for the seaweed[J].Oecologia, 118(4): 471-482.

Sotka E E, Taylor R B, Hay M E.2002.Tissue-specific induction of resistance to herbivores in a brown seaweed: the importance of direct grazing versus waterborne signals from grazed neighbors[J].Journal of Experimental Marine Biology & Ecology, 277(1): 1-12.

Sotka E E, Wares J P, Hay M E.2003.Geographic and genetic variation in feeding preference for chemically defended seaweeds[J].Evolution, 57(10): 2262-2276.

Sotka E E, Forbey J, Horn M, et al.2009.The emerging role of pharmacology in understanding consumer-prey interactions in marine and freshwater systems[J].Integrative & Comparative Biology, 49(3): 291-313.

Soulsby P G, Lowthion D, Houston M, et al.1985.The role of sewage effluent in the accumulation of macroalgal mats on intertidal mudflats in two basins in Southern England[J].Netherlands Journal of Sea Research,19(3):257-263.

Sousa W P.1979.Experimental investigations of disturbance and ecological succession in a rocky intertidal algal community[J].Ecological Monographs,49(3):228-254.

Sousa W P.2001.Natural disturbance and the dynamics of marine benthic communities.In Bertness M D,Gaines S D,Hay M E(eds),Marine communiry ecology(pp.85-130).Sunderland,MA:Sinauer Assocs.

Sousa W P,Schroeter S C,Gaines S D.1981.Latitudinal variation in intertidal algal community structure:the influence of grazing and vegetative propagation[J].Oecologia,48(3):297-307.

Spaargaren D H.1984.On ice formation in sea water and marine animals at subzero temperatures[J].Marine Biology,5:203-216.

Spalding H,Foster M S,Heine J N.2003.Composition,distribution,and abundance of deep-water(>30 m) macroalgae in central Califomia[J].Journal of Phycology,39(2):273-284.

Speransky S R,Brawley S H,Halteman W A.2000.Gamete release is increased by calm conditions in the coenocytic green alga *Bryopsis*(Chlorophyta)[J].Journal of Phycology,36(4):730-739.

Speransky V V,Brawley S H,McCully M E.2001.Ionfluxes and modification of the extracellular matrix during gamete release in fucoid algae[J].Journal of Phycology,37(4):555-573.

Spilling K,Titelman J,Greve T M,et al.2010.Microsensor measurements of the external and internal microenvironment of *Fucus vesiculosus*(Phaeophyceae)[J].Journal of Phycology,46(6):1350-1355.

Springer Y P,Hays C G,Carr M H,et al.2010.Toward ecosystem-based management of marine macroalgae-the bull kelp,*Nereocystis Luetkeana*[J].Oceanography & Marine Biology,48:1-42.

Stachowicz J J,Hay M E.1999.Reducing predation through chemically mediated camouflage:indirect effects of plant defenses on herbivores[J].Ecology,80(2):495-509.

Stachowicz J J,Whitlatch R B.2005.Multiple mutualists provide complementary benefits to their seaweed host[J].Ecology,86(9):2418-2427.

Stachowicz J J,Bruno J F,Duffy J E.2007.Understanding the effects of marine biodiversity on communities and ecosystems[J].Annual Review of Ecology Evolution & Systematics,38(38):739-766.

Stanley S M,Ries J B,Hardie L A.2010.Increased production of calcite and slower growth for the major sediment-producing alga *Halimeda* as the Mg/Ca ratio of seawater is lowered to a "calcite sea" level[J].Journal of Sedimentary Research,80(1):6-16.

Stauber J L,Florence T M.1985.Interactions of copper and manganese:a mechanism by which manganese alleviates copper toxicity to the marine diatom,*Nitzschia closterium*(Ehrenberg)W.Smith[J].Aquatic Toxicology,7(4):241-254.

Stauber J L,Florence T M.1987.Mechanism of toxicity of ionic copper and copper complexes to algae[J].Marine Biology,94(4):511-519.

Steele R L,Hanisak M D.1979.Sensitivity of some brown algal reproductive stages to oil pollution[J].Proceedings of the Fifth International Seaweed Symposium,9:181-191.

Steele R L,Thursby G B,Van der M J P.1986.Genetics of *Champia parvula* (Rhodymeniales,Rhodophyta):Mendelian inheritance of spontaneous mutants[J].Journal of Phycology,22(4):538-542.

Steemaxn-Nielsen E.1974.Light and primary production.In Jerlov N G(ed.),Optical aspects of oceanography(pp.331-388).New York:Academic Press.

Steen H.2004.Interspecific competition between *Enteromorpha*(Ulvales:Chlorophyceae)and *Fucus*(Fucales:Phaeophyceae) germlings: Effects of nutrient concentration, temperature, and settlement density[J].Marine Ecology Progress Series, 278(3):89-101.

Steen H, Scrosati R.2004. Intraspecific competition in *Fucus serratus* and *F. evanescens* (Phaeophyceae: Fucales) germlings: effects of settlement density, nutrient concentration, and temperature[J]. Marine Biology, 144(1): 61-70.

Steinbeck J R, Schiel D R, Foster M S.2005. Detecting long-term change in complex communities: a case study from the rocky intertidal zone[J]. Ecological Applications, 15(5):1813-1832.

Steinberg P D, Altena I V.1992. Tolerance of marine invertebrate herbivores to brown algal phlorotannins in temperate Australasia[J]. Ecological Monographs, 62(2):189-222.

Steinberg P D, Rocky D N.2003. Chemical mediation of colonization of seaweed surfaces[J]. Journal of Phycology, 38(4):621-629.

Steinberg P D, de Nys R, Kjelleberg S.2001. Chemical mediation of surface colonization. In McClintock J B, Baker B J(eds), Marine chemical ecology(pp.355-387). Boca Raton, FL: CRC Press.

Steinberg P D, De N R, Kjelleberg S.2002. Chemical cues for surface colonization[J]. Journal of Chemical Ecology, 28(10):1935-1951.

Steinhoff F S, Wiencke C, Müller R, et al.2008. Effects of ultraviolet radiation and temperature on the ultrastructure of zoospores of the brown macroalga *Laminaria hyperborea*[J]. Plant Biology, 10(3):388-397.

Stekoll M S, Deysher L.2000. Response of the dominant alga *Fucus gardneri*(Silva)(Phaeophyceae) to the *Exxon Valdez* oil spill and clean-up[J]. Marine Pollution Bulletin, 40(11):1028-1041.

Steneck R S.1982. A limpet-coralline alga association: adaptations and defenses between a selective herbivore and its prey[J]. Ecology, 63(2):507-522.

Steneck R S.1992. Plant-herbivore coevolution: a reappraisal &om the marine realm and its fossil record. In John D M, Hawkins S J, Price J H(eds), Plan-animal interactions in the marine benthos, systemarics association special Volume 46(pp.477-491). Oxford: Claredon Press.

Steneck R S, Dethier M N.1994. A functional group approach to the structure of algal-dominated communities[J]. Oikos, 69(3):476-498.

Steneck R S, Martone P T.2007. Calcified algae. In Denny M W, Gaines S D(eds), Encyclopedia of tidepools(pp. 21-24) Berkeley, CA: University of Califomia Press.

Steneck R S, Watling L.1982. Feeding capabilities and limitation of herbivorous molluscs: A functional group approach[J]. Marine Biology, 68(3):299-319.

Steneck R S, Hacker S D, Dethier M N.1991. Mechanisms of competitive dominance between crustose coralline algae: an herbivore-mediated competitive reversal[J]. Ecology, 72(3):938-950.

Steneck R M, Graham M H, Bourque B J, et al.2002. Kelp forest ecosystems: Biodiversity, stability, resilience and future[M]. Environmental Conservation. 29:436-459.

Stengel D B, Dring M.1997. Morphology and in situ growth rates of plants of *Ascophyllum nodosum* (Phaeophyta) from different shore levels and responses of plants to vertical transplantation[J]. European Journal of Phycology, 32(2):193-202.

Stengel D B, Dring M J.2000. Copper and iron concentrations in *Ascophyllum nodosum* (Fucales, Phaeophyta) from different sites in Ireland and after culture experiments in relation to thallus age and epiphytism[J]. Journal of Experimental Marine Biology & Ecology, 246(2):145-161.

Stengel D B, Macken A, Morrison L, et al.2004. Zinc concentrations in marine macroalgae and a lichen from western

Ireland in relation to phylogenetic grouping, habitat and morphology[J]. Marine Pollution Bulletin, 48(9-10): 902-909.

Stepanyan O V, Voskoboinikov G M. 2006. Effect of oil and oil products on morphofunctional parameters of marine macrophytes[J]. Russian Journal of Marine Biology, 32(1): S32-S39.

Stephenson T A, Stephenson A. 1949. The universal features of zonation between tide-marks on rocky coasts[J]. Journal of Ecology, 37(2): 289-305.

Stephenson T A, Stephenson A. 1972. Life between tidemarks on rocky shores[M]. W. San Francisco, CA: Freeman, 425.

Stevens C L, Hurd C L. 1997. Boundary-layers around bladed aquatic macrophytes[J]. Hydrobiologia, 346(1-3): 119-128.

Stevens C L, Hurd C L, Smith M J. 2001. Water motion relative to subtidal kelp fronds[J]. Limnology & Oceanography, 46(3): 668-678.

Stevens C L, Hurd C L, Smith M J. 2002. Field measurement of the dynamics of the bull kelp *Durvillaea antarctica* (Chamisso) Heriot[J]. Journal of Experimental Marine Biology & Ecology, 269(2): 147-171.

Stevens C L, Hurd C L, Isachsen P E. 2003. Modelling of diffusion boundary-layers in subtidal macroalgal canopies: the response to waves and currents[J]. Aquatic Sciences, 65(1): 81-91.

Stevens C L, Taylor D I, Delaux S, et al. 2008. Characterisation of wave-influenced macroalgal propagule settlement [J]. Journal of Marine Systems, 74(1-2): 96-107.

Stewart H L. 2004. Hydrodynamic consequences of maintaining an upright posture by different magnitudes of stiffness and buoyancy in the tropical alga *Turbinaria ornata*[J]. Journal of Marine Systems, 49(1): 157-167.

Stewart H L. 2006. Morphological variation and phenotypic plasticity of buoyancy in the macroalga *Turbinaria ornata* across a barrier reef[J]. Marine Biology, 149(4): 721-730.

Stewart H L, Carpenter R C. 2003. The effects of morphology and water flow on photosynthesis of marine macroalgae [J]. Ecology, 84(11): 2999-3012.

Stewart J G. 1982. Anchor species and epiphytes in intertidal algal turf[J]. Pacific Science, 36(1): 45-59.

Stewart J G. 1983. Fluctuations in the quantity of sediments trapped among algal thalli on intertidal rock platforms in southern California[J]. Journal of Experimental Marine Biology & Ecology, 73(3): 205-211.

Stewart J G. 1989. Establishment, persistence and dominance of *Corallina* (Rhodophyta) in algal turf[J]. Journal of Phycology, 25(3): 436-446.

Stimson J, Larned S T, Conklin E. 2001. Effects of herbivory, nutrient levels, and introduced algae on the distribution and abundance of the invasive macroalga, *Dictyosphaeria cavernosa* in Kaneohe Bay, Hawaii[J]. Coral Reefs, 19 (4): 343-357.

Stirk W A, Novák O, Strnad M, et al. 2003. Cytokinins in macroalgae[J]. Plant Growth Regulation, 41(1): 13-24.

Stirk W A, Novák O, Hradecká V, et al. 2009. Endogenous cytokinins, auxins and abscisic acid in *Ulva fasciata* (Chlorophyta) and *Dictyota* humifusa (Phaeophyta): towards understanding their biosynthesis and homoeostasis [J]. European Journal of Phycology, 44(2): 231-240.

Storz H, Müller K J, Ehrhart F, et al. 2009. Physicochemical features of ultra-high viscosity alginates [J]. Carbohydrate Research, 344(8): 985-995.

Stratmann J, Paputsoglu G, Oertel W. 1996. Differentiation of *Ulva mutabilis* (Chlorophyta) gametangia and gamete release are controlled by extracellular inhibitors[J]. Journal of Phycology, 32(6): 1009-1021.

Strickland J D H, Parsons T R. 1972. A practical handbook of seawater analysis, 2nd edn[M]. Fisheries Research

Board of Canada, 310.

Strömgren T.1979.The effect of zinc on the increase in length of five species of intertidal fucales[J].Journal of Experimental Marine Biology & Ecology, 40(1):95–102.

Strömgren T.1980.The effect of dissolved copper on the increase in length of four species of intertidal fucoid algae [J].Marine Environmental Research, 3(1):5–13.

Strömgren T.1980.The effect of lead, cadmium, and mercury on the increase in length of five intertidal fucales[J]. Journal of Experimental Marine Biology & Ecology, 43(2):107–119.

Strömgren T.1980.Combined effects of Cu, Zn, and Hg on the increase in length of *Ascophyllum nodosum*(L.) Le Jolis[J].Journal of Experimental Marine Biology & Ecology, 48(3):225–231.

Su H N, Xie B B, Zhang X Y, et al.2010.The supramolecular architecture, function, and regulation of thylakoid membranes in red algae: an overview[J].Photosynthesis Research, 106(1–2):73–87.

Suetsugu N, Mittmann F, Wagner G, et al.2005.A chimeric photoreceptor gene, NEOCHROME, has arisen twice during plant evolution[J].Proceedings of the National Academy of Sciences of the United States of America, 102 (38):13 705–13 709.

Sunda W G.2009.Trace element nutrients.In Steele J H(ed.), Encyclopedia of ocean science(2nd edn), (pp.75–86).New York: Springer.

Suple C.1999.El Niño/La Nina[J].National Geographic, 4(3):74–95.

Surif M B, Raven J A.1989.Exogenous inorganic carbon sources for photosynthesis in seawater by members of the Fucales and the Laminariales (Phaeophyta): ecological and taxonomic implications [J]. Oecologia, 78 (1): 97–105.

Surif M B, Raven J A.1990.Photosynthetic gas exchange under emersed conditions in eulittoral and normally submersed members of the Fucales and the Laminariales: interpretation in relation to C isotope ratio and N and water use efficiency[J].Oecologia, 82(1):68–80.

Sussmann A V, Dewreede R E.2002.Host specificity of the endophytic sporophyte phase of *Acrosiphonia*(Codiolales, Chlorophyta) in southern British Columbia, Canada[J].Phycologia, 41(41):169–177.

Sutherland J E, Lindstrom S C, Nelson W A, et al.2011.A new look at an ancient order: generic revision of the Bangiales(Rhodophyta)[J].Journal of Phycology, 47(5):1131–1151.

Suto S.1950. Studies on shedding, swimming and fixing of the spores of seaweeds[J]. Bulletin of the Japanese Society for the Science of Fish, 16(1):1–9.

Suttle C A.2007.Marine viruses-major players in the global ecosystem[J].Nature Reviews Microbiology, 5(10):801–812.

Suzuki K, Iwamoto K, Yokoyarna S, et al.1991.Glycolate-oxidizing enzymes in algae[J].Journal of Phycology, 27 (4):492–498.

Suzuki Y, Kuma K, Kudo I, et al.1995.Iron requirement of the brown macroalgae *Laminaria japonica*, *Undaria pinnatifida*(Phaeophyta) and the crustose coralline alga *Lithophyllum yessoense*(Rhodophyta), and their competition in the northern Japan Sea[J].Phycologia, 34(3):201–205.

Svendsen H, Beszczynska-Moller A, Hagen J O, et al.2002.The physical environment of Kongsfjorden-Krossfjorden, an Arctic fjord system in Svalbard[J].Polar Research, 21(1):133–166.

Svensson J R, Lindegarth M, Siccha M, et al.2007.Maximum species richness at intermediate frequencies of disturbance: consistency among levels of productivity[J].Ecology, 88(4):830–838.

Svensson J R, Lindegarth M, Pavia H. 2010. Physical and biological disturbances interact differently with productivity: effects on floral and faunal richness[J].Ecology,91(10):3069-3080.

Svensson J R, Lindegarth M, Jonsson P R, et al.2012.Disturbance-diversity models: what do they really predict and how are they tested? [J].Proc Biol Sci,279(1736):2163-2170.

Swanson A K, Druehl L D.2002.Induction, exudation and the UV protective role of kelp phlorotannins[J].Aquatic Botany,73(3):241-253.

Sweeney B M.1974.A physiological model for circadian thythms derived from the *Acetabularia* thythm paradoxes[J]. International Journal of Chronobiology,2:25-33.

Sweeney B M, Prézelin B B.1978.Circadian rhythms[J].Photochemistry & Photobiology,27(6):841-847.

Swinbanks D D.1982.Intertidal exposure zones: A way to subdivide the shore[J].Journal of Experimental Marine Biology & Ecology,62(1):69-86.

Syrett P J.1981.Nitrogen metabolism of microalgae[J].Canadian Bulletin of Fisheries & Aquatic Sciences, 67 (210):182-210.

Szymanski D B, Cosgrove D J.2009.Dynamic coordination of cytoskeletal and cell wall systems during plant cell morphogenesis[J].Current Biology Cb,19(17):800-811.

Tabita R S S, Hanson T E, Kreel N E, et al.2008.Distinct form I, II, III, and IV Rubisco proteins from the three kingdoms of life provide clues about Rubisco evolution and structure/function relationships[J].Journal of Experimental Botany,59(7):1515-1524.

Taiz L, Zeiger E.2010.Plant physiology(5th edn)[J].Sinauer Associates Inc.Publishers,782.

Takahashi F, Yamagata D, Ishikawa M, et al.2007.AUREOCHROME, a photoreceptor required for photomorphogenesis in stramenopiles[J].Proceedings of the National Academy of Sciences of the United States of America, 104 (49):19 625-19 630.

Talarico L.1990.R-phycoerythrin from *Audouinella saviana* (Nemaliales, Rhodophyta).Ultrastructural and biochemical analysis of aggregates and subunits[J].Phycologia,29(3):292-302.

Talarico L, Maranzana G.2000.Light and adaptive responses in red macroalgae: an overview[J].Journal of Photochemistry & Photobiology Biology,56(1):1-11.

Tanaka A, Nagasato C, Uwai S, et al.2007.Re-examination of ultrastructures of the stellate chloroplast organization in brown algae: Structure and development of pyrenoids[J].Phycological Research,55(3):203-213.

Tang Y Z, Gobler C J.2011.The green macroalga, *Ulva lactuca*, inhibits the growth of seven common harmful algal bloom species via allelopathy[J].Harmful Algae,10(5):480-488.

Tanner C E.1986.Investigations of the taxonomy and morphological variation of *Ulva* (Chlorophyta): *Ulva californica* Wille[J].Phycologia,25(4):510-520.

Tarakhovskaya E R, Maslov Y I, Shishova M F.2007.Phytohormones in algae[J].Russian Journal of Plant Physiology,54(2):163-170.

Targett N M, Arnold T M.2001.Effects of secondary metabolites on digestion in marine herbivores.In McClintock J B, Baker B J(eds), Marine chemical ecology(pp.391-411).Boca Raton, FL: CRC Press.

Tatewaki M.1970.Culture studies on the life history of some species of the genus *Monostroma*[J].6(1):1-56.

Tatewaki M, Provasoli L, Pintner I J.1983.Morphogenesis of *Monostroma oxyspermum*(Kiitz.) Doty(Chlorophyceae) in axenic culture, especially in bialgal culture[J].Journal of Phycology,19(4):409-416.

Taylor D I, Schiel D R.2010.Algal populations controlled by fish herbivory across a wave exposure gradient on southern temperate shores[J].Ecology,91(1):201-11.

Taylor D, Delaux S, Stevens C, et al.2010.Settlement rates of macroalgal algal propagules: cross-species comparisons in a turbulent environment[J].Limnology & Oceanography,55(1):66-76.

Taylor M W,Taylor R B,Rees T.1999.Allometric evidence for the dominant role of surface cells in ammonium metabolism and photosynthesis in northeastern New Zealand seaweeds[J].Marine Ecology Progress Series,184(3):73-81.

Taylor M W,Rees T A V.1999.Kinetics of ammonium assimilation in two seaweeds,*Enteromorpha* sp.(Chlorophyta) and Osmundaria colensoi(Rhodophyceae)[J].Journal of Phycology,35(4):740-746.

Taylor M W,Barr N G,Grant C M,et al.2006.Changes in amino acid composition of *Ulva intestinalis* (Chlorophyceae)following addition of ammonium or nitrate[J].Phycologia,45(3):270-276.

Taylor P R,Littler M M.1982.The roles of compensatory mortality,physical disturbance,and substrate retention in the development and organization of a sand-Influenced, rocky-Intertidal community [J]. Ecology, 63 (1): 135-146.

Taylor R B,Rees T A V.1998.Excretory products of mobile epifauna as a nitrogen source for seaweeds[J].Limnology & Oceanography,43(4):600-606.

Taylor R B,Peek J T A,Rees T A V.1998.Scaling of ammonium uptake by seaweeds to surface area:volume ratio: geographical variation and the role of uptake by passive diffusion[J].Marine Ecology Progress Series,169(1): 143-148.

Taylor R B,Sotka E,Hay M E.2002.Tissue-specific induction of herbivore resistance:seaweed response to amphipod grazing[J].Oecologia,132(1):68-76.

Taylor W R.1957.Marine algae of the northeastern coast of North America[M].Ann Arbor,MI:Uruversity of Michigan Press.

Taylor W R.1960.Marine algae of the eastern tropical and subtropical coasts of the Americas[M].Ann Arbor,MI: Uruversity of Michigan Press.

Tegner M J,Dayton P K.1987.El Niño effects on Southern California kelp forest communities[J].Advances in Ecological Research,17:243-279.

Teichberg M,Fox S E,Aguila C,et al.2008.Macroalgal responses to experimental nutrient enrichment in shallow coastal waters:Growth,internal nutrient pools,and isotopic signatures[J].Marine Ecology Progress Series,368 (01):117-126.

Teichberg M,Fox S,Aguila C,et al.2010.Eutrophication and macroalgal blooms in temperate and tropical coastal waters:nutrient enrichment experiments with *Ulva* spp.[J].Global Change Biology,16(9):2624-2637.

Telfer A.2002.What Is β-carotene doing in the photosystem II reaction centre? [J].Philosophical Transactions Biological Sciences,357(1426):1431-1440.

Terumoto I.1964.Frost-resistance in some marine algae from the winter intertidal zone[J].Low Temperature Science. ser.Biological Science,22:19-28.

Tewari A,Joshi H V.1988.Effect of domestic sewage and industrial effluents on biomass and species diversity of seaweeds[J].Botanica Marina,31(5):389-397.

The Royal Society.2005.Ocean acidification due to increasing atmospheric CO_2.Policy Document 12/05[J].The Royal Society,London.

Thiel M,Gutow L.2004.The ecology of rafting in the marine environment.I.The floating substrata[J].Oceanography & Marine Biology,42(2):181-264.

Thiel M,Gutow L.2005.The ecology of rafting in the marine environment.II.The rafting organisms and community [J].Oceanography & Marine Biology,43:279-418.

Thiel M, Macaya E C, Acuna E, et al. 2007. The Humboldt current system of northern-central Chile [J]. Oceanography & Marine Biology Annual Review,45:195-345.

Thomas D N, Wiencke C. 1991. Photosynthesis, dark respiration and light independent carbon fixation of endemic Antarctic macroalgae[J]. Polar Biology, 11(5):329-337.

Thomas D N, Fogg G E, Convey P, et al. 2008. The biology of polar regions[M]. Oxford: University Press, 416.

Thomas F, Cosse A, Goulitquer S, et al. 2011. Waterborne signaling primes the expression of elicitor-induced genes and buffers the oxidative responses in the brown alga *Laminaria digitata*[J]. Plos One, 6(6): e21475.

Martin L.H. 1986. A physically derived exposure index for marine shorelines[J]. Ophelia, 25(1): 1-13.

Thomas T E, Harrison P J. 1985. Effect of nitrogen supply on nitrogen uptake, accumulation and assimilation in *Porphyra perforata*(Rhodophyta)[J]. Marine Biology, 85(3): 269-278.

Thomas T E, Harrison P J. 1987. Rapid ammonium uptake and field conditions[J]. Journal of Experimental Marine Biology & Ecology, 107: 1-8.

Thomas T E, Harrison P J. 1988. A comparison of in vitro and in vivo nitrate reductase assays in three intertidal seaweeds[J]. Botanica Marina, 31(2): 101-107.

Thomas T E, Turpin D H. 1980. Desiccation enhanced nutrient uptake rates in the intertidal alga *Fucus distichus*[J]. Botanica Marina, 23: 479-481.

Thomas T E, Harrison P J, Taylor E B. 1985. Nitrogen uptake and growth of the germlings and mature thalli of *Fucus distichus*[J]. Marine Biology, 84(3): 267-274.

Thomas T E, Harrison P J, Turpin D H. 1987. Adaptations of *Gracilaria pacifica* (Rhodophyta) to nitrogen procurement at different intertidal locations[J]. Marine Biology, 93(4): 569-580.

Thomas T E, Turpin D H, Harrison P J. 1987. Desiccation enhanced nitrogen uptake rates in intertidal seaweeds[J]. Marine Biology, 94(2): 293-298.

Thompson S E, Callow J A, Callow M E, et al. 2007. Membrane recycling and calcium dynamics during settlement and adhesion of zoospores of the green alga *Ulva linza*[J]. Plant Cell & Environment, 30(6): 733-744.

Thompson S E, Callow M E, Callow J A. 2010. The effects of nitric oxide in settlement and adhesion of zoospores of the green alga *Ulva*[J]. Biofouling, 26(2): 167-178.

Thomsen M S, Wernberg T, Kendrick G A. 2004. The effect of thallus size, life stage, aggregation, wave exposure andsubstratum conditions on the forces required to break or dislodge thesmall kelp *Ecklonia radiata*[J]. Botanica Marina, 47(6): 454-460.

Thomsen M S, Wernberg T, Altieri A, et al. 2010. Habitat cascades: the conceptual context and global relevance of facilitation cascades via habitat formation and modification [J]. Integrative & Comparative Biology, 50 (2): 158-175.

Thornber C S. 2006. Functional properties of the isomorphic biphasic algal life cycle[J]. Integrative & Comparative Biology, 46(5): 605-614.

Thornber C S, Gaines S D. 2004. Population demographics in species with biphasic cycles[J]. Ecology, 85(6): 1661-1674.

Thornber C, Stachowicz J J, Gaines S. 2006. Tissue type matters: selective herbivory on different life history stages of an isomorphic alga[J]. Ecology, 87(9): 2255-2263.

Thurman H V. 2004. Introductory oceanography(10th edition)[M]. Upper Saddle River, NJ: Prentice Hall, 608.

Thursby G. 1984. Development of toxicity test procedures for the marine alga *Champia parvula*. USEPA 60019844.

Tidyanov E A. 1976. Adaptation of benthic plants to light. I. Role of light in distribution of attached marine algae[J].

Biologiya Morya,1:3-12.

Titlyanov E A,Titlyanova T V.2010.Seaweed cultivation:methods and problems[J].Russian Journal of Marine Biology,36(4):227-242.

Togashi T,Cox P A.2001.Tidal-linked synchrony of gamete release in the marine green alga,*Monostroma angicava* Kjellman[J].Journal of Experimental Marine Biology & Ecology,264(2):117-131.

Togashi T,Nagisa M,Miyazaki T J,et al.2006.Gamete behaviours and the evolution of "marked anisogamy":reproductive strategies and sexual dimorphism in Bryopsidales marinegreen algae[J].Evolutionary Ecology Research,8(4):617-628.

tom Dieck I.1991.Circannual growth thythm and photoperiodic sorus induction in the kelp *Larninoria setchellii*(Phaeophyta)[J].Journal of Phycology,27(3):341-350.

Toohey B D,Kendrick G A.2007.Survival of juvenile Ecklonia radiata,sporophytes after canopy loss[J].Journal of Experimental Marine Biology & Ecology,349(1):170-182.

Toohey B D,Kendrick G A,Harvey E S.2007.Disturbance and reef topography maintain high local diversity in *Ecklonia radiata* kelp forests[J].Oikos,116(10):1618-1630.

Toole C M,Allnutt F C T.2003.Red,cryptomonade and glaucocystophyte algal phycobiliproteins.In Larkum A W D, Douglas S E,Raven J A(eds),Photosynthesis in algae.Advances in photosynthesis and respiration,Vol.14.(pp. 305-334)Dordrecht,The Netherlands:Kluwer Academic Publishers.

Topinka J A T.1978.Nitrogen uptake by *Fucus spiralis*(Phaeophyceae)[J].Journal of Phycology,14(3):241-247.

Torres J, Rivera A, Clark G, et al. 2008. Participation of extracellular nucleotides in the wound response of *Dasycladus vermicularis* and *Acetabularia acetabulum*(Dasycladales, Chlorophyta)[J].Journal of Phycology,44(6):1504-1511.

Toth G B,Pavia H.2000.Water-borne cues induce chemical defense in a marine alga(Ascophyllum nodosum)[J]. Proceedings of the National Academy of Sciences of the United States of America,97(26):14 418-14 420.

Toth G,Pavia H.2000.Lack of phlorotannin induction in the brown seaweed *Ascophyllum nodosum in* response to increased copper concentrations[J].Marine Ecology Progress Series,192(192):119-126.

Toth G,Pavia H.2007.Induced herbivore resistance in seaweeds:a meta-analysis[J].Journal of Ecology,95(3):425-434.

Toth G B, Langhamer O, Pavia H. 2005. Inducible and constitutive defenses of valuable seaweed tissues: consequences for herbivore fitness[J].Ecology,86(3):612-618.

Trautman D A,Hinde R,Borowitzka M A.2000.Population dynamics of an association between a coral reef sponge and a red macroalga[J].Journal of Experimental Marine Biology & Ecology,244(1):87-105.

Troell M.2009.Integrated marine and brackish water aquaculture in tropical regions:research implementation and prospects.In Soto D(ed.),Integrated mariculture:a global perspectiue.FAO Fisheries and Aquaculture Technical Paper No.529:47-131.

Troell M,Rönnbäck P,Halling C,et al.1999.Ecological engineering in aquaculture:use of seaweeds for removing nutrients from intensive mariculture[J].Journal of Applied Phycology,11(1):89-97.

Troell M,Halling C,Neori A,et al.2003.Integrated mariculture:asking the right questions[J].Aquaculture,226(1-4):69-90.

Troell M,Joyce A,Chopin T,et al.2009.Ecological engineering in aquaculture:potential for integrated multi-trophic aquaculture(IMTA)in marine offshore systems[J].Aquaculture,297(1-4):1-9.

Trowbridge C D,Todd C D.2001.Host-plant change in marine specialist herbivores:*Ascoglossan* sea slugs on introduced macroalgae[J].Ecological Monographs,71(2):219-243.

Trujillo A P,Thurman H V.2010.Essentials of oceanography[M].Upper Saddle River,NJ:Prentice Hall,551.

Tsekos I.1999.The sites of cellulose synthesis in algae:diversity and evolution of cellulose-synthesizing enzyme complexes[J].Journal of Phycology,35(4):635-655.

Tsekos I,Reiss H-D.1994.Tip cell growth and the frequency and distribution of cellulose microfibril-synthesizing complexes in the plasma membrane of apical shoot cells of the red alga *Porphyra yezoensis*[J].Protoplasma,30:300-310.

Tseng C K.1981.Commercial cultivation.In Lobban C S,Wynne M J(eds),The biology of seaweeds(pp.680-725).Oxford:Blackwell Scientific.

Tseng C K.1987.Laminaria mariculture in China.In Doty M S,Caddy J F,Santelices B(eds),Case srudies of seven commercial seaweed resources(pp.239-263).FAO Fish Tech Pap,281.

Tsuda R T.1965.Marine algae from Laysan Island with addtional notes on the vascular flora[J].Atoll Research Bulletin,110.

Tsuda R T,Larson H K,Lujan R J.1972.Algal growth on beaks of live parrotfishes[J].Pacific Science,26:20-23.

Tucker J,Sheats N,Giblin A E,et al.1999.Using stable isotopes to trace sewage-derived material through Boston Harbor and Massachusetts Bay[J].Marine Environmental Research,48(4-5):353-375.

Turner A.2010.Marine pollution from antifouling paint particles[J].Marine Pollution Bulletin,60(2):159-171.

Turner A,Pollock H,Brown M T.2009.Accumulation of Cu and Zn from antifouling paint particles by the marine macroalga,*Ulva lactuca*[J].Environmental Pollution,157(8):2314-2319.

Turner D R,Whitfield M,Dickson A G.1981.The equilibrium speciation of dissolved components in freshwater and sea water at 25℃ and I atm pressure[J].Geochimica Et Cosmochimica Acta,45(6):855-881.

Turpin D H.1980.Processes in nutrient based phytoplankton ecology[J].Ph.D.dissertation,University of British Columbia,Vancouver.

Turpin D H,Huppe H C.1994.Integration of carbon and nitrogen metabolism in plant and algal cells[J].Annual Review of Plant Physiology & Plant Molecular Biology,45(1):577-607.

Turvey J R.1978.Biochemistry of algal polysaccharides[J].International Review of Biochemistry,16:151-177.

Tyler A C,Mcglathery K J.2006.Uptake and release of nitrogen in the macroalgae *Gracilaria vermiculophylla*(Rhodophyta)[J].Journal of Phycology,42(3):515-525.

Tyrrell T.2011.Anthropogenic modification of the oceans[J].Philosophical Transactions,369(1938):887-908.

Ueki C,Nagasato C,Motomura T,et al.2008.Reexamination of the pit plugs and the characteristic membranous structures in *Porphyra yezoensis* (Bangiales,Rhodophyta)[J].Phycologia,47(1):5-11.

Ueki C,Nagasato C,Motomura T,et al.2009.Ultrastructure of mitosis and cytokinesis during spermatogenesis in *Porphyra yezoensis*(Bangiales,Rhodophyta)[J].Botanica Marina,52(2):129-139.

Uhrmacher S, Hanelt D, Nultsch W. 1995. Zeaxanthin content and the degree of photoinhibition are linearly correlated in the brown alga *Dictyota dichotoma*[J].Marine Biology,123(1):159-165.

Umar M J,Mccook L J,Price I R.1998.Effects of sediment deposition on the seaweed *Sargassum* on a fringing coral reef[J].Coral Reefs,17(2):169-177.

Underwood A J.1978.A refutation of critical tidal levels as determinants of the structure of intertidal communities on British shores[J].Journal of Experimental Marine Biology & Ecology,33(3):261-276.

Underwood A J.1980.The effects of grazing by gastropods and physical factors on the upper limits of distribution of intertidal macroalgae[J].Oecologia,46(2):201-213.

Underwood A J.1986.The analysis of competition by field experiments.In Kikkawa J,Anderson D J(eds),Comrnunity ecology:pattern and processes(pp.240-268).Oxford:Blackwell Scientific Publications.

Underwood A J.1992.Beyond BACI:the detection of environmental impacts on populations in the real,but variable,world[J].Journal of Experimental Marine Biology & Ecology,161(2):145-178.

Underwood A J.1994.On beyond BACI:Sampling designs that might reliably detect environmental disturbances[J].Journal of Applied Ecology,4:3-15.

Underwood A J.1997.Experiments in ecology:their logical design and interpretation using analysis of variance[M].Cambridge:Cambridge University Press,504.

Underwood A J.2006.Why overgrowth of intertidal encrusting algae does not always cause competitive exclusion[J].Journal of Experimental Marine Biology & Ecology,330(2):448-454.

Underwood A J, Denley E J. 1984. Paradigms, explanations, and generalizations in models for the structure of intertidal communities on rocky shores.In Strong J D R,Simberloff D,Abele L G(eds),Ecological communities:conceptual issues and the evidence(pp.151-180).Princeton,NJ:Princeton University Press.

Underwood A J,Keough M J.2001.Supply-side ecology:the nature and consequences of variations in recruitment of intertidal organisms.In Bertness M D,Gailles S D,Hay M E(eds),Marine community ecology(pp.183-200).Sunderland,MA:Sinauer Assocs.

Underwood A J,Jemakoff P.1981.Effects of interactions between algae and grazing gastropods on the structure of a low-shore intertidal algal community[J].Oecologia,48(2):221-233.

Uppalapati S R,Fujita Y.2001.The relative resistances of *Porphyra species*(Bangiales,Rhodophyta)to infection by *Pythium porphyrae*(Peronosporales,Oomycota)[J].Botanica Marina,44(1):1-7.

Uthicke S,Schaffelke B,Byrne M.2009.A boom-bust phylum? Ecological and evolutionary consequences of density variations in echinoderms[J].Ecological Monographs,79(1):3-24.

Vadas R L. 1997. Preferential feeding: an optimization strategy in sea urchins [J]. Ecological Monographs, 47:337-371.

Vadas R L.1985.Herbivory.In Littler M M,Littler D S(eds),Handbook of phycological methods:ecological field methods:macroalgae(pp.531-572).Cambridge:Cambridge University Press.

Vadas R L,Steneck R S.1988.Zonation of deep-water benthic algae in the Gulf of Maine[J].Journal of Phycology,24(3):338-346.

Vadas R L,Keser M,Larson B.1978.Effects of reduced temperatures on previously stressed populations of an intertidal alga.In Thorp J H,Gibbons J W(eds),(pp.431-451).DOE Symposium Series 48(CONF-721114).Washington DC:US Govemment Printing Office.

Vadas R,Wright W A,Miller S L.1990.Recruitment of *Ascophyllum nodosum*:wave action as a source of mortality [J].Marine Ecology Progress Series,61(3):263-272.

Vadas Sr R L,Johnson S,Norton T A.1992.Recruitment and mortality of early post-settlement stages of benthic algae [J].European Journal of Phycology,27(3):331-351.

Valdivia N,Scrosati R A,Markus M,et al.2011.Variation in community structure across vertical intertidal stress gradients:how does it compare with horizontal variation at different scales? [J].Plos One,6(8):e24062.

Valentine J P,Johnson C R.2004.Establishment of the introduced kelp *Undaria pinnatifida* following dieback of the native macroalga *Phyllospora comosa* in Tasmania, Australia [J]. Marine & Freshwater Research, 55 (3):223-230.

Valiela I,Cole M L.2002.Comparative evidence that salt marshes and mangroves may protect seagrass meadows from land-derived nitrogen loads[J].Ecosystems,5(1):92-102.

Valiela I, McClelland J, Hauxwell J, et al. 1997. Macroalgal blooms in shallow estuaries: Controls and ecophysiological and ecosystem consequences[J].Limnology & Oceanography,42:1105-1118.

van Alstyne K L,Ehlig J M,Whitman S L.1999.Feeding preferences for juvenile and adult algae depend on algal stage and herbivore species[J].Marine Ecology Progress Series,180(3):179-185.

van Alstyne K L,Whitman S L,Ehlig J M.2001.Differences in herbivore preferences,phlorotannin production,and nutritional quality between juvenile and adult tissues from marine brown algae[J].Marine Biology,139(1):201-210.

van Assche F,Clijsters H.1990.Effects of metals on enzyme activity in plants[J].Plant Cell & Environment,13(3):195-206.

van de Poll W H,Eggert A,Buma A G J,et al.2001.Effects of UV-B-induced DNA damage and photoinhibition on growth of temperate marine red macrophytes:habitat-related differences in UV-B tolerance[J].Journal of Phycology,37(1):30-37.

van den Hoek C.1982.Phytogeographic distribution groups of benthic marine algae in the North Atlantic Ocean.A review of experimental evidence from life history studies [J]. Helgoländer Meeresuntersuchungen, 35 (2): 153-214.

van den Hoek C,Stam W T,Olsen J L.1988.The emergence of a new chlorophytan system,and Dr.Kornmann's contribution thereto[J].Helgoländer Meeresuntersuchungen,42(3-4):339-383.

van den Hoek C,Mann D G,Jahns H M.1995.Algae:an introduction to phycology[J].Cambridge:Cambridge University Press,627.

van der Meer J P. 1978. Genetics of Gracilaria sp. (Rhodophyceae, Gigartinales). III. Non-mendelian gene transmission[J].Phycologia,17(3):314-318.

van der Meer J P.1986.Genetic contributions to research on seaweeds[J].Progress in Phycological Research,4:1-38.

van der Meer J P.1986.Genetics of *Gracilaria tikvahiae*(Rhodophyceae).XI.Further characterization of a bisexual mutant[J].Journal of Phycology,22(2):151-158.

van der Meer J P.1990.Genetics.In Cole K M,Sheath R G(eds),Biology of the red algae(pp.103-121).Cambridge:Cambridge University Press.

van der Meer J P,Bird N L.1977.Genetics of *Gracilaria* sp.(Rhodophyceae,Gigartinales).Ⅰ.Mendelian inheritance of two spontaneous green variants[J].Phycologia,16(2):159-161.

van der Meer J P, Todd E R. 1977. Genetics of *Gracilaria*, sp. (Rhodophyceae, Gigartinales). IV. Mitotic recombination and its relationship to mixed phases in the life history[J].Canadian Journal of Botany,55(22):2810-2817.

van der Meer J P,Todd E R.1980.The life history *of Palmaria palmata* in culture.A new type for the Rhodophyta[J].Canadian Journal of Botany,58(11):1250-1256.

van der Meer J P,Zhang X.1988.Similar unstable mutations in three species of *Gracilaria*(Rhodophyta)[J].Journal of Phycology,24(2):198-202.

van der Meer J P,Patwary M U,Bird C J.1984.Genetics of *Gracilaria tikvahiae*(Rhodophyceae).X.Studies on a bisexual clone[J].Journal of Phycology,20(1):42-46.

van der Strate H, Boele-Bos S, Olsen J L, et al. 2002. Phylogeographic studies in the tropical seaweed *Chladophoropsis membranacea*(Chlorophyta,Ulvophyceae)reveal a cryptic species complex[J].Journal of Phycology,38(3):572-582.

van der Strate H,Zande L V D,Stam W T,et al.2002.The contribution of haploids,diploids and clones to fine-scale population structure in the seaweed *Cladophoropsis membranacea*(Chlorophyta)[J].Molecular Ecology,11(3):329-345.

van Oppen M J H,Olsen J L,Stam W T,et al.1993.Arctic-Antarctic disjunctions in the benthic seaweeds *Acrosiphonia arcta*(Chlorophyta)and *Desmarestia viridis*(Phaeophyta)are of recent origin[J].Marine Biology,115(3):381-386.

van Oppen M J H,Diekmann O E,Wiencke C,et al.1994.Tracking dispersal routes:phylogeography of the Arctic-Antarctic disjunct seaweed *Acrosiphonia arcta*(Chlorophyta)[J].Journal of Phycology,30(1):67-80.

van Tamelen P G.1996.Algal zonation in tidepools:experimental evaluation of the roles of physical disturbance,herbivory and competition[J].Journal of Experimental Marine Biology & Ecology,201(1):197-231.

van Tussenbroek B I,Barba Santos M G.2011.Demography of *Halimeda incrassata*(Bryopsidales,Chlorophyta)in a Caribbean reef lagoon[J].Marine Biology,158(7):1461-1471.

Vanderklift M A,Ponsard S.2003.Sources of variation in consumer-diet delta N-15 enrichment:a meta-analysis[J].Oecologia,136(2):169-182.

Vanderklift M A,Wernberg T.2008.Detached kelps from distant sources are a food subsidy for sea urchins[J].Oecologia,157(2):327-335.

Varvarigos V,Katsaros C,Galatis B.2004.Radial F-actin configurations are involved in polarization during protoplast germination and thallus branching of *Macrocystis pyrifera* (Phaeophyceae, Laminariales) [J]. Phycologia, 43 (43):693-702.

Vasconcelos M T,Leal M F C.2001.Seasonal variability in the kinetics of Cu,Pb,Cd and Hg accumulation by macroalgae[J].Marine Chemistry,74(1):65-85.

Vǘsquez J A.2008.Production,use and fate of Chilean brown seaweeds:resources for a sustainable fishery[J].Journal of Applied Phycology,20:457-467.

Vasquez J A,Veliz D,Pardo L M.2001.Vida bajo las grandes algas pardas.In Alveal K,Antezana T(eds),Sustentabilidad de la biodiversidad.un problema actual(pp.615-634).Concepcion Chile:Base Cientifico de Concepdion.

Vass I.1997.Adverse effects of LN-B light on the structure and function of the photosynthetic apparatus.In Pessarakli M(ed.),Handbook of photosynthesis(pp.931-949).New York:Marcel Dekker Inc.

Vayda M E,Yuan M L.1994.The heat shock response of an Antarctic alga is evident at 5℃[J].Plant Molecular Biology,24(1):229-233.

Venegas M,Matsuhiro B,Edding M E.1993.Alginate composition of *Lessonia trabeculata*(Phaeophyta:Laminariales) growing in exposed and sheltered habitats[J].Botanica Marina,36(1):47-51.

Vergés A, Paul N A, Steinberg P D. 2008. Sex and life-history stage alter herbivore response to a chemically defended red alga[J].Ecology,89(5):1334-1343.

Verhaeghe E F,Fraysse A,Guerquinkern J L,et al.2008.Microchemical imaging of iodine distribution in the brown alga *Laminaria digitata* suggests a new mechanism for its accumulation[J].Journal of Biological Inorganic Chemistry,13(2):257-269.

Vermeij M J A,Dailer M L,Smith C M.2011.Crustose coralline algae can suppress macroalgal growth and recruitment on Hawaiian coral reefs[J].Marine Ecology Progress Series,422(2):1-7.

Viano Y,Bonhomme D,Camps M,et al.2009.Diterpenoids from the mediterranean brown alga *Dictyota* sp.evaluated as antifouling substances against a marine bacterial biofilm[J].Journal of Natural Products,72(7):1299-1304.

Vidondo B, Duarte C M. 1998. Population structure, dynamics, and production of the Mediterranean macroalga *Codium bursa* (Chlorophyceae) [J]. Journal of Phycology, 34(6): 918-924.

Villares R, Puente X, Carballeira A. 2001. *Ulva* and *Enteromorpha* as indicators of heavy metal pollution [J]. Hydrobiologia, 462(1-3): 221-232.

Villares R, Carral E, Puente X, et al. 2005. Metal levels in estuarine macrophytes: differences among species [J]. Estuaries, 28(6): 948-956.

Vincensini L, Blisnick T, Bastin P. 2011. 1001 model organisms to study cilia and flagella [J]. Biology of the Cell, 103(3): 109.

Vogel H, Grieninger G E, Zetsche K H. 2002. Differential messenger RNA gradients in the unicellular alga *Acetabularia acetabulum* [J]. Plant Physiology, 129(3): 1407-1416.

Vogel S. 1994. Life in moving fluids: The physical biology of flow (2nd ed) [M]. Princeton University Press, 467.

Vogel S, Loudon C. 1985. Fluid mechanics of the thallus of an intertidal red alga, *Halosaccion glandiforme* [J]. Biological Bulletin, 168(1): 161-174.

Vreeland V, Kloareg B. 2000. Cell wall biology in red algae: divide and conquer [J]. Journal of Phycology, 36(5): 793-797.

Vreeland V, Laetsch W M. 1989. Identification of associating carbohydrate sequences with labelled oligosaccharides. Localization of alginate-gelling subunits in cells walls of a brown alga [J]. Planta, 177(4): 423-434.

Vreeland V, Zablackis E, Laetsch W M. 1992. Monoclonal-antibodies as molecular markers for the intracellular and cell wall distribution of carrageenan epitopes in *Kappaphycus* (Rhodophyta) during tissue-development [J]. Journal of Phycology, 28(3): 328-342.

Vreeland V, Waite J H, Epstein L. 1998. Polyphenols and oxidases in substratum adhesion by marine algae and mussels [J]. Journal of Phycology, 34(1): 1-8.

Vreeland V, Zablackis E, Doboszewski B, et al. 1987. Molecular markers for marine algal polysaccharides [J]. Hydrobiologia, 151-152(1): 155-160.

Waaland J R, Dickson L G, Carrier J E. 1987. Conchocelis growth and photoperiodic control of conchospore release in *Porphyra torta* (Rhodophyta) [J]. Journal of Phycology, 23(3): 399-406.

Waaland J R, Stiller J W, Cheney D P. 2004. Macroalgal candidates for genomics [J]. Journal of Phycology, 40: 26-33.

Waaland S D. 1980. Development in red algae: elongation and cell fusion. In Gantt E (ed.), Handbook of phycological methods. Deuelopmental and cytological methods (pp. 85-93). Cambridge: Cambridge University Press.

Waaland S D. 1989. Cellular morphogenesis in the filaments of the red alga Griffithsia. In Coleman A W, Goff L J, Stein-Taylor J R (eds), Algae as experimental systems (pp. 121-134). New York: Alan R. Liss.

Waaland S D. 1990. Development. In Cole K M, Sheath R G (eds), Biology of the red algae (pp. 259-273). Cambridge: Cambridge University Press.

Waaland S D, Cleland R. 1972. Development in the red alga *Griffithsia pacifica*: control by internal and external factors [J]. Planta, 105(3): 196-204.

Waaland S D, Cleland R E. 1974. Cell repair through cell fusion in the red alga *Griffithsia pacifica* [J]. Protoplasma, 79(1-2): 185-196.

Waaland S D, Waaland J R. 1975. Analysis of cell elongation in red algae by fluorescent labelling [J]. Planta, 126(2): 127-138.

Wada S, Aoki M N, Tsuchiya Y, et al. 2007. Quantitative and qualitative analyses of dissolved organic matter released from *Ecklonia cava* Kjellman, in Oura Bay, Shimoda, Izu Peninsula, Japan[J].Journal of Experimental Marine Biology & Ecology, 349(2):344-358.

Wada S, Aoki M N, Mikami A, et al.2008.Bioavailability of macroalgal dissolved organic matter in seawater[J].Marine Ecology Progress Series, 370(01):33-44.

Wagner F, Falkner G.2001.Phosphate limitation. In Rai L G, Gaur J P(eds), Algal adaptation to environmental stresses(pp.65-110).New York: Springer.

Wahl M.2008.Ecological lever and interface ecology: epibiosis modulates the interactions between host and environment[J].Biofouling, 24(6):427-438.

Wai T C, Williams G A.2005.The relative importance of herbivore-induced effects on productivity of crustose coralline algae: sea urchin grazing and nitrogen excretion[J].Journal of Experimental Marine Biology & Ecology, 324(2):141-156.

Walker C H, Hopkin S P, Sibly R M, et al.2006.Principles of ecotoxicology(3rd edn)[M].New York: Taylor and Francis, 315.

Walker G, Dorrell R G, Schlacht A, et al.2011.Eukaryotic systematics: a user's guide for cell biologists and parasitologists[J].Parasitology, 138(13):1638-1663.

Wallentinus I.1984.Comparisons of nutrient uptake rates for Baltic macroalgae with different thallus morphologies[J].Marine Biology, 80(2):215-225.

Walsh R S, Hunter K A.1992.Influence of phosphorus storage on the uptake of cadmium by the marine alga *Macrocystis pyrifera*[J].Limnology & Oceanography, 37(7):1361-1369.

Walters L J, Smith C M.1994.Rapid rhizoid production in *Halimeda discoidea* decaisne(Chlorophyta, Caulerpales) fragments: a mechanism for survival after separation from adult thalli[J].Journal of Experimental Marine Biology & Ecology, 175(1):105-120.

Walters L J, Smith C M, Coyer J A, et al.2002.Asexual propagation in the coral reef macroalga *Halimeda*(Chlorophyta, Bryopsidales): production, dispersal and attachment of small fragments[J].Journal of Experimental Marine Biology & Ecology, 278(1):47-65.

Warwick R M, Clarke K R, Suharsono.1990.A statistical-analysis of coral community responses to the El Niño in the Thousand Islands, Indonesia[J].Coral Reefs, 8(4):171-179.

Watanabe S, Metaxas A, Scheibling R E.2009.Dispersal potential of the invasive green alga *Codium fragile* ssp. *fragile*[J].Journal of Experimental Marine Biology & Ecology, 381(2):114-125.

Watson B A, Waaland S D.1983.Partial purification and characterization of a glycoprotein cell Fusion hormone from *Griffithsia pacifica*, a red alga[J].Plant Physiology, 71(2):327-332.

Watson B A, Waaland S D.1986.Further biochemical characterization of a cell fusion hormone from the red alga *Griffithsia pacifica*[J].Plant & Cell Physiology, 27(6):1043-1050.

Webb W L, Newton M, Starr D.1974.Carbon dioxide exchange of *Alnus rubra*[J].Oecologia, 17(4):281-291.

Weber A P M, Osteryoung K W.2010.From endosymbiosis to synthetic photosynthetic life[J].Plant Physiology, 154(2):593-597.

Wehr J D, Sheath R G, Kociolek J P.2003.Freshwater algae of North America: ecology and classification[M].New York: Academic Press, 918.

Wei Z, Hu Y, Sui Z, et al.2013.Genome survey sequencing and genetic background characterization of *Gracilariopsis lemaneiformis*(Rhodophyta) based on next-generation sequencing[J].Plos One, 8(7):e69909.

Weich R G, Granéli E.1989.Extracellular alkaline phosphatase activity in *Ulva lactuca* L.[J].Journal of Experimental Marine Biology & Ecology,129(1):33-44.

Weinberger F, Friedlander M.2000.Response of *Gracilaria conferta* (Rhodophyta) to oligoagars results in defense against agar-degrading epiphytes[J].Journal of Phycology,36(6):1079-1086.

Weinberger F, Coquempot B, Fomer S, et al. 2007. Different regulation of haloperoxidation during agar oligosaccharide-activated defence mechanisms in two related red algae, *Gracilaria* sp.and *Gracilaria chilensis*[J]. Journal of Experimental Botany,58(15-16):4365-4372.

Weinberger F, Guillemin M-L, Destombe C, et al.2010.Defense evolution in the Gracilariaceae (Rhodophyta): substrate-regulated oxidation of agar oligosaccharides is more ancient than the oligoagar-activated oxidative burst[J]. Journal of Phycology,46(5):958-968.

Weiner S.1986.Organization of extracellularly mineralized tissues: a comparative study of biological crystal growth [J].Critical Reviews in Biochemistry & Molecular Biology,20(4):365-408.

Weissflog J, Adolph S, Wiesemeier T, et al.2008.Reduction of herbivory through wound-activated protein cross-linking by the invasive macroalga *Caulerpa taxifolia*[J].Chembiochem,9(1):29-32.

Welling M, Pohnert G, Kupper F C.2009.Rapid biopolymerisation during wound plug formation in green algae[J]. Journal of Adhesion,85(11):825-838.

Wernberg T.2005.Holdfast aggregation in relation to morphology, age, attachment and drag for the kelp *Ecklonia radiata*[J].Aquatic Botany,82(3):168-180.

Wernberg T, Vanderklift M A.2010.Contribution of temporal and spatial components to morphological variation in the kelp *Ecklonia* (Laminariales)[J].Journal of Phycology,46(1):153-161.

Wernberg T, Kendrick G A, Phillips J C. 2003. Regional differences in kelp-associated algal assemblages on temperate limestone reefs in south-western Australia[J].Diversity & Distributions,9(6):427-441.

Wernberg T, Vanderklift M A, How J, et al.2006.Export of detached macroalgae from reefs to adjacent seagrass beds [J].Oecologia,147(4):692-701.

Wernberg T, Thomsen M S, Tuya F, et al.2010.Decreasing resilience of kelp beds along a latitudinal temperature gradient: potential implications for a warmer future[J].Ecology Letters,13(6):685-694.

Wernberg T, Russell B D, Thomsen M S, et al.2011.Seaweed communities in retreat from ocean warming[J].Current Biology Cb,21(21):1828-1832.

Wernberg T, Thomsen M S, Tuya F, et al.2011.Biogenic habitat structure of seaweeds change along a latitudinal gradient in ocean temperature[J].Journal of Experimental Marine Biology & Ecology,400(1-2):264-271.

West J A. 1972. Environmental regulation of reproduction in *Rhodochorton purpureum*. In Abbott I A, Kurogi M (eds), Contributions to the systematics of the benthic marine algae of the North Pacific(pp.213-330).Kobe: Japan Soc.Phycol.

Westermeier R, Gomez I.1996.Biomass, energy contents and major organic compounds in the brown alga *Lessonia nigrescens* (Laminariales, Phaeophyceae) from Mehuín, South Chile[J].Botanica Marina,39(1-6):553-559.

Weykam G, Gómez I, Wiencke C, et al.1996.Photosynthetic characteristics and C:N ratios of macroalgae from King George Island (Antarctica)[J].Journal of Experimental Marine Biology & Ecology,204(1-2):1-22.

Weykam G, Thomas D N, Wiencke C.1997.Growth and photosynthesis of the Antarctic red algae *Palmaria decipiens* (Palmariales) and *Iridaea cordata* (Gigartinales) during and following extended periods of darkness[J].Phycologia,36(5):395-405.

Wheeler P A.1979. Uptake of methylamine (an ammonium analogue) by *Macrocystis pyrifera* (Phaeophyta)[J]. Journal of Phycology,15(1):12-17.

Wheeler P A.1985.Nutrients.In Littler M M,Littler D S(eds),Handbook of phycological methods:ecological field methods:macroalgae(pp.493-508).Cambridge:Cambridge University Press.

Wheeler P A,Bo R B.1992.Seasonal fluctuations in tissue nitrogen,phosphorus,and N:P for five macroalgal species common to the Pacific northwest coast[J].Journal of Phycology,28(1):1-6.

Wheeler P A,North W J.1980.Effect of nitrogen supply on nitrogen content and growth rate of juvenile *Macrocystis pyrifera*(Phaeophyta)sporophytes[J].Journal of Phycology,16(4):577-582.

Wheeler P A,North W J.1981.Nitrogen supply,tissue composition and frond growth rates for *Macrocystis pyrifera* off the coast of southern California[J].Marine Biology,64(1):59-69.

Wheeler W N.1980.Effect of boundary layer transport on the fixation of carbon by the giant kelp *Macrocystis pyrifera* [J].Marine Biology,56(2):103-110.

Wheeler W N.1982.Nitrogen nutrition of macrocystis.In Srivastiva L M(ed.),Synthetic and degradatiue processes in marine macrophytes(pp.121-137).Berlin:Walter de Gruyter.

Wheeler W N.1988.Algal productivity and hydrodynamics-a synthesis[J].Progress in Phycological Research,6: 23-58.

Wheeler W N,Srivastava L M.1984.Seasonal nitrate physiology of *Macrocystis integrifolia* Bory[J].Journal of Experimental Marine Biology & Ecology,76(1):35-50.

Wheeler W N,Weidner M.1983.Effects of external inorganic nitrogen concentration on metabolism,growth and activities of key carbon and nitrogen assimilatory enzymes of *Laminaria saccharina*(Phaeophyceae)in culture[J]. Journal of Phycology,19(1):92-96.

White H H.1984.Concepts in marine pollution measurements[M].College Park,MD:Maryland Sea Grant College Program,University of Maryland,743.

White P J,Broadley M R.2003.Calcium in plants[J].Annals of Botany,92(4):487-511.

Whitton B A,Potts M.1982.Marine littoral.In Carr N G,Whitton B A(eds),The biology of cyanobacteria(pp.515-542).Oxford:Blackwell Scientific.

Wichard T,Oertel W.2010.Gametogenesis and gamete release of *Ulva rnutabilis* and *Ulva lactuca*(Chlorophyta): regulatory effects and chemical characterization of the "swarming inhibitor"[J].Journal of Phycology,46(2): 248-259.

Wiencke C.1990.Seasonality of brown macroalgae from Antarctica-a long-term culture study under fluctuating Antarctic daylengths[J].Polar Biology,10:589-600.

Wiencke C.1990.Seasonality of red and green macroalgae from Antarctica-a long-term culture study under fluctuating Antarctic daylengths[J].Polar Biology,10:60-67.

Wiencke C.1996.Recent advances in the investigation of Antarctic macroalgae[J].Polar Biology,16(4):231-240.

Wiencke C,Clayton M N.1990.Sexual reproduction,life history,and early development in culture of the Antarctic brown alga *Himantothallus grandifolius* (Desmarestiales,Phaeophyceae)[J].Phycologia,29(1):9-18.

Wiencke F C,Clayton M.2002.Antarctic seaweeds.Synopses of the Antarctic Benthos[M].Lichtenstein:A.R.G. Gantner Verlag,239.

Wiencke C,Clayton M N.2009.Biology of polar benthic algae[J].Botanica Marina,52(6):479-481.

Wiencke C,Davenport J.1987.Respiration and photosynthesis in the intertidal alga *Cladophora rupestris*(L.)Kütz. under fluctuating salinity regimes[J].Journal of Experimental Marine Biology & Ecology,114(2):183-197.

Wiencke C,Läuchili A.1981.Inorganic ions and floridoside as osmotic solutes in *Porphyra umbilicalis*[J].Zeitschrift Für Pflanzenphysiologie,103(3):247-258.

Wiencke C,Dieck I T.1989.Temperature requirements of growth and temperature tolerance of macroalgae endemic to the Antarctic region[J].Marine Ecology Progress Series,54(1-2):189-197.

Wiencke C,Rahmel J,Karsten U,et al.1993.Photosynthesis of marine macroalgae from Antarctica:light and temperature requirements[J].Plant Biology,106(1):78-87.

Wiencke C,Bartsch I,Bischoff B,et al.1994.Temperature requirements and biogeography of Antarctic,Arctic and amphiequatorial seaweeds[J].Botanica Marina,37(3):247-259.

Wiencke C,Gómez I,Pakker H,et al.2000.Impact of UV-radiation on viabillitay,photosynthetic characteristics and DNA of brown algal zoospores:imlications for depth zonation[J].Marine Ecology Progress Series,197:217-229.

Wiencke C,Michaely R,Ansgar G,et al.2006.Susceptibility of zoospores to UV radiation determines upper depth distribution limit of Arctic kelps:evidence through field experiments[J].Journal of Ecology,94(2):455-463.

Wiencke C,Gómez I,Dunton K.2009.Phenology and seasonal physiological performance of polar seaweeds[J].Botanica Marina,52(6):585-592.

Wiens J A.1989.Spatial Scaling in ecology[J].Functional Ecology,3(4):385-397.

Wiesemeier T, Hay M, Pohnert G. 2007. The potential role of wound-activated volatile release in the chemical defence of the brown alga *Dictyota dichotoma*:blend recognition by marine herbivores[J].Aquatic Sciences,69(3):403-412.

Wiesemeier T,Jahn K,Pohnert G.2008.No evidence for the induction of brown algal chemical defense by the phytohormones jasmonic acid and methyl jasmonate[J].Journal of Chemical Ecology,34(12):1523-1531.

Wilce R T.1990.Role of the Arctic Ocean as a bridge between the Atlantic and the Pacific Ocean:fact and hypothesis.In Garbary D J,South R G(eds),Evolutionary biogeography of the marine algae of the North Atlantic.NATO ASI Ser G Ecol Sci(vol.22,pp.323-247).Berlin:Springer-Verlag.

Wilce R T,Davis A N.1984.Development of *Dumontia contorta*(dumontiaceae,cryptonemiales)compared with that of other higher red algae[J].Journal of Phycology,20(3):336-351.

Wilkinson C.2008.Status of coral reefs of the world:2000[M].Townsville,Australia:Global Coral Reef Monitoring Network and Reef and Rainforest Research Centre.

Williams I D,Polunin V C,Hendrick V J.2001.Limits to grazing by herbivorous fishes and the impact of low coral cover on macroalgal abundance on a coral reef in Belize[J].Marine Ecology Progress Series,222(8):187-196.

Williams S L.1984.Uptake of sediment ammonium and translocation in a marine green macroalga *Caulerpa cupressoides*[J].Limnology & Oceanography,29(2):374-379.

Williams S L.2007.Introduced species in seagrass ecosystems:status and concerns[J].Journal of Experimental Marine Biology & Ecology,350(2):89-110.

Williams S L,Carpenter R C.1990.Photosynthesis/photon flux density relationships were compared among some of the major components of sparse algal turfs[J].Journal of Phycology,26(1):36-40.

Williams S L,Dethier M N.2005.High and dry:variation in net photosynthesis of the intertidal seaweed *Fucus gardneri*[J].Ecology,86(9):2373-2379.

Williams S L,Fisher T R.1985.Kinetics of nitrogen-15 labeled ammonium uptake by *Caulerpa cupressoides*(Chlorophyta)[J].Journal of Phycology,21(2):287-296.

Williams S L,Heck Jr K L.2001.Seagrass community ecology.In Bertness M,Games S-D,Hay M E(eds),Marine community ecology(pp.317-337).Sunderland,MA:Sinauer Associates,Inc.

Williams S L,Herbert S K.1989.Transient photosynthetic responses of nitrogen-deprived *Petalonia fascia* and *Laminaria saccharina*(Phaeophyta)to ammonium resupply[J].Journal of Phycology,25(3):515-522.

Williams S L,Schroeder S L.2004.Eradication of the invasive seaweed *Caulerpa taxifolia* by chlorine bleach[J].Marine Ecology Progress Series,272(10):69–76.

Williams S L,Smith J E.2007.A global review of the distribution,taxonomy,and impacts of introduced seaweeds [J].Annual Review of Ecology Evolution & Systematics,38(1):327–359.

Williams S L,Breda V A,Anderson T W,et al.1985.Growth and sediment disturbances of *Caulerpa* spp.(Chlorophyta)in a submarine canyon[J].Marine Ecology Progress Series,21(3):275–281.

Wilmotte A. Goffart A, Demoulin V. 1988. Studies of marine epiphytic algae, *Calvi*, Corsica. I. Determination of minimal sampling areas for microscopic algal epiphytes[J].British Phycological Journal,23(3):251–258.

Wilson J B.1999.Assembly rules in plant communities.In Weiher E,Keddy P(eds),Ecological assembly rules:perspectives,aduances and retreats(pp.130–164).Cambridge:Cambridge University Press.

Wilson S M, West J A, Pickett-Heaps J D. 2003. Time-lapse videomicroscopy of fertilization and the actin cytoskeleton in *Murrayella periclados* (Rhodomelaceae,Rhodophyta)[J].Phycologia,42(6):638–645.

Wiltens J,Schreiber U,Vidaver W.1978.Chlorophyll fluorescence induction:an indicator of photosynthetic activity in marine algae undergoing desiccation[J].Canadian Journal of Botany,56(21):2787–2794.

Wing S R,Patterson M R.1993.Effects of wave-induced lightflecks in the intertidal zone on photosynthesis in the macroalgae *Postelsia palmaeformis* and *Hedophyllum sessile* (Phaeophyceae) [J]. Marine Biology, 116 (3): 519–525.

Wing S R,Leichter J J,Perrin C,et al.2007.Topographic shading and wave exposure influence morphology and ecophysiology of *Ecklonia radiata*(C.Agardh 1817)in Fiordland,New Zealand[J].Limnology & Oceanography,52 (5):1853–1864.

Wise R R.2007.The diversity of plastid form and function.In Wise R R,Hoober J K(eds),The structure and function of plastids(pp.3–26).Dordrecht,The Netherlands:Springer.

Witman J D,Dayton P K.2001.Rocky subtidal communities.In Bertness M D,Gaines S D,Hay M E(eds),Marine community ecology(pp.339–366).Sunderland,MA:Sinauer Assocs.

Witman J D,Roy K.2009.Experimental marine macroecology:progress and prospects.In Witman J D,Roy K(eds), Marine macroecology(pp.341–356).Chicago:University of Chicago Press.

Witman J D,Brandt M,Smith F.2010.Coupling between subtidal prey and consumers along a mesoscale upwelling gradient in the Galúpagos Islands[J].Ecological Monographs,80(1):153–177.

Wolanski E,Hamner W M.1988.Topographically controlled fronts in the ocean and their biological influence[J]. Science,241(4862):177–181.

Wolcott B D.2007.Mechanical size limitation and life-history strategy of an intertidal seaweed[J].Marine Ecology Progress Series,338:1–10.

Wolfe J M,Harlin M M.1988.Tidepools in southern Rhode Island,USA.I.Distribution and seasonality of macroalgae [J].Botanica Marina,31(6):525–536.

Wolfe J M,Harlin M M.1988.Tidepools in southern Rhode Island,USA.II.Species diversity and similarity analysis of macroalgal communities[J].Botanica Marina,31(6):537–546.

Wolff M.1987.Population dynamics of the Peruvian scallop *Argopecten purpuratus* during the El Niño Phenomenon 1983[J].Canadian Journal of Fisheries & Aquatic Sciences,44(10):1684–1691.

Womersley H B S.1971.Palmoclathrus,a new deep water genus of Chlorophyta[J].Phycologia,10:229–233.

Wong K F,Craigie J S.1978.Sulfohydrolase activity and carrageenan biosynthesis in *Chondrus crispus*(Rhodophyceae)[J].Plant Physiology,61(4):663–666.

Wong P F, Tan L J, Nawi H, et al.2006.Proteomics of the red alga, *Gracilaria changii* (Gracilariales, Rhodophyta) [J].Journal of Phycology, 42(1): 113–120.

Wong T K M, Chai-Ling Ho, Lee W W, et al.2007.Analyses of expressed sequence tags from *Sargassum binderi* (Phaeophyta) [J].Journal of Phycology, 43(3): 528–534.

Wood S A, Lilley S A, Schiel D R, et al.2010.Organismal traits are more important than environment for species interactions in the intertidal zone[J].Ecology Letters, 13(9): 1160–1171.

Woodley J D, Chornesky E A, Clifford P A, et al.1981.Hurricane Allen's Impact on Jamaican coral reefs[J].Science, 214(4522): 749–755.

Worm B, Lotze H K.2006.Effects of eutrophication, grazing, and algal blooms on rocky shores[J].Limnology & Oceanography, 51(1): 569–579.

Worm B, Lotze H K, Sommer U.2001.Algal propagule banks modify competition, consumer and resource control on baltic rocky shores[J].Oecologia, 128(2): 281–293.

Worm B, Barbier E B, Beaumont N, et al. 2006. Impacts of biodiversity loss on ocean ecosystem services [J]. Science, 314(5800): 787–790.

Wright D G, Pawlowicz R, Mcdougall T J, et al.2010.Absolute salinity, "density salinity" and the reference-composition salinity scale: present and future use in the seawater standard TEOS–10[J].Ocean Science Discussions, 7: 1559–625.

Wright J T, Dworjanyn S A, Rogers C N, et al.2005.Density-dependent sea urchin grazing: differential removal of species, changes in community composition and alternative community states[J].Marine Ecology Progress Series, 298(1): 143–156.

Wright P J, Chudek J A, Foster R, et al.1985.The occurrence of altritol in the brown alga *Himanthalia elongata*[J]. European Journal of Phycology, 20: 191–192.

Wright P J, Green J R, Callow J A.1995.The *Fucus* (Phaeophyceae) sperm receptor for eggs.I.Development and characteristics of a binding assay[J].Journal of Phycology, 31(4): 584–591.

Wright P J, Callow J A, Green J R.1995.The *Fucus* (Phaeophyceae) sperm receptor for eggs.II.Isolation of a binding-protein which partially activates eggs[J].Journal of Phycology, 31(4): 592–600.

Wulff A K, lken M L.2009.Biodiversity, biogeography and zonation of marine benthic micro-and macroalgae in the Arctic and Antarctic[J].Botanica Marina, 52(6): 491–507.

Xu B, Zhang Q S, Qu S C, et al.2009.Introduction of a seedling production method using vegetative gametophytes to the commercial farming of *Laminaria* in China[J].Journal of Applied Phycology, 21(2): 171–178.

Xu H, Deckert R J, Garbary D J.2008.*Ascophyllum* and its symbionts.X.Ultrastructure of the interaction between *A. nodosum* (Phaeophyceae) and *Mycophycias ascophylli* (Ascomycetes) [J].Botany–botanique, 86(2): 185–193.

Yamada T, Ikawa T, Nisizawa K.1979.Circadian rhythm of the enzymes participating in the CO_2 photoassimilation of a brown alga, *Spatoglossum pacificum*[J].Botanica Marina, 22(4): 203–209.

Yan X H, Huang M.2010.Identification of *Porphyra haitanensis* (Bangiales, Rhodophyta) meiosis by simple sequence repeat markers[J].Journal of Phycology, 46(5): 982–986.

Yarish C, Pereira R.2008.Mass production of marine macroalgae.In Jorgensen S E, Fath B D(eds), Ecological engineering.Vol.3 of Encyclopedia of ecology, (pp.2236–2247).Oxford: Elsevier.

Yarish C, Edwards P, Casey S.1979.Acclimation responses to salinity of three estuarine red algae from New Jersey [J].Marine Biology, 51(3): 289–294.

Yarish C, Edwards P, Casey S.1980.The effects of salinity, and calcium and potassium variations on the growth of two estuarine red algae[J].Journal of Experimental Marine Biology & Ecology,47(3):235-249.

Yarish C,Breeman A M,Hoek C V D.1984.Temperature,light,and photoperiod responses of some northeast American and west European endemic rhodophytes in relation to their geographic distribution[J].Helgoländer Meeresuntersuchungen,38(2):273-304.

Yarish C,Kirkman H,Lüning K.1987.Lethal exposure times and preconditioning to upper temperature limits of some temperate North Atlantic red algae[J].Helgoländer Meeresuntersuchungen,41(3):323-327.

Yarish C,Brinkhuis B H,Egan B,et al.1990.Morphological and physiological bases for Laminaria selection protocols in Long Island Sound.In Yarish C,Penniman C A,Van Patten P(eds),Economically important plants of the atlantic:their biology and cultivation(pp.53-94).Groton,CT:Connecticut Sea Grant College Program.

Ye N,Zhang X,Miao M,et al.2015.*Saccharina* genomes provide novel insight into kelp biology[J].Nature Communications,6:6986.

Yellowlees D,Rees T A V,Leggat W.2008.Metabolic interactions between algal symbionts and invertebrate hosts [J].Plant Cell & Environment,31(5):679-694.

Yiou F,Raisbeck G M,Christensen G C,et al.2002.$^{129}I/^{127}I$, $^{129}I/^{137}Cs$ and $^{129}I/^{99}Tc$ in the Norwegian coastal current from 1980 to 1998[J].Journal of Environmental Radioactivity,60(1-2):61-71.

Yokohama Y,Misonou T.1980.Chlorophyll a:b ratios in marine benthic green algae[J].Journal of Phycology,28:219-23.

Yoon H S,Hackett J D,Ciniglia C,et al.2004.A molecular timeline for the origin of photosynthetic eukaryotes[J].Molecular Biology & Evolution,21(5):809-818.

Yoon H S,Zuccarello G C,Battacharya D.2010.Evolutionary history and taxonomy of red algae.In Seckbach J, Chapman D J(eds),Red algae in the genomic age(pp.25-44).Dordrecht,The Netherlands:Springer.

Yoon K S,Lee K P,Klochkova T A,et al.2008.Molecular characterization of the lectin,bryohealin,involved in protoplast regeneration of the marine alga *Bryopsis plumosa* (Chlorophyta) [J].Journal of Phycology,44(1):103-112.

Young E B,Lavery P S,van Elven B,et al.2005.Nitrate reductase activity in macroalgae and its vertical distribution in macroalgal epiphytes of seagrasses[J].Marine Ecology Progress Series,288(1):103-114.

Young E B,Dring M J,Savidge G,et al.2007.Seasonal variations in nitrate reductase activity and internal N pools in intertidal brown algae are correlated with ambient nitrate concentrations[J].Plant Cell & Environment,30(6):764-774.

Young E B,Berges J A,Dring M J.2009.Physiological responses of intertidal marine brown algae to nitrogen deprivation and resupply of nitrate and ammonium[J].Physiologia Plantarum,135(4):400-411.

Young-Sook O,Sim D S,Kim S J.2001.Effects of nutrients on crude oil biodegradation in the upper intertidal zone [J].Marine Pollution Bulletin,42(12):1367-1372.

Ytreberg E,Karlsson J,Hoppe S,et al.2011.Effect of organic complexation on copper accumulation and toxicity to the estuarine red macroalga *Ceramium tenuicorne*:A test of the free ion activity model[J].Environmental Science & Technology,45(7):3145-3153.

Ytreberg E,Karlsson J,Ndungu K,et al.2011.Influence of salinity and organic matter on the toxicity of Cu to a brackish water and marine clone of the red macroalga *Ceramium tenuicorne*[J].Ecotoxicology & Environmental Safety,74(4):636-642.

Zacher K,Wulff A,Molis M,et al.2007.Ultraviolet radiation and consumer effects on a field-grown intertidal macroalgal assemblage in Antarctica[J].Global Change Biology,13(6):1201-1215.

Zacher K, Rautenberger R, Hanelt D, et al.2009.The abiotic environment of polar marine benthic algae[J].Botanica Marina, 52(6):483-490.

Zbikowski R, Szefer P, Latała A.2007.Comparison of green algae *Cladophora* sp.and *Enteromorpha* sp.as potential biomonitors of chemical elements in the southern Baltic[J].Science of the Total Environment, 387(1):320-332.

Zechman F W, Verbruggen H, Leliaert F, et al.2010.An unrecognized ancient lineage of green plants persists in deep marine waters[J].Journal of Phycology, 46(6):1288-1295.

Zhang A Q, Leung K M, Kwok K W, et al.2008.Toxicities of antifouling biocide Irgarol 1051 and its major degraded product to marine primary producers[J].Marine Pollution Bulletin, 57(6-12):575-586.

Zhang J, Liu T, Bian D, et al.2016.Breeding and genetic stability evaluation of the new *Saccharina*, variety "Ailunwan" with high yield[J].Journal of Applied Phycology, 28(6):1-9.

Zhang J, Liu T, Feng R F, et al.2018.Breeding of the new *Saccharina* variety "Sanhai" with high-yield[J].Aquaculture, 485:59-65.

Zhang Q S, Qu S C, Cong Y Z, et al.2008.High throughput culture and gametogenesis induction of *Laminaria japonica* gametophyte clones[J].Journal of Applied Phycology, 20(2):205-211.

Zhang Q S, Tang X X, Cong Y Z, et al.2007.Breeding of an elite *Laminaria* variety 90-1 through inter-specific gametophyte crossing[J].Journal of Applied Phycology, 19(4):303-311.

Zhang X, van der Meer J P.1988.Polyploid gametophytes of *Gracilaria tikvahiae* (Gigartinales, Rhodophyta)[J].Phycologia, 27(3):312-318.

Zhuang S H.2006.Species richness, biomass and diversity of macroalgal assemblages in tidepools of different sizes [J].Marine Ecology Progress Series, 309(8):67-73.

Zimmerman R C, Robertson D L.1985.Effects of El Niño on local hydrography and growth of the giant kelp, *Macrocystis pyrifera*, at Santa Catalina Island, California[J].Limnology & Oceanography, 30(6):1298-1302.

Zuccarello G C, Moon D, Goff L J.2004.A phylogenetic study of parasitic genera placed in the family Choreocolacaceae(Rhodophyta)[J].Journal of Phycology, 40(5):937-945.

Zuccaro A, Mitchell J I.2005.Fungal communities of seaweeds.In Dighton J, White J F, Oudemans P(eds), The fungal community: its organization and role in the ecosystem(3rd edn)(pp.533-579).Boca Raton, FL: CRC Press.